책을 쓰면서,

『그림・사진으로 배우는 소방시설의이해』의 책이 나온지 20여년이 되었습니다.
2003년 초판을 시작으로 그동안 개정판 책들이 독자 여러분의 사랑을 받았습니다.

그림과 사진으로 쉽게 학문에 접근하려고 노력하였으며,
그 결과 가슴 벅차도록 독자 여러분의 사랑을 받았습니다.
그 동안 많이 아껴 주셔서 고맙습니다.
앞으로 더욱 좋은 책이 되도록 노력하겠습니다.
소방업무를 하는 설계, 공사 및 감리자 그리고 소방을 공부하는 학생 및 현직 소방관
님들께 도움이 되는 자료가 되기를 바랍니다.

2026. 1

책쓴이 김 태 완

2026년 개정판에서는,

화재안전기준이 신설되는 내용에 대하여 아래의 내용이 추가되었으며, 그 외에 화재안전기준 개정의 내용을 수정, 보완하고, 그 밖에 일부의 내용에 대하여 부분수정, 보완되었습니다.

(Ⅰ권 680p → 688p, Ⅱ권 678p → 680p, Ⅲ권 653p → 648p, Ⅳ권 622p → 624p 변경)

Ⅳ	• 소방시설 내진 내용 추가 +45p	• 연결송수관설비 계통도 내용 추가 +4p, 가압송수장치 설계 추가 +3p
	• 소방시설 전기회로 계통도 삭제 -40p	• 준비작동식 등 스프링클러설비 계통도 수정(송수구 2차측배관 연결)

전자책(교보문고)

순 서

Ⅰ. 소방시설 설계 개요 ··· 4
1. 소방시설 설계방법 및 절차 ··· 5
2. 특정소방대상물 ·· 6
3. 수용인원 계산방법 ··· 10
4. 갖추어야 하는 소방시설 종류 ··· 11
5. 특정소방대상물의 소방시설 설치의 면제기준 ················· 18
6. 건물에 필요한 소방시설종류 설치사례 ····························· 20
7. 배관, 배선 물량계산 ·· 24
8. 소방시설 공사 노무비 계산 ··· 30
9. 금속배관 공사 자재 부품 ··· 32
10. 소방시설 설계 기초해설 ··· 34

Ⅱ. 근린생활 건물 소방시설 설계 ··· 89
1. 설계 도면(P형) ·· 90
2. 소방시설 설계(P형) 해설 ·· 96
3. 설계 도면(R형) ·· 105
4. 소방시설 설계(R형) 해설 ·· 111

Ⅲ. 자동화재탐지설비 설계 ·· 120
설계도면 실시설계 방법 ··· 120
가. 간선 계통도 설계방법 ··· 120
나. 자동화재탐지설비 계통도 상세내용 ······························· 122
다. 평면도 회로내용 ··· 126
라. 경계구역 및 감지기 설계 ··· 128
마. 시각경보장치 설계 ··· 135

Ⅳ. 숙박시설 소방시설 설계 ·· 140
1. 소방시설 설계도면(기계) ·· 141
2. 소방시설 설계도면(전기) P형 ·· 159
3. 소방시설 설계도면(전기) R형 ·· 174
4. 소방시설 설계도면(기계) 해설 ·· 188
5. 소방시설 설계도면(전기) P형 해설 ·································· 202
6. 소방시설 설계도면(전기) R형 해설 ·································· 218

Ⅴ. 근린생활 건물 소방시설 설계 ·· 232
가. 소방시설 전기부분 도면(P형) ·· 233
나. 소방시설 전기부분 도면(R형) ·· 243
다. 소방시설 전기부분 도면(P형) 해설 ································ 250
라. 소방시설 전기부분 도면(R형) 해설 ································ 257
마. 소방시설 기계부분 도면 ··· 265
바. 소방시설 기계부분 도면 해설 ··· 274

Ⅵ. 업무시설건물 설계 ··· 289
1. P형 수신기 자동화재탐지설비 설계도면 ··· 289
2. P형 수신기 자동화재탐지설비 설계도면 해설 ··· 295
3. R형 수신기 자동화재탐지설비 설계도면 ··· 302
4. R형 수신기 자동화재탐지설비 설계도면 해설 ··· 312
5. P형 수신기 자동화재탐지설비, 스프링클러설비 설계도면 ··· 320
6. P형 수신기 자동화재탐지설비, 스프링클러설비 설계도면 해설 ········ 330
7. R형 수신기 자동화재탐지설비, 스프링클러설비 설계도면 ··· 340
8. R형 수신기 자동화재탐지설비, 스프링클러설비 설계도면 해설 ········ 350

Ⅶ. 호텔건물 R형수신기 설계 ··· 365

Ⅷ. 복합용도 건축물 소방시설 전기설계 ··· 397
1. 소방시설 설계도면(P형) ··· 398
2. 소방시설 설계도면(P형) 해설 ··· 402
3. 소방시설 설계도면(R형) ··· 412
4. 소방시설 설계도면(R형) 해설 ··· 415

Ⅸ. 판매시설 건물 설계 ··· 420
가. 판매시설건물 소화설비 설계도면 ··· 420
   (1) 소방시설 기계 도면
   (2) 소방시설 전기 도면(P형)
   (3) 소방시설 전기 도면(R형)
나. 판매시설건물 소화설비 설계도면 해설 ··· 445
   (1) 소방시설 기계 도면
   (2) 소방시설 전기 도면(P형)
   (3) 소방시설 전기 도면(R형)

Ⅹ. 이산화탄소소화설비 설계 ··· 476

Ⅺ. 연결송수관설비 설계 ··· 500

Ⅻ. 무선통신보조설비 설계 ··· 525

ⅩⅢ 소방시설 내진 ··· 534
1. 소방시설 내진
2. 용어
3. 내진설계대상물 및 소방시설 내진 적용시설
4. 상쇄배관
5. 내진설계 도면
6. 내진 시설(부품) 종류
7. 소방시설의 내진설계 기준
8. 지진분리이음
9. 지진분리장치
10. 옥내소화전함 내진 앵커볼트 설치
11. 흔들림 방지 버팀대
12. 소화펌프
13. 소방시설의 내진설계 기준

ⅩⅣ. 소방시설 전기회로 ··· 581

ⅩⅤ. 소방시설도시기호 ··· 619

I⑴. 소방시설 설계 개요

1. 소방시설 설계방법 및 절차 ·· 5
2. 특정소방대상물 종류 ·· 6
3. 수용인원 계산방법 ·· 10
4. 갖추어야 하는 소방시설 종류 ···································· 11
5. 특정소방대상물 소방시설 설치 면제기준 ···················· 18
6. 건물에 필요한 소방시설 종류 설치사례 ······················ 20
7. 배관, 배선 물량 계산 ·· 24
8. 소방시설 공사 노무비 계산 ······································ 30
9. 금속배관 공사 자재 부품 ··· 32
10. 소방시설 설계 기초해설 ··· 34
    - 가. 건축물의 설계도면 보는 방법 ························· 35
    - 나. 소방시설 기계설비 계통도 ······························ 36
    - 다. 소방 펌프실 상세도 ······································· 37
    - 라. 소화설비 평면도(기계) 구체적인 내용 해설 ······ 38
    - 마. 소방시설 전기계통도 ····································· 39
    - 바. 소방시설 전기평면도 ····································· 40
    - 사. 펌프용량 설계 ··· 41
    - 아. 배관 설계 ··· 56
    - 자. 유도등 설계 ·· 68
    - 차. 피난기구 설계 ··· 73

1. 소방시설 설계방법 및 절차

가. 건물의 용도분류를 한다.
건축물의 각 층별 용도, 바닥면적, 연면적, 층수등의 자료로서 건축물의 대표격인 용도를 정한다.
소방시설설치및관리에관한 법률(이하 소방시설설치유지법) 시행령 별표2에서 설계하는 건물의 용도를 알아낸다.

> **참고**
>
> 건축허가신청서(허가서)의 자료에서 건축물의 용도를 구분한 내용은 소방시설을 설계하는 자료로 사용하면 곤란하다.
> 그 이유는 건축법에서의 용도분류와 소방시설설치유지법에서의 용도분류의 체계가 다르므로 소방시설의 설계는 소방시설설치유지법의 용도분류에 따라야 한다.
> 특히 건축허가부서에서 근린생활시설로 용도를 정하였다면 소방시설설치유지법의 분류에서도 근린생활시설이 있으니까 소방시설설치유지법의 분류에 대한 검토가 없이 근린생활시설로 용도를 분류하는 것은 잘못된 방법이다.

나. 건물에 설치해야 하는 의무적인 소방시설을 확인한다.
건축물의 용도, 바닥면적, 연면적, 층수, 수용인원 등의 자료로서 설계하는 건물에 의무적으로 설치해야 하는 소방시설을 소방시설설치유지법 시행령 별표4의 자료를 보고 소화기부터 소방시설의 종류를 확인하여 기록한다.

다. 건물에 설치해야 하는 의무적인 소방시설 중 면제되는 소방시설을 확인한다.
설계하는 건물에 필요한 소방시설을 기록한 자료에서 소방시설설치유지법 시행령 별표5의 자료에 의하여 설치하지 않아도 되는 소방시설을 찾아내어 기록한다.

라. 건물에 설치해야 하는 소방시설을 확정한다.
소방시설설치유지법 시행령 별표4에서 의무적으로 설치해야 하는 소방시설의 종류를 기재한 자료에서 별표5의 소방시설 면제시설을 면제하고 설계해야 하는 소방시설의 종류를 확정한다.

마. 건축도면의 자료로 구체적인 설계를 한다.
건축사가 설계한 건축도면의 자료로서 화재안전기준에 근거하여 소방시설 계통도, 층별 상세도 등의 소방시설설계를 하며, 건축도면의 바탕에서 감지기, 배관, 스프링클러헤드 등 상세설계를 한다.

2. 특정소방대상물 종류(별표2) 2025. 8. 26. 소방시설설치및관리에관한법률 시행령 별표2

1. 공동주택
가. 아파트등 : 주택으로 쓰는 층수가 5층 이상인 주택
나. 연립주택 : 주택으로 쓰는 1개 동의 바닥면적(2개 이상의 동을 지하주차장으로 연결하는 경우에는 각각의 동으로 본다) 합계가 660㎡를 초과하고, 층수가 4개 층 이하인 주택
다. 다세대주택 : 주택으로 쓰는 1개 동의 바닥면적(2개 이상의 동을 지하주차장으로 연결하는 경우에는 각각의 동으로 본다) 합계가 660㎡ 이하이고, 층수가 4개 층 이하인 주택
라. 기숙사 : 학교 또는 공장 등의 학생 또는 종업원 등을 위하여 쓰는 것으로서 1개 동의 공동취사시설 이용 세대 수가 전체의 50퍼센트 이상인 것(「교육기본법」 제27조제2항에 따른 학생복지주택 및 「공공주택 특별법」 제2조제1호의3에 따른 공공매입임대주택 중 독립된 주거의 형태를 갖추지 않은 것을 포함한다)

2. 근린생활시설
가. 슈퍼마켓과 일용품(식품, 잡화, 의류, 완구, 서적, 건축자재, 의약품, 의료기기 등) 등의 소매점으로서 같은 건축물(하나의 대지에 두 동 이상의 건축물이 있는 경우에는 이를 같은 건축물로 본다. 이하 같다)에 해당 용도로 쓰는 바닥면적의 합계가 1,000㎡ 미만인 것
나. 휴게음식점, 제과점, 일반음식점, 기원(棋院), 노래연습장 및 단란주점(단란주점은 같은 건축물에 해당 용도로 쓰는 바닥면적의 합계가 150㎡ 미만인 것만 해당한다)
다. 이용원, 미용원, 목욕장 및 세탁소(공장에 부설된 것과 「대기환경보전법」, 「물환경보전법」 또는 「소음·진동관리법」에 따른 배출시설의 설치허가 또는 신고의 대상인 것은 제외한다)
라. 의원, 치과의원, 한의원, 침술원, 접골원(接骨院), 조산원, 산후조리원 및 안마원(「의료법」 제82조제4항에 따른 안마시술소를 포함한다)
마. 탁구장, 테니스장, 체육도장, 체력단련장, 에어로빅장, 볼링장, 당구장, 실내낚시터, 골프연습장, 물놀이형 시설(「관광진흥법」 제33조에 따른 안전성검사의 대상이 되는 물놀이형 시설을 말한다. 이하 같다), 그 밖에 이와 비슷한 것으로서 같은 건축물에 해당 용도로 쓰는 바닥면적의 합계가 500㎡ 미만인 것
바. 공연장(극장, 영화상영관, 연예장, 음악당, 서커스장, 「영화 및 비디오물의 진흥에 관한 법률」 제2조제16가목에 따른 비디오물감상실업의 시설, 같은 호 나목에 따른 비디오물소극장업의 시설, 그 밖에 이와 비슷한 것을 말한다. 이하 같다) 또는 종교집회장[교회, 성당, 사찰, 기도원, 수도원, 수녀원, 제실(祭室), 사당, 그 밖에 이와 비슷한 것을 말한다. 이하 같다]으로서 같은 건축물에 해당 용도로 쓰는 바닥면적의 합계가 300㎡ 미만인 것
사. 금융업소, 사무소, 부동산중개사무소, 결혼상담소 등 소개업소, 출판사, 서점, 그 밖에 이와 비슷한 것으로서 같은 건축물에 해당 용도로 쓰는 바닥면적의 합계가 500㎡ 미만인 것
아. 제조업소, 수리점, 그 밖에 이와 비슷한 것으로서 같은 건축물에 해당 용도로 쓰는 바닥면적의 합계가 500㎡ 미만인 것(「대기환경보전법」, 「물환경보전법」 또는 「소음·진동관리법」에 따른 배출시설의 설치허가 또는 신고의 대상인 것은 제외한다)
자. 「게임산업진흥에 관한 법률」 제2조제6호의2에 따른 청소년게임제공업 및 일반게임제공업의 시설, 같은 조 제7호에 따른 인터넷컴퓨터게임시설제공업의 시설 및 같은 조 제8호에 따른 복합유통게임제공업의 시설로서 같은 건축물에 해당 용도로 쓰는 바닥면적의 합계가 500㎡ 미만인 것
차. 사진관, 표구점, 학원(같은 건축물에 해당 용도로 쓰는 바닥면적의 합계가 500㎡ 미만인 것만 해당하며, 자동차학원 및 무도학원은 제외한다), 독서실, 고시원(「다중이용업소의 안전관리에 관한 특별법」에 따른 다중이용업 중 고시원업의 시설로서 독립된 주거의 형태를 갖추지 않은 것으로서 같은 건축물에 해당 용도로 쓰는 바닥면적의 합계가 500㎡ 미만인 것을 말한다), 장의사, 동물병원, 총포판매사, 그 밖에 이와 비슷한 것
카. 의약품 판매소, 의료기기 판매소 및 자동차영업소로서 같은 건축물에 해당 용도로 쓰는 바닥면적의 합계가 1,000㎡ 미만인 것

3. 문화 및 집회시설
가. 공연장으로서 근린생활시설에 해당하지 않는 것
나. 집회장 : 예식장, 공회당, 회의장, 마권(馬券) 장외 발매소, 마권 전화투표소, 그 밖에 이와 비슷한 것으로서 근린생활시설에 해당하지 않는 것
다. 관람장 : 경마장, 경륜장, 경정장, 자동차 경기장, 그 밖에 이와 비슷한 것과 체육관 및 운동장으로서 관람석의 바닥면적의 합계가 1,000㎡ 이상인 것
라. 전시장 : 박물관, 미술관, 과학관, 문화관, 체험관, 기념관, 산업전시장, 박람회장, 견본주택, 그 밖에 이와 비슷한 것
마. 동·식물원: 동물원, 식물원, 수족관, 그 밖에 이와 비슷한 것

4. 종교시설
가. 종교집회장으로서 근린생활시설에 해당하지 않는 것
나. 가목의 종교집회장에 설치하는 봉안당(奉安堂)

5. 판매시설
가. 도매시장 : 「농수산물 유통 및 가격안정에 관한 법률」 제2조제2호에 따른 농수산물도매시장, 같은 조 제5호에 따른 농수산물공판장, 그 밖에 이와 비슷한 것(그 안에 있는 근린생활시설을 포함한다)
나. 소매시장 : 시장, 「유통산업발전법」 제2조제3호에 따른 대규모점포, 그 밖에 이와 비슷한 것(그 안에 있는 근린생활시설을 포함한다)
다. 전통시장 : 「전통시장 및 상점가 육성을 위한 특별법」 제2조제1호에 따른 전통시장(그 안에 있는 근린생활시설을 포함하며, 노점형시장은 제외한다)
라. 상점 : 다음의 어느 하나에 해당하는 것(그 안에 있는 근린생활시설을 포함한다)
  1) 제2호가목에 해당하는 용도로서 같은 건축물에 해당 용도로 쓰는 바닥면적 합계가 1,000㎡ 이상인 것
  2) 제2호자목에 해당하는 용도로서 같은 건축물에 해당 용도로 쓰는 바닥면적 합계가 500㎡ 이상인 것

6. 운수시설
   가. 여객자동차터미널
   나. 철도 및 도시철도 시설[정비창(整備廠) 등 관련 시설을 포함한다]
   다. 공항시설(항공관제탑을 포함한다)
   라. 항만시설 및 종합여객시설

7. 의료시설
   가. 병원 : 종합병원, 병원, 치과병원, 한방병원, 요양병원
   나. 격리병원 : 전염병원, 마약진료소, 그 밖에 이와 비슷한 것
   다. 정신의료기관
   라. 「장애인복지법」 제58조제1항제4호에 따른 장애인 의료재활시설

8. 교육연구시설
   가. 학교
      1) 초등학교, 중학교, 고등학교, 특수학교, 그 밖에 이에 준하는 학교: 「학교시설사업 촉진법」 제2조제1호나목의 교사(校舍)(교실·도서실 등 교수·학습활동에 직접 또는 간접적으로 필요한 시설물을 말하되, 병설유치원으로 사용되는 부분은 제외한다. 이하 같다), 체육관, 「학교급식법」 제6조에 따른 급식시설, 합숙소(학교의 운동부, 기능선수 등이 집단으로 숙식하는 장소를 말한다)
      2) 대학, 대학교, 그 밖에 이에 준하는 각종 학교: 교사 및 합숙소
   나. 교육원(연수원, 그 밖에 이와 비슷한 것을 포함한다)
   다. 직업훈련소
   라. 학원(근린생활시설에 해당하는 것과 자동차운전학원·정비학원 및 무도학원은 제외한다)
   마. 연구소(연구소에 준하는 시험소와 계량계측소를 포함한다)
   바. 도서관

9. 노유자시설
   가. 노인 관련 시설 : 「노인복지법」에 따른 노인주거복지시설, 노인의료복지시설, 노인여가복지시설, 주·야간보호서비스나 단기보호서비스를 제공하는 재가노인복지시설(「노인장기요양보험법」에 따른 장기요양기관을 포함한다), 노인보호전문기관, 노인일자리지원기관, 학대피해노인 전용쉼터, 그 밖에 이와 비슷한 것
   나. 아동 관련 시설 : 「아동복지법」에 따른 아동복지시설, 「영유아보육법」에 따른 어린이집, 「유아교육법」에 따른 유치원[제8호가목1)에 따른 학교의 교사 중 병설유치원으로 사용되는 부분을 포함한다], 그 밖에 이와 비슷한 것
   다. 장애인 관련 시설 : 「장애인복지법」에 따른 장애인 거주시설, 장애인 지역사회재활시설(장애인 심부름센터, 한국수어통역센터, 점자도서 및 녹음서 출판시설 등 장애인이 직접 그 시설 자체를 이용하는 것을 주된 목적으로 하지 않는 시설은 제외한다), 장애인 직업재활시설, 그 밖에 이와 비슷한 것
   라. 정신질환자 관련 시설 : 「정신건강증진 및 정신질환자 복지서비스 지원에 관한 법률」에 따른 정신재활시설(생산품판매시설은 제외한다), 정신요양시설, 그 밖에 이와 비슷한 것
   마. 노숙인 관련 시설 : 「노숙인 등의 복지 및 자립지원에 관한 법률」 제2조제2호에 따른 노숙인복지시설(노숙인일시보호시설, 노숙인자활시설, 노숙인재활시설, 노숙인요양시설 및 쪽방상담소만 해당한다), 노숙인종합지원센터 및 그 밖에 이와 비슷한 것
   바. 가목부터 마목까지에서 규정한 것 외에 「사회복지사업법」에 따른 사회복지시설 중 결핵환자 또는 한센인 요양시설 등 다른 용도로 분류되지 않는 것

10. 수련시설
   가. 생활권 수련시설 : 「청소년활동 진흥법」에 따른 청소년수련관, 청소년문화의집, 청소년특화시설, 그 밖에 이와 비슷한 것
   나. 자연권 수련시설 : 「청소년활동 진흥법」에 따른 청소년수련원, 청소년야영장, 그 밖에 이와 비슷한 것
   다. 「청소년활동 진흥법」에 따른 유스호스텔

11. 운동시설
   가. 탁구장, 체육도장, 테니스장, 체력단련장, 에어로빅장, 볼링장, 당구장, 실내낚시터, 골프연습장, 물놀이형 시설, 그 밖에 이와 비슷한 것으로서 근린생활시설에 해당하지 않는 것
   나. 체육관으로서 관람석이 없거나 관람석의 바닥면적이 1,000㎡ 미만인 것
   다. 운동장 : 육상장, 구기장, 볼링장, 수영장, 스케이트장, 롤러스케이트장, 승마장, 사격장, 궁도장, 골프장 등과 이에 딸린 건축물로서 관람석이 없거나 관람석의 바닥면적이 1,000㎡ 미만인 것

12. 업무시설
   가. 공공업무시설 : 국가 또는 지방자치단체의 청사와 외국공관의 건축물로서 근린생활시설에 해당하지 않는 것
   나. 일반업무시설 : 금융업소, 사무소, 신문사, 오피스텔[업무를 주로 하며, 분양하거나 임대하는 구획 중 일부의 구획에서 숙식을 할 수 있도록 한 건축물로서 「건축법 시행령」 별표 1 제14호나목2)에 따라 국토교통부장관이 고시하는 기준에 적합한 것을 말한다], 그 밖에 이와 비슷한 것으로서 근린생활시설에 해당하지 않는 것
   다. 주민자치센터(동사무소), 경찰서, 지구대, 파출소, 소방서, 119안전센터, 우체국, 보건소, 공공도서관, 국민건강보험공단, 그 밖에 이와 비슷한 용도로 사용하는 것
   라. 마을회관, 마을공동작업소, 마을공동구판장, 그 밖에 이와 유사한 용도로 사용되는 것
   마. 변전소, 양수장, 정수장, 대피소, 공중화장실, 그 밖에 이와 유사한 용도로 사용되는 것

13. 숙박시설
   가. 일반형 숙박시설 : 「공중위생관리법 시행령」 제4조제1호에 따른 숙박업의 시설
   나. 생활형 숙박시설 : 「공중위생관리법 시행령」 제4조제2호에 따른 숙박업의 시설
   다. 고시원(근린생활시설에 해당하지 않는 것을 말한다)
   라. 그 밖에 가목부터 다목까지의 시설과 비슷한 것

14. 위락시설
   가. 단란주점으로서 근린생활시설에 해당하지 않는 것
   나. 유흥주점, 그 밖에 이와 비슷한 것
   다. 「관광진흥법」에 따른 테마파크업, 그 밖에 이와 비슷한 시설(근린생활시설에 해당하는 것은 제외한다)
   라. 무도장 및 무도학원
   마. 카지노영업소

15. 공장
   물품의 제조·가공[세탁·염색·도장(塗裝)·표백·재봉·건조·인쇄 등을 포함한다] 또는 수리에 계속적으로 이용되는 건축물로서 근린생활시설, 위험물 저장 및 처리 시설, 항공기 및 자동차 관련 시설, 자원순환 관련 시설, 묘지 관련 시설 등으로 따로 분류되지 않는 것

16. 창고시설
(위험물 저장 및 처리 시설 또는 그 부속용도에 해당하는 것은 제외한다)
가. 창고(물품저장시설로서 냉장·냉동 창고를 포함한다)
나. 하역장
다. 「물류시설의 개발 및 운영에 관한 법률」에 따른 물류터미널
라. 「유통산업발전법」 제2조제15호에 따른 집배송시설

17. 위험물 저장 및 처리 시설
가. 제조소등
나. 가스시설 : 산소 또는 가연성 가스를 제조·저장 또는 취급하는 시설 중 지상에 노출된 산소 또는 가연성 가스 탱크의 저장용량의 합계가 100톤 이상이거나 저장용량이 30톤 이상인 탱크가 있는 가스시설로서 다음의 어느 하나에 해당하는 것
  1) 가스 제조시설
    가) 「고압가스 안전관리법」 제4조제1항에 따른 고압가스의 제조허가를 받아야 하는 시설
    나) 「도시가스사업법」 제3조에 따른 도시가스사업허가를 받아야 하는 시설
  2) 가스 저장시설
    가) 「고압가스 안전관리법」 제4조제5항에 따른 고압가스 저장소의 설치허가를 받아야 하는 시설
    나) 「액화석유가스의 안전관리 및 사업법」 제8조제1항에 따른 액화석유가스 저장소의 설치 허가를 받아야 하는 시설
  3) 가스 취급시설
    「액화석유가스의 안전관리 및 사업법」 제5조에 따른 액화석유가스 충전사업 또는 액화석유가스 집단공급사업의 허가를 받아야 하는 시설

18. 항공기 및 자동차 관련 시설(건설기계 관련 시설을 포함한다)
가. 항공기 격납고
나. 차고, 주차용 건축물, 철골 조립식 주차시설(바닥면이 조립식이 아닌 것을 포함한다) 및 기계장치에 의한 주차시설
다. 세차장
라. 폐차장
마. 자동차 검사장
바. 자동차 매매장
사. 자동차 정비공장
아. 운전학원·정비학원
자. 다음의 건축물을 제외한 건축물의 내부(「건축법 시행령」 제119조제1항제3호다목에 따른 필로티와 건축물의 지하를 포함한다)에 설치된 주차장
  1) 「건축법 시행령」 별표 1 제1호에 따른 단독주택
  2) 「건축법 시행령」 별표 1 제2호에 따른 공동주택 중 50세대 미만인 연립주택 또는 50세대 미만인 다세대주택
차. 「여객자동차 운수사업법」, 「화물자동차 운수사업법」 및 「건설기계관리법」에 따른 차고 및 주기장(駐機場)

19. 동물 및 식물 관련 시설
가. 축사[부화장(孵化場)을 포함한다]
나. 가축시설 : 가축용 운동시설, 인공수정센터, 관리사(管理舍), 가축용 창고, 가축시장, 동물검역소, 실험동물 사육시설, 그 밖에 이와 비슷한 것
다. 도축장
라. 도계장
마. 작물 재배사(栽培舍)
바. 종묘배양시설
사. 화초 및 분재 등의 온실
아. 식물과 관련된 마목부터 사목까지의 시설과 비슷한 것(동·식물원은 제외한다)

20. 자원순환 관련시설
가. 하수 등 처리시설
나. 고물상
다. 폐기물재활용시설
라. 폐기물처분시설
마. 폐기물감량화시설

21. 교정 및 군사시설
가. 보호감호소, 교도소, 구치소 및 그 지소
나. 보호관찰소, 갱생보호시설, 그 밖에 범죄자의 갱생·보호·교육·보건 등의 용도로 쓰는 시설
다. 치료감호시설
라. 소년원 및 소년분류심사원
마. 「출입국관리법」 제52조제2항에 따른 보호시설
바. 「경찰관 직무집행법」 제9조에 따른 유치장
사. 국방·군사시설(「국방·군사시설 사업에 관한 법률」 제2조제1호가목부터 마목까지의 시설을 말한다)

22. 방송통신시설
가. 방송국(방송프로그램 제작시설 및 송신·수신·중계시설을 포함한다)
나. 전신전화국
다. 촬영소
라. 통신용 시설
마. 데이터센터
바. 그 밖에 가목부터 마목까지의 시설과 비슷한 것

23. 발전시설
가. 원자력발전소
나. 화력발전소
다. 수력발전소(조력발전소를 포함한다)
라. 풍력발전소
마. 전기저장시설[20킬로와트시(kWh)를 초과하는 리튬·나트륨·레독스플로우 계열의 2차 전지를 이용한 전기저장장치 또는 무정전전원공급장치(UPS)의 시설을 말한다. 이하 같다]
바. 그 밖에 가목부터 마목까지의 시설과 비슷한 것(집단에너지 공급시설을 포함한다)

24. 묘지 관련 시설
가. 화장시설
나. 봉안당(제4호나목의 봉안당은 제외한다)
다. 묘지와 자연장지에 부수되는 건축물
라. 동물화장시설, 동물건조장(乾燥葬)시설 및 동물 전용의 납골시설

25. 관광 휴게시설
  가. 야외음악당
  나. 야외극장
  다. 어린이회관
  라. 관망탑
  마. 휴게소
  바. 공원·유원지 또는 관광지에 부수되는 건축물

26. 장례시설
  가. 장례식장[의료시설의 부수시설(「의료법」 제36조제1호에 따른 의료기관의 종류에 따른 시설을 말한다)은 제외한다]
  나. 동물 전용의 장례식장

27. 지하상가
지하의 인공구조물 안에 설치되어 있는 상점, 사무실, 그 밖에 이와 비슷한 시설이 연속하여 지하도에 면하여 설치된 것과 그 지하도를 합한 것

27의2. 터널
  가. 차량(궤도차량은 제외한다) 등의 통행을 목적으로 지하, 수저 또는 산을 뚫어서 만든 것
  나. 「도로법」 제50조제2항에 따른 방음터널

28. 지하구
  가. 전력·통신용의 전선이나 가스·냉난방용의 배관 또는 이와 비슷한 것을 집합수용하기 위하여 설치한 지하 인공구조물로서 사람이 점검 또는 보수를 하기 위하여 출입이 가능한 것 중 다음의 어느 하나에 해당하는 것
    1) 전력 또는 통신사업용 지하 인공구조물로서 전력구(케이블 접속부가 없는 경우는 제외한다) 또는 통신구 방식으로 설치된 것
    2) 1)외의 지하 인공구조물로서 폭이 1.8m 이상이고 높이가 2m 이상이며 길이가 50m 이상인 것
  나. 「국토의 계획 및 이용에 관한 법률」 제2조제9호에 따른 공동구

29. 국가유산
  가. 「문화유산의 보존 및 활용에 관한 법률」에 따른 지정문화유산 중 건축물
  나. 「자연유산의 보존 및 활용에 관한 법률」에 따른 천연기념물등 중 건축물

30. 복합건축물
  가. 하나의 건축물이 제1호부터 제27호까지의 것 중 둘 이상의 용도로 사용되는 것. 다만, 다음의 어느 하나에 해당하는 경우에는 복합건축물로 보지 않는다.
    1) 관계 법령에서 주된 용도의 부수시설로서 그 설치를 의무화하고 있는 용도 또는 시설
    2) 「주택법」 제35조제1항제3호 및 제4호에 따라 주택 안에 부대시설 또는 복리시설이 설치되는 특정소방대상물
    3) 건축물의 주된 용도의 기능에 필수적인 용도로서 다음의 어느 하나에 해당하는 용도
      가) 건축물의 설비(제23호마목의 전기저장시설을 포함한다), 대피 또는 위생을 위한 용도, 그 밖에 이와 비슷한 용도
      나) 사무, 작업, 집회, 물품저장 또는 주차를 위한 용도, 그 밖에 이와 비슷한 용도
      다) 구내식당, 구내세탁소, 구내운동시설 등 종업원후생복리시설(기숙사는 제외한다) 또는 구내소각시설의 용도, 그 밖에 이와 비슷한 용도
  나. 하나의 건축물이 근린생활시설, 판매시설, 업무시설, 숙박시설 또는 위락시설의 용도와 주택의 용도로 함께 사용되는 것

비고

1. 내화구조로 된 하나의 특정소방대상물이 개구부 및 연소 확대 우려가 없는 내화구조의 바닥과 벽으로 구획되어 있는 경우에는 그 구획된 부분을 각각 별개의 특정소방대상물로 본다. 다만, 제9조에 따라 성능위주설계를 해야 하는 범위를 정할 때에는 하나의 특정소방대상물로 본다.

2. 둘 이상의 특정소방대상물이 다음 각 목의 어느 하나에 해당되는 구조의 복도 또는 통로(이하 이 표에서 "연결통로"라 한다)로 연결된 경우에는 이를 하나의 특정소방대상물로 본다.
   가. 내화구조로 된 연결통로가 다음의 어느 하나에 해당되는 경우
     1) 벽이 없는 구조로서 그 길이가 6m 이하인 경우
     2) 벽이 있는 구조로서 그 길이가 10m 이하인 경우. 다만, 벽 높이가 바닥에서 천장까지의 높이의 2분의 1 이상인 경우에는 벽이 있는 구조로 보고, 벽 높이가 바닥에서 천장까지의 높이의 2분의 1 미만인 경우에는 벽이 없는 구조로 본다.
   나. 내화구조가 아닌 연결통로로 연결된 경우
   다. 컨베이어로 연결되거나 플랜트설비의 배관 등으로 연결되어 있는 경우
   라. 지하보도, 지하상가, 터널로 연결된 경우
   마. 자동방화셔터 또는 60분+ 방화문이 설치되지 않은 피트(전기설비 또는 배관설비 등이 설치되는 공간을 말한다)로 연결된 경우
   바. 지하구로 연결된 경우

3. 제2호에도 불구하고 연결통로 또는 지하구와 특정소방대상물의 양쪽에 다음 각 목의 어느 하나에 해당하는 시설이 적합하게 설치된 경우에는 각각 별개의 특정소방대상물로 본다.
   가. 화재 시 경보설비 또는 자동소화설비의 작동과 연동하여 자동으로 닫히는 자동방화셔터 또는 60분+ 방화문이 설치된 경우
   나. 화재 시 자동으로 방수되는 방식의 드렌처설비 또는 개방형 스프링클러헤드가 설치된 경우

4. 위 제1호부터 제30호까지의 특정소방대상물의 지하층이 지하상가와 연결되어 있는 경우 해당 지하층의 부분을 지하상가로 본다. 다만, 다음 지하상가와 연결되는 지하층에 지하층 또는 지하상가에 설치된 자동방화셔터 또는 60분+ 방화문이 화재 시 경보설비 또는 자동소화설비의 작동과 연동하여 자동으로 닫히는 구조이거나 그 윗부분에 드렌처설비가 설치된 경우에는 지하상가로 보지 않는다.

3. 수용인원 계산 방법

근거법 : 소방시설 설치 및 관리에 관한 법률 시행령 별표7

1. 숙박시설이 있는 특정소방대상물
  가. 침대가 있는 숙박시설 : 해당 특정소방물의 종사자 수에 침대 수(2인용 침대는 2개로 산정한다)를 합한 수
  나. 침대가 없는 숙박시설 : 해당 특정소방대상물의 종사자 수에 숙박시설 바닥면적의 합계를 3㎡로 나누어 얻은 수를 합한 수

2. 제1호 외의 특정소방대상물
  가. 강의실·교무실·상담실·실습실·휴게실 용도로 쓰이는 특정소방대상물 : 해당 용도로 사용하는 바닥면적의 합계를 1.9㎡로 나누어 얻은 수
  나. 강당, 문화 및 집회시설, 운동시설, 종교시설 : 해당 용도로 사용하는 바닥면적의 합계를 4.6㎡로 나누어 얻은 수 (관람석이 있는 경우 고정식 의자를 설치한 부분은 그 부분의 의자 수로 하고, 긴 의자의 경우에는 의자의 정면 너비를 0.45m로 나누어 얻은 수로 한다)
  다. 그 밖의 특정소방대상물 : 해당 용도로 사용하는 바닥면적의 합계를 3㎡로 나누어 얻은 수

비고
1. 위 표에서 바닥면적을 산정할 때에는 복도(「건축법 시행령」 제2조제11호에 따른 준불연재료 이상의 것을 사용하여 바닥에서 천장까지 벽으로 구획한 것을 말한다), 계단 및 화장실의 바닥면적을 포함하지 않는다.
2. 계산 결과 소수점 이하의 수는 반올림한다.

사례 1
아래 조건의 모텔(숙박시설)에 대하여 수용인원을 계산하시오?
  1. 종업원 수 2명
  2. 2인용 침대가 있는 객실 15실, 1인용 침대가 있는 객실 10실
  3. 침대가 없는 객실에 해당하는 바닥면적(복도, 계단 및 화장실의 바닥면적은 제외)은 250㎡

해설
1. 종업원 수 : 2명
2. 침대가 있는 객실의 수용인원
   2인용 침대 객실 15실×2명 = 30명,   1인용 침대 객실 10실×1명 = 10명.   수용인원 30 + 10 = 40명
3. 침대가 없는 객실의 수용인원
   250㎡ ÷ 3㎡ = 83.33.   수용인원 83명   ∴ 2 + 40 + 83 = 125명

  ● 별표의 기준에서 소수점 이하의 수는 반올림한다고 규정했으므로 법(기준)의 내용이 적합여부는 판단하지 말 것.

사례 2
바닥면적(복도, 계단 및 화장실의 바닥면적은 제외) 450㎡인 사무실의 수용인원을 계산하시오?

해설
`450㎡ ÷ 3㎡ = 150.   수용인원 150명

4. 특정소방대상물의 관계인이 특정소방대상물의 규모·용도 및 수용인원 등을 고려하여 **갖추어야 하는 소방시설 등의 종류** (별표4) 2024. 12. 31.

소방시설설치및관리에관한법률 시행령 별표4

소방시설 등 종류	소방시설 적용기준
소화설비	가. 화재안전기준에 따라 **소화기구**를 설치해야 하는 특정소방대상물은 다음의 어느 하나에 해당하는 것으로 한다. 　1) 연면적 33㎡ 이상인 것. 다만, 노유자 시설의 경우에는 투척용 소화용구 등을 화재안전기준에 따라 산정된 소화기 수량의 2분의 1 이상으로 설치할 수 있다. 　2) 1)에 해당하지 않는 시설로서 가스시설, 발전시설 중 전기저장시설 및 국가유산 　3) 터널 　4) 지하구 나. **자동소화장치**를 설치해야 하는 특정소방대상물은 다음의 어느 하나에 해당하는 특정소방대상물 중 후드 및 덕트가 설치되어 있는 주방이 있는 특정소방대상물로 한다. 이 경우 해당 주방에 자동소화장치를 설치해야 한다. 　1) 주거용 주방자동소화장치를 설치해야 하는 것 : 아파트등 및 오피스텔의 모든 층 　2) 상업용 주방자동소화장치를 설치해야 하는 것 　　가) 판매시설 중 「유통산업발전법」 제2조제3호에 해당하는 대규모점포에 입점해 있는 일반음식점 　　나) 「식품위생법」 제2조제12호에 따른 집단급식소 　3) 캐비닛형 자동소화장치, 가스자동소화장치, 분말자동소화장치 또는 고체에어로졸자동소화장치를 설치해야 하는 것 : 화재안전기준에서 정하는 장소 다. **옥내소화전설비**를 설치해야 하는 특정소방대상물은 다음의 어느 하나에 해당하는 것으로 한다. 다만, 위험물 저장 및 처리 시설 중 가스시설, 지하구 및 업무시설 중 무인변전소(방재실 등에서 스프링클러설비 또는 물분무등소화설비를 원격으로 조정할 수 있는 무인변전소로 한정한다)는 제외한다. 　1) 다음의 어느 하나에 해당하는 경우에는 모든 층 　　가) 연면적 3천㎡ 이상인 것(터널은 제외한다) 　　나) 지하층·무창층(축사는 제외한다)으로서 바닥면적이 600㎡ 이상인 층이 있는 것 　　다) 4층 이상인 층 중에서 바닥면적이 600㎡ 이상인 층이 있는 것 　2) 1)에 해당하지 않는 근린생활시설, 판매시설, 운수시설, 의료시설, 노유자 시설, 업무시설, 숙박시설, 위락시설, 공장, 창고시설, 항공기 및 자동차 관련 시설, 교정 및 군사시설 중 국방·군사시설, 방송통신시설, 발전시설, 장례시설 또는 복합건축물로서 다음의 어느 하나에 해당하는 경우에는 모든 층 　　가) 연면적 1천5백㎡ 이상인 것 　　나) 지하층·무창층으로서 바닥면적이 300㎡ 이상인 층이 있는 것 　　다) 4층 이상인 층 중에서 바닥면적이 300㎡ 이상인 층이 있는 것 　3) 건축물의 옥상에 설치된 차고·주차장으로서 사용되는 면적이 200㎡ 이상인 경우 해당 부분 　4) 다음의 어느 하나에 해당하는 터널 　　가) 길이가 1천m 이상인 터널 　　나) 예상교통량, 경사도 등 터널의 특성을 고려하여 행정안전부령으로 정하는 터널 　5) 1) 및 2)에 해당하지 않는 공장 또는 창고시설로서 「화재의 예방 및 안전관리에 관한 법률 시행령」 별표 2에서 정하는 수량의 750배 이상의 특수가연물을 저장·취급하는 것 라. **스프링클러설비**를 설치해야 하는 특정소방대상물(위험물 저장 및 처리 시설 중 가스시설 및 지하구는 제외한다)은 다음의 어느 하나에 해당하는 것으로 한다. 　1) 층수가 6층 이상인 특정소방대상물의 경우에는 모든 층. 다만, 다음의 어느 하나에 해당하는 경우는 제외한다. 　　가) 주택 관련 법령에 따라 기존의 아파트등을 리모델링하는 경우로서 건축물의 연면적 및 층의 높이가 변경되지 않는 경우. 이 경우 해당 아파트등의 사용검사 당시의 소방시설의 설치에 관한 대통령령 또는 화재안전기준을 적용한다. 　　나) 스프링클러설비가 없는 기존의 특정소방대상물을 용도변경하는 경우. 다만, 2)부터 6)까지 및 9)부터 12)까지의 규정에 해당하는 특정소방대상물로 용도변경하는 경우에는 해당 규정에 따라 스프링클러설비를 설치한다.

소방시설 등 종류	소방시설 적용기준

소화설비	2) 기숙사(교육연구시설·수련시설 내에 있는 학생 수용을 위한 것을 말한다) 또는 복합건축물로서 연면적 5천㎡ 이상인 경우에는 모든 층
	3) 문화 및 집회시설(동·식물원은 제외한다), 종교시설(주요구조부가 목조인 것은 제외한다), 운동시설(물놀이형 시설 및 바닥이 불연재료이고 관람석이 없는 운동시설은 제외한다)로서 다음의 어느 하나에 해당하는 경우에는 모든 층
	  가) 수용인원이 100명 이상인 것
	  나) 영화상영관의 용도로 쓰는 층의 바닥면적이 지하층 또는 무창층인 경우에는 500㎡ 이상, 그 밖의 층의 경우에는 1천㎡ 이상인 것
	  다) 무대부가 지하층·무창층 또는 4층 이상의 층에 있는 경우에는 무대부의 면적이 300㎡ 이상인 것
	  라) 무대부가 다) 외의 층에 있는 경우에는 무대부의 면적이 500㎡ 이상인 것
	4) 판매시설, 운수시설 및 창고시설(물류터미널로 한정한다)로서 바닥면적의 합계가 5천㎡ 이상이거나 수용인원이 500명 이상인 경우에는 모든 층
	5) 다음의 어느 하나에 해당하는 용도로 사용되는 시설의 바닥면적의 합계가 600㎡ 이상인 것은 모든 층
	  가) 근린생활시설 중 조산원 및 산후조리원
	  나) 의료시설 중 정신의료기관
	  다) 의료시설 중 종합병원, 병원, 치과병원, 한방병원 및 요양병원
	  라) 노유자 시설
	  마) 숙박이 가능한 수련시설
	  바) 숙박시설
	6) 창고시설(물류터미널은 제외한다)로서 바닥면적의 합계가 5천㎡ 이상인 경우에는 모든 층
	7) 특정소방대상물의 지하층·무창층(축사는 제외한다) 또는 층수가 4층 이상인 층으로서 바닥면적이 1천㎡ 이상인 층이 있는 경우에는 해당 층
	8) 랙식 창고(rack warehouse): 랙(물건을 수납할 수 있는 선반이나 이와 비슷한 것을 말한다. 이하 같다)을 갖춘 것으로서 천장 또는 반자(반자가 없는 경우에는 지붕의 옥내에 면하는 부분을 말한다)의 높이가 10m를 초과하고, 랙이 설치된 층의 바닥면적의 합계가 1천5백㎡ 이상인 경우에는 모든 층
	9) 공장 또는 창고시설로서 다음의 어느 하나에 해당하는 시설
	  가) 「화재의 예방 및 안전관리에 관한 법률 시행령」 별표 2에서 정하는 수량의 1천 배 이상의 특수가연물을 저장·취급하는 시설
	  나) 「원자력안전법 시행령」 제2조제1호에 따른 중·저준위방사성폐기물(이하 "중·저준위방사성폐기물"이라 한다)의 저장시설 중 소화수를 수집·처리하는 설비가 있는 저장시설
	10) 지붕 또는 외벽이 불연재료가 아니거나 내화구조가 아닌 공장 또는 창고시설로서 다음의 어느 하나에 해당하는 것
	  가) 창고시설(물류터미널로 한정한다) 중 4)에 해당하지 않는 것으로서 바닥면적의 합계가 2천5백㎡ 이상이거나 수용인원이 250명 이상인 경우에는 모든 층
	  나) 창고시설(물류터미널은 제외한다) 중 6)에 해당하지 않는 것으로서 바닥면적의 합계가 2천5백㎡ 이상인 경우에는 모든 층
	  다) 공장 또는 창고시설 중 7)에 해당하지 않는 것으로서 지하층·무창층 또는 층수가 4층 이상인 것 중 바닥면적이 500㎡ 이상인 경우에는 모든 층
	  라) 랙식 창고 중 8)에 해당하지 않는 것으로서 바닥면적의 합계가 750㎡ 이상인 경우에는 모든 층
	  마) 공장 또는 창고시설 중 9)가)에 해당하지 않는 것으로서 「화재의 예방 및 안전관리에 관한 법률 시행령」 별표 2에서 정하는 수량의 500배 이상의 특수가연물을 저장·취급하는 시설
	11) 교정 및 군사시설 중 다음의 어느 하나에 해당하는 경우에는 해당 장소
	  가) 보호감호소, 교도소, 구치소 및 그 지소, 보호관찰소, 갱생보호시설, 치료감호시설, 소년원 및 소년분류심사원의 수용거실
	  나) 「출입국관리법」 제52조제2항에 따른 보호시설(외국인보호소의 경우에는 보호대상자의 생활공간으로 한정한다. 이하 같다)로 사용하는 부분. 다만, 보호시설이 임차건물에 있는 경우는 제외한다.
	  다) 「경찰관 직무집행법」 제9조에 따른 유치장
	12) 지하상가로서 연면적 1천㎡ 이상인 것
	13) 발전시설 중 전기저장시설
	14) 1)부터 13)까지의 특정소방대상물에 부속된 보일러실 또는 연결통로 등

소방시설 등 종류	소방시설 적용기준
소화설비	마. **간이스프링클러설비**를 설치해야 하는 특정소방대상물은 다음의 어느 하나에 해당하는 것으로 한다. 　1) 공동주택 중 연립주택 및 다세대주택(연립주택 및 다세대주택에 설치하는 간이스프링클러설비는 화재안전기준에 따른 주택전용 간이스프링클러설비를 설치한다) 　2) 근린생활시설 중 다음의 어느 하나에 해당하는 것 　　가) 근린생활시설로 사용하는 부분의 바닥면적 합계가 1천㎡ 이상인 것은 모든 층 　　나) 의원, 치과의원 및 한의원으로서 입원실 또는 인공신장실이 있는 시설 　　다) 조산원 및 산후조리원으로서 연면적 600㎡ 미만인 시설 　3) 의료시설 중 다음의 어느 하나에 해당하는 시설 　　가) 종합병원, 병원, 치과병원, 한방병원 및 요양병원(의료재활시설은 제외한다)으로 사용되는 바닥면적의 합계가 600㎡ 미만인 시설 　　나) 정신의료기관 또는 의료재활시설로 사용되는 바닥면적의 합계가 300㎡ 이상 600㎡ 미만인 시설 　　다) 정신의료기관 또는 의료재활시설로 사용되는 바닥면적의 합계가 300㎡ 미만이고, 창살(철재·플라스틱 또는 목재 등으로 사람의 탈출 등을 막기 위하여 설치한 것을 말하며, 화재 시 자동으로 열리는 구조로 되어 있는 창살은 제외한다)이 설치된 시설 　4) 교육연구시설 내에 합숙소로서 연면적 100㎡ 이상인 경우에는 모든 층 　5) 노유자 시설로서 다음의 어느 하나에 해당하는 시설 　　가) 제7조제1항제7호 각 목에 따른 시설[같은 호 가목2) 및 같은 호 나목부터 바목까지의 시설 중 단독주택 또는 공동주택에 설치되는 시설은 제외하며, 이하 "노유자 생활시설"이라 한다] 　　나) 가)에 해당하지 않는 노유자 시설로 해당 시설로 사용하는 바닥면적의 합계가 300㎡ 이상 600㎡ 미만인 시설 　　다) 가)에 해당하지 않는 노유자 시설로 해당 시설로 사용하는 바닥면적의 합계가 300㎡ 미만이고, 창살(철재·플라스틱 또는 목재 등으로 사람의 탈출 등을 막기 위하여 설치한 것을 말하며, 화재 시 자동으로 열리는 구조로 되어 있는 창살은 제외한다)이 설치된 시설 　6) 숙박시설로 사용되는 바닥면적의 합계가 300㎡ 이상 600㎡ 미만인 시설 　7) 건물을 임차하여 「출입국관리법」 제52조제2항에 따른 보호시설로 사용하는 부분 　8) 복합건축물(별표 2 제30호나목의 복합건축물만 해당한다)로서 연면적 1천㎡ 이상인 것은 모든 층 바. **물분무등소화설비**를 설치해야 하는 특정소방대상물[위험물 저장 및 처리 시설 중 가스시설, 발전시설의 전기저장시설 중 무정전전원공급장치(UPS)의 시설 및 지하구는 제외한다]은 다음의 어느 하나에 해당하는 것으로 한다. 　1) 항공기 및 자동차 관련 시설 중 항공기 격납고 　2) 차고, 주차용 건축물 또는 철골 조립식 주차시설. 이 경우 연면적 800㎡ 이상인 것만 해당한다. 　3) 건축물의 내부에 설치된 차고·주차장으로서 차고 또는 주차의 용도로 사용되는 면적의 합계가 200㎡ 이상인 경우 해당 부분(50세대 미만 연립주택 및 다세대주택은 제외한다) 　4) 기계장치에 의한 주차시설을 이용하여 20대 이상의 차량을 주차할 수 있는 시설 　5) 특정소방대상물에 설치된 전기실·발전실·변전실(가연성 절연유를 사용하지 않는 변압기·전류차단기 등의 전기기기와 가연성 피복을 사용하지 않은 전선 및 케이블만을 설치한 전기실·발전실 및 변전실은 제외한다)·축전지실·통신기기실 또는 전산실, 그 밖에 이와 비슷한 것으로서 바닥면적이 300㎡ 이상인 것[하나의 방화구획 내에 둘 이상의 실(室)이 설치되어 있는 경우에는 이를 하나의 실로 보아 바닥면적을 산정한다]. 다만, 내화구조로 된 공정제어실 내에 설치된 주조정실로서 양압시설(외부 오염 공기 침투를 차단하고 내부의 나쁜 공기가 자연스럽게 외부로 흐를 수 있도록 한 시설을 말한다)이 설치되고 전기기기에 220볼트 이하인 저전압이 사용되며 종업원이 24시간 상주하는 곳은 제외한다. 　6) 소화수를 수집·처리하는 설비가 설치되어 있지 않은 중·저준위방사성폐기물의 저장시설. 이 시설에는 이산화탄소소화설비, 할론소화설비 또는 할로겐화합물 및 불활성기체 소화설비를 설치해야 한다. 　7) 예상 교통량, 경사도 등 터널의 특성을 고려하여 행정안전부령으로 정하는 터널. 이 시설에는 물분무소화설비를 설치해야 한다. 　8) 국가유산 중 「문화유산의 보존 및 활용에 관한 법률」에 따른 지정문화유산(문화유산자료를 제외한다) 또는 「자연유산의 보존 및 활용에 관한 법률」에 따른 천연기념물등(자연유산자료를 제외한다)으로서 소방청장이 국가유산청장과 협의하여 정하는 것

소방시설 등 종류	소방시설 적용기준
소화설비	사. **옥외소화전설비**를 설치해야 하는 특정소방대상물(아파트등, 위험물 저장 및 처리 시설 중 가스시설, 지하구 및 터널은 제외한다)은 다음의 어느 하나에 해당하는 것으로 한다. 1) 지상 1층 및 2층의 바닥면적의 합계가 9천㎡ 이상인 것. 이 경우 같은 구(區) 내의 둘 이상의 특정소방대상물이 행정안전부령으로 정하는 연소(延燒) 우려가 있는 구조인 경우에는 이를 하나의 특정소방대상물로 본다. 2) 문화유산 중 「문화유산의 보존 및 활용에 관한 법률」 제23조에 따라 보물 또는 국보로 지정된 목조건축물 3) 1)에 해당하지 않는 공장 또는 창고시설로서 「화재의 예방 및 안전관리에 관한 법률 시행령」 별표 2에서 정하는 수량의 750배 이상의 특수가연물을 저장·취급하는 것

경보설비	가. **단독경보형 감지기**를 설치해야 하는 특정소방대상물은 다음의 어느 하나에 해당하는 것으로 한다. 이 경우 5)의 연립주택 및 다세대주택에 설치하는 단독경보형 감지기는 연동형으로 설치해야 한다.
	1) 교육연구시설 내에 있는 기숙사 또는 합숙소로서 연면적 2천㎡ 미만인 것
	2) 수련시설 내에 있는 기숙사 또는 합숙소로서 연면적 2천㎡ 미만인 것
	3) 다목7)에 해당하지 않는 수련시설(숙박시설이 있는 것만 해당한다)
	4) 연면적 400㎡ 미만의 유치원
	5) 공동주택 중 연립주택 및 다세대주택
	
	나. **비상경보설비**를 설치해야 하는 특정소방대상물(모래·석재 등 불연재료 공장 및 창고시설, 위험물 저장 및 처리 시설 중 가스시설, 사람이 거주하지 않거나 벽이 없는 축사 등 동물 및 식물 관련 시설 및 지하구는 제외한다)은 다음의 어느 하나에 해당하는 것으로 한다.
	1) 연면적 400㎡ 이상인 것은 모든 층
	2) 지하층 또는 무창층의 바닥면적이 150㎡(공연장의 경우 100㎡) 이상인 것은 모든 층
	3) 터널로서 길이가 500m 이상인 것
	4) 50명 이상의 근로자가 작업하는 옥내 작업장
	
	다. **자동화재탐지설비**를 설치해야 하는 특정소방대상물은 다음의 어느 하나에 해당하는 것으로 한다.
	1) 공동주택 중 아파트등·기숙사 및 숙박시설의 경우에는 모든 층
	2) 층수가 6층 이상인 건축물의 경우에는 모든 층
	3) 근린생활시설(목욕장은 제외한다), 의료시설(정신의료기관 및 요양병원은 제외한다), 위락시설, 장례시설 및 복합건축물로서 연면적 600㎡ 이상인 경우에는 모든 층
	4) 근린생활시설 중 목욕장, 문화 및 집회시설, 종교시설, 판매시설, 운수시설, 운동시설, 업무시설, 공장, 창고시설, 위험물 저장 및 처리 시설, 항공기 및 자동차 관련 시설, 교정 및 군사시설 중 국방·군사시설, 방송통신시설, 발전시설, 관광 휴게시설, 지하상가로서 연면적 1천㎡ 이상인 경우에는 모든 층
	5) 교육연구시설(교육시설 내에 있는 기숙사 및 합숙소를 포함한다), 수련시설(수련시설 내에 있는 기숙사 및 합숙소를 포함하며, 숙박시설이 있는 수련시설은 제외한다), 동물 및 식물 관련 시설(기둥과 지붕만으로 구성되어 외부와 기류가 통하는 장소는 제외한다), 자원순환 관련 시설, 교정 및 군사시설(국방·군사시설은 제외한다) 또는 묘지 관련 시설로서 연면적 2천㎡ 이상인 경우에는 모든 층
	6) 노유자 생활시설의 경우에는 모든 층
	7) 6)에 해당하지 않는 노유자 시설로서 연면적 400㎡ 이상인 노유자 시설 및 숙박시설이 있는 수련시설로서 수용인원 100명 이상인 경우에는 모든 층
	8) 의료시설 중 정신의료기관 또는 요양병원으로서 다음의 어느 하나에 해당하는 시설
	  가) 요양병원(의료재활시설은 제외한다)
	  나) 정신의료기관 또는 의료재활시설로 사용되는 바닥면적의 합계가 300㎡ 이상인 시설
	  다) 정신의료기관 또는 의료재활시설로 사용되는 바닥면적의 합계가 300㎡ 미만이고, 창살(철재·플라스틱 또는 목재 등으로 사람의 탈출 등을 막기 위하여 설치한 것을 말하며, 화재 시 자동으로 열리는 구조로 되어 있는 창살은 제외한다)이 설치된 시설
	9) 판매시설 중 전통시장
	10) 터널로서 길이가 1천m 이상인 것
	11) 지하구
	12) 3)에 해당하지 않는 근린생활시설 중 조산원 및 산후조리원
	13) 4)에 해당하지 않는 공장 및 창고시설로서 「화재의 예방 및 안전관리에 관한 법률 시행령」 별표 2에서 정하는 수량의 500배 이상의 특수가연물을 저장·취급하는 것
	14) 4)에 해당하지 않는 발전시설 중 전기저장시설

소방시설 등 종류	소방시설 적용기준

경보설비	라. **시각경보기**를 설치해야 하는 특정소방대상물은 다목에 따라 자동화재탐지설비를 설치해야 하는 특정소방대상물 중 다음의 어느 하나에 해당하는 것으로 한다.
	  1) 근린생활시설, 문화 및 집회시설, 종교시설, 판매시설, 운수시설, 의료시설, 노유자 시설
	  2) 운동시설, 업무시설, 숙박시설, 위락시설, 창고시설 중 물류터미널, 발전시설 및 장례시설
	  3) 교육연구시설 중 도서관, 방송통신시설 중 방송국
	  4) 지하상가
	마. **화재알림설비**를 설치해야 하는 특정소방대상물은 판매시설 중 전통시장으로 한다.
	바. **비상방송설비**를 설치해야 하는 특정소방대상물(위험물 저장 및 처리 시설 중 가스시설, 사람이 거주하지 않거나 벽이 없는 축사 등 동물 및 식물 관련 시설, 터널 및 지하구는 제외한다)은 다음의 어느 하나에 해당하는 것으로 한다.
	  1) 연면적 3천5백㎡ 이상인 것은 모든 층
	  2) 층수가 11층 이상인 것은 모든 층
	  3) 지하층의 층수가 3층 이상인 것은 모든 층
	사. **자동화재속보설비**를 설치해야 하는 특정소방대상물은 다음의 어느 하나에 해당하는 것으로 한다. 다만, 방재실 등 화재수신기가 설치된 장소에 24시간 화재를 감시할 수 있는 사람이 근무하고 있는 경우에는 자동화재속보설비를 설치하지 않을 수 있다.
	  1) 노유자 생활시설
	  2) 노유자 시설로서 바닥면적이 500㎡ 이상인 층이 있는 것
	  3) 수련시설(숙박시설이 있는 것만 해당한다)로서 바닥면적이 500㎡ 이상인 층이 있는 것
	  4) 문화유산 중 「문화유산의 보존 및 활용에 관한 법률」 제23조에 따라 보물 또는 국보로 지정된 목조건축물
	  5) 근린생활시설 중 다음의 어느 하나에 해당하는 시설
	    가) 의원, 치과의원 및 한의원으로서 입원실이 있는 시설
	    나) 조산원 및 산후조리원
	  6) 의료시설 중 다음의 어느 하나에 해당하는 것
	    가) 종합병원, 병원, 치과병원, 한방병원 및 요양병원(의료재활시설은 제외한다)
	    나) 정신병원 및 의료재활시설로 사용되는 바닥면적의 합계가 500㎡ 이상인 층이 있는 것
	  7) 판매시설 중 전통시장
	아. **통합감시시설**을 설치해야 하는 특정소방대상물은 지하구로 한다.
	자. **누전경보기**는 계약전류용량(같은 건축물에 계약 종류가 다른 전기가 공급되는 경우에는 그중 최대계약전류용량을 말한다)이 100암페어를 초과하는 특정소방대상물(내화구조가 아닌 건축물로서 벽·바닥 또는 반자의 전부나 일부를 불연재료 또는 준불연재료가 아닌 재료에 철망을 넣어 만든 것만 해당한다)에 설치해야 한다. 다만, 위험물 저장 및 처리 시설 중 가스시설, 터널 및 지하구의 경우에는 그렇지 않다.
	차. **가스누설경보기**를 설치해야 하는 특정소방대상물(가스시설이 설치된 경우만 해당한다)은 다음의 어느 하나에 해당하는 것으로 한다.
	  1) 문화 및 집회시설, 종교시설, 판매시설, 운수시설, 의료시설, 노유자 시설
	  2) 수련시설, 운동시설, 숙박시설, 창고시설 중 물류터미널, 장례시설

피난구조 설비	가. **피난기구**는 특정소방대상물의 모든 층에 화재안전기준에 적합한 것으로 설치해야 한다. 다만, 피난층, 지상 1층, 지상 2층(노유자 시설 중 피난층이 아닌 지상 1층과 피난층이 아닌 지상 2층은 제외한다), 층수가 11층 이상인 층과 위험물 저장 및 처리시설 중 가스시설, 터널 및 지하구의 경우에는 그렇지 않다.
	나. **인명구조기구**를 설치해야 하는 특정소방대상물은 다음의 어느 하나에 해당하는 것으로 한다.
	  1) 방열복 또는 방화복(안전모, 보호장갑 및 안전화를 포함한다), 인공소생기 및 공기호흡기를 설치해야 하는 특정소방대상물 : 지하층을 포함하는 층수가 7층 이상인 것 중 관광호텔 용도로 사용하는 층
	  2) 방열복 또는 방화복(안전모, 보호장갑 및 안전화를 포함한다) 및 공기호흡기를 설치해야 하는 특정소방대상물 : 지하층을 포함하는 층수가 5층 이상인 것 중 병원 용도로 사용하는 층
	  3) 공기호흡기를 설치해야 하는 특정소방대상물은 다음의 어느 하나에 해당하는 것으로 한다.
	    가) 수용인원 100명 이상인 문화 및 집회시설 중 영화상영관
	    나) 판매시설 중 대규모점포
	    다) 운수시설 중 지하역사
	    라) 지하상가
	    마) 제1호바목 및 화재안전기준에 따라 이산화탄소소화설비(호스릴이산화탄소소화설비는 제외한다)를 설치해야 하는 특정소방대상물

소방시설 등 종류	소방시설 적용기준
피난구조 설비	다. **유도등**을 설치해야 하는 특정소방대상물은 다음의 어느 하나에 해당하는 것으로 한다. 　1) 피난구유도등, 통로유도등 및 유도표지는 특정소방대상물에 설치한다. 다만, 다음의 어느 하나에 해당하는 경우는 제외한다. 　　가) 동물 및 식물 관련 시설 중 축사로서 가축을 직접 가두어 사육하는 부분 　　나) 터널 　2) 객석유도등은 다음의 어느 하나에 해당하는 특정소방대상물에 설치한다. 　　가) 유흥주점영업시설(「식품위생법 시행령」 제21조제8호라목의 유흥주점영업 중 손님이 춤을 출 수 있는 무대가 설치된 카바레, 나이트클럽 또는 그 밖에 이와 비슷한 영업시설만 해당한다) 　　나) 문화 및 집회시설 　　다) 종교시설 　　라) 운동시설 　3) 피난유도선은 화재안전기준에서 정하는 장소에 설치한다. 라. **비상조명등**을 설치해야 하는 특정소방대상물(창고시설 중 창고 및 하역장, 위험물 저장 및 처리 시설 중 가스시설 및 사람이 거주하지 않거나 벽이 없는 축사 등 동물 및 식물 관련 시설은 제외한다)은 다음의 어느 하나에 해당하는 것으로 한다. 　1) 지하층을 포함하는 층수가 5층 이상인 건축물로서 연면적 3천㎡ 이상인 경우에는 모든 층 　2) 1)에 해당하지 않는 특정소방대상물로서 그 지하층 또는 무창층의 바닥면적이 450㎡ 이상인 경우에는 해당 층 　3) 터널로서 그 길이가 500m 이상인 것 마. **휴대용비상조명등**을 설치해야 하는 특정소방대상물은 다음의 어느 하나에 해당하는 것으로 한다. 　1) 숙박시설 　2) 수용인원 100명 이상의 영화상영관, 판매시설 중 대규모점포, 철도 및 도시철도 시설 중 지하역사, 지하상가
소화용수 설비	**상수도소화용수설비**를 설치해야 하는 특정소방대상물은 다음 각 목의 어느 하나에 해당하는 것으로 한다. 다만, 상수도소화용수설비를 설치해야 하는 특정소방대상물의 대지 경계선으로부터 180m 이내에 지름 75㎜ 이상인 상수도용 배수관이 설치되지 않은 지역의 경우에는 화재안전기준에 따른 소화수조 또는 저수조를 설치해야 한다. 가. 연면적 5천㎡ 이상인 것. 다만, 위험물 저장 및 처리 시설 중 가스시설, 터널 또는 지하구의 경우에는 제외한다. 나. 가스시설로서 지상에 노출된 탱크의 저장용량의 합계가 100톤 이상인 것 다. 자원순환 관련 시설 중 폐기물재활용시설 및 폐기물처분시설
소화활동 설비	가. **제연설비**를 설치해야 하는 특정소방대상물은 다음의 어느 하나에 해당하는 것으로 한다. 　1) 문화 및 집회시설, 종교시설, 운동시설 중 무대부의 바닥면적이 200㎡ 이상인 경우에는 해당 무대부 　2) 문화 및 집회시설 중 영화상영관으로서 수용인원 100명 이상인 경우에는 해당 영화상영관 　3) 지하층이나 무창층에 설치된 근린생활시설, 판매시설, 운수시설, 숙박시설, 위락시설, 의료시설, 노유자 시설 또는 창고시설(물류터미널로 한정한다)로서 해당 용도로 사용되는 바닥면적의 합계가 1천㎡ 이상인 경우 해당 부분 　4) 운수시설 중 시외버스정류장, 철도 및 도시철도 시설, 공항시설 및 항만시설의 대기실 또는 휴게시설로서 지하층 또는 무창층의 바닥면적이 1천㎡ 이상인 경우에는 모든 층 　5) 지하상가로서 연면적 1천㎡ 이상인 것 　6) 예상 교통량, 경사도 등 터널의 특성을 고려하여 행정안전부령으로 정하는 터널 　7) 특정소방대상물(갓복도형 아파트등은 제외한다)에 부설된 특별피난계단, 비상용 승강기의 승강장 또는 피난용 승강기의 승강장

소방시설 등 종류	소방시설 적용기준
소화활동 설비	나. **연결송수관설비**를 설치해야 하는 특정소방대상물(위험물 저장 및 처리 시설 중 가스시설 및 지하구는 제외한다)은 다음의 어느 하나에 해당하는 것으로 한다. 　1) 층수가 5층 이상으로서 연면적 6천㎡ 이상인 경우에는 모든 층 　2) 1)에 해당하지 않는 특정소방대상물로서 지하층을 포함하는 층수가 7층 이상인 경우에는 모든 층 　3) 1) 및 2)에 해당하지 않는 특정소방대상물로서 지하층의 층수가 3층 이상이고 지하층의 바닥면적의 합계가 1천㎡ 이상인 경우에는 모든 층 　4) 터널로서 길이가 1천m 이상인 것 다. **연결살수설비**를 설치해야 하는 특정소방대상물(지하구는 제외한다)은 다음의 어느 하나에 해당하는 것으로 한다. 　1) 판매시설, 운수시설, 창고시설 중 물류터미널로서 해당 용도로 사용되는 부분의 바닥면적의 합계가 1천㎡ 이상인 경우에는 해당 시설 　2) 지하층(피난층으로 주된 출입구가 도로와 접한 경우는 제외한다)으로서 바닥면적의 합계가 150㎡ 이상인 경우에는 지하층의 모든 층. 다만, 「주택법 시행령」 제46조제1항에 따른 국민주택규모 이하인 아파트등의 지하층(대피시설로 사용하는 것만 해당한다)과 교육연구시설 중 학교의 지하층의 경우에는 700㎡ 이상인 것으로 한다. 　3) 가스시설 중 지상에 노출된 탱크의 용량이 30톤 이상인 탱크시설 　4) 1) 및 2)의 특정소방대상물에 부속된 연결통로 라. **비상콘센트설비**를 설치해야 하는 특정소방대상물(위험물 저장 및 처리 시설 중 가스시설 및 지하구는 제외한다)은 다음의 어느 하나에 해당하는 것으로 한다. 　1) 층수가 11층 이상인 특정소방대상물의 경우에는 11층 이상의 층 　2) 지하층의 층수가 3층 이상이고 지하층의 바닥면적의 합계가 1천㎡ 이상인 것은 지하층의 모든 층 　3) 터널로서 길이가 500m 이상인 것 마. **무선통신보조설비**를 설치해야 하는 특정소방대상물(위험물 저장 및 처리 시설 중 가스시설은 제외한다)은 다음의 어느 하나에 해당하는 것으로 한다. 　1) 지하상가로서 연면적 1천㎡ 이상인 것 　2) 지하층의 바닥면적의 합계가 3천㎡ 이상인 것 또는 지하층의 층수가 3층 이상이고 지하층의 바닥면적의 합계가 1천㎡ 이상인 것은 지하층의 모든 층 　3) 터널로서 길이가 500m 이상인 것 　4) 지하구 중 공동구 　5) 층수가 30층 이상인 것으로서 16층 이상 부분의 모든 층 바. **연소방지설비**는 지하구(전력 또는 통신사업용인 것만 해당한다)에 설치해야 한다.

비고

1. 별표 2 제1호부터 제27호까지 중 어느 하나에 해당하는 시설(이하 이 호에서 "근린생활시설등"이라 한다)의 소방시설 설치기준이 복합건축물의 소방시설 설치기준보다 강화된 경우 복합건축물 안에 있는 해당 근린생활시설등에 대해서는 그 근린생활시설등의 소방시설 설치기준을 적용한다.
2. 원자력발전소 중 「원자력안전법」 제2조에 따른 원자로 및 관계시설에 설치하는 소방시설에 대해서는 「원자력안전법」 제11조 및 제21조에 따른 허가기준에 따라 설치한다.
3. 특정소방대상물의 관계인은 제8조제1항에 따른 내진설계 대상 특정소방대상물 및 제9조에 따른 성능위주설계 대상 특정소방대상물에 설치·관리해야 하는 소방시설에 대해서는 법 제7조에 따른 소방시설의 내진설계기준 및 법 제8조에 따른 성능위주설계의 기준에 맞게 설치·관리해야 한다.

5. 특정소방대상물의 소방시설 설치의 면제기준 〈개정 2024. 12. 31.〉

소방시설 설치 및 관리에 관한 법률 시행령 별표5

설치가 면제되는 소방시설	설치면제 요건
1. 자동소화장치	자동소화장치(주거용 주방자동소화장치 및 상업용 주방자동소화장치는 제외한다)를 설치해야 하는 특정소방대상물에 물분무등소화설비를 화재안전기준에 적합하게 설치한 경우에는 그 설비의 유효범위(해당 소방시설이 화재를 감지·소화 또는 경보할 수 있는 부분을 말한다. 이하 같다)에서 설치가 면제된다.
2. 옥내소화전설비	소방본부장 또는 소방서장이 옥내소화전설비의 설치가 곤란하다고 인정하는 경우로서 호스릴 방식의 미분무소화설비 또는 옥외소화전설비를 화재안전기준에 적합하게 설치한 경우에는 그 설비의 유효범위에서 설치가 면제된다.
3. 스프링클러설비	가. 스프링클러설비를 설치해야 하는 특정소방대상물(발전시설 중 전기저장시설은 제외한다)에 적응성 있는 자동소화장치 또는 물분무등소화설비를 화재안전기준에 적합하게 설치한 경우에는 그 설비의 유효범위에서 설치가 면제된다. 나. 스프링클러설비를 설치해야 하는 전기저장시설에 소화설비를 소방청장이 정하여 고시하는 방법에 따라 설치한 경우에는 그 설비의 유효범위에서 설치가 면제된다.
4. 간이스프링클러 설비	간이스프링클러설비를 설치해야 하는 특정소방대상물에 스프링클러설비, 물분무소화설비 또는 미분무소화설비를 화재안전기준에 적합하게 설치한 경우에는 그 설비의 유효범위에서 설치가 면제된다.
5. 물분무등소화설비	물분무등소화설비를 설치해야 하는 차고·주차장에 스프링클러설비를 화재안전기준에 적합하게 설치한 경우에는 그 설비의 유효범위에서 설치가 면제된다.
6. 옥외소화전설비	옥외소화전설비를 설치해야 하는 문화유산인 목조건축물에 상수도소화용수설비를 화재안전기준에서 정하는 방수압력·방수량·옥외소화전함 및 호스의 기준에 적합하게 설치한 경우에는 설치가 면제된다.
7. 비상경보설비	비상경보설비를 설치해야 할 특정소방대상물에 단독경보형 감지기를 2개 이상의 단독경보형 감지기와 연동하여 설치한 경우에는 그 설비의 유효범위에서 설치가 면제된다.
8. 비상경보설비 또는 단독경보형 감지기	비상경보설비 또는 단독경보형 감지기를 설치해야 하는 특정소방대상물에 자동화재탐지설비 또는 화재알림설비를 화재안전기준에 적합하게 설치한 경우에는 그 설비의 유효범위에서 설치가 면제된다.
9. 자동화재탐지설비	자동화재탐지설비의 기능(감지·수신·경보기능을 말한다)과 성능을 가진 화재알림설비, 스프링클러설비 또는 물분무등소화설비를 화재안전기준에 적합하게 설치한 경우에는 그 설비의 유효범위에서 설치가 면제된다.
10. 화재알림설비	화재알림설비를 설치해야 하는 특정소방대상물에 자동화재탐지설비를 화재안전기준에 적합하게 설치한 경우에는 그 설비의 유효범위에서 설치가 면제된다.
11. 비상방송설비	비상방송설비를 설치해야 하는 특정소방대상물에 자동화재탐지설비 또는 비상경보설비와 같은 수준 이상의 음향을 발하는 장치를 부설한 방송설비를 화재안전기준에 적합하게 설치한 경우에는 그 설비의 유효범위에서 설치가 면제된다.
12. 자동화재속보설비	자동화재속보설비를 설치해야 하는 특정소방대상물에 화재알림설비를 화재안전기준에 적합하게 설치한 경우에는 그 설비의 유효범위에서 설치가 면제된다.

13. 누전경보기	누전경보기를 설치해야 하는 특정소방대상물 또는 그 부분에 아크경보기(옥내 배전선로의 단선이나 선로 손상 등으로 인하여 발생하는 아크를 감지하고 경보하는 장치를 말한다) 또는 전기 관련 법령에 따른 지락차단장치를 설치한 경우에는 그 설비의 유효범위에서 설치가 면제된다.
14. 피난구조설비	피난구조설비를 설치해야 하는 특정소방대상물에 그 위치·구조 또는 설비의 상황에 따라 피난상 지장이 없다고 인정되는 경우에는 화재안전기준에서 정하는 바에 따라 설치가 면제된다.
15. 비상조명등	비상조명등을 설치해야 하는 특정소방대상물에 피난구유도등 또는 통로유도등을 화재안전기준에 적합하게 설치한 경우에는 그 유도등의 유효범위에서 설치가 면제된다.
16. 상수도소화용수설비	가. 상수도소화용수설비를 설치해야 하는 특정소방대상물의 각 부분으로부터 수평거리 140m 이내에 공공의 소방을 위한 소화전이 화재안전기준에 적합하게 설치되어 있는 경우에는 설치가 면제된다. 나. 소방본부장 또는 소방서장이 상수도소화용수설비의 설치가 곤란하다고 인정하는 경우로서 화재안전기준에 적합한 소화수조 또는 저수조가 설치되어 있거나 이를 설치하는 경우에는 그 설비의 유효범위에서 설치가 면제된다.

17. 제연설비	가. 제연설비를 설치해야 하는 특정소방대상물[별표 4 제5호가목6)은 제외한다]에 다음의 어느 하나에 해당하는 설비를 설치한 경우에는 설치가 면제된다.
	  1) 공기조화설비를 화재안전기준의 제연설비기준에 적합하게 설치하고 공기조화설비가 화재 시 제연설비기능으로 자동전환되는 구조로 설치되어 있는 경우
	  2) 직접 외부 공기와 통하는 배출구의 면적의 합계가 해당 제연구역[제연경계(제연설비의 일부인 천장을 포함한다)에 의하여 구획된 건축물 내의 공간을 말한다] 바닥면적의 100분의 1 이상이고, 배출구부터 각 부분까지의 수평거리가 30m 이내이며, 공기유입구가 화재안전기준에 적합하게(외부 공기를 직접 자연 유입할 경우에 유입구의 크기는 배출구의 크기 이상이어야 한다) 설치되어 있는 경우
	나. 별표 4 제5호가목7)에 따라 제연설비를 설치해야 하는 특정소방대상물 중 노대(露臺)와 연결된 특별피난계단, 노대가 설치된 비상용 승강기의 승강장 또는 「건축법 시행령」 제91조제5호의 기준에 따라 배연설비가 설치된 피난용 승강기의 승강장에는 설치가 면제된다.

18. 연결송수관설비	연결송수관설비를 설치해야 하는 소방대상물에 옥외에 연결송수구 및 옥내에 방수구가 부설된 옥내소화전설비, 스프링클러설비, 간이스프링클러설비 또는 연결살수설비를 화재안전기준에 적합하게 설치한 경우에는 그 설비의 유효범위에서 설치가 면제된다. 다만, 지표면에서 최상층 방수구의 높이가 70m 이상인 경우에는 설치해야 한다.
19. 연결살수설비	가. 연결살수설비를 설치해야 하는 특정소방대상물에 송수구를 부설한 스프링클러설비, 간이스프링클러설비, 물분무소화설비 또는 미분무소화설비를 화재안전기준에 적합하게 설치한 경우에는 그 설비의 유효범위에서 설치가 면제된다. 나. 가스 관계 법령에 따라 설치되는 물분무장치 등에 소방대가 사용할 수 있는 연결송수구가 설치되거나 물분무장치 등에 6시간 이상 공급할 수 있는 수원(水源)이 확보된 경우에는 설치가 면제된다.
20. 무선통신보조설비	무선통신보조설비를 설치해야 하는 특정소방대상물에 이동통신 구내 중계기 선로설비 또는 무선이동중계기(「전파법」 제58조의2에 따른 적합성평가를 받은 제품만 해당한다) 등을 화재안전기준의 무선통신보조설비기준에 적합하게 설치한 경우에는 설치가 면제된다.
21. 연소방지설비	연소방지설비를 설치해야 하는 특정소방대상물에 스프링클러설비, 물분무소화설비 또는 미분무소화설비를 화재안전기준에 적합하게 설치한 경우에는 그 설비의 유효범위에서 설치가 면제된다.

6. 건물에 필요한 소방시설 종류 설계사례

가. 소방대상물 용도 분류

건물의 주 용도가 정해져야 설치할 소방시설의 종류와 소방시설의 종류별 구체적인 설계를 할 수 있으므로 용도분류가 먼저 되어야 한다.

건물의 용도분류를 하는 방법은 우선 각 층별, 그리고 개별 층에서도 각 실별로 구체적인 용도와 사용면적의 자료를 가지고 소방시설설치및관리에 관한 법률시행령 별표2의 특정소방대상물 분류표에 의하여 건물의 주용도(대표적 용도) 분류작업을 한다. 소방시설의 설계는 각층별, 각실의 용도에 따라 소방시설설계를 하는 것이 아니며, 건물의 주용도(대표적 용도)에 의하여 그 용도에 필요한 소방시설을 소방시설설치및관리에 관한 법률시행령 별표4의 내용에 의하여 설계를 한다.

나. 건물의 주용도 분류 사례

[그림 1]
- 2층: 미술학원(60㎡), 탁구장(70㎡)
- 1층: 식당(40㎡), 문구점(50㎡), 24시편의점(40㎡)

그림1의 건물의 주용도가 무엇인지를 구체적으로 검토해보면,
- 1층 식당은 별표2. 2. 나. 근린생활시설이다.
- 1층 문구점은 별표2. 2. 가. 근린생활시설이다.
- 1층 24시편의점은 별표2. 2. 가. 근린생활시설이다.
- 2층 미술학원은 별표2. 2. 차. 근린생활시설이다.
- 2층 탁구장은 별표2. 2. 마. 근린생활시설이다.

그러므로 이 건물은 모두 근린생활시설의 용도로 구성되었으며, 주용도는 근린생활시설이다.

[그림 2]
- 3층: 안과의원(80㎡), 산부인과의원(180㎡)
- 2층: 헬스클럽장(200㎡), 치과의원(60㎡)
- 1층: 약국(40㎡), 음식점(70㎡), 주차장(150㎡)

그림2의 건물의 주용도를 검토해보면,
- 1층 약국은 별표2. 2. 가. 근린생활시설이다.
- 1층 음식점은 별표2. 2. 나. 근린생활시설이다.
- 1층 주차장은 이 건물의 부속용도(소방청 해석)로서 근린생활시설이다.
- 2층 헬스클럽장은 별표2. 2. 마. 근린생활시설이다.
- 2층 치과의원은 별표2. 2. 라. 근린생활시설이다.
- 3층 안과의원은 별표2. 2. 라. 근린생활시설이다.
- 3층 산부인과의원은 별표2. 2. 라. 근린생활시설이다.

그러므로 이 건물은 모두 근린생활시설의 용도로 구성되었으며, 주용도는 근린생활시설이다.

주용도 : 건물 전체의 대표 성질의 용도를 말한다

4층	극장(영화상영관) (800㎡)
3층	극장(영화상영관) (800㎡)
2층	극장(영화상영관) (800㎡)
1층	스포츠용품점(200㎡) | 음식점(200㎡) | 노래연습장(100㎡) | 사무실(300㎡)
지하1층	주차장 (800㎡)

그림 3

그림3의 건물의 주용도를 검토해보면,

- 1층 스포츠용품점은 별표2. 2. 가. 근린생활시설이다.
- 1층 음식점은 별표2. 2. 나. 근린생활시설이다.
- 1층 노래연습장은 별표2. 2. 나. 근린생활시설이다.
- 1층 사무실은 별표2. 2. 사. 근린생활시설이다.
- 2, 3, 4층 극장은 별표2. 3. 가. 문화및집회시설이다.
  면적 300㎡ 이상으로서 6p 2.가.바에 해당하지 않으므로 3.가에 해당된다.
- 지하1층 주차장은 주용도에 포함되는 부속용도(소방청 해석)이다.

참 고
주차장을 18.항공기 및 자동차관련시설로 분류하면 되지 않으며, 이 건물의 사용을 위한 부속용도이므로 이건물의 주용도와 같은 용도로 해석해야 한다.

그러므로 이 건물은 근린생활시설의 용도와 문화집회 및 운동시설로 구성되었으며, 주용도는 별표2. 30. . (제2호와 3호를 함께 사용)복합건축물이다.

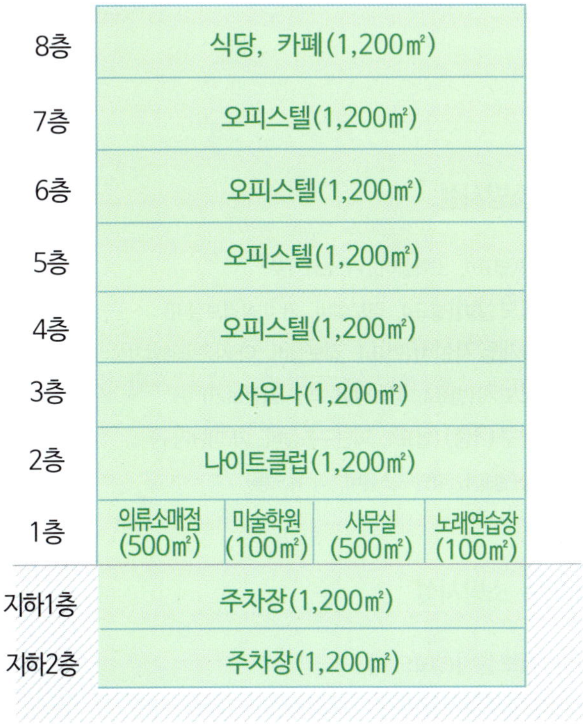

8층	식당, 카페(1,200㎡)
7층	오피스텔(1,200㎡)
6층	오피스텔(1,200㎡)
5층	오피스텔(1,200㎡)
4층	오피스텔(1,200㎡)
3층	사우나(1,200㎡)
2층	나이트클럽(1,200㎡)
1층	의류소매점(500㎡) | 미술학원(100㎡) | 사무실(500㎡) | 노래연습장(100㎡)
지하1층	주차장(1,200㎡)
지하2층	주차장(1,200㎡)

그림 4

그림4의 건물의 주용도를 검토해보면,

- 지하1, 2층 주차장은 주용도에 포함되는 부속용도(소방청 해석)이다.
- 1층 의류소매점은 별표2. 2. 가. 근린생활시설이다.
- 1층 미술학원은 별표2. 2. 차. 근린생활시설이다.
- 1층 사무실은 별표2. 12. 나. 업무시설이다.
- 1층 노래연습장은 별표2. 2. 나. 근린생활시설이다.
- 2층 나이트클럽은 별표2. 14. 나. 위락시설이다.
- 3층 사우나는 별표2. 2. 다. 근린생활시설이다.
- 4~7층 오피스텔은 별표2. 12. 나. 업무시설이다.
- 8층 식당,카페는 별표2. 2. 나. 근린생활시설이다.

참 고
학원이 근린생활인지 교육연구시설인지의 판단은 우선 근린생활시설에 해당이 되는지 검토를 하고, 해당이 되지 않으면 교육연구시설이 된다.

사무실이 업무시설인지 근린생활시설인지의 판단은 우선 근린생활시설에 해당이 되는지 검토를 하고, 해당이 되지 않으면 업무시설이 된다.

그러므로 이 건물은 근린생활시설의 용도, 위락시설, 업무시설의 용도와 함께 구성되었다.
주용도는 별표2. 30. 나. 복합건축물이다.

다. 소방대상물 소방시설의 종류 설계

아래의 건물에 대하여 필요한 소방시설의 종류에 대하여 설계를 한다.

사례 1

이 건물은 2층, 바닥면적 130㎡, 연면적 260㎡로서 근린생활시설의 건물이며 근린생활시설의 건물에 필요한 소방시설을 소방시설설치 및 관리에 관한 법률시행령 별표4의 내용에 따라 소화기부터 시설별로 해당이 되는 지를 검토해야 한다.

필요한 소방시설

1. 소화기 (별표4, 소화설비, 가.소화기구)
2. 유도등 (별표4, 피난구조설비, 다.유도등)

사례 2

이 건물은 3층, 바닥면적 260㎡, 연면적 780㎡로서 근린생활시설의 건물이며, 근린생활시설의 건물에 필요한 소방시설을 소방시설설치 및 관리에관한 법률시행령 별표4의 내용에 따라 소화기부터 시설별로 해당이 되는지를 검토하여야 한다.

필요한 소방시설

1. 소화기 (별표4, 소화설비, 가.소화기구)
2. 비상경보설비 (별표4, 경보설비, 가.비상경보설비)
3. 자동화재탐지설비 (별표4, 경보설비, 다.자동화재탐지설비)
4. 시각경보기 (별표4, 경보설비, 라.시각경보기)
5. 피난기구 (3층) (별표4, 피난구조설비, 가.피난기구)
6. 유도등 (별표4, 피난구조설비, 다.유도등)

면제되는 소방시설

1. 비상경보설비 (별표5, 8)
   (자동화재탐지설비가 설치되므로 면제된다)

사례 3

층	용도 (면적)
4층	극장(영화상영관) (800㎡)
3층	극장(영화상영관) (800㎡)
2층	극장(영화상영관) (800㎡)
1층	스포츠용품점(200㎡) / 음식점(200㎡) / 노래연습장(100㎡) / 사무실(300㎡)
지하1층	주차장(800㎡)

필요한 소방시설
1. 소화기
2. 옥내소화전설비
3. 스프링클러설비
4. 비상경보설비
5. 비상방송설비
6. 자동화재탐지설비
7. 피난기구
8. 인명구조기구(극장에 설치)
9. 유도등
10. 비상조명등
11. 휴대용 비상조명등
12. 제연설비
13. 다중이용업소(극장, 노래연습장은 다중이용업소이므로 다중이용업소의 안전관리에 관한 특별법에 해당하는 소방시설 설치해야 한다)

면제되는 소방시설
1. 비상경보설비 (자동화재탐지설비가 설치되므로 면제된다)
2. 지하1층에 물분무등 소화설비의 대용으로 스프링클러설비를 설치한다.

이 건물은 지하1층 지상4층, 바닥면적 800㎡, 연면적 4,000㎡로서 복합건축물이다. 소방시설은 소방시설설치 및 관리에관한 법률시행령 별표4의 내용에 따라 소화기부터 시설별로 해당이 되는지를 검토해야 한다.

그림 4

층	용도 (면적)
8층	식당, 카페(1,200㎡)
7층	오피스텔(1,200㎡)
6층	오피스텔(1,200㎡)
5층	오피스텔(1,200㎡)
4층	오피스텔(1,200㎡)
3층	사우나(1,200㎡)
2층	나이트클럽(1,200㎡)
1층	의류소매점(500㎡) / 미술학원(100㎡) / 사무실(500㎡) / 노래연습장(100㎡)
지하1층	주차장(1,200㎡)
지하2층	주차장(1,200㎡)

필요한 소방시설
1. 소화기
2. 옥내소화전설비
3. 스프링클러설비
4. 비상경보설비
5. 비상방송설비
6. 자동화재탐지설비
7. 시각경보기
8. 피난기구
9. 유도등
10. 비상조명등
11. 상수도소화용수설비
12. 연결송수관설비
13. 다중이용업소(식당, 카페, 나이트클럽, 사우나는 다중이용업소이므로 다중이용업소의 안전관리에 관한 특별법에 해당하는 소방시설 설치해야 한다)

면제되는 소방시설
1. 비상경보설비 (자동화재탐지설비가 설치되므로 면제된다)
2. 지하1,2층에 물분무등소화설비의 대용으로, 스프링클러설비를 설치한다.

이 건물은 지하2층 지상8층, 바닥면적 1,200㎡, 연면적 12,000㎡로서 복합건축물이며 복합건축물에 필요한 소방시설을 소방시설설치 및 관리에관한 법률시행령 별표4의 내용에 따라 소화기부터 시설별로 해당이 되는지를 검토해야 한다.

7. 배관, 배선 물량(물건 분량) 계산

자동화재탐지설비에 사용되는 배관 및 배선의 필요한 물량을 계산해야 한다.
배관(전선관)은 후강전선관과 박강전선관이 있다.

<u>후강전선관</u>은 배관에서 특히 강도를 필요로 하는 경우 또는 폭발성가스나 부식성가스가 있는 장소에 사용하며, 관의 <u>호칭</u>은 안지름의 근사값을 짝수로 표시한다. 16,22,28,36,42,54,70,82,92,104mm의 10종류가 있다.

<u>박강전선관</u>은 일반적인 장소에 사용하며, 관의 호칭은 바깥지름의 근사값을 홀수로 표시한다. 15,19,25,31,39,51,63,75의 8종류가 있다.

소방시설은 후강전선관을 사용하며, 감지기와 감지기간의 전선은 1.5㎟를 사용하며, 감지기선 이외의 발신기와 발신기 발신기와 수신기 등에 사용되는 전선은 2.5㎟를 사용한다.

전선관의 사용규격은 전선관에 전선이 몇선 들어 가는냐에 따라 전선관의 굵기를 결정한다.
예를 들어 감지기와 감지기 사이에 감지기선이 8선이라면, 들어갈 전선관 규격은 28mm 전선관이 필요하다.(○선으로 표기)
발신기와 발신기 사이에 선의 수량이 20선이라면, 들어갈 전선관 규격은 36mm 전선관이 필요하다.(○선으로 표기)

후강전선관 규격표

전선 규격	전선관 규격					
	16 [mm]	22 [mm]	28 [mm]	36 [mm]	42 [mm]	54 [mm]
1.5 [㎟]	1 ~ 6 가닥	7 가닥	8 ~ 18 가닥	-	-	-
2.5 [㎟]	1 ~ 4 가닥	5 ~ 7 가닥	8 ~ 12 가닥	13 ~ 21 가닥	22 ~ 28 가닥	29 ~ 45 가닥

배선의 규격은 감지기 배선은 1.5㎟, 그 밖의 배선은 2.5㎟선을 사용한다.
전선의 길이 계산은 평균적으로 여유율 10%를 적용한다.

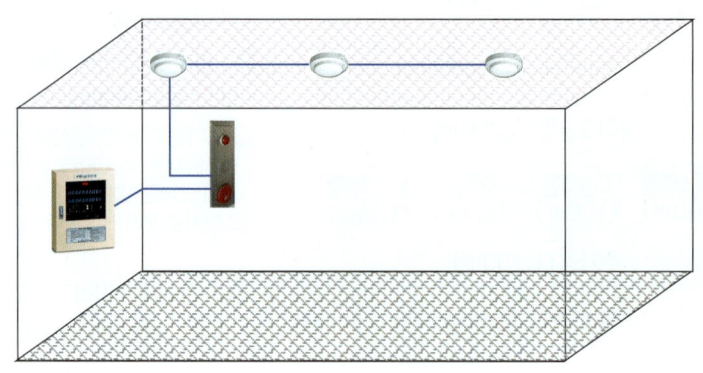

후강전선관 厚鋼電線管 : 관의 살 두께가 두터운 전선관
호칭 呼稱 : 이름을 지어 부름
박강전선관 薄鋼電線管 : 관의 살 두께가 얇은 전선관

【사례 1】

자동화재탐지설비의 평면도와 같은 장소에 층고는 4m이고 반자는 없는 조건이며, 발신기와 수신기는 바닥으로부터 1.2m의 높이에 설치한다. 배선의 할증은 10%를 적용한다. 필요한 전선관 및 전선 길이를 계산하시오.

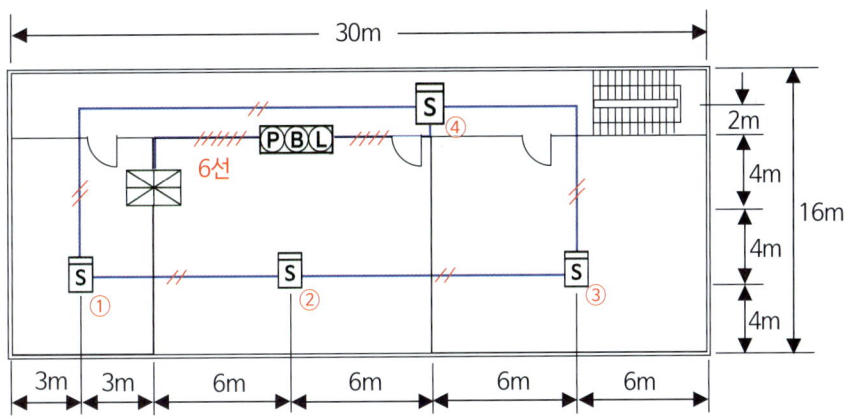

1. 감지기와 감지기간 전선관, 전선

품명	구격	산출식	총길이(m)
전선관	16C	① ↔ ② 감지기 : 3+6 = 9, ② ↔ ③ 감지기 : 6+6 = 12, ③ ↔ ④ 감지기 : 4+4+2+6 = 16, ④ ↔ ① 감지기 : 6+6+3+2+4+4 = 25m	62m
전선	1.5(㎟)	전선관 길이 62m × 2회로(회로선, 공통선) = 124m 124 × 1.1(10% 할증) = 136.4m	136.4m

1-2. 감지기와 발신기간 전선관, 전선

품명	구격	산출식	총길이(m)
전선관	16C	2+6+(4-1.2 - 천장에서 발신기까지 거리) = 10.8	10.8m
전선	1.5(㎟)	전선관 길이 10.8m × 4회로(회로선 2, 공통선 2) = 43.2m 43.2 × 1.1(10% 할증) = 47.52m	47.52m

2. 수신기와 발신기간 전선관, 전선

품명	구격	산출식	총길이(m)
전선관	22C	천장에서 발신기까지 높이 : 4-1.2 = 2.8m 수평거리 : 6+4 = 10m 천장에서 수신기까지 높이 : 4-1.2 = 2.8m	15.6m
전선	2.5(㎟)	15.6 × 6회로(벨 +, 벨 -, 표시등, 응답, 회로, 공통) = 93.6m 93.6 × 1.1(10% 할증) = 102.96m	102.96m

【사 례 2】

할론소화설비의 평면도와 같은 장소에 필요한 전선관 및 전선을 계산하시오.(단, 배선의 할증은 10%를 적용한다)

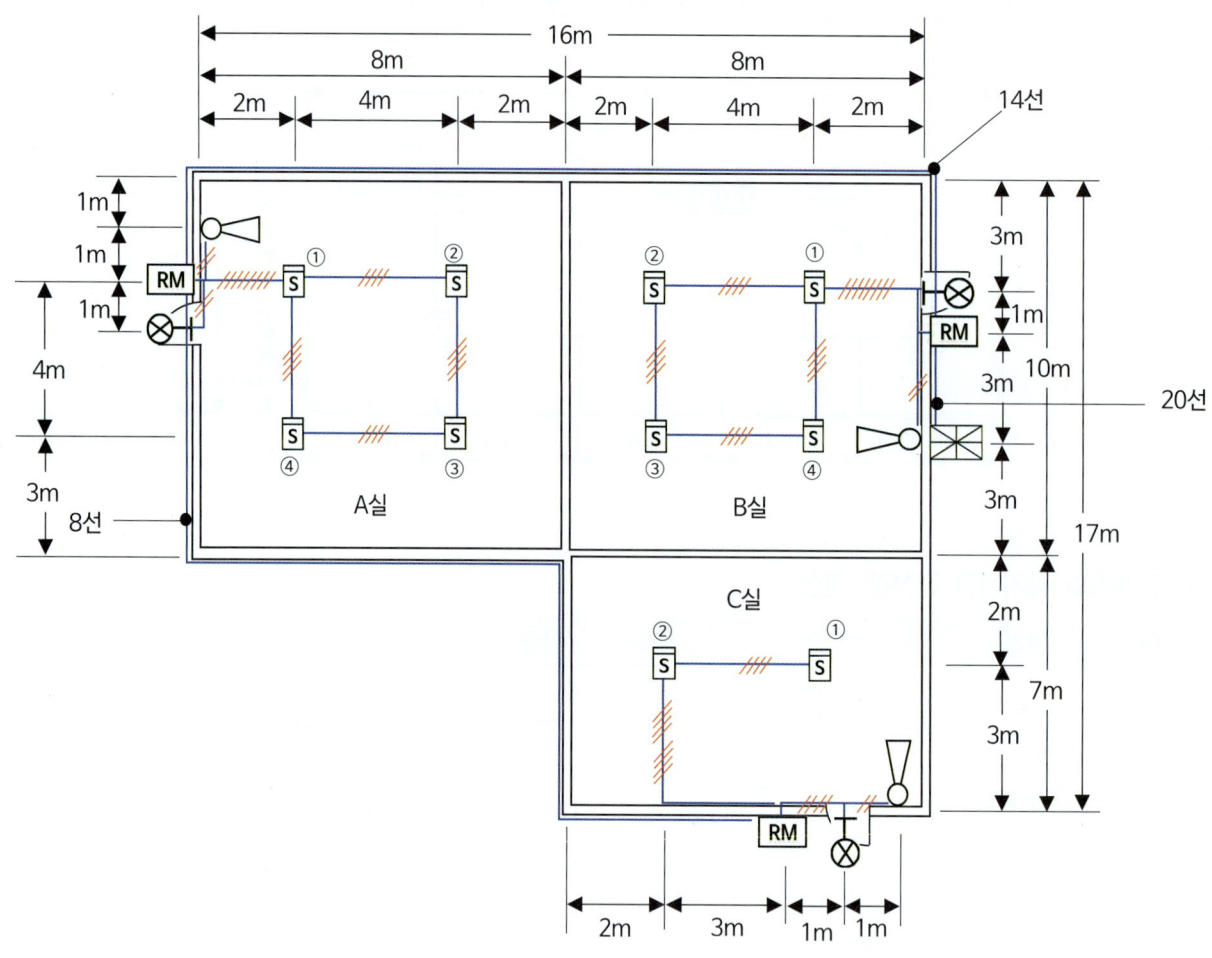

1. A실 감지기 전선관, 전선

품명	구간	구격	산출식	총길이(m)
전선관	①~④~①	16C	4+4+4+4 = 16m	16m
	①~수동조작함	28C	2m	2m
전선	①~④~①	1.5(㎟)	(4+4+4+4) × 4회로 = 64m, 64m × 1.1(할증율) = 70.4m	70.4m
	①~수동조작함	1.5(㎟)	2 × 8회로 = 16m, 16m × 1.1(할증율) = 17.6m	17.6m

2. B실 감지기 전선관, 전선

품명	구간	구격	산출식	총길이(m)
전선관	①~④~①	16C	4+4+4+4 = 16m	16m
	①~수동조작함	28C	2+1m	3m
전선	①~④~①	1.5(㎟)	(4+4+4+4) × 4회로 = 64m, 64m × 1.1(할증율) = 70.4m	70.4m
	①~수동조작함	1.5(㎟)	3m × 8회로 = 24m, 24m × 1.1(할증율) = 26.4m	26.4m

3. C실 감지기 전선관, 전선

품명	구간	구격	산출식	총길이(m)
전선관	①~②	16C	4m	4m
	②~수동조작함	28C	3+3 = 6m	6m
전선	①~②	1.5(㎟)	4m × 4회로 = 16m, 16m × 1.1(할증율) = 17.6m	17.6m
	②~수동조작함	1.5(㎟)	6m × 8회로 = 48m, 48m × 1.1(할증율) = 52.8m	52.8m

4. A실 사이렌 전선관, 전선

품명	구간	구격	산출식	총길이(m)
전선관	사이렌~수동조작함	16C	1m	1m
전선	사이렌~수동조작함	2.5(㎟)	1m× 2회로 = 2m, 2m × 1.1(할증율) = 2.2m	2.2m

5. B실 사이렌 전선관, 전선

품명	구간	구격	산출식	총길이(m)
전선관	사이렌~수동조작함	16C	3m	3m
전선	사이렌~수동조작함	2.5(㎟)	3m× 2회로 = 6m, 6m × 1.1(할증율) = 6.6m	6.6m

6. C실 사이렌 전선관, 전선

품명	구간	구격	산출식	총길이(m)
전선관	사이렌~수동조작함	16C	2m	1m
전선	사이렌~수동조작함	2.5(㎟)	2m× 2회로 = 4m, 4m × 1.1(할증율) = 4.4m	4.4m

7. A실 방출표시등 전선관, 전선

품명	구간	구격	산출식	총길이(m)
전선관	방출표시등~수동조작함	16C	1m	1m
전선	방출표시등~수동조작함	2.5(㎟)	1m× 2회로 = 2m, 2m × 1.1(할증율) = 2.2m	2.2m

8. B실 방출표시등 전선관, 전선

품명	구간	구격	산출식	총길이(m)
전선관	방출표시등~수동조작함	16C	1m	1m
전선	방출표시등~수동조작함	2.5(㎟)	1m× 2회로 = 2m, 2m × 1.1(할증율) = 2.2m	2.2m

9. C실 방출표시등 전선관, 전선

품명	구간	구격	산출식	총길이(m)
전선관	방출표시등~수동조작함	16C	1m	1m
전선	방출표시등~수동조작함	2.5(㎟)	1m × 2회로 = 2m, 2m × 1.1(할증율) = 2.2m	2.2m

10. C실 수동조작함과 A실 수동조작함 전선관, 전선

품명	구간	구격	산출식	총길이(m)
전선관	C실 수동조작함~A실 수동조작함	28C	3+2+5+8+3+4 = 25m	25m
전선	C실 수동조작함~A실 수동조작함	2.5(㎟)	(3+2+5+8+3+4) × 8회로 = 200m, 200m × 1.1 = 220m	200m

11. A실 수동조작함과 B실 수동조작함 사이 전선관, 전선

품명	구간	구격	산출식	총길이(m)
전선관	A실 수동조작함~B실 수동조작함	36C	1+1+16+3+1 = 22m	22m
전선	A실 수동조작함~B실 수동조작함	2.5(㎟)	(1+1+16+3+1) × 14회로 = 308m, 308m × 1.1 = 338.8m	338.8m

12. B실 수동조작함과 수신기 사이 전선관, 전선

품명	구간	구격	산출식	총길이(m)
전선관	B실 수동조작함 ~ 수신기	36C	3m	3m
전선	B실 수동조작함 ~ 수신기	2.5(㎟)	3 × 20회로 = 60m, 60m × 1.1 = 66m	66m

참고자료
26p 자료와 같으며 옆페이지의 자료확인 편의를 위한 도면이다.

할론소화설비 평면도

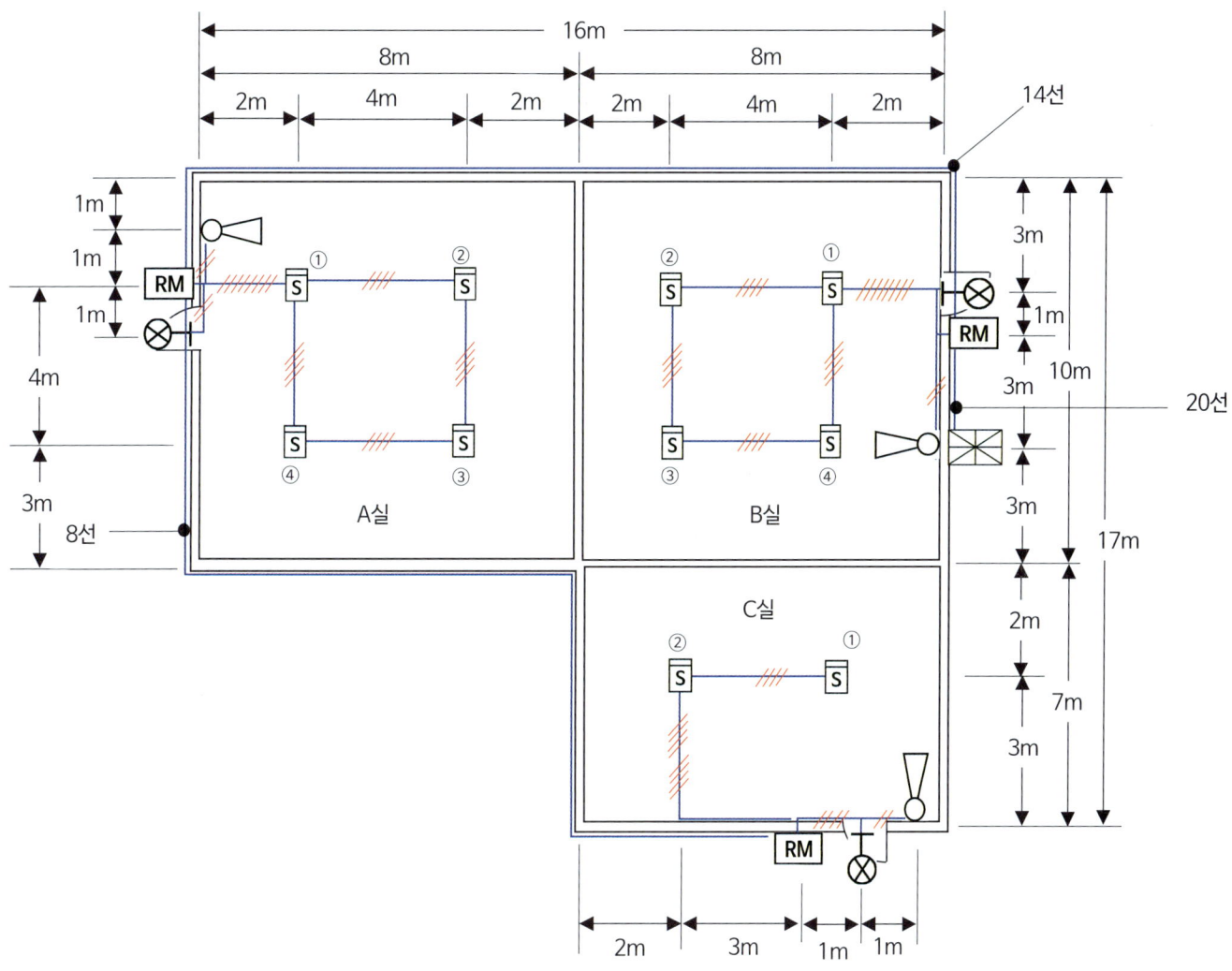

8. 소방시설 공사 노무비 계산
노동력 지출 비용

소방시설 공사 내용에 대하여 노무비를 계산하는 방법의 내용이다.

1. 노무비 계산

노무비 = 수량 × 공량 × 노임단가

2. 공수(공량)

공수(工數) : 일정한 작업에 필요한 인원수를 노동 시간 또는 노동일로 나타낸 수치. 이를 토대로 표준 노무비를 계산한다. 일을 하는데 필요로 하는 인원 수를 말한다. 공수를 공량(工量)이라고도 한다.

공량(工量) : 공량이란 사람이 투입되는 수를 말한다. 만약, 한사람이 10를 옮길수 있는 일이 있을 때 30개를 옮겨야 한다면 공량은 3이라 한다.

예를 들어 표에서,
P형1급 수신기(5회로) 1대를 설치하는데는 6.3명이 1일동안 작업을 해야하는 인력이 필요하다는 것이다.
발신기(P형1급) 1개를 설치하는데는 0.3명이 1일동안 작업을 해야하는 인력이 필요하다는 것이다.

노무비 勞務費 : 건설 현장이나 생산 현장 따위에서 육체노동을 하는 것에 해당하는 비용

품셈표

공 종	단위	내선전공	비고
스포트형감지기【(차동식,정온식,연기식,보상식)노출형】	개	0.13	1. 천장높이 4m 기준, 1m 증가 시마다 5% 가산 2. 매입형 또는 특수구조인 경우 조건에 따라서 산정(계산)
시험기(공기관 포함)	개	0.15	1. 천장높이 4m 기준, 1m 증가 시마다 5% 가산 2. 매입형 또는 특수구조인 경우 조건에 따라서 산정
분포형의 공기관(열전대선 감지선)	m	0.025	1. 천장높이 4m 기준, 1m 증가 시마다 5% 가산 2. 매입형 또는 특수구조인 경우 조건에 따라서 산정
검출기	개	0.30	
공기관의 부스터	개	0.10	
발신기 P-1 발신기 P-2 발신기 P-3	개	0.30 0.30 0.20	1급(방수형) 2급(보통형) 3급(푸시버튼 만으로 응답확인 없는 것)
회로시험기		0.10	
수신기 P-1(기본공수) (회선수 공수 산출 가산 필요)	대	6.0	【회선수에 대한 산정】 매1회선에 대해서 | 형식 \ 직종 | 내선정공 | |---|---| | P-1 | 0.3 | | P-2 | 0.2 | | R형 | 0.2 | ※ R형은 수신반 인입감시 회선수 기준 【참고】 산정 예 :【P-1의 10회분 기본공수는 6인, 회선당 할증수는 (10×0.3)=3】 ∴ 6+3=9인
수신기 P-2(기본공수) (회선수 공수 산출 가산 필요)	대	4.0	

사례

아래 자동화재탐지설비 평면도의 내용에 대한 공사에 대하여 노무비를 계산하여 빈칸 ☐을 채우시오,
(품샘표의 주어진 내용으로 빈칸 ☐을 계산하세요)

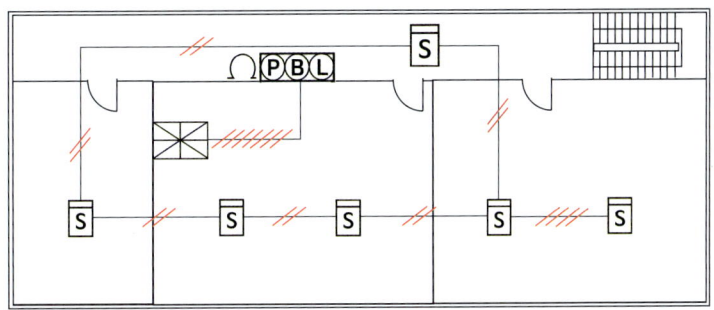

품샘표

품명	규격	단위	수량	공량	노임단가(원)	노무비(원)
연기감지기	스포트형	개	6	0.13	110,000	85,800 (6×0.13×110,000)
발신기	P형1급	개	1	0.30	110,000	33,000 (1×0.30×110,000)
경종	DC 24(V)	개	1	0.15	110,000	16,500 (1×0.15×110,000)
표시등	DC 24(V)	개	1	0.20	110,000	22,000 (1×0.20×110,000)
전선관	16C	m	76	0.08	110,000	668,800 (76×0.08×110,000)
전선	HFIX 1.5(㎟)	m	208	0.01	110,000	228,800 (208×0.01×110,000)
전선관	28C	m	7	0.14	110,000	107,800 (7×0.14×110,000)
전선	HFIX 2.5(㎟)	m	77	0.01	110,000	84,700 (77×0.01×110,000)
P형1급 수신기	5회로	대	1	6.3	110,000	693,000 (1×6.3×110,000)
					소계	1,940,400

빈칸 ☐의 풀이한 내용이 청색으로 쓴 내용이다

9. 금속배관 공사 자재 부품

번호	명칭	그림	용도
1	커플링 coupling		금속전선관 상호 간을 접속하는 데 사용되는 부품
2	새들 Saddle		관을 지지하는 데 사용하는 부품
3	노멀 밴드 Normal Band		매입 배관공사를 할 때 직각으로 굽히는 곳에 사용되는 부품
4	부싱 Bushing		전선의 절연피복을 보호하기 위해 금속관 끝에 끼우는 부품
5	로크 너트 Lock Nut		금속관과 박스를 접속할 때 사용되는 부품으로 최소 2개를 사용한다
6	니플 nipple		금속관과 금속관을 연결하기 위해 직선축의 양단에 숫나사가 내어져 있는 관이음 부품
7	이경 니플		구경이 각각 다른 금속관과 금속관을 연결하기 위해 직선축의 양단에 숫나사가 내어져 있는 관이음 부품
8	유니버설 엘보		노출배관공사를 할 때 관을 직각으로 굽히는 곳에 사용하는 부품
9	환형 1방출 정션박스		금속관을 1개소 연결하는 박스 정션박스(junction box) : 여러 개의 회로를 상호 접속하기 위하여 한곳에 모아 수납해 놓은 상자
	환형 2방출 정션박스		금속관을 2개소 연결하는 박스
	환형 3방출 정션박스		금속관을 3개소 연결하는 박스
	환형 4방출 정션박스		금속관을 4개소 연결하는 박스
10	링 리듀서 Ring reducer		금속관을 아웃렛 박스 등에 설치할 때 지름이 관의 지름보다 커 로크 너트 만으로는 고정할 수 없을 때 보조적으로 지름을 작게 하기 위해 사용된다.
11	파이프 커터 Pipe Cutter		금속관을 절단하는 공구
12	파이프 밴더 Pipe Bender		금속관을 구부릴 때 사용하는 공구

13	유니언 커플링		관이 고정되어 있을 때 금속관 상호 간을 접속하는 데 사용하는 부품
14	스트레이트 커넥터		가요전선관과 박스 연결에 사용되는 부품
15	콤비네이션 커플링		가요전선관과 금속전선관 연결에 사용되는 부품
16	스플리트 커플링		가요전선관과 가요전선관 연결에 사용되는 부품

금속배관 공사 자재 부품 이름

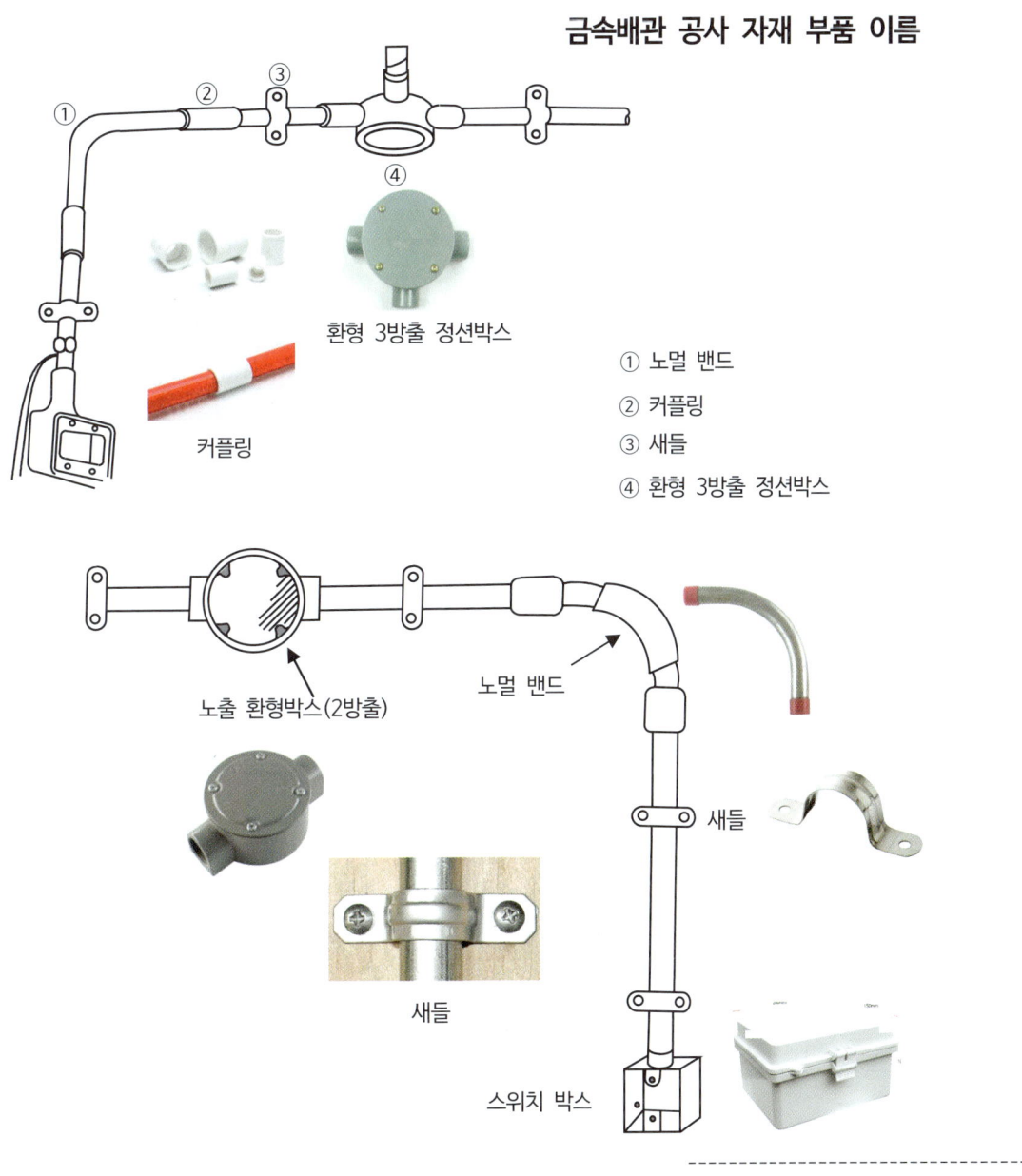

① 노멀 밴드
② 커플링
③ 새들
④ 환형 3방출 정션박스

정션박스(junction box) : 여러 개의 회로를 상호 접속하기 위하여 한곳에 모아 수납해 놓은 상자

10. 소방시설 설계 기초해설

가. 건축물의 설계도면 보는 방법 ················· 35

나. 소방시설 기계설비 계통도 ················· 36

다. 소방 펌프실 상세도 ················· 37

라. 소방시설 기계설비 평면도 구체적인 내용 해설 ················· 38

마. 소방시설 전기 계통도 ················· 39

바. 소방시설 전기 평면도 ················· 40

사. 펌프용량 설계 ················· 41

아. 배관 설계 ················· 56

자. 유도등 설계 ················· 68

차. 피난기구 설계 ················· 73

가. 건축물의 설계도면 보는 방법

설계도면은 건물에 대하여 지면(땅 바닥면)의 앞(정면)에서 수평으로 건물을 앞으로 바라본 그림을 정면도라 하며, 하늘에서 땅의 방향으로 수직으로 내려다 본 그림을 평면도라 한다. 그리고 지면상의 보고 있는 대상물 옆의 좌측이나 우측에서 앞으로 본 그림을 좌측면도, 우측면도라 한다.
그리고 건물을 수직으로 자른 부분을 표현한 것을 단면도라 하며, 문이나 창을 상세히 표현한 도면을 창호도라 한다.
소방시설의 설계도면은 소방시설 기계설비분분과 전기설비부분을 나누어 설계도면을 나타내고 있다.

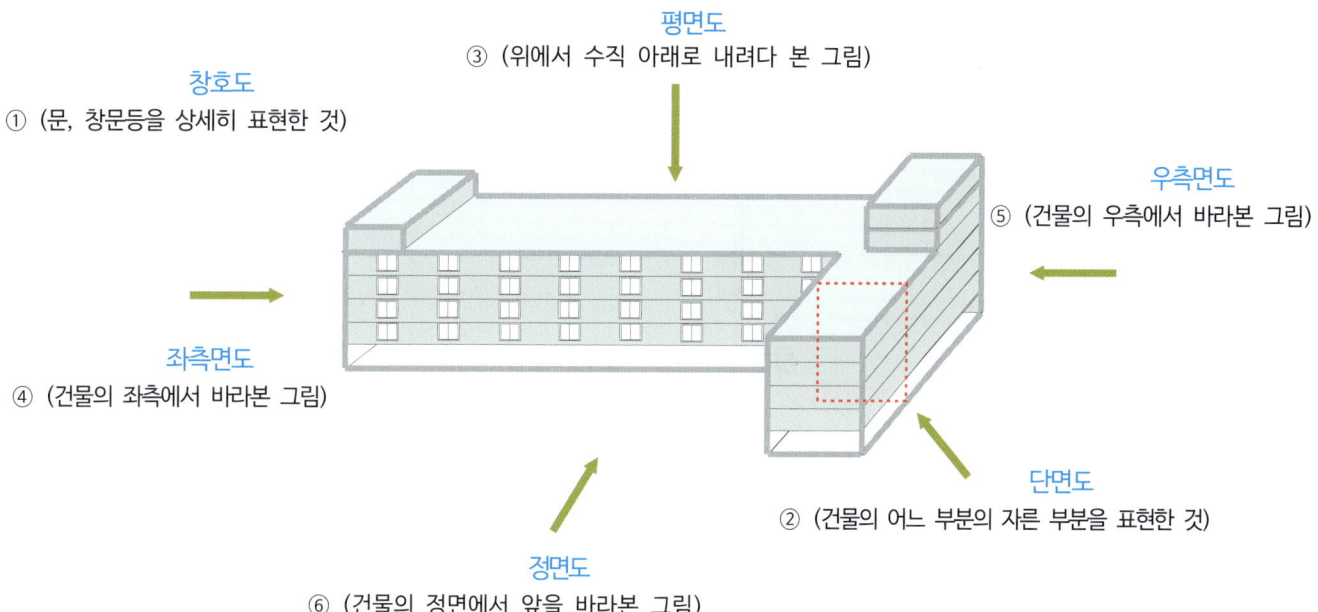

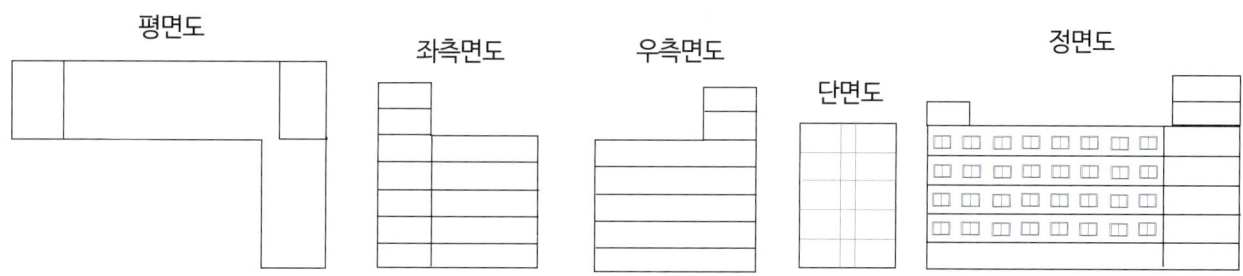

나. 소방시설 기계설비 계통도

계통도는 건물의 정면에서 수평으로 바라본 소방시설(기계분야)의 정면도이다.

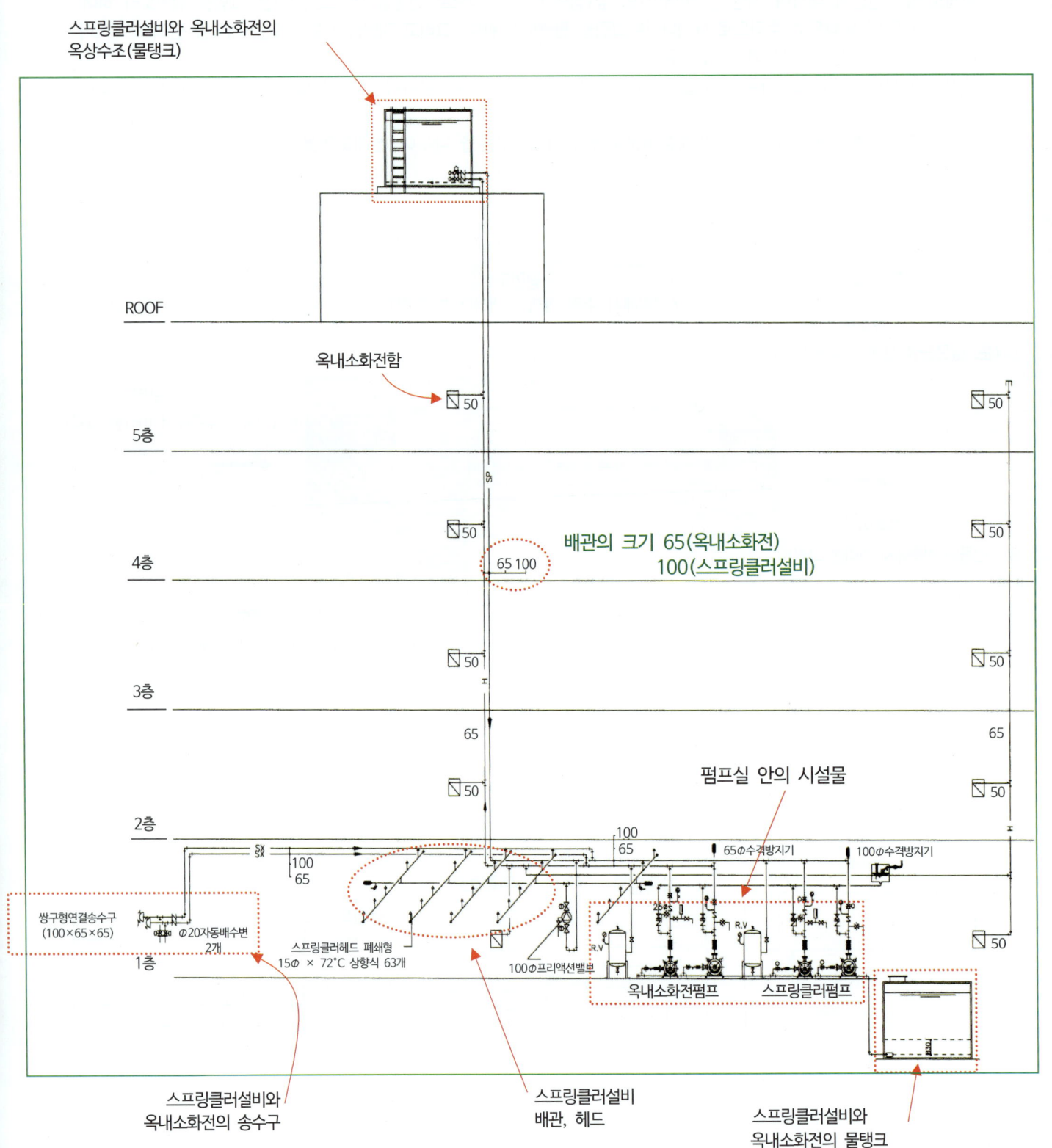

다. 소방 펌프실 상세도
도면에 그 일부의 형상·치수·구조를 보이기 위하여 줄인 비율을 달리하여 그린 도면

가. 펌프주위 배관도

펌프주위의 부속품과 압력탱크, 펌프성능시험배관 등의 내용이 상세히 설계되어야 한다.
펌프주위 부속품은 물올림탱크 및 관련부품, 압력탱크 및 관련부품, 흡입측배관 및 관련부품, 토출측배관 및 관련부품, 펌프성능시험배관 및 관련부품 등이다.

나. 수조(물탱크) 상세도

수조에는 급수관, 수위계, 맨홀, 고정식 사다리, 실내의 조명설비, 청소용 배수밸브(배수관), 표지판, 동결방지조치 등이 설계되어야 한다.
수조와 옥상수조의 물의 저장량도 설계되어야 한다.

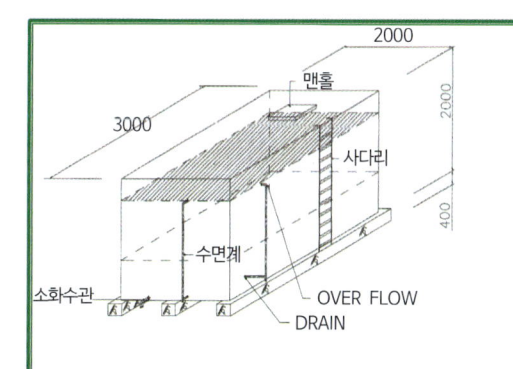

소화전용수조 설치 상세도
S : 1/NONE

1. 옥상수조 : 3000L × 2000W × 2000H = 12㎥
2. 옥상 소화수 용량 : 7.14㎥
   - 옥내소화전 : 2.6㎥ × 2개 = 5.2㎥
     (법적 옥상수조 저수량 = $\frac{5.2}{3}$ = 1.74㎥)
   - 스프링클러 : 1.6㎥ × 10개 = 16톤
     (법적 옥상수조 저수량 = 16/3 = 5.4㎥)
   - 따라서 법적 옥상수조저수량 1.74 + 5.4 = 7.14
3. 옥상수조에 필요한 내용
   급수관, 배수관, 맨홀, 사다리, 수면계 등을 설치한다

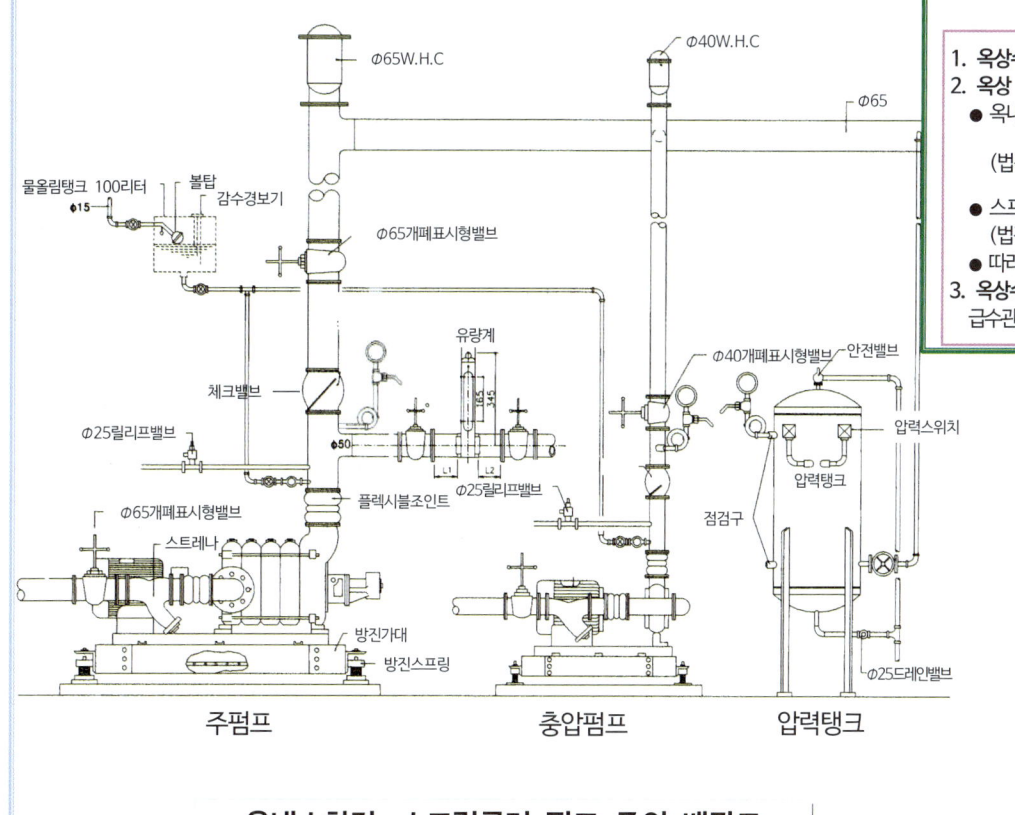

옥내소화전, 스프링클러 펌프 주위 배관도

라. 소화시설 기계설비 평면도 구체적인 내용 해설

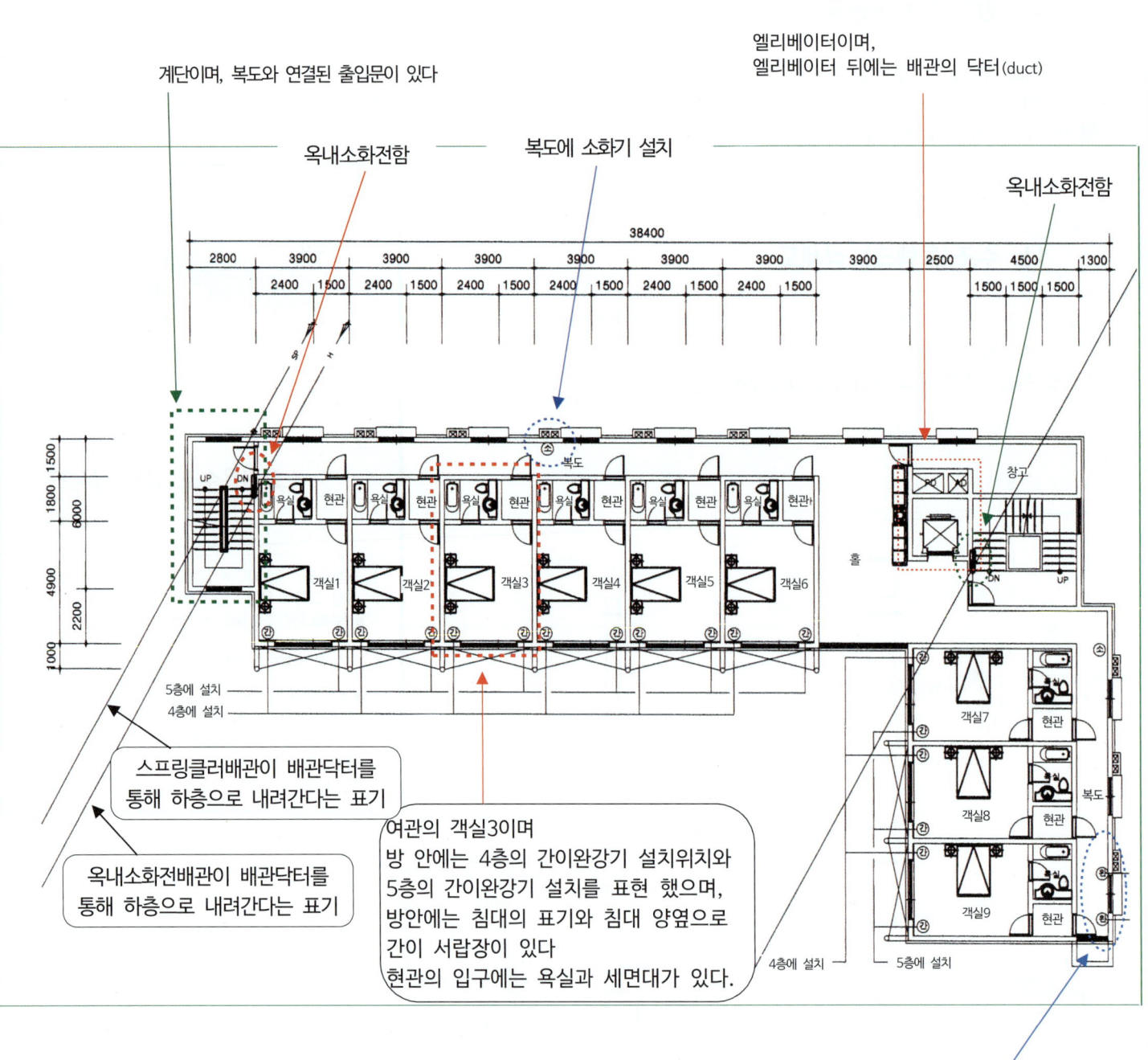

마. 소방시설 전기 계통도 계통 관계를 나타낸 그림

소방시설의 전기시설 배선 내용을 수신기(제어반)에서 옥상수조까지의 건물의 수직적인 전기배선을 소방시설 전기 계통도에서 표현하며, 각 층별 수평적인 전기배선(감지기선등의 표현)은 각 층별 평면도에서 표현한다.

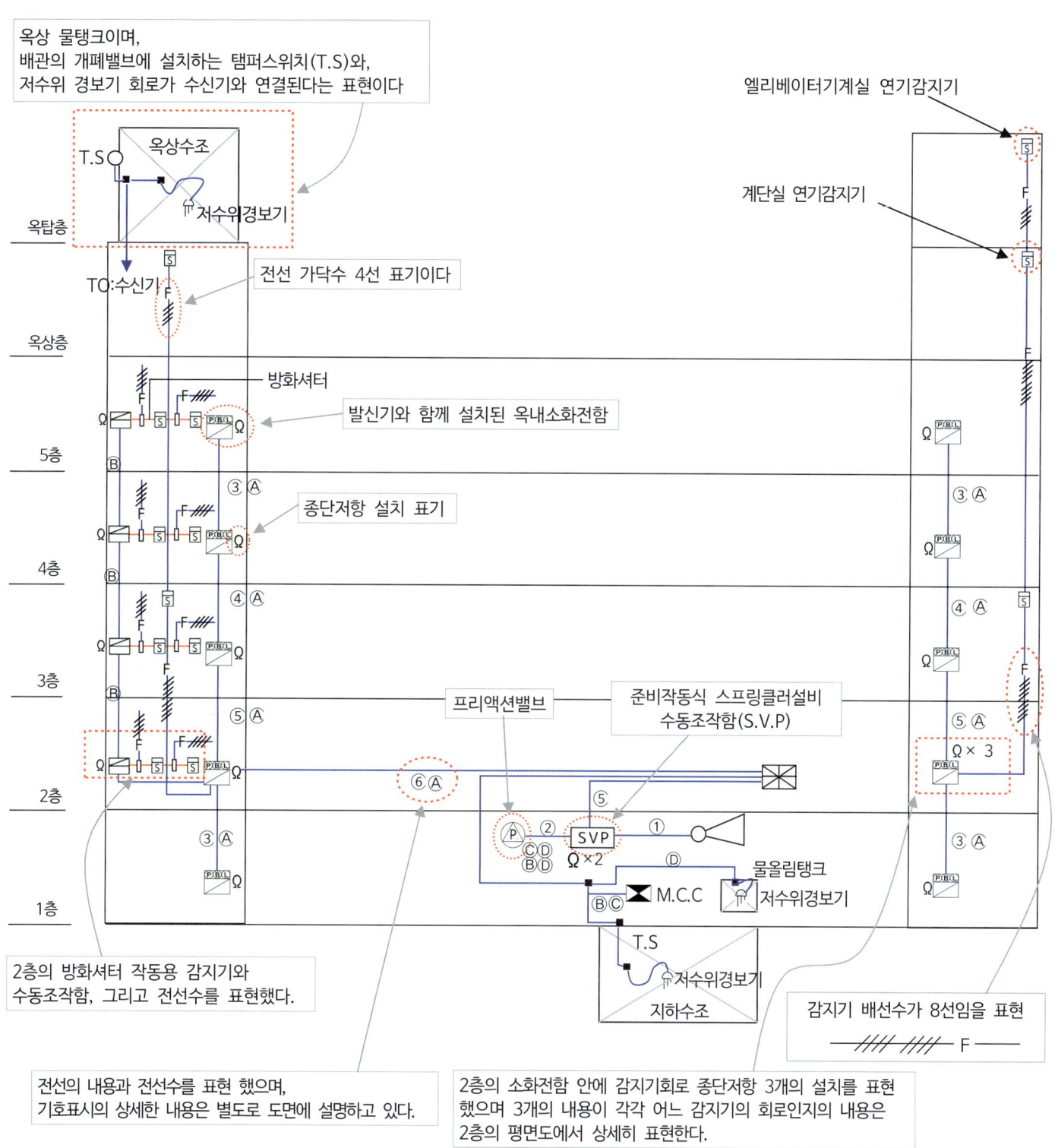

바. 소방시설 전기 평면도 _{평면 상태를 나타낸 도면}

3층의 소화설비 전기부분 감지기의 설계 및 배선, 유도등을 표현하였다.

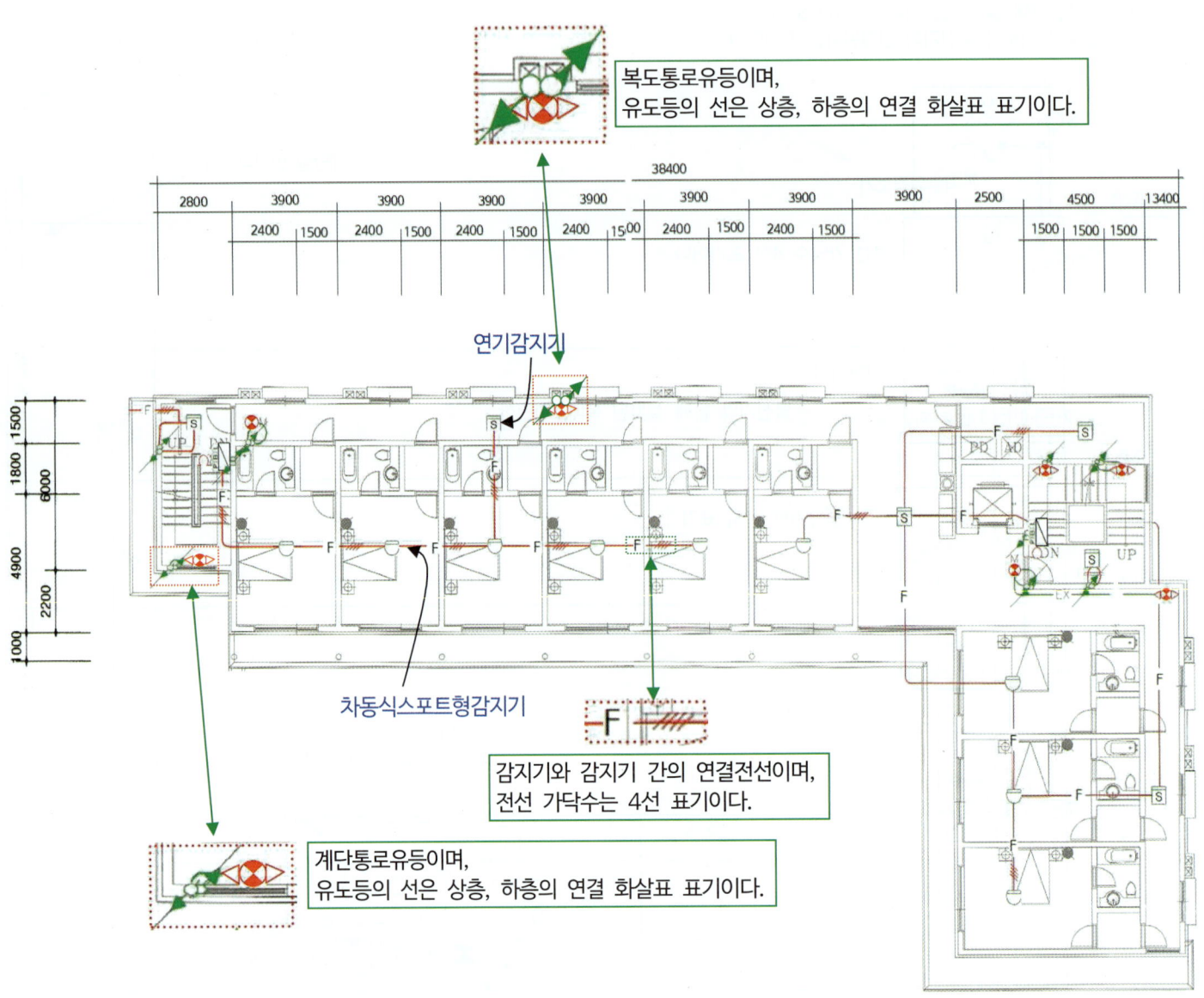

사. 펌프용량 설계

옥내소화전설비에 사용하는 펌프는 설치하는 장소에 적합한 크기(토출량, 방수압력)가 되도록 해야 한다.
펌프의 크기(용량) 계산은 소화전 노즐에서의 방수압력은 0.17MPa 이상, 방수량은 130ℓ/min 이상이 되도록 해야 한다.

방수압력은 기준에 맞게 설계하기 위해서는 설치하는 장소(건물)의 소화전 노즐에서의 방수압력이 가장 낮게 나오는 소화전함을 설계의 장소(기준점)로 정하여 펌프용량의 방수압력과 방수량을 계산하면 그 밖의 소화전은 기준 이상의 방수압력과 방수량이 된다.

방수량은 단위시간에 소화전노즐에서 흘러나온 물의 양을 말하는 것으로서 130ℓ/min은 1분에 130리터를 말하는 것이다.

방수량 설계는 설치장소의 소화전이 가장 많이 설치된 층의 소화전(2개 이상인 경우 2개)에서 동시에 130ℓ/min 이상의 방수량이 되도록 해야 한다.

펌프의 용량을 계산하는 공식은,

$$P(Kw) = \frac{\gamma \times Q \times H}{102 \times E} \times K \text{ 이다.}$$

γ : 비중량(Kgf/㎥, 물의 비중량 = 1000Kgf/㎥)
Q : 유량(㎥/sec)
H : 전양정(m)
E : 펌프의 효율
K : 전달계수

펌프의 토출량(Q)은 설계하는 장소의 소화전이 가장 많이 설치된 층의 소화전 개수에 130ℓ/min을 곱하여 나온 값이다.

양정(H)은 소화전 펌프가 설치된 풋밸브에서 가장 높은 곳에 설치된 소화전 노즐까지의 수직높이와 배관 및 소방호스의 마찰손실 값을 합한 수치가 된다.

전달계수(K)는 전동기가 작동하여 펌프에 전달하는 동력의 전달 값으로서 1.1을 계산한다.

참고자료

1. 전동기 용량(모터동력)

$$P(KW) = \frac{\gamma \times Q \times H}{102 \times E} \times K, \quad P(KW) = \frac{0.163 \times Q_1 \times H}{E} \times K$$

2. 내연기관 용량

$$P(HP) = \frac{\gamma \times Q \times H}{76 \times E} \times K, \quad P(PS) = \frac{\gamma \times Q \times H}{75 \times E} \times K$$

3. 축동력

$$Ls(KW) = \frac{\gamma \times Q \times H}{102 \times E}, \quad Ls(HP) = \frac{\gamma \times Q \times H}{76 \times E}, \quad Ls(PS) = \frac{\gamma \times Q \times H}{75 \times E}$$

(축동력 계산은 전달계수 K값은 무시한다)

4. 수동력

$$Lw(KW) = \frac{\gamma \times Q \times H}{102}, \quad Ls(HP) = \frac{\gamma \times Q \times H}{76}, \quad Ls(PS) = \frac{\gamma \times Q \times H}{75}$$

(수동력 계산은 펌프의 효율 및 전달계수 K값은 무시한다)

γ : 비중량(Kgf/㎥, 물의 비중량 = 1000Kgf/㎥)
Q : 유량(㎥/sec)
H : 전양정(m)
E : 펌프의 효율
K : 전달계수

Q_1 : 유량(㎥/min) $0.163 = \dfrac{1000}{102 \times 60}$

1KW = 102 Kgf · m/sec
1HP = 76 Kgf · m/sec
1PS = 75 Kgf · m/sec

펌프명판(사양서)
● 양정(H) : 120m
● 토출량(Q) : 3.6㎥/h
● 펌프용량(P) : 7.5KW

사례 1

아래와 같은 건물의 옥내소화전설비에 적합한 펌프의 양정 및 전동기 용량을 계산하시오?

〈조건〉
- 펌프의 효율은 60%
- 전달계수는 1.1
- 4층 건물이며 1개층에 2개의 소화전함을 설치한다.
- 관부속품은 표시된 것만 계산한다.
  (레듀샤 등 관부속품이 추가로 있지만 문제를 단순화하여 이해를 돕기 위하여 생략한다)
- 소화전의 소방호스는 길이 15m의 40mm 고무내장호스 각 2매씩 연결한다.

참고

펌프의 양정 계산은 방수압력이 가장 낮게 나오는 최고 높은층에 설치된 옥내소화전의 노즐을 설계의 기준점으로 하여 지하수조의 풋밸브에서 빨간 점선을 표시한 부분의 배관 및 관부속품의 마찰손실 등을 계산하면 된다.

설계에서는 층별 평면도와 펌프실 배관상세도 등을 검토하여 배관 및 관부속품등의 상세자료를 이용하여 설계를 해야 한다.

여기서는 이해를 돕기 위하여 층별 평면도와 펌프실 배관상세도 등이 생략된 상태에서 내용을 단순화 했다.

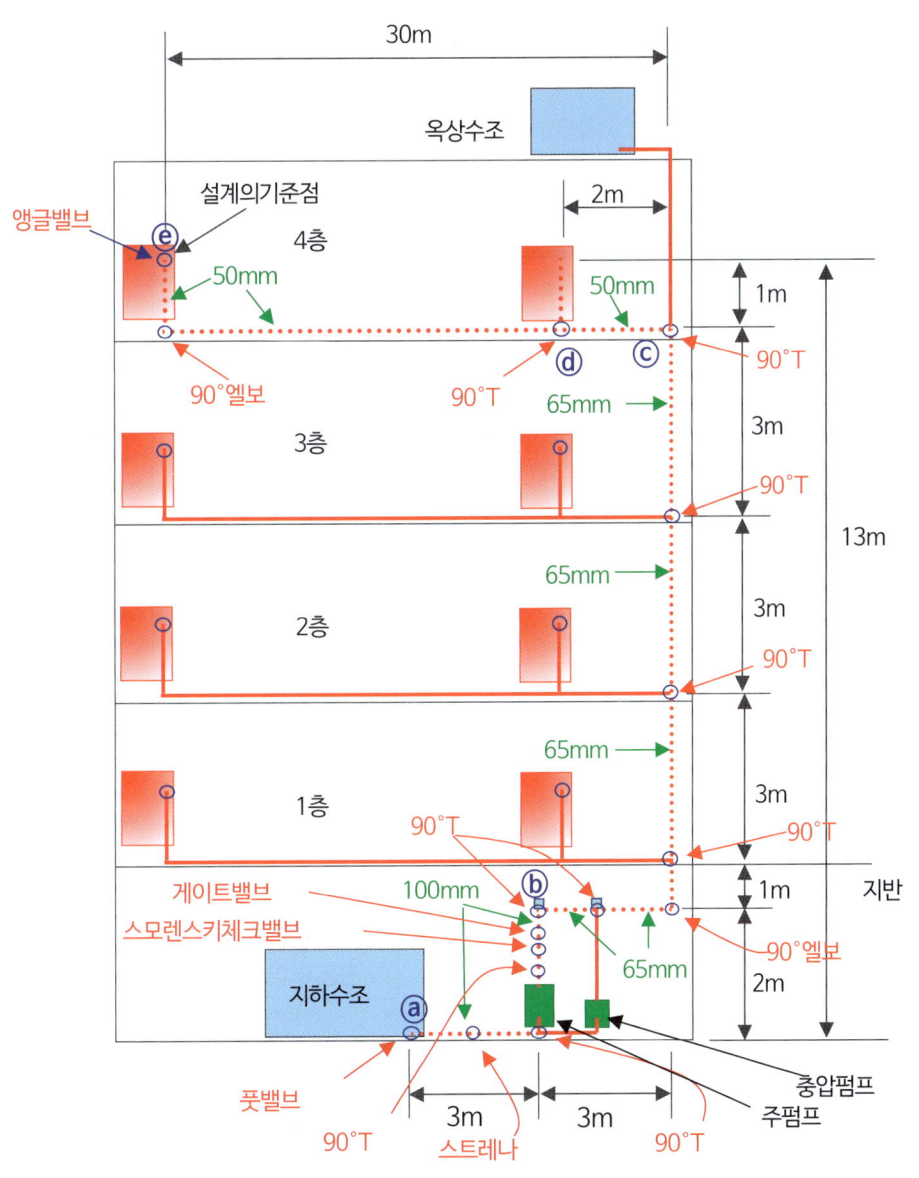

〈표 1〉 소방용호스의 마찰손실수두(호스 100m 당)

구경종별 유량 (ℓ/min)	호스의 구경(mm)			
	40		65	
	마제호스	고무내장호스	마제호스	고무내장호스
130	26	12	-	-
350	-	-	10	4

〈표 2〉 직관의 마찰손실수두(관길이 100m 당)

직관 : 직선 배관을 말하며, 직선배관을 구부려도 모두 직관에 해당한다.

유 량 (ℓ/min)	관의 구경(mm)						
	40	50	65	80	100	125	150
130(1개)	13.32	4.15	1.23	0.53	0.14	0.05	0.02
260(2개)	47.84	14.90	4.40	1.90	0.15	0.18	0.08
390(3개)		31.60	9.34	4.02	1.10	0.38	0.17
520(4개)			15.65	6.76	1.86	0.64	0.28
650(5개)				10.37	2.84	0.99	0.43

〈표 3〉 관이음쇠·밸브류 등의 마찰손실수두에 상당하는 직관길이 (m)

종 류 호칭구경	90° 엘 보	45° 엘 보	90° T (분류)	90° T (직류)	게이트 밸브	볼밸브	앵글 밸브	체크밸브
25	0.90	0.54	1.50	0.27	0.18	7.50	4.50	2.0
32	1.20	0.72	1.80	0.36	0.24	10.50	5.40	2.5
40	1.5	0.9	2.1	0.45	0.30	13.5	6.5	3.1
50	2.1	1.2	3.0	0.60	0.39	16.5	8.4	4.0
65	2.4	1.5	3.6	0.75	0.48	19.5	10.2	4.6
80	3.0	1.8	4.5	0.90	0.63	24.0	12.0	5.7
100	4.2	2.4	6.3	1.20	0.81	37.5	16.5	7.6
125	5.1	3.0	7.5	1.50	0.99	42.0	21.0	10.0
150	6.0	3.6	9.0	1.80	1.20	49.5	24.0	12.0
200	6.5	3.7	14.0	4.0	1.40	70.0	33.0	15.0

(주) 스모렌스키체크밸브, 풋밸브, 스트레나, 알람밸브는 표의 앵글밸브와 같다

펌프의 효율 E값

펌프 토출 구경(mm)	E의 수치(효율)
40	0.4 ~ 0.45
50 ~ 65	0.45 ~ 0.55
80	0.55 ~ 0.60
100	0.6 ~ 0.65
125 ~ 150	0.65 ~ 0.70
200 ~ 250	0.7 ~ 0.75

전달계수 K값

전력의 형식	K 수치
전동기 직결	1.1
전동기 이외의 원동기	1.15 ~ 1.2

해 설

양정(H) 계산 _{펌프에서 물을 퍼 올리는 높이 계산}

앞의 그림 내용과 같이 펌프에서 가장 높은층, 높은층에서도 수직배관에서 가장먼 위치에 있는 소화전을 설계의 기준점으로 펌프의 양정, 전동기용량을 계산한다.
이해를 돕기 위하여 양정을 계산하는 배관은 빨간점선으로 표시를 했다.

설계의 기준점을 가장 높은층에 있는 소화전 중, 주배관에서 가장 멀리 있는 소화전으로 하는 이유는,
펌프에서 물을 송수했을 경우 제일 높은층의 가장 먼 소화전이 방수압력, 방수량이 가장 낮게 나오므로 여기를 기준점으로 하여 펌프의 성능이 충분한 용량이 되도록 하기 위하여 설계의 기준점으로 한다.

$H = h_1 + h_2 + h_3 + 17m$

    h_1 : 소방호스의 마찰손실수두(m)
    h_2 : 배관의 마찰손실수두(m)
    h_3 : 낙차수두(m)
    17m : 소화전노즐의 방수압력 환산수두(m)

h_1 (소방호스의 마찰손실수두)

표1에서 고무내장호스 40mm 2매(15m × 2매 = 30m)는 호스길이 100m당 12m의 마찰손실이 생기므로 호스 30m에 대한 마찰손실은 30m × 12/100 = **3.6m**의 마찰손실이 생긴다.

〈표 1〉 소방용 호스의 마찰손실수두(호스 100m 당)

구경종별 유량 (ℓ/min)	호스의 구경(mm)			
	40		65	
	마제호스	고무내장호스	마제호스	고무내장호스
130	26	12	-	-
350	-	-	10	4

40mm 고무내장호스이며, 호스에 통과하는 유량은 130ℓ/min일 때 마찰손실은 12m이다

65mm 고무내장호스이며, 호스에 통과하는 유량은 350ℓ/min일 때 마찰손실은 4m이다

옥내소화전은 40mm 고무내장호스를 사용하며 호스에 통과하는 유량은 130ℓ/min이다.

옥외소화전은 65mm 고무내장호스를 사용하며 호스에 통과하는 유량은 350ℓ/min이다.

소방호스는 40mm와 65mm 두종류가 있으며, 길이는 15m이다

h_2 (배관의 마찰손실수두)

여기서는 이해를 돕기 위하여 관부속품 하나하나를 풋밸브에서부터 소화전함까지 차례로 계산한다.

수두(水頭) : 물 1킬로그램이 가지고 있는 에너지를 물의 높이로 나타낸 값
낙차(落差) : 높낮이의 차이
환산수두(換算) : 어떤 단위로 나타낸 수를 다른 단위로 고쳐 셈함 값의 수두
마찰손실수두 : 물이 배관, 소방호스 안을 지나면서 내부의 마찰 저항력에 의해 수두값이 떨어진(손실된) 것
풋밸브(foot valve) : 흡입배관에 설치하여 물의 찌꺼기를 거르는 여과장치와 물이 역류하지 못하게 체크밸브의 기능도 한다.

구간	구경, 유수량	마찰손실 계산	마찰손실
ⓐ ~ ⓑ 구간	100mm 260ℓ/min	직관 : 3 + 2m = **5m** 관부속품 • 풋밸브1개 × 16.5 = 16.5m • 스트레이너1개 × 16.5 = 16.5m • 90°T(분류)1개(흡입배관에서 주펌프로 분기되는 지점) × 6.3 = 6.3m • 90°T(직류)1개(펌프성능시험배관으로 분기되는 지점) × 1.2 = 1.2m • 스모렌스키체크밸브1개×16.5 = 16.5m • 게이트밸브1개 × 0.81 = 0.81m • 90°T(분류)1개(펌프 압상관의 수격방지기에서 분기되는 지점)×6.3=6.3m 　　　　　　　　　　　　　　　　　계 69.11m 직관의 마찰손실수두로 계산하면 69.11m × 0.15/100 = **0.103m**	**0.103m**

배관 마찰손실계산 해설

ⓐ~ⓑ구간의 배관에 대한 마찰손실 계산은 100mm 배관으로서 배관이 감당해야할 방수량은 260ℓ/min(소화전2개 × 260ℓ/min)이다.

ⓐ~ⓑ구간 직관(직선배관)은 3 + 2m = 5m이다.

관부속품은 100mm 직선관으로 환산하는 계산을 하는 것이 풋밸브1개×16.5 = 16.5m이다.
100mm 풋밸브 1개는 100mm 직선관으로 마찰손실을 계산하면 직관으로 16.5m가 된다는 내용이다.

표3의 16.5m의 자료표는 이미 검정된 자료이며 이 자료를 활용하는 것이다.

90°T(분류), 90°T(직류), 스모렌스키체크밸브, 게이트밸브의 관부속품을 모두 100mm 직선관으로 환산을 한다.
직관길이 5m와 관부속품을 직선관으로 환산한 자료를 같이 합하여 총직선관길이가 69.11m가 된 것이다.

100mm배관에 유량이 260ℓ/min일 때 배관길이 100m에 마찰손실이 0.15m 발생한다는 표2의 자료값을 계산하면 69.11m × 0.15/100 = 0.103m로서 ⓐ~ⓑ구간에는 배관의 마찰손실이 0.103m이며 압력으로 환산하면 0.0103㎏f/㎠의 마찰압력 손실이 발생하는 것이다.

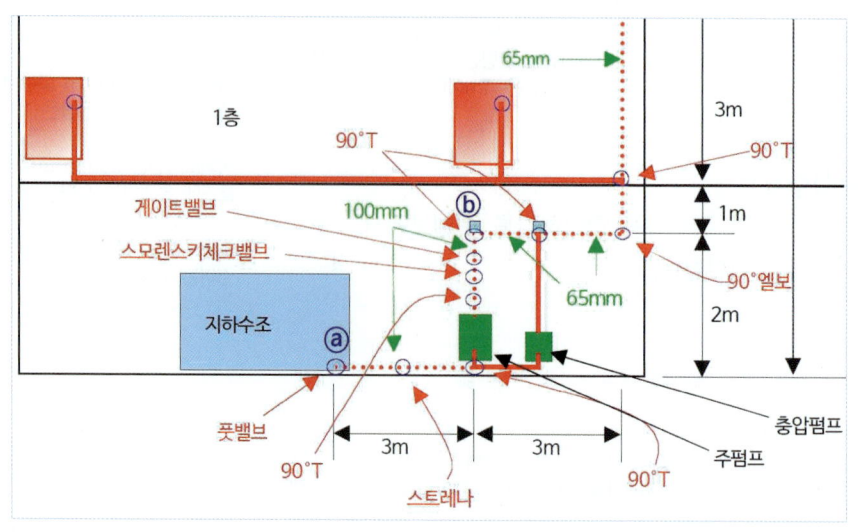

구간	구경/유량	계산	마찰손실
ⓑ ~ ⓒ 구간	65mm 260ℓ/min	직관 : 3 + 1 + 3 + 3 + 3m = **13m** 관부속품 • 90°T(직류)1개 × 0.75 = 0.75m • 90°엘보우 1개 × 2.4 = 2.4m • 90°T(직류)1개 × 0.75 = 0.75m • 90°T(직류)1개 × 0.75 = 0.75m • 90°T(직류)1개 × 0.75 = 0.75m • 90°T(분류)1개 × 3.6 = 3.6m **계 22m** 직관의 마찰손실수두로 계산하면, 22m × 4.40/100 = 0.968m	0.966m
ⓒ ~ ⓓ 구간	50mm 260ℓ/min	직관 : 2m 관부속품 • 90°T(직류)1개 × 0.60 = 0.60m 계 2.60m 직관의 마찰손실수두로 계산하면, 2.60m × 14.9/100 = 0.387m **해설** ⓒ~ⓓ구간의 배관에 대한 마찰손실 계산은 50mm 배관으로서 배관이 감당해야할 방수량은, 260ℓ/min(소화전2개 × 260ℓ/min)이다. ⓒ~ⓓ구간 직관(직선배관)은 2m이다. 관부속품은 50mm 직선관으로 환산하는 계산을 하는 것이 90°T(직류)1개 × 0.60 = 0.60m이다. 50mm 90°T(직류)1개는 50mm 직선관으로 마찰손실을 계산하면 직관으로 0.60m가 된다는 내용이다. 표3의 0.60m의 자료표는 이미 검정된 자료이며 이 자료를 활용하는 것이다. 직관길이 2m와 90°T(직류)을 직선관으로 환산한 자료 0.60m와 합하여 총직선관 길이가 2.60m가 된 것이다. 50mm배관에 유량이 260ℓ/min일 때 배관길이 100m에 마찰손실이 14.9m 발생한다는 표2의 자료값을 계산하면 2.60m × 14.9/100 = 0.387m로서 ⓐ~ⓑ구간에는 배관의 마찰손실이 0.387m이다.	0.387m
ⓓ ~ ⓔ 구간	50mm 130ℓ/min	직관 : 28 + 1 = **29m** 관부속품 • 90°엘보 1개 × 2.1 = 2.1m • 앵글밸브1개 × 8.4 = 8.4m **계 39.5m** 직관의 마찰손실수두로 계산하면, 39.5m × 4.15/100 = **1.639m**	1.639m
		계	3.097m

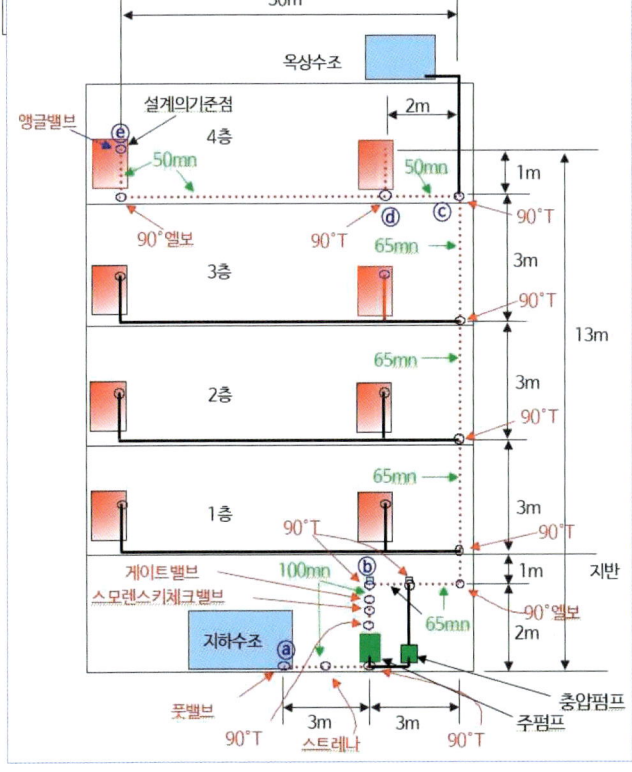

h₃ (낙차수두) : 13m

∴ **H(양정)** = h₁ + h₂ + h₃ + 17m

      h₁ : 소방호스의 마찰손실수두(m)
      h₂ : 배관의 마찰손실수두(m)
      h₃ : 낙차수두(m)
      17m : 소화전노즐의 방수압력 환산수두(m)

   = 3.6 + 3.10 + 13 + 17m = **36.7m**

Q = 펌프의 토출량

가장 많이 설치된 층의 소화전함 개수가 2개이므로,
소화전 1개의 방수량(130ℓ/min) × 소화전 2개 = 130ℓ/min ×2 = 260ℓ/min이 필요하다.
아래의 펌프용량을 구하는 공식에 대입하기 위해서는 펌프의 토출량(Q)은 ℓ의 단위를 ㎥로 바꾸어야 한다.
260ℓ = 0.26㎥이다. 그러므로 **Q = 0.26㎥/min**

               참고 : 1,000ℓ = 1㎥

전동기용량

$$P(Kw) = \frac{\gamma \times Q \times H}{102 \times E} \times K = \frac{1000 \times (\frac{0.13 \times 2개}{60}) \times 36.7}{102 \times 0.6} \times 1.1 = 2.86 \text{ Kw}$$

사례 2

옥내소화전설비 펌프용량을 계산하시오?

조 건

1. 펌프의 효율은 55%
2. 전달계수는 1.1
3. 관부속품은 표현한 것만 계산한다.
4. 소방호스는 길이 15m의 40mm 고무내장호스로서 소화전함 안에 각각 2매씩 연결한다.
5. 가지배관의 구경은 모두 40mm 배관이다.
6. 소화전함에 40mm 앵글밸브가 설치된다.
7. 배관의 길이를 표시하지 않은 부분은 생략한다.
8. 계산은 소수점 2자리에서 반올림하여 계산한다.

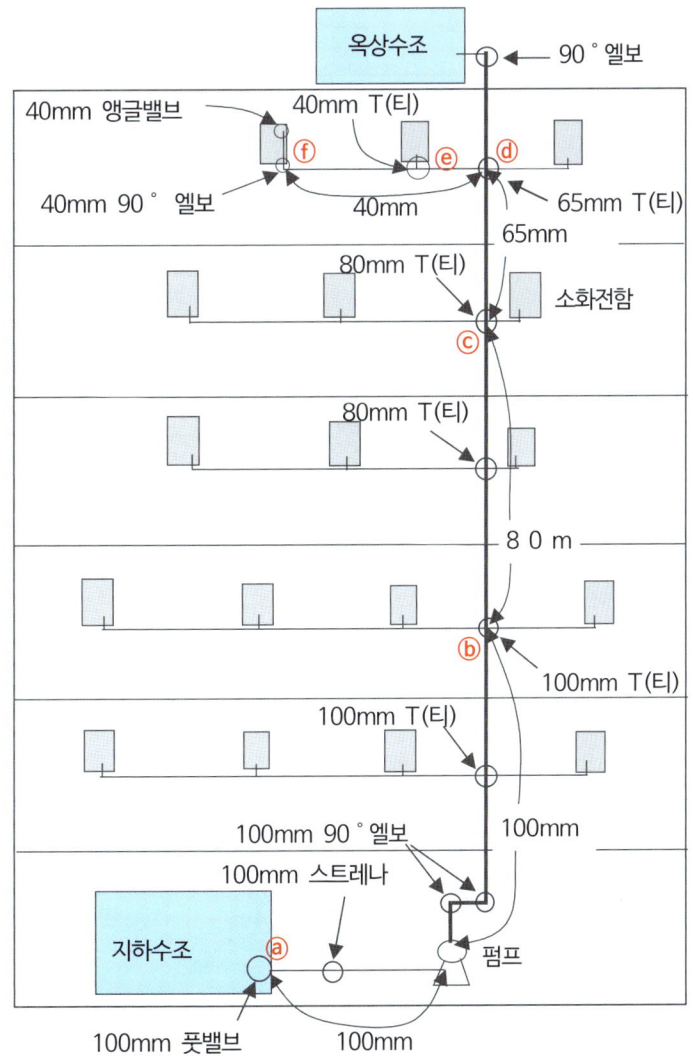

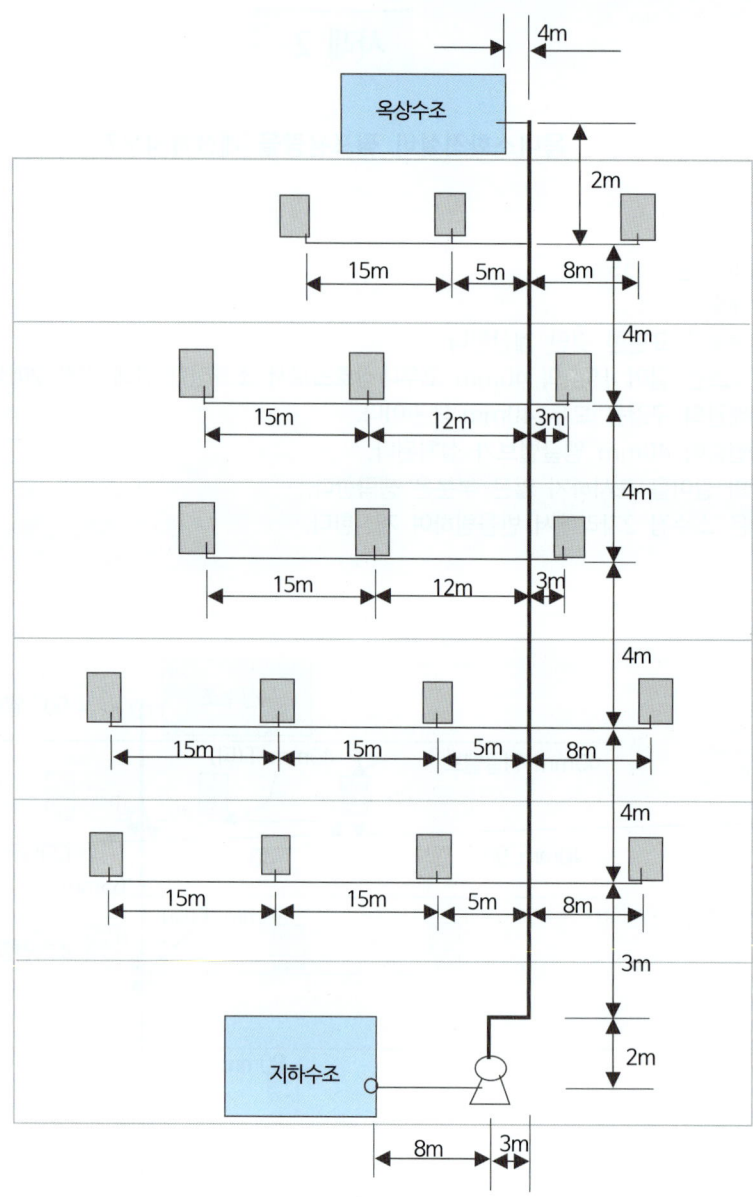

해 설

h2(배관 마찰손실수두)

구간	배관 및 배관부속품 마찰손실 계산

ⓐ~ⓑ
 	
100mm,
260ℓ/min
	직관 : 8 + 2 + 3 + 3 + 4 = 20m
	배관부속품
	  • 풋밸브 1개 × 16.5m = 16.5m
	  • 스트레이너 1개 × 16.5m = 16.5m
	  • 90° 엘보 2개 × 4.2m = 8.4m 직관(직선배관)으로
	  • 90° T직류 2개 × 1.2m = 2.4m 환산하는 계산이다
	------------------------------------ 	
	계 63.8m. 직관의 마찰손실수두로 계산하면, 63.8m × $\frac{0.15}{100}$ = 0.0957m

ⓑ~ⓒ 80mm, 260ℓ/min	직관 : 4 + 4 = 8m 배관부속품 • 90° T직류 2개 × 0.90 = 1.8m -- 계 9.8m.	직관의 마찰손실수두로 계산하면, 9.8m × $\frac{1.90}{100}$ = 0.1862m
ⓒ~ⓓ 65mm, 260ℓ/min	직관 : 4m 배관부속품 • 90° T분류 1개 × 3.6m = 3.6m -- 계 7.6m.	직관의 마찰손실수두로 계산하면, 7.6m × $\frac{4.4}{100}$ = 0.3344m
ⓓ~ⓔ 40mm, 260ℓ/min	직관 : 5m 배관부속품 • 90° T직류 1개 × 0.45m = 0.45m -- 계 5.45m.	직관의 마찰손실수두로 계산하면, 5.45m × $\frac{47.84}{100}$ = 2.61m
ⓔ~ⓕ 40mm, 130ℓ/min	직관 : 15m 배관부속품 • 90° 엘보 1개 × 1.5m = 1.5m • 앵글밸브 1개 × 6.5m = 6.5m -- 계 23m.	직관의 마찰손실수두로 계산하면, 23m × $\frac{13.32}{100}$ = 3.06m
	h2(배관 마찰손실수두)	6.2863m

h1(소방호스 마찰손실수두)

소방호스는 길이 15m의 40mm 고무내장호스로서 각각 2매씩 연결하므로,

15m × 2매 = 30m,   30m × $\frac{12}{100}$ = 3.6m

> 44p 표1에서 40mm고무내장호스는 100당 12m의 마찰손실이 발생하므로 소방호스의 2매 길이 30m에 $\frac{12}{100}$ 를 곱한다

h3(낙차) : 2 + 3 + 4 + 4 + 4 + 4 = 21m

펌프용량 계산

H(총양정) = h1(소방호스 마찰손실수두) + h2(배관 마찰손실수두) + h3(낙차) + 17m
           = 3.6 + 6.29 + 21 + 17 = 47.89m

전동기 용량 P(Kw) = $\frac{\gamma \times Q \times H}{102 \times E}$ ×K = $\frac{1000 \times (\frac{0.13 \times 2개}{60}) \times 49.56}{102 \times 0.55}$ × 1.1 = 4.07Kw

사례 3

습식스프링클러설비 펌프용량을 설계하시오?

(조건)
그림에 표현된 배관이나 부품만 계산하며, 레듀샤(reducer)나 부품의 길이 그 밖에 생략된 내용들은 계산하지 않는다.

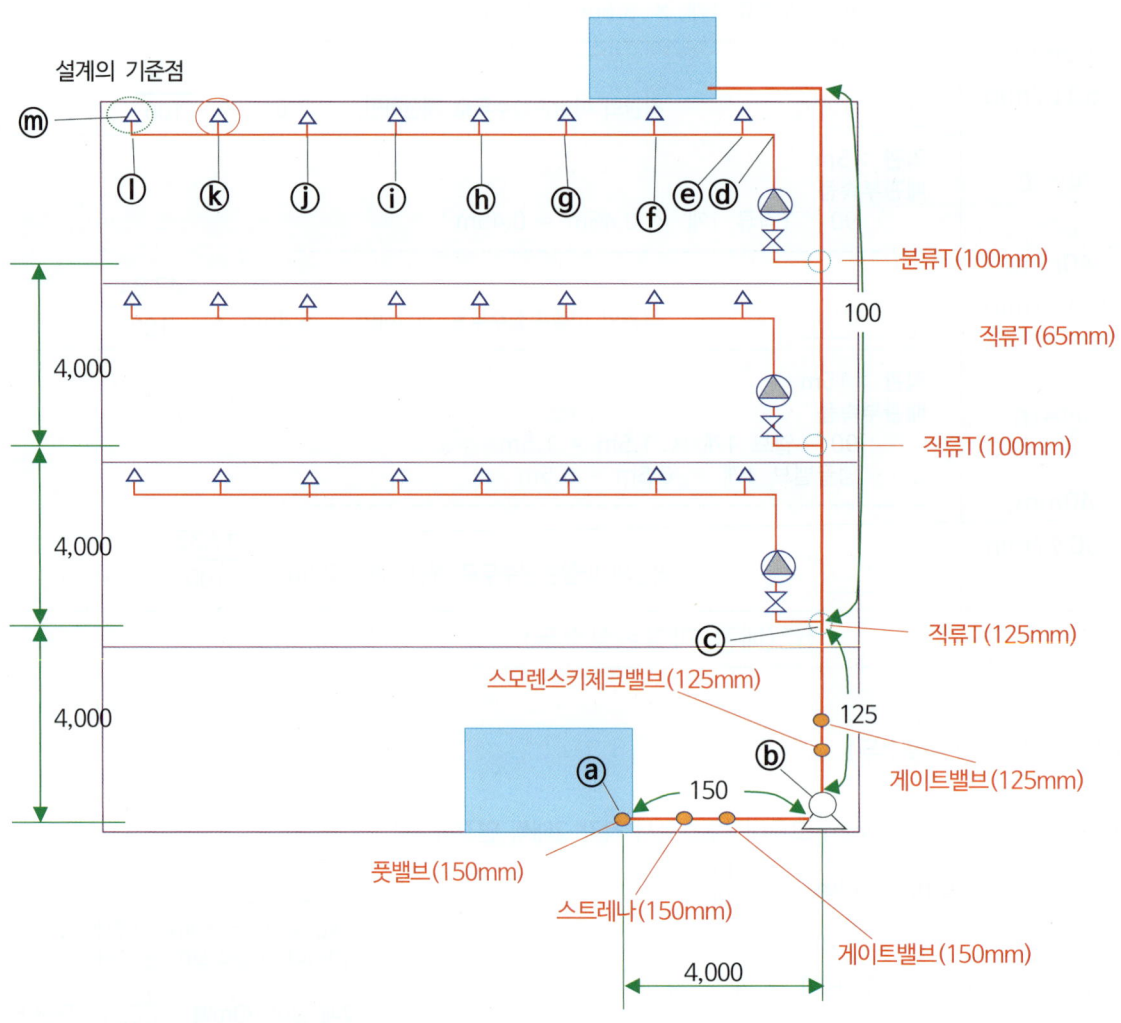

《표 1》 펌프의 효율 E값

펌프 토출 구경(mm)	E의 수치(효율)
40	0.4 ~ 0.45
50 ~ 65	0.45 ~ 0.55
80	0.55 ~ 0.60
100	0.6 ~ 0.65
125 ~ 150	0.65 ~ 0.70
200 ~ 250	0.7 ~ 0.75

《표 2》 전달계수 K값

전력의 형식	K 수치
전동기 직결	1.1
전동기 이외의 원동기	1.15 ~ 1.2

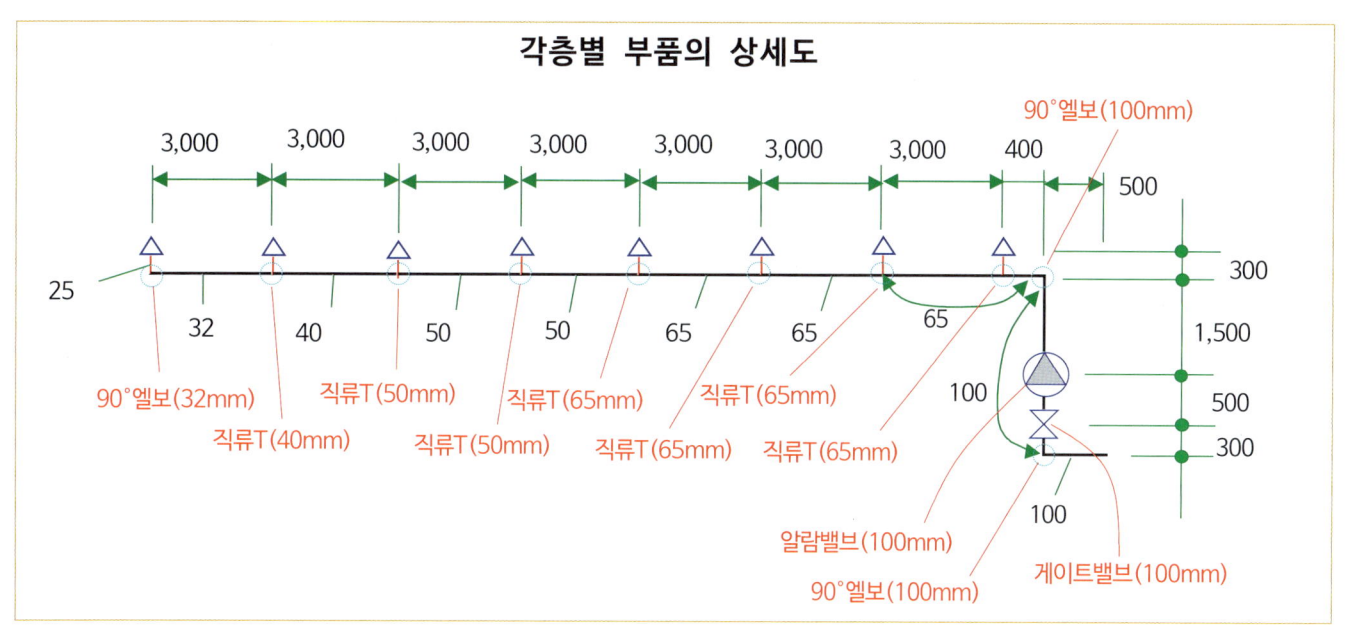

각층별 부품의 상세도

《표 3》 관이음쇠 · 밸브류 등의 마찰손실수두에 상당하는 직관길이 (m)

호칭구경 \ 종류	90° 엘보	45° 엘보	90° T (분류)	90° T (직류)	게이트 밸브	볼밸브	앵글 밸브	체크밸브
25	0.90	0.54	1.50	0.27	0.18	7.50	4.50	2.0
32	1.20	0.72	1.80	0.36	0.24	10.50	5.40	2.5
40	1.5	0.9	2.1	0.45	0.30	13.8	6.5	3.1
50	2.1	1.2	3.0	0.60	0.39	16.5	8.4	4.0
65	2.4	1.3	3.6	0.75	0.48	19.5	10.2	4.6
80	3.0	1.8	4.5	0.90	0.60	24.0	12.0	5.7
100	4.2	2.4	6.3	1.20	0.81	37.5	16.5	7.6
125	5.1	3.0	7.5	1.50	0.99	42.0	21.0	10.0
150	6.0	3.6	9.0	1.80	0.20	49.5	24.0	12.0

(주) 스모렌스키체크밸브, 풋밸브, 스트레나, 알람밸브는 표의 앵글밸브와 같다.

해설

배관의 마찰손실수두 계산

구간	구경, 유수량	마찰손실 계산	마찰손실
ⓐ~ⓑ	150mm, 640 ℓ/min	직관 : 4m 배관부속품 • 풋밸브 1개 × 24 = 24m • 스트레나 1개 × 24 = 24m • 게이트밸브 1개 × 0.20 = 0.20m -------------------------------- 계 52.2m	$52.2 \times \dfrac{0.42}{100} = 0.22\text{m}$
ⓑ~ⓒ	125mm, 640 ℓ/min	직관 : 4m 배관부속품 • 스모렌스키체크밸브 1개 × 21 = 21m • 게이트밸브 1개 × 0.99 = 0.99m • 직류90°T 1개 × 1.50 = 1.50m -------------------------------- 계 27.49m	$27.49 \times \dfrac{0.96}{100} = 0.26\text{m}$
ⓒ~ⓓ	100mm, 640 ℓ/min	직관 : 4 + 4 + 0.5 + 0.3 + 0.5 + 1.5 = 10.8m 배관부속품 • 직류90°T 1개 × 1.20 = 1.20m • 분류90°T 1개 × 6.3 = 6.3m • 90°엘보 2개 × 4.2 = 8.4m • 게이트밸브 1개 × 0.81 = 0.81m • 알람밸브 1개 × 16.5 = 16.5m -------------------------------- 계 44.01m	$44.01 \times \dfrac{2.76}{100} = 1.21\text{m}$
ⓓ~ⓔ	65mm, 640 ℓ/min	직관 : 0.4m 배관부속품 • 직류90°T 1개 × 0.75 = 0.75m -------------------------------- 계 1.15m	$1.15 \times \dfrac{23.33}{100} = 0.27\text{m}$
ⓔ~ⓕ	65mm, 560 ℓ/min	직관 : 3m 배관부속품 • 직류90°T 1개 × 0.75 = 0.75m -------------------------------- 계 3.75m	$3.75 \times \dfrac{18.23}{100} = 0.68\text{m}$
ⓕ~ⓖ	65mm, 480 ℓ/min	직관 : 3m 배관부속품 • 직류90°T 1개 × 0.75 = 0.75m -------------------------------- 계 3.75m	$3.75 \times \dfrac{14.01}{100} = 0.53\text{m}$
ⓖ~ⓗ	65mm, 400 ℓ/min	직관 : 3m 배관부속품 • 직류90°T 1개 × 0.75 = 0.75m -------------------------------- 계 3.75m	$3.75 \times \dfrac{9.79}{100} = 0.37\text{m}$
ⓗ~ⓘ	50mm, 320 ℓ/min	직관 : 3m 배관부속품 • 직류90°T 1개 × 0.60 = 0.60m -------------------------------- 계 3.6m	$3.6 \times \dfrac{21.93}{100} = 0.79\text{m}$
ⓘ~ⓙ	50mm, 240 ℓ/min	직관 : 3m 배관부속품 • 직류90°T 1개 × 0.60 = 0.60m -------------------------------- 계 3.6m	$3.6 \times \dfrac{12.93}{100} = 0.47\text{m}$
ⓙ~ⓚ	40mm, 180 ℓ/min	직관 : 3m 배관부속품 • 직류90°T 1개 × 0.45 = 0.45m -------------------------------- 계 3.45m	$3.45 \times \dfrac{20.29}{100} = 0.70\text{m}$
ⓚ~ⓛ	32mm, 80 ℓ/min	직관 : 3m 배관부속품 • 90°엘보 1개 × 1.20 = 1.20m -------------------------------- 계 4.2m	$4.2 \times \dfrac{11.38}{100} = 0.48\text{m}$
ⓛ~ⓜ	25mm, 80 ℓ/min	직관 : 0.3m	$0.3 \times \dfrac{38.92}{100} = 0.12\text{m}$
		계 6.1	

총양정(H) = h1(배관의 마찰손실수두) + h2(낙차) + 10m

h1(배관의 마찰손실수두) : 6.1m
h2(낙차) : 4 + 4 + 4 + 0.3 + 0.5 + 1.5 + 0.3 = 14.6m

그러므로 총양정(H) = 0.65m + 14.6m + 10m = 30.7m
Q(토출양) = 80ℓ/min × 8개 = 640ℓ/min = 0.64㎥/min

전동기용량(P) = $\dfrac{\gamma \times Q \times H}{102 \times E}$ ×K = $\dfrac{1000 \times \dfrac{0.64}{60} \times 30.7}{102 \times 0.65}$ × 1.1 = 5.43 Kw

《표 4》 배관(직관)의 마찰손실수두(배관 100m 당)

헤드개수	유량 (ℓ/min)	25	32	40	50	65	80	100	125	150	200
1	80	38.92	11.38	5.40	1.68	0.50	0.22				
2	160	150.42	42.34	20.29	6.32	1.87	0.80	0.22	0.08		
3	240	307.77	87.66	41.51	12.93	3.82	1.65	0.45	0.16	0.07	
4	320	521.92	148.66	70.40	21.93	6.48	2.79	0.77	0.27	0.12	
5	400	789.04	224.75	106.31	32.99	9.79	4.22	1.16	0.40	0.17	0.05
6	480		321.55	152.26	47.33	14.01	6.04	1.66	0.68	0.25	0.06
7	560		418.37	198.11	61.71	18.23	7.86	2.16	0.75	0.33	0.08
8	640		535.46	253.55	78.98	23.33	10.06	2.76	0.96	0.42	0.11
9	720		665.39	315.08	90.14	29.00	12.50	3.43	1.19	0.52	0.13
10	800			380.08	119.08	35.31	15.23	4.17	1.45	0.63	0.16
11	880			457.21	142.42	42.08	18.14	4.98	1.73	0.75	0.19
12	960			536.43	167.09	49.37	31.28	5.83	2.03	0.88	0.23
13	1,040			619.25	192.89	56.99	24.56	6.74	2.34	1.02	0.26
14	1,120			713.76	222.33	65.69	28.31	7.77	2.70	1.11	0.30
15	1,200			810.82	252.56	74.80	32.26	8.83	3.07	1.34	0.35
16	1,280			911.84	284.02	83.92	36.17	9.92	3.45	1.50	0.39
17	1,360				318.36	94.12	40.57	11.13	3.87	1.68	0.43
18	1,440				353.56	104.46	45.03	12.35	4.29	1.87	0.48
19	1,520				390.93	115.51	49.78	13.66	4.74	2.06	0.54
20	1,600				415.01	122.61	54.90	15.03	5.23	2.27	0.59
21	1,680				470.71	139.07	59.94	16.44	5.71	2.49	0.64
22	1,760				513.01	151.57	65.33	17.92	6.23	2.71	0.70
23	1,840				557.05	164.58	70.94	19.46	6.76	2.94	0.76
24	1,920				602.46	178.00	76.72	21.05	7.31	3.18	0.82
25	2,000				649.74	191.97	82.98	22.77	7.90	3.40	0.89
26	2,080				698.89	206.49	89.00	24.42	8.48	3.69	0.96
27	2,160				749.00	221.29	95.38	26.17	9.09	3.96	1.02
28	2,240				800.58	236.55	101.95	27.97	9.71	4.23	1.09
29	2,320				855.19	252.67	103.91	29.88	10.38	4.52	1.17
30	2,400				910.41	268.98	115.94	31.85	11.07	4.82	1.25

아. 배관 설계(스프링클러설비)

① 재 질

㉮ **배관 내 사용압력이 1.2 MPa 일 경우**에는 다음 각 목의 어느 하나에 해당하는 것을 사용해야 한다.
    가. 배관용 탄소강관(KS D 3507)
    나. 이음매 없는 구리 및 구리합금관(KS D 5301). 다만, 습식의 배관에 한한다.
    다. 배관용 스테인리스강관(KS D 3576) 또는 일반배관용 스테인리스강관(KS D 3595)
    라. 덕타일 주철관(KS D 4311)

㉯ **배관 내 사용압력이 1.2 MPa 이상일 경우**에는 다음 각 목의 어느 하나에 해당하는 것을 사용해야 한다.
    가. 압력배관용탄소강관(KS D 3562)
    나. 배관용 아크용접 탄소강강관(KS D 3583)

㉰ 다음의 어느 하나에 해당하는 장소에는 소방청장이 정하여 고시한 『소방용합성수지배관의 성능인정 및 제품검사의 기술기준』에 적합한 소방용 합성수지배관으로 할 수 있다.
    가. 배관을 지하에 매설하는 경우
    나. 다른 부분과 내화구조로 구획된 덕트 또는 피트의 내부에 설치하는 경우
    다. 천장과 반자를 불연재료 또는 준불연재료로 설치하고 소화배관 내부에 항상 수화수가 채원진 상태로 설치하는 경우.

② 배관의 종류

㉮ **주배관** : 가압송수장치 또는 송수구 등과 직접 연결되어 소화수를 이송하는 주된 배관을 말한다.
㉯ **급수배관** : 수원 또는 송수구 등으로부터 소화설비에 급수하는 배관을 말한다.
㉰ **가지배관** : 헤드가 설치되어 있는 배관을 말한다.
㉱ **교차배관** : 가지배관에 급수하는 배관을 말한다.

㉲ **수평주행 배관**
교차배관에 급수하는 배관을 수평주행배관이라 하며, 좁은 장소에는 수평주행 배관이 없는 장소도 있다.

㉳ **수직배수 배관**
유수검지장치의 배수를 위하여 설치되는 배관을 말하며 각 층의 배수를 위하여 수직으로 설치된다.

㉴ **신축배관**
가지배관과 스프링클러헤드를 연결하는 구부림이 용이하고 유연성을 가진 배관을 말한다.

> **질의** – (소방제도운영팀-715)
> NFSC 102 제6조(배관 등) 제1항 및 NFSC 103 제8조(배관) 제1항에서 "배관내 사용압력이 1.2MPa이상"이란 문구의 의미는?
> **회신**
> 배관내 사용압력이란 가압송수장치를 갖는 소화설비에서 펌프의 <u>체절압력</u>을 말합니다.
> **해설**
> 설치된 펌프의 양정 100m, 설계양정 95m인 장소에서 배관내 사용압력을 계산하면, 펌프의 체절압력은 양정 100m × 1.4(140%) = 140m(14㎏/㎠, 약 1.4MPa)이 되므로, 배관내 사용압력은 1.4MPa이다.

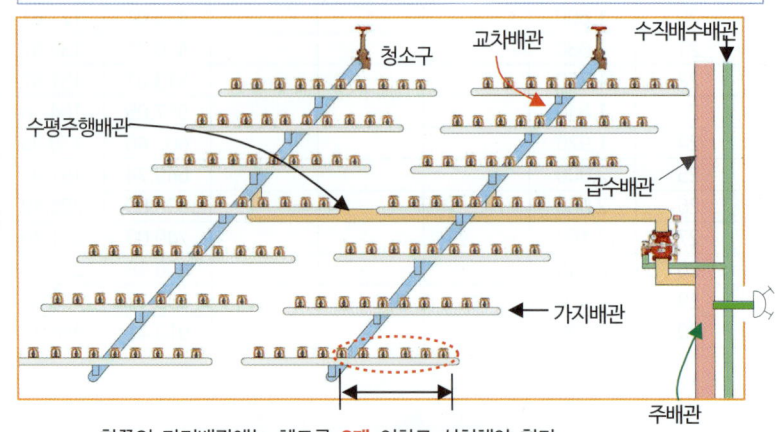

한쪽의 가지배관에는 헤드를 **8개** 이하로 설치해야 한다

③ 급수배관

㉮ 급수배관은 전용으로 한다. 다만, 스프링클러설비의 기동장치의 조작과 동시에 다른 설비의 용도에 사용하는 배관의 송수를 차단할 수 있거나, 스프링클러설비의 성능에 지장이 없는 경우에는 다른 설비와 겸용할 수 있다.
㉯ ㉮의 단서에도 불구하고 층수가 30층 이상의 건물은 전용으로 한다.
㉰ 급수를 차단할 수 있는 개폐밸브는 개폐표시형으로 한다. 이 경우 펌프의 흡입측배관에는 버터플라이밸브외의 개폐표시형밸브를 설치한다.
㉱ 배관의 구경은 0.1 MPa 이상의 방수압력으로 80ℓ/min 이상의 방수성능에 적합하도록 수리계산에 의하거나 별표 1의 기준에 따라 설치한다. 다만, 수리계산에 따르는 경우 가지배관의 유속은 6m/s, 그 밖의 배관의 유속은 10m/s를 초과할 수 없다.

④ 펌프흡입측 배관

㉮ 공기고임이 생기지 아니하는 구조로 하고 여과장치를 설치한다.
㉯ 수조가 펌프보다 낮게 설치된 경우에는 각 펌프(충압펌프를 포함한다)마다 수조로부터 별도로 설치한다.

⑤ 가지배관

㉮ 토너먼트(tournament) 배관방식이 아닐 것. 다만, 수리계산에 따라 2.2.1.10 및 2.2.1.11에 적합한 경우에는 그렇지 않다.
㉯ 교차배관에서 분기되는 지점을 기점으로 한쪽 가지배관에 설치되는 헤드 개수(반자 아래와 반자속의 헤드를 하나의 가지배관 상에 병설하는 경우에는 반자 아래에 설치하는 헤드의 개수)는 8개 이하로 한다. 다만, 다음 각 목의 어느 하나에 해당하는 경우에는 그러하지 아니하다.
  Ⓐ 기존의 방호구역 안에서 칸막이 등으로 구획하여 1개의 헤드를 증설하는 경우.
  Ⓑ 습식스프링클러설비 또는 부압식스프링클러설비에 격자형 배관방식(2 이상의 수평주행배관 사이를 가지배관으로 연결하는 방식을 말한다)을 채택하는 때에는 펌프의 용량, 배관의 구경 등을 수리학적으로 계산한 결과 헤드의 방수압 및 방수량이 소화목적을 달성하는 데 충분하다고 인정되는 경우

㉰ 가지배관과 헤드 사이의 배관을 신축배관으로 하는 경우에는 소방청장이 정하여 고시한 「스프링클러설비신축배관의 성능인증 및 제품검사의 기술기준」에 적합한 것으로 설치할 것. 이 경우 신축배관의 설치길이는 2.7.3의 거리를 초과하지 않아야 한다.

2.2.1.10 : 가압송수장치의 정격토출압력은 하나의 헤드선단에 0.1 MPa 상 1.2MPa 이하의 방수압력이 될 수 있게 하는 크기일 것
2.2.1.11 : 가압송수장치의 송수량은 0.1 MPa의 방수압력 기준으로 80 L/min 이상의 방수성능을 가진 기준개수의 모든 헤드로부터의 방수량을 충족시킬 수 있는 양 이상의 것으로 할 것.
2.7.3 : 스프링클러헤드를 설치하는 천장·반자·천장과 반자 사이·덕트·선반 등의 각 부분으로부터 하나의 스프링클러헤드까지의 수평거리는 기준과 같이 해야 한다.
수리(數理)계산 : 수학의 이론에 의한 계산,
분기 : 나누어 갈라짐

⑥ 배관의 구경(굵기) 설계(스프링클러설비)

㉮ 개요

배관의 크기(구경)를 설계하는 방법은 위험 장소에 따라 헤드의 수 등을 고려하여 정해진 배관의 크기를 미리 표에 정한 내용으로 설계를 하는 규약(規約)배관방식과, 설계현장을 과학적 합리성에 따라 해석하여 수학 계산에 의하여 계산하는 수리(數理)배관방식이 있다.

㉯ 우리나라 화재안전기준 내용

우리나라는 스프링클러설비 배관의 크기에 대한 설계는 수리배관방식과 규약배관방식을 할 수 있도록 화재안전기준에서 정하고 있다.
스프링클러 화재안전기술기준 2.5.3.3표에 의하여 배관의 구경에 대한 설계는 규약(規約)배관방식을 원칙으로 하고 예외로 수리배관방식으로 하도록 하고 있다.
습식스프링클러설비를 격자형배관방식(수리배관방식의 종류)으로 할 경우에는 설계한 내용을 중앙소방기술위원회 또는 지방소방기술위원회의 심의를 받도록 하고 있다.
우리나라에서는 대부분의 설계가 별표1에 의한 규약배관방식으로 설계를 하고 있다.

㉰ 규약배관방식과 수리배관방식(Pipe Schedule System과 Hydraulically Designed System)

배관의 설계에서 장소의 위험도에 따라 표의 자료에 헤드의 개수와 배관크기를 정해 놓은 것이 규약배관시스템이며, 과학적 합리성에 따라 해석하여 수학계산방식으로 계산한 배관 설계시스템이 수리배관시스템이다.

1. 규약배관 방식 (Pipe Schedule system)

규약배관시스템의 장단점을 살펴보면,
1) 배관의 크기에 대하여 설계하는 모든 수치는 표에 의하여 Code화 되어 있으므로 이 분야에 전문지식이 없이도 편리하게 적용할 수 있는 장점이 있다.
2) 건물의 특수성을 고려하지 않고 건물마다 획일적으로 적용하므로서 필요이상으로 배관이 크게 되는 부분이 있으므로 경제적이지 못하다.
3) 설비의 배관이 커지면 밸브의 수압이 가장 불리한 곳(낮은 곳)에 있는 헤드의 방수량이 적어진다.
4) 동일 건물에서도 층에 따라 각각 다른 배관의 구경이 설계되어야 하지만 이러한 부분의 고려가 없이 획일적으로 표에 의하여 구경이 결정되므로서 필요 이상으로 배관이 크게 되는 부분이 있는 비경제적인 설계가 된다.
5) 이 방식은 소규모 건물에 적합하다.
6) 예상 화재강도에 너무나 불확정적이다.

규약 : 규정(법)에 미리 정해 놓은 내용(약속), 예를 들어 가지배관에 헤드가 1개 설치된 곳의 배관크기는 25mm, 헤드 3개인 곳은 32mm 등의 내용을 미리 기준에 정해 놓은 것을 말한다
Code : 규약, 규정, 법전

2. 수리배관 방식 (Hydraulically designed system)

수리배관방식의 장단점을 살펴보면,
1) 실제에 근접하고 경제성이 있는 배관을 설계할 수 있다.
2) 주수(注水)계획에서 필요한 소요주수밀도와 주수면적, 마찰면적 등을 과학적 실험 데이터에 의거하여 제시함으로서, 주수율의 계산은 물론 배관구경 결정 등의 기준으로 삼고 있다.
3) 수리(數理)원리에 입각한 엄격한 계산이 요구되므로 전문적인 기술적 지식과 경험이 필요하다.
4) 건물의 특성에 가장 근접한 배관의 설계가 가능하다.

3. 2.5.3.3표에 의한 규약배관방식으로 설계하는 방법

아래 2.5.3.3표의 (주) 내용에 따라 표의 가, 나, 또는 다를 적용한다.
그러나 (주) 2, 3호에서는 예외적으로 수리계산을 통하여 배관의 유속에 적합할 것을 요구하고 있다.
예를 들어서 설계를 하는 장소가 폐쇄형 스프링클러헤드를 설치하는 경우에는 "가"란의 헤드수에 따르면서 헤드의 개수가 10개인 장소에는 "가"란의 헤드 10에 해당하는 50mm의 배관이 설계의 배관 크기가 되는 것이다

급수관의 구경 / 구 분	25	32	40	50	65	80	90	100	125	150
가	2	3	5	10	30	60	80	100	160	161 이상
나	2	4	7	15	30	60	65	100	160	161 이상
다	1	2	5	8	15	27	40	55	90	91 이상

(주)

1. 폐쇄형 스프링클러헤드를 사용하는 설비의 경우로서 1개층에 하나의 급수배관(또는 밸브 등)이 담당 하는 구역의 최대면적은 3,000㎡를 초과하지 아니할 것.

2. 폐쇄형 스프링클러헤드를 설치하는 경우에는 "가"란의 헤드수에 따를 것. 다만, 100개 이상의 헤드를 담당하는 급수배관(또는 밸브)의 구경을 100㎜로 할 경우에는 수리계산을 통하여 제8조제3항제3호(가지배관의 유속은 6m/s, 그 밖의 배관의 유속은 10m/s를 초과할 수 없다)에서 규정한 배관의 유속에 적합하도록 할 것

3. 폐쇄형 스프링클러헤드를 설치하고 반자 아래의 헤드와 반자속의 헤드를 동일 급수관의 가지관상에 병설하는 경우에는 "나"란의 헤드수에 따를 것.

4. 제10조제3항제1호(무대부, 특수가연물을 저장 또는 취급 하는 장소)의 경우로서 폐쇄형 스프링클러헤드를 설치하는 설비의 배관구경은 "다"란에 따를 것.

5. 개방형 스프링클러헤드를 설치하는 경우 하나의 방수구역 이 담당하는 헤드의 개수가 30개 이하일 때는 "다"란의 헤드수에 의하고, 30개를 초과할 때는 수리 계산방법에 따를 것.

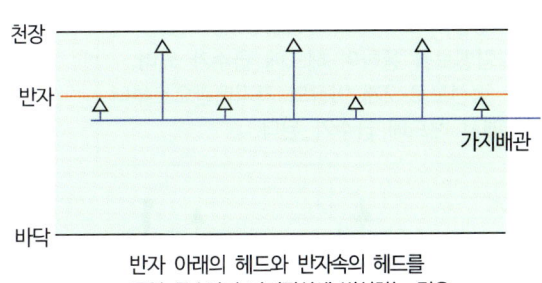

반자 아래의 헤드와 반자속의 헤드를 동일 급수관의 가지관상에 병설하는 경우

주수(注水) : 물을 붓다, 뿌리다

㉣ 50층 이상의 건축물 스프링클러설비

① 50층 이상인 건축물의 스프링클러설비 주배관 중 수직배관은 2개 이상(주배관 성능을 갖는 동일호칭배관)으로 설치하고, 하나의 수직배관이 파손 등 작동 불능 시에도 다른 수직배관으로부터 소화용수가 공급되도록 구성하여야 하며, 각 각의 수직배관에 유수검지장치를 설치해야 한다.

② 50층 이상인 건축물의 스프링클러 헤드에는 2개 이상의 가지배관 양방향에서 소화용수가 공급되도록 하고, 수리계산에 의한 설계를 해야 한다.

50층 이상의 건축물 스프링클러설비 배관 계통도

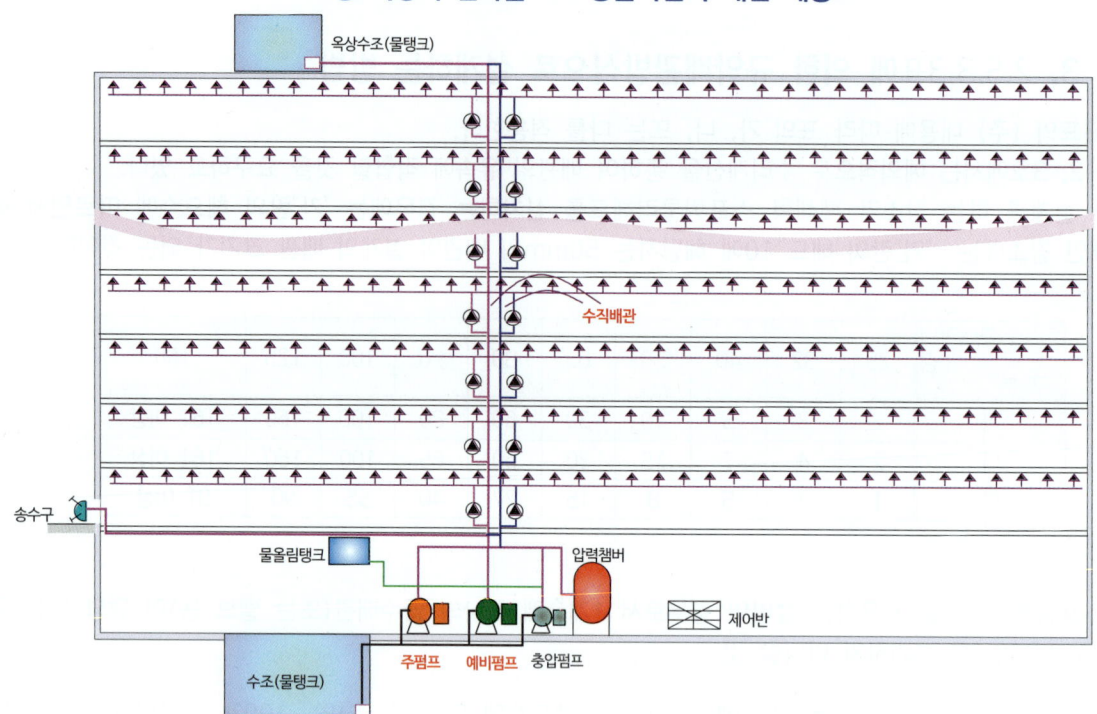

1개층 배관 계통도

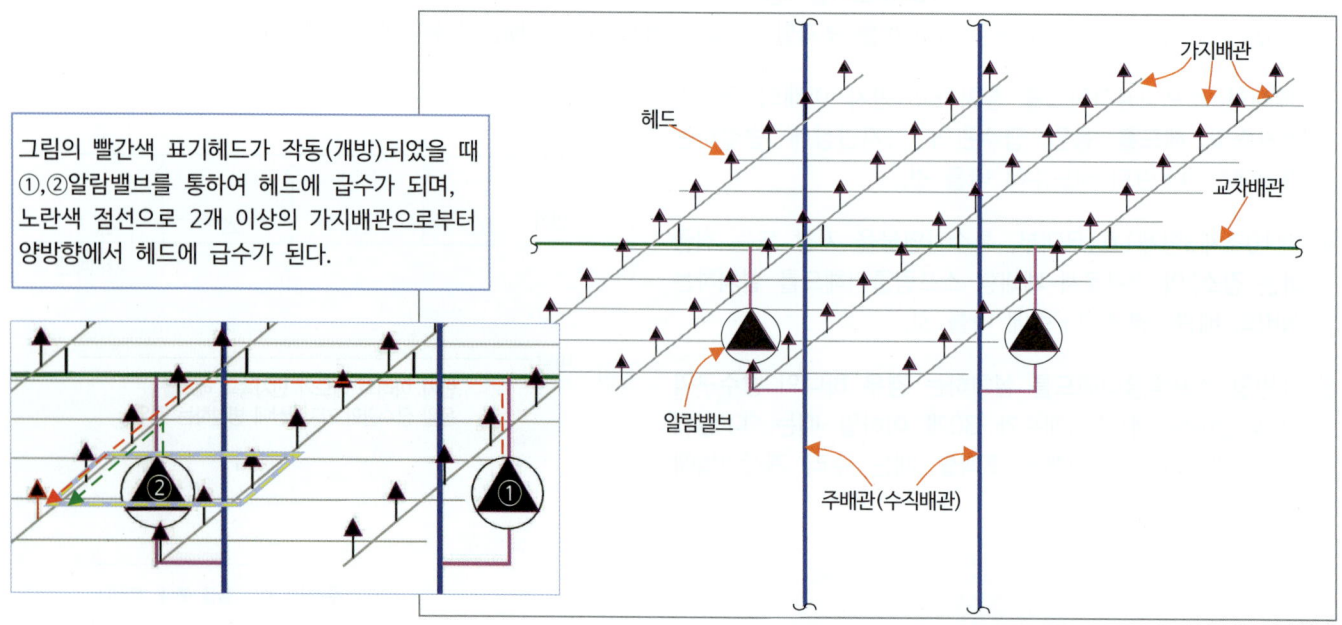

배관 구경 (배관의 굵기) 옥내소화전설비의화재안전기술기준 2.3.5, 2.3.6

기준

① 펌프의 토출측 주배관의 구경은 유속이 4m/s 이하가 될 수 있는 크기 이상으로 해야 하고, 옥내소화전방수구와 연결되는 가지배관의 구경은 40mm(호스릴 옥내소화전설비의 경우에는 25mm) 이상으로 해야 하며, 주배관중 수직배관의 구경은 50mm(호스릴 옥내소화전설비의 경우에는 32mm) 이상으로 해야 한다.

② 연결송수관설비의 배관과 겸용할 경우의 주배관은 구경 100mm 이상, 방수구로 연결되는 배관의 구경은 65mm 이상으로 해야 한다.

토출측 : 펌프의 물이 나가는 쪽
유속 : 유체의 속도
4m/s : 1초에 4m의 움직이는 속도

해설

기준의 구체적인 내용은 아래와 같다.

① 흡입배관 : 기준이 없다.

② 펌프의 토출측 주배관(펌프에서 소화전 방향으로 송수하는 배관) : 유속이 4m/s 이하가 되는 크기 이상
 - 배관의 구경(굵기)은 Q = A · V 의 공식으로 유속(V)이 4m/s 이하가 되도록 배관 구경의 크기를 설계해야 한다. 그러나 뒷장에서 수리계산을 하면 배관의 크기가 너무작다. 유속이 4m/s 이하가 되는 크기 이상의 기준은 배관의 최소한의 크기 기준이다.

③ 주배관중 수직배관 : 50mm(호스릴 옥내소화전설비의 경우에는 32mm) 이상으로 해야 한다.

④ 주배관중 교차배관, 수평배관(주배관으로 본다) : 유속 4m/s 이하의 크기로 해야 한다.

⑤ 방수구와 연결되는 가지배관 : 40mm(호스릴 옥내소화전설비의 경우에는 25mm) 이상으로 해야 한다.

⑥ 연결송수관설비와 옥내소화전설비를 하나의 배관으로 겸용으로 사용하는 경우
　㉮ 주배관 : 100mm 이상
　㉯ 가지배관(주배관에서 방수구까지 배관) : 65mm 이상

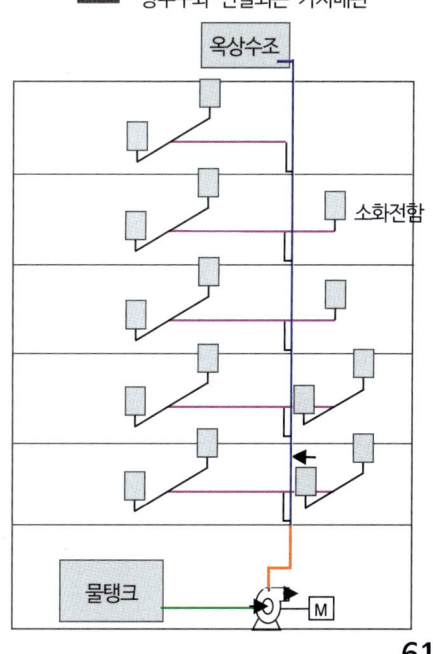

― 주배관중 수평배관
― 주배관중 수직배관
― 흡입배관
― 펌프의 토출측 주배관
― 방수구와 연결되는 가지배관

실무(현장의 설계자)에서는 설계자들이 주로 아래의 표와 같이 배관의 구경을 설계하고 있으며, 화재안전기준에서는 이러한 규약표가 없다.

소화전의 유수량과 배관의 구경

수화전 개수	1개	2개	3개	4개	5개
유수량(ℓ/min)	130	260	390	520	650
배관구경(mm)	40	50	65	80	100

㈏ 배관구경(지름) 설계

문 제

그림의 옥내소화전설비 배관의 구경(굵기)을 계산하시오?
(마지막 계산은 소수점 2자리에서 반올림하여 계산한다)

아래의 문제풀이는 화재안전기준에 의하여 설계를 한 것이다.

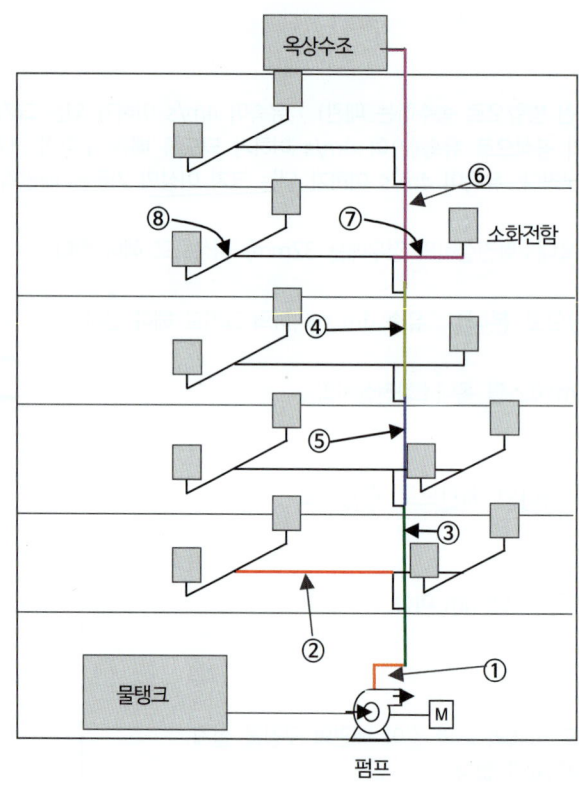

해 설   배관의 구경 계산

배관	화재안전기준에 의한 풀이내용
①	펌프 토출측 주배관에 해당되며, 유속 4m/s 이하가 되어야 한다. Q = 130ℓ/min × 2개 = 260ℓ/min = 0.26㎥/min, $\frac{0.26}{60}$ ㎥/sec = 0.0043㎥/sec D = $\sqrt{\frac{4Q}{\pi V}}$ = $\sqrt{\frac{4 \times 0.0043}{3.14 \times 4}}$ = 0.036m = 36mm, 토출측 주배관은 주배관중 수직배관보다 크거나 같아야 한다. 그러므로 50mm 배관 〈참고자료〉 1000ℓ = 1㎥, 130ℓ = 0.26㎥, 60sec(초) = 1min(분) 260ℓ/min을 ㎥/sec로 변환하면, $\frac{0.26}{60}$ ㎥/sec = 0.0043㎥/sec
②	주배관에 해당되며(수평배관의 기준이 없으므로 수평배관을 주배관으로 본다), 유속 4m/s 이하가 되어야 한다. Q = 130ℓ/min × 2개 = 260ℓ/min = 0.26㎥/min, $\frac{0.26}{60}$ ㎥/sec = 0.0043㎥/sec D = $\sqrt{\frac{4Q}{\pi V}}$ = $\sqrt{\frac{4 \times 0.0043}{3.14 \times 4}}$ = 0.036m = 36mm, 그러므로 40mm 배관
③	주배관 중 수직배관에 해당되며 50mm 이상이 되어야 한다.
④	주배관 중 수직배관에 해당되며 50mm 이상이 되어야 한다.
⑤	주배관 중 수직배관에 해당되며 50mm 이상이 되어야 한다.
⑥	주배관 중 수직배관에 해당되며 50mm 이상이 되어야 한다.
⑦	주배관에 해당되며(수평배관의 기준이 없으므로 수평배관을 주배관으로 본다), 유속 4m/s 이하가 되어야 한다. Q = 130ℓ/min × 2개 = 260ℓ/min = 0.26㎥/min, $\frac{0.26}{60}$ ㎥/sec = 0.0043㎥/sec D = $\sqrt{\frac{4Q}{\pi V}}$ = $\sqrt{\frac{4 \times 0.0043}{3.14 \times 4}}$ = 0.036m = 36mm, 그러므로 40mm 배관
⑧	가지배관이므로 40mm 배관

배관선정의 참고내용

국내의 생산하는 배관규격은 25, 32, 40, 50, 65, 80, 100, 125, 150, 200mm를 생산하고 있다.
    ④의 배관계산에서 45.5mm 이상이어야 하면 그 보다 큰 규격의 배관은 50mm 이다.
    ①의 배관계산에서 52.5mm 이상이어야 하면 그 보다 큰 규격의 배관은 65mm 이다.

㈐ 배관구경 설계 사례

1. 규약배관방식 설계(폐쇄형 헤드)

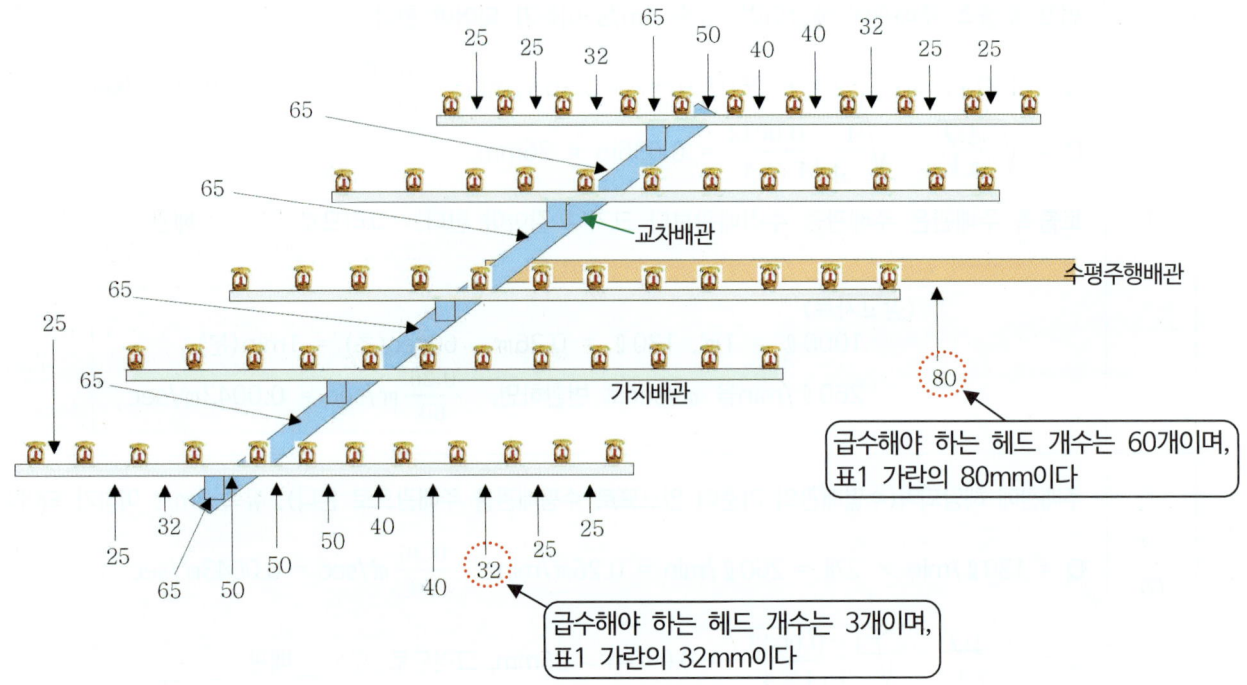

(2.5.3.3표)

구 분	급수관의구경	25	32	40	50	65	80	90	100	125	150
가		2	3	5	10	30	60	80	100	160	161 이상
나		2	4	7	15	30	60	65	100	160	161 이상
다		1	2	5	8	15	27	40	55	90	91 이상

(주)
1. 폐쇄형 스프링클러헤드를 사용하는 설비의 경우로서 1개층에 하나의 급수배관(또는 밸브 등)이 담당 하는 구역의 최대면적은 3,000㎡를 초과하지 아니할 것.
2. 폐쇄형 스프링클러헤드를 설치하는 경우에는 "가"란의 헤드수에 따를 것. 다만, 100개 이상의 헤드를 담당하는 급수배관(또는 밸브)의 구경을 100㎜로 할 경우에는 수리계산을 통하여 제8조제3항제3호에서 규정한 배관의 유속에 적합하도록 할 것
3. 폐쇄형 스프링클러헤드를 설치하고 반자 아래의 헤드와 반자속의 헤드를 동일 급수관의 가지관상에 병설하는 경우에는 "나"란의 헤드수에 따를 것.
4. 제10조제3항제1호의 경우로서 폐쇄형 스프링클러헤드를 설치하는 설비의 배관구경은 "다"란에 따를 것.
5. 개방형 스프링클러헤드를 설치하는 경우 하나의 방수구역이 담당하는 헤드의 개수가 30개 이하일 때는 "다"란의 헤드수에 의하고, 30개를 초과할 때는 수리 계산방법에 따를 것.

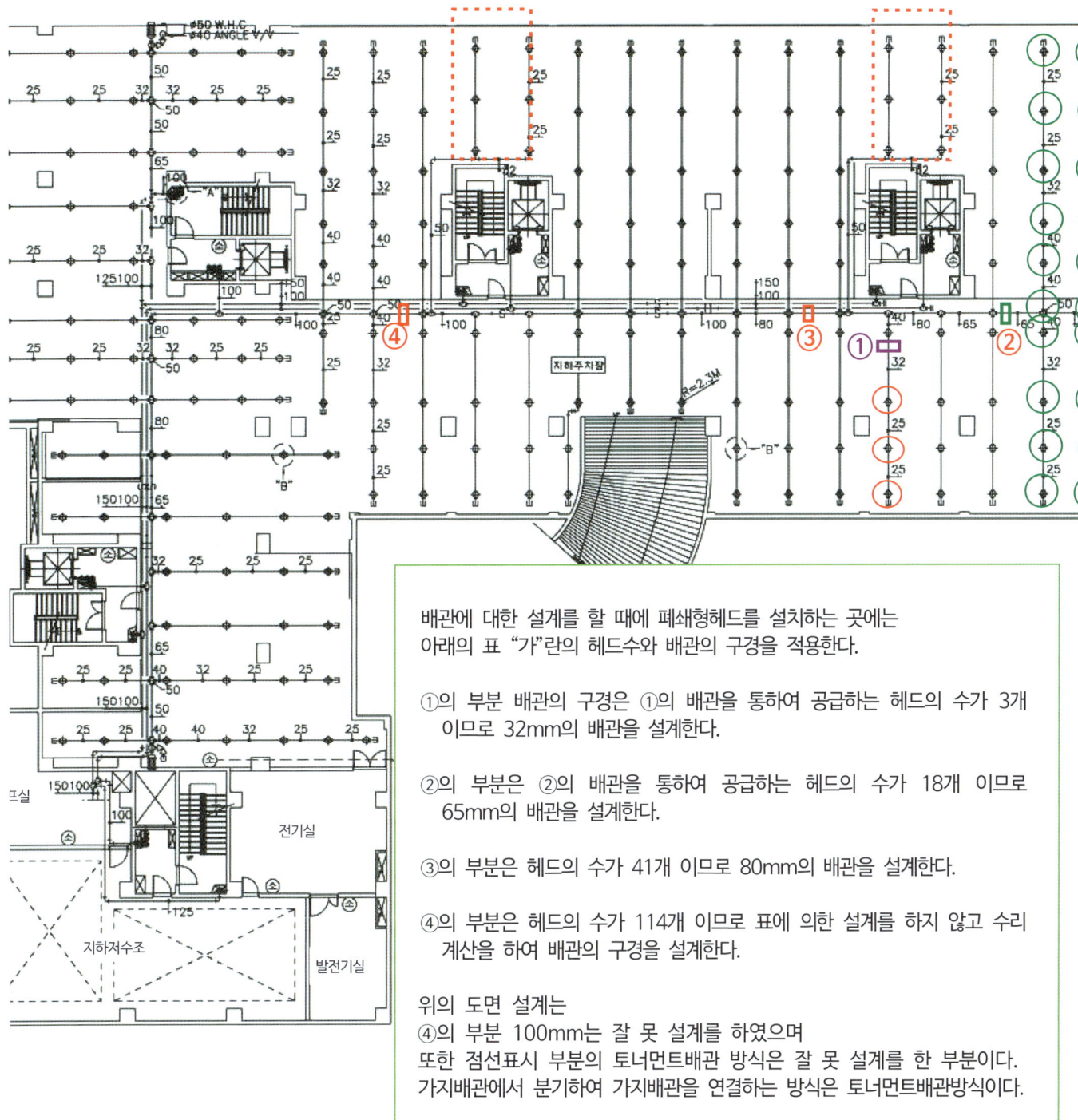

배관에 대한 설계를 할 때에 폐쇄형헤드를 설치하는 곳에는 아래의 표 "가"란의 헤드수와 배관의 구경을 적용한다.

①의 부분 배관의 구경은 ①의 배관을 통하여 공급하는 헤드의 수가 3개 이므로 32mm의 배관을 설계한다.

②의 부분은 ②의 배관을 통하여 공급하는 헤드의 수가 18개 이므로 65mm의 배관을 설계한다.

③의 부분은 헤드의 수가 41개 이므로 80mm의 배관을 설계한다.

④의 부분은 헤드의 수가 114개 이므로 표에 의한 설계를 하지 않고 수리 계산을 하여 배관의 구경을 설계한다.

위의 도면 설계는
④의 부분 100mm는 잘 못 설계를 하였으며
또한 점선표시 부분의 토너먼트배관 방식은 잘 못 설계를 한 부분이다.
가지배관에서 분기하여 가지배관을 연결하는 방식은 토너먼트배관방식이다.

구 분 \ 급수관의구경	25	32	40	50	65	80	90	100	125	150
가	2	3	5	10	30	60	80	100	160	161 이상
나	2	4	7	15	30	60	65	100	160	161 이상
다	1	2	5	8	15	27	40	55	90	91 이상

㉒ 배관구경 설계 사례

2. 규약배관방식 설계(개방형 헤드)

규약(規約) : 정해 놓은 규칙

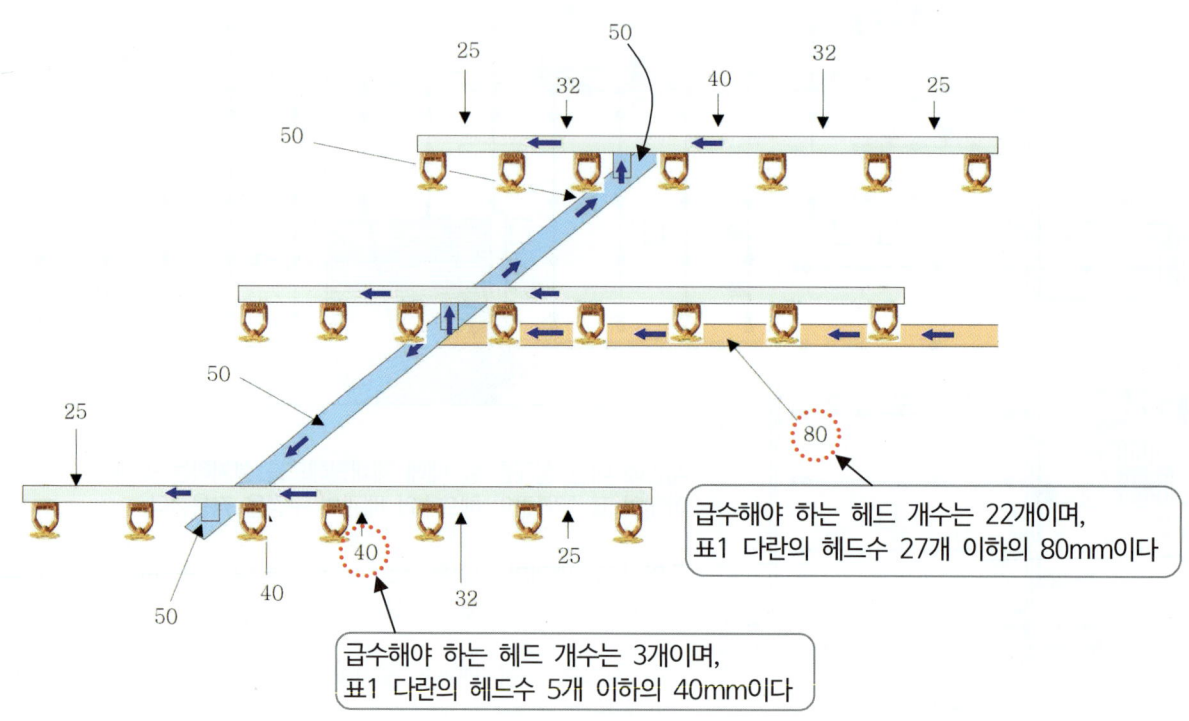

급수해야 하는 헤드 개수는 22개이며,
표1 다란의 헤드수 27개 이하의 80mm이다

급수해야 하는 헤드 개수는 3개이며,
표1 다란의 헤드수 5개 이하의 40mm이다

(2.5.3.3표)

구 분 \ 급수관의구경	25	32	40	50	65	80	90	100	125	150
가	2	3	5	10	30	60	80	100	160	161 이상
나	2	4	7	15	30	60	65	100	160	161 이상
다	1	2	5	8	15	27	40	55	90	91이상

(주)

5. 개방형 스프링클러헤드를 설치하는 경우 하나의 방수구역이 담당하는 헤드의 개수가 30개 이하일 때는 "다"란의 헤드수에 의하고, 30개를 초과할 때는 수리 계산방법에 의한다.

㉔ 배관구경 설계 사례

3. 수리계산방식 설계(개방형 헤드)

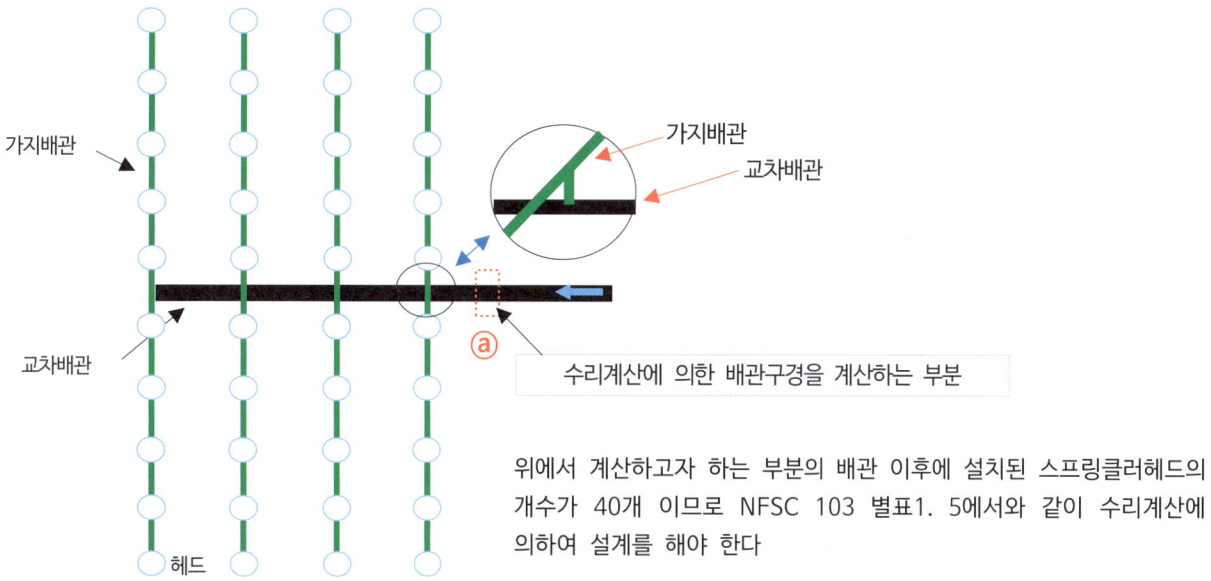

위에서 계산하고자 하는 부분의 배관 이후에 설치된 스프링클러헤드의 개수가 40개 이므로 NFSC 103 별표1. 5에서와 같이 수리계산에 의하여 설계를 해야 한다

배관의 구경을 계산하는 공식은,

$$Q = A \cdot V \quad A = \frac{Q}{V} \quad A = \frac{\pi D^2}{4} \quad \frac{\pi D^2}{4} = \frac{Q}{V} \quad D^2 = \frac{4Q}{\pi V}$$

$$D = \sqrt{\frac{4Q}{\pi V}} \quad \text{D가 배관의 지름이다.}$$

지금 계산하려고 하는 ⓐ배관의 이후에 설치된 스프링클러헤드의 개수는 40개이며 40개의 헤드가 1개의 헤드에서 80ℓ/min이 방수되므로,

Q = 40개 × 80ℓ/min = 3,200ℓ/min = 3.2㎥/min이며, 이를 ㎥/sec로 환산하면

$$\frac{3.2㎥/min}{60 \sec} = 0.05333㎥/sec$$이며, 위의 공식에 대입할 Q(유량) = 0.05333㎥/sec 이다

V = 10m/sec (NFSC 103 8조 3항 3호에서 규정되어 있다)
그러면 위의 공식 D(배관의 지름)를 계산하면

$$D = \sqrt{\frac{4Q}{\pi V}} = \sqrt{\frac{4 \times 0.05333}{3.14 \times 10}} = \sqrt{\frac{0.21333}{31.4}} = \sqrt{0.00679.36} = 0.082426 \text{ m} = 82.42 \text{ mm}$$

위에서 설계 부분의 배관구경은 82.42mm이므로 90mm 배관이 되어야 한다.

수리계산 : 수학의 이론 계산

자. 유도등 설계

1. 설치해야 할 장소

① **피난구 유도등 설치장소** 유도등 및 유도표지의 화재안전기술기준 2.2.1
  1. 옥내로부터 직접 지상으로 통하는 출입구 및 그 부속실의 출입구
  2. 직통계단·직통계단의 계단실 및 그 부속실의 출입구
  3. 제1호 및 제2호에 따른 출입구에 이르는 복도 또는 통로로 통하는 출입구
  4. 안전구획된 거실로 통하는 출입구
  5. 피난구유도등은 피난구의 바닥으로부터 높이 1.5m 이상으로서 출입구에 인접하도록 설치한다.
  6. 피난층으로 향하는 피난구의 위치를 안내할 수 있도록 출입구 인근 천장에 설치된 피난구 유도등의 면과 수직이 되도록 피난구유도등을 추가로 설치해야 한다. 다만 피난구유도등이 입체형인 경우에는 그렇지 않다.

② **통로 유도등 설치장소** 유도등 및 유도표지의 화재안전기술기준 2.3

  소방대상물의 각 거실과 그로부터 지상에 이르는 복도 또는 계단의 통로

  1. **복도통로유도등**
     복도에 설치하되 피난구유도등이 설치된 출입구의 맞은편 복도에는 입체형을 설치하거나 바닥에 설치할 것.
     복도, 구부러진 모퉁이 및 보행거리 20m마다 설치한다.

  2. **거실통로유도등**
     거실의 통로, 구부러진 모퉁이 및 보행거리 20m마다 설치

  3. **계단통로유도등**
     각층의 경사로 참 또는 계단참마다 설치

③ **객석 유도등 설치장소** 2.4
  객석의 통로, 바닥 또는 벽

④ **피난유도선 설치장소** 2.6
  구획된 각 실로부터 주출입구 또는 비상구까지 설치

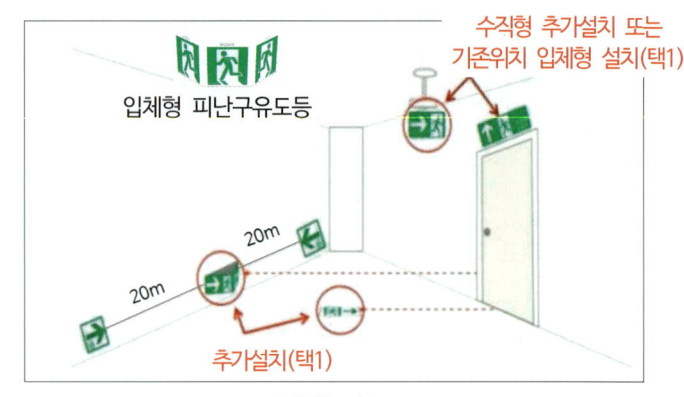

소방청 자료

기준 해석 : 구부러진 모퉁이도 설치하고, 보행거리도 충족해야 한다.

복도통로유도등은 구부러진 모퉁이 및 보행거리 20m 마다 설치해야 한다

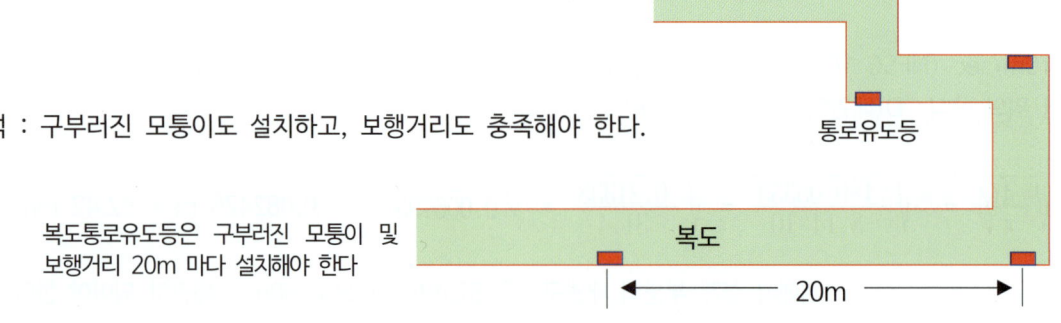

복도통로유도등 설치사례

2. 설치제외 장소 유도등 및 유도표지의 화재안전기술기준 2.8

① 피난구유도등 설치제외 장소

1. 바닥면적이 1,000㎡ 미만인 층으로서 옥내로부터 직접 지상으로 통하는 출입구(외부의 식별이 용이한 경우에 한한다)
2. 대각선 길이가 15 m 이내인 구획된 실의 출입구
3. 거실 각 부분으로부터 하나의 출입구에 이르는 보행거리가 20m 이하이고 비상조명등과 유도표지가 설치된 거실의 출입구
4. 출입구가 3 이상 있는 거실로서 그 거실 각 부분으로부터 하나의 출입구에 이르는 보행거리가 30m 이하인 경우에는 주된 출입구 2개소외의 출입구(유도표지가 부착된 출입구를 말한다). 다만, 공연장·집회장·관람장·전시장·판매시설·운수시설·숙박시설·노유자시설·의료시설·장례식장의 경우에는 그러하지 아니하다.

해석
1~4 내용중 1에 해당하면 설치제외 장소가 된다.

② 통로유도등 설치제외 장소

1. 구부러지지 아니한 복도 또는 통로로서 길이가 30m 미만인 복도 또는 통로
2. 제1호에 해당하지 않는 복도 또는 통로로서 보행거리가 20m 미만이고 그 복도 또는 통로와 연결된 출입구 또는 그 부속실의 출입구에 피난구유도등이 설치된 복도 또는 통로

③ 객석유도등 설치제외 장소

1. 주간에만 사용하는 장소로서 채광이 충분한 객석
2. 거실 등의 각 부분으로부터 하나의 거실출입구에 이르는 보행거리가 20m 이하인 객석의 통로로서 그 통로에 통로유도등이 설치된 객석

④ 유도표지 설치제외 장소

1. 유도등이 피난구유도등 및 통로유도등 설치기준에 적합하게 설치된 출입구·복도·계단 및 통로
2. 피난구유도등을 설치하지 아니하는 아래의 ①,②의 장소와 통로유도등을 설치하지 아니하는 장소
    ① 바닥면적이 1,000㎡ 미만인 층으로서 옥내로부터 직접 지상으로 통하는 출입구(외부의 식별이 용이한 경우에 한한다)
    ② 대각선 길이가 15 m 이내인 구획된 실의 출입구

3. 설치할 유도등 종류 선택 표 2.1.1 설치장소별 유도등 및 유도표지의 종류

설계를 하는 장소에 적합한 종류의 유도등, 유도표지 및 규격(대형, 중형, 소형)을 선택 하여야 한다
예를 들어서 극장은 관람장으로서 대형피난구유도등(중,소형피난구유도등은 부적합함), 통로유도등, 객석유도등을 설계해야 한다.
설계도서에 가끔 대형피난구유도등을 설계해야 하는 장소에 중형, 또는 소형피난구유도등을 설계하는 사례가 있다.

설치 장소	유도등 및 유도표지 종류
1. 공연장 · 집회장(종교집회장 포함) · 관람장 · 운동시설	○대형피난구유도등 ○통로유도등 ○객석유도등
2. 유흥주점영업시설(식품위생법시행령 제21조 제8호라목의 유흥주점영업중 손님이 춤을 출 수 있는 무대가 설치된 카바레, 나이트클럽 또는 그밖에 이와 비슷한 영업시설만 해당한다)	○대형피난구유도등 ○통로유도등
3. 위락시설 · 판매시설 · 운수시설 · 관광진흥법 제3조제1항제2호에 따른 관광숙박업 · 의료시설 · 장례식장 · 방송통신시설 · 전시장 · 지하상가 · 지하철역사	○대형피난구유도등 ○통로유도등
4. 숙박시설(제3호의 관광숙박업 외의 것을 말한다) · 오피스텔	○중형피난구유도등 ○통로유도등
5. 제1호부터 제3호까지 외의 건축물로서 지하층 · 무창층 또는 층수가 11층 이상인 특정소방대상물	
6 제1호부터 제5호까지 외의 건축물로서 근생활시설 · 노유자시설 · 업무시설 · 발전시설 · 종교시설(집회장 용도로 사용하는 부분 제외) · 교육연구시설 · 수련시설 · 공장 · 교정 및 군사시설(국방 · 군사시설 제외) · 기숙사 · 자동차정비공장 · 운전학원 및 정비학원 · 다중이용업소 · 복합건축물 · 아파트	○소형피난유도등 ○통로유도등
7 그밖의 것	○피난구유도표지 ○통로유도표지

비고
1. 소방서장은 특정대상물의 위치·구조 및 설비의 상황을 판단하여 대형피난구유도등을 설치하여야 할 장소에 중형피난구유도등 또는 소형피난구유도등을, 중형피난구유도등을 설치하여야 할 장소에 소형피난구유도등을 설치하게 할 수 있다.
2. 복합건축물과 아파트의 경우, 주택의 세대 내에는 유도등을 설치하지 아니할 수 있다.

계단통로유도등

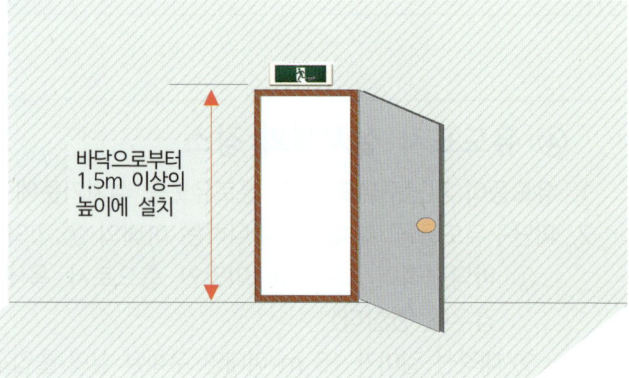

피난구유도등

4. 설치개수 계산

① **복도통로유도등** 유도등 및 유도표지의 화재안전기술기준 2.3.1.1.2

복도에 설치하되 피난구유도등이 설치된 출입구의 맞은편 복도에는 입체형을 설치하거나 바닥에 설치한다.
복도, 구부러진 모퉁이 및 보행거리 20m마다 설치한다.

② **거실통로유도등** 2.3.1.2.2

거실의 통로에 구부러진 모퉁이 및 보행거리 20m마다 설치한다.

③ **계단통로유도등** 2.3.1.3.1

각층의 경사로참 또는 계단참마다 설치한다.
(1개층에 경사로참 또는 계단참이 2 이상 있는 경우에는 각각의 계단참마다)
 참고 : 1개층에 계단참이 2곳인 곳이 대부분의 건물이지만 1곳의 계단참에만
        통로유도등을 설계하는 사례가 있다.

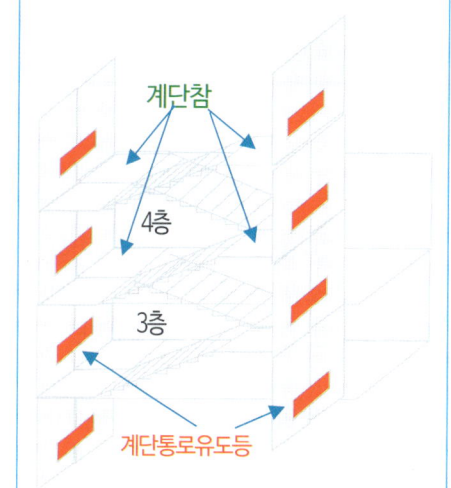

④ **객석통로유도등** 2.4

$$\text{설치개수} = \frac{\text{객석의 통로의 직선부분의 길이}(m)}{4} - 1$$

(계산을 하여 소수점 이하는 1로 본다, 예를 들어 계산한 값이 5.3으로 나왔으면 6개가 설치개수가 된다)

문 제

객석 통로의 길이가 25m인 장소에 객석유도등이 설치되어야 할 개수는?

정 답

$$\frac{\text{객석의 통로의 직선부분의 길이}(m)}{4} - 1 = \frac{25}{4} - 1 = 5.25, \text{ 그러므로 6개를 설치해야 한다.}$$

5. 설치방식(2선식, 3선식) 선택

결선형태 차이점	2선식 배선	3선식 배선
결선방법	유도등을 한전의 전기에 연결하여 평상시에 불이 켜 지도록 연결한 배선 형태로서 유도등 내에 흰색선 1선과, 검정색선과 녹색선을 합하여 1선으로 하여 한전의 전기에 연결한 형태이다.	유도등 안의 선중 흰색선과 검정색선은 상용전원선에 연결하고, 녹색선은 점멸기선에 연결하여 평상시에는 유도등이 꺼져(소등) 있는 상태로 유지하고 화재등으로 소방시설의 발신기. 감지기등이 작동되었을 때에 수신기에서 신호를 보내어 유도등이 점등하는 형태의 배선이다.
<u>점멸기</u>로 소등을 했을 경우	자동으로 예비전원으로 <u>절환</u>되어 유도등의 내부에 있는 밧데리에 의하여 20분이상 유도등이 켜진다	유도등은 꺼진다 그러나 유도등 내부의 밧데리(예비전원)는 계속 충전되고 있는 상태다)

유도등 및 유도표지의 화재안전기술기준   2.7.3.2

유도등은 전기회로에 점멸기를 설치하지 않고 항상 점등 상태를 유지한다.
다만, 특정소방대상물 또는 그 부분에 사람이 없거나 다음의 어느 하나에 해당하는 장소로서 3선식 배선에 따라 상시 충전되는 구조인 경우에는 그렇지 않다.

1. 외부의 빛에 의해 피난구 또는 피난방향을 쉽게 식별할 수 있는 장소
2. 공연장, 암실(暗室) 등으로서 어두워야 할 필요가 있는 장소
3. 특정소방대상물의 관계인 또는 종사원이 주로 사용하는 장소

점멸기 : 전등을 켜고 끄는 스위치
절환(切換) : 제어하는 극의 신호에 따라 변환하여 작동함

차. 피난기구 설계

1. **기준** ·· 74

    가. 적응 및 설치개수 등

    나. 설치제외

    다. 피난기구설치 감소

2. **설계도면 설계** ·· 77

    가. 설치장소에 적응하는 피난기구 종류

    나. 피난기구 설치 개수

    다. 피난기구 설치제외

    　　① 피난기구 설치면제 장소 검토 사례

    　　② 아파트 피난기구 설치 면제 장소

    라. 설계도면 설계

    　　① 3층 피난기구 설계

    　　② 4 ~ 7층 피난기구 설계

    　　③ 다중이용업소 피난기구 설계

    　　④ 피난사다리용 노대 설계

    　　⑤ 숙박시설 피난기구 설계

    마. 근린생활시설 건물 피난기구 설계

    바. 산후조리원 건물 피난기구 설계

1. 기 준

가. 적응 및 설치개수 등

① 피난기구는 표 2.1.1에 따라 특정소방대상물의 설치장소별로 그에 적응하는 종류의 것으로 설치해야 한다.

② 피난기구는 다음의 기준에 따른 개수 이상을 설치해야 한다.
  1. 층마다 설치하되, 숙박시설·노유자시설 및 의료시설로 사용되는 층에 있어서는 그 층의 바닥면적 500 ㎡마다, 위락시설·문화 집회 및 운동시설·판매시설로 사용되는 층 또는 복합용도의 층(하나의 층이 영 별표 2 제1호 내지 제4호 또는 제8호 내지 제18호 중 2 이상의 용도로 사용되는 층을 말한다)에 있어서는 그 층의 바닥면적 800 ㎡마다, 계단실형 아파트에 있어서는 각 세대마다, 그 밖의 용도의 층에 있어서는 그 층의 바닥면적 1,000 ㎡마다 1개 이상 설치할 것
  2. 제1호에 따라 설치한 피난기구 외에 숙박시설(휴양콘도미니엄을 제외한다)의 경우에는 추가로 객실마다 완강기 또는 2 이상의 간이완강기를 설치할 것
  3. 제1호에 따라 설치한 피난기구 외에 공동주택(「공동주택관리법」 제2조제1항제2호 가목부터 라목까지 중 어느 하나에 해당하는 공동주택에 한한다)의 경우에는 하나의 관리주체가 관리하는 공동주택 구역마다 공기안전매트 1개 이상을 추가로 설치할 것. 다만, 옥상으로 피난이 가능하거나 인접세대로 피난할 수 있는 구조인 경우에는 추가로 설치하지 않을 수 있다.

③ 피난기구는 다음의 기준에 따라 설치해야 한다.
  1. 피난기구는 계단·피난구 기타 피난시설로부터 적당한 거리에 있는 안전한 구조로 된 피난 또는 소화 활동상 유효한 개구부(가로 0.5 m 이상 세로 1 m 이상인 것을 말한다. 이 경우 개구부 하단이 바닥에서 1.2 m 이상이면 발판 등을 설치하여야 하고, 밀폐된 창문은 쉽게 파괴할 수 있는 파괴장치를 비치해야 한다)에 고정하여 설치하거나 필요한 때에 신속하고 유효하게 설치할 수 있는 상태에 둘 것

  2. 피난기구를 설치하는 개구부는 서로 동일직선상이 아닌 위치에 있을 것. 다만, 피난교·피난용트랩·간이완강기·아파트에 설치되는 피난기구(다수인 피난장비는 제외한다) 기타 피난 상 지장이 없는 것에 있어서는 그렇지 않다.

  3. 피난기구는 특정소방대상물의 기둥·바닥·보 기타 구조상 견고한 부분에 볼트조임·매입·용접 기타의 방법으로 견고하게 부착할 것

  4. 4층 이상의 층에 피난사다리(하향식 피난구용 내림식사다리는 제외한다)를 설치하는 경우에는 금속성 고정사다리를 설치하고, 당해 고정사다리에는 쉽게 피난할 수 있는 구조의 노대를 설치할 것

  5. 완강기는 강하 시 로프가 건축물 또는 구조물 등과 접촉하여 손상되지 않도록 하고, 로프의 길이는 부착위치에서 지면 또는 기타 피난상 유효한 착지 면까지의 길이로 할 것

  6. 미끄럼대는 안전한 강하속도를 유지하도록 하고, 전락방지를 위한 안전조치를 할 것

  7. 구조대의 길이는 피난 상 지장이 없고 안정한 강하속도를 유지할 수 있는 길이로 할 것

  8. 다수인 피난장비는 다음의 기준에 적합하게 설치할 것
      가. 피난에 용이하고 안전하게 하강할 수 있는 장소에 적재 하중을 충분히 견딜 수 있도록 「건축물의 구조기준 등에 관한 규칙」 제3조에서 정하는 구조안전의 확인을 받아 견고하게 설치할 것
      나. 다수인피난장비 보관실(이하 "보관실"이라 한다)은 건물 외측보다 돌출되지 아니하고, 빗물·먼지 등으로부터 장비를 보호할 수 있는 구조일 것
      다. 사용 시에 보관실 외측 문이 먼저 열리고 탑승기가 외측으로 자동으로 전개될 것
      라. 하강 시에 탑승기가 건물 외벽이나 돌출물에 충돌하지 않도록 설치할 것
      마. 상·하층에 설치할 경우에는 탑승기의 하강경로가 중첩되지 않도록 할 것
      바. 하강 시에는 안전하고 일정한 속도를 유지하도록 하고 전복, 흔들림, 경로이탈 방지를 위한 안전조치를 할 것
      사. 보관실의 문에는 오작동 방지조치를 하고, 문 개방 시에는 해당 특정소방대상물에 설치된 경보설비와 연동하여 유효한 경보음을 발하도록 할 것
      아. 피난층에는 해당 층에 설치된 피난기구가 착지에 지장이 없도록 충분한 공간을 확보할 것
      자. 한국소방산업기술원 또는 법 제46조제1항에 따라 성능시험기관으로 지정받은 기관에서 그 성능을 검증받은 것으로 설치할 것

  9. 승강식 피난기 및 하향식 피난구용 내림식사다리는 다음의 기준에 적합하게 설치할 것

      가. 승강식 피난기 및 하향식 피난구용 내림식사다리는 설치경로가 설치 층에서 피난층까지 연계될 수 있는 구조로 설치할 것. 다만, 건축물의 구조 및 설치 여건 상 불가피한 경우에는 그렇지 않다.

나. 대피실의 면적은 2 ㎡(2세대 이상일 경우에는 3 ㎡) 이상으로 하고, 「건축법 시행령」 제46조제4항 각 호의 규정에 적합하여야 하며 하강구(개구부) 규격은 직경 60 ㎝ 이상일 것. 다만, 외기와 개방된 장소에는 그렇지 않다.

다. 하강구 내측에는 기구의 연결 금속구 등이 없어야 하며 전개된 피난기구는 하강구 수평투영면적 공간 내의 범위를 침범하지 않는 구조이어야 할 것. 다만, 직경 60 ㎝ 크기의 범위를 벗어난 경우이거나, 직하층의 바닥 면으로부터 높이 50 ㎝ 이하의 범위는 제외한다.

라. 대피실의 출입문은 60분+ 방화문 또는 60분 방화문으로 설치하고, 피난방향에서 식별할 수 있는 위치에 "대피실" 표지판을 부착할 것. 다만, 외기와 개방된 장소에는 그렇지 않다.

마. 착지점과 하강구는 상호 수평거리 15 ㎝ 이상의 간격을 둘 것

바. 대피실 내에는 비상조명등을 설치할 것

사. 대피실에는 층의 위치표시와 피난기구 사용설명서 및 주의사항 표지판을 부착할 것

아. 대피실 출입문이 개방되거나, 피난기구 작동 시 해당층 및 직하층 거실에 설치된 표시등 및 경보장치가 작동되고, 감시 제어반에서는 피난기구의 작동을 확인할 수 있어야 할 것

자. 사용 시 기울거나 흔들리지 않도록 설치할 것

차. 승강식 피난기는 한국소방산업기술원 또는 법 제46조제1항에 따라 성능시험기관으로 지정받은 기관에서 그 성능을 검증받은 것으로 설치할 것

④ 피난기구를 설치한 장소에는 가까운 곳의 보기 쉬운 곳에 피난기구의 위치를 표시하는 발광식 또는 축광식표지와 그 사용방법을 표시한 표지(외국어 및 그림 병기)를 부착하되, 축광식표지는 소방청장이 정하여 고시한 「축광표지의 성능인증 및 제품검사의 기술기준」에 적합하여야 한다. 다만, 방사성물질을 사용하는 위치표지는 쉽게 파괴되지 않는 재질로 처리할 것

나. 설치제외

영 별표 5 제14호 피난구조설비의 설치면제 요건의 규정에 따라 다음의 어느 하나에 해당하는 특정소방대상물 또는 그 부분에는 피난기구를 설치하지 않을 수 있다. 다만, 2.1.2.2에 따라 숙박시설(휴양콘도미니엄을 제외한다)에 설치되는 완강기 및 간이완강기의 경우에는 그렇지 않다.

1. 다음의 기준에 적합한 층
   가. 주요구조부가 내화구조로 되어 있어야 할 것
   나. 실내의 면하는 부분의 마감이 불연재료·준불연재료 또는 난연재료로 되어 있고 방화구획이 「건축법 시행령」 제46조의 규정에 적합하게 구획되어 있어야 할 것
   다. 거실의 각 부분으로부터 직접 복도로 쉽게 통할 수 있어야 할 것
   라. 복도에 2 이상의 피난계단 또는 특별피난계단이 「건축법 시행령」 제35조에 적합하게 설치되어 있어야 할 것
   마. 복도의 어느 부분에서도 2 이상의 방향으로 각각 다른 계단에 도달할 수 있어야 할 것

2. 다음의 기준에 적합한 특정소방대상물 중 그 옥상의 직하층 또는 최상층(문화 및 집회시설, 운동시설 또는 판매시설을 제외한다)
   가. 주요구조부가 내화구조로 되어 있어야 할 것
   나. 옥상의 면적이 1,500 ㎡ 이상이어야 할 것
   다. 옥상으로 쉽게 통할 수 있는 창 또는 출입구가 설치되어 있어야 할 것
   라. 옥상이 소방사다리차가 쉽게 통행할 수 있는 도로(폭 6 m 이상의 것을 말한다. 이하 같다) 또는 공지(공원 또는 광장 등을 말한다. 이하 같다)에 면하여 설치되어 있거나 옥상으로부터 피난층 또는 지상으로 통하는 2 이상의 피난계단 또는 특별피난계단이 「건축법 시행령」 제35조의 규정에 적합하게 설치되어 있어야 할 것

3. 주요구조부가 내화구조이고 지하층을 제외한 층수가 4층 이하이며 소방사다리차가 쉽게 통행할 수 있는 도로 또는 공지에 면하는 부분에 영 제2조제1호 각 목의 기준에 적합한 개구부가 2 이상 설치되어 있는 층(문화집회 및 운동시설·판매시설 및 영업시설 또는 노유자시설의 용도로 사용되는 층으로서 그 층의 바닥면적이 1,000 ㎡ 이상인 것을 제외한다)

4. 갓복도식 아파트 또는 「건축법 시행령」제46조제5항에 해당하는 구조 또는 시설을 설치하여 인접(수평 또는 수직)세대로 피난할 수 있는 아파트

5. 주요구조부가 내화구조로서 거실의 각 부분으로 직접 복도로 피난할 수 있는 학교(강의실 용도로 사용되는 층에 한한다)

6. 무인공장 또는 자동창고로서 사람의 출입이 금지된 장소(관리를 위하여 일시적으로 출입하는 장소를 포함한다)

7. 건축물의 옥상부분으로서 거실에 해당하지 아니하고 「건축법 시행령」 제119조제1항제9호에 해당하여 층수로 산정된 층으로 사람이 근무하거나 거주하지 않는 장소

다. 피난기구 설치의 감소

① 피난기구를 설치하여야 할 특정소방대상물중 다음의 기준에 적합한 층에는 2.1.2에 따른 피난기구의 2분의 1을 감소할 수 있다. 이 경우 설치하여야 할 피난기구의 수에 있어서 소수점 이하의 수는 1로 한다.
  1. 주요구조부가 내화구조로 되어 있을 것
  2. 직통계단인 피난계단 또는 특별피난계단이 2 이상 설치되어 있을 것

② 피난기구를 설치해야 할 소방대상물 중 주요구조부가 내화구조이고 다음의 기준에 적합한 건널 복도가 설치되어 있는 층에는 2.1.2에 따른 피난기구의 수에서 해당 건널 복도의 수의 2배의 수를 뺀 수로 한다.
  1. 내화구조 또는 철골조로 되어 있을 것
  2. 건널 복도 양단의 출입구에 자동폐쇄장치를 한 60분+ 방화문 또는 60분 방화문(방화셔터를 제외한다)이 설치되어 있을 것
  3. 피난·통행 또는 운반의 전용 용도일 것

③ 피난기구를 설치하여야 할 특정소방대상물 중 다음의 기준에 적합한 노대가 설치된 거실의 바닥면적은 2.1.2에 따른 피난기구의 설치개수 산정을 위한 바닥면적에서 이를 제외한다.
  1. 노대를 포함한 특정소방대상물의 주요구조부가 내화구조일 것
  2. 노대가 거실의 외기에 면하는 부분에 피난 상 유효하게 설치되어 있어야 할 것
  3. 노대가 소방사다리차가 쉽게 통행할 수 있는 도로 또는 공지에 면하여 설치되어 있거나, 거실부분과 방화 구획되어 있거나 또는 노대에 지상으로 통하는 계단 그 밖의 피난기구가 설치되어 있어야 할 것

표 2.1.1 설치장소별 피난기구의 적응성

설치장소별구분 / 층별	1층	2층	3층	4층 이상 10층 이하
1. 노유자시설	미끄럼대 구조대, 피난교 다수인피난장비 승강식피난기	미끄럼대 구조대, 피난교 다수인피난장비 승강식피난기	미끄럼대 구조대, 피난교 다수인피난장비 승강식피난기	구조대, 피난교 다수인피난장비 승강식피난기
2. 의료시설·근린생활시설중 입원실이 있는 의원·접골원·조산원			미끄럼대 구조대, 피난교 피난용트랩 다수인피난장비 승강식피난기	구조대 피난교 피난용트랩 다수인피난장비 승강식피난기
3. 「다중이용업소의 안전관리에 관한 특별법 시행령」제2조에 따른 다중이용업소로서 영업장의 위치가 4층 이하인 다중이용업소		미끄럼대 피난사다리 구조대, 완강기 다수인피난장비 승강식피난기	미끄럼대 피난사다리 구조대, 완강기 다수인피난장비 승강식피난기	미끄럼대 피난사다리 구조대 완강기 다수인피난장비 승강식피난기
4. 그 밖의 것			미끄럼대 피난사다리 구조대, 완강기 피난교 피난용트랩 간이완강기 공기안전매트 다수인피난장비 승강식피난기	피난사다리 구조대, 완강기 피난교 간이완강기 공기안전매트 다수인피난장비 승강식피난기

※ 비고 :
1) 구조대의 적응성은 장애인 관련 시설로서 주된 사용자 중 스스로 피난이 불가한 자가 있는 경우 제4조제2항제4호에 따라 추가로 설치하는 경우에 한한다.
2), 3) 간이완강기의 적응성은 제4조제2항제2호에 따라 숙박시설의 3층 이상에 있는 객실에, 공기안전매트의 적응성은 제4조제2항제3호에 따라 공동주택(공동주택관리법 시행령 제2조제1항제2호 가목부터 라목까지 중 어느 하나에 해당하는 공동주택)에 추가로 설치하는 경우에 한한다.

2. 설계도면 설계

가. 설치장소에 적응하는 피난기구 종류

피난기구의 설계중 설치하는 장소에 적응하는 피난기구를 선택해야 한다.

설치하는 장소에 적응하는 피난기구의 종류는 별표1에 내용이 있다.

많은 장소에서는 완강기를 피난기구로 하고 있다. 그 이유는 설치장소별 적응되는 피난기구이며 설치비용이 많이 들지 않기 때문이다.

피난기구가 설치되는 층의 용도에 따라 아래의 표에 해당하는 피난기구가 적응하는 피난기구이며,

설계자는 이 기구 중 어느 한가지 또는 그 이상을 선택하여 설계를 하면 된다.

예를 들어서 설계하는 장소가 업무시설로서 3, 4, 5층에 피난기구를 설계한다면,

주로 완강기를 설계하고 있다.

설치장소별 구분	3층	4층 이상 10층 이하
4. 그 밖의 것	미끄럼대 피난사다리 구조대 **완강기** 피난교 피난용트랩 간이완강기 공기안전매트 다수인피난장비 승강식피난기	피난사다리 구조대 **완강기** 피난교 간이완강기 공기안전매트 다수인피난장비 승강식피난기

나. 피난기구 설치 개수

가. 피난기구를 설치하여야 하는 층 (관련법 : 소방시설 설치 및 관리에 관한 법률시행령 별표4)

피난층, 지상 1층, 지상 2층(노유자 시설 중 피난층이 아닌 지상 1층과 피난층이 아닌 지상 2층은 제외한다), 층수가 11층 이상인 층과 위험물 저장 및 처리시설 중 가스시설, 지하가 중 터널 및 지하구를 제외한 모든 층에 설치해야 한다. 그러므로 피난기구를 설치하여야 하는 층은 3 ~ 10층에 설치한다(다중이용업소는 2층에도 설치한다).

나. 층마다 설치한다.

다. 장소에 따라 아래의 개수를 설치한다. (관련법 : 피난기구의 화재안전기술기준 2.1.2)

① 숙박시설·노유자시설 및 의료시설로 사용되는 층에 있어서는 그 층의 바닥면적 500㎡마다,

위락시설·문화집회 및 운동시설·판매시설로 사용되는 층 또는 복합용도의 층(하나의 층이 영 별표 2 제1호 내지 제4호 또는 제8호 내지 제18호중 2 이상의 용도로 사용되는 층을 말한다)에 있어서는 그 층의 바닥면적 800㎡마다,

계단실형 아파트에 있어서는 각 세대마다, 그 밖의 용도의 층에 있어서는 그 층의 바닥면적 1,000㎡마다 1개 이상 설치한다.
하나의 층에서 설치 수량의 개수 계산은 아래의 표와 같이 바닥면적당 1개 이상을 설계 한다.

예를 들어서 판매시설의 3층 바닥면적이 2,000㎡이면, $\frac{2,000㎡}{800㎡}$ = 2.5개로서 피난기구를 3개 이상 설계를 해야 한다(소수점 이하는 반올림을 하지 않고 1개로 계산 해야 한다).

② 계단실형 아파트에 있어서는 각 세대마다 1개 이상 설치한다.
③ 그 밖의 용도의 층에 있어서는 그 층의 바닥면적 1,000㎡마다 1개 이상 설치한다.

설치 장소	피난기구 설치 개수
숙박시설 · 노유자시설 · 의료시설	바닥면적 500㎡ 마다 1개이상
위락시설 · 문화집회 및 운동시설. 판매시설 · 복합용도의 층	바닥면적 800㎡ 마다 1개이상
계단실형 아파트	각 세대 마다 1개이상
그 밖의 용도의 층	바닥면적 1,000㎡ 마다 1개이상

라. 숙박시설(휴양콘도미니엄을 제외한다)의 경우 기본 피난기구 이외에 추가로 객실마다 완강기 또는 둘 이상의 간이완강기를 설치한다.

마. 피난기구 외에 공동주택(「공동주택관리법」제2조제1항제2호 가목부터 라목까지 중 어느 하나에 해당하는 공동주택에 한한다)의 경우에는 하나의 관리주체가 관리하는 아파트 구역마다 공기안전매트 1개 이상을 추가로 설치한다.

(다만, 옥상으로 피난이 가능하거나 인접세대로 피난할 수 있는 구조인 경우 추가로 설치하지 아니할 수 있다)

장 소	추 가 내 용
공동주택	공기안전매트 1개 이상 (하나의 관리주체가 관리하는 아파트 마다 1개이상 설치하며, 아파트의 동별로 설치하는 것은 아니다)
숙박시설(휴양 콘도미니엄은 제외)	기본 피난기구 이외에 추가로 객실마다 완강기 또는 둘 이상의 간이완강기 설치

바. 4층 이상의 층에 설치된 노유자시설 중 장애인 관련 시설로서 주된 사용자 중 스스로 피난이 불가한 자가 있는 경우에는 층마다 구조대를 1개 이상 추가로 설치할 것

다. 피난기구 설치제외 _{피난기구의 화재안전기술기준 2.2}

피난구조설비의 설치면제 요건의 규정에 따라 다음의 어느 하나에 해당하는 특정소방대상물 또는 그 부분에는 피난기구를 설치하지 않을 수 있다. 다만, 숙박시설(휴양콘도미니엄을 제외한다)에 설치되는 완강기 및 간이완강기의 경우에는 그렇지 않다.

1. **다음의 기준에 적합한 층**(해석 : 가~마 기준을 모두 충족되어야 한다)
   가. 주요구조부가 내화구조로 되어 있어야 한다.
   나. 실내의 면하는 부분의 마감이 불연재료·준불연재료 또는 난연재료로 되어 있고 방화구획이 「건축법 시행령」 제46조의 규정에 적합하게 구획되어 있어야 한다.
   다. 거실의 각 부분으로부터 직접 복도로 쉽게 통할 수 있어야 한다.
   라. 복도에 2 이상의 피난계단 또는 특별피난계단이 「건축법 시행령」 제35조에 적합하게 설치되어 있어야 한다.
   마. 복도의 어느 부분에서도 2 이상의 방향으로 각각 다른 계단에 도달할 수 있어야 한다.

2. **다음의 기준에 적합한 특정소방대상물 중 그 옥상의 직하층 또는 최상층**(문화 및 집회시설, 운동시설 또는 판매시설을 제외한다)(해석 : 가~라 기준을 모두 충족되어야 한다)
   가. 주요구조부가 내화구조로 되어 있어야 한다.
   나. 옥상의 면적이 1,500 ㎡ 이상이어야 한다.
   다. 옥상으로 쉽게 통할 수 있는 창 또는 출입구가 설치되어 있어야 한다.
   라. 옥상이 소방사다리차가 쉽게 통행할 수 있는 도로(폭 6 m 이상의 것을 말한다) 또는 공지(공원 또는 광장 등을 말한다)에 면하여 설치되어 있거나 옥상으로부터 피난층 또는 지상으로 통하는 2 이상의 피난계단 또는 특별피난계단이 「건축법 시행령」 제35조의 규정에 적합하게 설치되어 있어야 한다.

3. **주요구조부가 내화구조이고 지하층을 제외한 층수가 4층 이하이며 소방사다리차가 쉽게 통행할 수 있는 도로 또는 공지에 면하는 부분**에 영 제2조제1호 각 목의 기준에 적합한 개구부가 2 이상 설치되어 있는 층(문화집회 및 운동시설·판매시설 및 영업시설 또는 노유자시설의 용도로 사용되는 층으로서 그 층의 바닥면적이 1,000㎡ 이상인 것을 제외한다)

4. **갓복도식 아파트 또는 「건축법 시행령」제46조제5항에 해당하는 구조 또는 시설을 설치하여 인접**(수평 또는 수직) **세대로 피난할 수 있는 아파트**

5. **주요구조부가 내화구조로서 거실의 각 부분으로 직접 복도로 피난할 수 있는 학교**(강의실 용도로 사용되는 층에 한한다)

6. **무인공장 또는 자동창고로서 사람의 출입이 금지된 장소**(관리를 위하여 일시적으로 출입하는 장소를 포함한다)

7. **건축물의 옥상부분으로서 거실에 해당하지 아니하고 「건축법 시행령」제119조제1항제9호에 해당하여 층수로 산정된 층으로 사람이 근무하거나 거주하지 아니하는 장소**

① 피난기구 설치면제 장소 검토 사례

옆 평면도 건물이 피난기구 설치제외(면제) 장소에 해당되는지 검토하세요?

1. 건물의 조건
가. 주요구조부는 내화구조이다.
나. 실내의 면하는 부분 마감이 불연재료이며 방화구획되어 있다.
다. 계단은 피난계단이다.

2. 검 토
위의 조건에서 3가지의 조건이 충족되므로 아래의 내용이 충족되는지 확인하여 판단해야 한다.

【 추가로 충족되어야 하는 조건 】

가. 거실의 각 부분으로부터 직접 복도로 쉽게 통할 수 있어야 한다.
나. 복도의 어느 부분에서도 2 이상의 방향으로 각각 다른 계단에 도달할 수 있어야 한다.

① 건물
ⓐ ~ ⓔ의 실은 그림과 같은 위치에 화재가 발생하면 복도의 어느 부분에서도 2 이상의 방향으로 각각 다른 계단에 도달할 수 있는 조건이 되지 못한다. 그러므로 그림과 같이 완강기를 설치해야 한다.

② 건물
그림과 같은 위치에 화재가 발생하면 복도의 어느 부분에서도 2 이상의 방향으로 각각 다른 계단에 도달할 수 있는 조건이 되므로 피난기구 면제조건이 된다.

③ 건물
ⓐ ~ ⓙ의 실은 복도의 어느 부분에서도 2 이상의 방향으로 각각 다른 계단에 도달할 수 있는 조건이 되지 못한다. 그러므로 그림과 같이 완강기를 설치해야 한다.

④ 건물
ⓐ ~ ⓙ의 실은 복도의 어느 부분에서도 2 이상의 방향으로 각각 다른 계단에 도달할 수 있는 조건이 되지 못한다. 그러므로 그림과 같이 완강기를 설치해야 한다.

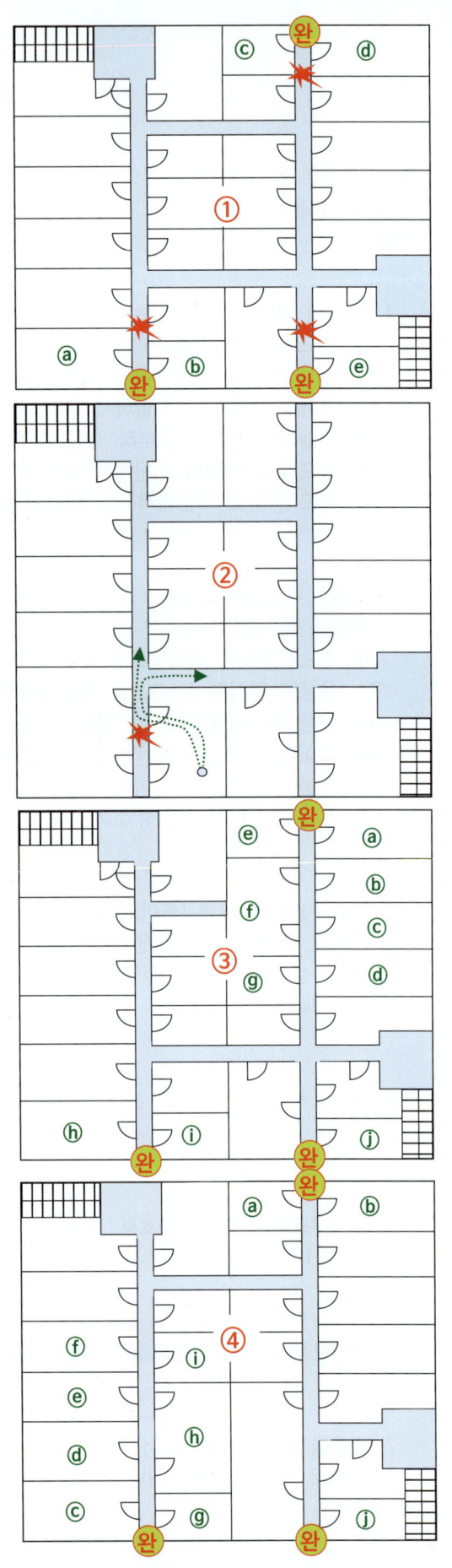

② 아파트 피난기구 설치 면제 장소

1. 면제 조건

갓복도식 아파트 또는 「건축법 시행령」제46조제5항에 해당하는 구조 또는 시설을 설치하여 인접(수평 또는 수직)세대로 피난할 수 있는 아파트

2. 면제되는 아파트 구조

① 갓복도식 아파트

그림1, 2, 3과 같이 복도형아파트를 갓복도식 아파트라 하며 피난기구 설치 면제장소이다.

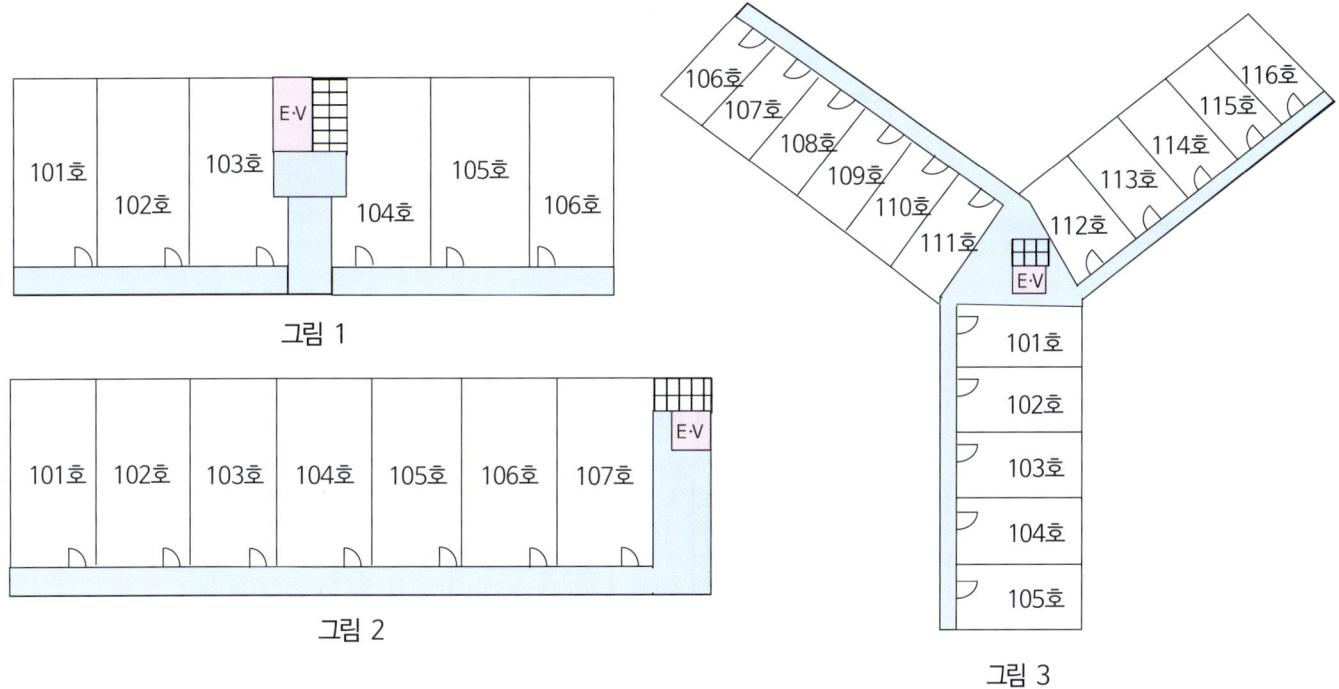

그림 1

그림 2

그림 3

② 계단실형 아파트로서 인접세대 대피가능한 구조

그림 4와 같이 발코니 등을 통하여 인접세대로 피난할 수 있는 구조로 되어 있는 계단실형 아파트이다. 그러나 101호와 108호는 인접세대로 대피가능한 구조가 아니므로 피난기구를 설치하여야 한다.

그림 4

라. 설계도면 설계

① 3층 피난기구 설계

이 건물의 3층은 오피스텔이며, 각 실(세대)별 1개의 피난기구를 설치해야 한다.
오피스텔의 거실에 완강기 완을 설계했다.
오피스텔의 방(룸)마다 피난기구를 설치하지는 않는다.

계단실형 아파트에 있어서는 각 세대마다 피난기구를 설치하지만 오피스텔은 각 세대마다 설치해야 하는 것은 아니다.
그러나 아래의 건물은 구조가 3층의 어느 한곳에 설치하여 3층 공용(1, 2오피스텔)으로 사용할 수 있는 장소의 구조가 되지 못한다.

피난기구의 설치장소는 우선 계단이나 출입구와는 먼 위치에 있어야 하며,
피난기구 설치장소의 구역안에 모두 사용할 수 있는 위치가 되어야 한다.
오피스텔에는 1, 2, 3룸의 안에 설치하는 것보다 거실에 설치하는 것이 적합한 위치가 된다.

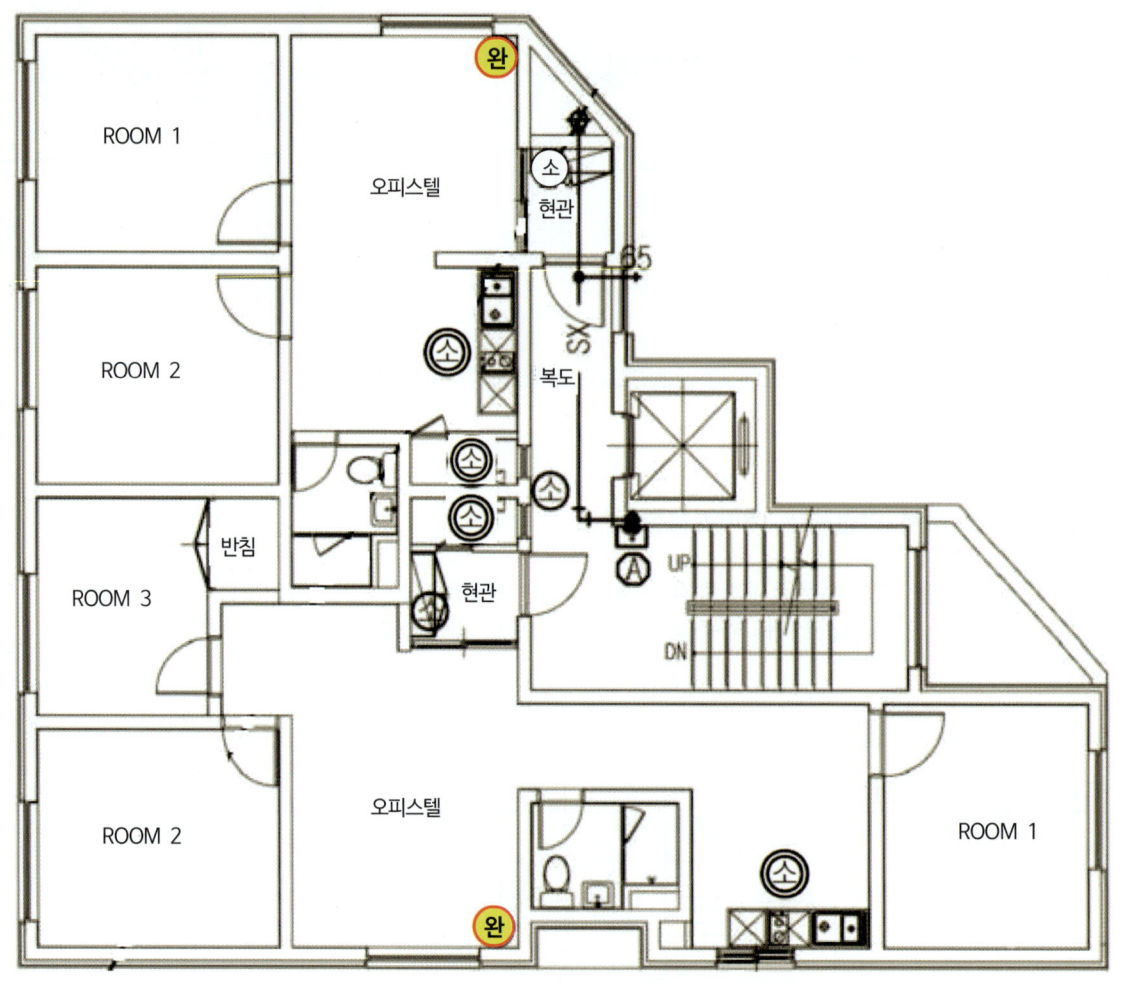

3층 소화배관 평면도

② 4 ~ 7층 피난기구 설계

이 건물의 4~7층은 단독주택이며, 각세대별 1개의 피난기구를 설치해야 한다.

계단실형 아파트에 있어서는 각 세대마다 피난기구를 설치하여야 하며, 이 건물의 단독주택은 아파트에 준하여 설치하면 된다.

아파트의 경우 발코니에 주로 설치하지만 이 건물은 발코니가 없는 1룸 형태의 주택이므로 창문에 설치하면 된다.

피난기구를 설치하는 위치는 각층별 설치하는 개구부는 서로 동일 직선상이 아닌 위치에 있어야 한다.

다만, 아파트는 서로 동일 직선상에 설치할 수 있다.

여기서의 설계는 4, 6층과 5, 7층의 동일한 직선상의 문에 설치하여 최소한 피난상 지장이 없도록 하였다.

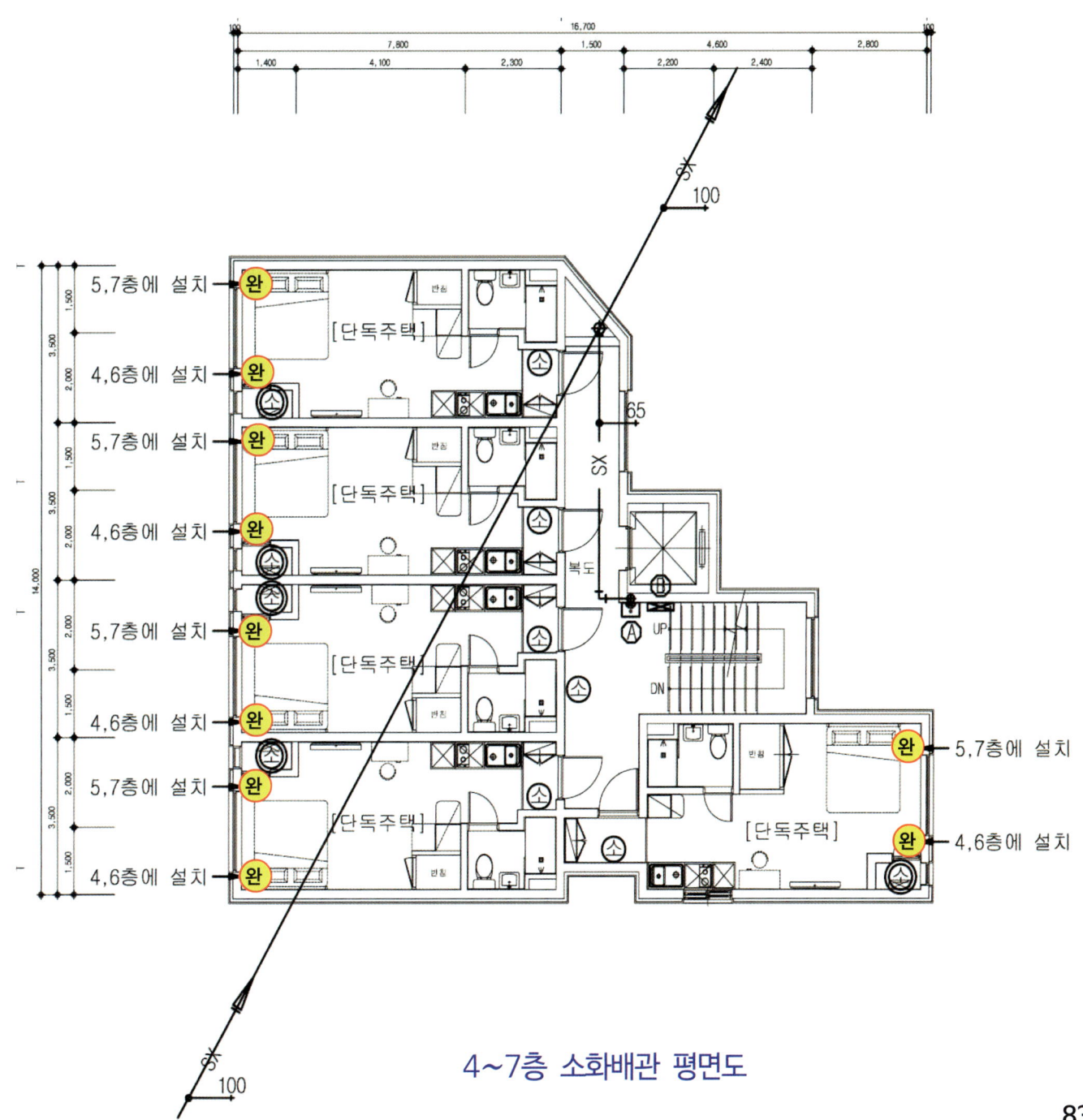

4~7층 소화배관 평면도

③ 다중이용업소 피난기구 설계 (관련법 : 다중이용업소의 안전관리에 관한 특별법 시행규칙 별표2)

그림과 같이 실내에 부속실(가로 75㎝, 세로 150㎝ 이상 크기)을 설치하여 부속실에 피난기구를 설치하면 된다.

> **부속실** : 준불연재료 이상의 것으로 바닥에서 천장까지 구획된 실로서 **가로 75㎝** 이상, **세로 150㎝ 이상**인 것을 말한다)
>
> 다중이용업소의 안전관리에 관한 특별법 시행규칙 별표2

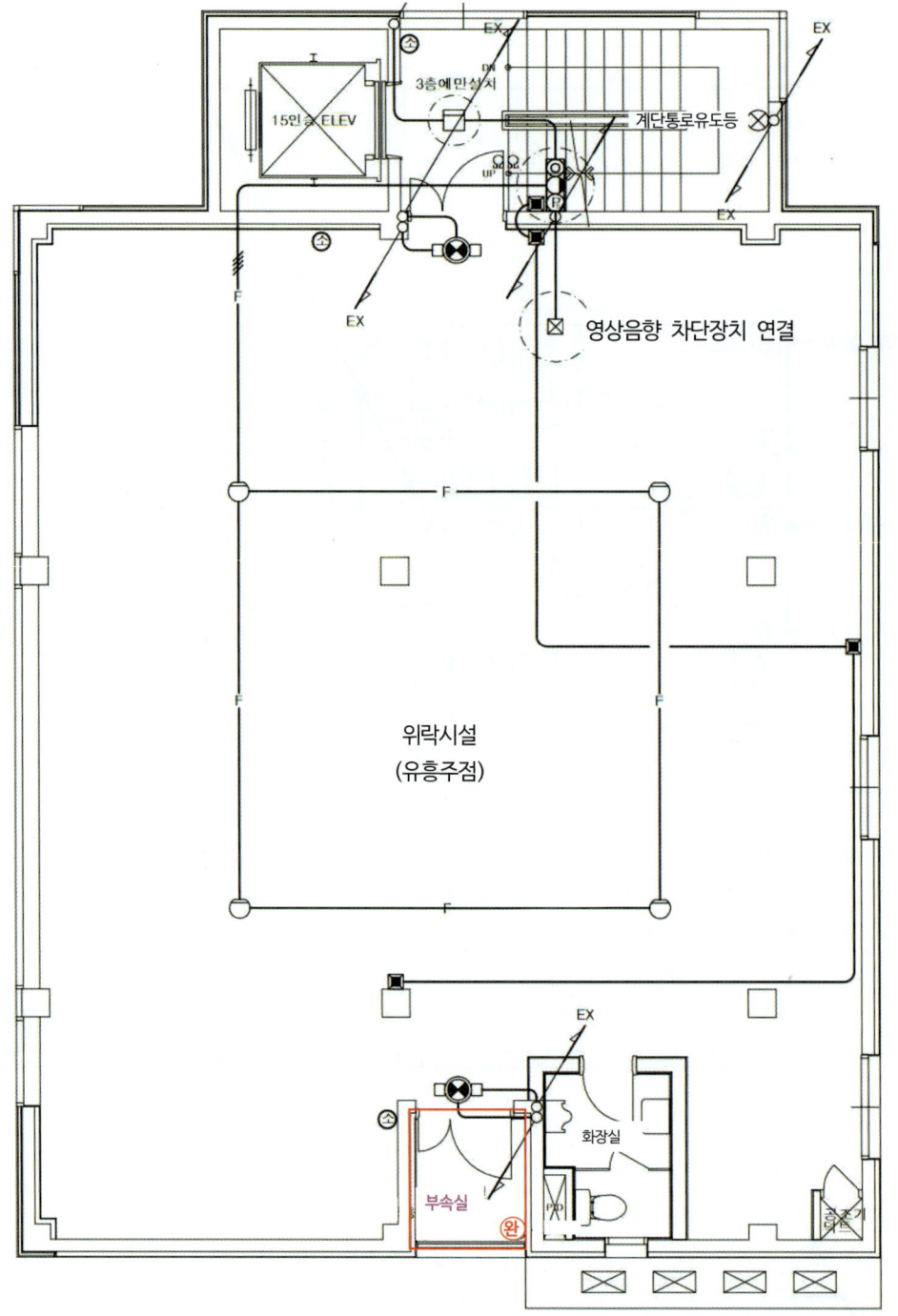

④ 피난사다리용 노대 설계

4층 이상의 층에 피난사다리(하향식 피난구용 내림식사다리는 제외한다)를 설치하는 경우에는
금속성 고정사다리를 설치하고, 해당 고정사다리에는 쉽게 피난할 수 있는 구조의 <u>노대</u>를 설치해야 한다.

노대 : 건물 벽면 바깥쪽으로 나와있는 지면과 닿지 않는 바닥 또는 마루

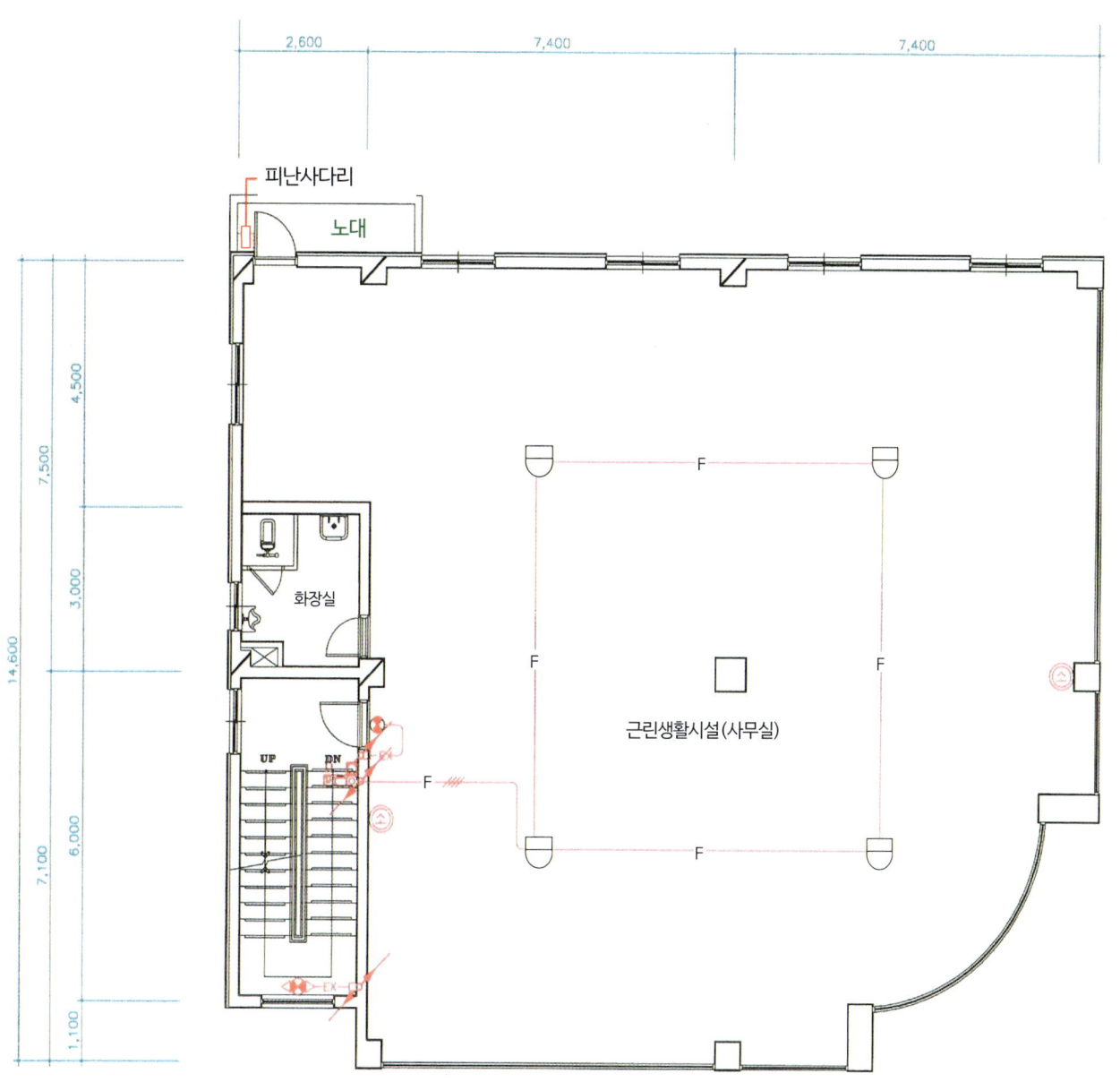

4층 소방설비 평면도

⑤ 숙박시설 피난기구 설계

숙박시설(여관, 호텔 등)에는 피난기구 외에 추가로 객실마다 완강기 또는 2 이상의 간이완강기를 설치한다.

아래의 도면과 같이 객실마다 간이완강기 2개를 설치한다.

객실 1~6은 복도의 어느 부분에서도 2 이상의 방향으로 각각 다른 계단에 도달할 수 있으므로 피난기구 설치 면제 장소이다. 객실 7~9는 1개의 계단만 사용이 가능하므로 피난기구를 설치해야 한다. 그러나 모든 객실에 피난기구를 설계했다.

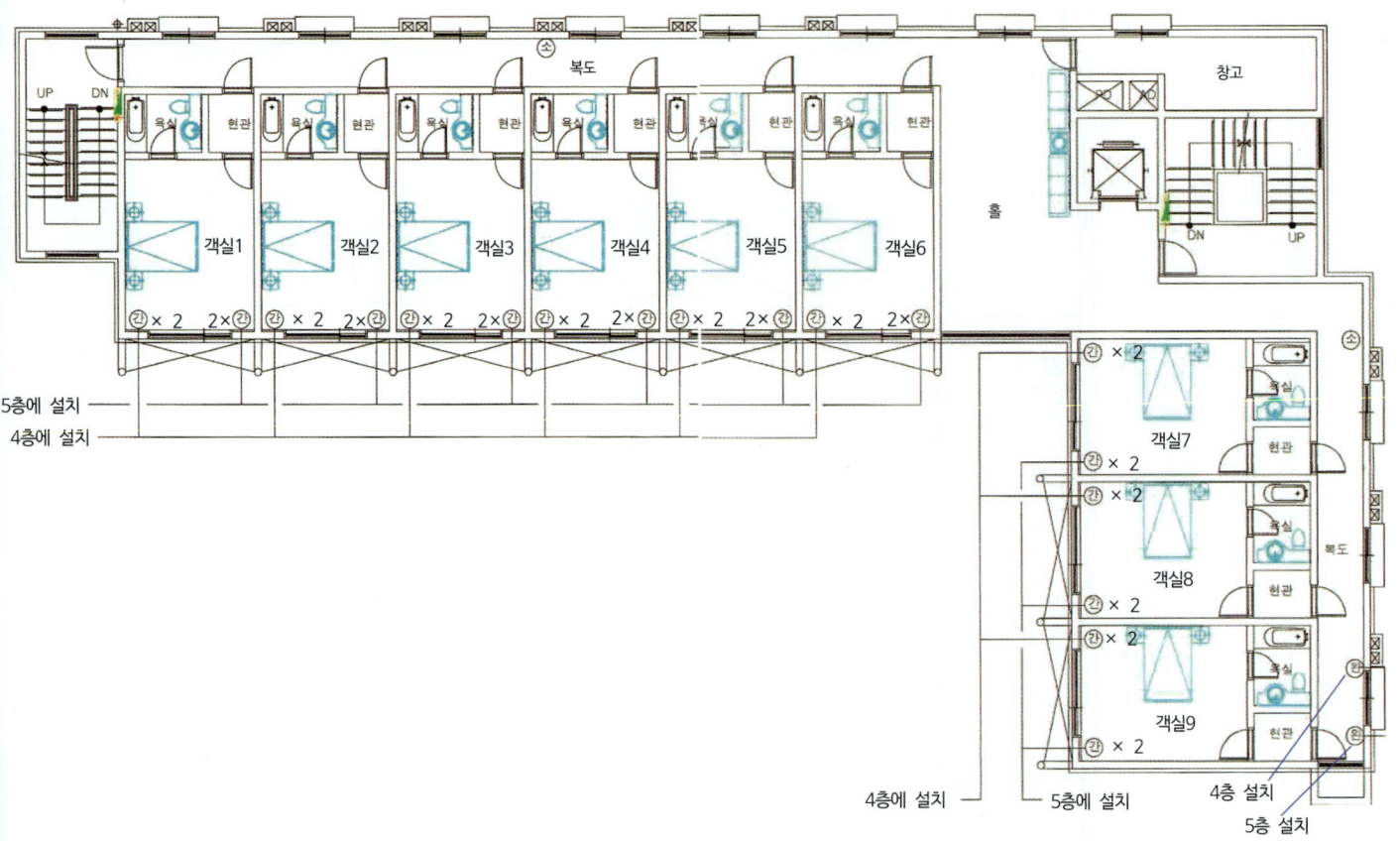

마. 근린생활시설 건물 피난기구 설계

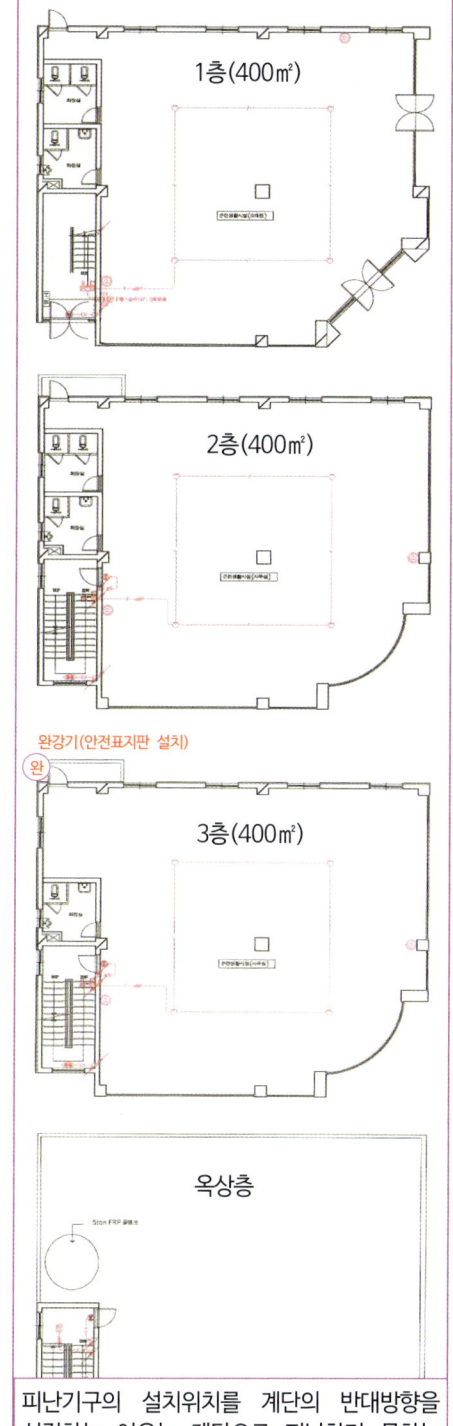

1. **1, 2층은 피난기구 설치장소가 아니며, 3층은 설치해야 한다.**

2. **3층이 설치면제 장소에 해당이 되는지 검토한다.**
    3층이 면제되기 위한 조건은
    주요구조부가 내화구조 등의 조건을 갖추고, 복도에 2 이상의 특별피난계단 또는 피난계단이 설치되어 있어야 하나 계단이 1곳 뿐이다.
    그러므로 면제가 되지 않는다.

3. **3층에 적응하는 피난기구를 선택한다.**
    아래의 미끄럼대등 모두가 3층에 적응하는 피난기구이다.
    이 중에서 이 건물에서 가장 실용적이고 비용면에서 적합한 시설을 선택한다.
    대부분의 장소에는 완강기를 설치하고 있다.

설치장소별 구분 / 층별	3층
4. 그 밖의 것	미끄럼대 피난사다리 구조대 완강기 피난교 피난용트랩 간이완강기 공기안전매트 다수인피난장비 승강식피난기

4. **설치개수를 계산한다.**
    근린생활시설은 바닥면적 1,000㎡마다 1개 이상 설치해야 한다.
    3층의 바닥면적이 400㎡이므로 1개를 설치하면 된다

5. **설치 위치를 선정한다.**
    피난기구의 설치위치는 계단에서 먼 위치이면서 3층 어느 장소에서도 피난자가 피난기구를 모두 사용할 수 있는 장소에 설치하여야 한다.
    완강기를 사용하기 쉬운 노대가 설치된 그림의 위치가 적합하다.

피난기구의 설치위치를 계단의 반대방향을 선정하는 이유는 계단으로 피난하지 못하는 부분의 피난자가 사용하기 위함이다

노대 : 건물 벽면 바깥쪽으로 나와있는 지면과 닿지 않는 바닥 또는 마루

바. 산후조리원 건물 피난기구 설계

산후조리원은 다중이용업소에 해당되어 다중이용소의 안전관리에 관한 특별법을 적용한다. 그러므로 2층에도 피난기구를 설치한다

1. 1층은 피난기구 설치장소가 아니며 2, 3층은 설치한다.

2. 2, 3층이 설치 면제 장소에 해당이 되는지 검토한다.
    2, 3층이 면제되기 위한 조건은 주요구조부가 내화구조 등의 조건을 갖추고, 복도에 2 이상의 특별피난계단 또는 피난계단이 설치되어 있는 한쪽 부분은 면제가 되지만 계단이 없는 부분은 피난기구를 설치해야 한다.

3. 2, 3층에 적응하는 피난기구를 선택한다.
    아래의 미끄럼대등 모두가 2, 3층에 적응하는 피난기구이다. 이 중에서 이 건물에서 가장 실용적이고 비용면에서 적합한 시설을 선택을 한다. 완강기 또는 구조대를 주로 설치하고 있다.

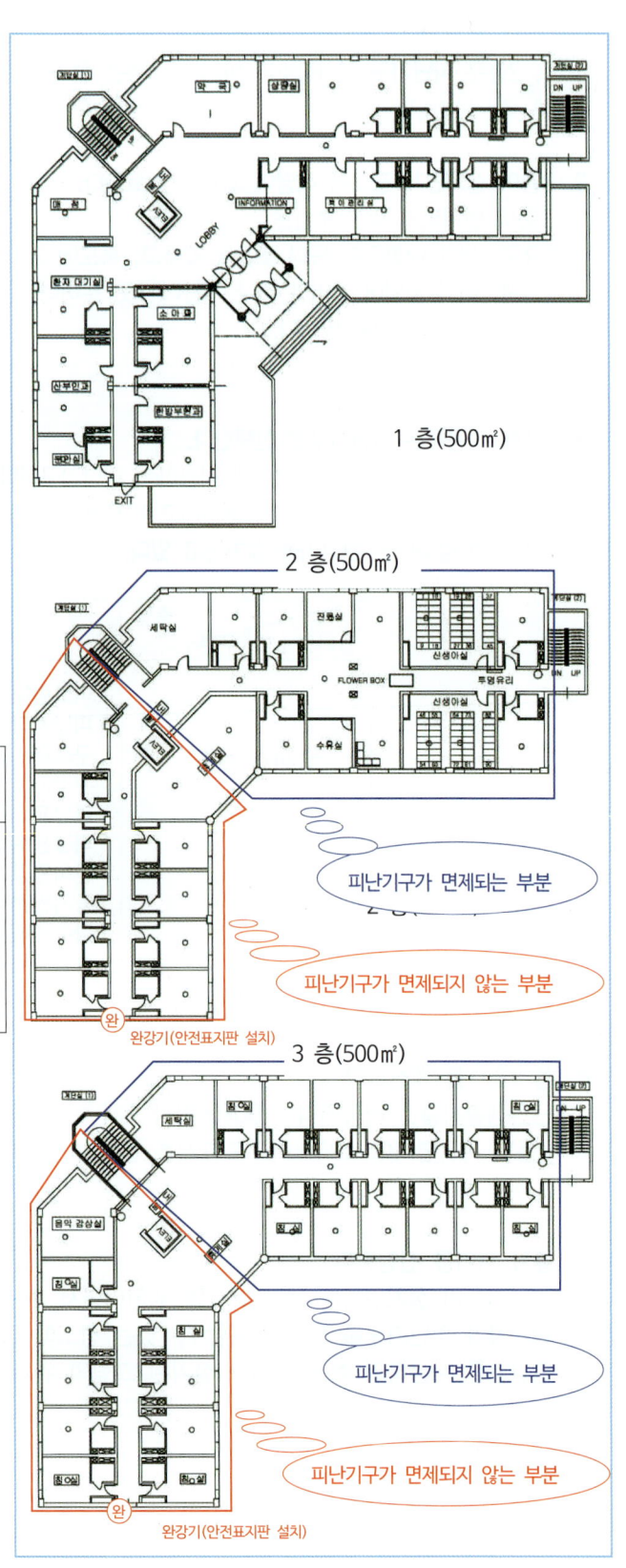

1 층(500㎡)

2 층(500㎡)

피난기구가 면제되는 부분

피난기구가 면제되지 않는 부분

완강기(안전표지판 설치)

3 층(500㎡)

피난기구가 면제되는 부분

피난기구가 면제되지 않는 부분

완강기(안전표지판 설치)

층별 설치장소별 구분	2층	3층	4층 이상 10층 이하
3.「다중이용업소의 안전관리에 관한 특별법 시행령」제2조에 따른 다중이용업소로서 영업장의 위치가 4층 이하인 다중이용업소	미끄럼대 피난사다리 구조대 완강기 다수인피난장비 승강식피난기	미끄럼대 피난사다리 구조대 완강기 다수인피난장비 승강식피난기	미끄럼대 피난사다리 구조대 완강기 다수인피난장비 승강식피난기

4. 설치개수를 계산한다.
    산후조리원(업)은 바닥면적 1,000㎡마다 1개 이상 설치한다. 2, 3층의 피난기구를 설치해야 하는 면적은 약 250㎡ 이므로 층마다 1개를 설치하면 된다.

5. 설치 위치를 선정한다.
    피난기구의 설치위치는 계단에서 먼 위치이면서 그층의 피난자가 피난기구를 모두 사용할 수 있는 장소인 통로의 끝 부분인 그림의 위치가 적합하다.

Ⅱ ⑵. 근린생활 건물 소방시설 설계

○ 건축물 규모등
가. 지상 3층, 근린생활시설
나. 바닥면적 : 230㎡
다. 연면적 : 690㎡

○ 소방시설
가. 소화기
나. 자동화재탐지설비, 시각경보장치
다. 유도등
라. 피난기구(완강기)

1. 설계 도면(P형) ················· 90
   가. 소방시설 전기회로 계통도 ············ 91
   나. 1층 소방설비 평면도 ··············· 92
   다. 2층 소방설비 평면도 ··············· 93
   라. 3층 소방설비 평면도 ··············· 94
   마. 옥상층 소방설비 평면도 ············· 95
2. 소방시설 설계(P형) 해설 ·············· 96
3. 설계 도면(R형) ···················· 105
   가. 소방시설 전기회로 계통도 ············ 106
   나. 1층 소방설비 평면도 ··············· 107
   다. 2층 소방설비 평면도 ··············· 108
   라. 3층 소방설비 평면도 ··············· 109
   마. 옥상층 소방설비 평면도 ············· 110
4. 소방시설 설계(R형) 해설 ·············· 111

자동화재탐지설비 P형 수신기의 전기 결선내용에 대하여 화재안전기준의 개정으로 결선내용에 대하여 의견이 분분하다.
설계자 또는 시험문제에서는 조건이 주어지면 그 조건에 맞게 선의 수를 계산하면 될 것이다.

이 책에서는 자동화재탐지설비의 P형 수신기에서 회로 선의 수를 계산할 때 경종과 표시등은 공통선 1선으로 하며, 각층 지구음향장치 및 배선의 『단락보호장치』를 설치하는 조건으로 회선수를 계산한 것이다.
『소방시설전기회로』의 책에서는 22~25P에서 아래의 여러가지 조건에 따라 결선내용을 상세히 설명하고 있다.

조건의 내용에 따른 결선내용
1. 조건이 없는 상태에서 소방시설 전기회로 내용
2. 조건1이 있는 상태에서 소방시설 전기회로 내용(조건 1 : 표시등과 회로는 공통선 1선을 사용한다)
3. 조건2가 있는 상태에서 소방시설 전기회로 내용(조건 2 : 각층 배선 상에 유효한 조치인 단락보호 조치를 설치한다)

1. 설계 도면(P형)

범 례

기호	명칭	기호	명칭
⊠	화재 수신반(P형 1급)	Ω	종단저항
ⓅⒷⓁ	발신기 세트	⊠	동력분전함
⊠	시각경보장치	W.H	전기 계량기함
S	연기감지기(2종)	□	4각박스
⌒	차동식스포트형 감지기(2종)	⊠	풀박스
⌒	정온식스포트형 감지기(1종)	→	천장스라브 매입배관 배선
⊗	피난구유도등(소형)	—— ——	바닥스라브 매입배관 배선
⊗L	피난구유도등(대형)	—— - ——	천장 노출배관 배선
◁⊠▷	통로유도등	—— ——	지중 매설 배관 배선
소	분말소화기(A3, B5, C 3.3kg)	완	완강기
휴	휴대용 비상조명등	↯↯↯	전선관 입하, 통과, 입상 입하 : 아래층으로 내려감 입상 : 윗층으로 올라감

배관, 배선중 표기 없는 것은 아래에 준함

1) 감지기 설비

　　　———— F ———— HFIX 1.5㎟ × 2(16C)
　　　—///— F ———— HFIX 1.5㎟ × 4(16C)
　　　—/////— F ———— HFIX 1.5㎟ × 8(28C)

2) 유도등 설비

　　　———— EX ———— HFIX 2.5㎟ × 2(16C)

【 N O T E 】

⊠ P형 1급 수신기 5회로용(벽부착형)
주경종 6″∅
자동화재탐지설비용 오동작 방지회로 내장
밧데리 및 충전기 내장
유도등 점멸기 내장
경계구역 일람도 비치

① 28∅ (HFIX 2.5㎟ - 8)
② 28∅ (HFIX 2.5㎟ - 9)
③ 28∅ (HFIX 2.5㎟ - 10)
④ 16∅ (HFIX 1.5㎟ - 2)
⑤ 16∅ (HFIX 1.5㎟ - 4)

번호	경종	시각경보기	경종 표시등 공통	표시등	응답	회로	공통	계
①	1	1	1	1	1	2	1	8
②	1	1	1	1	1	3	1	9
③	1	1	1	1	1	4	1	10

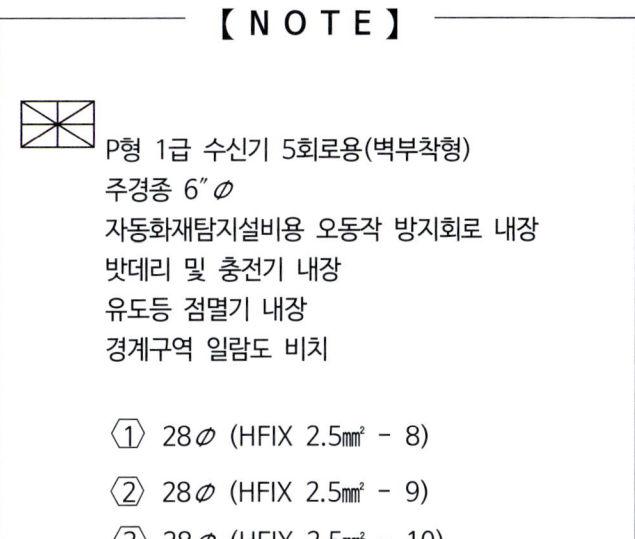

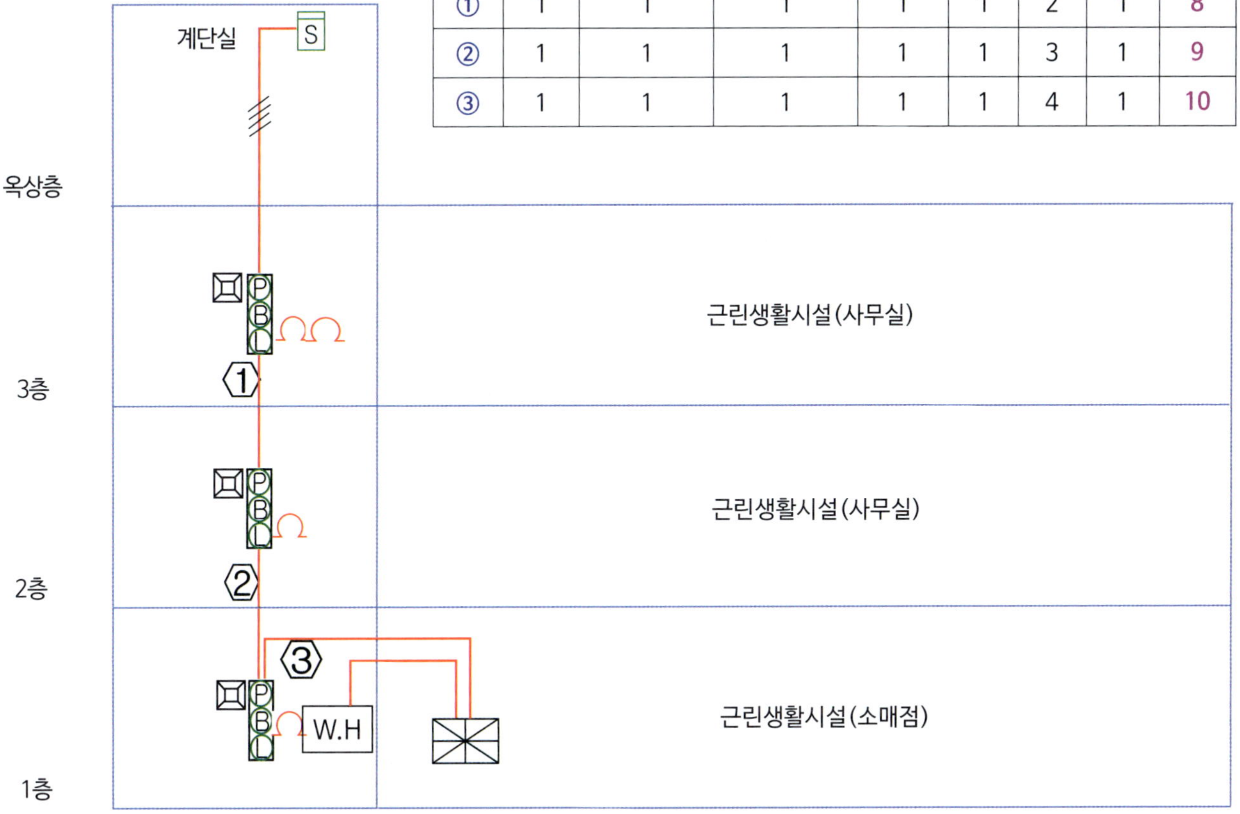

가. 소방시설 전기회로 계통도

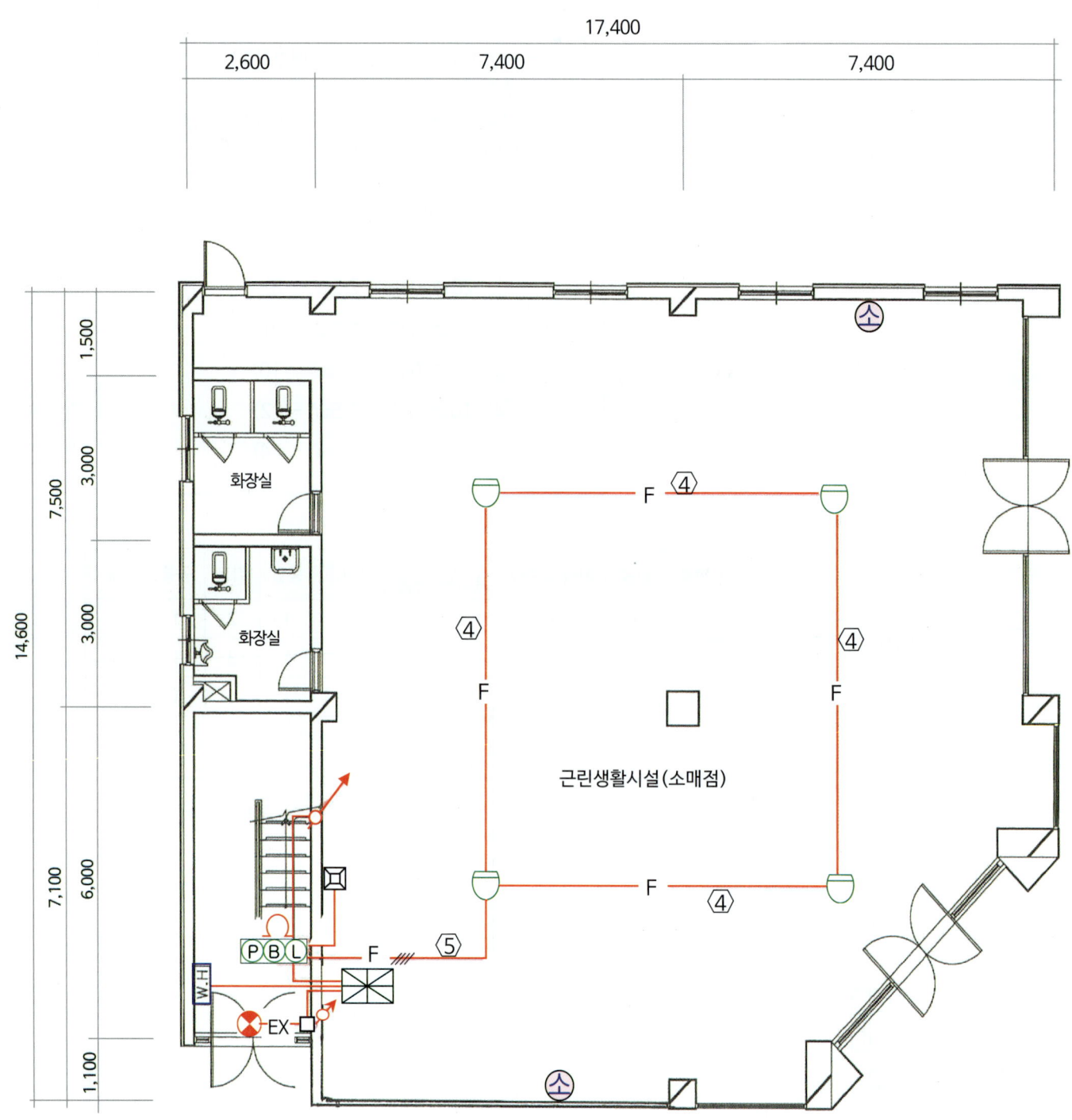

나. 1층 소방설비 평면도

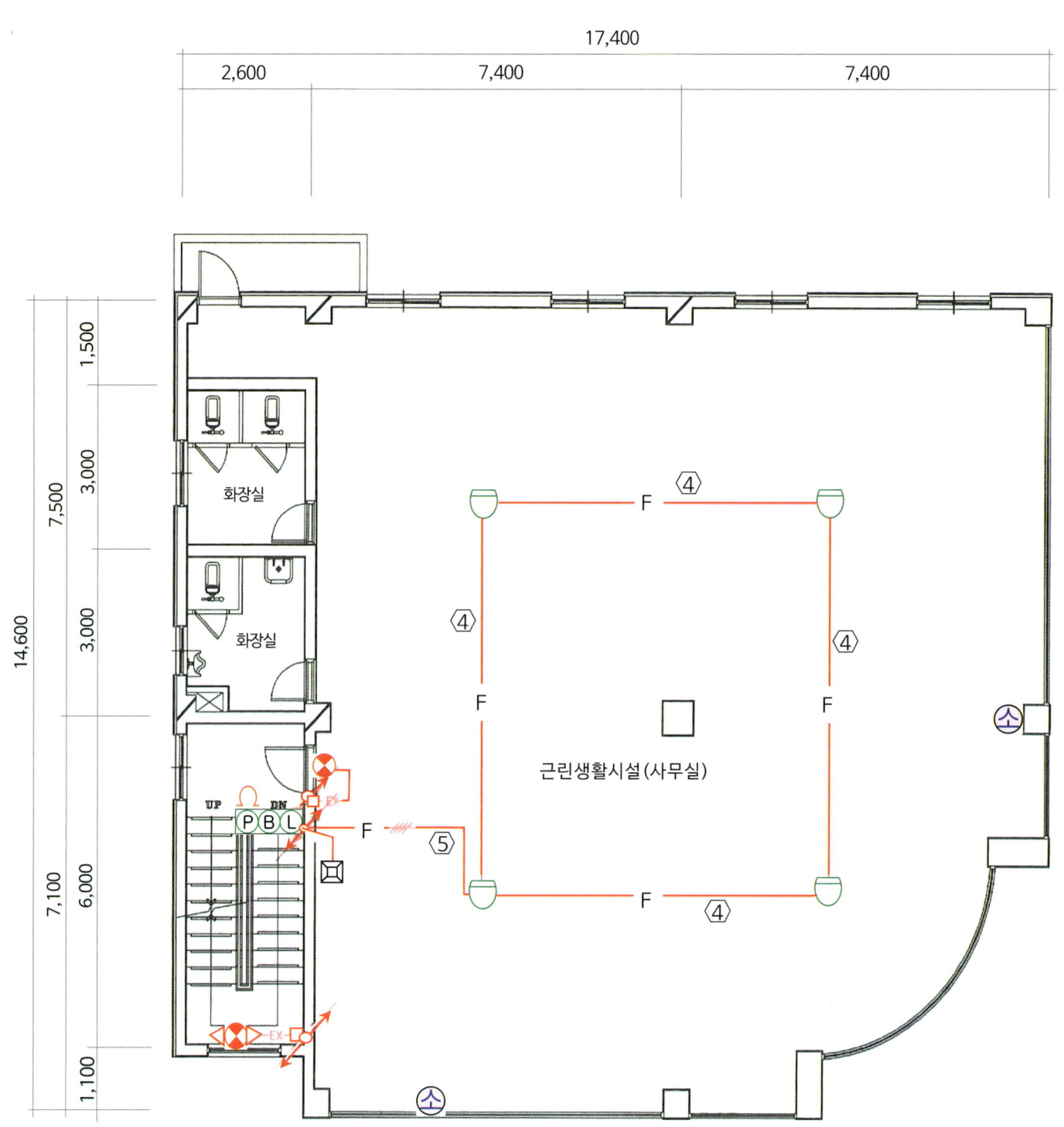

다. 2층 소방설비 평면도

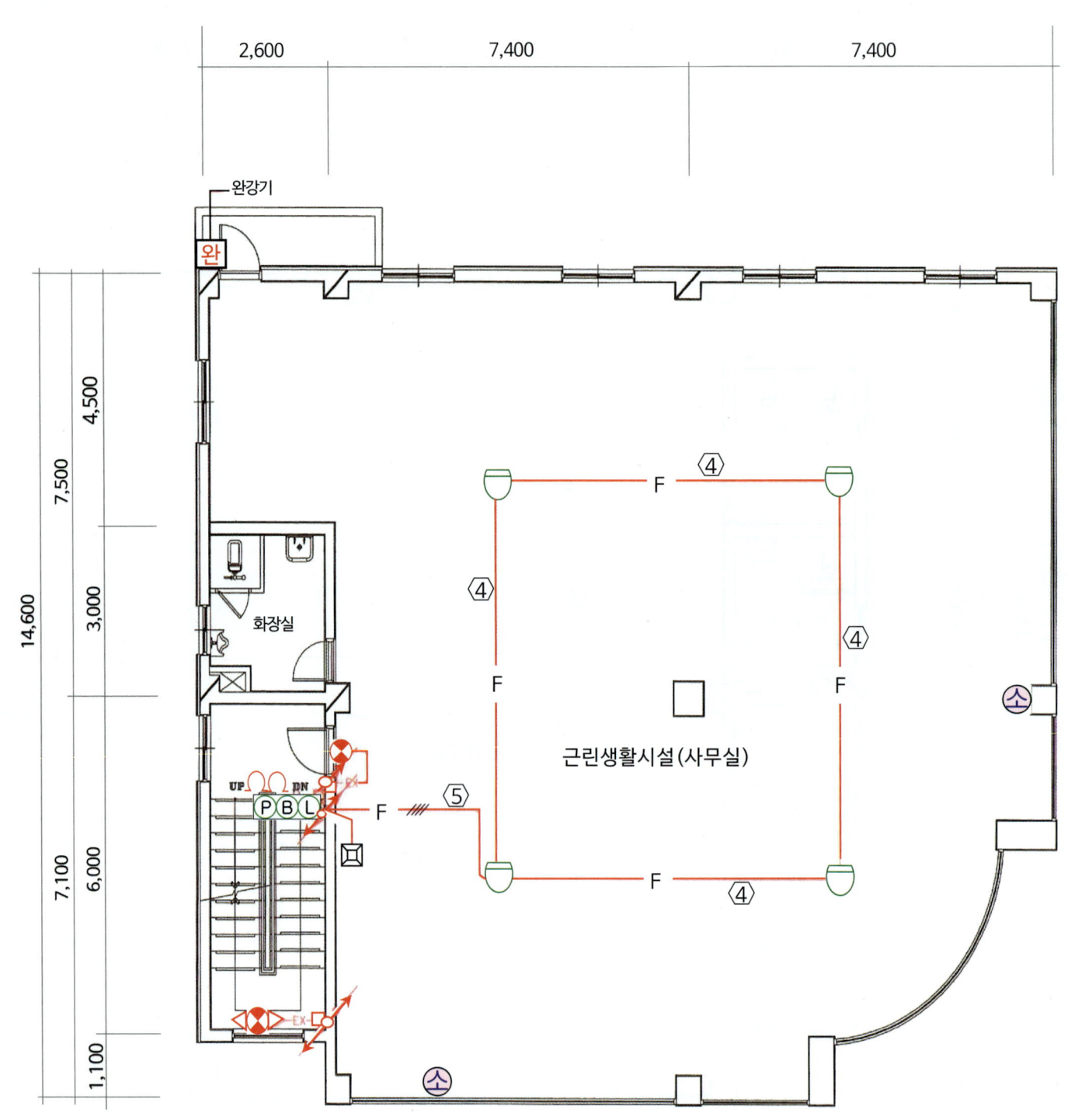

라. 3층 소방설비 평면도

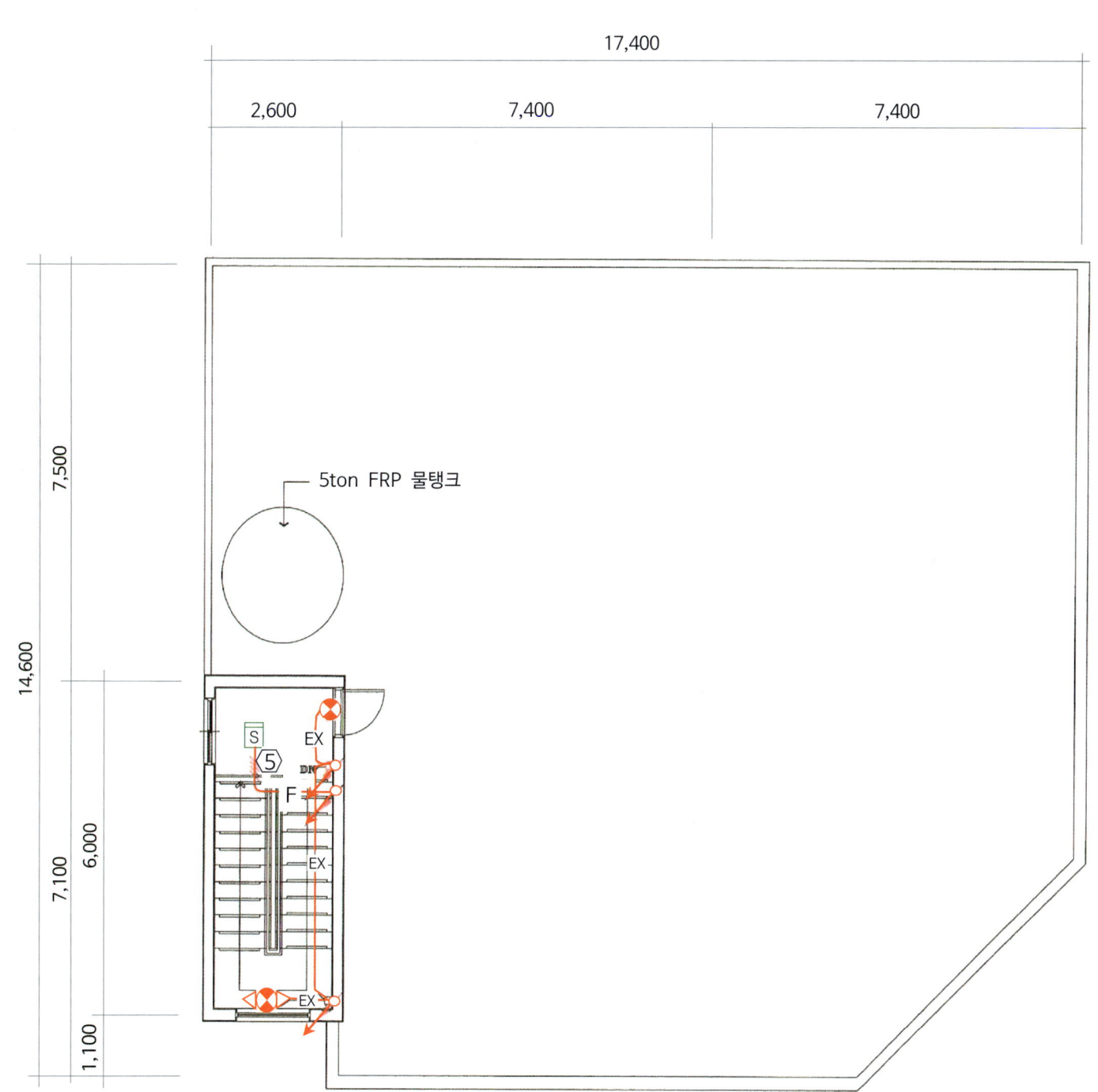

마. 옥상층 소방설비 평면도

2. 설계 도면(P형) 해설

　　가. 소방시설 전기회로 계통도 설계 해설 …………………… 97
　　나. 1층 소방시설 설계 해설 …………………………………… 99
　　　　① 감지기배선, 종단저항 설치
　　　　② 감지기 설계
　　　　　　㉮ 감지기 설치개수 계산
　　　　　　㉯ 감지기 배선
　　다. 1층 소화기 계산 …………………………………………… 100
　　라. 2층 소방시설설계 해설 …………………………………… 101
　　마. 3층 소방시설설계 해설 …………………………………… 102
　　바. 피난기구 설계 ……………………………………………… 103
　　사. 감지기 송배전식 연결과 잘못한 사례 …………………… 104

이책에서는 자동화재탐지설비의 P형 수신기에서 회로 선의 수를 계산할 때 다음의 조건이 있는 상태에서의 회선수를 계산한 것이다.(경종과 표시등은 1선을 공통선으로 사용하며, 각층마다 단락보호장치를 설치한다)

설계자 또는 시험문제에서 조건을 주어지면 그 조건에 맞게 선의 수를 계산하면 될 것이다.
조건의 내용을 예상하면,

1. **경종 표시등을 공통**으로 사용하는 조건
2. **아무 조건이 없는 상태**
3. 화재로 인하여 하나의 층의 지구음향장치 또는 배선이 단락되어도 다른 층의 화재통보에 지장이 없도록 각 층 배선 상에 유효한 조치인 **단락보호 조치**한다는 조건
4. 화재로 인하여 하나의 층의 지구음향장치 또는 배선이 단락되어도 다른 층의 화재통보에 지장이 없도록 각 층 배선 상에 유효한 조치인 **퓨즈를 설치**하는 방법의 조건

가. 소방시설 전기회로 계통도 설계 해설

소방시설의 전기회로 계통도는
건물의 수직적인 소방시설 전기배선을 표기한 것으로서
옥탑 ↔ 3층 ↔ 2층 ↔ 1층 ↔ 수신기간의
소방시설 전기배선에 대하여 상세한 내용을 표기한 것이다.

⟨①⟩ 28⌀ (HFIX 2.5㎟ - 8)
⟨②⟩ 28⌀ (HFIX 2.5㎟ - 9)
⟨③⟩ 28⌀ (HFIX 2.5㎟ - 10)

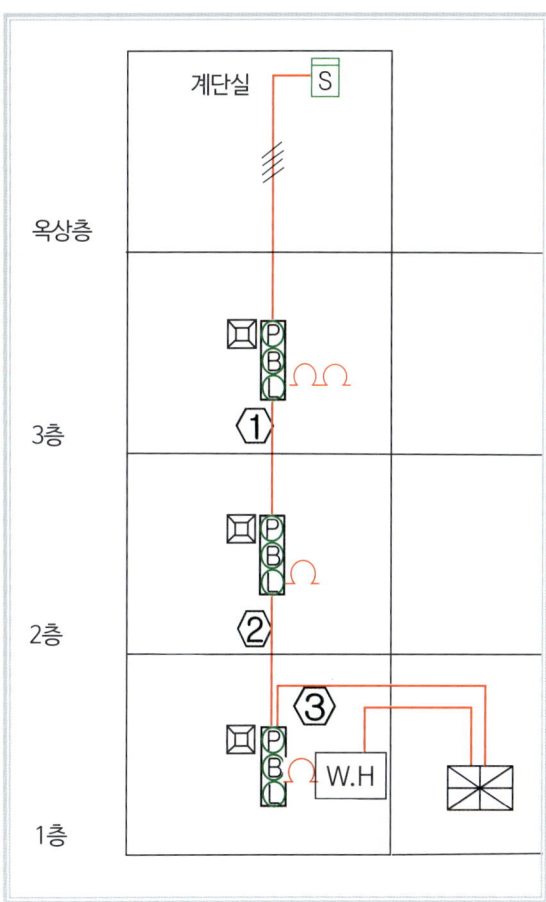

⟨①⟩ **28Φ(HFIC 2.5㎟ - 8)**은 **8선의 내용은**,
1. 벨(경종)선, 2. 시각경보기선, 3. 벨(경종)표시등공통선,
4. 표시등선, 5. 응답선, 6. 회로1선(계단 감지기회로),
7. 회로2선(3층 감지기회로), 8. 공통선.

 - 종단저항의 2개 설치 표시로서,
3층 감지기회로 1개, 계단 감지기회로 1개의
2경계구역 회로의 종단저항이다.

⟨②⟩ **28Φ(HFIC 2.5㎟ - 9)**은
9선의 내용은,
1. 벨선, 2. 시각경보기선, 3. 벨표시등공통선, 4. 표시등선,
5. 응답선, 6. 회로1선(계단 감지기회로), 7. 회로2선(3층 감지기회로), 8. 회로3선(2층 감지기회로), 9. 공통선.

⟨③⟩ **28Φ(HFIC 2.5㎟ - 10)**는
28mm 전선관 안에 전선의 굵기가 2.5㎟의 전선으로서 10선(가닥)이다. **10선의 내용은**,
1. 벨선, 2. 시각경보기선, 3. 벨표시등 공통선, 4. 표시등선,
5. 응답선, 6. 회로1선(계단 감지기회로), 7. 회로2선(3층 감지기회로), 8. 회로3선(2층 감지기회로), 9. 회로4선(1층 감지기회로), 10. 공통선.

번호	벨(경종)	시각경보기	경종 표시등공통	표시등	응답	회로	공통	계
①	1	1	1	1	1	2	1	8
②	1	1	1	1	1	3	1	9
③	1	1	1	1	1	4	1	10

전선관 크기 선정(결정)

전선관 규격표

전선 규격	전선관 규격					
	16 [mm]	22 [mm]	28 [mm]	36 [mm]	42 [mm]	54 [mm]
1.5 [mm^2]	1~6 가닥	7 가닥	8~18 가닥	-	-	-
2.5 [mm^2]	1~4 가닥	5~7 가닥	8~12 가닥	13~21 가닥	22~28 가닥	29~45 가닥

① 28⌀ (HFIX 2.5㎟ - 9)
② 36⌀ (HFIX 2.5㎟ - 14)
③ 36⌀ (HFIX 2.5㎟ - 19)
④ 16⌀ (HFIX 1.5㎟ - 2)
⑤ 16⌀ (HFIX 1.5㎟ - 4)

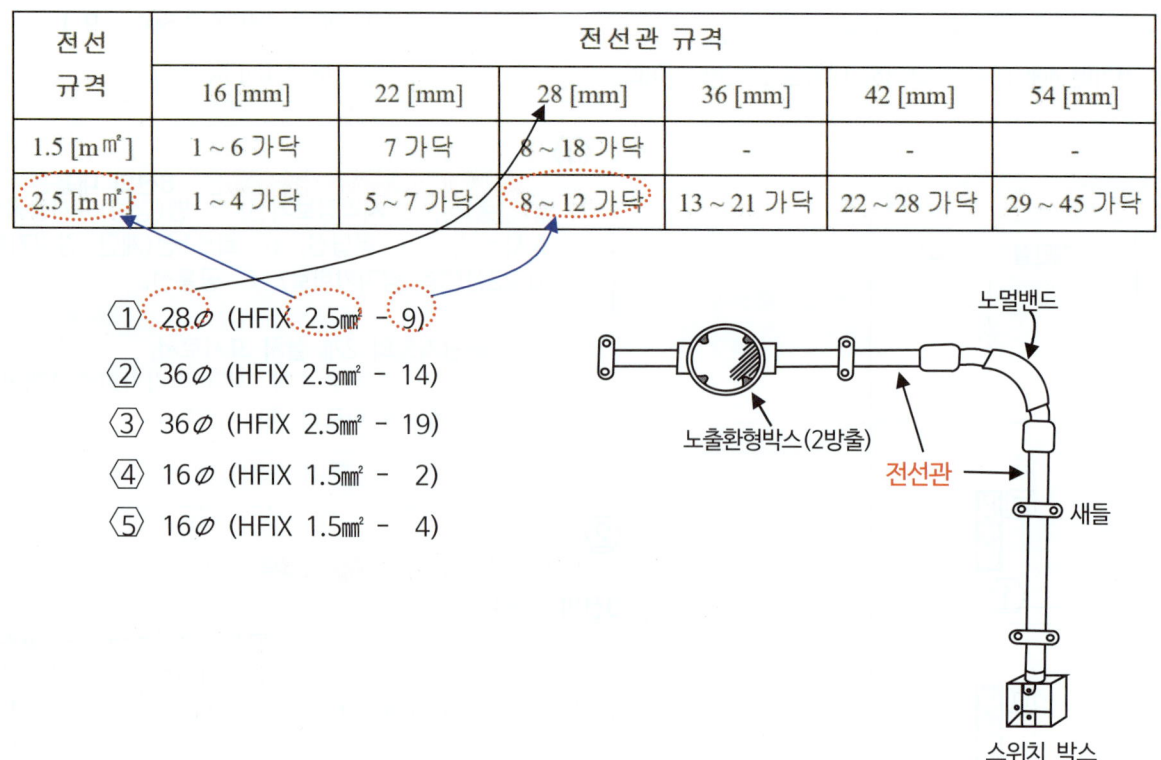

① 28⌀ (HFIX 2.5㎟ - 9)

저독성 난연 가교 폴리올레핀 절연전선(HFIX) 2.5㎟ 9선으로서, 28mm 전선관에 넣는 설계를 한 것이다.
HFIX 2.5㎟ - 9(28C), HFIX 9- 2.5㎟ 28⌀ 또는 28C(HFIX 2.5㎟ - 9)로 표현하기도 한다.
전선관의 크기(굵기)는 위의 전선관 규격표에서 2.5㎟ 9선(가닥)이며, 28mm 전선관에 해당된다.

② 36⌀ (HFIX 2.5㎟ - 14)

2.5㎟ 14선(가닥)으로서, 36mm 전선관에 넣는 설계를 한 것이다.
전선관의 크기(굵기)는 위의 전선관 규격표에서 2.5㎟ 14선(가닥)이며, 36mm 전선관에 해당된다.

⑤ 16⌀ (HFIX 1.5㎟ - 4)

1.5㎟ 4선(가닥)으로서, 16mm 전선관에 넣는 설계를 한 것이다.
전선관의 크기(굵기)는 위의 전선관 규격표에서 1.5㎟ 4선(가닥)은 16mm 전선관에 해당된다.

나. 1층 소방시설 설계 해설

① 감지기 배선, 종단저항 설치

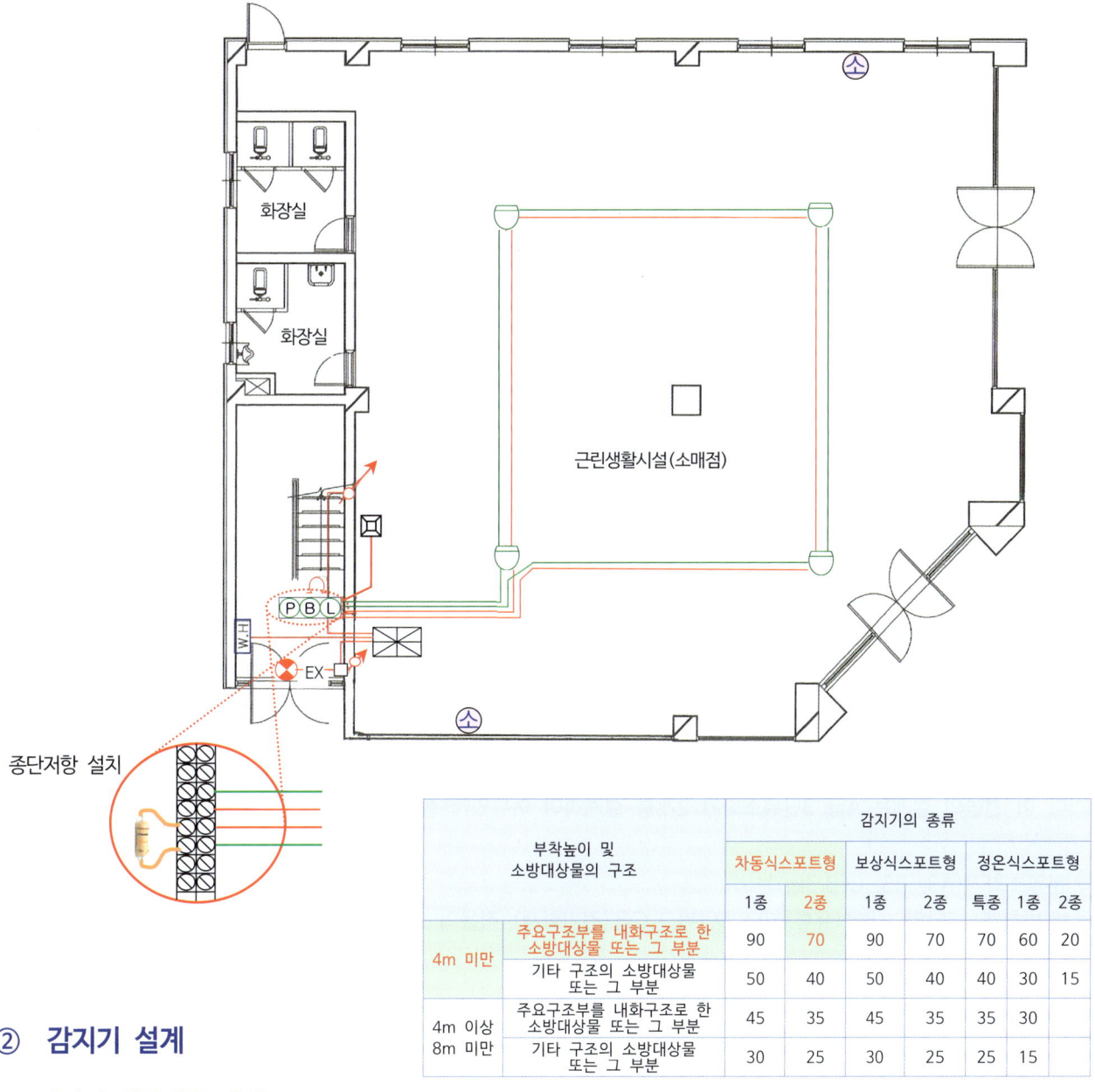

부착높이 및 소방대상물의 구조		감지기의 종류					
		차동식스포트형		보상식스포트형		정온식스포트형	
		1종	2종	1종	2종	특종	1종	2종
4m 미만	주요구조부를 내화구조로 한 소방대상물 또는 그 부분	90	70	90	70	70	60	20
	기타 구조의 소방대상물 또는 그 부분	50	40	50	40	40	30	15
4m 이상 8m 미만	주요구조부를 내화구조로 한 소방대상물 또는 그 부분	45	35	45	35	35	30	
	기타 구조의 소방대상물 또는 그 부분	30	25	30	25	25	15	

② 감지기 설계

㉮ 감지기 설치개수 계산

도면에서와 같이 차동식스포트형2종 감지기를 설치하는 경우의 설치개수를 계산하면,
바닥면적은 = 238㎡ (17m × 14m) (바닥면적 계산은 근사치임)
238㎡ ÷ 70㎡ = 3.4, 소수점 이하는 1이므로, 감지기 4개 이상이 필요하다.

㉯ 감지기 배선

1층 소방시설 평면도의 내용을 이해를 돕기 위하여 감지기선을 실선으로 표현하여 그렸다.

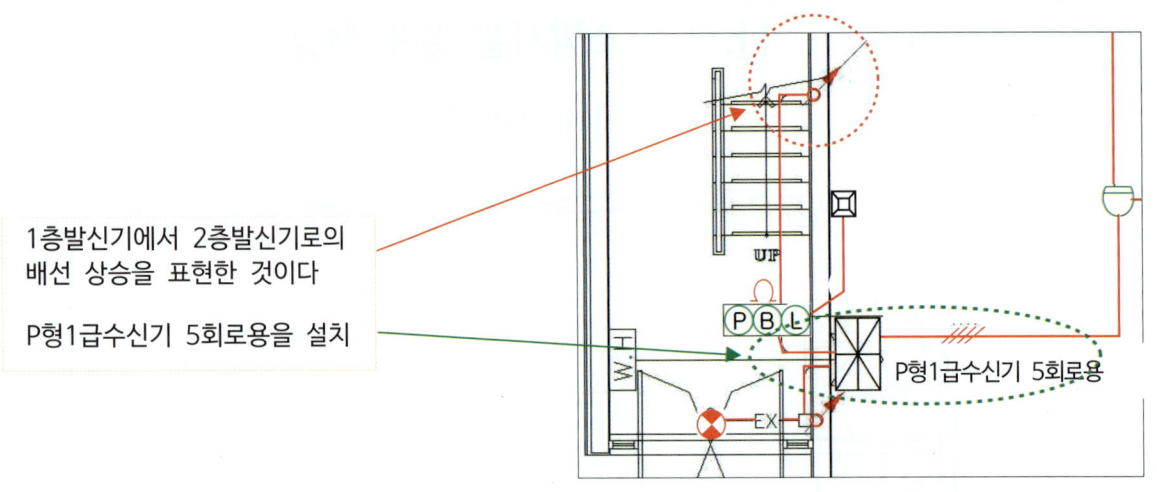

1층발신기에서 2층발신기로의 배선 상승을 표현한 것이다

P형1급수신기 5회로용을 설치

P형1급수신기 5회로용

다. 1층 소화기 계산

1층에 필요한 소화기 단위 수 계산

1층의 바닥면적은 238㎡이다.
근린생활시설은 소화기 및 자동소화장치의 화재안전기술기준 표 2.1.1.2 특정소방대상물 별 소화기구의 능력단위에 의하면 해당용도의 바닥면적 100㎡ 마다 능력단위 1단위 이상이 되도록 해야 한다.
그러나 내화구조이므로 기준면적의 2배인 200㎡마다 능력단위 1단위 이상이 되면 된다.

$\dfrac{바닥면적}{기준면적} = \dfrac{238㎡}{200㎡}$ = 1.19단위(2단위)가 필요하며, A급 2단위소화기 1개가 필요하다.

소화기 1개를 배치하면 보행거리 20m에도 충족한다.
그러나 이 건물의 설계는 A급 3단위소화기 2개를 설계하여 여유있게 설계되었다.

분말소화기(A3, B5, C 3.3㎏)는
A급(일반화재) 3단위, B급(유류화재) 5단위, C급(전기화재) 적응의 표시내용이다.

표 2.1.1.2 특정소방대상물 별 소화기구의 능력단위

소 방 대 상 물	소화기구의 능력단위
3. 근린생활시설 · 판매시설 · 운수시설 · 숙박시설 · 노유자시설 · 전시장 · 공동주택 · 업무시설 · 방송통신시설 · 공장 · 창고시설 · 항공기 및 자동차 관련 시설 및 관광휴게시설	해당 용도의 **바닥면적 100㎡**마다 능력단위 1단위 이상

(주) 소화기구의 능력단위를 산출함에 있어서 건축물의 주요구조부가 내화구조이고, 벽 및 반자의 실내에 면하는 부분이 불연재료 · 준불연재료 또는 난연재료로 된 특정소방대상물에 있어서는 위표의 기준면적의 2배를 해당 특정소방대상물의 기준면적으로 한다.

라. 2층 소방시설 설계 해설

마. 3층 소방시설 설계 해설

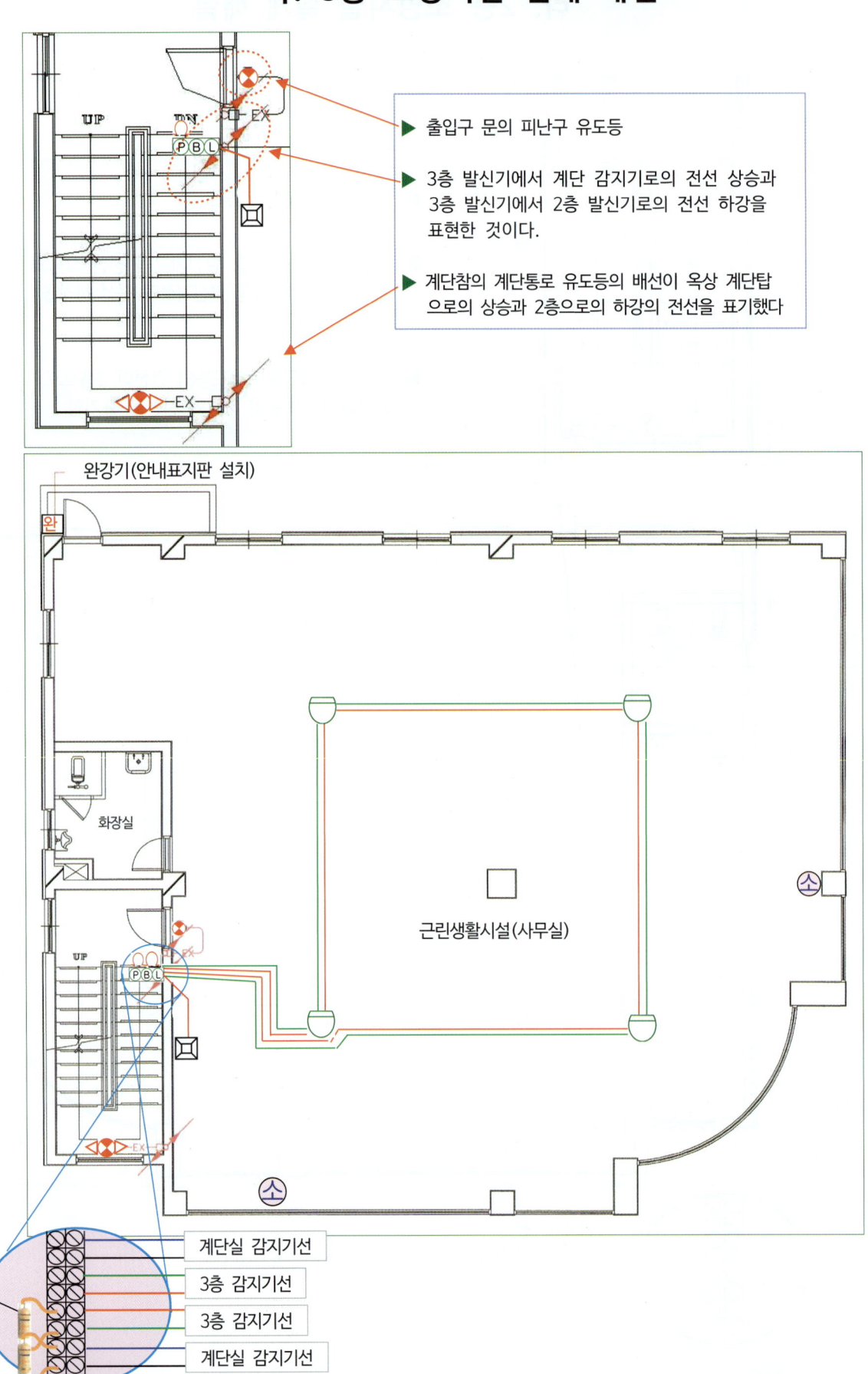

바. 피난기구 설계

① 피난기구 종류 선택

표 2.1.1 설치장소별 피난기구의 적응성

설치장소별 구분	1층	2층	3층	4층 이상 10층 이하
1. 노유자시설	미끄럼대 구조대 피난교 다수인피난장비 승강식피난기	미끄럼대 구조대 피난교 다수인피난장비 승강식피난기	미끄럼대 구조대 피난교 다수인피난장비 승강식피난기	피난교 다수인피난장비 승강식피난기
2. 의료시설·근린생활시설중 입원실이 있는 의원·접골원·조산원			미끄럼대 구조대 피난교 피난용트랩 다수인피난장비 승강식피난기	구조대 피난교 피난용트랩 다수인피난장비 승강식피난기
3. 「다중이용업소의 안전관리에 관한 특별법 시행령」제2조에 따른 다중이용업소로서 영업장의 위치가 4층 이하인 다중이용업소		미끄럼대 피난사다리 구조대 완강기 다수인피난장비 승강식피난기	미끄럼대 피난사다리 구조대 완강기 다수인피난장비 승강식피난기	미끄럼대 피난사다리 구조대 완강기 다수인피난장비 승강식피난기
4. 그 밖의 것			미끄럼대 피난사다리 구조대 완강기 피난교 피난용트랩 간이완강기 공기안전매트 다수인피난장비 승강식피난기	피난사다리 구조대 완강기 피난교 간이완강기 공기안전매트 다수인피난장비 승강식피난기

이 건물은 근린생활시설의 3층으로서 완강기를 선택하여 설계를 했다.
피난기구의 설계는 위의 표 2.1.1의 내용과 같이 장소에 따라 층별로 적응하는 피난기구를 선택하여 설계를 해야 한다.

② 피난기구 개수 설계

피난기구의 설치개수는,
    가. 층마다 설치한다.
    나. 기준 바닥면적마다 1개이상으로 설계를 한다.
        이 건물은 바닥면적 1,000㎡마다 1개 이상 설치를 해야 하므로 완강기 1개를 설치하면 적합하다.

> **피난기구의 화재안전기술기준 2.1.2**
> ① 피난기구는 표 2.1.1에 따라 특정소방대상물의 설치장소별로 그에 적응하는 종류의 것으로 설치해야 한다.
> ② 피난기구는 다음의 기준에 따른 개수 이상을 설치해야 한다.
> 1. 층마다 설치하되, 숙박시설·노유자시설 및 의료시설로 사용되는 층에 있어서는 그 층의 바닥면적 500 ㎡마다, 위락시설·문화집회 및 운동시설·판매시설로 사용되는 층 또는 복합용도의 층(하나의 층이 영 별표 2 제1호 내지 제4호 또는 제8호 내지 제18호 중 2 이상의 용도로 사용되는 층을 말한다)에 있어서는 그 층의 바닥면적 800 ㎡마다, 계단실형 아파트에 있어서는 각 세대마다, 그 밖의 용도의 층에 있어서는 그 층의 바닥면적 1,000 ㎡마다 1개 이상 설치할 것

사. 감지기 송배전 연결과 잘못한 사례

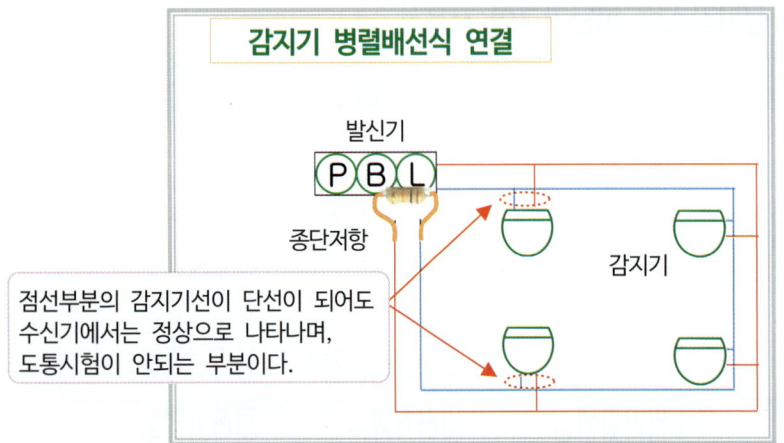

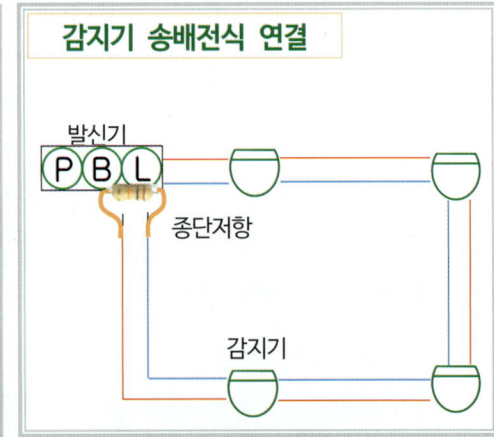

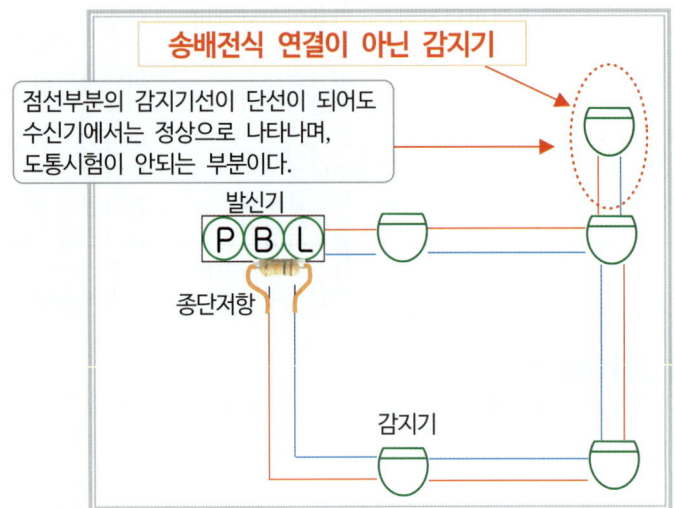

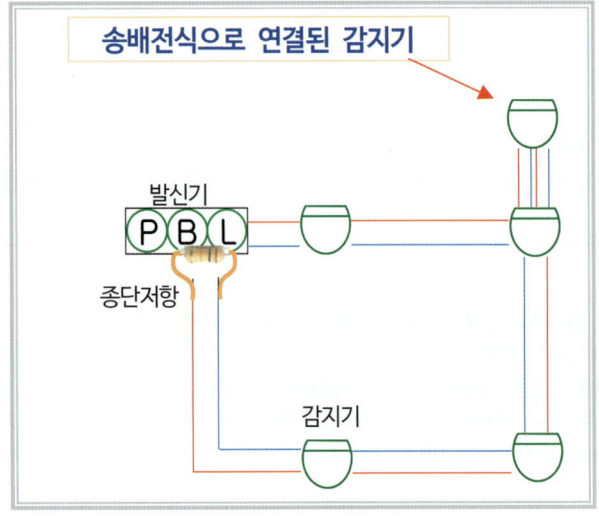

송배전(送配電), 송배선(送配線) 용어를 혼용해서 사용되고 있다. 같은 내용으로 보면 된다.

송배전(送配電)
 : 전기를 감지기간 서로 주고 받는다는 내용

송배선(送配線)
 : 전기선을 감지기간 서로 주고 받는다는 내용

3. 설계 도면(R형)

가. 소방시설 전기회로 계통도 ·················· 106
나. 1층 소방설비 평면도 ·················· 107
다. 2층 소방설비 평면도 ·················· 108
라. 3층 소방설비 평면도 ·················· 109
마. 옥상층 소방설비 평면도 ·················· 110

범 례

기호	명칭	기호	명칭
⊠	화재 수신반(P형 1급)	Ω	종단저항
Ⓟ Ⓑ Ⓛ	발신기 세트	⊠	동력분전함
⊠	시각경보장치	W.H	전기 계량기함
S	연기감지기(2종)	□	4각박스
⌒	차동식스포트형 감지기(2종)	⊠	풀박스
⌒	정온식스포트형 감지기(1종)	→	천장스라브 매입배관 배선
⊗	피난구유도등(소형)	—— ——	바닥스라브 매입배관 배선
⊗L	피난구유도등(대형)	—— - ——	천장 노출배관 배선
◁⊗▷	통로유도등	—— ——	지중 매설 배관 배선
소	분말소화기(A3, B5, C 3.3kg)	완	완강기
휴	휴대용 비상조명등	⚡⚡⚡	전선관 입하, 통과, 입상 입하 : 아래층으로 내려감 입상 : 윗층으로 올라감
▯	중계기		

배관, 배선중 표기 없는 것은 아래에 준함

1) 감지기 설비

—— F —— HFIX 1.5㎟ × 2(16C)
—//— F —— HFIX 1.5㎟ × 4(16C)
—////— F —— HFIX 1.5㎟ × 8(28C)

2) 유도등 설비

—— EX —— HFIX 2.5㎟ × 2(E)   HFIX 2.5㎟ × 2(16C)

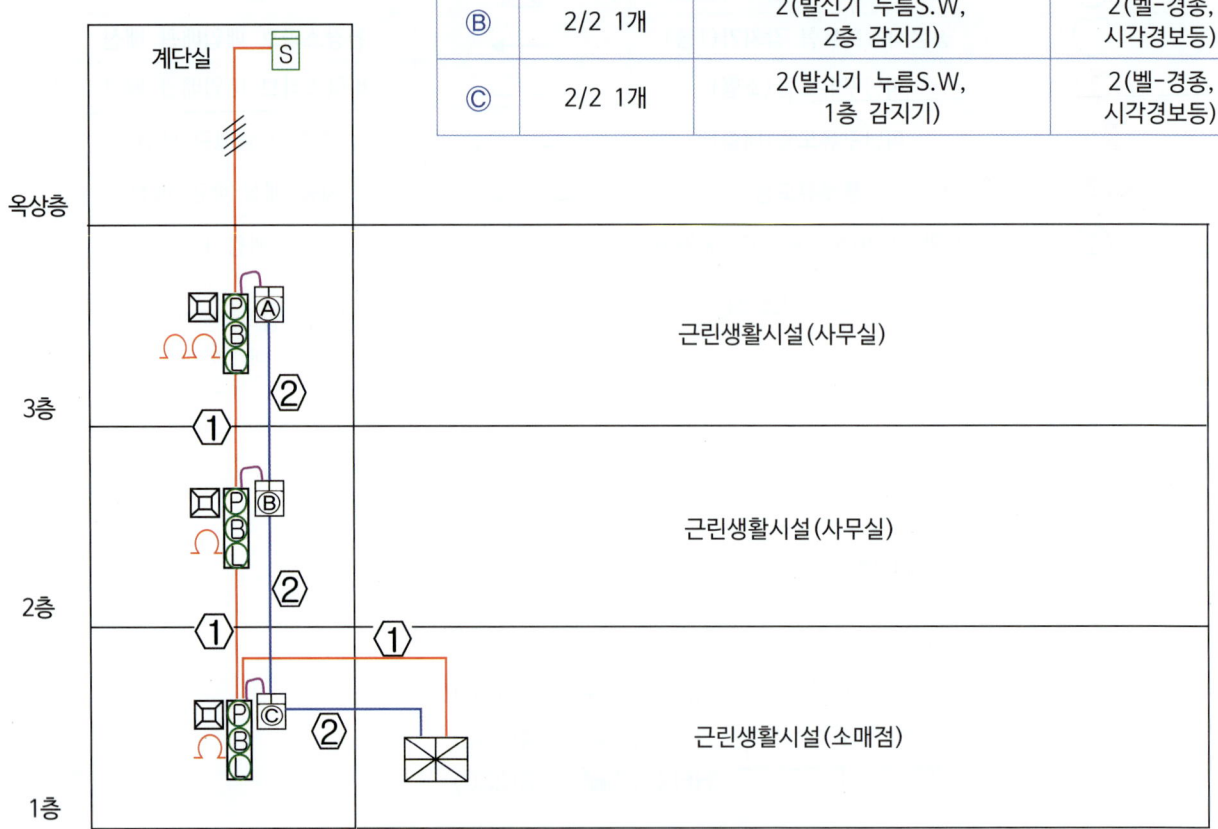

가. 소방시설 전기회로 계통도(R형)

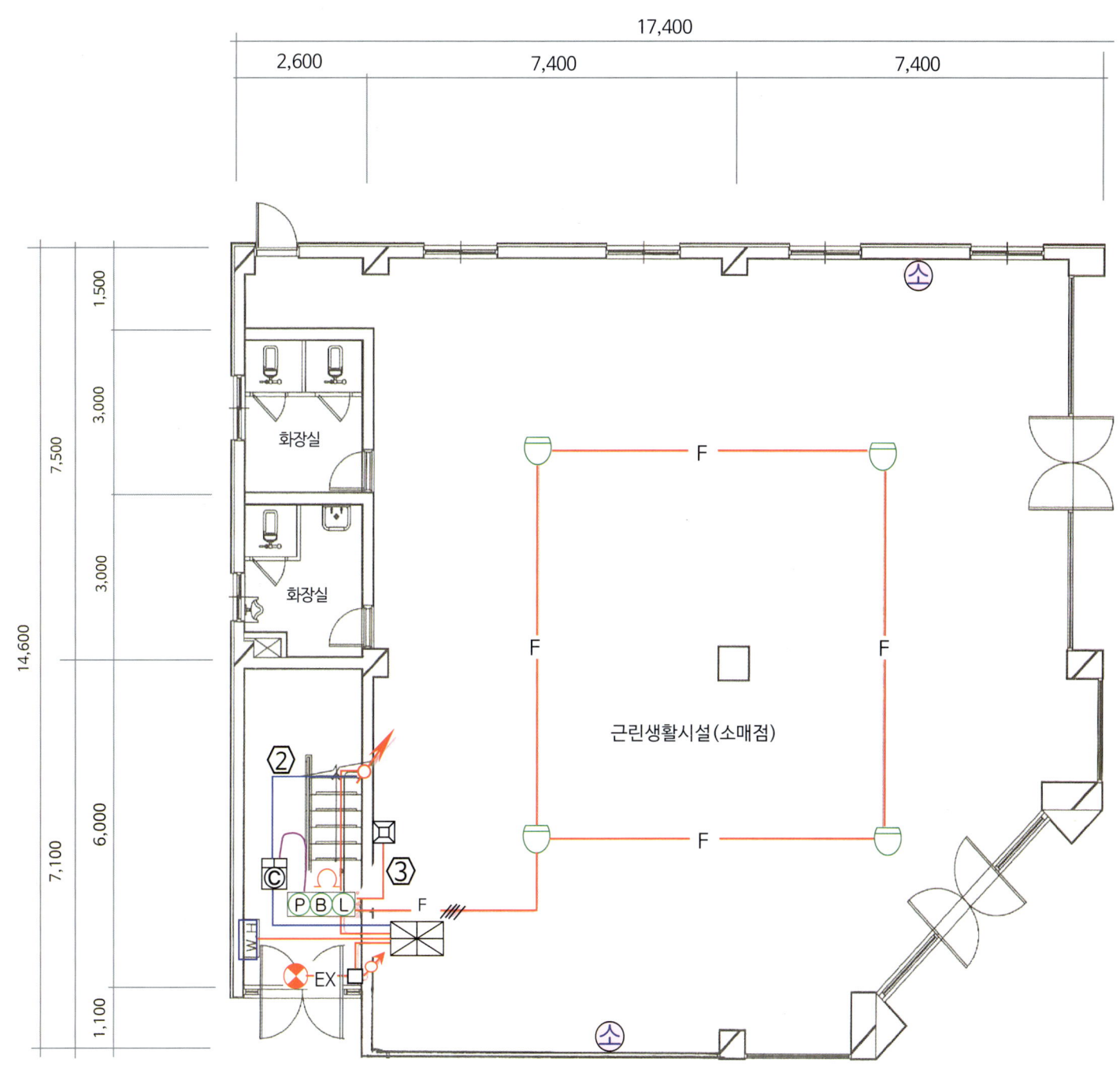

나. 1층 소방설비 평면도(R형)

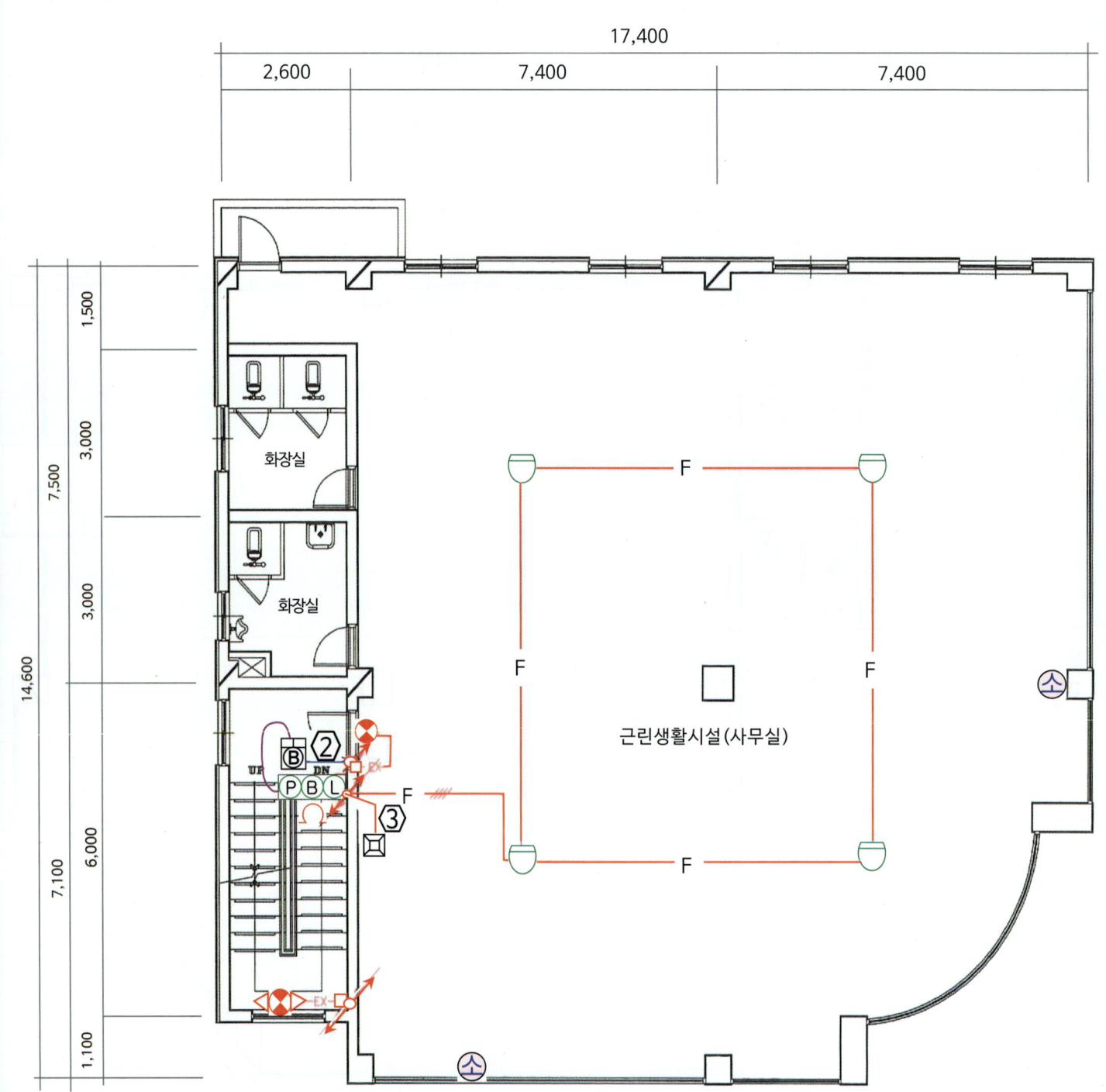

다. 2층 소방설비 평면도(R형)

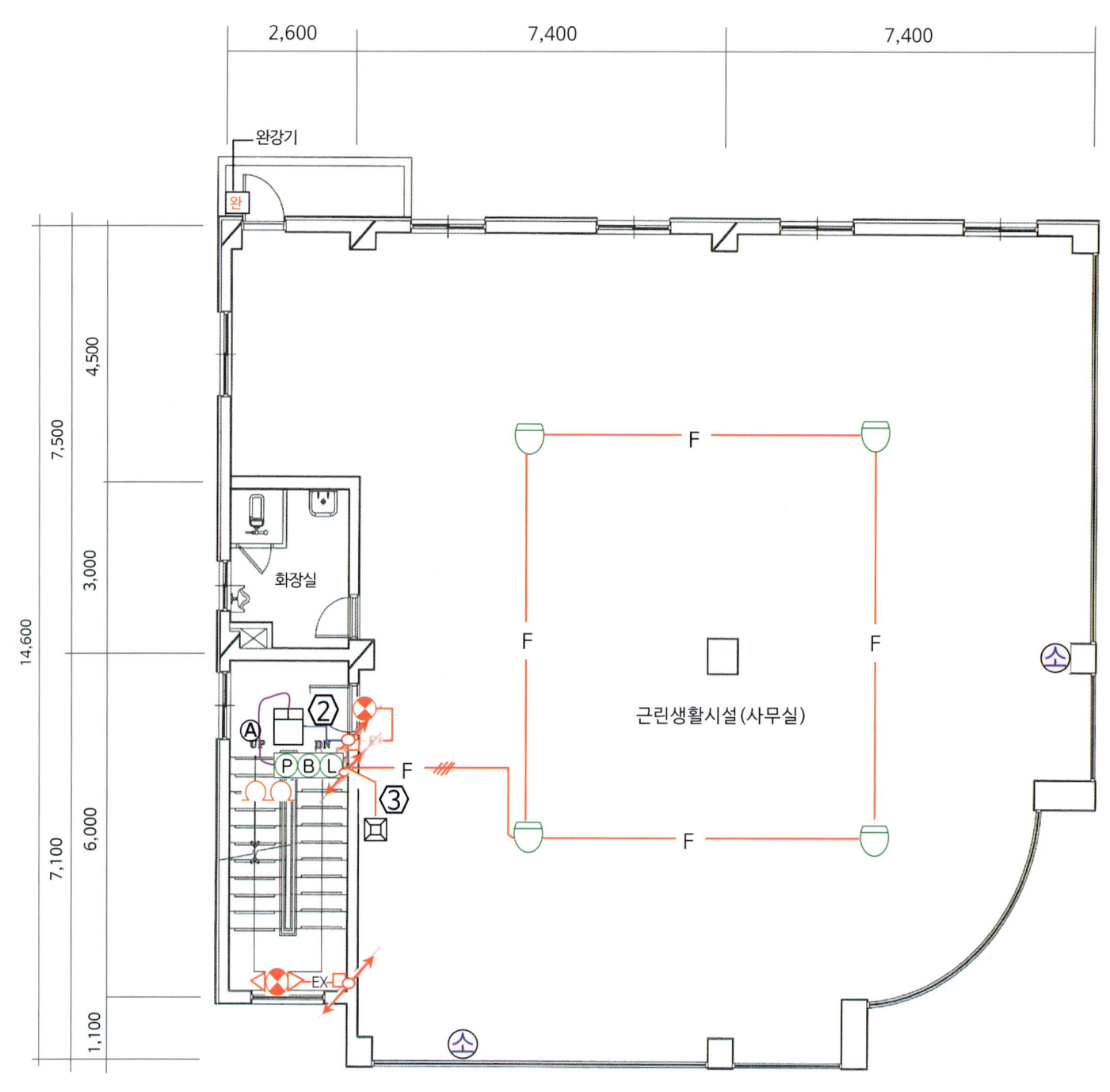

라. 3층 소방설비 평면도(R형)

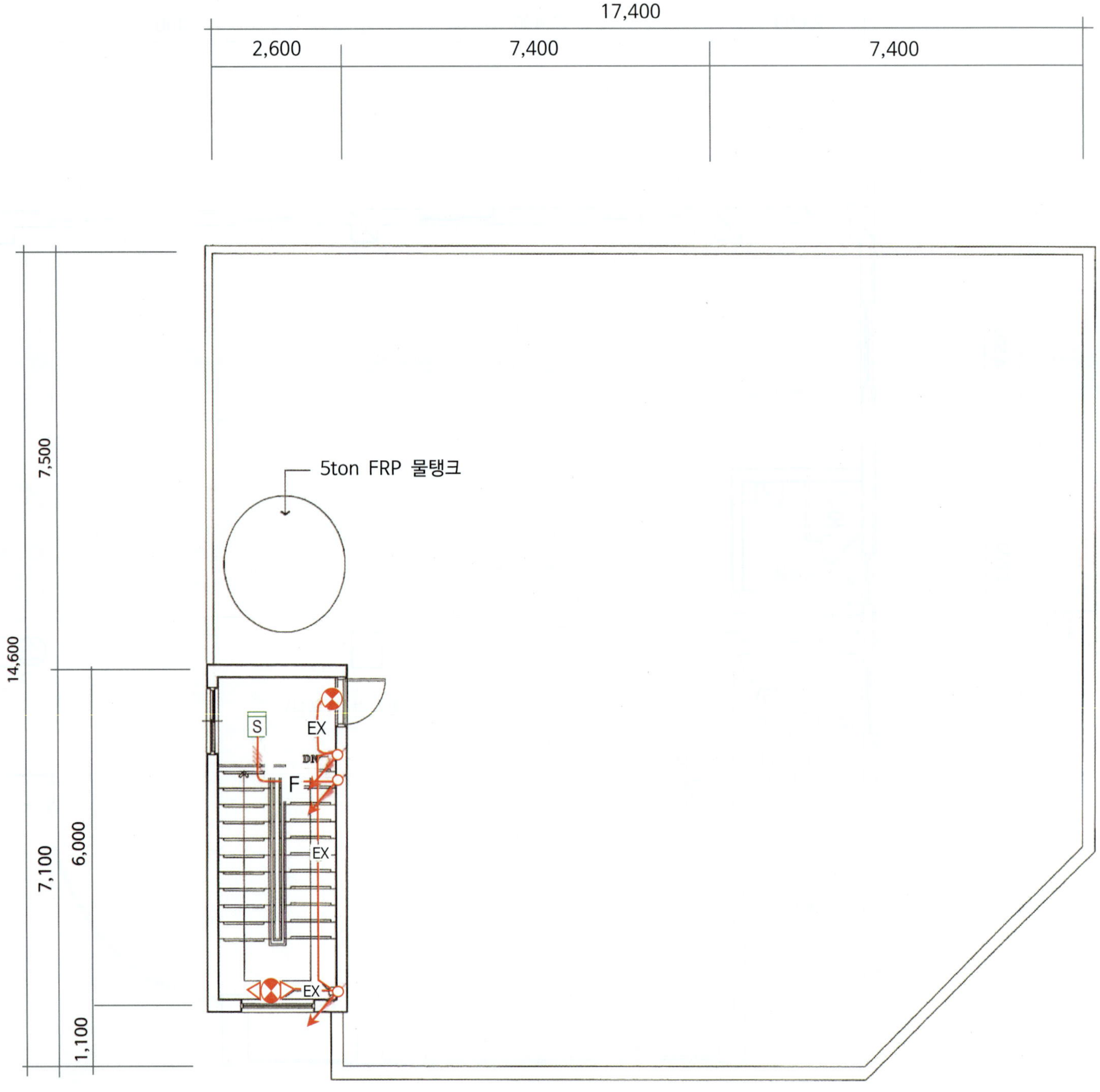

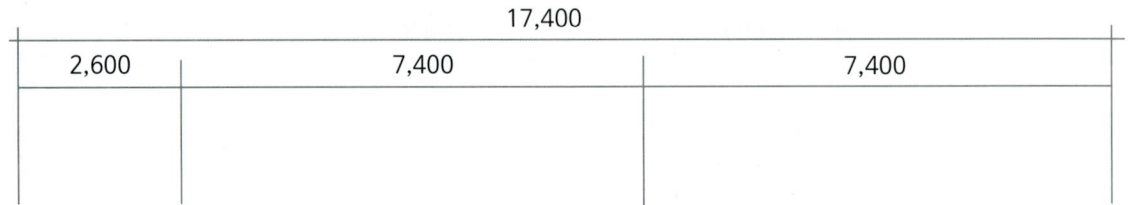

마. 옥상층 소방설비 평면도(R형)

4. 소방시설 설계(R형) 해설

가. 소방시설 전기회로 계통도 해설

소방시설의 전기회로 계통도는 건물의 수직적인 소방시설 전기배선을 표기한 것으로서 옥탑 ↔ 3층 ↔ 2층 ↔ 1층 ↔ 수신기간의 소방시설 전기배선에 대하여 상세한 내용을 표기한 것이다.

중계기 결선 내용

번호	중계기 종류	입력(IN)	출력(OUT)
Ⓐ	4/4 1개	3(발신기 누름S.W,(스위치) 3층 감지기회로, 계단실 감지기회로)	2(벨-경종, 시각경보등)

① 16C (HFIX 2.5㎟ - 3)
② 22C (FR CVV-SB 1.5㎟ 1pr)
　　(HFIX 2.5㎟ - 2)
③ 16C (HFIX 2.5㎟ - 2)

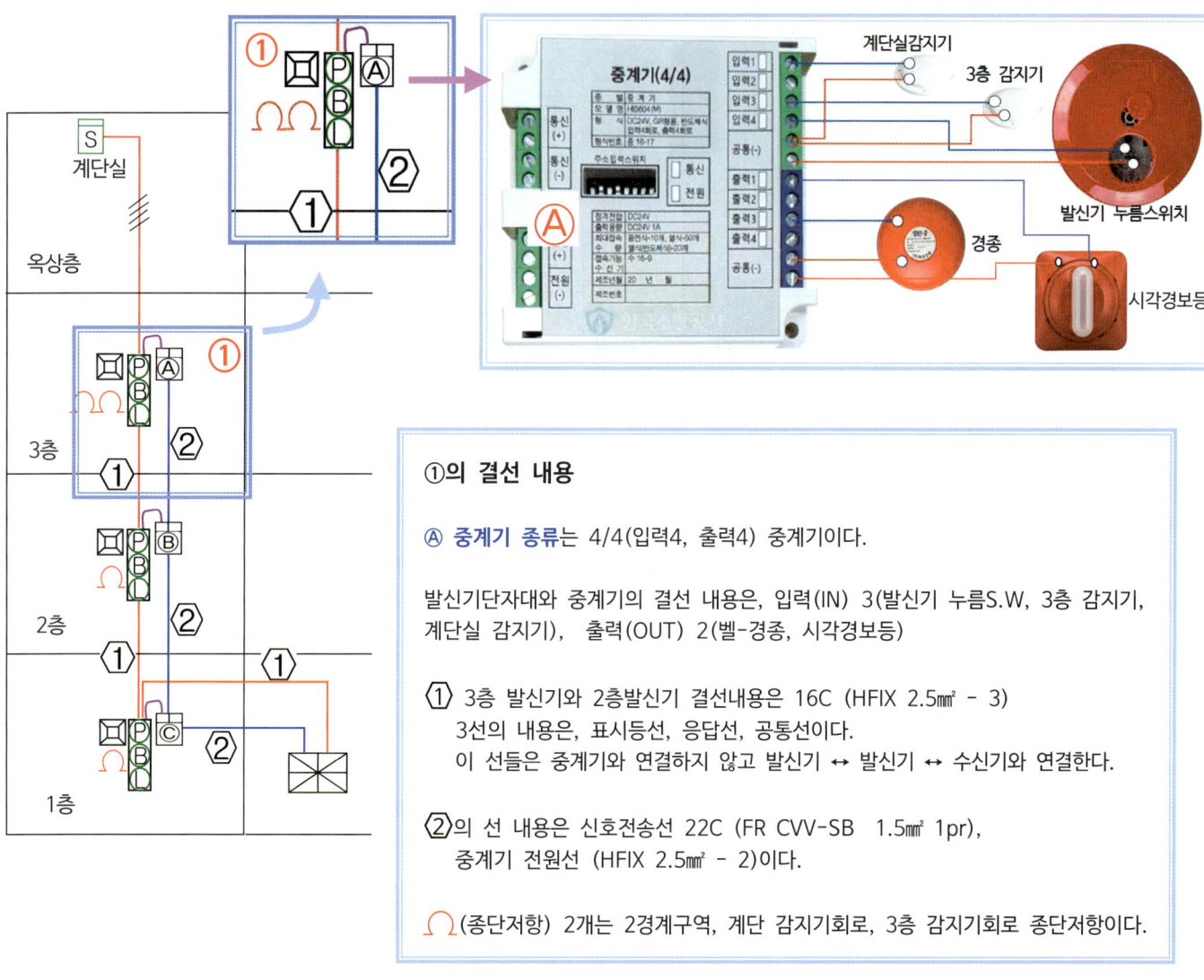

①의 결선 내용

Ⓐ **중계기 종류**는 4/4(입력4, 출력4) 중계기이다.

발신기단자대와 중계기의 결선 내용은, 입력(IN) 3(발신기 누름S.W, 3층 감지기, 계단실 감지기), 출력(OUT) 2(벨-경종, 시각경보등)

① 3층 발신기와 2층발신기 결선내용은 16C (HFIX 2.5㎟ - 3)
　 3선의 내용은, 표시등선, 응답선, 공통선이다.
　 이 선들은 중계기와 연결하지 않고 발신기 ↔ 발신기 ↔ 수신기와 연결한다.

② 의 선 내용은 신호전송선 22C (FR CVV-SB 1.5㎟ 1pr),
　 중계기 전원선 (HFIX 2.5㎟ - 2)이다.

Ω (종단저항) 2개는 2경계구역, 계단 감지기회로, 3층 감지기회로 종단저항이다.

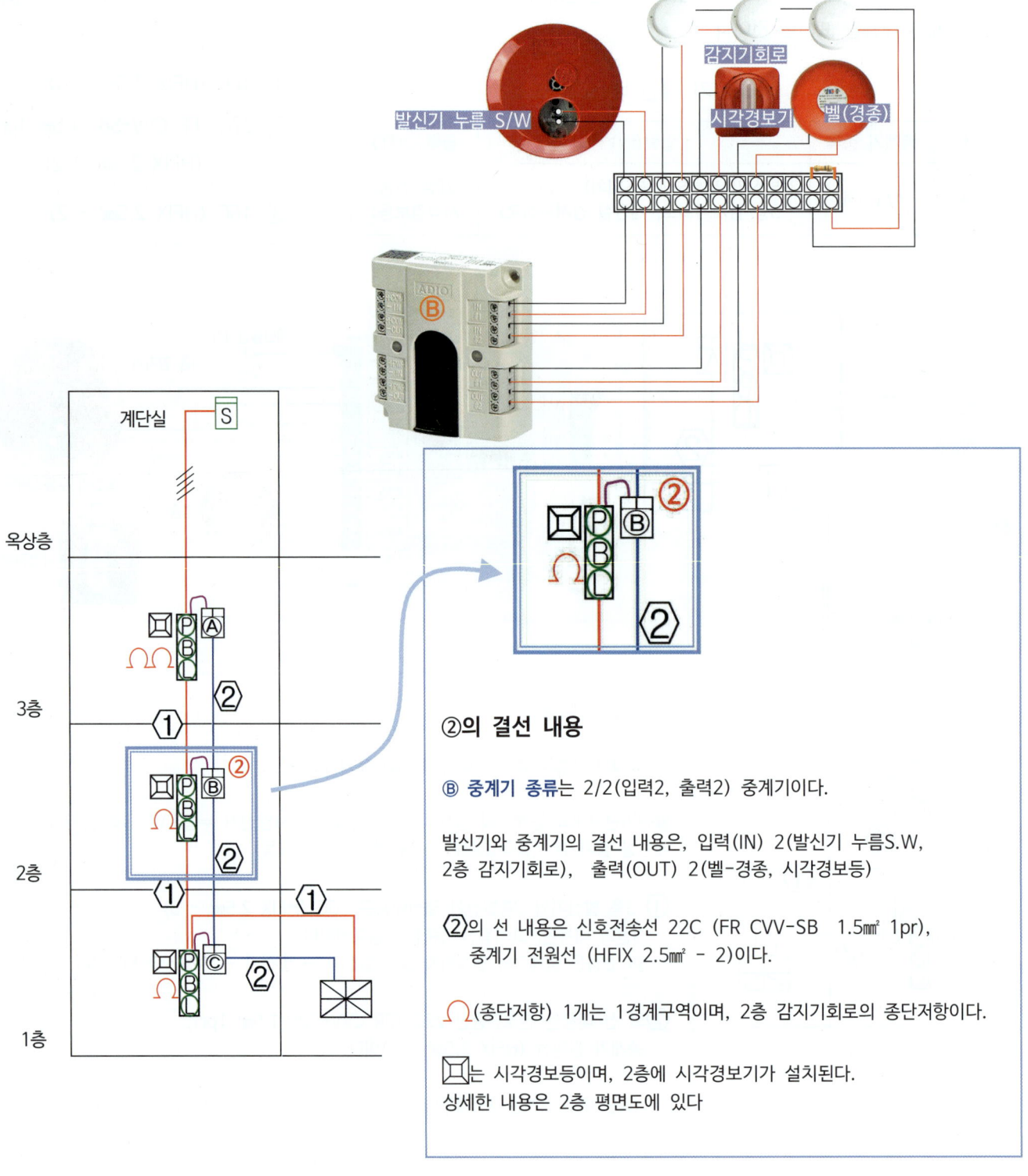

① 16C (HFIX 2.5㎟ - 3)
② 22C (FR CVV-SB 1.5㎟ 1pr)
　　(HFIX 2.5㎟ - 2)
③ 16C (HFIX 2.5㎟ - 2)

중계기 결선 내용

번호	중계기 종류 (입력/출력)	입력(IN)	출력(OUT)
ⓒ	2/2 1개	2(발신기 누름S.W, 1층 감지기회로)	2(벨-경종, 시각경보등)

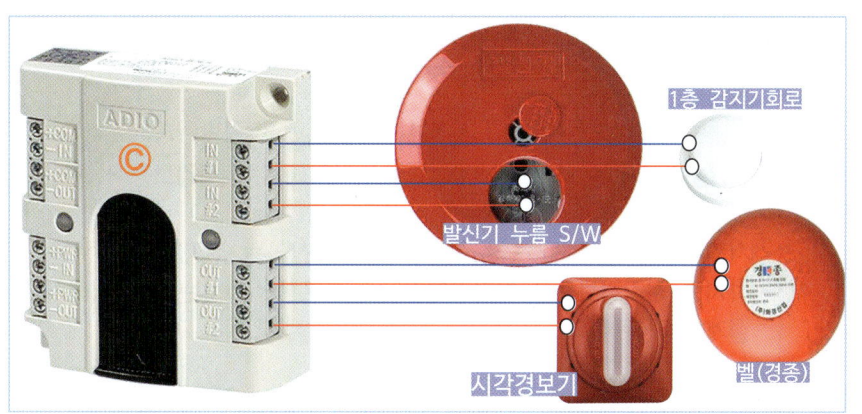

112p 그림처럼 부품이 단자대에 연결하여 단자대와 중계기로 연결해야 하지만 그림을 간소화해서 그렸음

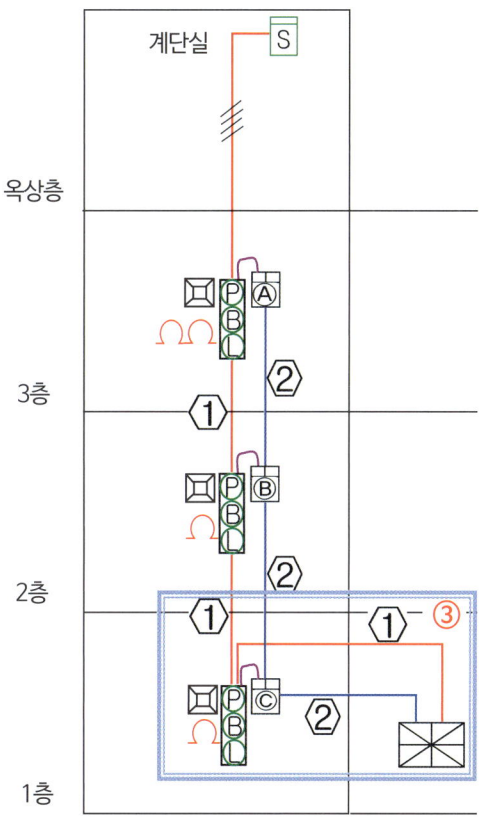

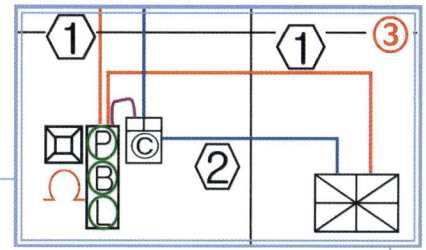

③의 결선 내용

ⓒ **중계기 종류**는 2/2(입력2, 출력2) 중계기이다.

발신기와 중계기의 결선 내용은, 입력(IN) 2(발신기 누름S.W, 1층 감지기회로), 출력(OUT) 2(벨-경종, 시각경보등)

① 2층 발신기와 ↔ 1층발신기 ↔ 수신기의 결선내용은
　16C (HFIX 2.5㎟ - 3)
　3선의 내용은, 표시등선, 응답선, 공통선이다.
　이 선들은 중계기와 연결하지 않고,
　발신기 ↔ 발신기 ↔ 수신기와 연결한다.

② 의 선 내용은 신호전송선 22C (FR CVV-SB 1.5㎟ 1pr),
　중계기 전원선 (HFIX 2.5㎟ - 2)이다.

Ω (종단저항) 1개는 1경계구역이며, 1층 감지기회로의 종단저항이다.

⊠ 는 시각경보등이며, 1층에 시각경보기가 설치된다.
상세한 내용은 1층 평면도에 있다

113

나. 소방시설 전기회로 평면도 설계 해설

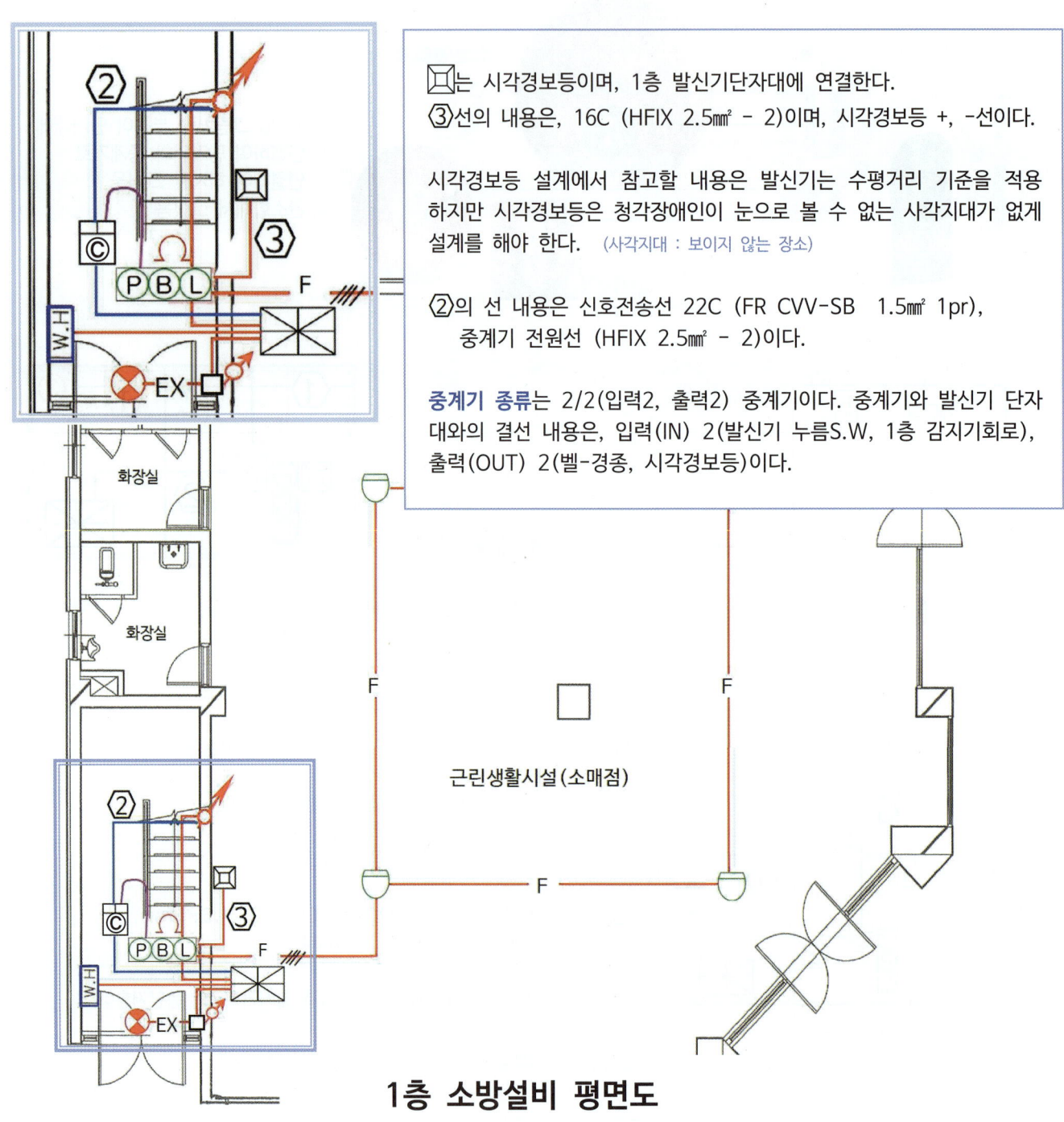

1층 소방설비 평면도

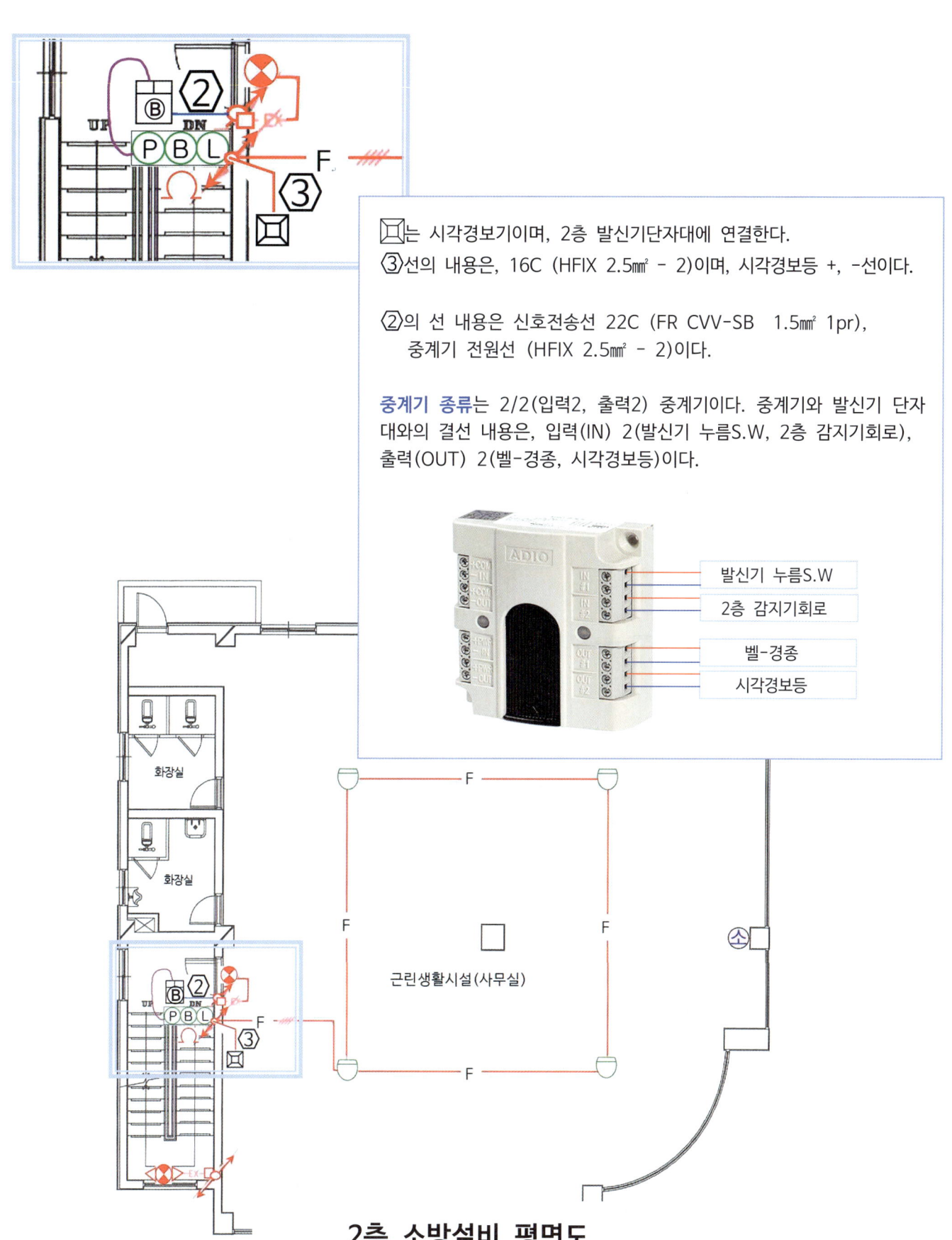

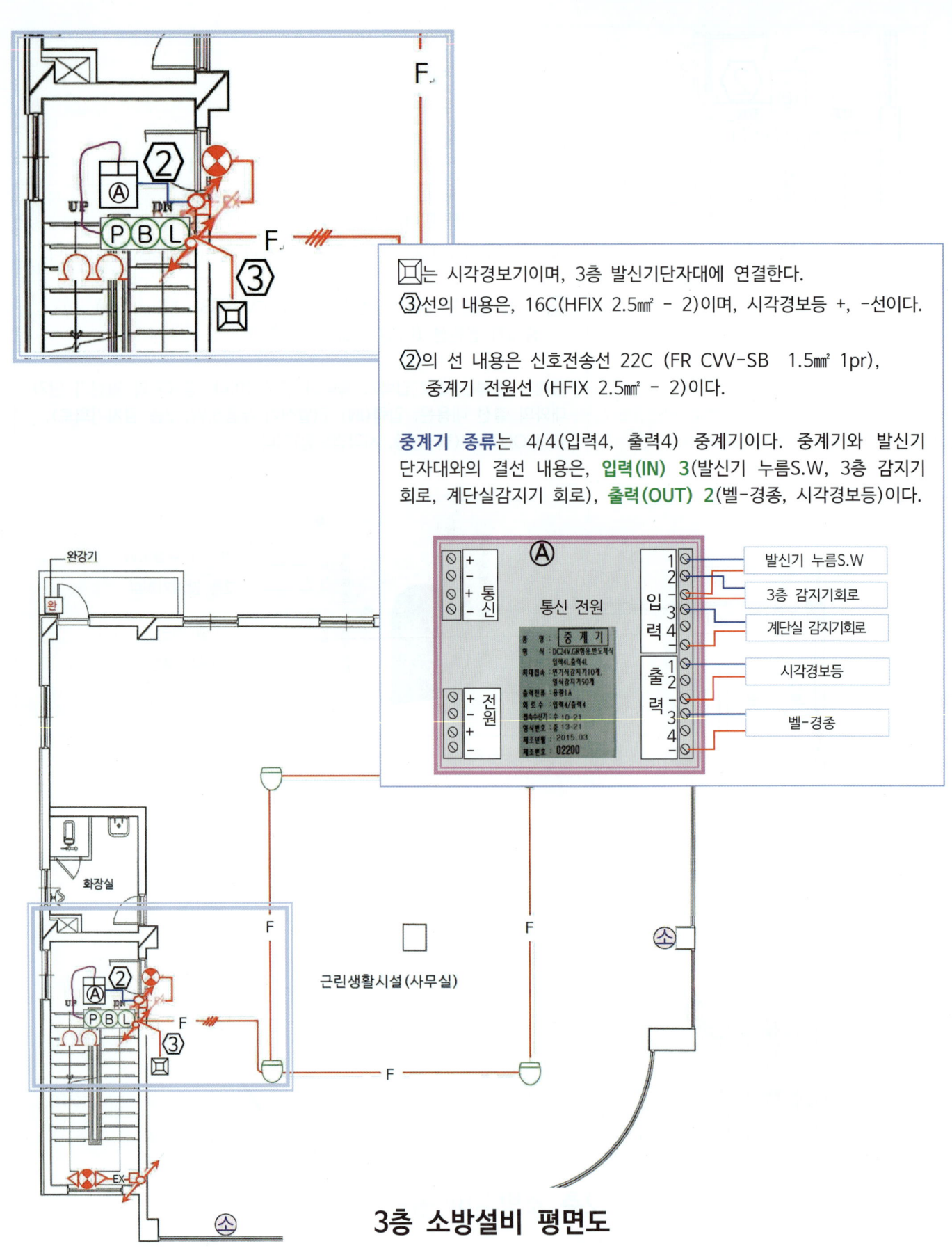

문제 1

아래 그림 ㉮ ㉯ ㉰ ㉱에 대하여 자동화재탐지설비 경계구역의 수를 계산하시오.

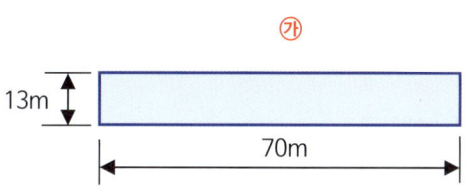

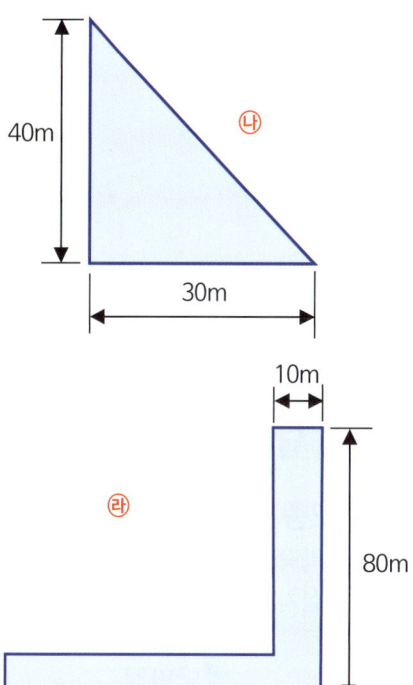

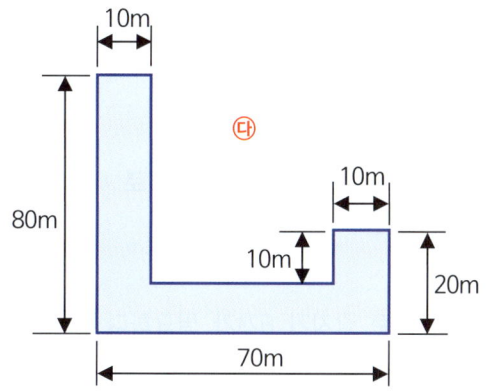

정답

㉮
- 한변의 길이 : 70m, $\dfrac{70}{50}=1.4$ (2경계구역)
- 면적 : 13 × 70 = 910㎡ = $\dfrac{910}{600}$ = 1.51

  ∴ **2경계구역**

㉯
- 한변의 길이 : $\sqrt{40^2+30^2}$ = 50m (1경계구역)
- 면적 : $\dfrac{40\times30}{2}$ = 600㎡ = $\dfrac{600}{600}$ =1 (1경계구역)

  ∴ **1경계구역**

㉰
- 한변의 길이 : 80, 70m $\dfrac{80}{50}$=1.6 (2경계구역)
- 면적 : (80×10)+(60×10)+(10×10)
  = 1,500㎡ = $\dfrac{1500}{600}$ = 2.5 (3경계구역)

  ∴ **3경계구역**

㉱
- 한변의 길이 : 90, 80m (2경계구역)
- 면적 : (90×10)+(70×10) = 1,600㎡ (3경계구역)

  ∴ **3경계구역**

자동화재탐지설비 및 시각경보장치의 화재안전기술기준 2.1.1.3
③ **하나의 경계구역의 면적은 600㎡ 이하로 하고 한변의 길이는 50m 이하**로 한다. 다만, 당해 소방대상물의 주된 출입구에서 그 내부 전체가 보이는 것에 있어서는 한 변의 길이가 50m의 범위 내에서 1,000㎡ 이하로 할 수 있다.

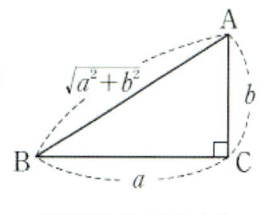

직각삼각형 빗변길이

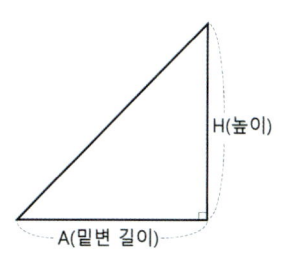

삼각형 넓이 : 1/2×A×H

문제 2

그림과 같은 장소에 2종 차동식스포트형감지기를 설치하는 경우와, 2종 연기감지기를 설치하는 경우 설치개수를 각각 설계하시오?

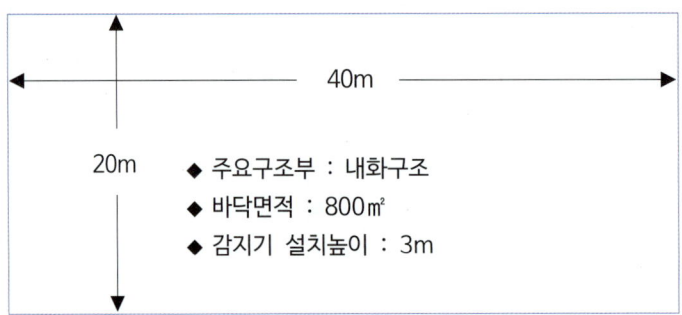

정 답

1. 2종 차동식스포트형감지기를 설치하는 경우

바닥면적 800㎡는 600㎡ 초과하므로 2경계구역이다. 바닥면적 400, 400㎡로 나누어 감지기를 계산한다. 설치하는 장소의 조건이 아래의 파란부분의 표에 해당된다.

$$\frac{바닥면적}{감지기\ 1개의\ 유효면적} = \frac{400㎡}{70㎡} = 5.7,\ 그러므로\ 감지기\ 6개가\ 필요하다.$$

6개 × 2경계구역 = 12개를 설치해야 한다.

감지기의 설치 유효면적

부착높이 및 소방대상물의 구조		감지기의 종류						
		차동식스포트형		보상식스포트형		정온식스포트형		
		1종	2종	1종	2종	특종	1종	2종
4m 미만	주요구조부를 내화구조로 한 소방대상물 또는 그 부분	90	70	90	70	70	60	20
	기타 구조의 소방대상물 또는 그 부분	50	40	50	40	40	30	15

2. 2종 연기감지기를 설치하는 경우

바닥면적 800㎡는 600㎡ 초과하므로 2경계구역이다. 바닥면적 400, 400㎡로 나누어 감지기를 계산한다. 설치하는 장소의 조건이 아래의 파란부분의 표에 해당된다.

$$\frac{바닥면적}{감지기\ 1개의\ 유효면적} = \frac{400㎡}{150㎡} = 2.67,\ 그러므로\ 감지기\ 3개가\ 필요하다.$$

3개 × 2경계구역 = 6개를 설치해야 한다.

연기감지기의 설치 유효면적

부착 높이	감지기의 종류	
	1종 및 2종	3종
4m 미만	150	50
4m 이상 20m 미만	75	

문제 3

아래 건물의 실내에는 차동식스포트형 2종,
복도에는 연기감지기 2종을 설치하는 경우에 필요한 감지기 개수를 설계하시오?
(주요구조부가 내화구조의 건물이며, 감지기의 설치높이는 3m이다)

정답

A 실

$$\frac{바닥면적}{감지기\ 1개의\ 유효면적} = \frac{200}{70} = 2.86 = 3개$$

B 실

$$\frac{바닥면적}{감지기\ 1개의\ 유효면적} = \frac{360}{70} = 5.1 = 6개$$

C 실

$$\frac{바닥면적}{감지기\ 1개의\ 유효면적} = \frac{220}{70} = 3.14 = 4개$$

D 실

$$\frac{바닥면적}{감지기\ 1개의\ 유효면적} = \frac{100}{70} = 1.43 = 2개$$

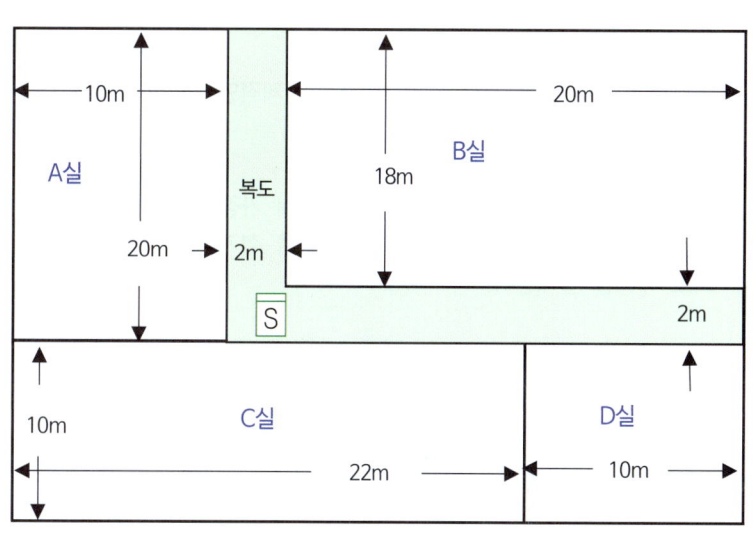

복도

$$\frac{복도의\ 보행거리}{30} = \frac{40}{30} = 1.33 = 2개이지만$$

그림과 같이 1개를 설치해도
보행거리 30m이하의 조건에 충족된다.

표 2.4.3.5 부착높이 및 특정소방대상물의 구분에 따른 차동식,보상식,정온식스포트형감지기 종류

부착높이 및 소방대상물의 구조		감지기의 종류					
		차동식스포트형		보상식스포트형		정온식스포트형		
		1종	2종	1종	2종	특종	1종	2종
4m 미만	주요구조부를 내화구조로 한 소방대상물 또는 그 부분	90	70	90	70	70	60	20
	기타 구조의 소방대상물 또는 그 부분	50	40	50	40	40	30	15
4m이상 8m미만	주요구조부를 내화구조로 한 소방대상물 또는 그 부분	45	35	45	35	35	30	
	기타 구조의 소방대상물 또는 그 부분	30	25	30	25	25	15	

Ⅲ ⑶. 자동화재탐지설비
설계도면 실시설계 방법

가. 간선계통도 설계 방법

소방시설 전기계통도 설계는 수신기에서 가장 먼 위치에 있는 발신기를 시작지점으로 하여 수신기 방향으로 발신기와 발신기 간 회로 내용을 설계하여 수신기까지 설계한다.

이러한 방법이 전선 수나, 길이가 가장 경제적인(최소의 가닥수) 설계가 된다.

만약 수신기가 옥상층에 있다면 수신기에서 가장 먼 위치에 있는 저층의 발신기에서 발신기 간 회로 내용을 설계하여 수신기까지 회로 내용을 설계한다.

수신기가 건물의 중간층에 있다면 수신기를 기준으로 수직 아래의 가장 저층 발신기에서 인근 발신기간 설계를 하여 순차적으로 수신기까지 설계한다.

그리고, 수신기 윗부분의 층은 가장 높은층의 발신기에서 그 아래층의 발신기 간 회로 내용을 설계하여 수신기까지 회로 내용을 설계한다.

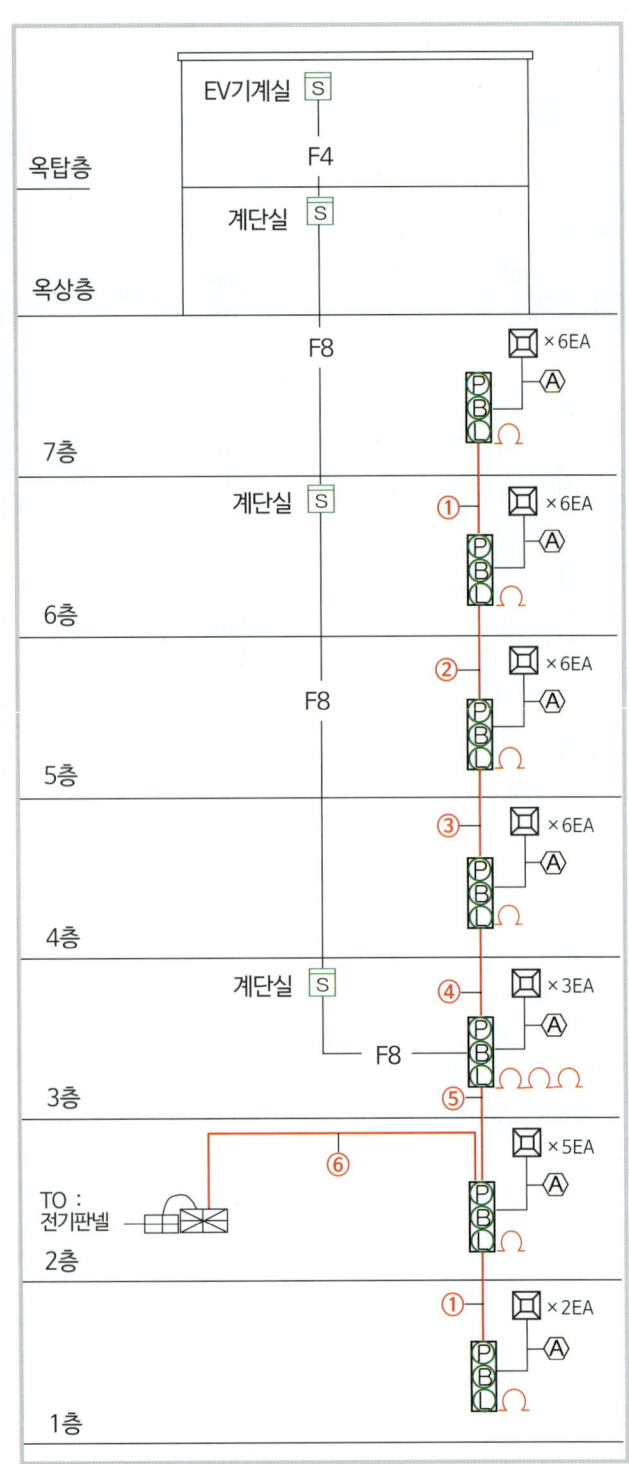

① HFIC 2.5㎟ -7
② HFIC 2.5㎟ -8
③ HFIC 2.5㎟ -9
④ HFIC 2.5㎟ -10
⑤ HFIC 2.5㎟ -13
⑥ HFIC 2.5㎟ -16

Ⓐ HFIC 2.5㎟ -2

F4 : HFIC 1.5㎟ - 4
F8 : HFIC 1.5㎟ - 8

소방시설 전기회로 내용

번호	벨(경종)	벨·표시등 공통	시각경보기	표시등	응답	회로	공통	계
①	1	1	1	1	1	1	1	7
②	1	1	1	1	1	2	1	8
③	1	1	1	1	1	3	1	9
④	1	1	1	1	1	4	1	10
⑤	1	1	1	1	1	7	1	13
⑥	1	1	1	1	1	9	2	16
Ⓐ	시각경보장치 +, −선							2

【설계 조건】 경종과 표시등은 공통선 1선으로 하며, 각층 지구음향장치 및 배선의 『단락보호장치』를 설치하는 조건

소방시설 설계도서에서 회로별 배선 내용을 위의 도표와 같이 설계를 하면 설계자는 설계를 할 때에 회로 내용을 계산하기 쉽다.
기사시험 등에서 시험문제를 풀 때에도 도표를 만들어 배선 내용을 정답으로 하면 정확성과 문제를 푸는 시간이 단축된다.

그리고 설계도서에서 소방시설 전기회로 내용의 상세 내용을 위의 표와 같이 표현하면 설계자 외의 제3자(소방서의 허가도서 검토자, 시공자, 감리자)에게는 유용한 정보가 될 것이다.

① HFIC 2.5㎟ -7
② HFIC 2.5㎟ -8
③ HFIC 2.5㎟ -9
④ HFIC 2.5㎟ -10
⑤ HFIC 2.5㎟ -13
⑥ HFIC 2.5㎟ -16

Ⓐ HFIC 2.5㎟ -2

일부의 설계도서에서는 회로의 상세내용을 표현하지 않고 위의 내용과 같이 선의 숫자(28Ø HFIC 2.5㎟-8)내용만 기재하는 설계서가 있다.
7 의 내용은 1. 7층 벨선, 2. 7층 벨표시등 공통선, 3 7층 시각경보기선, 4 표시등선, 5 응답선, 6 회로선(7층 회로), 7 공통선이지만 설계자 본인만 알 뿐이며, 시공자나 감리자는 8선의 내용을 추측만 할 뿐이다. 설계자의 설계도서는 제3자인 시공자가 도면을 보고 공사할 수 있는 설계서가 되어야 하며, 감리지, 관리자 등이 도면을 보고 알 수 있어야 한다. 이러한 내용을 설계자는 충분히 이해하고 상세내용을 기재하는 설계도서가 되도록 노력해야 한다.

나. 자동화재탐지설비 계통도 상세내용

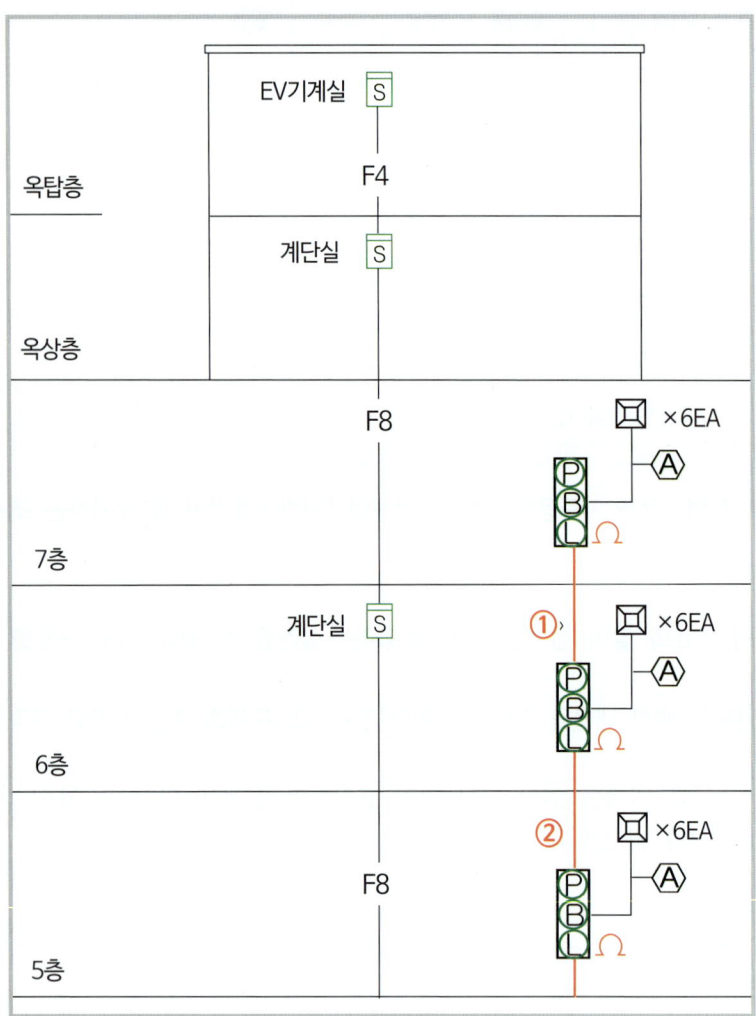

F4 16Φ(HFIC 1.5㎟-4)

EV기계실(엘리베이터 기계실)
감지기 회로 +2, -2선

3층 발신기 단자대에서 +,-선이 EV기계실 감지기에 연결하여 +,-선 2선이 3층 발신기 단자대까지 되돌아가 감지기선 끝에 종단저항을 설치한다. 그러므로 4선이 된다.

① 28Φ(HFIX 2.5㎟ - 7)
1. 7층 벨(경종)선
2. 7층 벨표시등 공통선
3. 7층 시각경보기선
4. 표시등선
5. 응답선
6. 회로(지구)선(7층 회로)
7. 공통선

② 36Φ(HFIX 2.5㎟ - 8)
1. 7층 벨(경종)선
2. 7층 벨표시등 공통선
3. 7층 시각경보기선
4. 표시등선
5. 응답선
6. 회로(지구)선(7층 회로)
7. 회로(지구)선(6층 회로)
8. 공통선

Ⓐ 16Φ(HFIX 2.5㎟ - 2)
1. 시각경보기 +선
2. 시각경보기 -선

F8 28Φ(HFIC 1.5㎟-8)

계단실 감지기 회로 +2, -2선과
EV기계실(엘리베이터 기계실)
감지기 회로 +2, -2선 합하여 8선이다.

3층 발신기 단자대에서 +,-선이 계단실 감지기에 연결하여 +,-선 2선이 3층 발신기 단자대까지 되돌아가 감지기선 끝에 종단저항을 설치한다. 그러므로 4선이 된다. F8 부분의 감지기 선은 EV기계실 감지기 4선, 계단실 감지기 4선 합하여 8선이다

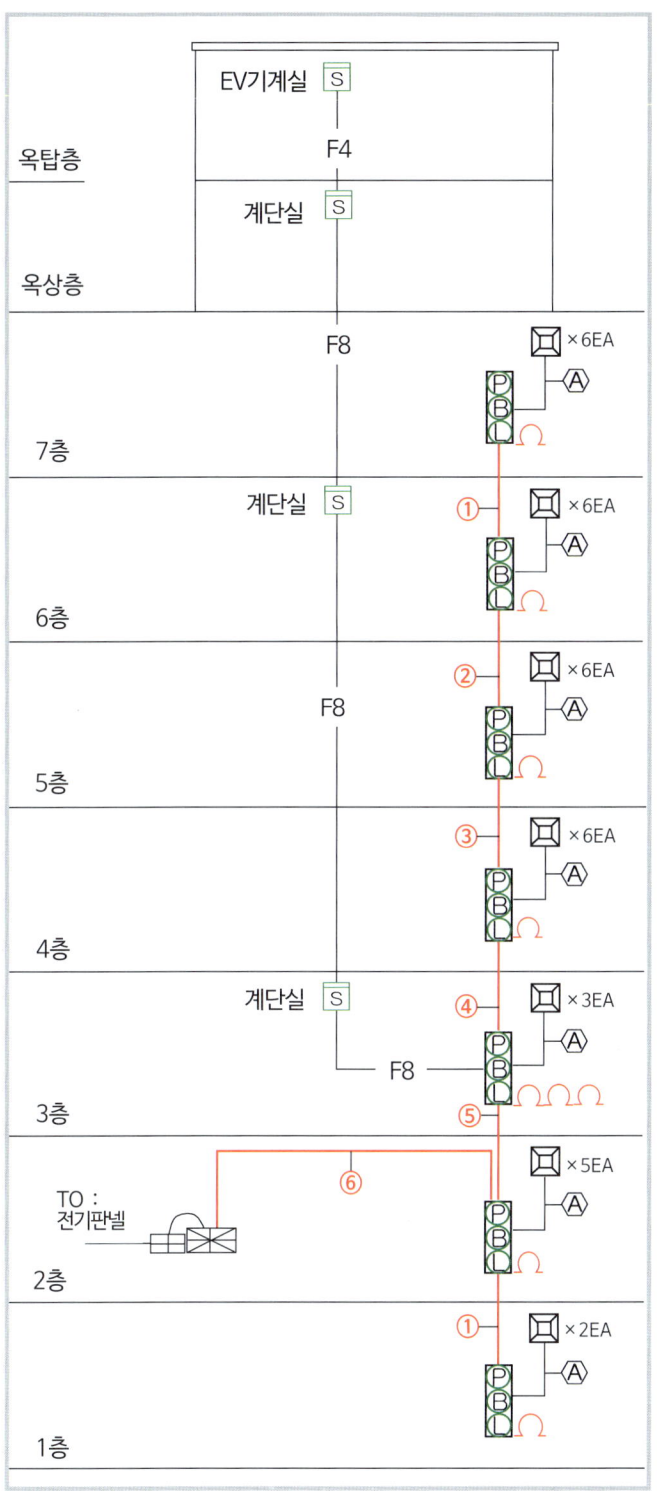

⑤ 54⌀(HFIX 2.5㎟ - 13)

1. 7층 벨(경종)선
2. 7층 벨표시등 공통선
3. 7층 시각경보기선
4. 표시등선
5. 응답선
6. 회로(지구)선(7층 회로)
7. 회로(지구)선(6층 회로)
8. 회로(지구)선(5층 회로)
9. 회로(지구)선(4층 회로)
10. 회로(지구)선(3층 회로)
11. 회로선(엘리베이터기계실 회로)
12. 회로선(계단실 회로)
13. 공통선

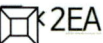×2EA
1층 발신기와 연결되는 시각경보기가 2개임을 표기했다.

시각경보기와 발신기의 연결선 내용
16⌀(HFIC 2.5㎟-2)

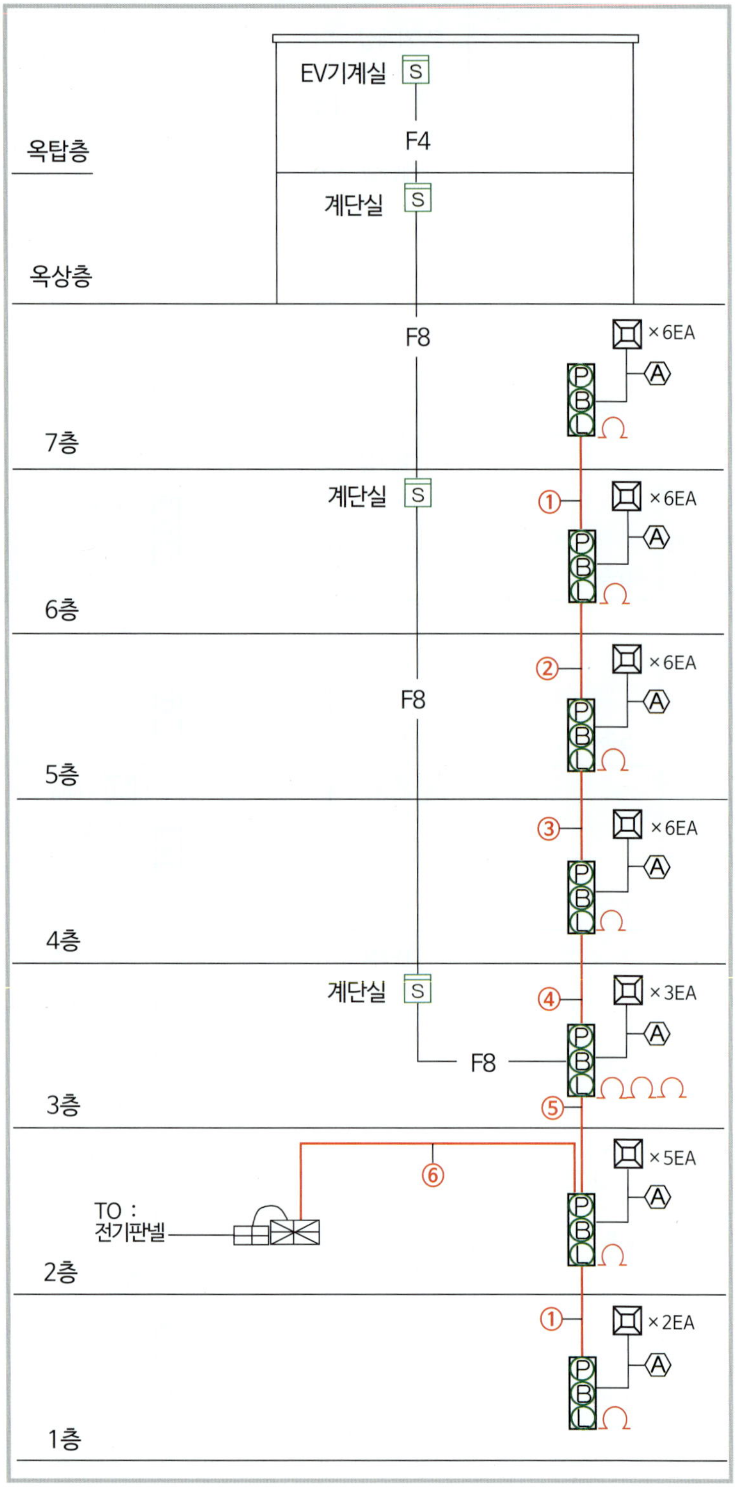

번호	벨(경종)	벨·표시등 공통	시각경보기	표시등	응답	회로	공통	계
⑤	1	1	1	1	1	7	1	13

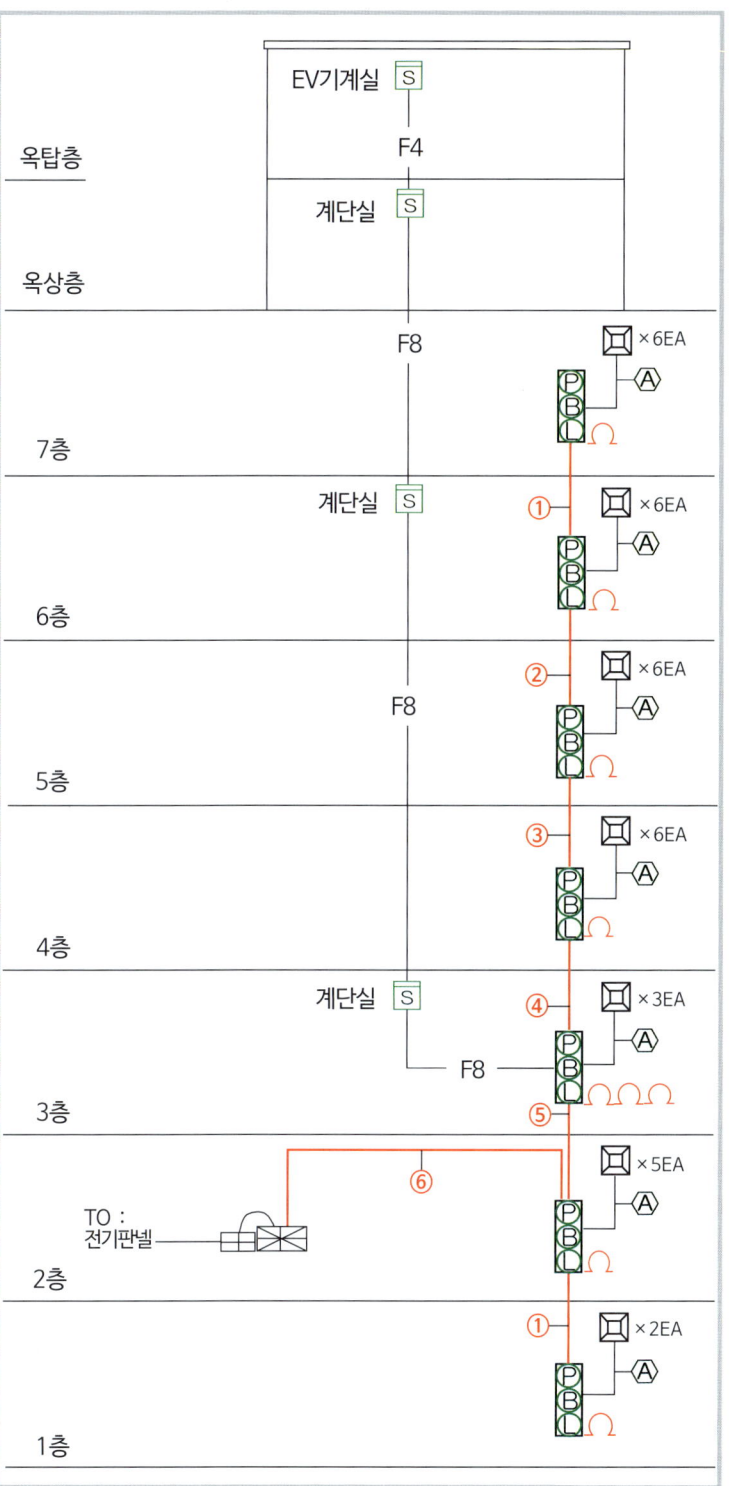

⑥ 54Φ(HFIX 2.5㎟ - 16)

1. 7층 벨(경종)선
2. 7층 벨표시등 공통선
3. 7층 시각경보기선
4. 표시등선
5. 응답선
6. 회로(지구)선(7층 회로)
7. 회로(지구)선(6층 회로)
8. 회로(지구)선(5층 회로)
9. 회로(지구)선(4층 회로)
10. 회로(지구)선(3층 회로)
11. 회로(지구)선(엘리베이터기계실 회로)
12. 회로(지구)선(계단실 회로)
13. 회로(지구)선(2층 회로)
14. 회로(지구)선(1층 회로)
15. 1 공통선
16. 2 공통선

Ⓐ 16Φ(HFIX 2.5㎟ - 2)
1. 시각경보기 +선
2. 시각경보기 -선

번호	벨	벨·표시등 공통	시각경보기	표시등	응답	회로	공통	계
⑥	1	1	1	1	1	9	2	16

다. 평면도 회로 내용

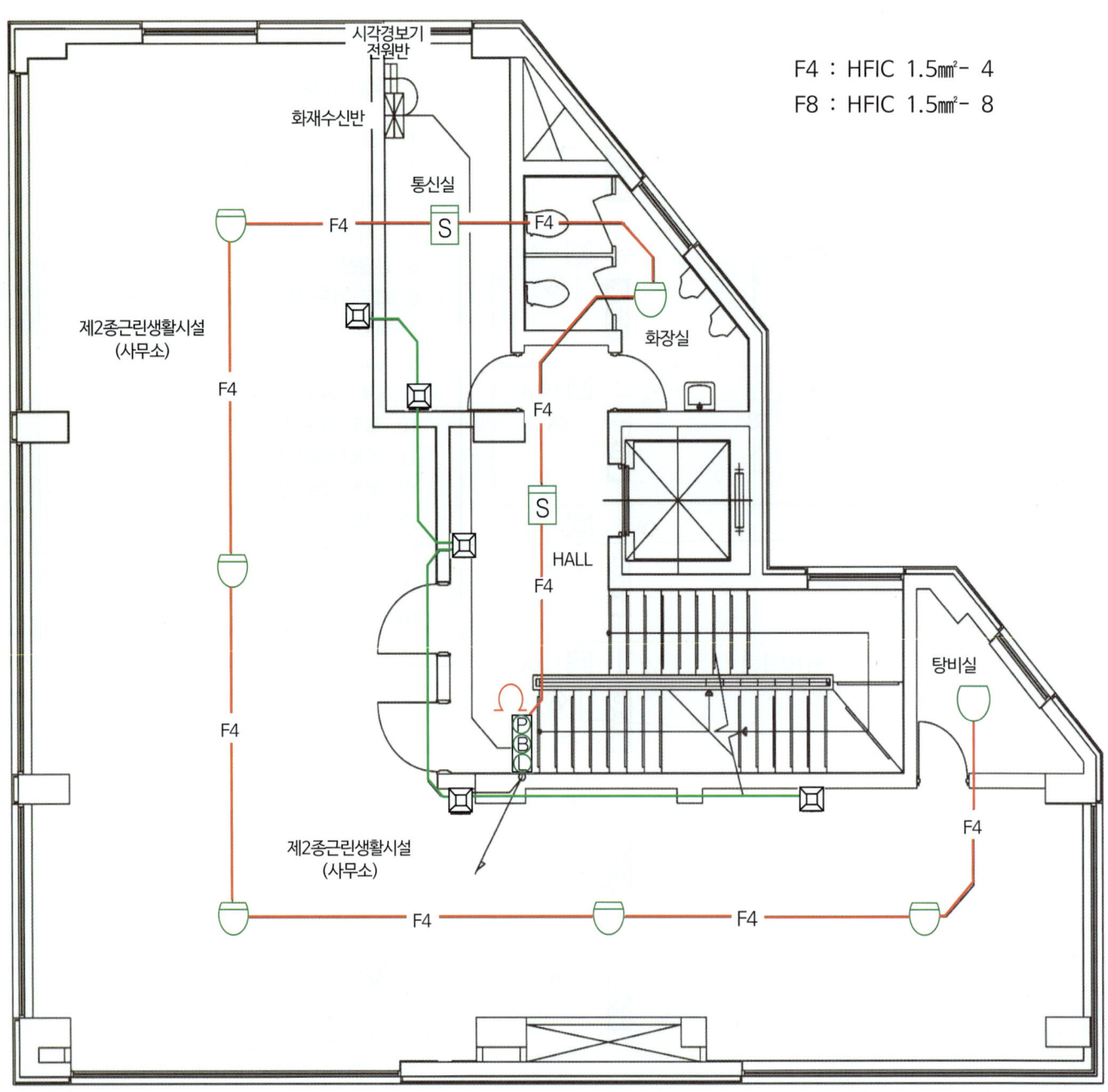

실제 회로 배선도

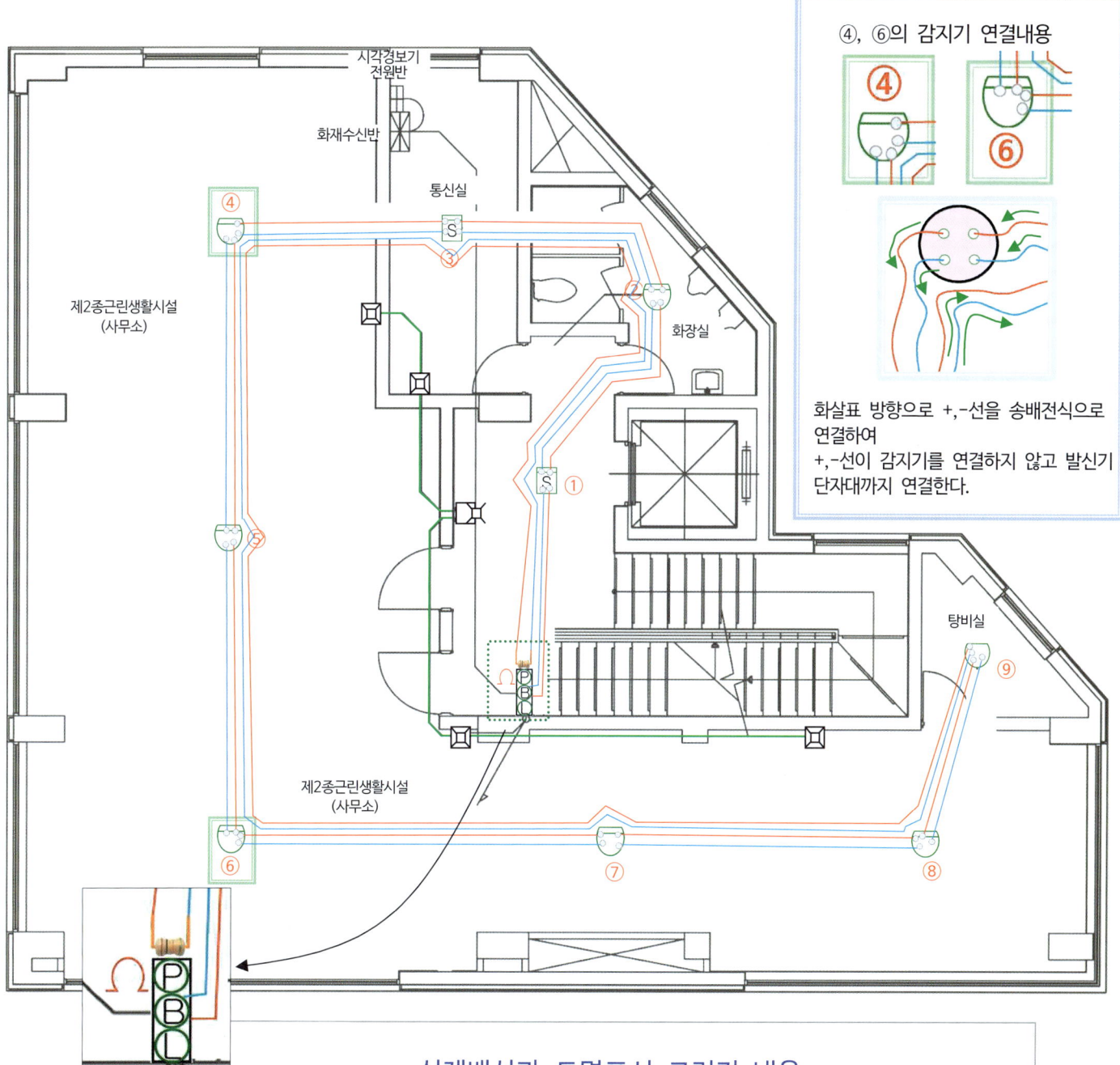

실제배선과 도면표시 그리기 내용

실제배선도 그림과 같이 발신기에서 ①, ② --- ⑨감지기까지 빨강, 청색 2선으로 연결하여 ⑨감지기에서 ⑧, ⑦ --- 발신기까지 빨강, 청색 2선이 되돌아 온다.

발신기까지 되돌아온 빨간색선과 청색선 2선의 끝에 그림과 같이 종단저항을 연결한다.

위 내용으로 도면에 표현한 것이 도면 회로배선도이다. F4는 4선을 표현한 것이다.

라. 경계구역 및 감지기 설계

경계구역 설계에서 적용해야 하는 기준은 아래의 내용에 충족되도록 설계를 해야 한다.

【기 준】 자동화재탐지설비 및 시각경보장치의 화재안전기술기준(NFTC 203) 2.1 경계구역

> 2.1.1 자동화재탐지설비의 경계구역은 다음의 기준에 따라 설정해야 한다. 다만, 감지기의 형식승인 시 감지거리, 감지면적 등에 대한 성능을 별도로 인정받은 경우에는 그 성능인정범위를 경계구역으로 할 수 있다.
> 1. 하나의 경계구역이 2 이상의 건축물에 미치지 않도록 할 것
> 2. 하나의 경계구역이 2 이상의 층에 미치지 않도록 할 것. 다만, 500 ㎡ 이하의 범위 안에서는 2개의 층을 하나의 경계구역으로 할 수 있다.
> 3. 하나의 경계구역의 면적은 600 ㎡ 이하로 하고 한 변의 길이는 50 m 이하로 할 것. 다만, 해당 특정소방대상물의 주된 출입구에서 그 내부 전체가 보이는 것에 있어서는 한 변의 길이가 50 m의 범위 내에서 1,000 ㎡ 이하로 할 수 있다.
> 2.1.2 계단(직통계단 외의 것에 있어서는 떨어져 있는 상하 계단의 상호 간의 수평거리가 5 m 이하로서 서로 간에 구획되지 아니한 것에 한한다)·경사로(에스컬레이터경사로 포함)·엘리베이터 승강로(권상기실이 있는 경우에는 권상기실)·린넨슈트·파이프 피트 및 덕트 기타 이와 유사한 부분에 대하여는 별도로 경계구역을 설정하되, 하나의 경계구역은 높이 45 m 이하(계단 및 경사로에 한한다)로 하고, 지하층의 계단 및 경사로(지하층의 층수가 한 개 층일 경우는 제외한다)는 별도로 하나의 경계구역으로 해야 한다.

현제의 도면

7층 건물, 1층 바닥면적 140㎡ 정도, 1층 주차장, 2층 근린생활시설, 3~7층 오피스텔 건물의 소규모 건물에 대한 설계에서의 경계구역 검토내용

> 하나의 경계구역이 2 이상의 층에 미치지 않도록 할 것. 다만, 500 ㎡ 이하의 범위 안에서는 2개의 층을 하나의 경계구역으로 할 수 있다.
> 이 건물은 2개층의 바닥면적을 합하여 500 ㎡ 이하가 되며, 2개층을 하나의 경계구역을 할 수 있지만 계통도에서는 1개층을 1경계구역으로 설계를 했으며, 이렇게 설계를 하는 것이 바람직하다.

> 하나의 경계구역의 면적은 600 ㎡ 이하로 하고 한 변의 길이는 50 m 이하로 할 것. 다만, 해당 특정소방대상물의 주된 출입구에서 그 내부 전체가 보이는 것에 있어서는 한 변의 길이가 50 m의 범위 내에서 1,000 ㎡ 이하로 할 수 있다.
> 이 건물은 1개층 바닥면적 140㎡ 정도이므로 면적은 600 ㎡ 이하로 하고 한 변의 길이는 50 m 이하이므로 1개층을 1경계구역으로 설계를 했다.

> 계단(직통계단 외의 것에 있어서는 떨어져 있는 상하 계단의 상호 간의 수평거리가 5 m 이하로서 서로 간에 구획되지 아니한 것에 한한다. 이하 같다)·경사로(에스컬레이터경사로 포함)·엘리베이터 승강로(권상기실이 있는 경우에는 권상기실)·린넨슈트·파이프 피트 및 덕트 기타 이와 유사한 부분에 대하여는 별도로 경계구역을 설정하되, 하나의 경계구역은 높이 45 m 이하(계단 및 경사로에 한한다)로 하고, 지하층의 계단 및 경사로(지하층의 층수가 한 개 층일 경우는 제외한다)는 별도로 하나의 경계구역으로 해야 한다.
> 이 건물은 계단을 별도로 경계구역, 엘리베이터 권상기실을 별도의 경계구역으로 설계를 했다.

경계구역에 대한 확인방법은 계통도에서 종단저항의 설치위치와 개수를 확인하면 된다.

계통도에서 경계구역 설계 확인내용

경계구역의 설계 확인방법은 발신기, 수신기에서 종단저항(⌒)의 설치위치와 설치개수를 확인하면 된다.

종단저항 1개는 1경계구역이다.

경계구역 설계 내용

1~7(4층은 제외)층 발신기에 종단저항 1개씩 설치되어 있다.

발신기에 종단저항 1개씩이 설치된 것은 각층의 감지기 배선의 끝에 종단저항을 설치한 것이다.
그러므로 종단저항 1개가 설치된 발신기는 1경계구역으로 설계한 것이다.

4층의 발신기에 종단저항이 3개 설치되어 있다.
종단저항 1개는 4층의 실에 설치된 감지기 회로의 종단저항이다.

EV기계실, 계단실 감지기는 각각 별도의 경계구역을 해야 하며, 그렇게 설계를 한 것이다.
그러므로 4층의 발신기에 종단저항이 3개 설치된 것은 3경계구역이 된다.

엘리베이터 승강로(권상기실이 있는 경우에는 권상기실)을 별도로 경계구역으로 한다.

계단실은 수직거리 15m 마다 연기감지기를 설치한다.

이 건물은 승강로에는 감지기가 없으며, 권상기실(EV기계실)에 연기감지기 1개가 설치된 것을 별도의 경계구역으로 했다.

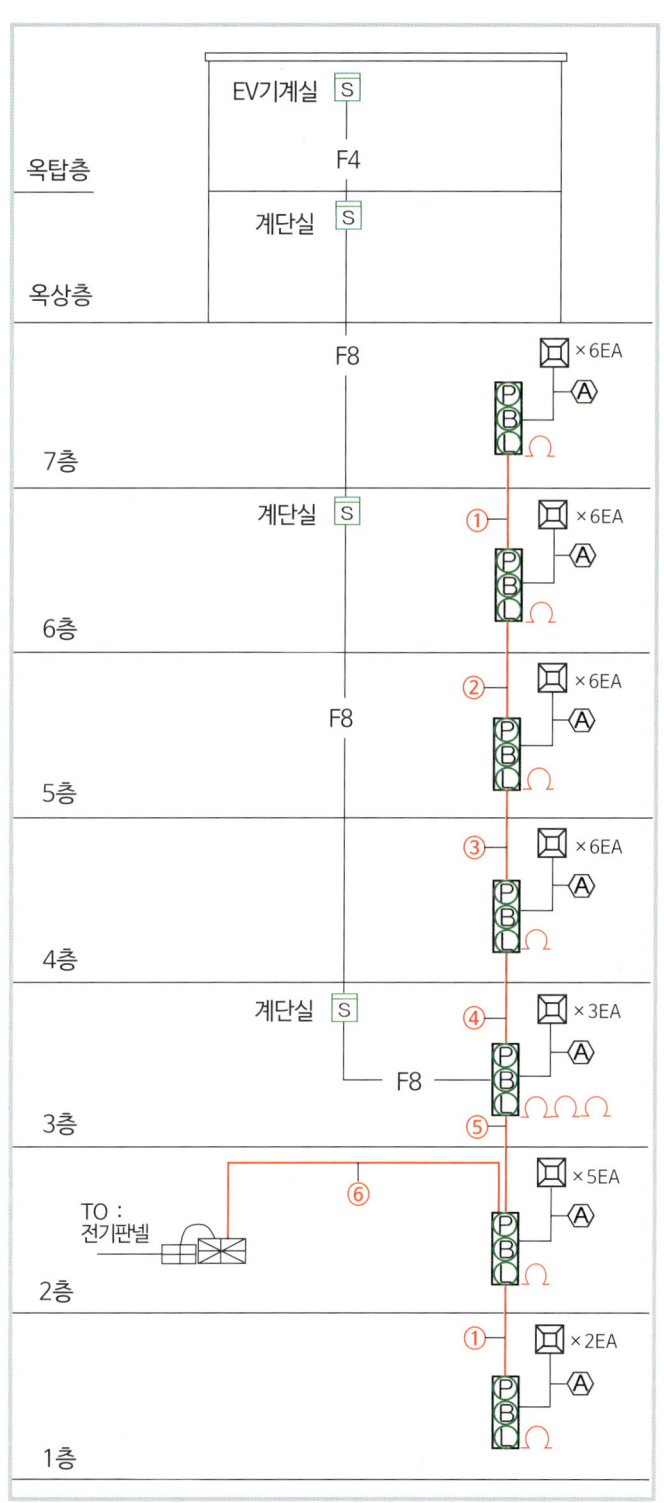

① **1층 설계**

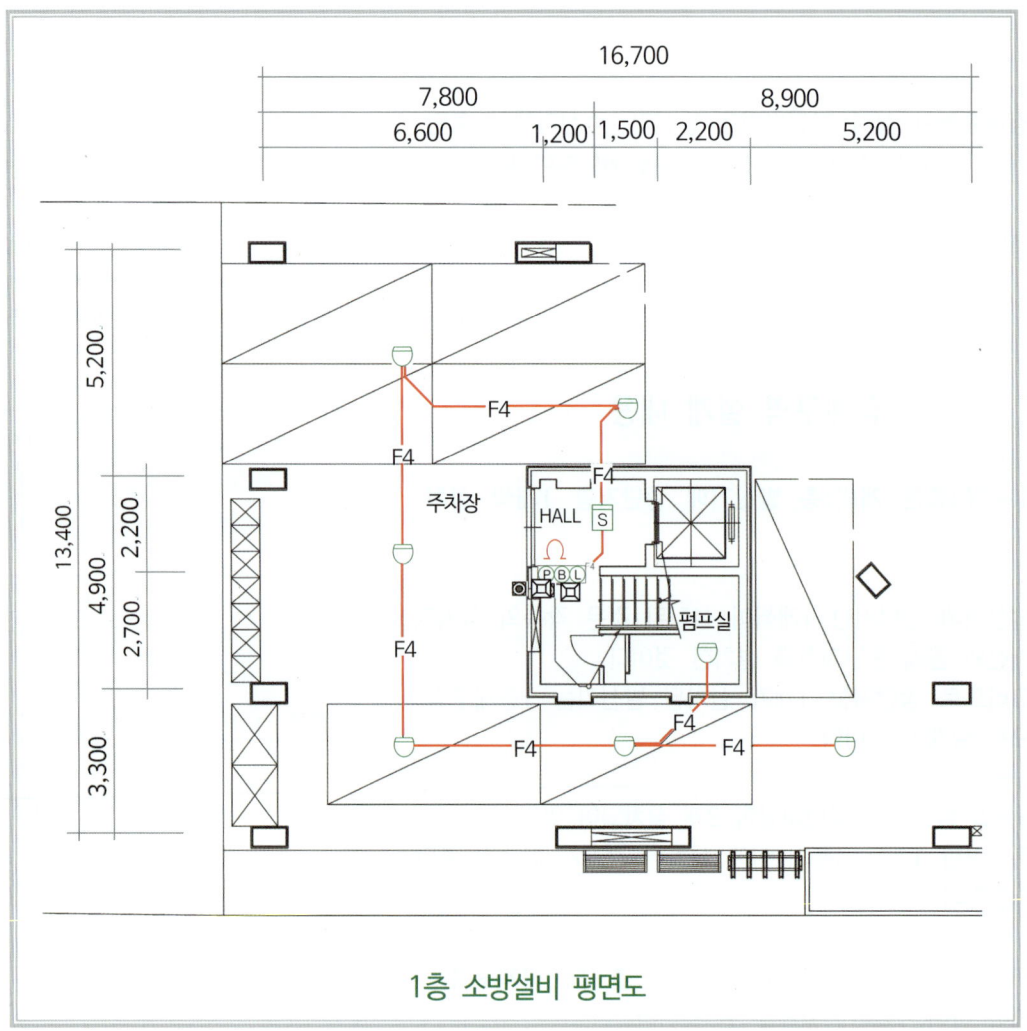

1층 소방설비 평면도

㉮ **경계구역**

1층의 피로티 바닥면적은 600㎡이하이므로,
1경계구역이며 발신기를 1개 설치했다. 발신기에 감지기회로 종단저항이 설치되었으며 발신기에 감지기가 연결되었다. 1경계구역은 발신기 1개와 발신기에 다수의 감지기를 연결된다.

㉯ **감지기 설치개수**

바닥면적 134㎡(엘리베이터실, 계단실의 면적은 감지기 계산에서 제외한다)
건물의 주요구조부는 내화구조, 감지기 부착높이 3m, 차동식스포트형 2종 감지기 설치

$$감지기\ 개수 = \frac{바닥면적}{감지기\ 1개의\ 유효감시면적} = \frac{134}{70} = 1.91 = 2개\ \ (그러나\ 설계에서는\ 6개)$$

펌프실 감지기 : 차동식스포트형감지기 1개,   **엘리베이터 승강장** : 연기감지기 1개

② 2층 설계

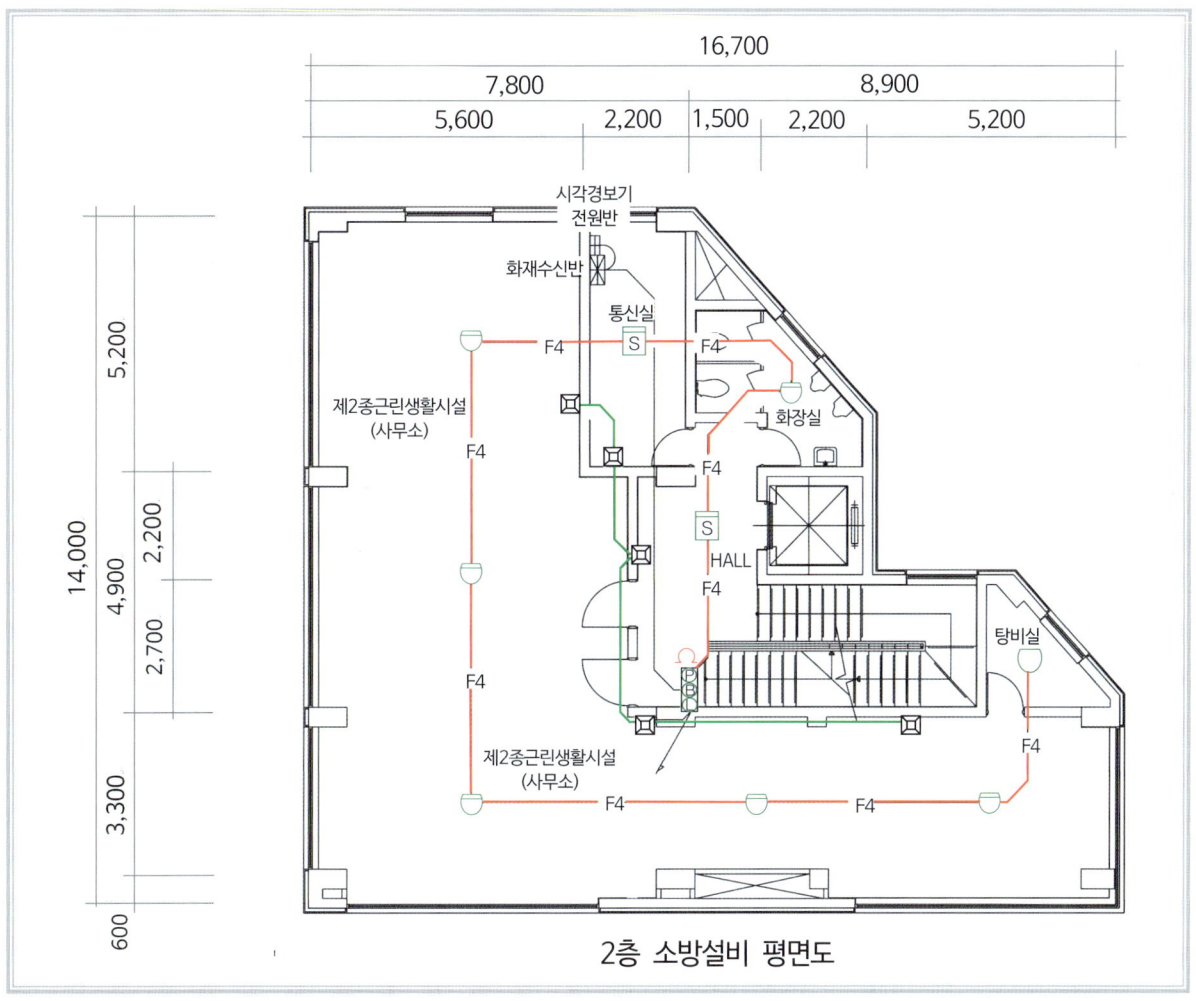

2층 소방설비 평면도

㉮ 경계구역

2층의 바닥면적은 600㎡ 이하이므로, 1경계구역이며 발신기를 1개 설치했다. 발신기에 감지기회로 종단저항이 설치되었으며 발신기에 감지기가 연결되었다.
1경계구역은 발신기 1개와 발신기에 다수의 감지기를 연결된다.

㉯ 감지기 설치개수

사무실 바닥면적 134㎡,   건물의 주요구조부는 내화구조,   감지기 부착높이 3m,   차동식스포트형 2종 감지기 설치

$$감지기\ 개수 = \frac{바닥면적}{감지기\ 1개의\ 유효감시면적} = \frac{134}{70} = 1.91 ≒ 2개\quad (그러나\ 설계에서는\ 5개)$$

탕비실 : 차동식스포트형감지기 1개
통신실 : 연기감지기 1개
화장실 : 차동식스포트형감지기 1개
홀 : 연기감지기 1개

③ 3층 설계

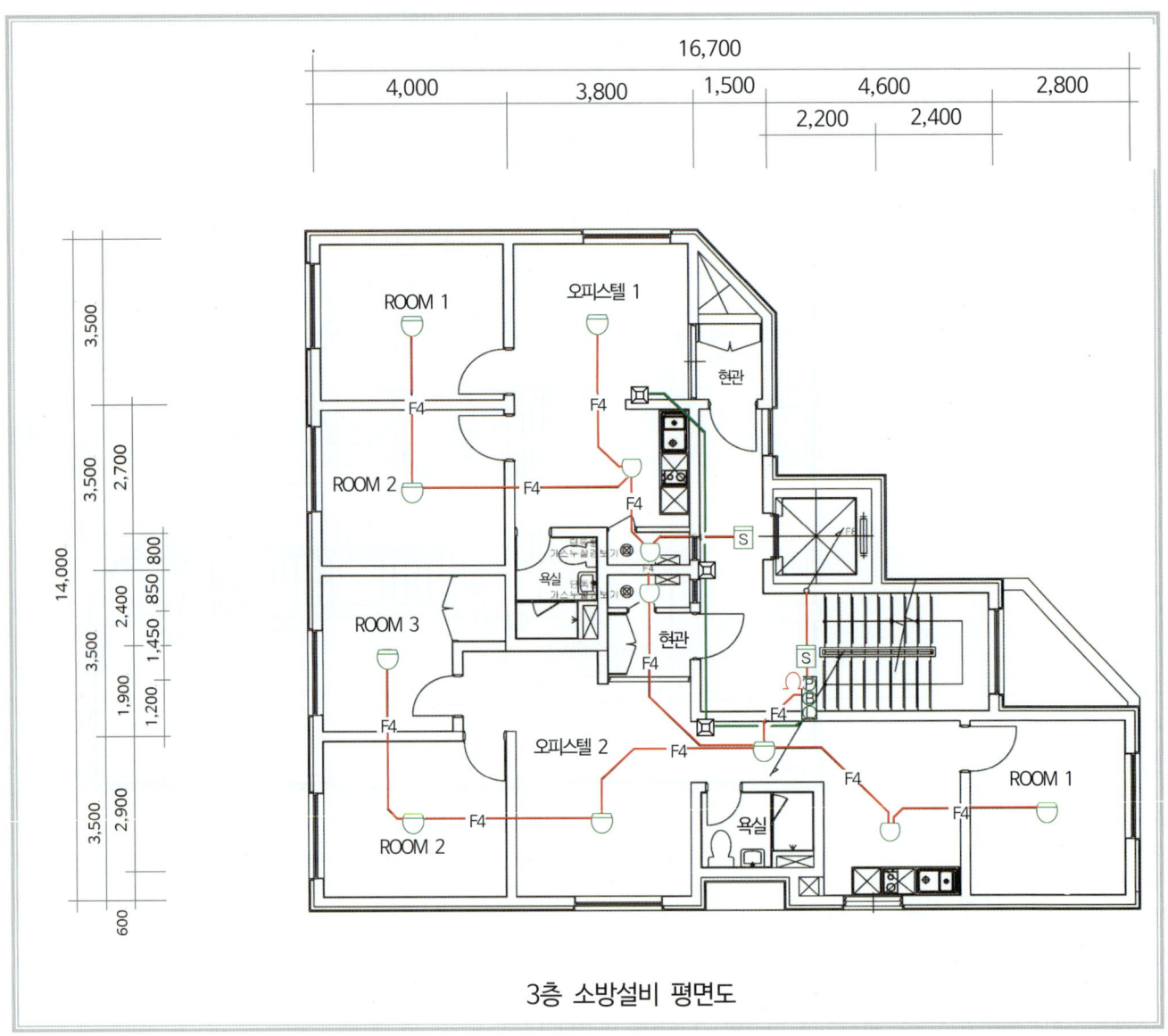

3층 소방설비 평면도

㉮ 경계구역

2층의 바닥면적은 600㎡이하이므로, 1경계구역이며 발신기를 1개 설치하였다. 발신기에 감지기회로 종단저항이 설치되었으며 발신기에 감지기회로가 연결되었다.
1경계구역은 발신기 1개와 발신기에 다수의 감지기와 회로의 끝에 종단저항을 연결된다.

㉯ 감지기 설치개수

오피스텔 1 : 방마다 차동식스포트형 감지기 각 1개, 주방에 정온식 감지기 1개, 보일러실에 정온식 감지기 1개
오피스텔 2 : 방마다 차동식스포트형 감지기 각 1개, 주방에 정온식 감지기 1개, 보일러실에 정온식 감지기 1개
엘리베이터 승강장 : 연기 감지기 1개

④ 4~7층 설계

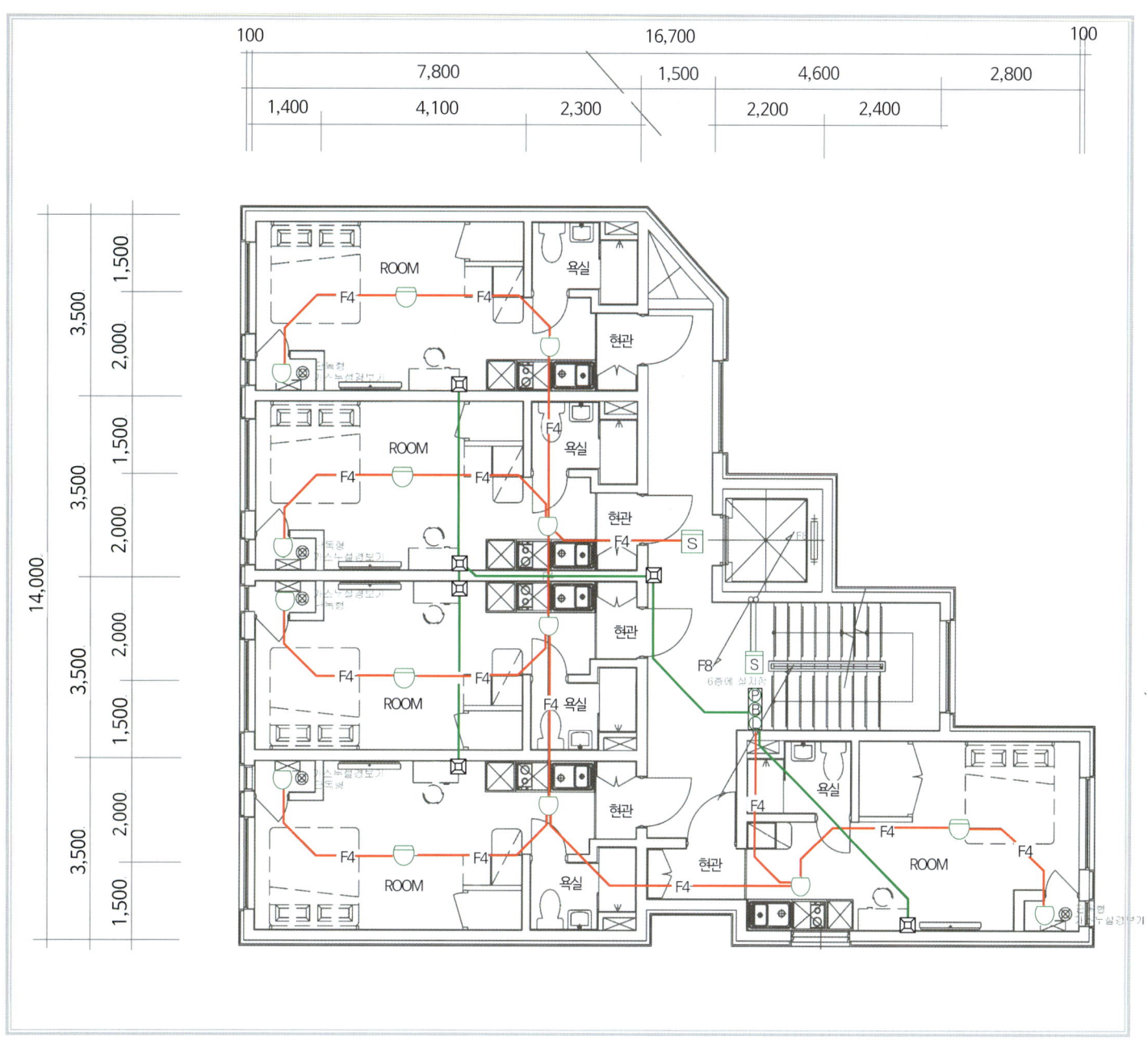

㉮ 경계구역

4~7층의 바닥면적은 600㎡이하이므로, 1경계구역이며 발신기를 1개 설치하였다. 발신기에 감지기회로 종단저항이 설치되었으며 발신기에 감지기회로가 연결되었다.

㉯ 감지기 설치개수

룸 : 차동식스포트형감지기 각 1개, 주방에 정온식감지기 1개, 보일러실에 정온식감지기 1개
엘리베이터 승강장 : 연기감지기 1개

⑤ 옥상, 옥탑층 설계

㉮ 옥상층 감지기 설치개수

계단실 : 연기 감지기 1개

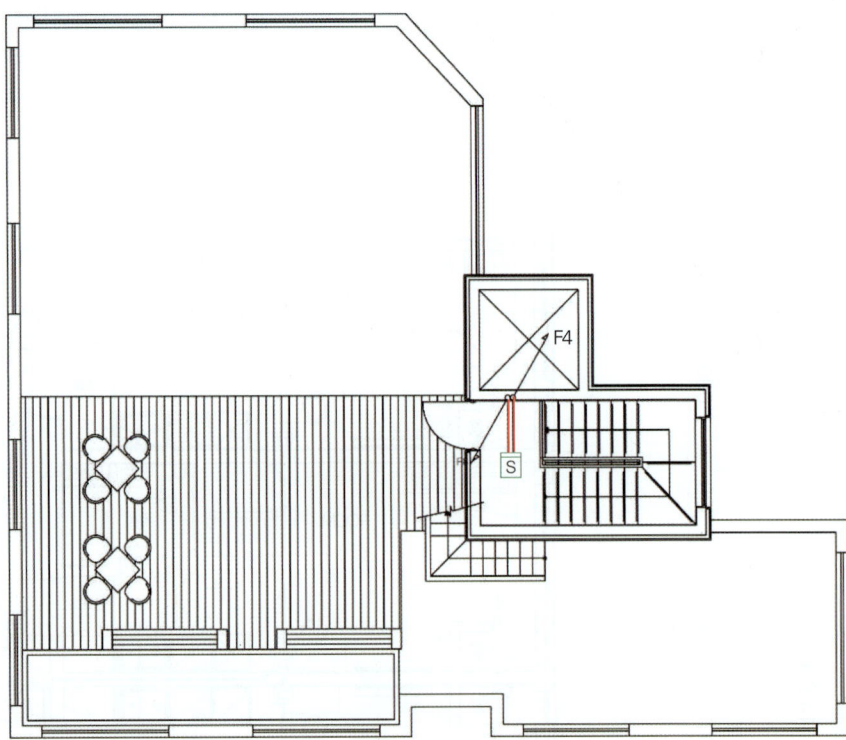

옥상층 소방설비 평면도

㉯ 옥탑층 감지기 설치개수

엘리베이터 기계실 : 연기 감지기 1개

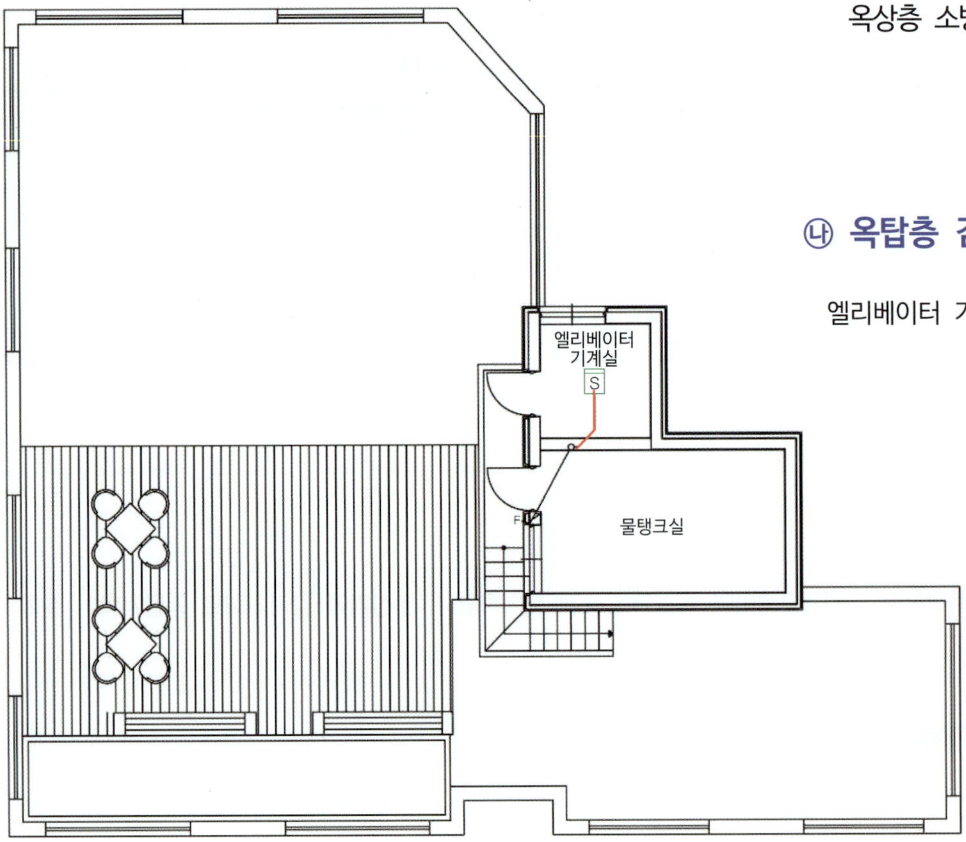

옥탑층 소방설비 평면도

마. 시각경보장치 설계

시각경보장치의 설계에서 적용해야 하는 기준은 아래의 내용에 충족되도록 설계를 해야 한다.

【기 준】 자동화재탐지설비 및 시각경보장치의 화재안전기술기준(NFTC 203) 2.1.2

2.5.2 청각장애인용 시각경보장치는 소방청장이 정하여 고시한 「시각경보장치의 성능인증 및 제품검사의 기술기준」에 적합한 것으로서 다음의 기준에 따라 설치해야 한다.
1. 복도·통로·청각장애인용 객실 및 공용으로 사용하는 거실(로비, 회의실, 강의실, 식당, 휴게실, 오락실, 대기실, 체력단련실, 접객실, 안내실, 전시실, 기타 이와 유사한 장소를 말한다)에 설치하며, 각 부분으로부터 유효하게 경보를 발할 수 있는 위치에 설치할 것
2. 공연장·집회장·관람장 또는 이와 유사한 장소에 설치하는 경우에는 시선이 집중되는 무대부 부분 등에 설치할 것
3. 설치 높이는 바닥으로부터 2 m 이상 2.5 m 이하의 장소에 설치할 것. 다만, 천장의 높이가 2 m 이하인 경우에는 천장으로부터 0.15 m 이내의 장소에 설치해야 한다.
4. 시각경보장치의 광원은 전용의 축전지설비 또는 전기저장장치(외부 전기에너지를 저장해 두었다가 필요한 때 전기를 공급하는 장치)에 의하여 점등되도록 할 것. 다만, 시각경보기에 작동전원을 공급할 수 있도록 형식승인을 얻은 수신기를 설치한 경우에는 그렇지 않다.

2.5.3 하나의 특정소방대상물에 2 이상의 수신기가 설치된 경우 어느 수신기에서도 지구음향장치 및 시각경보장치를 작동할 수 있도록 해야 한다.

발신기 설치기준
2.6.1.2 특정소방대상물의 층마다 설치하되, 해당 층의 각 부분으로부터 하나의 발신기까지의 수평거리가 25 m 이하가 되도록 할 것. 다만, 복도 또는 별도로 구획된 실로서 보행거리가 40 m 이상일 경우에는 추가로 설치해야 한다.

설계에서의 주요 내용

발신기는 층마다 설치하되, 해당 층의 각 부분으로부터 하나의 발신기까지의 수평거리가 25 m 이하가 되도록 한다. 다만, 복도 또는 별도로 구획된 실로서 보행거리가 40 m 이상일 경우에는 추가로 설치해야 한다.

시각경보장치는 청각장애인용이므로 거리기준이 없으며, 복도·통로·청각장애인용 객실 및 공용으로 사용하는 거실(로비, 회의실, 강의실, 식당, 휴게실, 오락실, 대기실, 체력단련실, 접객실, 안내실, 전시실, 기타 이와 유사한 장소를 말한다)에 설치하며, 각 부분으로부터 유효하게 경보(청장애인이 눈으로 시각경보등이 번쩍이는 빛을 보는 것)를 발할 수 있는 위치에 설치한다.

1층 평면도 시각경보장치 설계

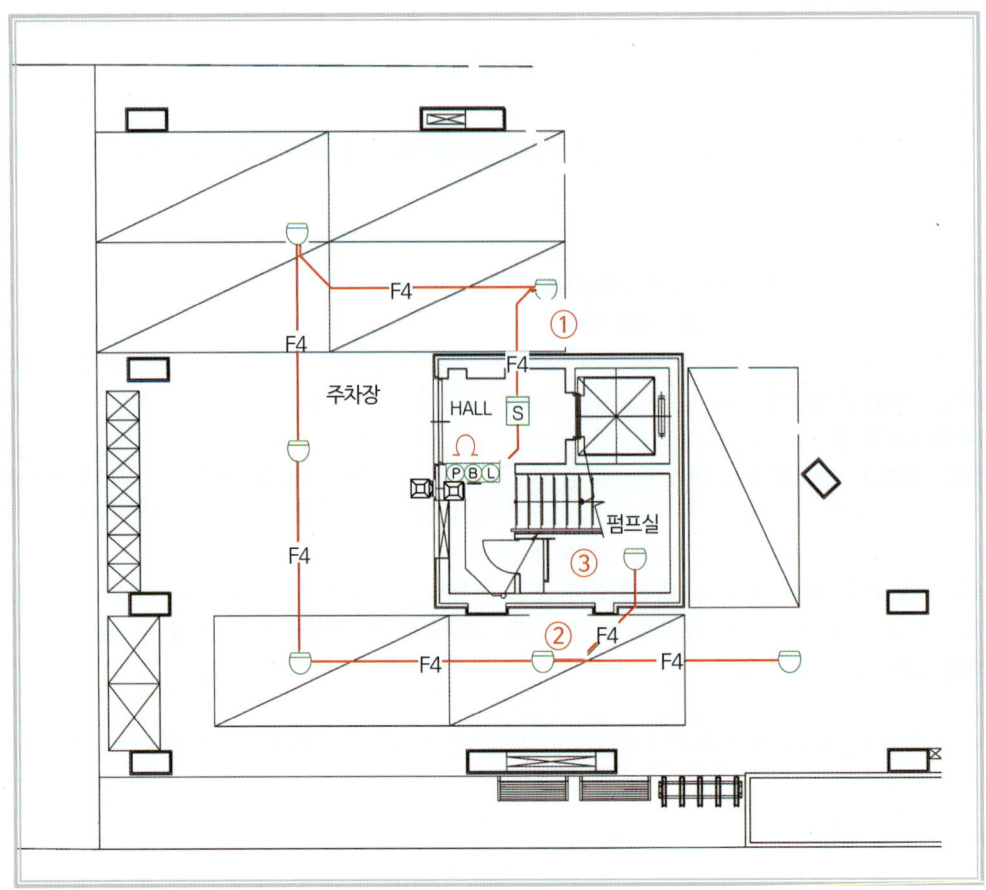

1층 시각경보장치 설계

펌프실, 엘리베이터 승강장 홀, 개방된 주차장으로 구성되어 있다.
발신기의 경종(경보설비) 설치는 수평거리 25m에 충족되면 되지만, 시각경보장치는 벽이나 기타 구조물에 가려져 있으면 청각장애인이 시각경보장치의 작동을 볼 수 없으므로 엘리베이터 승강장 홀에 설치하고 주차장의 잘 보이는 장소에 설치해야 한다.
기준에는 『각 부분으로부터 유효하게 경보(청장애인이 눈으로 시각경보등이 번쩍이는 빛을 보는 것)를 발할 수 있는 위치에 설치』하게 되어 있다.

도면에서 ①, ②의 부분에는 벽으로 가려져 시각경보등 작동이 보이지 않을 수 있다.
그리고 ③의 펌프실에 시각경보등을 설치하지 않았다.

기준의 내용은 『복도 · 통로 · 청각장애인용 객실 및 공용으로 사용하는 거실(로비, 회의실, 강의실, 식당, 휴게실, 오락실, 대기실, 체력단련실, 접객실, 안내실, 전시실, 기타 이와 유사한 장소를 말한다』 그러므로, 펌프실은 청각장애인용 객실 및 공용으로 사용하는 거실이 아니므로 설치하지 않는다.

2층 평면도 시각경보장치 설계

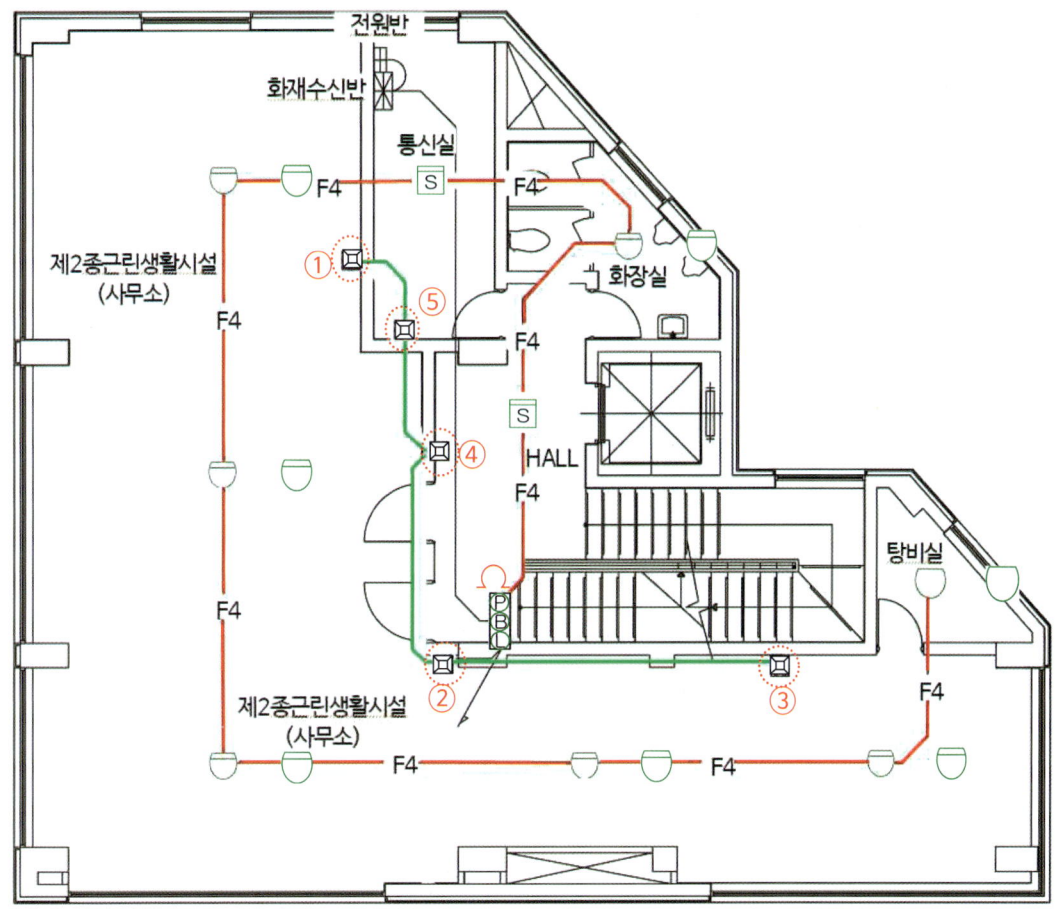

근린생활시설(사무실)에 ① ② ③의 벽에 설치되어 있다. 청각장애인이 눈으로 시각경보등이 번쩍이는 빛을 볼 수 없는 사각지대(볼 수 없는 장소)가 없는 정도이다.

엘리베이터 승강장 홀에는 ④의 시각경보장치가 설치되어 있다.

통신실에는 ⑤의 시각경보장치가 설치되어 있다. 그러나 탕비실과 화장실에는 시각경보장치가 없다.

기준의 내용은,
『복도·통로·청각장애인용 객실 및 공용으로 사용하는 거실(로비, 회의실, 강의실, 식당, 휴게실, 오락실, 대기실, 체력단련실, 접객실, 안내실, 전시실, 기타 이와 유사한 장소를 말한다』 그러므로, 탕비실과 화장실은 청각장애인용 객실 및 공용으로 사용하는 거실이 아니므로 설치하지 않는다.

3층 평면도 시각경보장치 설계

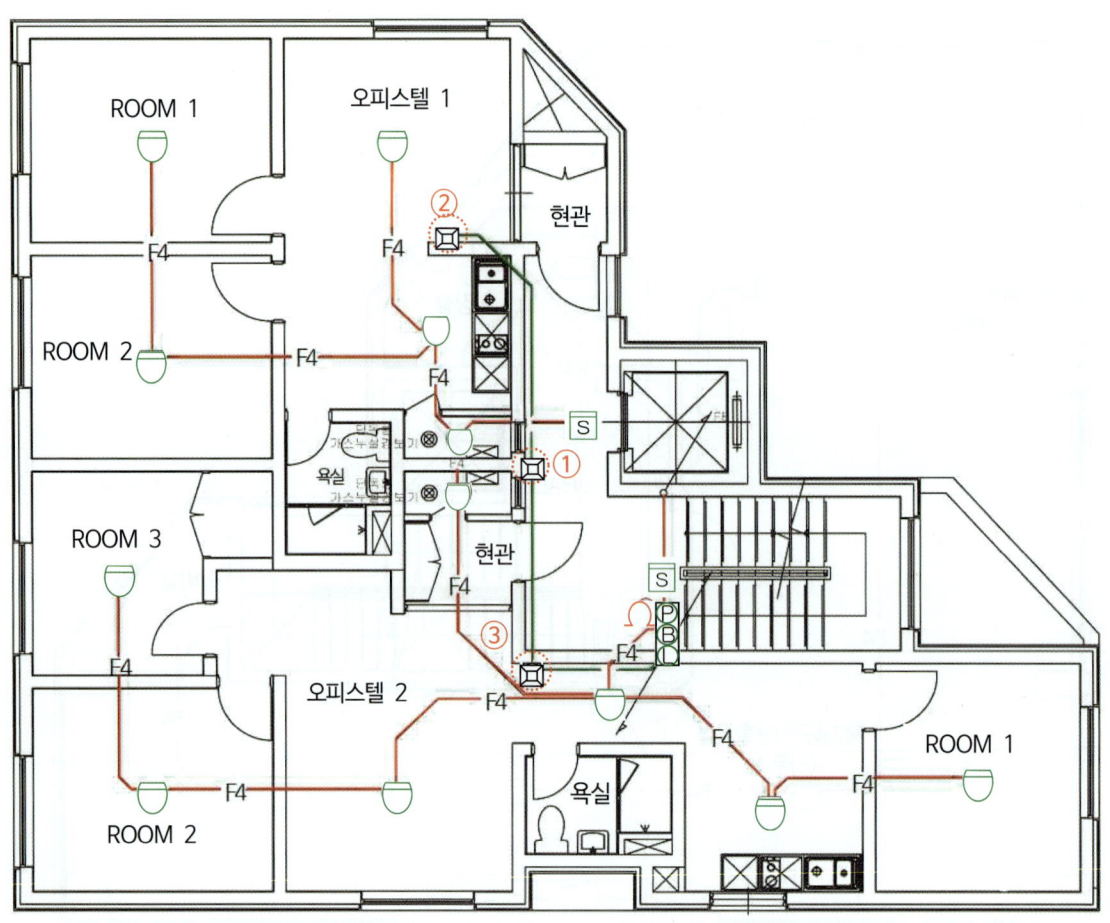

오피스텔1 거실에 ②가 설치되어 있다. **오피스텔2** 거실에 ③이 설치되어 있다.

엘리베이터 승강장 홀에는 ①의 시각경보장치가 설치되어 있다.

오피스텔의 각 룸에 시각경보장치가 없다.

기준의 내용은,
『복도·통로·청각장애인용 객실 및 공용으로 사용하는 거실(로비, 회의실, 강의실, 식당, 휴게실, 오락실, 대기실, 체력단련실, 접객실, 안내실, 전시실, 기타 이와 유사한 장소를 말한다』 그러므로, 오피스텔의 각 룸은 청각장애인용 객실 및 공용으로 사용하는 거실이 아니므로 설치하지 않는다.

4~7층 평면도 시각경보장치 설계

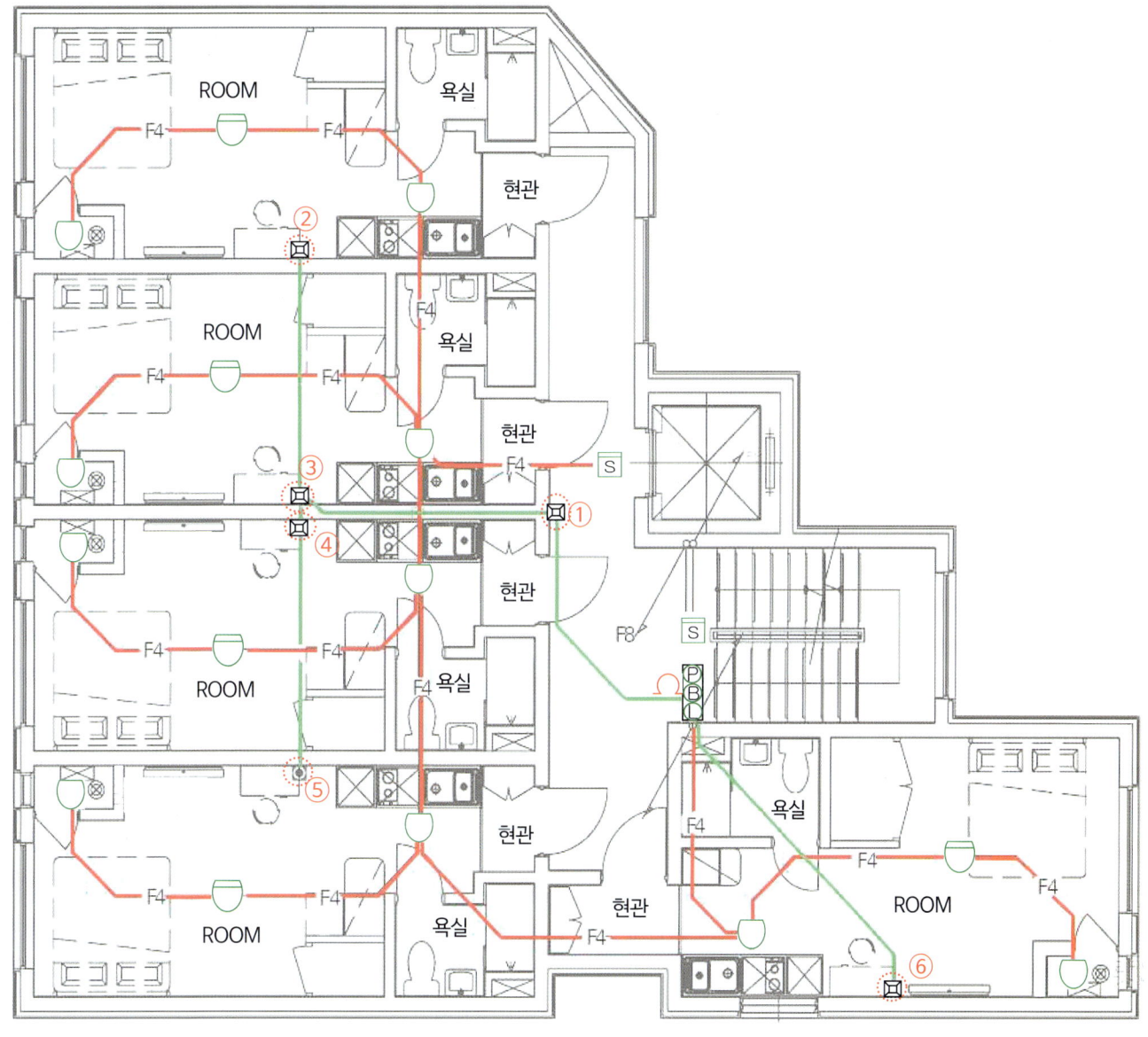

엘리베이터 승강장 홀에는 ①의 시각경보장치가 설치되어 있다.

오피스텔의 각 룸에 ② ③ ④ ⑤ ⑥의 시각경보장치가 설치되어 있다.

Ⅳ ⑷. 숙박시설 소방시설 설계

1. 소방시설 설계도면(기계) ················· 141
2. 소방시설 설계도면(전기) P형 ············ 159
3. 소방시설 설계도면(전기) R형 ············ 174
4. 소방시설 설계도면(기계) 해설 ············ 188
5. 소방시설 설계도면(전기) P형 해설 ········ 202
6. 소방시설 설계도면(전기) R형 해설 ········ 218

자동화재탐지설비 P형 수신기의 전기 결선내용에 대하여 화재안전기준의 개정으로 결선내용에 대하여 의견이 분분하다.
설계자 또는 시험문제에서는 조건이 주어지면 그 조건에 맞게 선의 수(가닥 수)를 계산하면 될 것이다.

이 책에서는 자동화재탐지설비의 P형 수신기에서 회로 선의 수를 계산할 때 경종과 표시등은 공통선 1선으로 하며, 각층 지구음향장치 및 배선의 『단락보호장치』를 설치하는 조건으로 회선수를 계산한 것이다.
『소방시설전기회로』의 책에서는 22~25P에서 아래의 여러가지 조건에 따라 결선내용을 상세히 설명하고 있다.

조건의 내용에 따른 결선내용
1. 조건이 없는 상태에서 소방시설 전기회로 내용
2. 조건1이 있는 상태에서 소방시설 전기회로 내용(조건 1 : 표시등과 회로는 공통선 1선을 사용한다)
3. 조건2가 있는 상태에서 소방시설 전기회로 내용(조건 2 : 각층 배선 상에 유효한 조치인 단락보호 조치를 설치한다)

1. 소방시설 설계도면(기계)

범례

기호	설명
◰	옥내소화전함
── H ──	옥내소화전 배관
── SP ──	스프링클러 배관

가. 소화배관 계통도(기계)

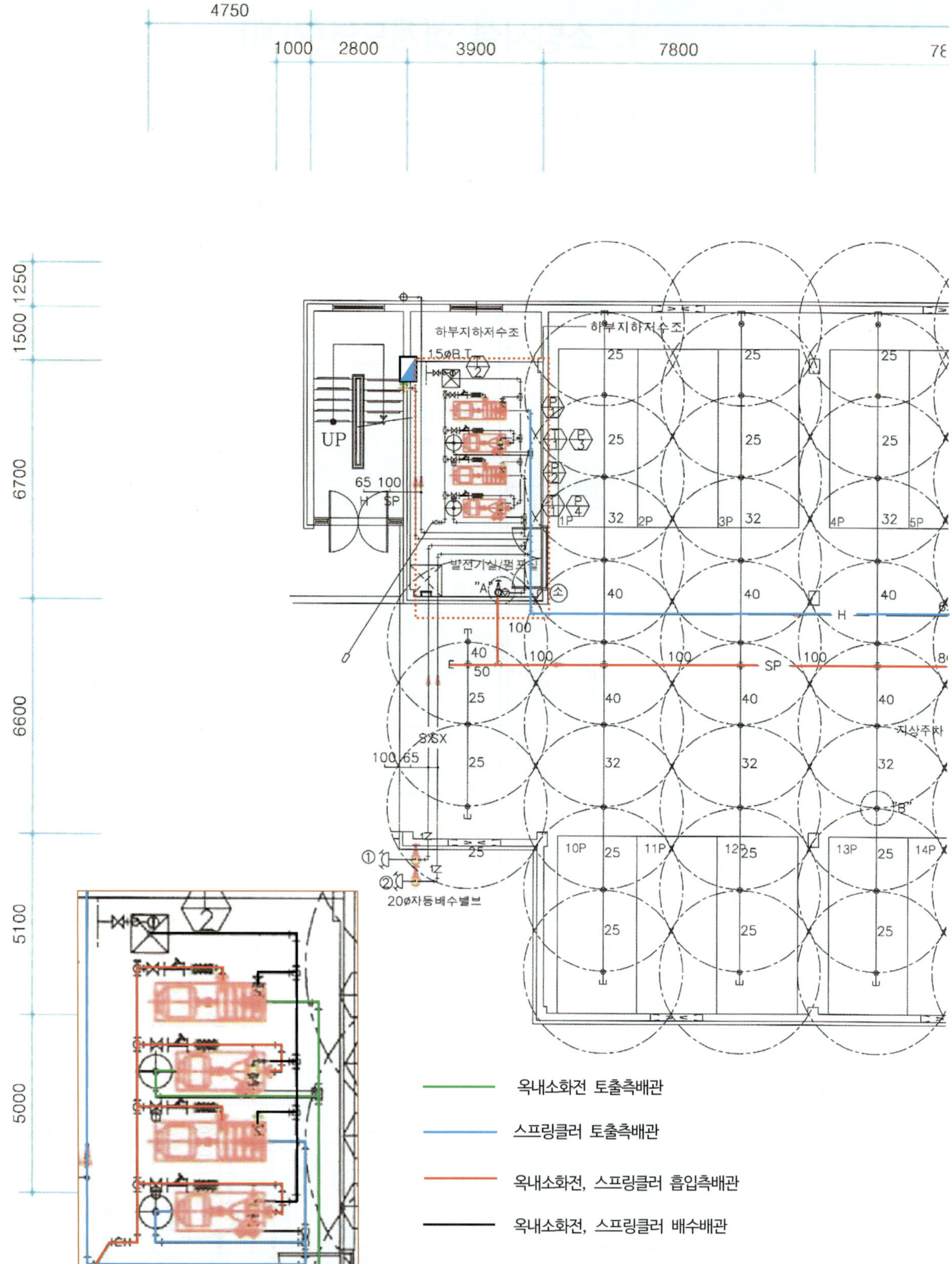

| 옥내소화전 토출측배관 |
| 스프링클러 토출측배관 |
| 옥내소화전, 스프링클러 흡입측배관 |
| 옥내소화전, 스프링클러 배수배관 |

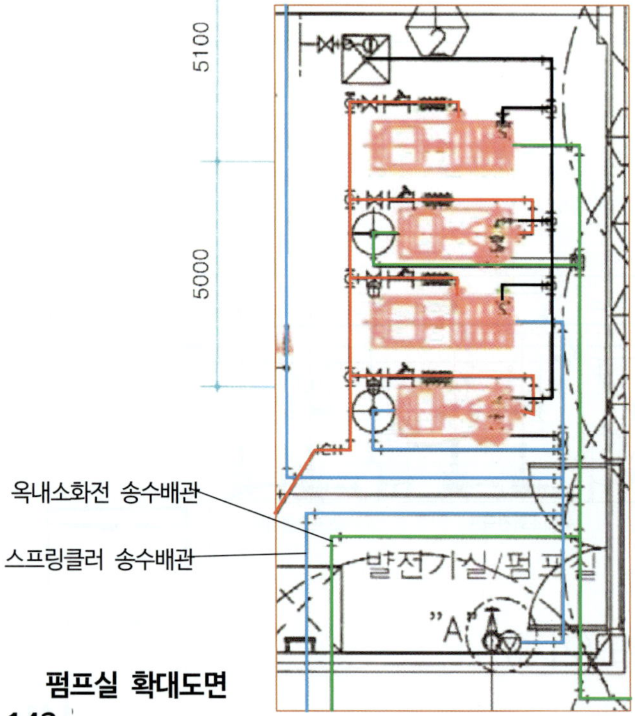

옥내소화전 송수배관
스프링클러 송수배관

펌프실 확대도면

나. 1층 소화

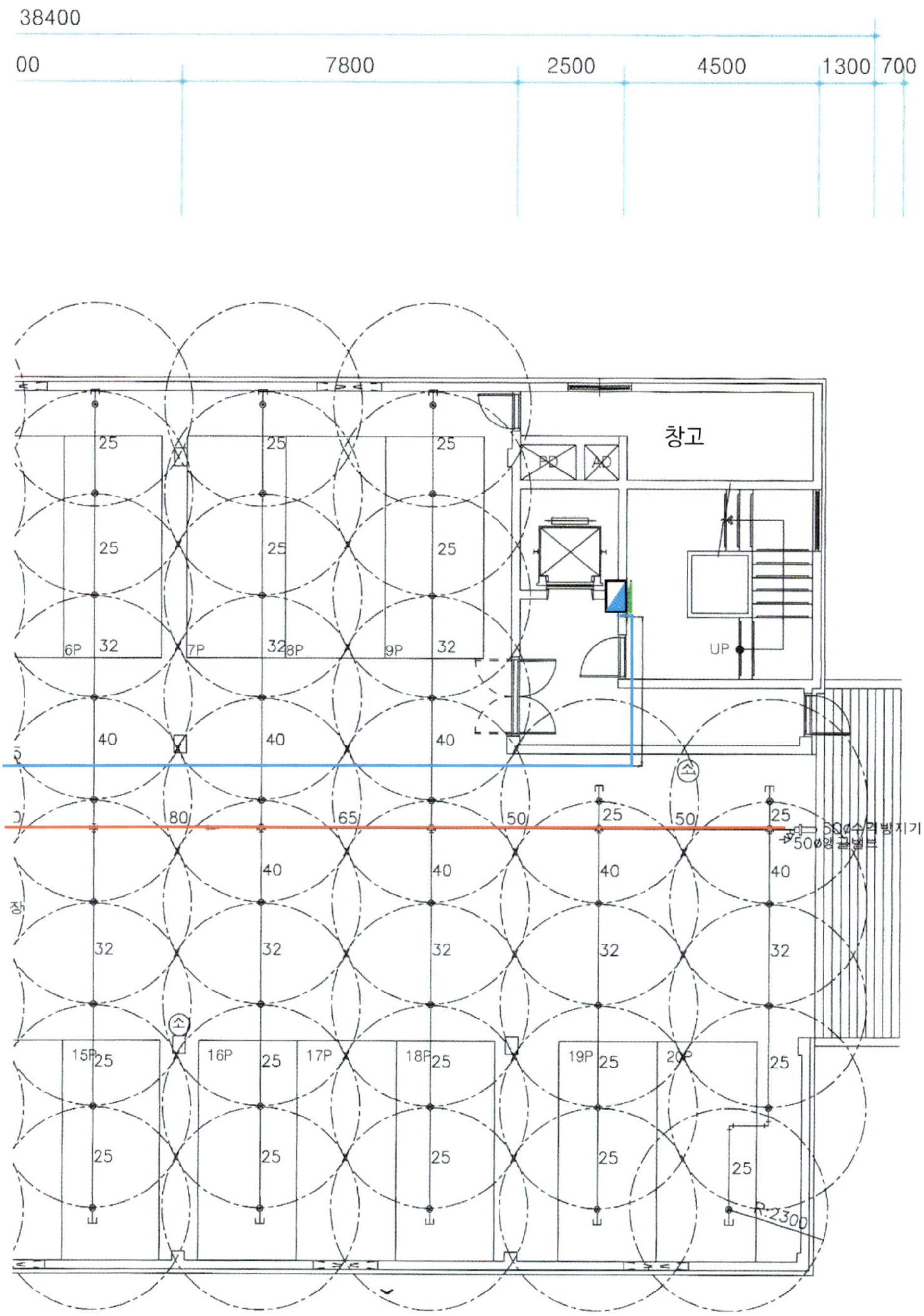

설 비 평면도(기 계)

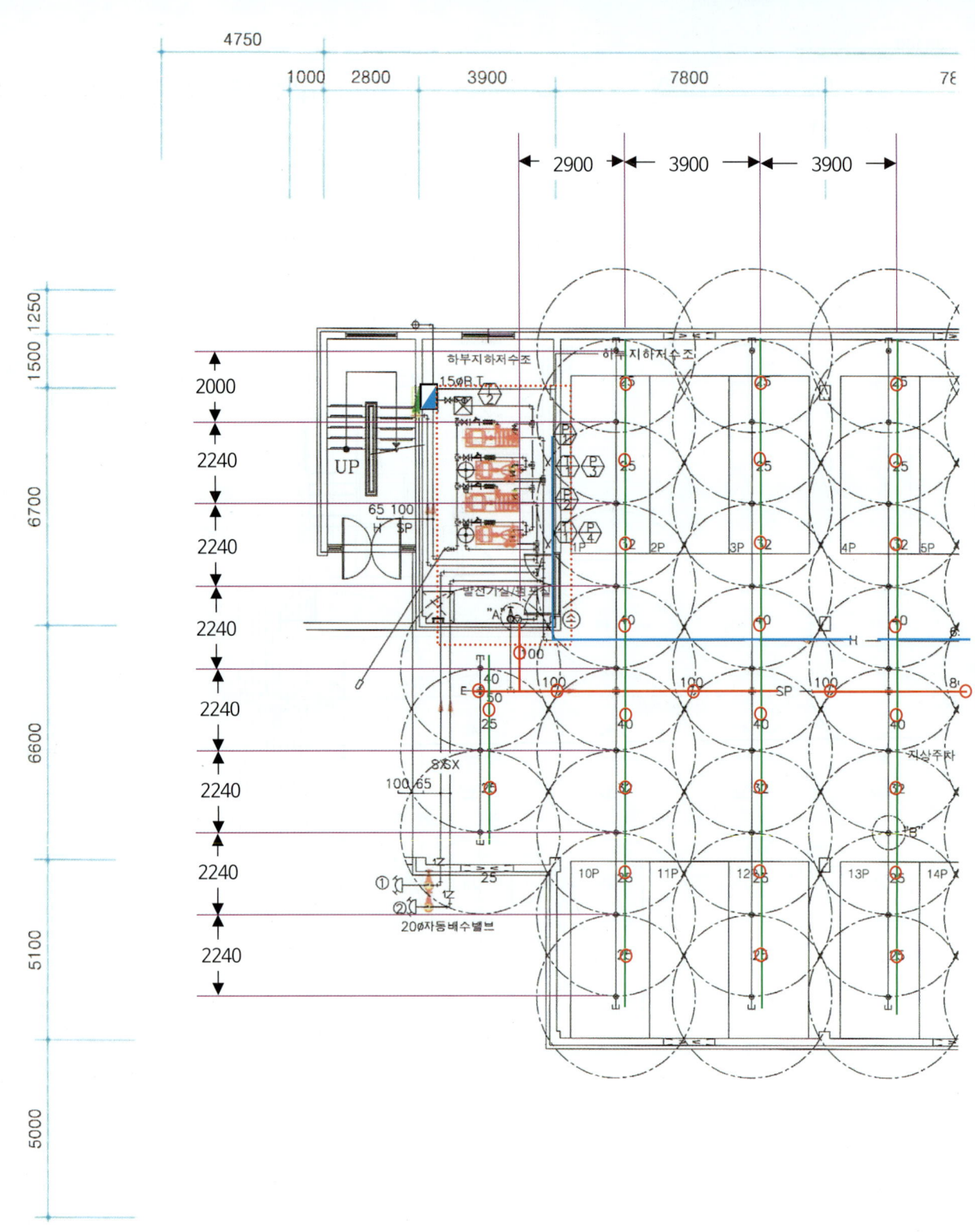

다. 1층 소화설비

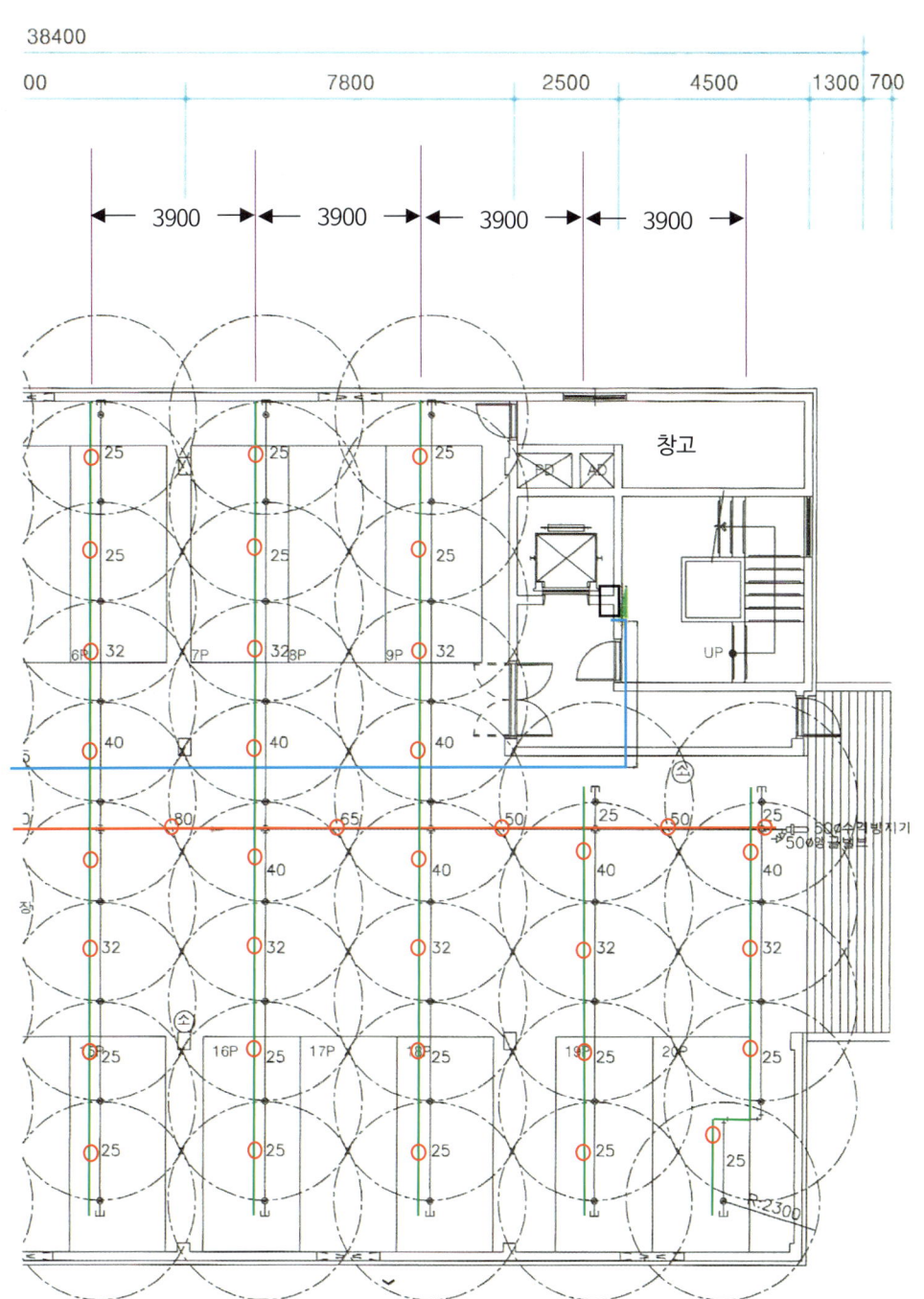

행 가 설 치 도 면

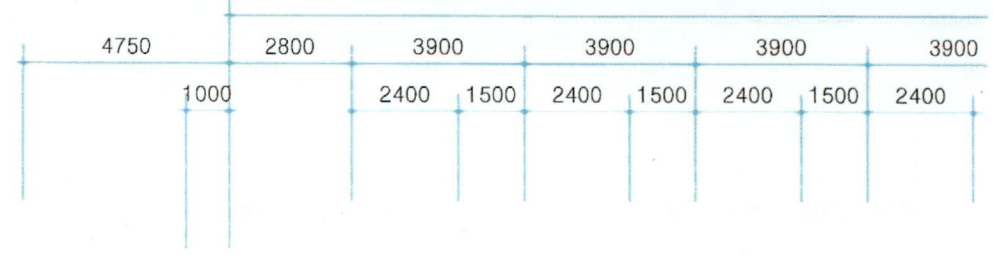

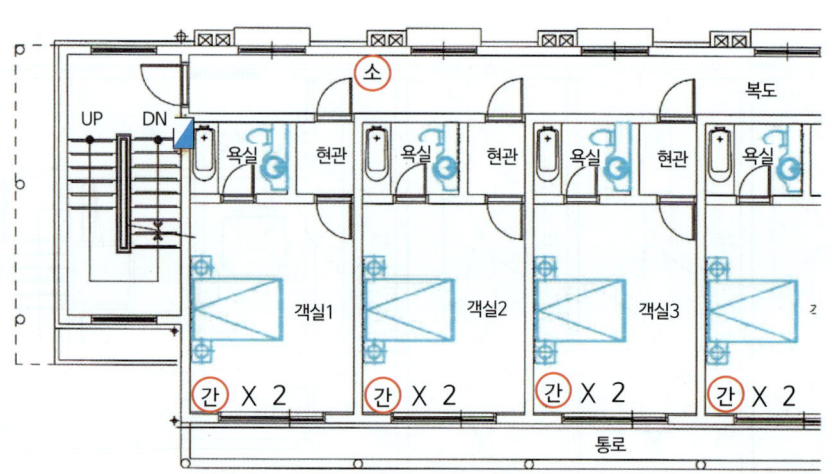

다. 2층 소화

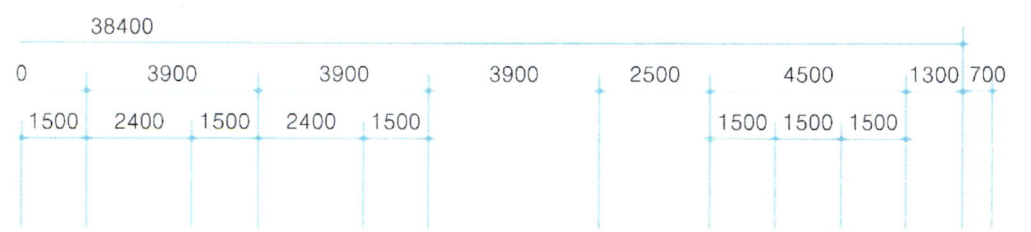
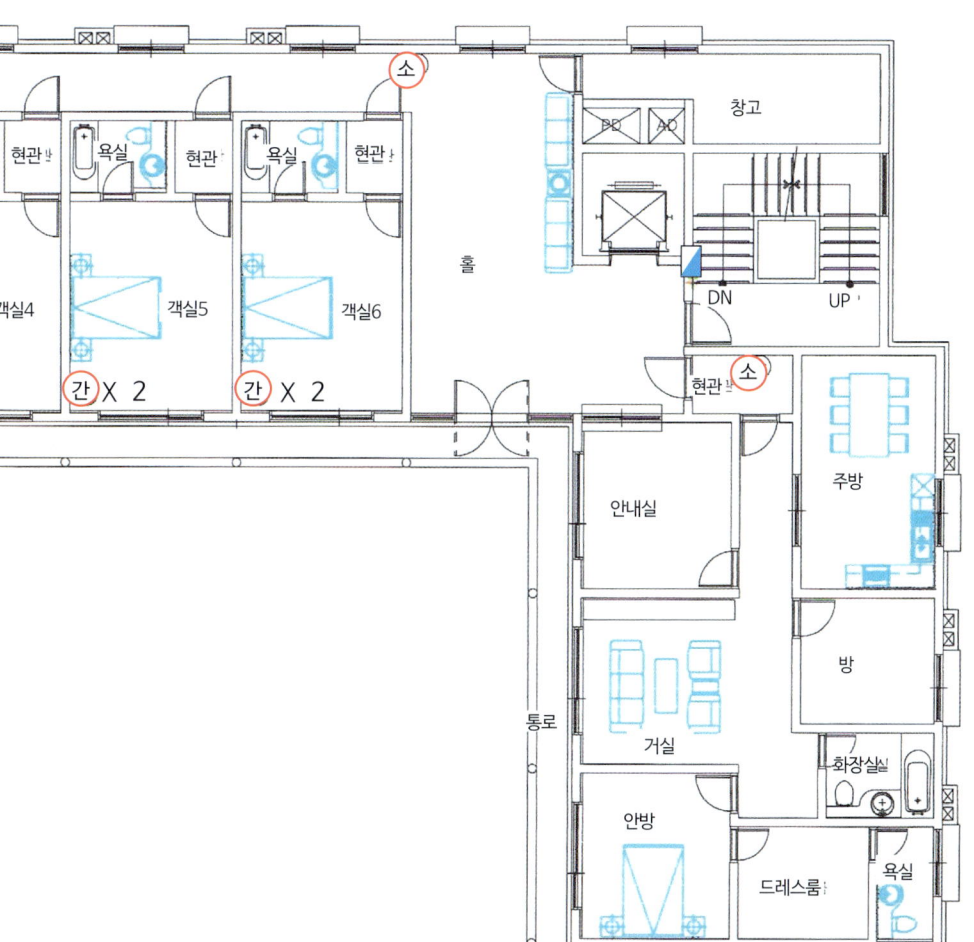

설 비 평 면 도(기 계)

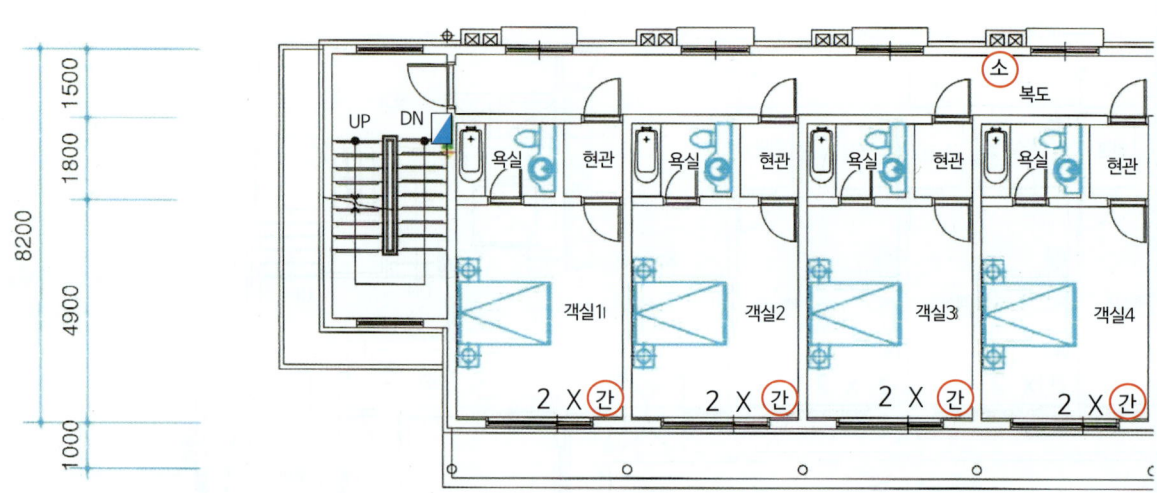

라. 3층 소화

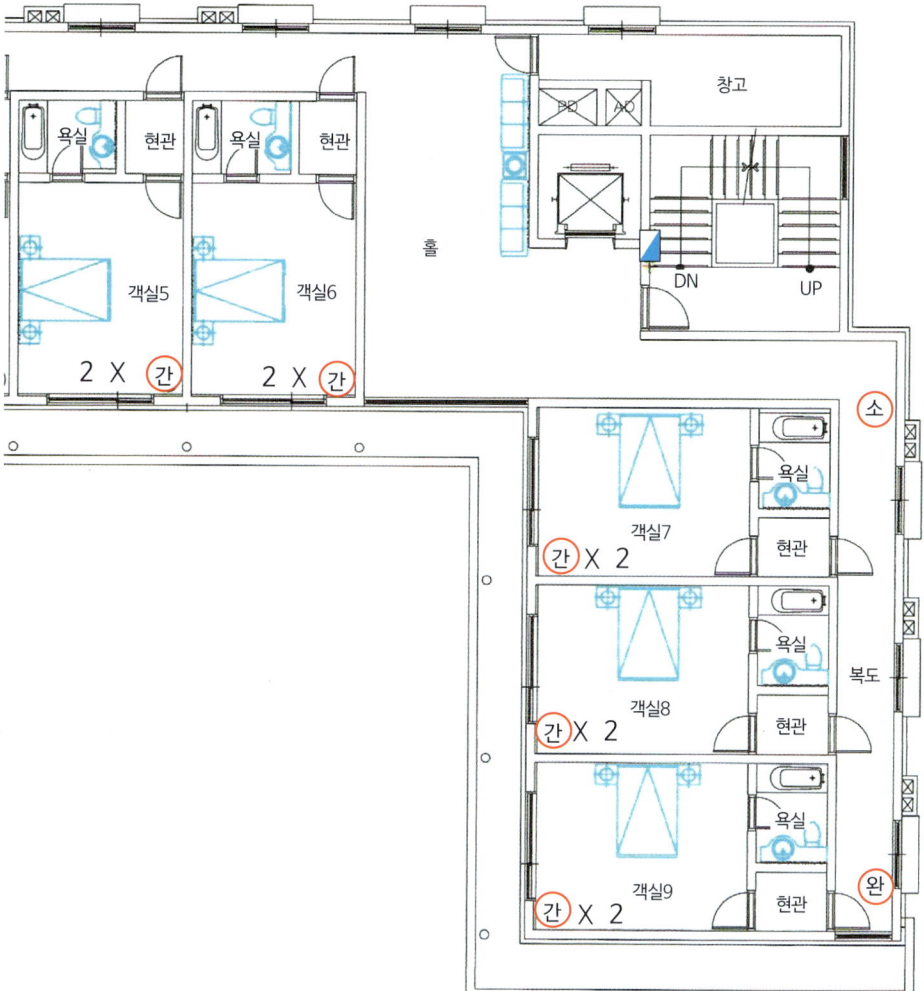

설 비 평 면 도(기 계)

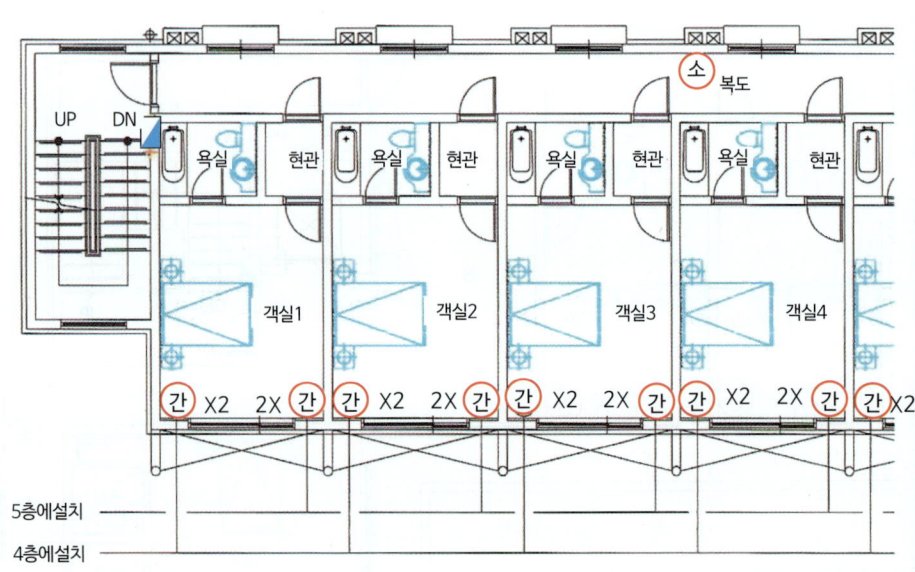

마. 4, 5층 소화

설 비 평 면 도(기 계)

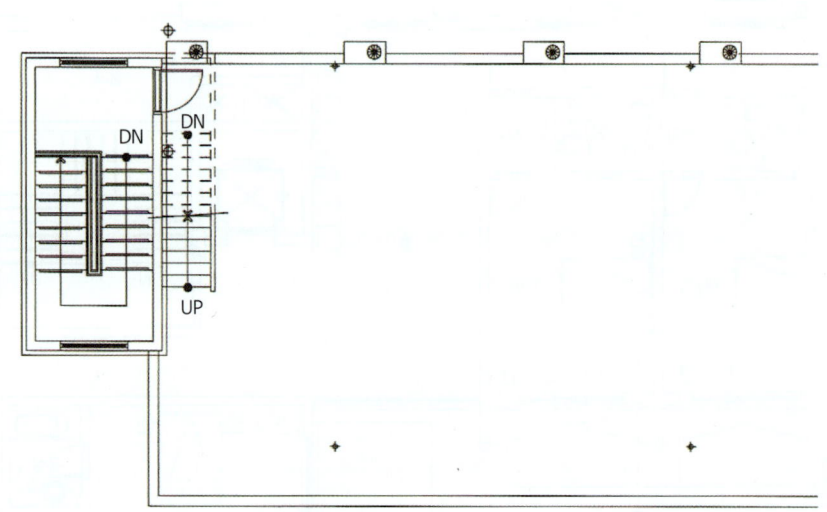

바. 옥상층 소화

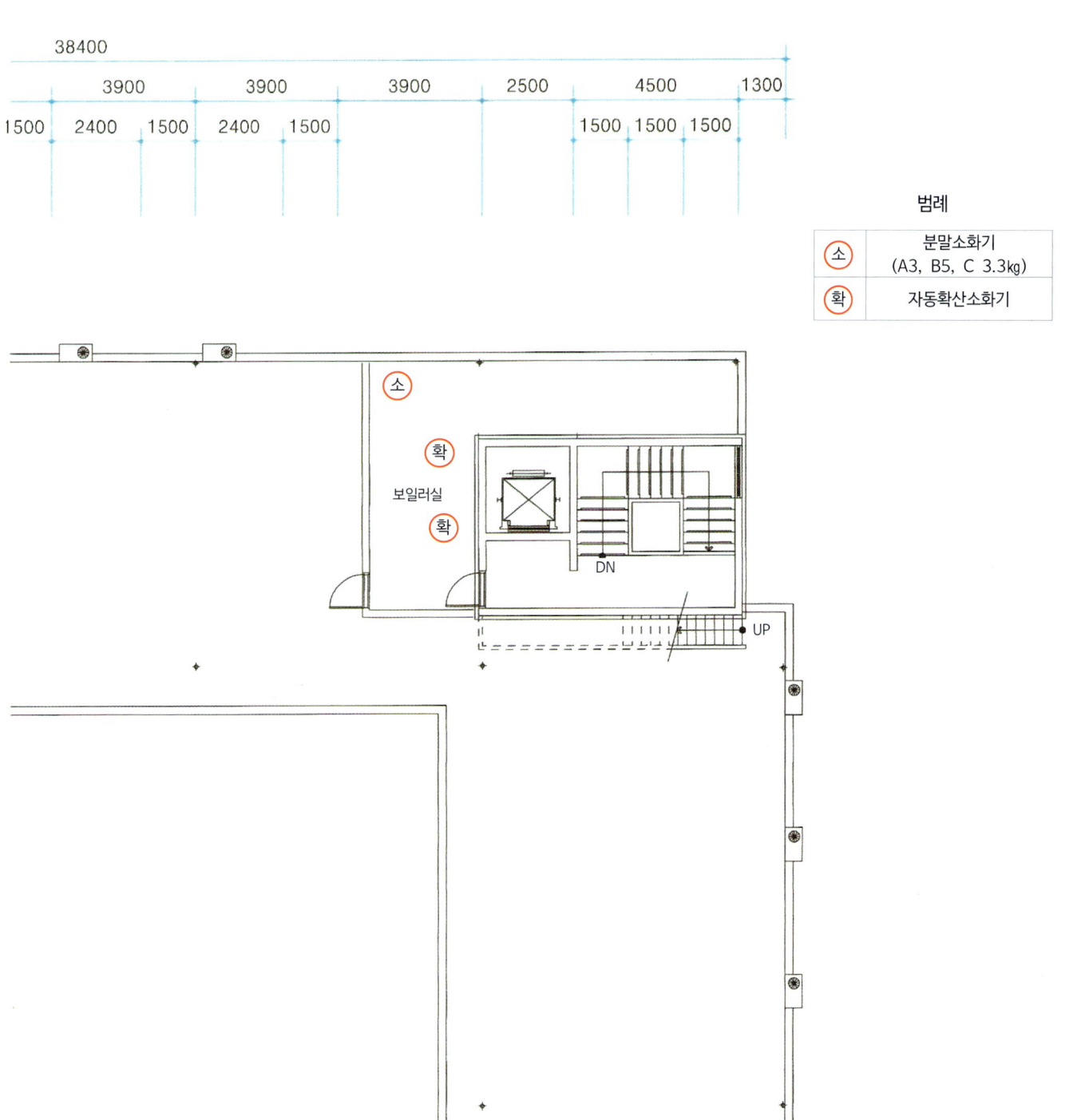

설 비 평 면 도(기 계)

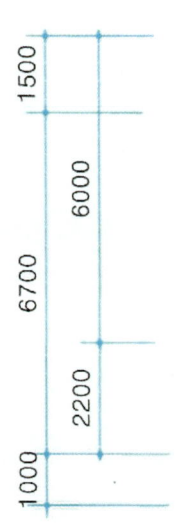
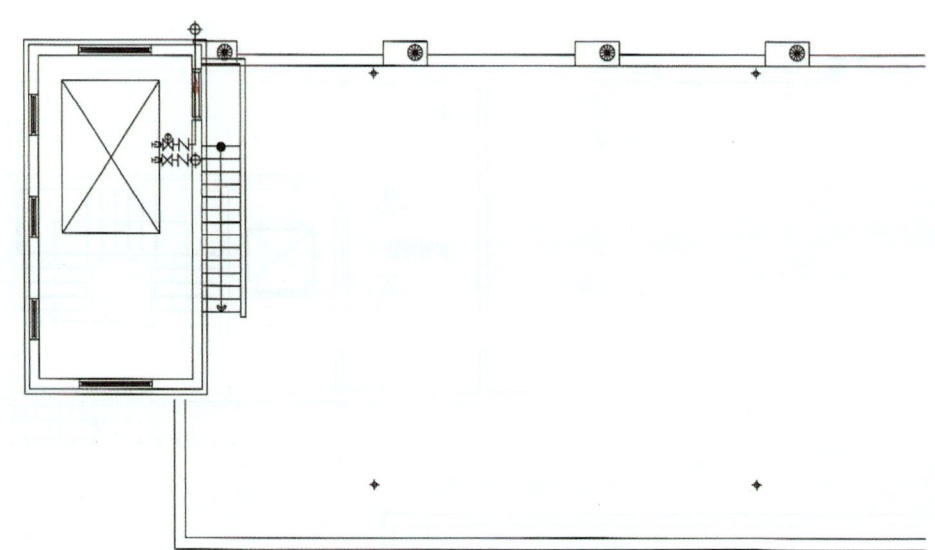

사. 옥탑층 소화

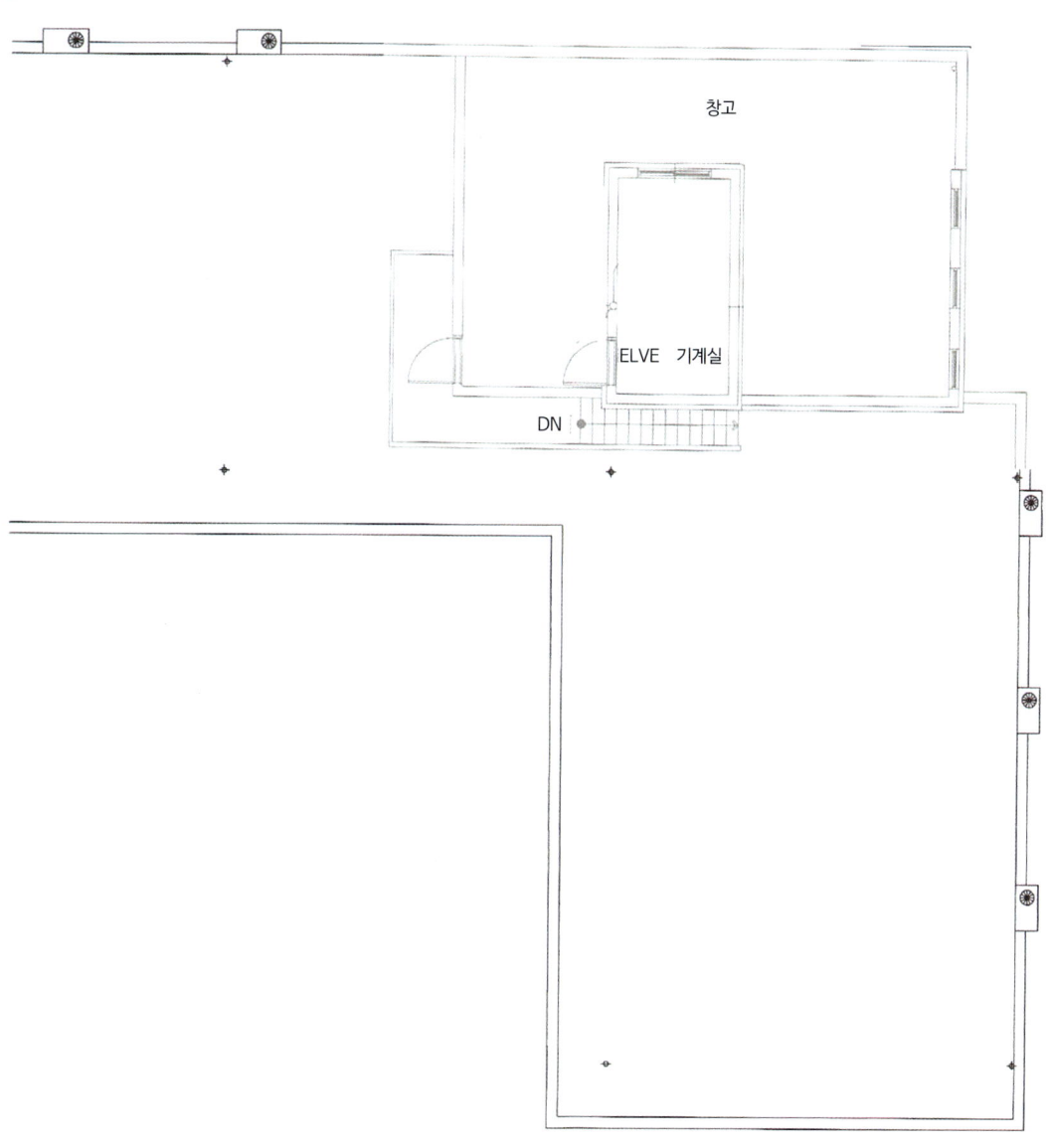

설 비 평 면 도(기 계)

유량계 규격 및 표준유량범위

호칭 \ 구경	25	32	40	50	65	80	100	125	150
유량 범위(L/MIN)	35 - 180	70 - 360	110 - 550	220-1100	450 - 2200	700 - 3300	900 - 4500	1200 - 6000	2000 - 10000
1 눈금(L/MIN)	5	5	10	20	50	100	100	200	200

옥내소화전

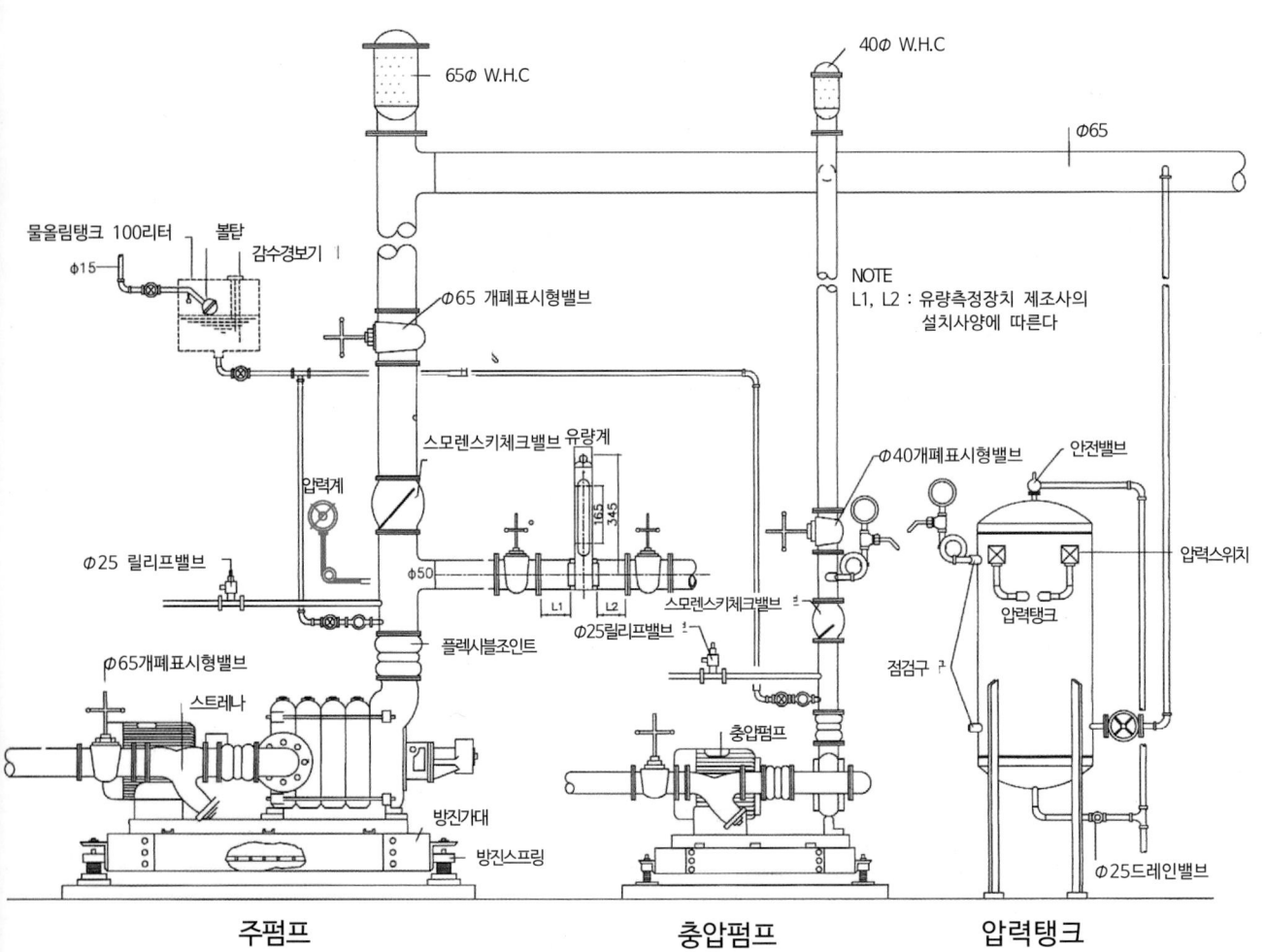

옥내소화전 펌프 주위 배관도

유량계 규격 및 표준유량범위

호칭 \ 구경	25	32	40	50	65	80	100	125	150
유량 범위(L/MIN)	35 - 180	70 - 360	110 - 550	220 - 1100	450 - 2200	700-3300	900 - 4500	1200 - 6000	2000 - 10000
1 눈금(L/MIN)	5	5	10	20	50	100	100	200	200

스프링클러

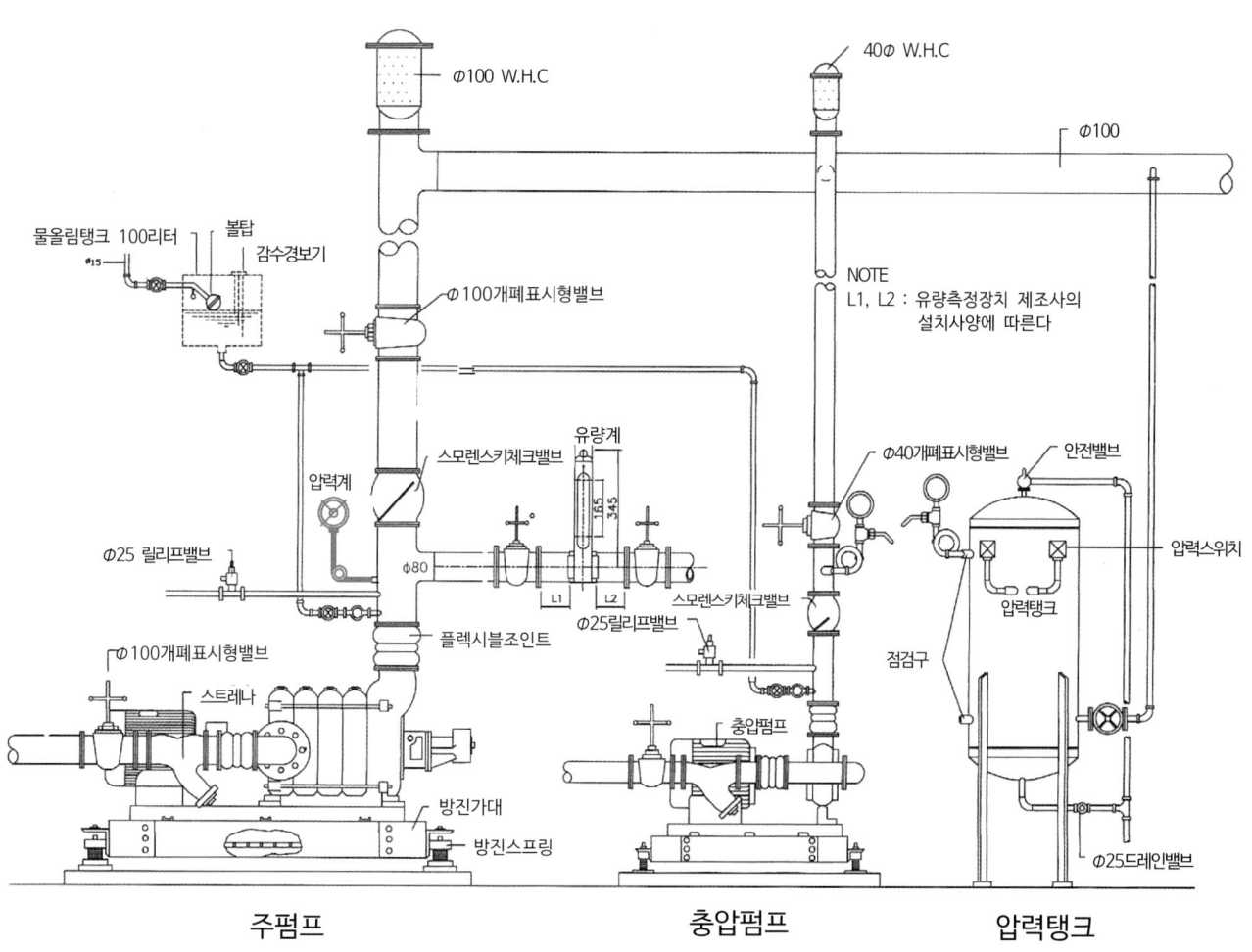

스프링클러 펌프 주위 배관도

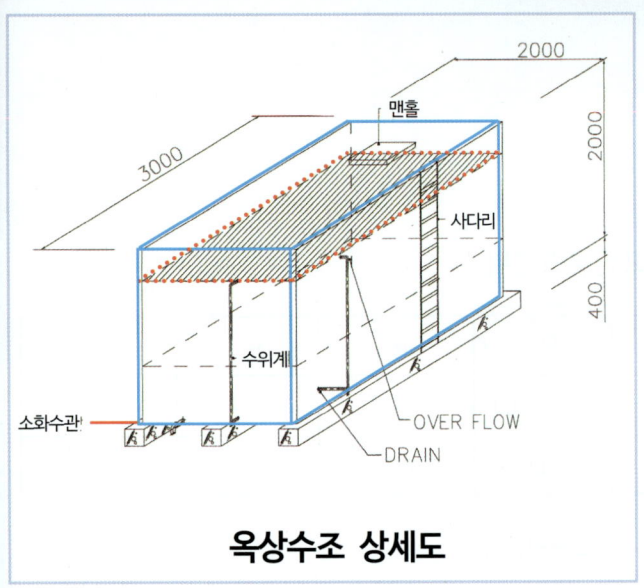

옥상수조 상세도

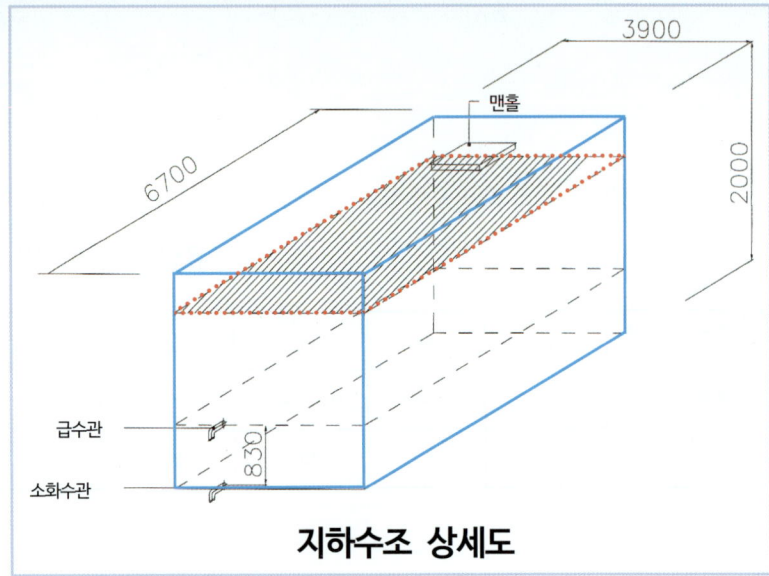

지하수조 상세도

1. 옥상수조 : 3000(세로) × 2000(가로) × 2000(높이)
   = 12㎥

2. 필요한 옥상수조 용량 : 7.14㎥
   옥내소화전 : 2.6㎥ × 2개 = 5.2㎥
   (옥상수조 저수량 5.2㎥ × 1/3 = 1.74㎥)
   스프링클러 : 1.6㎥ × 10개 = 16㎥
   (옥상수조 저수량 16㎥ × 1/3 = 5.4㎥)

   옥상수조 12㎥이므로,
   필요한 용량 7.14㎥ 보다 많아 적합하다.

3. 옥상수조에 필요한 설비 내용
   급수관, 배수관, 맨홀, 사다리, 수면계 등을 설치한다.

1. 지하수조 : 6700L × 3900W × 2000H = 52.26㎥

2. 필요한 저수량 : 21.2㎥
   옥내소화전 : 2.6㎥ × 2개 = 5.2㎥
   스프링클러 : 1.6㎥ × 10개 = 16㎥

3. 소화수 흡입차 계산근거
   수조면적(26.13㎥) × 높이(0.83m) = 21.68㎥
   필요한 저수량 21.2㎥보다 수조의 용량이 크므로 적합하다

4. 지하수조에 필요한 설비 내용
   급수관, 배수관, 맨홀, 사다리, 수면계 등을 설치한다.

저수위 경보기 센서(sensor) 설치

옥상수조, 지하수조(수조)는 법적으로 필요한 물탱크의 양보다 위쪽에 저수위 경보센서를 설치해야 한다.
물올림탱크는 100ℓ 이상의 위쪽에 저수위 경보센서를 설치해야 한다.

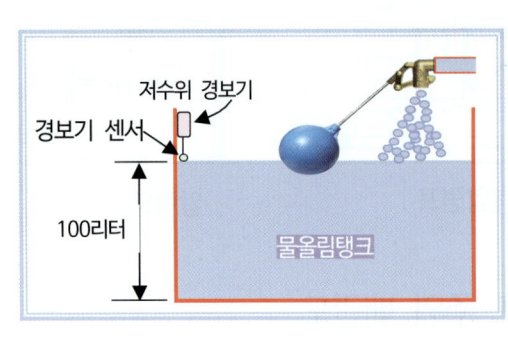

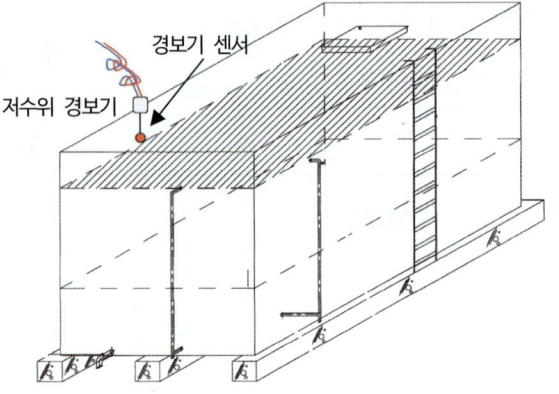

2. 소방시설 설계도면(전기) P형

가. 소방시설 범례 ··················· 159
나. 소방시설 계통도(전기) ·········· 161
다. 1층 소화설비 평면도(전기) ····· 162
라. 2층 소화설비 평면도(전기) ····· 164
마. 3층 소화설비 평면도(전기) ············ 166
바. 4, 5층 소화설비 평면도(전기) ········ 168
사. 옥상층 소화설비 평면도(전기) ········ 170
아. 옥탑층 소화설비 평면도(전기) ·········· 172

가. 소방시설 범례

기호	내용	기호	내용
⊠	P형1급 수신기	⌀	휴대용 비상조명등
ⓟⓑⓛ	수동발신기 셋(SET)	SVP	수동조작함(슈퍼비죠리판넬)
ⓟⓑⓛ	발신기세트 옥내소화전 내장형	Ⓐ	프리액션밸브
S	연기감지기 2종(이온화식)	▷●	사이렌
⌒	차동식스포트형 감지기 2종	⊠	연결용 풀박스
⌒	정온식스포트형 감지기 1종	▱	연동 제어기
Ω	종단저항	◣	전등 전열 분전함
⊗S	피난구유도등(소형)	→	회로귀선
⊗M	피난구유도등(중형)	—	천장 및 벽체 매입 배관 배선
⊗L	피난구유도등(대형)	—	바닥 스라브 매입 배관 배선
◁⊗▷	통로유도등	— - —	지중 매설 배관 배선
⊖⊢	비상조명등	↗↗↗	전선관(입상, 통과, 입하)

자동화재탐지설비 P형 수신기의 전기 결선내용에 대하여 화재안전기준의 개정으로 결선내용에 대하여 의견이 분분하다. 설계자 또는 시험문제에서는 조건이 주어지면 그 조건에 맞게 선의 수(가닥 수)를 계산하면 된다.

이 책에서는 자동화재탐지설비의 P형 수신기에서 회로 선의 수를 계산할 때,
【조건】 표시등과 회로는 공통선 1선으로 하며, 각층 지구음향장치 및 배선의 『단락보호장치』를 설치한다.

주 기 사 항

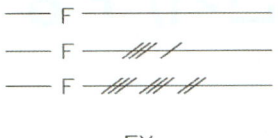

- ─── F ───────── HFIX 1.5㎟ -2 (16∅) 감지기 배관 배선
- ─── F ─/// ─ HFIX 1.5㎟ -4 (16∅) 감지기 배관 배선
- ─── F ─///─///─//─ HFIX 1.5㎟ -8 (28∅) 감지기 배관 배선
- ──────── EX ──────── HFIX 2.5㎟ -3 (16∅) 유도등 배관 배선

복합형 화재수신반 P형 1급 25회로

① HFIX 2.5㎟ -2
② HFIX 2.5㎟ -2
③ HFIX 2.5㎟ -6
④ HFIX 2.5㎟ -7
⑤ HFIX 2.5㎟ -8
⑥ HFIX 2.5㎟ -9
⑦ HFIX 2.5㎟ -10
⑧ HFIX 2.5㎟ -11
⑨ HFIX 2.5㎟ -15
⑩ HFIX 2.5㎟ -4
⑪ HFIX 2.5㎟ -9
⑫ HFIX 2.5㎟ -2
Ⓐ HFIX 2.5㎟ -2

소방시설 전기회로 내용(설계도면에는 이러한 선의 상세내용의 표가 있어야 한다)

번호	벨(경종)	벨표시등공통	표시등	응답	회로	공통	계
①	저수위 경보기(+,-) - 옥상수조, 지하수조, 물올림탱크							2
②	탬퍼스위치(+,-) - 옥상수조, 지하수조 개폐밸브							2
③	1	1	1	1	1	1	6
④	1	1	1	1	2	1	7
⑤	1	1	1	1	3	1	8
⑥	1	1	1	1	4	1	9
⑦	1	1	1	1	5	1	10
⑧	1	1	1	1	6	1	11
⑨	1	1	1	1	9	2	15
⑩	방화셔터 감지기 A회로(+,-), 방화셔터 감지기 B회로(+,-)							4
⑪	전원+, -, 전화, 사이렌, 감지기A, B, 기동(전동볼밸브), 압력스위치, 탬퍼스위치							9
⑫	스피커(+,-)							2
Ⓐ	펌프기동 표시등(+,-)							2

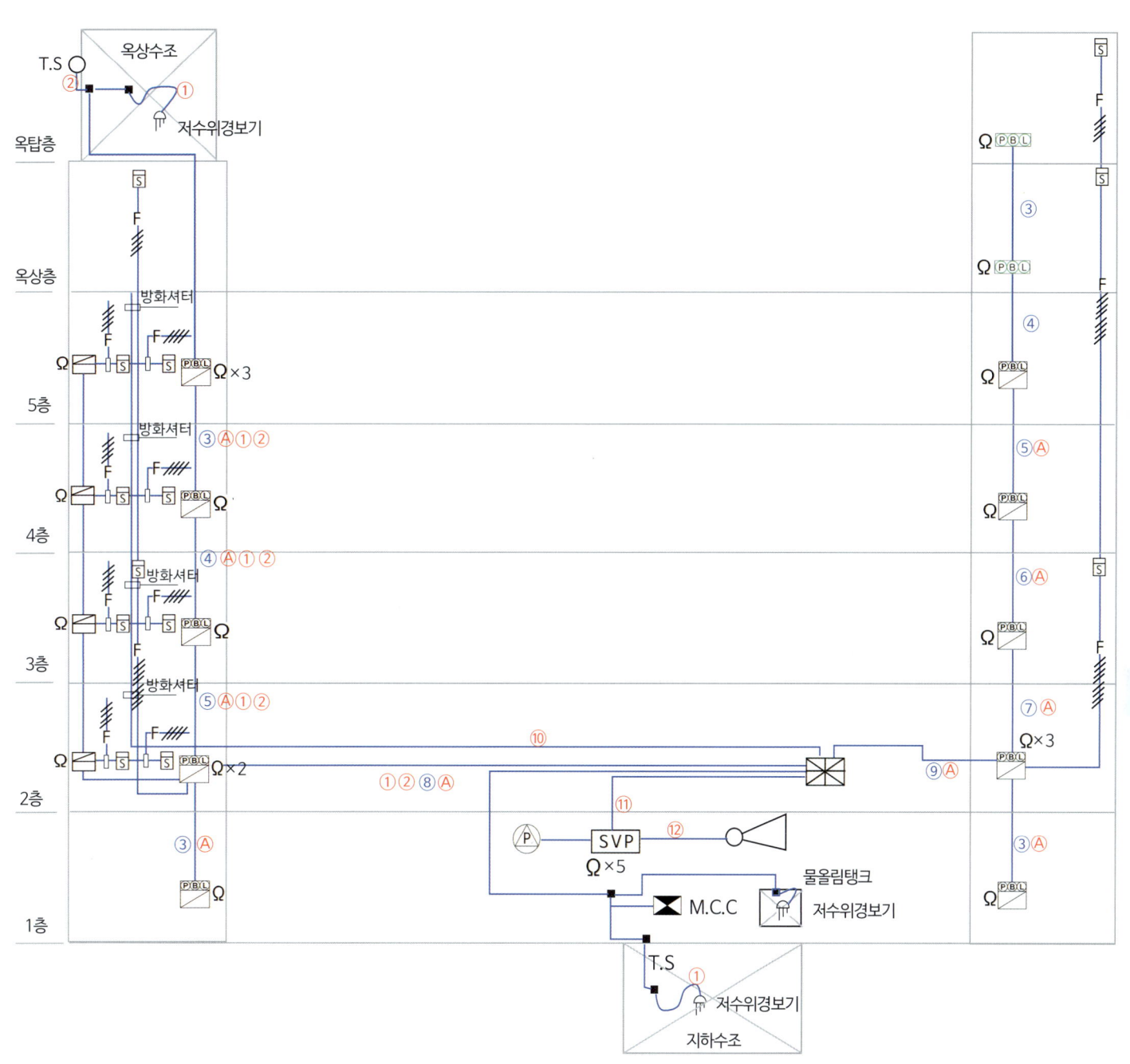

나. 소화설비 계통도

4750
1000
2800
3900
7800
1250
1500
8200
6700
6600
11700
5100
5000
물올림탱크
하부 지하수조
UP
S
E
D
T.S
P
1P
2P
3P
4P
10P
11P
12P
13P

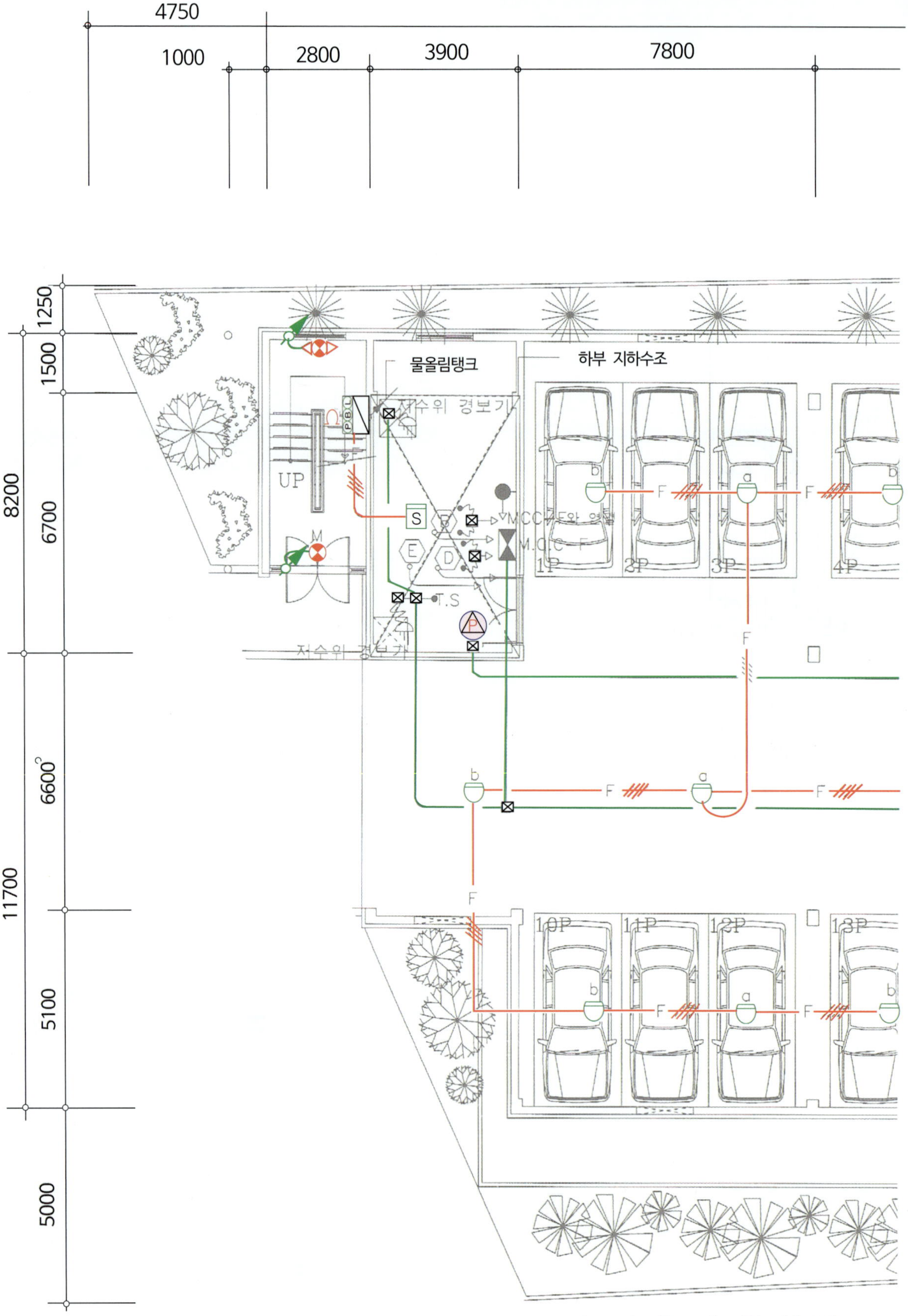

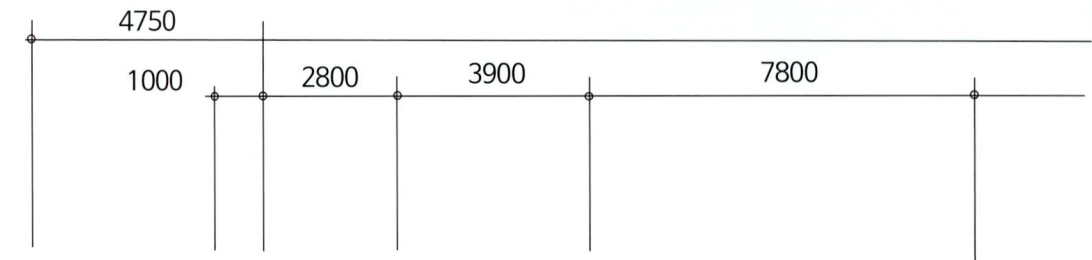

다. 1층 소화설비

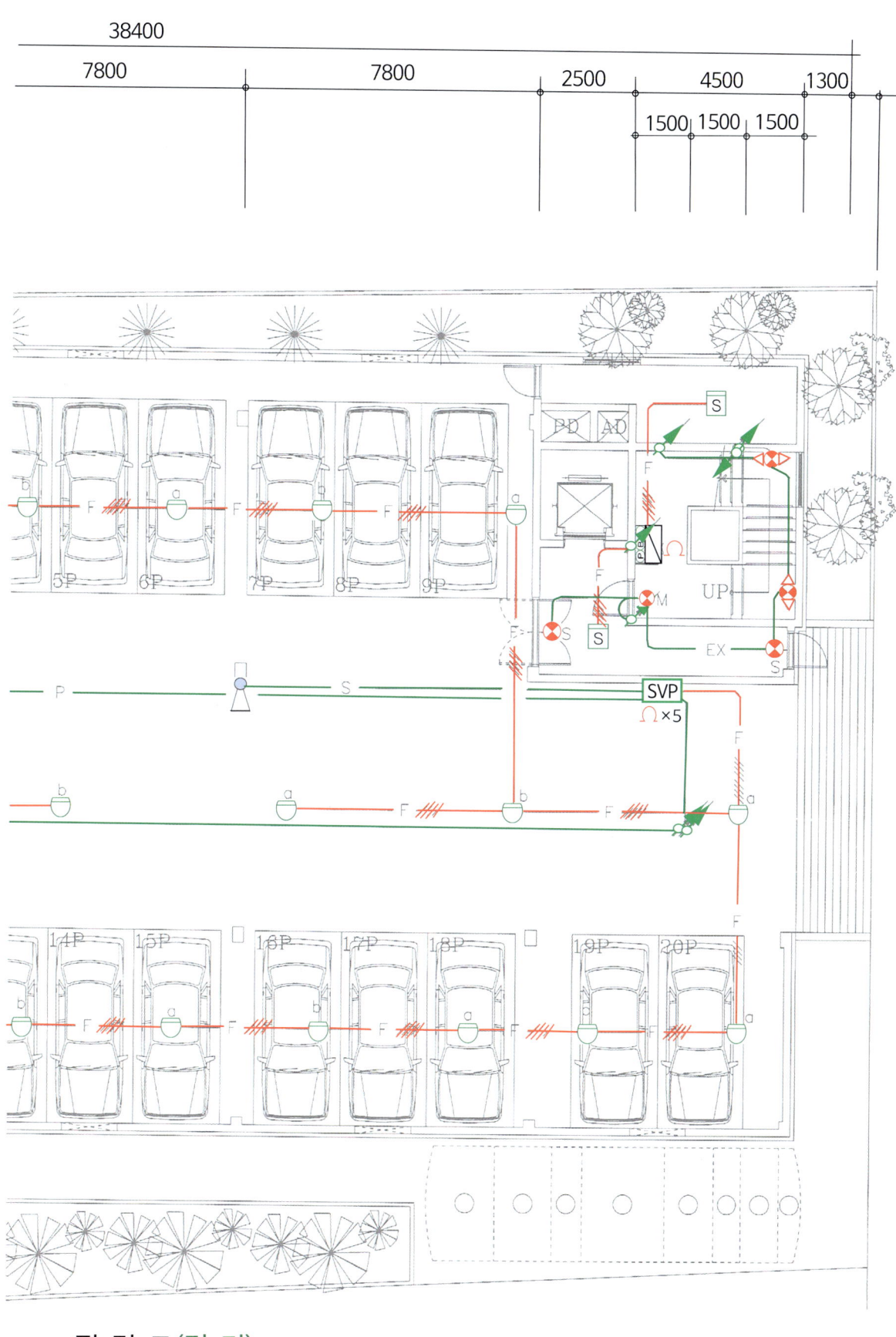

평 면 도(전 기)

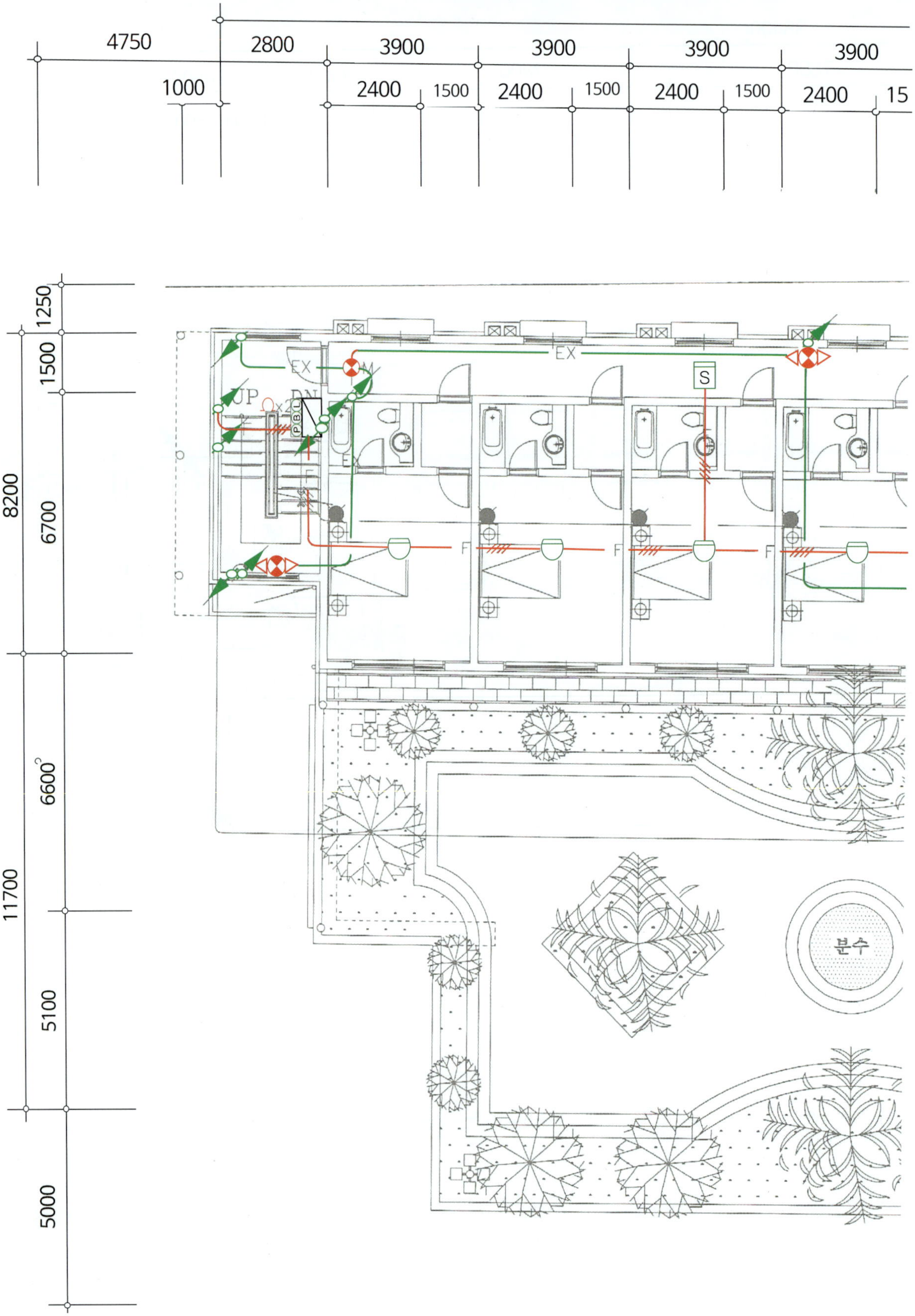
4750
2800
3900
3900
3900
3900
1000
2400
1500
2400
1500
2400
1500
2400
15
1250
1500
8200
6700
6600
11700
5100
5000
EX
EX
UP
DN
S
F
F
F
분수

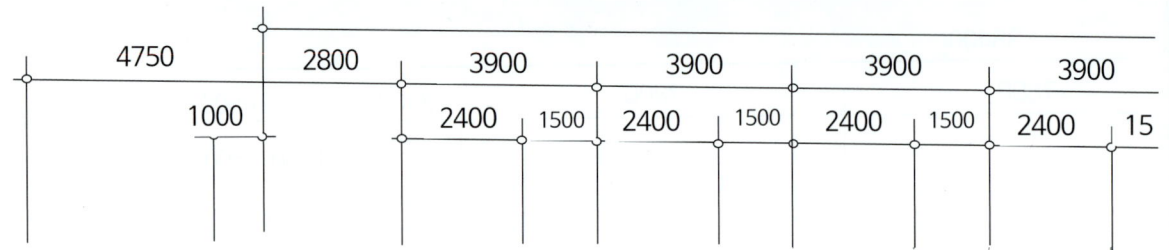

라. 2층 소화설비

38400
3900
3900
3900
2500
4500
500
2400
1500
2400
1500
1500
1500
1500
F
S
PD
AD
P.B.L
×3
UP
M
EX
L-2
2층 L-2분전반과 연결

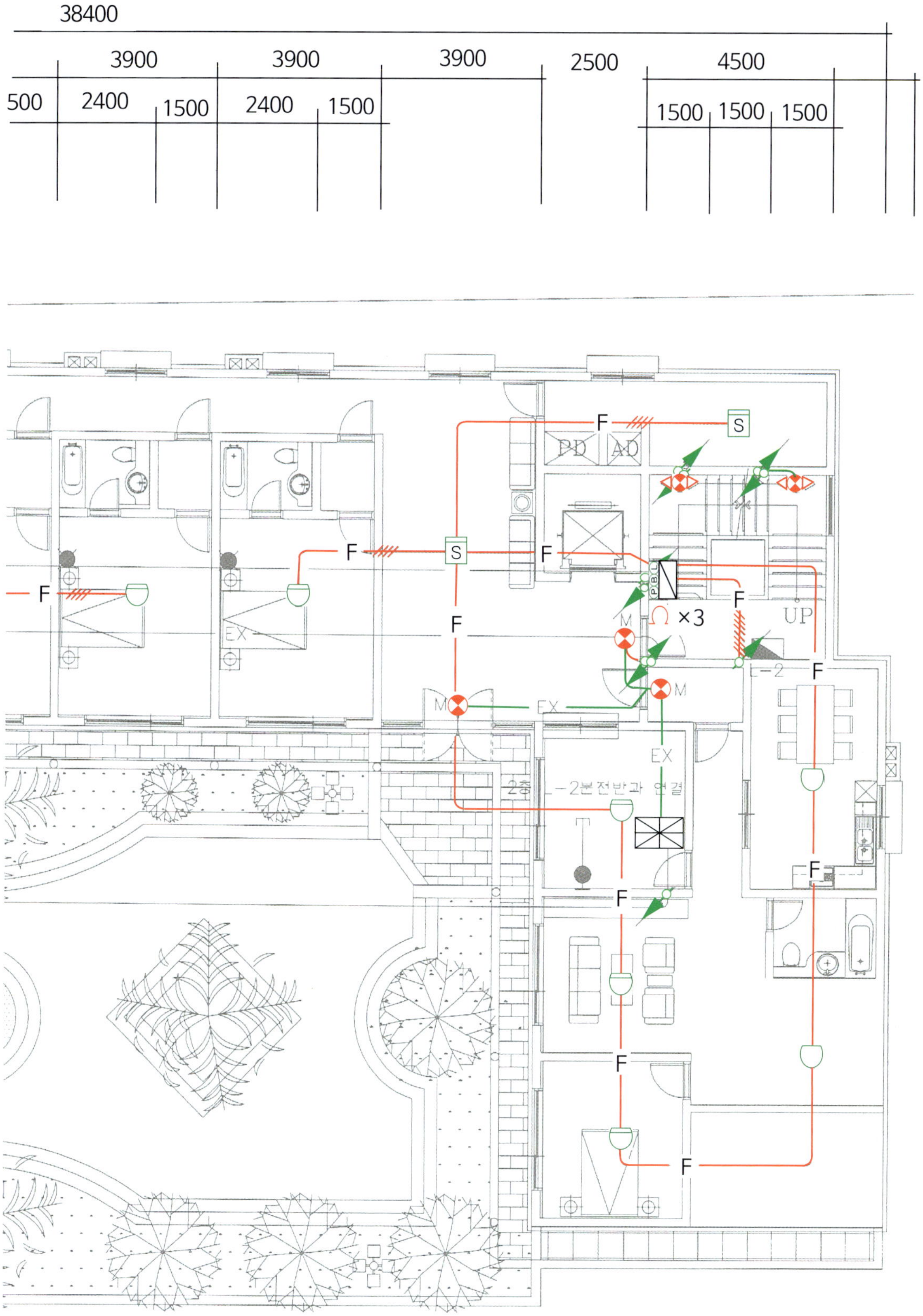

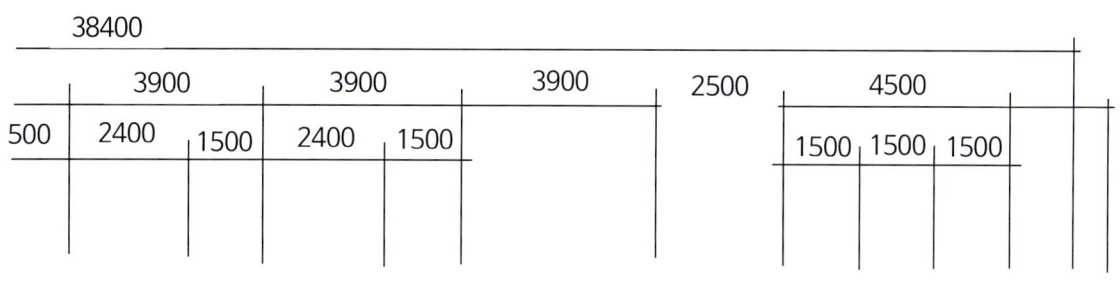

평 면 도(전 기)

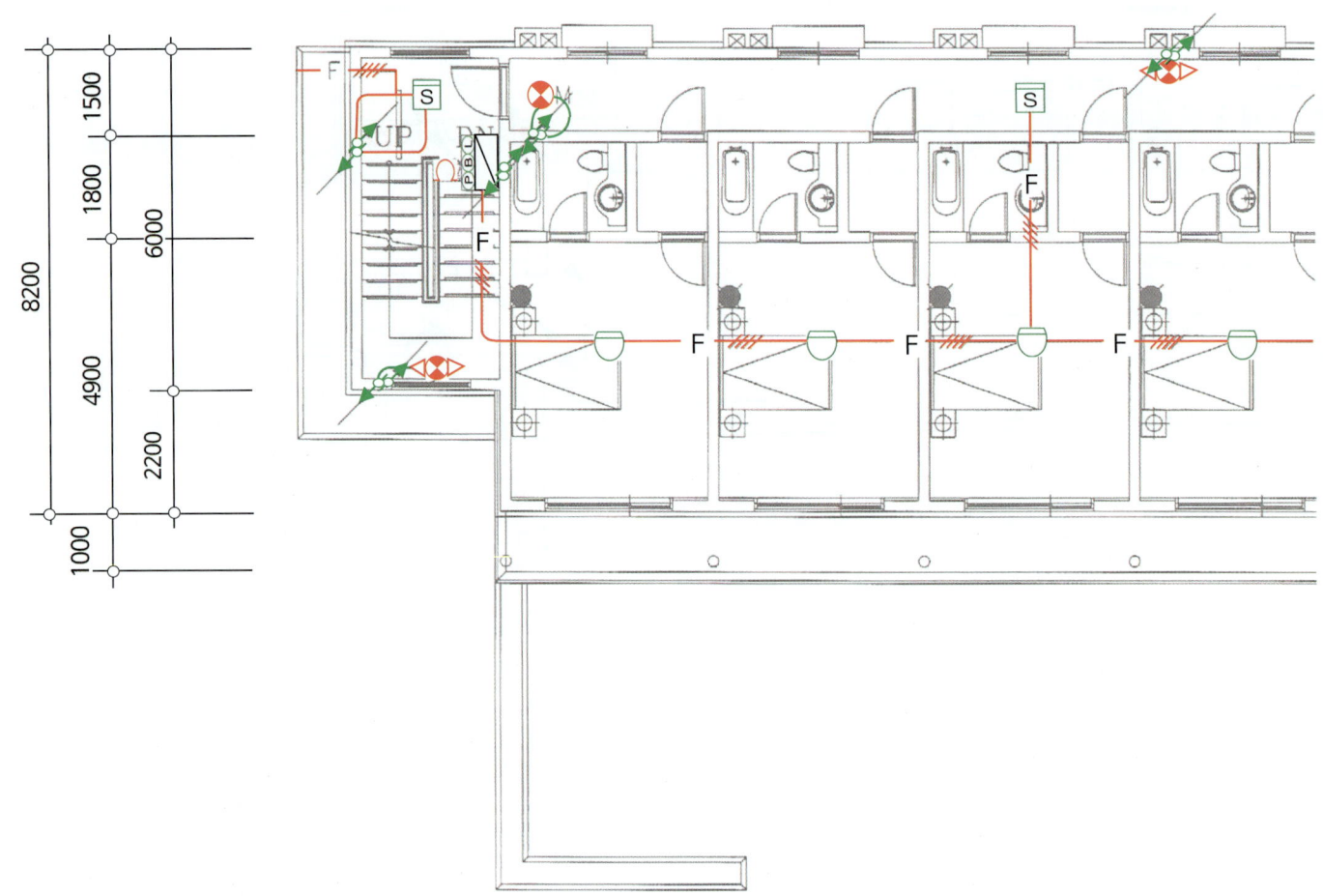

마. 3층 소화설비

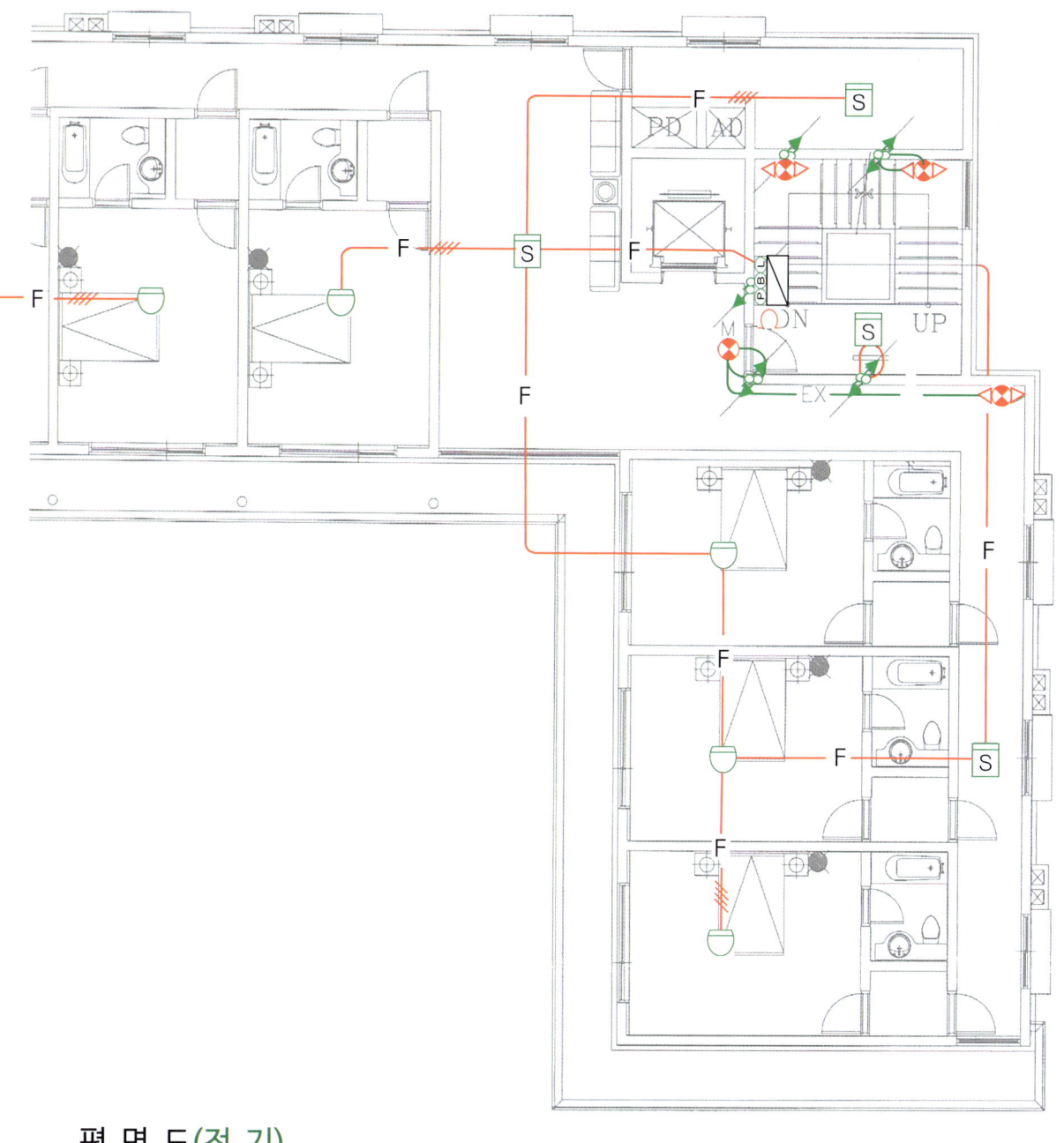

평 면 도(전 기)

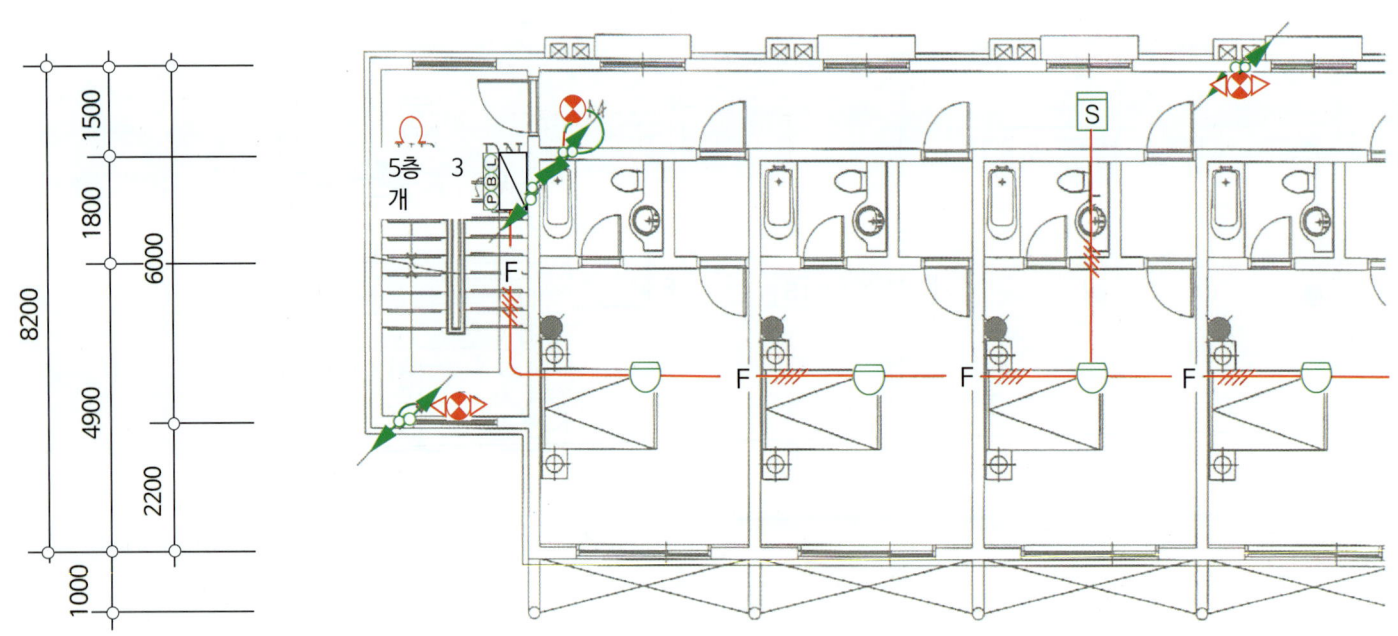

바. 4, 5층 소화설비

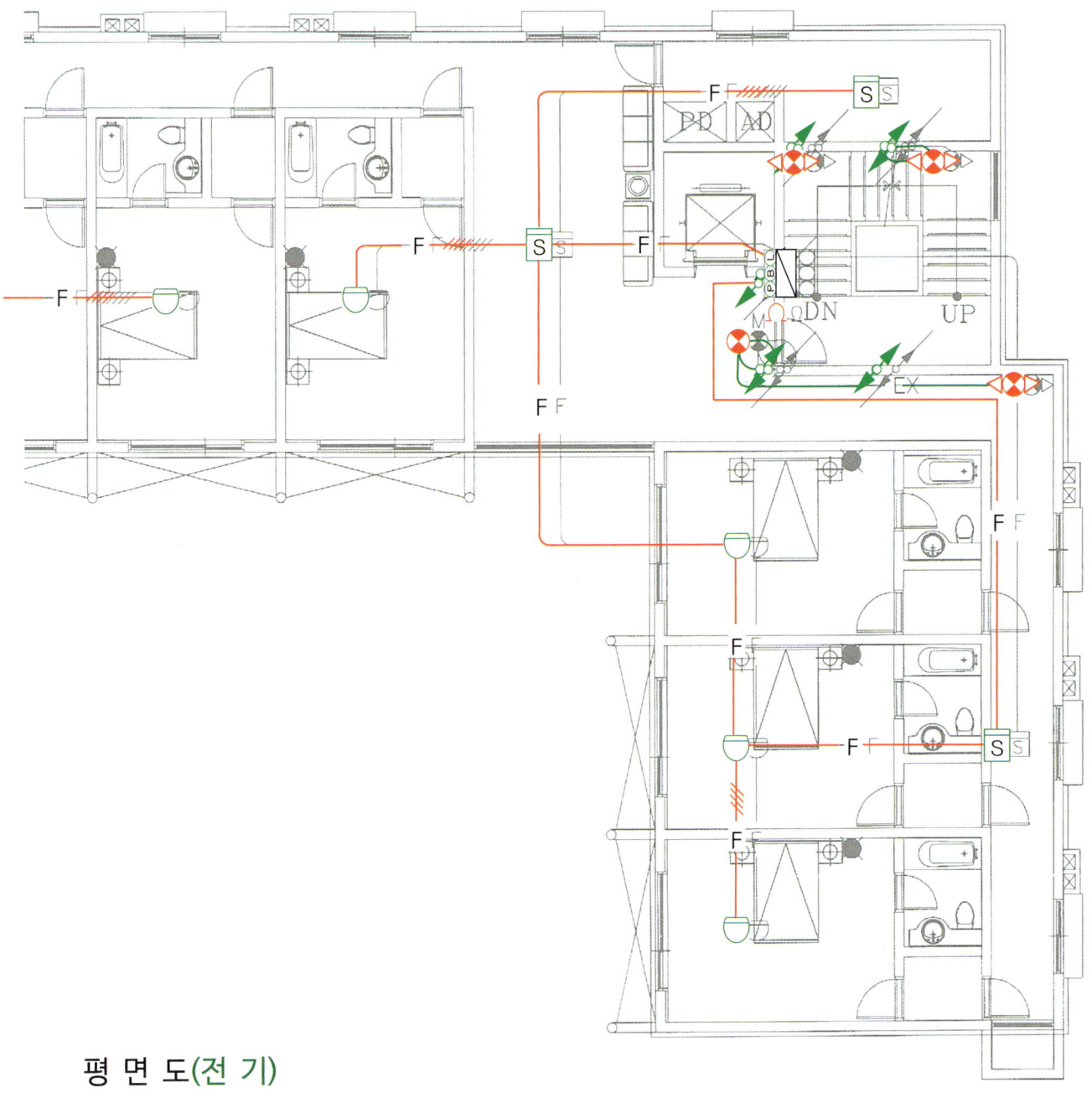

평 면 도(전 기)

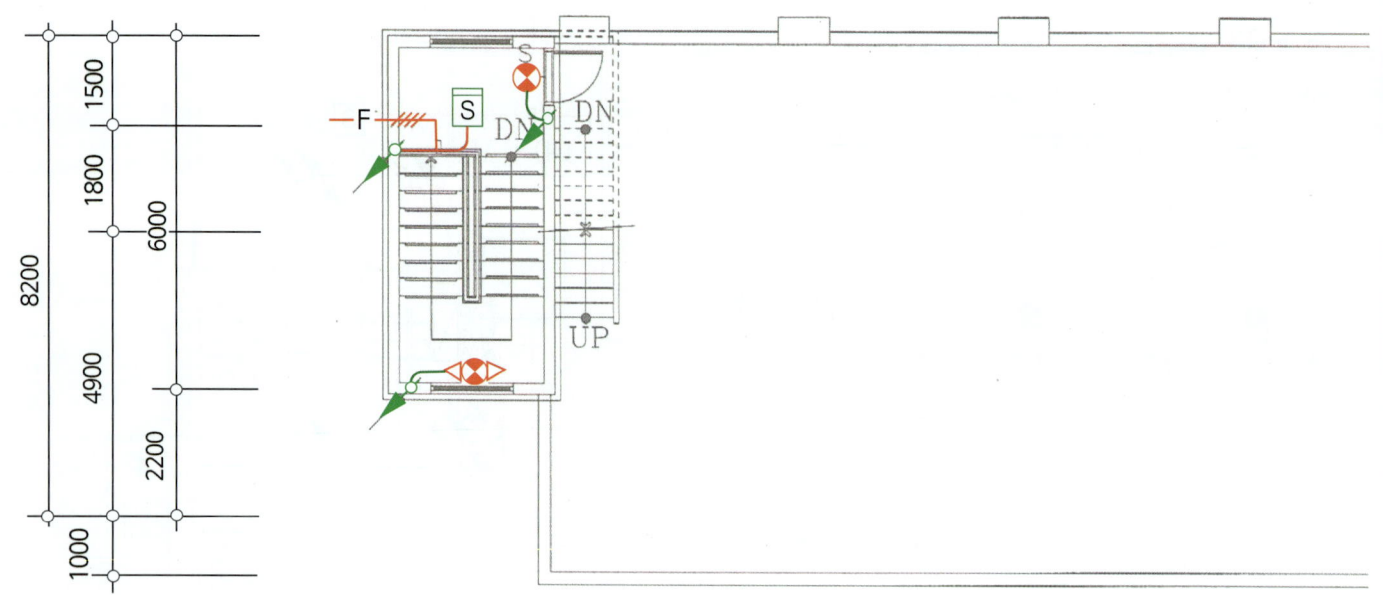

사. 옥상층 소화설비

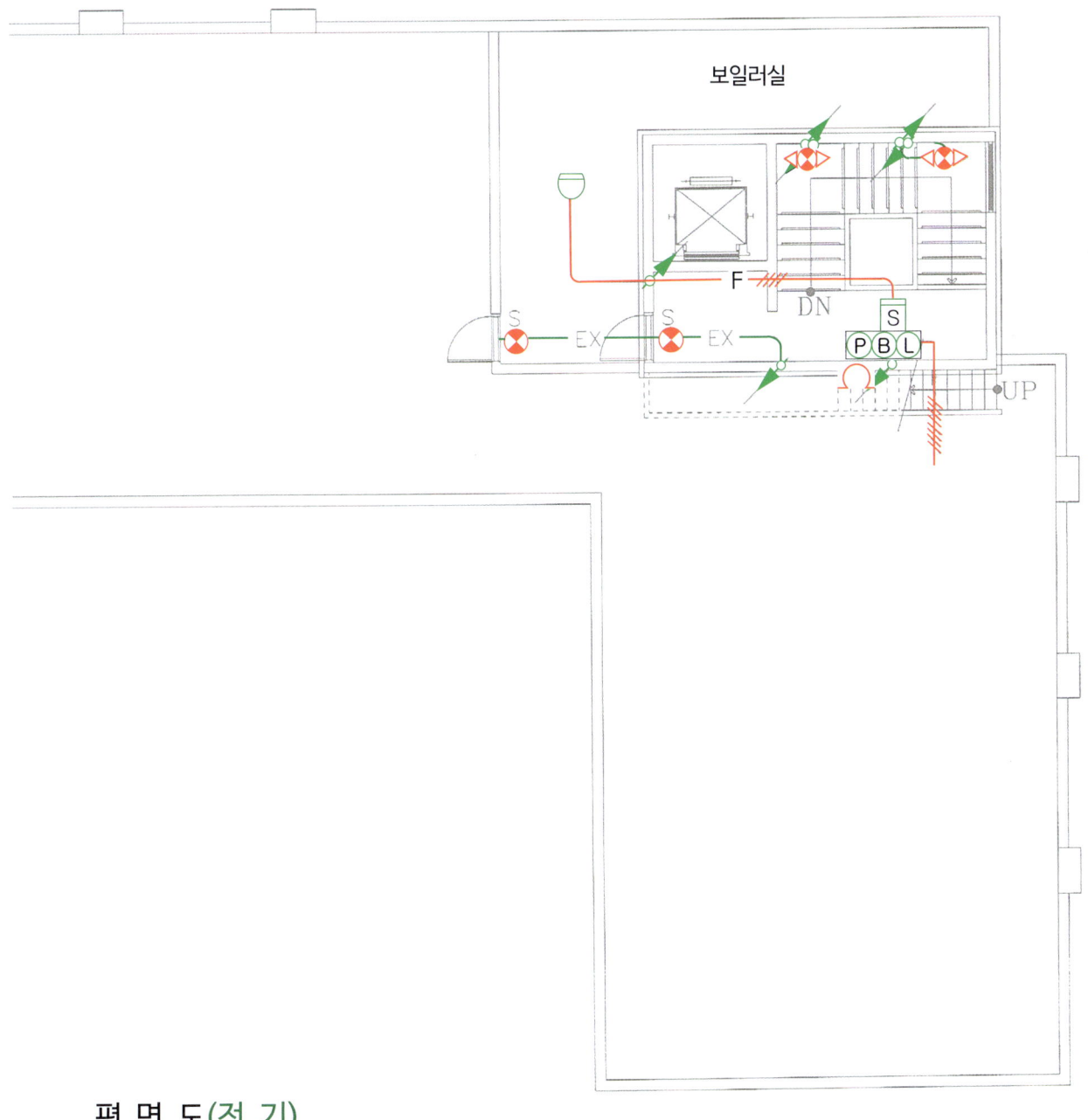

평 면 도(전 기)

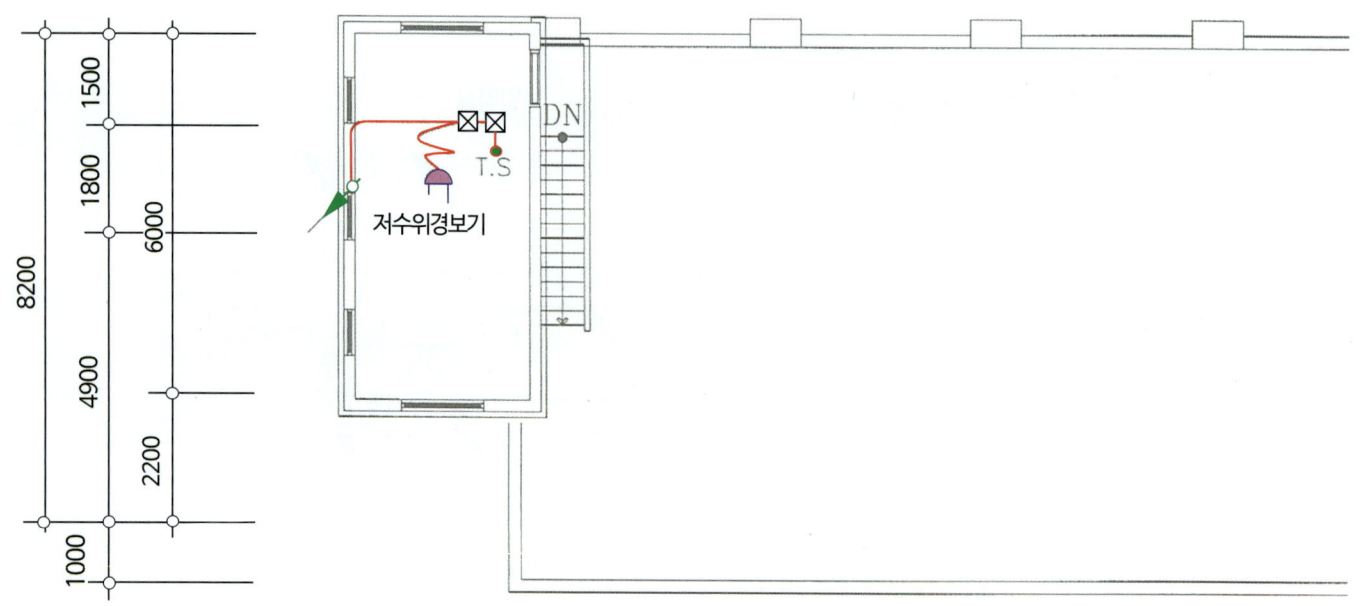

아. 옥탑층 소화설비

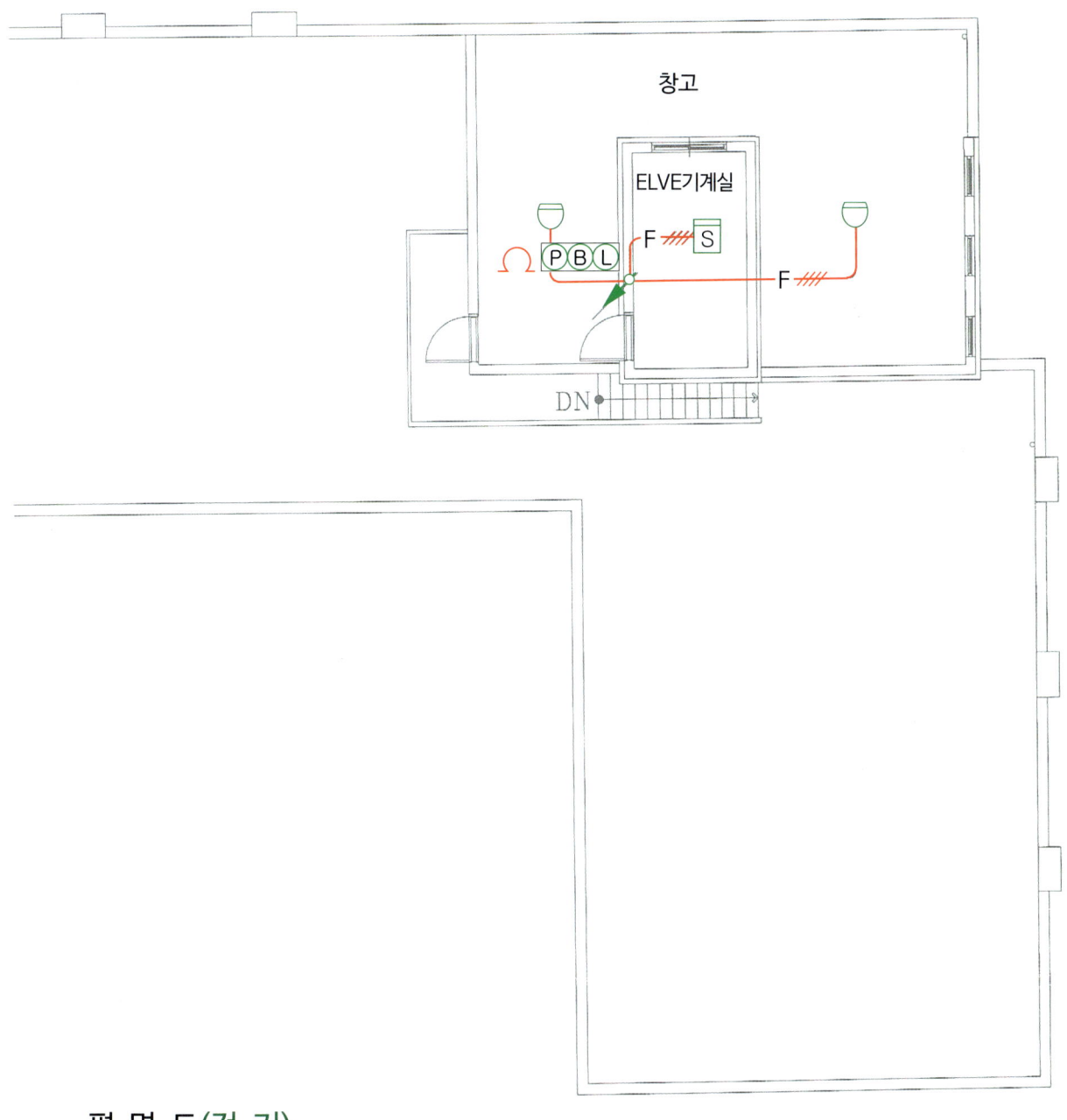

평 면 도(전 기)

3. 소방시설 설계도면(전기) R형

가. 소방시설 계통도(전기) ················· 175
나. 1층 소화설비 평면도(전기) ············· 176
다. 2층 소화설비 평면도(전기) ············· 178
라. 3층 소화설비 평면도(전기) ············· 180
마. 4, 5층 소화설비 평면도(전기) ·········· 182
바. 옥상층 소화설비 평면도(전기) ·········· 184
사. 옥탑층 소화설비 평면도(전기) ·········· 186

중계기 결선 내용

번호	중계기 종류	입력(IN)	출력(OUT)
①	2/2 1개	1. 발신기 누름스위치, 2. 5층 감지기 회로	벨(경종), 펌프기동표시등
②	2/2 1개	1. 발신기 누름스위치, 2. 4층 감지기 회로	벨(경종), 펌프기동표시등
③	2/2 1개	1. 발신기 누름스위치, 2. 3층 감지기 회로	벨(경종), 펌프기동표시등
④	4/4 1개	1. 발신기 누름스위치, 2. 2층 감지기 회로 3. 엘리베이터 감지기 회로, 4. 계단실 감지기 회로	벨(경종), 펌프기동표시등
⑤	2/2 1개	1. 발신기 누름스위치, 2. 1층 감지기 회로	벨(경종), 펌프기동표시등
⑥	4/4 1개	1. 발신기 누름스위치, 2. 5층 감지기 회로 3. 방화셔터 A감지기 회로, 4. 방화셔터 B감지기 회로	벨(경종), 펌프기동표시등, 방화셔터 작동신호(모터작동)
⑦	4/4 1개	1. 발신기 누름스위치, 2. 4층 감지기 회로 3. 방화셔터 A감지기 회로, 4. 방화셔터 B감지기 회로	벨(경종), 펌프기동표시등, 방화셔터 작동신호(모터작동)
⑧	4/4 1개	1. 발신기 누름스위치, 2. 3층 감지기 회로 3. 방화셔터 A감지기 회로, 4. 방화셔터 B감지기 회로	벨(경종), 펌프기동표시등, 방화셔터 작동신호(모터작동)
⑨	2/2 1개 4/4 1개	1. 발신기 누름스위치, 2. 3층 감지기 회로 3. 계단실 감지기 회로, 4. 방화셔터 A감지기 회로, 5. 방화셔터 B감지기 회로	벨(경종), 펌프기동표시등, 방화셔터 작동신호(모터작동)
⑩	2/2 1개	1. 발신기 누름스위치, 2. 1층 감지기 회로	벨(경종), 펌프기동표시등
⑪	2/2 1개	1. 탬퍼스위치 회로, 2. 저수위 경보회로(옥상수조)	
⑫	4/4 1개	1. 탬퍼스위치 회로, 2. 저수위 경보회로(지하수조) 3. 저수위 경보회로(물올림탱크)	
⑬	2/2 1개 4/4 1개	1. 감지기 A회로, 2. 감지기 B회로 3. 수동조작함 작동스위치(버튼) 4. 압력스위치, 5. 개폐밸브 탬퍼스위치	1. 사이렌, 2. 전동볼밸브
⑭	2/2 1개	1. 발신기 누름스위치, 2. 옥탑층 창고 감지기 회로	벨(경종)
⑮	2/2 1개	1. 발신기 누름스위치, 2. 옥상층 보일러실 감지기 회로	벨(경종)

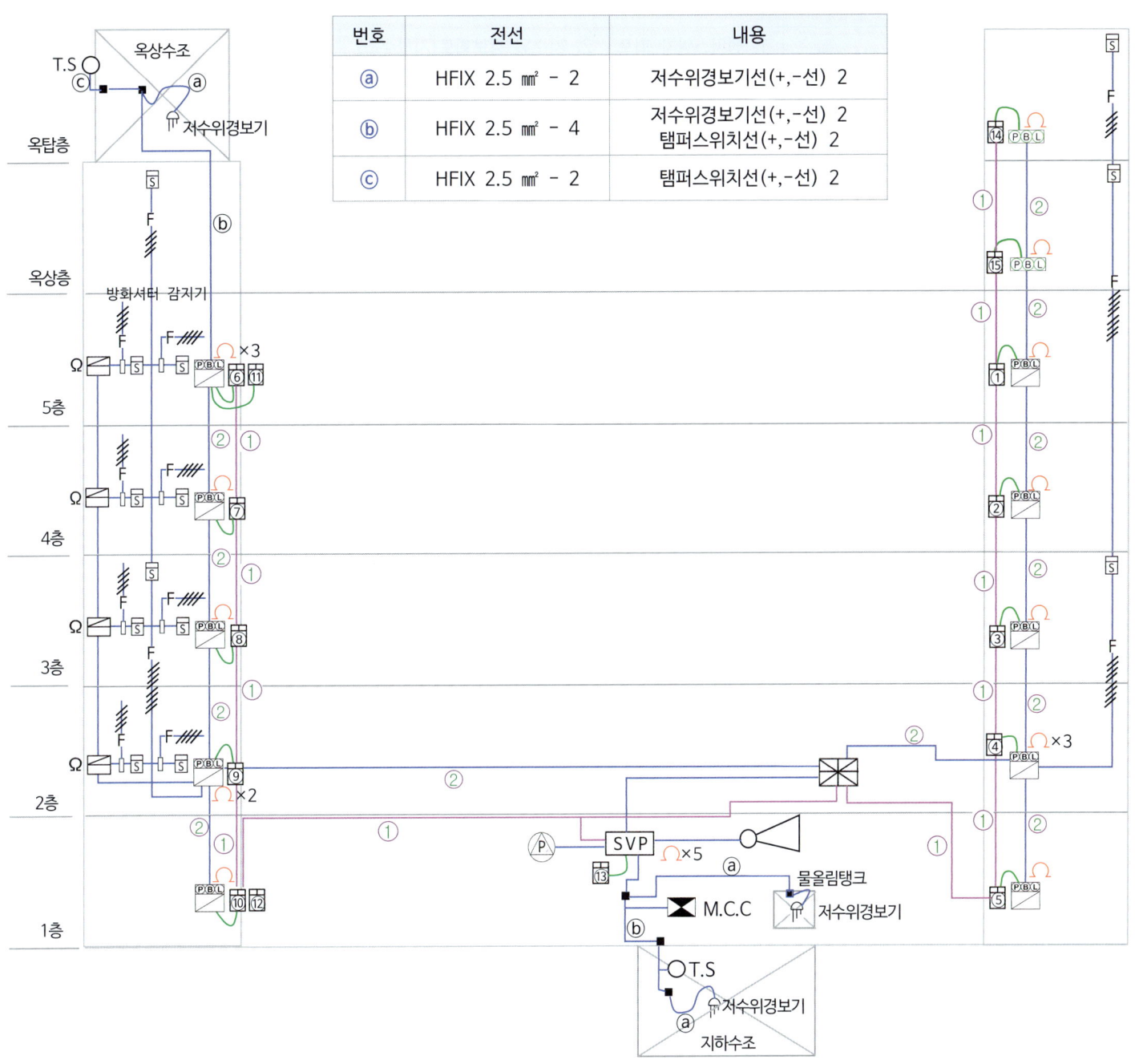

가. 소화설비 계통도

중계기 내용

번호	중계기 종류	입력(IN)	출력(OUT)
⑩	2/2 1개	1. 발신기 누름스위치, 2. 1층 감지기 회로	벨(경종), 펌프기동표시등
⑫	4/4 1개	1. 탬퍼스위치 회로, 2. 저수위 경보회로(지하수조) 3. 저수위 경보회로(물올림탱크)	

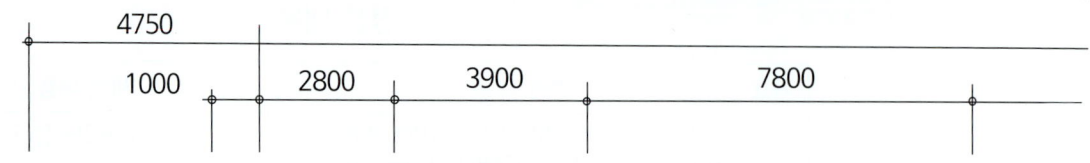

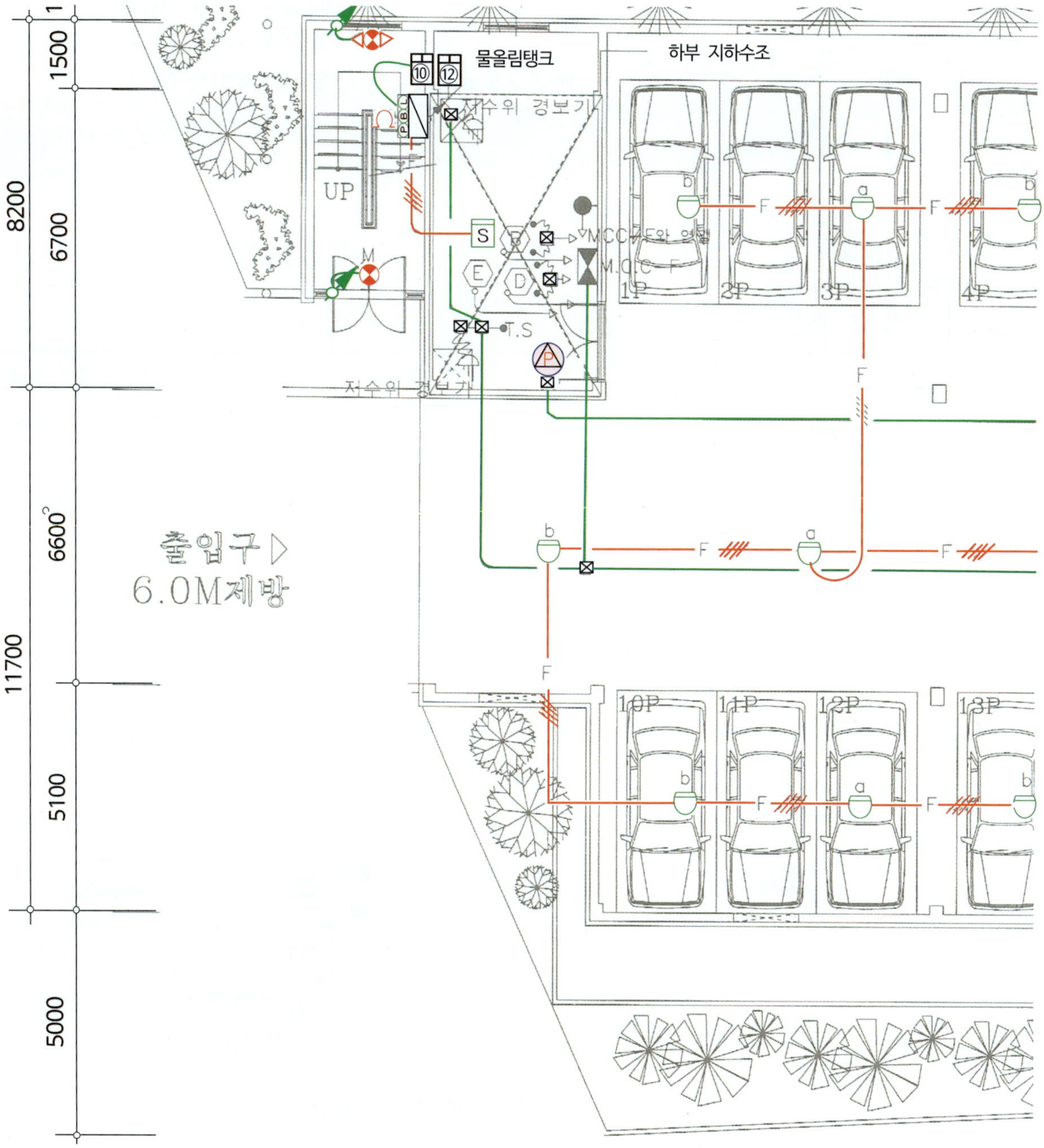

나. 1층 소화설비

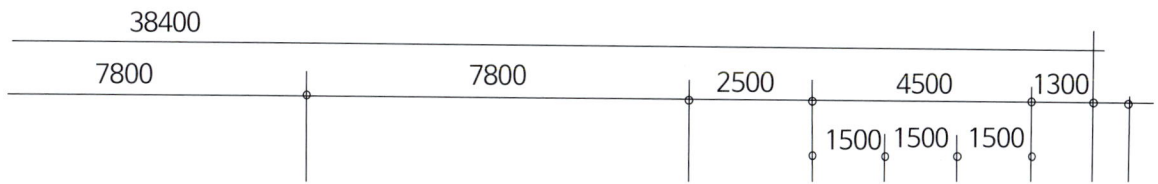

중계기 내용

번호	중계기 종류	입력(IN)	출력(OUT)
⑤	2/2 1개	1. 발신기 누름스위치, 2. 1층 감지기 회로	벨(경종), 펌프기동표시등
⑬	2/2 1개 4/4 1개	1. 감지기 A회로, 2. 감지기 B회로, 3. 압력스위치, 4. 수동조작함 작동스위치(버튼), 5. 개폐밸브 탬퍼스위치	1. 사이렌, 2. 전동볼밸브

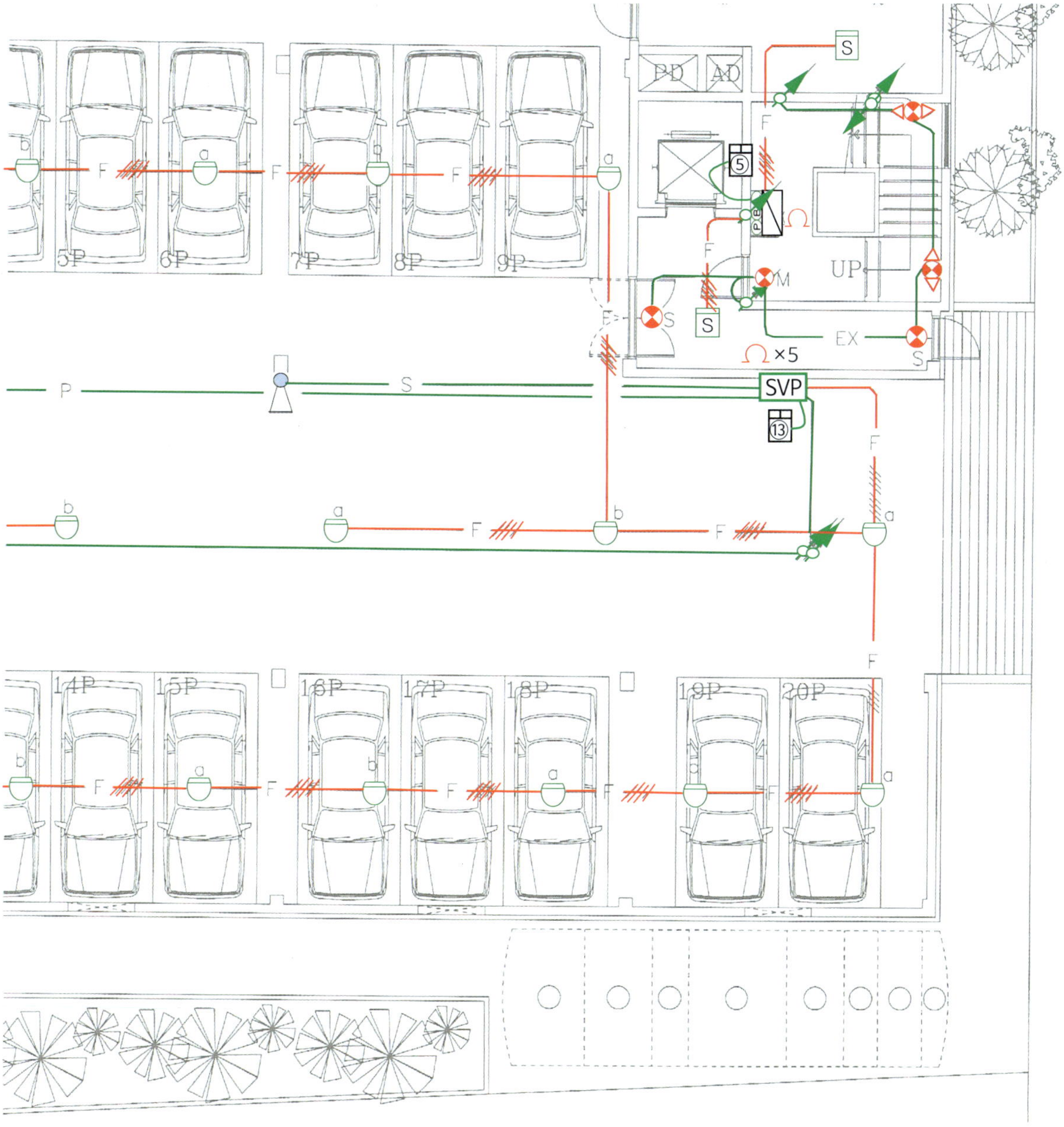

평 면 도(전 기)

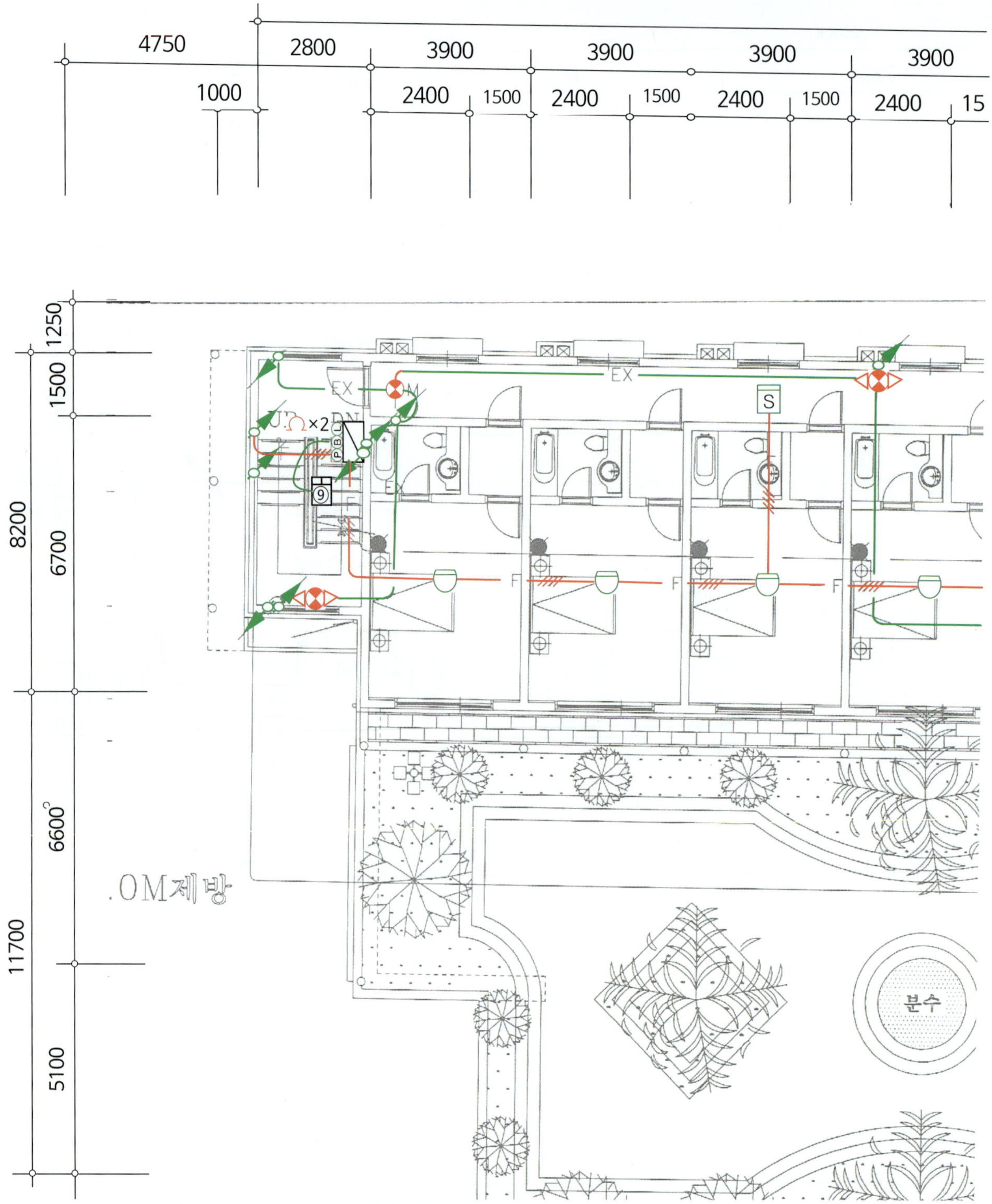

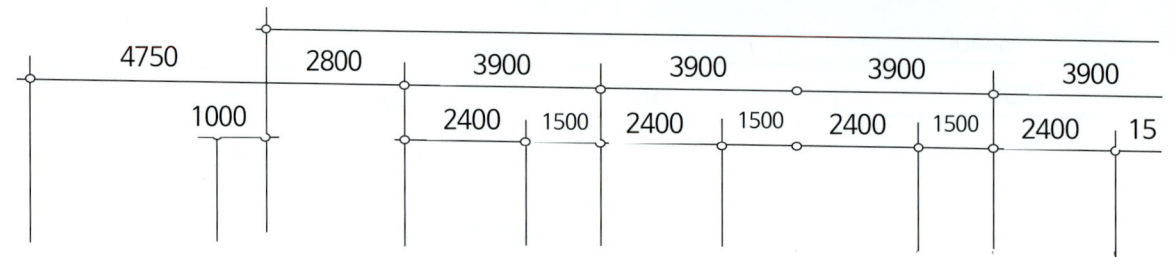

중계기 내용

번호	중계기 종류	입력(IN)	출력(OUT)
⑨	2/2 1개 4/4 1개	1. 발신기 누름스위치, 2. 3층 감지기 회로, 3. 계단실 감지기 회로, 4. 방화셔터 A감지기 회로, 5. 방화셔터 B감지기 회로	벨(경종), 펌프기동표시등, 방화셔터 작동신호(모터작동)

다. 2층 소화설비

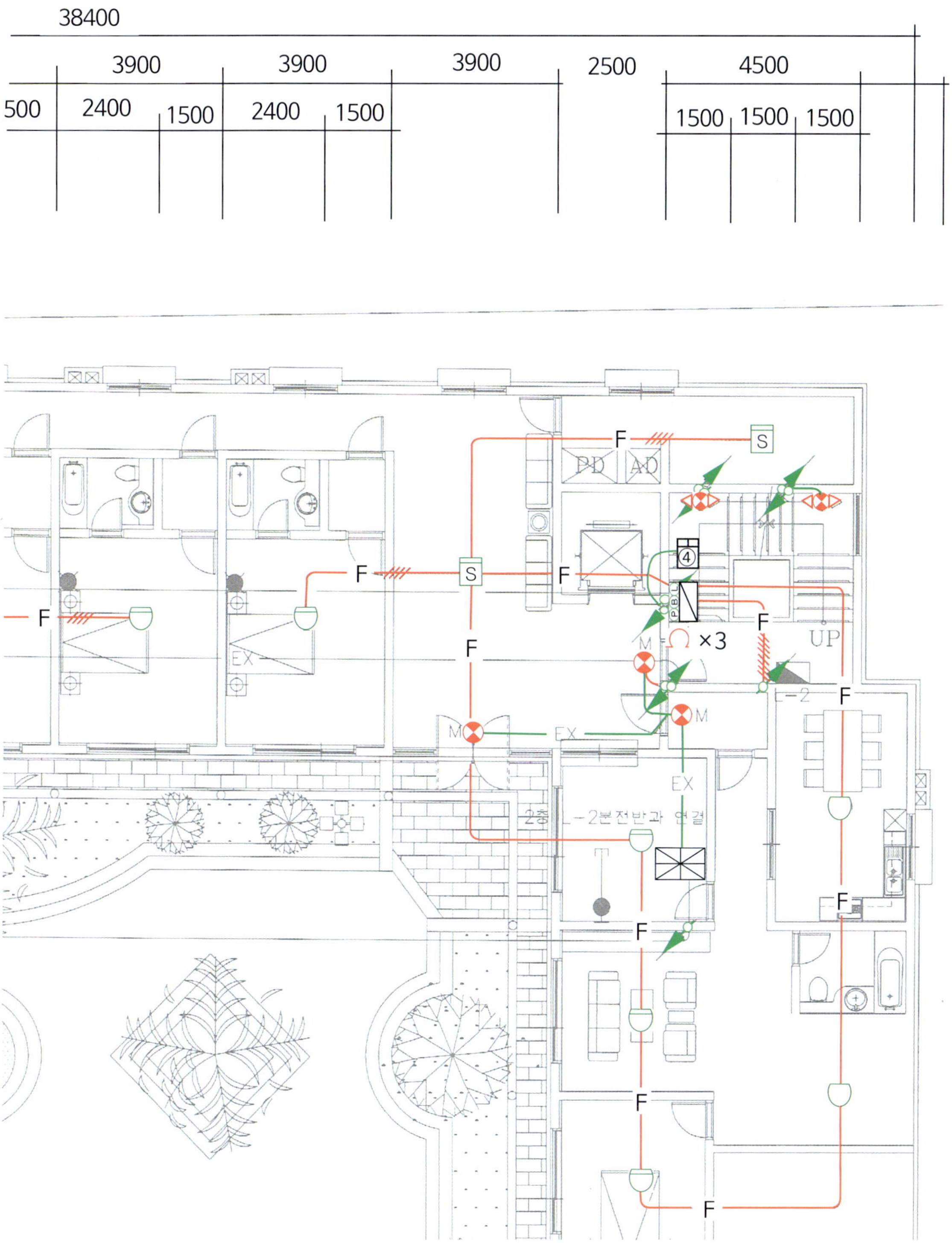

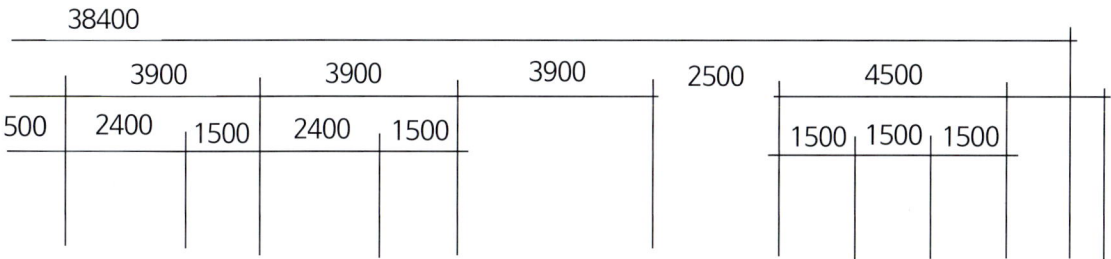

중계기 내용

번호	중계기 종류	입력(IN)	출력(OUT)
④	4/4 1개	1. 발신기 누름스위치, 2. 2층 감지기 회로 3. 엘리베이터 감지기 회로, 4. 계단실 감지기 회로	벨(경종), 펌프기동표시등

평 면 도(전 기)

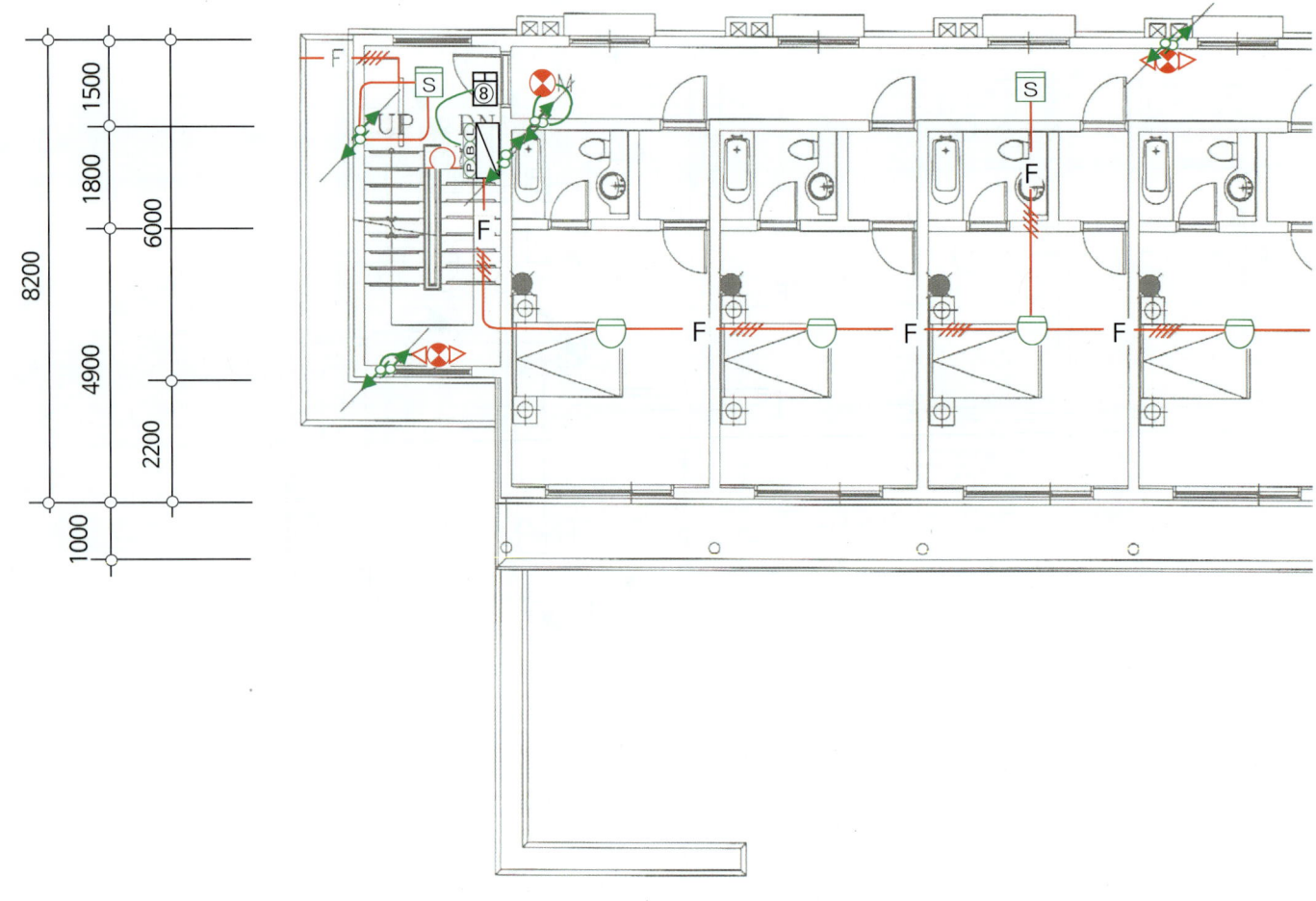

중계기 내용

번호	중계기 종류	입력(IN)	출력(OUT)
⑧	4/4 1개	1. 발신기 누름스위치, 2. 3층 감지기 회로 3. 방화셔터 A감지기 회로, 4. 방화셔터 B감지기 회로	벨(경종), 펌프기동표시등, 방화셔터 작동신호(모터작동)

라. 3층 소화설비

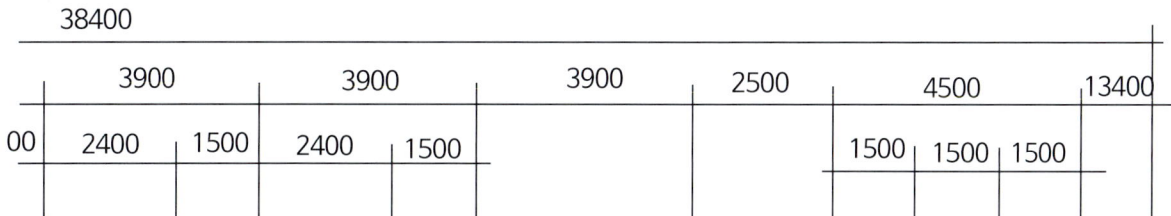

중계기 내용

번호	중계기 종류	입력(IN)	출력(OUT)
③	2/2 1개	1. 발신기 누름스위치,　2. 3층 감지기 회로	벨(경종), 펌프기동표시등

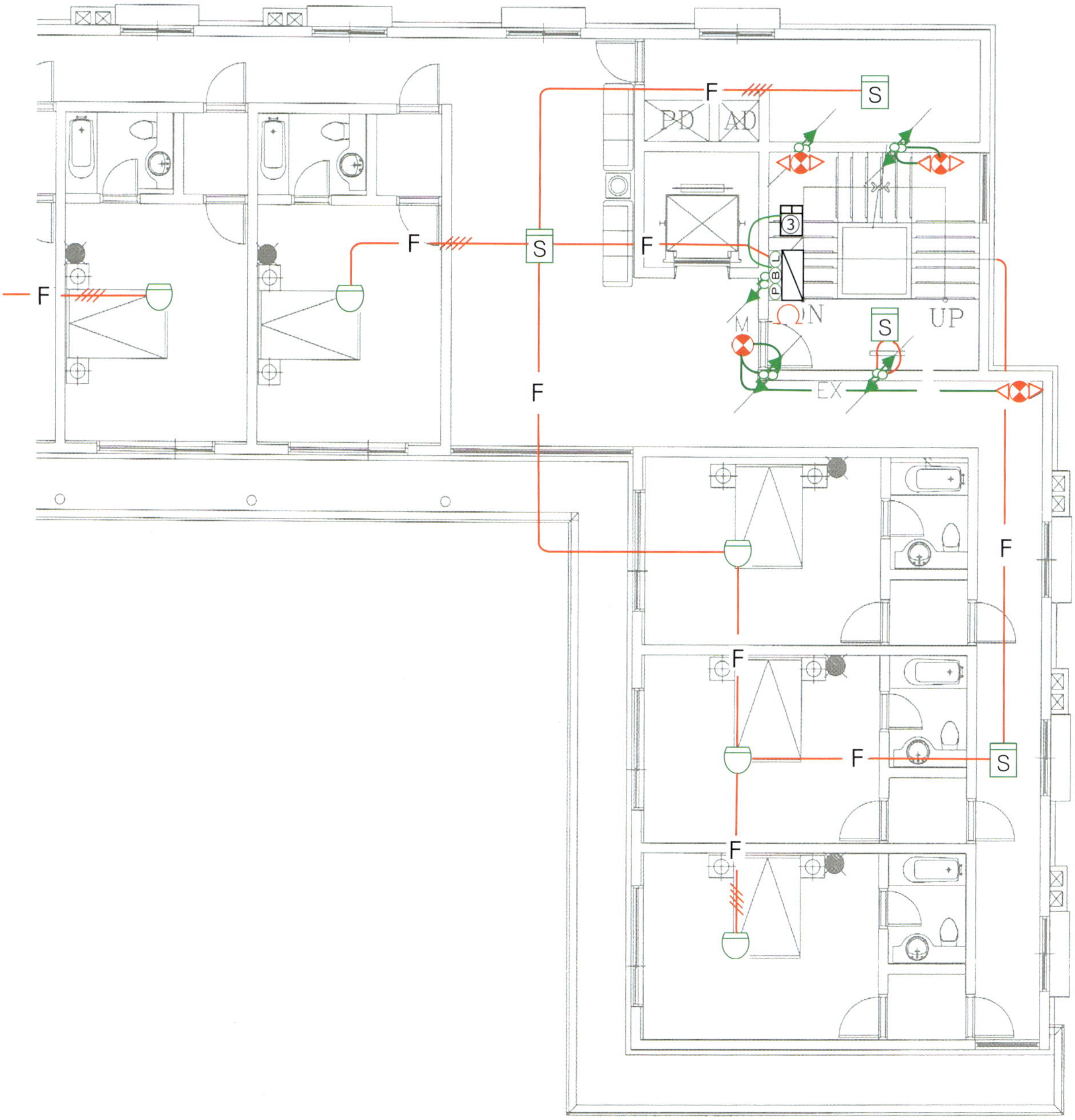

평 면 도(전 기)

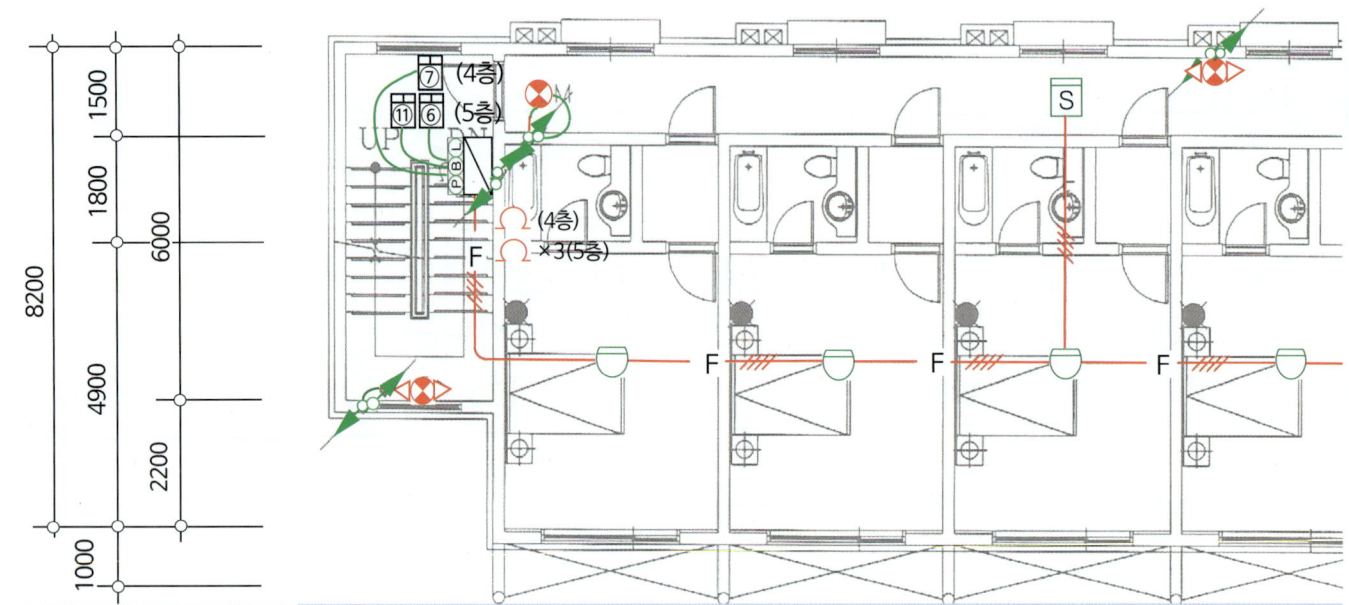

4층 중계기 내용

번호	중계기 종류	입력(IN)	출력(OUT)
②	2/2 1개	1. 발신기 누름스위치, 2. 4층 감지기 회로	벨(경종), 펌프기동표시등
⑦	4/4 1개	1. 발신기 누름스위치, 2. 4층 감지기 회로 3. 방화셔터 A감지기 회로, 4. 방화셔터 B감지기 회로	벨(경종), 펌프기동표시등, 방화셔터 작동신호(모터작동)

5층 중계기 내용

번호	중계기 종류	입력(IN)	출력(OUT)
①	2/2 1개	1. 발신기 누름스위치, 2. 5층 감지기 회로	벨(경종), 펌프기동표시등
⑥	4/4 1개	1. 발신기 누름스위치, 2. 5층 감지기 회로 3. 방화셔터 A감지기 회로, 4. 방화셔터 B감지기 회로	벨(경종), 펌프기동표시등, 방화셔터 작동신호(모터작동)
⑪	2/2 1개	1. 탬퍼스위치 회로, 2. 저수위 경보회로(옥상수조)	

마. 4, 5층 소화설비

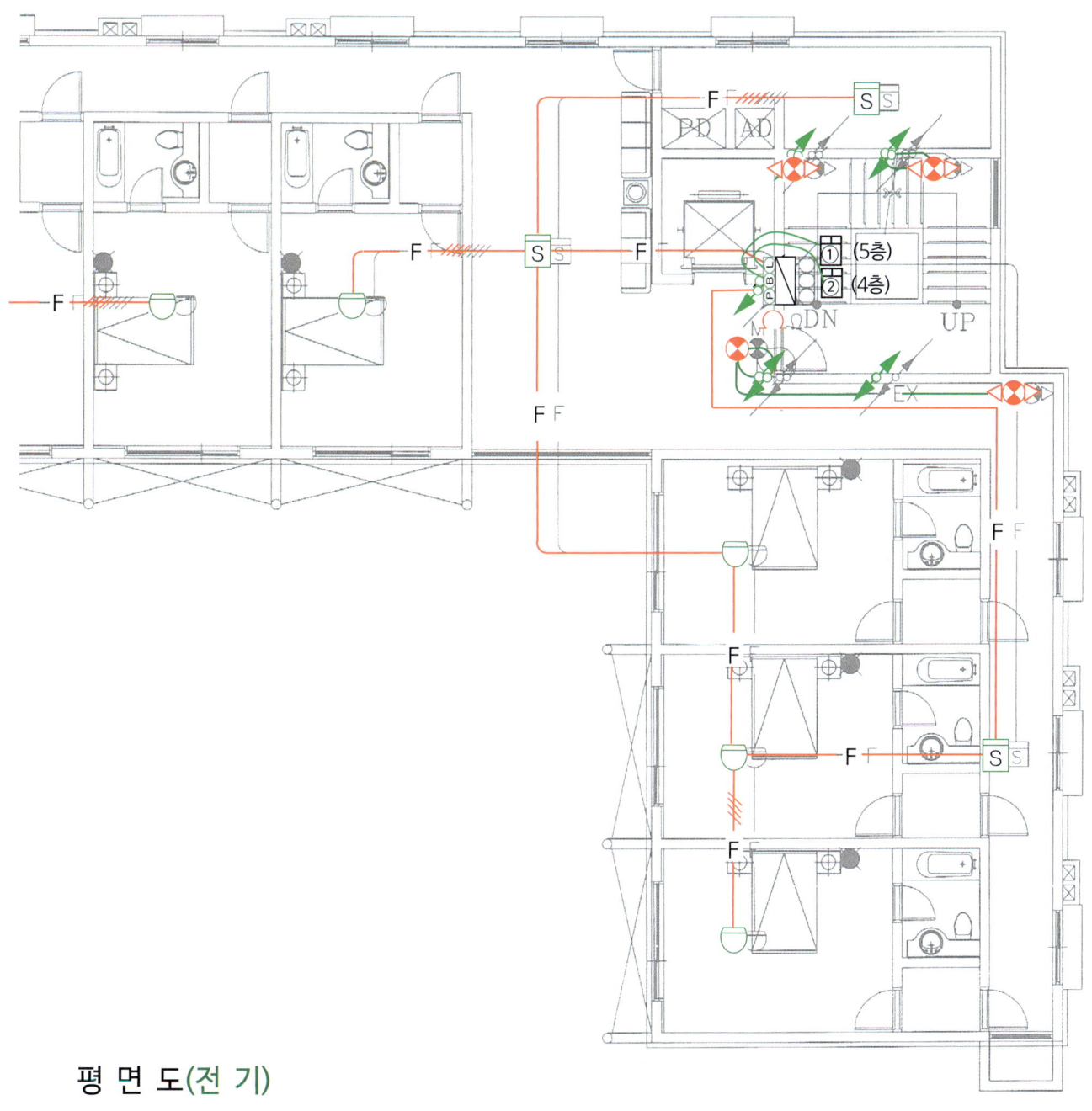

평 면 도(전 기)

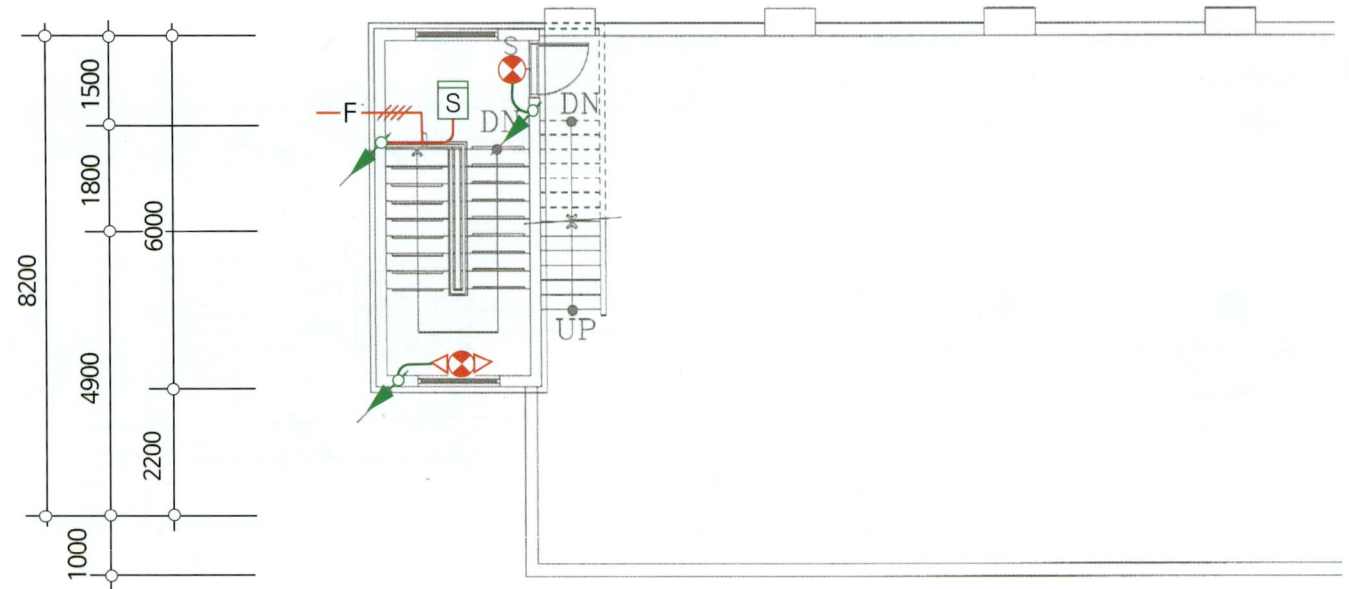

바. 옥상층 소화설비

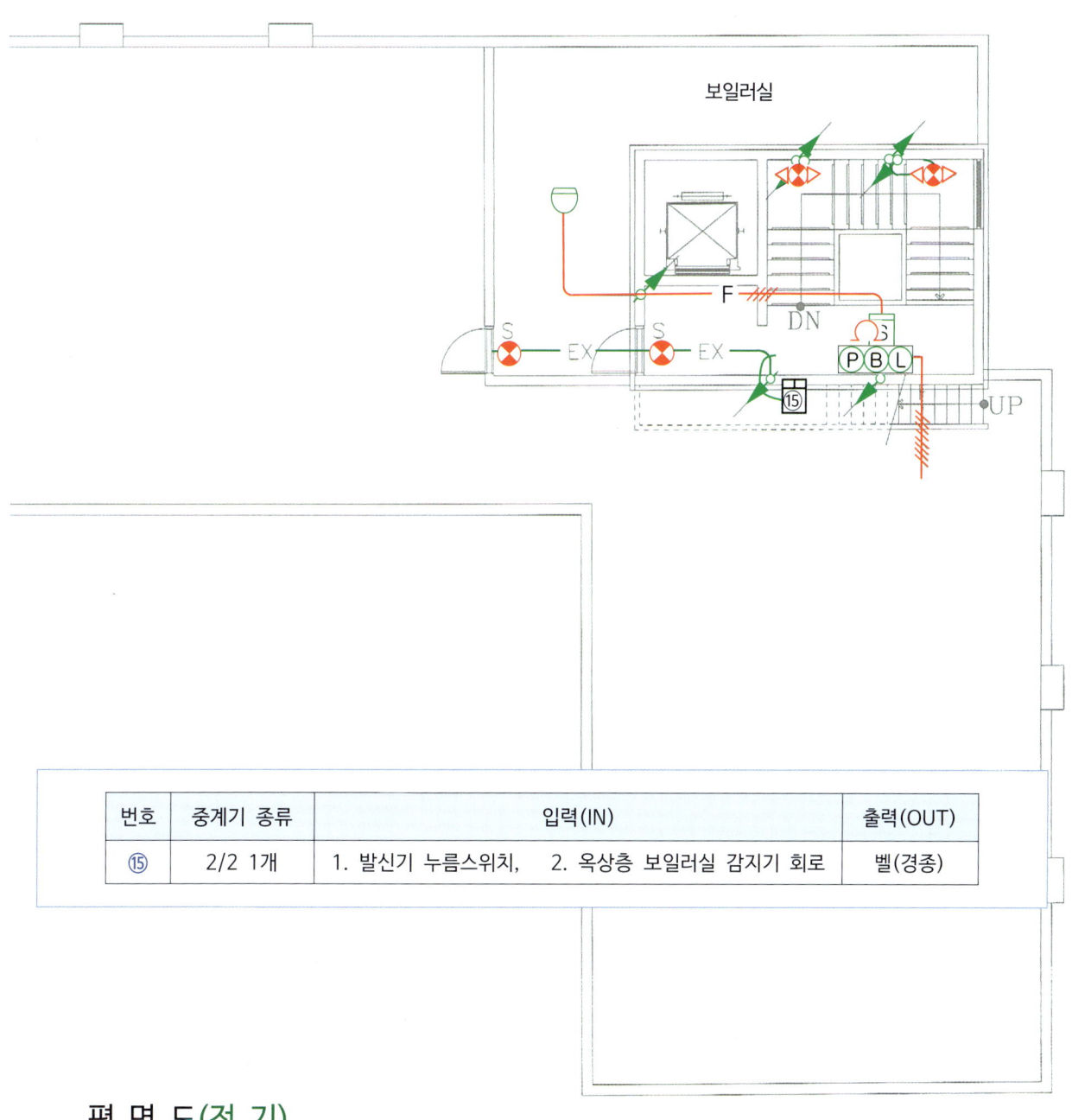

평 면 도(전 기)

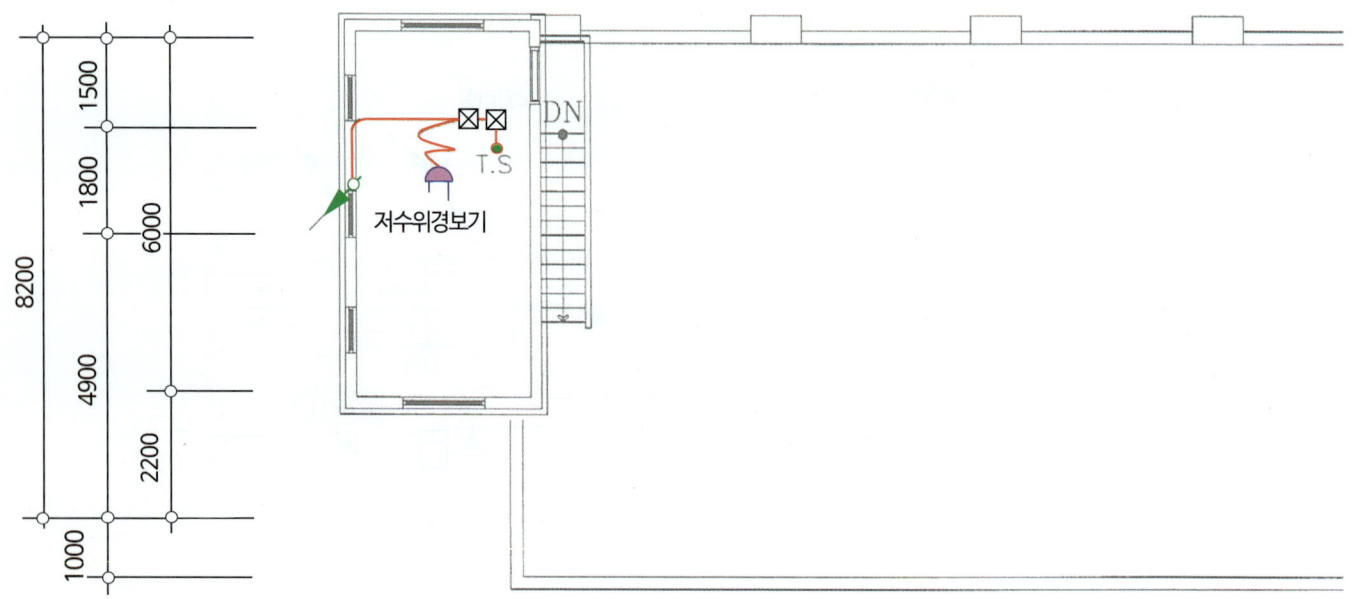

사. 옥탑층 소화설비

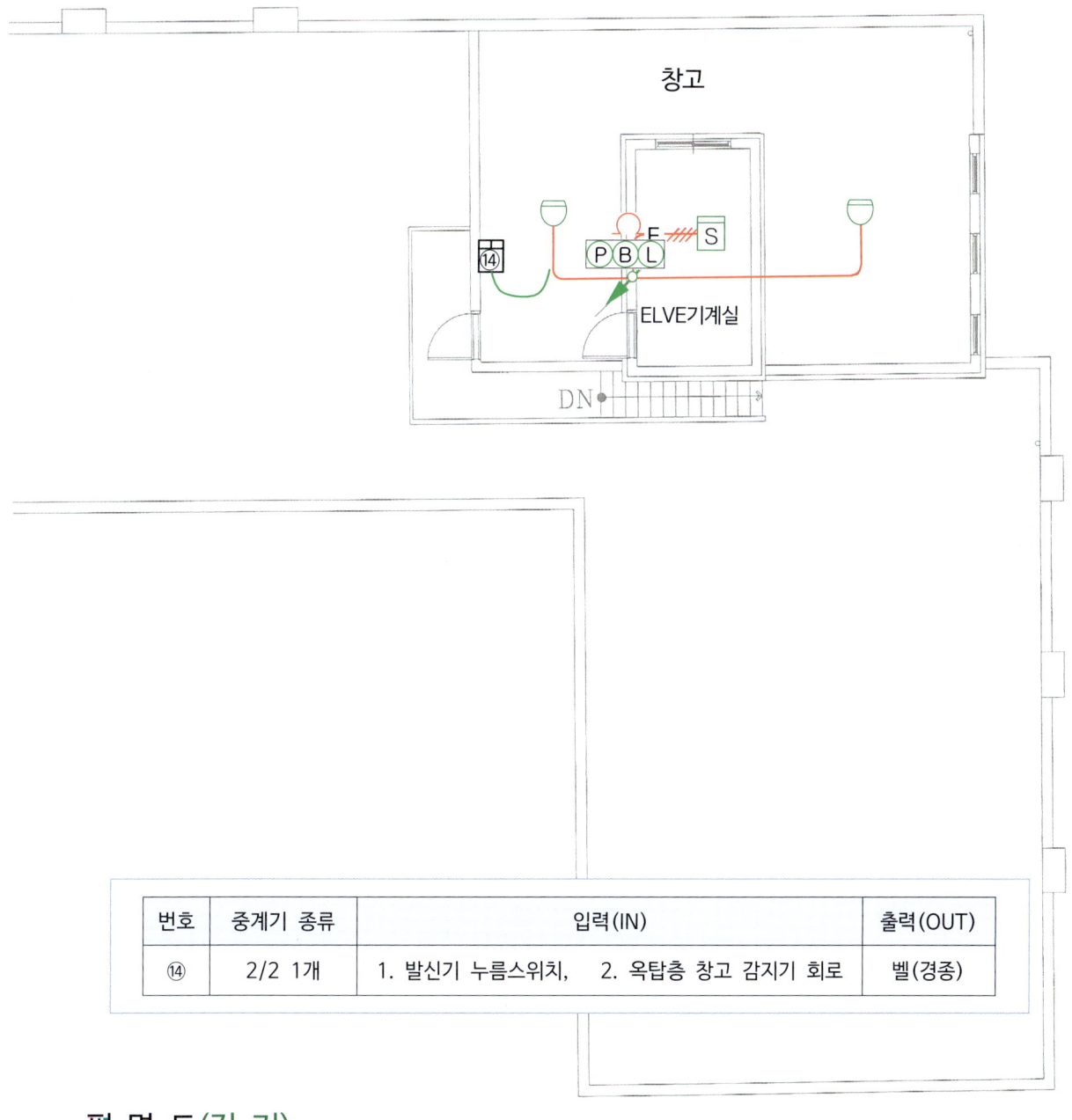

번호	중계기 종류	입력(IN)	출력(OUT)
⑭	2/2 1개	1. 발신기 누름스위치, 2. 옥탑층 창고 감지기 회로	벨(경종)

평 면 도(전 기)

4. 소방시설 설계도면(기계) 해설

가. 옥내소화전 주펌프 용량 설계

① 설계의 기준이 되는 소화전함 선정

소화전 주펌프 용량의 설계를 할 때 설계기준점 선정은 옥내소화전 주펌프에서 송수를 하여 소화전의 노즐에서 가장 방수량과 방수압력이 적게(낮게) 나오는 소화전으로 한다.
그 이유는 소화전펌프의 송수량이나 송수압력이 가장 낮은 소화전함을 법적기준(방수량, 방수압력)에 맞게 설계를 하면 나머지 소화전함의 노즐에서는 기준보다 방수량과 방수압력은 더 많게(높게) 나오므로 건물의 모든 소화전이 기준에 충족하게 된다.

② 펌프의 용량(규격) 설계

- 생략(설계부분 참조)

나. 옥내소화전 배관 구경(굵기) 설계

배관의 구경은 화재안전기준에 적합한 크기 이상으로 선정하여 설계를 하면 된다.
구경이 적은 것은 마찰손실이 커서 문제가 될 것이며 너무 큰 구경을 설계를 하는 것도 경제성이 떨어질 것이다.
설계를 하면서 적합한 구경이 되었는지의 검토 방법은 유속이 4m/sec 이하가 되는지를 아래와 같은 방법으로 확인을 하면 된다.

여기서 배관구경의 설계가 적합한지를 검토를 해 보면,
장비일람표에서 옥내소화전 주펌프의 양수량은 300ℓ/min이며
토출측 주배관을 65mm로 설계 되었다. 그러면 유속(V)이 4m/sec이하가 되는지를 확인을 해보면

Q(유량) = A(단면적) . V(유속)

Q : 300ℓ/min = 0.3㎥/min,   0.3㎥/min를 ㎥/sec로 환산하면, $\frac{0.3}{60}$ = 0.005㎥/sec   (300ℓ = 0.3㎥)

A(구경 면적) : $\frac{\pi D^2}{4}$ = $\frac{3.14 \times 0.065^2}{4}$ = 0.00316625 ㎡

$$V(유속) = \frac{Q}{A} = \frac{\frac{300 \ell/min}{60}}{\frac{\pi D^2}{4}} = \frac{\frac{0.3}{60}}{\frac{3.14 \times 0.065^2}{4}} = \frac{0.005}{0.003316625} = 1.50755 m/sec$$

그러므로 유속 4m/sec 이하로서 적합하다

배관의 기준 (옥내소화전 화재안전기술기준)

2.3.5 펌프의 토출측 주배관의 구경은 유속이 4㎧ 이하가 될 수 있는 크기 이상으로 하여야 하고, 옥내소화전방수구와 연결되는 가지배관의 구경은 40㎜(호스릴옥내소화전설비의 경우에는 25㎜) 이상으로 해야 하며, 주배관중 입상관의 구경은 50㎜(호스릴옥내소화전설비의 경우에는 32㎜) 이상으로 해야 한다.

2.3.6 연결송수관설비의 배관과 겸용할 경우의 주배관은 구경 100㎜ 이상, 방수구로 연결되는 배관의 구경은 65mm 이상의 것으로 해야 한다.

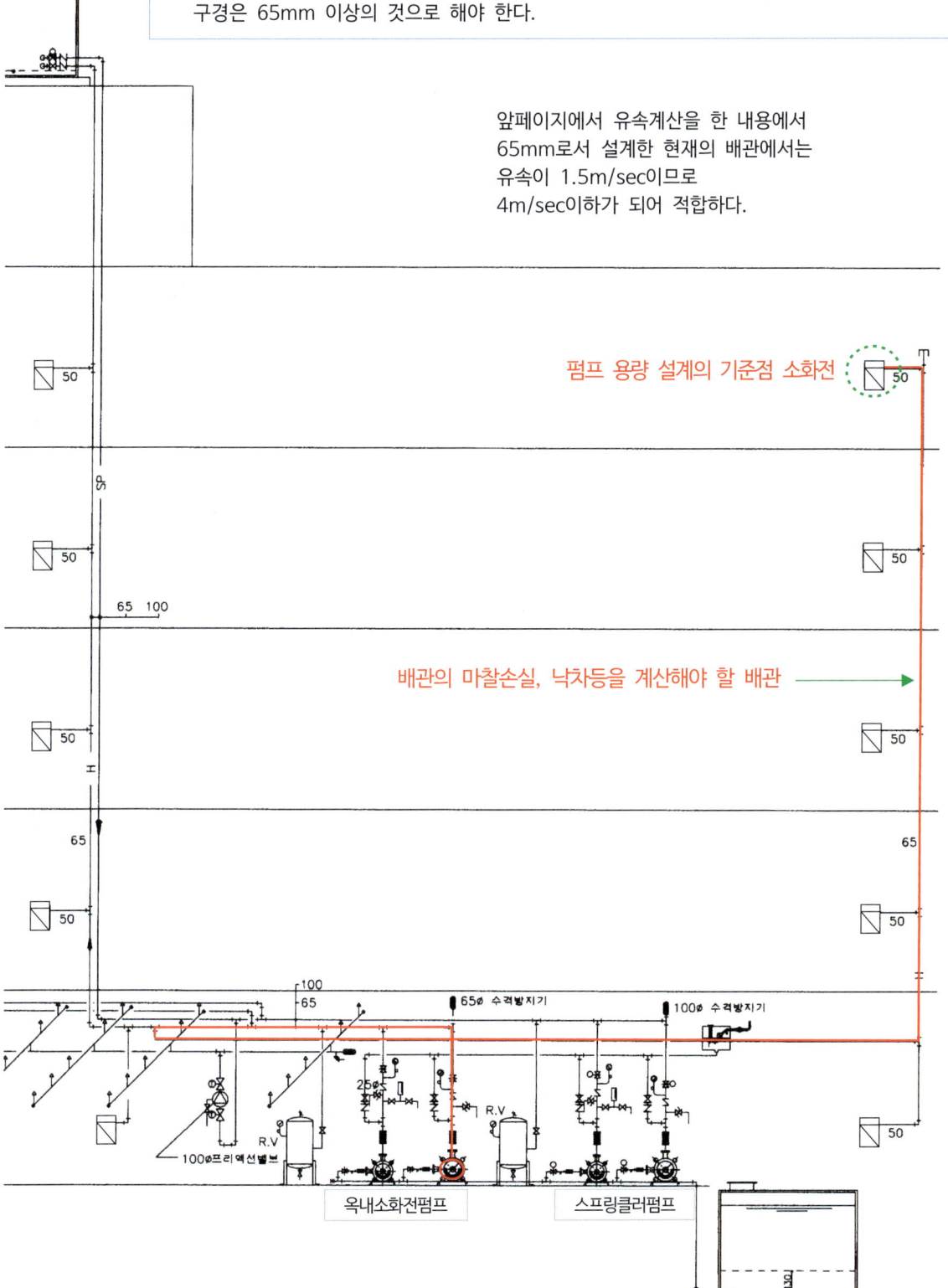

앞페이지에서 유속계산을 한 내용에서
65mm로서 설계한 현재의 배관에서는
유속이 1.5m/sec이므로
4m/sec이하가 되어 적합하다.

펌프 용량 설계의 기준점 소화전

배관의 마찰손실, 낙차등을 계산해야 할 배관 →

다. 스프링클러 헤드 설계

정사각형(정방형-正方形) 배치

장방형(직사각형)이나 삼각형 잡형등의 헤드배치 방법은 현실적으로 설계에서 거의 사용되지 않기 때문에 설명을 생략한다.

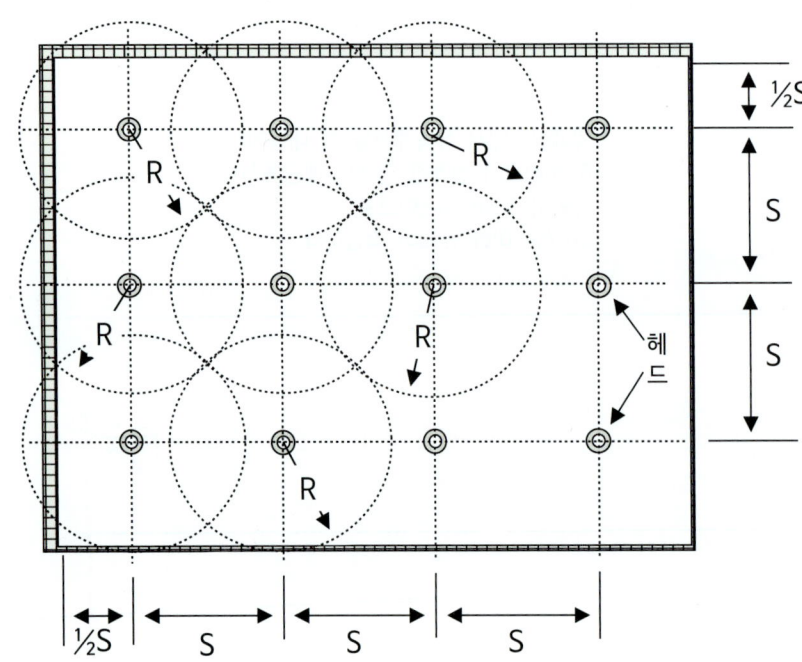

R : 수평거리
S : 헤드간격
S = 2R cos45°

장소	수평거리(R)	헤드간격(S)	계산방법
기타구조	2.1m	3m	2R cos45°= 2 ×2.1 ×1/√2 = 3m
내화구조	2.3m	3.2m	2R cos45°= 2 ×2.3 ×1/√2 = 3.2m

스프링클러 화재안전기준 10조 ③ 4

이 건물은 내화구조로서
헤드의 유효살수 수평거리 2.3m로
설계를 해야하며,
헤드와 헤드간의 거리는 3.2m 간격으로
설계를 하면된다.

표 2.5.3.3 스프링클러헤드 수별 급수관의 구경

(단위 : mm)

구분 \ 급수관구경	25	32	40	50	65	80	90	100	125	150
가	2	3	5	10	30	60	80	100	160	161 이상
나	2	4	7	15	30	60	65	100	160	161 이상
다	1	2	5	8	15	27	40	55	90	91 이상

(주) 1. 폐쇄형스프링클러헤드를 사용하는 설비의 경우로서 1개층에 하나의 급수배관(또는 밸브 등)이 담당하는 구역의 최대면적은 3,000㎡를 초과하지 않을 것
2. 폐쇄형스프링클러헤드를 설치하는 경우에는 "가"란의 헤드 수에 따를 것. 다만, 100개 이상의 헤드를 담당하는 급수배관(또는 밸브)의 구경을 100㎜로 할 경우에는 수리계산을 통하여 2.5.3.3의 단서에서 규정한 배관의 유속에 적합하도록 할 것
3. 폐쇄형스프링클러헤드를 설치하고 반자 아래의 헤드와 반자속의 헤드를 동일 급수관의 가지관상에 병설하는 경우에는 "나"란의 헤드 수에 따를 것
4. 2.7.3.1의 경우로서 폐쇄형스프링클러헤드를 설치하는 설비의 배관구경은 "다"란에 따를 것
5. 개방형스프링클러헤드를 설치하는 경우 하나의 방수구역이 담당하는 헤드의 개수가 30개 이하일 때는 "다"란의 헤드수에 의하고, 30개를 초과할 때는 수리계산 방법에 따를 것

2.5.3.3 : 수리계산에 따르는 경우 가지배관의 유속은 6㎧, 그 밖의 배관의 유속은 10㎧를 초과할 수 없다.

1층 주차장 스프링클러설비 배관 해설(142,143p도면)

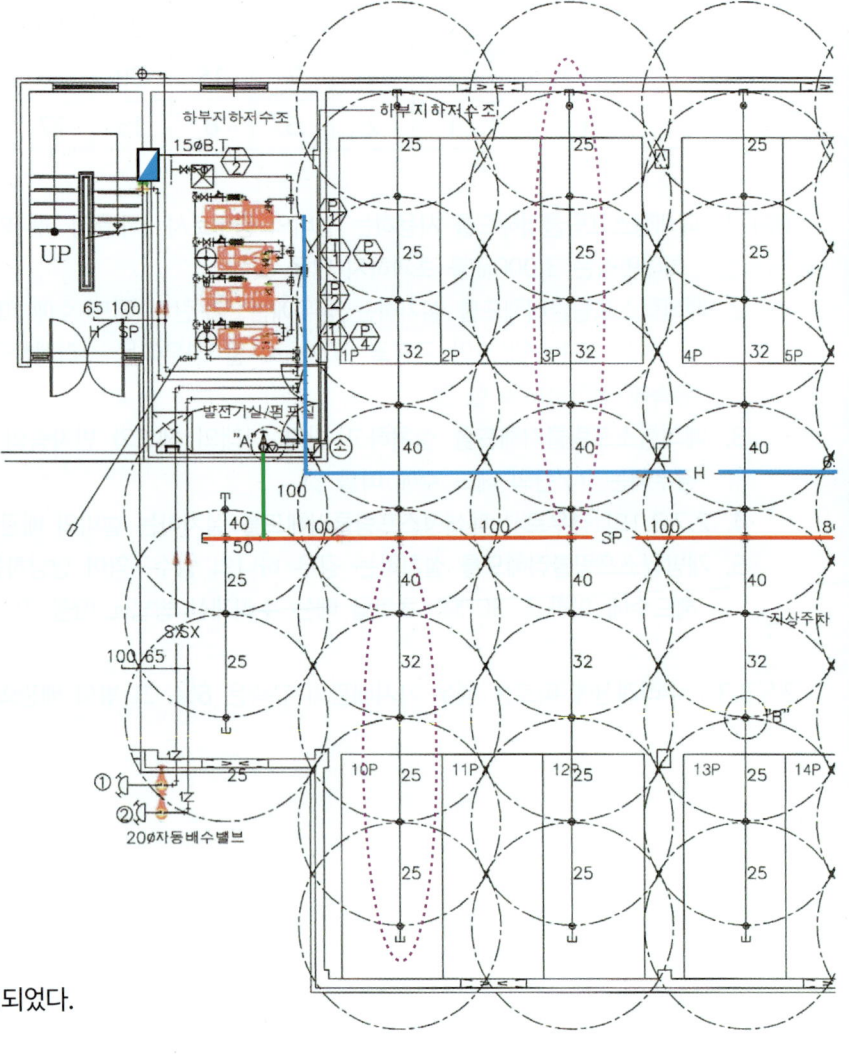

1층 소화설비

1. 배관의 종류(명칭)

가. 가지배관
헤드가 설치되는 ─── 배관을 말한다.

나. 교차배관
가지배관에 물을 공급하는 배관을 말하며,
─── 색 배관을 말한다.

다. 수평주행배관
교차배관에 물을 공급하는 배관을 말하며,
─── 색 배관을 말한다.

2. 가지배관 설계

가. 가지배관은 토너먼트 방식이 아니어야 한다.

나. 1개의 가지배관에 헤드설치 개수
교차배관에서 분기되는 지점을 기점으로 한쪽 가지배관에 설치되는 헤드의 개수(반자 아래와 반자속의 헤드를 하나의 가지배관 상에 병설하는 경우에는 반자 아래에 설치하는 헤드의 개수)는 8개 이하로 한다.
도면의 ◌ 표시의 배관을 말하며 헤드가 5개 설치되었다.

다. 배관의 구경(굵기) 계산
배관의 구경은 『표 2.5.3.3 스프링클러헤드 수별 급수관의 구경』내용에 따른다.

구분\급수관구경	25	32	40	50	65	80	90	100	125	150
가	2	3	5	10	30	60	80	100	160	161 이상
나	2	4	7	15	30	60	65	100	160	161 이상
다	1	2	5	8	15	27	40	55	90	91 이상

설계의 도면은 폐쇄형헤드이므로 표의 【가】란의 헤드 수에 따른다. 다만, 100개 이상의 헤드를 담당하는 급수배관(또는 밸브)의 구경을 100㎜로 할 경우에는 수리계산을 통하여 배관의 유속에 적합하도록 설계한다.

라. 배관의 구경 설계

㉮ 배관의 구경은 헤드(①) 1개가 설치되는 배관이므로 별표1가의 내용에서 25mm 이상이어야 한다.

㉯ 배관의 구경은 헤드(①, ②) 2개가 설치되는 배관이므로 25mm 이상이어야 한다.

㉰ 배관의 구경은 헤드(①, ②, ③) 3개가 설치되는 배관이므로 32mm 이상이어야 한다.

㉱ 배관의 구경은 헤드(①, ②, ③) 3개가 설치되는 배관이므로 32mm 이상이어야 한다.

㉲ 배관의 구경은 헤드(①, ②, ③, ④, ⑤) 5개가 설치되는 배관이므로 40mm 이상이어야 한다.

㉳ 배관의 구경은 헤드(①~⑩) 10개가 설치되는 배관이므로 50mm 이상이어야 한다.

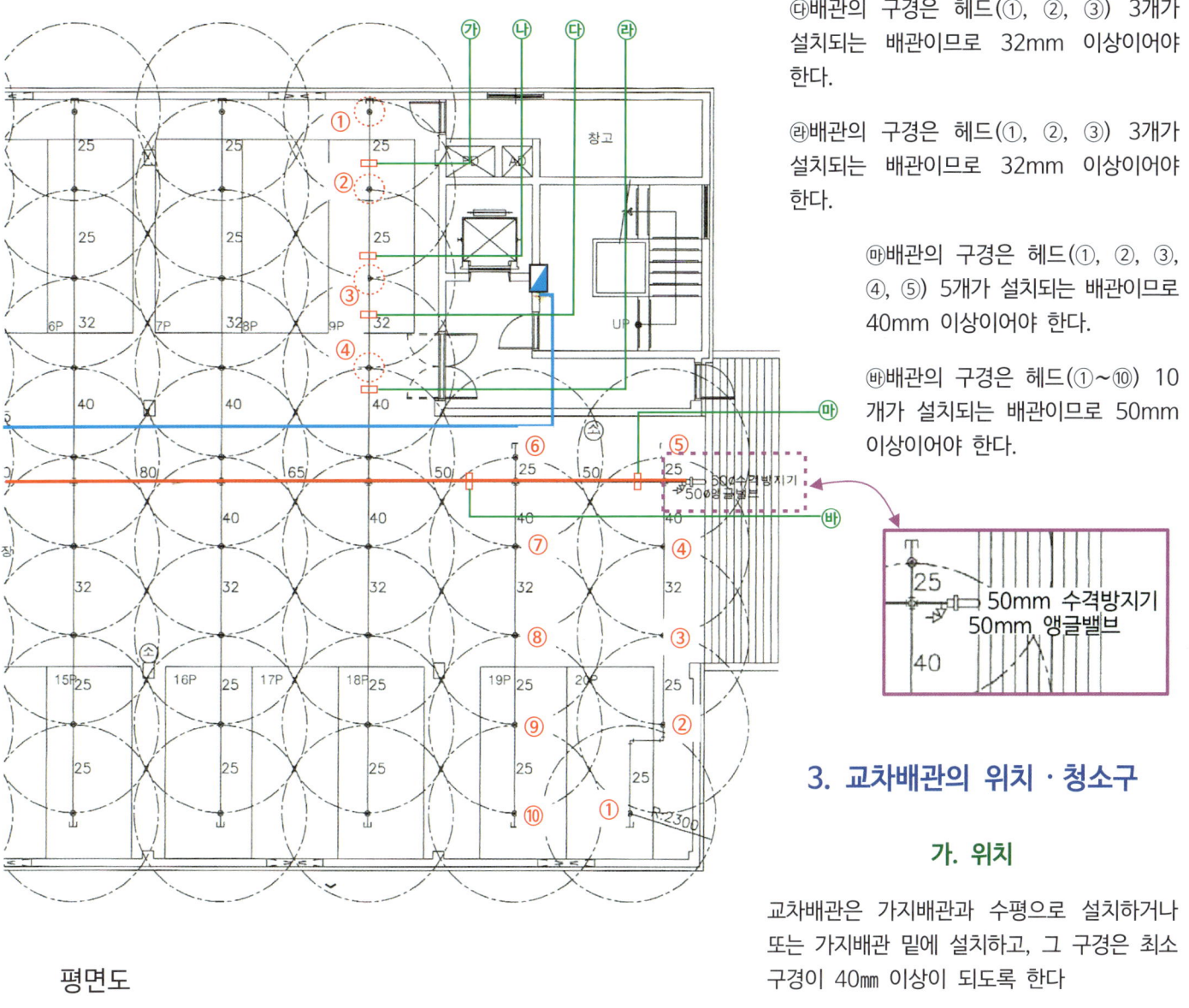

평면도

3. 교차배관의 위치 · 청소구

가. 위치

교차배관은 가지배관과 수평으로 설치하거나 또는 가지배관 밑에 설치하고, 그 구경은 최소 구경이 40㎜ 이상이 되도록 한다

나. 청소구

청소구는 교차배관 끝에 개폐밸브를 설치하고, 호스접결이 가능한 나사식 또는 고정배수 배관식으로 한다.

다. 수격방지기 설치

교차배관 끝에 수격방지기를 설치한다. (화재안전기준에는 설치기준이 없다)

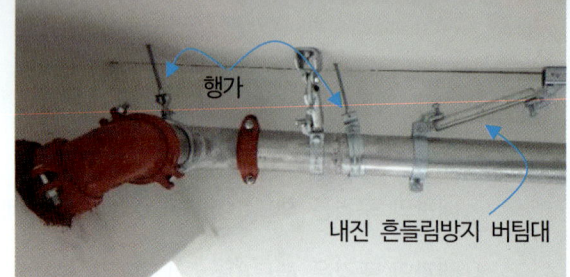

라. 행가(Hanger-지지대) 스프링클러설비 화재안전기술기준 2.5.13

배관을 매달기 위하여 천장이나 벽에 고정하는 지지대를 행가라 한다.

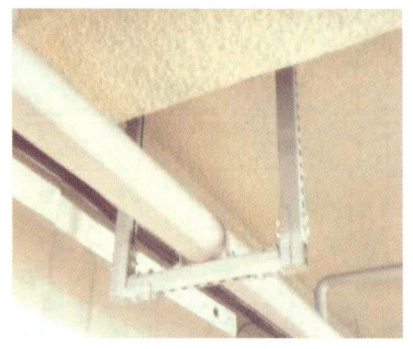

큰 배관의 행가 설치

행가 설치기준

1. 가지배관에는 헤드의 설치지점 사이마다 1개이상의 행가를 설치하되 헤드간의 거리가 3.5m를 초과하는 경우에는 3.5m 마다 1개이상 설치한다. 이 경우 상향식헤드와 행가 사이에 8㎝ 이상의 간격을 둔다.

2. 교차배관에는 가지배관과 가지배관 사이마다 1개이상의 행가를 설치하되, 가지배관 사이의 거리가 4.5m를 초과하는 경우에는 4.5m 이내마다 1개 이상 설치한다.

3. 제1, 2호의 수평주행배관에는 4.5m 이내마다 1개이상 설치한다.

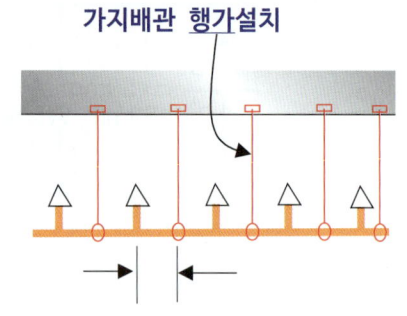

헤드와 행가 사이에 8㎝이상을 두도록 한다.
그 이유는 헤드에서 뿌려지는 물이 행가에 부딪혀
살수방해가 될 수 있으므로 헤드와 거리를 두도록 했다

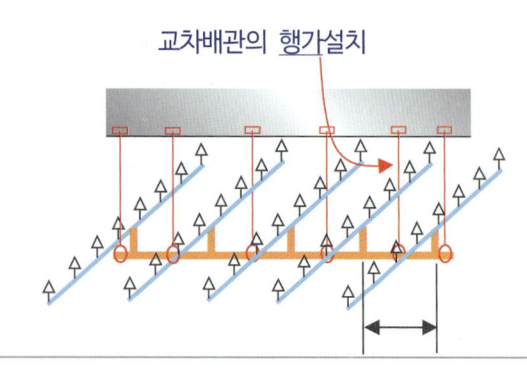

가지배관과 가지배관의 거리가 4.5m 초과하는
교차배관에는 행가를 1개 더 설치한다

행가(행거) hanger : 걸이, 지지대

문제 1

그림의 스프링클러설비에 필요한
최소한의 행가 설치개수는 몇개 인가요?

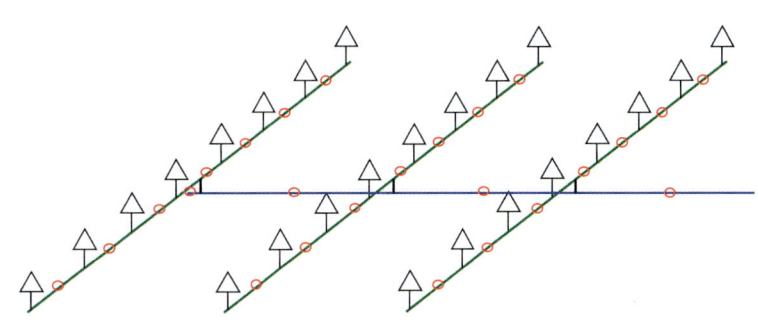

정답

가지배관 : 7개 × 3 = 21개
교차배관 : 4개
∴ 25개

해설

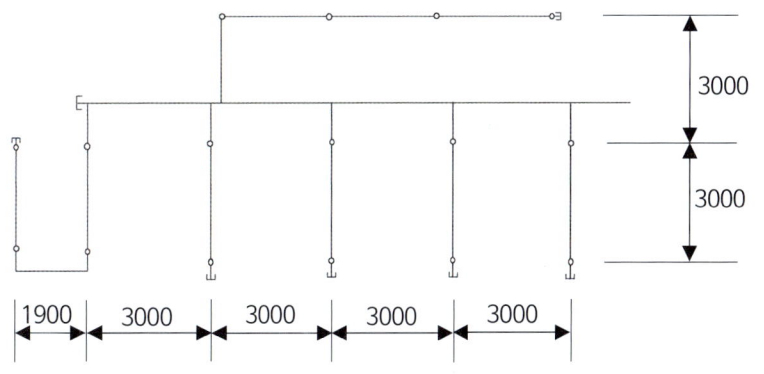

문제 2

그림의 스프링클러설비에 필요한
최소한의 행가 설치개수는 몇 개 인가요?

정답

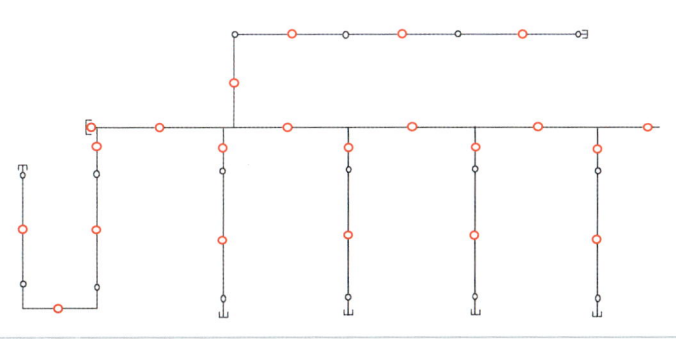

가지배관 : 16개
교차배관 : 6개
∴ 22개

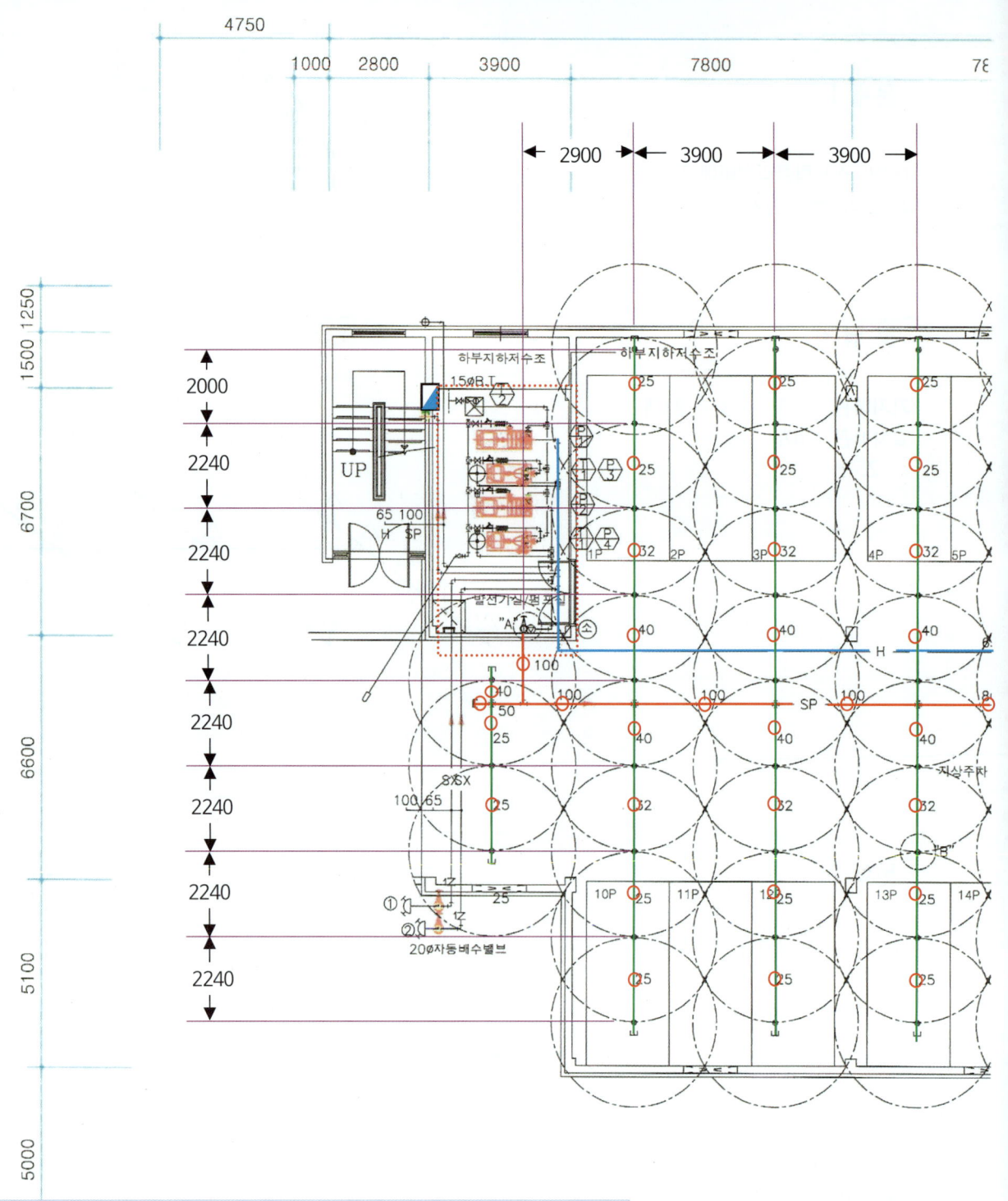

> **행가 설치기준** - 스프링클러설비 화재안전기술기준 2.5.13
>
> ⑬ 배관에 설치되는 행가는 다음 각 호의 기준에 따라 설치해야 한다.
>   1. **가지배관**에는 헤드의 설치지점 사이마다 1개 이상의 행가를 설치하되, 헤드간의 거리가 3.5m를 초과하는 경우에는 3.5m 이내마다 1개 이상 설치할 것. 이 경우 상향식헤드와 행가 사이에는 8cm 이상의 간격을 두어야 한다.
>   2. **교차배관**에는 가지배관과 가지배관 사이마다 1개 이상의 행가를 설치하되, 가지배관 사이의 거리가 4.5m를 초과하는 경우에는 4.5m이내마다 1개 이상 설치할 것
>   3. 제1호 및 제2호의 **수평주행배관**에는 4.5m 이내마다 1개 이상 설치할 것

라. 1 층 소 화

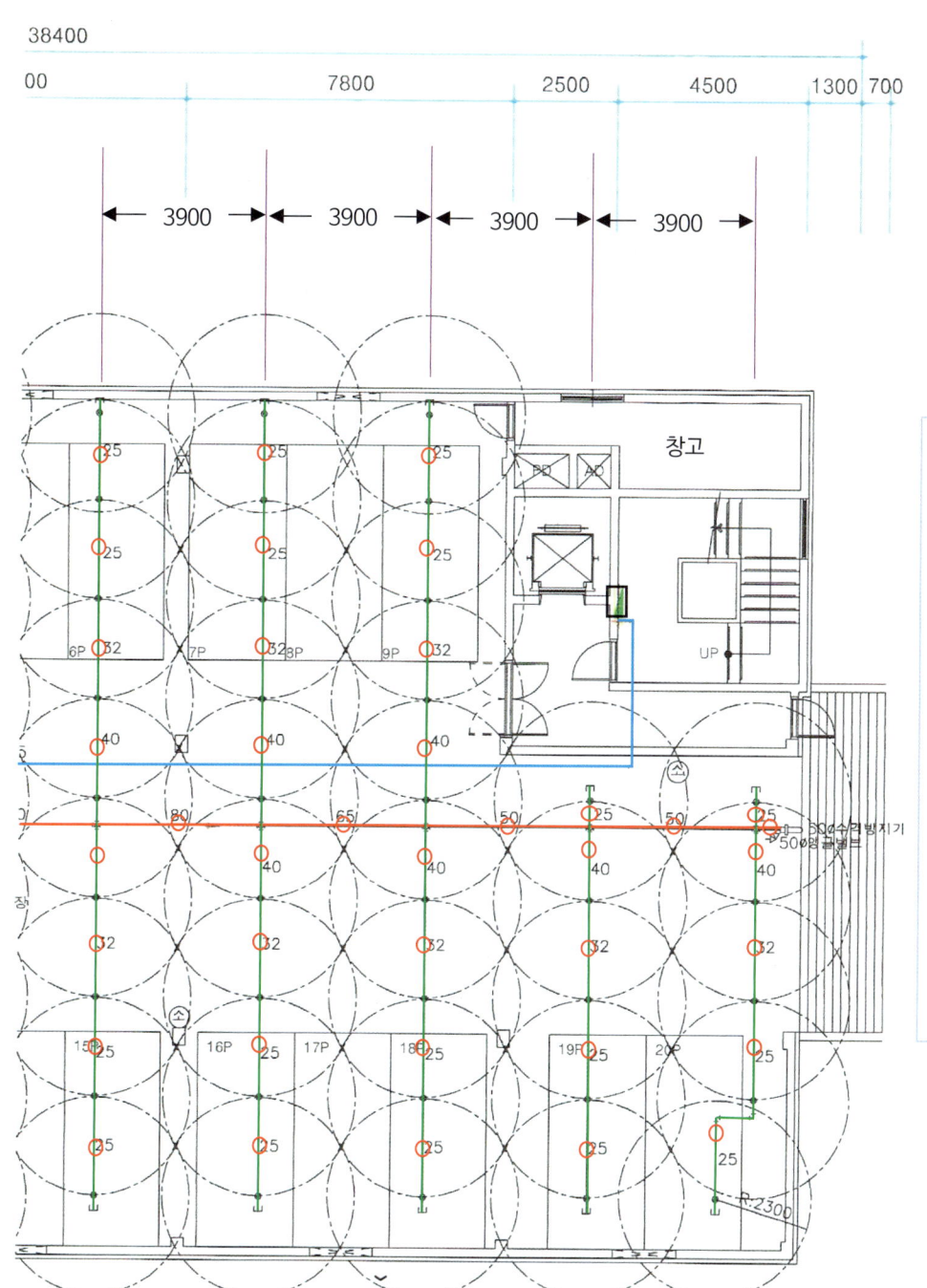

해 설

행가 설계

행가설계를 해야 하지만, 많은 설계도면에는 행가설계를 하지 않고 있다.

옥내소화전배관 행가 설계

옥내소화전화재안전기준에는 배관의 행가 설치기준이 없다.
지하주차장 등 일부의 장소에는 스프링클러 배관처럼 천장에 매단 배관이 많이 있다. 이런한 장소의 배관에는 행가를 설치하여 배관을 천장에 매달아야 할 것이다.

해 설

가지배관 행가 설계

헤드간의 거리가 2.0, 2.24m로서 3.5m 이내이므로 헤드의 설치지점 사이마다 1개의 행가를 설계했다.

교차배관 행가 설계

가지배관과 가지배관 사이의 거리가 2.9, 3.9m로서 4.5m 이내이므로 가지배관과 가지배관 사이마다 1개의 행가를 설계했다.

평 면 도

마. 피난기구

1. 설치개수 근거법 : 피난기구 화재안전기술기준 2.1.2

피난기구의 설치개수는 피난기구를 설치해야하는 바닥면적에 대하여 피난기구를 계산한다.

$$설치개수 = \frac{바닥면적}{장소별 기준면적}$$

2. 설치위치

피난기구를 설치하는 개구부는 서로 동일 직선상이 아닌 위치로서 분산 배치해야 한다.
(3, 4, 5층의 피난자가 피난기구를 이용하여 탈출할 때에 수직선상에 서로 방해가 되지 않도록 분산 배치해야 한다)

3. 적응성

설치장소별구분 \ 층별	1층	2층	3층	4층 이상 10층 이하
1. 노유자시설	미끄럼대 구조대, 피난교 다수인피난장비 승강식피난기	미끄럼대 구조대, 피난교 다수인피난장비 승강식피난기	미끄럼대 구조대, 피난교 다수인피난장비 승강식피난기	피난교 다수인피난장비 승강식피난기
2. 의료시설·근린생활시설중 입원실이 있는 의원·접골원·조산원			미끄럼대, 구조대, 피난교, 피난용트랩 다수인피난장비 승강식피난기	구조대, 피난교 피난용트랩 다수인피난장비 승강식피난기
4. 그 밖의 것			미끄럼대 피난사다리 구조대, 완강기 피난교, 피난용트랩 간이완강기, 공기안전매트 다수인피난장비 승강식피난기	피난사다리 구조대, 완강기 피난교 간이완강기 공기안전매트 다수인피난장비 승강식피난기

4. 사례

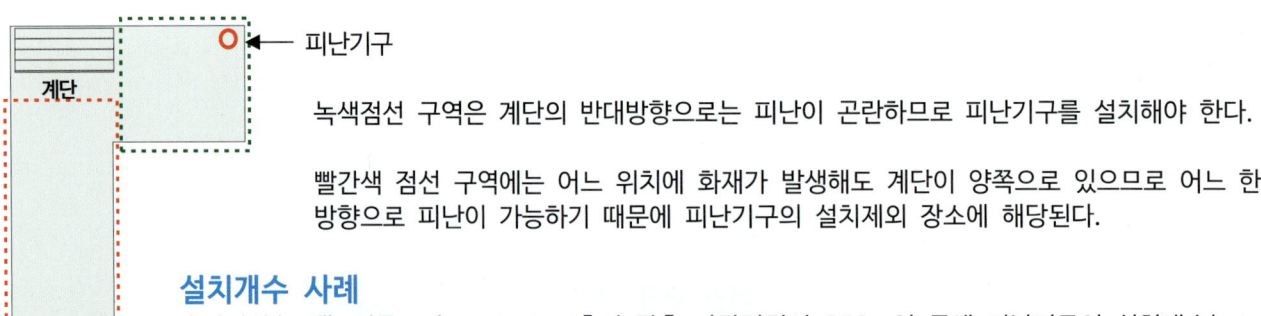

← 피난기구

녹색점선 구역은 계단의 반대방향으로는 피난이 곤란하므로 피난기구를 설치해야 한다.

빨간색 점선 구역에는 어느 위치에 화재가 발생해도 계단이 양쪽으로 있으므로 어느 한 방향으로 피난이 가능하기 때문에 피난기구의 설치제외 장소에 해당된다.

설치개수 사례
숙박시설(모텔) 건물로서 1, 2, 3, 4층의 각층 바닥면적이 350㎡인 곳에 피난기구의 설치개수는?

해 설
1, 2층은 피난기구를 설치하지 않는다.

3, 4층 설치개수 $\frac{바닥면적}{장소별 기준면적} = \frac{350}{500} = 0.7$개   그러므로 3층 1개, 4층 1개

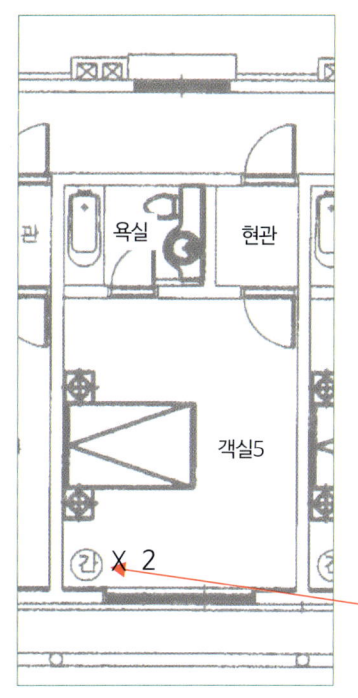

간이완강기

숙박시설의 경우에는 객실마다 간이완강기 2개를 설치해야 한다.

간이완강기를 설치하는 장소에는 피난자가 완강기의 밧줄을 걸고 탈출할 수 있는 개구부(창문)가 있어야 하며,
이부분의 창은 별도의 창호도가 첨부되어야 한다.

바. 소화기구

① 소화기

1. 소화기는 대상물의 바닥면적에 해당대상물의 1단위당 유효면적을 나누어 소화단위 및 소화기의 개수를 계산한다.
2. 실의 면적이 33㎡ 이상의 실은 별도로 소화기를 배치한다.
3. 보행거리 20m 이내가 되도록 계산한다.

② 부속용도별 추가 소화기구

보일러실, 주방, 변전실등에는
그 부속용도별로 추가해야 할 소화기구를 설치해야 한다.
이 건물은 여관의 주방으로서 자동확산소화기를
추가하여 설치할 장소는 아니다.
(호델의 주방은 해당된다)

③ 설계자의 누락

많은 설계도서에서는 전산기기실. 통신기기실, 보일러실, 주방등에
부속용도별 추가하여야할 소화기구의 설계를 누락하고 있다.

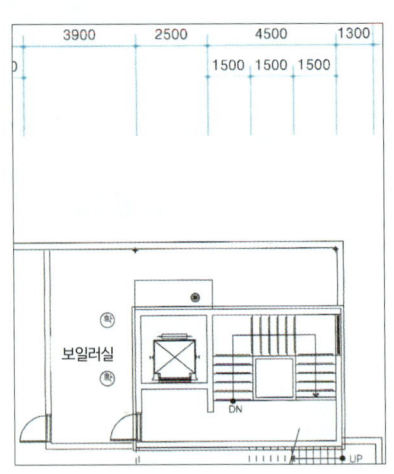

여기서의 도면에 객실마다 간이완강기 2개를 표시한 것은,
1개는 4층 또 1개는 5층의 간이완강기를 표시한 것이다.
객실에 설치하는 간이완강기는
층별로 수직적인 동일 직선상에 설치해도 된다.

보일러실의 자동확산소화기

보일러실은 바닥면적 39.75㎡로서
바닥면적이 10㎡를 초과하므로
2개이상의 자동확산소화기를 설치한다

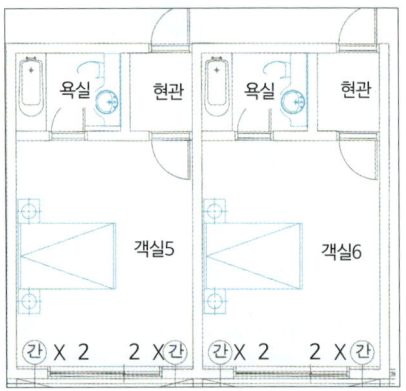

사. 수조 설계

1. 수원 양

이 건물은 옥내소화전과 스프링클러설비의 겸용
(공동사용) 수조(물탱크)이므로 각각의 설비에
필요한 수원의 양을 합하면 된다.

① 옥내소화전에 필요한 수원의 양
  1개층에 소화전함이 2개이므로,
  2.6㎥ × 2개 = **5.2㎥**

② 스프링클러설비에 필요한 수원의 양
  이 건물은 헤드의 기준개수가 10개이므로,
  1.6㎥ × 10개 = **16㎥**

③ 수원의 양은 5.2㎥ + 16㎥ = **21.2㎥**가 필요하다

④ 설계한 수조 소화수량
  가로 × 세로 × 높이 =
  6.7 × 3.9 × 0.83 = **21.68㎥**로서 적합하다

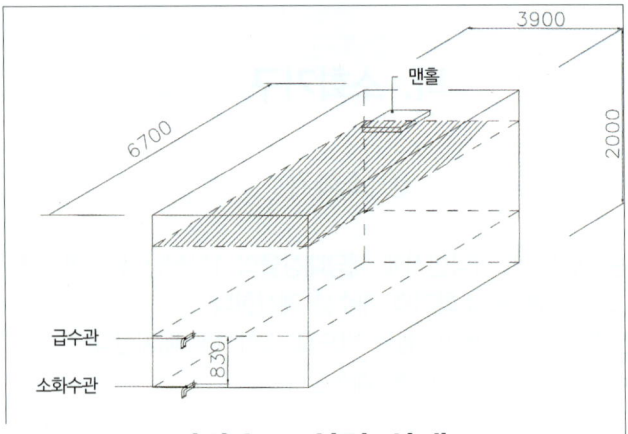

지하수조 설치 상세도

지하수조 : 6700L × 3900W × 2000H = 52.26㎥

1. 법적으로 필요한 옥상수조 최소의 용량 : 21.2㎥
   ○ 옥내소화전 : 2.6㎥ × 2개 = 5.2㎥
   ○ 스프링클러 : 1.6㎥ × 10개 = 16㎥
   ∴ 5.2 + 16 = 21.2㎥

2. 수조의 저수량
   수조 바닥면적(26.13㎡) × 높이(0.83m) = 21.68㎥
   ∴ 21.2㎥ < 21.68㎥ 이므로 저수량이 충분하다

3. 기타 급수관, 배수관, 맨홀, 사다리, 수위계 등을 설치한다.

2. 수조 부속품

수위계. 고정식 사다리. 청소용 배수밸브 또는 배수관, 표지판, 조명설비등을 설계서에 상세히 표현해야 하나,
이 설계도면에는 메모(NOTE)로서 표현을 했다.
수위계는 재질과 규격, 사다리의 규격과 재질, 배수관의 수조에 위치 표기등 도면에 표기된 설계를 해야 한다.

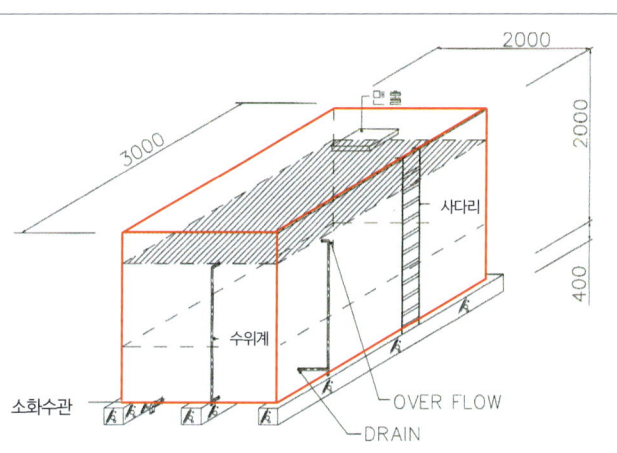

옥상수조 설치 상세도

1. 옥상수조 : 3000L × 2000W × 2000H = 12㎥

2. 법적으로 필요한 옥상수조 최소의 용량 : 7.14㎥
   ○ 옥내소화전 : 2.6㎥ × 2개 = 5.2㎥

   (옥상수조 저수량 : $\dfrac{5.2}{3}$ = 1.74㎥)

   ○ 스프링클러 : 1.6㎥ × 10개 = 16㎥

   (옥상수조 저수량 : $\dfrac{16}{3}$ = 5.4㎥)

   ∴ 옥상수조 저수량 = 1.74 + 5.4 = 7.14㎥

3. 옥상수조에 필요한 내용
   급수관, 배수관, 맨홀, 사다리, 수위계 등을 설치한다.

해 설

옥상수조 설계

1. 수원의 양
이 건물은 옥내소화전과 스프링클러설비의 겸용(공동사용) 수조(물탱크)이므로 각각의 설비에 필요한 수원의 양을 합한 것의 1/3 이상이 되어야 한다.

가. 옥내소화전의 필요한 옥상수조 수원 양
   1개층에 소화전함이 2개이므로, 2.6㎥ × 2개 = 5.2㎥. 5.2㎥ × 1/3 = **1.74㎥**

나. 스프링클러설비의 필요한 옥상수조 수원 양
   이 건물은 헤드의 기준개수가 10개이므로, 1.6㎥ × 10개 = 16㎥. 16㎥ × 1/3 = **5.4㎥**

   ◆ 그러므로 **옥상수조 수원 양**은 1.74㎥ + 5.4㎥ = **7.14㎥**가 필요하다.

다. 설계한 수조의 소화수 양
   가로 × 세로 × 높이 = 3 × 2 × 2 = 12㎥로서 7.14㎥ 보다 많으므로 적합하다.

2. 수조 부속품

옥상수조에도 수위계, 고정식 사다리, 청소용 배수밸브 또는 배수관, 표지판, 조명설비등을 설계서에 상세히 표현해야 하나, 이 설계도면에는 메모(NOTE)로서 표현을 하였다.
수위계는 재질과 규격, 사다리의 규격과 재질, 배수관의 수조에 위치 표기등 도면에 표기된 설계를 해야 한다.

5. 소방시설 설계도면(전기) P형 해설

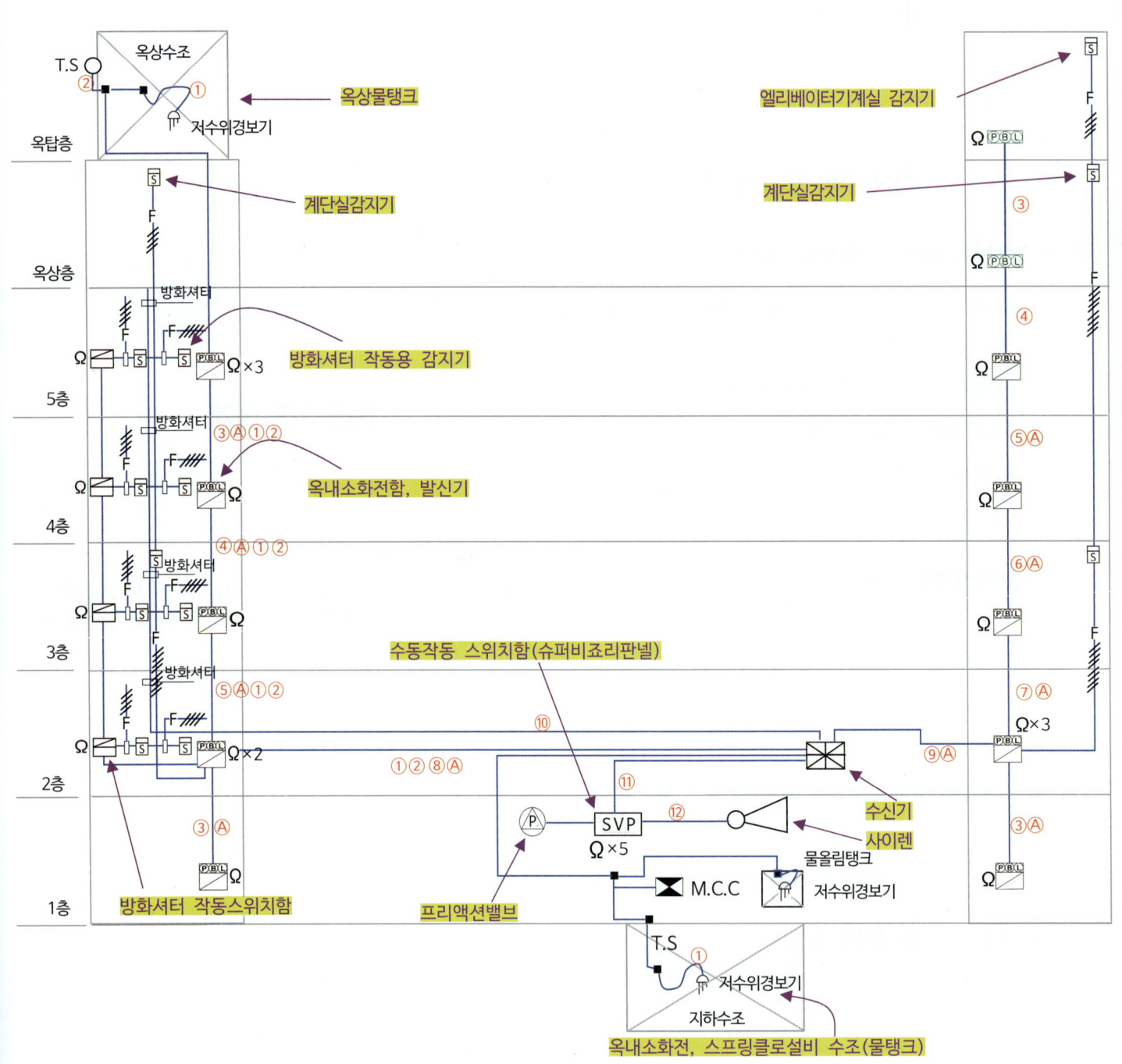

가. 소방시설 전기회로 계통도(161p) **해설**

소방시설 계통로(161p) 회로배선 해설 1

이 건물의 자동화재탐지설비는 일제경보방식으로 설계되었다.

1. 5층 발신기와 4층 발신기 회로내용 ③ Ⓐ ① ②
  ③은 자동화재탐지설비 회로 HFIX 2.5㎟ - 6 이다.
    6선의 내용은, (벨(경종), 벨·표시등 공통, 표시등, 응답, 회로, 회로공통)
  Ⓐ는 옥내소화전 기동표시등, HFIX 2.5㎟ - 2(16C) 이다. (옥내소화전 기동표시등+, -)
  ①은 옥상수조 저수위경보기(+,-선), ②는 탬퍼스위치(+,-선)이다.

2. 4층 발신기와 3층 발신기 회로내용 ④ Ⓐ ① ②
  ④는 자동화재탐지설비 회로 HFIX 2.5㎟ - 7 이다.
    (벨(경종), 벨·표시등 공통, 표시등, 응답, 회로 2, 회로공통)

3. 3층 발신기와 2층 발신기 회로내용 ⑤ Ⓐ ① ②
  ⑤는 자동화재탐지설비 회로 HFIX 2.5㎟ - 8 이다.
    (벨(경종), 벨·표시등 공통, 표시등, 응답, 회로 3, 회로공통)

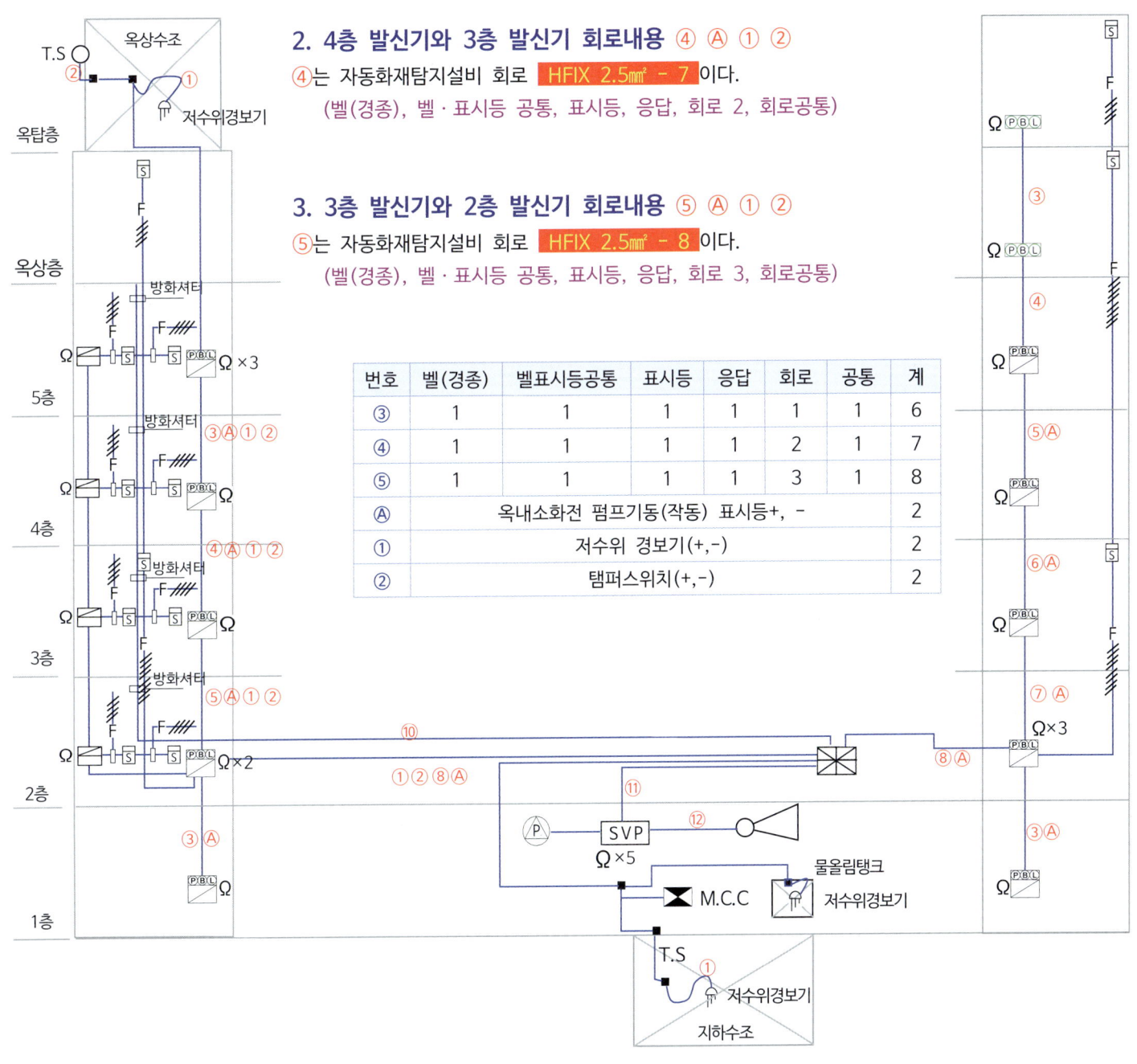

번호	벨(경종)	벨표시등공통	표시등	응답	회로	공통	계
③	1	1	1	1	1	1	6
④	1	1	1	1	2	1	7
⑤	1	1	1	1	3	1	8
Ⓐ	옥내소화전 펌프기동(작동) 표시등+, -						2
①	저수위 경보기(+,-)						2
②	탬퍼스위치(+,-)						2

소방시설 계통로(161p) 회로배선 해설 2

1. 2층 발신기와 1층 발신기 회로내용 ③ Ⓐ

③은 자동화재탐지설비 회로 HFIX 2.5㎟ - 6 이다.
6선의 내용은, (벨, 벨·표시등 공통, 표시등, 응답, 회로, 회로공통)

Ⓐ는 옥내소화전 기동표시등, HFIX 2.5㎟ - 2(16C) 이다. (옥내소화전 기동표시등+, -)

2. 2층 발신기와 수신기 회로내용 ⑧ ⑨

⑧은 자동화재탐지설비 회로 HFIX 2.5㎟ - 11 이다.
(벨, 벨·표시등 공통, 표시등, 응답, 회로 6, 회로공통)

⑨는 자동화재탐지설비 회로 HFIX 2.5㎟ - 15 이다.
(벨, 벨·표시등 공통, 표시등, 응답, 회로 9, 회로공통 2)

번호	벨(경종)	벨표시등공통	표시등	응답	회로	공통	계
③	1	1	1	1	1	1	6
⑧	1	1	1	1	6	1	11
⑨	1	1	1	1	9	2	15

3. 프리액션밸브 수동작동스위치함과 수신기 회로내용

⑪은 HFIX 2.5㎟ - 9 이다.
(전원+, 전원-, 전화, 사이렌선, 감지기 A선, 감지기 B선,
프리액션밸브 전동볼밸브작동 기동선, 유수검지 압력스위치선, 템퍼스위치선)

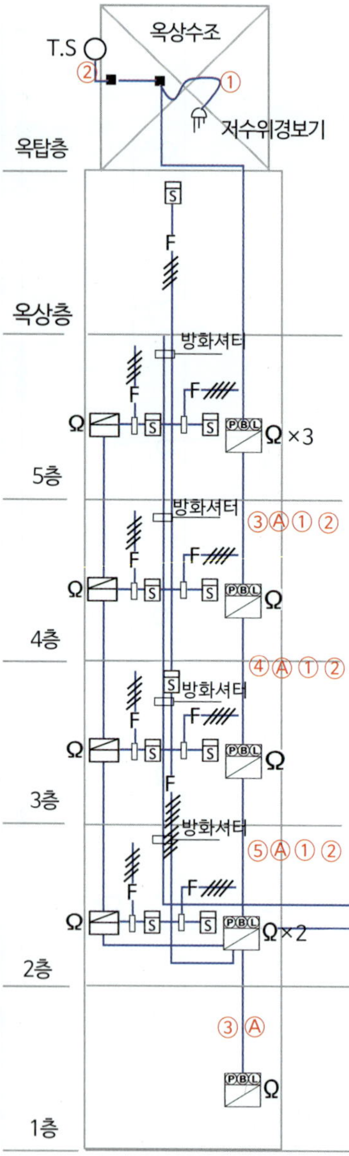

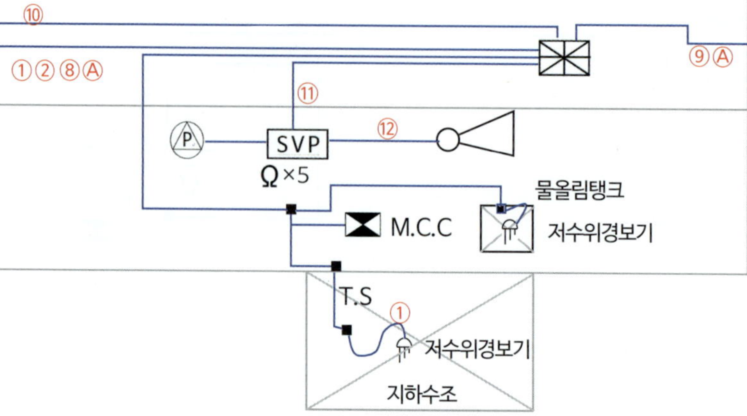

204

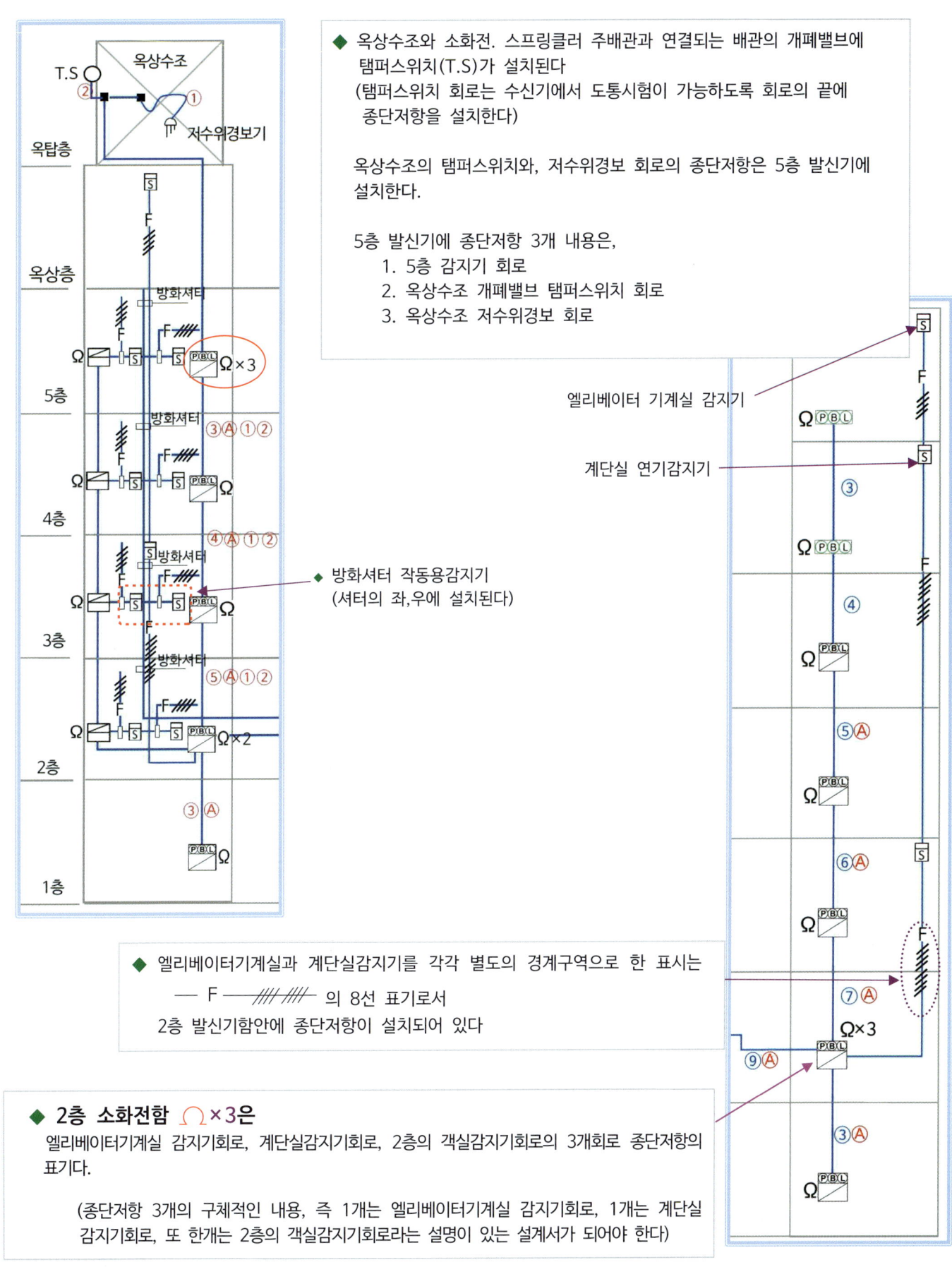

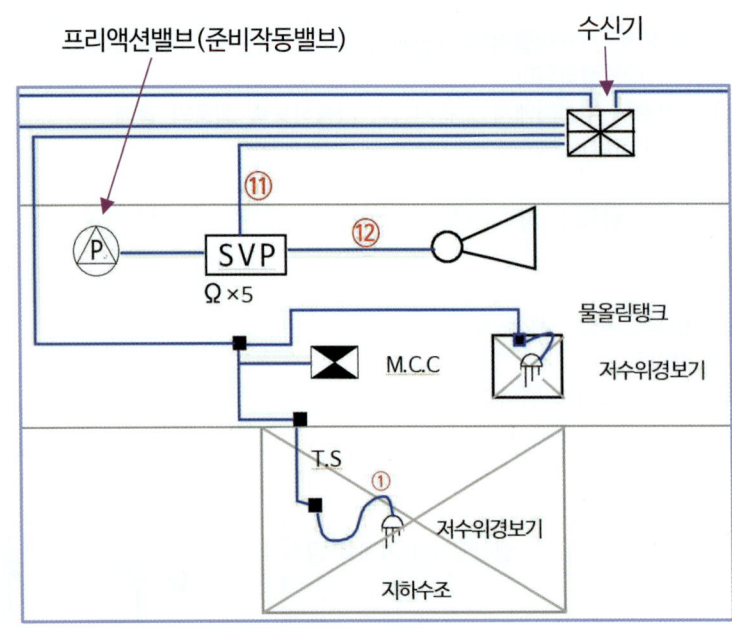

계통도 1층부분

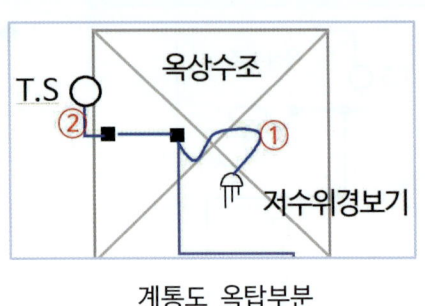

계통도 옥탑부분

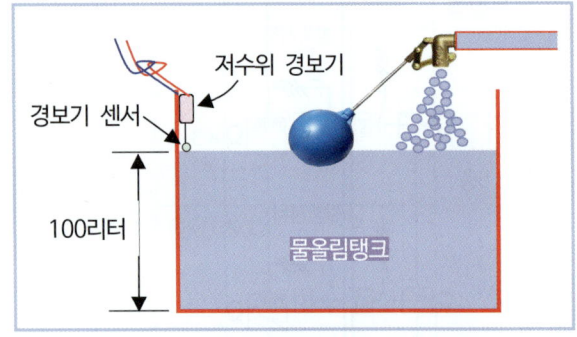

저수위 경보센서(sensor) 설치위치

SVP Ω×5 의 종단저항 내용은,

1. 프리액션밸브 작동용 a 감지기회로
2. 프리액션밸브 작동용 b 감지기회로
3. 지하수조 저수위경보기 회로
4. 물올림탱크 저수위경보기 회로
5. 개폐밸브 탬퍼스위치 회로

물탱크의 저수위 경보기 회로내용 ①은 HFIX 2.5㎟ - 2(16C) 이다. 구체적인 내용은 저수위 경보기선(+, -)이다.
물탱크의 탬퍼스위치 회로내용 ②는 HFIX 2.5㎟ - 2(16C) 이다.
전선관의 크기(굵기)는 2.5㎟ 2선이므로 전선관 규격표에서 16mm의 크기가 된다.

옥상물탱크, 수조(지하물탱크), 물올림탱크의 저수위 감시회로는 각각 저수위 감시(경보)스위치(+, -) 2선을 하면된다.
회로의 끝에는 종단저항을 설치해야 한다. 기준에는 도통시험을 할 수 있도록 하고 있다.
일부의 설계도서에는 저수위, 고수위, 공통선으로 3선을 설치하지만 기준에는 저수위 감시회로를 설치하도록 하고 있다.

HFIX 2.5㎟ - 2(16C) 를
16Φ (HFIX 2.5㎟ - 2), HFIX 2- 2.5㎟ 16Φ 또는 16C(HFIX 2.5㎟ - 2)로 표현하기도 한다.

참고 자료
옥상수조, 지하수조(수조), 물올림탱크의 저수위 경보센서(sensor) **설치 적정위치**
옥상수조, 지하수조(수조)는 법적으로 필요한 물탱크의 양보다 위쪽의 위치에 저수위 경보센서를 설치해야 한다.
물올림탱크는 100ℓ 이상의 위쪽의 위치에 저수위 경보센서를 설치해야 한다.
그 이유는 물탱크의 법적 필요량은 항상 확보되면서 법적 수원의 양보다 감소하면 경보센서가 작동해야 한다.
물올림탱크도 100ℓ 이상이 필요하므로 100ℓ 이하로 감소하면 경보센서가 작동해야 한다.

나. 1층 스프링클러 기동용 감지기 설계 해설

준비작동식스프링클러설비의 프리액션밸브 전동밸브 작동용 감지기회로 연결 내용의 설계도면이다.
a, b회로의 교차회로 설계되었다. 회로배선의 실제 상세한 연결 내용은 다음페이지에 상세히 그렸다.

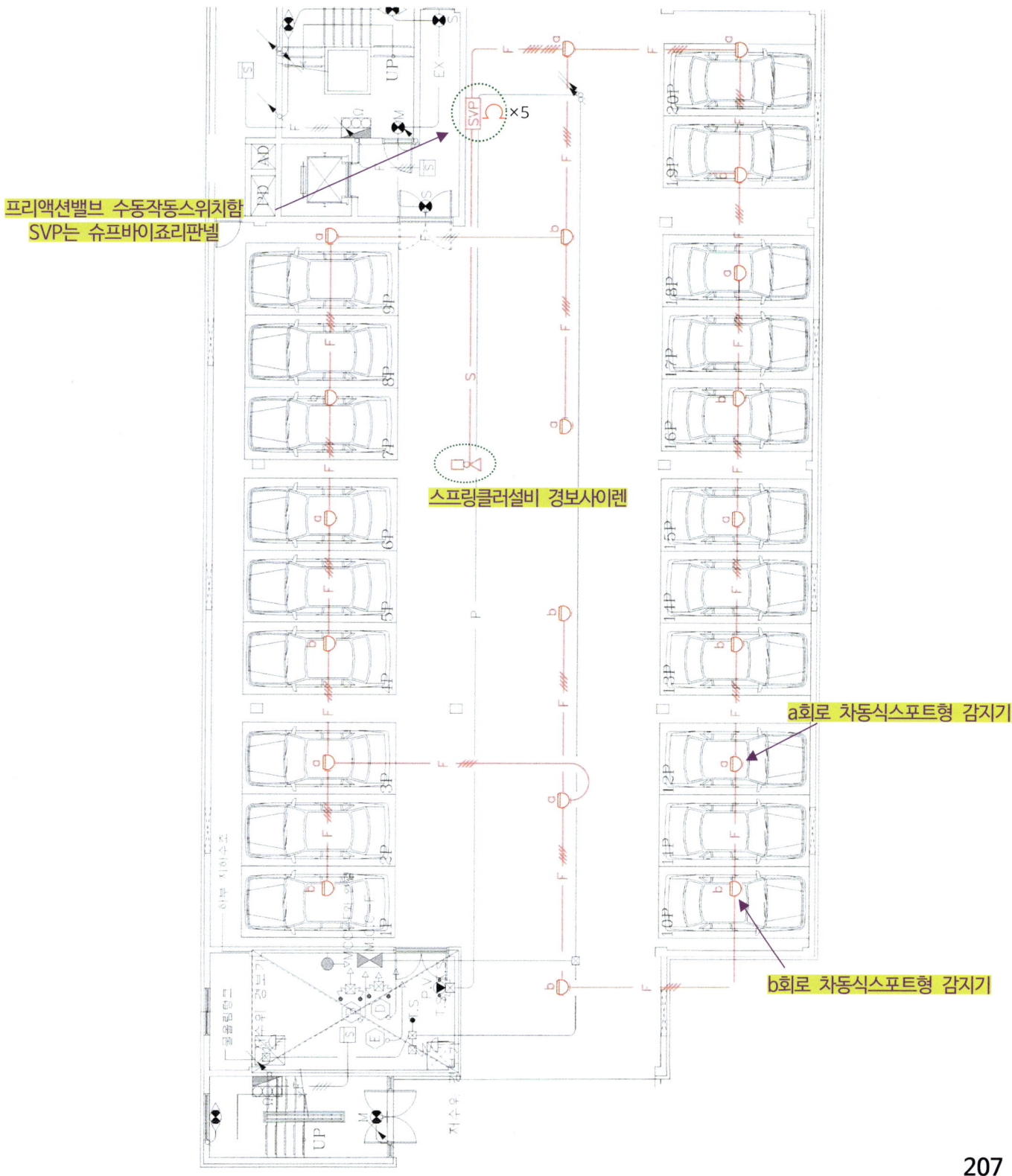

다. 2층 감지기 설계 해설

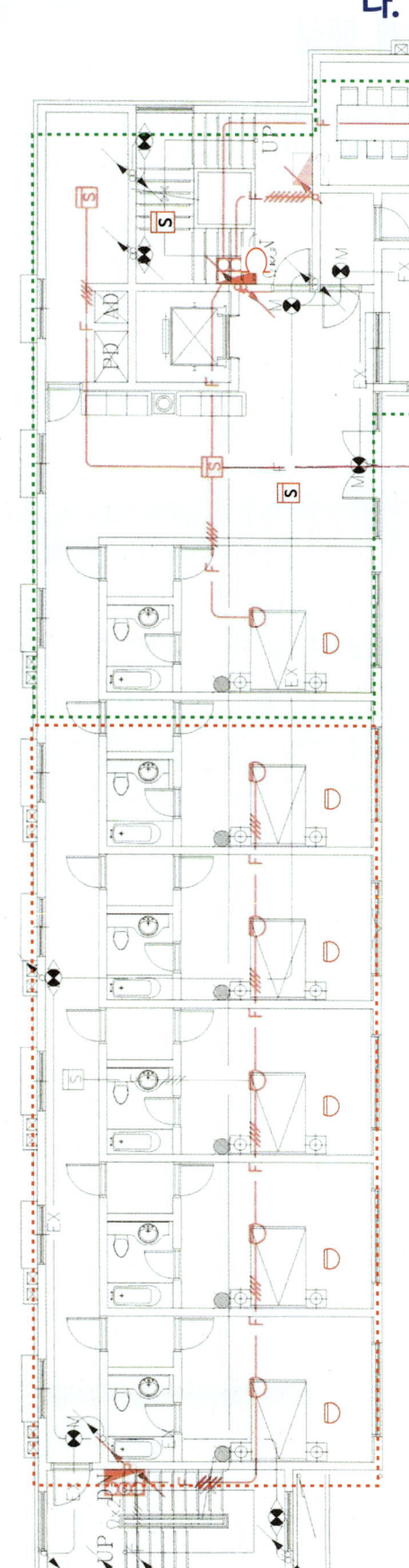

경계구역 나눔

경계구역의 설계에서 참고할 내용

1. 화재안전기준에 적합하게 설계를 해야 한다.

> 【기준】
> 자동화재탐지설비의 화재안전기술기준 2.1(경계구역)
> 하나의 경계구역의 면적은 600㎡ 이하로 하고 한변의 길이는 50m 이하로 한다.

(참고 : 600㎡ 이하로 이면서 한변의 길이는 50m 이하가 되도록
2가지 조건이 충족되어야 한다)

2. 경계구역을 설정하는 목적(화재 감시)에 부합하도록 설계를 한다.

이 건물의 경계구역 설계는 바닥면적이 390㎡, 한변의 길이가 38m로서
1개층을 1개의 경계구역으로 설계를 해야 되지만,
설계자는 1개층을 나누어 옆의 도면과 같이 점선의 구역으로 2개의 경계구역을
설계를 했다.

ㄱ자의 건물에서 홀을 기준으로 하여 건물의 형태로
종과 횡으로 경계구역을 설정하면
화재감시제어반에서 화재의 발생장소를 쉽게 파악할 수 있으며
관리하기에 더욱 좋을 것이다.

2층 감지기 설계 해설

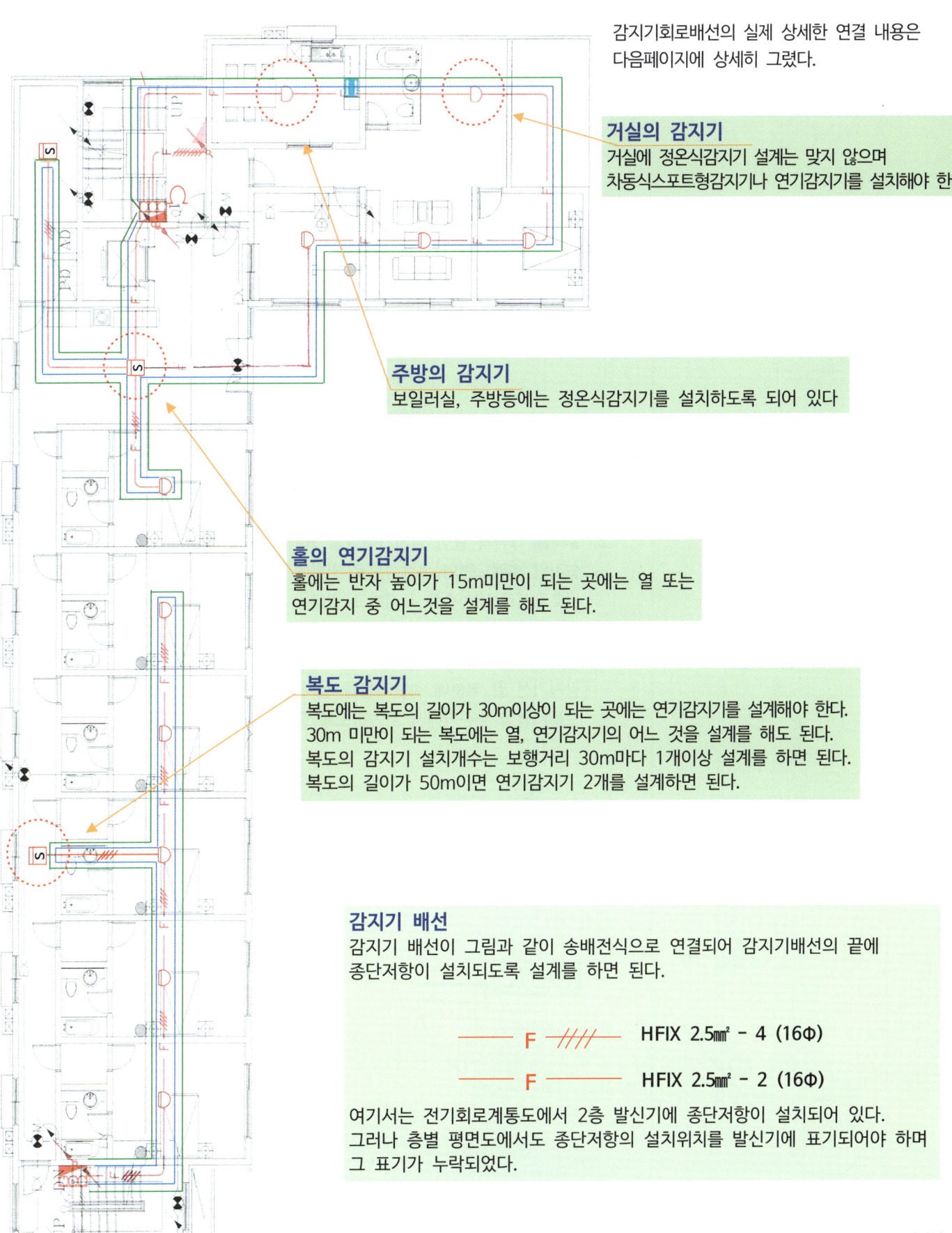

감지기회로배선의 실제 상세한 연결 내용은 다음페이지에 상세히 그렸다.

거실의 감지기
거실에 정온식감지기 설계는 맞지 않으며 차동식스포트형감지기나 연기감지기를 설치해야 한다

주방의 감지기
보일러실, 주방등에는 정온식감지기를 설치하도록 되어 있다

홀의 연기감지기
홀에는 반자 높이가 15m미만이 되는 곳에는 열 또는 연기감지 중 어느것을 설계를 해도 된다.

복도 감지기
복도에는 복도의 길이가 30m이상이 되는 곳에는 연기감지기를 설계해야 한다.
30m 미만이 되는 복도에는 열, 연기감지기의 어느 것을 설계를 해도 된다.
복도의 감지기 설치개수는 보행거리 30m마다 1개이상 설계를 하면 된다.
복도의 길이가 50m이면 연기감지기 2개를 설계하면 된다.

감지기 배선
감지기 배선이 그림과 같이 송배전식으로 연결되어 감지기배선의 끝에 종단저항이 설치되도록 설계를 하면 된다.

─── F ─//// ─── HFIX 2.5㎟ - 4 (16Φ)

─── F ─── HFIX 2.5㎟ - 2 (16Φ)

여기서는 전기회로계통도에서 2층 발신기에 종단저항이 설치되어 있다.
그러나 층별 평면도에서도 종단저항의 설치위치를 발신기에 표기되어야 하며 그 표기가 누락되었다.

2층 감지기 배선연결 상세내용

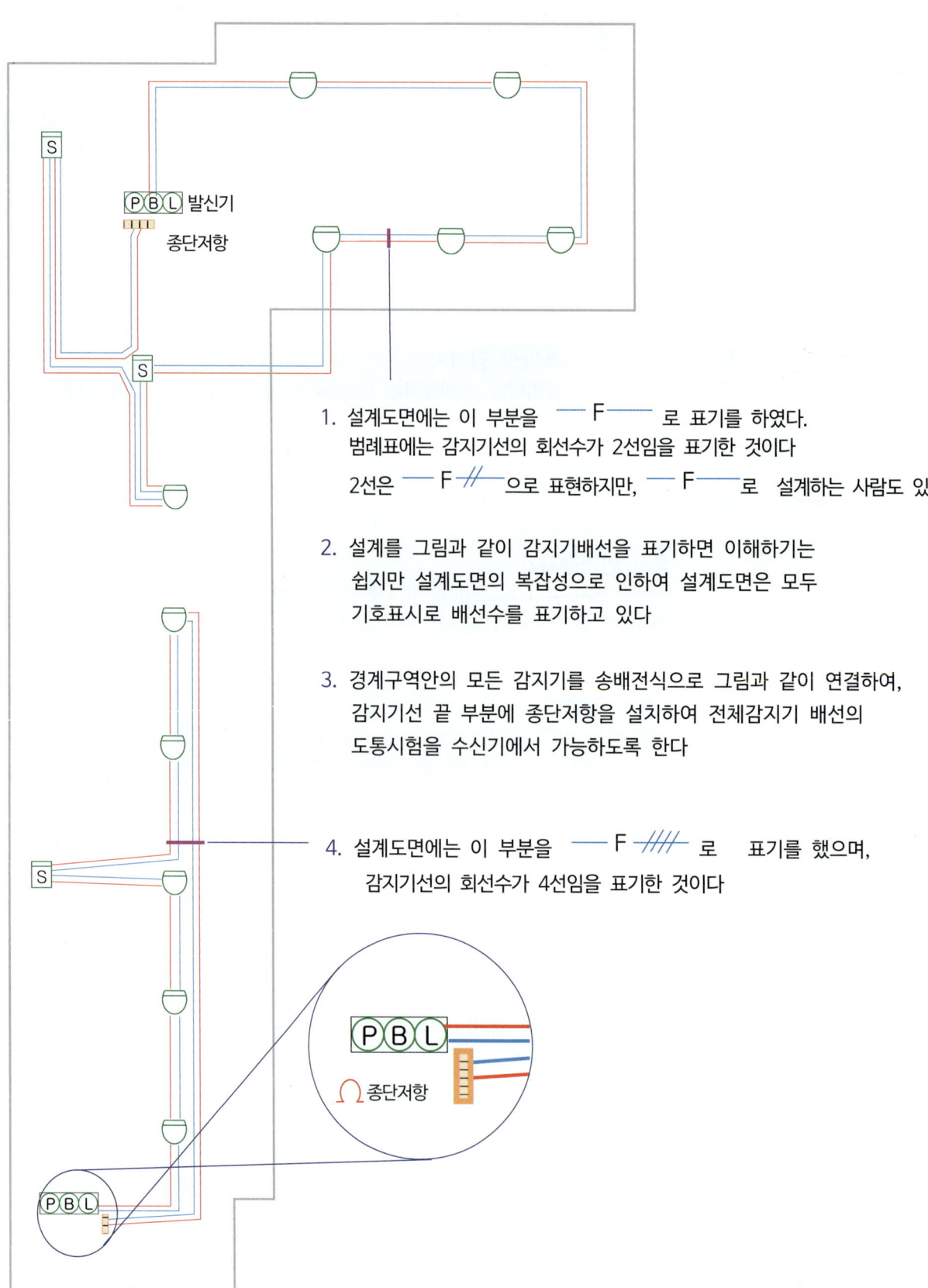

1. 설계도면에는 이 부분을 ——F—— 로 표기를 하였다. 범례표에는 감지기선의 회선수가 2선임을 표기한 것이다
   2선은 ——F—//— 으로 표현하지만, ——F—— 로 설계하는 사람도 있다.

2. 설계를 그림과 같이 감지기배선을 표기하면 이해하기는 쉽지만 설계도면의 복잡성으로 인하여 설계도면은 모두 기호표시로 배선수를 표기하고 있다

3. 경계구역안의 모든 감지기를 송배전식으로 그림과 같이 연결하여, 감지기선 끝 부분에 종단저항을 설치하여 전체감지기 배선의 도통시험을 수신기에서 가능하도록 한다

4. 설계도면에는 이 부분을 ——F—////— 로 표기를 했으며, 감지기선의 회선수가 4선임을 표기한 것이다

감지기 설계

1. 객실, 룸 등 감지기 설계

감지기 개수는 실의 바닥면적에 설치하는 감지기의 유효면적으로 나누어 감지기 설치개수를 계산한다.

표 2.4.3.5 부착 높이 및 특정소방대상물의 구분에 따른 차동식,보상식, 정온식스포트형감지기의 종류

부착높이 및 소방대상물의 구분		감지기의 종류(단위 ㎡)						
		차동식 스포트형		보상식 스포트형		정온식 스포트형		
		1종	2종	1종	2종	특종	1종	2종
4m 미만	주요구조부를 내화구조로 한 소방대상물 또는 그 부분	90	70	90	70	70	60	20
	기타 구조의 소방대상물 또는 그 부분	50	40	50	40	40	30	15
4m 이상 8m 미만	주요구조부를 내화구조로 한 소방대상물 또는 그 부분	45	35	45	35	35	30	
	기타 구조의 소방대상물 또는 그 부분	30	25	30	25	25	15	

객실의 바닥면적은 4.9m × 3.9m = 19.11㎡이며,
반자높이가 4m미만의 장소로서 주요구조부가 내화구조인 이 건물의 차동식스포트형감지기 2종은 70㎡가 감지기의 유효 바닥면적이다.

$$\frac{바닥면적}{감지기\ 1개\ 유효면적} = \frac{19.11}{70} = 0.273개로서 객실에는 차동식스포트형 2종 감지기 1개가 필요하다.$$

2. 통로 감지기 설계

감지기는 복도 및 통로에 있어서는 보행거리 30m(3종에 있어서는 20m)마다, 계단 및 경사로에 있어서는 수직거리 15m(3종에 있어서는 10m)마다 1개 이상의 연기감지기를 설계 해야 한다.

$$\frac{통로의길이}{30m} = 감지기\ 개수$$

〈참고〉
복도(통로)의 길이가 30m 미만의 장소에는 연기감지기를 설치하지 않아도 되며, 열감지기를 설치해도 된다.
(NFTC 203. 2.4.2.2)

3. 계단 감지기 설계

계단에는 연기감지기를 설치하며, 수직 15m마다 1개씩 설치한다
예를 들어서 계단의 높이가 20m이면 연기감지기 2개를 설치해야 한다.

〈참고〉
계단·경사로 및 에스컬레이터 경사로는 수직 높이와 상관없이 연기감지기를 설치해야 한다.(NFTC 203. 2.4.2.1)

라. 3층 감지기 설계 해설

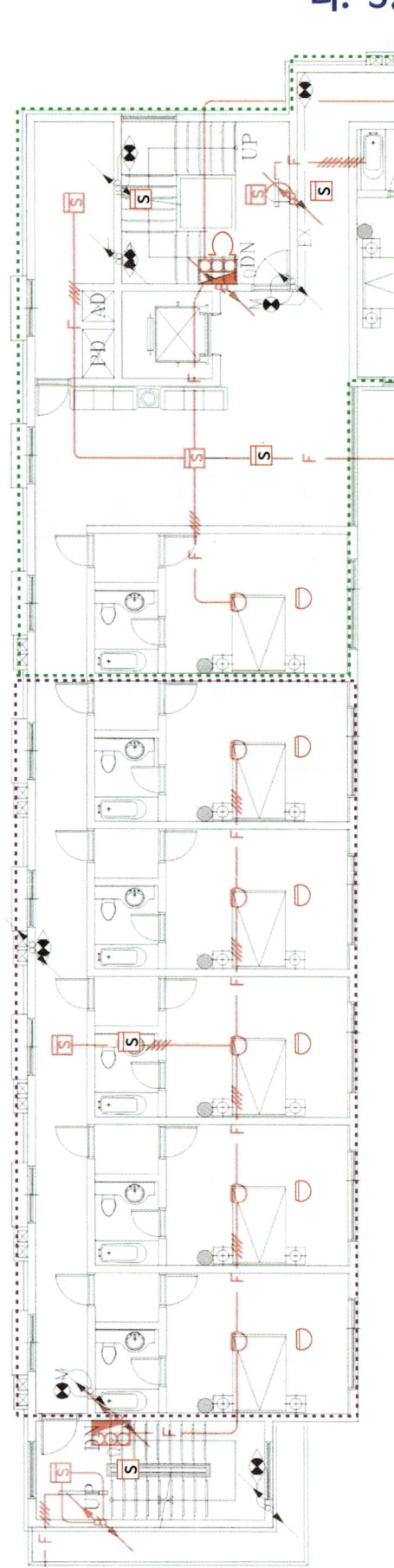

경계구역 설정

경계구역의 설계에서 참고내용

설계에서는 화재안전기술기준에도 적합하게 설계를 하면서 수신반에서의 효율적인 화재감시를 하기 위하여 경계구역을 나누는 것도 설계에서 중요하다.

1. 이 건물의 설계는 옆 도면의 점선과 같이 2개의 경계구역으로 나누었다.

2. 그러나 경계구역을 다른 방법으로 나누어 보면
   ① 복도를 1경계구역으로 하고,
      객실과 그밖의 실을 1경계구역으로 하는 방법

   ② ㄱ자 형태의 건물을 가로와 세로로 구분하여
      홀을 기준으로 2개의 경계구역으로
      나누는 방법이 있을 수 있다

3. 설계도면의 경계구역과 같이 나누었을 경우에
   실제 화재 발생시에 지구창의 지구명칭 내용으로는
   쉽게 화재의 발생장소를 구분하기가 곤란하다.

3층 감지기 설계 해설

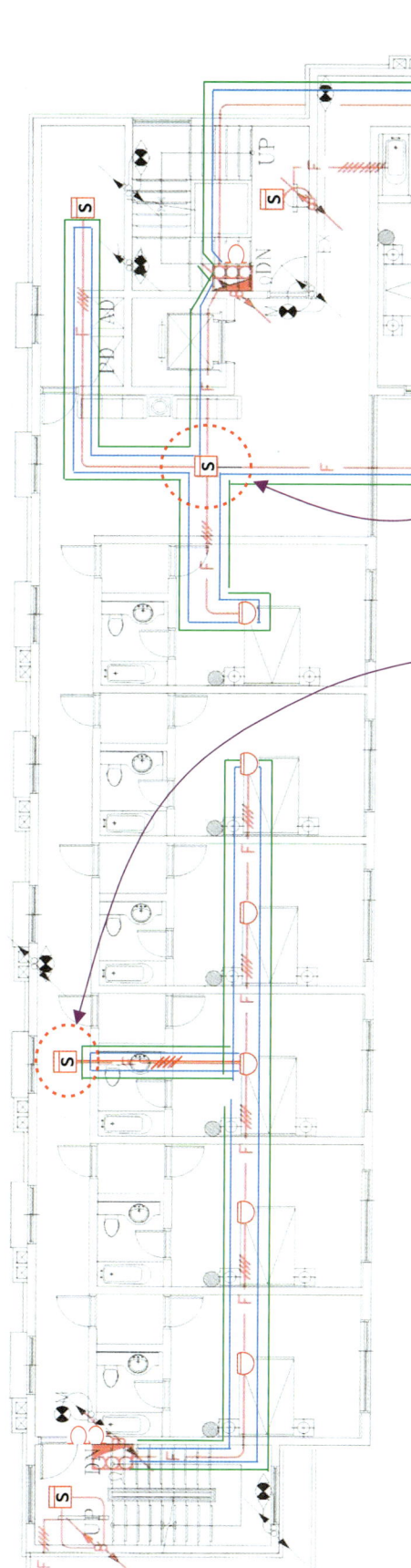

1. 홀의 연기 감지기
홀에는 반자 높이가 15m미만이 되는 곳에는 열 또는 연기감지기 중 어느 것을 설계해도 된다.

2. 복도 감지기
복도에는 복도의 길이가 30m이상이 되는 곳에는 연기감지기를 설계 해야 하며, 30m 미만이 되는 복도에는 열, 연기감지기 중 어느 종류의 것을 설계를 해도 된다.
복도의 감지기 설치개수는 보행거리 30m마다 1개이상 설계를 하며는 된다 즉 감지기로부터 복도의 각부분까지의 거리가 보행거리로 30m 이내가 되도록 설계를 하면 된다.

3. 감지기 배선
감지기 배선이 그림과 같이 송배전식으로 연결되어 감지기배선의 끝에 종단저항이 설치되도록 설계를 하면 된다.

여기서는 전기회로계통도에서 2층 발신기에 종단저항이 설치되어 있다
그러나 층별 평면도에서도 종단저항의 설치위치를 발신기에 표기되어야 하며 그 표기가 누락되었다. 도면에 종단저항표기의 설계를 보완했다.

4. 계단의 연기 감지기
계단에 설치된 연기감지기이며, 전기회로계통도에서 옥상층계단과 3층계단에 각각 설계되었다.
계단의 높이가 15m이상이 되는 곳에는 연기감지기가 설치되어야 하며, 수직거리 15m마다 감지기 1개이상 설계를 해야 한다.

3층 감지기 설계 해설

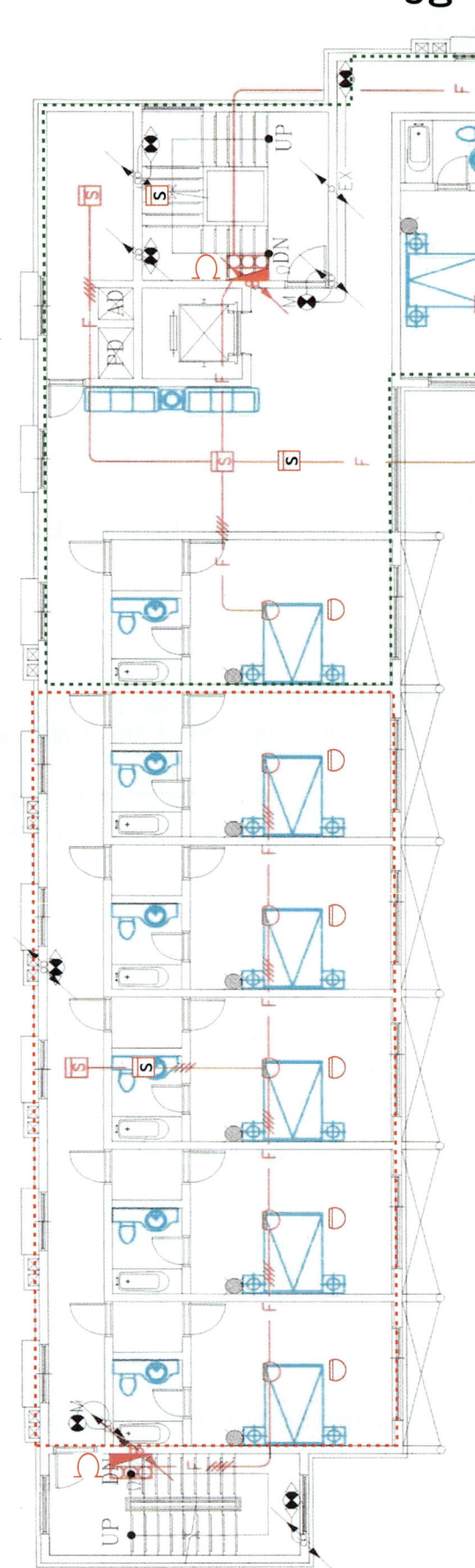

경계구역 설정

경계구역의 설계에서 참고내용

1. **화재안전기술기준에 적합하게 설계를 해야 한다.**

> 【기준】
> 2.1
> 하나의 경계구역의 면적은 600㎡ 이하로 하고 한변의 길이는 50m 이하로 할 것.

(참고 : 600㎡ 이하로 되면서 한변의 길이는 50m 이하가 되도록 2가지 조건이 충족되어야 한다)

2. **경계구역을 설정하는 목적(화재에 감시)에 부합하도록 설계를 한다.**

이 건물의 경계구역의 설계는 바닥면적이 390㎡, 한변의 길이가 38m로서 1개층을 1개의 경계구역으로 설계를 해도 되지만,
설계자는 1개층을 반으로 나누어 옆의 도면과 같이 점선의 구역으로 2개의 경계구역을 설계했다.

ㄱ자의 건물에서 홀을 기준으로 하여 건물의 형태로
종과 횡으로 경계구역을 설정하면
화재감시제어반에서 화재의 발생장소를 쉽게 파악할 수 있으며 관리하기에 좋을 것이다.

마. 5층 감지기 설계 해설

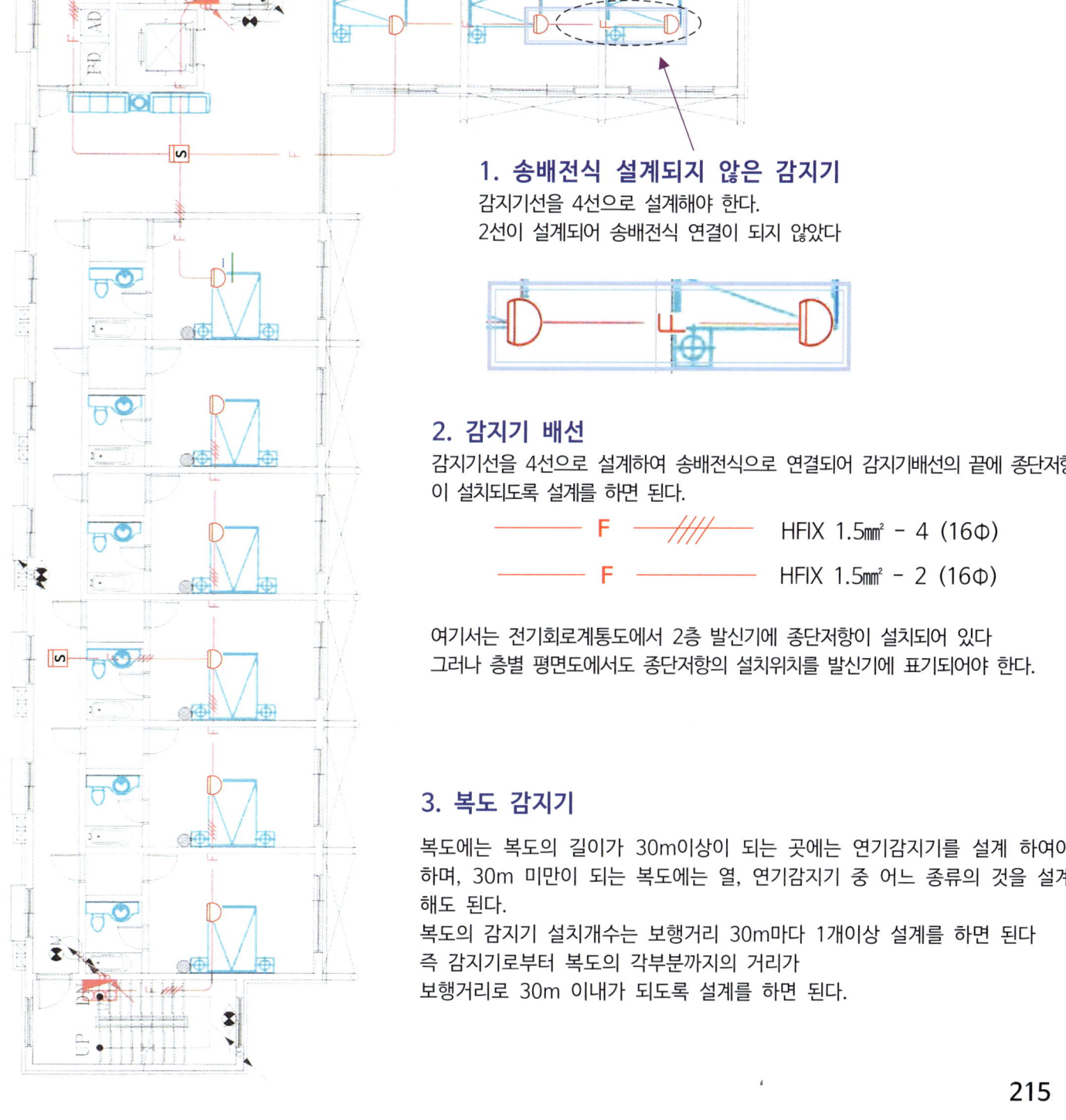

1. 송배전식 설계되지 않은 감지기
감지기선을 4선으로 설계해야 한다.
2선이 설계되어 송배전식 연결이 되지 않았다

2. 감지기 배선
감지기선을 4선으로 설계하여 송배전식으로 연결되어 감지기배선의 끝에 종단저항이 설치되도록 설계를 하면 된다.

———— F ——//// ———— HFIX 1.5㎟ - 4 (16Φ)

———— F ———————— HFIX 1.5㎟ - 2 (16Φ)

여기서는 전기회로계통도에서 2층 발신기에 종단저항이 설치되어 있다
그러나 층별 평면도에서도 종단저항의 설치위치를 발신기에 표기되어야 한다.

3. 복도 감지기

복도에는 복도의 길이가 30m이상이 되는 곳에는 연기감지기를 설계 하여야 하며, 30m 미만이 되는 복도에는 열, 연기감지기 중 어느 종류의 것을 설계 해도 된다.
복도의 감지기 설치개수는 보행거리 30m마다 1개이상 설계를 하면 된다
즉 감지기로부터 복도의 각부분까지의 거리가
보행거리로 30m 이내가 되도록 설계를 하면 된다.

바. 옥상층 감지기 설계 해설

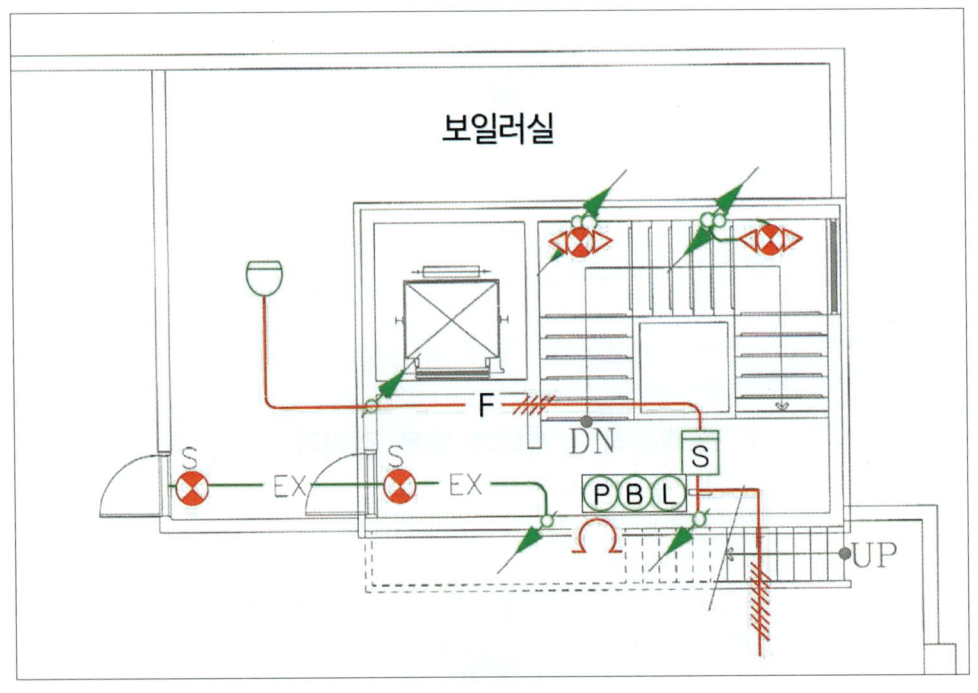

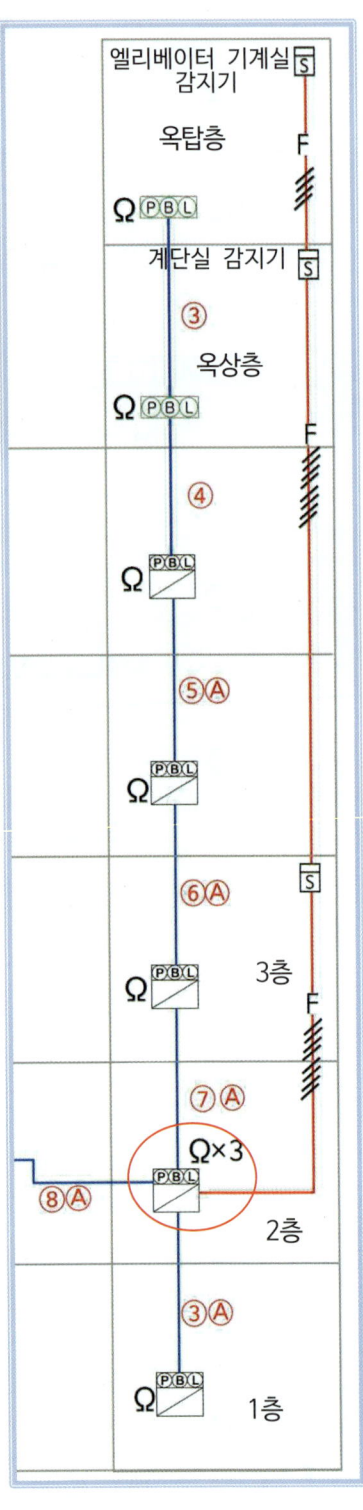

옥상층 보일러실에 차동식스포트형감지기와, 계단에 연기감지가 설치되었다.
옥상층에 소규모의 보일러실을 설치해도 별도의 경계구역(발신기 설치)을 설치해야 한다.

계단감지기는 계통도에서 확인하면 2층 발신기에 연결되어 종단저항이 설치된다.

2층 발신기에 종단저항 3개는,
    1. 2층 감지기 회로
    2. 엘리베이터 기계실 감지기 회로
    3. 계단감지기 회로

계통도

사. 옥탑층 감지기 설계 해설

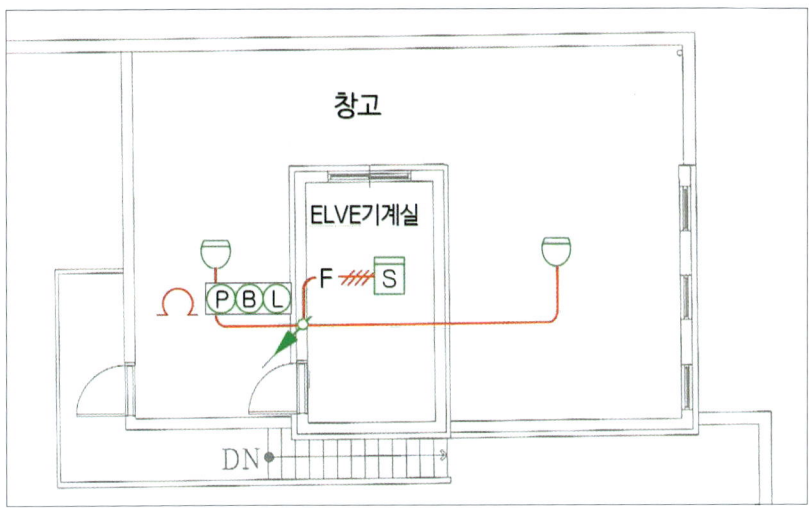

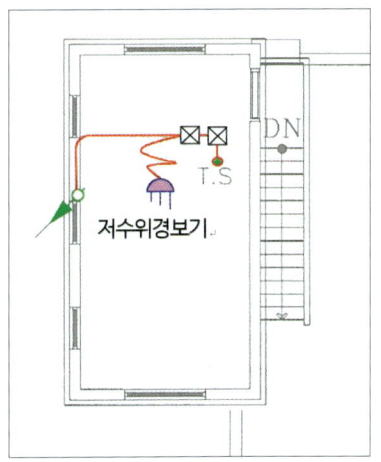

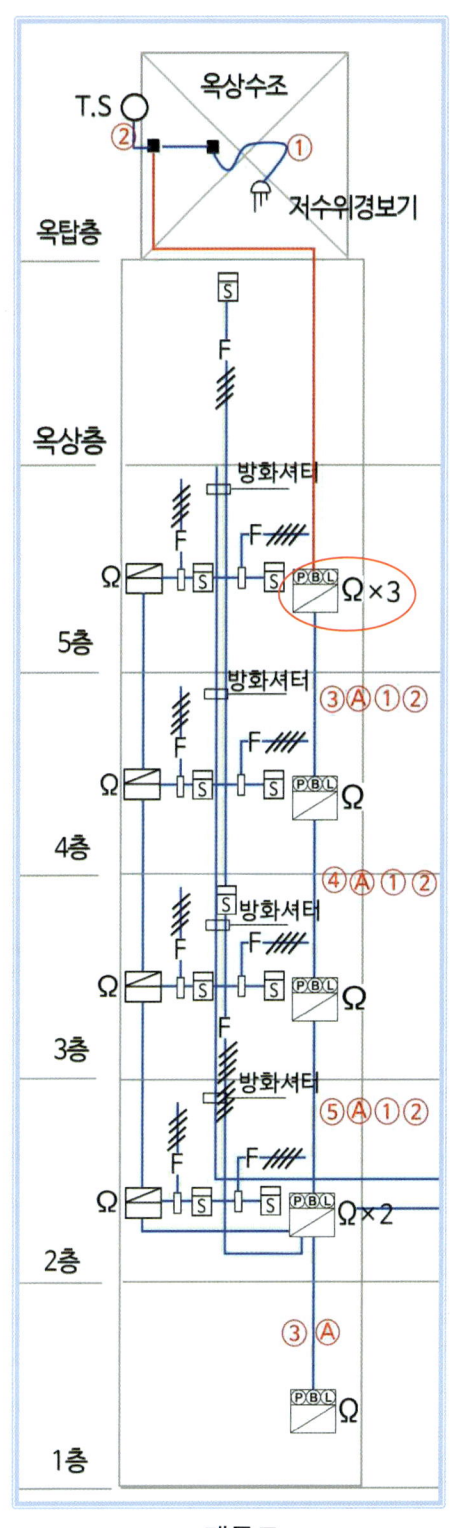

계통도

1. 옥탑층 창고에 차동식스폿트형감지기가 설치되었다.
   옥탑층에 소규모의 창고라도 별도의 경계구역(발신기 설치)을 설치해야 한다.

2. 옥상수조에 저수위 경보기와, 탬퍼스위치 회로의 종단저항은 5층 발신기에 설치되었다. 종단저항 3개는,
   ① 5층 감지기 회로
   ② 옥상수조 저수위 경보기 회로
   ③ 옥상수조에 설치된 개폐밸브 탬퍼스위치 회로

참고
물탱크에 설치하는 저수위경보기는 2선 저수위경보(+,-선) 또는
저수위, 고수위, 공통선으로 할 수 있지만 법적기준은 2선이면 된다.

6. 소방시설 설계도면(전기) R형 해설

가. 소방시설 계통도(전기) ·················· 219
나. 1층 소화설비 평면도(전기) ·················· 220
다. 2층 소화설비 평면도(전기) ·················· 222
라. 3층 소화설비 평면도(전기) ·················· 224
마. 4, 5층 소화설비 평면도(전기) ·················· 226
바. 옥상층 소화설비 평면도(전기) ·················· 228
사. 옥탑층 소화설비 평면도(전기) ·················· 230

중계기 결선 내용

번호	중계기 종류	입력(IN)	출력(OUT)
①	2/2 1개	1. 발신기 누름스위치, 2. 5층 감지기	벨(경종), 펌프기동표시등
②	2/2 1개	1. 발신기 누름스위치, 2. 4층 감지기	벨(경종), 펌프기동표시등
③	2/2 1개	1. 발신기 누름스위치, 2. 3층 감지기	벨(경종), 펌프기동표시등
④	4/4 1개	1. 발신기 누름스위치, 2. 2층 감지기 3. 엘리베이터 감지기, 4. 계단실 감지기	벨(경종), 펌프기동표시등
⑤	2/2 1개	1. 발신기 누름스위치, 2. 1층 감지기	벨(경종), 펌프기동표시등
⑥	4/4 1개	1. 발신기 누름스위치, 2. 5층 감지기 3. 방화셔터 A감지기, 4. 방화셔터 B감지기	벨(경종), 펌프기동표시등, 방화셔터 작동신호(모터작동)
⑦	4/4 1개	1. 발신기 누름스위치, 2. 4층 감지기 3. 방화셔터 A감지기, 4. 방화셔터 B감지기	벨(경종), 펌프기동표시등, 방화셔터 작동신호(모터작동)
⑧	4/4 1개	1. 발신기 누름스위치, 2. 3층 감지기 3. 방화셔터 A감지기, 4. 방화셔터 B감지기	벨(경종), 펌프기동표시등, 방화셔터 작동신호(모터작동)
⑨	2/2 1개 4/4 1개	1. 발신기 누름스위치, 2. 3층 감지기, 3. 계단실 감지기, 4. 방화셔터 A감지기, 5. 방화셔터 B감지기	벨(경종), 펌프기동표시등, 방화셔터 작동신호(모터작동)
⑩	2/2 1개	1. 발신기 누름스위치, 2. 1층 감지기	벨(경종), 펌프기동표시등
⑪	2/2 1개	1. 탬퍼스위치 회로, 2. 저수위 경보회로(옥상수조)	
⑫	4/4 1개	1. 탬퍼스위치 회로, 2. 저수위 경보회로(지하수조) 3. 저수위 경보회로(물올림탱크)	
⑬	2/2 1개 4/4 1개	1. 감지기 A회로, 2. 감지기 B회로 3. 수동조작함 작동스위치(버튼), 4. 압력스위치, 5. 개폐밸브 탬퍼스위치	1. 사이렌, 2. 전동볼밸브
⑭	2/2 1개	1. 발신기 누름스위치, 2. 옥탑층 창고 감지기	벨(경종)
⑮	2/2 1개	1. 발신기 누름스위치, 2. 옥상층 보일러실 감지기	벨(경종)

가. 소화설비 계통도(175p)

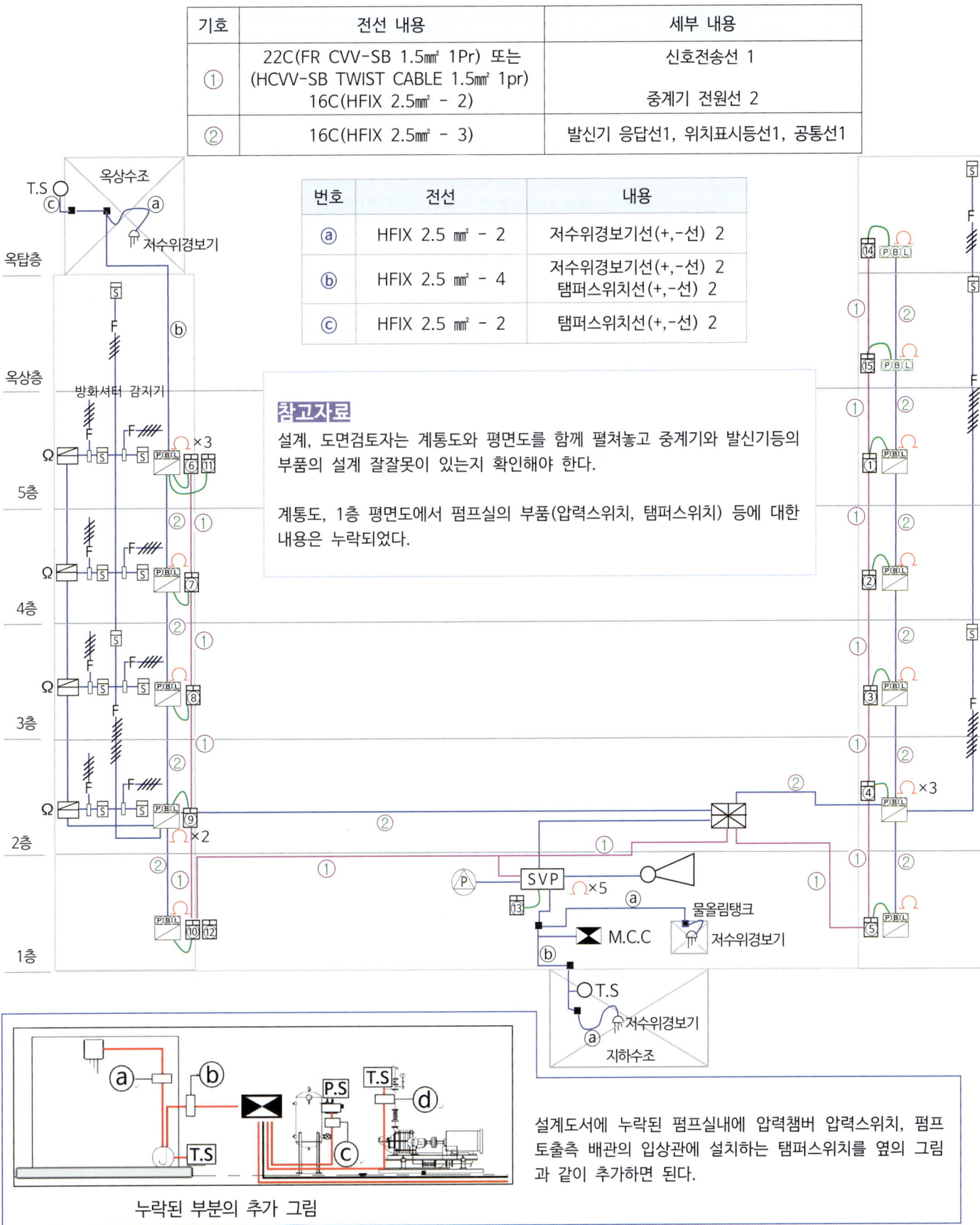

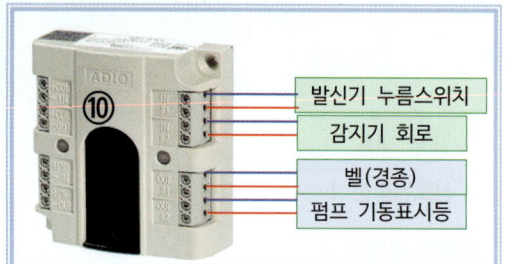

중계기 내용

번호	중계기 종류	입력(IN)	출력(OUT)
⑩	2/2 1개	1. 발신기 누름스위치, 2. 1층 감지기 회로	벨(경종), 펌프기동표시등
⑫	4/4 1개	1. 탬퍼스위치 회로, 2. 저수위 경보회로(지하수조) 3. 저수위 경보회로(물올림탱크)	

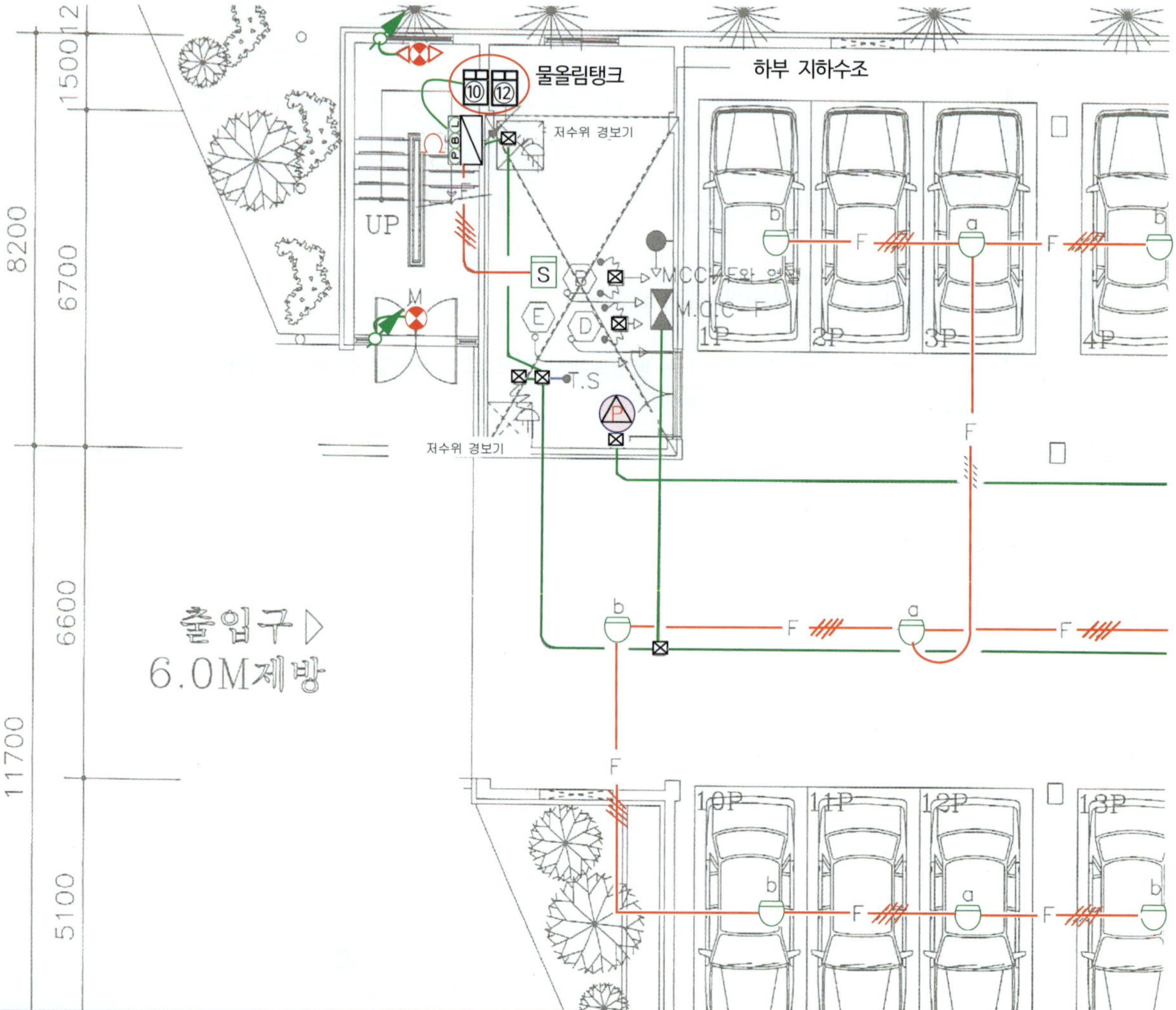

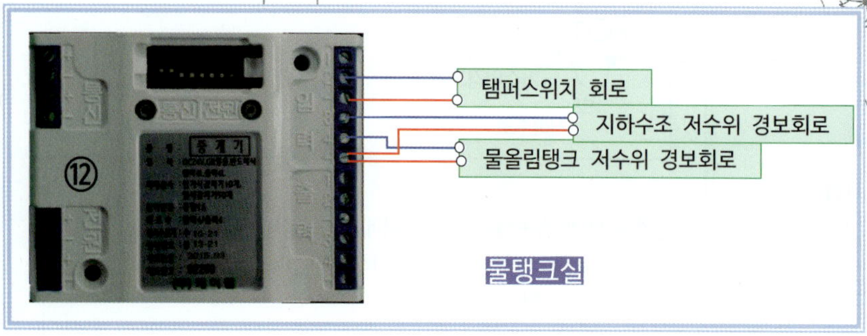

나. 1층 소화설비 (176, 177p)

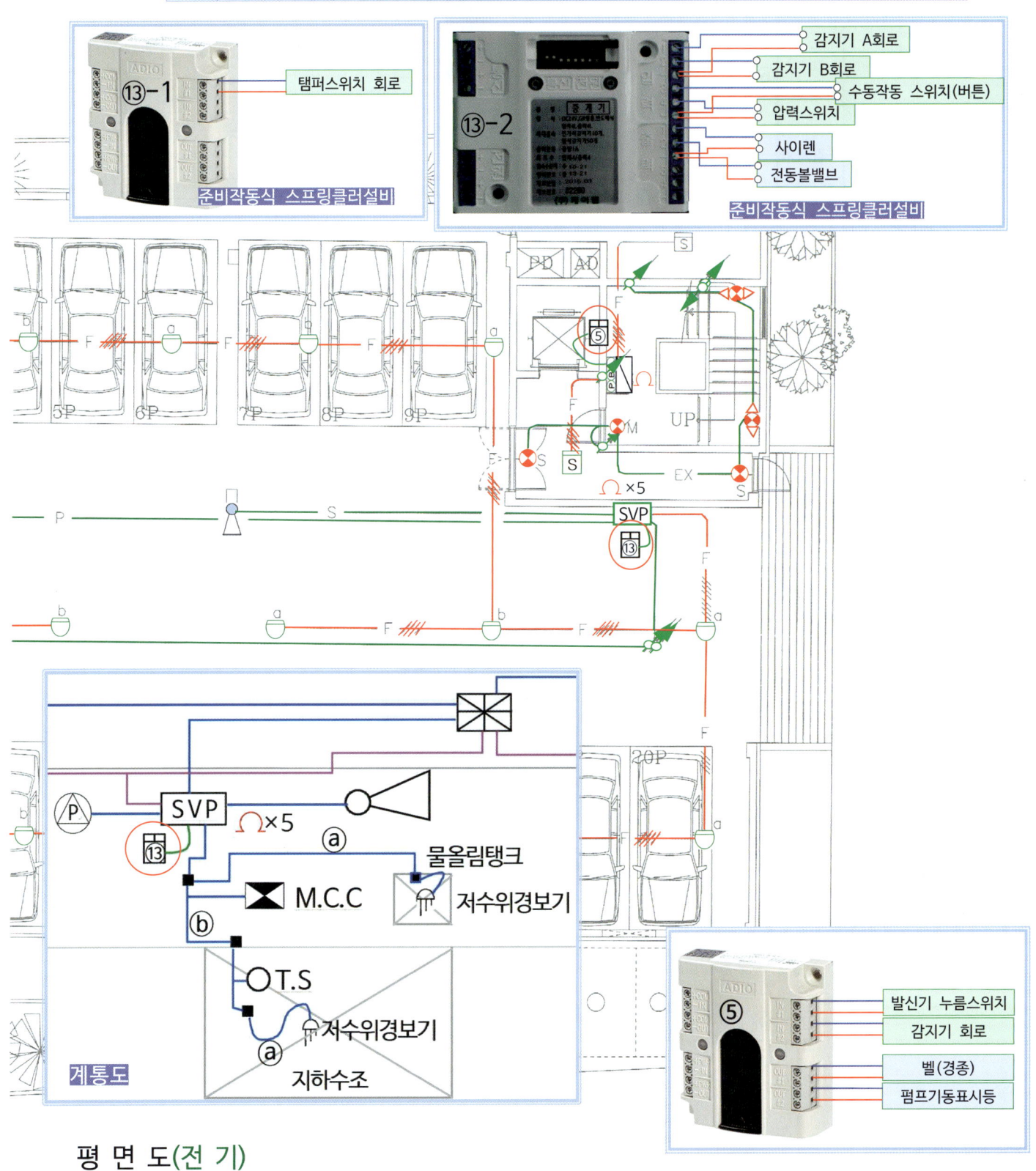

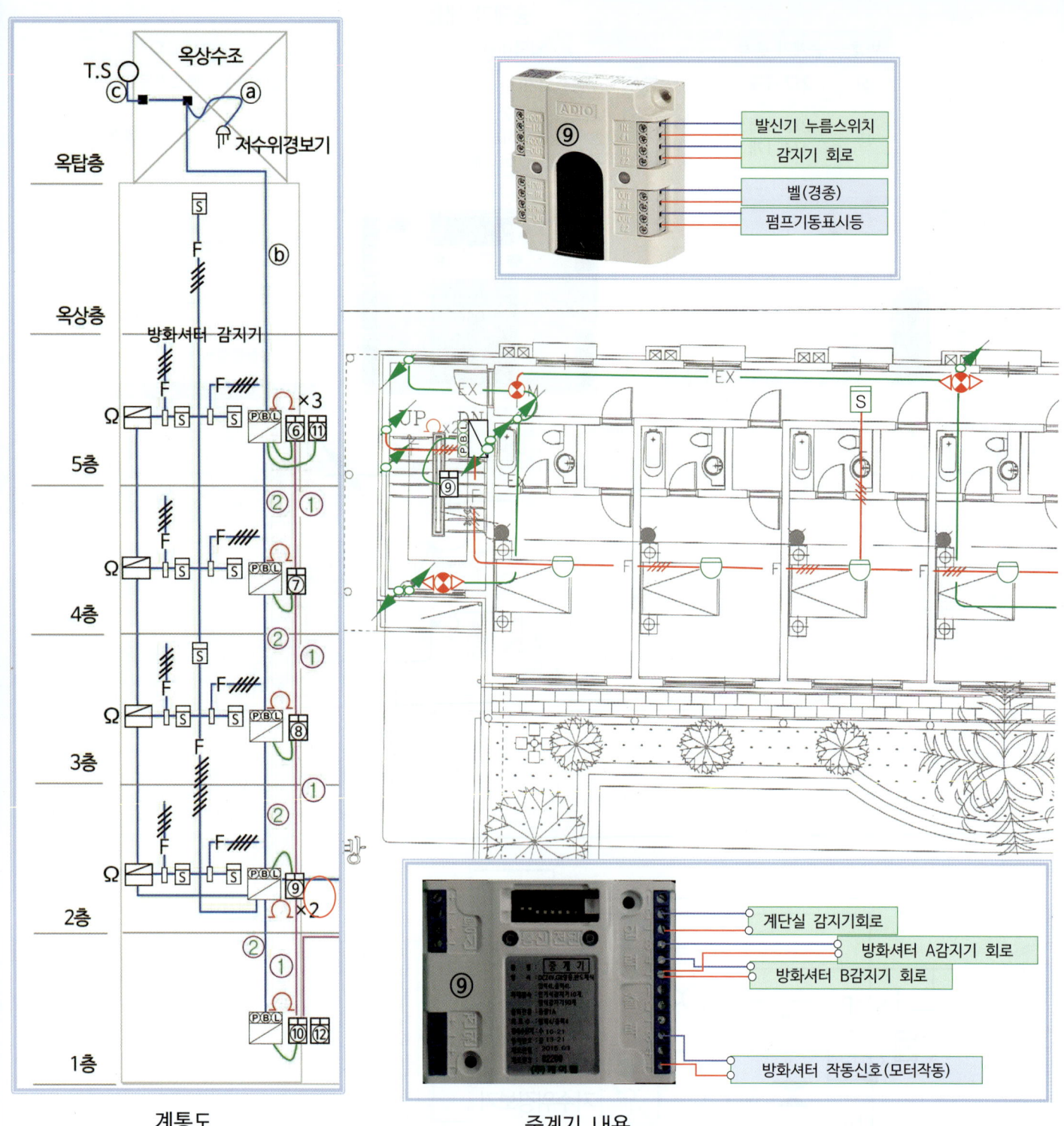

번호	중계기 종류	입력(IN)	출력(OUT)
⑨	2/2 1개 4/4 1개	1. 발신기 누름스위치, 2. 3층 감지기 회로 3. 계단실 감지기 회로, 4. 방화셔터 A감지기 회로, 5. 방화셔터 B감지기 회로	벨(경종), 펌프 기동표시등, 방화셔터 작동신호(모터작동)

다. 2층 소화설비(178, 179p)

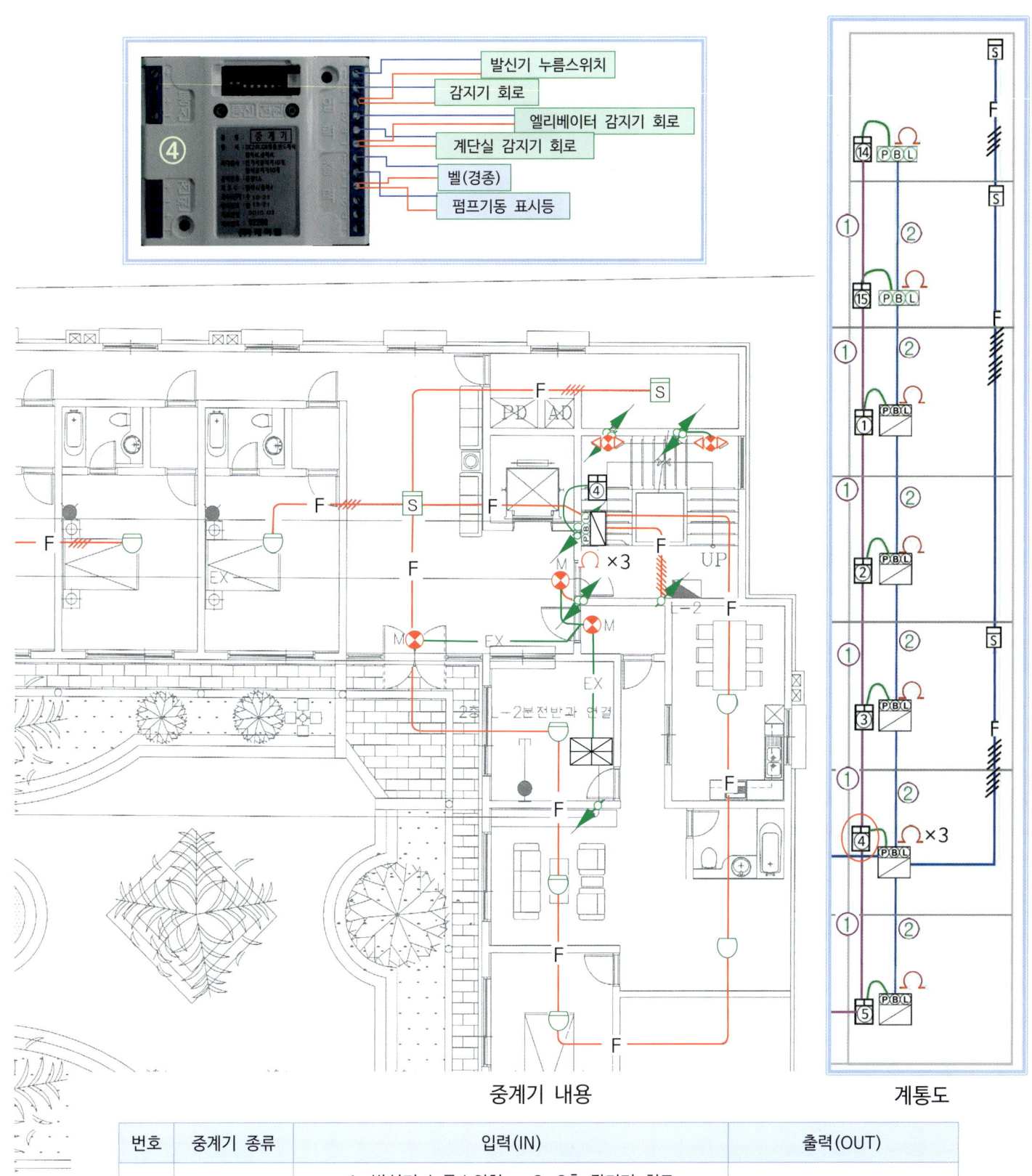

중계기 내용 / 계통도

번호	중계기 종류	입력(IN)	출력(OUT)
④	4/4 1개	1. 발신기 누름스위치, 2. 2층 감지기 회로 3. 엘리베이터 감지기 회로, 4. 계단실 감지기 회로	벨(경종), 펌프기동 표시등

평 면 도(전 기) 해설

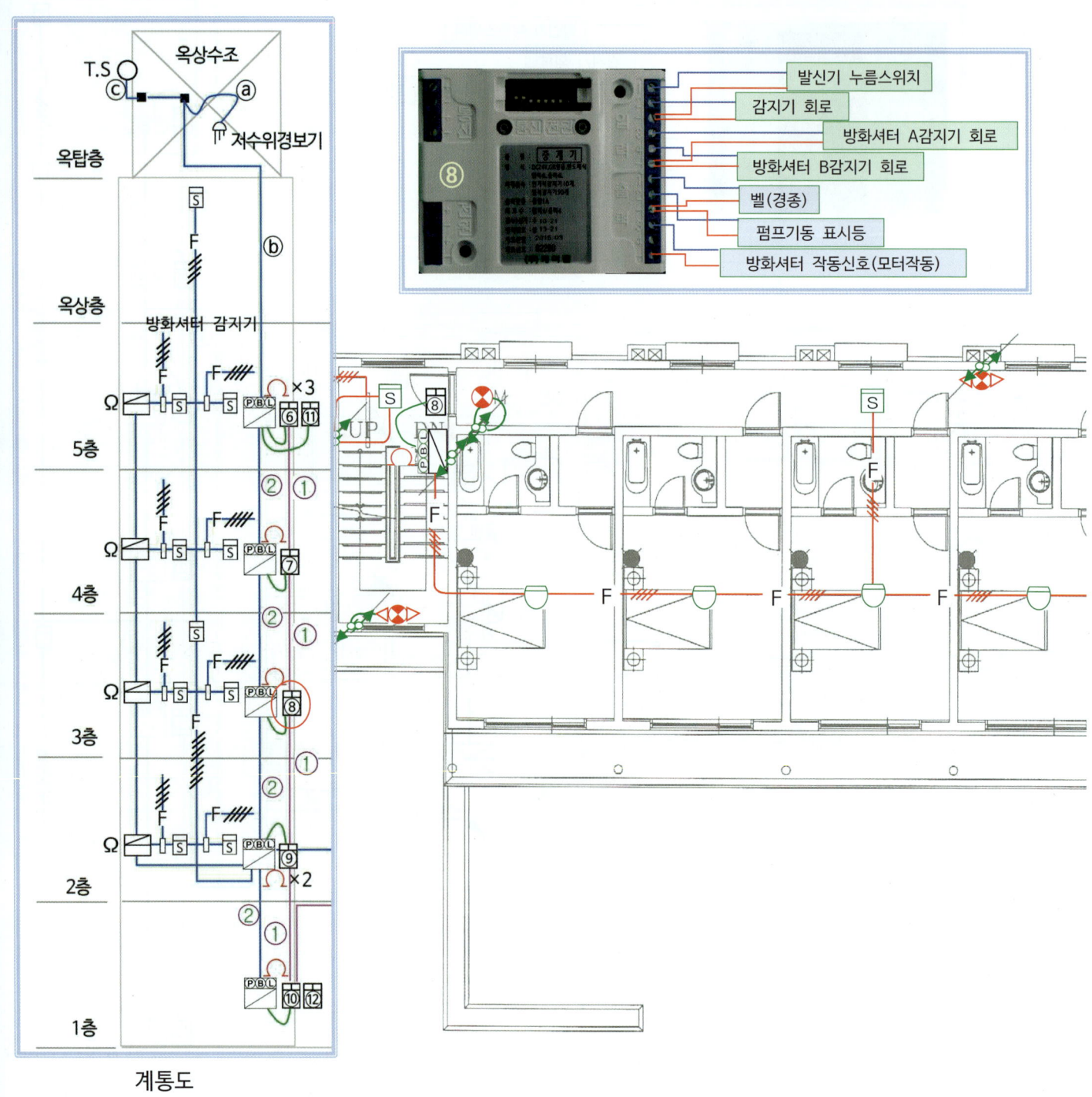

라. 3층 소화설비(180,181p)

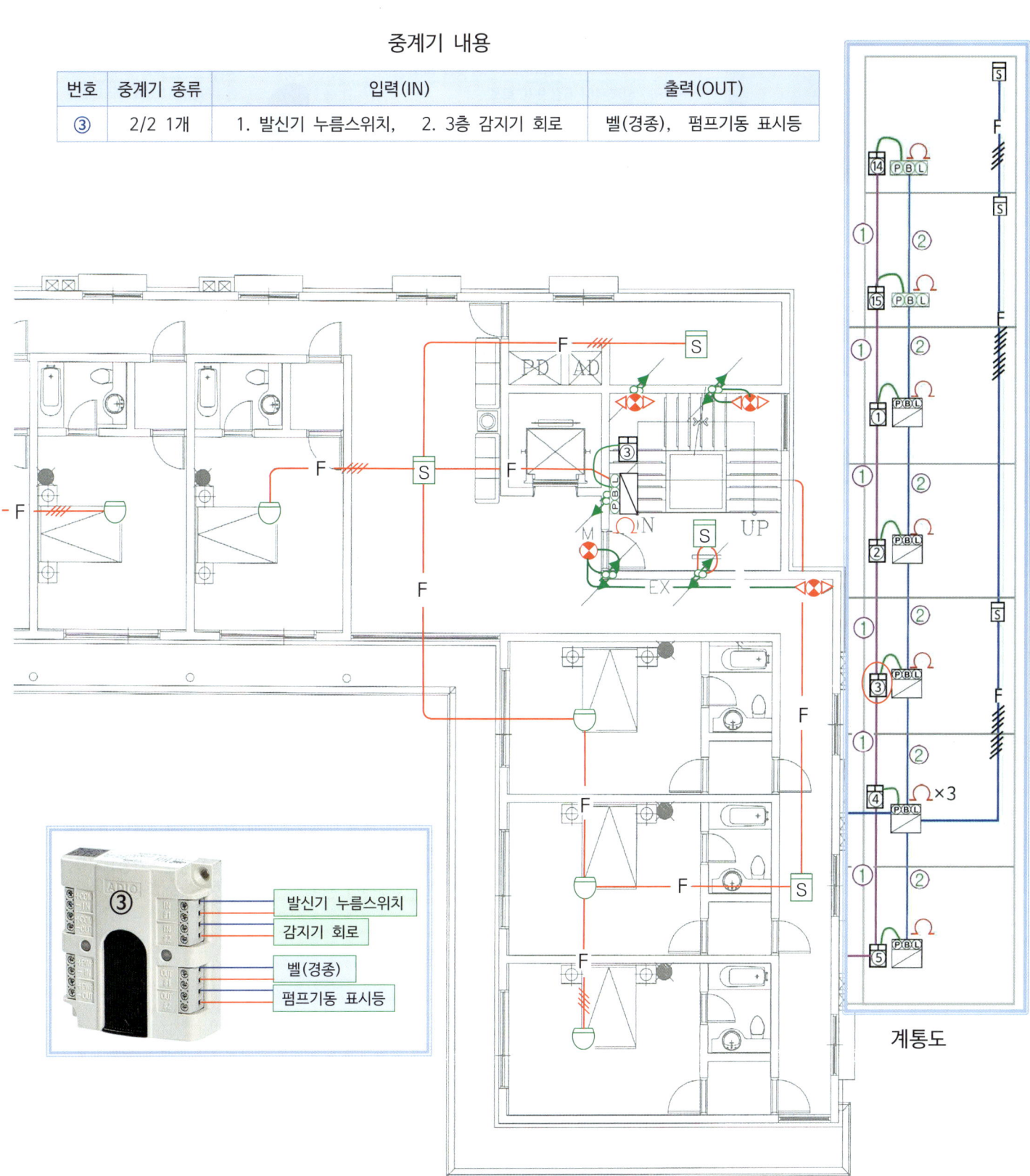

평 면 도(전 기) 해설

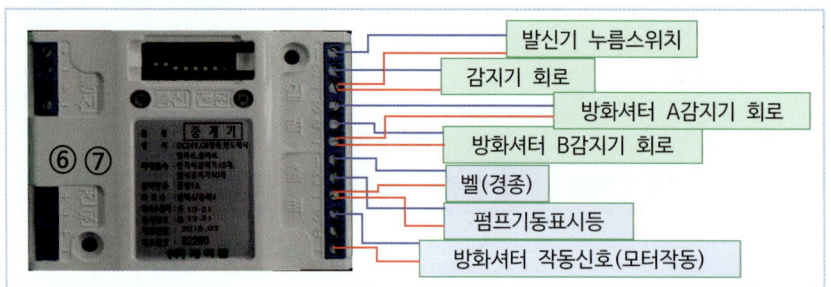
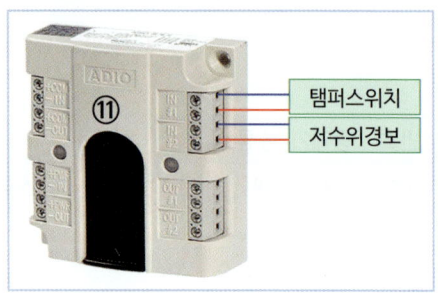

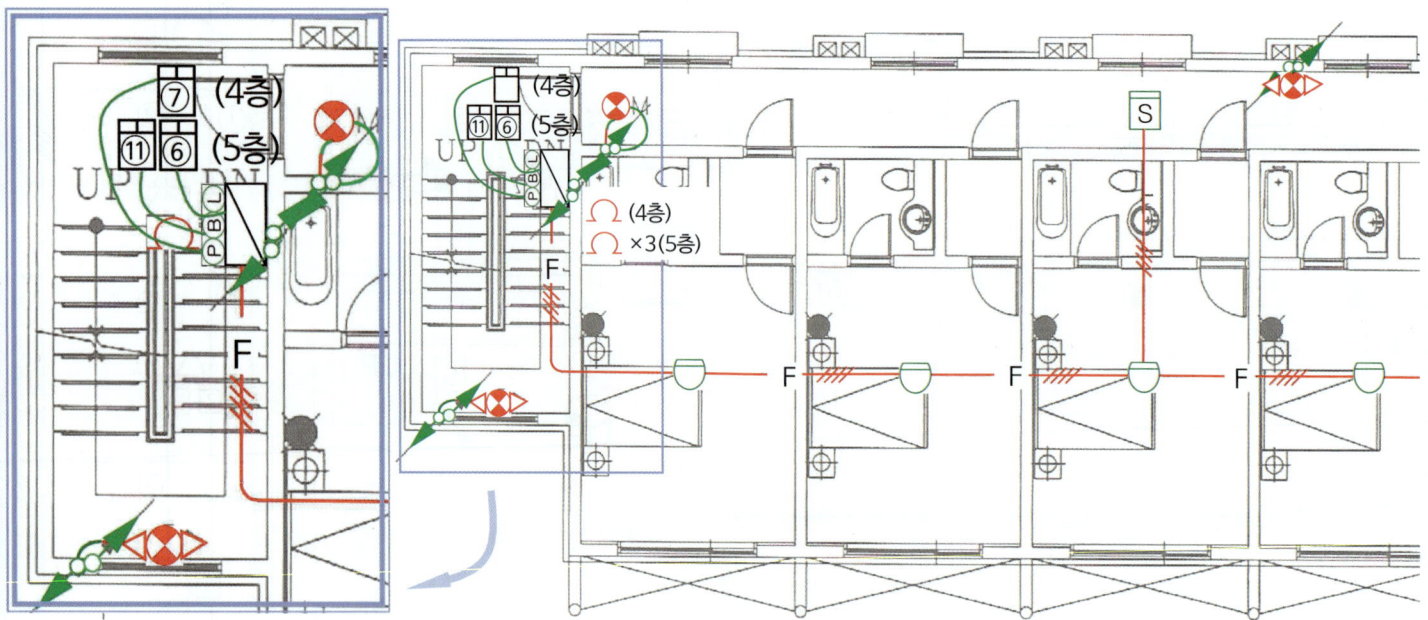

4층 중계기 내용

번호	중계기 종류	입력(IN)	출력(OUT)
②	2/2 1개	1. 발신기 누름스위치, 2. 4층 감지기 회로	벨(경종), 펌프기동 표시등
⑦	4/4 1개	1. 발신기 누름스위치, 2. 4층 감지기 회로 3. 방화셔터 A감지기 회로, 4. 방화셔터 B감지기 회로	벨(경종), 펌프기동표시등, 방화셔터 작동신호(모터작동)

5층 중계기 내용

번호	중계기 종류	입력(IN)	출력(OUT)
①	2/2 1개	1. 발신기 누름스위치, 2. 5층 감지기 회로	벨(경종), 펌프기동표시등
⑥	4/4 1개	1. 발신기 누름스위치, 2. 5층 감지기 회로 3. 방화셔터 A감지기 회로, 4. 방화셔터 B감지기 회로	벨(경종), 펌프기동표시등, 방화셔터 작동신호(모터작동)
⑪	2/2 1개	1. 탬퍼스위치 회로, 2. 저수위 경보회로(옥상수조)	

마. 4, 5 층 소화설비(182,183p)

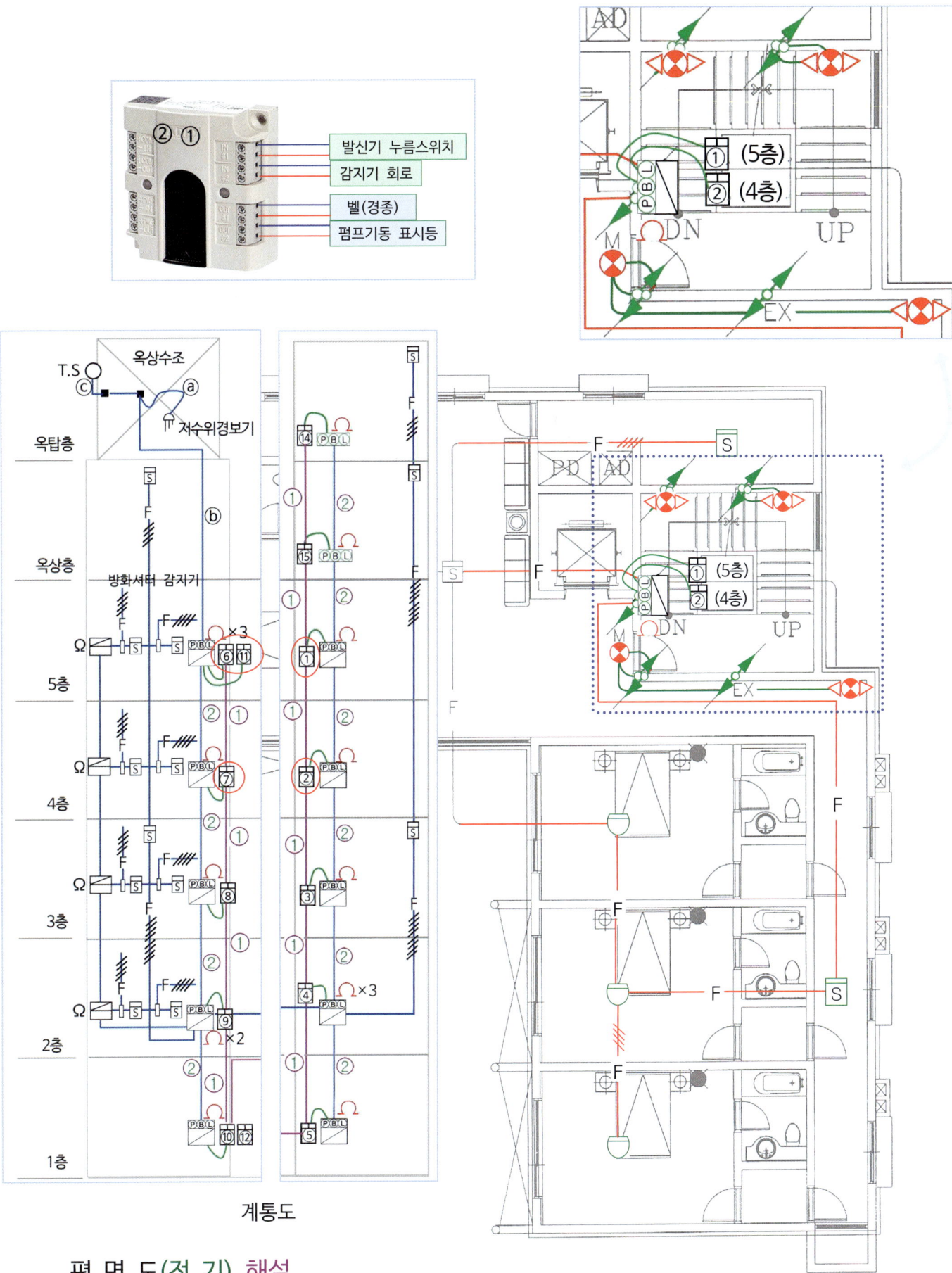

평 면 도(전 기) 해설

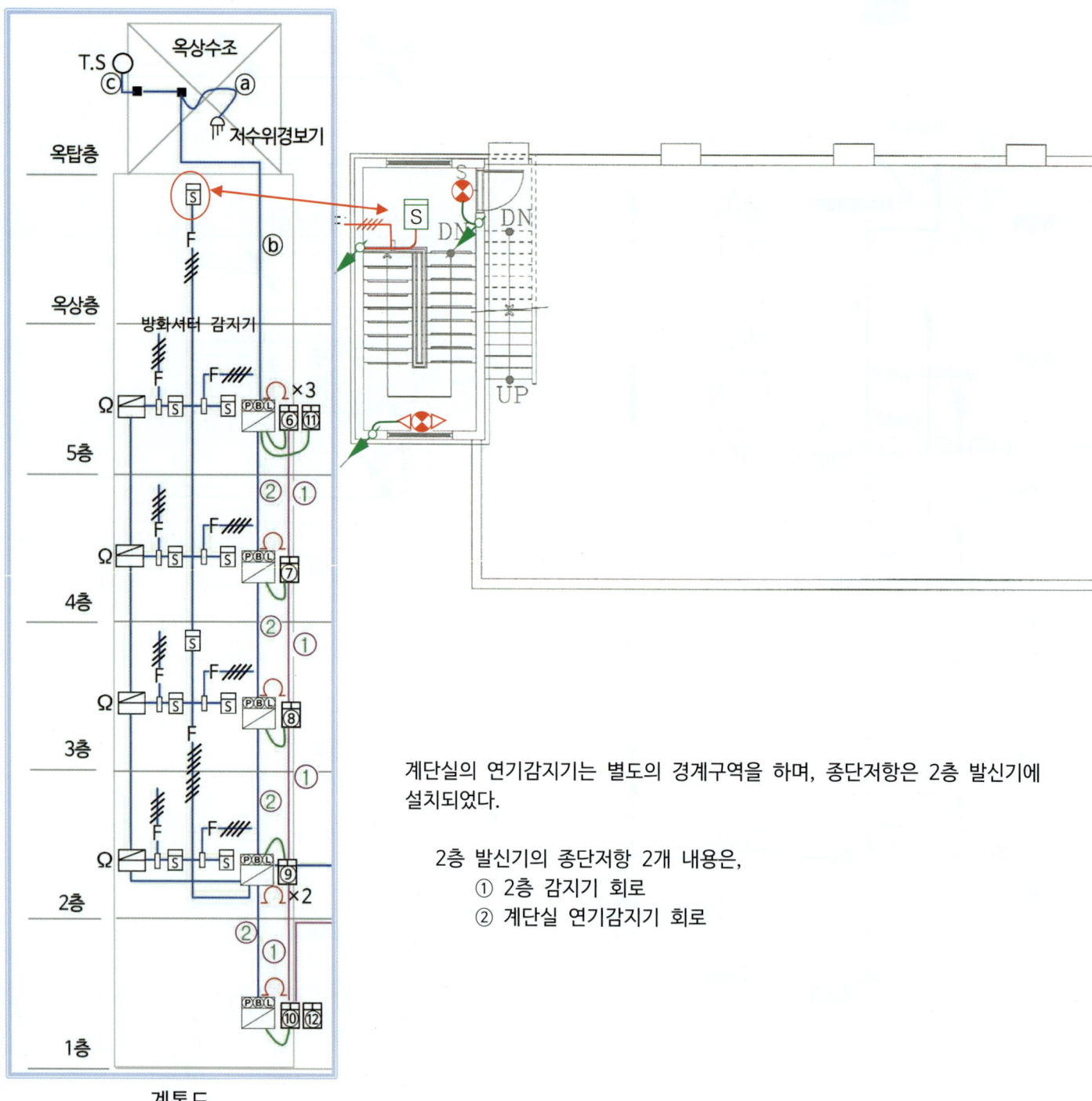

바. 옥상층 소화설비(184, 185p)

번호	중계기 종류	입력(IN)	출력(OUT)
⑮	2/2 1개	1. 발신기 누름스위치, 2. 옥상층 보일러실 감지기 회로	벨(경종)

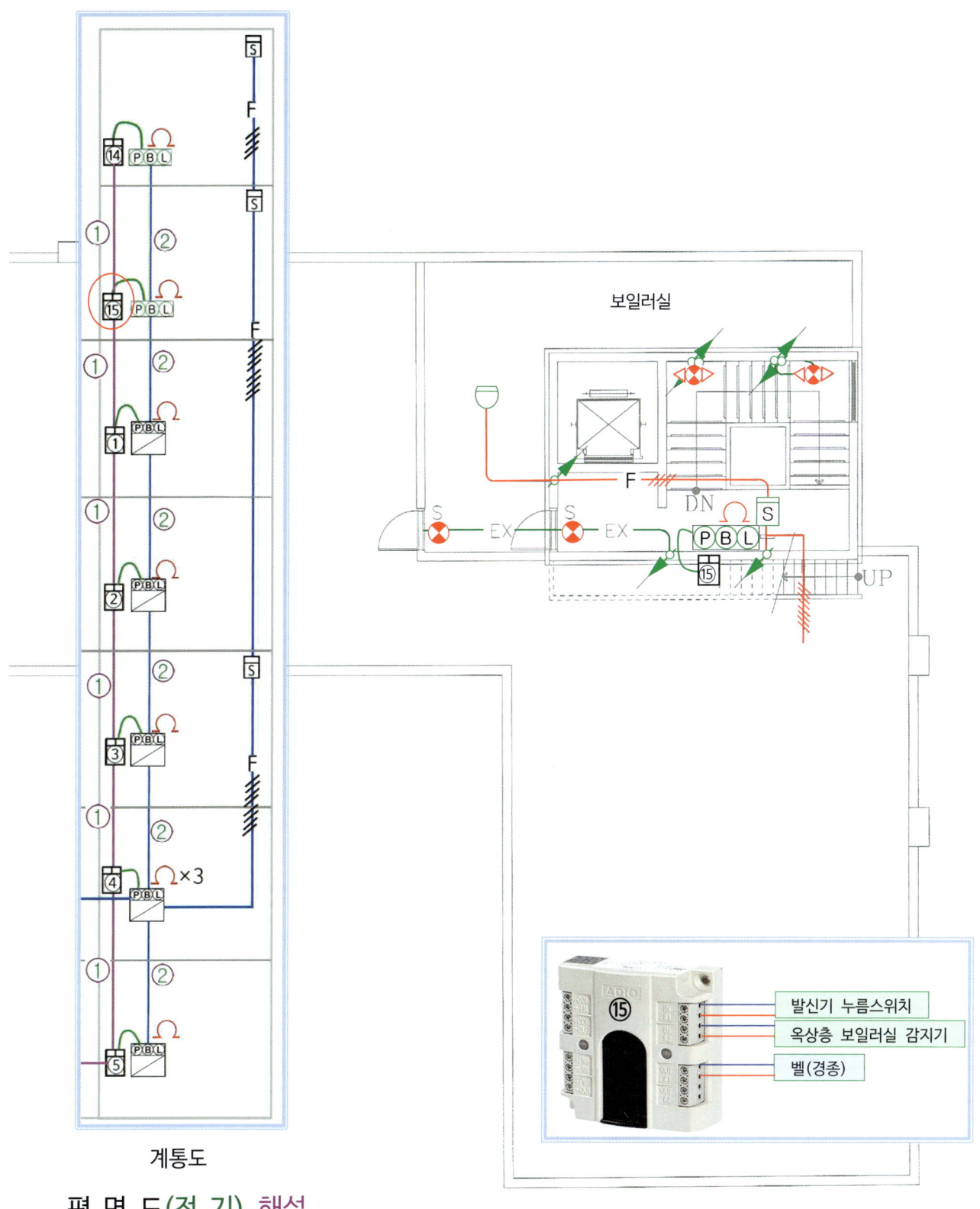

계통도

평면도(전기) 해설

옥상수조에 저수위 경보기와, 탬퍼스위치 회로의 종단저항은 5층 발신기에 설치되었다.
　종단저항 3개는,
　① 5층 감지기 회로
　② 옥상수조 저수위 경보 회로
　③ 옥상수조에 설치된 개폐밸브 탬퍼스위치 회로

참고

물탱크에 설치하는 저수위경보기는 2선 저수위경보선(+,-선)이다.
저수위, 고수위, 공통선으로 3선으로 하여 저수위(+,-선) : 펌프 기동, 고수위(+,-선) : 펌프기동 정지로 할 수 있지만, 저수위(+,-선) 선에는 회로의 끝에 종단저항을 설치하고, 수신반에서는 경보음이 울리게 해야한다.

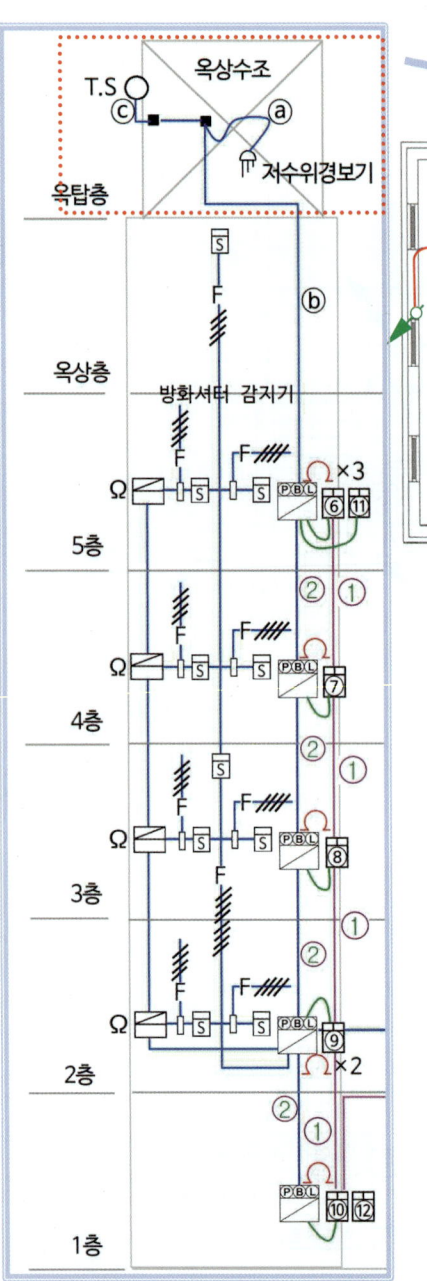

계통도

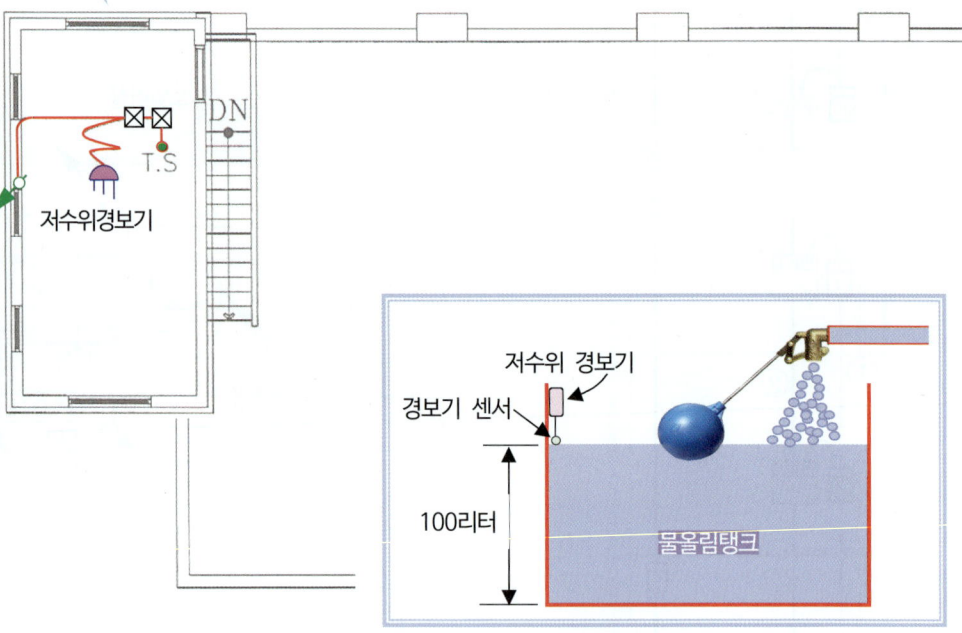

저수위 경보센서(sensor) 설치위치

참고 자료

옥상수조, 지하수조(수조), 물올림탱크의 저수위 경보센서(sensor) 설치 적정위치

옥상수조, 지하수조(수조)는 법적으로 필요한 물탱크의 양보다 위쪽에 저수위 경보센서를 설치해야 한다.
물올림탱크는 100ℓ 이상의 위쪽에 저수위 경보센서를 설치해야 한다.
그 이유는 물탱크의 법적 필요량은 항상 확보되면서 법적 수원의 양보다 감소하면 경보센서가 작동해야 한다.
물올림탱크도 100ℓ 이상이 필요하므로 100ℓ 이하로 감소하면 경보센서가 작동해야 한다.

사. 옥 탑 층 소 화 설 비(186, 187p)

중계기 내용

번호	중계기 종류	입력(IN)	출력(OUT)
⑭	2/2 1개	1. 발신기 누름스위치,　2. 옥탑층 창고 감지기 회로	벨(경종)

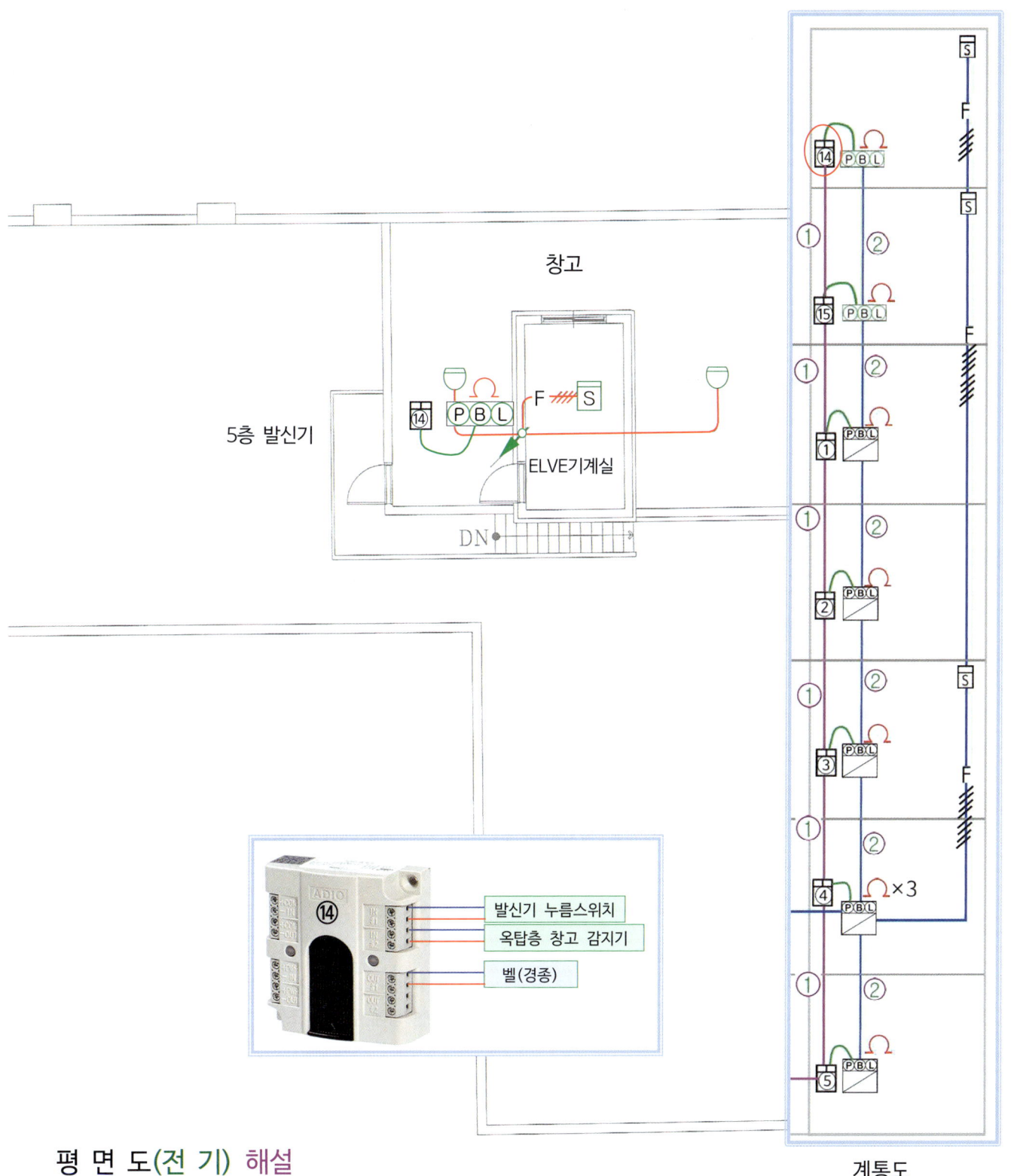

평면도(전기) 해설

Ⅴ⑸. 근린생활 건물 소방시설 설계

　　가. 소방시설 전기부분 도면(P형) ………… 233
　　나. 소방시설 전기부분 도면(R형) ………… 243
　　다. 소방시설 전기부분 도면(P형) 해설 ……… 250
　　라. 소방시설 전기부분 도면(R형) 해설 ……… 257
　　마. 소방시설 기계부분 도면 ………………… 265
　　바. 소방시설 기계부분 도면 해설 …………… 274

참고
이 건물을 P형, R형 설계도면을 올려서 설명하므로서 설비의 설계내용을 비교하여 차이점을 이해할 수 있도록 했다.

자동화재탐지설비 P형 수신기의 전기 결선내용에 대하여 화재안전기준의 개정으로 결선내용에 대하여 의견이 분분하다. 설계자 또는 시험문제에서는 조건이 주어지면 그 조건에 맞게 선의 수(가닥 수)를 계산하면 될 것이다.

이 책에서는 자동화재탐지설비의 P형 수신기에서 회로 선의 수를 계산할 때 경종과 표시등은 공통선 1선으로 하며, 각층 지구음향장치 및 배선의 『단락보호장치』를 설치하는 조건으로 회선수를 계산한 것이다.
『소방시설전기회로』의 책에서는 아래의 여러가지 조건에 따라 결선내용을 상세히 설명하고 있다.

조건의 내용에 따른 결선내용
1. 조건이 없는 상태에서 소방시설 전기회로 내용
2. 조건1이 있는 상태에서 소방시설 전기회로 내용(조건 1 : 표시등과 회로는 공통선 1선을 사용한다)
3. 조건2가 있는 상태에서 소방시설 전기회로 내용(조건 2 : 각층 배선 상에 유효한 조치인 단락보호 조치를 설치한다)

1. 근린생활시설 건물 설계도면

가. 소방시설 전기부분 도면(P형)

① 소방범례(도시기호)

기 호	명칭 및 규격	기 호	명칭 및 규격
⊠	화재수신기(P형 1급)	□	사각박스
Ⓟ Ⓑ Ⓛ	발신기 세트	⊠	풀박스
◇	시각경보기	→	천장 스라브 매입배관 배선
Ⓢ	연기식 감지기(광전식 2종)	──	바닥 스라브 매입배관 배선
▽	차동식스포트형 감지기(제2종)	─ ─	천장 노출 배관 배선
○	정온식스포트형 감지기(제1종)	소	분말소화기(ABC급 3.3kg)
⊗	피난구유도등	자	자동확산소화기(ABC급 3.0kg)
→ ↔	통로유도등(단방향, 양방향)	↗↗↗	전선관의 입하(내려감), 통과(내려가고 올라감), 입상(올라감)
Ω	종단저항	완	완강기
W.H	전기 계량기함	▲	알람밸브
── F ──	HFIX 1.5㎟ × 2	─///─ F ──	HFIX 1.5㎟ × 4

이 건물의 자동화재탐지설비 P형 수신기의 설계는,
경종(시각경보기)·표시등을 공통선 1선으로 하며, 지구음향장치 또는 배선의 『단락보호장치』를 설치한다.

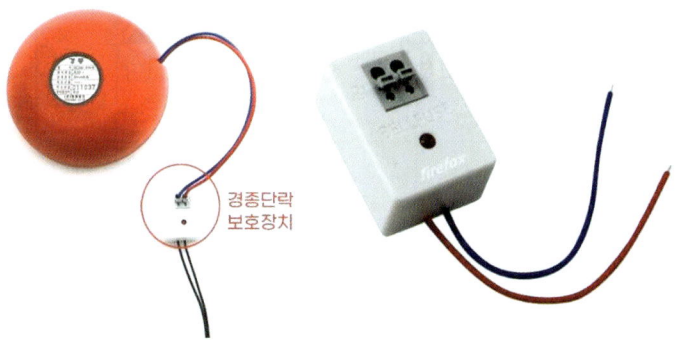

지구경종 단락 보호장치

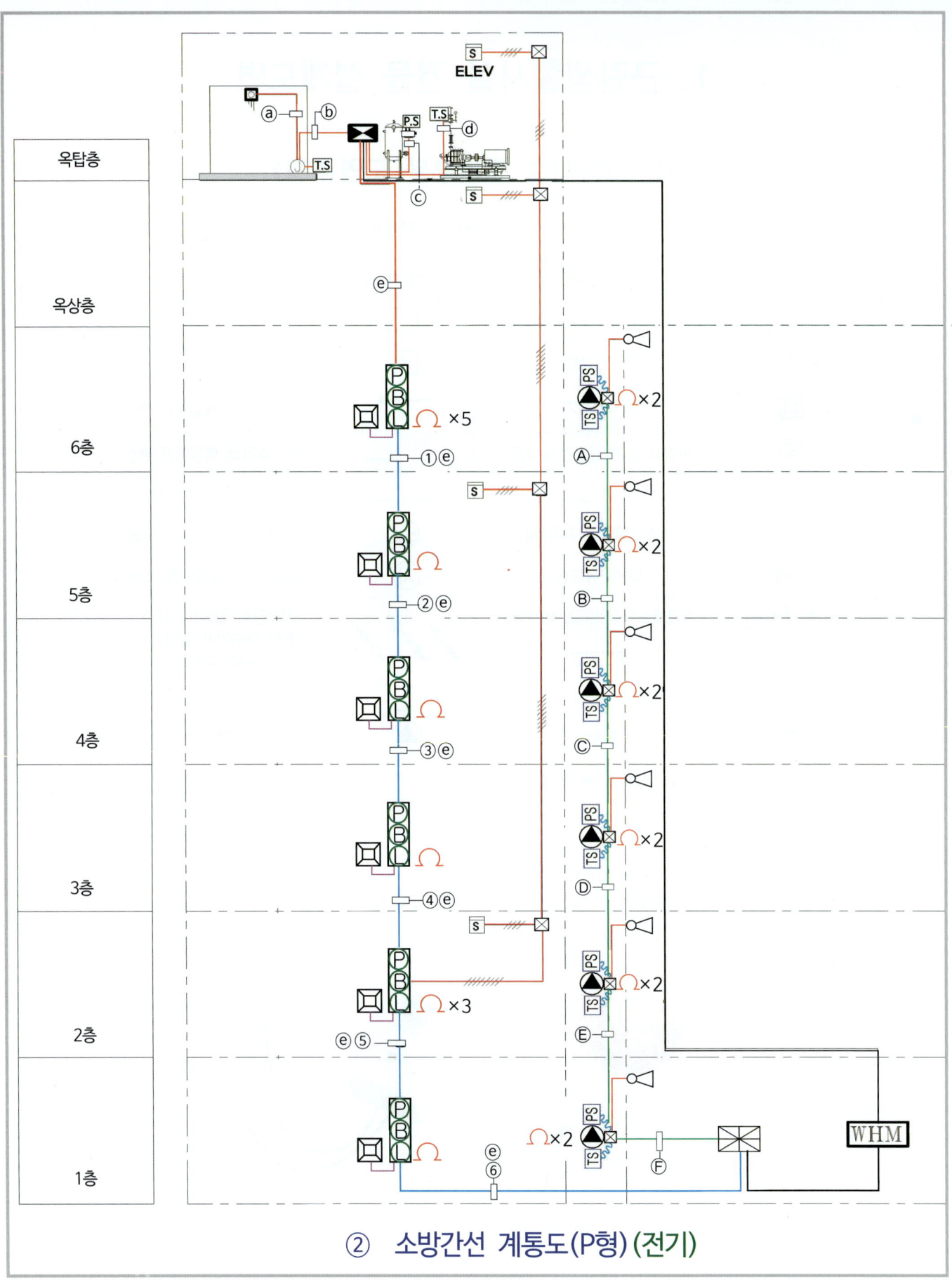

② 소방간선 계통도(P형) (전기)

자동화재탐지설비 배선 내용

번호	전선	내용
①	HFIX 2.5 ㎟ - 7	벨(경종), 시각경보, 벨(경종)·표시등 공통, 표시등, 응답, 회로, 공통
②	HFIX 2.5 ㎟ - 8	벨(경종), 시각경보, 벨(경종)·표시등 공통, 표시등, 응답, 회로2(6층, 5층), 공통
③	HFIX 2.5 ㎟ - 9	벨(경종), 시각경보, 벨(경종)·표시등 공통, 표시등, 응답, 회로3(6층, 5층, 4층), 공통
④	HFIX 2.5 ㎟ - 10	벨, 시각경보, 벨(경종)·표시등 공통, 표시등, 응답, 회로4(6층, 5층, 4층, 3층), 공통
⑤	HFIX 2.5 ㎟ - 13	벨(경종), 시각경보, 벨(경종)·표시등 공통, 표시등, 응답, 회로7(6층, 5층, 4층, 3층, 2층, 엘리베이터기계실, 계단실), 공통
⑥	HFIX 2.5 ㎟ - 15	벨(경종), 시각경보, 벨(경종)·표시등 공통, 표시등, 응답, 회로8(6층, 5층, 4층, 3층, 2층, 1층, 엘리베이터기계실, 계단실), 공통 2

자동화재탐지설비 배선 내용

번호	벨(경종)	벨(경종)표시등 공통	시각경보	표시등	응답	회로	공통	계
①	1	1	1	1	1	1	1	7
②	1	1	1	1	1	2	1	8
③	1	1	1	1	1	3	1	9
④	1	1	1	1	1	4	1	10
⑤	1	1	1	1	1	7	1	13
⑥	1	1	1	1	1	8	2	15

경종(시각경보기)·표시등을 공통선 1선으로 함께 사용하며, 지구음향장치 또는 배선의 『단락보호장치』를 설치한다.

펌프실 부속 내용

번호	전선	내용
ⓐ	HFIX 2.5 ㎟ - 2	저수위 경보기선(+,-선) 2
ⓑ	HFIX 2.5 ㎟ - 3	저수위 경보기선, 탬퍼스위치선, 공통선
ⓒ	HFIX 2.5 ㎟ - 2	압력스위치선(+,-선)
ⓓ	HFIX 2.5 ㎟ - 2	탬퍼스위치선(+,-선) 2
ⓔ	HFIX 2.5 ㎟ - 5	저수위 경보기선, 1탬퍼스위치(수조배관 밸브)선, 2탬퍼스위치(펌프 토출측배관 밸브)선, 압력스위치선, 공통선

스프링클러설비

번호	전선	내용
Ⓐ	HFIX 2.5 ㎟ - 4	1. 사이렌(6층), 2. 압력스위치(6층 알람밸브), 3. 탬퍼스위치(6층), 4. 공통선
Ⓑ	HFIX 2.5 ㎟ - 7	1. 사이렌(6층), 2. 사이렌(5층), 3. 압력스위치(6층 알람밸브), 4. 압력스위치(5층 알람밸브), 5. 탬퍼스위치(6층), 6. 탬퍼스위치(5층), 7. 공통선
Ⓒ	HFIX 2.5 ㎟ - 10	1. 사이렌(6층), 2. 사이렌(5층), 3. 사이렌(4층), 4. 압력스위치(6층 알람밸브), 5. 압력스위치(5층 알람밸브), 6. 압력스위치(4층 알람밸브), 7. 탬퍼스위치(6층), 8. 탬퍼스위치(5층), 9. 탬퍼스위치(4층), 10. 공통선
Ⓓ	HFIX 2.5 ㎟ - 13	1. 사이렌(6층), 2. 사이렌(5층), 3. 사이렌(4층), 4. 사이렌(3층), 5. 압력스위치(6층 알람밸브), 6. 압력스위치(5층 알람밸브), 7. 압력스위치(4층 알람밸브), 8. 압력스위치(3층 알람밸브), 9. 탬퍼스위치(6층), 10. 탬퍼스위치(5층), 11. 탬퍼스위치(4층), 12. 탬퍼스위치(3층), 13. 공통선
Ⓔ	HFIX 2.5 ㎟ - 16	1. 사이렌(6층), 2. 사이렌(5층), 3. 사이렌(4층), 4. 사이렌(3층), 5. 사이렌(2층), 6. 압력스위치(6층 알람밸브), 7. 압력스위치(5층 알람밸브), 8. 압력스위치(4층 알람밸브), 9. 압력스위치(3층 알람밸브), 10. 압력스위치(2층 알람밸브), 11. 탬퍼스위치(6층), 12. 탬퍼스위치(5층), 13. 탬퍼스위치(4층), 14. 탬퍼스위치(3층), 15. 탬퍼스위치(2층), 16. 공통선
Ⓕ	HFIX 2.5 ㎟ - 19	1. 사이렌(6층), 2. 사이렌(5층), 3. 사이렌(4층), 4. 사이렌(3층), 5. 사이렌(2층), 6. 사이렌(1층), 7. 압력스위치(6층 알람밸브), 8. 압력스위치(5층 알람밸브), 9. 압력스위치(4층 알람밸브), 10. 압력스위치(3층 알람밸브), 11. 압력스위치(2층 알람밸브), 12. 압력스위치(1층 알람밸브), 13. 탬퍼스위치(6층), 14. 탬퍼스위치(5층), 15. 탬퍼스위치(4층), 16. 탬퍼스위치(3층), 17. 탬퍼스위치(2층), 18. 탬퍼스위치(1층), 19. 공통선

스프링클러설비

번호	사이렌	P.S(압력스위치)	T.S(탬퍼스위치)	공통선	계
Ⓐ	1	1	1	1	4
Ⓑ	2	2	2	1	7
Ⓒ	3	3	3	1	10
Ⓓ	4	4	4	1	13
Ⓔ	5	5	5	1	16
Ⓕ	6	6	6	1	19

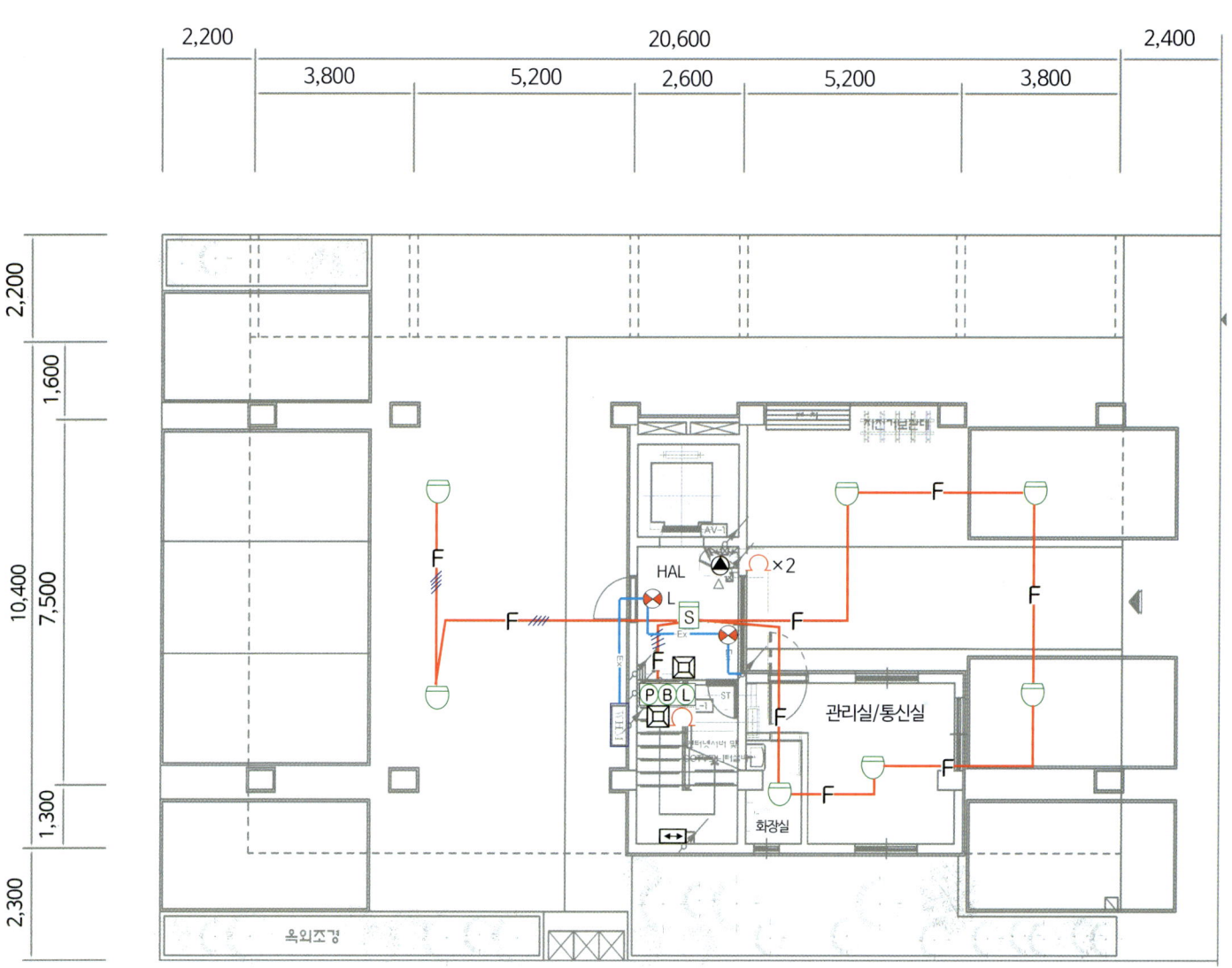

③ 1층 소화설비 평면도(전기)

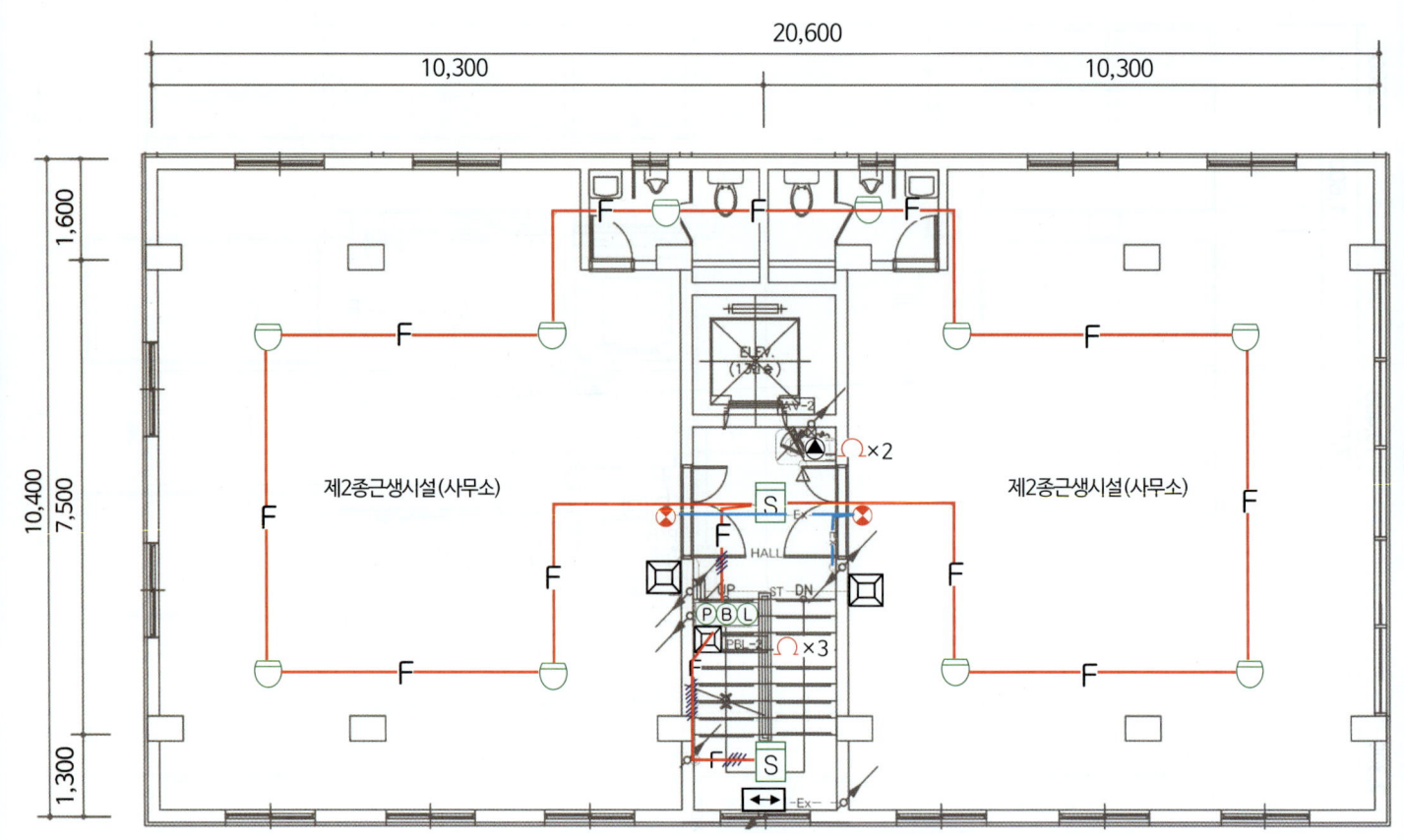

④ 2층 소화설비 평면도(전기)

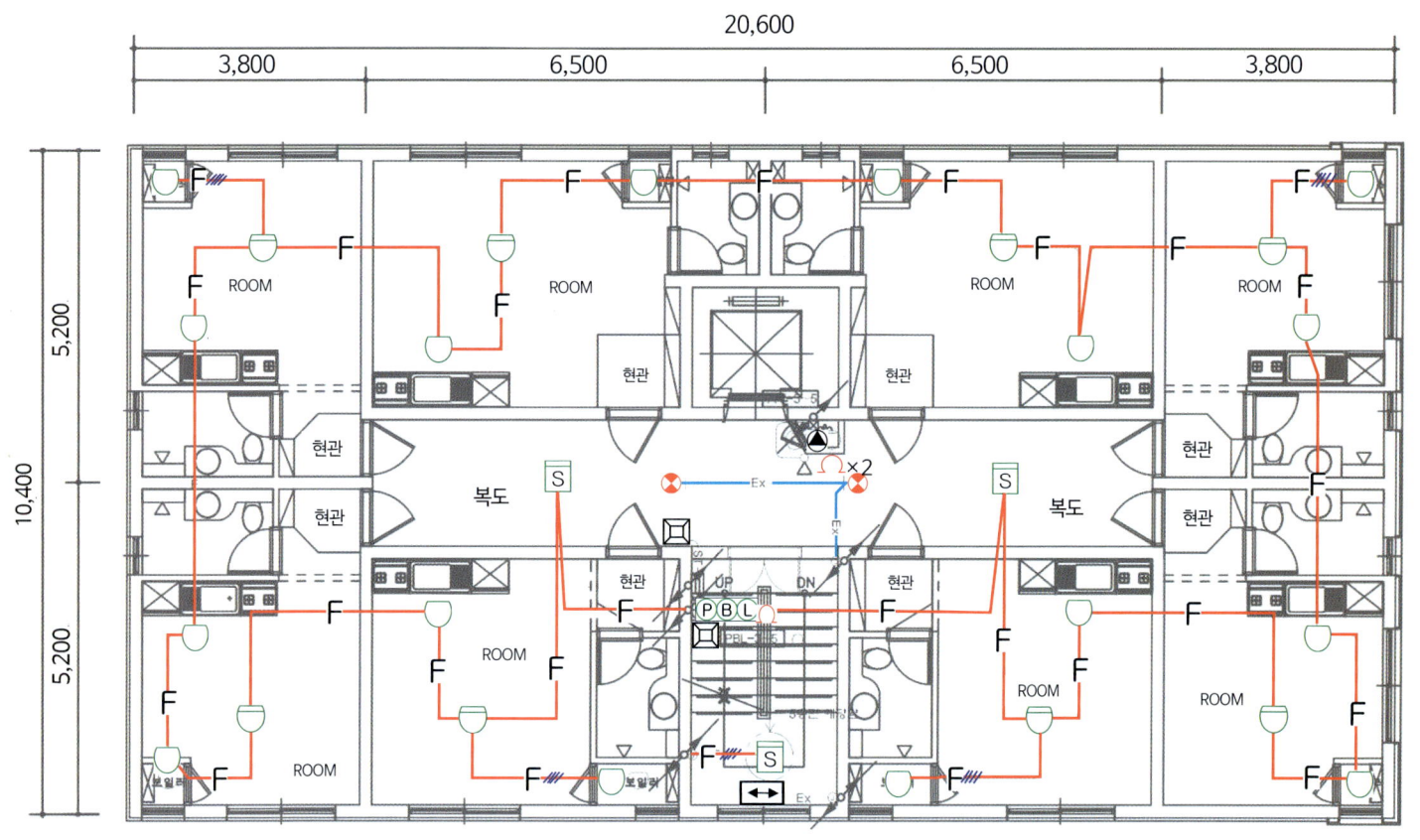

⑤ 3~5층 소화설비 평면도(전기)

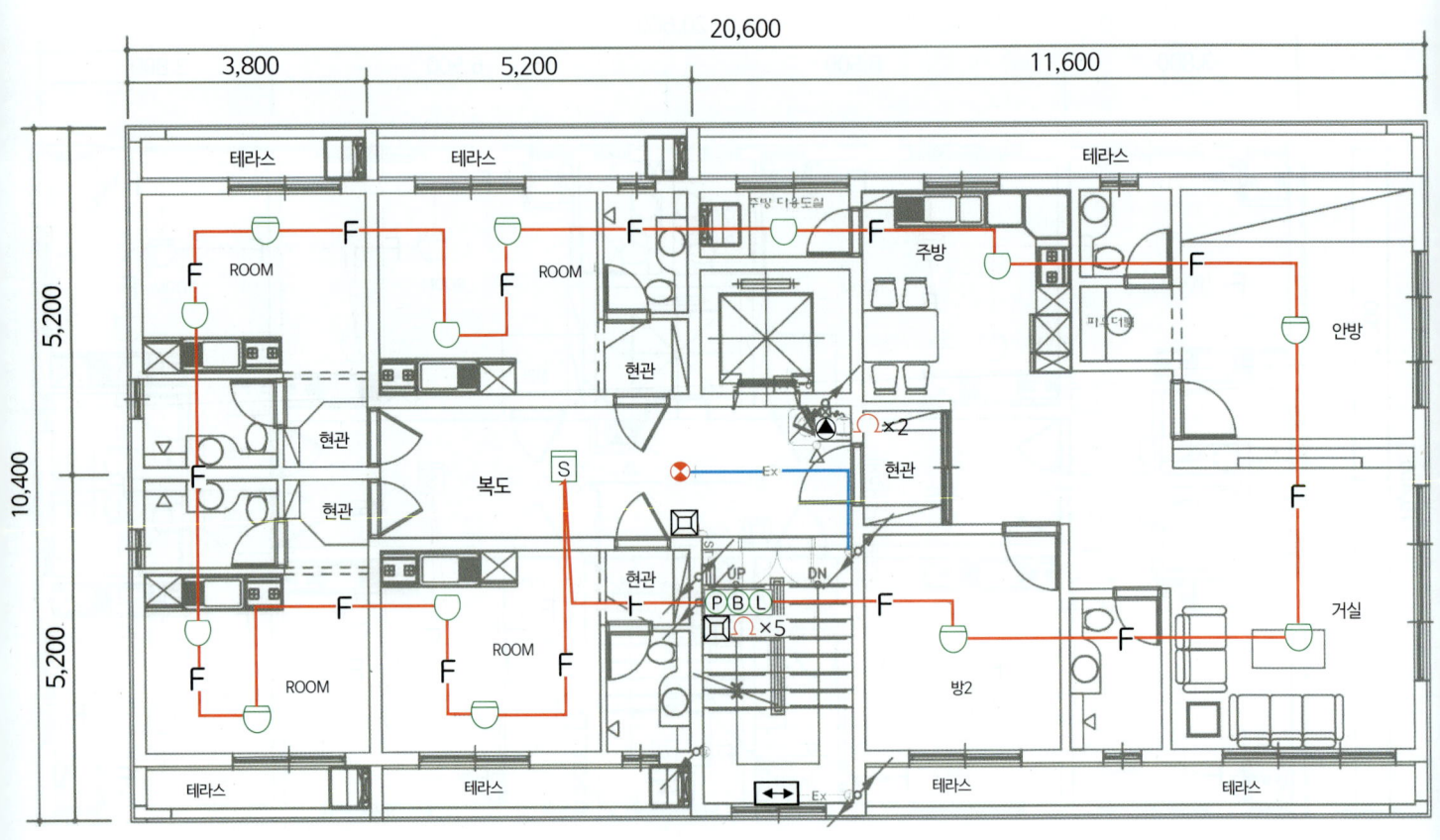

⑥ 6층 소화설비 평면도(전기)

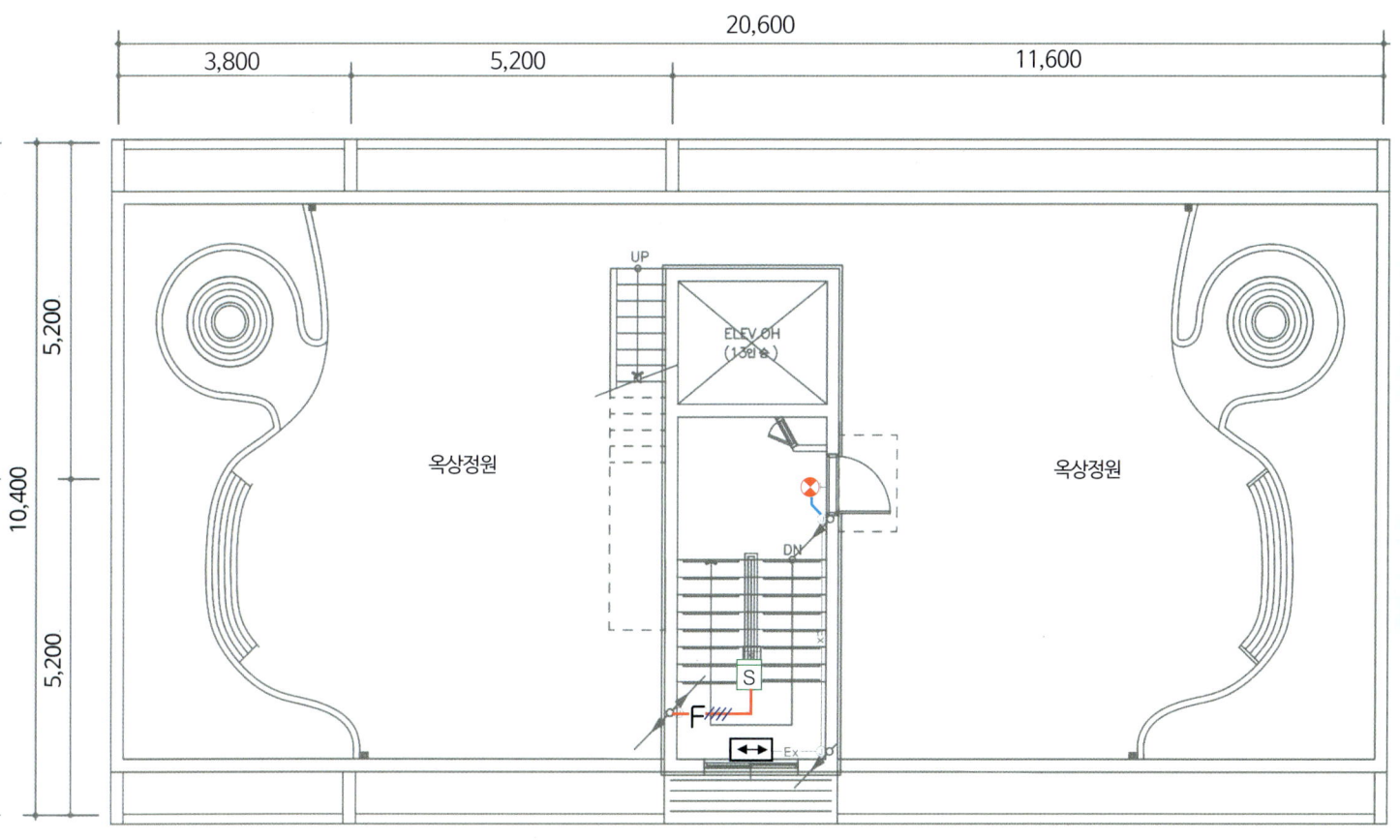

⑦ 옥상층 소화설비 평면도(전기)

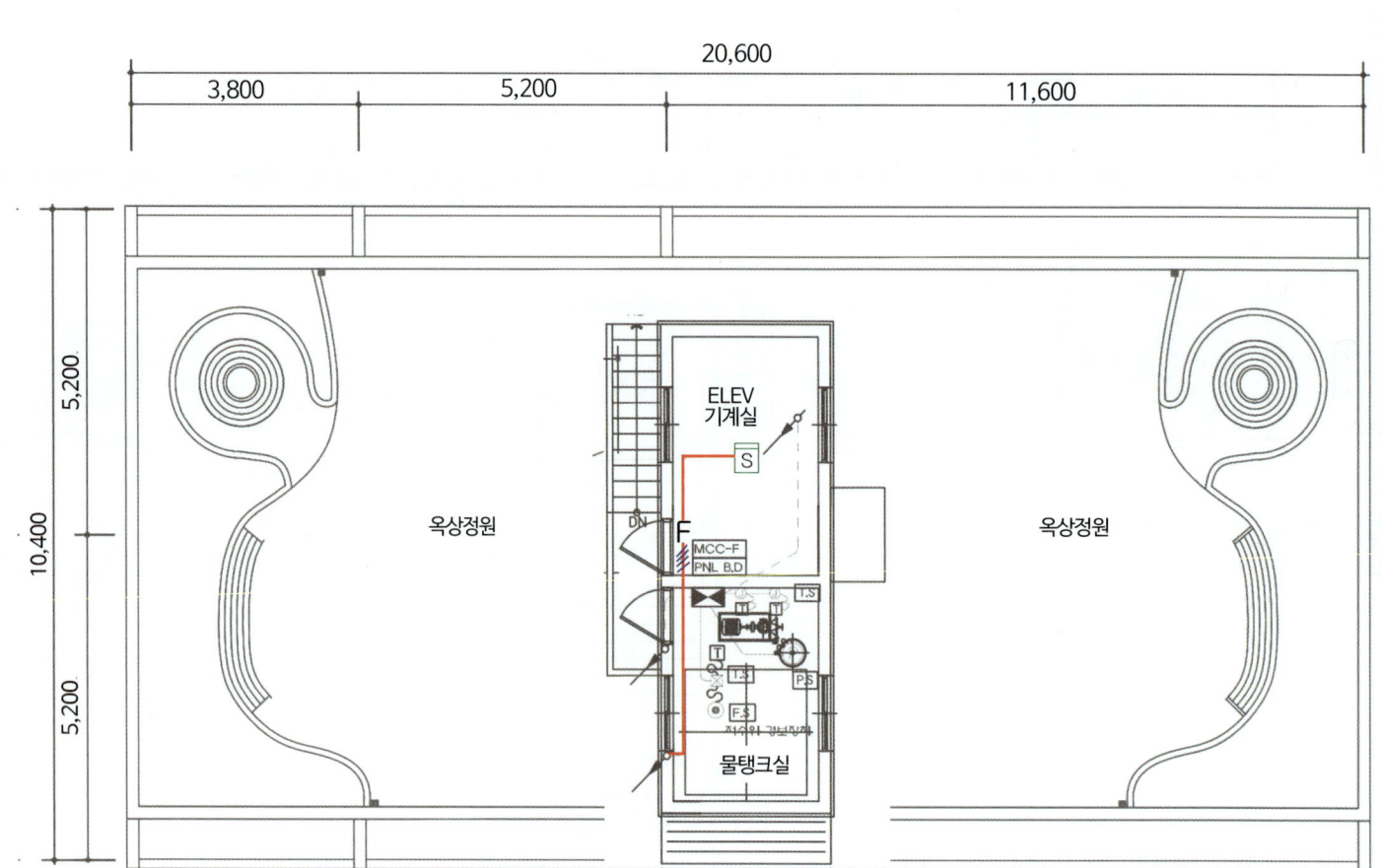

⑧ 옥탑층 소화설비 평면도(전기)

나. 소방시설 전기부분 도면(R형)

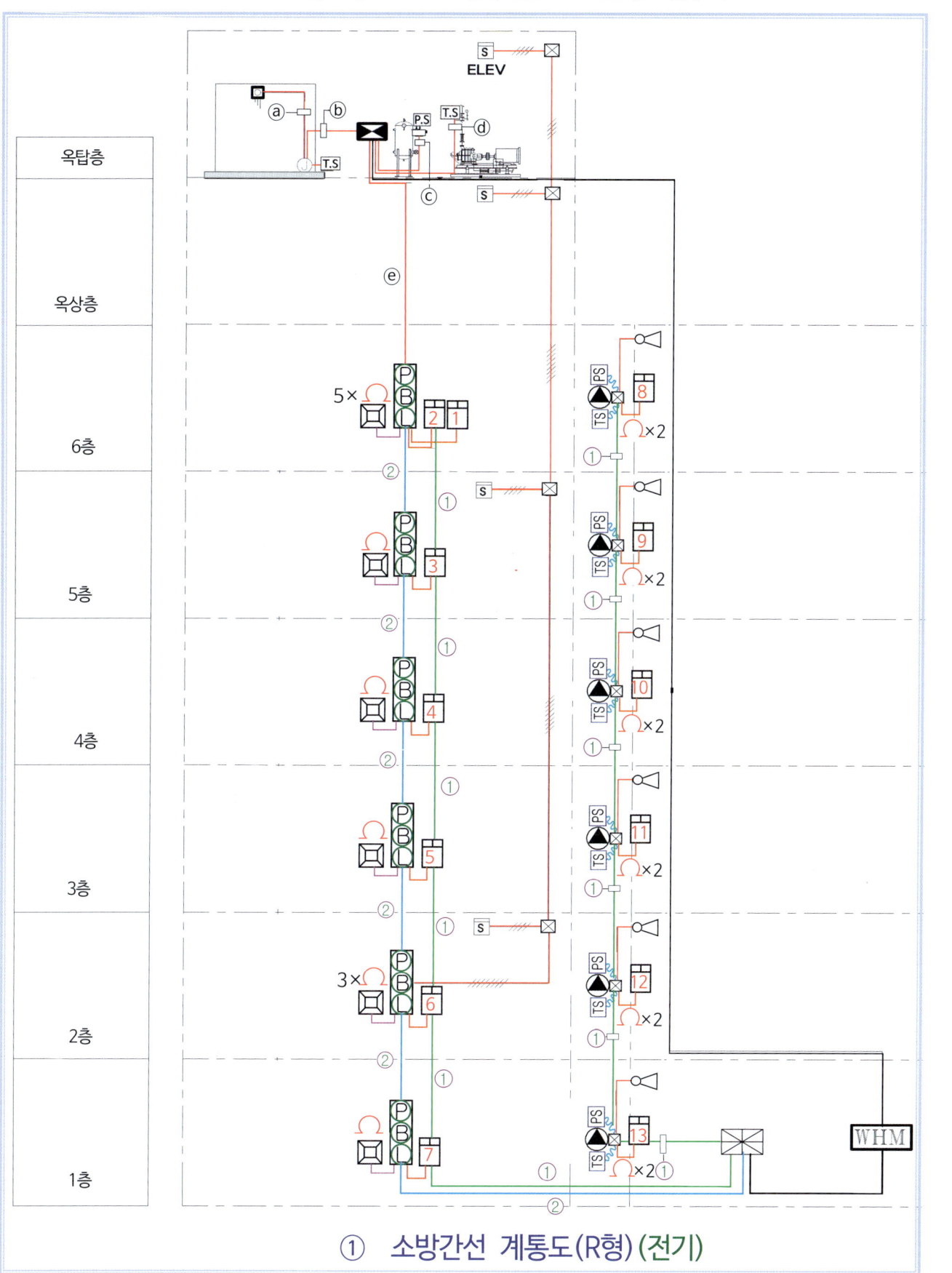

① 소방간선 계통도(R형) (전기)

펌프실 부속 내용

번호	전선	내용
ⓐ	HFIX 2.5 ㎟ - 2	저수위경보기선(+,-선) 2
ⓑ	HFIX 2.5 ㎟ - 4	저수위경보기선(+,-선) 2, 탬퍼스위치선(+,-선) 2
ⓒ	HFIX 2.5 ㎟ - 2	압력스위치선(+,-선)
ⓓ	HFIX 2.5 ㎟ - 2	탬퍼스위치선(+,-선) 2
ⓔ	HFIX 2.5 ㎟ - 5	저수위 경보기선, 1탬퍼스위치(수조-물탱크배관 밸브)선, 2탬퍼스위치(펌프 토출측배관 밸브)선, 압력스위치선, 공통선

기호	전선 내용	세부 내용
①	22C(FR CVV-SB 1.5㎟ 1Pr) 또는 (HCVV-SB TWIST CABLE 1.5㎟ 1pr)	신호전송선 1
	16C(HFIX 2.5㎟ - 2)	중계기 전원선 2
②	16C(HFIX 2.5㎟ - 3)	발신기 응답선1, 위치표시등선1, 공통선1

중계기 결선 내용

번호	중계기 종류	입력(IN)	출력(OUT)
1	4/4 1개	1. 물탱크 저수위경보기, 2. 탬퍼스위치(물탱크 개폐밸브), 3. 압력스위치(압력챔버), 4. 탬퍼스위치(펌프 입상관 개폐밸브)	
2	2/2 1개	1. 발신기 누름스위치, 2. 6층 감지기 회로	벨(경종), 시각경보기
3	2/2 1개	1. 발신기 누름스위치, 2. 5층 감지기 회로	벨(경종), 시각경보기
4	2/2 1개	1. 발신기 누름스위치, 2. 4층 감지기 회로	벨(경종), 시각경보기
5	2/2 1개	1. 발신기 누름스위치, 2. 3층 감지기 회로	벨(경종), 시각경보기
6	4/4 1개	1. 발신기 누름스위치, 2. 2층 감지기 회로, 3. 엘리베이터실 감지기 회로, 4. 계단실 감지기 회로	벨(경종), 시각경보기
7	2/2 1개	1. 발신기 누름스위치, 2. 2층 감지기 회로	벨(경종), 시각경보기
8	2/2 1개	1. 압력스위치(알람밸브), 2. 탬퍼스위치(개폐밸브)	사이렌
9	2/2 1개	1. 압력스위치(알람밸브), 2. 탬퍼스위치(개폐밸브)	사이렌
10	2/2 1개	1. 압력스위치(알람밸브), 2. 탬퍼스위치(개폐밸브)	사이렌
11	2/2 1개	1. 압력스위치(알람밸브), 2. 탬퍼스위치(개폐밸브)	사이렌
12	2/2 1개	1. 압력스위치(알람밸브), 2. 탬퍼스위치(개폐밸브)	사이렌
13	2/2 1개	1. 압력스위치(알람밸브), 2. 탬퍼스위치(개폐밸브)	사이렌

중계기 종류 및 결선 내용

번호	중계기 종류 (입력/출력)	입력(IN)	출력(OUT)
13	2/2 1개	1. 압력스위치(알람밸브), 2. 탬퍼스위치	사이렌
7	2/2 1개	1. 발신기 누름스위치, 2. 감지기 회로	벨(경종) 시각경보기

필요 부품 내용

부품명	개수
차동식스포트형 감지기(제2종)	7
연기식 감지기(광전식 2종)	1
시각경보기	1
알람밸브	1
피난구 유도등(소)	2
계단통로 유도등	1
발신기 세트	1

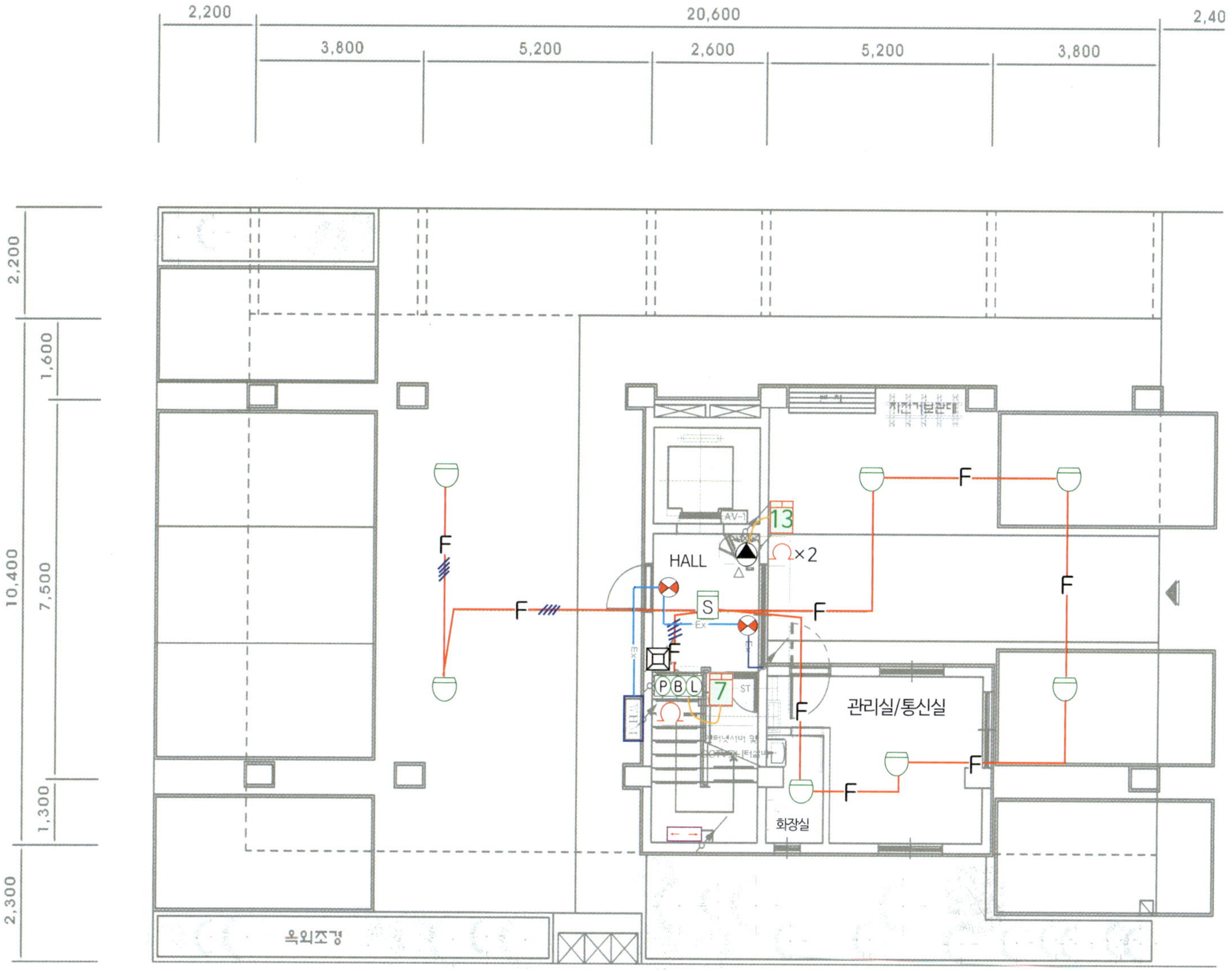

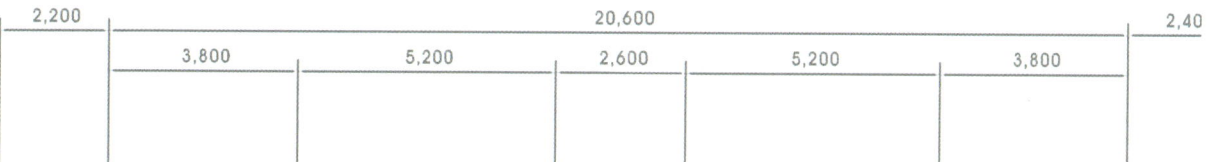

② 1층 소화설비 평면도(전기)

중계기 종류 및 결선 내용

번호	중계기 종류 (입력/출력)	입력(IN)	출력(OUT)
12	2/2 1개	1. 압력스위치(알람밸브), 2. 탬퍼스위치	사이렌
6	4/4 1개	1. 발신기 누름스위치, 2. 감지기 회로 3. 엘리베이터 권상기실 감지기 4. 계단실 감지기	벨(경종) 시각경보기

필요 부품 내용

부품명	개수
차동식스포트형 감지기(제2종)	9
연기식 감지기(광전식 2종)	2
시각경보기	3
알람밸브	1
피난구 유도등(소)	2
계단통로 유도등	1
발신기 세트	1

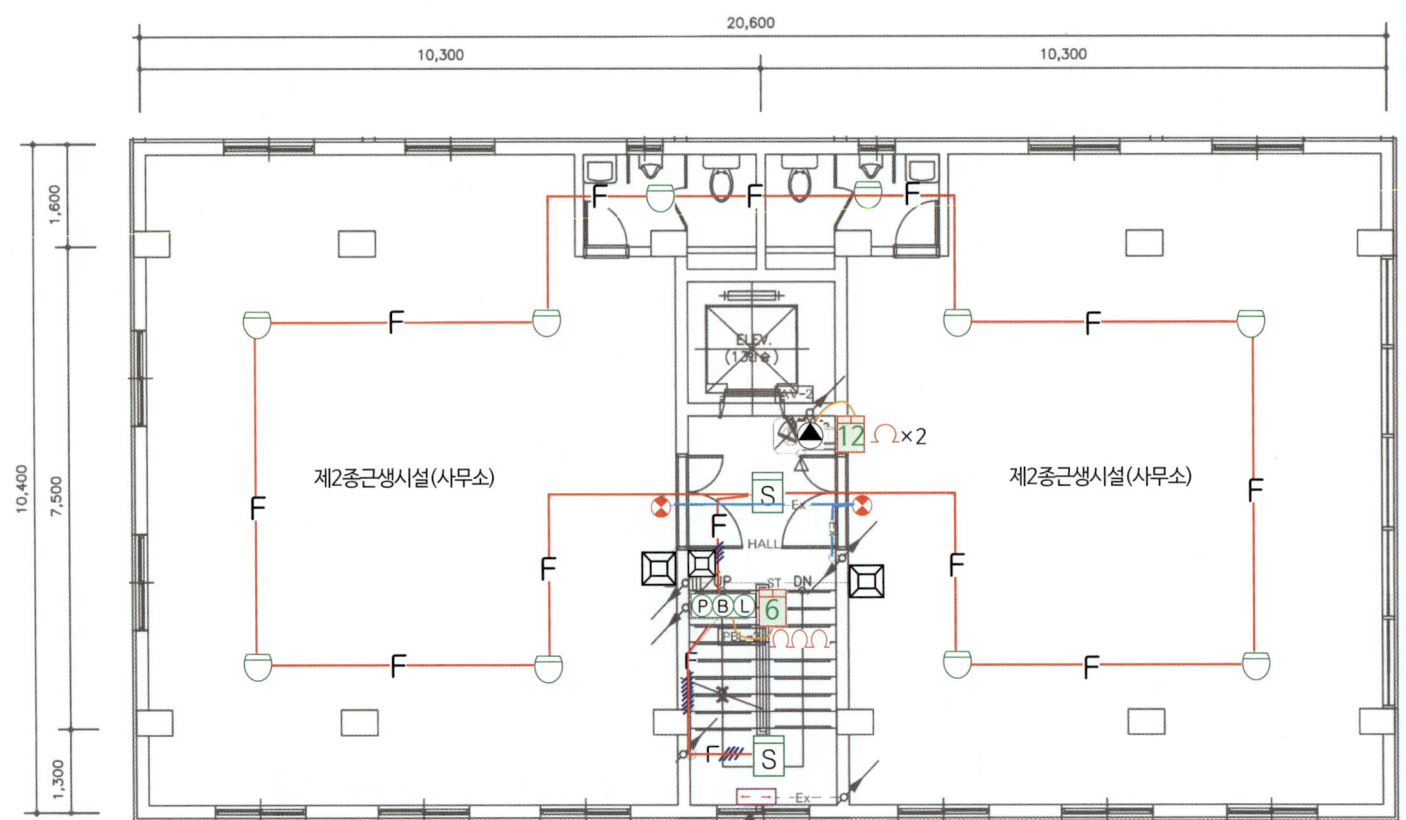

③ 2층 소화설비 평면도(전기)

중계기 종류 및 결선 내용

번호	중계기 종류 (입력/출력)	입력(IN)	출력(OUT)
9(5층)	2/2 1개	1. 압력스위치(알람밸브), 2. 탬퍼스위치	사이렌
10(4층)	2/2 1개	1. 압력스위치(알람밸브), 2. 탬퍼스위치	사이렌
11(3층)	2/2 1개	1. 압력스위치(알람밸브), 2. 탬퍼스위치	사이렌
3(5층)	2/2 1개	1. 발신기 누름스위치, 2. 감지기 회로	벨(경종) 시각경보기
4(4층)	2/2 1개	1. 발신기 누름스위치, 2. 감지기 회로	벨(경종) 시각경보기
5(3층)	2/2 1개	1. 발신기 누름스위치, 2. 감지기 회로	벨(경종) 시각경보기

필요 부품 내용

부품명		개수
차동식스포트형 감지기(제2종)	3층	8
	4층	8
	5층	8
연기식 감지기(광전식 2종)	3층	3
	4층	3
	5층	3
정온식스포트형 감지기(제1종)	3층	16
	4층	16
	5층	16
시각경보기	3층	2
	4층	2
	5층	2
알람밸브	3층	1
	4층	1
	5층	1
피난구 유도등(소)	3층	2
	4층	2
	5층	2
계단통로 유도등	3층	1
	4층	1
	5층	1
발신기 세트	3층	1
	4층	1
	5층	1

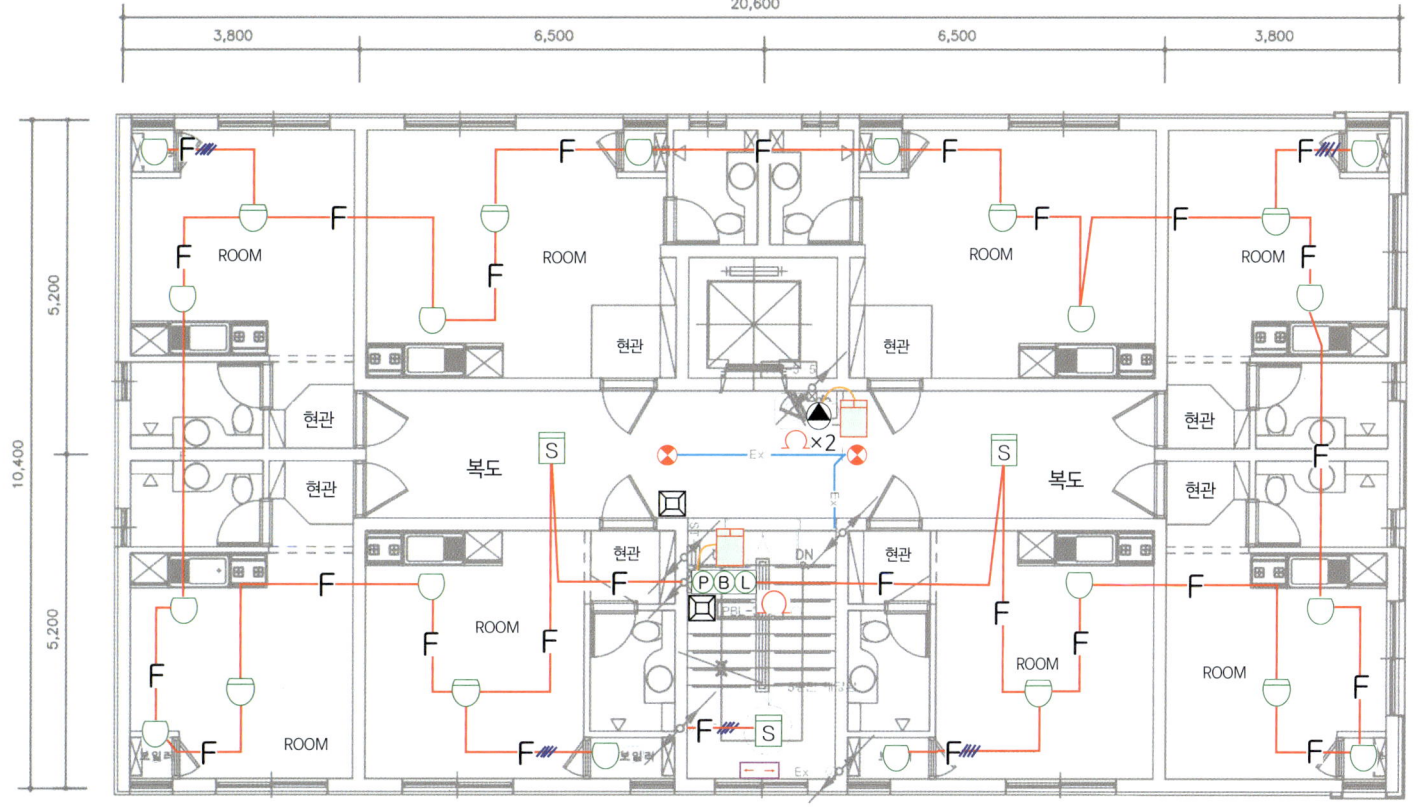

④ 3~5층 소화설비 평면도(전기)

중계기 종류 및 결선 내용

번호	중계기 종류 (입력/출력)	입력(IN)	출력(OUT)
8	2/2 1개	1. 압력스위치(알람밸브), 2. 탬퍼스위치	사이렌
2	2/2 1개	1. 발신기 누름스위치, 2. 감지기 회로	벨(경종) 시각경보기

필요 부품 내용

부품명	개수
차동식스포트형 감지기(제2종)	7
연기식 감지기(광전식 2종)	1
정온식스포트형 감지기(제1종)	6
시각경보기	2
알람밸브	1
피난구 유도등(소)	1
계단통로 유도등	1
발신기 세트	1

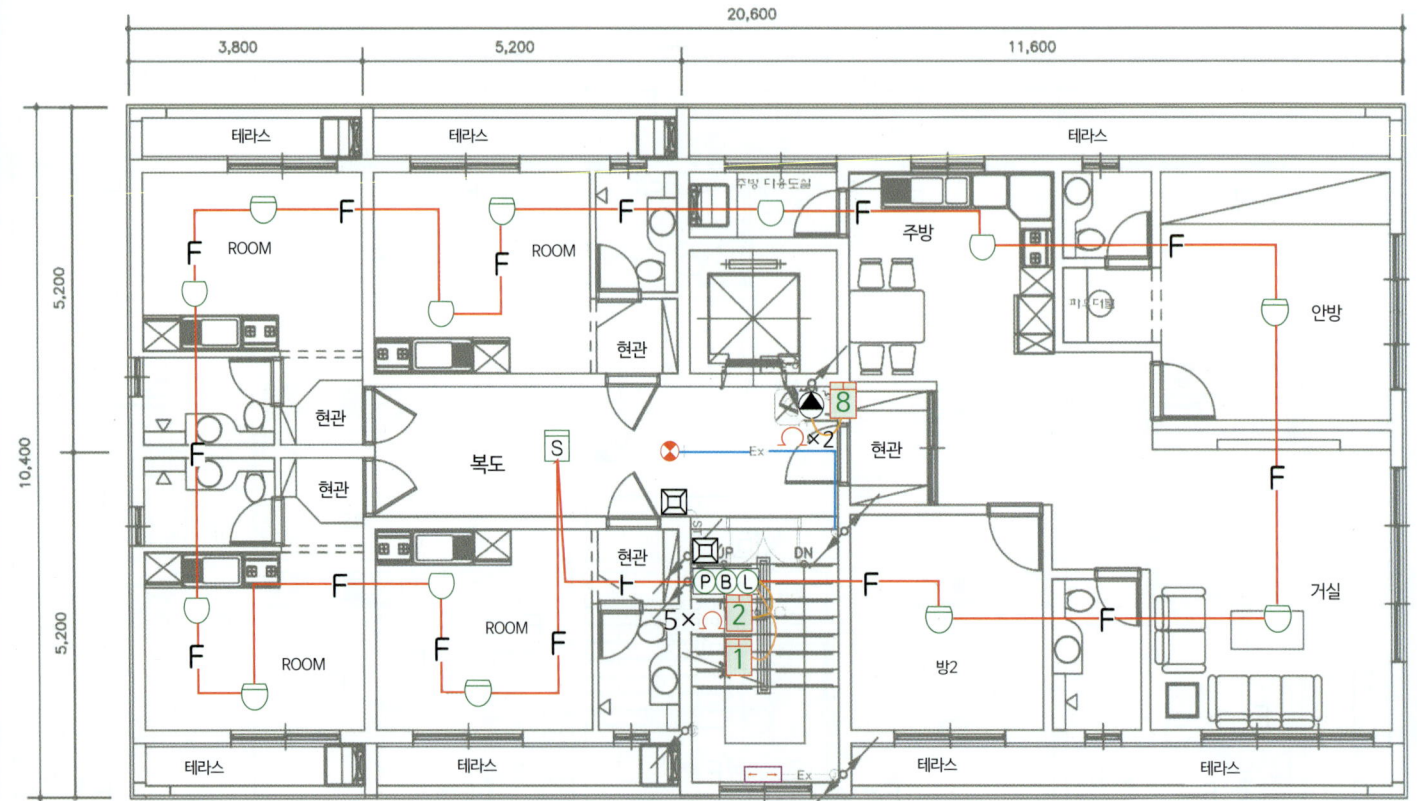

⑤ 6층 소화설비 평면도(전기)

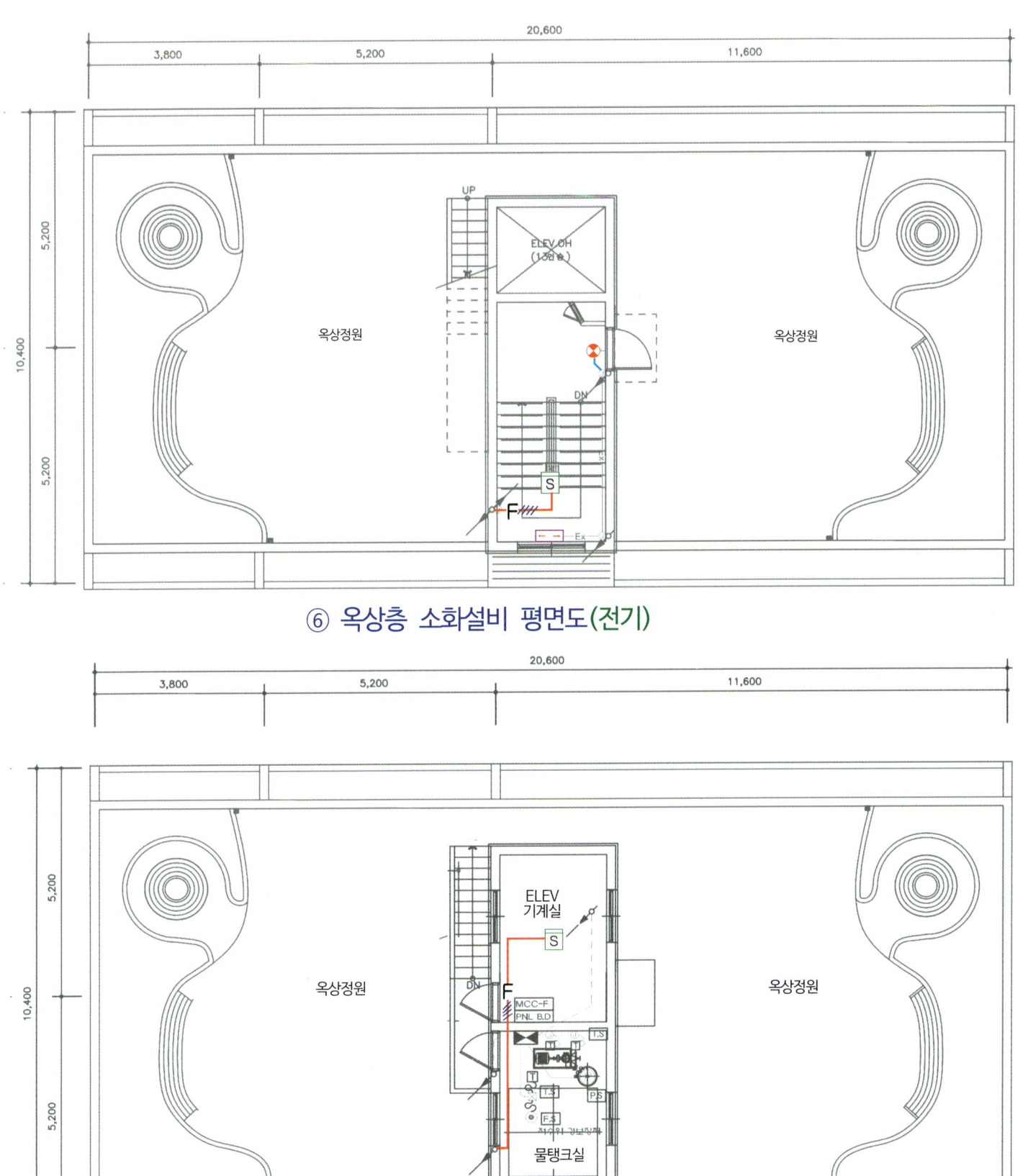

⑥ 옥상층 소화설비 평면도(전기)

⑦ 옥탑층 소화설비 평면도(전기)

다. 소방시설 전기 부분(P형) 도면 해설

① 계통도(전기) -234P 해설

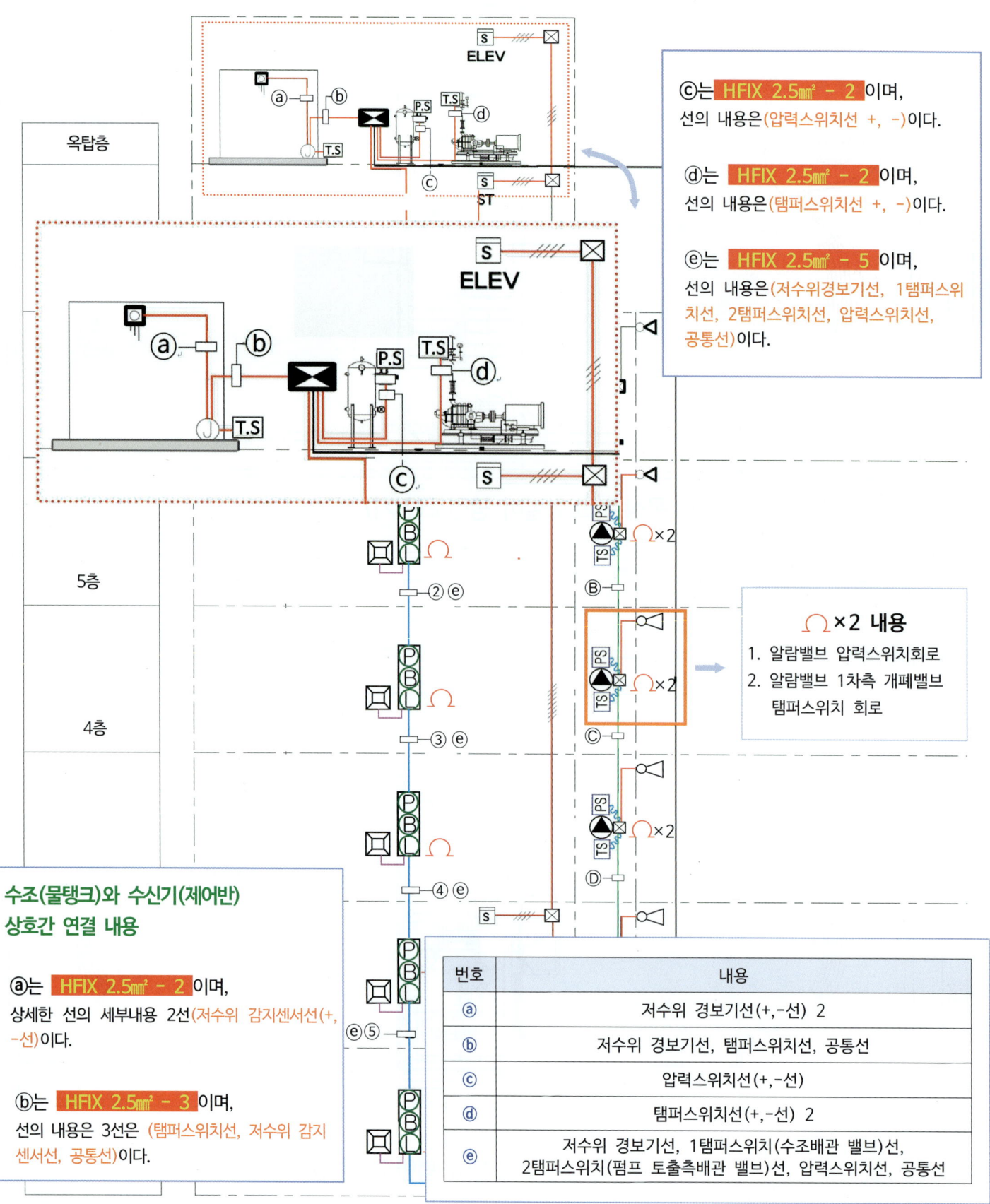

번호	벨	벨·표시등 공통	시각경보	표시등	응답	회로	공통	계
①	1	1	1	1	1	1	1	7

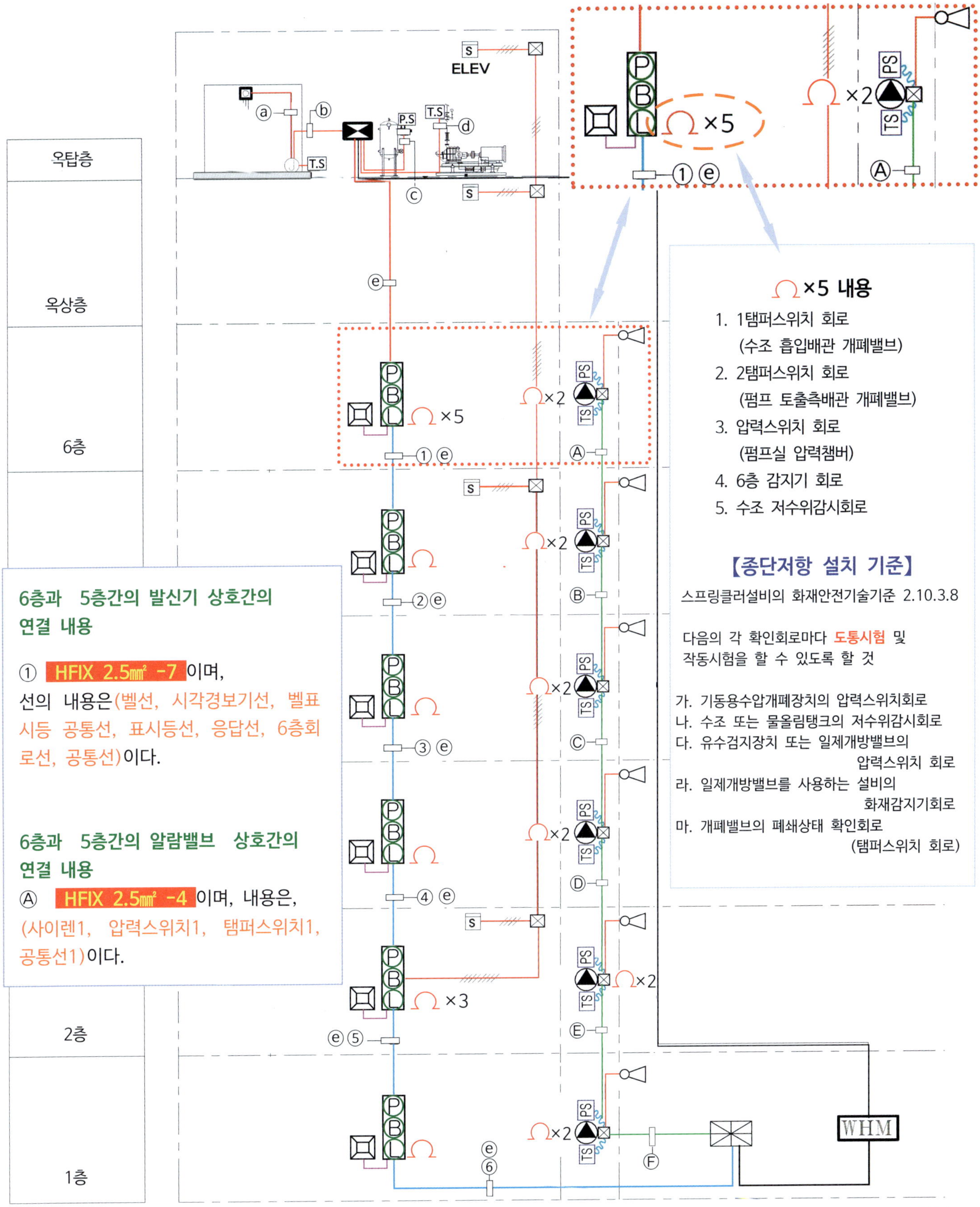

⏚×5 내용

1. 1탬퍼스위치 회로
   (수조 흡입배관 개폐밸브)
2. 2탬퍼스위치 회로
   (펌프 토출측배관 개폐밸브)
3. 압력스위치 회로
   (펌프실 압력챔버)
4. 6층 감지기 회로
5. 수조 저수위감시회로

【종단저항 설치 기준】

스프링클러설비의 화재안전기술기준 2.10.3.8

다음의 각 확인회로마다 **도통시험** 및 작동시험을 할 수 있도록 할 것

가. 기동용수압개폐장치의 압력스위치회로
나. 수조 또는 물올림탱크의 저수위감시회로
다. 유수검지장치 또는 일제개방밸브의
   압력스위치 회로
라. 일제개방밸브를 사용하는 설비의
   화재감지기회로
마. 개폐밸브의 폐쇄상태 확인회로
   (탬퍼스위치 회로)

6층과 5층간의 발신기 상호간의 연결 내용

① HFIX 2.5㎟ -7 이며,
선의 내용은 (벨선, 시각경보기선, 벨표시등 공통선, 표시등선, 응답선, 6층회로선, 공통선)이다.

6층과 5층간의 알람밸브 상호간의 연결 내용

Ⓐ HFIX 2.5㎟ -4 이며, 내용은,
(사이렌1, 압력스위치1, 탬퍼스위치1, 공통선1)이다.

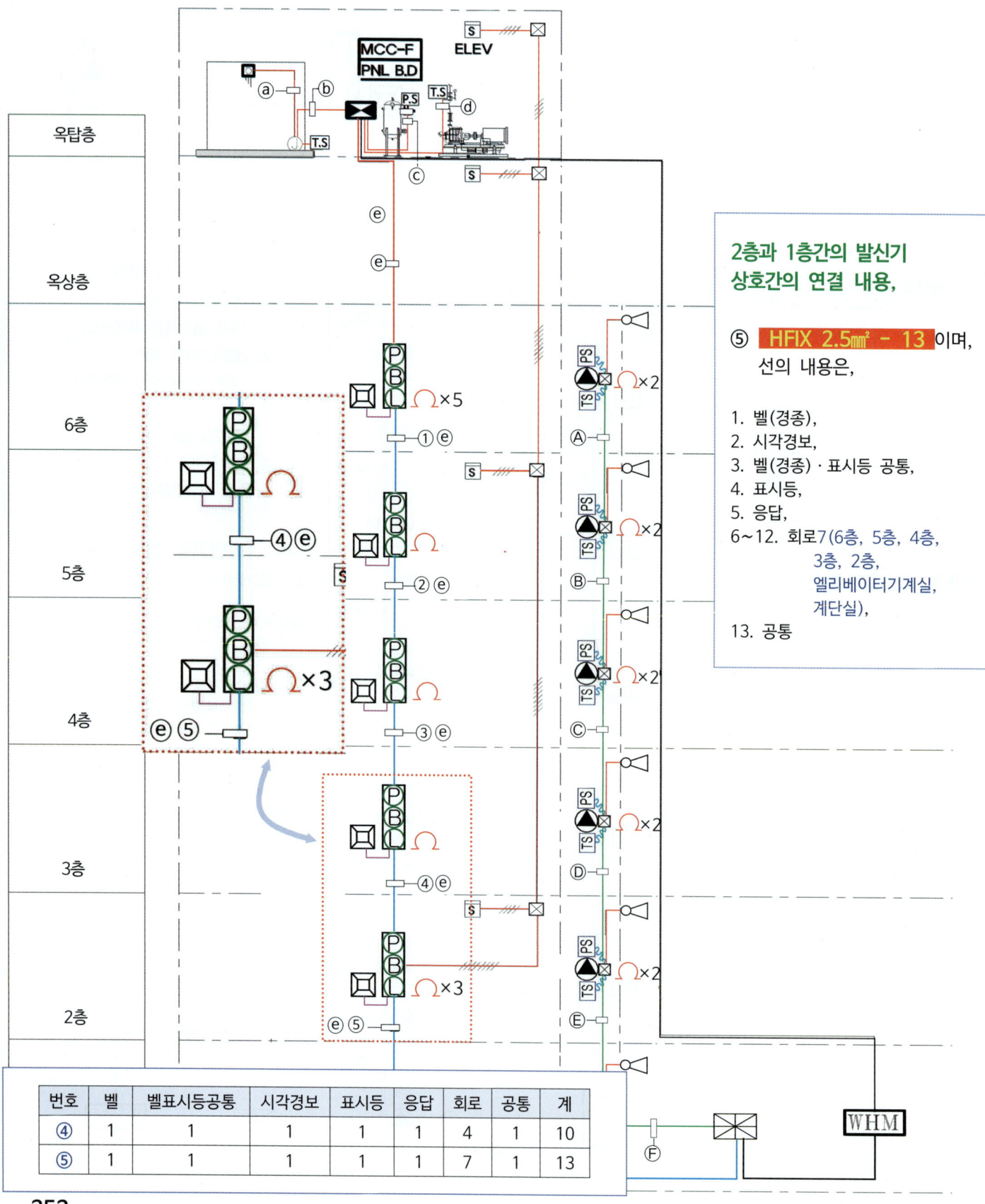

② 1층 소화설비 평면도(전기) -237P 해설

1층의 주차를 하는 곳은 필로티이며, 창고 2곳과 관리실, 엘리베이터 승강장(홀)으로 구성되어 있다.

필로티는 감지기를 설치해야 하는 장소는 아니지만 설계를 했다. 창고와 관리실에는 차동식스포트형 감지기가 설계되었으며, 엘리베이터 승강장(홀)에는 연기감지기가 설계되었다.

감지기 배선은 송배전식으로 연결했다.

발신기에서 감지기 ③④⑤⑥⑦⑧의 감지기를 순차적으로 연결하여,
⑧의 감지기에서 ②①의 감지기를 순차적으로 연결하여 ①의 감지기선을 발신기까지 되돌아와 감지기선 끝에 종단저항을 설계했다.

이러한 내용을 도면에 도시기호로 표기하여 설계했다.

— F ——— 감지기선 2선을 표시한 것이다
— F —///— 감지기선 4선을 표시한 것이다

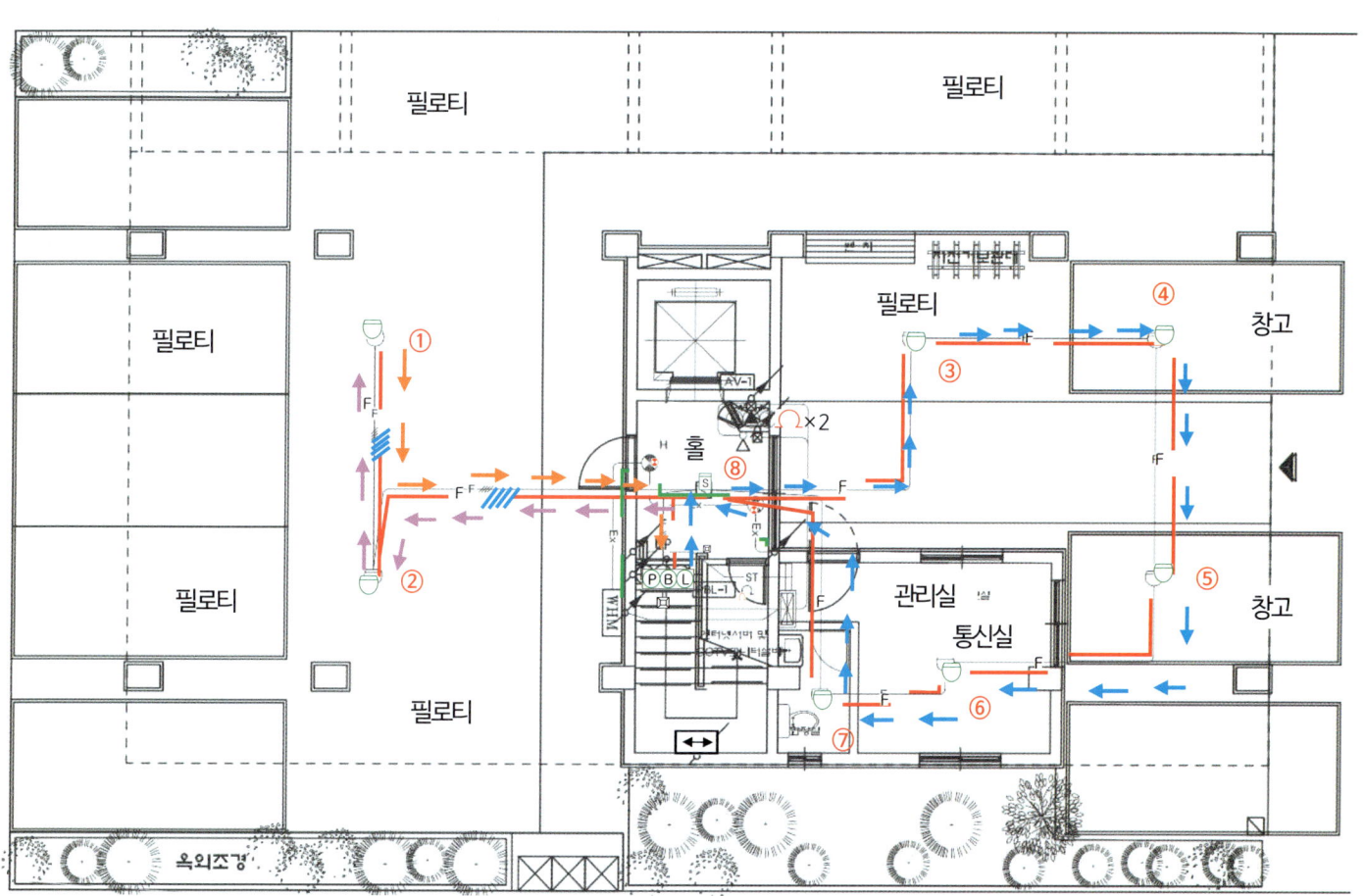

③ 2층 소화설비 평면도(전기) -238P 해설

이 건물의 주요구조부는 내화구조로 된 건물이며, 감지기의 설치높이는 2.5m이다.

설치하는 감지기 종류는 2종 차동식스포트형 감지기와 2종 광전식연기감지기, 제1종 정온식스포트형감지기를 설계했다. 아래 내용과 같이 감지기 개수를 계산하면,

1실에 2종 차동식스포트형 감지기는 2개가 필요하지만 4개를 설계했다.

1실의 감지기 개수 계산

$$\frac{바닥면적}{유효감지면적} = \frac{98.8}{70} = 1.41,$$ (소수점 이하는 절삭하지 않고 1개다) 그러므로 2개

부착높이 및 특정소방대상물 구분		감지기 종류				
		차동식스포트형		정온식스포트형		
		1종	2종	특종	1종	2종
4m 미만	주요구조부를 내화구조로 한 특정소방대상물 또는 그 부분	90	70	70	60	20
	기타구조의 특정소방대상물 또는 그 부분	50	40	40	30	15

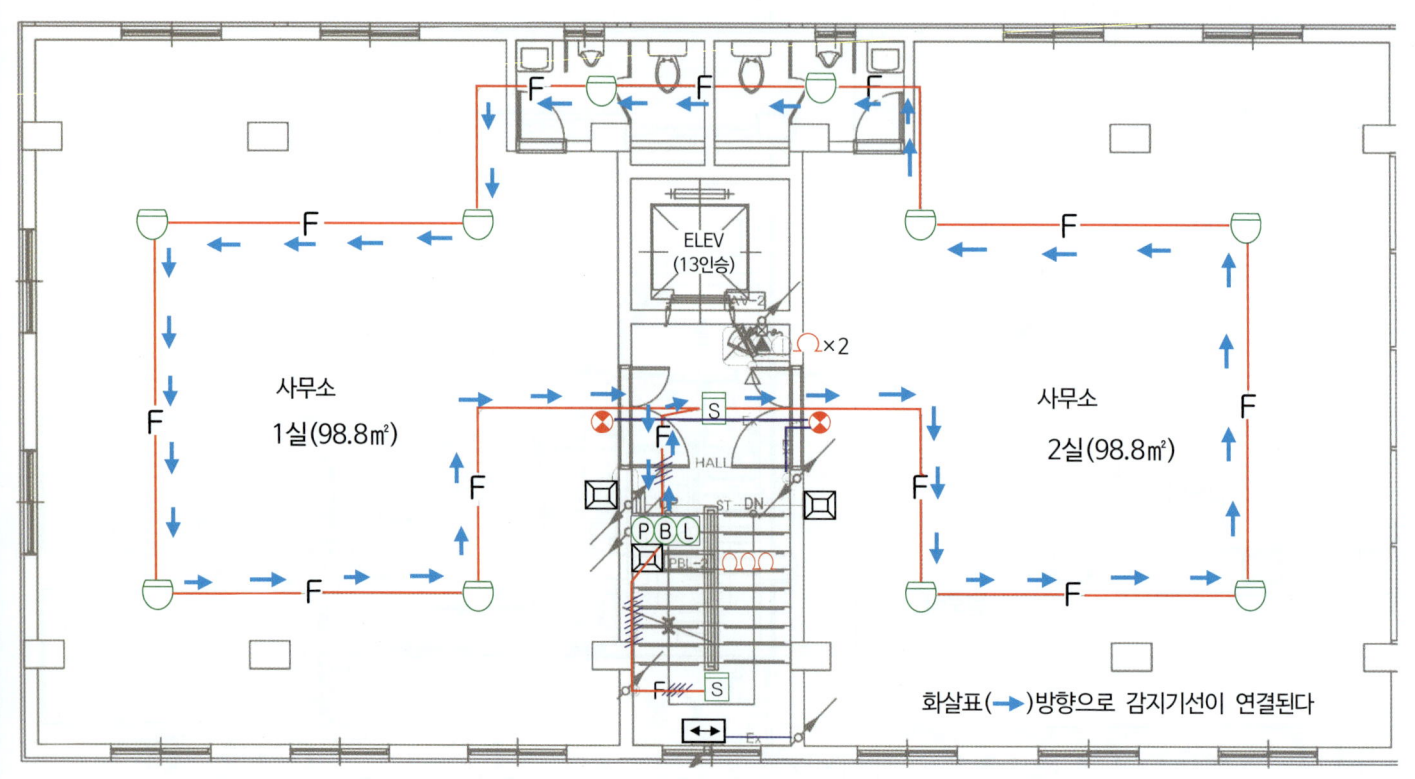

④ 3~5층 소화설비 평면도(전기) -239P 해설

3~5층은 원룸 형태로서 방마다 주방겸용이므로 2종 차동식스포트형 감지기와 제1종 정온식스포트형 감지기를 각각 1개씩 설치하는 설계를 했다. 복도에는 연기감지기 2종을 설치했다.
바닥면적에 대한 감지기의 감지 유효면적은 아래의 표와 같다.
1개층을 1경계구역으로 하여 감지기를 송배전식으로 연결하여 마지막 연결하는 감지기의 선은 발신기로 연결하여 감지기선의 끝에 종단저항을 설치한다.

연기감지기 감지유효면적

부착높이	감지기 종류	
	1종 및 2종	3종
4m 미만	150	50
4m 이상 20m 미만	75	

부착높이 및 특정소방대상물 구분		감지기 종류				
		차동식 스포트형		정온식 스포트형		
		1종	2종	특종	1종	2종
4m 미만	주요구조부를 내화구조로 한 특정소방대상물 또는 그 부분	90	70	70	60	20
	기타구조의 특정소방대상물 또는 그 부분	50	40	40	30	15

ROOM의 차동식스포트형 감지기 개수 계산

$$\frac{바닥면적}{유효감지면적} = \frac{21}{70} = 0.3, \text{ 그러므로 1개}$$

ROOM의 정온식스포트형 감지기 개수 계산

$$\frac{바닥면적}{유효감지면적} = \frac{21}{60} = 0.35, \text{ 그러므로 1개}$$

화살표(→)방향으로 감지기선이 연결된다

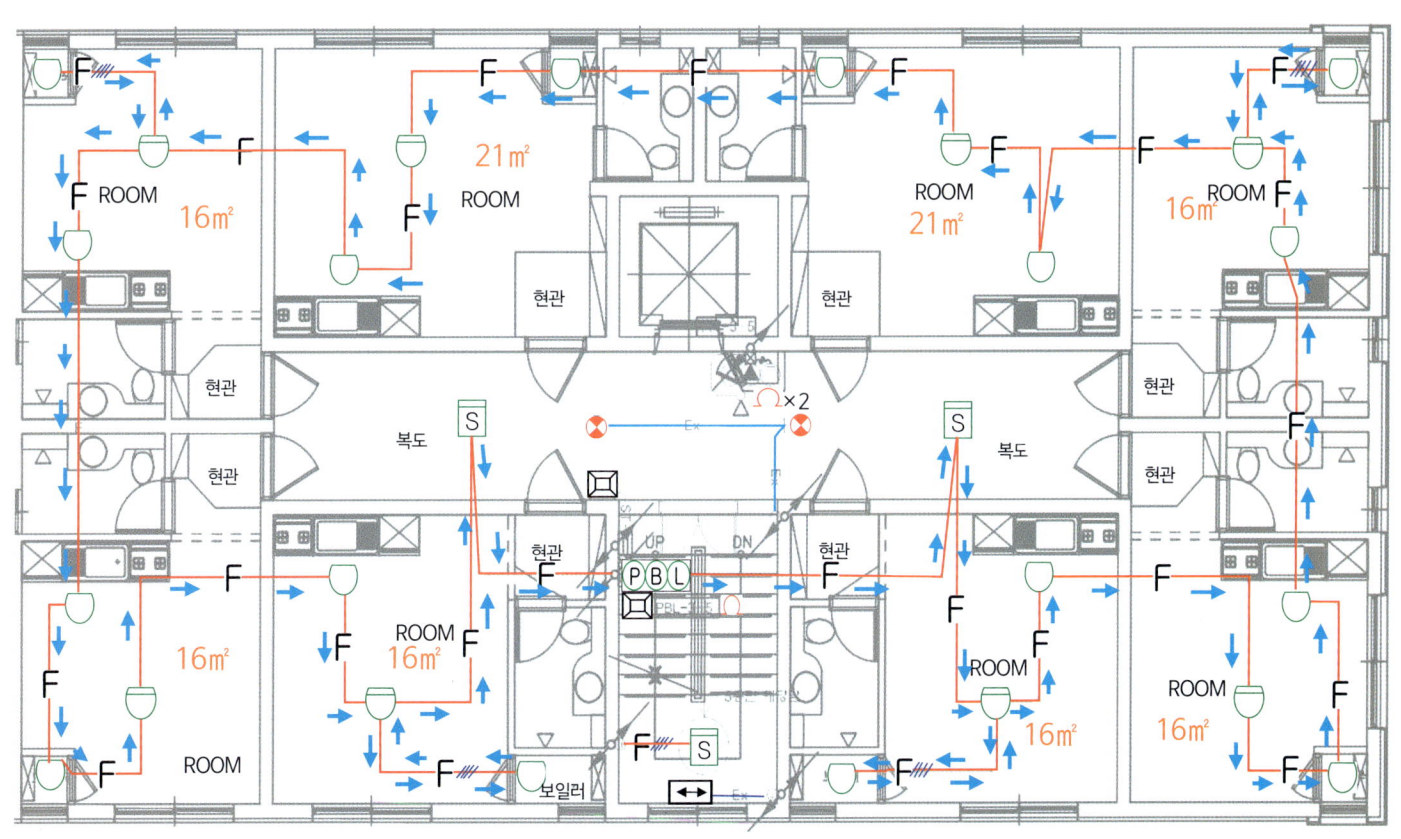

⑤ 옥상층, 옥탑층 소화설비 평면도(전기) -241,242P 해설

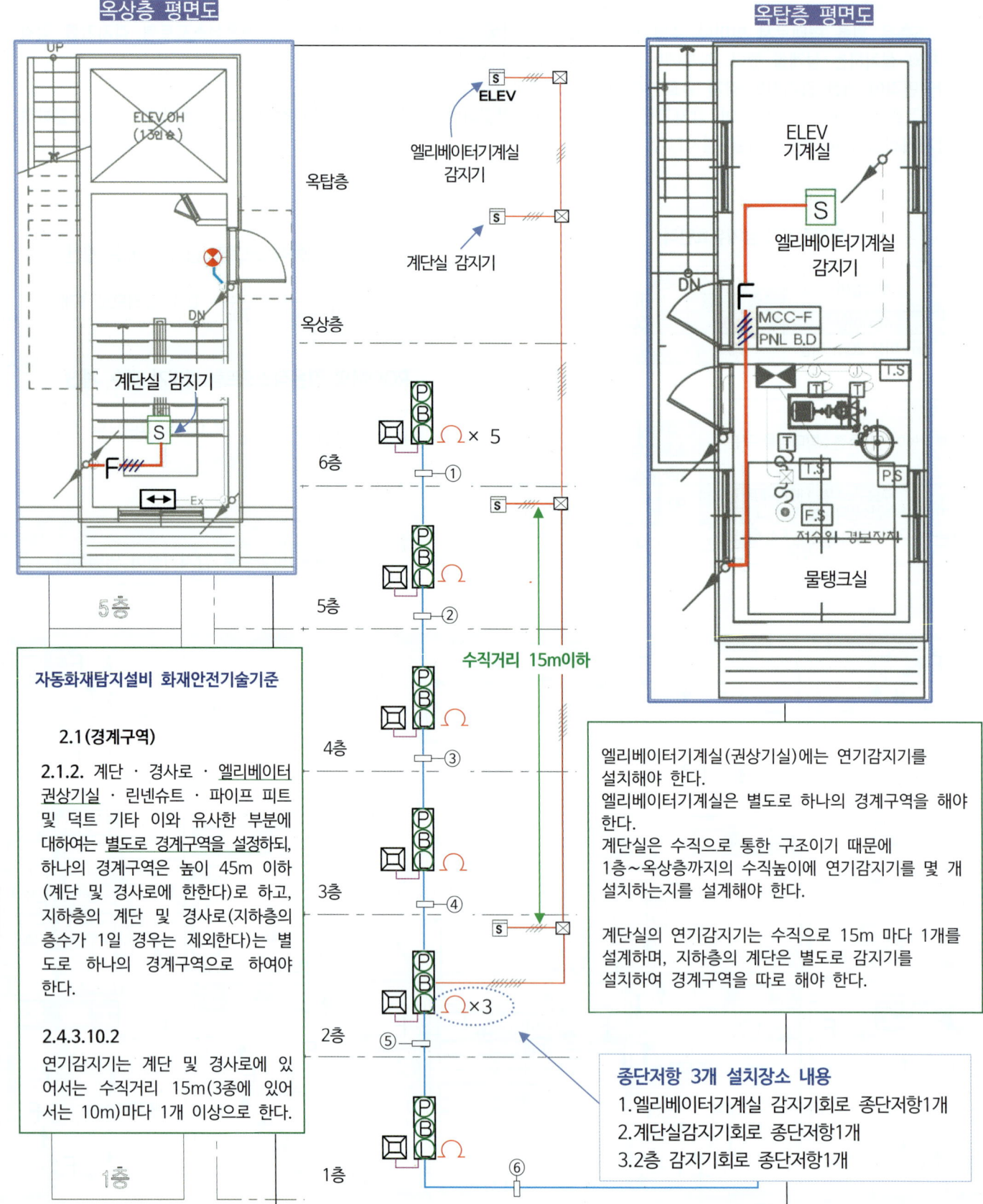

라. 소방시설 전기 부분(R형) 도면 해설

① 소방간선 계통도(전기) - 243P 해설

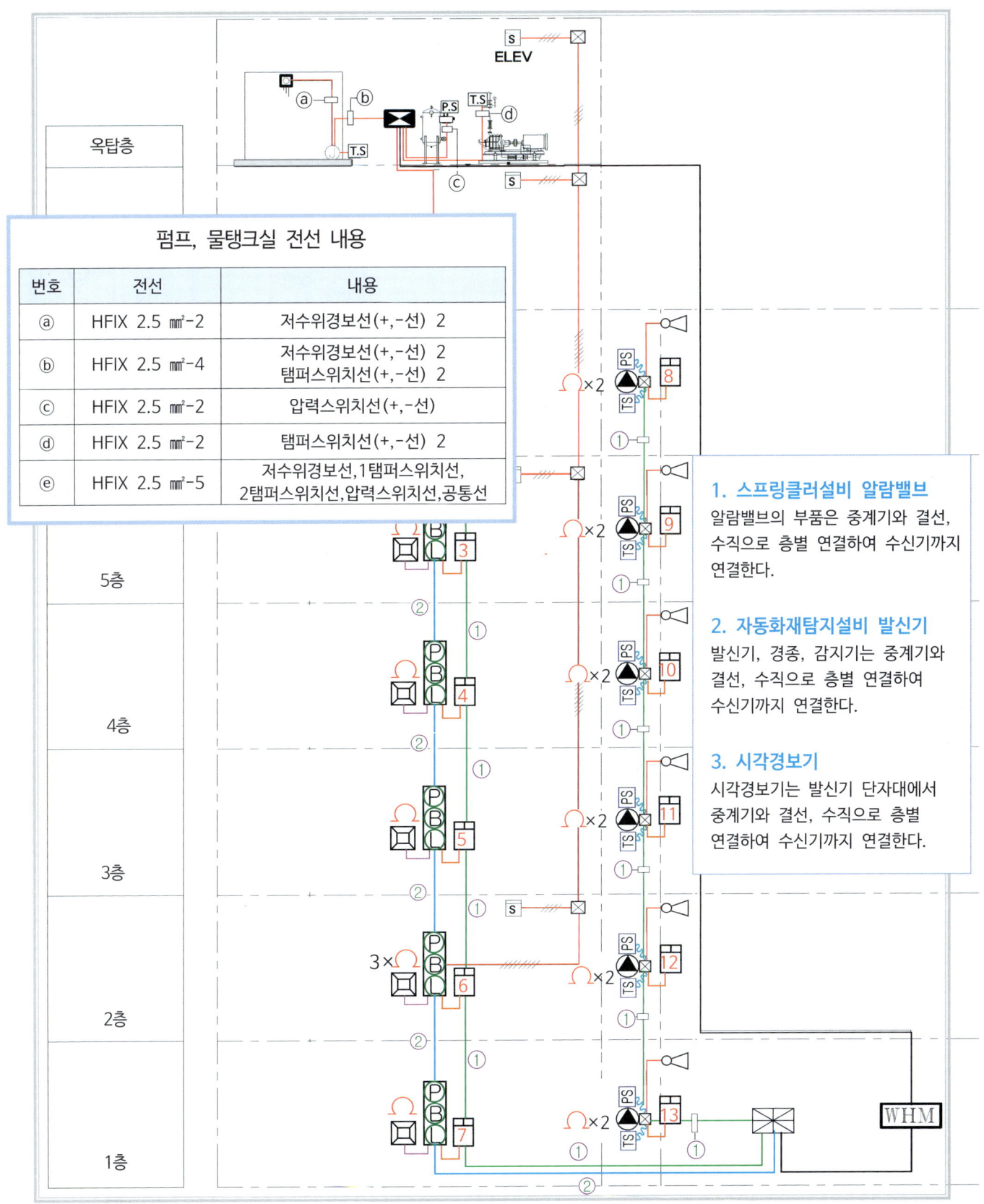

계통도(전기)-243P 해설

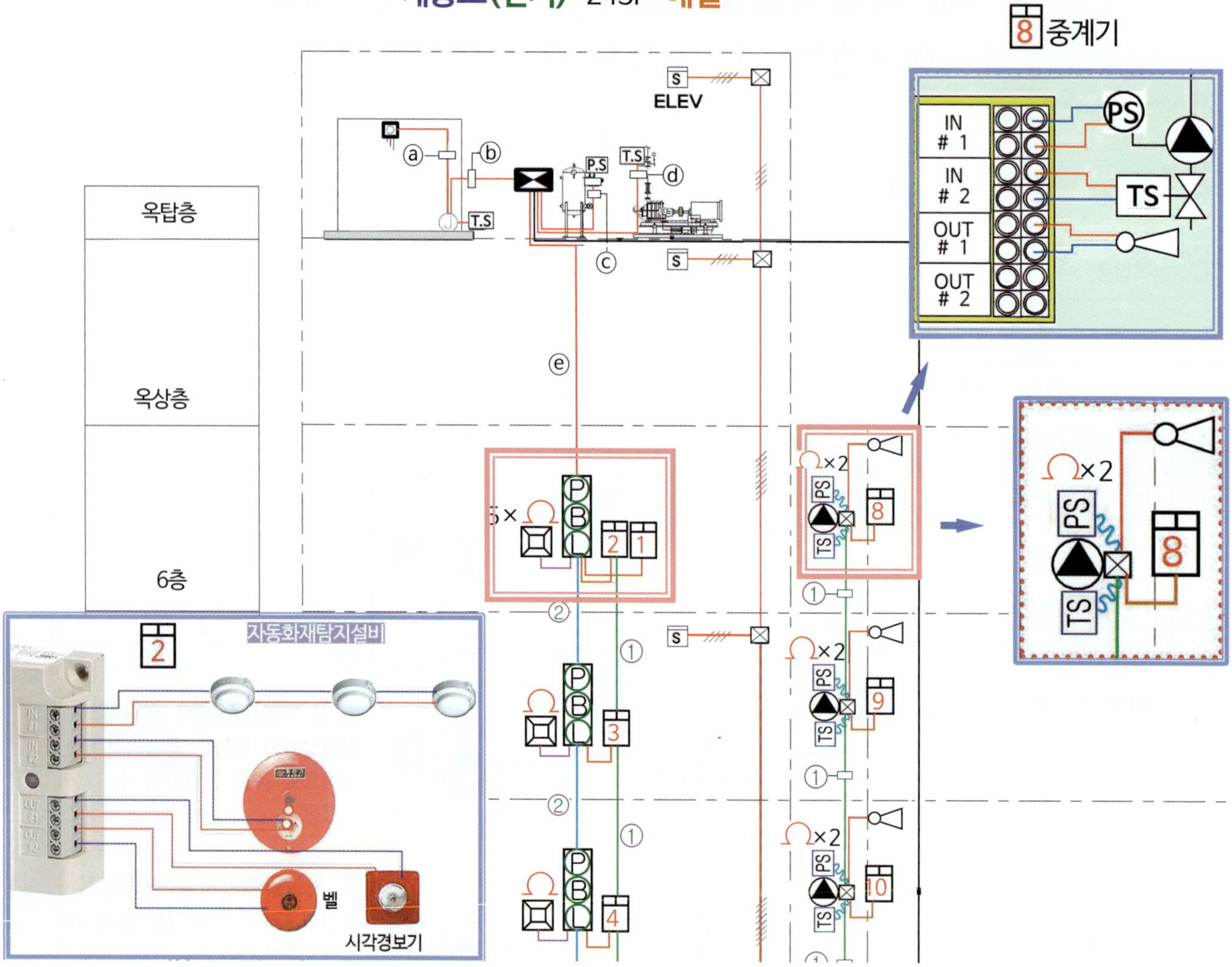

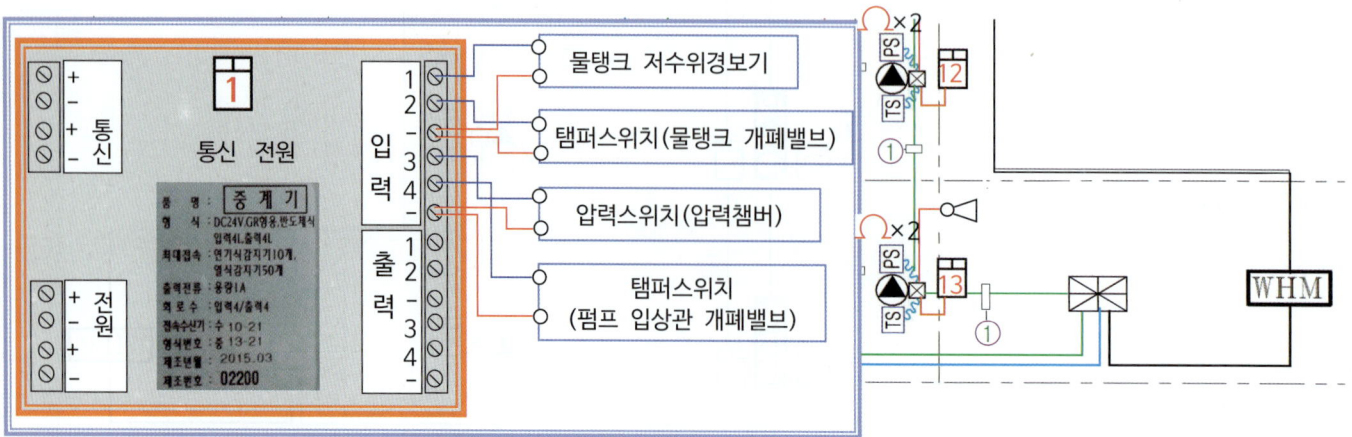

번호	중계기 종류	입력(IN)	출력(OUT)
1	4/4 1개	1. 물탱크 저수위경보기, 2. 탬퍼스위치(물탱크 개폐밸브), 3. 압력스위치(압력챔버), 4. 탬퍼스위치(펌프 입상관 개폐밸브)	
2	2/2 1개	1. 발신기 누름스위치, 2. 6층 감지기 회로	벨(경종), 시각경보기
8	2/2 1개	1. 압력스위치(알람밸브), 2. 탬퍼스위치(개폐밸브)	사이렌

계통도(전기)-243P 해설

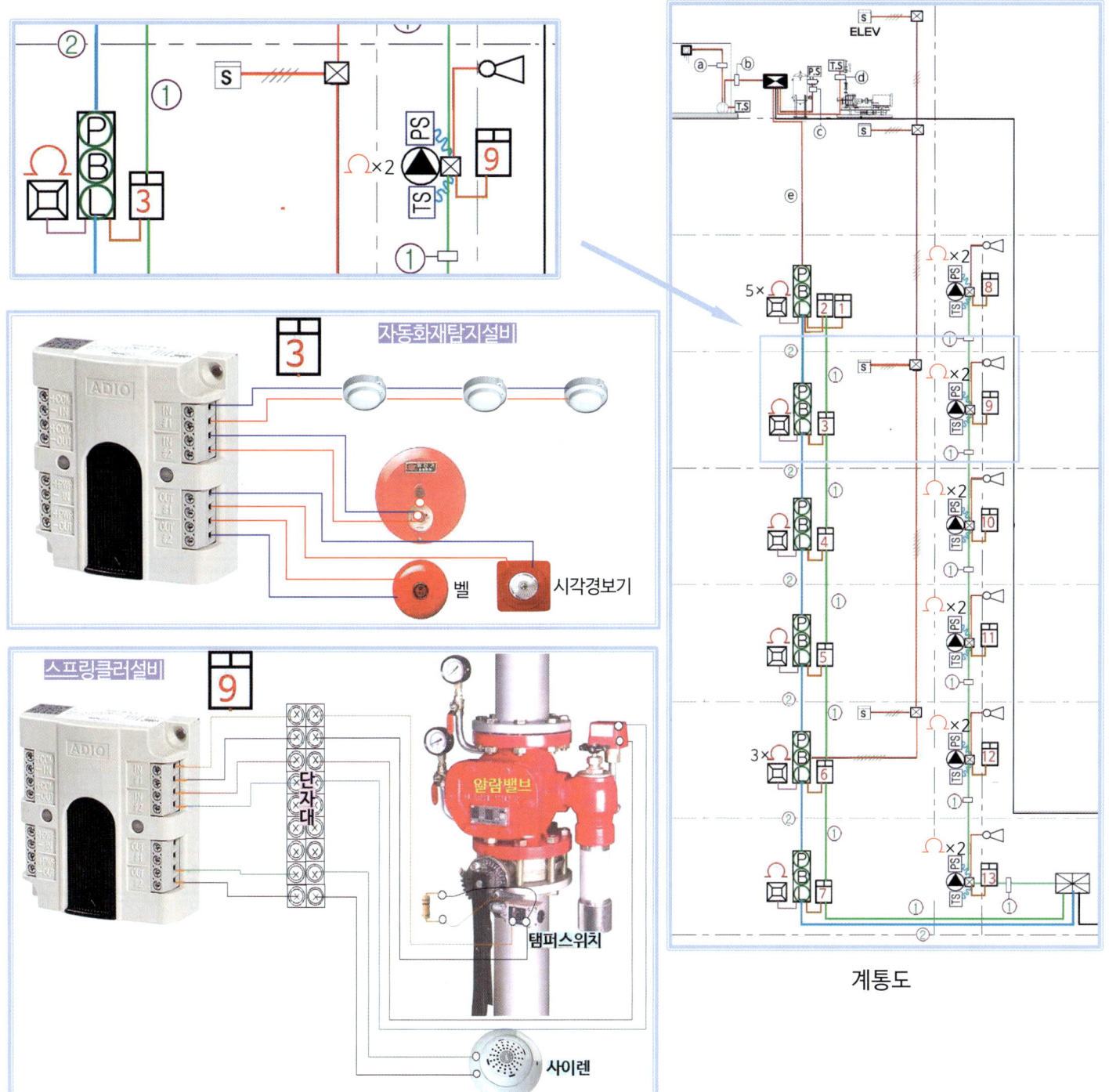

번호	중계기 종류	입력(IN)	출력(OUT)
3	2/2	1. 발신기 누름스위치, 2. 5층 감지기 회로	벨(경종), 시각경보기
9	2/2	1. 압력스위치(알람밸브), 2. 탬퍼스위치(개폐밸브)	사이렌

② 1층 소화설비 평면도(전기)-245P 해설

중계기 종류 및 결선 내용

번호	중계기 종류 (입력/출력)	입력(IN)	출력(OUT)
13	2/2	1. 압력스위치(알람밸브), 2. 탬퍼스위치	사이렌
7	2/2	1. 발신기 누름스위치, 2. 감지기 회로	벨(경종) 시각경보기

1. **알람밸브**와 중계기 13과 연결되었다.
   입력(IN) : 압력스위치(알람밸브), 탬퍼스위치(개폐밸브),
   출력(OUT) : 사이렌

2. **발신기**와 중계기 7과 연결되었다.
   입력(IN) : 발신기 누름스위치, 감지기 회로,
   출력(OUT) : 벨(경종), 시각경보기

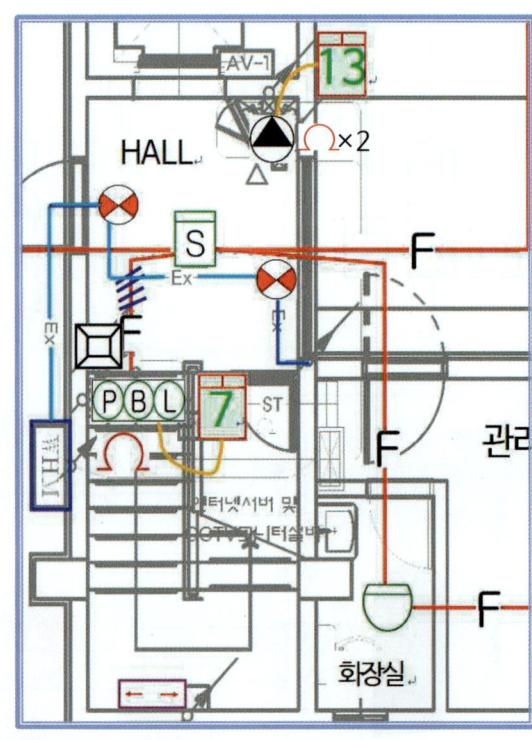

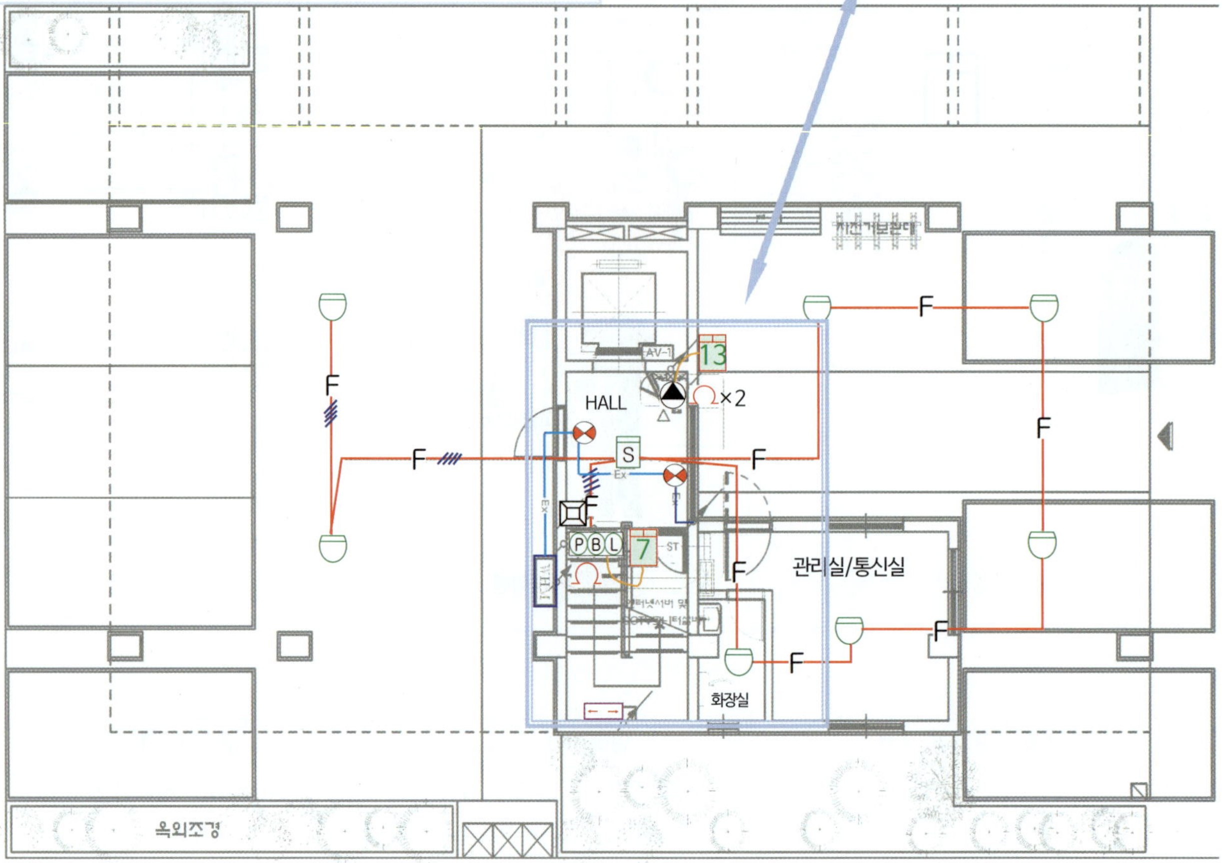

③ 2층 소화설비 평면도(전기)-246P 해설

중계기 종류 및 결선 내용

번호	중계기 종류(입력/출력)	입력(IN)	출력(OUT)
12	2/2	1. 압력스위치(알람밸브), 2. 탬퍼스위치	사이렌
6	4/4	1. 발신기 누름스위치, 2. 감지기 회로. 3. 엘리베이터 감지기. 4. 계단실 감지기	벨(경종), 시각경보기

1. **알람밸브**와 중계기 12 와 연결되었다.
   입력(IN) : 압력스위치(알람밸브), 탬퍼스위치(개폐밸브),
   출력(OUT) : 사이렌

2. **발신기**와 중계기 6 과 연결되었다.
   입력(IN) : 발신기 누름스위치, 2층 감지기 회로,
             엘리베이터 감지기, 계단실 감지기
   출력(OUT) : 벨(경종), 시각경보기

3. **계단통로유도등**
   계단참에 계단통로유도등이 설치되어 전선은 입상으로 표기되었다.

4. **종단저항 3개**(3회로)
   계통도에서 확인하면 엘리베이터기계실 감지기 1회로,
   계단실 감지기 1회로, 2층 감지기회로 1회로이다.

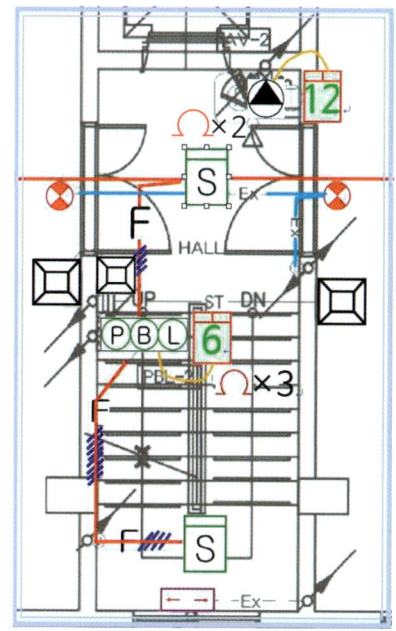

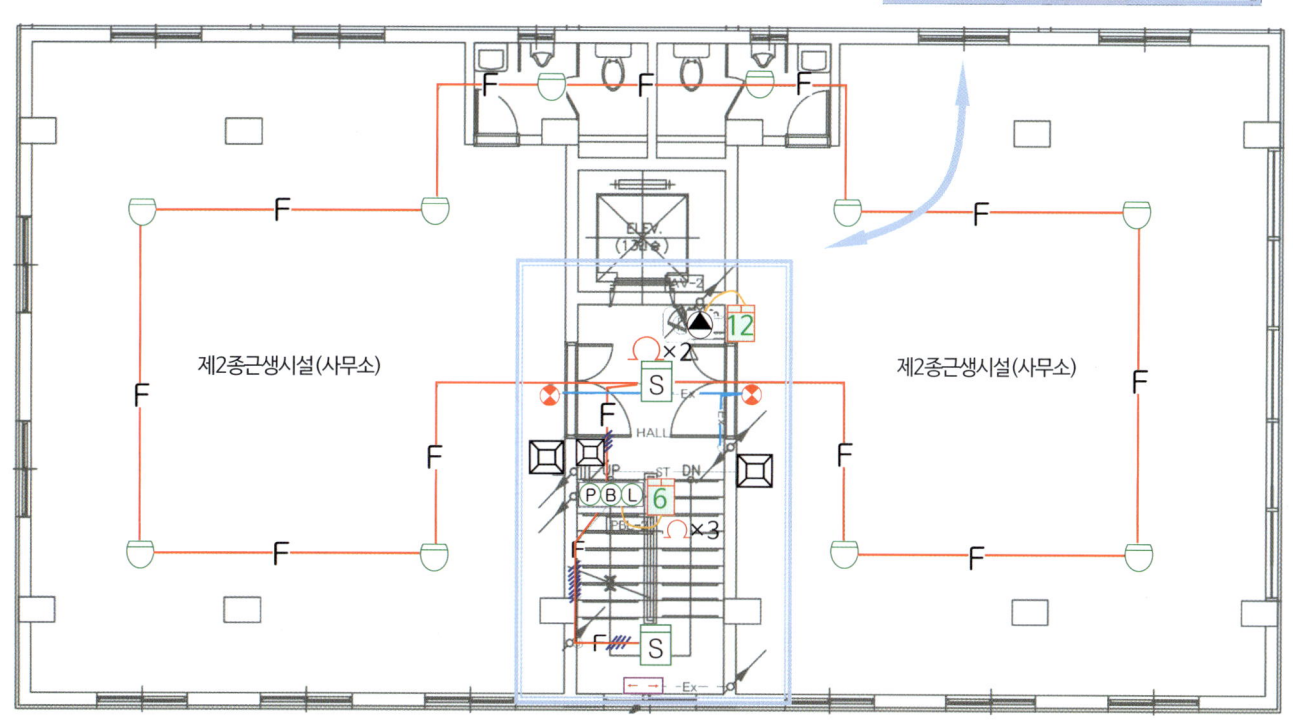

④ 3~5층 소화설비 평면도(전기)-247P 해설

중계기 종류 및 결선 내용

번호	중계기 종류(입력/출력)	입력(IN)	출력(OUT)
9,10,11	2/2	1. 압력스위치(알람밸브), 2. 탬퍼스위치	사이렌
3,4,5	2/2	1. 발신기 누름스위치, 2. 감지기 회로	벨(경종), 시각경보기

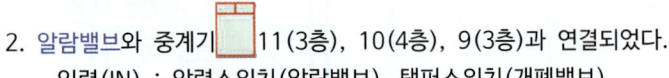

2. 알람밸브와 중계기 □ 11(3층), 10(4층), 9(3층)과 연결되었다.
   입력(IN) : 압력스위치(알람밸브), 탬퍼스위치(개폐밸브),
   출력(OUT) : 사이렌

3. 발신기와 중계기 □ 5(3층), 4(4층), 3(3층)과 연결되었다.
   입력(IN) : 발신기 누름스위치, 감지기 회로,
   출력(OUT) : 벨(경종), 시각경보기

4. 계단통로유도등
   계단참에 계단통로유도등이 설치되어 전선은 입상 표기되었다.

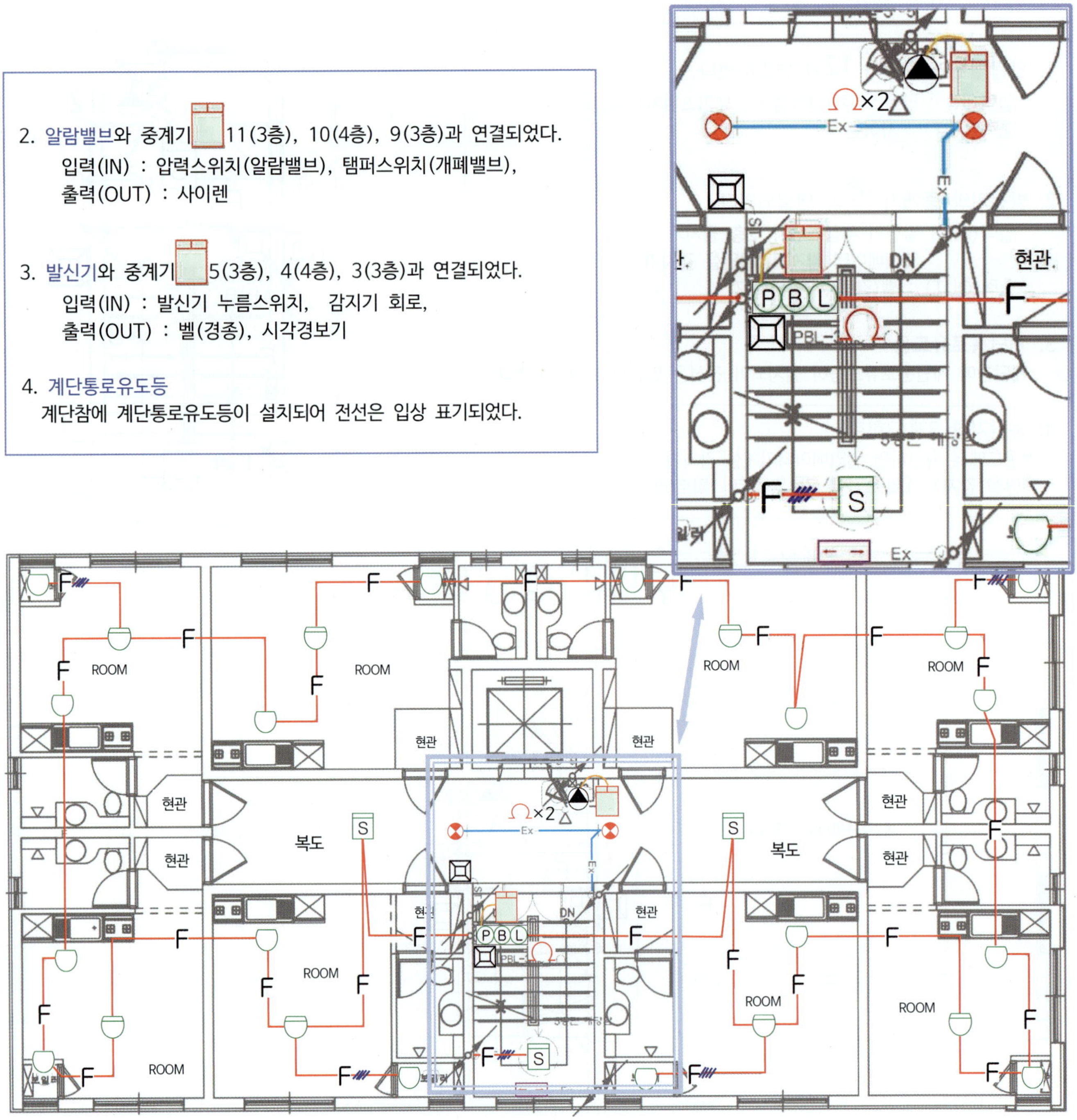

⑤ 6층 소화설비 평면도(전기)-248P 해설

번호	중계기 종류	입력(IN)	출력(OUT)
1	4/4 1개	1. 물탱크 저수위경보기, 2. 탬퍼스위치(물탱크 개폐밸브), 3. 압력스위치(압력챔버), 4. 탬퍼스위치(펌프 입상관 개폐밸브)	
2	2/2 1개	1. 발신기 누름스위치, 2. 6층 감지기 회로	벨(경종), 시각경보기
8	2/2 1개	1. 압력스위치(알람밸브), 2. 탬퍼스위치(개폐밸브)	사이렌

1. **알람밸브**와 중계기 8과 연결되었다.
   입력(IN) : 압력스위치(알람밸브), 탬퍼스위치(개폐밸브),
   출력(OUT) : 사이렌

2. **발신기**와 중계기 2와 연결되었다.
   입력(IN) : 발신기 누름스위치, 감지기 회로,
   출력(OUT) : 벨(경종), 시각경보기

3. **발신기**와 중계기 1과 연결되었다.
   입력(IN) : 물탱크 저수위경보기, 탬퍼스위치(물탱크 개폐밸브), 압력스위치(압력챔버), 탬퍼스위치(펌프 입상관 개폐밸브)

4. **계단통로유도등**
   계단참에 계단통로유도등이 설치되어 전선은 입상,입하 표기되었다.

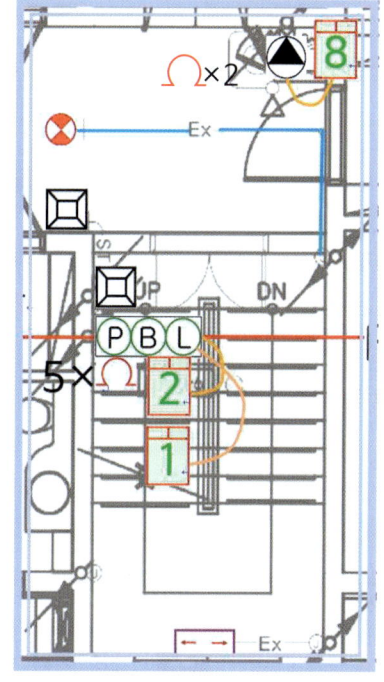

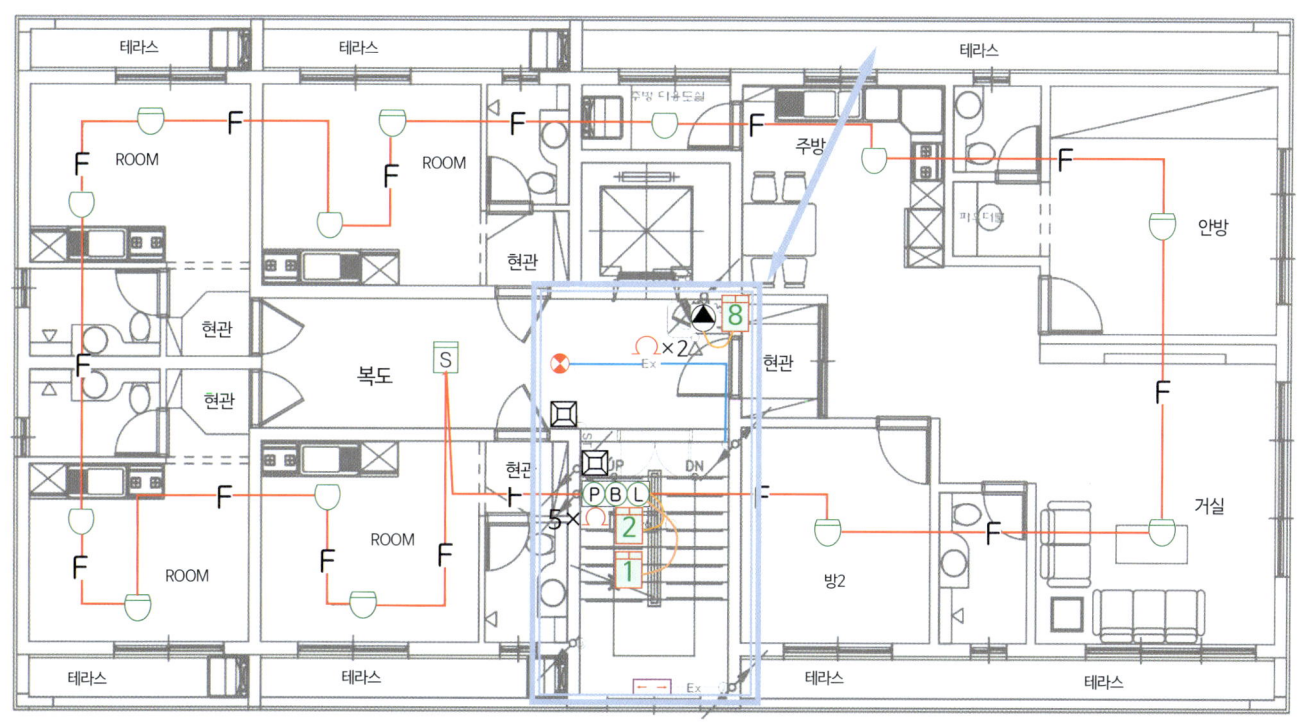

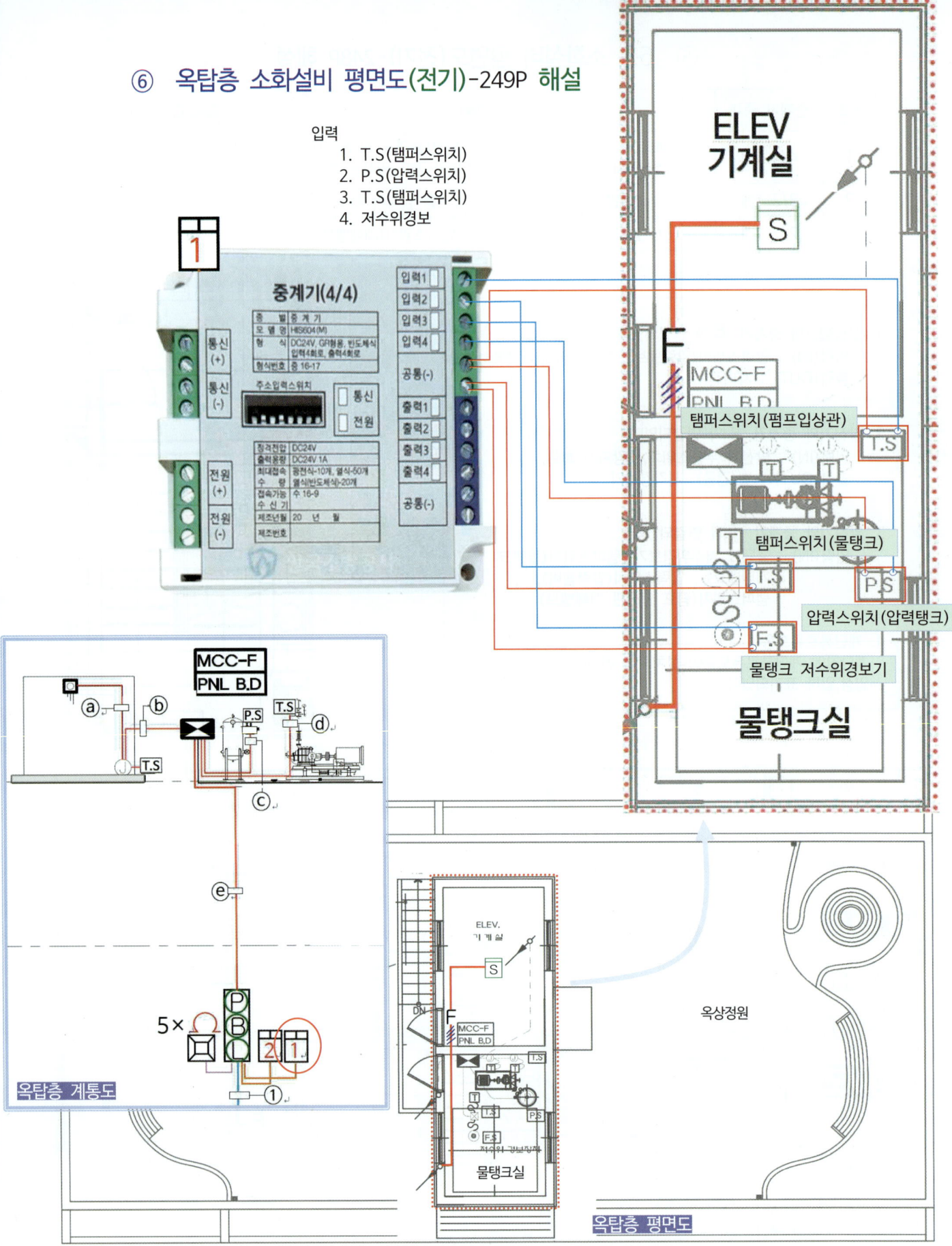

마. 소방시설 기계도면

범례

기호	명칭	비고
── H ──	옥내소화전설비 배관	KSD 3507 백강관
── S ──	스프링클러설비 배관	KSD 3507 백강관
── SX ──	연결송수관설비 배관	KSD 3507 백강관
⫤⧓⫤	게이트밸브	Ø50이하는 1.0MPa 청동제 Ø65이상은 1.0MPa 주철제
⫤◁⫤	스모렌스키 체크밸브	
⫤⧓⫤	개폐표시형 개폐밸브	
⫤⧓⫤ (탬퍼)	개폐표시형 개폐밸브(탬퍼스위치 부착)	
⫤Y⫤	스트레이너	
⫤⧓⫤	릴리프밸브	
─▩─	플렉시블 조인트	
연결송수구 기호	연결송수구(쌍구형)	
─⊖─	수격방지기	
⌀	압력계	
유량계 기호	유량계	
▱	옥내소화전함	
⊠	방수기구함	
ⓢ	ABC급 분말소화기(3.3kg)	
완	완강기	

☐ 펌프사양

번호	명칭	수량	형식	양수량	양정	단수	동력	관경	전원	비고
FP-1	간이스프링클러 주펌프	1	다단보류터	160 LPM	40 M	4 S	5 HP	Ø40	3Øx380Vx60Hz	방진가대 및 기타부속품 일체구비
FT-1	압력탱크	1	100 LIT							기타부속품 일체구비

* 주기 사항 - 간이스프링클러 설비는 비상전원수전설비를 설치 함.

① 소화범례(기계)

스프링클러펌프 양정계산서

1. 기준개수 : 간이스프링클러헤드 2개	
2. 양수량 : 간이스프링클러설비 100ℓ/min	
3. 수원 용량 : 2 ㎥(ton)	
4. 총양정 : h1 + h2 + h3 = 3.5 + 10 + 8.6 = 22.1m	
h1	실고 = 3.5m
h2	헤드 선단 방수압력 1.0 kg/㎠ = 10m
h3	직관, pipe 부속 밸브류 등 마찰손실 = 8.6m

유량 ℓ/min	관경 m/m	엘보90° 개수/계	분류티이 개수/계	직류티이 개수/계	게이트밸브 개수/계	체크밸브 개수/계	레듀셔 개수/계	앵글밸브 개수/계	스트레이너 개수/계	후렉시블 개수/계	알람밸브 개수/계	개수 상당관장(m)	직관장(m)	총관장(m)	마찰손실수두	손실수두(m)
50	25	2 / 0.9 / 1.8	1 / 1.5 / 1.5				1 / 0.57 / 0.57					3.87	5.0	8.87	0.2836	2.5155
100	25			1 / 0.27 / 0.27								0.27	3.0	3.27	1.0223	3.3462
100	32			1 / 0.36 / 0.36			1 / 0.72 / 0.72					1.08	1.5	2.58	0.2919	0.7531
100	40	1 / 2.1 / 2.1					1 / 0.9 / 0.9					3.0	0.2	3.2	0.1386	0.4435
100	50	1 / 3.0 / 3.0	1 / 0.6 / 0.6				1 / 1.2 / 1.2					4.8	5.5	10.3	0.0430	0.4429
100	65	10 / 2.4 / 24.0	2 / 3.6 / 7.2	6 / 0.75 / 4.5	1 / 0.6 / 0.6		1 / 1.3 / 1.3				1 / 5.7 / 5.7	43.3	24.5	67.8	0.0128	0.8678
100	80	3 / 3.0 / 9.0	1 / 4.5 / 4.5	8 / 0.9 / 7.2			1 / 1.8 / 1.8					22.5	21.0	43.5	0.0055	0.2393

TOTAL = 8.6083

5. 모타용량(KW) = $\dfrac{0.163 \times Q \times H}{E} \times K$

H : 전양정(m)
Q : 펌프 토출량(㎥/min)
K : 전달계수
E : 전동기효율

E(펌프효율)		K(전달계수)	
펌프토출구경(mm)	E의수치	전력의형식	K의수치
40	0.4 – 0.45	전동기직결	1.1
50 – 65	0.45 – 0.55	전동기이외의원동기	1.15 – 1.2
80	0.55 – 0.60		
100	0.60 – 0.65		
125 – 150	0.65 – 0.70		
200 – 250	0.70 – 0.75		

따라서 모타용량(KW) = $\dfrac{0.163 \times 0.1 \times 22.1}{0.4} \times 1.1$ = 0.99KW

② 스프링클러펌프 양정계산서(기계)

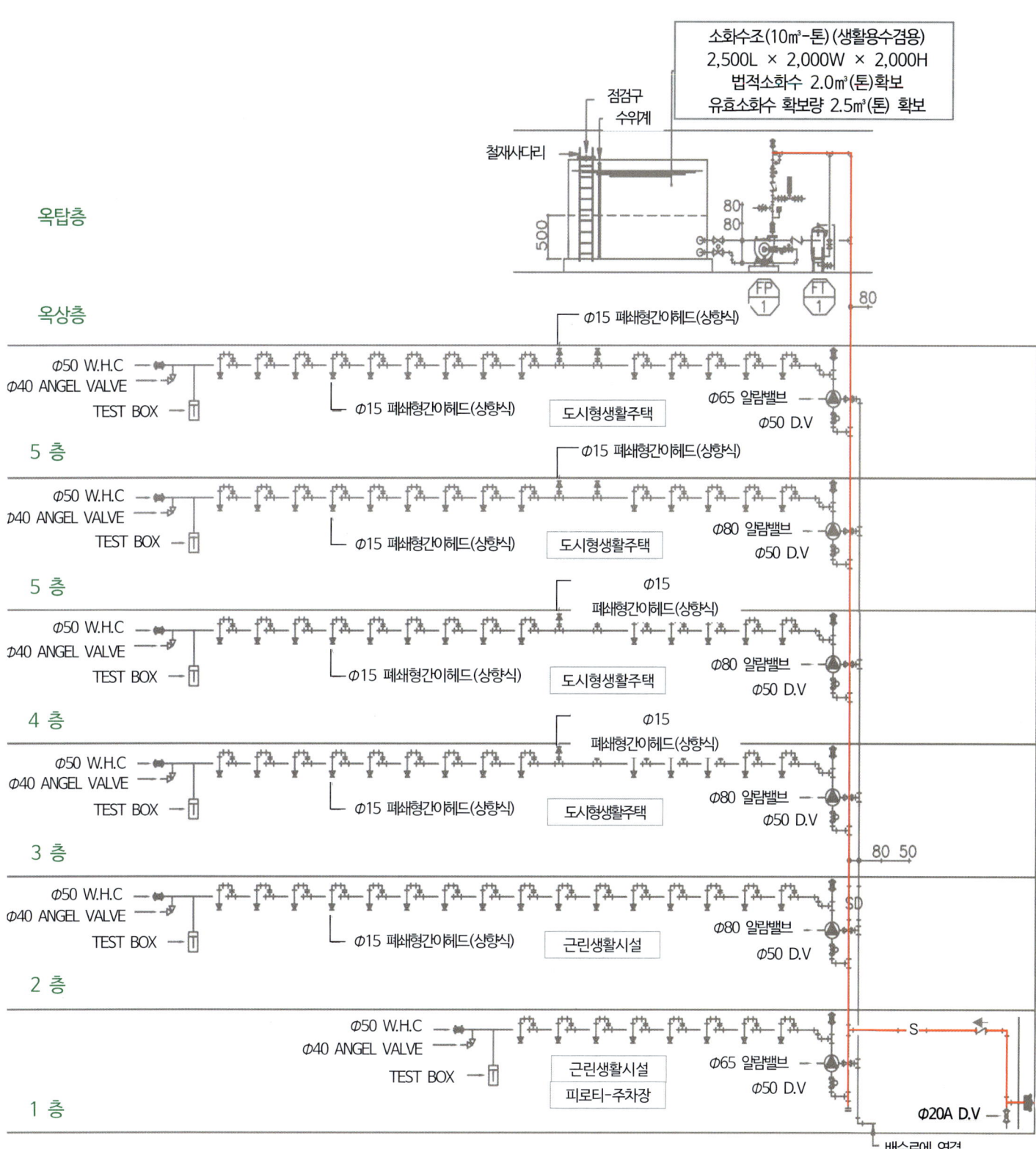

③ 소화설비 계통도(기계)

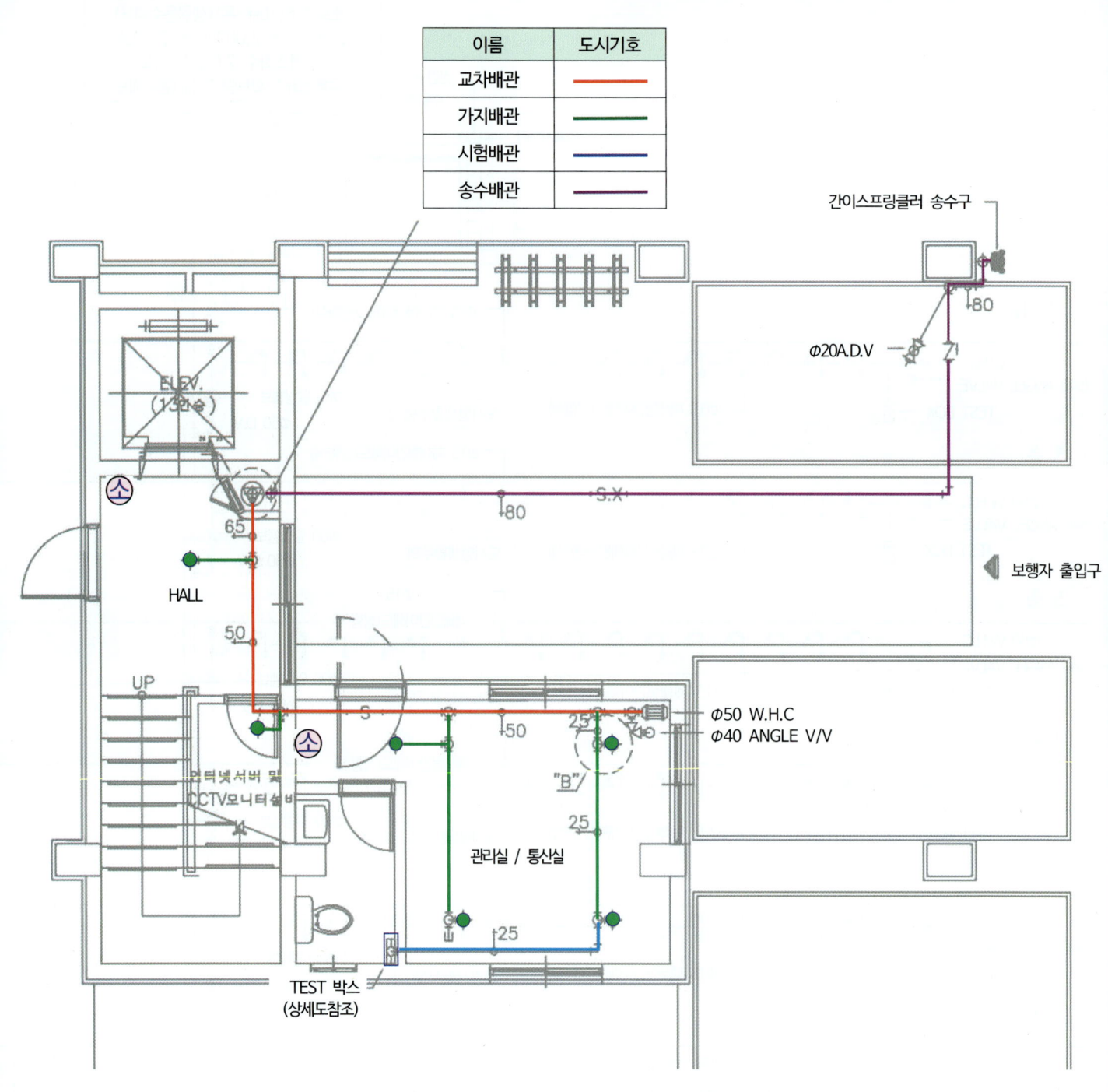

④ 1층 소화설비 평면도(기계)

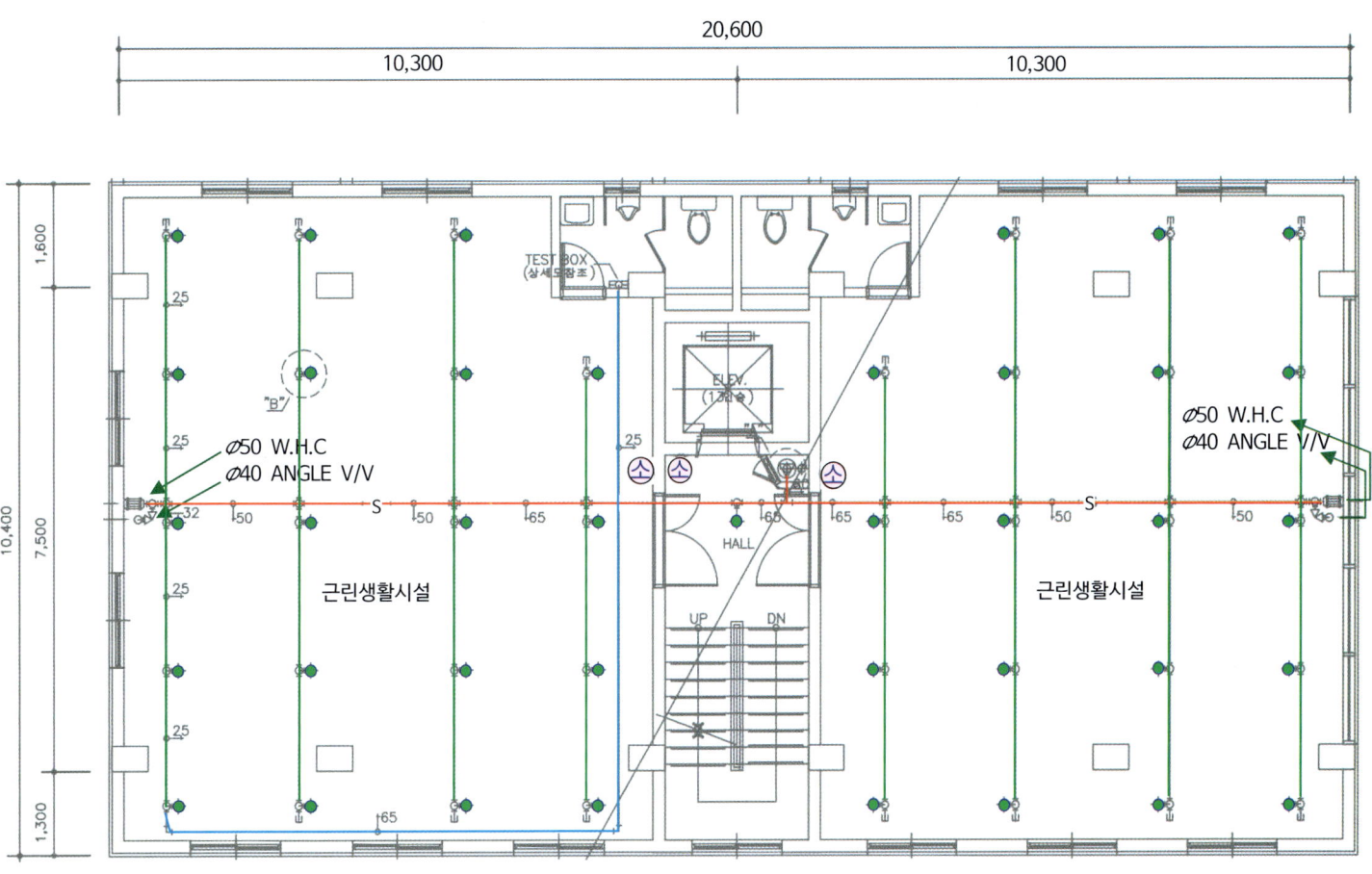

⑤ 2층 소화설비 평면도(기계)

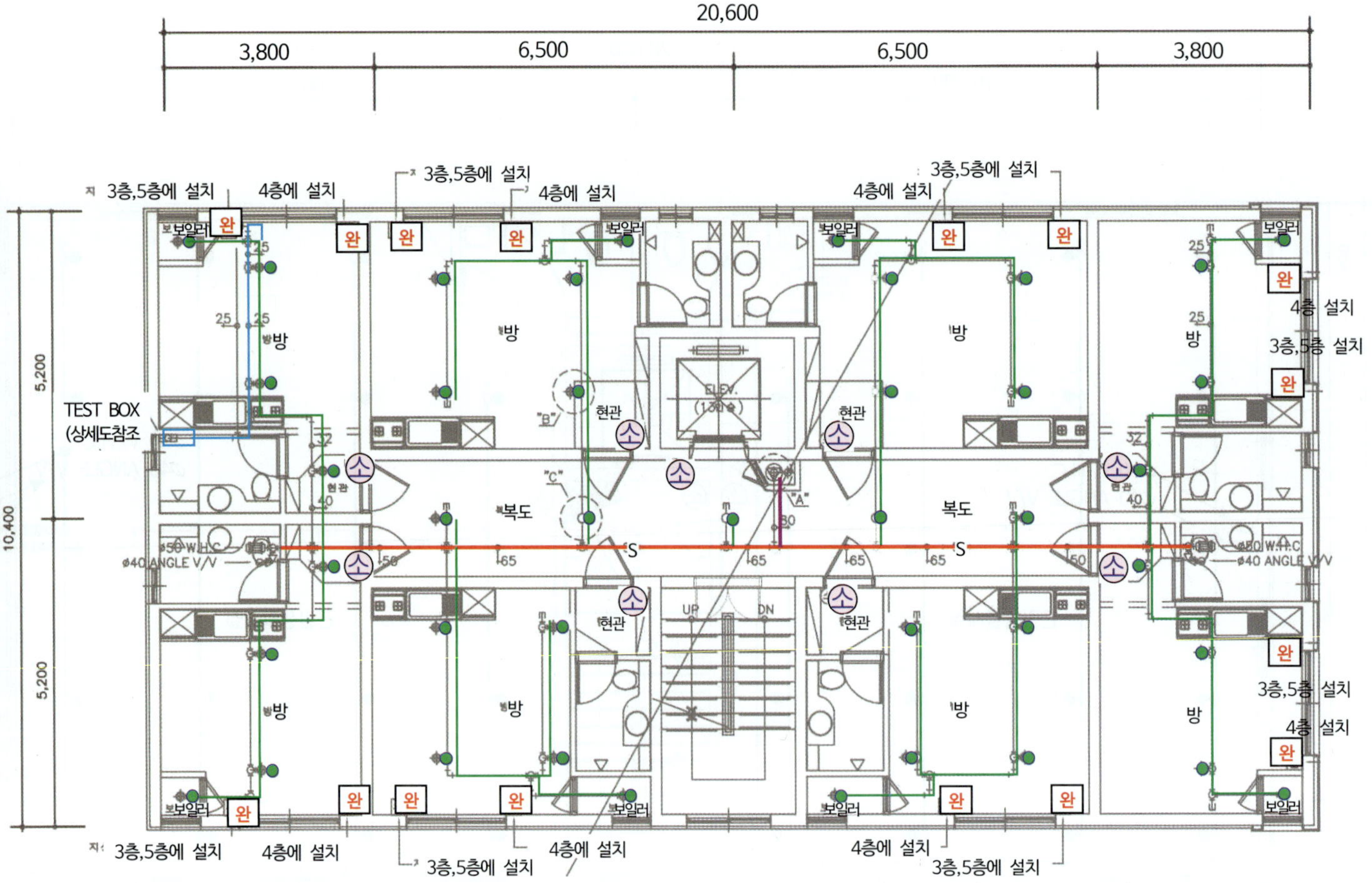

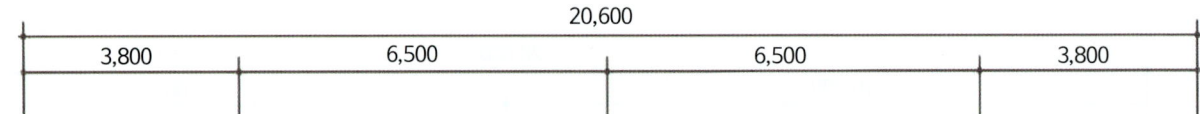

⑥ 3~5층 소화설비 평면도(기계)

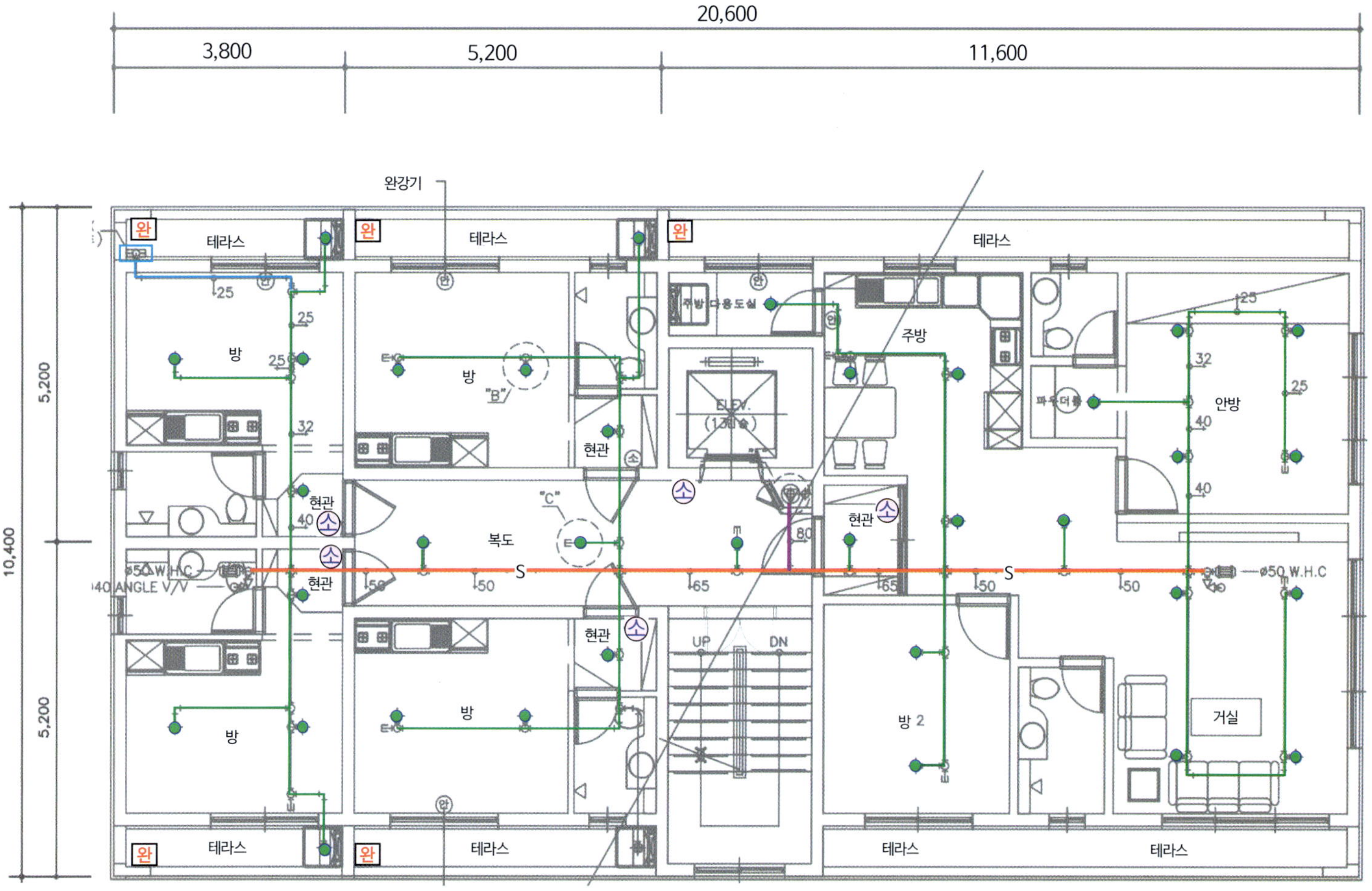

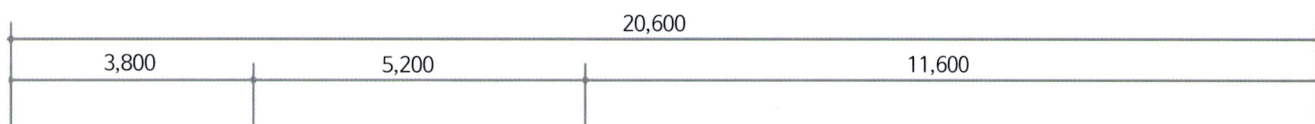

⑦ 6층 소화설비 평면도(기계)

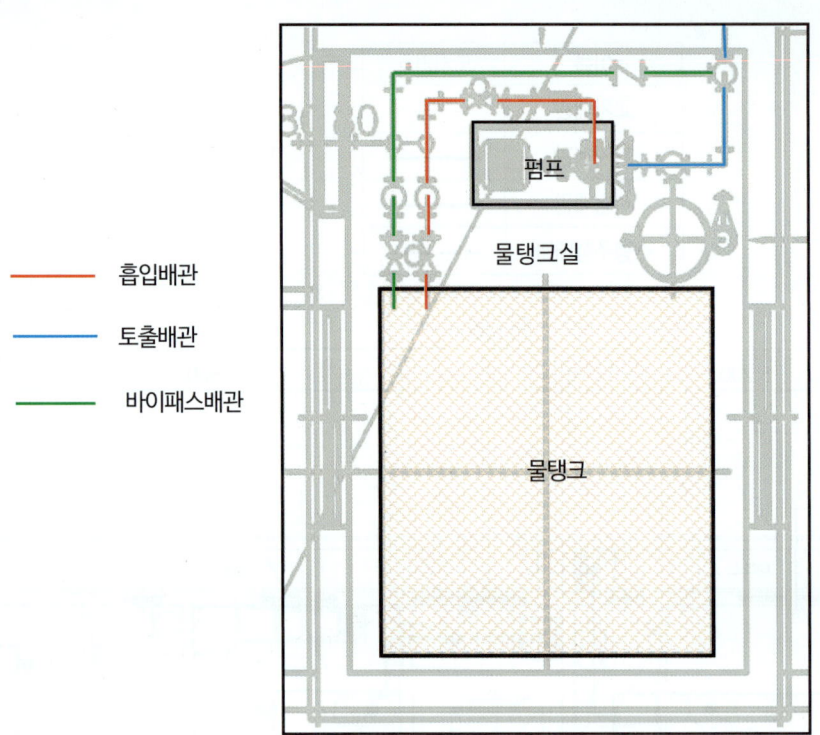

물탱크, 펌프주변 상세도

- 흡입배관
- 토출배관
- 바이패스배관

1. **소화수조 소화수 용량 계산서**
   소화수 용량 : 50ℓ × 20분 × 2개 = 2㎥

2. **소화수조 흡입차 계산서**
   소화수조에 2.5㎥ (2.5×2.0×0.5M)확보하여
   법적 소화수 2.0㎥ 확보함

3. **소화수조에 필요한 사항**
   맨홀, 수위계, 사다리, 배수밸브, 오브플라우배관, 급수관등을 설치한다

4. "간이스프링클러설비용 수조" "간이스프링클러 배관" "간이스프링클러 펌프" 라고 표시한 **표지판을 설치**한다.

5. **소화설비용 배관**은 다른 설비의 배관과 쉽게 구분이 되도록 보온재에 빨간색으로 소화설비 배관임을 표시한다

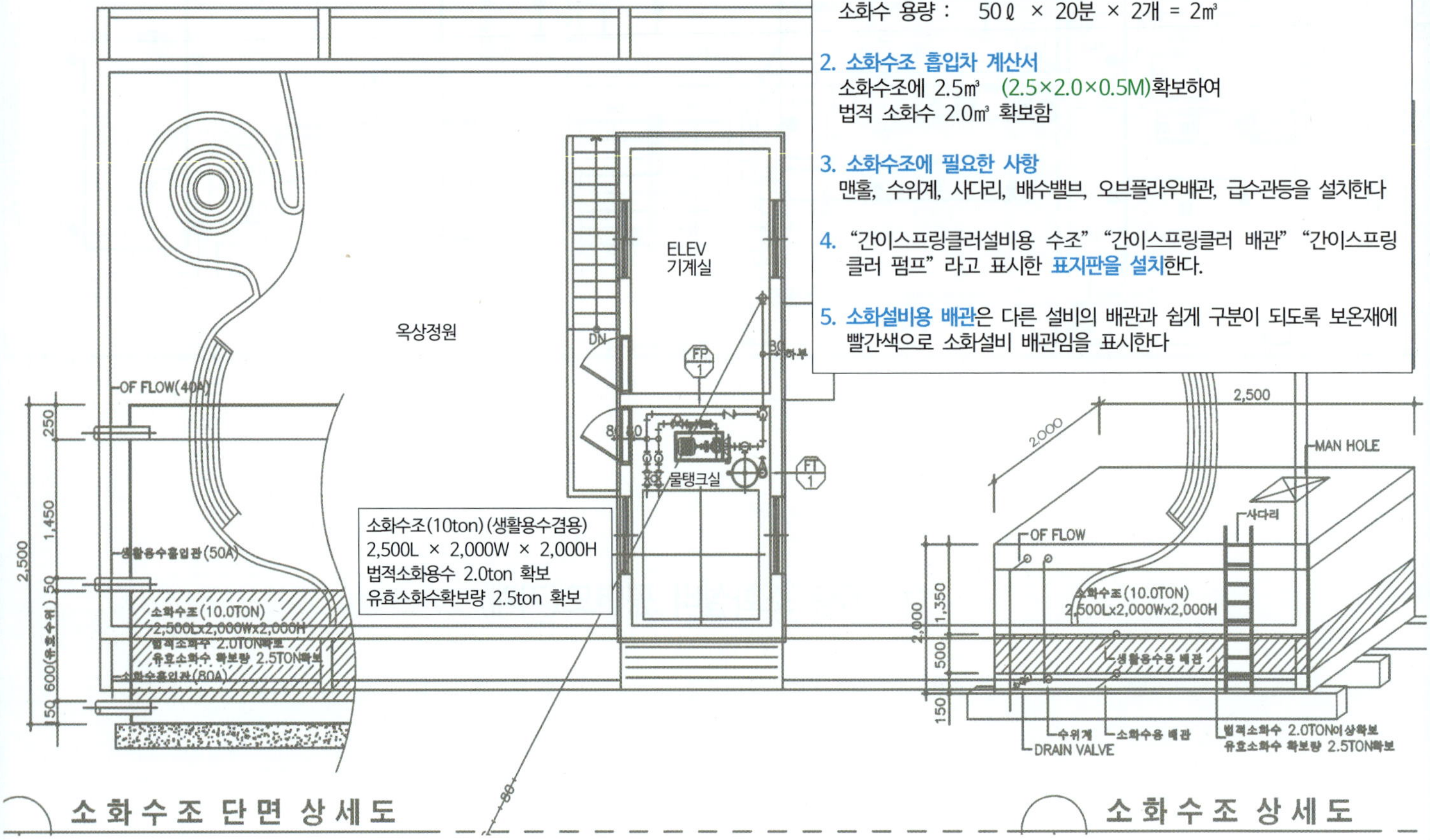

소화수조 단면 상세도

소화수조 상세도

⑧ **옥탑층 소화설비 평면도(기계)**

● 유량계의 규격 및 표준유량범위

호칭 구경	25 MM	32 MM	40MM	50 MM	65 MM	80 MM
유량 범위(l/분)	35 - 180	70 - 360	110/550	220/1100	450/2200	700/3300
1 눈금 (l/분)	5	5	10	20	50	100

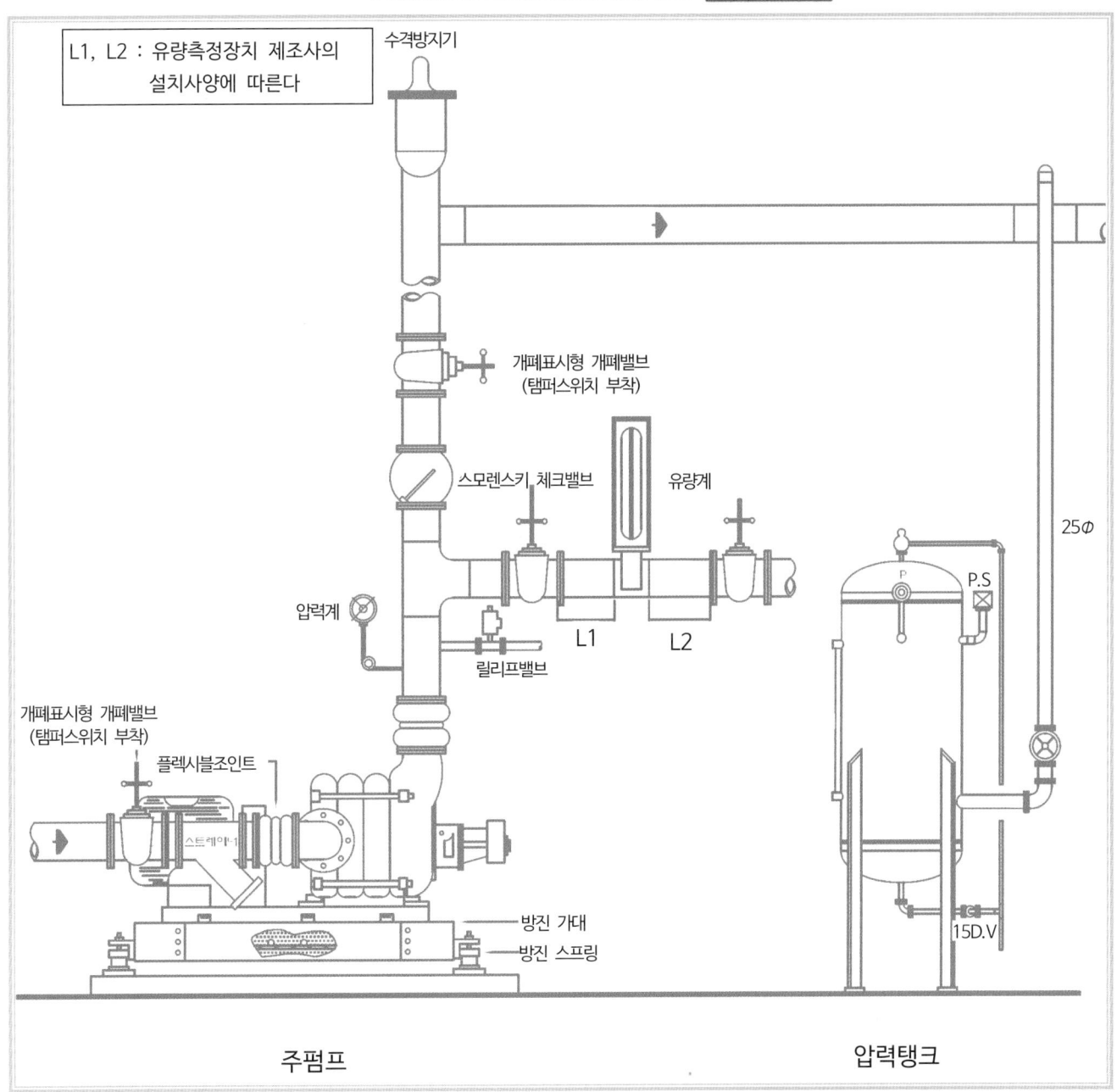

⑨ 간이스프링클러 펌프 주위 배관도

바. 소방시설 기계 부분 도면 해설

① 소화설비 계통도 1(기계) 해설

가. 펌프실, 수조(물탱크) 설계

① 펌프실
펌프실을 옥상에 설치했다. 간이스프링클러설비이므로 주펌프만 설계했으며 충압펌프는 설계하지 않았다.
주펌프의 규격은 다음과 같다.

명 칭	수 량	형 식	양 수 량	양 정	단 수	동 력	관 경
간이스프링클러 주펌프	1	다단보류터	160 LPM	40 M	4 S	5 HP	Ø40

② 수조(물탱크)
물탱크는 옥상에 설치했고, 펌프는 흡입배관 풋밸브 보다 높게 설치되어 물올림탱크는 설계하지 않았다.
간이스프링클러설비는 옥상수조를 설치해야 하는 기준은 없다.
그러나, 물탱크(수조)가 옥상수조의 기능을 하게 바이패스배관을 설치하는 설계를 했다.
수조의 용량은 2.5㎥로 설계되었다.

　　　소방용수 물탱크 용량 = 가로 × 세로 × 높이 = 2,000 × 2,500 × 500 = 2,500,000,000 ㎣ = 2.5㎥

수조의 상세한 설계내용은 뒷장에서 설명한다.

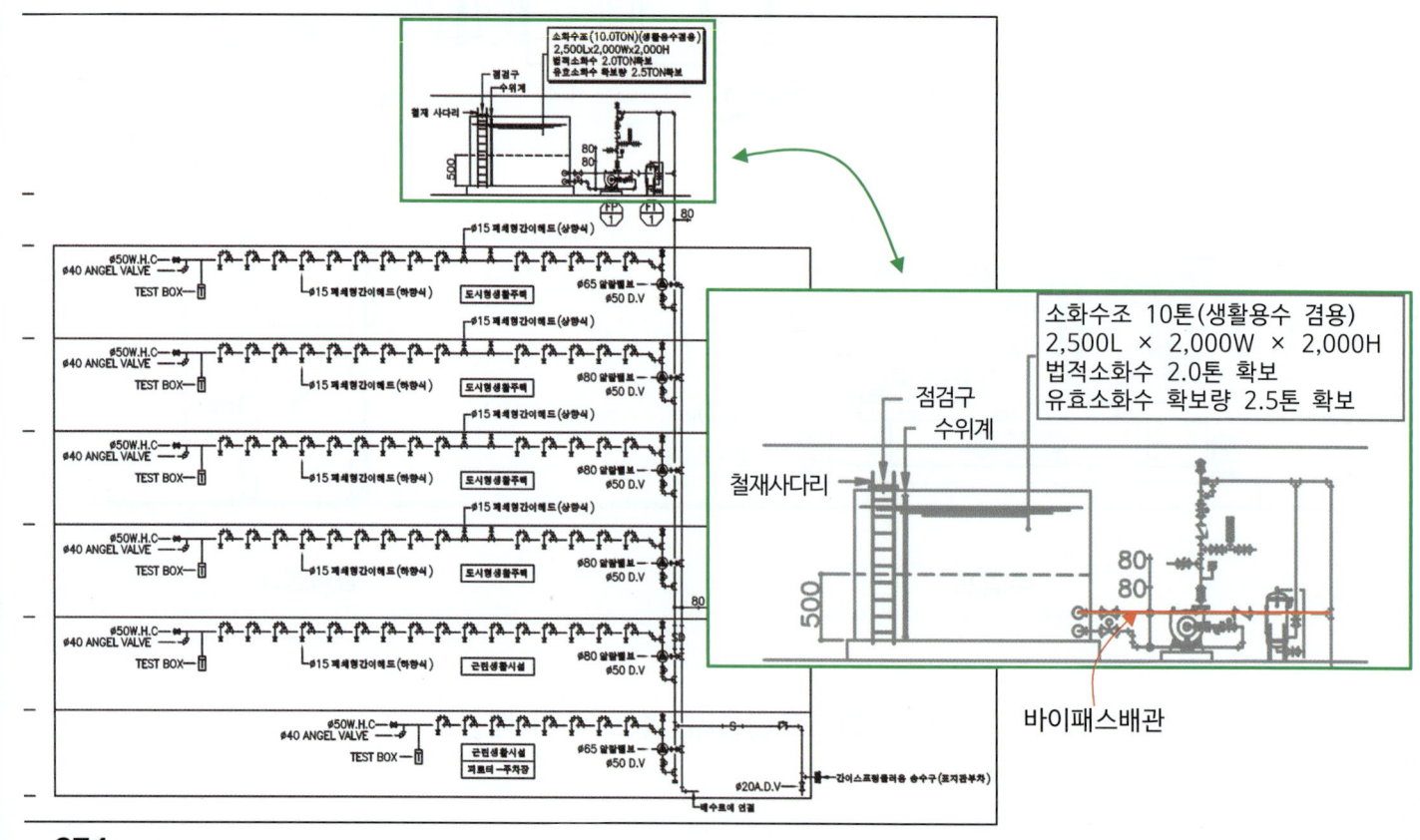

② 소화설비 계통도 2(기계) 해설

방호구역 · 유수검지장치 설계

가. 하나의 방호구역 바닥면적

아래 그림과 같이 1개의 유수검지장치(알람밸브)에 배관 및 헤드가 설치된 부분이 1방호구역이다
1개층을 1방호구역으로 설계되었다. 층별 평면도에서 바닥면적은 3,000㎡를 초과하지 않는다.

나. 유수검지장치실 설치위치

유수검지장치실의 설치위치에 대한 기준은 없다. 그러나 화재시 유수검지장치의 작동확인 및 수동조작등을 하기 위해서는 화재로부터 안전하게 접근할 수 있는 장소에 설치하는 것이 적합하다.
각층의 평면도에서 확인하면 유수검지장치는 각층의 엘리베이터승강장에 설치되어 화재발생시 접근이 쉽고 점검하기 편리한 장소에 설치되어 있다.
유수검지장치실의 문은 바닥으로부터 높이 및 실의 출입문 규격 등을 설계해야 한다.

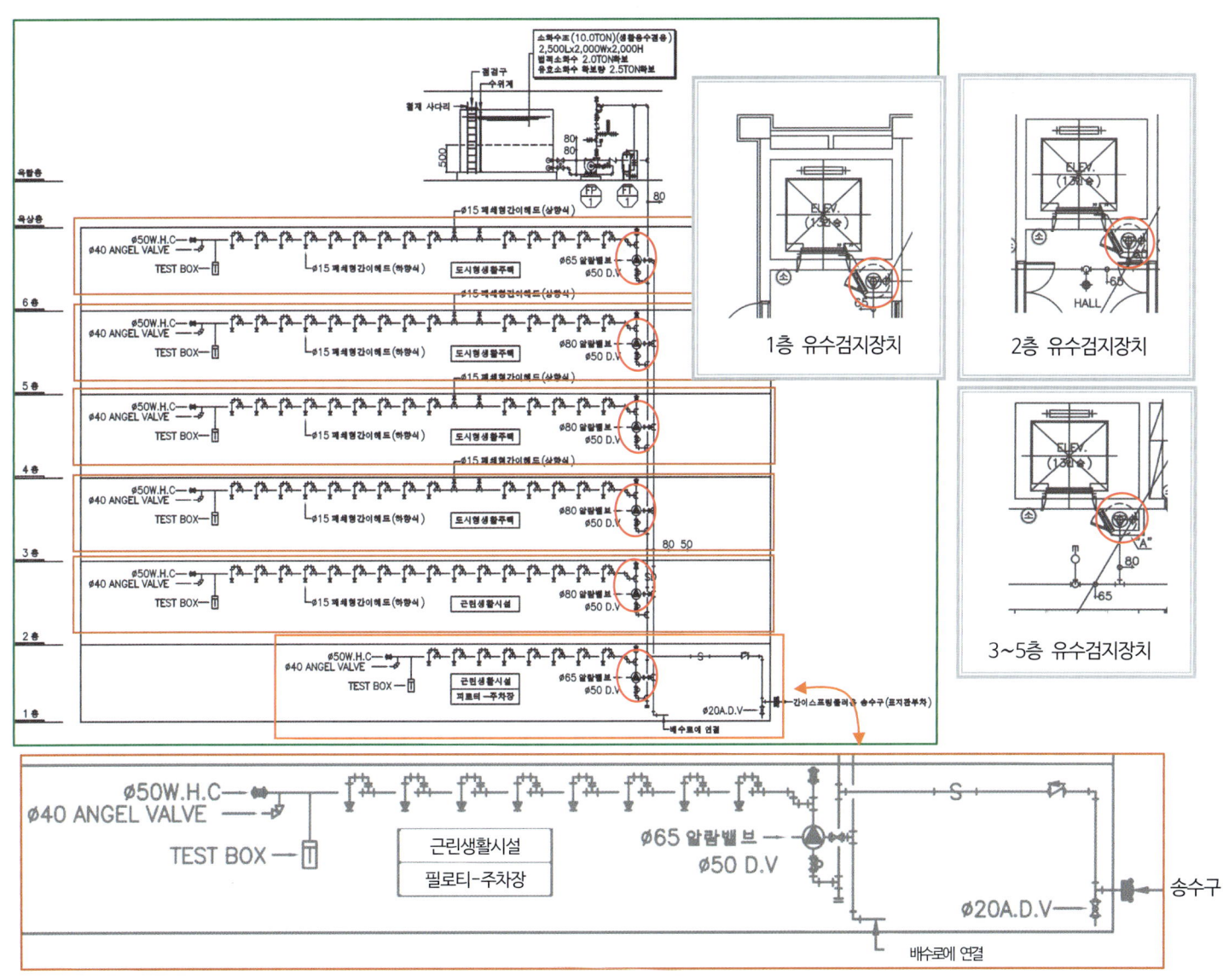

③ 소화설비 계통도 3(기계) 해설

송수구 설계 내용

가. **송수구 위치** : 화재층으로부터 지면으로 떨어지는 유리창 등이 송수 및 그 밖의 소화작업에 지장을 주지 않는 장소인지 확인할 수 있는 도면이 설계되어야 한다.

나. **연결배관에 개폐밸브 설치** : 연결배관에 개폐밸브를 설치하지 않았다.
　연결배관에 개폐밸브를 설치하면 개폐상태를 쉽게 확인 및 조작할 수 있는 옥외 또는 기계실 등의 장소에 설치해야 한다.

다. **송수구 형태 및 송수배관 지름** : 65mm 쌍구형, 송수배관 지름은 80mm로 설계되었다.

라. **지면과 높이** : 송수구는 지면과의 높이가 0.5m 이상 1m 이하의 위치에 설치한다는 내용이 설계되어야 한다.

마. **자동배수밸브, 체크밸브 설치** : 20mm의 자동배수밸브(A.D.V), 체크밸브가 설계되었다. 배수로 인하여 다른 물건 또는 장소에 피해를 주지않는 배수관 연결의 설계가 되어야 한다.

바. **송수구 마개** : 송수구에 마개를 씌우는 설계를 해야 한다.

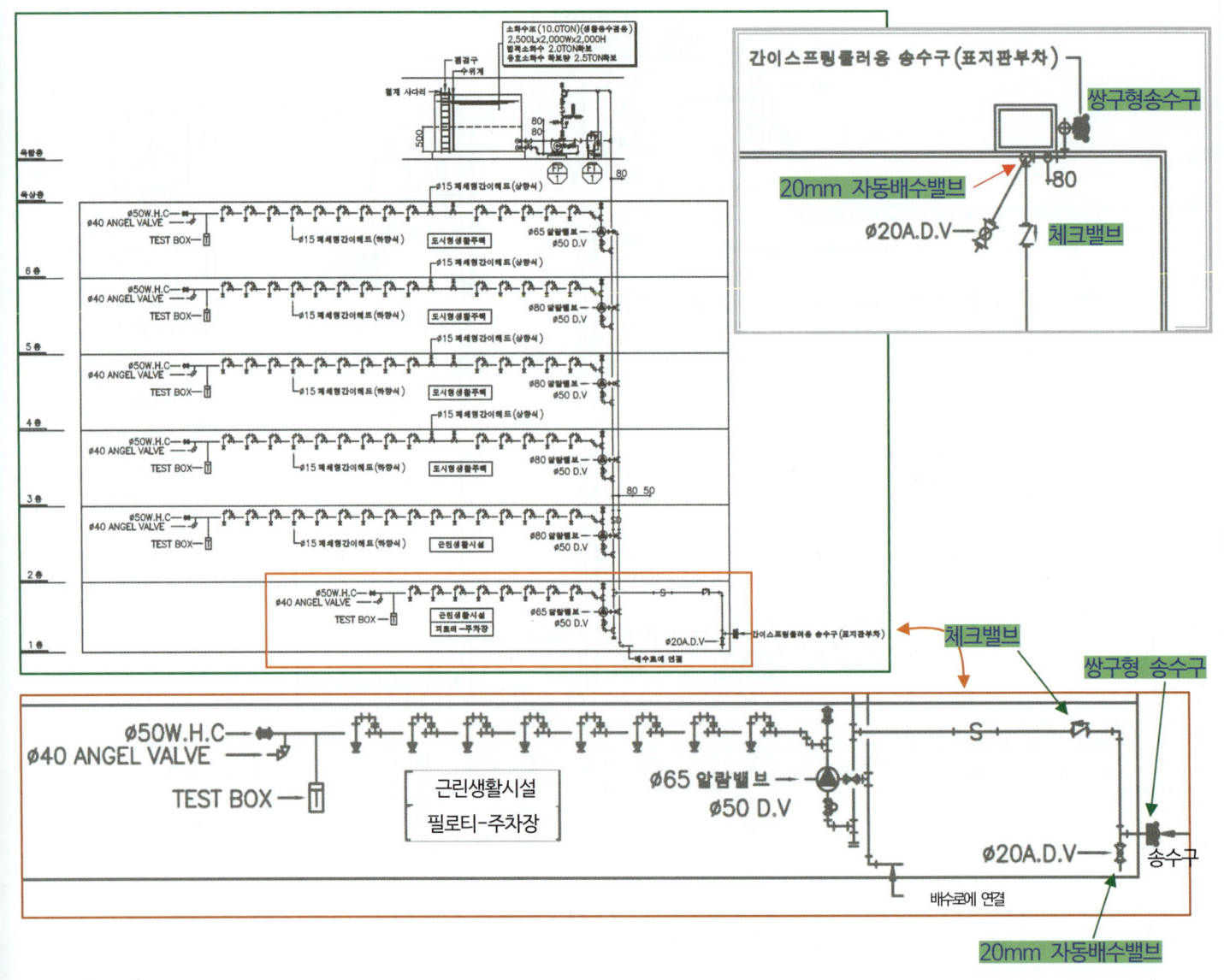

④ 1층 소화설비 평면도(기계) 해설

송수구, 송수배관, 알람밸브, 교차배관, 가지배관 및 헤드의 연결과 시험밸브 설계

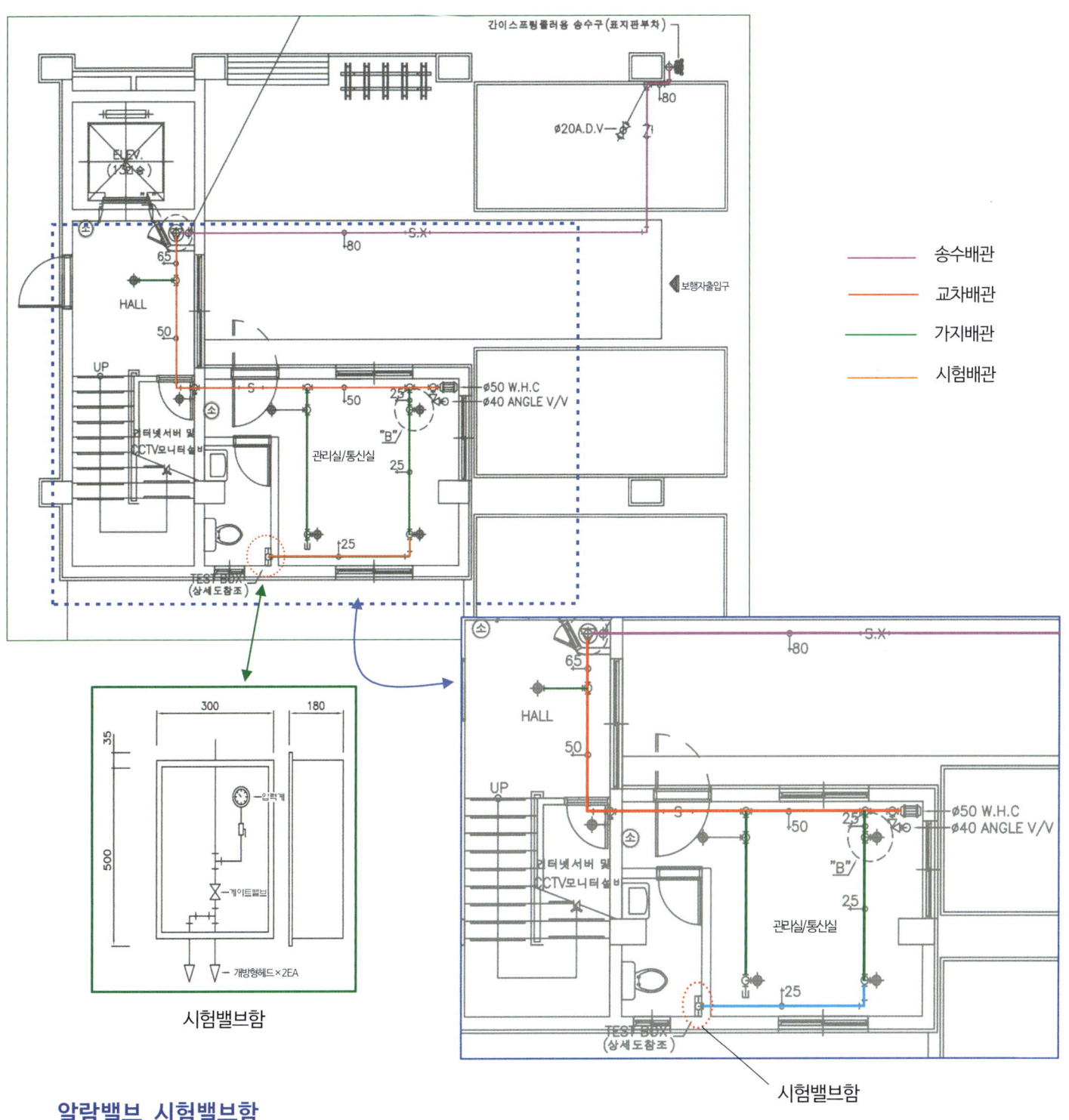

알람밸브 시험밸브함

시험밸브함에는 압력계, 개폐밸브, 개방형헤드 순서로 설계해야 한다.(이 내용은 화재안전기준에는 없다)
시험장치배관의 구경은 유수검지장치에서 가장 먼 가지배관의 구경과 동일한 구경으로 해야 하며, 25mm로 설계했다.
간이스프링클러설비이므로 개방형헤드를 2개 설계했다.
시험배관은 화장실에 설치하여 시험한 방출수의 배수처리가 가능한 곳에 적합하게 설계되었다.

⑤ 2층 소화설비 평면도 1(기계) 해설
간이스프링클러설비 배관 구경 설계

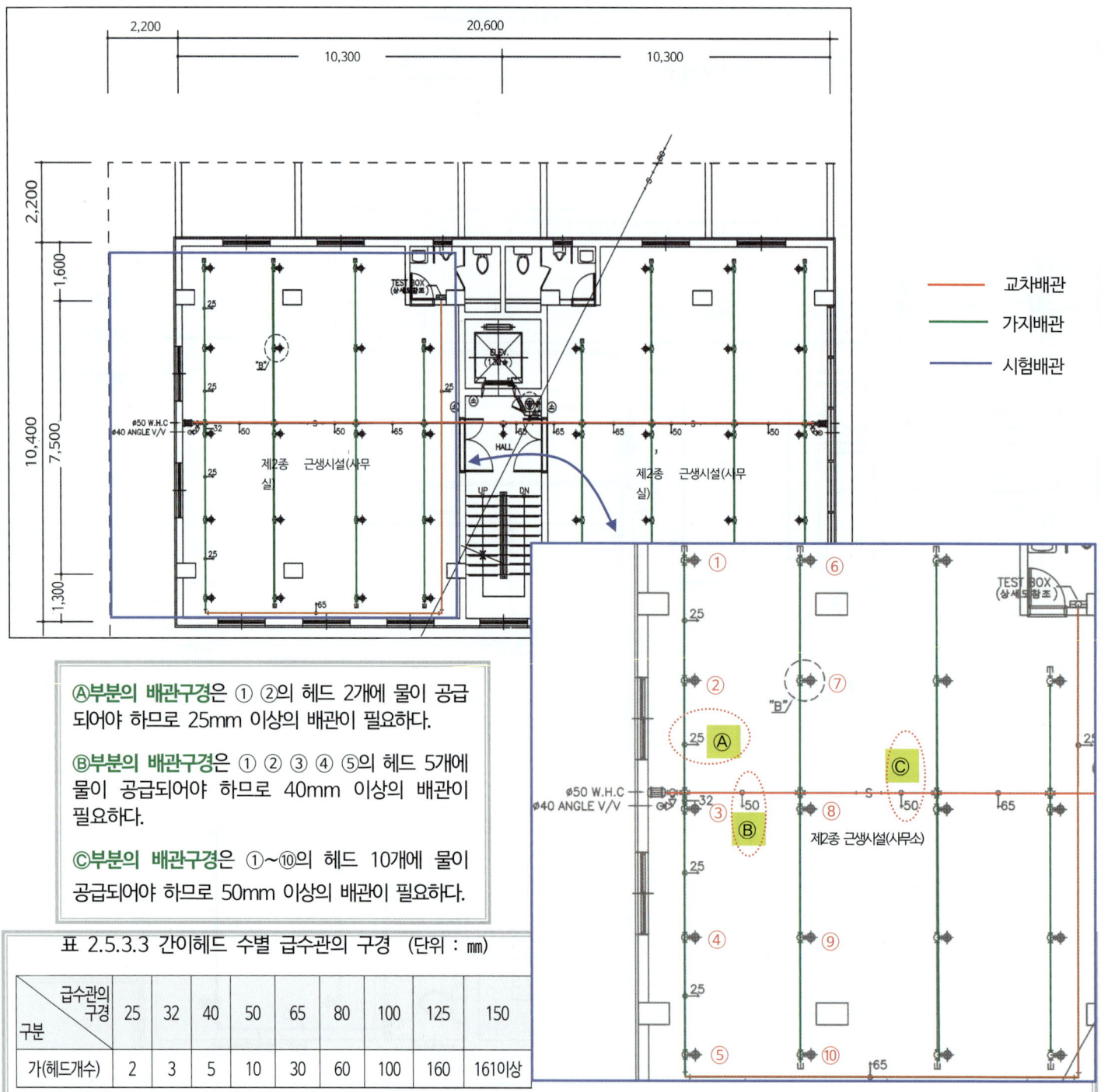

Ⓐ부분의 배관구경은 ①②의 헤드 2개에 물이 공급되어야 하므로 25mm 이상의 배관이 필요하다.

Ⓑ부분의 배관구경은 ①②③④⑤의 헤드 5개에 물이 공급되어야 하므로 40mm 이상의 배관이 필요하다.

Ⓒ부분의 배관구경은 ①~⑩의 헤드 10개에 물이 공급되어야 하므로 50mm 이상의 배관이 필요하다.

표 2.5.3.3 간이헤드 수별 급수관의 구경 (단위 : mm)

구분 \ 급수관의 구경	25	32	40	50	65	80	100	125	150
가(헤드개수)	2	3	5	10	30	60	100	160	161이상

(주) 1. 폐쇄형간이헤드를 사용하는 설비의 경우로서 1개층에 하나의 급수배관(또는 밸브 등)이 담당하는 구역의 최대면적은 3,000㎡를 초과하지 아니할 것
2. 폐쇄형간이헤드를 설치하는 경우에는 "가"란의 헤드수에 따를 것
3. 폐쇄형간이헤드를 설치하고 반자 아래의 헤드와 반자속의 헤드를 동일 급수관의 가지관상에 병설하는 경우에는 "나"란의 헤드수에 따를 것
4. "캐비닛형" 및 "상수도직결형"을 사용하는 경우 주배관은 32, 수평주행배관은 32, 가지배관은 25 이상으로 할 것. 이 경우 최장배관은 제5조제6항에 따라 인정받은 길이로 하며 하나의 가지배관에는 간이헤드를 3개 이내로 설치하여야 한다.

⑥ 2층 소화설비 평면도 2(기계) 해설

간이스프링클러설비 배관 구경, 청소구 설계

구경 : 지름

청소구
스프링클러설비의 청소구는 교차배관 끝에 개폐밸브를 설치하고, 호스접결이 가능한 나사식 또는 고정배수 배관식으로 해야 한다. 그러나, 간이스프링클러설비는 기준이 없다. 그러므로 설치하지 않아도 된다.

여기서는 청소구를 설계했다.
40mm의 앵글밸브를 설계했다.

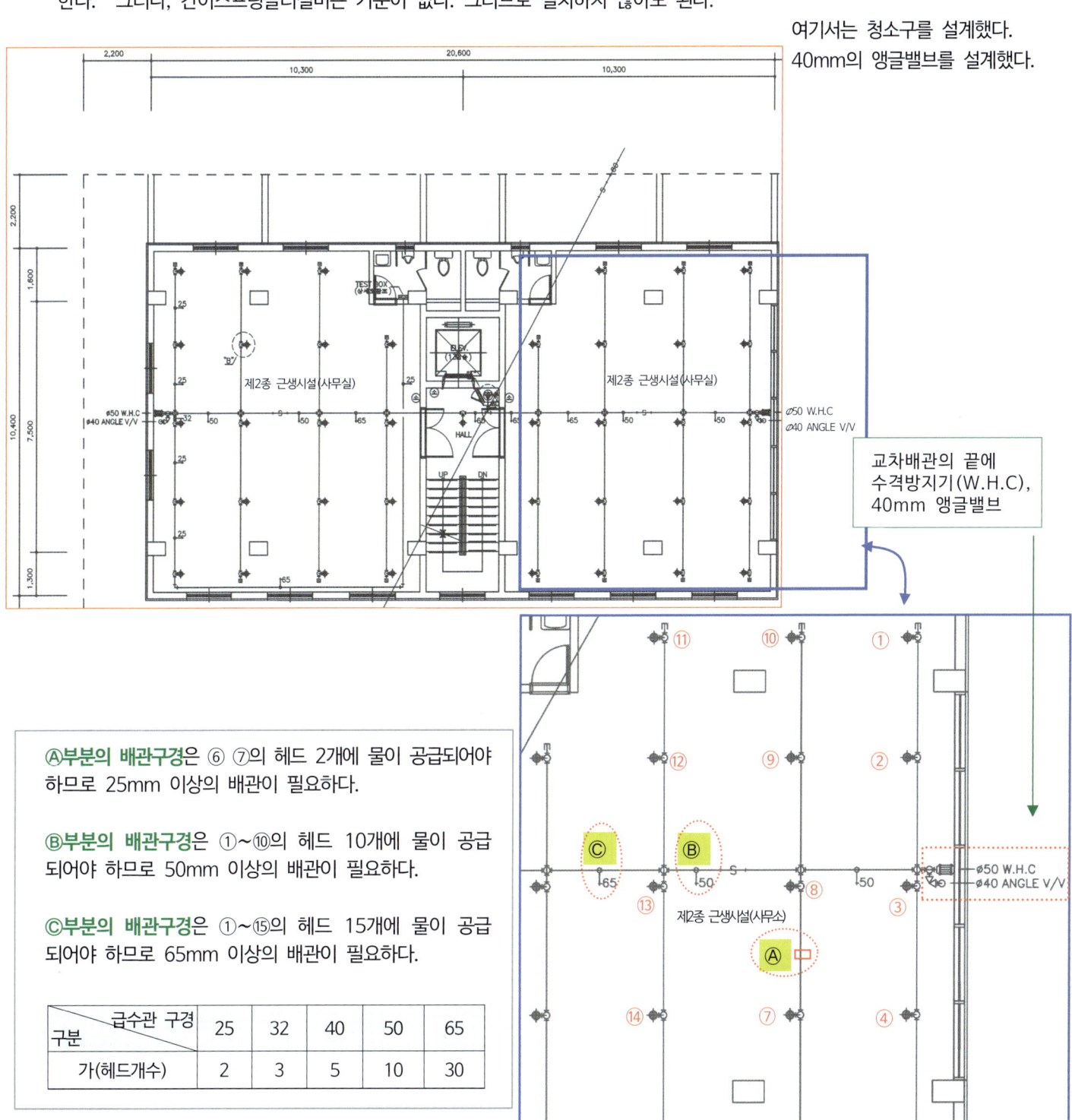

교차배관의 끝에
수격방지기(W.H.C),
40mm 앵글밸브

ⓐ부분의 배관구경은 ⑥ ⑦의 헤드 2개에 물이 공급되어야 하므로 25mm 이상의 배관이 필요하다.

ⓑ부분의 배관구경은 ①~⑩의 헤드 10개에 물이 공급되어야 하므로 50mm 이상의 배관이 필요하다.

ⓒ부분의 배관구경은 ①~⑮의 헤드 15개에 물이 공급되어야 하므로 65mm 이상의 배관이 필요하다.

구분 \ 급수관 구경	25	32	40	50	65
가(헤드개수)	2	3	5	10	30

⑦ 3~5층 소화설비 평면도 1(기계) 해설

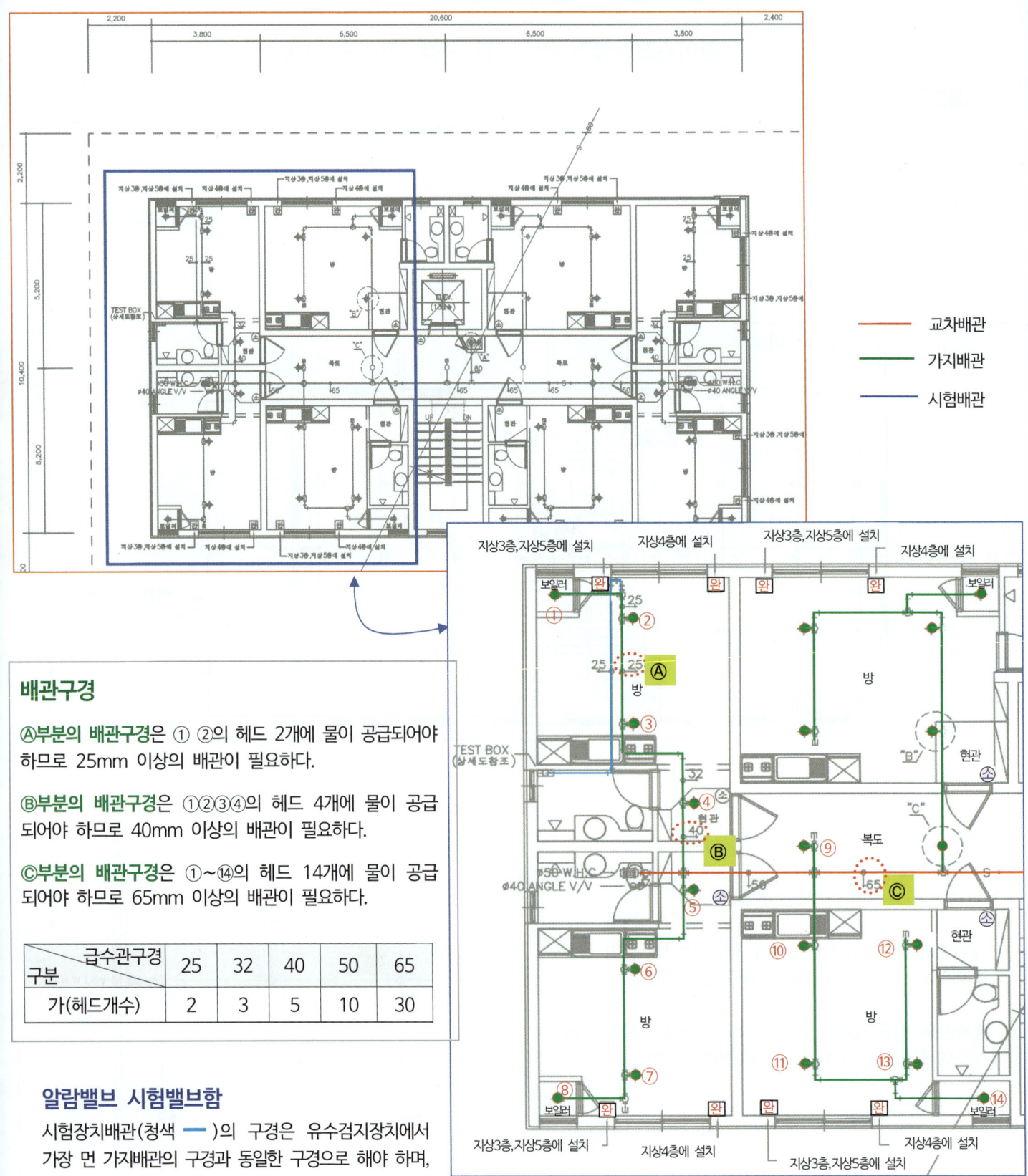

배관구경

Ⓐ부분의 배관구경은 ①②의 헤드 2개에 물이 공급되어야 하므로 25mm 이상의 배관이 필요하다.

Ⓑ부분의 배관구경은 ①②③④의 헤드 4개에 물이 공급되어야 하므로 40mm 이상의 배관이 필요하다.

Ⓒ부분의 배관구경은 ①~⑭의 헤드 14개에 물이 공급되어야 하므로 65mm 이상의 배관이 필요하다.

구분	급수관구경	25	32	40	50	65
	가(헤드개수)	2	3	5	10	30

알람밸브 시험밸브함

시험장치배관(청색 ━)의 구경은 유수검지장치에서 가장 먼 가지배관의 구경과 동일한 구경으로 해야 하며, 25mm로 설계했다.
시험배관은 화장실에 설치하여 배수처리가 가능한 곳에 적합하게 설계되었다.

⑧ 3~5층 소화설비 평면도 2(기계) 해설

배관구경

ⓐ**부분의 배관구경**은 ⑮⑯⑰⑱⑲의 헤드 5개에 물이 공급되어야 하므로 40mm 이상의 배관이 필요하다.

ⓑ**부분의 배관구경**은 ①~⑳의 헤드 20개에 물이 공급되어야 하므로 65mm 이상의 배관이 필요하다.

ⓒ**부분의 배관구경**은 ①~⑳의 헤드 20개와 이후의 배관에 연결된 헤드 20를 합하여 40개의 헤드에 물이 공급되어야 하므로 80mm 이상의 배관이 필요하다.

구분	급수관의 구경	25	32	40	50	65	80
가(헤드개수)		2	3	5	10	30	60

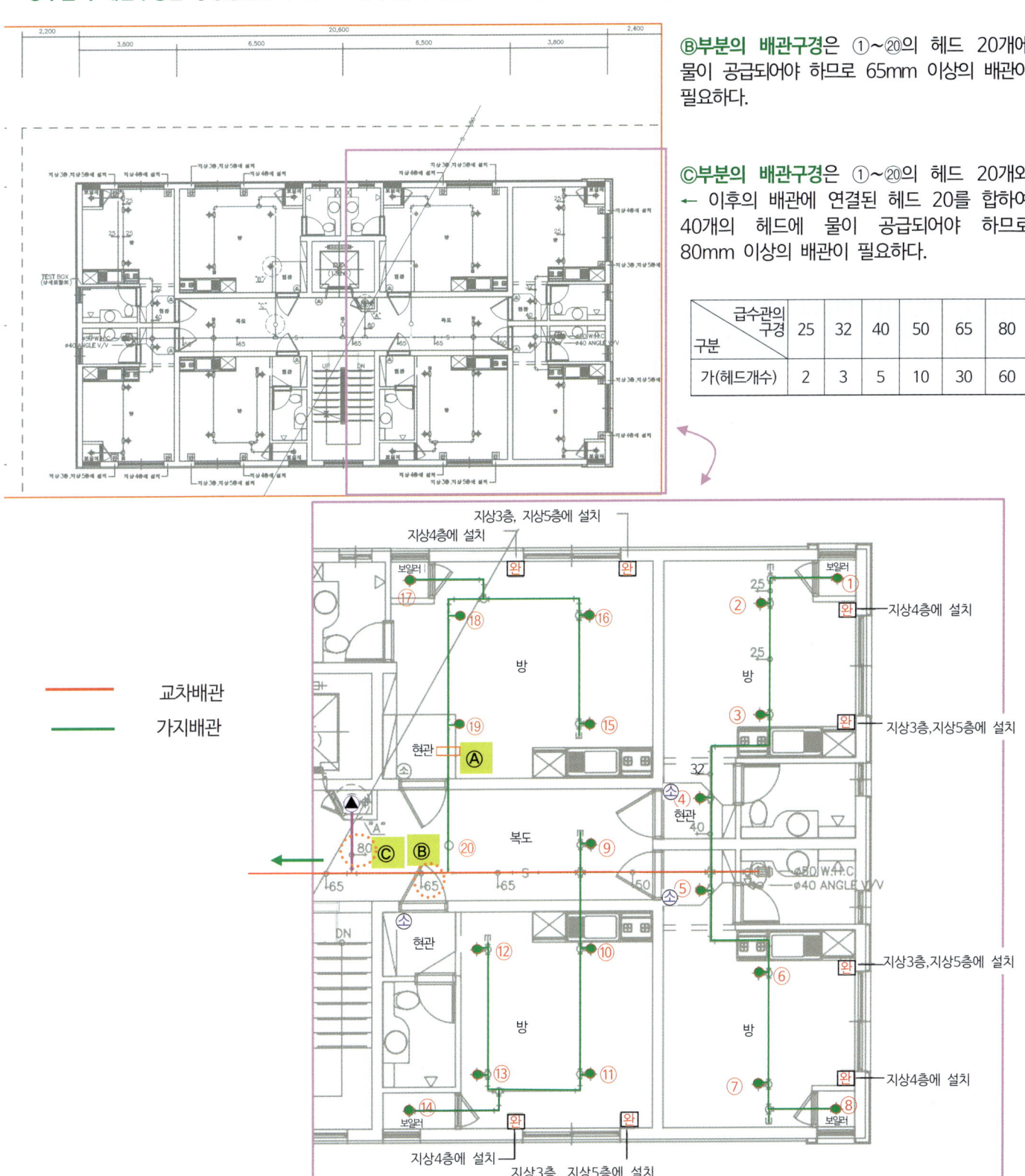

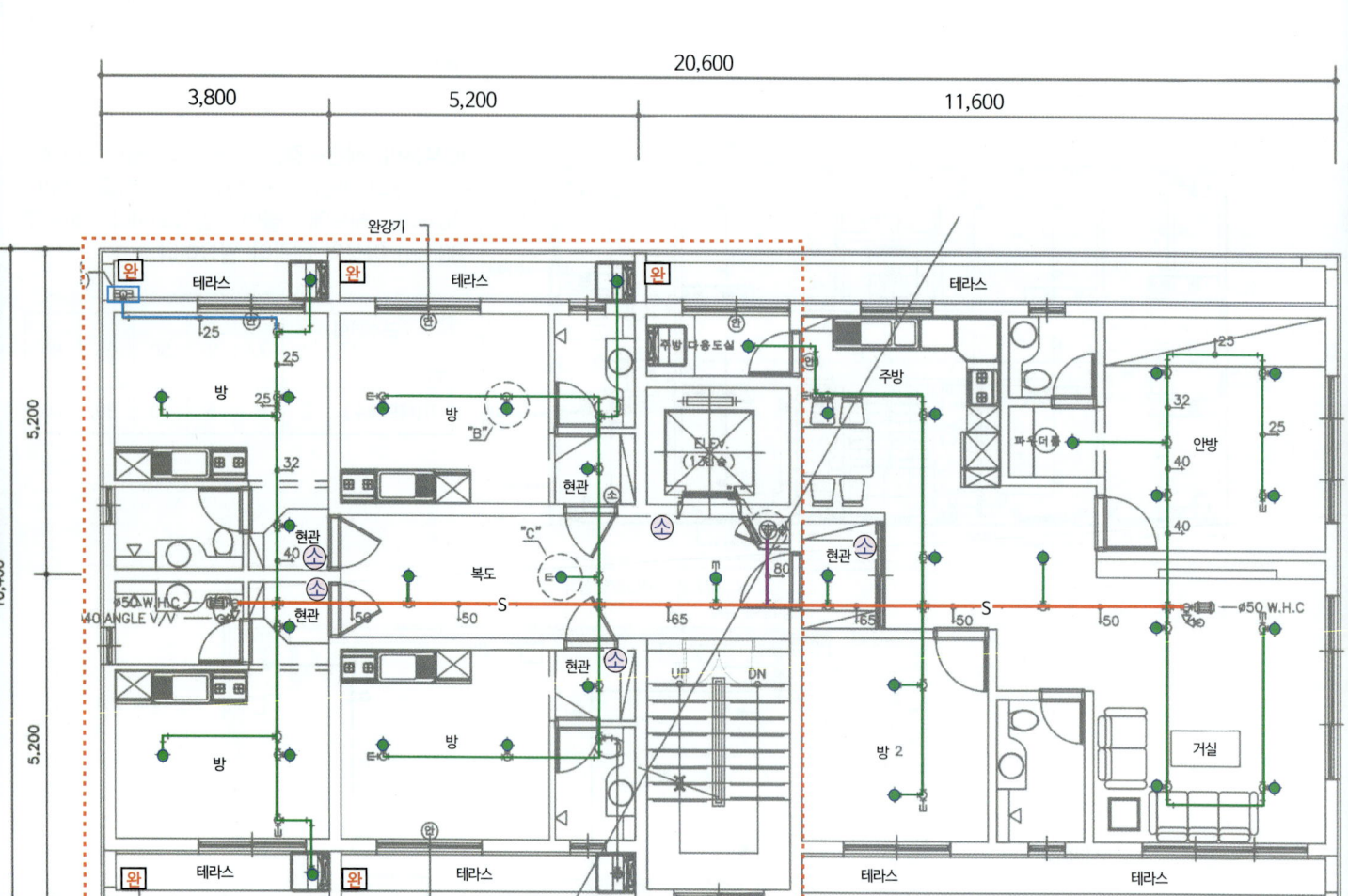

6층 소화설비 평면도(기계)

⑨ 6층 소화설비 평면도(기계) 해설

간이헤드 간격(수평거리) 설계

간이헤드를 설치하는 천장·반자·천장과 반자사이·덕트·선반 등의 각 부분으로부터 간이헤드까지의 수평거리는 2.3m 이하가 되도록 해야 한다.

헤드의 유효살수 반경은 2.3m를 반지름으로 그림에 빨간색 원으로 그렸다.

그림의 부분이 헤드유효살수반경에 포함되지 않는 부분이 있다. 설계가 잘못된 부분이다.

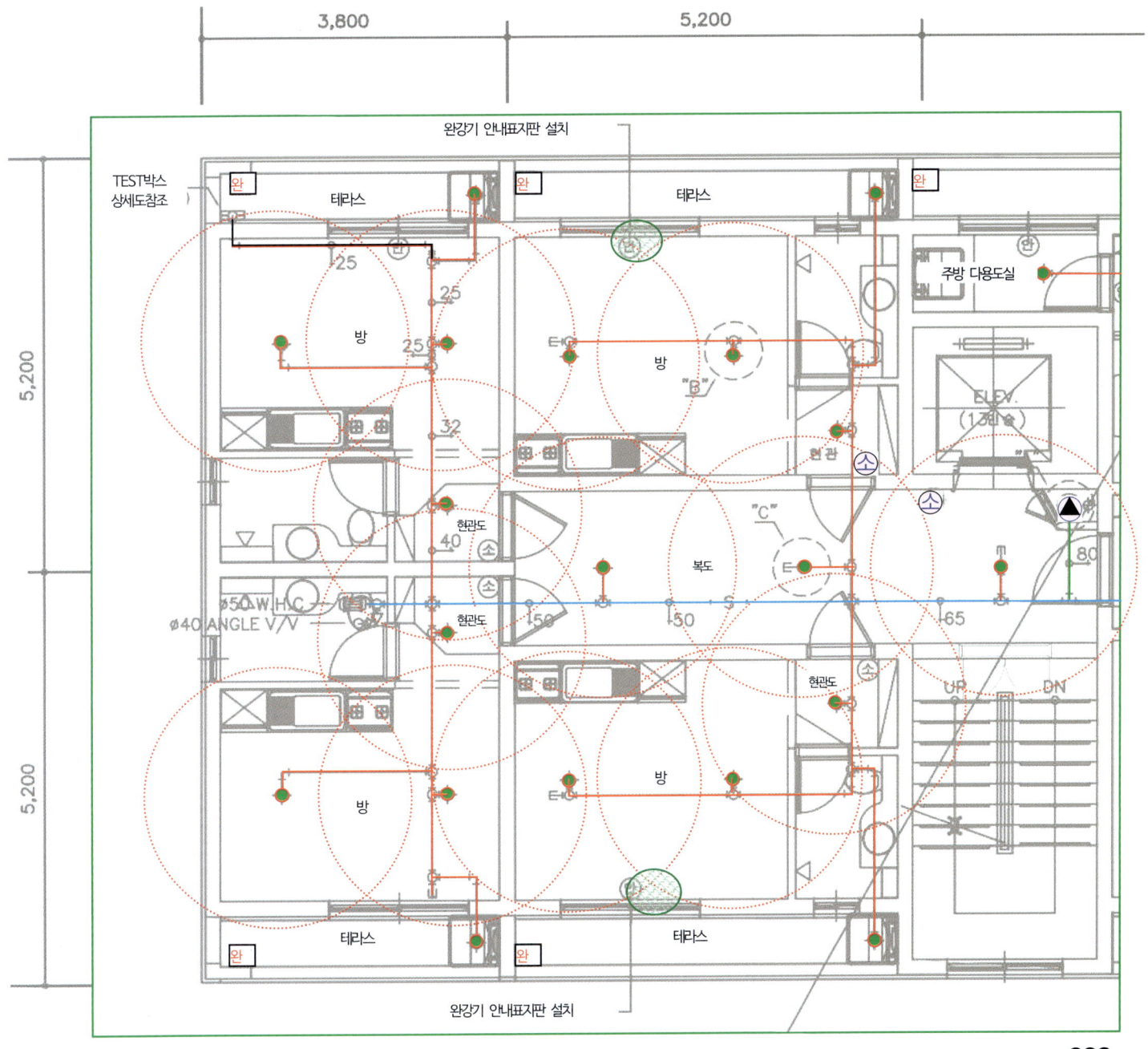

⑩ 옥탑층 소화설비 평면도 1(기계) 해설

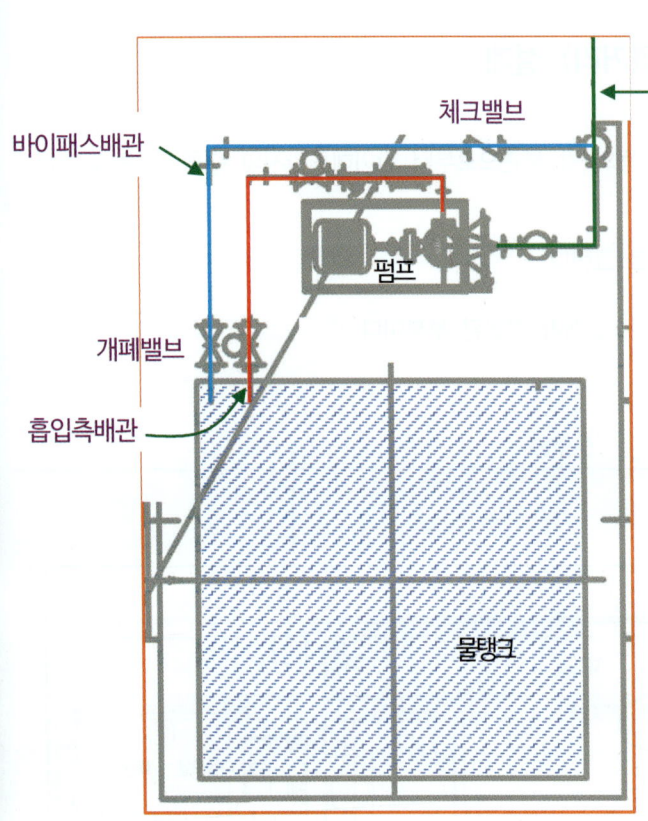

펌프실을 하늘에서 수직아래로 내려다 본 평면도이다.
흡입측배관과 토출측배관의 부속품이 그려져 있으나 상세하지는 못하다.

바이패스배관은 펌프가 고장이 나거나 정전 등으로 펌프가 작동되지 않을 때에 옥상에 있는 물탱크의 물이 자연낙차압력으로 배관으로 흘러갈 수 있도록 설치한 배관이다. 이 건물은 펌프와 물탱크가 옥상에 있지만 펌프가 작동이 되지 않으면 펌프임펠러실을 거쳐 낮은 층으로 자연낙차에 의한 물이 흐르지 않을 수 있다.

펌프의 종류에 따라 바이패스 배관이 없어도 흡입배관의 물이 펌프를 통하여 흐르는 펌프도 있다.

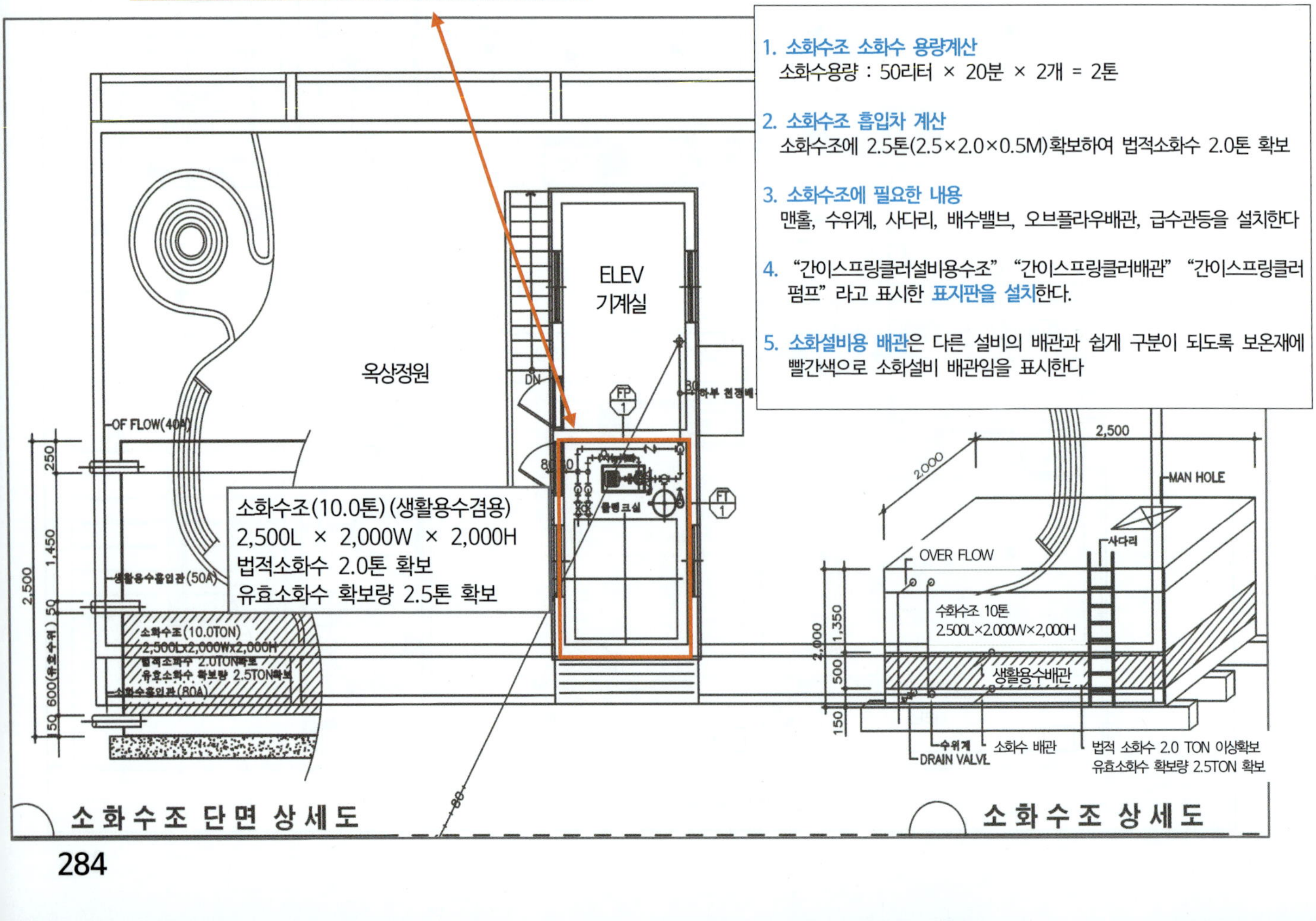

1. **소화수조 소화수 용량계산**
   소화수용량 : 50리터 × 20분 × 2개 = 2톤

2. **소화수조 흡입차 계산**
   소화수조에 2.5톤(2.5×2.0×0.5M)확보하여 법적소화수 2.0톤 확보

3. **소화수조에 필요한 내용**
   맨홀, 수위계, 사다리, 배수밸브, 오브플라우배관, 급수관등을 설치한다

4. "간이스프링클러설비용수조" "간이스프링클러배관" "간이스프링클러펌프" 라고 표시한 표지판을 설치한다.

5. **소화설비용 배관**은 다른 설비의 배관과 쉽게 구분이 되도록 보온재에 빨간색으로 소화설비 배관임을 표시한다

⑪ 옥탑층 소화설비 평면도 2(기계) 해설

간이스프링클러설비의 수원(물탱크 양)은,
2개의 간이헤드에서 최소 10분(근린생활시설의 경우에는 20분)이상 방수할 수 있는 양 이상이 되어야 한다.
간이헤드 1개의 방수량은 50 L/min 이상이어야 한다.

이 건물은 1층은 근린생활시설, 2~6층은 주택이므로 20분간 방수할 수 있는 양의 물탱크가 되어야 한다.

물탱크 용량 = 헤드 2개 × 50리터 × 20분 = 2㎥(2,000ℓ) 이상

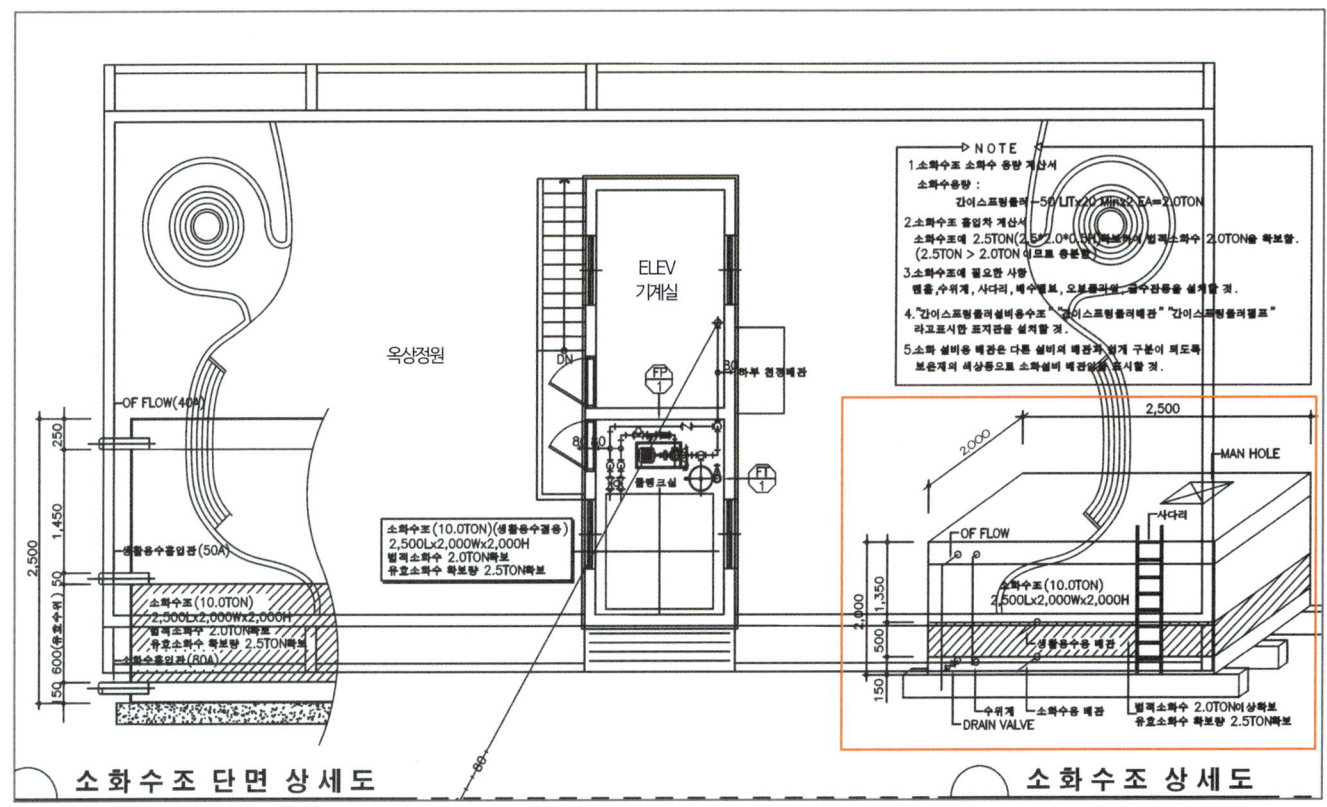

1. 소화수조 소화수 용량계산
   소화수용량 : 50리터 × 20분 × 2개 = 2,000ℓ = 2㎥(톤)

2. 소화수조 흡입차 계산
   소화수조에 2.5㎥(톤) (2.5×2.0×0.5M)확보하여 법적소화수 2.0톤 확보함

3. 소화수조에 설치해야 하는 시설
   맨홀, 수위계, 사다리, 배수밸브, 오브플라우배관, 급수관등을 설치한다

4. "간이스프링클러설비용수조" "간이스프링클러배관" "간이스프링클러펌프" 라고
   표시한 표지판을 설치한다.

5. 소화설비용 배관은 다른 설비의 배관과 쉽게 구분이 되도록 보온재에 빨간색으로
   소화설비 배관임을 표시한다

수조물탱크에 설치해야 하는 시설
(간이스프링클러 화재안전기술기준 2.1.4)

「간이스프링클러 화재안전기술기준」 2.1.4. 간이스프링클러설비용 수조는 다음 각 호의 기준에 따라 설치하여야 한다.
1. 점검에 편리한 곳에 설치할 것
2. 동결방지조치를 하거나 동결의 우려가 없는 장소에 설치할 것
3. 수조의 외측에 **수위계**를 설치할 것. 다만, 구조상 불가피한 경우에는 수조의 맨홀 등을 통하여 수조 안의 물의 양을 쉽게 확인할 수 있도록 하여야 한다.
4. 수조의 상단이 바닥보다 높은 때에는 수조의 외측에 **고정식 사다리**를 설치할 것
5. 수조가 실내에 설치된 때에는 그 **실내에 조명설비**를 설치할 것
6. 수조의 밑부분에는 **청소용 배수밸브 또는 배수관**을 설치할 것
7. 수조의 외측의 보기 쉬운 곳에 "**간이스프링클러설비용 수조**"라고 표시한 **표지**를 할 것. 이 경우 그 수조를 다른 설비와 겸용하는 때에는 그 겸용되는 설비의 이름을 표시한 표지를 함께 하여야 한다.
8. 간이스프링클러펌프의 흡수배관 또는 간이스프링클러설비의 수직배관과 수조의 접속 부분에는 "**간이스프링클러설비용 배관**"이라고 표시한 표지를 할 것. 다만, 수조와 가까운 장소에 간이스프링클러펌프가 설치되고 "간이스프링클러설비펌프"라고 표지를 설치한 때에는 그러하지 아니하다.

참고 : 사다리의 설계는 재질, 굵기, 간격등을 표기한 설계를 해야 하며, 유량계는 유량계의 종류와 상세내용을 설계해야 한다. 조명설비, 수조표지판, 배관등에 대한 설계가 누락되었다.

소방용수 물탱크 용량

가로 × 세로 × 높이 = 2,000 × 2,500 × 500 = 2,500,000,000 ㎣ = 2.5㎥
2㎥ 이상이면 되므로 2.5㎥의 양은 충분하다.

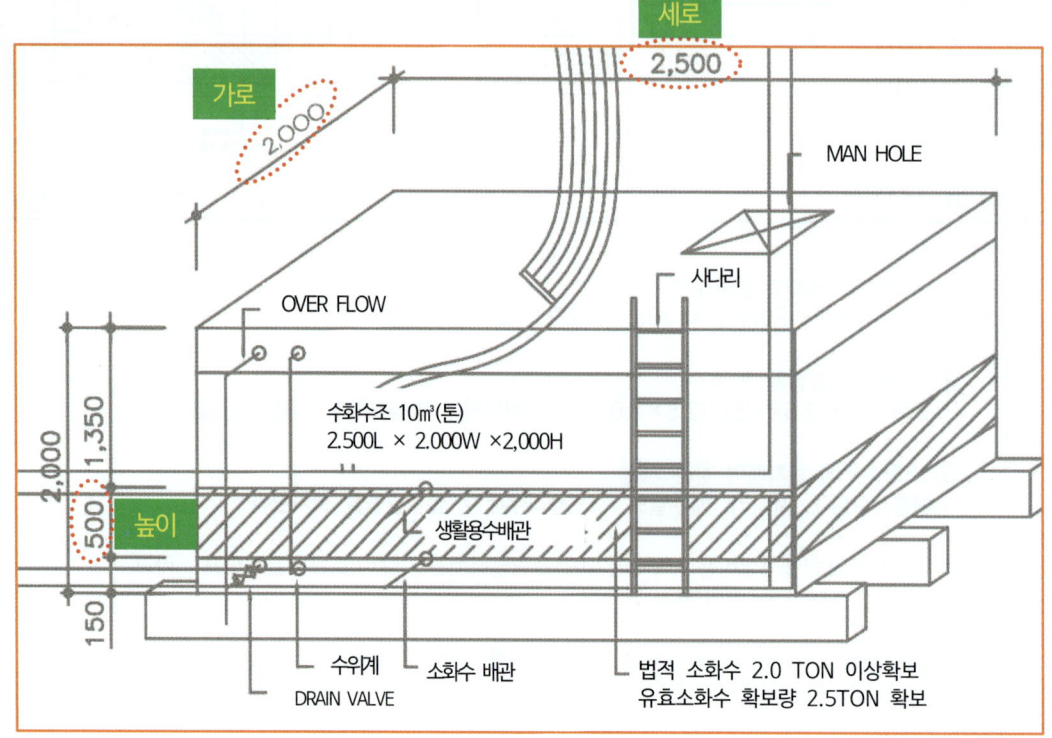

⑫ 펌프주위 배관도 해설

성능시험배관 설치

성능시험배관은 펌프의 토출 측에 설치된 개폐밸브 이전에서 분기하여 직선으로 설치하고, 유량측정장치를 기준으로 전단 직관부에는 개폐밸브를 후단 직관부에는 유량조절밸브를 설치할 것. 이 경우 개폐밸브와 유량측정장치 사이의 직관부 거리 및 유량측정장치와 유량조절밸브 사이의 직관부 거리는 해당 유량측정장치 제조사의 설치사양에 따르고, 성능시험배관의 호칭지름은 유량측정장치의 호칭지름에 따른다.

릴리프밸브 설치

가압송수장치의 체절운전 시 수온의 상승을 방지하기 위하여 체크밸브와 펌프사이에서 분기한 구경 20㎜ 이상의 배관에 체절 압력 미만에서 열리는 릴리프밸브를 설치해야 한다.

유량계의 규격 및 표준유량범위

호칭 \ 구경	25 MM	32 MM	40 MM	50 MM	65 MM	80 MM
유량범위(ℓ/분)	35 - 180	70 - 360	110/550	220/1100	450/2200	700/3300
1눈금 (ℓ/분)	5	5	10	20	50	100

L1, L2 :
유량측정장치 제조사의 설치사양에 따른다

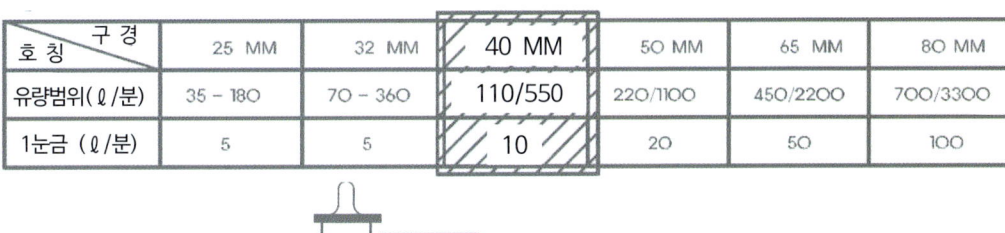

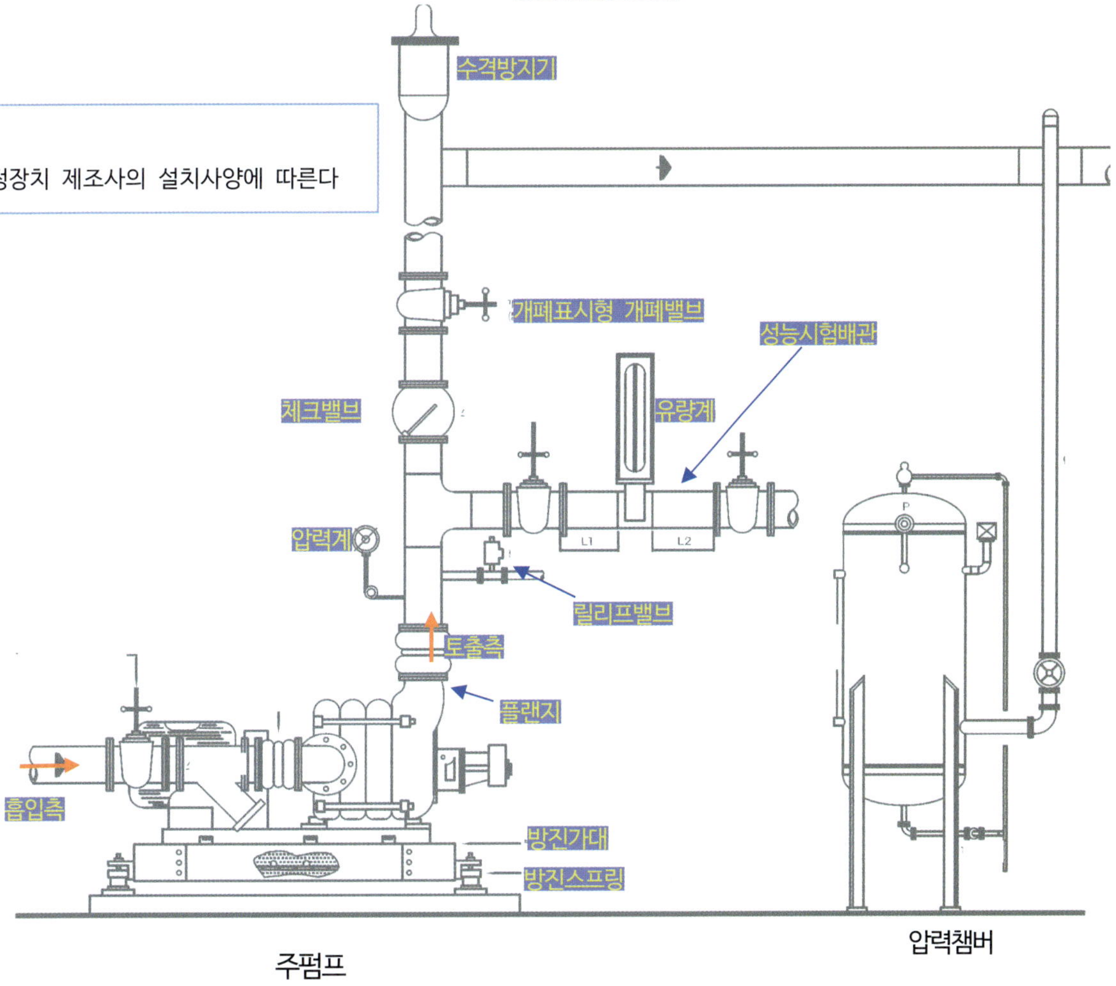

⑬ 펌프양정(마찰손실) 해설

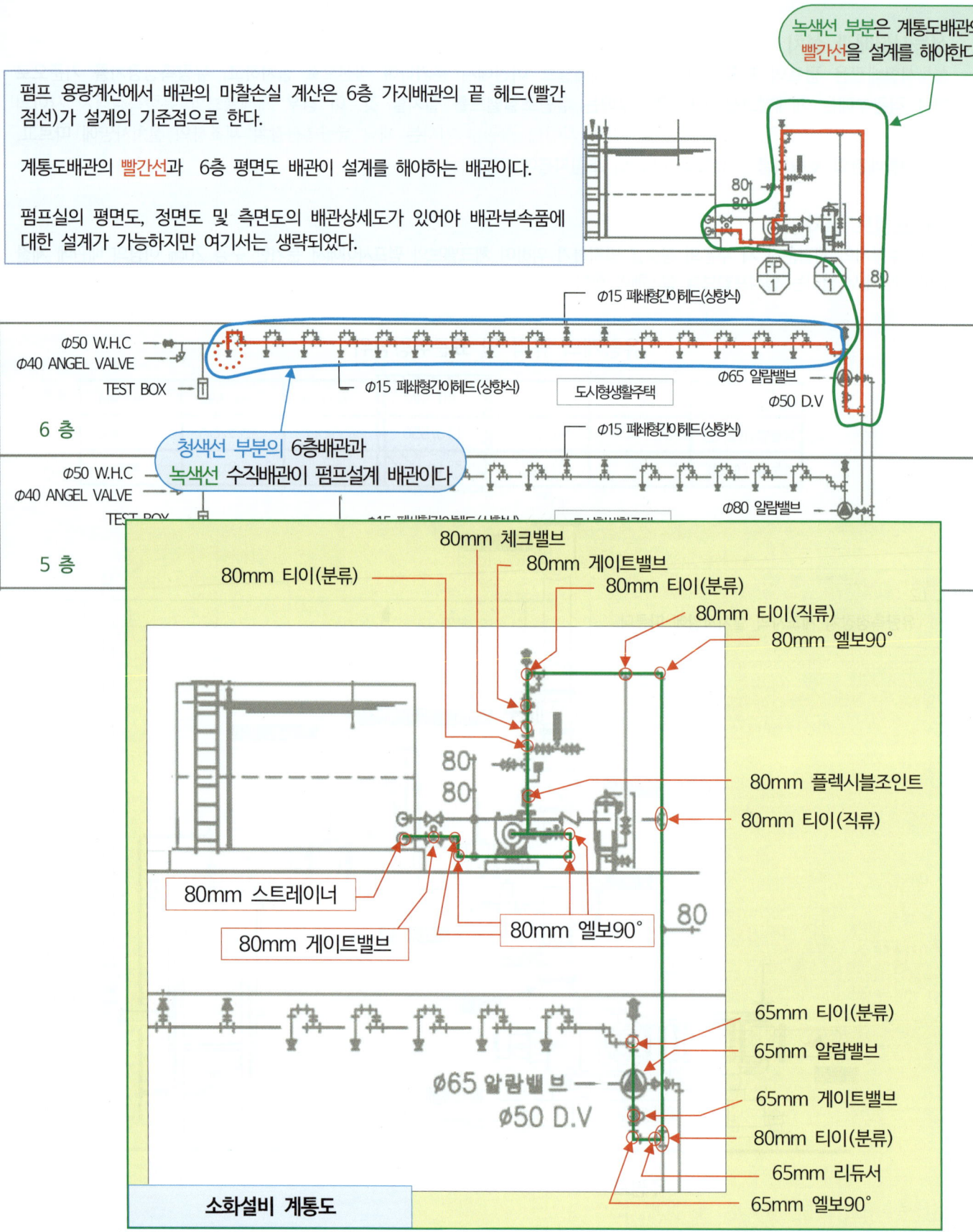

Ⅵ (6). 업무시설(주택·오피스텔) 건물 설계

1. P형수신기 자동화재탐지설비 설계도면 ·············· 289
2. P형수신기 자동화재탐지설비 설계도면 해설 ·········· 295
3. R형수신기 자동화재탐지설비 설계도면 ·············· 302
4. R형수신기 자동화재탐지설비 설계도면 해설 ·········· 312
5. P형수신기 자동화재탐지설비, 스프링클러설비 설계도면 ······ 320
6. P형수신기 자동화재탐지설비, 스프링클러설비 설계도면 해설 ··· 330
7. R형수신기 자동화재탐지설비, 스프링클러설비 설계도면 ······ 340
8. R형수신기 자동화재탐지설비, 스프링클러설비 설계도면 해설 ··· 350

주택과 오피스텔이 있는 건물에 자동화재탐지설비가 설치된 내용에 대하여
P형과 R형수신기를 각각 설계하여 비교 할 수 있도록 했다.

같은 규모의 건물에 자동화재탐지설비와 스프링클러설비가 설치된 내용에 대하여 P형과
R형수신기 설계를 각각 하여 P형수신기 설계와 R형수신기 설계를 비교할 수 있도록 했다.

1. P형수신기 자동화재탐지설비 설계도면

가. 소방시설 전기 계통도 ·············· 290
나. 1층 소방시설 전기 평면도 ·········· 291
다. 2~5층 소방시설 전기 평면도 ······ 292
라. 6층 소방시설 전기 평면도 ·········· 293
마. 옥탑층 소방시설 전기 평면도 ······ 294
바. 옥상층 소방시설 전기 평면도 ······ 294

이 건물의 자동화재탐지설비 P형 수신기 설계는 벨(경종), 표시등을 1선으로 공통선 사용하며, 각층마다 지구음향장치 및 배선의 『단락보호장치』를 설치한다.

지구경종 단락 보호장치

기호	내 용
Ⓐ	수신반 P-1급 10회로용 오동작방지기 내장 주경종 60∅ 부착
Ⓑ	시각경보기 전원반 시각경보기 : 8EA 120mA × 8EA = 960mA 밧데리 용량 : 20Ah 이상 (자동화재탐지설비와 연동)

결선 내용

번호	벨	시각경보	표시등	벨표시등공통	응답	회로	공통	계
①	1	1	1	1	1	1	1	7
②	1	1	1	1	1	2	1	8
③	1	1	1	1	1	3	1	9
④	1	1	1	1	1	6	1	12
⑤	1	1	1	1	1	7	1	13
⑥	1	1	1	1	1	8	2	15

가. 소방시설 전기 계통도

전선 표기 내용

1. 유도등 배관배선
   - ─Ex─ HFIX 2 - 2.5㎟ 16Ø
2. 자동화재탐지설비 배관배선
   - ─F─ HFIX 2 - 1.5㎟ 16Ø
   - ─F⧸⧸⧸─ HFIX 4 - 1.5㎟ 16Ø
   - ─F⧸⧸⧸⧸⧸⧸⧸─ HFIX 8 - 1.5㎟ 22Ø
3. 시각경보기 배관배
   - ─C─ HFIX 2 - 2.5㎟ 16Ø

심 벌	용 도	비 고
ⓅⒷⓁ	발신기 세트	1 EA
⊗	피난구유도등(소형)	1 EA
▭▶S	통로유도등(계단실)	1 EA
◠	차동식스포트형 감지기(2종)	4 EA
⊠	시각경보기	1 EA
소	소화기 A.B.C급 3.3kg	1 EA

전기 결선 내용

번호	내용	계
①	벨(경종), 시각경보기, 표시등, 벨표시등 공통, 응답, 회로 1, 공통	7

번호	벨	시각경보	표시등	벨표시등공통	응답	회로	공통	계
①	1	1	1	1	1	1	1	7

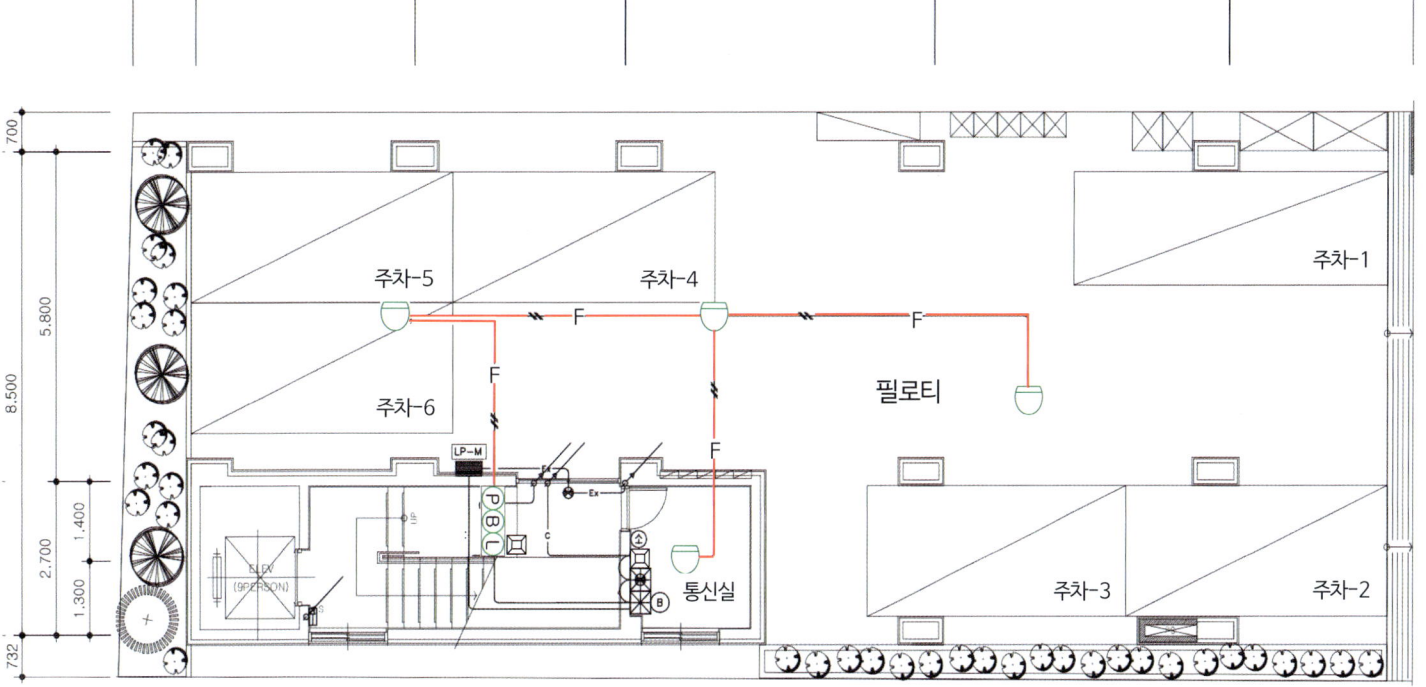

나. 1층 소방시설 전기 평면도

전기 결선 내용

번호	벨	시각경보	표시등	벨표시등공통	응답	회로	공통	계
①	1	1	1	1	1	1	1	7
②	1	1	1	1	1	2	1	8
③	1	1	1	1	1	3	1	9
④	1	1	1	1	1	6	1	12
⑤	1	1	1	1	1	7	1	13
⑥	1	1	1	1	1	8	2	15

번호	층간 내용	내용	계
①	6층 ↔ 5층	벨, 시각경보기, 표시등, 벨표시등 공통, 응답, 회로 1, 공통	7
②	4층 ↔ 4층	벨, 시각경보기, 표시등, 벨표시등 공통, 응답, 회로 2, 공통	8
③	4층 ↔ 3층	벨, 시각경보기, 표시등, 벨표시등 공통, 응답, 회로 3, 공통	9
④	3층 ↔ 2층	벨, 시각경보기, 표시등, 벨표시등 공통, 응답, 회로 6, 공통	12
⑤	2층 ↔ 1층	벨, 시각경보기, 표시등, 벨표시등 공통, 응답, 회로 7, 공통	13
⑥	1층 ↔ 수신기	벨, 시각경보기, 표시등, 벨표시등 공통, 응답, 회로 8, 공통 2	15

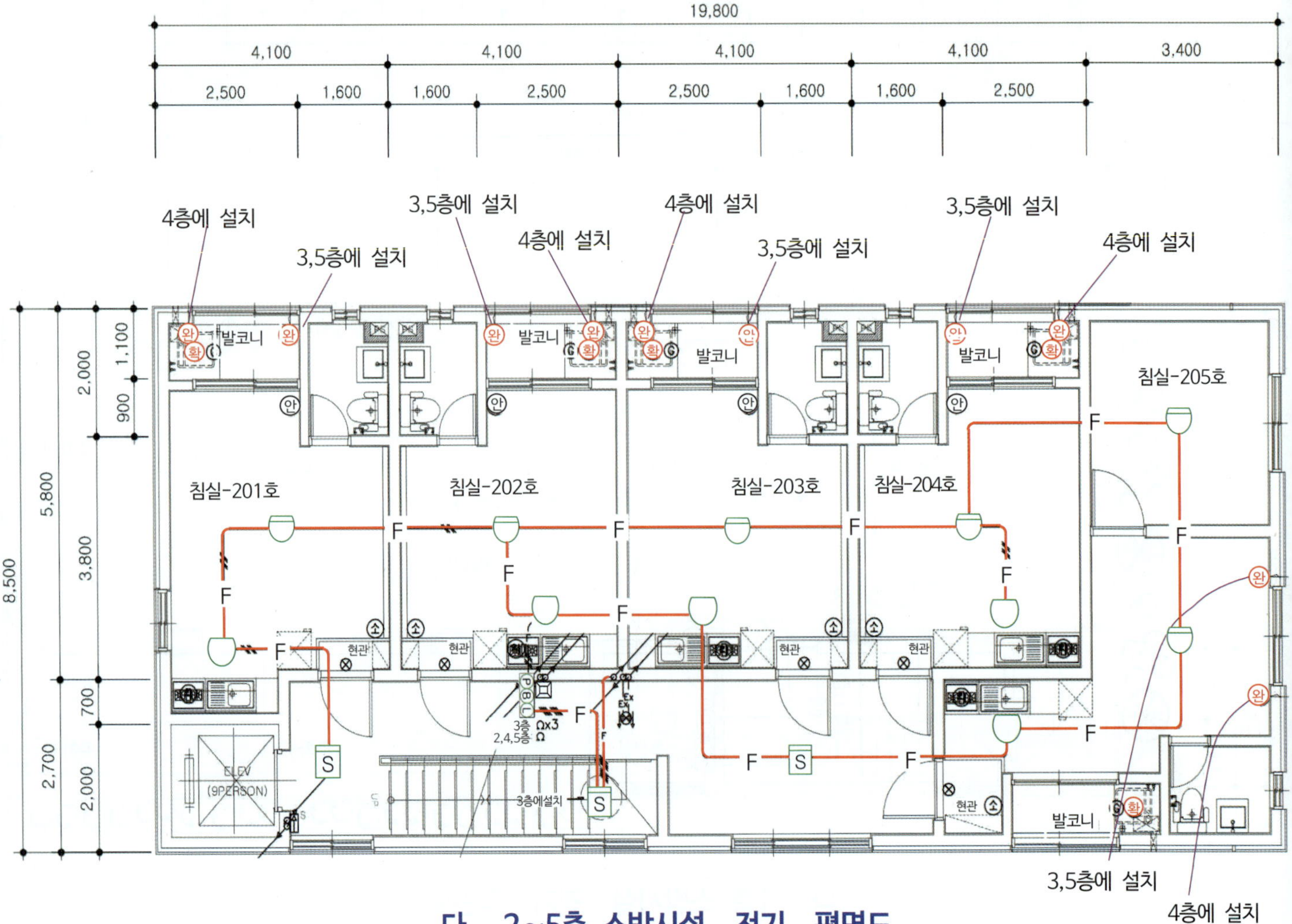

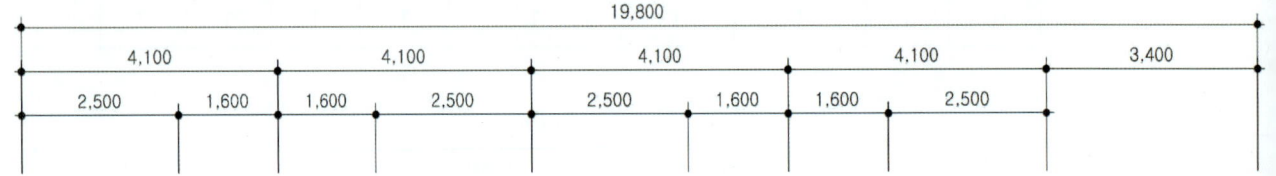

다. 2~5층 소방시설 전기 평면도

심벌 내용

심벌	용도	비고
ⓟⒷⓁ	발신기 세트	1 EA
⊗M	피난구 유도등(중형)	2 EA
⊗M	천정형통로 유도등(양면형)-중형	1 EA
▭S	통로 유도등(계단실)	1 EA
◯	차동식스포트형 감지기(2종)	7 EA
◯	정온식스포트형 감지기(1종)	4 EA
S	연기식 감지기	1 EA
◇	시각경보기	3 EA
Ⓖ	가스누설경보기	2 EA
소	소화기 A.B.C급 3.3kg	2 EA
확	자동확산소화기 3.3kg	4 EA
완	피난기구(완강기)	2 EA
안	완강기 유도표지	1 EA

전선 표기 내용

1. 유도등 배관배선

    HFIX 2 - 2.5㎟ 16Φ

2. 자동화재탐지설비 배관배선

    HFIX 2 - 1.5㎟ 16Φ
    HFIX 4 - 1.5㎟ 16Φ
    HFIX 8 - 1.5㎟ 22Φ

3. 시각경보기 배관배선

    HFIX 2 - 2.5㎟ 16Φ

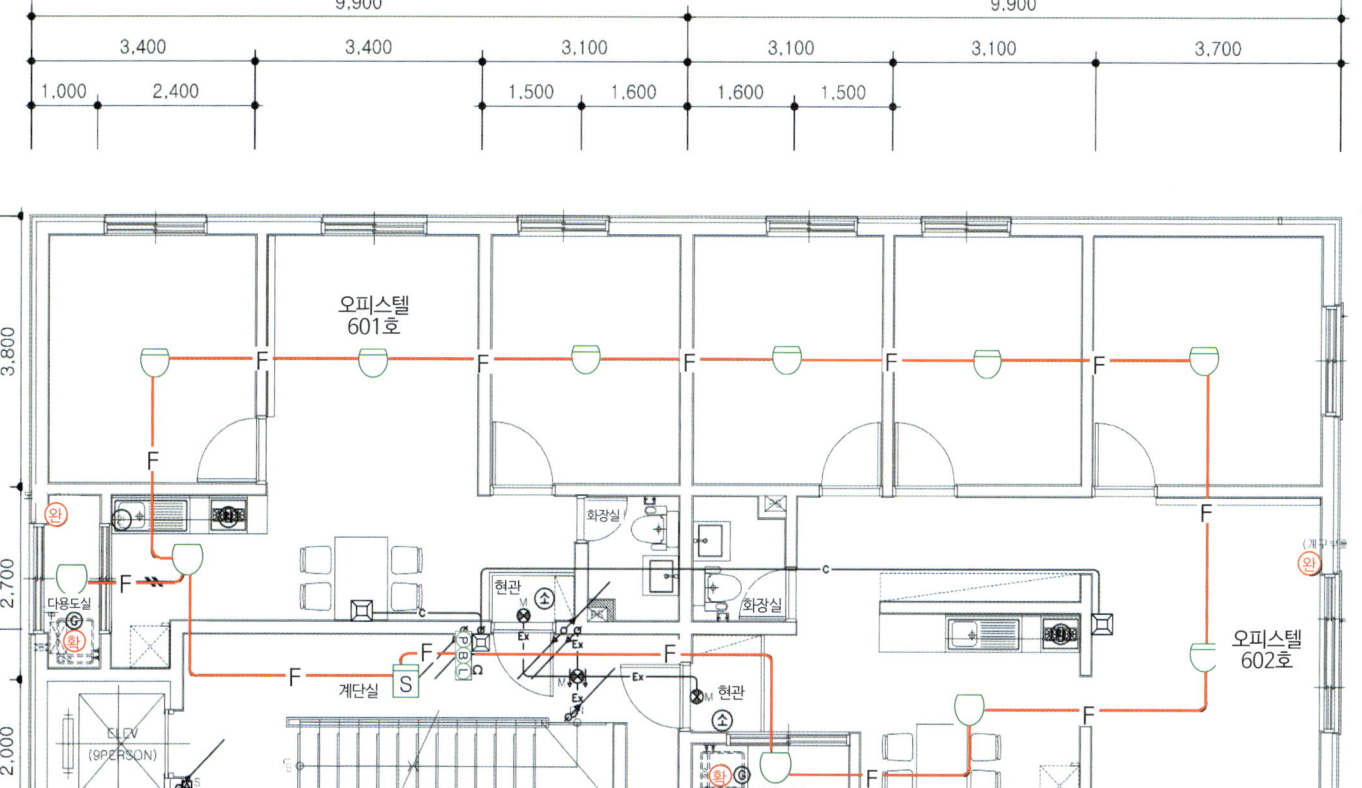

라. 6층 소방시설 전기 평면도

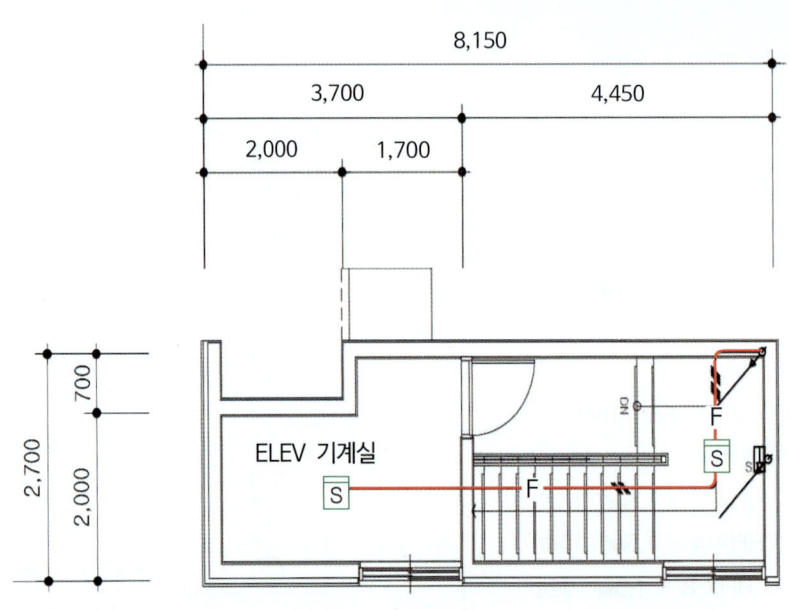

마. 옥탑층 소방시설 전기 평면도

바. 옥상층 소방시설 전기 평면도

2. P형수신기 자동화재탐지설비 설계도면 해설

가. 소방시설 전기 계통도 해설

표시등과 회로는 공통선 1선으로 하며,
각층 지구음향장치 및 배선의 『단락보호장치』를 설치 조건이 있는 상태에서의 회선수를 계산한 것이다.

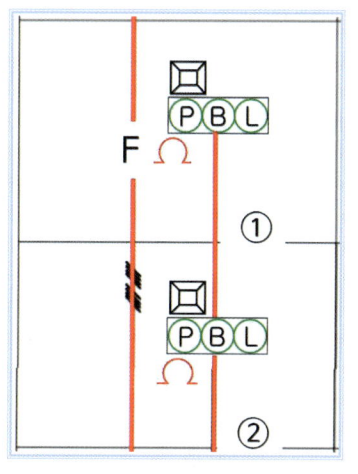

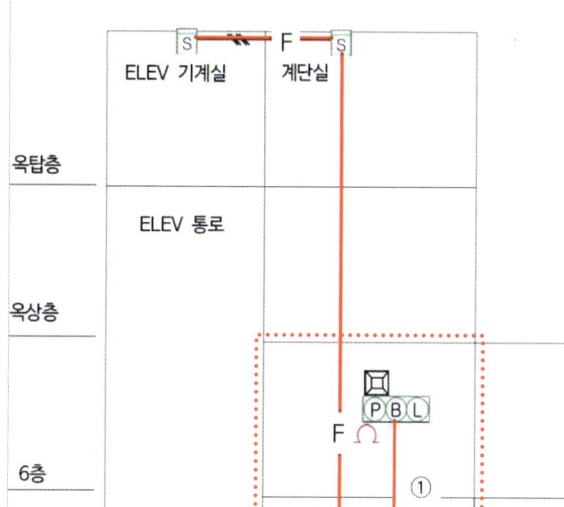

소방시설 전기회로 내용

번호	벨	시각경보	표시등	벨표시등공통	응답	회로	공통	계
①	1	1	1	1	1	1	1	7
②	1	1	1	1	1	2	1	8

전기 결선 내용

번호	내용
①	벨, 시각경보기, 표시등, 벨표시등 공통, 응답, 회로 1, 회로공통
②	벨, 시각경보기, 표시등, 벨표시등 공통, 응답, 회로 2, 회로공통

각층의 회로선이 1선씩 추가된다.
벨(경종), 시각경보기, 표시등은 1선으로 공통선을 사용한다.

각층마다 지구음향장치 및 배선의 『단락보호장치』를 설치하므로 별도로
각층별 경종선 2선, 시각경보기 2선을 설치하지 않는다.

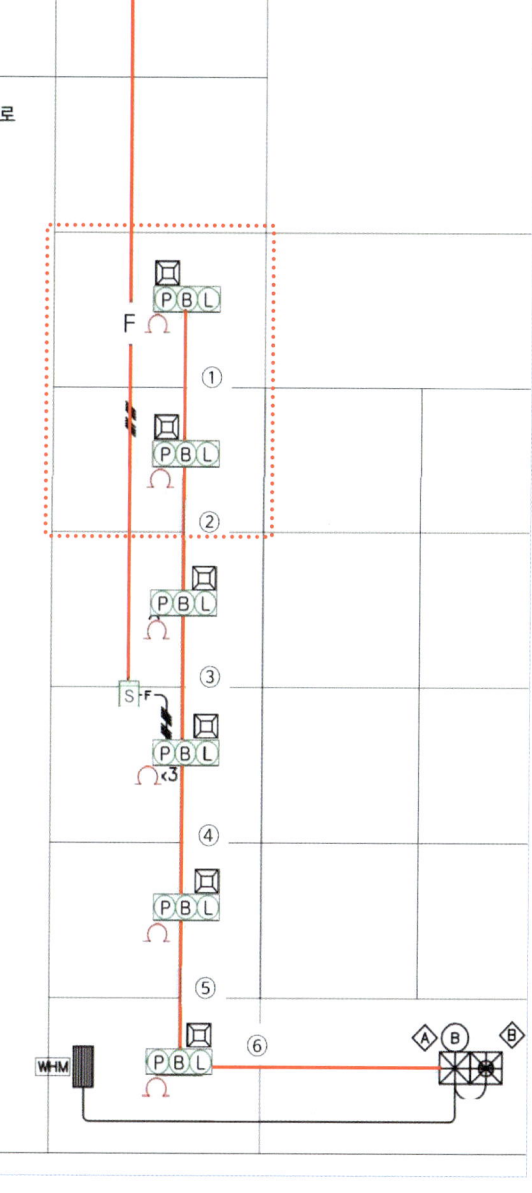

전선 내용

번호	벨	시각경보	표시등	벨표시등공통	응답	회로	공통	계
④	1	1	1	1	1	6	1	12
⑤	1	1	1	1	1	7	1	13

번호	내용
④	벨, 시각경보기, 표시등, 벨·표시등 공통, 응답, 회로 6, 공통 (회로 : 6층, 5층, 4층, 3층, 엘리베이터 기계실, 계단실)
⑤	벨, 시각경보기, 표시등, 벨·표시등 공통, 응답, 회로 7, 공통 (회로 : 6층, 5층, 4층, 3층, 2층, 엘리베이터 기계실, 계단실)

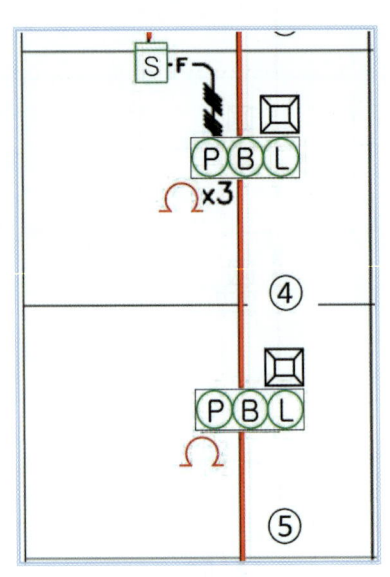

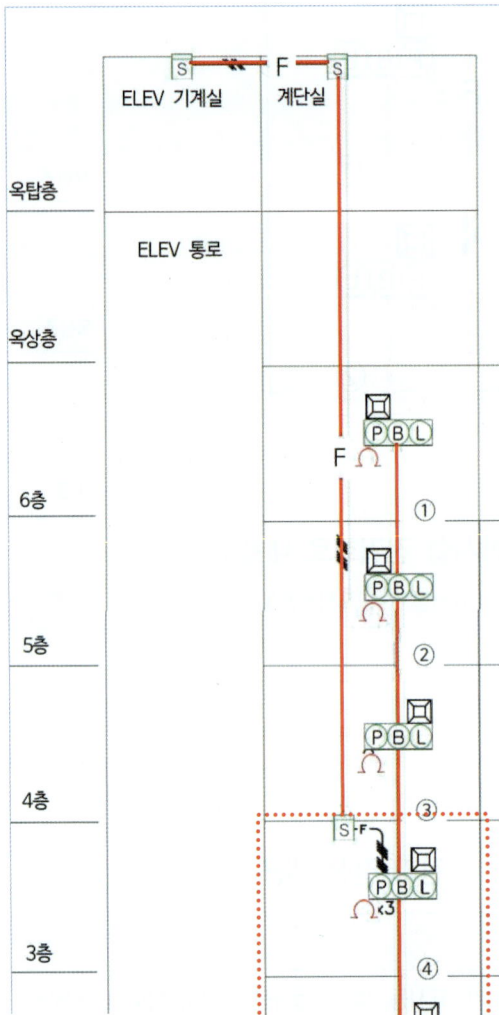

④의 선 내용은 회로선이 12선이다.
종단저항 3개의 표기 내용은,
3층 감지기회로, 엘리베이터기계실 감지기회로, 계단실 감지기회로이다.

⑤의 선 내용은 2층 감지기 회로선이 1선 추가되어 13선이다.

전선 내용

번호	벨	시각경보	표시등	벨·표시등공통	응답	회로	공통	계
⑥	1	1	1	1	1	8	2	15

번호	층간 내용	내용	계
⑥	1층 ↔ 수신기	벨, 시각경보기, 표시등, 벨·표시등 공통, 응답, 회로 8, 회로공통 2	15

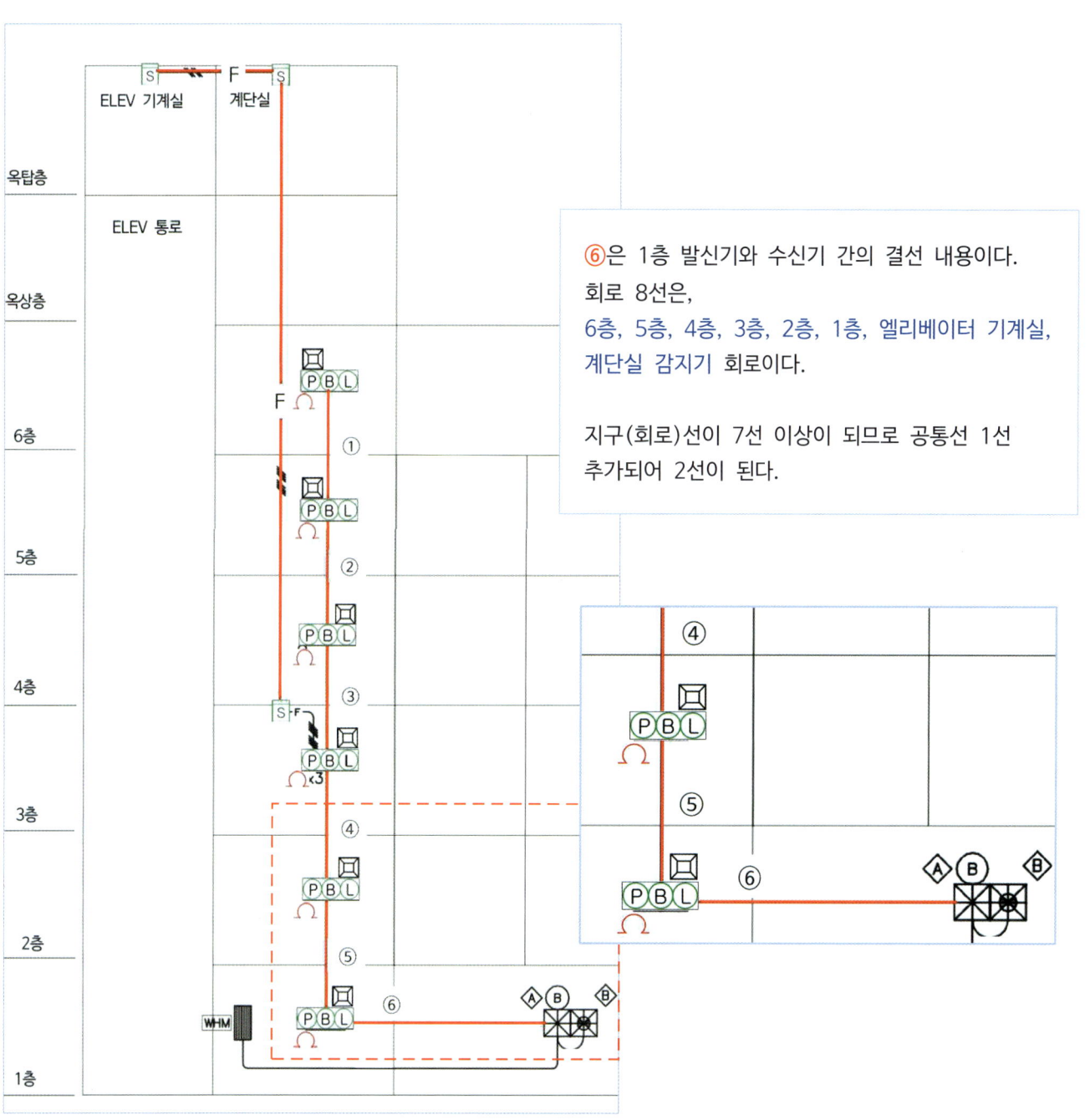

⑥은 1층 발신기와 수신기 간의 결선 내용이다.
회로 8선은,
6층, 5층, 4층, 3층, 2층, 1층, 엘리베이터 기계실, 계단실 감지기 회로이다.

지구(회로)선이 7선 이상이 되므로 공통선 1선 추가되어 2선이 된다.

나. 1층 소방시설 평면도 해설

1층은 피로티(주차장)이며 통신실이 있다.
필로티에는 감지기를 설치하지 않아도 되지만 감지기 설계를 했다.

> **감지기 배선 설계**
> 하나의 경계구역 안에 있는 감지기는 1회로를 송배전식으로 설계하였다.
> 발신기에서 Ⓐ감지기 및 ⒷⒸ감지기를 이어서 감지기선이 Ⓑ감지기로 되돌아와 Ⓓ감지기를 연결하여 다시 Ⓑ감지기로 되돌아와 Ⓐ감지기를 거쳐 발신기까지 연결한다. Ⓐ감지기에서 발신기까지 연장된 감지기선의 끝에 종단저항을 설치한다.

> Ⓐ감지기와 Ⓑ감지기의 연결 내용은 ———F⫽— 는 HFIX 4 - 1.5㎟ 16∅ ∅이다.
> **HFIX 4 - 1.5㎟ 16∅** 의 내용은,
> **HFIX 4**(저독성 난연 가교 폴리올레핀 절연전선 4선) - **1.5 SQ**(전선의 규격 1.5㎟) **16∅**(전선관 크기 16mm)이다.

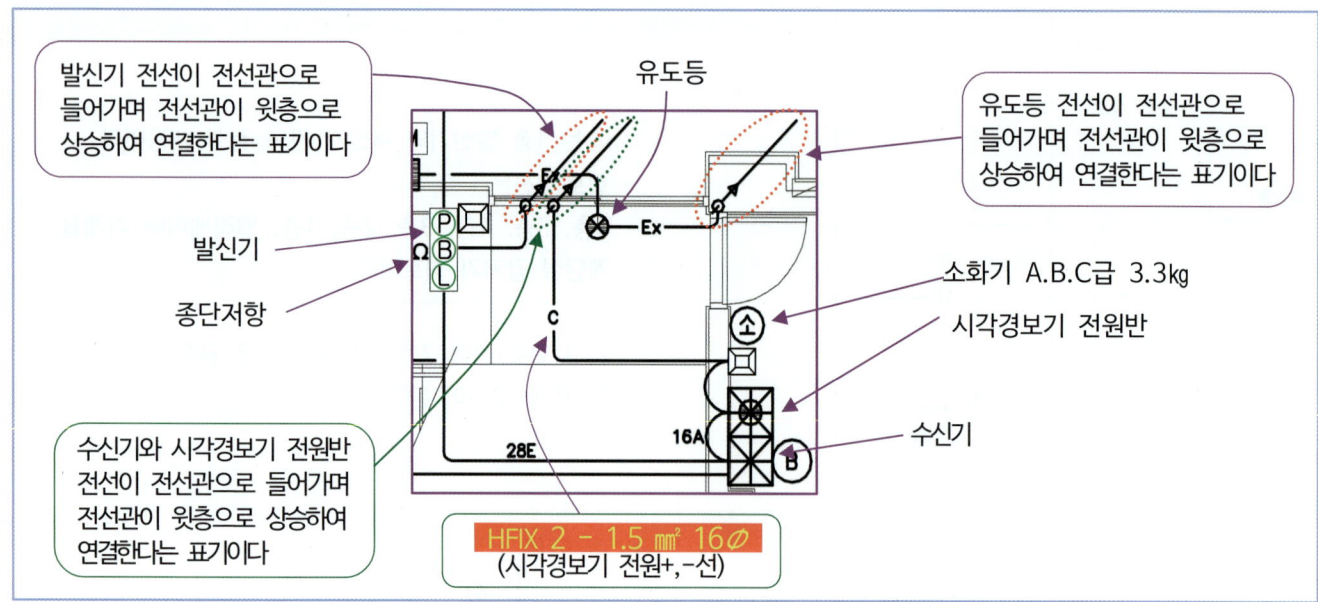

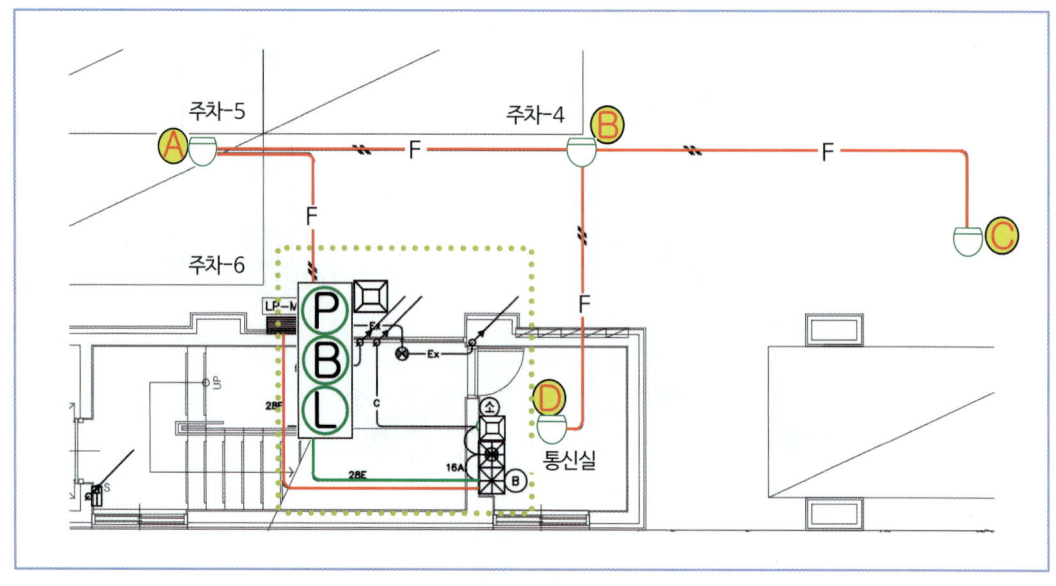

298

다. 2~5층 소방시설 평면도 해설

2~5층은 원룸형 주택이다.
방에는 차동식스포트형 감지기를, 주방(부엌)에는 정온식스포트형 감지기를 설계했다.

감지기 배선 설계
하나의 경계구역 안에 있는 감지기는 1회로를 송배전식으로 설계했다.
발신기에서 ①감지기 및 ②,③,④,⑤감지기를 순차로 연결하여 ⑤감지기선이 ②감지기까지 되돌아와서 ⑥,⑦,⑧감지기를 순차로 연결하여 ⑧감지기선이 ⑦감지기까지 되돌아와서 ⑨,⑩,⑪,⑫,⑬,①감지기로 순차 연결하여 발신기단자함에서 감지기선 끝에 종단저항을 설치한다.
3층의 발신기함에는 엘리베이터기계실 감지기 회로와 계단실 감지기회로의 종단저항을 설치한다.

피난기구
완강기는 방마다 설치하며, 설치하는 창문으로부터 각층의 완강기가 수직선상 어느정도 중복되지 않게 설계되었다.

보일러실
보일러실에는 자동확산 소화기와 가스누설 경보기를 설계했다.

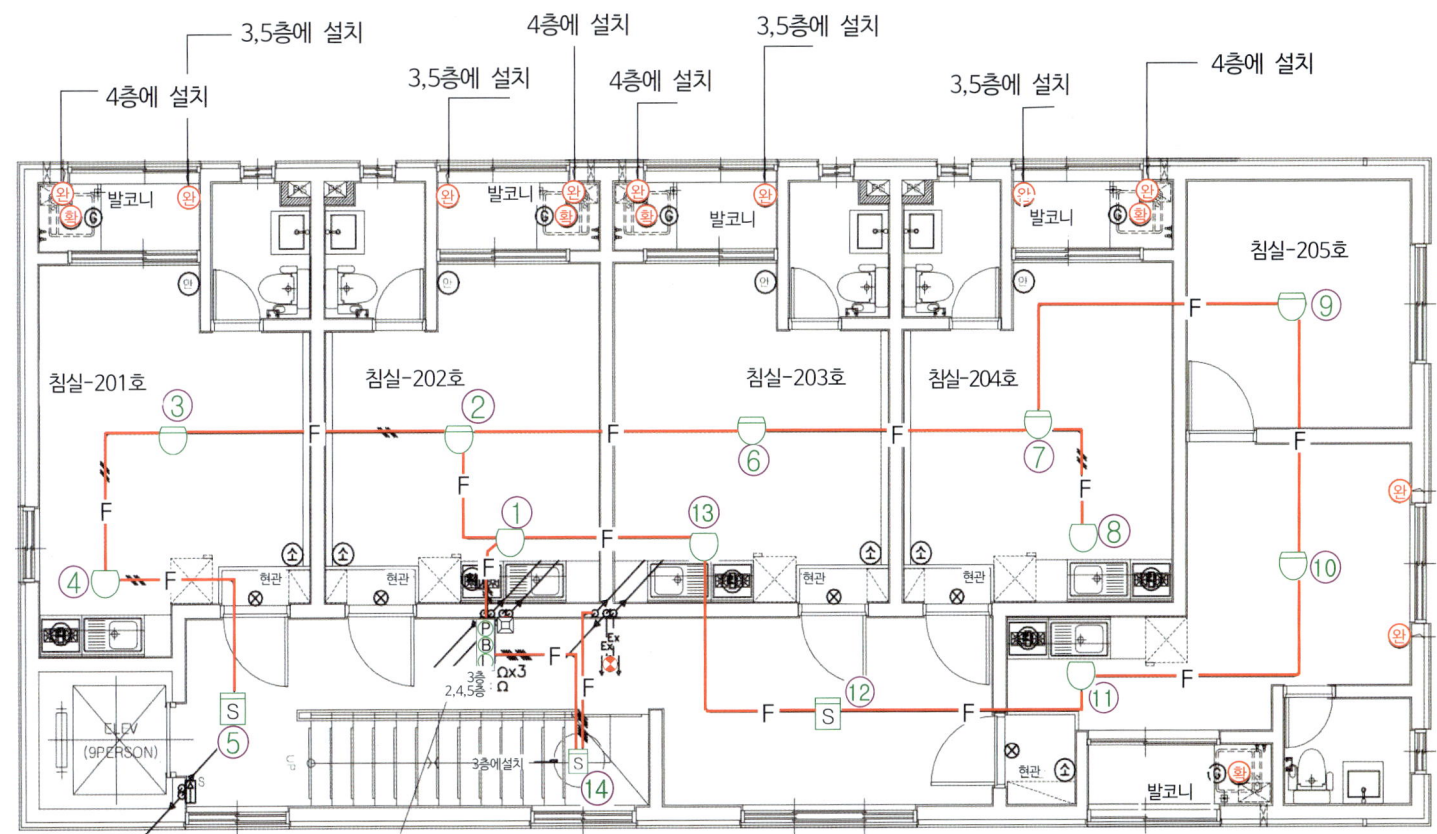

라. 6층 소방시설 평면도 해설

6층은 오피스텔이다.
방에는 차동식스포트형 감지기를, 주방 및 다용도실(보일러실)에는 정온식스포트형 감지기를 설계했다.

감지기 배선 설계
하나의 경계구역 안에 있는 감지기는 1회로의 송배전식으로 설계했다.
발신기에서 ①감지기 및 ②,③감지기를 순차로 연결하여 ③감지기선이 ②감지기까지 되돌아와서 ④⑤⑥,⑦,⑧⑨⑩ ⑪⑫감지기를 순차로 연결하여 ⑫감지기선을 발신기 단자함까지 연장하여 감지기선 끝에 종단저항을 설치한다.

피난기구
601호실의 다용도실과 602호실의 거실 창문에 완강기를 설계하였다. 호실마다 피난기구를 설계했다.

보일러실
다용도실(보일러실)에는 자동확산소화기와 가스누설 경보기를 설계했다.

감지기 설치개수
차동식스포트형감지기(2종)는 바닥면적 70㎡이내, 정온식스포트형감지기(2종)는 바닥면적 20㎡이내에 감지기 1개를 설치한다.
바닥면적이 기준면적의 이하라도 방(실)마다 감지기를 설치해야 한다.

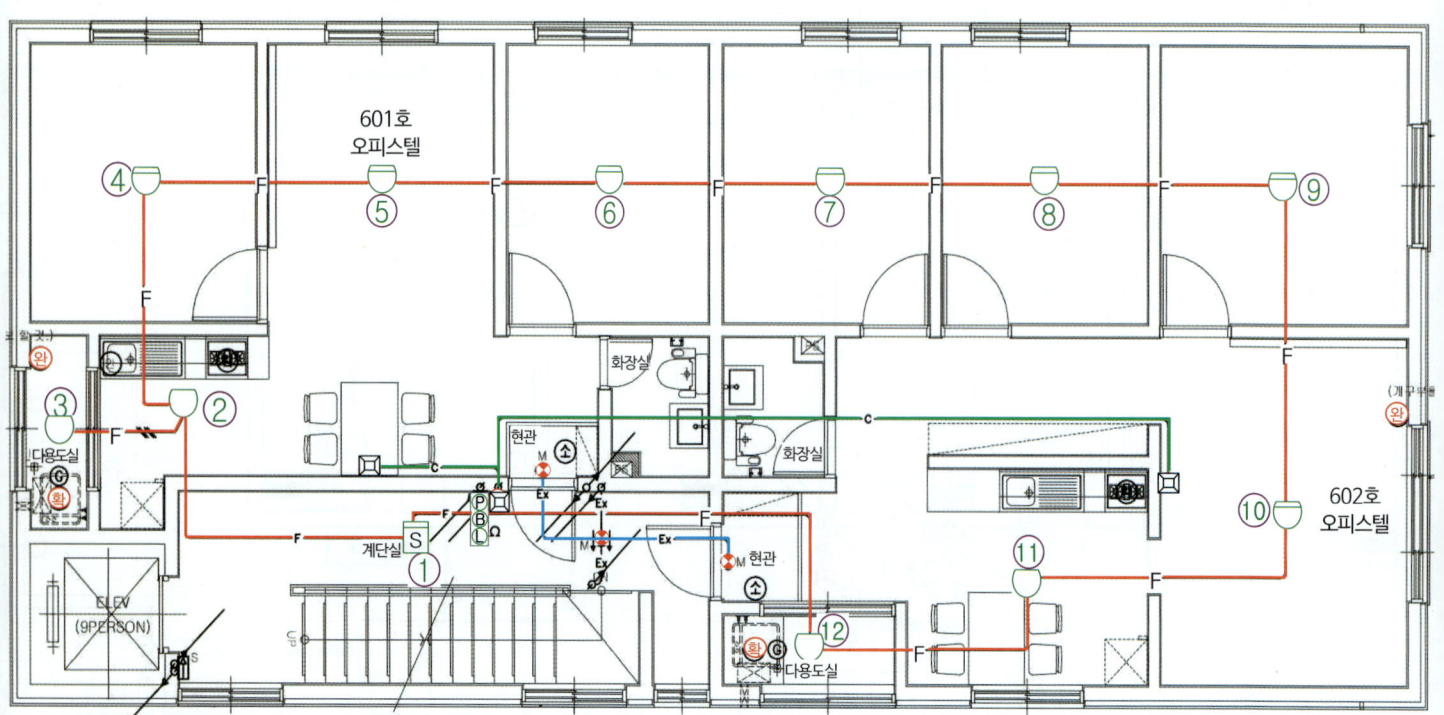

마. 옥상층 소방시설 평면도 해설

피난구유도등 전선이 전선관으로 들어가며 전선관이 아래층으로 하강하여 연결한다는 표기이다.
계단통로유도등 전선이 전선관으로 들어가며 전선관이 상,하층으로 연결한다는 표기이다.

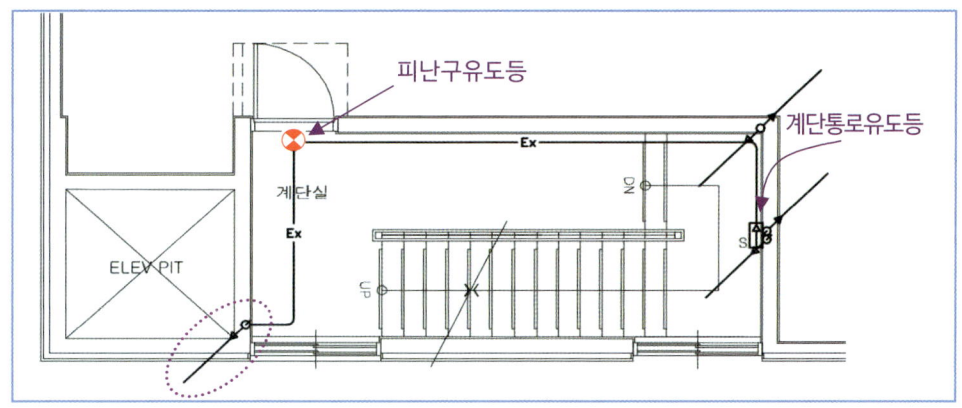

바. 옥탑층 소방시설 평면도 해설

3층 발신기에서 엘리베이터기계실 감지기로 감지기선 2선이 연결되어 3층 발신기 단자함으로 되돌아가 감지기선이 4선이 되며, 감지기선의 끝 3층 발신기에 종단저항이 설치된다.

계단실 감지기도 3층 발신기에서 감지기선 2선이 연결되어 3층 발신기 단자함으로 되돌아가 감지기선이 4선이 되며, 엘리베이터기계실 감지기선 4선과 합하여 8선이 된다. 감지기선의 끝 3층 발신기에 종단저항이 설치된다.

옥탑층 평면도

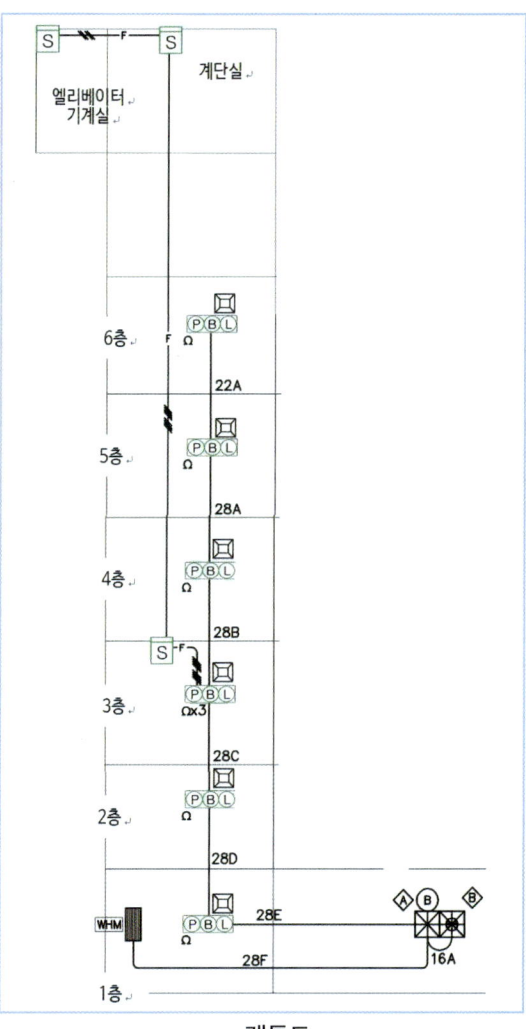

계통도

3. R형수신기 자동화재탐지설비 설계도면

소방시설의 중계기의 입·출력(감시, 제어) 연결 내용

소방시설 종류	입력, 감시(IN)	출력, 제어(OUT)
자동화재탐지설비	1. 감지기 2. 발신기 누름스위치	1. 벨(경종) 2. 시각경보기

도시기호

기호	명칭
S	연기 감지기(2종)
⌒	차동식스포트형 감지기(2종)
⌒	정온식 감지기(2종)
P B L	발신기
■	중계기
⊠	수신기
Ω	종단저항
◇	시각경보기

중계기 결선 내용

중계기 번호	중계기 기종	IN(입력)	OUT(출력)
1	2/2 (입력2, 출력2)	6층 감지기회로, 발신기 누름 S/W	벨(경종), 시각경보기
2	2/2	5층 감지기회로, 발신기 누름 S/W	벨(경종), 시각경보기
3	2/2	4층 감지기회로, 발신기 누름 S/W	벨(경종), 시각경보기
4	4/4 (입력4, 출력4)	3층 감지기회로, 발신기 누름 S/W 엘리베이터 권상기실 감지기회로, 계단실 감지기회로	벨(경종), 시각경보기
5	2/2	2층 감지기회로, 발신기 누름 S/W	벨(경종), 시각경보기
6	2/2	1층 감지기회로, 발신기 누름 S/W	벨(경종), 시각경보기

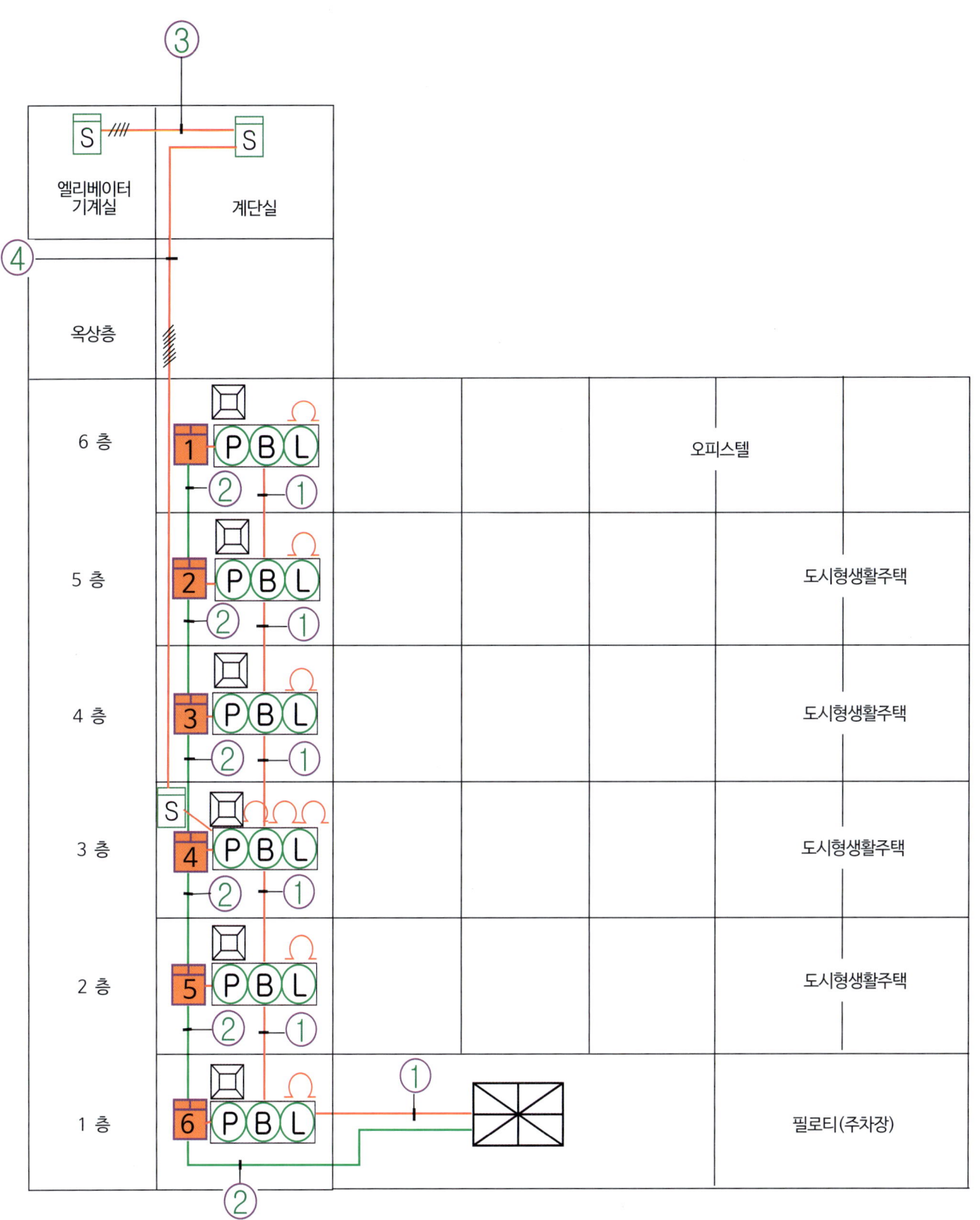

가. 소방시설 전기 계통도

R형 수신기 및 필요부품

항 목	필요 내용	선정(제작)
수신기(자동화재탐지설비 회로)	8회로	15회로
중계기(2 × 2)	5개	
중계기(4 × 4)	1개	
차동식스포트형 감지기(2종)	35개	
정온식스포트형 감지기(2종)	24개	
광전식연기 감지기(2종)	12개	
발신기 속보셀	6개	
시각경보기	6개	

전선 상세 내용

기호	전선 내용	세부 내용
①	16C(HFIX 2.5㎟ - 3)	발신기 응답선1, 위치표시등선1, 공통선1
②	22C(FR CVV-SB 1.5㎟ 1Pr) 16C(HFIX 2.5㎟ - 2)	신호전송선, 중계기 전원 2(+,-)
③	16C(HFIX 1.5㎟ - 4)	감지기선 4(엘리베이터기계실 감지기)
④	28C(HFIX 1.5㎟ - 8)	감지기선 8(엘리베이터기계실 감지기, 계단실 감지기)

R형 수신기 및 필요부품

항목	필요내용
중계기(2×2)	1개
차동식스포트형 감지기(2종)	4개
발신기 속보셀	1개
수신기(15회로)	1개
시각경보기	1개
사이렌	1개

중계기 기종 및 입,출력 내용

기호	중계기 기종 및 입, 출력
6	2×2 중계기 1개 입력(IN) 2 : 감지기, 발신기 누름 S/W 출력(OUT) 2 : 벨(경종), 시각경보기

전선 상세 내용

기호	전선 내용	세부 내용
①	16C(HFIX 2.5㎟ - 3)	발신기 응답선1, 위치표시등선1, 공통선1
②	22C(FR CVV-SB 1.5㎟ 1Pr) 16C(HFIX 2.5㎟ - 2)	신호전송선, 중계기 전원 2(+,-)
③	16C(HFIX 1.5㎟ - 4)	감지기선 4

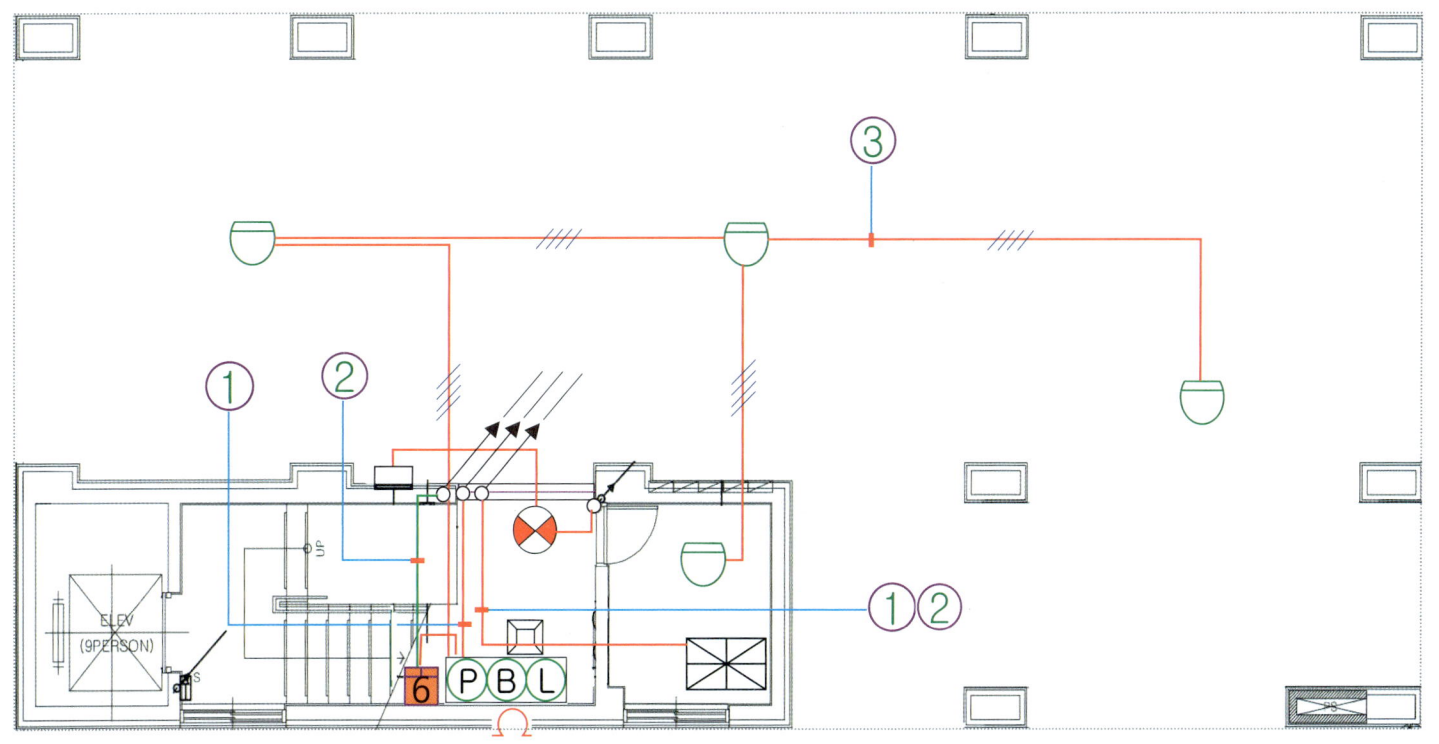

나. 1층 소방시설 전기 평면도

R형 수신기 및 필요부품

항 목	필요내용
중계기(2×2)	1개
차동식스포트형 감지기(2종)	6개
정온식스포트형 감지기(2종)	5개
광전식연기 감지기(2종)	2개
발신기 속보셀	1개
시각경보기	1개
사이렌	1개

중계기 기종 및 입,출력 내용

기호	중계기 기종 및 입, 출력
5	2×2 중계기 1개 **입력(IN)** 2 : 감지기, 발신기 누름 S/W **출력(OUT)** 2 : 벨(경종), 시각경보기

전선 상세 내용

기호	전선 내용	세부 내용
①	16C(HFIX 2.5㎟ - 3)	발신기 응답선1, 위치 표시등선1, 공통선1
②	22C(FR CVV-SB 1.5㎟ 1Pr) 16C(HFIX 2.5㎟ - 2)	신호전송선, 중계기 전원 2(+,-)
③	16C(HFIX 1.5㎟ - 2)	감지기선 2
④	16C(HFIX 1.5㎟ - 4)	감지기선 4

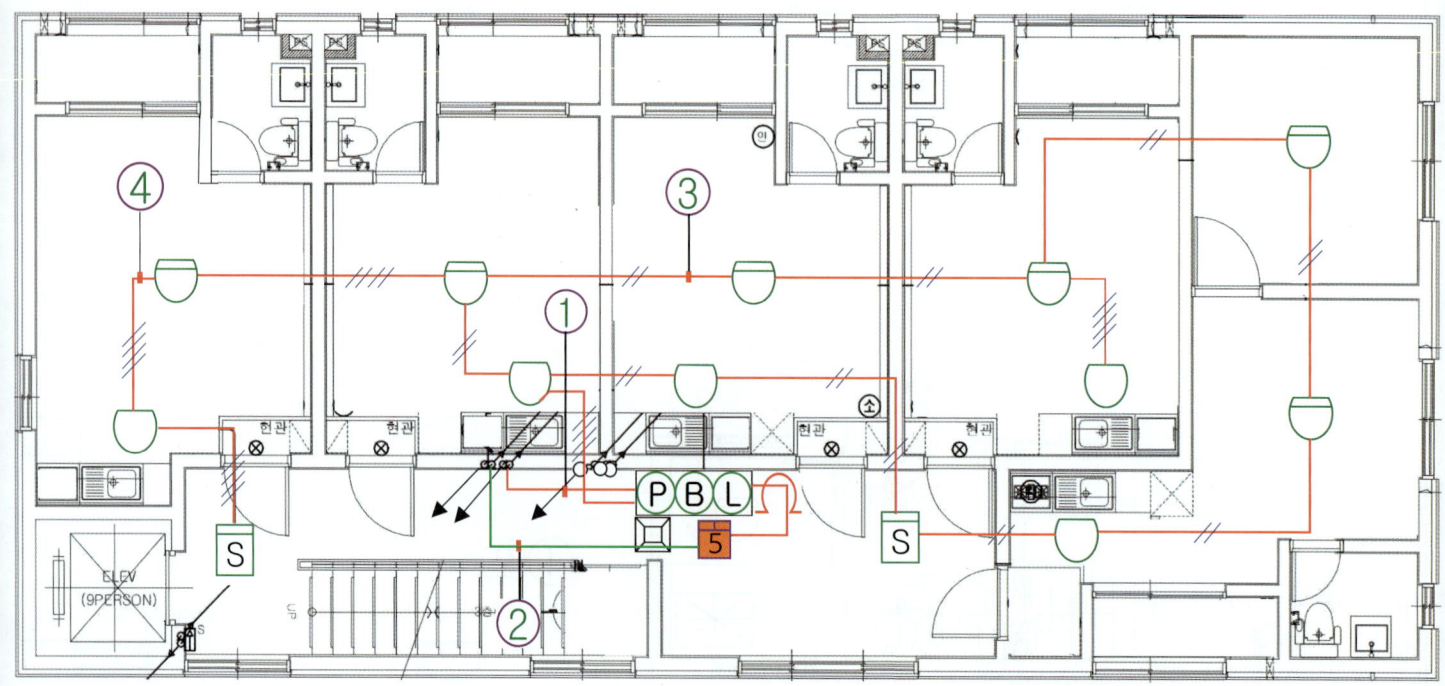

다. 2층 소방시설 전기 평면도

R형 수신기 및 필요부품

항 목	필요내용
중계기(4 × 4)	1개
차동식스포트형 감지기(2종)	6개
정온식스포트형 감지기(2종)	5개
광전식연기 감지기(2종)	3개
발신기 속보셑	1개
시각경보기	1개
사이렌	1개

중계기 기종 및 입, 출력 내용

기호	중계기 기종 및 입, 출력
4	4×4 중계기 1개 입력(IN) 4 : 옥내 감지기, 계단실 감지기, 　　　　　　 엘리베이터기계실 감지기, 발신기 누름 S/W 출력(OUT) 2 : 벨(경종), 시각경보기

전선 상세 내용

기호	전선 내용	세부 내용
①	16C(HFIX 2.5㎟ - 3)	발신기 응답선1, 위치표시등선1, 공통선1
②	22C(FR CVV-SB 1.5㎟ 1Pr) 16C(HFIX 2.5㎟ - 2)	신호전송선, 중계기 전원 2(+,-)
③	16C(HFIX 1.5㎟ - 2)	감지기선 2
④	16C(HFIX 1.5㎟ - 4)	감지기선 4

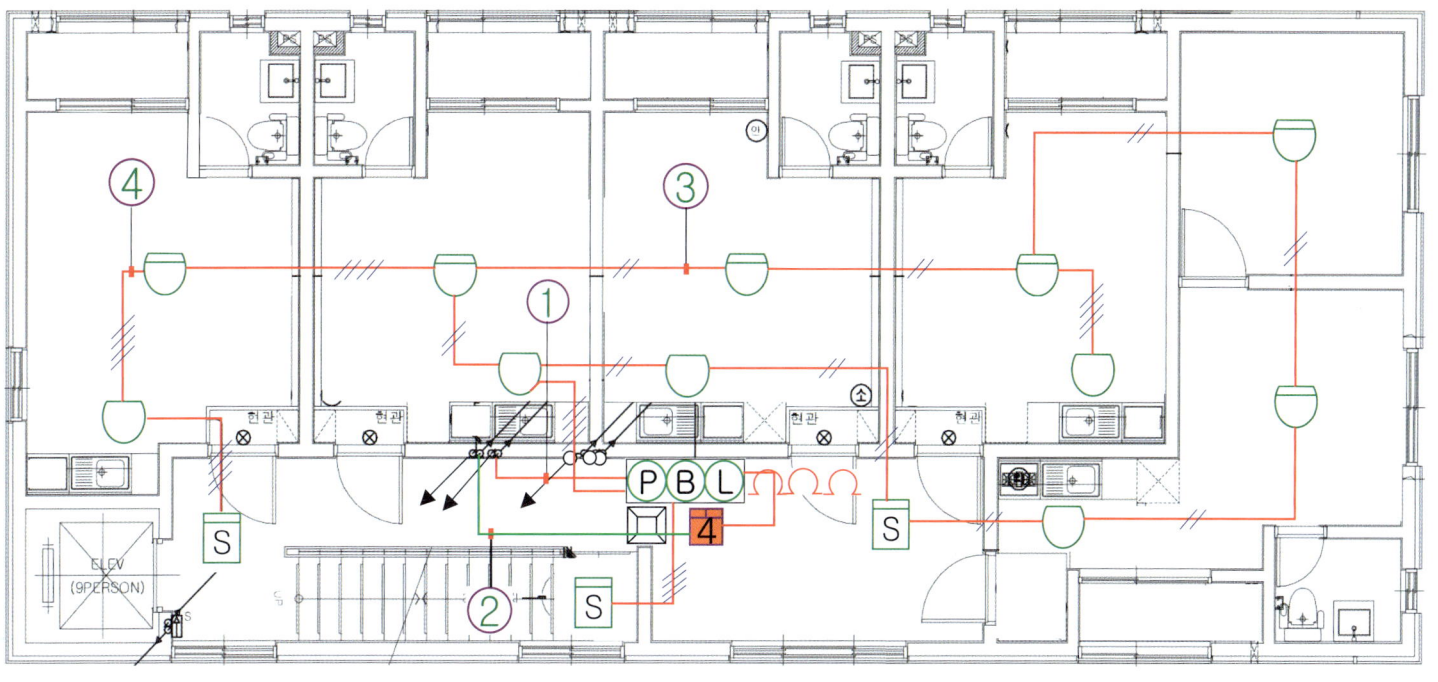

라. 3층 소방시설 전기 평면도

R형 수신기 및 필요부품

항목	필요내용
중계기(2 × 2)	1개
차동식스포트형 감지기(2종)	6개
정온식스포트형 감지기(2종)	5개
광전식연기 감지기(2종)	2개
발신기 속보셑	1개
시각경보기	1개
사이렌	1개

중계기 기종 및 입, 출력 내용

기호	중계기 기종 및 입, 출력
3	2×2 중계기 1개 **입력**(IN) 2 : 감지기, 발신기 누름 S/W **출력**(OUT) 2 : 벨(경종), 시각경보기

전선 상세 내용

기호	전선 내용	세부내용
①	16C(HFIX 2.5㎟ - 3)	발신기 응답선1, 위치표시등선1, 공통선1
②	22C(FR CVV-SB 1.5㎟ 1Pr) 16C(HFIX 2.5㎟ - 2)	신호전송선, 중계기 전원 2(+,-)
③	16C(HFIX 1.5㎟ - 2)	감지기선 2
④	16C(HFIX 1.5㎟ - 4)	감지기선 4

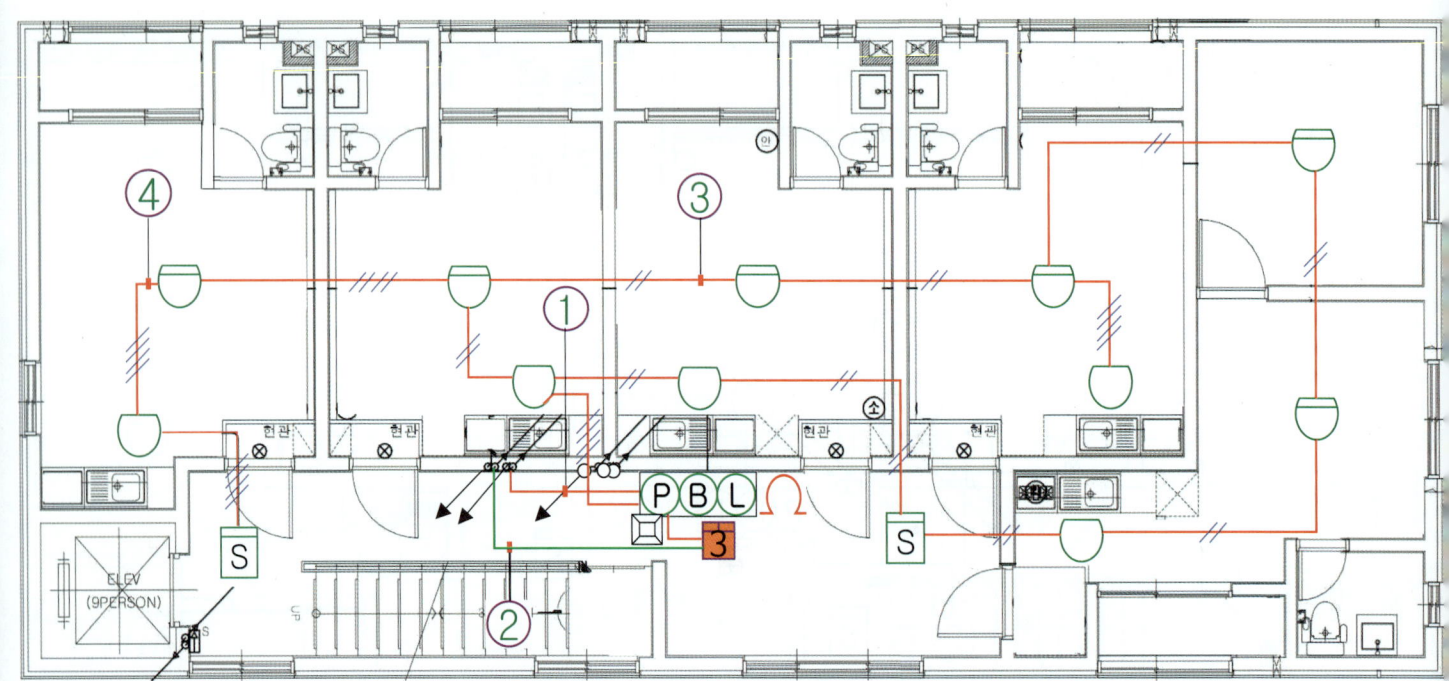

마. 4층 소방시설 전기 평면도

R형 수신기 및 필요부품

항 목	필요내용
중계기(2 × 2)	1개
차동식스포트형 감지기(2종)	6개
정온식스포트형 감지기(2종)	5개
광전식연기 감지기(2종)	2개
발신기 속보셑	1개
시각경보기	1개
사이렌	1개

중계기 기종 및 입, 출력 내용

기호	중계기 기종 및 입, 출력
2	2×2 중계기 1개 입력(IN) 2 : 감지기, 발신기 누름 S/W 출력(OUT) 2 : 벨(경종), 시각경보기

전선 상세 내용

기호	전선 내용	세부 내용
①	16C(HFIX 2.5㎟ - 3)	발신기 응답선1, 위치표시등선1, 공통선1
②	22C(FR CVV-SB 1.5㎟ 1Pr) 16C(HFIX 2.5㎟ - 2)	신호전송선, 중계기 전원 2(+,-)
③	16C(HFIX 1.5㎟ - 2)	감지기선 2
④	16C(HFIX 1.5㎟ - 4)	감지기선 4

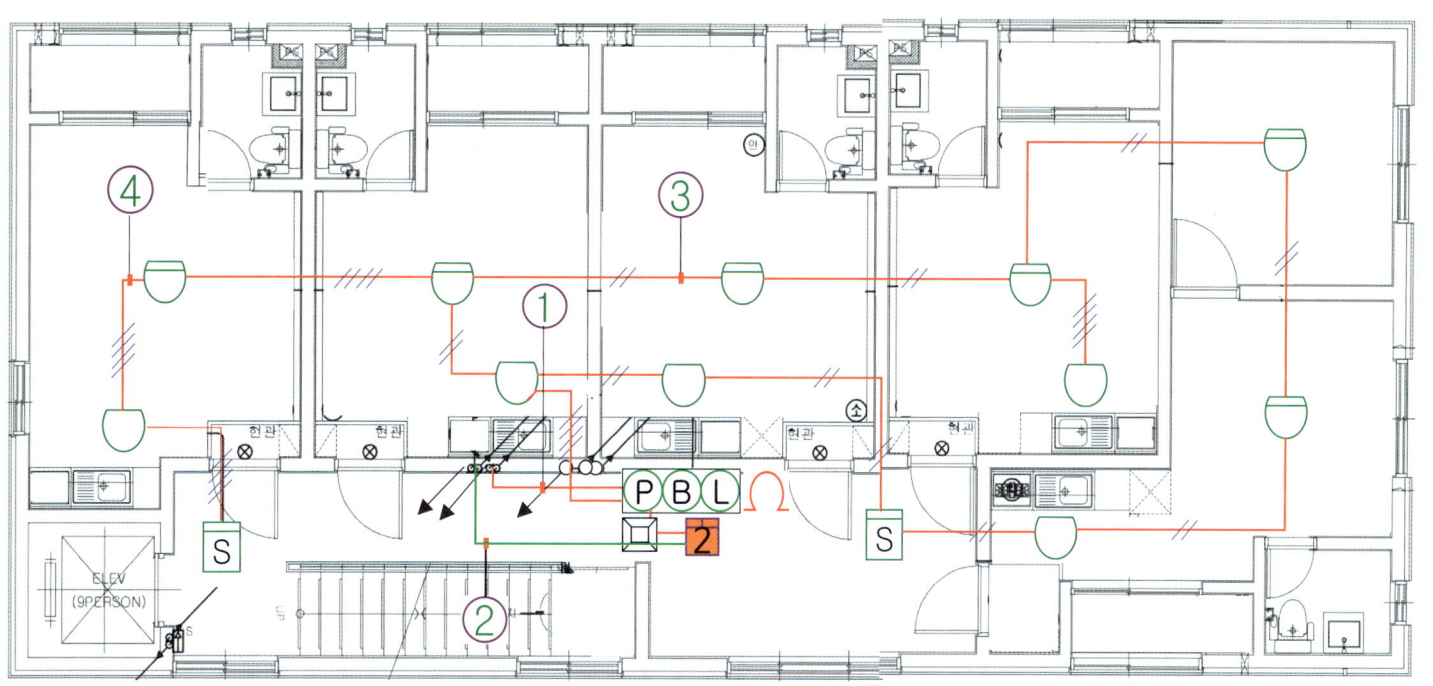

바. 5층 소방시설 전기 평면도

R형 수신기 및 필요부품

항 목	필요내용
중계기(2 × 2)	1개
차동식스포트형 감지기(2종)	7개
정온식스포트형 감지기(2종)	4개
광전식연기 감지기(2종)	1개
발신기 속보셀	1개
시각경보기	1개
사이렌	1개

중계기 기종 및 입, 출력 내용

기호	중계기 기종 및 입, 출력
1	2×2 중계기 1개 **입력(IN) 1** : 감지기, 발신기 누름 S/W **출력(OUT) 3** : 벨(경종), 시각경보기

전선 상세 내용

기호	전선 내용	세부 내용
①	16C(HFIX 2.5㎟ - 3)	발신기 응답선1, 위치표시등선1, 공통선1
②	22C(FR CVV-SB 1.5㎟ 1Pr) 16C(HFIX 2.5㎟ - 2)	신호전송선, 중계기 전원 2(+,-)
③	16C(HFIX 1.5㎟ - 2)	감지기선 2

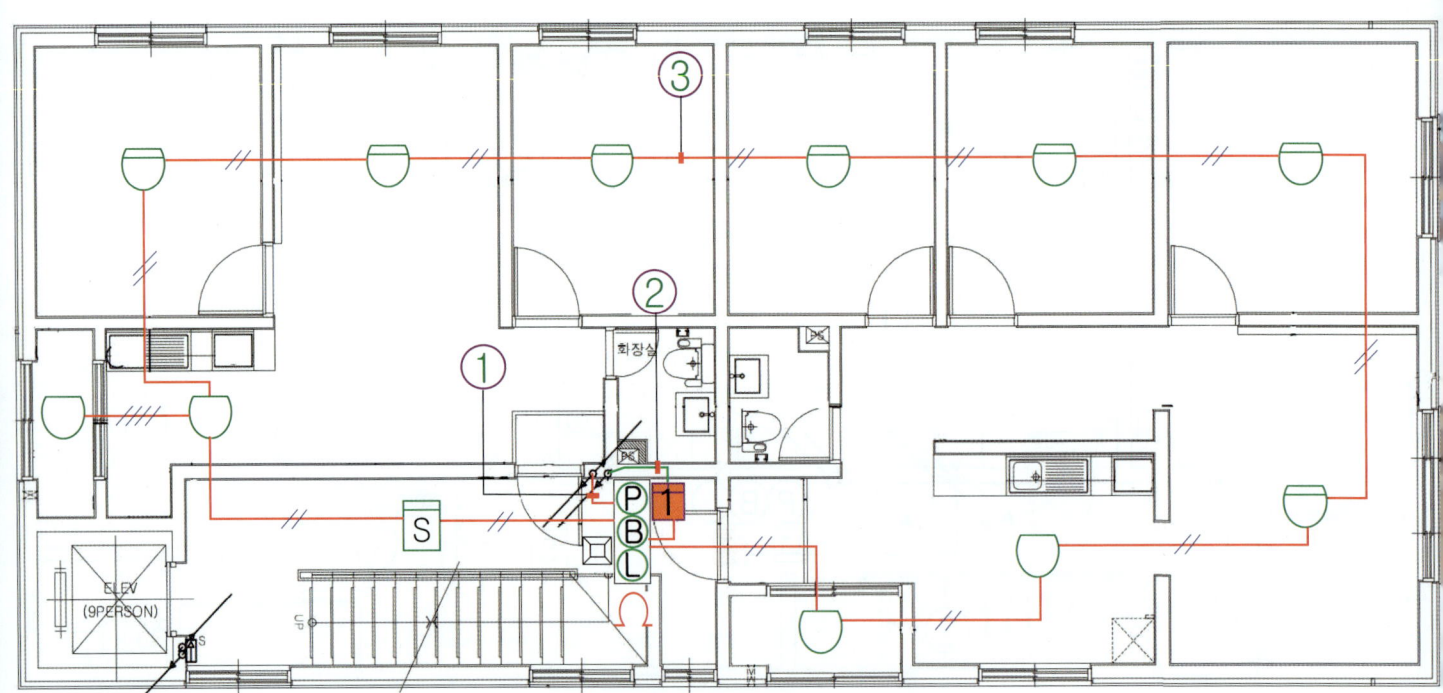

사. 6층 소방시설 전기 평면도

R형 수신기 및 필요부품

항 목	필요내용
광전식연기 감지기(2종)	2개

전선 상세 내용

기호	전선 내용	세부 내용
①	16C(HFIX 1.5㎟ - 4)	감지기선 4(엘리베이터 기계실 감지기)
②	28C(HFIX 1.5㎟ - 8)	감지기선 8(엘리베이터 기계실 감지기, 계단실 감지기)

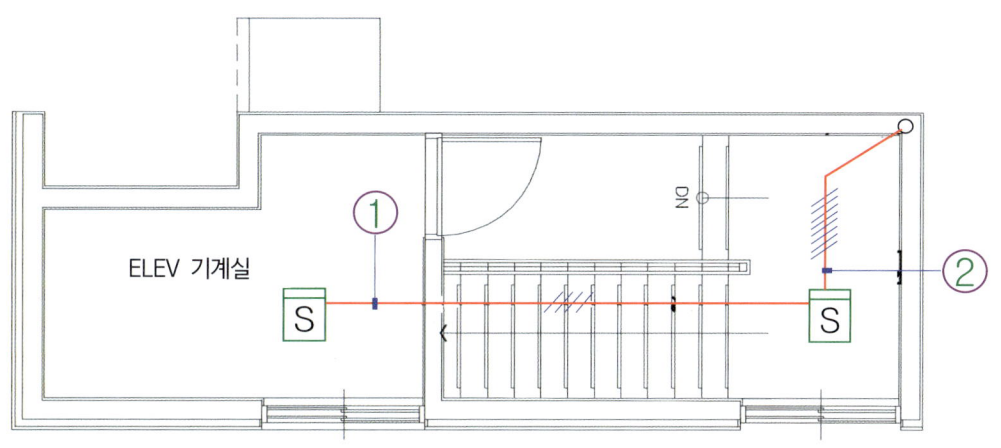

아. 옥탑층 소방시설 전기 평면도

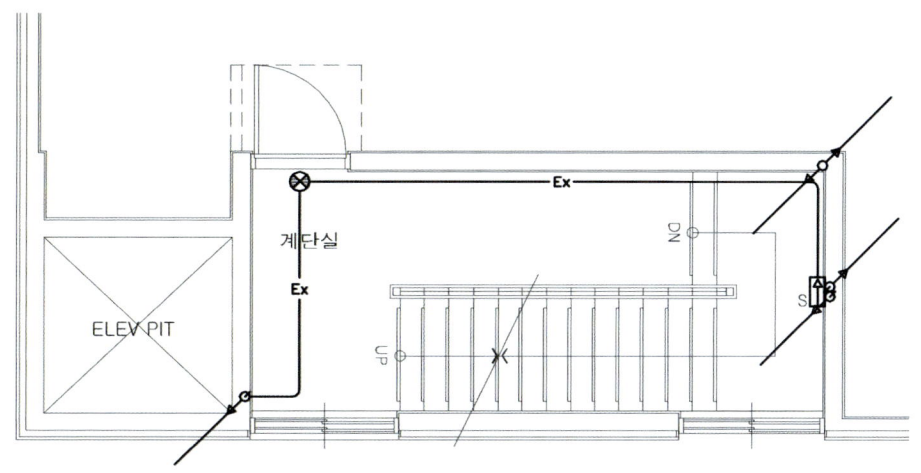

자. 옥상층 소방시설 전기 평면도

4. R형수신기 자동화재탐지설비 설계도면 해설

가. 1층 소방 전기시설 해설 ·················· 313
나. 2층 소방 전기시설 해설 ·················· 314
다. 3층 소방 전기시설 해설 ·················· 315
라. 4, 5층 소방 전기시설 해설 ·················· 316
마. 6층 소방 전기시설 해설 ·················· 317
바. 1~6층 발신기와 발신기 연결 해설 ·················· 318
사. 옥상층, 옥탑층 소방 전기시설 해설 ·················· 319

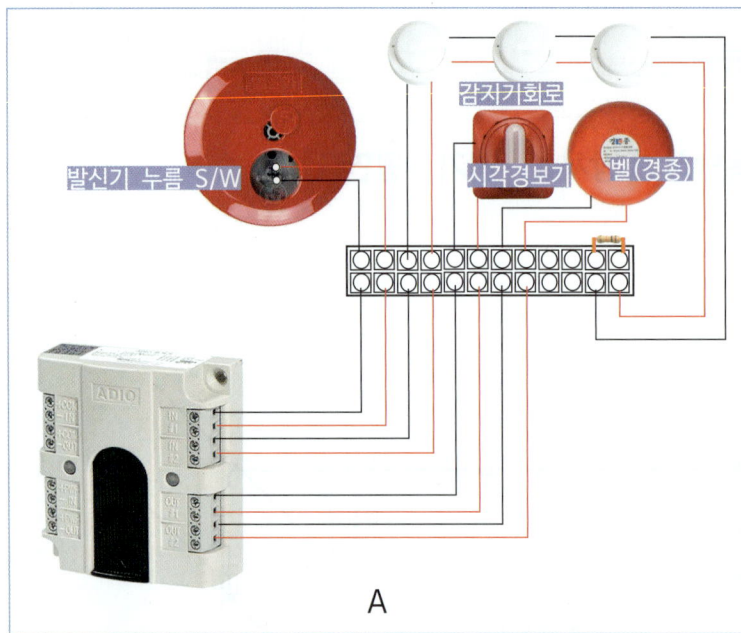
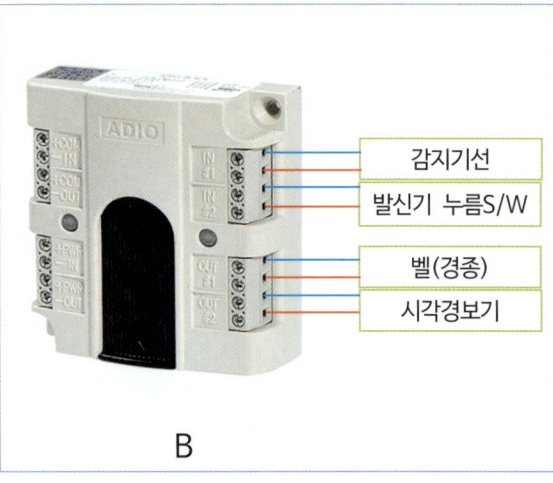

감지기 등의 부품과 중계기의 결선을 A와 같이 부품의 선을 단자대에 연결하여 단자대에서 중계기에 연결해야 하지만, B와 같이 그림을 간단히 그렸다.

가. 1층 소방 전기시설(305P) 해설

【 1층 중계기 결선 내용 】

1층 중계기 6에는 입력2(감지기, 발신기 누름 S/W), 출력2(벨-경종, 시각경보기)가 연결된다.
입력(IN)에는 감지기선, 발신기 누름 S/W(스위치)를 연결하고, 출력(OUT)에는 벨(경종), 시각경보기선이 연결된다.

1층 중계기와 2층 중계기 그리고 수신기와 연결하는 ②는 22C(FR CVV-SB 1.5㎟ Pr), 16C(HFIX 2.5㎟-3) 연결된다.
(신호전송선(통신선)은 여러종류의 제품이 있다)

1층 감지기가 작동, 발신기 누름 S/W 작동하면 작동신호는 중계기 입력(IN)으로 들어가 신호전송선 ②를 통해 수신기에 신호가 전달된다.

수신기는 감지기 작동, 발신기 누름 S/W 작동신호를 받으면 다시 신호전송선②를 통하여 중계기에 신호를 전달하여 중계기의 출력(OUT)에 연결된 벨, 시각경보기를 통하여 화재경보(벨, 시각경보기)를 울린다.

①은 16C(HFIX 2.5㎟ - 3)이며,
중계기에 연결되지 않는 발신기의 부품(자동화재탐지설비) 전선들은 P형과 같이 발신기→발신기 → --- 수신기와 연결된다.
전선의 상세한 내용은 발신기 응답선1, 위치표시등선1, 공통선1이다.

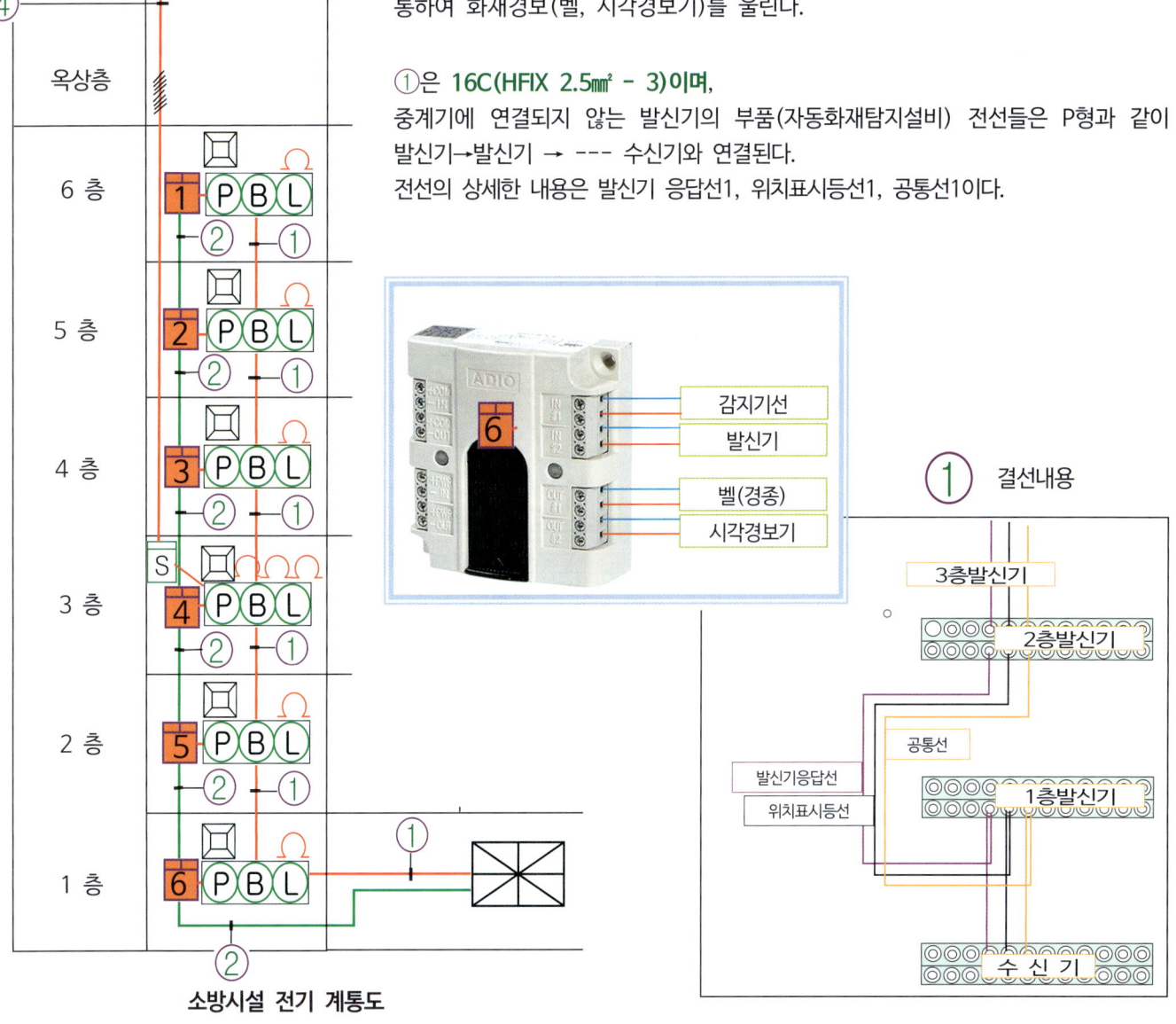

소방시설 전기 계통도

313

나. 2층 소방 전기시설(306P) 해설

【 2층 중계기 결선 내용 】

2층의 중계기5 결선내용은 1층 결선방법과 같다. 중계기에는 입력2(감지기, 발신기 누름 S/W), 출력2(벨, 시각경보기)가 연결된다.
중계기 입력(IN)에는 감지기, 발신기 누름 S/W선을 연결하고, 중계기 출력(OUT)에는 벨, 시각경보기선이 연결된다.

2층 중계기와 3층, 1층 중계기와 연결하는 ②는 22C(FR CVV-SB 1.5㎟ Pr), 16C(HFIX 2.5㎟-3) 연결된다.
2층의 감지기가 작동하면 감지기 작동신호는 중계기의 입력(IN)으로 들어가 신호전송선을 통하여 수신기에 신호가 전달된다.

수신기는 감지기의 작동신호를 받으면 다시 신호전송선으로 중계기에 신호를 전달하여, 중계기 출력(OUT)에 연결된 벨, 시각경보기를 통하여 화재경보(벨, 시각경보기)를 울린다.

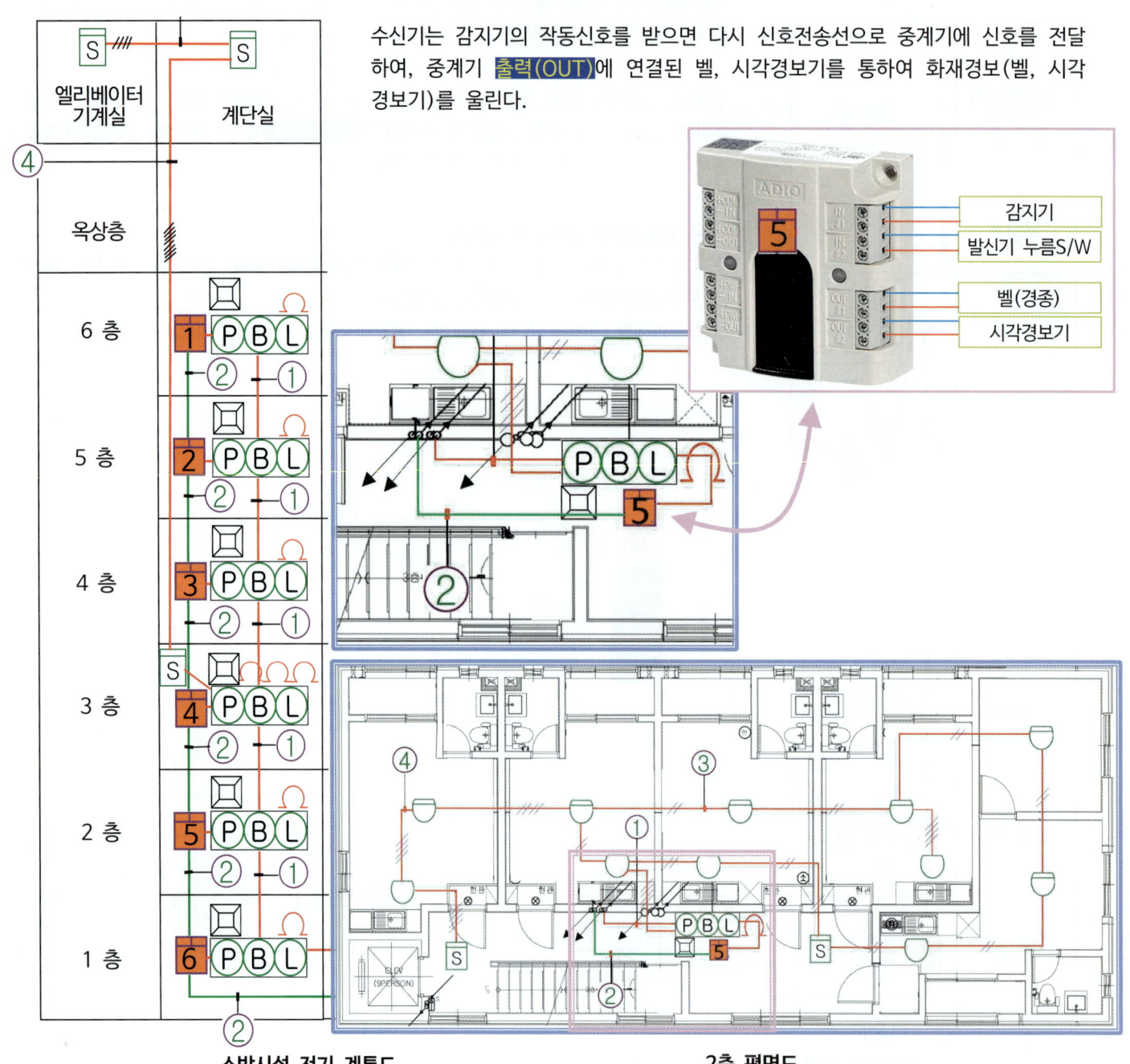

소방시설 전기 계통도   2층 평면도

다. 3층 소방 전기시설 (307P) 해설

【 3층 중계기 결선 내용 】

중계기4에는 입력4(3층 감지기, 발신기 누름S/W, 엘리베이터기계실 감지기, 계단실 감지기), 출력2(벨, 시각경보기) 연결된다.
중계기 입력(IN)에는 3층 감지기, 발신기 누름S/W, 엘리베이터 기계실 감지기, 계단실 감지기선을 연결하고,
중계기 출력(OUT)에는 벨, 시각경보기선이 연결된다.

3층 감지기, 발신기 누름S/W, 엘리베이터기계실 감지기, 계단실 감지기가 각각 작동하면 작동신호는
3층의 중계기4의 입력(IN)으로 들어가 신호전송선②를 통하여 수신기에 신호가 전달된다.

수신기는 감지기의 작동신호를 받으면 다시 신호전송선②로 중계기 4에 신호를 전달하여,
중계기 출력(OUT)에 연결된 벨, 시각경보기를 통하여 화재경보(벨, 시각경보기)를 울린다.

3층에 설치된 발신기에는 3층 감지기선, 발신기 누름S/W, 엘리베이터기계실 감지기선, 계단실 감지기선의 4회로이다.
각각의 감지기회로의 끝에 종단저항(⌒)이 설계되었다.

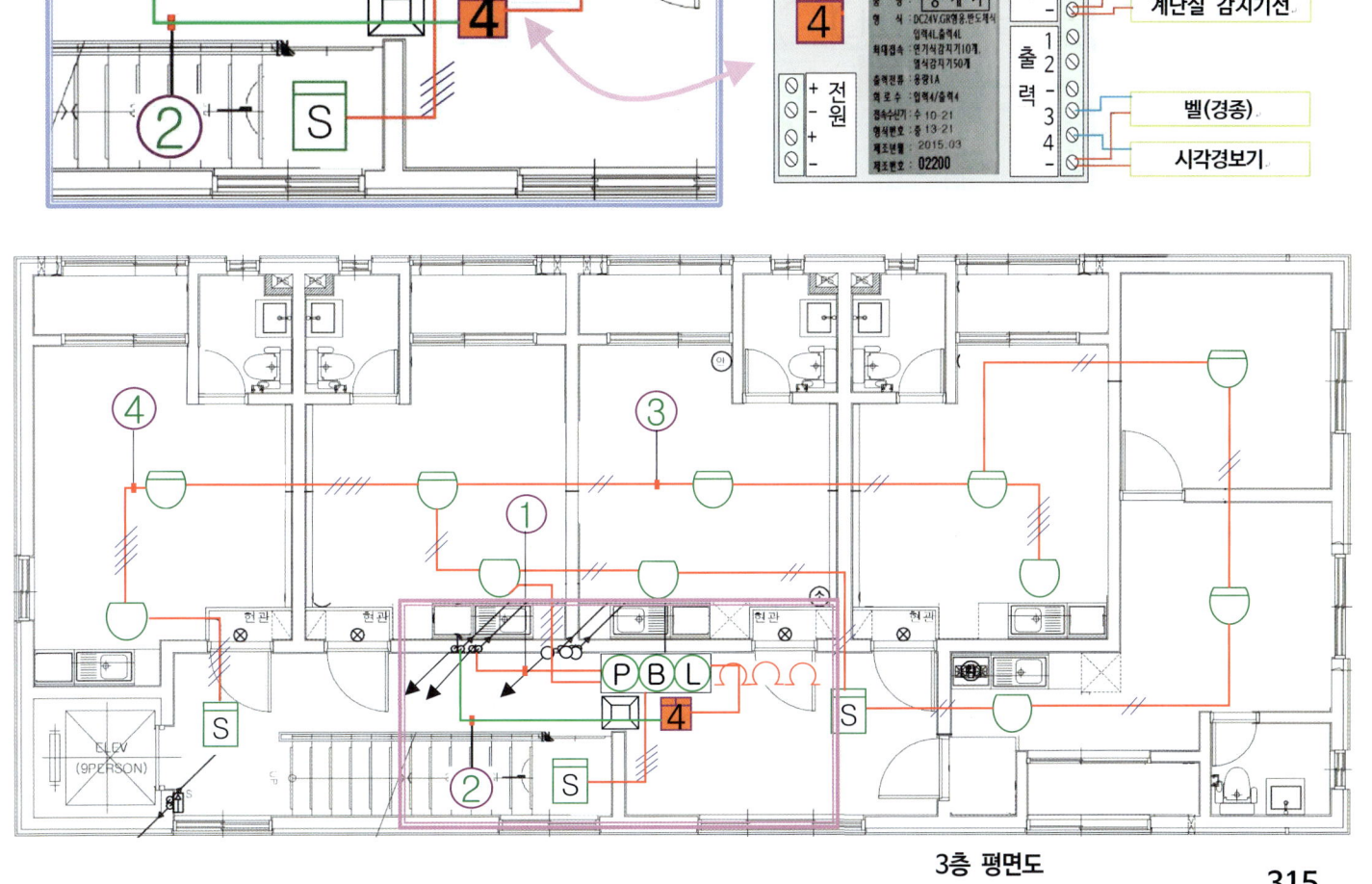

3층 평면도

라. 4, 5층 소방 전기시설(308, 309P) 해설

【 4, 5층 중계기 결선 내용 】

4, 5층의 중계기 결선내용은 1층 결선방법과 같다. 중계기에는 입력2(감지기, 발신기 누름 S/W), 출력2(벨, 시각경보기) 연결된다.

중계기 입력(IN)에는 감지기, 발신기 누름 S/W선을 연결하고, 중계기 출력(OUT)에는 벨, 시각경보기선이 연결된다.

4층 중계기와 5층, 3층 중계기는 ②는 22C(FR CVV-SB 1.5㎟ Pr), 16C(HFIX 2.5㎟-3) 연결된다.
5층 중계기와 6층, 4층 중계기도 신호전송선과 연결된다

4, 5층 감지기가 작동하면 감지기 작동신호, 발신기 누름 S/W 작동신호는 중계기의 입력(IN)으로 들어가 신호전송선을 통해 수신기에 신호가 전달된다. 수신기는 작동신호를 받으면 다시 신호전송선으로 중계기에 신호를 전달하여
중계기 출력(OUT)에 연결된 벨(경종), 시각경보기를 통하여 화재경보(벨, 사이렌, 시각경보기)를 울린다.

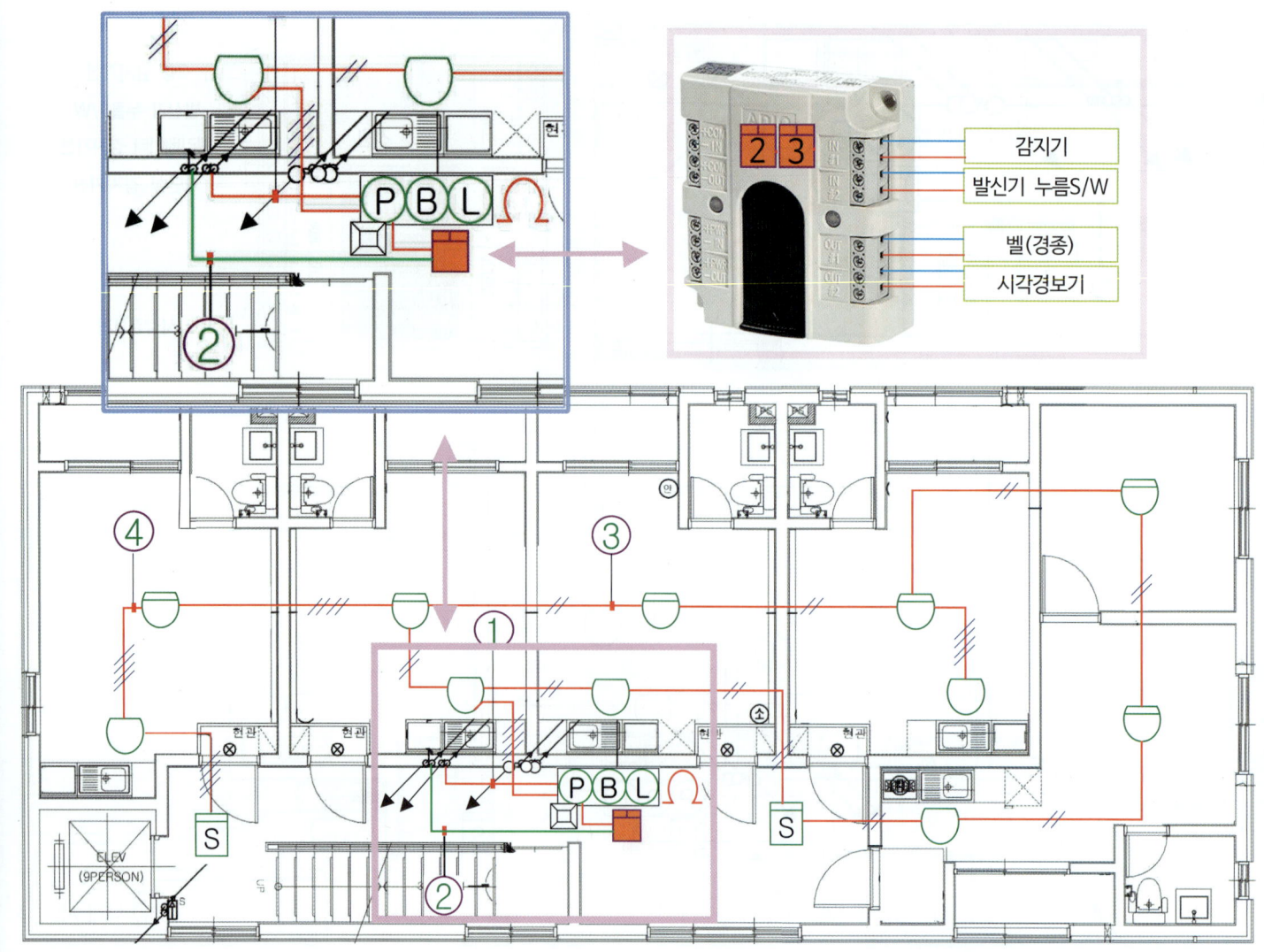

4, 5층 평면도

마. 6층 소방 전기시설(310P) 해설

【 6층 중계기 결선 내용 】

6층의 중계기 결선내용은 입력2(감지기, 발신기 누름 S/W), 출력2(벨, 시각경보기) 연결된다.
중계기 입력(IN)에는 감지기, 발신기 누름 S/W선을 연결하고, 중계기 출력(OUT)에는 벨, 시각경보기선이 연결된다.

6층과 5층 중계기와 연결하는 ②는 22C(FR CVV-SB 1.5㎟ Pr), 16C(HFIX 2.5㎟-3) 연결된다.

6층 감지기 작동, 발신기 누름S/W 작동하면 작동신호는 중계기의 입력(IN)으로 들어가 신호전송선을 통해 수신기에 신호가 전달된다.

수신기는 감지기 작동, 발신기 누름S/W 작동신호를 받으면 다시 신호전송선으로 중계기에 신호를 전달하여 중계기 출력(OUT)에 연결된 벨, 시각경보기를 통하여 화재경보(벨, 시각경보기)를 울린다.

①은 16C(HFIX 2.5㎟ - 3)이며,
중계기에 연결되지 않는 발신기의 부품(자동화재탐지설비) 전선들은 P형과 같이 발신기 → 발신기 → -- → 수신기와 연결된다.

전선의 내용은, 발신기응답선1, 위치표시등선1, 공통선1이다.

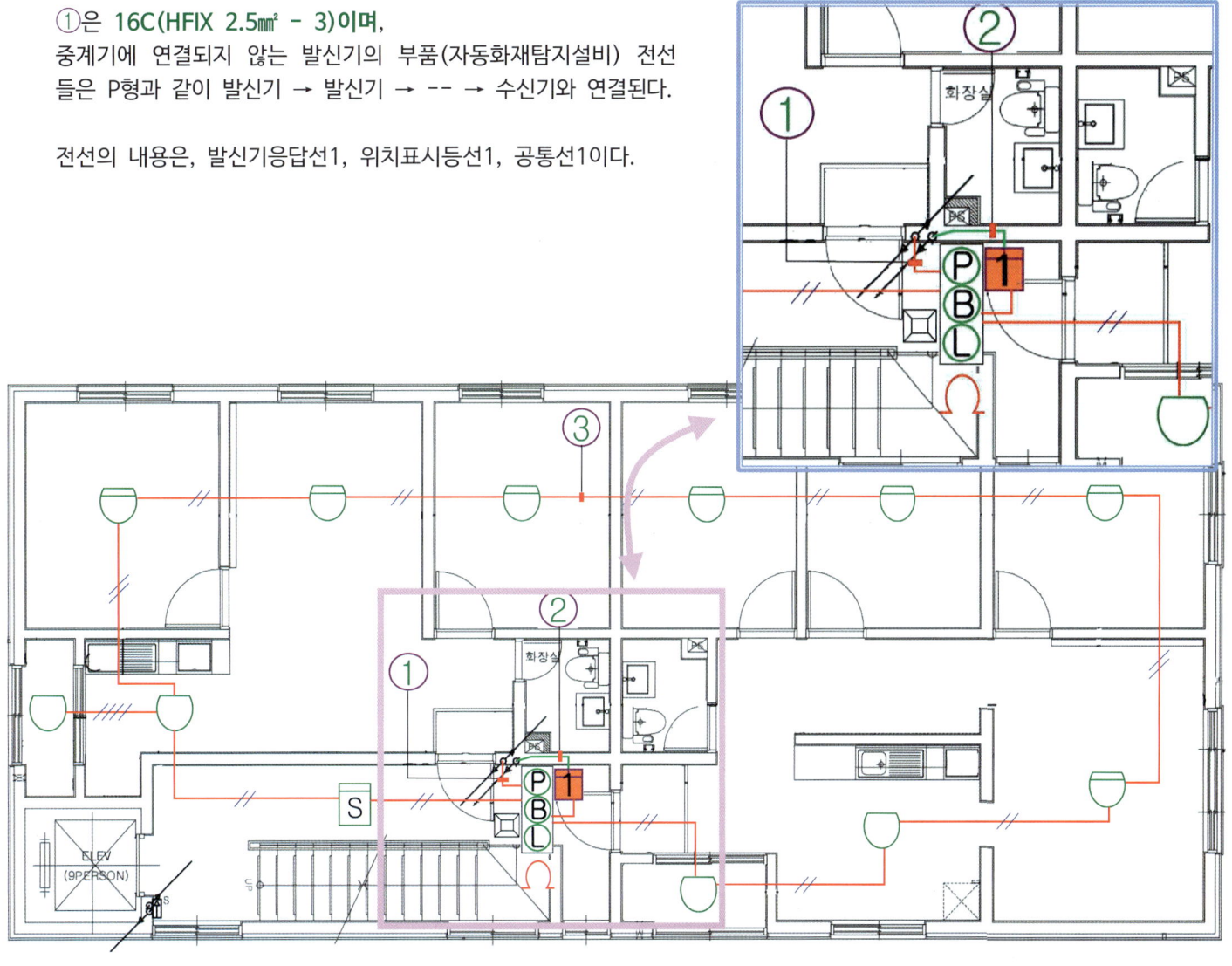

6층 평면도

바. 1~6층 발신기와 발신기(303P) 연결 해설

중계기를 거쳐 신호전송선으로 수신기에 신호전달을 하는 부품(감지기, 발신기 누름 S/W, 벨, 시각경보기) 이외에는 P형 수신기의 결선 방법과 같이 발신기와 아래층의 발신기와 연결하여 이어가며 마지막에는 수신기와 연결한다.

6층 발신기와 5층 발신기①의 결선 내용은, **발신기 응답선 1, 위치표시등선 1, 공통선 1**이다.
설계내용은 16C(HFIX 2.5㎟ -3) 이다.

5층과 4층 그리고 나머지 층들의 층간 연결① 그리고 수신기와의 연결① 내용도 같다.
5선의 내용은 중계기 전원선 2(+, -), 발신기 응답선 1, 위치표시등선 1, 공통선 1이다.

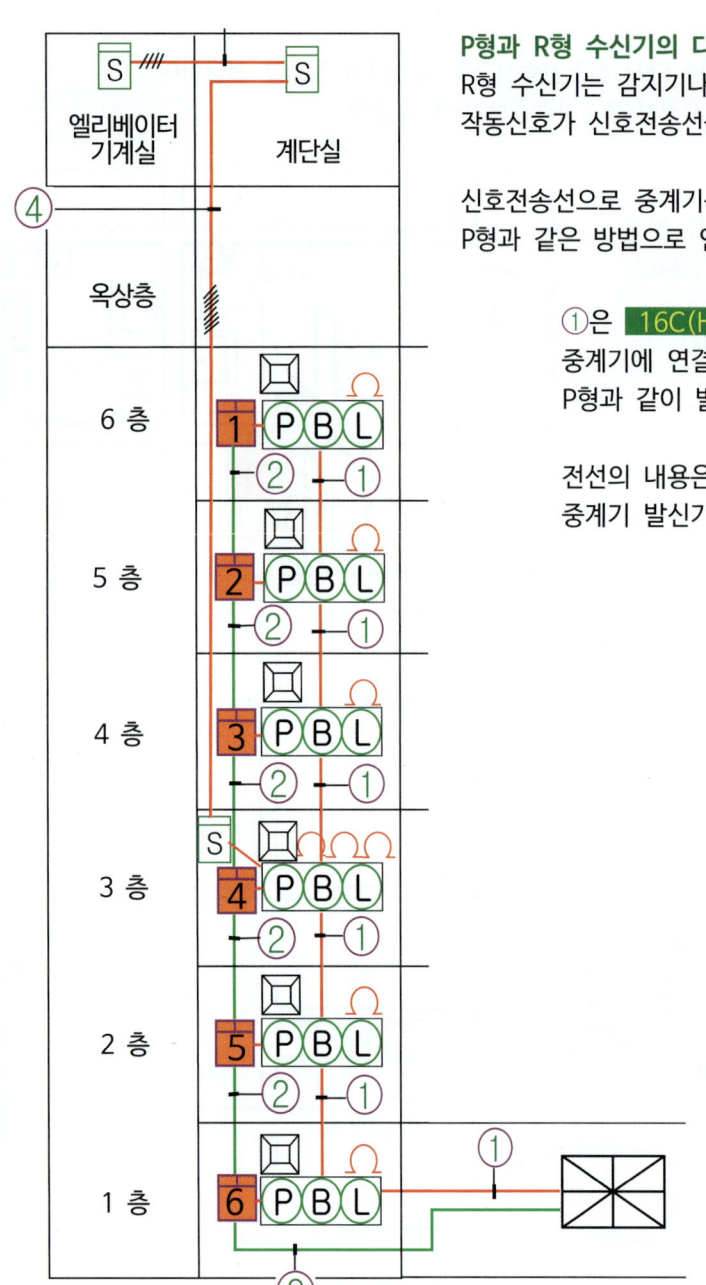

P형과 R형 수신기의 다른 결선내용은,
R형 수신기는 감지기나 소방시설의 작동신호를 중계기를 통하여 각각의 작동신호가 신호전송선을 통하여 수신기에 전달하는 방법이다.

신호전송선으로 중계기를 거쳐 수신기에 전달하지 않는 부품은
P형과 같은 방법으로 연결된다.

①은 16C(HFIX 2.5㎟ -3) 이며,
중계기에 연결되지 않는 발신기 부품(자동화재탐지설비)의 전선들은
P형과 같이 발신기 → 발신기 → 발신기 → --- 수신기와 연결된다.

전선의 내용은,
중계기 발신기 응답선 1, 위치표시등선, 공통선 1 이다

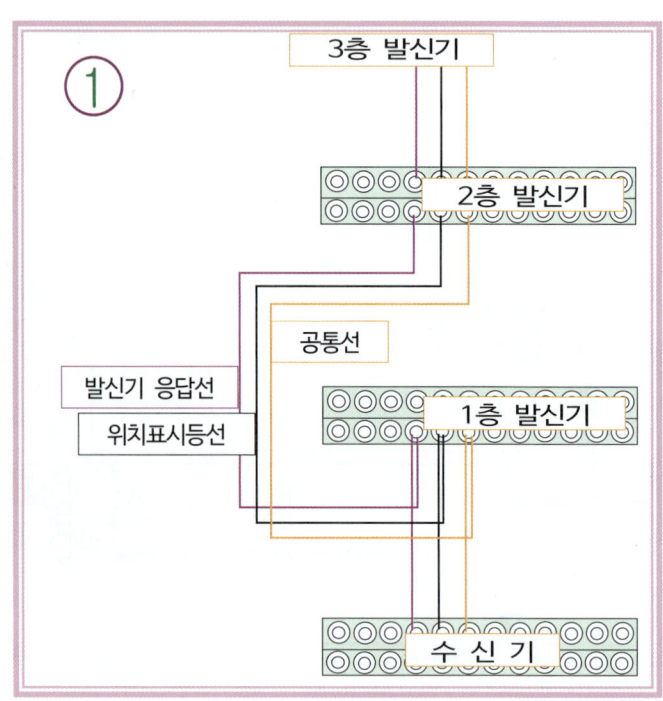

사. 옥상층, 옥탑층 소방 전기시설(311P) 해설

엘리베이터 기계실 감지기와 계단실 감지기는 3층의 중계기에 연결된다.

3층의 중계기 입력(IN)에는 엘리베이터 기계실 감지기, 계단실 감지기, 3층 감지기, 발신기 누름 S/W선을 연결하고, 3층의 중계기 출력(OUT)에는 벨, 시각경보기선이 연결된다.

3층발신기에서 감지기선 +,- 2선이 엘리베이터 기계실 감지기와 연결하여 2선이 다시 3층 발신기함으로 되돌아와 감지기선의 끝에 종단저항을 설치한다. 그러므로 ③은 4선이다.
④는 엘리베이터 기계실 감지기선 4선과 계단실 감지기선 4선을 합하여 8선이다.

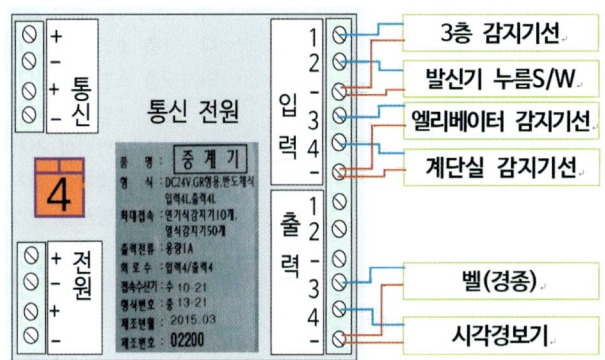

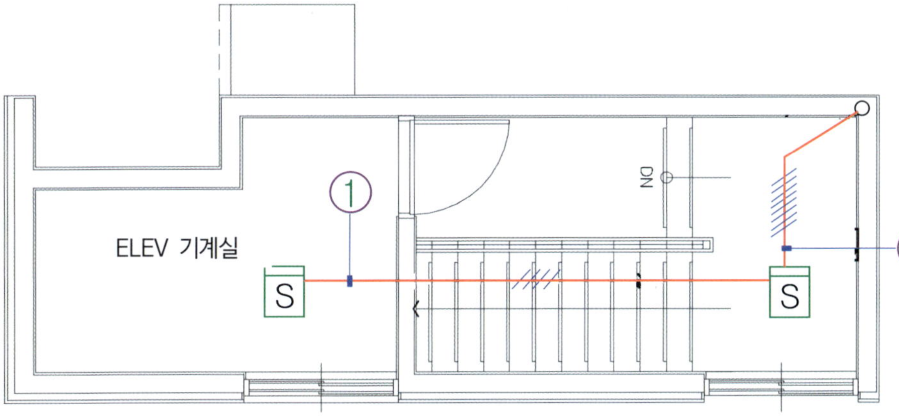

옥탑층 평면도

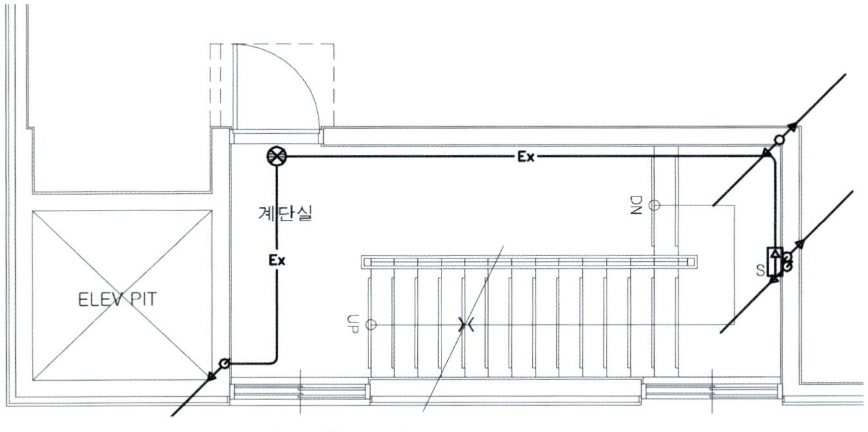

옥상층 평면도

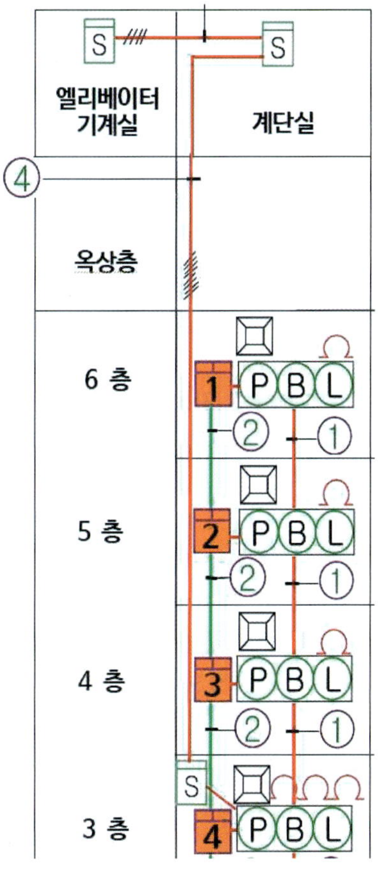

계통도

5. P형수신기 자동화재탐지설비, 스프링클러설비 설계도면

(시각경보기가 없는 건물로 설정)

```
가. 소방시설 전기 계통도 ·························· 321
나. 1층 소방시설 전기 평면도 ····················· 323
다. 2층 소방시설 전기 평면도 ····················· 324
라. 3층 소방시설 전기 평면도 ····················· 325
마. 4층 소방시설 전기 평면도 ····················· 326
바. 5층 소방시설 전기 평면도 ····················· 327
사. 6층 소방시설 전기 평면도 ····················· 328
아. 옥탑층 소방시설 전기 평면도 ················· 329
자. 옥상층 소방시설 전기 평면도 ················· 329
```

이 건물의 자동화재탐지설비 P형 수신기 설계는 벨(경종), 표시등을 1선으로 공통선 사용하며, 각층마다 지구음향장치 및 배선의 『단락보호장치』를 설치한다.

자동화재탐지설비 P형 수신기의 전기 결선내용에 대하여 화재안전기준의 개정으로 결선내용에 대하여 의견이 분분하다. 설계자 또는 시험문제에서는 조건이 주어지면 그 조건에 맞게 선의 수를 계산하면 될 것이다.

이 책에서는 자동화재탐지설비의 P형 수신기에서 회로 선의 수를 계산할 때 경종과 표시등은 공통선 1선으로 하며, 각층 지구음향장치 및 배선의『단락보호장치』를 설치하는 조건으로 회선수를 계산한 것이다.
『소방시설전기회로』의 책에서는 22~25P에서 아래의 여러가지 조건에 따라 결선내용을 상세히 설명하고 있다.

조건의 내용에 따른 결선내용
1. 조건이 없는 상태에서 소방시설 전기회로 내용
2. 조건1이 있는 상태에서 소방시설 전기회로 내용(조건 1 : 표시등과 회로는 공통선 1선을 사용한다)
3. 조건2가 있는 상태에서 소방시설 전기회로 내용(조건 2 : 각층 배선 상에 유효한 조치인 단락보호 조치를 설치한다)

P형 수신기 및 필요부품

항 목	필요내용
수신기	1개
알람밸브	2개
프리액션밸브	1개
드라이밸브	2개
차동식스포트형 감지기(2종)	35개
정온식스포트형 감지기(2종)	24개
광전식연기 감지기(2종)	15개
발신기 속보셀	6개

도시기호

기호	명칭
S	연기 감지기(2종)
∪	차동식스포트형 감지기(2종)
⌒	정온식 감지기(2종)
PBL	발신기
✳	수신기
Ω	종단저항
▲	알람밸브
ⓟ	프리액션밸브
△	드라이밸브
SVP	수동작동 스위치함
⊗	유도등
⊗	유도표지
◁	사이렌

가. 소방시설 전기 계통도

소방시설 계통도 회로 상세내용

기호	전선 내용	세부 내용
①	HFIX 2.5㎟ - 4	1.유수검지장치 압력스위치선, 2.탬퍼스위치선, 3.사이렌선 4.공통선
②	HFIX 2.5㎟ - 4	1.유수검지장치 압력스위치선, 2.탬퍼스위치선, 3.사이렌선 4.공통선
③	HFIX 2.5㎟ - 8	1.전원+, 2.전원-, 3.사이렌선, 4.A감지기선, 5.B감지기선, 6.기동선, 7.유수검지장치 압력스위치선. 8.탬퍼스위치선
④	HFIX 2.5㎟ - 8	1.전원+, 2.전원-, 3.6층 사이렌선, 4.6층 A감지기선, 5.6층 B감지기선, 6.6층 프리액션밸브기동선, 7.6층 유수검지장치압력스위치선, 8.6층 탬퍼스위치선
⑤	HFIX 2.5㎟ - 11	1.전원+, 2.전원-, 3.6층 사이렌선, 4.6층 A감지기선, 5.6층 B감지기선, 6.6층 프리액션밸브 기동선, 7.6층 유수검지장치 압력스위치선, 8.6층 탬퍼스위치선, 9.5층 유수검지장치 압력스위치선, 10.5층 탬퍼스위치선, 11.5층 사이렌선
⑥	HFIX 2.5㎟ - 14	1.전원+, 2.전원-, 3.6층 사이렌선, 4.6층 A감지기선, 5.6층 B감지기선, 6.6층 프리액션밸브기동선, 7.6층 유수검지장치 압력스위치선, 8.6층 탬퍼스위치선, 9.5층 유수검지장치 압력스위치선, 10.5층 탬퍼스위치선, 11.5층 사이렌선, 12.4층 유수검지장치 압력스위치선, 13.4층 탬퍼스위치선, 14.4층 사이렌선
⑦	HFIX 2.5㎟ - 17	1.전원+, 2.전원-, 3.6층 사이렌선, 4.6층 A감지기선, 5.6층 B감지기선, 6.6층 프리액션밸브기동선, 7.6층 유수검지장치압력스위치선. 8.6층 탬퍼스위치선, 9.5층 유수검지장치압력스위치선, 10.5층 탬퍼스위치선, 11.5층 사이렌선, 12.4층 유수검지장치 압력스위치선, 13.4층 탬퍼스위치선, 14.4층 사이렌선, 15.3층 유수검지장치 압력스위치선, 16.3층 탬퍼스위치선, 17.3층 사이렌선
⑧	HFIX 2.5㎟ - 20	1.전원+, 2.전원-, 3.6층 사이렌선, 4.6층 A감지기선, 5.6층 B감지기선, 6.6층 프리액션밸브 기동선, 7.6층 유수검지장치 압력스위치선. 8.6층 탬퍼스위치선, 9.5층 유수검지장치 압력스위치선, 10.5층 탬퍼스위치선, 11.5층 사이렌선, 12.4층 유수검지장치 압력스위치선, 13.4층 탬퍼스위치선, 14.4층 사이렌선, 15.3층 유수검지장치 압력스위치선, 16.3층 탬퍼스위치선, 17.3층 사이렌선, 18.2층 유수검지장치 압력스위치선, 19.2층 탬퍼스위치선, 20.2층 사이렌선
⑩	HFIX 1.5㎟ - 4	감지기선 4(엘리베이터기계실 감지기)
⑪	HFIX 1.5㎟ - 8	감지기선 8(엘리베이터기계실 감지기, 계단실 감지기)
⑫	HFIX 2.5㎟ - 6	1.벨(경종)선, 2.표시등선, 3.벨표시등 공통선, 4.응답선, 5.회로선(지구선), 6.공통선
⑬	HFIX 2.5㎟ - 7	1.벨(경종)선, 2.표시등선, 3.벨표시등 공통선, 4.응답선, 5,6.회로선(지구선) 2, 7.공통선
⑭	HFIX 2.5㎟ - 8	1.벨(경종)선, 2.표시등선, 3.벨표시등 공통선, 4.응답선, 5,6,7.회로선(지구선) 3, 8.공통선
⑮	HFIX 2.5㎟ - 11	1.벨(경종)선, 2.표시등선, 3.벨표시등 공통선, 4.응답선, 5,6,7,8,9,10.회로선 4, 11.공통선
⑯	HFIX 2.5㎟ - 12	1.벨(경종)선, 2.표시등선, 3.벨표시등 공통선, 4.응답선, 5,6,7,8,9,10,11.회로선, 12.공통선
⑰	HFIX 2.5㎟ - 14	1.벨(경종)선, 2.표시등선, 3.벨표시등 공통선, 4.응답선, 5,6,7,8,,9,10,11,12.회로선, 13,14.공통선 2

P형 수신기 및 필요부품

항 목	필요내용
차동식스포트형 감지기(2종)	4개
발신기 속보셑	1개

전선 상세 내용

기호	전선 내용	세부내용
⑧	HFIX 2.5㎟ - 20	1.전원+, 2.전원-, 3.6층 사이렌선, 4.6층 A감지기선, 5.6층 B감지기선, 6.6층 프리액션밸브 기동선, 7.6층 유수검지장치 압력스위치선. 8.6층 탬퍼스위치선, 9.5층 유수검지장치 압력스위치선, 10.5층 탬퍼스위치선, 11.5층 사이렌선, 12.4층 유수검지장치 압력스위치선, 13.4층 탬퍼스위치선, 14.4층 사이렌선, 15.3층 유수검지장치 압력스위치선, 16.3층 탬퍼스위치선, 17.3층 사이렌선, 18.2층 유수검지장치 압력스위치선, 19.2층 탬퍼스위치선, 20.2층 사이렌선
⑰	HFIX 2.5㎟ - 14	1.벨(경종)선, 2.표시등선, 3.벨표시등 공통선, 4.응답선, 5,6,7,8,,9,10,11,12.회로선, 13,14.공통선 2

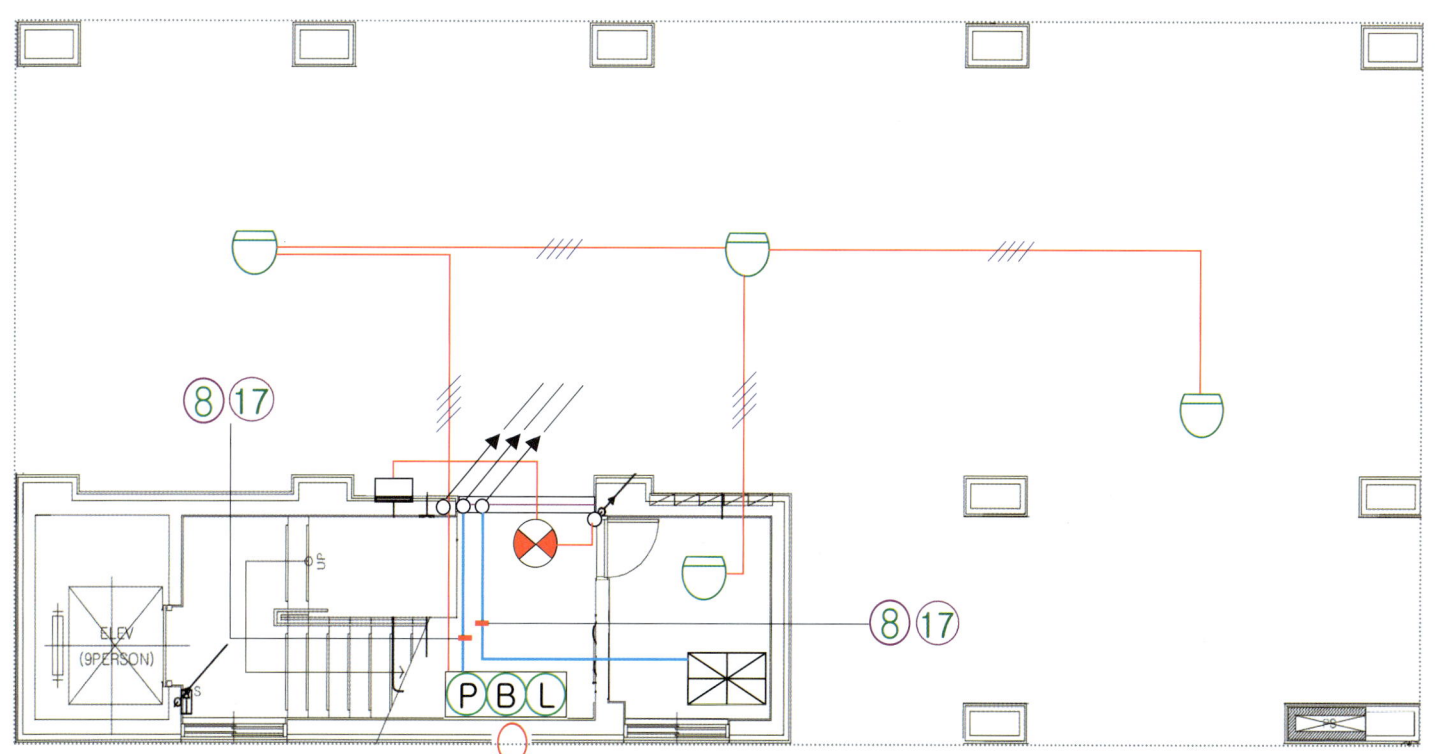

나. 1층 소방시설 전기 평면도

P형 수신기 및 필요부품

항 목	필요내용
알람밸브	1개
차동식스포트형 감지기(2종)	6개
정온식스포트형 감지기(2종)	5개
광전식연기 감지기(2종)	3개
발신기 속보셑	1개

전선 상세 내용

기호	전선 내용	세부내용
①	HFIX 2.5㎟ - 4	1.유수검지장치 압력스위치선, 2.탬퍼스위치선, 3.사이렌선 4.공통선
⑧	HFIX 2.5㎟ - 20	1.전원+, 2.전원-, 3.6층 사이렌선, 4.6층 A감지기선, 5.6층 B감지기선, 6.6층 프리액션밸브 기동선, 7.6층 유수검지장치 압력스위치선. 8.6층 탬퍼스위치선, 9.5층 유수검지장치 압력스위치선, 10.5층 탬퍼스위치선, 11.5층 사이렌선, 12.4층 유수검지장치 압력스위치선, 13.4층 탬퍼스위치선, 14.4층 사이렌선, 15.3층 유수검지장치 압력스위치선, 16.3층 탬퍼스위치선, 17.3층 사이렌선, 18.2층 유수검지장치 압력스위치선, 19.2층 탬퍼스위치선, 20.2층 사이렌선
⑯	HFIX 2.5㎟ -12	1.벨(경종)선, 2.표시등선, 3.벨표시등 공통선, 4.응답선, 5,6,7,8,9,10,11.회로선, 12.공통선

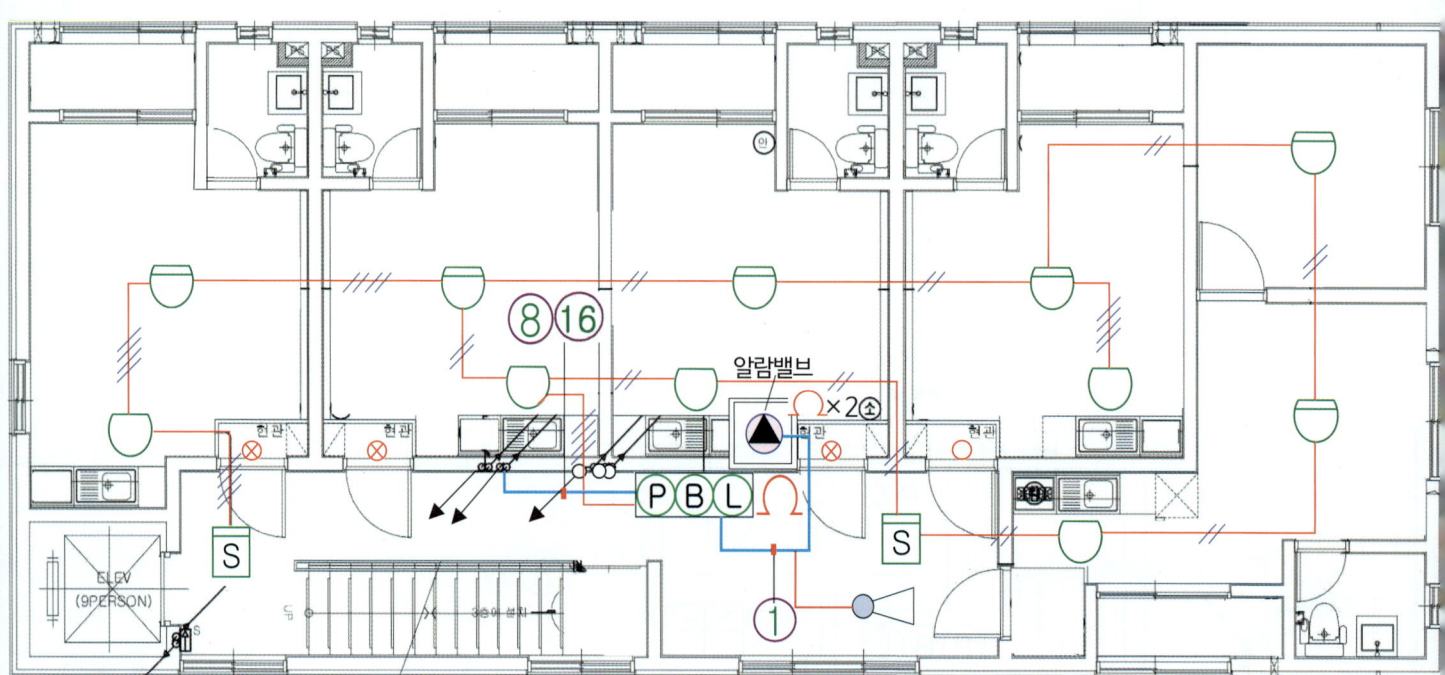

다. 2층 소방시설 전기 평면도

P형 수신기 및 필요부품

항 목	필요내용
알람밸브	1개
차동식스포트형 감지기(2종)	6개
정온식스포트형 감지기(2종)	5개
광전식연기 감지기(2종)	3개
발신기 속보셑	1개

전선 상세 내용

기호	전선 내용	세부내용
①	HFIX 2.5㎟ -4	1.유수검지장치 압력스위치선, 2.탬퍼스위치선, 3.사이렌선 4.공통선
⑦	HFIX 2.5㎟ -17	1.전원+, 2.전원-, 3.6층 사이렌선, 4.6층 A감지기선, 5.6층 B감지기선, 6.6층 프리액션밸브기동선, 7.6층 유수검지장치압력스위치. 8.6층 탬퍼스위치선, 9.5층 유수검지장치압력스위치선, 10.5층 탬퍼스위치선, 11.5층 사이렌선, 12.4층 유수검지장치 압력스위치선, 13.4층 탬퍼스위치선, 14.4층 사이렌선, 15.3층 유수검지장치 압력스위치선, 16.3층 탬퍼스위치선, 17.3층 사이렌선
⑮	HFIX 2.5㎟ -11	1.벨(경종)선, 2.표시등선, 3.벨표시등 공통선, 4.응답선, 5,6,7,8,9,10.회로선 4, 11.공통선

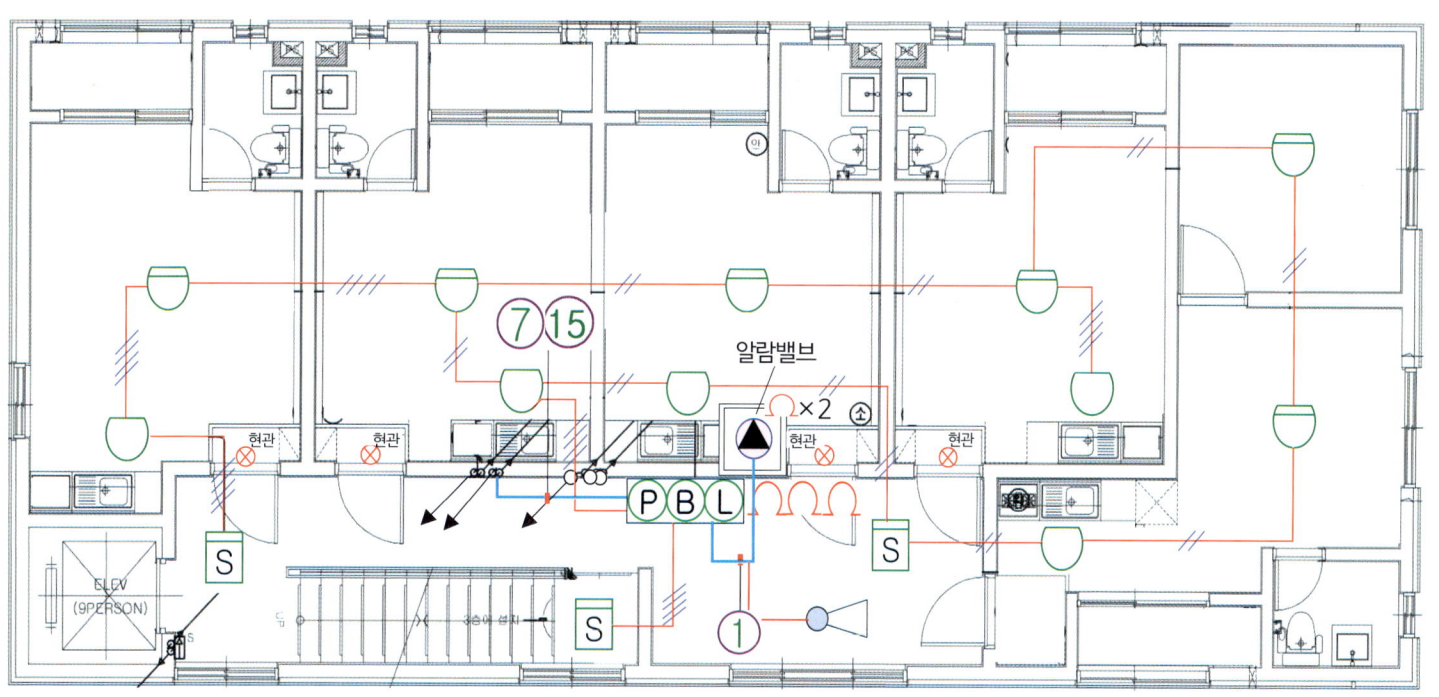

라. 3층 소방시설 전기 평면도

P형 수신기 및 필요부품

항 목	필요내용
드라이밸브	1개
차동식스포트형 감지기(2종)	6개
정온식스포트형 감지기(2종)	5개
광전식연기 감지기(2종)	3개
발신기 속보셀	1개

전선 상세 내용

기호	전선 내용	세부내용
②	HFIX 2.5㎟ - 4	1.유수검지장치 압력스위치선, 2.탬퍼스위치선, 3.사이렌선, 4.공통선
⑥	HFIX 1.5㎟ - 14	1.전원+, 2.전원-, 3.6층 사이렌선, 4.6층 A감지기선, 5.6층 B감지기선, 6.6층 프리액션밸브기동선, 7.6층 유수검지장치 압력스위치선, 8.6층 탬퍼스위치선, 9.5층 유수검지장치 압력스위치선, 10.5층 탬퍼스위치선, 11.5층 사이렌선, 12.4층 유수검지장치 압력스위치선, 13.4층 탬퍼스위치선, 14.4층 사이렌선
⑭	HFIX 2.5㎟ - 8	1.벨선, 2.표시등선, 3.벨표시등 공통선, 4.응답선, 5,6,7.회로선(지구선) 3, 8.공통선

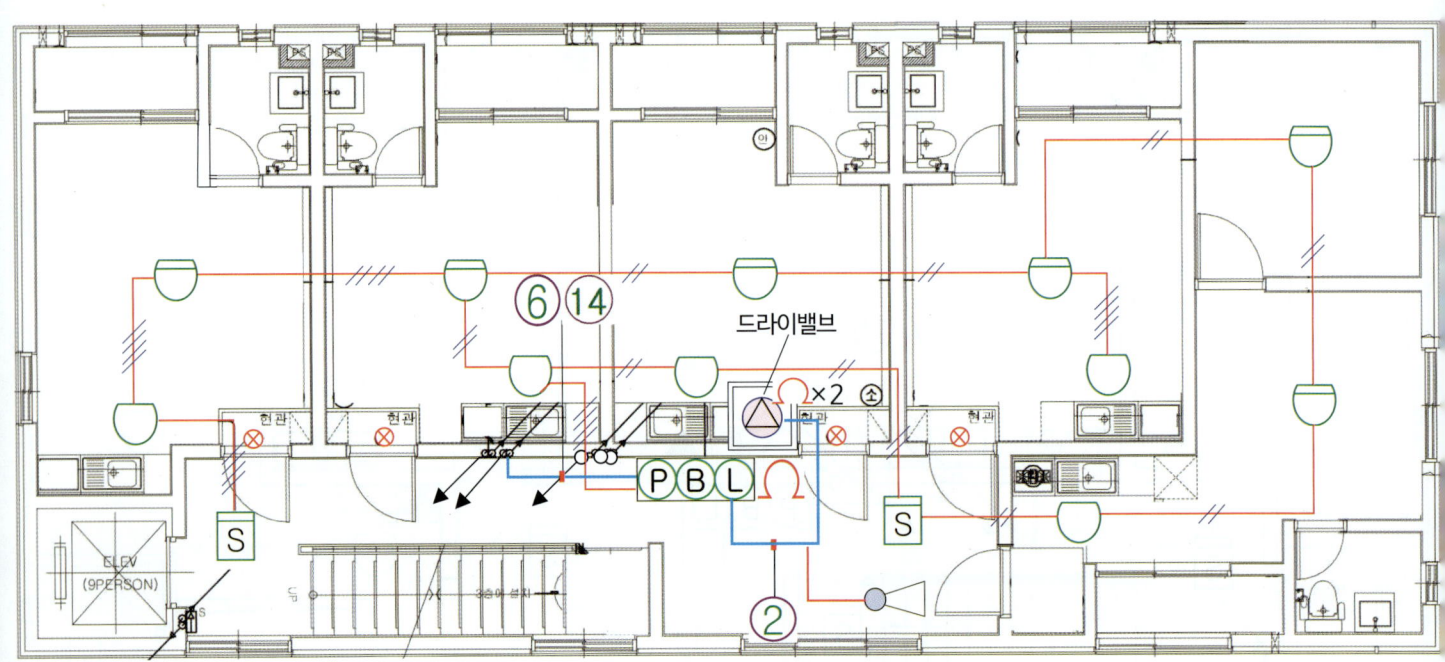

마. 4층 소방시설 전기 평면도

P형 수신기 및 필요부품

항목	필요내용
드라이밸브	1개
차동식스포트형 감지기(2종)	6개
정온식스포트형 감지기(2종)	5개
광전식연기 감지기(2종)	3개
발신기 속보셑	1개

전선 상세 내용

기호	전선 내용	세부내용
②	HFIX 2.5㎟ - 4	1.유수검지장치압력스위치선, 2.탬퍼스위치선, 3.사이렌선, 4.공통선
⑤	HFIX 2.5㎟ - 11	1.전원+, 2.전원-, 3.6층 사이렌선, 4.6층 A감지기선, 5.6층 B감지기선, 6.6층 프리액션밸브 기동선, 7.6층 유수검지장치 압력스위치선, 8.6층 탬퍼스위치선, 9.5층 유수검지장치 압력스위치선, 10.5층 탬퍼스위치선, 11.5층 사이렌선
⑬	HFIX 2.5㎟ - 7	1.벨선, 2.표시등선, 3.벨표시등 공통선, 4.응답선, 5,6.회로선(지구선) 2, 7.공통선

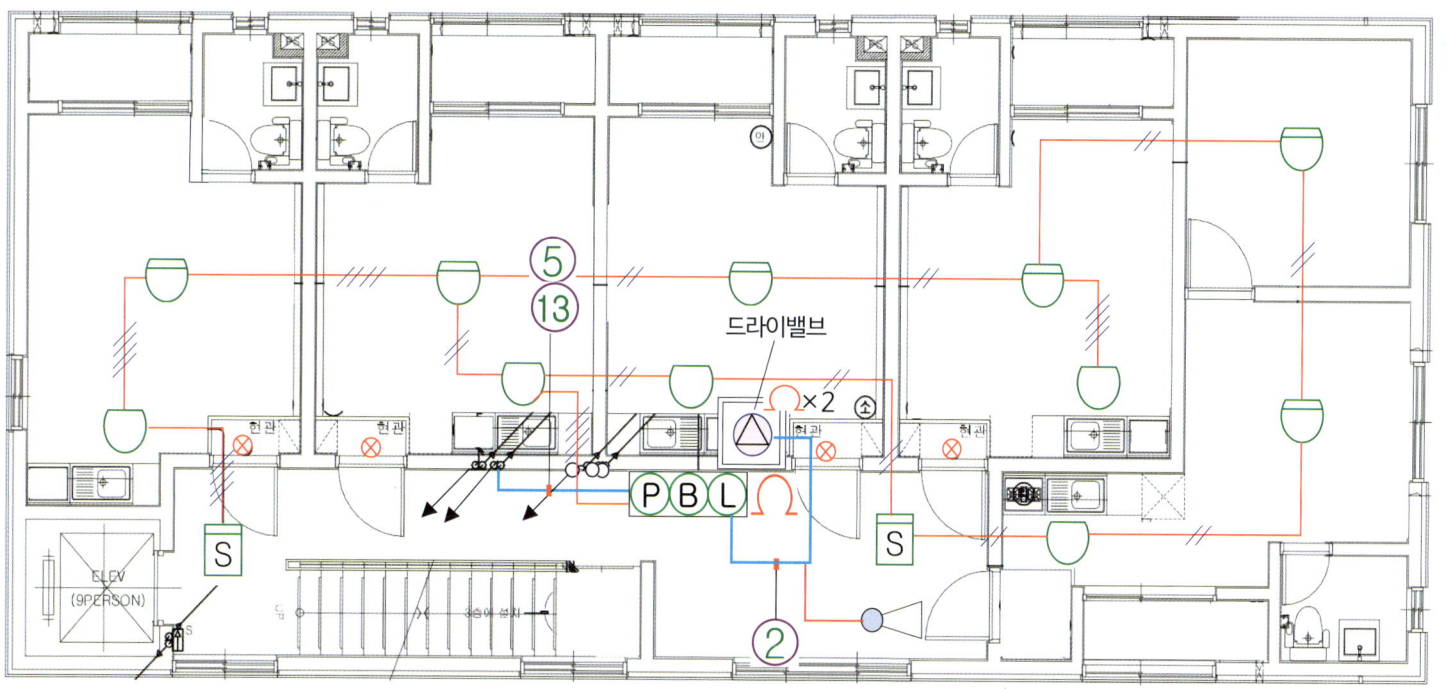

바. 5층 소방시설 전기 평면도

P형 수신기 및 필요부품

항 목	필요내용
프리액션밸브	1개
차동식스포트형 감지기(2종)	12개
정온식스포트형 감지기(2종)	4개
광전식연기 감지기(2종)	1개
발신기 속보셑	1개

전선 상세 내용

기호	전선 내용	세부내용
③	HFIX 2.5㎟ - 8	1.전원+, 2.전원-, 3.사이렌선, 4.A감지기선, 5.B감지기선, 6.기동선, 7.유수검지장치 압력스위치선. 8.탬퍼스위치선
④	HFIX 2.5㎟ - 8	1.전원+, 2.전원-, 3.6층 사이렌선, 4.6층 A감지기선, 5.6층 B감지기선, 6.6층 프리액션밸브기동선, 7.6층 유수검지장치압력스위치선, 8.6층 탬퍼스위치선
⑫	HFIX 2.5㎟ - 6	1.벨선, 2.표시등선, 3.벨표시등 공통선, 4.응답선, 5.회로선(지구선), 6.공통선

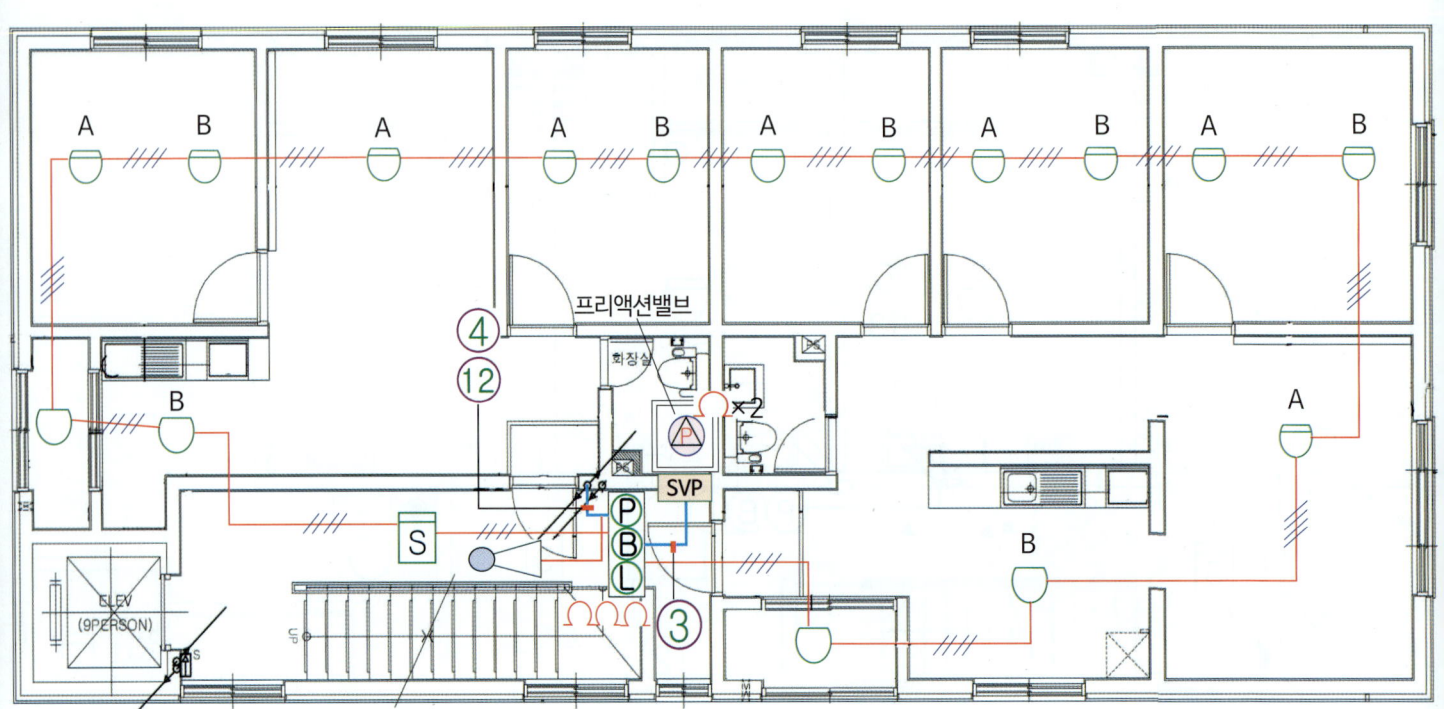

사. 6층 소방시설 전기 평면도

P형 수신기 및 필요부품

항 목	필요내용
광전식연기 감지기(2종)	2개

전선 상세 내용

기호	전선 내용	세부내용
①	HFIX 1.5㎟ - 4	감지기선 4(엘리베이터기계실 감지기선)
②	HFIX 1.5㎟ - 8	감지기선 8(엘리베이터기계실 감지기선, 계단실 감지기선)

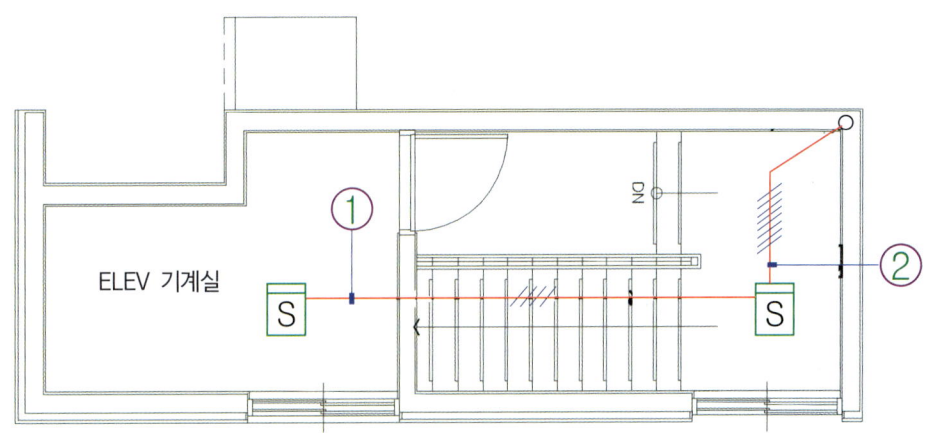

아. 옥탑층 소방시설 전기 평면도

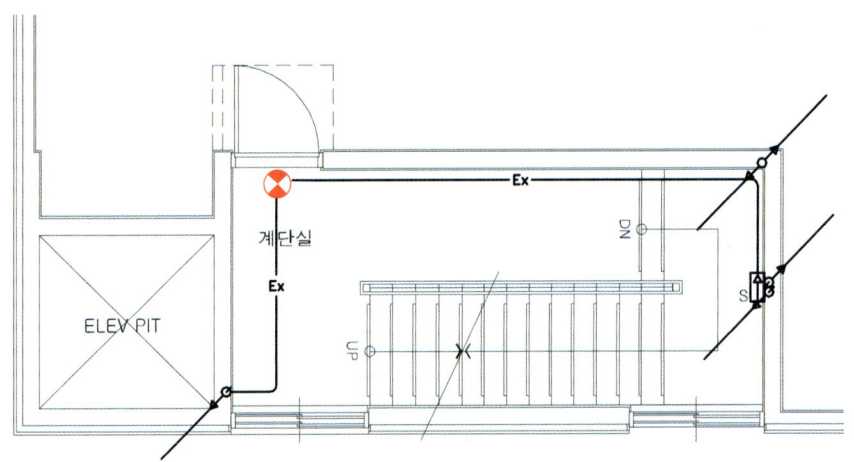

자. 옥상층 소방시설 전기 평면도

6. P형수신기 자동화재탐지설비, 스프링클러설비 설계도면 해설

가. 소방시설 계통도 해설 ························· 331
나. 옥상층 소방시설 평면도 해설 ················ 333
다. 옥탑층 소방시설 평면도 해설 ················ 333
라. 6층 소방시설 평면도 해설 ····················· 334
마. 5층 소방시설 평면도 해설 ····················· 335
바. 4층 소방시설 평면도 해설 ····················· 336
사. 3층 소방시설 평면도 해설 ····················· 337
아. 2층 소방시설 평면도 해설 ····················· 338
자. 1층 소방시설 평면도 해설 ····················· 339

이 건물의 자동화재탐지설비 P형 수신기 설계는 벨(경종), 표시등을 1선으로 공통선 사용하며, 각층마다 지구음향장치 및 배선의 『단락보호장치』를 설치한다.

스프링클러설비

번호	전원 +	전원 -	사이렌	감지기 A	감지기 B	기동	압력스위치	탬퍼스위치	공통	계
③(프리액션밸브)	1	1	1	1	1	1	1	1		8
②(드라이밸브)			1				1	1	1	4
①(알람밸브)			1				1	1	1	4

스프링클러설비

번호	전원 +	전원 -(공통)	사이렌	감지기 A	감지기 B	기동(전동볼밸브)	압력스위치(유수검지)	탬퍼스위치	계
④	1	1	1	1	1	1	1	1	8
⑤	1	1	2	1	1	1	2	2	11
⑥	1	1	3	1	1	1	3	3	14
⑦	1	1	4	1	1	1	4	4	17
⑧	1	1	5	1	1	1	5	5	20

자동화재탐지설비

번호	벨(경종)	벨(경종) 표시등 공통선	표시등	응답	회로	공통	계
⑫	1	1	1	1	1	1	6
⑬	1	1	1	1	2	1	7
⑭	1	1	1	1	3	1	8
⑮	1	1	1	1	6	1	11
⑯	1	1	1	1	7	1	12
⑰	1	1	1	1	8	2	14

가. 소방시설 계통도(321P) 해설

P형 수신기의 설계는 수신기에서 가장 높은 층에서부터 수신기 쪽으로 회로선을 설계해야 가장 최소의 회선내용이 되는 설계가 된다.
6층 발신기에서 5층 발신기의 필요한 회선수를 설계하고, 5층에서 4층 발신기의 필요한 회선수를 설계하는 방법으로 수신기까지 설계를 한다.

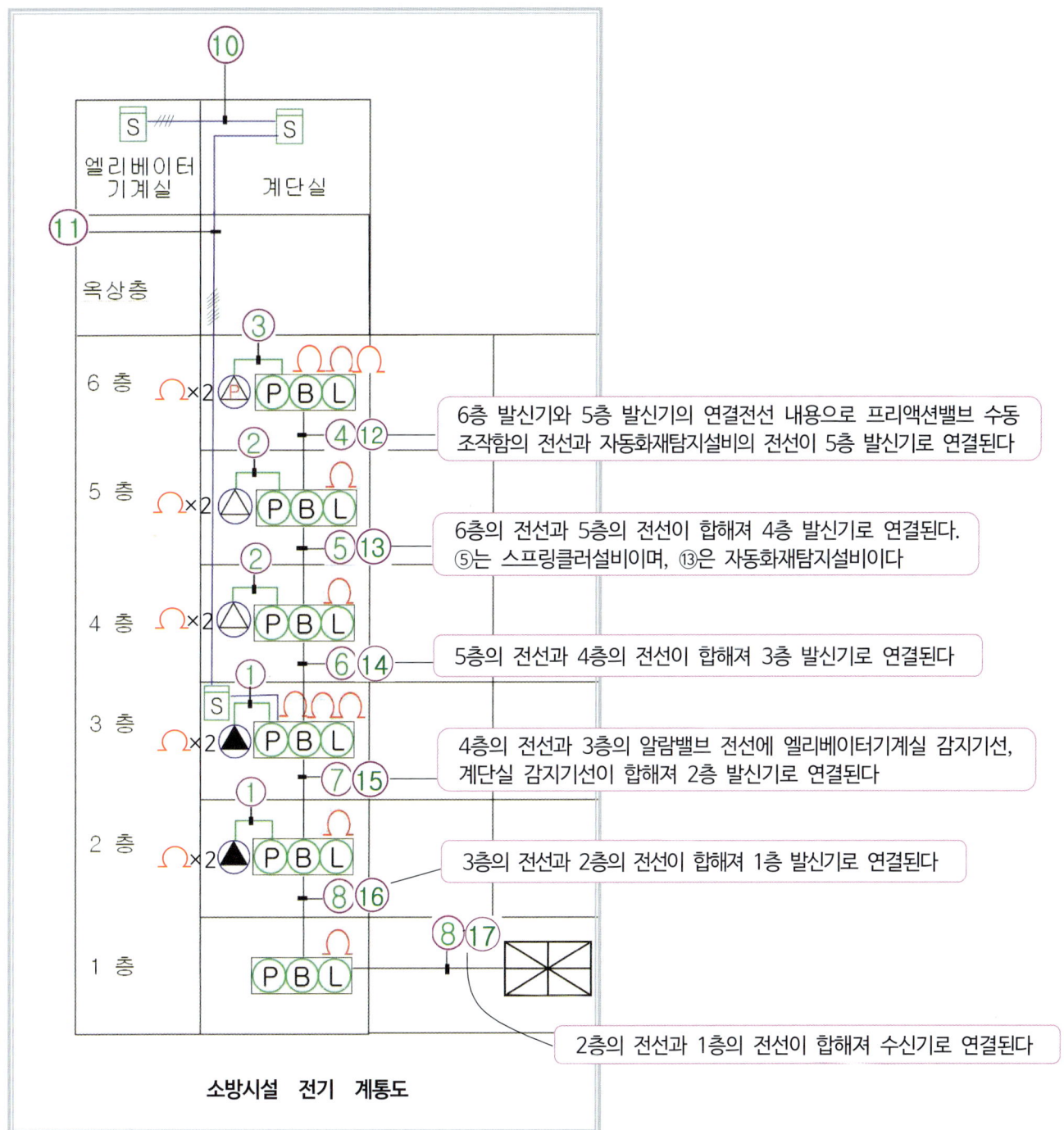

소방시설 전기 계통도

소방시설 계통도 회로 상세내용

기호	전선 내용	세부 내용
①	HFIX 2.5㎟ - 4	1.유수검지장치 압력스위치선, 2.탬퍼스위치선, 3.사이렌선 4.공통선
②	HFIX 2.5㎟ - 4	1.유수검지장치 압력스위치선, 2.탬퍼스위치선, 3.사이렌선 4.공통선
③	HFIX 2.5㎟ - 8	1.전원+, 2.전원-, 3.사이렌선, 4.A감지기선, 5.B감지기선, 6.기동선, 7.유수검지장치 압력스위치선. 8.탬퍼스위치선 참고 : SVP에 전화기능이 있도록 하는 것은 수신기 제작회사의 선택사양에 해당된다. 전화기능이 있으면, 9선이 된다.
④	HFIX 2.5㎟ - 8	1.전원+, 2.전원-, 3.6층 사이렌선, 4.6층 A감지기선, 5.6층 B감지기선, 6.6층 프리액션밸브기동선, 7.6층 유수검지장치압력스위치선, 8.6층 탬퍼스위치선
⑤	HFIX 2.5㎟ - 11	1.전원+, 2.전원-, 3.6층 사이렌선, 4.6층 A감지기선, 5.6층 B감지기선, 6.6층 프리액션밸브 기동선, 7.6층 유수검지장치 압력스위치선, 8.6층 탬퍼스위치선, 9.5층 유수검지장치 압력스위치선, 10.5층 탬퍼스위치선, 11.5층 사이렌선
⑥	HFIX 2.5㎟ - 14	1.전원+, 2.전원-, 3.6층 사이렌선, 4.6층 A감지기선, 5.6층 B감지기선, 6.6층 프리액션밸브기동선, 7.6층 유수검지장치 압력스위치선, 8.6층 탬퍼스위치선, 9.5층 유수검지장치 압력스위치선, 10.5층 탬퍼스위치선, 11.5층 사이렌선, 12.4층 유수검지장치 압력스위치선, 13.4층 탬퍼스위치선, 14.4층 사이렌선
⑦	HFIX 2.5㎟ - 17	1.전원+, 2.전원-, 3.6층 사이렌선, 4.6층 A감지기선, 5.6층 B감지기선, 6.6층 프리액션밸브기동선, 7.6층 유수검지장치압력스위치선. 8.6층 탬퍼스위치선, 9.5층 유수검지장치압력스위치선, 10.5층 탬퍼스위치선, 11.5층 사이렌선, 12.4층 유수검지장치 압력스위치선, 13.4층 탬퍼스위치선, 14.4층 사이렌선, 15.3층 유수검지장치 압력스위치선, 16.3층 탬퍼스위치선, 17.3층 사이렌선
⑧	HFIX 2.5㎟ - 20	1.전원+, 2.전원-, 3.6층 사이렌선, 4.6층 A감지기선, 5.6층 B감지기선, 6.6층 프리액션밸브 기동선, 7.6층 유수검지장치 압력스위치선. 8.6층 탬퍼스위치선, 9.5층 유수검지장치 압력스위치선, 10.5층 탬퍼스위치선, 11.5층 사이렌선, 12.4층 유수검지장치 압력스위치선, 13.4층 탬퍼스위치선, 14.4층 사이렌선, 15.3층 유수검지장치 압력스위치선, 16.3층 탬퍼스위치선, 17.3층 사이렌선, 18.2층 유수검지장치 압력스위치선, 19.2층 탬퍼스위치선, 20.2층 사이렌선
⑩	HFIX 1.5㎟ - 4	감지기선 4(엘리베이터기계실 감지기)
⑪	HFIX 1.5㎟ - 8	감지기선 8(엘리베이터기계실 감지기, 계단실 감지기)
⑫	HFIX 2.5㎟ - 6	1.벨선, 2.표시등선, 3.벨표시등 공통선, 4.응답선, 5.회로선(지구선), 6.공통선
⑬	HFIX 2.5㎟ - 7	1.벨선, 2.표시등선, 3.벨표시등 공통선, 4.응답선, 5,6.회로선(지구선) 2, 7.공통선
⑭	HFIX 2.5㎟ - 8	1.벨선, 2.표시등선, 3.벨표시등 공통선, 4.응답선, 5,6,7.회로선(지구선) 3, 8.공통선
⑮	HFIX 2.5㎟ - 11	1.벨선, 2.표시등선, 3.벨표시등 공통선, 4.응답선, 5,~10.회로선 4, 11.공통선
⑯	HFIX 2.5㎟ - 12	1.벨선, 2.표시등선, 3.벨표시등 공통선, 4.응답선, 5,~11.회로선, 12.공통선
⑰	HFIX 2.5㎟ - 14	1.벨선, 2.표시등선, 3.벨표시등 공통선, 4.응답선, 5,~12.회로선, 13,14.공통선 2

나. 옥상층 소방시설 평면도(329P) 해설

계단통로유도등 및 피난구유도등 전선이 전선관으로 들어가며 전선관이 아래층으로 하강하여(내려가) 연결한다는 표기이다.

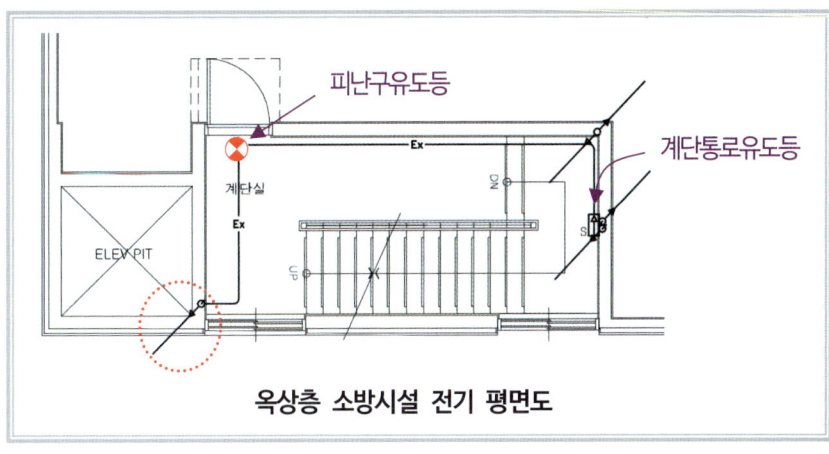

옥상층 소방시설 전기 평면도

다. 옥탑층 소방시설 평면도(329P) 해설

엘리베이터기계실 감지기는 3층발신기에서 엘리베이터기계실 감지기로 감지기선이 연결되어 감지기선이 3층 발신기 단자함으로 되돌아와 감지기선의 끝에 종단저항이 설치된다.

계단실감지기는 3층 발신기함 → 3층 계단실 감지기 → 옥탑층 계단실 감지기 → 3층 계단실 감지기 → 3층 발신기함의 감지기선 끝에 종단저항을 설치한다.

감지기선①의 내용은 HFIX 1.5㎟ - 4 이다. ①은 엘리베이터기계실 +, -2선이 되돌아가 4선이 된다.

감지기선②의 내용은 HFIX 1.5㎟ - 8 이다. ②은 엘리베이터기계실 감지기선이 3층 발신기로 되돌아가는 4선과 계단실 감지기선이 되돌아가는 4선을 합하여 8선이다.

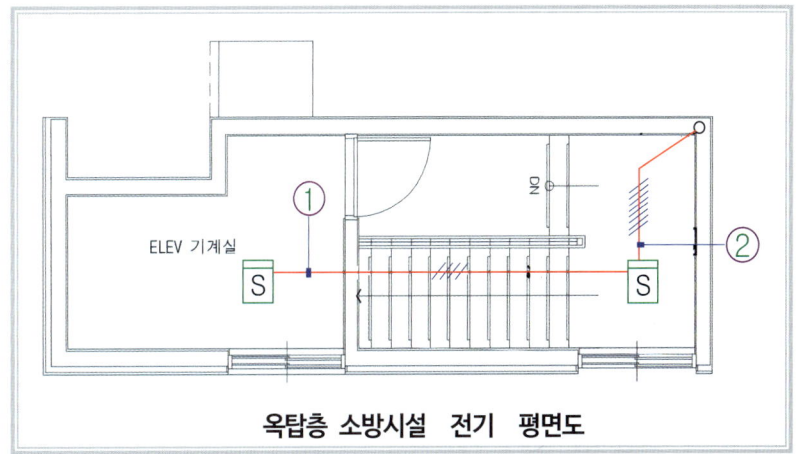

옥탑층 소방시설 전기 평면도

라. 6층 소방시설 평면도(328P) 해설

평면도③의 내용은 HFIX 2.5㎟ - 8 **이다. 준비작동식 스프링클러설비 수동조작함의 배선 내용이다.**
전선의 내용은 1.전원+, 2.전원-, 3.6층 사이렌선, 4.6층 A감지기선, 5.6층 B감지기선, 6.6층 프리액션밸브 기동선,
7.6층 유수검지장치 압력스위치선, 8.6층 탬퍼스위치선이다.(전화선을 추가하면 9선이 된다)

평면도④의 내용은 HFIX 2.5㎟ - 8 **이다. 스프링클러설비 수동조작함의 배선이 발신기함으로 연결된다.**
전선의 내용은 1.전원+, 2.전원-, 3.6층 사이렌선, 4.6층 A감지기선, 5.6층 B감지기선, 6.6층 프리액션밸브 기동선,
7.6층 유수검지장치 압력스위치선, 8.6층 탬퍼스위치선이다.(전화선을 추가하면 9선이 된다)

평면도⑫의 내용은 HFIX 2.5㎟ - 6 **이다. 자동화재탐지설비의 내용이다.**
전선의 내용은 1.벨(경종)선, 2.표시등선, 3.벨(경종)표시등 공통선, 4.응답선, 5.회로선(지구선), 6.공통선이다.

번호	전원 +	전원 -	사이렌	감지기 A	감지기 B	기동	압력스위치	탬퍼스위치	공통	계
③	1	1	1	1	1	1	1	1		8

번호	전원 +	전원 -(공통)	사이렌	감지기 A	감지기 B	기동	압력스위치	탬퍼스위치	계
④	1	1	1	1	1	1	1	1	8

번호	벨(경종)	벨(경종) 표시등 공통선	표시등	응답	회로	공통	계
⑫	1	1	1	1	1	1	6

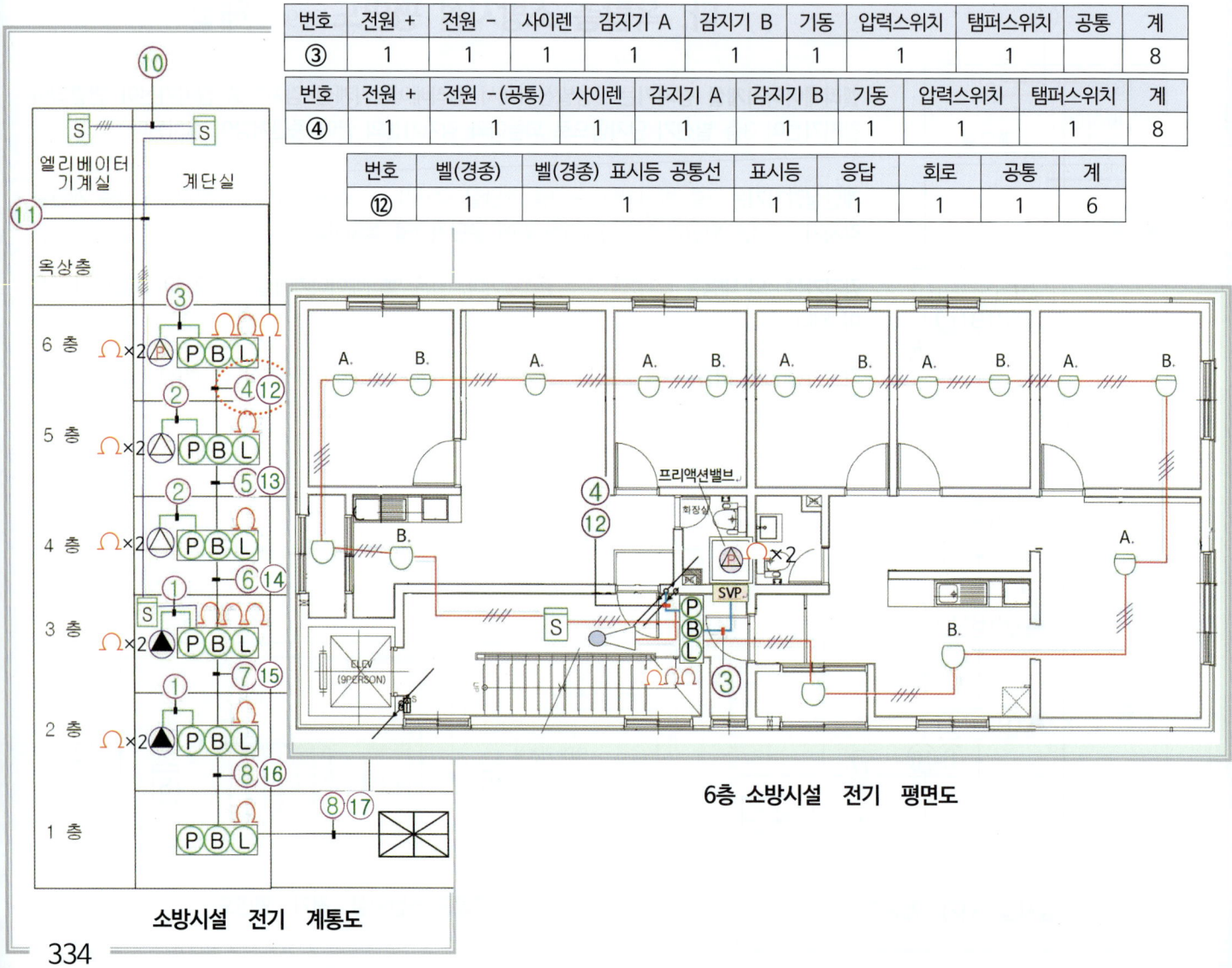

6층 소방시설 전기 평면도

소방시설 전기 계통도

마. 5층 소방시설 평면도(327P) 해설

드라이밸브와 발신기함과의 연결전선 ②**내용은,** HFIX 2.5㎟ - 4 **이다.**
전선 내용은 1.유수검지장치 압력스위치선, 2.템퍼 스위치선, 3.사이렌선 4.공통선이다.

5층의 발신기와 4층의 발신기함과의 연결전선
⑤**내용은,** HFIX 2.5㎟ - 11 **이다.** 스프링클러설비의 내용이다.
전선 내용은 1.전원+, 2.전원-, 3.6층 사이렌선, 4.6층 A감지기선, 5.6층 B감지기선,
6.6층 프리액션밸브 기동선, 7.6층 유수검지장치 압력스위치선, 8.6층 탬퍼스위치선, 9.5층 유수검지장치 압력스위치선,
10.5층 탬퍼스위치선, 11.5층 사이렌선이다.

⑬**내용은,** HFIX 2.5㎟ - 7 **이다.** 자동화재탐지설비의 내용이다.
전선 내용은 1.벨선, 2.표시등선, 3.벨·표시등 공통선, 4.응답선, 5,6.회로선(지구선) 2, 7.공통선이다.

번호	전원 +	전원 -	사이렌	감지기 A	감지기 B	기동	압력스위치	탬퍼스위치	공통	계
②			1				1	1	1	4

번호	전원 +	전원 -(공통)	사이렌	감지기 A	감지기 B	기동	압력스위치	탬퍼스위치	계
⑤	1	1	2	1	1	1	2	2	11

번호	벨(경종)	벨(경종) 표시등 공통선	표시등	응답	회로	공통	계
⑬	1	1	1	1	2	1	7

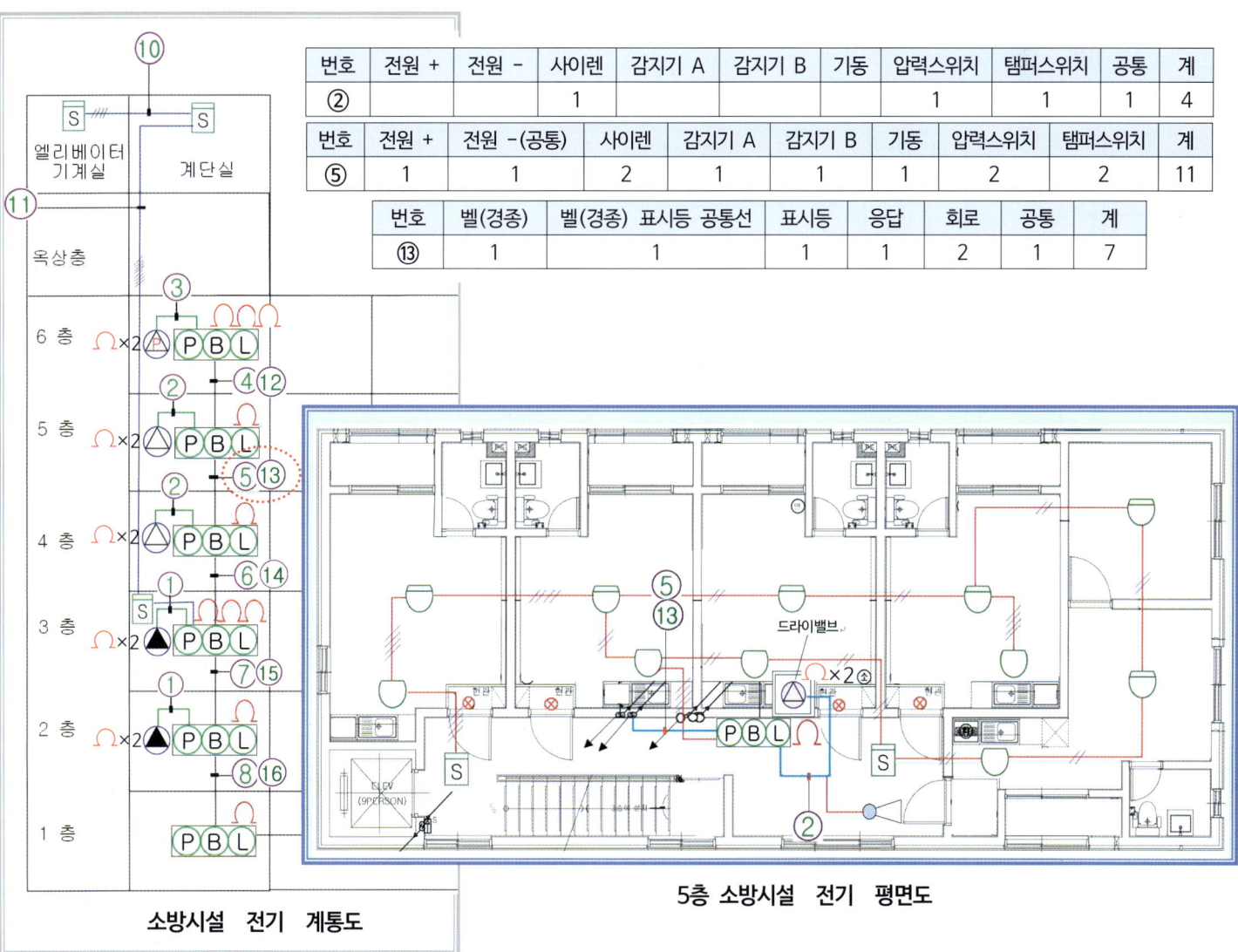

소방시설 전기 계통도　　　　5층 소방시설 전기 평면도

바. 4층 소방시설 평면도(326P) 해설

드라이밸브와 발신기함과의 연결전선 ②내용은 HFIX 2.5㎟ - 4 이다.
전선 내용은 1.유수검지장치 압력스위치선, 2.탬퍼 스위치선, 3.사이렌선 4.공통선이다.

4층의 발신기와 3층의 발신기함과의 연결전선
⑥내용은 HFIX 2.5㎟ - 14 이다. 스프링클러설비의 내용이다.
전선 내용은 1.전원+, 2.전원-, 3.6층 사이렌선, 4.6층 A감지기선, 5.6층 B감지기선, 6.6층프리액션밸브 기동선, 7.6층 유수검지장치 압력스위치선, 8.6층 탬퍼스위치선, 9.5층 유수검지장치 압력스위치선, 10.5층 탬퍼스위치선, 11.5층 사이렌선, 12.4층 유수검지장치 압력스위치선, 13.4층 탬퍼스위치선, 14.4층 사이렌선이다.

⑭내용은 HFIX 2.5㎟ - 8 이다. 자동화재탐지설비의 내용이다.
전선 내용은 1.벨선, 2.표시등선, 3.벨·표시등 공통선, 4.응답선, 5,6,7.회로선(지구선) 3, 8.공통선이다.

번호	전원 +	전원 -	사이렌	감지기 A	감지기 B	기동	압력스위치	탬퍼스위치	공통	계
②			1				1	1	1	4

번호	전원 +	전원 -(공통)	사이렌	감지기 A	감지기 B	기동	압력스위치	탬퍼스위치	계
⑥	1	1	3	1	1	1	3	3	14

번호	벨(경종)	벨(경종) 표시등 공통선	표시등	응답	회로	공통	계
⑭	1	1	1	1	3	1	8

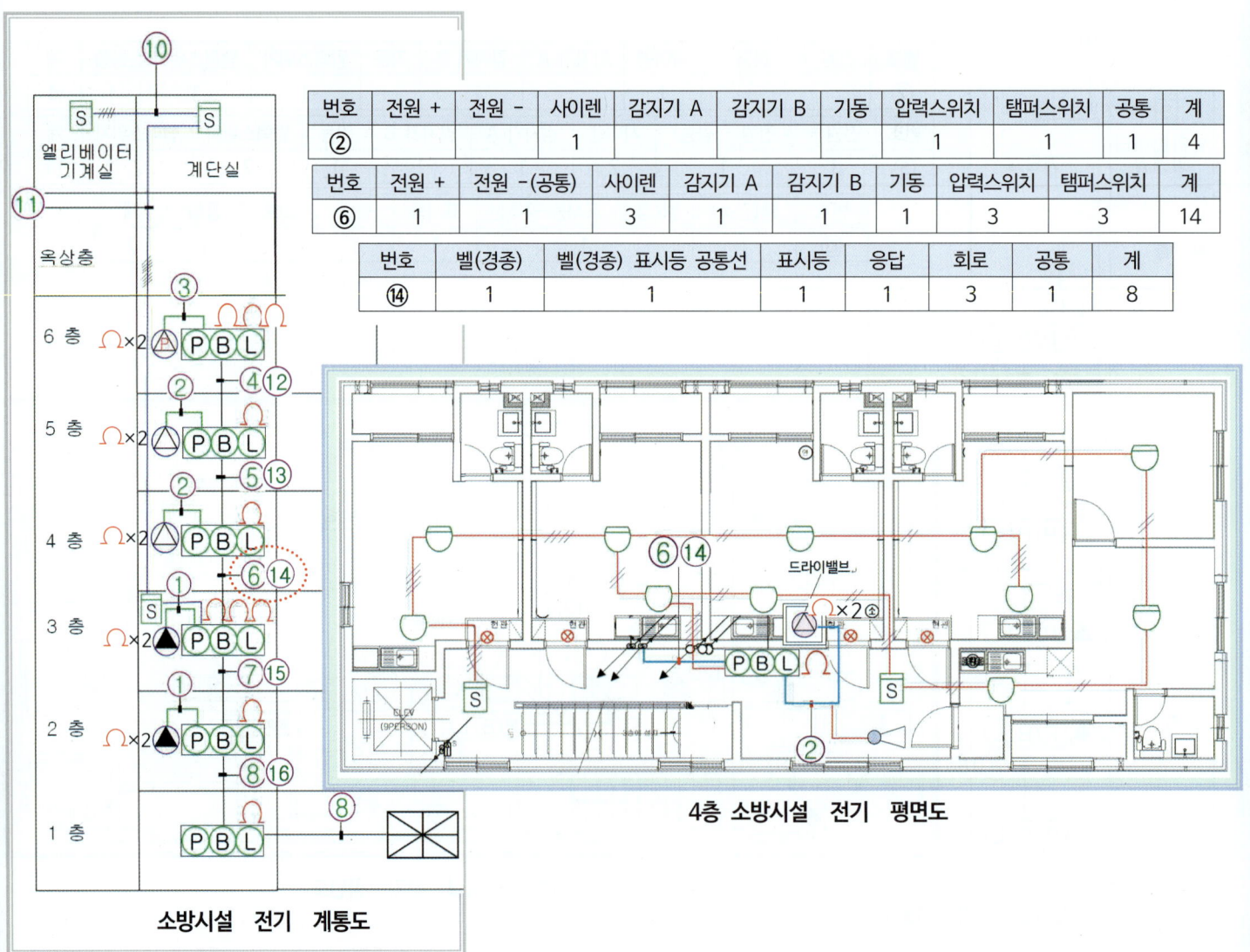

4층 소방시설 전기 평면도

소방시설 전기 계통도

사. 3층 소방시설 평면도(325P) 해설

알람밸브와 발신기함과의 연결전선 ① 내용은, `HFIX 2.5㎟ - 4` 이다. 전선 내용은 1.유수검지장치 압력스위치선, 2.탬퍼스위치선, 3.사이렌선 4.공통선이다.

3층의 발신기와 2층의 발신기함과의 연결전선 ⑦ 내용은 `HFIX 2.5㎟ - 17` 이다. 스프링클러설비이다.
전선 내용은 1.전원+, 2.전원-, 3.6층 사이렌선, 4.6층 A감지기선, 5.6층 B감지기선, 6.6층 프리액션밸브 기동선,
7.6층 유수검지장치 압력스위치선. 8.6층 탬퍼스위치선, 9.5층 유수검지장치 압력스위치선, 10.5층 탬퍼스위치선,
11.5층 사이렌선, 12.4층 유수검지장치 압력스위치선, 13.4층 탬퍼스위치선, 14.4층 사이렌선,
15.3층 유수검지장치 압력스위치선, 16.3층 탬퍼스위치선, 17.3층 사이렌선이다.(전화선을 추가하면 18선이 된다)

⑮ 내용은 `HFIX 2.5㎟ - 11` 이다. 자동화재탐지설비의 내용이다.
전선 내용은 1.벨선, 2.표시등선, 3.벨·표시등 공통선, 4.응답선, 5,6,7,8,9,10.회로선 4, 11.공통선이다.

번호	전원 +	전원 -	사이렌	감지기 A	감지기 B	기동	압력스위치	탬퍼스위치	공통	계
①			1				1	1	1	4

번호	전원 +	전원 -(공통)	사이렌	감지기 A	감지기 B	기동	압력스위치	탬퍼스위치	계
⑦	1	1	4	1	1	1	4	4	17

번호	벨(경종)	벨(경종) 표시등 공통선	표시등	응답	회로	공통	계
⑮	1	1	1	1	6	1	11

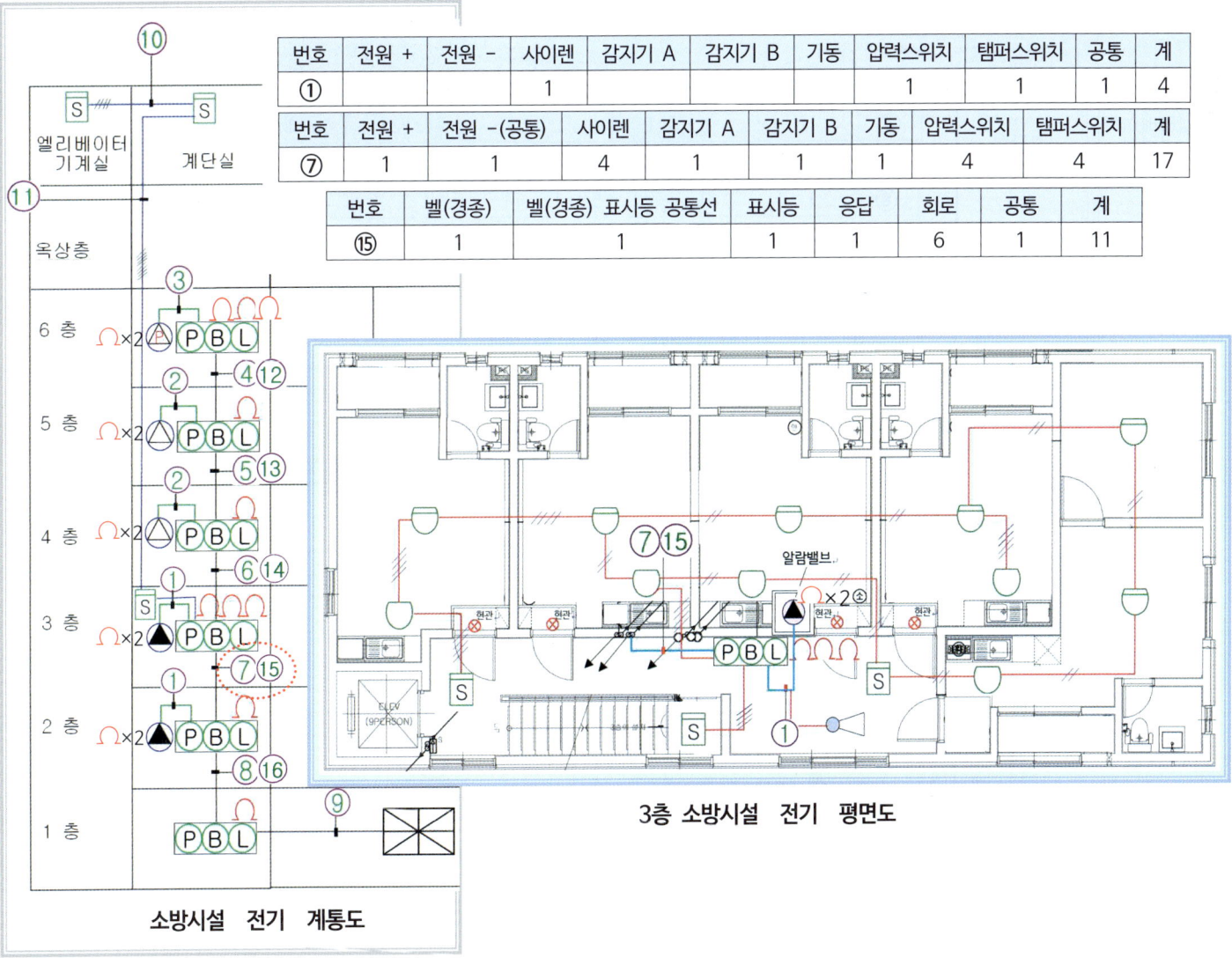

3층 소방시설 전기 평면도

소방시설 전기 계통도

아. 2층 소방시설 평면도(324P) 해설

알람밸브와 발신기함과의 연결전선 ①내용은 **HFIX 2.5㎟ - 4** 이다.
전선 내용은 1.유수검지장치 압력스위치선, 2.탬퍼스위치선, 3.사이렌선 4.공통선이다.

2층의 발신기와 2층의 발신기함과의 연결전선
⑧내용은 **HFIX 2.5㎟ - 20** 이다. 스프링클러설비 내용이다.
전선 내용은 1.전원+, 2.전원-, 3.6층 사이렌선, 4.6층 A감지기선, 5.6층 B감지기선, 6.6층 프리액션밸브 기동선,
7.6층 유수검지장치 압력스위치선. 8.6층 탬퍼스위치선, 9.5층 유수검지장치 압력스위치선, 10.5층 탬퍼스위치선, 11.5층 사이렌선,
12.4층 유수검지장치 압력스위치선, 13.4층 탬퍼스위치선, 14.4층 사이렌선, 15.3층 유수검지장치 압력스위치선,
16.3층 탬퍼스위치선, 17.3층 사이렌선, 18.2층 유수검지장치 압력스위치선, 19.2층 탬퍼스위치선, 20.2층 사이렌선이다.

⑯내용은 **HFIX 2.5㎟ - 12** 이다. 자동화재탐지설비의 내용이다.
1.벨선, 2.표시등선, 3.벨·표시등 공통선, 4.응답선, 5,6,7,8,9,10,11.회로선, 12.공통선이다.

번호	전원 +	전원 -	사이렌	감지기 A	감지기 B	기동	압력스위치	탬퍼스위치	공통	계
①			1				1	1	1	4

번호	전원 +	전원 -(공통)	사이렌	감지기 A	감지기 B	기동	압력스위치	탬퍼스위치	계
⑧	1	1	5	1	1	1	5	5	20

번호	벨(경종)	벨(경종) 표시등 공통선	표시등	응답	회로	공통	계
⑯	1	1	1	1	7	1	12

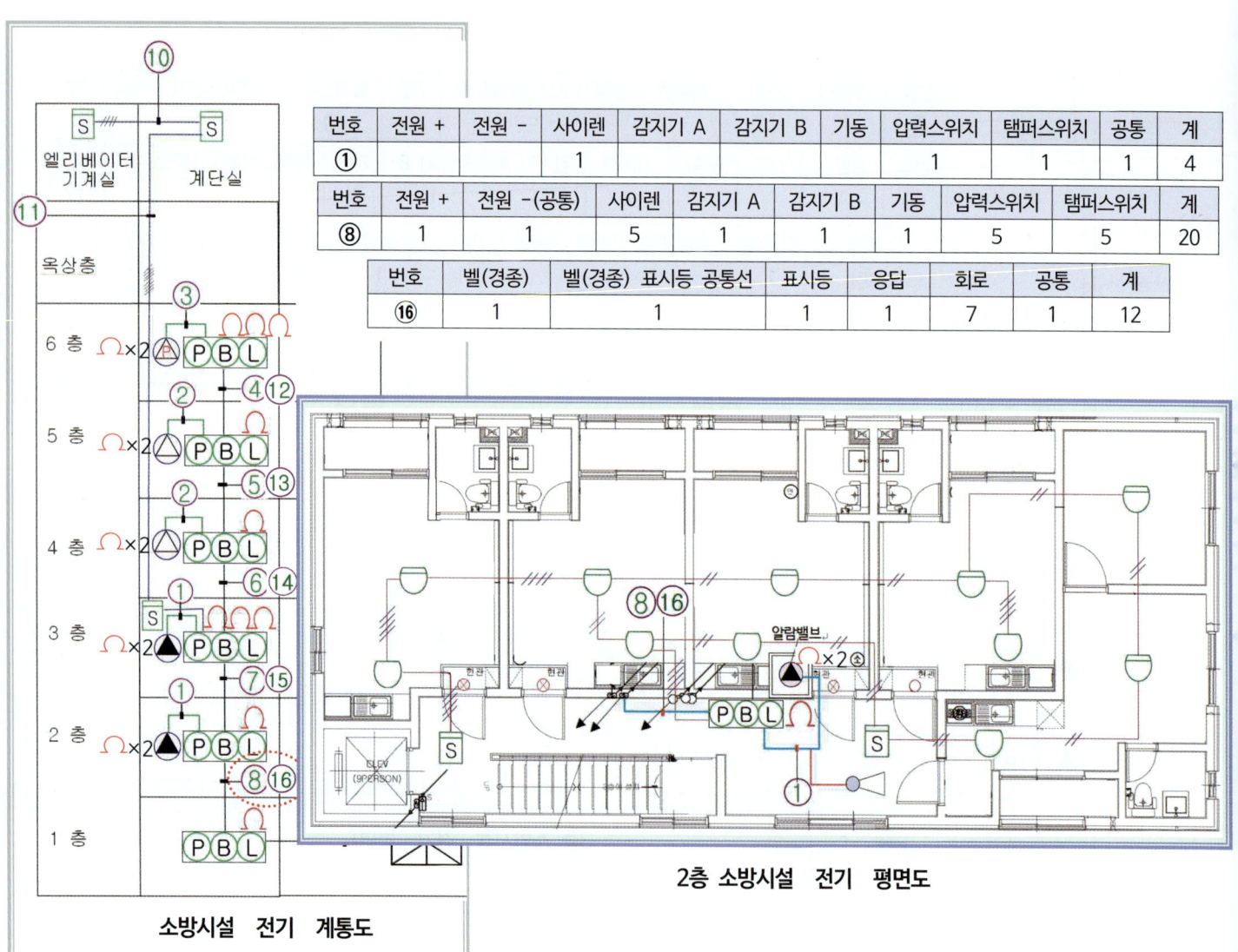

소방시설 전기 계통도   2층 소방시설 전기 평면도

자. 1층 소방시설 평면도(323P) 해설

발신기함의 연결전선 ⑰내용은 HFIX 2.5㎟ - 14 이다. 자동화재탐지설비의 내용이다.
전선 내용은 1.벨선, 2.표시등선, 3.벨·표시등 공통선, 4.응답선, 5,6,7,8,,9,10,11,12.회로선, 13,14.공통선 2이다.

⑧내용은 HFIX 2.5㎟ - 20 이다. 스프링클러설비 내용이다.
전선 내용은 1.전원+, 2.전원-, 3.6층 사이렌선, 4.6층 A감지기선, 5.6층 B감지기선, 6.6층 프리액션밸브 기동선, 7.6층 유수검지장치 압력스위치선. 8.6층 탬퍼스위치선, 9.5층 유수검지장치 압력스위치선, 10.5층 탬퍼스위치선, 11.5층 사이렌선, 12.4층 유수검지장치 압력스위치선, 13.4층 탬퍼스위치선, 14.4층 사이렌선, 15.3층 유수검지장치 압력스위치선, 16.3층 탬퍼스위치선, 17.3층 사이렌선, 18.2층 유수검지장치 압력스위치선, 19.2층 탬퍼스위치선, 20.2층 사이렌선이다.

스프링클러설비

번호	전원 +	전원 -(공통)	사이렌	감지기 A	감지기 B	기동	압력스위치	탬퍼스위치	계
⑧	1	1	5	1	1	1	5	5	20

자동화재탐지설비

번호	벨(경종)	벨(경종) 표시등 공통선	표시등	응답	회로	공통	계
⑰	1	1	1	1	8	2	14

소방시설 전기 계통도

1층 소방시설 전기 평면도

7. R형수신기 자동화재탐지설비, 스프링클러설비 설계도면

가. 소방시설 전기 계통도 ·················· 341
나. 1층 소방시설 전기 평면도 ············· 343
다. 2층 소방시설 전기 평면도 ············· 344
라. 3층 소방시설 전기 평면도 ············· 345
마. 4층 소방시설 전기 평면도 ············· 346
바. 5층 소방시설 전기 평면도 ············· 347
사. 6층 소방시설 전기 평면도 ············· 348
아. 옥탑층 소방시설 전기 평면도 ·········· 349
자. 옥상층 소방시설 전기 평면 ············ 349

참고자료(중계기의 입·출력 연결 내용)

소방시설 종류		입력(IN)	출력(OUT)
비상경보 설비	비상벨설비	발신기(발신기 누름스위치)	벨(경종)
	자동식사이렌설비	발신기(발신기 누름스위치)	사이렌(스피커)
자동화재탐지설비		1.감지기 2.발신기 누름스위치	1.벨(경종), 2.시각경보기(설치하는 경우)
비상방송설비		감지기	사이렌(스피커)
스프링클러	습식	1.유수검지장치 압력스위치 2.알람밸브 1차측 개폐밸브 탬퍼스위치 3.급수배관에 설치된 개폐밸브 탬퍼스위치	사이렌(스피커)
	준비작동식	1.감지기A, B(수동작동스위치) 2.유수검지장치 압력스위치 3.프리액션밸브 1,2차측 개폐밸브 탬퍼스위치 4.급수배관에 설치된 개폐밸브 탬퍼스위치	1.사이렌(스피커) 2.프리액션밸브 전동볼밸브(솔레노이드밸브)
	부압식	1.감지기 2.수동조작함 수동작동스위치 3.알람(압력)스위치 4.개폐밸브 탬퍼스위치	1.사이렌 2.전동볼밸브(또는 솔레노이드밸브) 3.진공펌프
	건식	1.유수검지장치 압력스위치 2.드라이밸브 1,2차측 개폐밸브 탬퍼스위치 3.급수배관에 설치된 개폐밸브 탬퍼스위치	1.사이렌(스피커) 2.에어컴프레서
	일제살수식	1.감지기A, B(수동작동스위치) 2.유수검지장치 압력스위치 3.일제개방밸브 1,2차측 개폐밸브 탬퍼스위치 4.급수배관에 설치된 개폐밸브 탬퍼스위치	1.사이렌(스피커) 2.일제개방밸브 전동볼밸브(솔레노이드밸브)

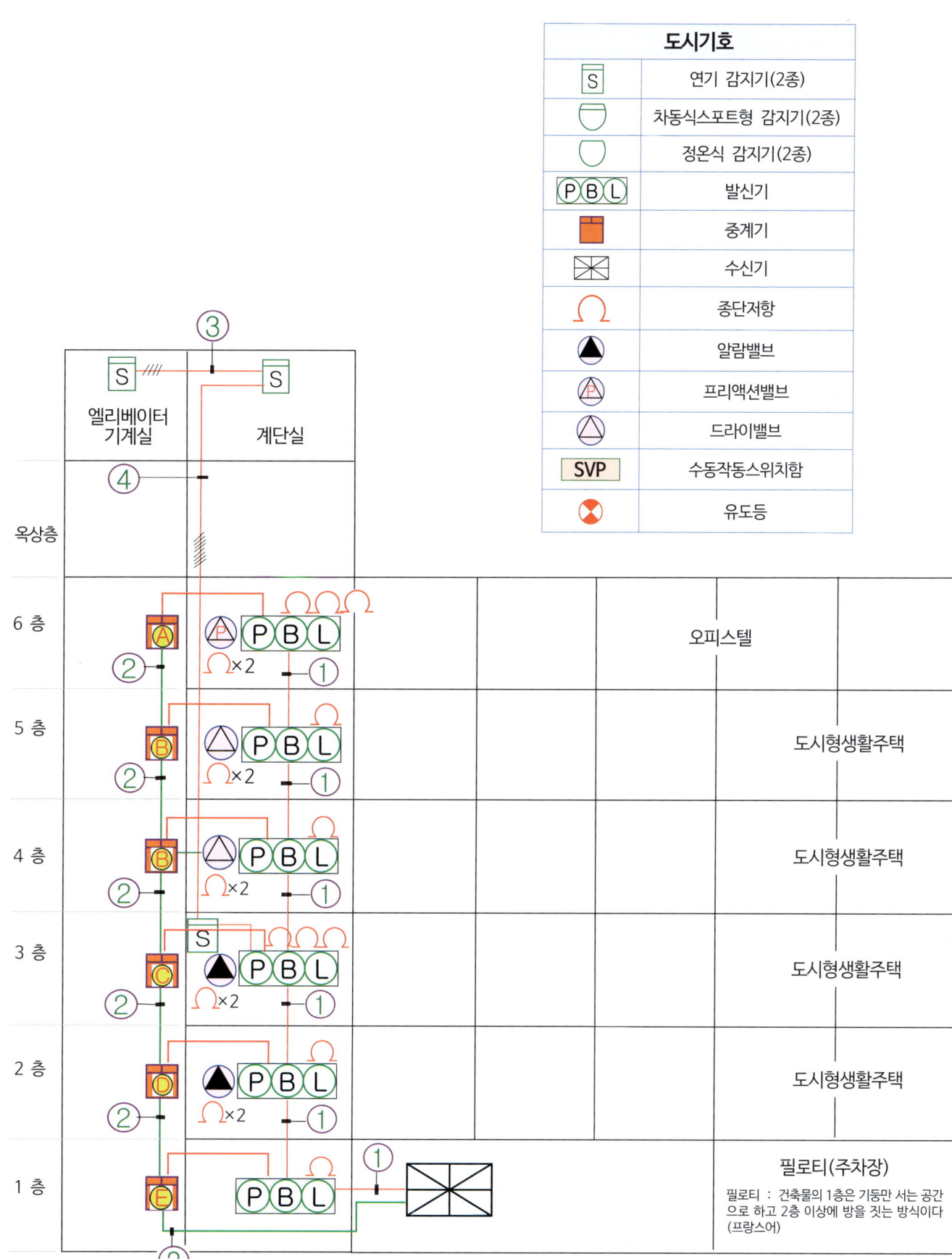

가. 소방시설 전기 계통도

R형 수신기 및 필요부품

항 목	필요내용	선정(제작)
수신기(자동화재탐지설비 회로)	19회로	30회로
중계기(2 × 2)	3개	
중계기(4 × 4)	4개	
알람밸브	2개	
프리액션밸브	2개	
드라이밸브	1개	
차동식스포트형 감지기(2종)	35개	
정온식스포트형 감지기(2종)	24개	
광전식연기 감지기(2종)	15개	
발신기 속보셑	6개	

중계기 기종 및 입,출력 내용

기호	중계기 기종 및 입, 출력
Ⓐ	4×4 중계기 1개, 2×2 중계기 1개 **입력(IN) 6** : 프리액션밸브 기동용감지기(A,B회로) 2, 유수검지장치 압력스위치 1, 프리액션밸브 1 2차측개폐밸브 탬퍼스위치 1, 발신기 누름S/W 1, 자탐감지기 회로 1, **출력(OUT) 3** : 프리액션밸브 전동볼밸브 1, 사이렌 1, 벨(경종) 1
Ⓑ	4×4 중계기 1개 **입력(IN) 4** : 옥내감지기 1, 발신기 누름S/W 1, 유수검지장치 압력스위치 1, 드라이밸브 1, 2차측개폐밸브 탬퍼스위치 1 **출력(OUT) 3** : 사이렌 1, 벨(경종) 1, 에어컴프레셔
Ⓒ	4×4 중계기 1개, 2×2 중계기 1개 **입력(IN) 6** : 계단실감지기 1, 엘리베이터기계실 감지기 1, 옥내감지기 1, 발신기 누름S/W 1 유수검지장치 압력스위치 1, 알람밸브 1차측개폐밸브 탬퍼스위치 1 **출력(OUT) 2** : 사이렌 1, 벨(경종) 1
Ⓓ	4×4 중계기 1개 **입력(IN) 4** : 옥내감지기1, 발신기 누름S/W 1, 유수검지장치 압력스위치1, 알람밸브 탬퍼스위치 1 **출력(OUT) 2** : 사이렌 1, 벨(경종) 1
Ⓔ	2×2 중계기 1개 **입력(IN) 2** : 옥내감지기, 발신기 누름S/W 1　　　**출력(OUT) 1** : 벨(경종)

전선 상세 내용

기호	전선 내용	세부 내용
①	16C(HFIX 2.5㎟ - 3)	발신기응답선1, 위치표시등선1, 공통선1
②	22C(FR CVV-SB 1.5㎟ 1Pr) 16C(HFIX 2.5㎟ - 2)	신호전송선, 중계기 전원 2(+,-)1
③	16C(HFIX 1.5㎟ - 4)	감지기선 4(엘리베이터기계실 감지기)
④	28C(HFIX 1.5㎟ - 8)	감지기선 8(엘리베이터기계실 감지기, 계단실 감지기)

R형 수신기 및 필요부품

항 목	필요내용
중계기(2×2)	1개
차동식스포트형 감지기(2종)	4개
발신기 속보셑	1개

중계기 기종 및 입,출력 내용

기호	중계기 기종 및 입, 출력
Ⓔ	2×2 중계기 1개 **입력(IN)** 2 : 감지기,발신기 누름스위치 **출력(OUT)** 1 : 벨(경종)

전선 상세 내용

기호	전선 내용	세부 내용
①	16C(HFIX 2.5㎟ - 3)	발신기 응답선1, 위치표시등선1, 공통선1
②	22C(FR CVV-SB 1.5㎟ 1Pr) 16C(HFIX 2.5㎟ - 2)	신호전송선, 중계기 전원 2(+,-)
③	16C(HFIX 1.5㎟ - 4)	감지기선 4

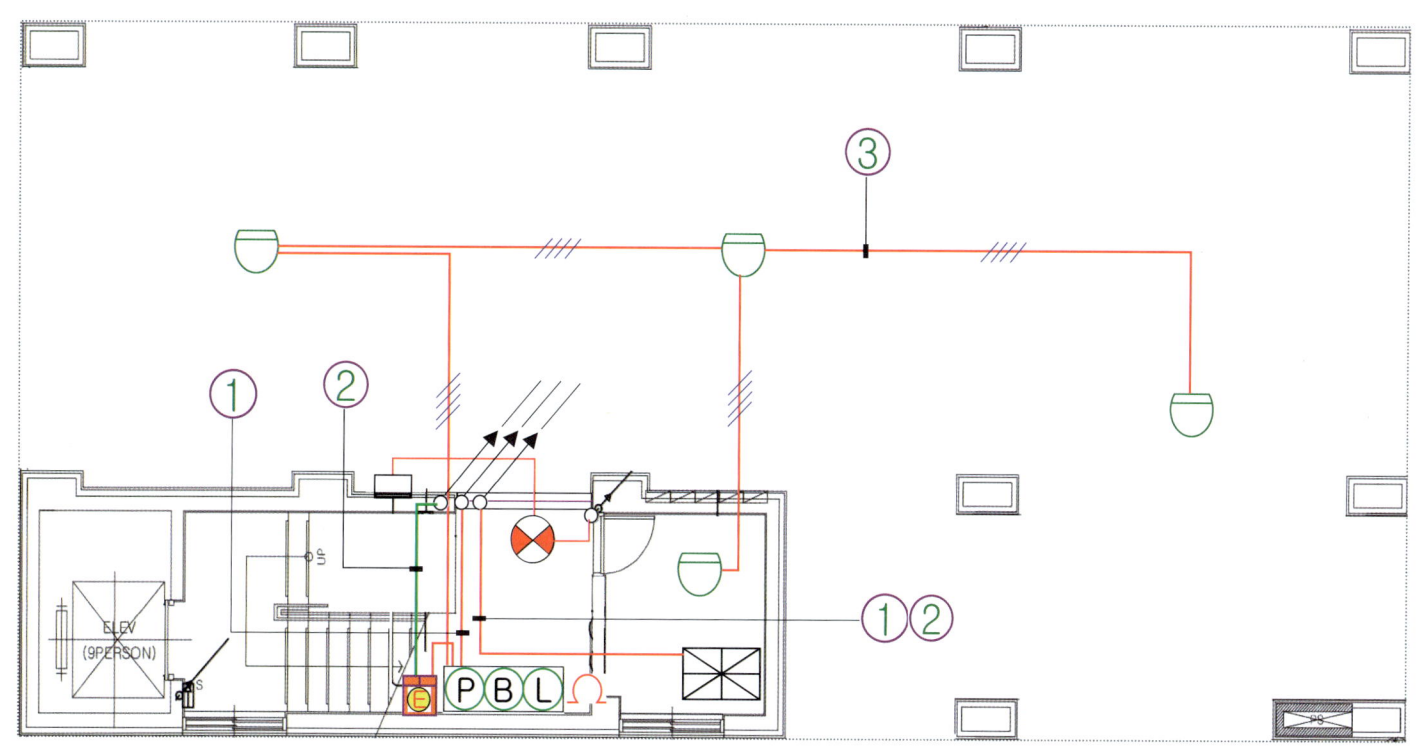

나. 1층 소방시설 전기 평면도

R형 수신기 및 필요부품

항 목	필요내용
알람밸브	1개
중계기(4×4)	1개
차동식스포트형 감지기(2종)	6개
정온식스포트형 감지기(2종)	5개
광전식연기 감지기(2종)	3개
발신기 속보셀	1개

중계기 기종 및 입,출력 내용

기호	중계기 기종 및 입,출력
Ⓓ	4×4 중계기 1개 **입력(IN) 4** : 감지기 1, 발신기 누름스위치 1, 　　　　　　　유수검지장치 압력스위치 1, 　　　　　　　알람밸브 1차측개폐밸브 탬퍼스위치 1 **출력(OUT) 2** : 사이렌 1, 벨(경종) 1

전선 상세 내용

기호	전선 내용	세부 내용
①	16C(HFIX 2.5㎟ - 3)	발신기 응답선1, 위치표시등선1, 공통선1
②	22C(FR CVV-SB 1.5㎟ 1Pr) 16C(HFIX 2.5㎟ - 2)	신호전송선, 중계기 전원 2(+,-)
③	16C(HFIX 1.5㎟ - 2)	감지기선 2
④	16C(HFIX 1.5㎟ - 4)	감지기선 4

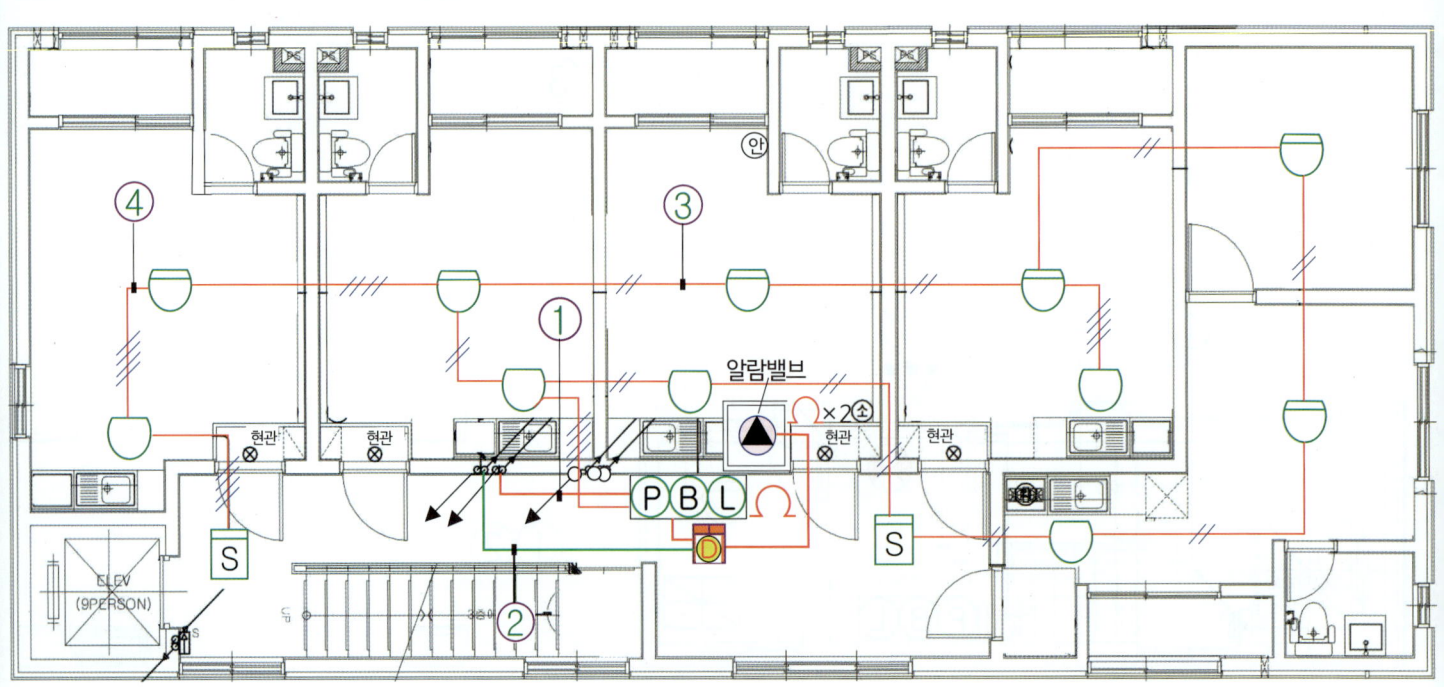

다. 2층 소방시설 전기 평면도

R형 수신기 및 필요부품

항목	필요내용
알람밸브	1개
중계기(2 × 2)	1개
중계기(4 × 4)	1개
차동식스포트형 감지기(2종)	6개
정온식스포트형 감지기(2종)	5개
광전식연기 감지기(2종)	3개
발신기 속보셋	1개

중계기 기종 및 입,출력 내용

기호	중계기 기종 및 입, 출력
Ⓒ	4×4 중계기 1개, 2×2 중계기 1개 **입력(IN) 6** : 옥내감지기 1, 계단실 감지기 1, 발신기 누름스위치 1 엘리베이터기계실 감지기 1, 유수검지장치 압력스위치 1, 알람밸브 1차측개폐밸브 탬퍼스위치 1 **출력(OUT) 2** : 사이렌 1, 벨(경종) 1

전선 상세 내용

기호	전선 내용	세부 내용
①	16C(HFIX 2.5㎟ - 3)	발신기 응답선1, 위치표시등선1, 공통선1
②	22C(FR CVV-SB 1.5㎟ 1Pr) 16C(HFIX 2.5㎟ - 2)	신호전송선, 중계기 전원 2(+,-)
③	16C(HFIX 1.5㎟ - 2)	감지기선 2
④	16C(HFIX 1.5㎟ - 4)	감지기선 4

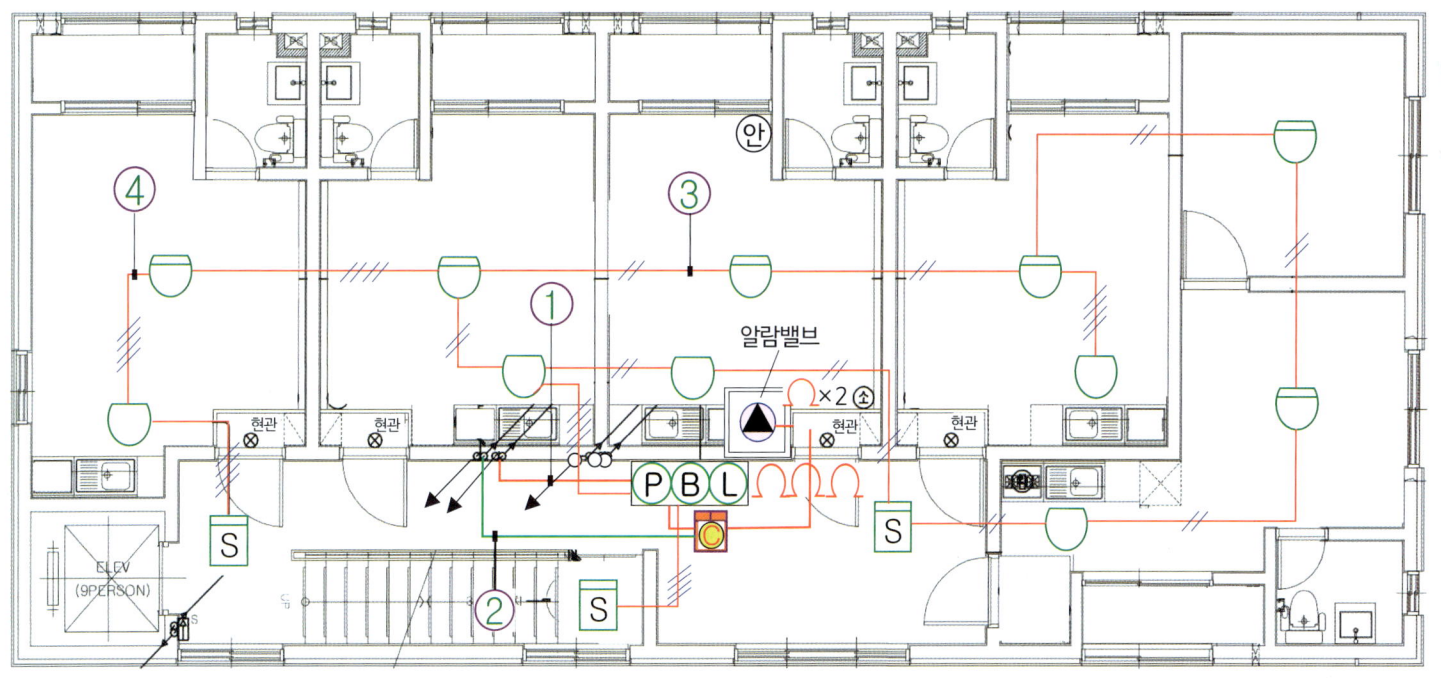

라. 3층 소방시설 전기 평면도

R형 수신기 및 필요부품

항목	필요내용
드라이밸브	1개
중계기(4 × 4)	1개
차동식스포트형 감지기(2종)	6개
정온식스포트형 감지기(2종)	5개
광전식연기 감지기(2종)	3개
발신기 속보셀	1개

중계기 기종 및 입,출력 내용

기호	중계기 기종 및 입, 출력
Ⓑ	4×4 중계기 1개 **입력(IN) 4** : 옥내감지기 1, 발신기 누름스위치 1, 　　　　　　유수검지장치 압력스위치 1, 　　　　　　드라이밸브 1,2차측 개폐밸브 탬퍼스위치 1 **출력(OUT) 3** : 사이렌 1, 벨(경종) 1, 에어컴프레셔

전선 상세 내용

기호	전선 내용	세부 내용
①	16C(HFIX 2.5㎟ - 3)	발신기 응답선1, 위치표시등선1, 공통선1
②	22C(FR CVV-SB 1.5㎟ 1Pr) 16C(HFIX 2.5㎟ - 2)	신호전송선, 중계기 전원 2(+,-)
③	16C(HFIX 1.5㎟ - 2)	감지기선 2
④	16C(HFIX 1.5㎟ - 4)	감지기선 4

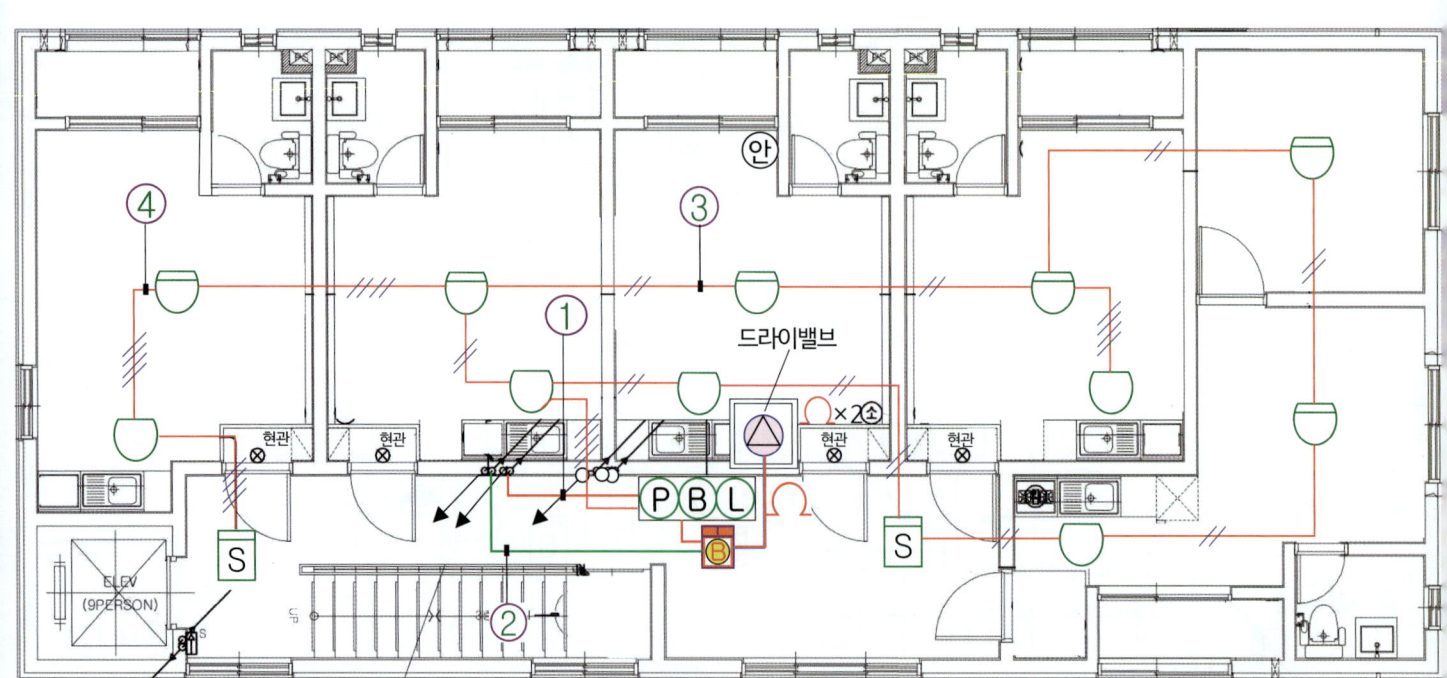

마. 4층 소방시설 전기 평면도

R형 수신기 및 필요부품

항 목	필요내용
드라이밸브	1개
중계기(4 × 4)	1개
차동식스포트형 감지기(2종)	6개
정온식스포트형 감지기(2종)	5개
광전식연기 감지기(2종)	3개
발신기 속보셀	1개

중계기 기종 및 입,출력 내용

기호	중계기 기종 및 입, 출력
Ⓑ	4×4 중계기 1개 **입력(IN) 4** : 옥내감지기 1, 발신기 누름스위치 1 　　　　　　유수검지장치 압력스위치 1, 　　　　　　드라이밸브 1,2차측 개폐밸브 탬퍼스위치 1 **출력(OUT) 3** : 사이렌 1, 벨(경종) 1, 에어컴프레셔

전선 상세 내용

기호	전선 내용	세부 내용
①	16C(HFIX 2.5㎟ - 3)	발신기 응답선1, 위치표시등선1, 공통선1
②	22C(FR CVV-SB 1.5㎟ 1Pr) 16C(HFIX 2.5㎟ - 2)	신호전송선, 중계기 전원 2(+,-)
③	16C(HFIX 1.5㎟ - 2)	감지기선 2
④	16C(HFIX 1.5㎟ - 4)	감지기선 4

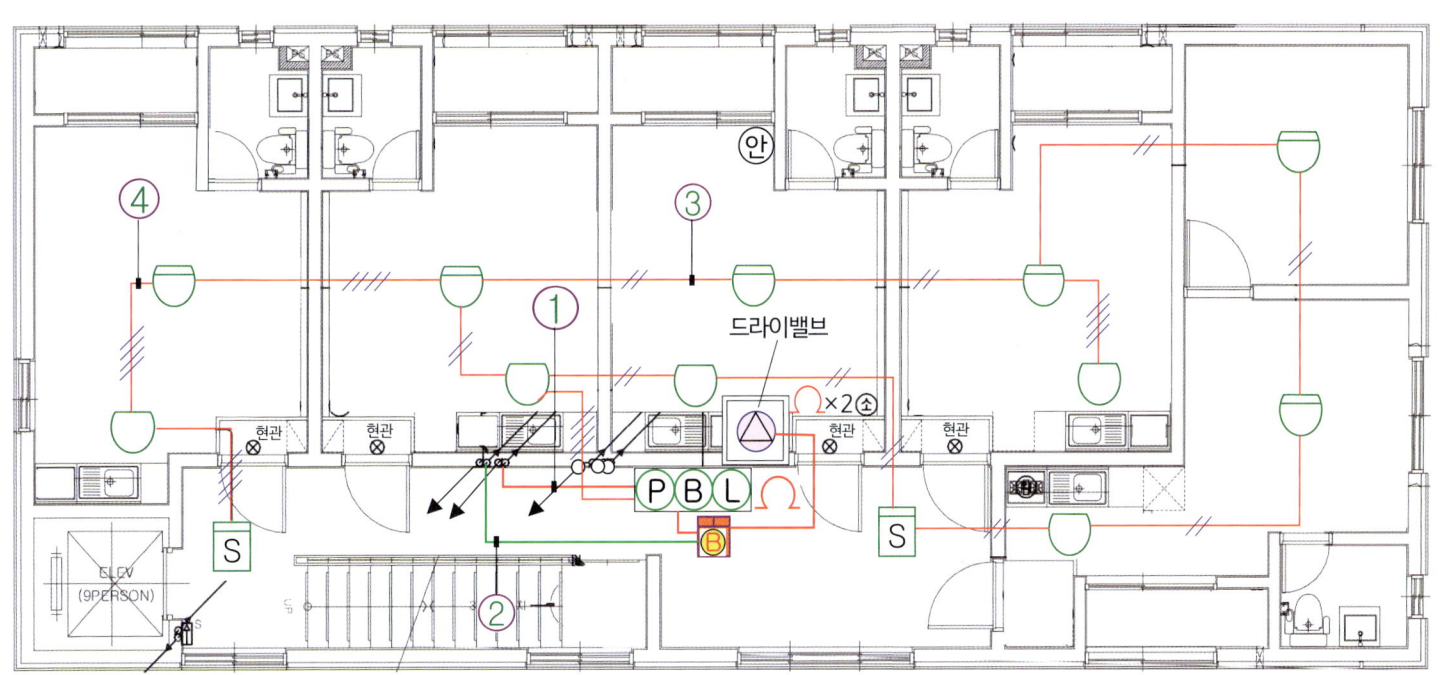

바. 5층 소방시설 전기 평면도

R형 수신기 및 필요부품

항 목	필요내용
프리액션밸브	1개
중계기(2×2)	1개
중계기(4×4)	1개
차동식스포트형 감지기(2종)	12개
정온식스포트형 감지기(2종)	4개
광전식연기 감지기(2종)	1개
발신기 속보셀	1개

중계기 기종 및 입,출력 내용

기호	중계기 기종 및 입, 출력
Ⓐ	4×4 중계기 1개, 2×2 중계기 1개 **입력(IN) 6** : 프리액션밸브기동용 감지기 2(A,B회로), 　　　　　　발신기 누름스위치 1, 자탐 감지기 회로 1 　　　　　　유수검지장치 압력스위치 1, 　　　　　　프리액션밸브 1,2차측 개폐밸브 탬퍼스위치 1 **출력(OUT) 3** : 프리액션밸브 전동볼밸브 1, 　　　　　　사이렌 1, 벨(경종) 1

전선 상세 내용

기호	전선 내용	세부 내용
①	16C(HFIX 2.5㎟ - 3)	발신기 응답선1, 위치표시등선1, 공통선1
②	22C(FR CVV-SB 1.5㎟ 1Pr) 16C(HFIX 2.5㎟ - 2)	신호전송선, 중계기 전원 2(+,-)
③	16C(HFIX 1.5㎟ - 4)	감지기선 4

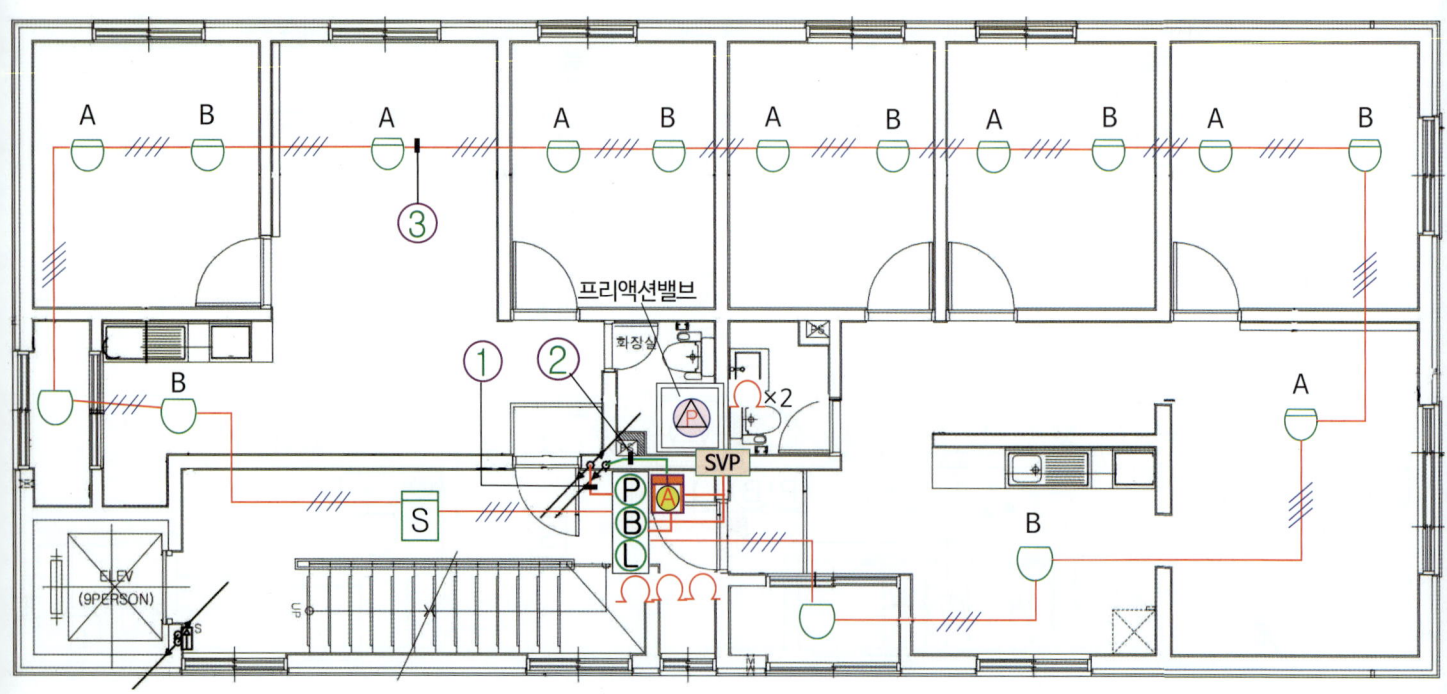

사. 6층 소방시설 전기 평면도

R형 수신기 및 필요부품

항 목	필요내용
광전식연기 감지기(2종)	2개

전선 상세 내용

기호	전선 내용	세부 내용
①	16C(HFIX 1.5㎟ - 4)	감지기선 4(엘리베이터기계실 감지기)
②	28C(HFIX 1.5㎟ - 8)	감지기선 8(엘리베이터기계실 감지기, 계단실 감지기)

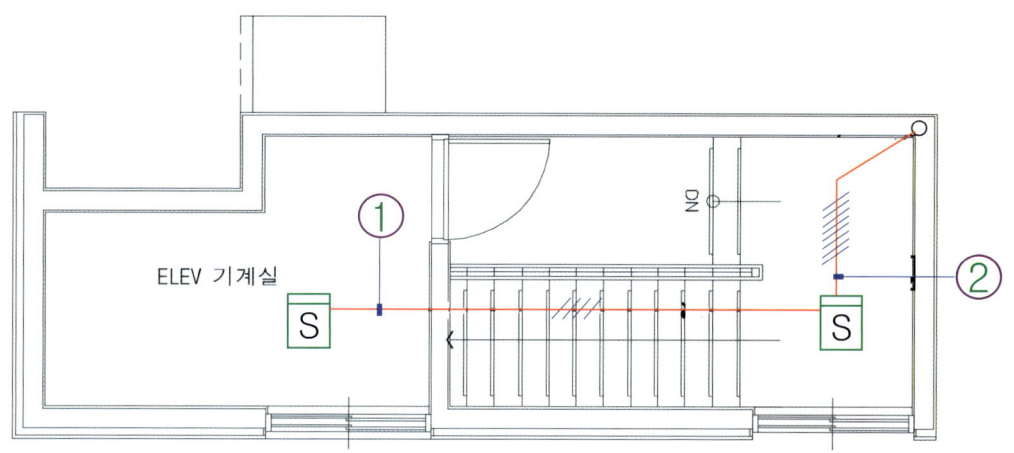

아. 옥탑층 소방시설 전기 평면도

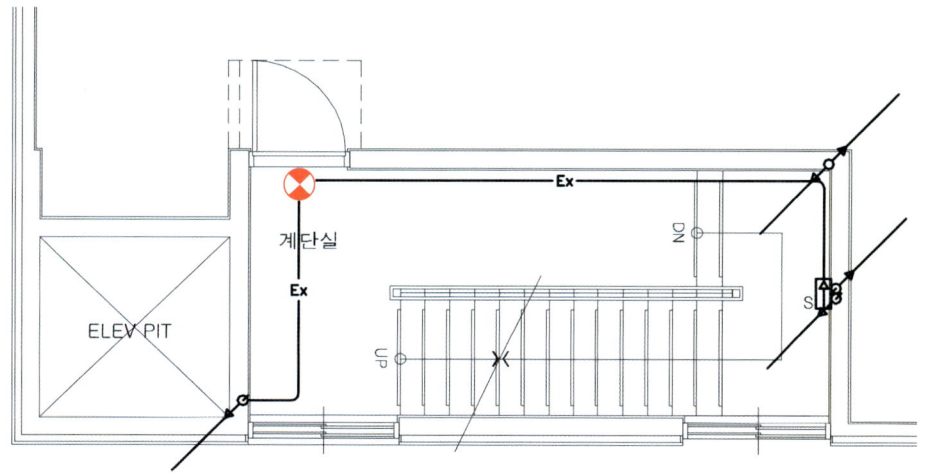

자. 옥상층 소방시설 전기 평면도

8. R형수신기 자동화재탐지설비, 스프링클러설비 설계도면 해설

　가.　1층 소방 전기시설 해설 ·················· 351
　나.　2층 소방 전기시설 해설 ·················· 352
　다.　3층 소방 전기시설 해설 ·················· 354
　라.　4층 소방 전기시설 해설 ·················· 356
　마.　5층 소방 전기시설 해설 ·················· 358
　바.　6층 소방 전기시설 해설 ·················· 360
　사.　옥탑층 소방 전기시설 해설 ·················· 362
　아.　1~6층 발신기와 발신기 연결 해설 ············ 364

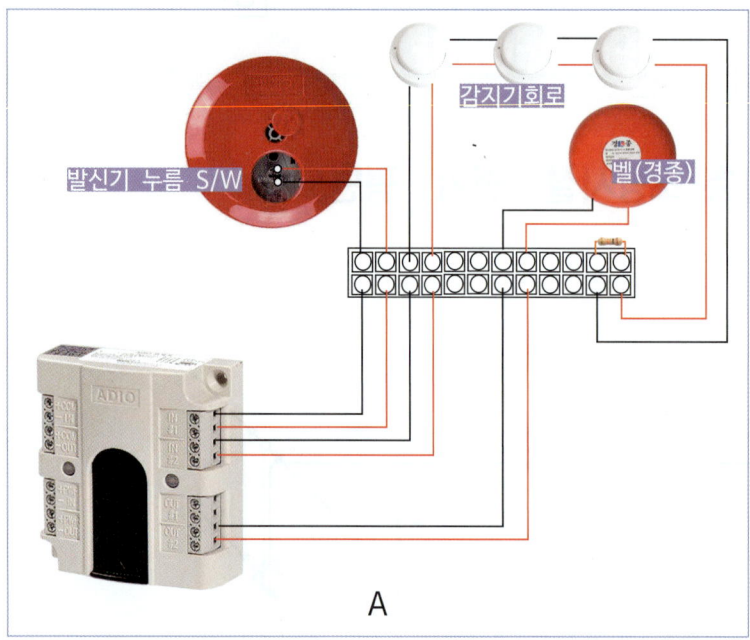

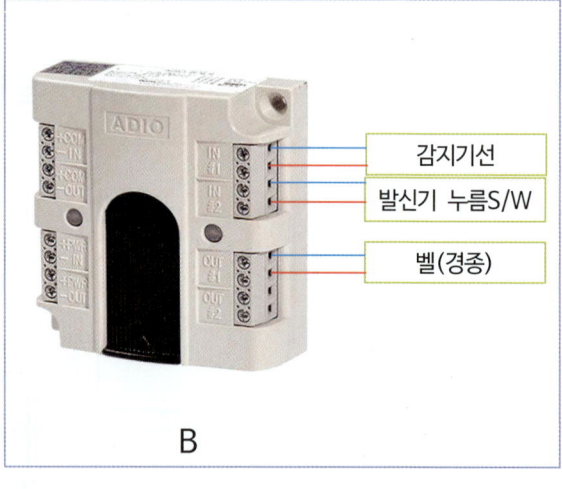

감지기 등의 부품과 중계기의 결선을 A와 같이 부품의 선을 단자대에 연결하여 단자대에서 중계기에 연결해야 하지만, B와 같이 그림을 간단히 그렸다.

가. 1층(343P) 소방 전기시설 해설

【 1층 중계기 결선 내용 】

1층 중계기 E에는 입력2(감지기, 발신기 누름 S/W), 출력1(벨-경종)이 연결된다.
중계기 입력(IN)에는 감지기, 발신기 누름 S/W선을 연결하고, 출력(OUT)에는 벨(경종)선이 연결된다.

1층 중계기와 2층 중계기 그리고 수신기와 연결하는 ②는 22C(FR CVV-SB 1.5㎟ Pr), 16C(HFIX 2.5㎟-3) 연결된다.

1층의 감지기, 발신기 누름 S/W가 작동하면 작동신호는 중계기의 입력(IN)으로 들어가
신호전송선②를 통하여 수신기에 신호가 전달된다.

수신기는 감지기, 발신기 누름 S/W의 작동신호를 받으면 다시 신호전송선②를 통하여 중계기에 신호를 전달하여
중계기 출력(OUT)에 연결된 벨(경종)을 통하여 화재경보(벨)를 울린다.

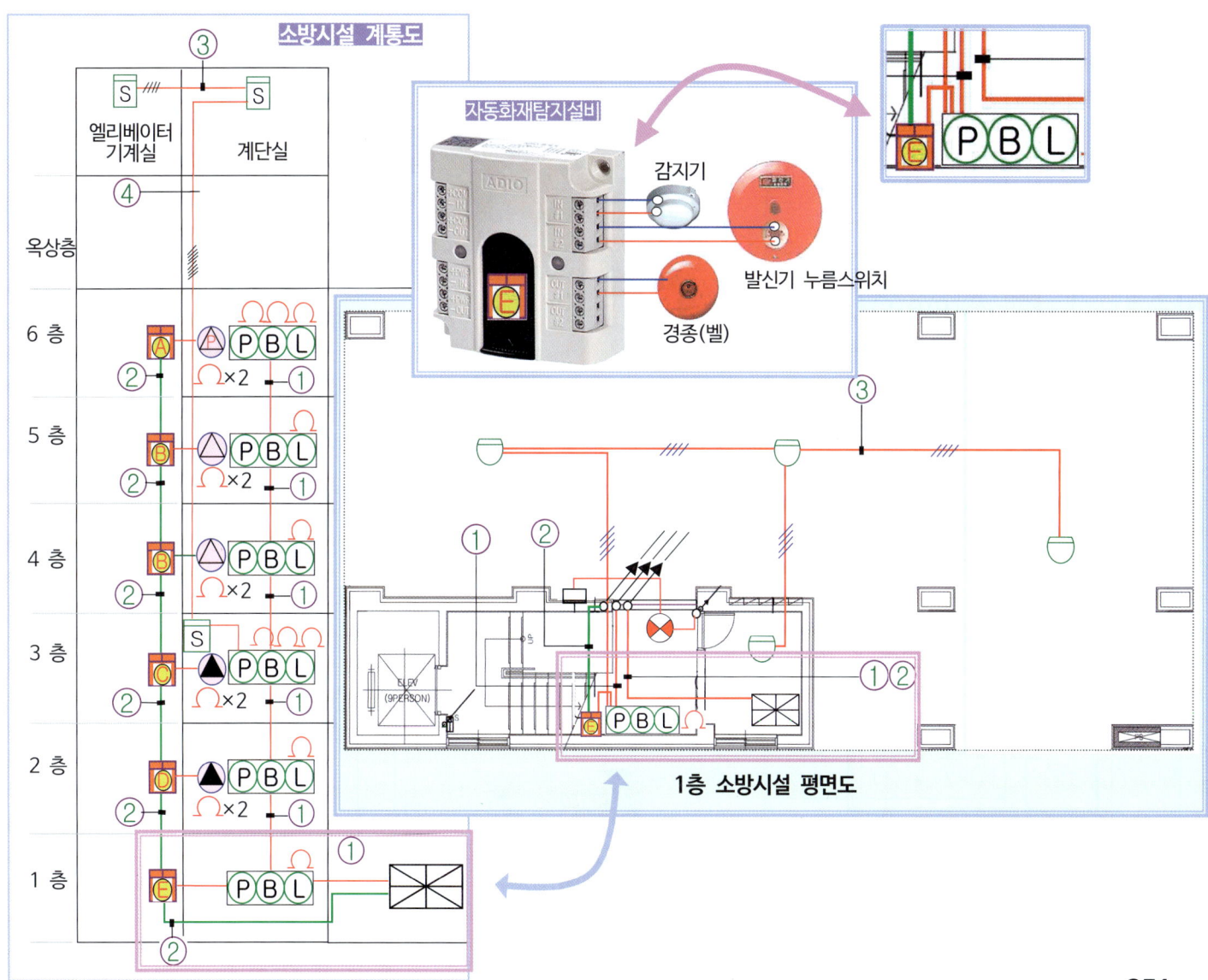

나. 2층(344P) 소방 전기시설 해설

【 2층 중계기 결선 내용 】

2층의 중계기 D에는 **입력4**(감지기, 발신기 누름 S/W, 유수검지장치 압력스위치, 알람밸브 1차측개폐밸브 탬퍼스위치선) **출력2**(사이렌, 벨-경종)이 연결된다.

2층 중계기와 3층, 1층 중계기와 연결하는 ②는 22C(FR CVV-SB 1.5㎟ Pr), 16C(HFIX 2.5㎟-3) 연결된다.

2층의 감지기, 발신기 누름 S/W, 유수검지장치 압력스위치, 탬퍼스위치가 작동하면 작동신호는 중계기의 **입력(IN)**으로 들어가 신호전송선을 통하여 수신기에 신호가 전달된다.

수신기는 작동신호를 받고, 다시 신호전송선으로 중계기에 신호를 전달하여 중계기 **출력(OUT)**에 연결된 사이렌과 벨(경종)을 통하여 화재경보를 울린다.

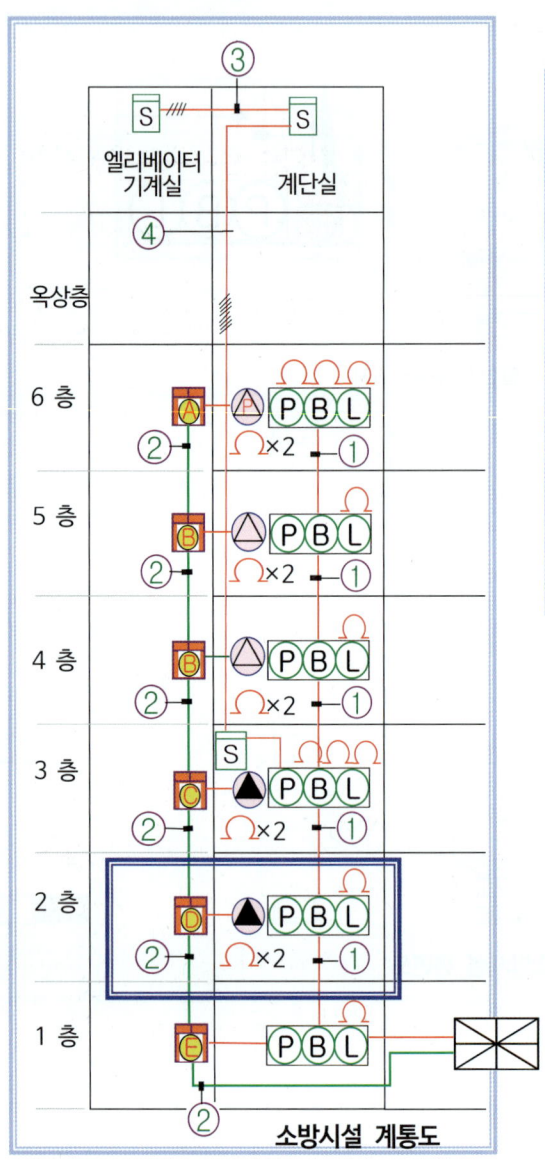
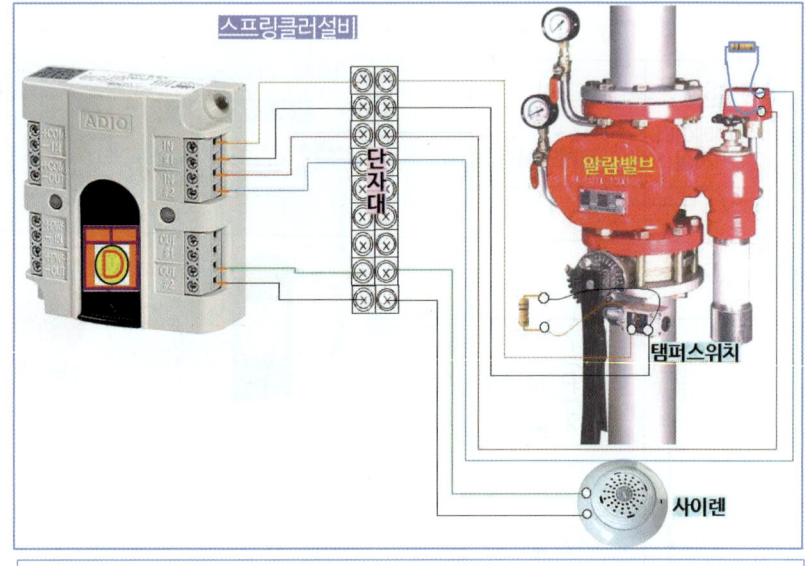
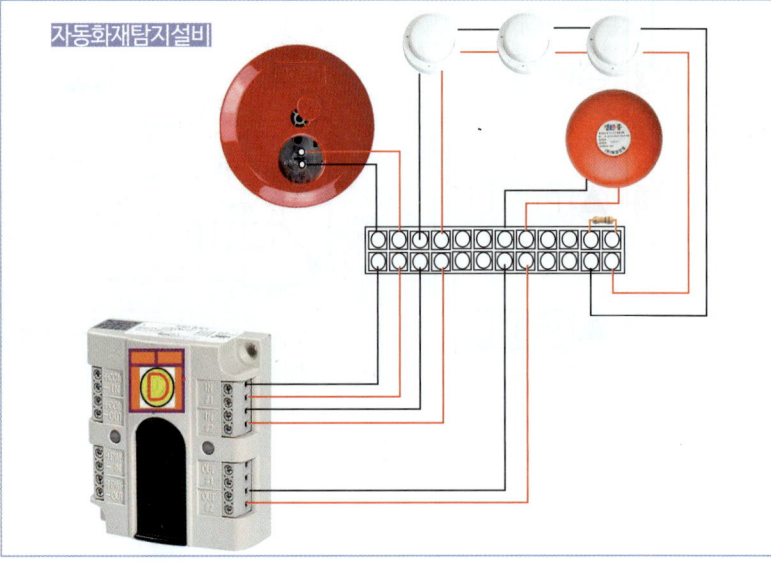

2층 소방시설 평면도

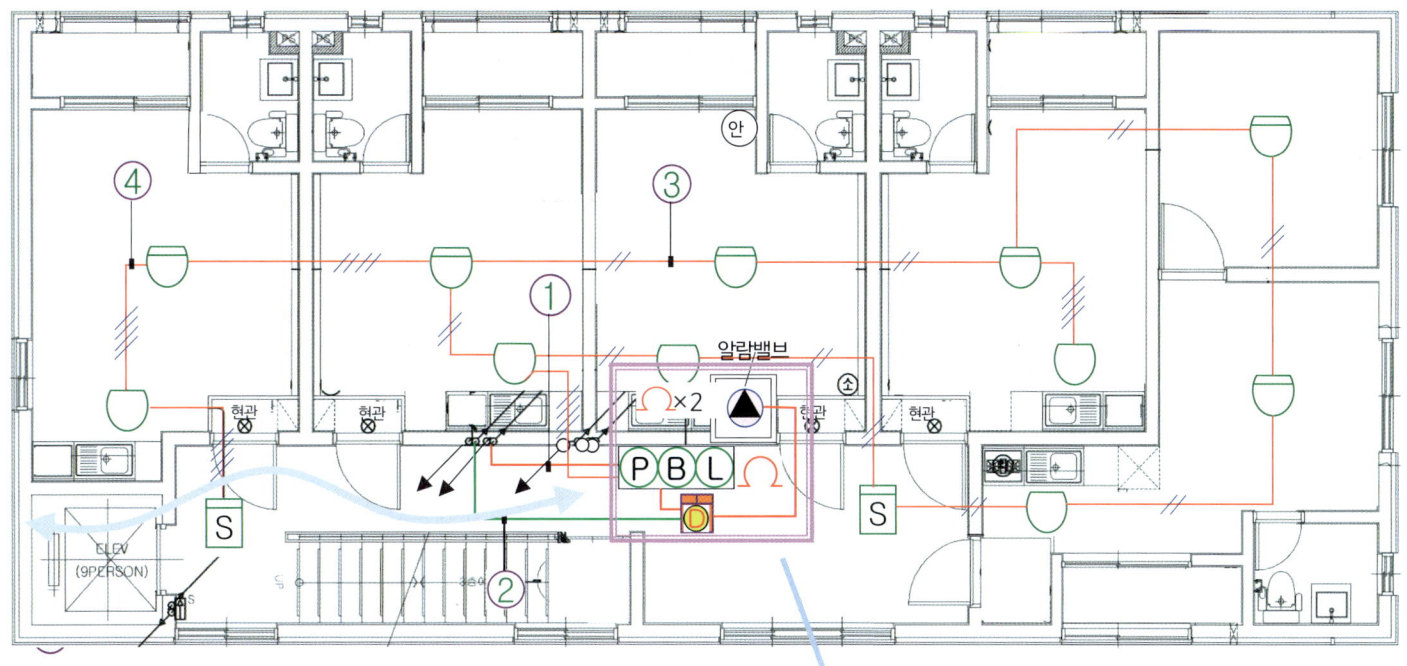

Ω×2 내용

1. 알람밸브 압력스위치회로
2. 알람밸브 1차측 개폐밸브 탬퍼스위치 회로

2층 중계기 내용

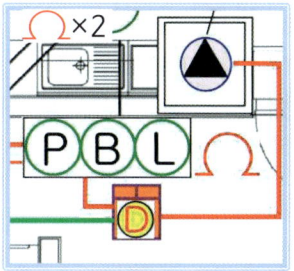

【종단저항 설치 기준】

스프링클러설비의 화재안전기술기준 2.10.3.8

다음의 각 확인회로마다 **도통시험** 및 작동시험을 할 수 있도록 할 것

가. 기동용수압개폐장치의 압력스위치회로
나. 수조 또는 물올림탱크의 저수위감시회로
다. 유수검지장치 또는 일제개방밸브의
　　　　　　　　　　　압력스위치 회로
라. 일제개방밸브를 사용하는 설비의
　　　　　　　　　　　화재감지기회로
마. 개폐밸브의 폐쇄상태 확인회로
　　　　　　　(탬퍼스위치 회로)

중계기 기종 및 입, 출력 내용

기호	중계기 기종 및 입, 출력
Ⓓ	4×4 중계기 1개 **입력**(IN) 4 : 감지기 1, 발신기 누름스위치 1, 유수검지장치 압력스위치 1, 알람밸브 1차측개폐밸브 탬퍼스위치 1 **출력**(OUT) 2 : 사이렌 1, 벨(경종) 1

다. 3층(345P) 소방 전기시설 해설

【 3층 중계기 결선 내용 】

3층중계기 ⓒ에는 입력(IN)에는 3층 감지기선, 엘리베이터기계실 감지기선, 계단실 감지기선, 발신기 누름 S/W, 유수검지장치 압력스위치선, 알람밸브 탬퍼스위치선을 연결하고, 중계기 출력(OUT)에는 사이렌선, 벨(경종)선이 연결된다.

수신기는 3층감지기, 엘리베이터기계실 감지기, 계단실감지기, 발신기 누름 S/W, 유수검지장치 압력스위치의 작동신호를 받으면 다시 신호전송선②로 중계기 ⓒ에 신호를 전달하여,

중계기 출력(OUT)에 연결된 사이렌과 벨(경종)을 통하여 화재경보를 울린다.

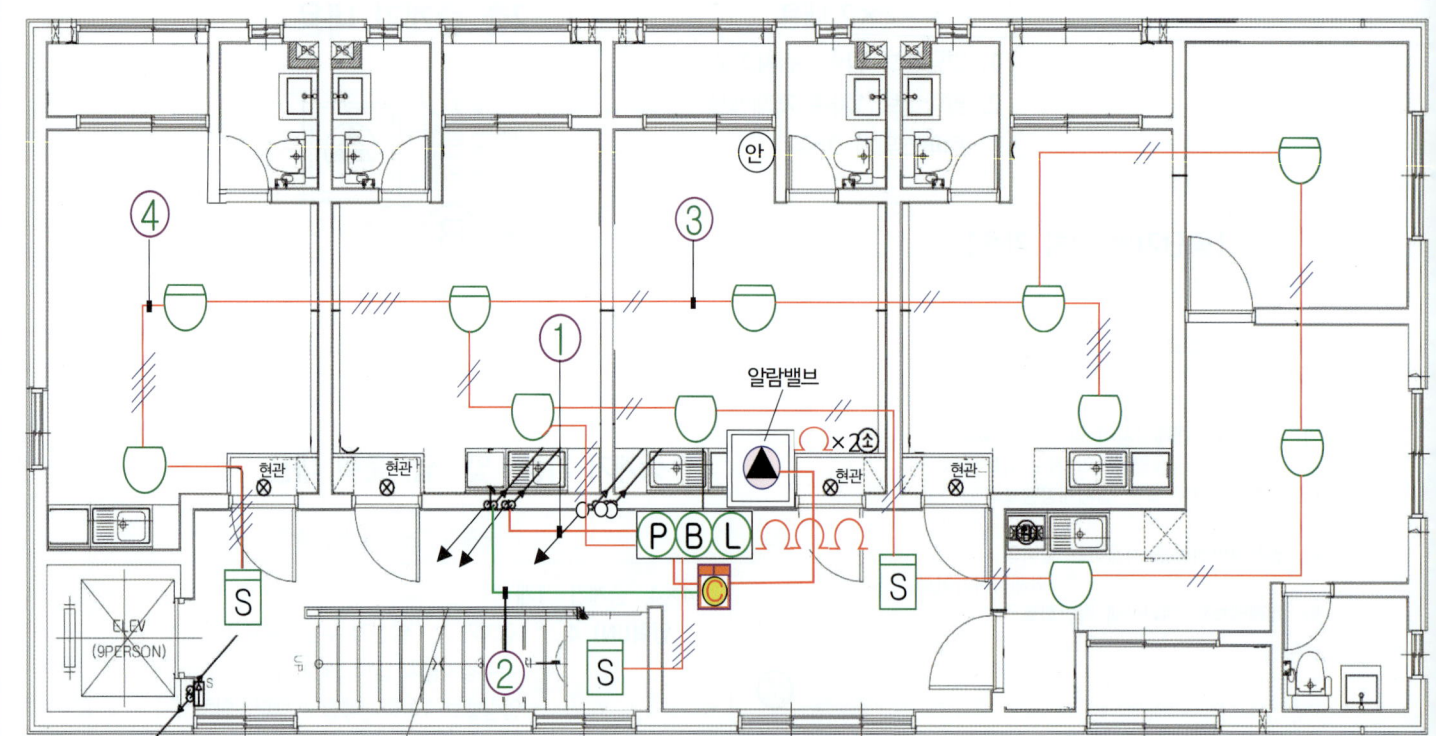

3층 소방시설 평면도

3층 중계기 내용

중계기 기종 및 입, 출력 내용

기호	중계기 기종 및 입, 출력
Ⓒ	4×4 중계기 1개, 2×2 중계기 1개 **입력(IN) 6** : 옥내감지기 1, 계단실 감지기 1, 발신기 누름스위치 1 　　　　　　엘리베이터기계실 감지기 1, 유수검지장치 압력스위치 1, 　　　　　　알람밸브 1차측개폐밸브 탬퍼스위치 1 **출력(OUT) 2** : 사이렌 1, 벨(경종) 1

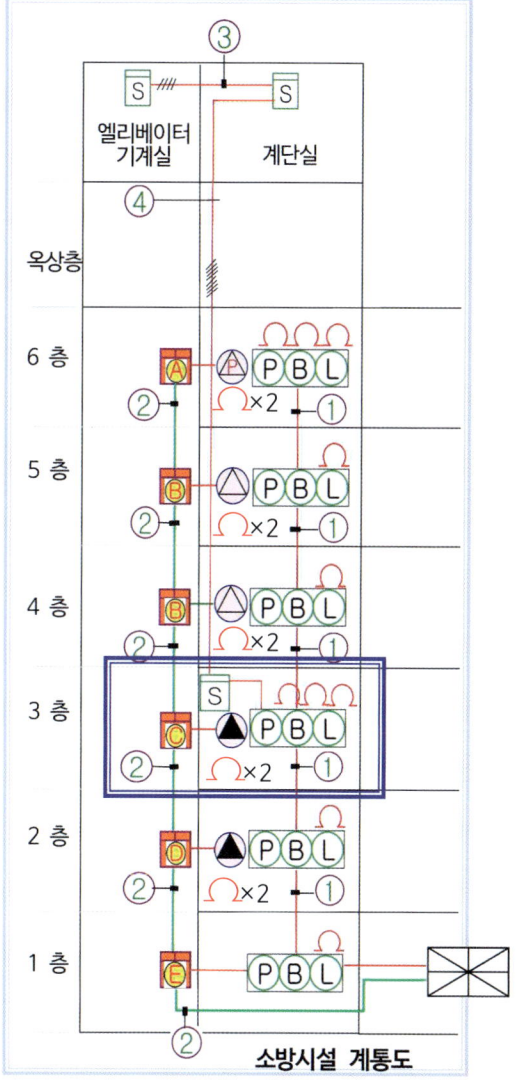
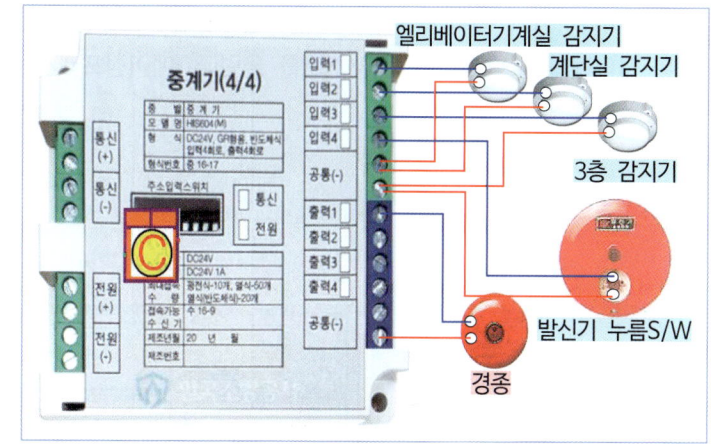
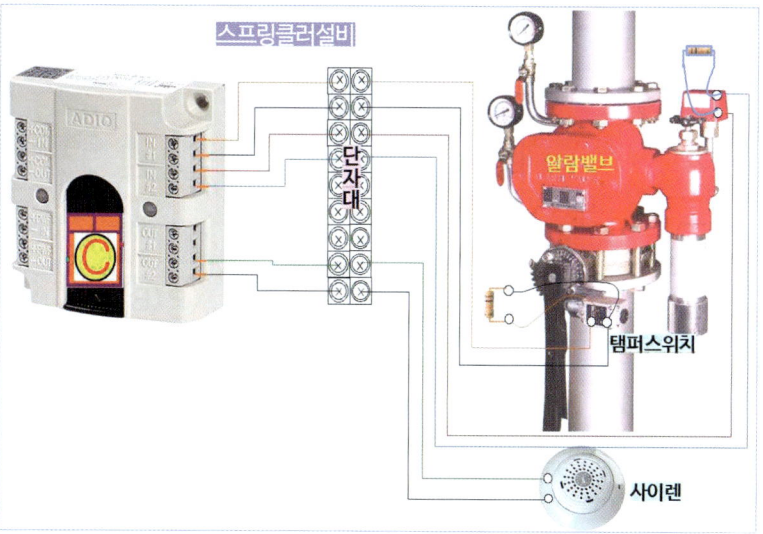

라. 4층(346P) 소방 전기시설 해설

【 4층 중계기 결선 내용 】

4층중계기 B 에는 입력4(4층감지기, 발신기 누름 S/W, 유수검지장치 압력스위치, 드라이밸브 1,2차측개폐밸브 탬퍼스위치), 출력3(사이렌, 벨-경종, 에어컴프레셔)이 연결된다.

중계기 입력(IN)에는 4층감지기선, 발신기 누름 S/W, 유수검지장치 압력스위치선, 드라이밸브 탬퍼스위치선을 연결하고, 중계기 출력(OUT)에는 사이렌선, 벨(경종), 에어컴프레셔선이 연결된다.

4층감지기, 발신기 누름 S/W, 유수검지장치 압력스위치, 드라이밸브 1,2차측개폐밸브 탬퍼스위치가 각각 작동하면 작동신호는 4층의 중계기 B 의 중계기 입력(IN)으로 들어가 신호전송선 ②를 통하여 수신기에 신호가 전달된다.

수신기는 4층감지기 등의 작동신호를 받으면 다시 신호전송선②로 중계기 B 에 신호를 전달하여 중계기 출력(OUT)에 연결된 사이렌과 벨을 통하여 화재경보를 울린다. 에어컴프레셔는 작동을 멈추게 한다.

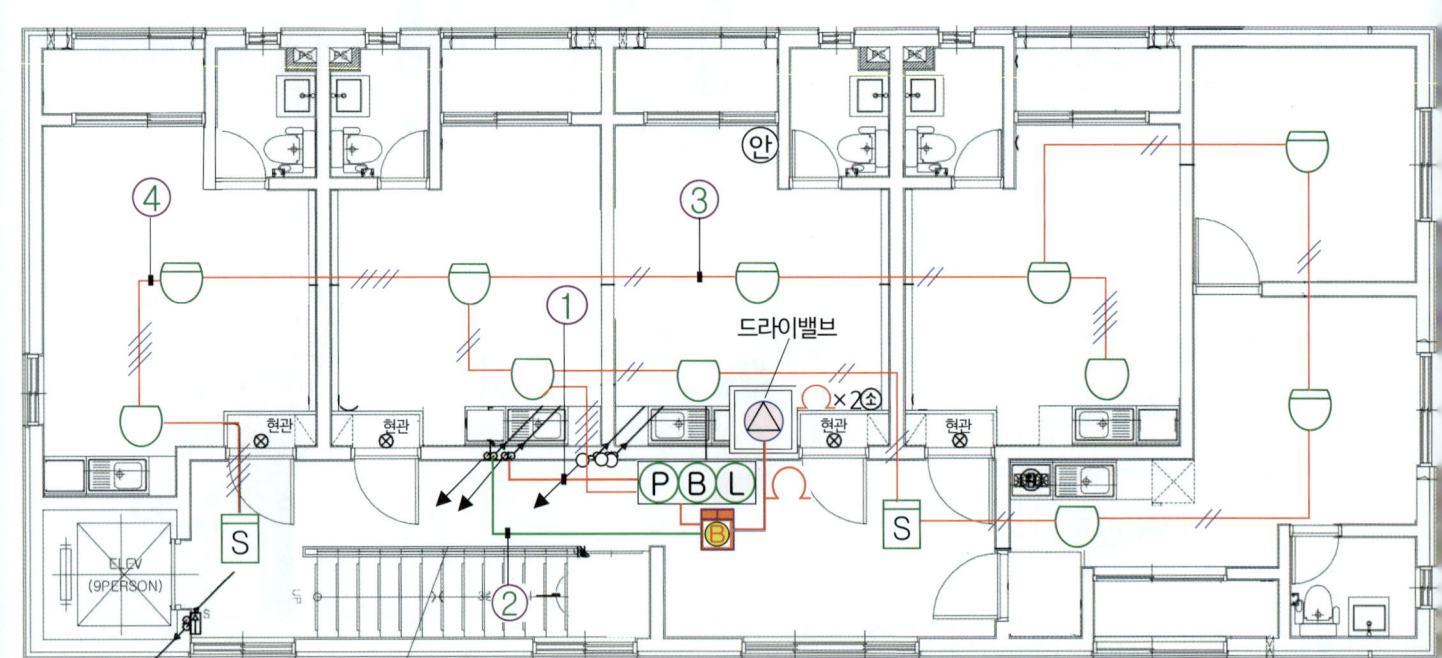

4층 소방시설 평면도

4층 중계기 내용

중계기 기종 및 입, 출력 내용

기호	중계기 기종 및 입, 출력
Ⓑ	4×4 중계기 1개 입력(IN) 4 : 옥내감지기 1, 발신기 누름스위치 1, 　　　　　　　유수검지장치 압력스위치 1, 　　　　　　　드라이밸브 1,2차측 개폐밸브 탬퍼스위치 1 출력(OUT) 3 : 사이렌 1, 벨(경종) 1, 에어컴프레셔

Ω 내용
1. 4층 자동화재탐지설비 감지기회로

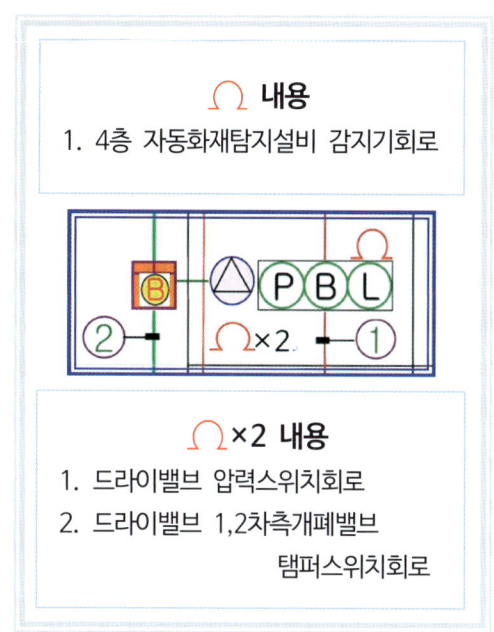

Ω×2 내용
1. 드라이밸브 압력스위치회로
2. 드라이밸브 1,2차측개폐밸브
　　　탬퍼스위치회로

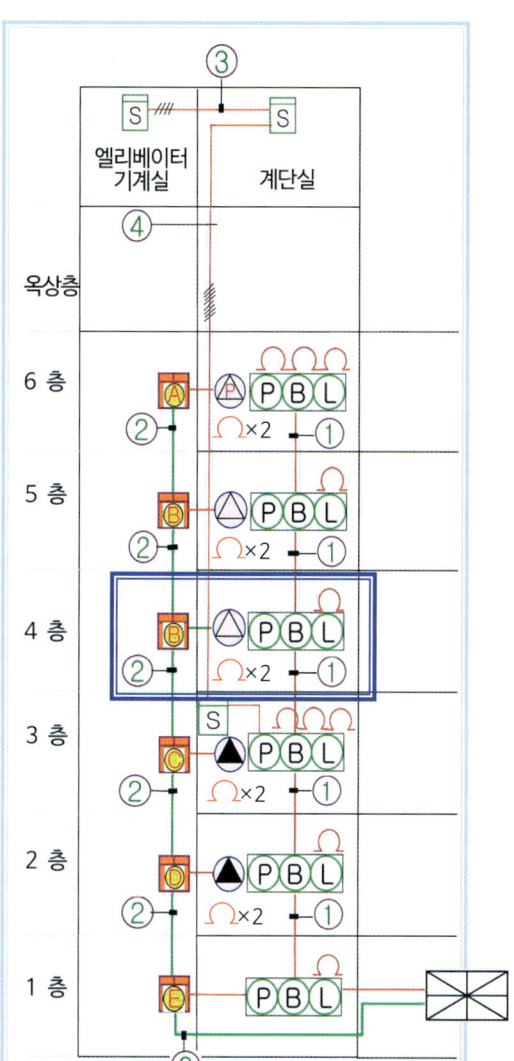

소방시설 계통도

자동화재탐지설비

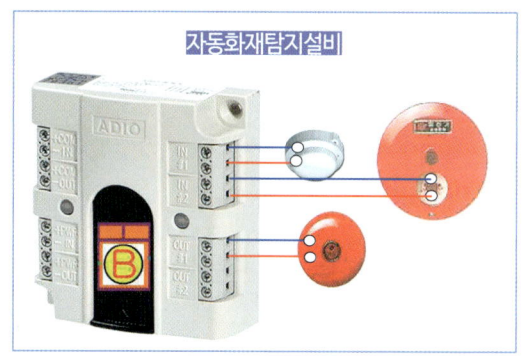

스프링클러설비

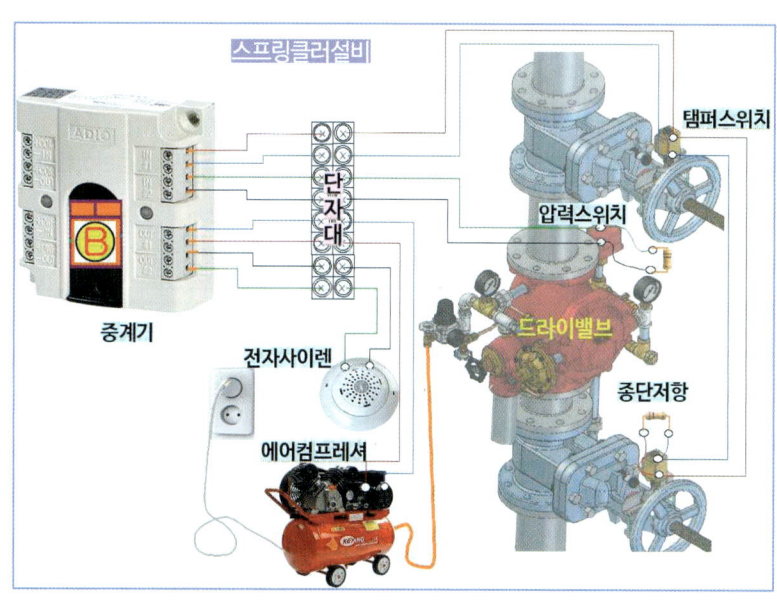

마. 5층(347P) 소방 전기시설 해설

【 5층 중계기 결선 내용 】

5층중계기 B 에는 **입력4**(5층감지기, 유수검지장치 압력스위치, 발신기 누름 S/W, 드라이밸브 탬퍼스위치), **출력3**(사이렌, 벨-경종, 에어컴프레셔)이 연결된다.

중계기 입력(IN)에는,
5층감지기선, 유수검지장치 압력스위치선, 발신기 누름 S/W선, 드라이밸브 탬퍼스위치선을 연결하고,
중계기 출력(OUT)에는 사이렌, 벨(경종), 에어컴프레셔선이 연결된다.

5층감지기, 발신기 누름 S/W, 유수검지장치 압력스위치, 드라이밸브 1,2차측개폐밸브 탬퍼스위치가 각각 작동하면 작동신호는 5층의 중계기 B 의 중계기 입력(IN)으로 들어가 신호전송선 ②를 통하여 수신기에 신호가 전달된다.

수신기는 5층감지기등의 작동신호를 받으면 다시 신호전송선 ②로 중계기 B 에 신호를 전달하여 중계기 출력(OUT)에 연결된 사이렌과 벨을 통하여 화재경보를 울린다.

에어컴프레셔는 작동을 멈추게 한다.

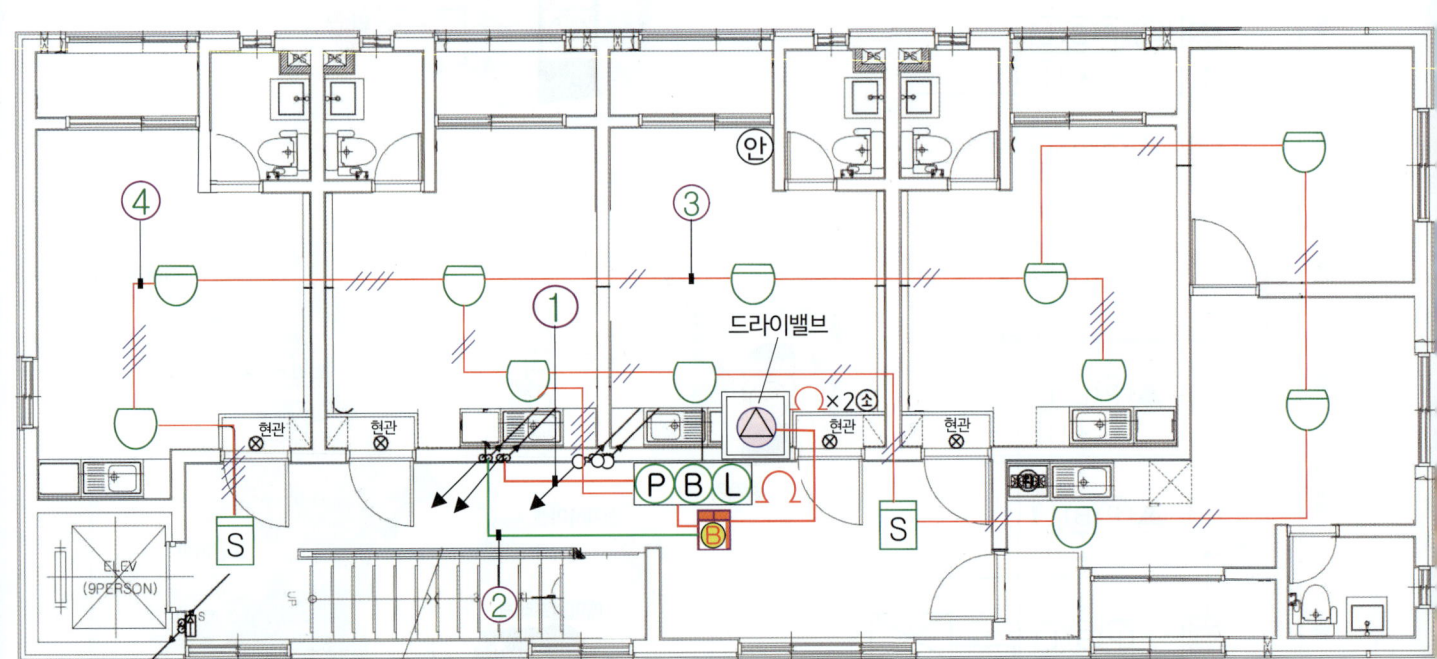

5층 소방시설 평면도

5층 중계기 내용

중계기 기종 및 입, 출력 내용

기호	중계기 기종 및 입, 출력
Ⓑ	4×4 중계기 1개 입력(IN) 4 : 옥내감지기 1, 발신기 누름스위치 1 　　　　　　　유수검지장치 압력스위치 1, 　　　　　　　드라이밸브 1,2차측 개폐밸브 탬퍼스위치 1 출력(OUT) 3 : 사이렌 1, 벨(경종) 1, 에어컴프레셔

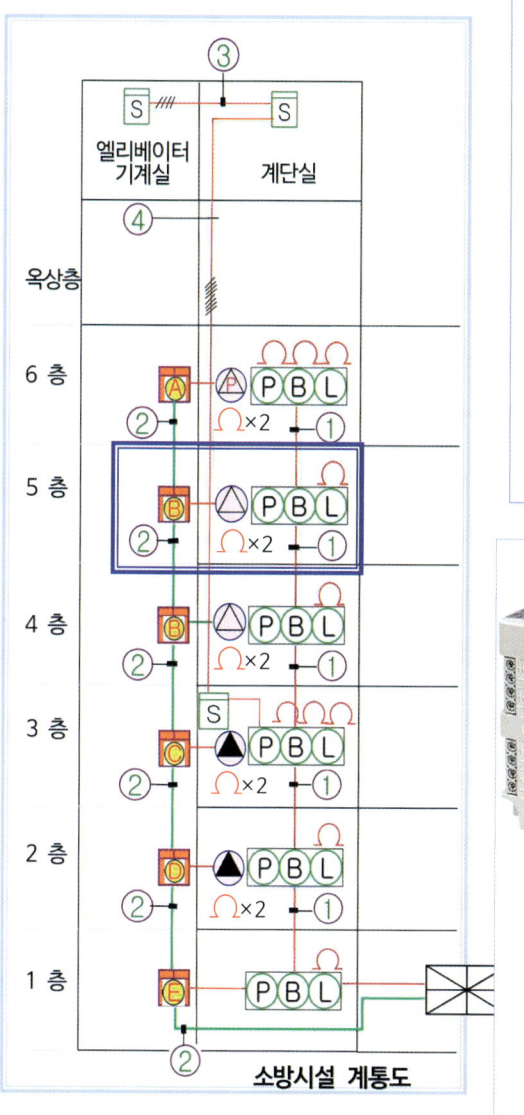
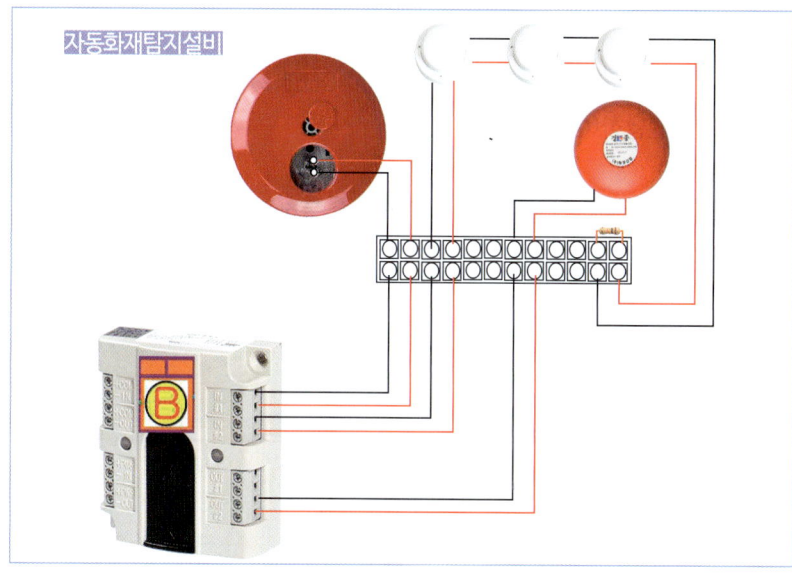
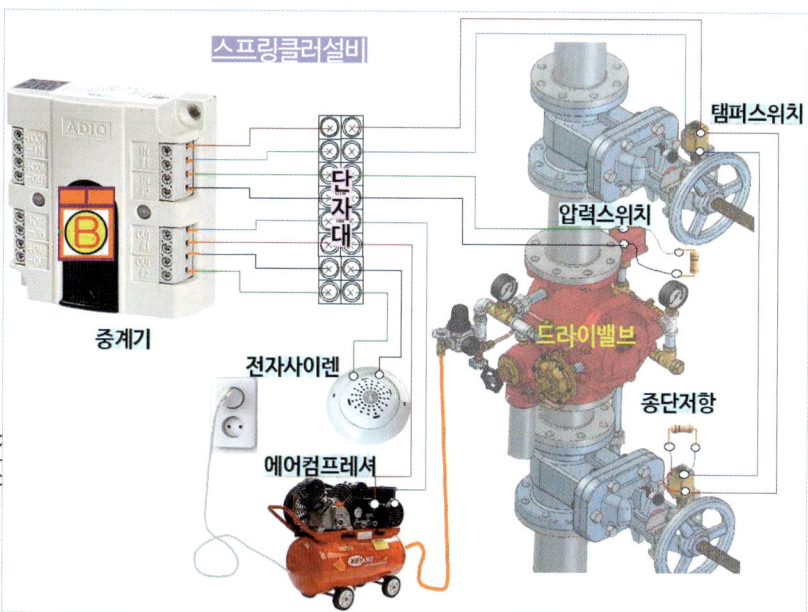

바. 6층(348P) 소방 전기시설 해설

【 6층 중계기 결선 내용 】

6층 중계기 Ⓐ 입력(IN)에는 프리액션밸브 기동용감지기A, B, 발신기 누름 S/W, 자탐 감지기회로, 유수검지장치 압력스위치, 프리액션밸브 1,2차측개폐밸브 탬퍼스위치선을 연결하고, 중계기 출력(OUT)에는 프리액션밸브 전동볼밸브(또는 솔레노이드밸브)선, 사이렌선, 벨(경종)선이 연결된다.(자동화재탐지설비 감지기를 설치했다)

프리액션밸브 기동용감지기A, B, 발신기 누름 S/W, 유수검지장치 압력스위치, 프리액션밸브 탬퍼스위치가 각각 작동하면 작동신호는 6층의 중계기 Ⓐ의 중계기 입력(IN)으로 들어가 신호전송선 ②를 통하여 수신기에 신호가 전달된다.

수신기는 프리액션밸브 기동용감지기A, B, 유수검지장치 압력스위치의 작동신호를 받으면 다시 신호전송선 ②로 중계기 Ⓐ에 신호를 전달하여,

중계기 출력(OUT)에 연결된 사이렌과 벨을 통하여 화재경보를 울리며, 프리액션밸브 전동볼밸브는 작동하여 프리액션밸브가 열린다.

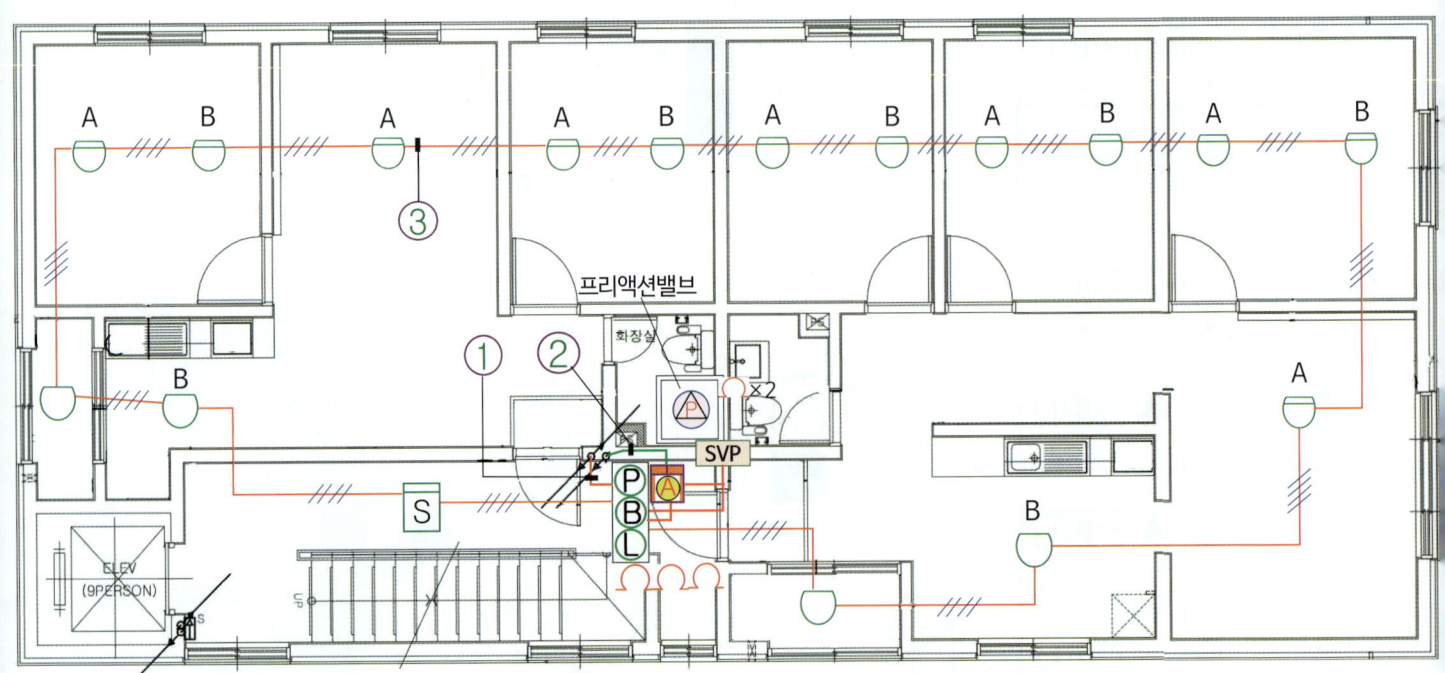

6층 소방시설 평면도

⌒⌒⌒ 내용

1. 6층 자동화재탐지설비 감지기회로
2. 프리액션밸브 감지기 A회로
3. 프리액션밸브 감지기 B회로

⌒×2 내용

1. 프리액션밸브 압력스위치회로
2. 프리액션밸브 1,2차측개폐밸브 탬퍼스위치회로

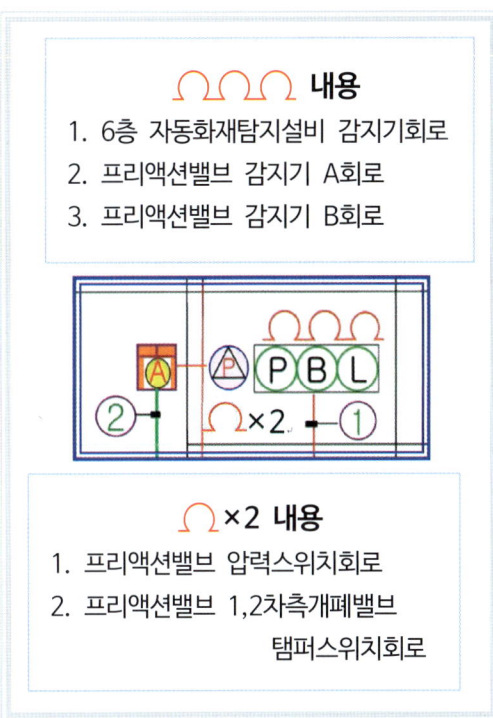

6층 중계기 내용

중계기 기종 및 입, 출력 내용

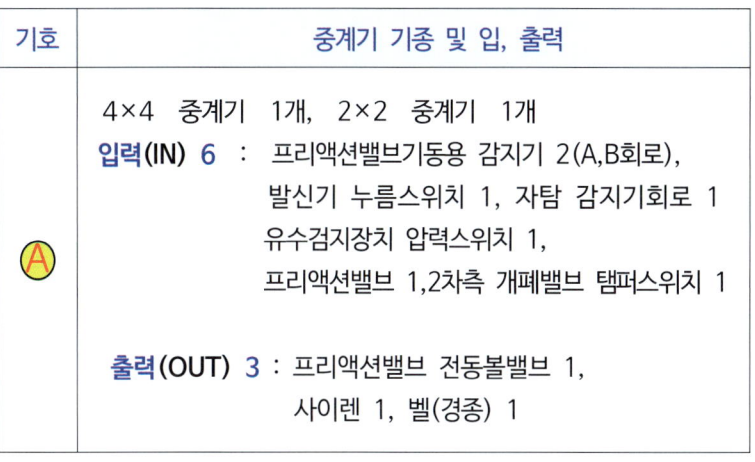

기호	중계기 기종 및 입, 출력
A	4×4 중계기 1개, 2×2 중계기 1개 **입력(IN) 6** : 프리액션밸브기동용 감지기 2(A,B회로), 발신기 누름스위치 1, 자탐 감지기회로 1 유수검지장치 압력스위치 1, 프리액션밸브 1,2차측 개폐밸브 탬퍼스위치 1 **출력(OUT) 3** : 프리액션밸브 전동볼밸브 1, 사이렌 1, 벨(경종) 1

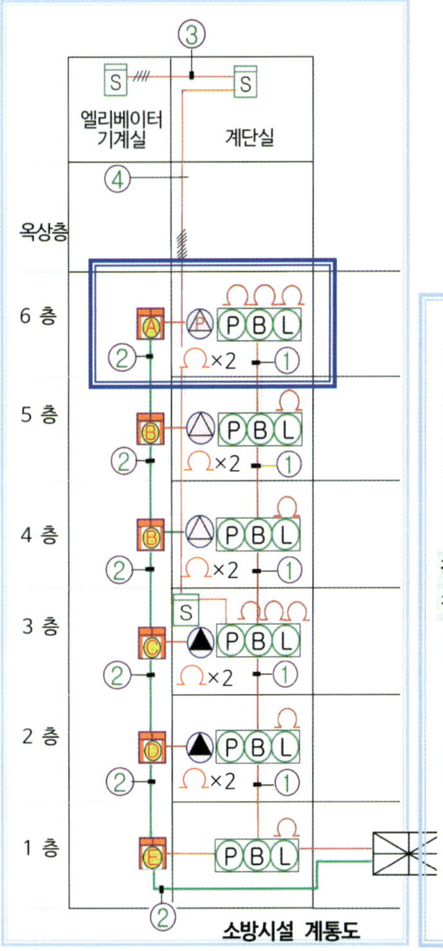

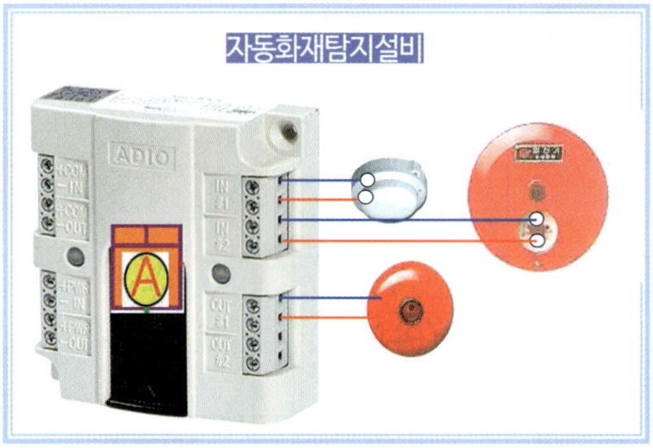

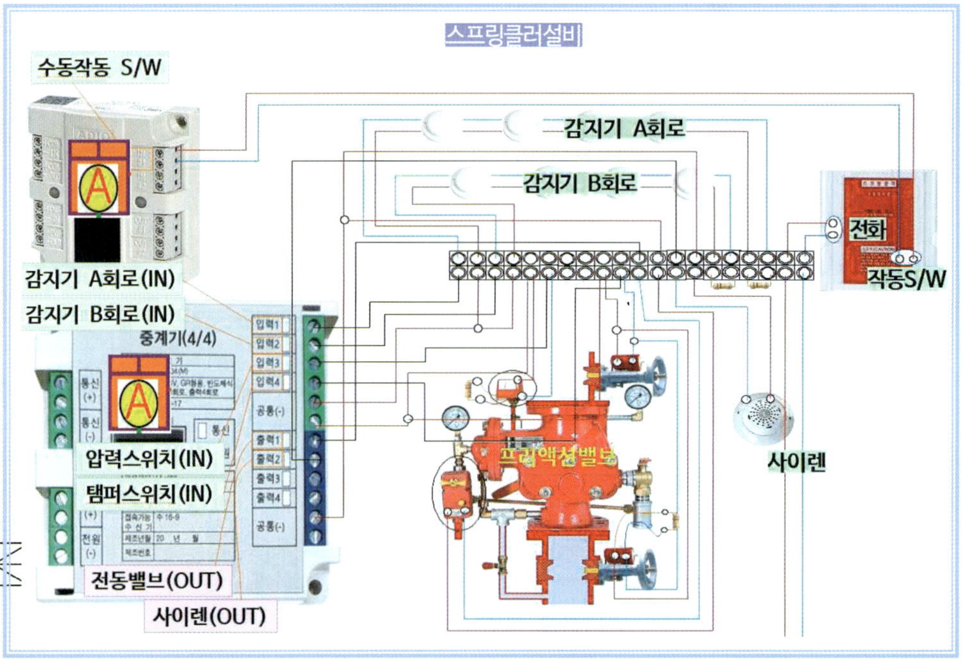

사. 옥탑층(349P) 소방 전기시설 해설

엘리베이터기계실 감지기와 계단실 감지기는 3층의 발신기와 중계기에 연결된다.

3층의 중계기 입력(IN)에는 엘리베이터기계실 감지기선, 계단실 감지기선, 3층 감지기, 유수검지장치 압력스위치, 알람밸브 1차측개폐밸브 탬퍼스위치를 연결하고, 3층의 중계기 출력(OUT)에는 사이렌선과 벨선이 연결된다.

엘리베이터기계실 감지기선, 계단실 감지기선, 3층 감지기, 발신기 누름 S/W, 유수검지장치 압력스위치, 알람밸브 1차측개폐밸브 탬퍼스위치가 각각 작동하면 감지기 작동신호는 3층의 중계기ⓒ의 중계기 입력(IN)으로 들어가 신호전송선 ②를 통하여 수신기에 신호가 전달된다.

수신기는 감지기의 작동신호를 받으면 다시 신호전송선 ②로 3층 중계기 ⓒ에 신호를 전달하여,

중계기 출력(OUT)에 연결된 사이렌과 벨을 통하여 화재경보를 울린다.

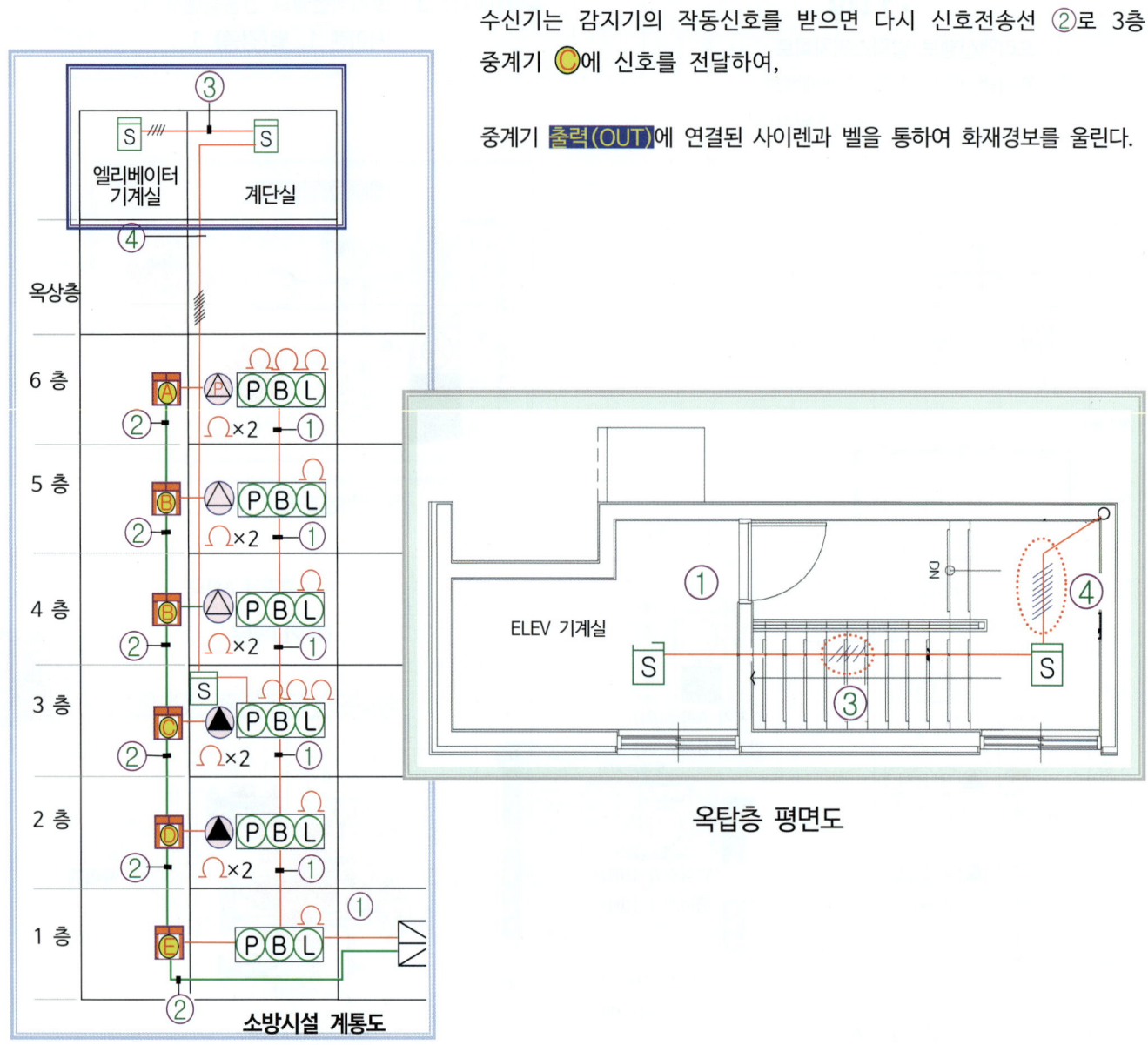

옥탑층 중계기 내용

중계기 기종 및 입, 출력 내용

기호	중계기 기종 및 입, 출력
Ⓐ	4×4 중계기 1개, 2×2 중계기 1개 **입력(IN) 6** : 프리액션밸브기동용 감지기 2(A,B회로), 　　　　　발신기 누름스위치 1, 자탐 감지기 회로 1 　　　　　유수검지장치 압력스위치 1, 　　　　　프리액션밸브 1,2차측 개폐밸브 탬퍼스위치 1 **출력(OUT) 3** : 프리액션밸브 전동볼밸브 1, 　　　　　사이렌 1, 벨(경종) 1

⌒⌒⌒ 내용
1. 3층 자동화재탐지설비 감지기회로
2. 엘리베이터 기계실 감지기회로
3. 계단실 감지기회로

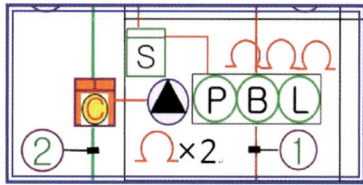

⌒×2 내용
1. 알람밸브 압력스위치 회로
2. 알람밸브 1차측개폐밸브 탬퍼스위치 회로

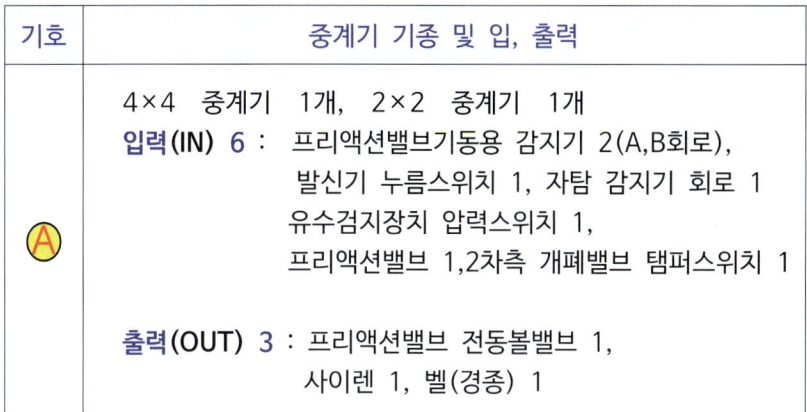

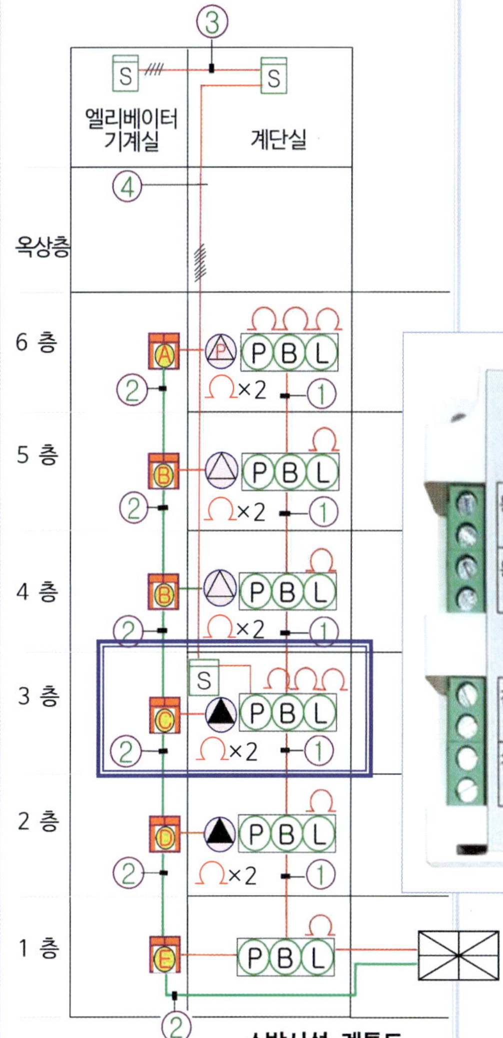

소방시설 계통도

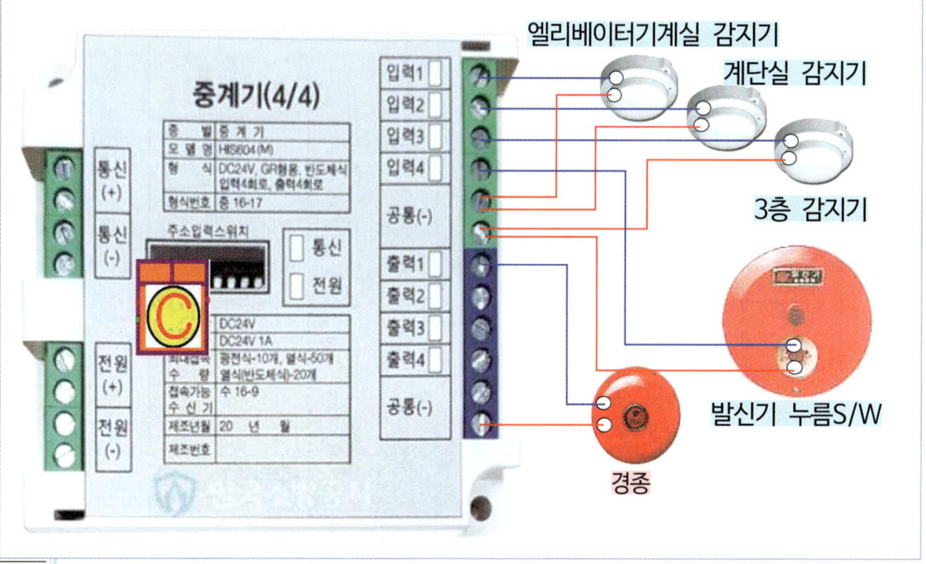

아. 1~6층 발신기와 발신기 연결(341P) 해설

중계기를 거쳐 신호전송선으로 수신기에 신호전달을 하는 부품(감지기, 유수검지장치 압력스위치, 프리액션밸브 전동볼밸브, 개폐밸브 탬퍼스위치, 사이렌) 이외에는 P형 수신기의 결선 방법과 같이 발신기와 아래층의 발신기와 연결하여 이어가며 마지막에는 수신기와 연결한다.

6층 발신기와 5층 발신기①의 결선 내용은 **발신기 응답선 1, 위치표시등선 1, 공통선** 1이다.
설계내용은 **16C(HFIX 2.5㎟ -3)** 이다.

5층과 4층 그리고 나머지 층들의 층간 연결① 그리고 수신기와의 연결① 내용도 같다.

동일한 6선을 중계기전원선 2(+,-), 전화선 1, 발신기응답선 1, 위치표시등선 1, 공통선 1에 사용한다.

P형과 R형 수신기의 결선내용이 다른 것은, R형 수신기는 감지기나 소방시설의 작동신호를 중계기를 통하여 각각의 작동신호가 수신기에 전달하고, 수신기의 작동신호를 중계기를 통하여 각종부품에 작동신호를 전달하는 방법이다.

신호전송선으로 중계기를 거쳐 수신기에 전달하는 신호 이외의 부품은 P형과 같은 방법으로 연결된다.

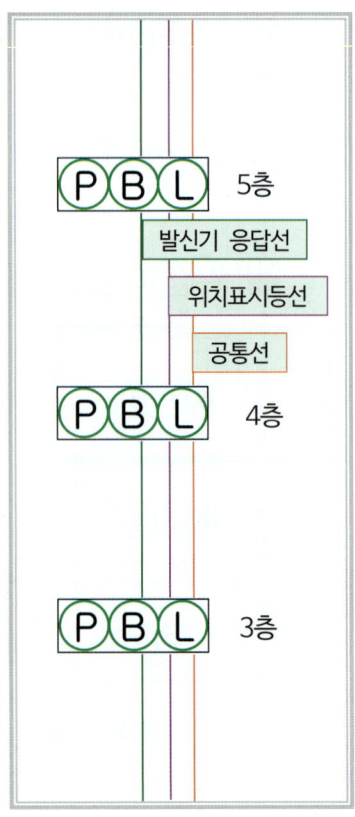

364

Ⅶ₍₇₎. 호텔건물 R형수신기 설계

1. 소화시설 전기계통도 도면 ······················· 367
2. 중계기 입·출력 내용 ······························· 368
3. 전선 상세내용 ······································· 369
4. 4~19층 소방시설 전기 평면도 ················· 370
5. 소방시설 전기계통도 해설 ······················· 373
6. 4~19층 소방시설 전기 평면도 해설 ·········· 390

이 책에서는 지면관계로 많은 도면을 싣지 못하고, 호텔건물의 계통도와 평면도 각 1페이지를 제시하고 그에 대한 해설을 한다.   설계자, 시공, 감리자에게 유용한 자료가 되기를 바랍니다

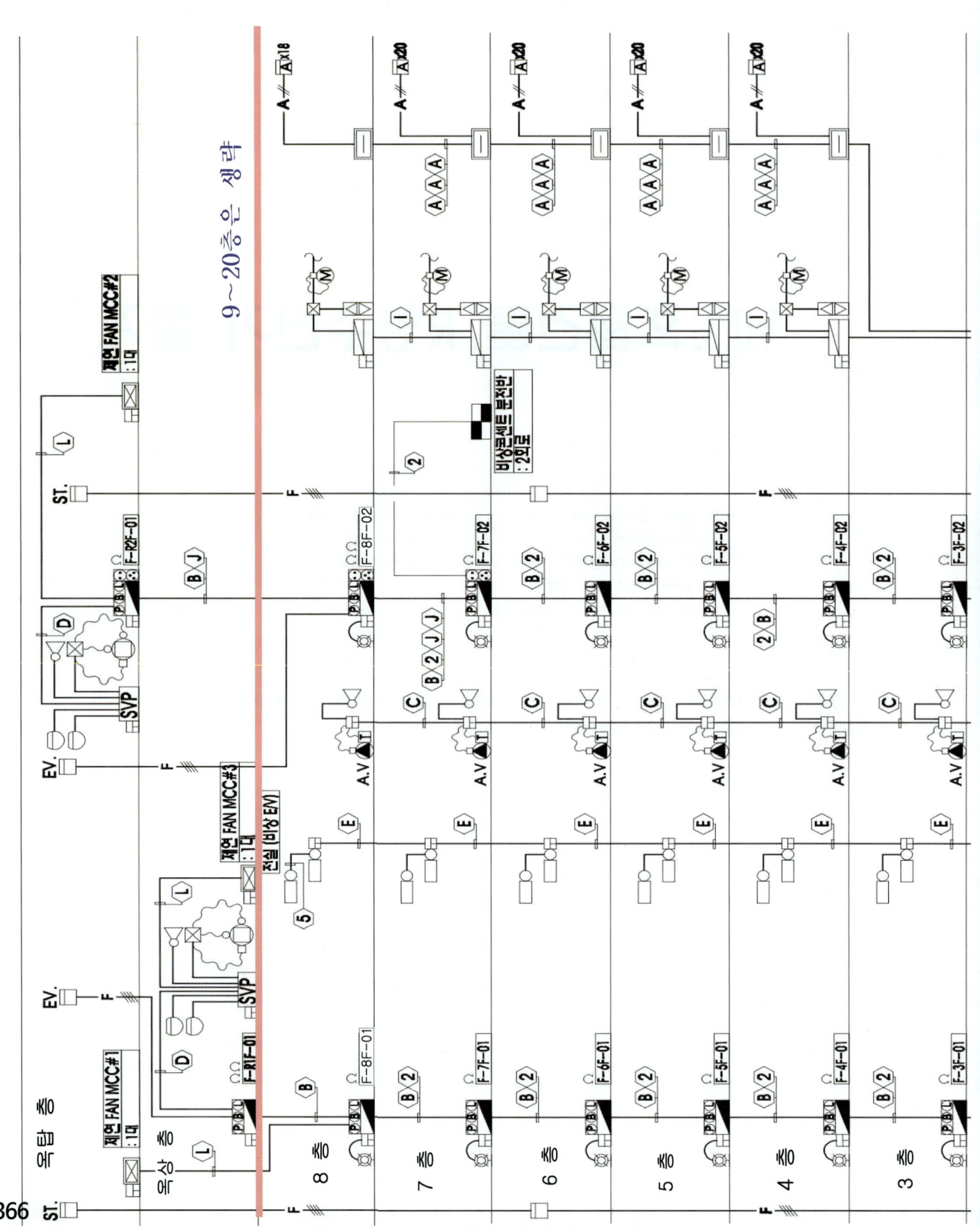

1. 소방시설 전기 계통도

2. 중계기 입·출력 내용

층	소방기기	수량	중계기(입력:2/출력:2) 내용	소방기기	수량	중계기(입력:4/출력:4) 내용
옥탑층	F-R2F-01	1개	입력:1(감지기)/출력:1(경종)	프리액션밸브	1개	입력:4(감지기A,B,T/S, 유수검지압력S/W) / 출력:2(전동밸브기동,사이렌)
	제연FAN MCC#1	1개	입력:1(작동확인)/출력:1(기동)			
	제연FAN MCC#2	1개	입력:1(작동확인)/출력:1(기동)			
지붕층	F-R1F-01	1개	입력:2(감지기,E.V감지기)/출력:1(경종)	프리액션밸브	1개	입력:4(감지기A,B,T/S, 유수검지압력S/W) / 출력:2(전동밸브기동,사이렌)
	제연FAN MCC#3	1개	입력:1(작동확인)/출력:1(기동)			
지상8층	F-8F-01	1개	입력:2(감지기,계단감지기)/출력:1(경종)	전실댐퍼(계단실#1)	1개	입력:4(급/배기수동작동S/W,급/배담파열림신호) / 출력:2(급/배기동)
	F-8F-02	1개	입력:2(감지기,E.V.감지기)/출력:1(경종)	전실댐퍼(비상 E/V)	1개	입력:4(급/배기수동작동S/W,급/배담파열림신호) / 출력:2(급/배기동)
	배연창	1개	입력:1(배연창열림신호)/출력:1(기동)	전실댐퍼(계단실#2)	1개	입력:4(급/배기수동작동S/W,급/배담파열림신호) / 출력:2(급/배기동)
	알람밸브	1개	입력:2(유수검지압력S/W,T/S)/출력:1(사이렌)			
지상7층	F-7F-01	1개	입력:1(감지기)/출력:1(경종)	전실댐퍼(계단실#1)	1개	입력:4(급/배기수동작동S/W,급/배담파열림신호) / 출력:2(급/배기동)
	F-7F-02	1개	입력:1(감지기)/출력:1(경종)	전실댐퍼(비상 E/V)	1개	입력:4(급/배기수동작동S/W,급/배담파열림신호) / 출력:2(급/배기동)
	배연창	1개	입력:1(배연창열림신호)/출력:1(기동)	전실댐퍼(계단실#2)	1개	입력:4(급/배기수동작동S/W,급/배담파열림신호) / 출력:2(급/배기동)
	알람밸브	1개	입력:2(유수검지압력S/W,T/S)/출력:1(사이렌)			
지상6층	F-6F-01	1개	입력:1(감지기)/출력:1(경종)	전실댐퍼(계단실#1)	1개	입력:4(급/배기수동작동S/W,급/배담파열림신호) / 출력:2(급/배기동)
	F-6F-02	1개	입력:1(감지기)/출력:1(경종)	전실댐퍼(비상 E/V)	1개	입력:4(급/배기수동작동S/W,급/배담파열림신호) / 출력:2(급/배기동)
	배연창	1개	입력:1(배연창열림신호)/출력:1(기동)	전실댐퍼(계단실#2)	1개	입력:4(급/배기수동작동S/W,급/배담파열림신호) / 출력:2(급/배기동)
	알람밸브	1개	입력:2(유수검지압력S/W,T/S)/출력:1(사이렌)			
지상5층	F-5F-01	1개	입력:1(감지기)/출력:1(경종)	전실댐퍼(계단실#1)	1개	입력:4(급/배기수동작동S/W,급/배담파열림신호) / 출력:2(급/배기동)
	F-5F-02	1개	입력:1(감지기)/출력:1(경종)	전실댐퍼(비상 E/V)	1개	입력:4(급/배기수동작동S/W,급/배담파열림신호) / 출력:2(급/배기동)
	배연창	1개	입력:1(배연창열림신호)/출력:1(기동)	전실댐퍼(계단실#2)	1개	입력:4(급/배기수동작동S/W,급/배담파열림신호) / 출력:2(급/배기동)
	알람밸브	1개	입력:2(유수검지압력S/W,T/S)/출력:1(사이렌)			
지상4층	F-4F-01	1개	입력:1(감지기)/출력:1(경종)	전실댐퍼(계단실#1)	1개	입력:4(급/배기수동작동S/W,급/배담파열림신호) / 출력:2(급/배기동)
	F-4F-02	1개	입력:1(감지기)/출력:1(경종)	전실댐퍼(비상 E/V)	1개	입력:4(급/배기수동작동S/W,급/배담파열림신호) / 출력:2(급/배기동)
	배연창	1개	입력:1(배연창열림신호)/출력:1(기동)	전실댐퍼(계단실#2)	1개	입력:4(급/배기수동작동S/W,급/배담파열림신호) / 출력:2(급/배기동)
	알람밸브	1개	입력:2(유수검지압력S/W,T/S)/출력:1(사이렌)			
지상3층	F-3F-01	1개	입력:1(감지기)/출력:1(경종)	전실댐퍼(계단실#1)	1개	입력:4(급/배기수동작동S/W,급/배담파열림신호) / 출력:2(급/배기동)
	F-3F-02	1개	입력:1(감지기)/출력:1(경종)	전실댐퍼(비상 E/V)	1개	입력:4(급/배기수동작동S/W,급/배담파열림신호) / 출력:2(급/배기동)
	알람밸브	1개	입력:2(유수검지압력S/W,T/S)/출력:1(사이렌)	전실댐퍼(계단실#2)	1개	입력:4(급/배기수동작동S/W,급/배담파열림신호) / 출력:2(급/배기동)
지상2층	F-2F-01	1개	입력:2(감지기,계단감지기)/출력:1(경종)	전실댐퍼(계단실#1)	1개	입력:4(급/배기수동작동S/W,급/배담파열림신호) / 출력:2(급/배기동)
	F-2F-02	1개	입력:2(감지기,계단감지기)/출력:1(경종)	전실댐퍼(비상 E/V)	1개	입력:4(급/배기수동작동S/W,급/배담파열림신호) / 출력:2(급/배기동)
	알람밸브	1개	입력:2(유수검지압력S/W,T/S)/출력:1(사이렌)	전실댐퍼(계단실#2)	1개	입력:4(급/배기수동작동S/W,급/배담파열림신호) / 출력:2(급/배기동)
				방화셔터	1개	입력:4(연기감지기,열감지기,1,2차작동확인) / 출력:2(1,2차기동)
지상1층	F-1F-01	1개	입력:1(감지기)/출력:1(경종)	전실댐퍼(계단실#1)	1개	입력:4(급/배기수동작동S/W,급/배담파열림신호) / 출력:2(급/배기동)
	F-1F-02	1개	입력:1(감지기)/출력:1(경종)	전실댐퍼(비상 E/V)	1개	입력:4(급/배기수동작동S/W,급/배담파열림신호) / 출력:2(급/배기동)
	알람밸브	1개	입력:2(유수검지압력S/W,T/S)/출력:1(사이렌)	전실댐퍼(계단실#2)	1개	입력:4(급/배기수동작동S/W,급/배담파열림신호) / 출력:2(급/배기동)
지하1층	F-B1F-01	1개	입력:2(감지기,계단감지기)/출력:1(경종)	전실댐퍼(계단실#1)	1개	입력:4(급/배기수동작동S/W,급/배담파열림신호) / 출력:2(급/배기동)
	F-B1F-02	1개	입력:2(감지기,계단감지기)/출력:1(경종)	전실댐퍼(비상 E/V)	1개	입력:4(급/배기수동작동S/W,급/배담파열림신호) / 출력:2(급/배기동)
	제연FAN MCC#4	1개	입력:1(작동확인)/출력:1(기동)	전실댐퍼(계단실#2)	1개	입력:4(급/배기수동작동S/W,급/배담파열림신호) / 출력:2(급/배기동)
	제연FAN MCC#5	1개	입력:1(작동확인)/출력:1(기동)	프리액션밸브	1개	입력:4(감지기A,B,T/S, 유수검지압력S/W) / 출력:2(전동밸브기동,사이렌)
				방화셔터	1개	입력:4(연기감지기,열감지기,1,2차작동확인) / 출력:2(1,2차기동)
지하2층	F-B2F-01	1개	입력:1(감지기)/출력:1(경종)	전실댐퍼(계단실#1)	1개	입력:4(급/배기수동작동S/W,급/배담파열림신호) / 출력:2(급/배기동)
	F-B2F-02	1개	입력:1(감지기)/출력:1(경종)	전실댐퍼(비상 E/V)	1개	입력:4(급/배기수동작동S/W,급/배담파열림신호) / 출력:2(급/배기동)
				전실댐퍼(계단실#2)	1개	입력:4(급/배기수동작동S/W,급/배담파열림신호) / 출력:2(급/배기동)
				프리액션밸브	1개	입력:4(감지기A,B,T/S, 유수검지압력S/W) / 출력:2(전동밸브기동,사이렌)
				방화셔터	1개	입력:4(연기감지기,열감지기,1,2차작동확인) / 출력:2(1,2차기동)
지하3층	F-B3F-01	1개	입력:1(감지기)/출력:1(경종)	전실댐퍼(계단실#1)	1개	입력:4(급/배기수동작동S/W,급/배담파열림신호) / 출력:2(급/배기동)
	F-B3F-02	1개	입력:1(감지기)/출력:1(경종)	전실댐퍼(비상 E/V)	1개	입력:4(급/배기수동작동S/W,급/배담파열림신호) / 출력:2(급/배기동)
				전실댐퍼(계단실#2)	1개	입력:4(급/배기수동작동S/W,급/배담파열림신호) / 출력:2(급/배기동)
				프리액션밸브	1개	입력:4(감지기A,B,T/S, 유수검지압력S/W) / 출력:2(전동밸브기동,사이렌)
지하4층	F-B4F-01	1개	입력:1(감지기)/출력:1(경종)	전실댐퍼(계단실#1)	1개	입력:4(급/배기수동작동S/W,급/배담파열림신호) / 출력:2(급/배기동)
	F-B4F-02	1개	입력:1(감지기)/출력:1(경종)	전실댐퍼(비상 E/V)	1개	입력:4(급/배기수동작동S/W,급/배담파열림신호) / 출력:2(급/배기동)
	중계기수용함	1개	입력:2(저수위감시 × 2)	전실댐퍼(계단실#2)	1개	입력:4(급/배기수동작동S/W,급/배담파열림신호) / 출력:2(급/배기동)
				프리액션밸브	1개	입력:4(감지기A,B,T/S, 유수검지압력S/W) / 출력:2(전동밸브기동,사이렌)
				중계기수용함	3개	입력:12(T/S × 12)

3. 전선 상세 내용

1. 자동화재탐지설비 공사
- Ⓐ　22C (FR CVV-SB 1.5mm² - 1Pr) x2　　(신호 전송선 x2) x2
- Ⓑ　22C (FR CVV-SB 1.5mm² - 1Pr)　　신호 전송선 x2
　　　28C(HFIX 2.5mm² -7)　　중계기 전원 x2 /　　, 발신기응답선 x1,
　　　　　　　　　　　　　　위치표시등 x2, 소화전펌프 작동확인 x2

2. 스프링클러설비 공사 (알람밸브)
- Ⓒ　22C (FR CVV-SB 1.5mm² - 1Pr)　　신호 전송선 x2
　　　16C(HFIX 2.5mm² -2)　　중계기 전원 x2

3. 스프링클러설비 공사 (프리액션밸브)
- Ⓓ　22C (FR CVV-SB 1.5mm² - 1Pr)　　신호 전송선 x2
　　　16C(HFIX 2.5mm² -4)　　중계기 전원 x2, 전화선 x2

4. 전실제연설비공사
- Ⓔ　22C (FR CVV-SB 1.5mm² - 1Pr)　　신호 전송선 x2
　　　16C(HFIX 2.5mm² -2)　　중계기 전원 x2
　　　22C(HFIX 4.0mm² -2)　　담파 전원 x2

5. 비상발전기설비 공사
- Ⓕ　22C(HFIX 2.5mm² -6)　　한전감시 x2, 비상전원감시 x2, 기동 x2

6. MCC 판넬 (소화펌프)
- Ⓖ　22C(HFIX 2.5mm² -5)　　전원⊕,⊖, 운전표시, 정지표시, 공통

8. 방화샷다설비 공사
- Ⓗ　22C (FR CVV-SB 1.5mm² - 1Pr)　　신호 전송선 x2
　　　16C(HFIX 2.5mm² -2)　　중계기 전원 x2

9. 배연창설비 공사
- Ⓘ　22C (FR-CVV-SB 1.5mm² - 1Pr)　　신호 전송선 x2
　　　16C(HFIX 2.5mm² -2)　　중계기 전원 x2
　　　16C(HFIX 4.0mm² -2)　　배연창 전원 x2 (AC전압인경우 별도배관)

10. 비상콘센트설비 공사
- Ⓙ　28C (HFIX 6.0mm² - 5, E - 6.0°)　　3상, 단상, 접지

10. 기타설비공사
- Ⓛ　22C (FR CVV-SB 1.5mm² - 1Pr)
　　　16C(HFIX 2.5mm² -2)　　저수위 및 템퍼스위치

11. 기타 간선
- ②　16C(HFIX 2.5mm² -2)　　　⑧　28C(HFIX 2.5mm² -8)
- ③　16C(HFIX 2.5mm² -3)　　　⑨　28C(HFIX 2.5mm² -9)
- ④　16C(HFIX 2.5mm² -4)　　　⑩　28C(HFIX 2.5mm² -10)
- ⑤　22C(HFIX 2.5mm² -5)　　　⑪　28C(HFIX 2.5mm² -11)
- ⑥　22C(HFIX 2.5mm² -6)　　　⑫　28C(HFIX 2.5mm² -12)
- ⑦　22C(HFIX 2.5mm² -7)

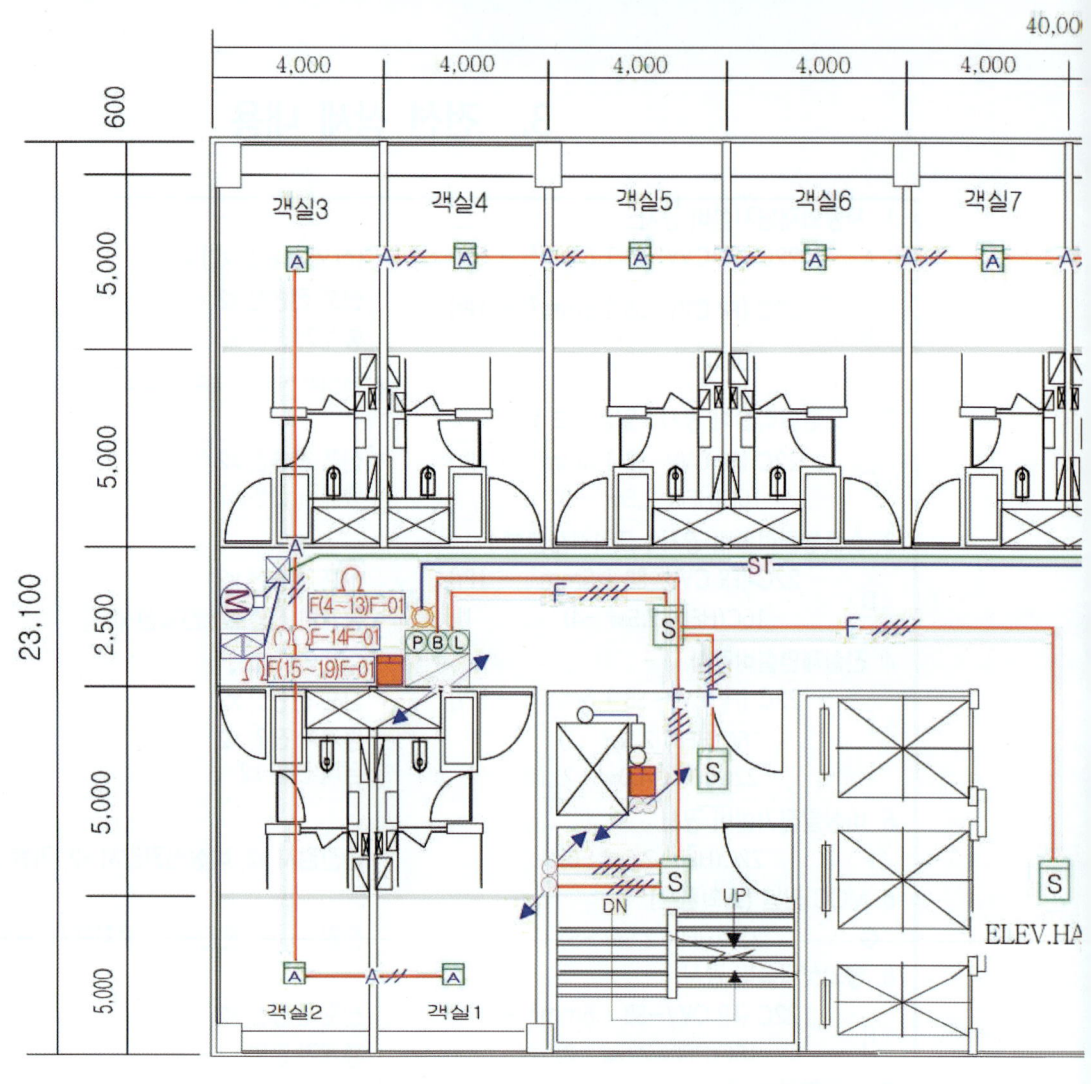

4. 4~19층 자동화재탐지설비

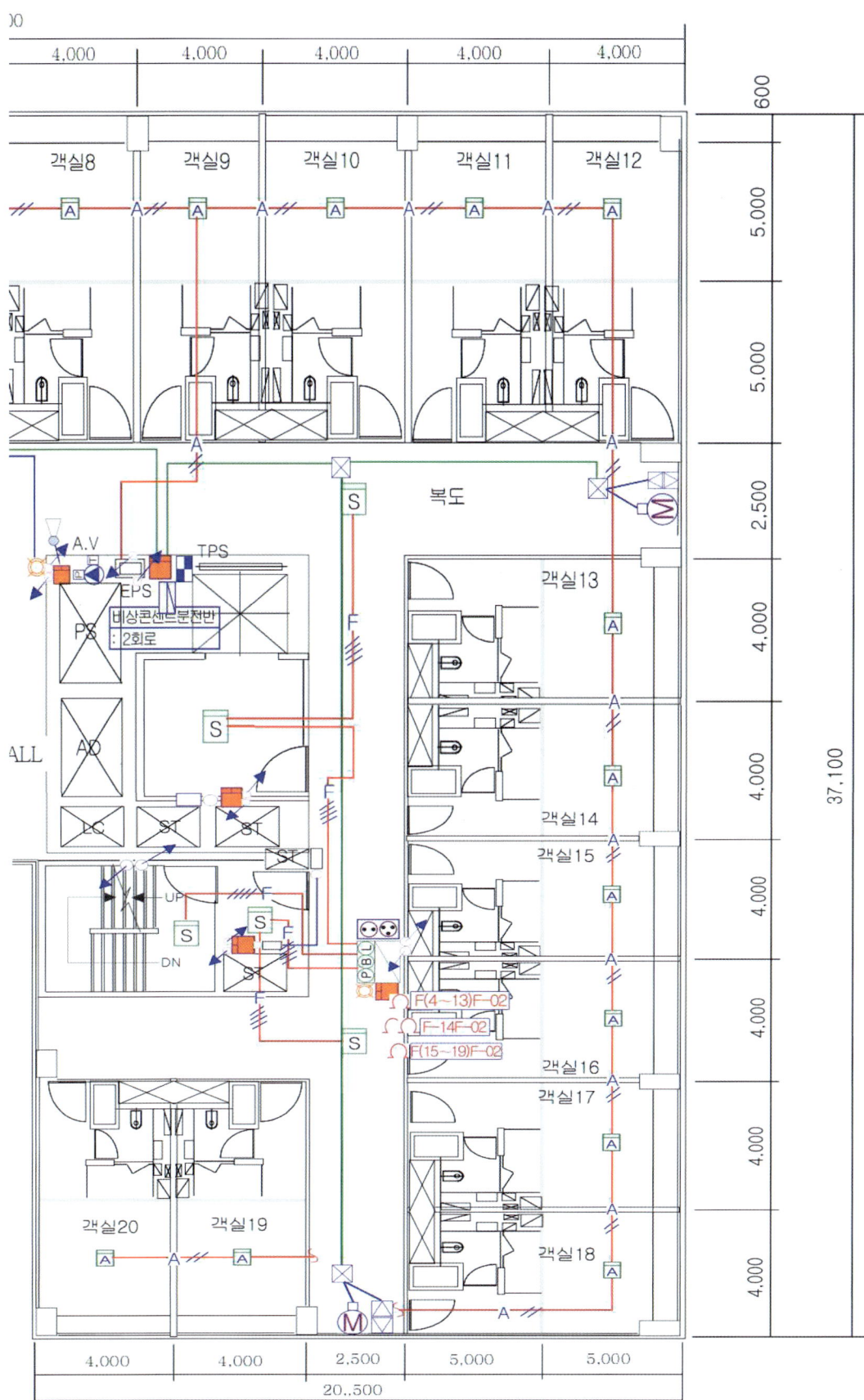

평면도

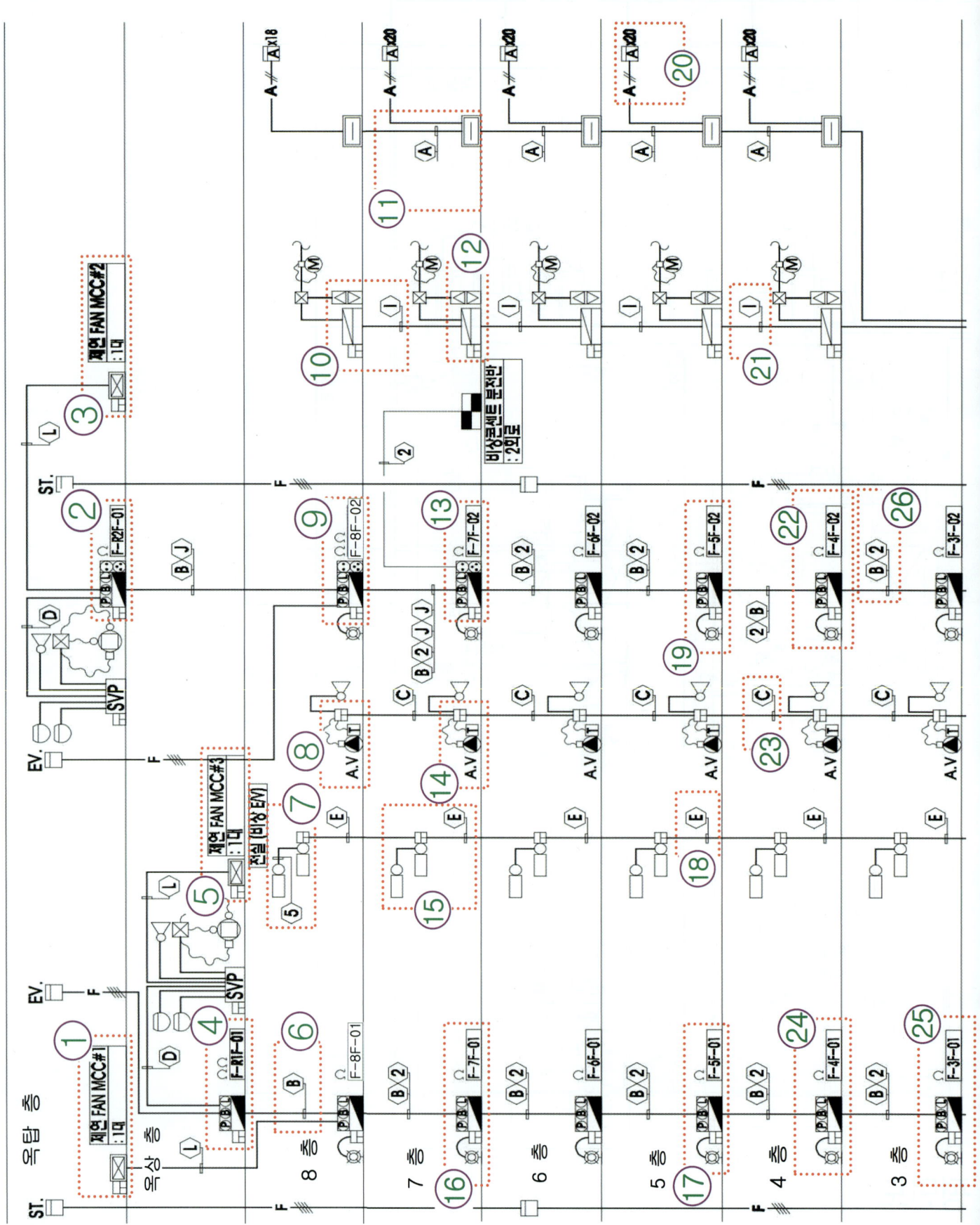

5. 소방시설 전기 계통도 해설

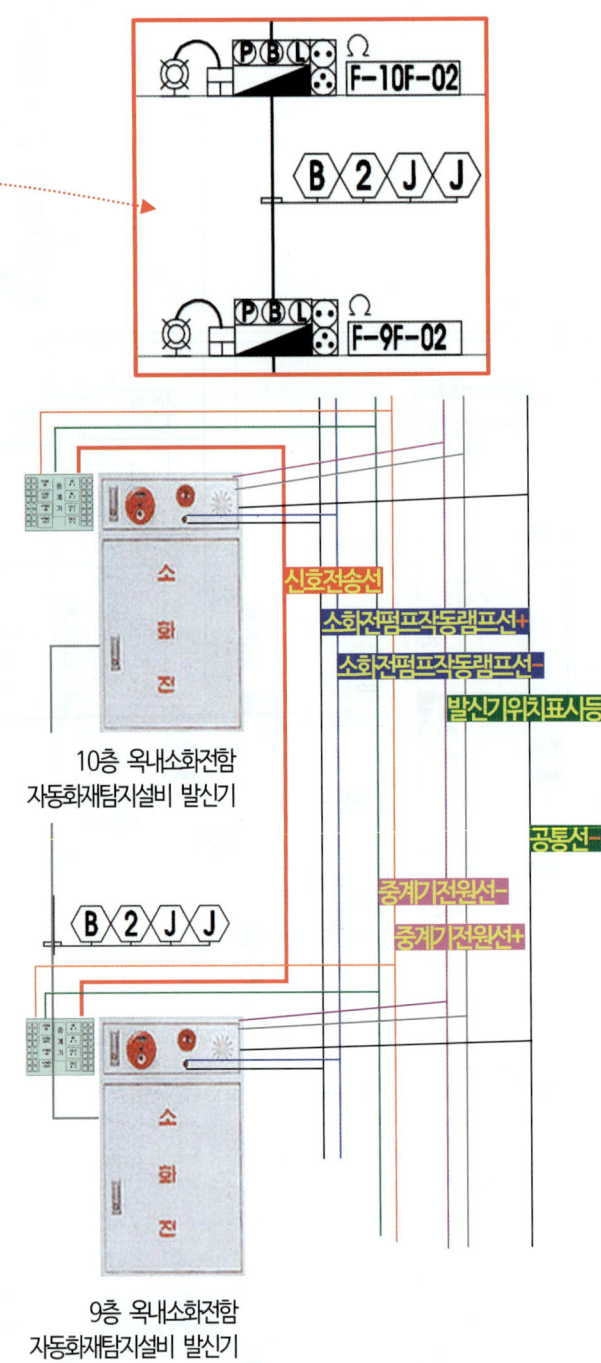

10층과 9층간의 옥내소화전함 및 자동화재탐지설비 Ⓑ 내용

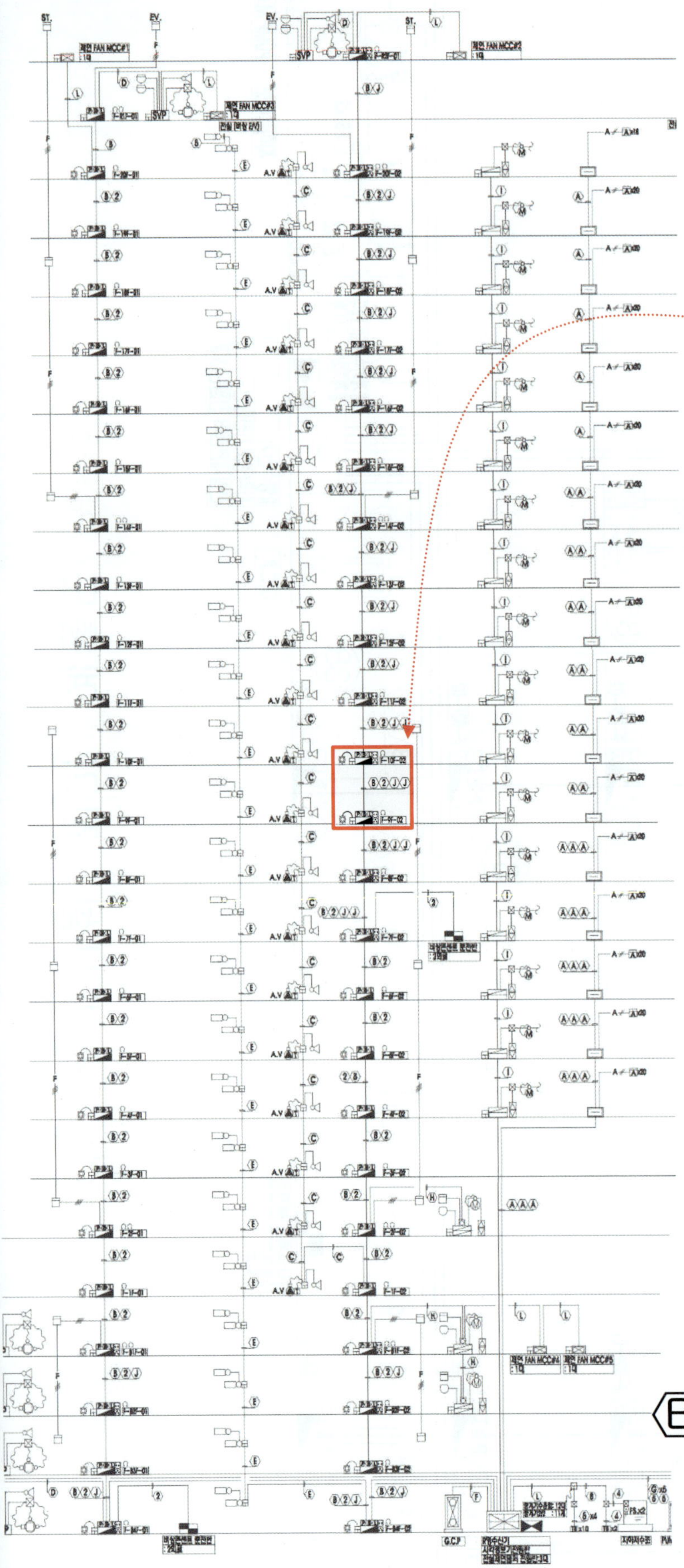

10층 옥내소화전함 자동화재탐지설비 발신기

9층 옥내소화전함 자동화재탐지설비 발신기

- 22C(FR CVV-SB 1.5㎟ - 1Pr) : 신호전송선 2
- 28C(HFIX 2.5㎟ - 7) : 중계기 전원 2, 발신기 응답선 1, 위치표시등 2, 소화전펌프 작동확인 2

5. 소방시설 전기 계통도 해설

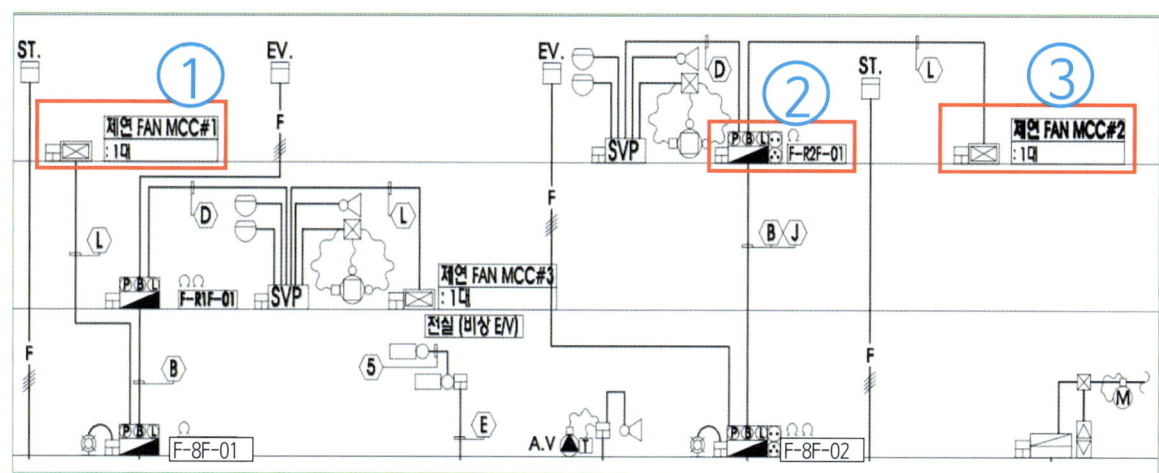

① **제연 FAN MCC # 1**
   2×2 중계기 1개, 입력 1(작동확인) / 출력 1(기동)

옥탑층에 있는 제연 FAN #1의 단자함안에 설치하는 2×2 중계기 1개의 연결내용이다.

입력1(작동확인)은 제연 FAN 작동신호가 중계기의 IN (정보입력)에 연결한다.
제연 FAN이 작동되면 작동신호가 중계기를 거쳐 수신기에 신호가 전달된다.

출력1(기동)은 중계기의 OUT (정보출력)에 연결하는 내용이다.
감지기의 작동으로 전실담파가 열려 급/배기담파가 열리면 열림신호를 수신기가 정보를 받은 후에 수신기는 중계기에 출력신호 전송선으로 제연 FAN을 작동(기동)시킨다.

② **F-R2F-01**
   2×2 중계기 1개, 입력 1(감지기) / 출력 1(경종)

입력1(감지기)은 중계기의 IN(정보입력)에 연결하는 내용이 자동화재탐지설비의 감지기선을 중계기에 연결한다.

출력1(경종)은 중계기의 OUT(정보출력)에 연결하는 내용이 자동화재탐지설비의 벨선을 중계기에 연결한다.

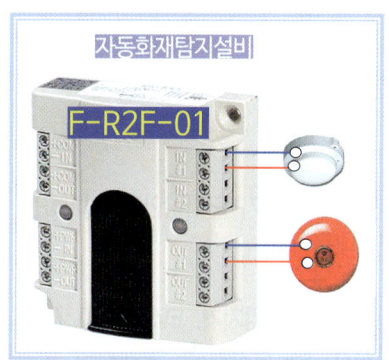

③ **제연 FAN MCC # 2**
   2×2 중계기 1개, 입력 1(작동확인) / 출력 1(기동)

옥탑층에 있는 제연 FAN #2의 단자함안에 설치하는 2×2 중계기 1개의 연결내용이다.

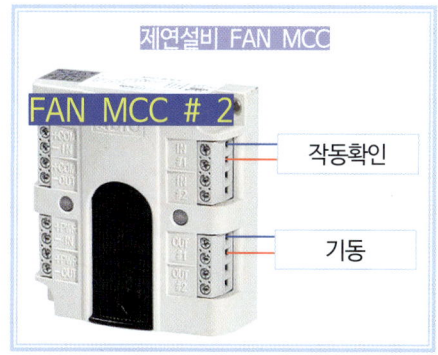

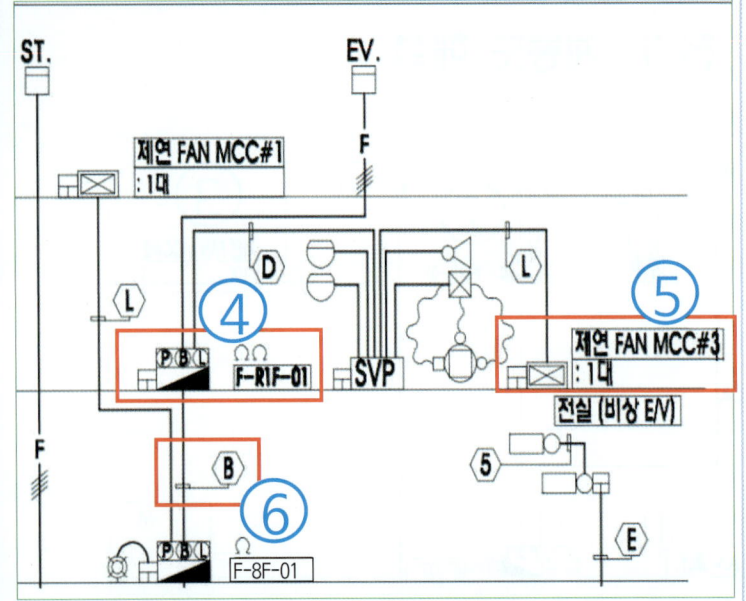

④ F-R1F-01
2×2 중계기 1개, 입력 2(감지기, EV.감지기) / 출력 1(경종)

옥상(지붕)층의 발신기 단자함안에 설치하는 2×2 중계기 1개의 연결내용이다.

결선 내용은 **입력2(감지기, EV.감지기) / 출력1(경종)**이다.
입력2(감지기, EV.감지기)는 중계기의 IN (정보입력)에 결선하는 내용이 자동화재탐지설비의 옥내 감지기선 1선과 엘리베이터 기계실의 감지기선 1선을 중계기에 연결한다. 각각의 감지기가 작동하면 감지기 작동신호가 중계기를 거쳐 수신기에 신호가 전달된다.

출력1(경종)은 중계기의 OUT (정보출력)에 결선하는 내용이 자동화재탐지설비의 벨선을 중계기에 연결한다.

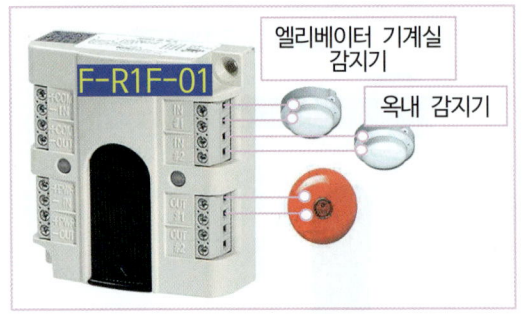

⑤ 제연 FAN MCC # 3
2×2 중계기 1개, 입력 1(작동확인) / 출력 1(기동)

옥상(지붕)층에 있는 제연 FAN #3의 단자함안에 설치하는 2×2 중계기 1개의 연결내용이다.

입력1(작동확인)은 제연 FAN 작동신호가 중계기의 IN (정보입력)에 연결한다.
제연 FAN이 작동되면 작동되고 있는 신호가 중계기를 거쳐 수신기에 신호가 전달된다.

출력1(기동)은 중계기의 OUT (정보출력)에 연결하는 내용이다. 감지기의 작동으로 전실담파가 열려 급/배기담파가 열리면 열림신호를 수신기가 정보를 받은 후에 수신기는 중계기에 출력신호 전송선으로 제연 FAN을 작동시킨다.

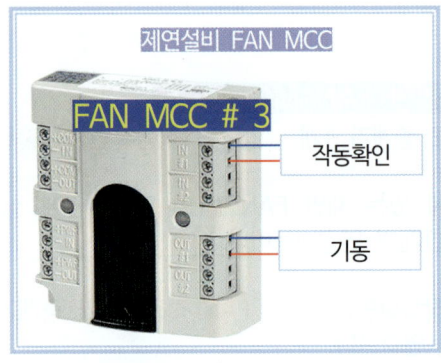

⑤ 제연 FAN MCC # 3

⑥ Ⓑ

22C(FR CVV-SB 1.5㎟ - 1Pr) : 신호전송선 2
28C(HFIX 2.5㎟ - 7) :
중계기 전원 2, 발신기응답선 1, 위치표시등 2 (위치표시등+, 공통선-), 소화전펌프 작동확인 2

옥상(지붕)층 발신기와 8층 발신기 연결선의 내용이다.

중계기와 중계기간의 연결선인 신호전송선 2선과 **28C(HFIX 2.5㎟ - 8)**의 내용은, 중계기의 작동에 필요한 전원선 2선과, 발신기와 발신기간의 연결선인 전화선 1, 발신기응답선 1, 위치표시등 2(위치표시등+, 공통선-)는 중계기를 거치지 않고 연결한다.

소화전펌프 작동확인램프선인 2선도 중계기를 거치지 않고 연결한다.

⑦ ⑤
22C(HFIX 2.5㎟ - 5)
8층 담파와 담파의 연결선 내용이다. 22C(HFIX 2.5㎟ - 5)의 내용은, 전원선(+), 기동선, 확인선, 수동기동선, 공통선(-)이다.

⑨ F-8F-02
2×2 중계기 1개,

입력 2(감지기, E.V감지기) / 출력 1(경종) : 8층의 발신기 단자함안에 설치하는 2×2 중계기 1개의 연결내용이다.

입력2(감지기, E.V감지기)는 중계기의 IN (정보입력)에 결선하는 내용이 8층 자동화재탐지설비의 감지기선과 엘리베이터 기계실 감지기선을 중계기에 연결한다. 감지기가 작동하면 감지기 작동신호가 중계기를 거쳐 수신기에 신호가 전달된다.

출력1(경종)은 중계기의 OUT (정보출력)에 연결하는 내용이 자동화재탐지설비의 벨선을 중계기에 연결한다.

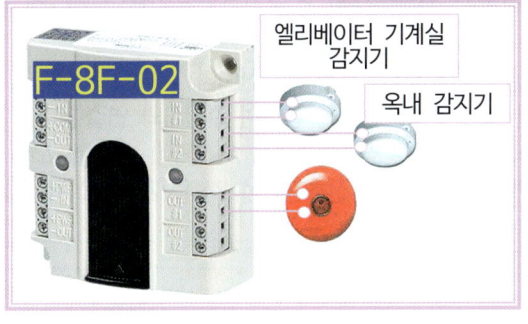

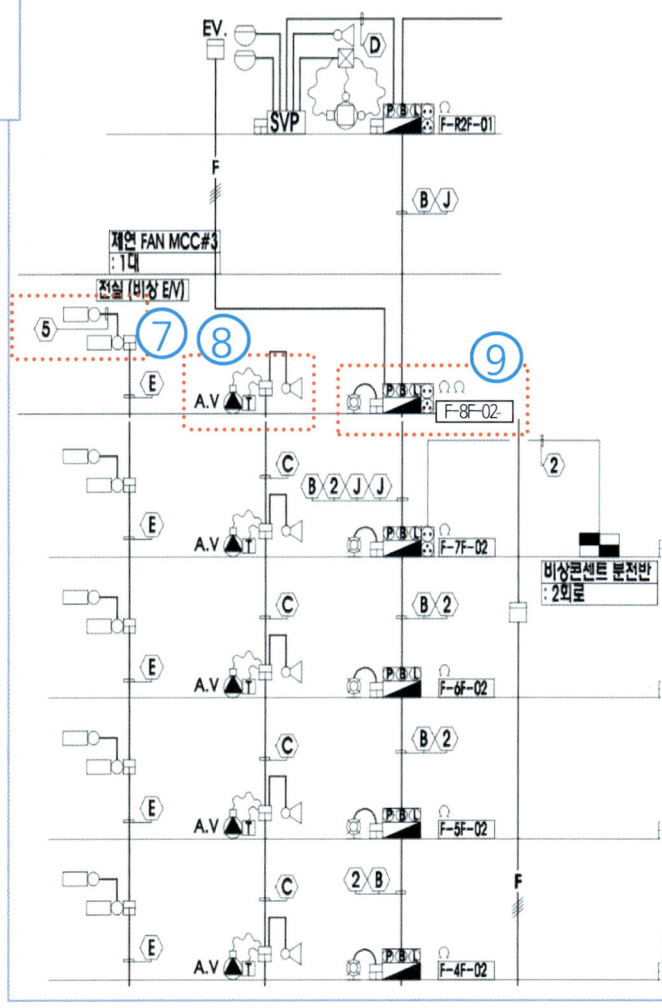

⑧ A.V(알람밸브)
2×2 중계기 1개,

입력 2(유수검지 압력 S/W, T/S) /
출력 1(사이렌)

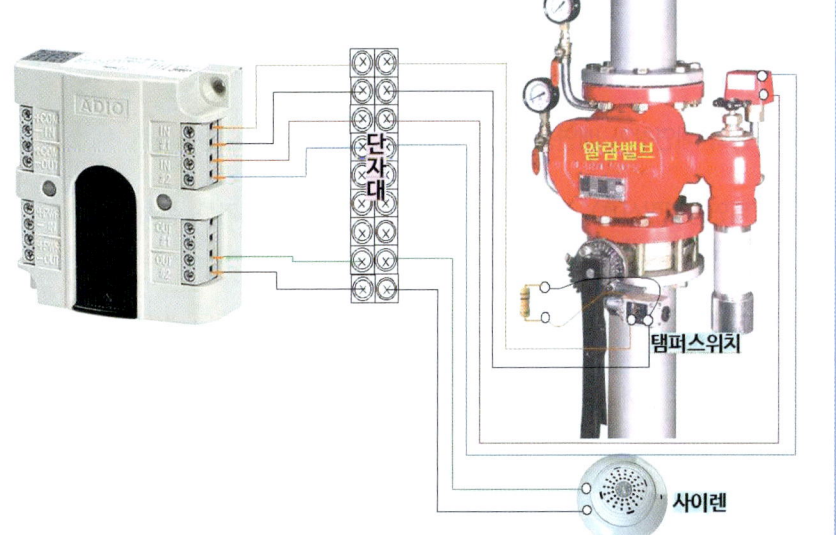

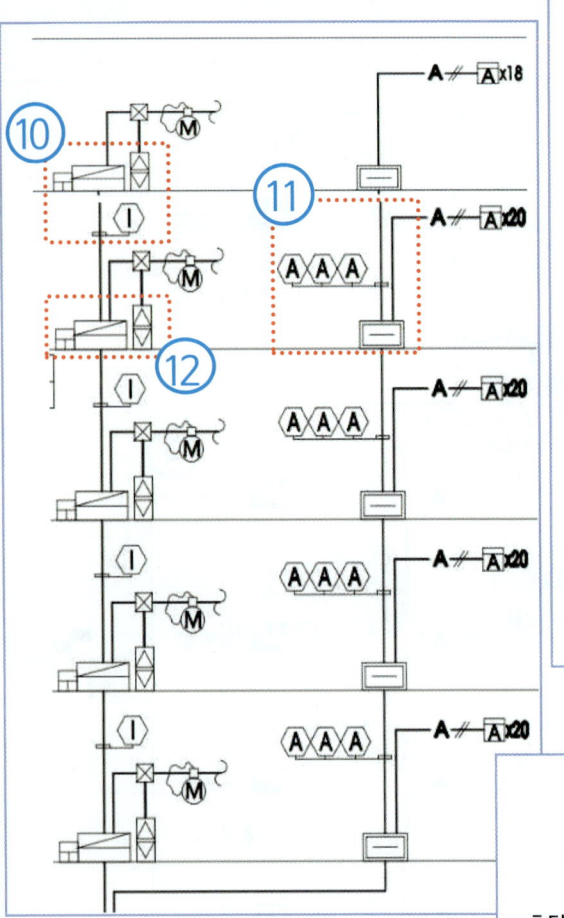

⑩ ⟨I⟩

22C(FR CVV-SB 1.5㎟ - 1Pr) : 신호전송선 2
16C(HFIX 2.5㎟ - 2) : 중계기전원 2
16C(HFIX 4.0㎟ - 2) : 배연창전원 2(AC인 경우 별도배관)

윗층과 아래층의 배연창과 배연창간의 단자함에 연결하는 연결내용이다.

22C(FR CVV-SB 1.5㎟ - 1Pr) : 신호전송선 2는, 배연창의 작동신호를 중계기를 통하여 입/출력 정보를 신호전송선을 통하여 정보전달하는 신호전송선 2선이다.

16C(HFIX 2.5㎟ - 2) : 중계기전원 2는, 중계기의 작동에 필요한 전원선 2선이다.

22C(HFIX 4.0㎟ - 2) : 배연창전원 2는, 배연창 전동모터작동에 필요한 AC전원선이다.

⑪ Ⓐ

22C(FR CVV-SB 1.5㎟ - 1Pr) × 2 : (신호전송선 2) × 2

호텔객실에 설치하는 아날로그감지기의 결선 회로선이다.
아날로그감지기는 중계기 또는 신호전송선을 통하여 수신기와 연결한다.
아날로그감지기는 개별작동신호를 신호전송선으로 수신기에 신호를 보낼 수 있는 기능이 있다. 감지기의 개수가 많으므로 신호전송선 2선을 2회로 설치했다.

⑫ 배연창

22C(FR CVV-SB 1.5㎟ - 1Pr) × 2
2×2 중계기 1개,
입력 1(배연창열림신호) / 출력 1(기동)

6층과 7층의 배연창과 배연창간의 단자함에 연결하는 연결내용이다.

입력 1(배연창열림신호) : 배연창 작동열림 신호를 중계기를 통하여 수신기에 보내는 입력정보다.

출력 1(기동) : 감지기의 작동이나, 수동작동스위치가 작동하면 수신기에서는 중계기를 통하여 작동신호 정보를 받은 결과 그에 대한 후속조치로 수신기는 중계기에 배연창닫힘 기동(작동)신호를 중계기로 정보를 보낸다.
중계기는 수신기로부터 배연창 닫힘 신호를 받아 배연창을 닫게된다.

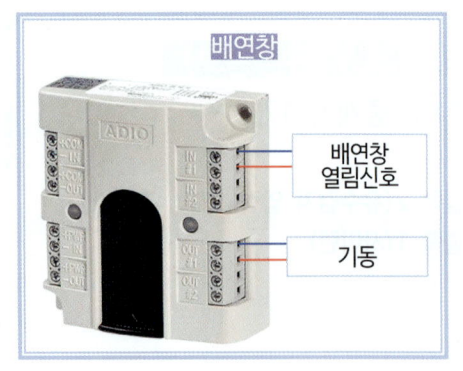

배연창

⑬ F-7F-02
2×2 중계기 1개, 입력 1(감지기) / 출력 1(경종)

7층의 발신기 단자함안에 설치하는 2×2 중계기 1개의 연결내용이다.

입력1(감지기)은 중계기의 IN (정보입력)에 결선하는 내용이 자동화재탐지설비의 감지기선을 중계기에 결선한다.

출력1(경종)은 중계기의 OUT (정보출력)에 연결하는 내용이 자동화재탐지설비의 벨선을 중계기에 연결한다.

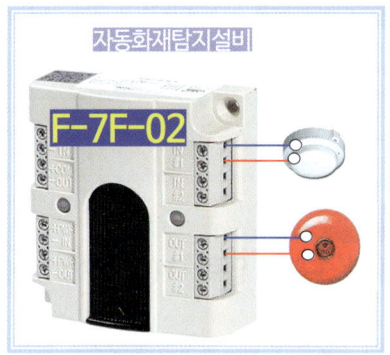

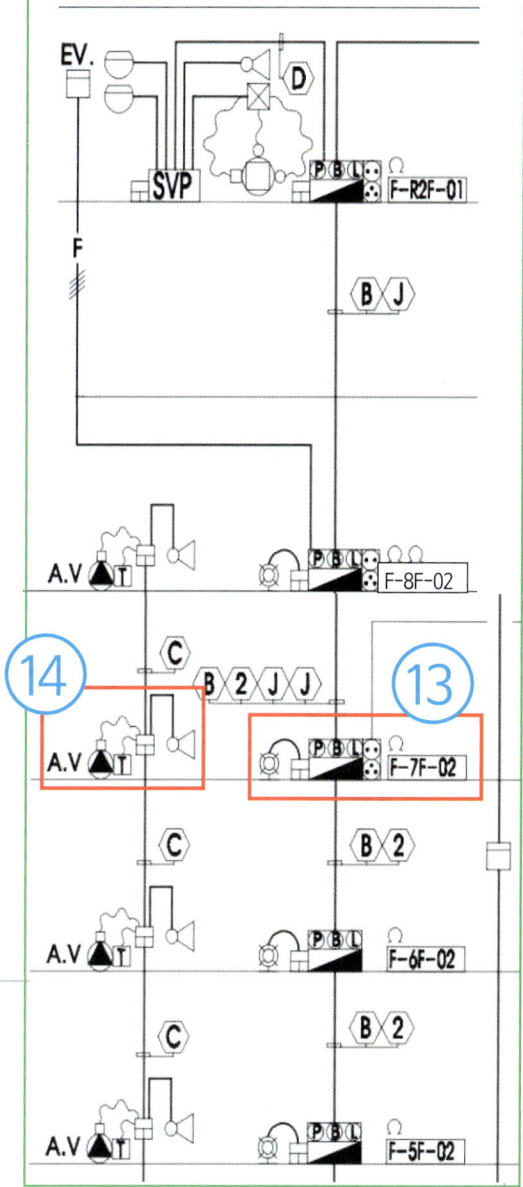

⑭ A.V(알람밸브)
2×2 중계기 1개,
입력 2(유수검지 압력S/W, T/S) / 출력 1(사이렌)

7층 알람밸브 단자함안에 설치하는 2×2 중계기 1개의 연결내용이다.

결선 내용은 입력2(유수검지 압력 S/W, T/S), 출력1(사이렌)이다.

입력2(유수검지압력 S/W, T/S)는 중계기의 IN (정보입력)에 연결하는 내용이 스프링클러설비의 유수검지장치인 알람밸브의 압력스위치와 1차측 개폐밸브에 설치된 탬퍼스위치선을 중계기에 연결한다.

출력1(사이렌)은 중계기의 OUT (정보출력)에 연결하는 내용이 스프링클러설비의 사이렌선을 중계기에 연결한다.

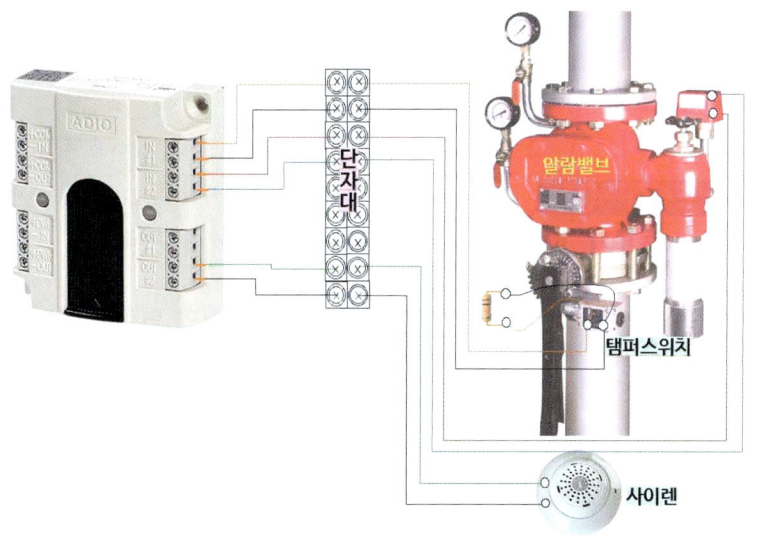

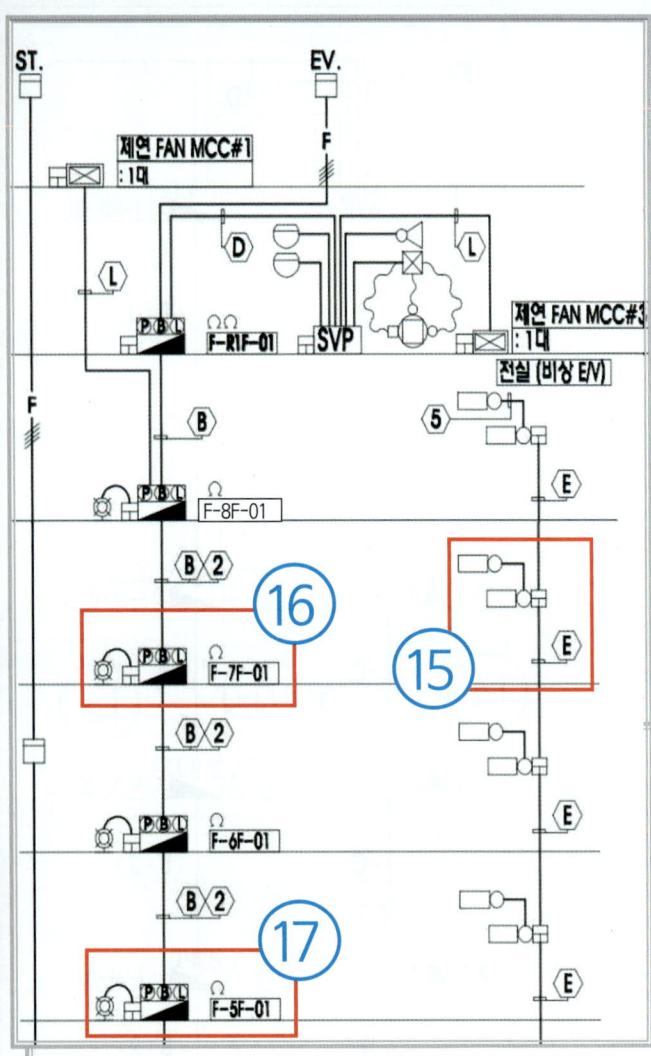

⑮ Ⓔ

22C(FR CVV-SB 1.5㎟ - 1Pr) : 신호 전송선 2
16C(HFIX 2.5㎟ - 2) : 중계기 전원 2
22C(HFIX 4.0㎟ - 2) : 담파 전원 2

7층과 6층의 담파와 담파간의 단자함에 연결하는 연결내용이다.
22C(FR CVV-SB 1.5㎟ - 1Pr) : 신호전송선 2는, 담파의 작동 신호를 중계기를 통하여 입/출력 정보를 신호전송선을 통하여 정보전달하는 신호전송선 2선이다.
16C(HFIX 2.5㎟ - 2) : 중계기전원 2는, 중계기의 작동에 필요한 전원선 2선이다.
22C(HFIX 4.0㎟ - 2) : 담파전원 2는, 담파작동에 필요한 AC 전원선이다.

⑯ F-7F-01
2×2 중계기 1개, 입력 1(감지기) / 출력 1(경종)

7층의 발신기 단자함안에 설치하는 2×2 중계기 1개의 연결내용이다.
입력1(감지기)은 중계기의 IN (정보입력)에 결선하는 내용이 자동화재탐지설비의 감지기선을 중계기에 연결한다.
감지기가 작동하면 감지기 작동신호가 중계기를 거쳐 수신기에 입력 신호가 전달된다.

출력1(경종)은 중계기의 OUT (정보출력)에 연결하는 내용이 자동화재탐지설비의 벨선을 중계기에 연결한다.
감지기의 작동으로 수신기가 감지기 작동신호(화재신호)를 받으면, 수신기는 화재경보(또는 사이렌)를 울리기 위하여 신호전송선을 통하여 해당 중계기에 정보를 전달한다.
화재경보신호를 전달받은 중계기는 경종(벨, 또는 사이렌)에 신호가 전달되어 벨이 울리게 된다.

⑰ F-5F-01
2×2 중계기 1개, 입력 1(감지기) / 출력 1(경종)

5층의 발신기 단자함안에 설치하는 2×2 중계기 1개의 연결내용이다.
입력1(감지기)은 중계기의 IN (정보입력)에 결선하는 내용이 자동화재탐지설비의 감지기선을 중계기에 연결한다.

출력1(경종)은 중계기의 OUT (정보출력)에 결선하는 내용이 자동화재탐지설비의 벨선을 중계기에 연결한다.

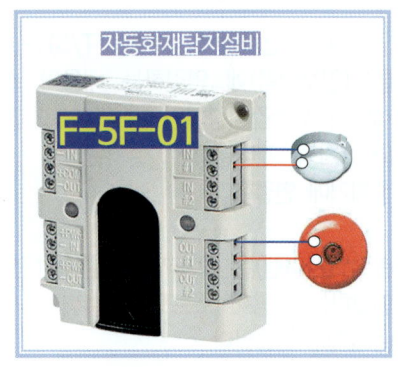

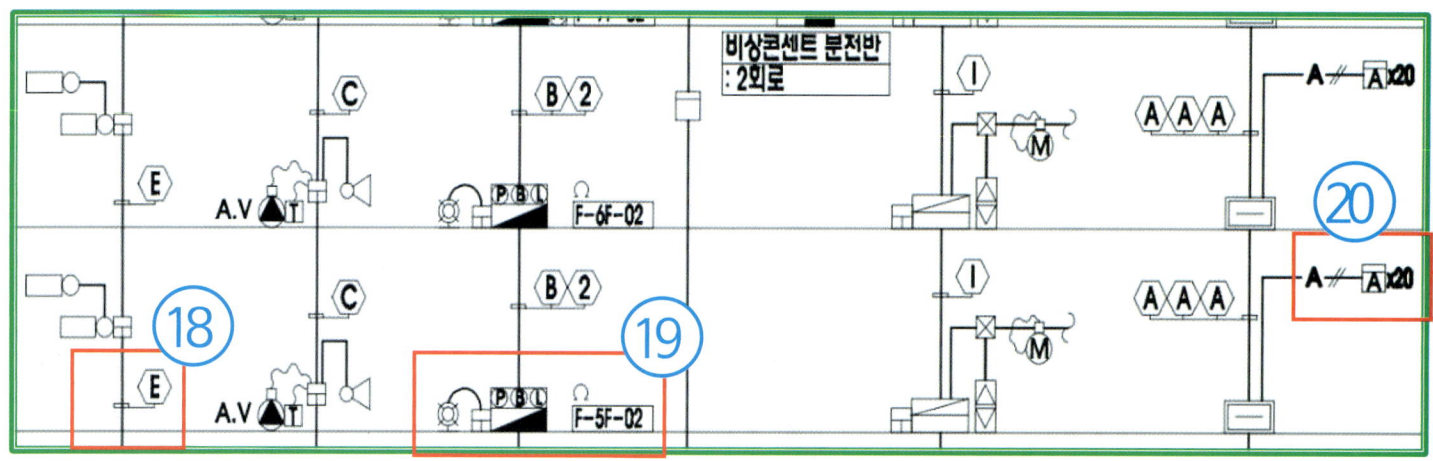

⑱ E

22C(FR CVV-SB 1.5㎟ - 1Pr) : 신호 전송선 2
16C(HFIX 2.5㎟ - 2) : 중계기 전원 2
22C(HFIX 4.0㎟ - 2) : 댐파 전원 2

5층과 4층의 댐파와 댐파간의 단자함에 연결하는 연결내용이다.
22C(FR CVV-SB 1.5㎟ - 1Pr) : **신호전송선 2**는, 댐파의 작동신호를 중계기를 통하여 입/출력 정보를 신호전송선을 통하여 정보전달하는 신호전송선 2선이다.
16C(HFIX 2.5㎟ - 2) : **중계기전원 2**는, 중계기의 작동에 필요한 전원선 2선이다.
22C(HFIX 4.0㎟ - 2) : **댐파전원 2**는, 댐파작동에 필요한 AC전원선이다.

⑲ F-5F-02

2×2 중계기 1개, 입력 1(감지기) / 출력 1(경종)

5층의 발신기 단자함안에 설치하는 2×2 중계기 1개의 연결내용이다.
입력1(감지기)은 중계기의 IN (정보입력)에 결선하는 내용이 자동화재탐지설비의 감지기선을 중계기에 연결한다.

출력1(경종)은 중계기의 OUT (정보출력)에 결선하는 내용이 자동화재탐지설비의 벨선을 중계기에 연결한다.

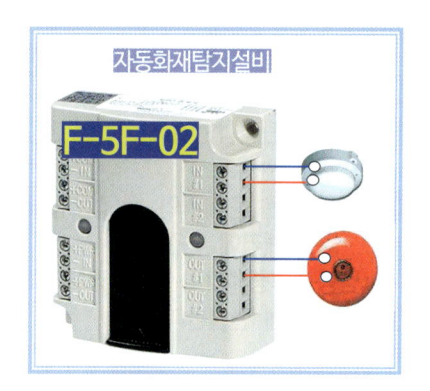

⑳ A

22C(FR CVV-SB 1.5㎟ - 1Pr) × 2 : (신호전송선 2) × 2

호텔객실에 설치하는 아날로그감지기의 연결 회로선이다.
아날로그감지기는 중계기 또는 중계기를 통하지 않고 신호전송선을 통하여 직접 수신기와 연결한다.
아날로그감지기는 개별 작동신호를 신호전송선으로 수신기에 신호를 보낼 수 있는 기능이 있다.

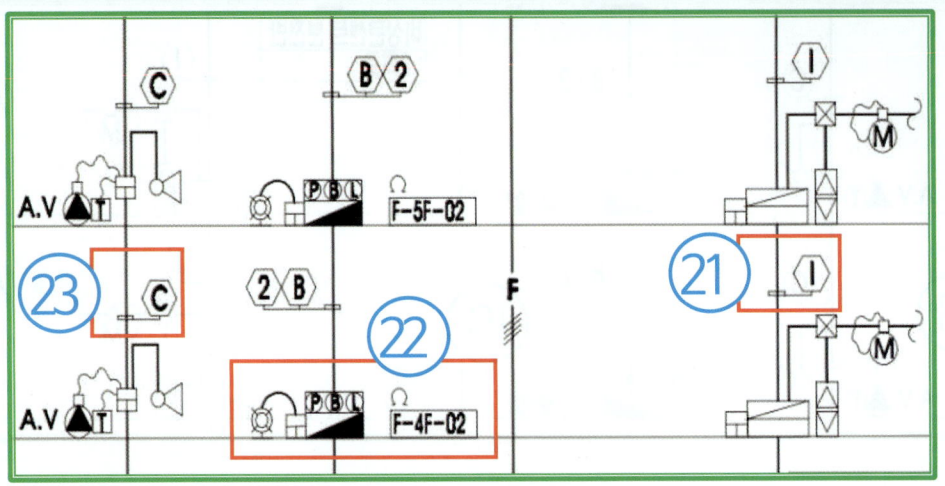

㉑ ⟨I⟩

<u>22C(FR CVV-SB 1.5㎟ - 1Pr)</u> : 신호전송선 2
<u>16C(HFIX 2.5㎟ - 2)</u> : 중계기전원 2
<u>16C(HFIX 4.0㎟ - 2)</u> : 배연창전원 2(AC인 경우 별도배관)

4층과 5층의 배연창과 배연창간의 단자함에 연결하는 결선내용이다.
<u>22C(FR CVV-SB 1.5㎟ - 1Pr)</u> : **신호전송선 2**는, 배연창의 작동신호를 중계기를 통하여 입/출력 정보를 신호전송선을 통하여 정보전달하는 신호전송선 2선이다.
<u>16C(HFIX 2.5㎟ - 2)</u> : **중계기전원 2**는, 중계기의 작동에 필요한 전원선 2선이다.
<u>22C(HFIX 4.0㎟ - 2)</u> : **배연창전원 2**는, 배연창 작동에 필요한 AC전원선이다.

㉒ F-4F-02

2×2 중계기 1개, 입력 1(감지기) / 출력 1(경종)

4층의 발신기 단자함안에 설치하는 2×2 중계기 1개의 연결내용이다.

입력1(감지기)은 중계기의 <u>IN</u>(정보입력)에 결선하는 내용이 자동화재탐지설비의 감지기선을 중계기에 연결한다.
출력1(경종)은 중계기의 <u>OUT</u>(정보출력)에 연결하는 내용이 자동화재탐지설비의 벨선을 중계기에 연결한다.

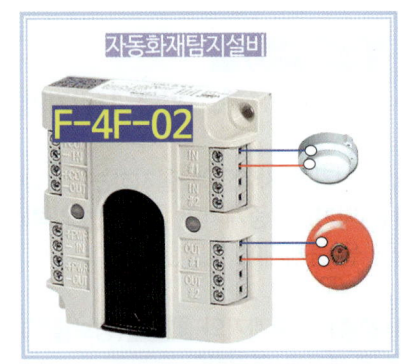

㉓ ⟨C⟩

<u>22C(FR CVV-SB 1.5㎟ - 1Pr)</u> : 신호전송선 2
<u>16C(HFIX 2.5㎟ - 2)</u> : 중계기 전원 2

4층과 5층간의 알람밸브 열결 단자대간의 연결선 내용이다.
<u>22C(FR CVV-SB 1.5㎟ - 1Pr)</u> : **신호전송선 2**는 5층 중계기와 4층 중계기를 연결하는 신호전송선이다.
<u>16C(HFIX 2.5㎟ - 2)</u> : **중계기 전원 2**는 중계기를 작동하기 위한 전원선이다.

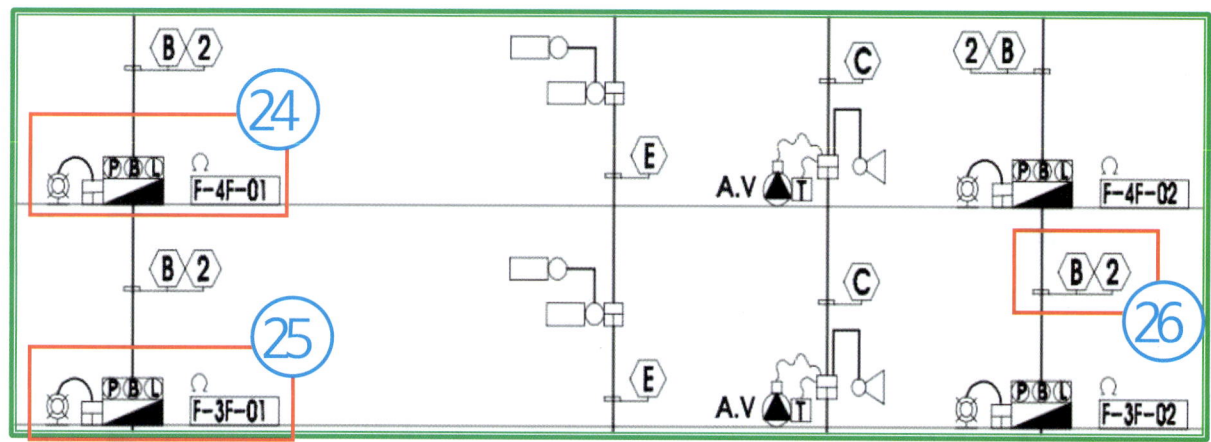

F-4F-01

2×2 중계기 1개, 입력 1(감지기) / 출력 1(경종)

4층의 발신기 단자함안에 설치하는 2×2 중계기 1개의 연결내용이다.
결선 내용의 입력1(감지기)은 중계기의 IN (정보입력)에 연결하는 내용이
자동화재탐지설비의 감지기선을 중계기에 연결한다.
출력1(경종)은 중계기의 OUT (정보출력)에 연결하는 내용이 자동화재탐지설비의
벨선을 중계기에 연결한다.

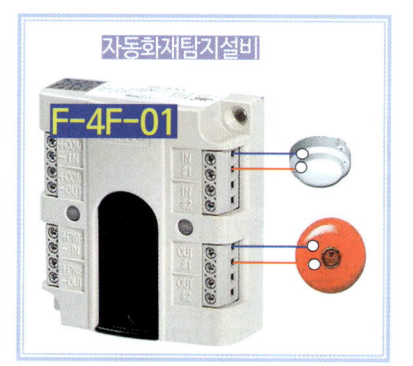

 F-3F-01

2×2 중계기 1개, 입력 1(감지기) / 출력 1(경종)

3층의 발신기 단자함안에 설치하는 2×2 중계기 1개의 연결내용이다.
결선 내용의 입력1(감지기)은 중계기의 IN (정보입력)에 결선하는 내용이
자동화재탐지설비의 감지기선을 중계기에 연결한다.
출력1(경종)은 중계기의 OUT (정보출력)에 결선하는 내용이 자동화재탐지설비의
벨선을 중계기에 연결한다.

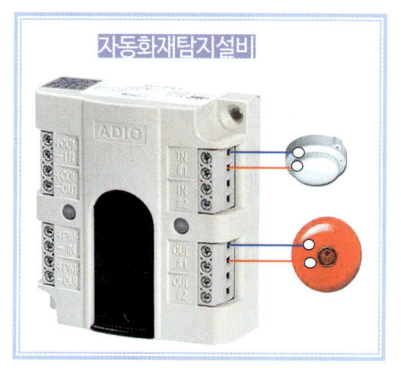

 ⟨B⟩2

22C(FR CVV-SB 1.5㎟ - 1Pr) : 신호전송선 2
28C(HFIX 2.5㎟ - 8) : 중계기 전원 2, 전화선 1, 발신기 응답선 1, 위치표시등 2, 소화전펌프 작동확인 2
16C(HFIX 2.5㎟ - 2) : 시각경보기선 2

22C(FR CVV-SB 1.5㎟ - 1Pr) : 신호전송선 2는 4층과 3층간의 자동화재탐지설비의 중계기 연결선 내용이다.
28C(HFIX 2.5㎟ - 8) : 중계기 전원 2, 전화선 1, 발신기응답선 1, 위치표시등 2, 소화전펌프 작동확인 2는
4층 발신기와 3층 발신기간의 연결선의 내용이다.
28C(HIV 2.5㎟ - 7)의 내용은, 중계기의 작동에 필요한 전원선 2선과,
발신기와 발신기간의 연결선인 발신기응답선1, 위치표시등2 등의 선들을 중계기를 거치지 않고 연결한다.
소화전펌프 작동확인램프선인 2선도 중계기를 거치지 않고 연결한다.
16C(HFIX 2.5㎟ - 2) : 시각경보기선 2선이다.

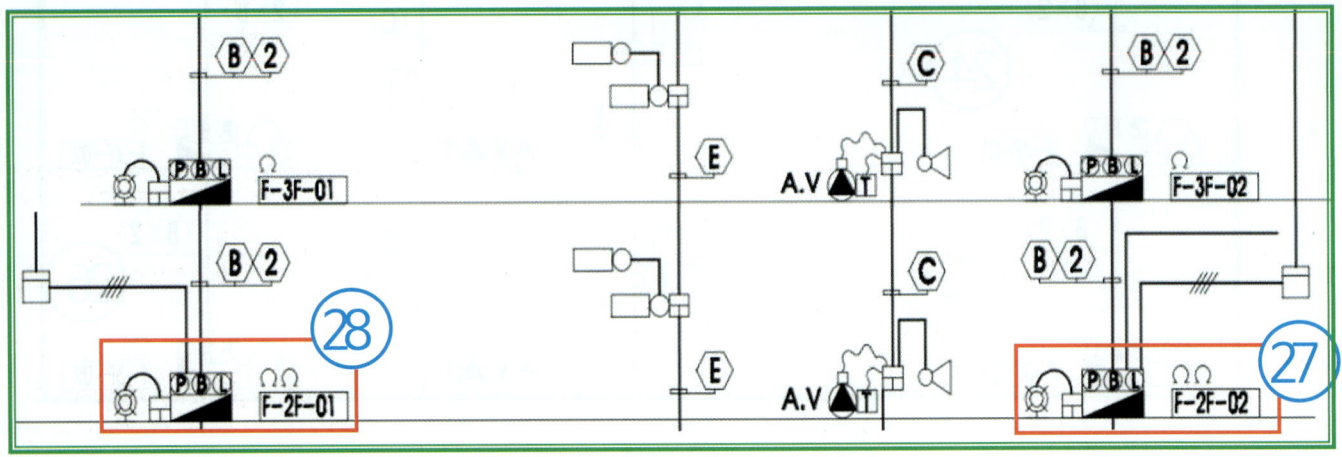

㉗
F-2F-02
   2×2 중계기 1개, 입력 2(감지기, 계단감지기) / 출력 1(경종)

2층의 발신기 단자함안에 설치하는 2×2 중계기 1개의 연결내용이다.
결선 내용은 **입력2(감지기, 계단감지기) / 출력1(경종)** 이다.

입력2(감지기, 계단감지기) 는 중계기의 **IN** (정보입력)에 연결하는 내용이 자동화재탐지설비의 옥내 감지기선 1선과 계단감지기의 감지기선 1선을 중계기에 연결한다. 각각의 감지기가 작동하면 감지기 작동신호가 중계기를 거쳐 수신기에 입력신호가 전달된다.

출력1(경종) 은 중계기의 **OUT** (정보출력)에 연결하는 내용이 자동화재탐지설비의 벨선을 중계기에 연결한다.
감지기의 작동으로 수신기가 감지기 작동신호(화재신호)를 받으면,
수신기는 화재경보(또는 사이렌)를 울리기 위하여 신호전송선을 통하여 해당 중계기에 출력정보를 전달한다.
화재경보 신호를 전달받은 중계기는 경종(벨, 또는 사이렌)으로 신호가 전달되어 벨이 울리게 된다.

㉘
F-2F-01
2×2 중계기 1개, 입력 2(감지기, 계단감지기) / 출력 1(경종)

2층의 발신기 단자함안에 설치하는 2×2 중계기 1개의 연결내용이다.
결선 내용은 **입력2(감지기, 계단감지기) / 출력1(경종)** 이다.
입력2(감지기, 계단감지기) 는 중계기의 **IN** (정보입력)에 연결하는 내용이 자동화재탐지설비의 옥내 감지기선 1선과 계단감지기의 감지기선 1선을 중계기에 연결한다.

출력1(경종) 은 중계기의 **OUT** (정보출력)에 결선하는 내용이 자동화재탐지설비의 벨선을 중계기에 결선한다.

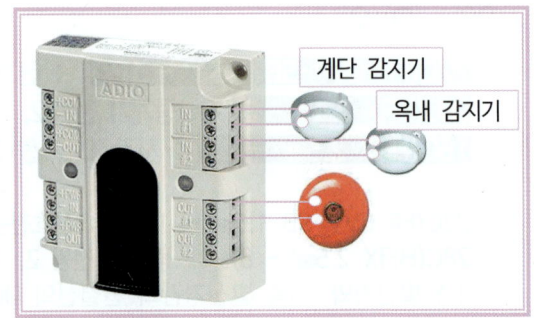

㉙
22C(FR CVV-SB 1.5㎟ - 1Pr)
　　　　　　　　　： 신호전송선 2
16C(HFIX 2.5㎟ - 2)　： 중계기 전원 2
22C(HFIX 4.0㎟ - 2)　： 댐파 전원 2

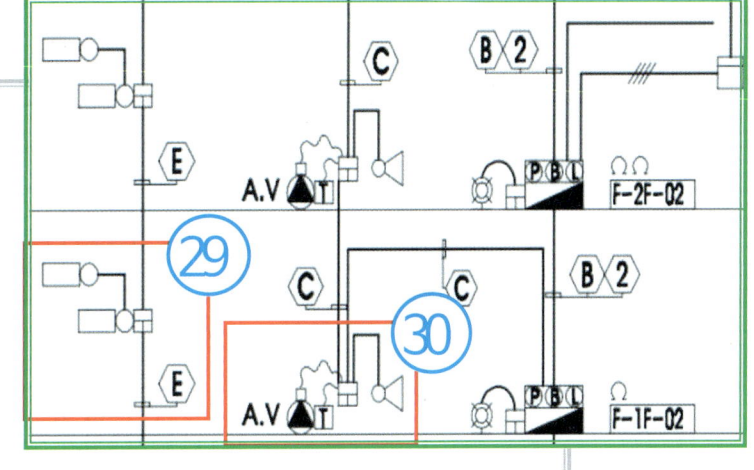

지하1층과 1층의 댐파와 댐파간의 단자함에
연결하는 연결내용이다.

22C(FR CVV-SB 1.5㎟ - 1Pr) : 신호전송선 2는,
댐파의 작동신호를 중계기를 통하여 입/출력 정보를 신호전송선을 통하여 정보전달하는 신호전송선 2선이다.

16C(HFIX 2.5㎟ - 2)　： **중계기전원 2**는, 중계기의 작동에 필요한 전원선 2선이다.
22C(HFIX 4.0㎟ - 2)　： **댐파전원 2**는, 댐파작동에 필요한 AC(교류)전원선이다.

㉚
A.V(알람밸브)
2×2 중계기 1개,　입력 2(유수검지압력S/W,　T/S) / 출력 1(사이렌)

알람밸브 단자함안에 설치하는 2×2 중계기 1개의
연결내용이다.

결선 내용은,
입력2(유수검지 압력 S/W, T/S),
출력1(사이렌)이다.

입력2(유수검지압력 S/W, T/S)는 중계기의
`IN`(정보입력)에 연결하는 내용이 스프링클러설비의
유수검지장치인 알람밸브의 압력스위치와 1차측 개폐
밸브에 설치된 탬프스위치선을 중계기에 연결한다

출력1(사이렌)은 중계기의
`OUT`(정보출력)에 결선하는 내용이 스프링클러설비의
사이렌선을 중계기에 연결한다.

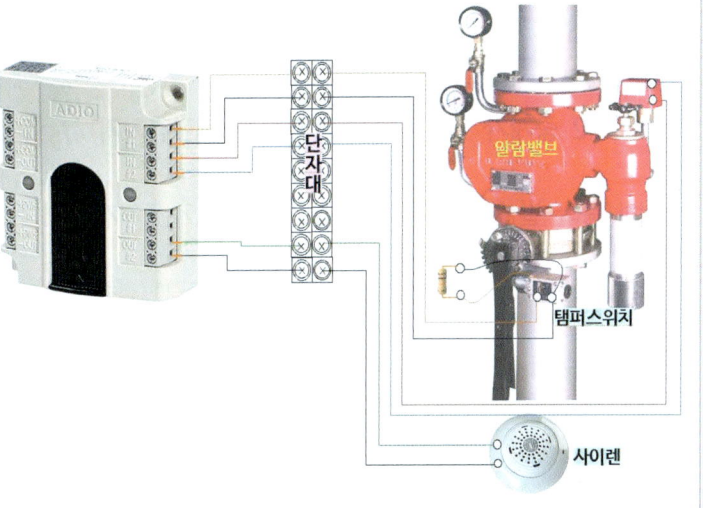

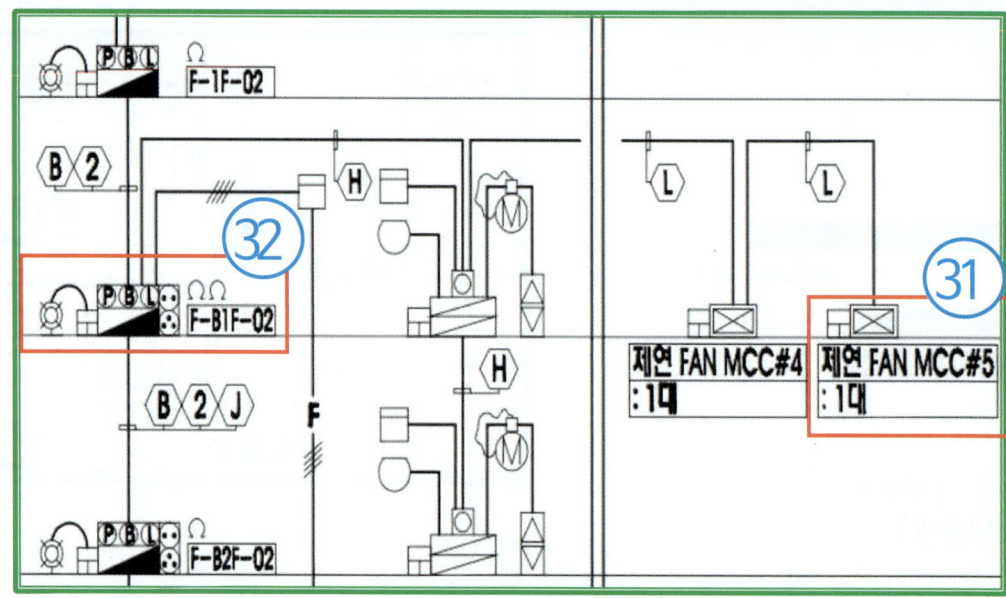

㉛

제연 FAN MCC # 5

2×2 중계기 1개, 입력 1(작동확인) / 출력 1(기동)

지하2층에 있는 제연 FAN #5의 단자함안에 설치하는 2×2 중계기 1개의 연결내용이다.

입력1(작동확인)은 제연 FAN 작동신호가 중계기의 IN (정보입력)에 연결한다.

출력1(기동)은 중계기의 OUT (정보출력)에 연결하는 내용이다.

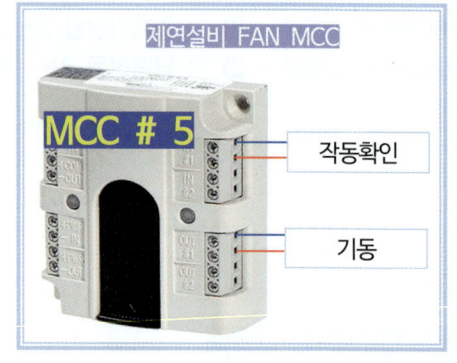

㉜

F-B1F-02

2×2 중계기 1개, 입력 2(감지기, 계단감지기) / 출력 1(경종)

지하1층의 발신기 단자함안에 설치하는 2×2 중계기 1개의 연결내용이다.
결선 내용은 **입력2(감지기, 계단감지기) / 출력1(경종)**이다.

입력2(감지기, 계단감지기)는 중계기의 IN (정보입력)에 연결하는 내용이 자동화재탐지설비의 옥내 감지기선 1선과 계단감지기의 감지기선 1선을 중계기에 결선한다.

출력1(경종)은 중계기의 OUT (정보출력)에 연결하는 내용이 자동화재탐지설비의 벨선을 중계기에 연결한다.

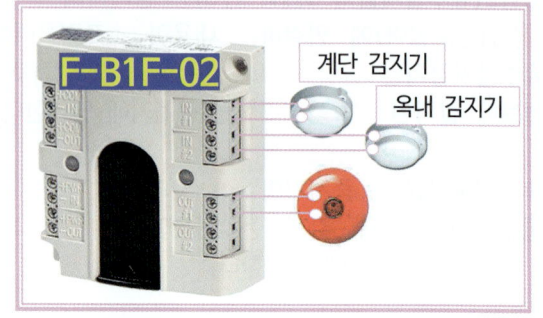

㉝ ⟨B⟩2

22C(FR CVV-SB 1.5㎟ - 1Pr) : 신호전송선 2
28C(HFIX 2.5㎟ - 7) : 중계기 전원 2, 발신기 응답선 1,
　　　　　　　　　　　위치표시등 1, 공통선, 소화전펌프 작동확인(+,-) 2
16C(HFIX 2.5㎟ - 2) : 시각경보기선 2

1층과 지하1층간의 발신기단자대 연결선 내용이다.

22C(FR CVV-SB 1.5㎟ - 1Pr) : 신호전송선 2는 2×2 중계기 1개,
입력 1(감지기) / 출력 1(경종)이다.

입력1(감지기)은 중계기의 IN(정보입력)에 연결하는 내용이
자동화재탐지설비의 감지기선을 중계기에 연결한다. 감지기가 작동하면 감지기
작동신호가 중계기를 거쳐 수신기에 신호가 전달된다.

출력1(경종)은 중계기의 OUT(정보출력)에 결선하는 내용이 자동화재탐지설비의 벨선을 중계기에 연결한다.
감지기의 작동으로 수신기가 감지기 작동신호(화재신호)를 받으면,
수신기는 화재경보(또는 사이렌)를 울리기 위하여 신호전송선을 통하여 해당 중계기에 정보를 전달한다.
화재경보신호를 전달받은 중계기는 경종(벨, 또는 사이렌)에 신호가 전달되어 벨이 울리게 된다.

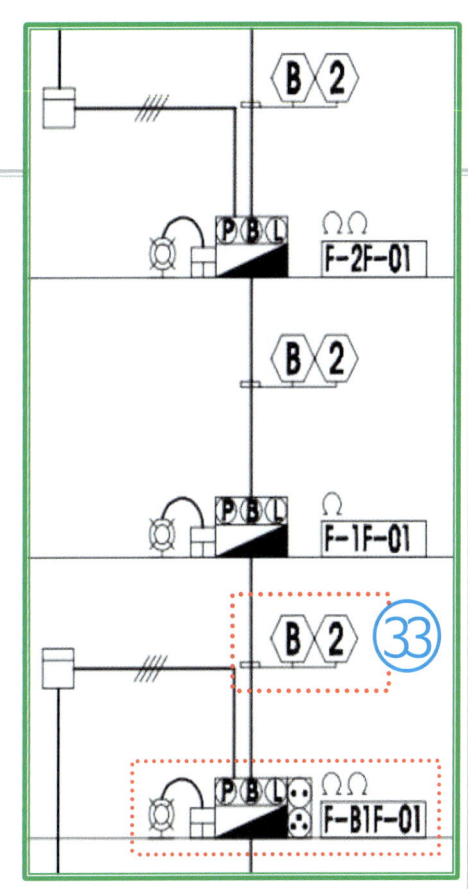

28C(HFIX 2.5㎟ - 7) :
중계기 전원 2(+, -선), 발신기 응답선 1, 위치표시등 1,
공통선 1, 소화전펌프 작동확인 2(+, -선)는
중계기를 거치지 않는 선의 내용이다.

16C(HFIX 2.5㎟ - 2) : 시각경보기선 2선이다.

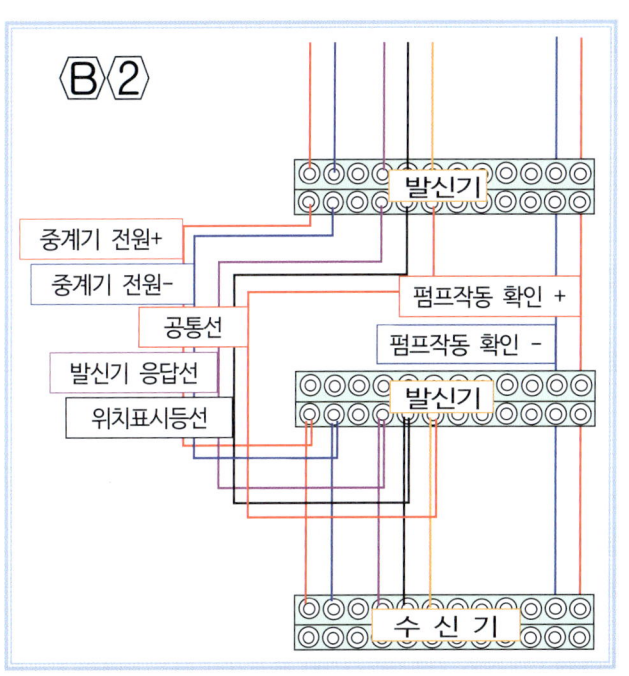

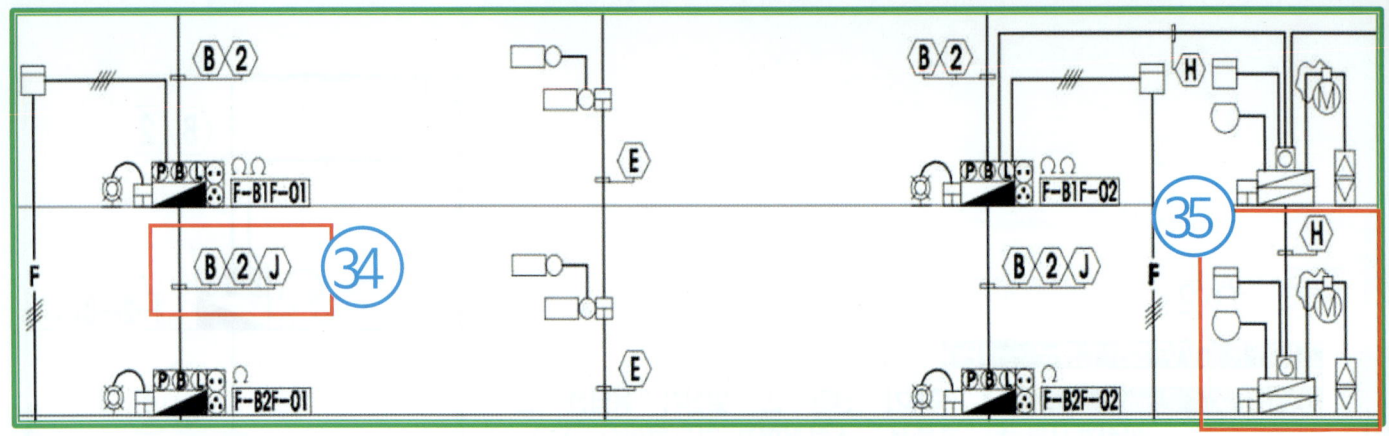

㉞ ⟨B⟩⟨2⟩⟨J⟩

22C(FR CVV-SB 1.5㎟ - 1Pr) : 신호전송선 2
28C(HFIX 2.5㎟ - 7) : 중계기 전원 2, 발신기 응답선 1, 위치표시등 2, 소화전펌프 작동확인 2
16C(HFIX 2.5㎟ - 2) : 시각경보기선 2
28C(HFIX 6.0㎟ - 5, E-6.0) : 3상, 단상, 접지

지하2층과 지하1층의 발신기단자대간의 연결선 내용이다.

22C(FR CVV-SB 1.5㎟ - 1Pr) : 신호전송선 2

28C(HFIX 2.5㎟ - 7) :
중계기 전원 2, 발신기 응답선 1, 위치표시등 2,
 소화전펌프 작동확인 2는 중계기를 거치지 않는 선으로, 중계기의 작동에 필요한 전원선 2선과,
발신기와 발신기간의 연결선인 발신기응답선, 위치표시등 등의 선들은 중계기를 거치지 않고 연결한다.
소화전펌프 작동확인램프선인 2선도 중계기를 거치지 않고 연결한다.

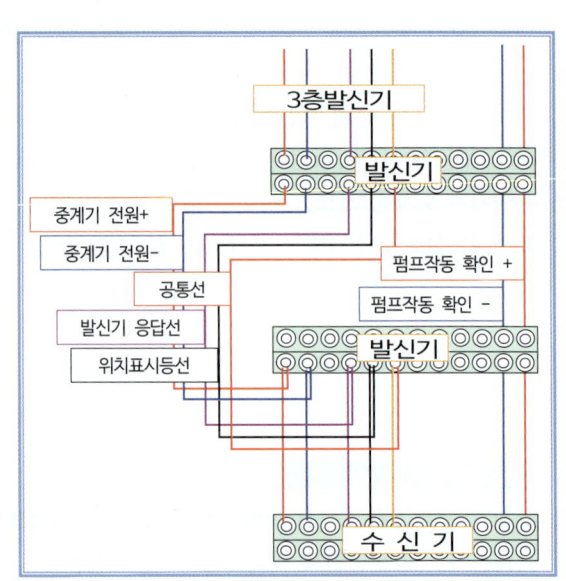

16C(HFIX 2.5㎟ - 2) : 시각경보기선 2선이다.

28C(HFIX 6.0㎟ - 5, E-6.0) : 3상, 단상, 접지는 비상콘센트설비 3상, 단상, 접지선이다.

㉟ ⟨H⟩

22C(FR CVV-SB 1.5㎟ - 1Pr) : 신호전송선 2
16C(HFIX 2.5㎟ - 2) : 중계기 전원 2

방화셔터 작동의 기동용감지기와 중계기의 배선 내용이다. 중계기 신호전송선 2선과 중계기 작동용 전원선 2선이다.

㊱ Ⓔ

22C(FR CVV-SB 1.5㎟ - 1Pr) : 신호전송선 2
16C(HFIX 2.5㎟ - 2) : 중계기전원 2
22C(HFIX 4.0㎟ - 2) : 댐파전원 2

지하4층과 지하3층의 댐파와 댐파간의 단자함 간에 연결하는 연결내용이다.

22C(FR CVV-SB 1.5㎟ - 1Pr) : 신호전송선 2는, 댐파의 작동신호를 중계기를 통하여 입/출력 정보를 신호전송선을 통하여 정보전달하는 신호전송선 2선이다.
16C(HFIX 2.5㎟ - 2) : 중계기전원 2는, 중계기의 작동에 필요한 전원선 2선이다.
22C(HFIX 4.0㎟ - 2) : 댐파전원 2는, 댐파작동에 필요한 AC(교류)전원선이다.

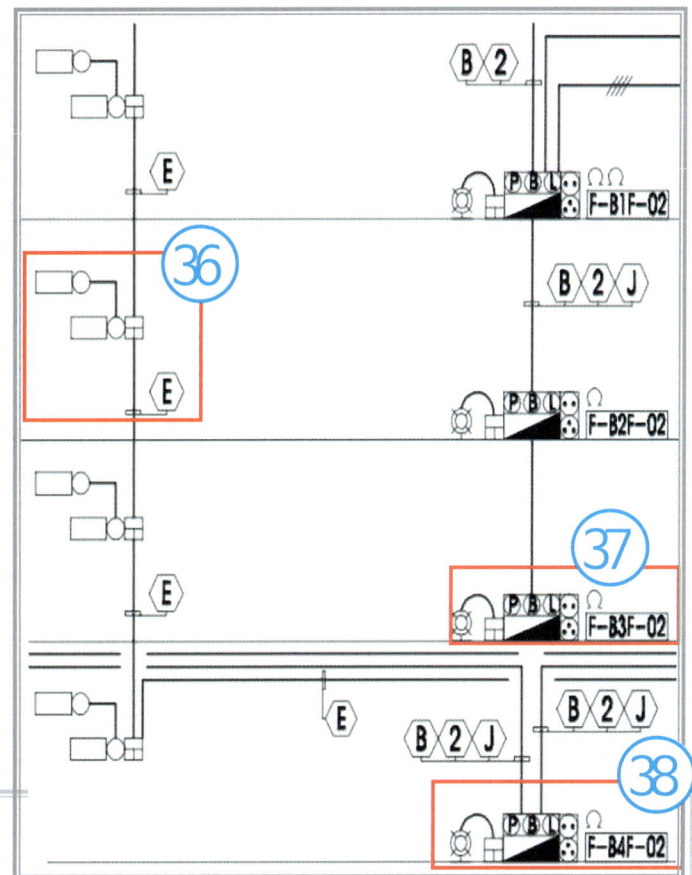

㊲ F-B3F-02

2×2 중계기 1개, 입력 1(감지기) / 출력 1(경종)

지하3층의 발신기 단자함안에 설치하는 2×2 중계기 1개의 연결내용이다.
입력1(감지기)은 중계기의 IN (정보입력)에 결선하는 내용이 자동화재탐지설비의 감지기선을 중계기에 연결한다.

출력1(경종)은 중계기의 OUT(정보출력)에 결선하는 내용이 자동화재탐지설비의 벨선을 중계기에 연결한다.

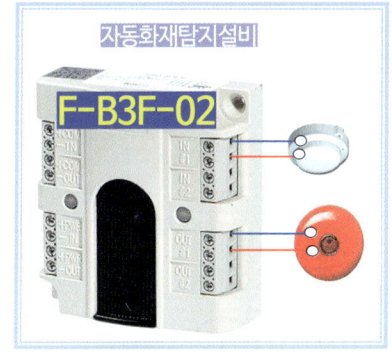

㊳ F-B4F-02

2×2 중계기 1개, 입력 1(감지기) / 출력 1(경종)

지하4층의 발신기 단자함안에 설치하는 2×2 중계기 1개의 연결내용이다.
입력1(감지기)은 중계기의 IN(정보입력)에 연결하는 내용이 자동화재탐지설비의 감지기선을 중계기에 결선한다.

출력1(경종)은 중계기의 OUT(정보출력)에 연결하는 내용이 자동화재탐지설비의 벨선을 중계기에 연결한다.

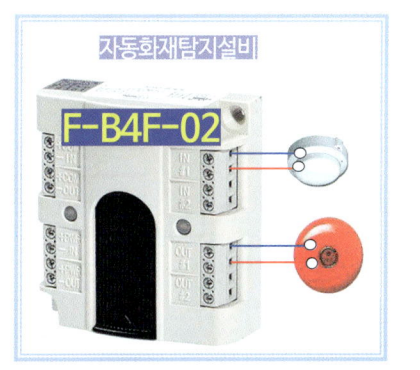

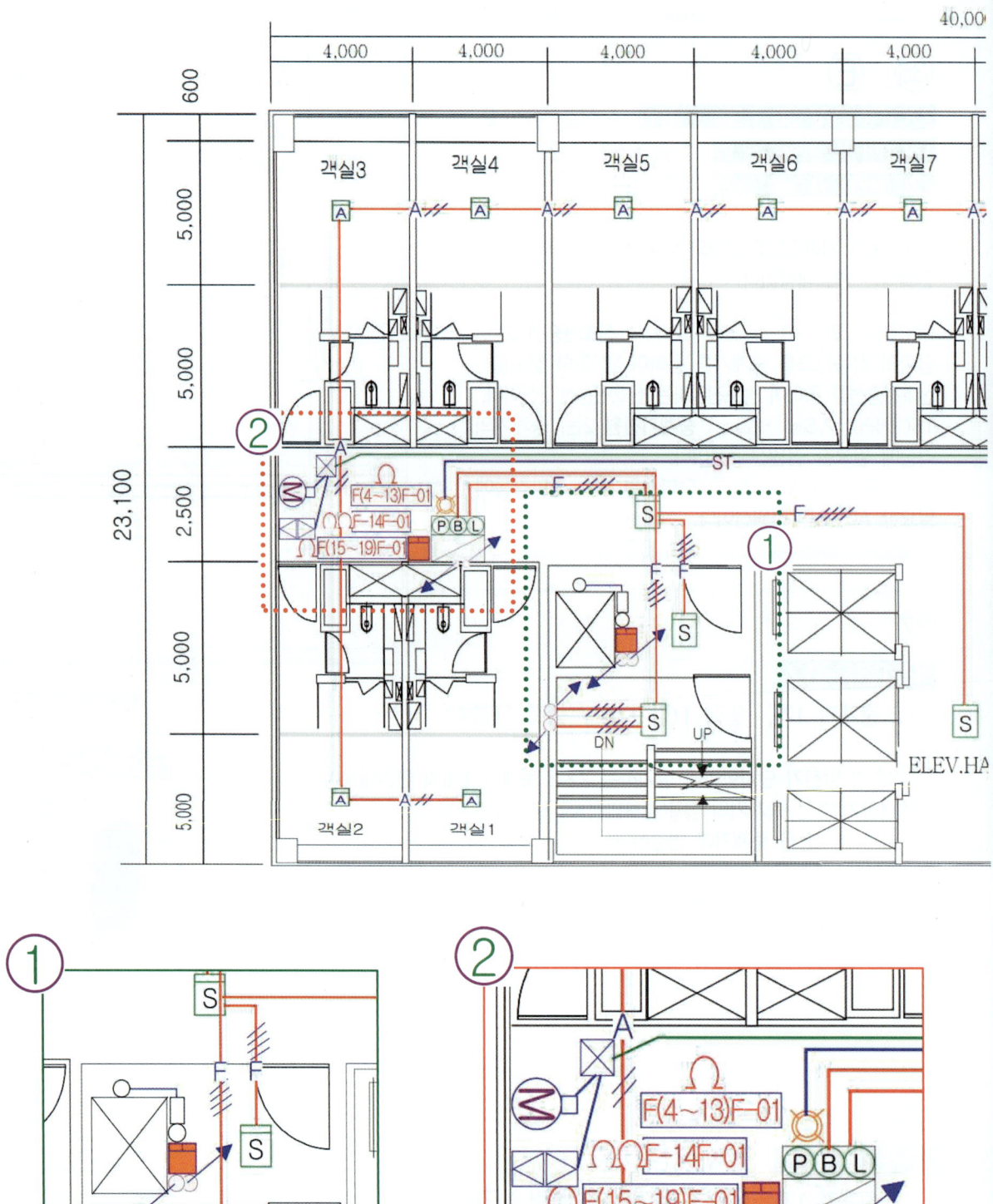

이 내용에 대한 상세한 설명은 다음 페이지에 있다

6. 4~19층 소방시설 전기

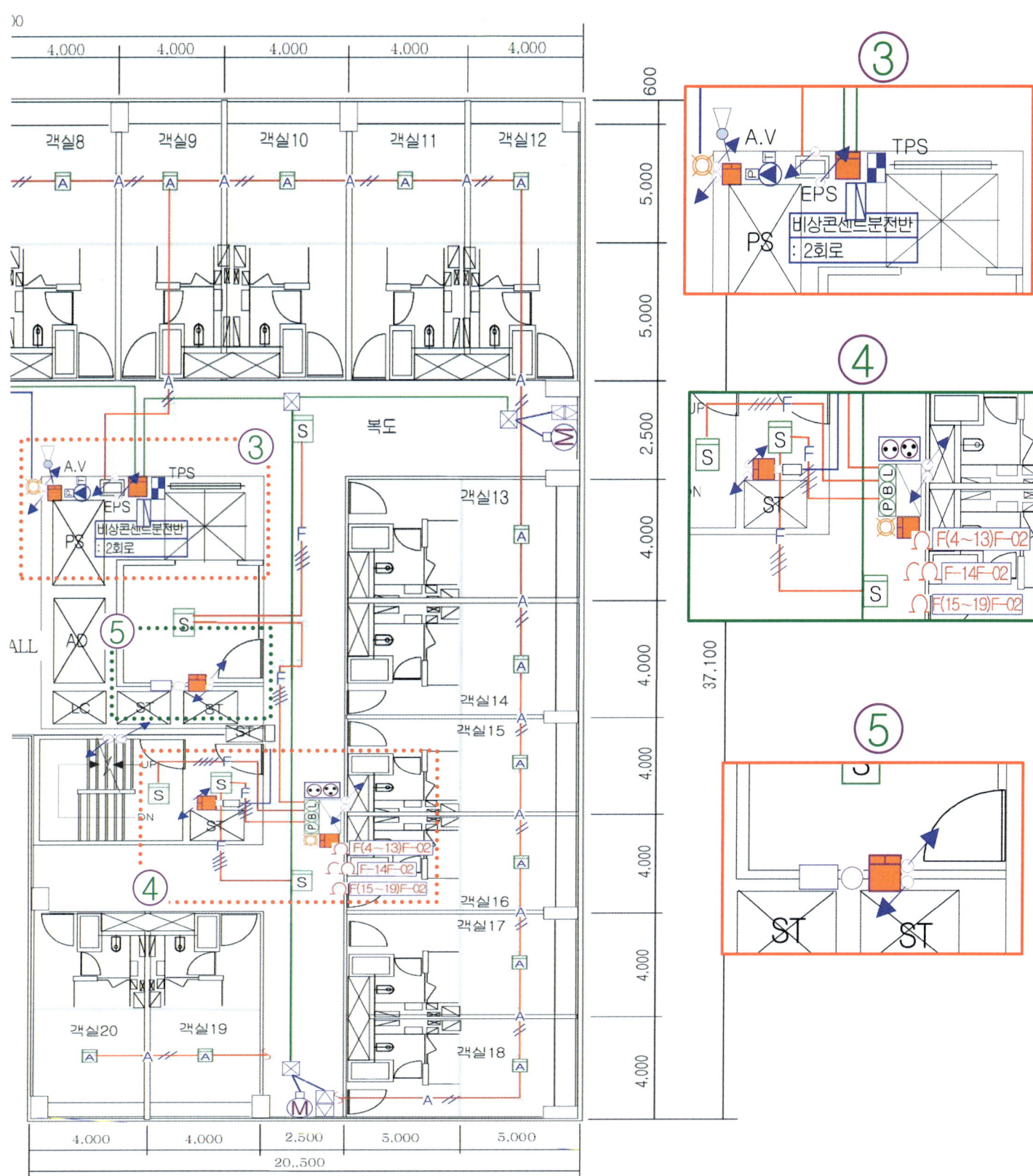

평면도 해설

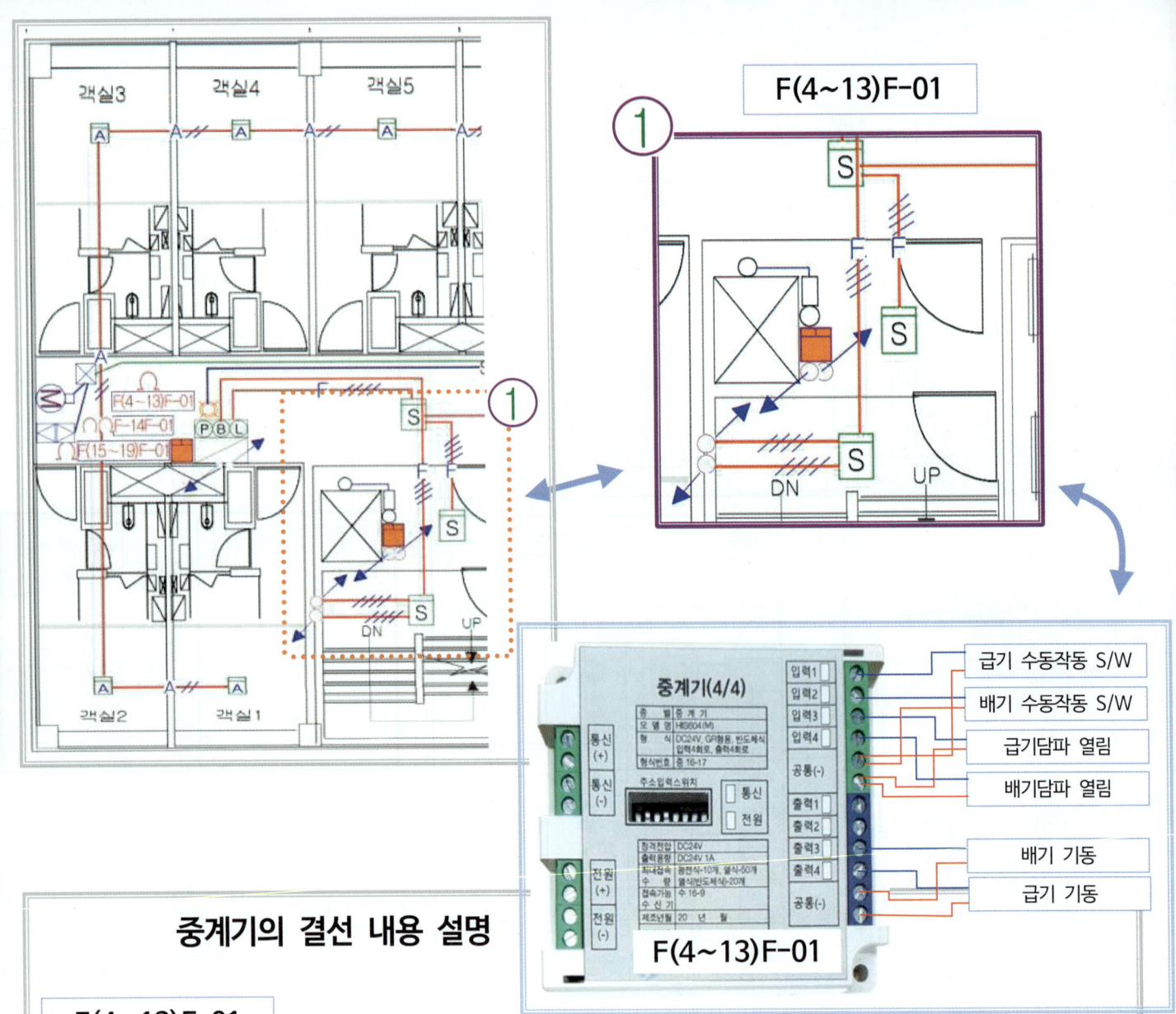

중계기의 결선 내용 설명

F(4~13)F-01 전실담파(계단실 #1)

입력 : 4(급/배기 수동작동 S/W, 급/배기담파 열림신호)
출력 : 2(급/배기 기동)

입력 : 4(급/배기 수동작동 S/W, 급/배기담파 열림신호)는
중계기의 IN (정보입력)에 결선하는 내용은 전실제연설비의
급기 수동작동 스위치선 1선과, 배기 수동작동 스위치선 1선,
급기 담파열림 신호 1선, 배기 담파열림 신호 1선을 중계기에 결선한다.

출력 : 2(급/배기기동)은

중계기의 OUT (정보출력)에 연결하는 내용은 급기기동과 배기기동의 선이 중계기에 결선한다.

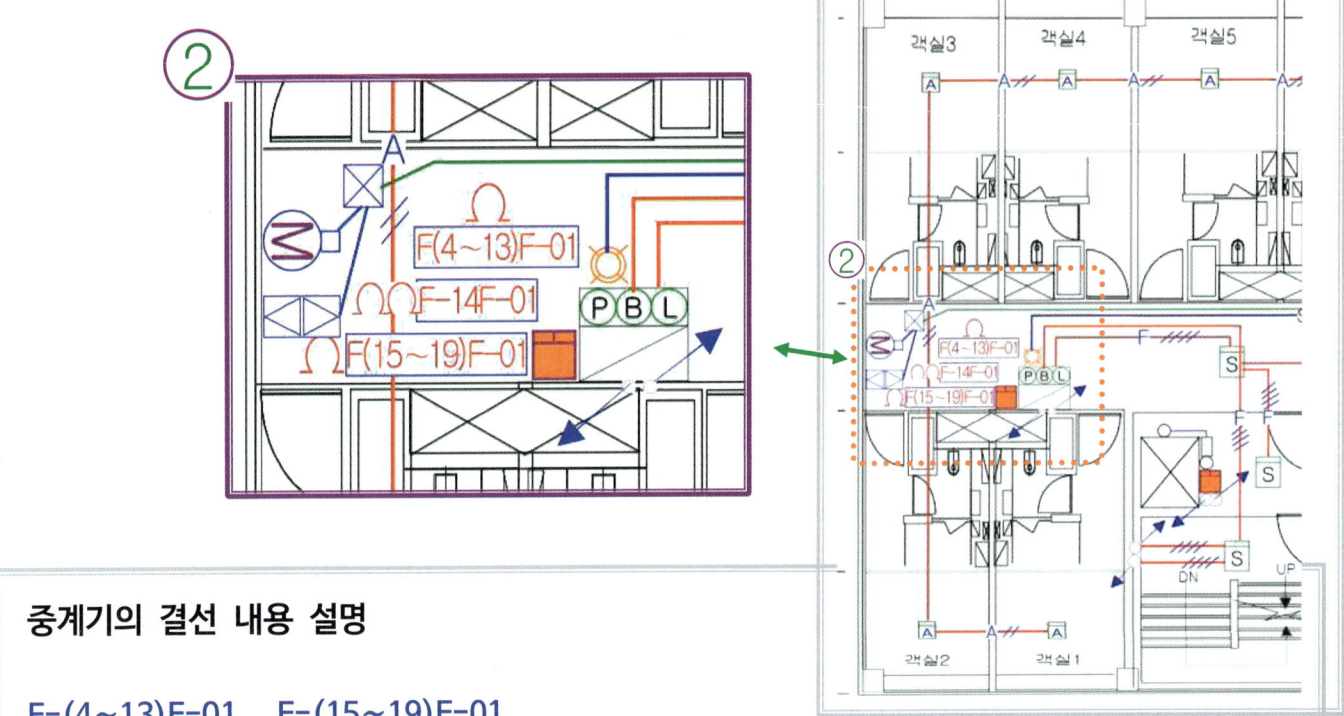

중계기의 결선 내용 설명

F-(4~13)F-01, F-(15~19)F-01

F-(4~13)F-01은 4층~13층의 발신기 단자함안에 설치하는 2×2 중계기 1개의 결선내용이다.
F-(15~19)F-01은 15층~19층의 발신기 단자함안에 설치하는 2×2 중계기 1개의 결선내용이다.

F-(4~13)F-01과 F-(15~19)F-01의 결선 내용은 입력1(감지기) / 출력1(경종)이다.

입력1(감지기)은 중계기의 IN(정보입력)에 결선하는 내용이 자동화재탐지설비의 감지기선을 중계기에 결선한다.

출력1(경종)은 중계기의 OUT(정보출력)에 결선하는 내용이 자동화재탐지설비의 벨선을 중계기에 결선한다.

F-14F-01

14층의 발신기 단자함안에 설치하는 2×2 중계기 1개의 결선내용이다.

입력2(감지기, 계단감지기) / 출력1(경종)이다.

입력2(감지기, 계단감지기)는 중계기의 IN (정보입력)에 결선하는 내용이 옥내 감지기선 1선과 계단실의 감지기선 1선을 중계기에 결선한다.

출력1(경종)은 중계기의 OUT (정보출력)에 결선하는 내용이 자동화재탐지설비의 벨선을 중계기에 결선한다.
감지기의 작동으로 수신기가 감지기 작동신호를 받았으면, 수신기는 화재경보(또는 사이렌)를 울리기 위하여 신호전송선을 통하여 해당 중계기에 정보를 전달한다.

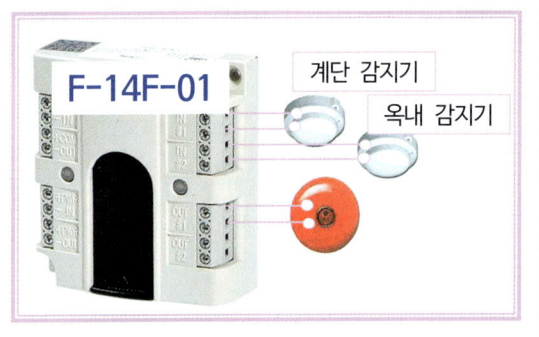

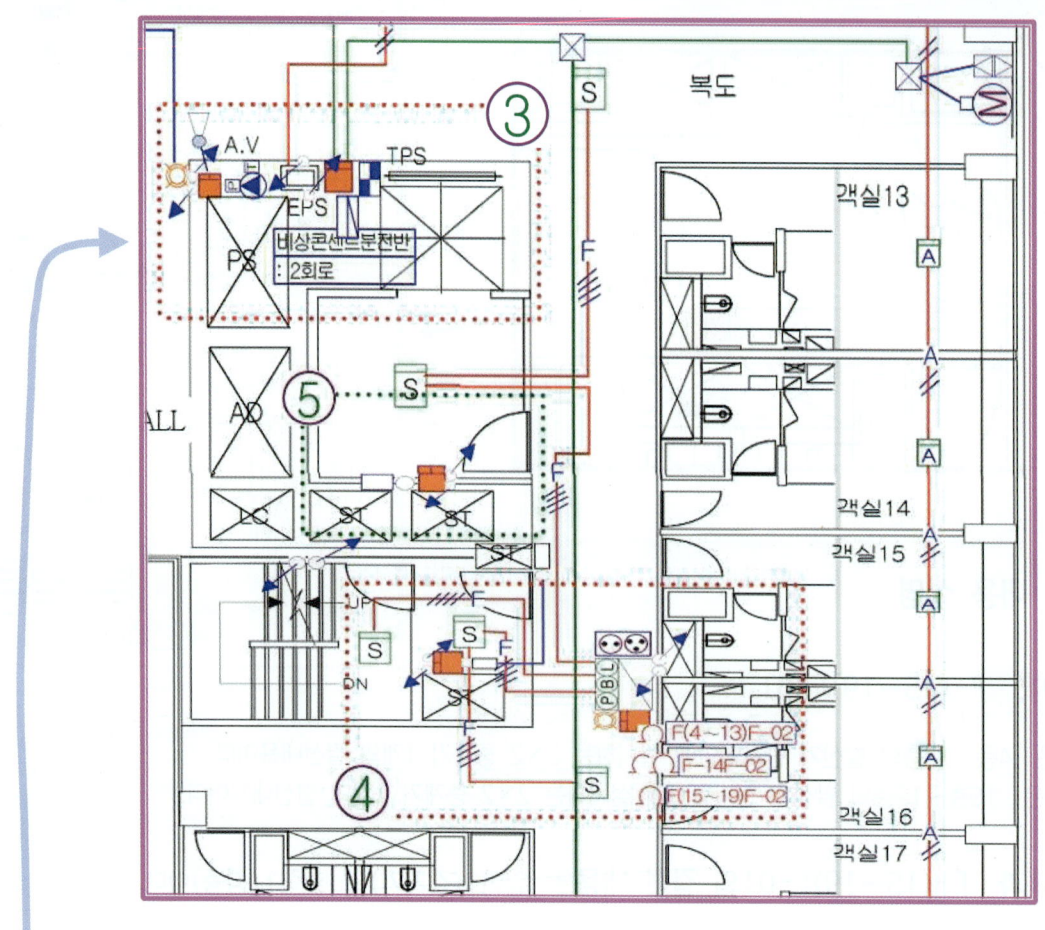

③ 중계기의 결선 내용 설명

4~19층 알람밸브

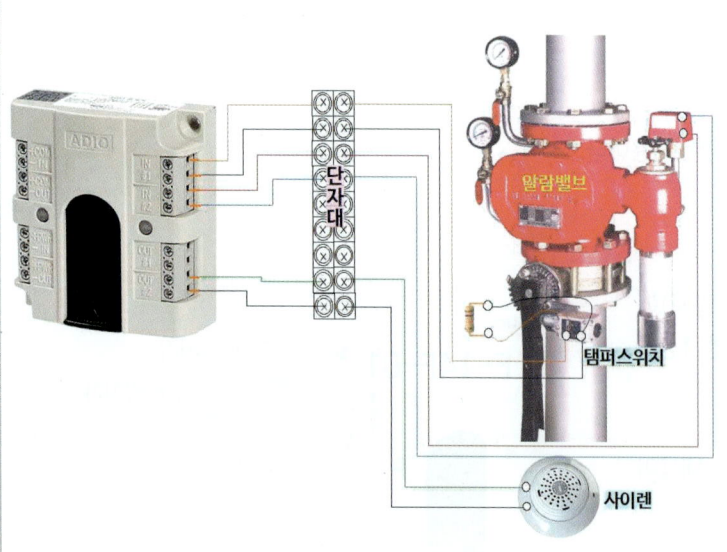

알람밸브 단자함안에 설치하는 2×2 중계기 1개의 결선 내용이다.
결선 내용은 **입력2(유수검지 압력 S/W, T/S), 출력1(사이렌)** 이다.

입력2(유수검지압력 S/W, T/S) 는 중계기의 **IN**(정보입력)에 결선하는 내용이 스프링클러설비의 유수검지장치인 알람밸브의 압력스위치선과 1차측 개폐밸브에 설치된 탬프스위치선을 중계기에 연결한다.

출력1(사이렌) 은 중계기의 **OUT**(정보출력)에 연결하는 내용이 스프링클러설비의 사이렌선을 중계기에 연결한다.

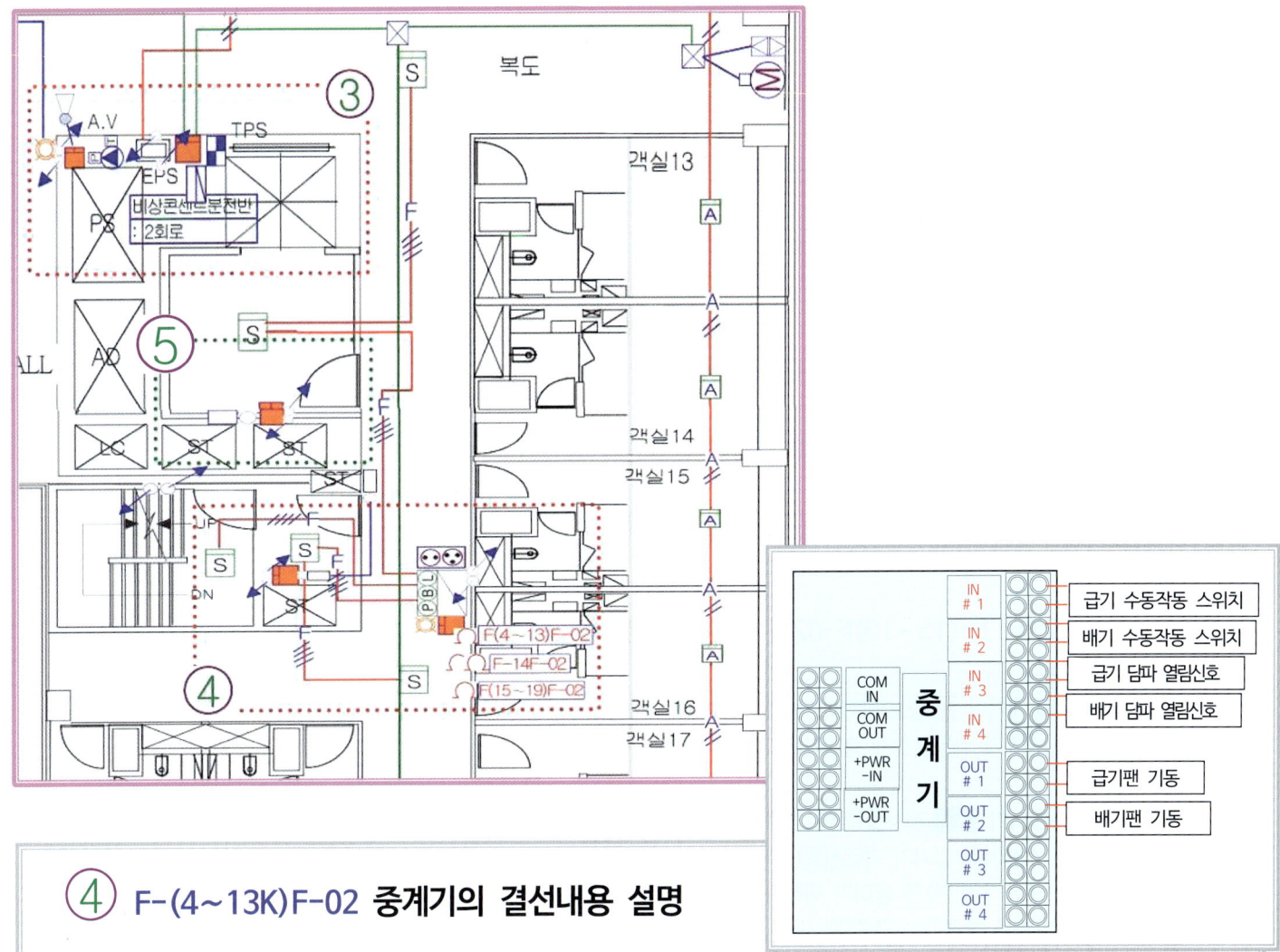

④ F-(4~13K)F-02 중계기의 결선내용 설명

전실담파(비상용 E/V)

입력 : 4(급/배기 수동작동 S/W, 급/배기담파 열림신호)
출력 : 2(급/배기 기동)

비상용엘리베이터 승강장에 설치된 전실담파 단자함안에 설치하는 4×4 중계기 1개의 결선내용이다.

입력 : 4(급/배기 수동작동 S/W, 급/배기담파 열림신호)는
중계기의 IN (정보입력)에 결선하는 내용은 비상용엘리베이터 승강장 제연설비의 급기 수동작동스위치선 1선과, 배기 수동작동 스위치선 1선, 급기 담파 열림신호 1선, 배기 담파열림신호 1선을 중계기에 결선한다.

급기, 배기 수동작동스위치의 작동과 급기, 배기 담파열림신호가 작동하면 작동신호가 중계기를 거쳐 수신기에 신호가 전달된다.

출력 : 2(급/배기 기동)은
중계기의 OUT (정보출력)에 결선하는 내용은 급기기동과 배기 기동의 선이 중계기에 결선한다.

감지기의 작동이나, 수동 급/배기수동작동스위치가 작동하면 수신기에서는 중계기를 통하여 작동신호 정보를 받은 결과 그에 대한 후속 조치로 수신기는 중계기에 급/배기 기동신호를 중계기로 정보를 보낸다.
중계기는 수신기로부터 급/배기 기동신호의 정보를 받아 급기/배기팬을 작동한다.

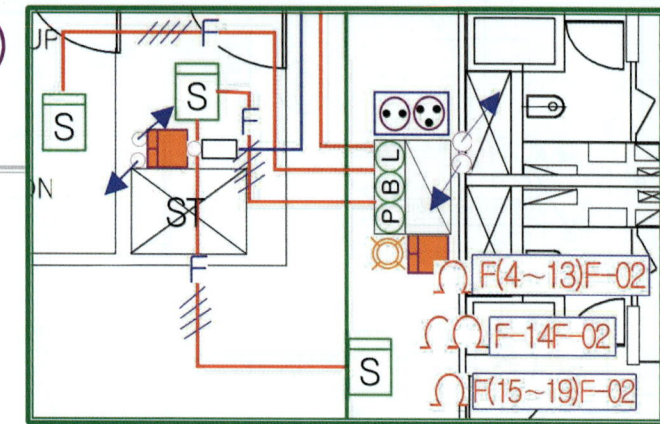

중계기의 결선 내용 설명

F-(4~13)F-02, F-(15~19)F-02

F-(4~13)F-02는 4층~13층의 발신기 단자함안에 설치하는
2×2 중계기 1개의 결선내용이다.
F-(15~19)F-02는 15층~19층의 발신기 단자함안에 설치하는
2×2 중계기 1개의 결선내용이다.

F-(4~13)F-02와 F-(15~19)F-02의 결선 내용은 입력1(감지기) / 출력1(경종)이다.

입력1(감지기)은 중계기의 IN(정보입력)에 결선하는 내용은 자동화재탐지설비의 감지기선을 중계기에 결선한다.
감지기가 작동하면 감지기 작동신호가 중계기를 거쳐 수신기에 신호가 전달된다.

출력1(경종)은 중계기의 OUT(정보출력)에 결선하는 내용은 자동화재탐지설비의 벨선을 중계기에 결선한다.
감지기의 작동으로 수신기가 감지기 작동신호(화재신호)를 받았으면,
수신기는 화재경보(또는 사이렌)를 울리기 위하여 신호전송선을 통하여 해당 중계기에 정보를 전달한다.
화재경보신호를 전달받은 중계기는 경종(벨, 또는 사이렌)에 신호가 전달되어 벨이 울리게 된다.

F-14F-02

14층의 발신기 단자함안에 설치하는 2×2 중계기 1개의 결선내용이다.

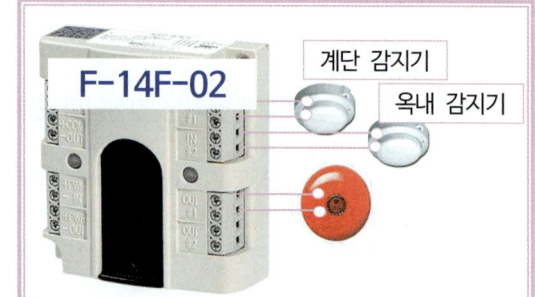

F-14F-02의 결선 내용은,
입력2(감지기, 계단감지기) / 출력1(경종)이다.

입력2(감지기, 계단감지기)는 중계기의 IN (정보입력)에 결선하는 내용이 자동화재탐지설비의 옥내 감지기선 1선과 계단실의 감지기선 1선을 중계기에 결선한다.

출력1(경종)은 중계기의 OUT(정보출력)에 결선하는 내용이 자동화재탐지설비의
벨선을 중계기에 결선한다.

Ⅷ(8). 복합용도 건물 소방시설 전기설계

소방시설 설계내용

- 자동화재탐지설비, 시각경보기
- 비상방송설비
- 비상콘센트설비
- 옥내소화전설비
- 스프링클러설비(습식, 준비작동식)

1. 소방시설 설계도면(P형) ·················· 398
2. 소방시설 설계도면 해설(P형) ·················· 402
3. 소방시설 설계도면(R형) ·················· 412
4. 소방시설 설계도면 해설(R형) ·················· 415

여기서는 지면관계로 많은 도면을 올리지 못하고, 복합건축물의 소방시설 전기계통도와 2층 평면도를 최소한으로 실어 이에 대한 P, R형의 설계내용과 해설을 합니다. 독자님들의 유용한 자료가 되기를 바랍니다.

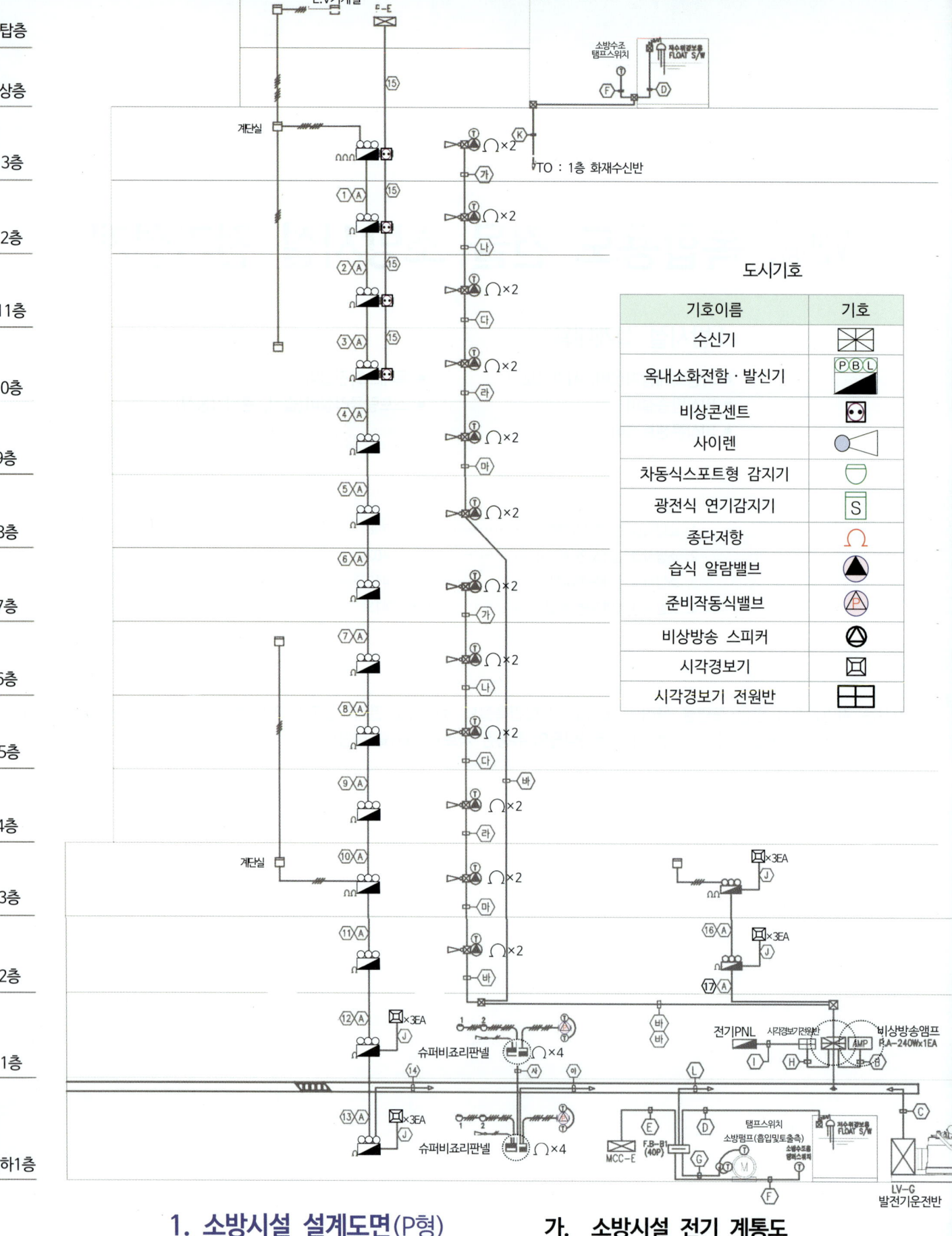

1. 소방시설 설계도면(P형)　　가. 소방시설 전기 계통도

나. 소방전기 배선 내용

자동화재탐지설비

번호	경종	시각경보기	경종표시등공통	표시등	응답	회로	공통	계
①	1		1	1	1	3	1	8
②	1		1	1	1	4	1	9
③	1		1	1	1	5	1	10
④	1		1	1	1	6	1	11
⑤	1		1	1	1	7	1	12
⑥	1		1	1	1	8	2	14
⑦	1		1	1	1	9	2	15
⑧	1		1	1	1	10	2	16
⑨	1		1	1	1	11	2	17
⑩	1		1	1	1	12	2	18
⑪	1		1	1	1	14	2	20
⑫	1	1	1	1	1	15	3	22
⑬	1	1	1	1	1	16	3	23
⑭	1	1	1	1	1	17	3	24
⑯	1	1	1	1	1	2	1	8
⑰	1	1	1	1	1	3	1	9

번호	전선	전선 내용
①	28C(HFIX 2.5㎟-8)	1.경종, 2.경종표시등 공통, 3.표시등, 4.응답, 5,6,7.회로 3, 8.공통
②	28C(HFIX 2.5㎟-9)	1.경종, 2.경종표시등 공통, 3.표시등, 4.응답, 5,6,7,8.회로 4, 9.공통
③	28C(HFIX 2.5㎟-10)	1.경종, 2.경종표시등 공통, 3.표시등, 4.응답, 5,6,7,8,9.회로 5, 10.공통
④	28C(HFIX 2.5㎟-11)	1.경종, 2.경종표시등 공통, 3.표시등, 4.응답, 5,6,7,8,9,10.회로 6, 11.공통
⑤	28C(HFIX 2.5㎟-12)	1.경종, 2.경종표시등 공통, 3.표시등, 4.응답, 5,6,7,8,9,10,11.회로 7, 12.공통
⑥	36C(HFIX 2.5㎟-14)	1.경종, 2.경종표시등 공통, 3.표시등, 4.응답, 5,~12.회로 8, 13.1공통, 14.2공통
⑦	36C(HFIX 2.5㎟-15)	1.경종, 2.경종표시등 공통, 3.표시등, 4.응답, 5,~13.회로 9, 14.1공통, 15.2공통
⑧	36C(HFIX 2.5㎟-16)	1.경종, 2.경종표시등 공통, 3.표시등, 4.응답, 5,~14.회로 10, 15.1공통, 16.2공통
⑨	36C(HFIX 2.5㎟-17)	1.경종, 2.경종표시등 공통, 3.표시등, 4.응답, 5,~15.회로 11, 16.1공통, 17.2공통
⑩	36C(HFIX 2.5㎟-18)	1.경종, 2.경종표시등 공통, 3.표시등, 4.응답, 5,~16.회로 12, 17.1공통, 18.2공통
⑪	36C(HFIX 2.5㎟-20)	1.경종, 2.경종표시등 공통, 3.표시등, 4.응답, 5,~17,18.회로 14, 19.1공통, 20.2공통
⑫	42C(HFIX 2.5㎟-22)	1.경종, 2.경종표시등 공통, 3.표시등, 4.응답, 5,~19.회로 15, 20,21,22. 공통 3
⑬	42C(HFIX 2.5㎟-23)	1.경종, 2.경종표시등 공통, 3.표시등, 4.응답, 5,~20.회로 16, 21,22,23. 공통 3
⑭	42C(HFIX 2.5㎟-24)	1.경종, 2.경종표시등 공통, 3.표시등, 4.응답, 5,~21.회로 17, 22,23,24. 공통 3
⑯	28C(HFIX 2.5㎟-8)	1.경종, 2.시각경보기, 3.경종표시등 공통, 4.표시등, 5.응답, 6,7.회로 2, 8.공통
⑰	28C(HFIX 2.5㎟-9)	1.경종, 2.시각경보기, 3.경종표시등 공통, 4.표시등, 5.응답, 6,7,8.회로 3, 9.공통

【조 건】 경종과 표시등은 공통선 1선을 함께 사용하며, 각층 지구음향장치 및 배선의 『단락보호장치』를 설치한다.

번호	스프링클러설비					비상방송설비	계
	사이렌	P.S(압력스위치)	T.S(탬퍼스위치)	공통선	계	확성기 +,-	
㉮	1	1	1	1	4	2	6
㉯	2	2	2	1	7	2	9
㉰	3	3	3	1	10	2	12
㉱	4	4	4	1	13	2	15
㉲	5	5	5	1	16	2	18
㉳	6	6	6	1	19	2	21
㉴	전원+, 전원-, 사이렌, 감지기A, 감지기B, 기동, 압력스위치, 탬퍼스위치(전화는 선택)				8	2	10
㉵	전원+, 전원-,(사이렌, 감지기A, 감지기B, 기동, 압력스위치, 탬퍼스위치) × 2(전화는 선택)				14	2	16

【조 건】 비상방송설비의 각층 확성기 및 배선의 『단락보호장치』를 설치한다.

- Ⓐ 16C(HFIX 2.5㎟-2)   : 소화전 기동라인
- Ⓑ 22C(HFIX 2.5㎟-6)   : 앰프와의 연동회로
- Ⓒ 22C(HFIX 2.5㎟-6)   : 비상발전기 기동 유무 확인
- Ⓓ 16C(HFIX 2.5㎟-2)   : 저수위 경보
- Ⓔ 54C(HFIX 2.5㎟-30) : 소화펌프 기동 확인
- Ⓕ 16C(HFIX 2.5㎟-2)   : 탬퍼스위치
- Ⓖ 16C(HFIX 2.5㎟-4)   : 탬퍼스위치
- Ⓗ 22C(HFIX 2.5㎟-6)
- Ⓘ 16C(HFIX 2.5㎟-3)
- Ⓙ 16C(HFIX 2.5㎟-2)   : 시각경보장치 전원라인
- Ⓚ 22C(HFIX 2.5㎟-2, 3)
- Ⓛ 36C(HFIX 2.5㎟-20) x2EA

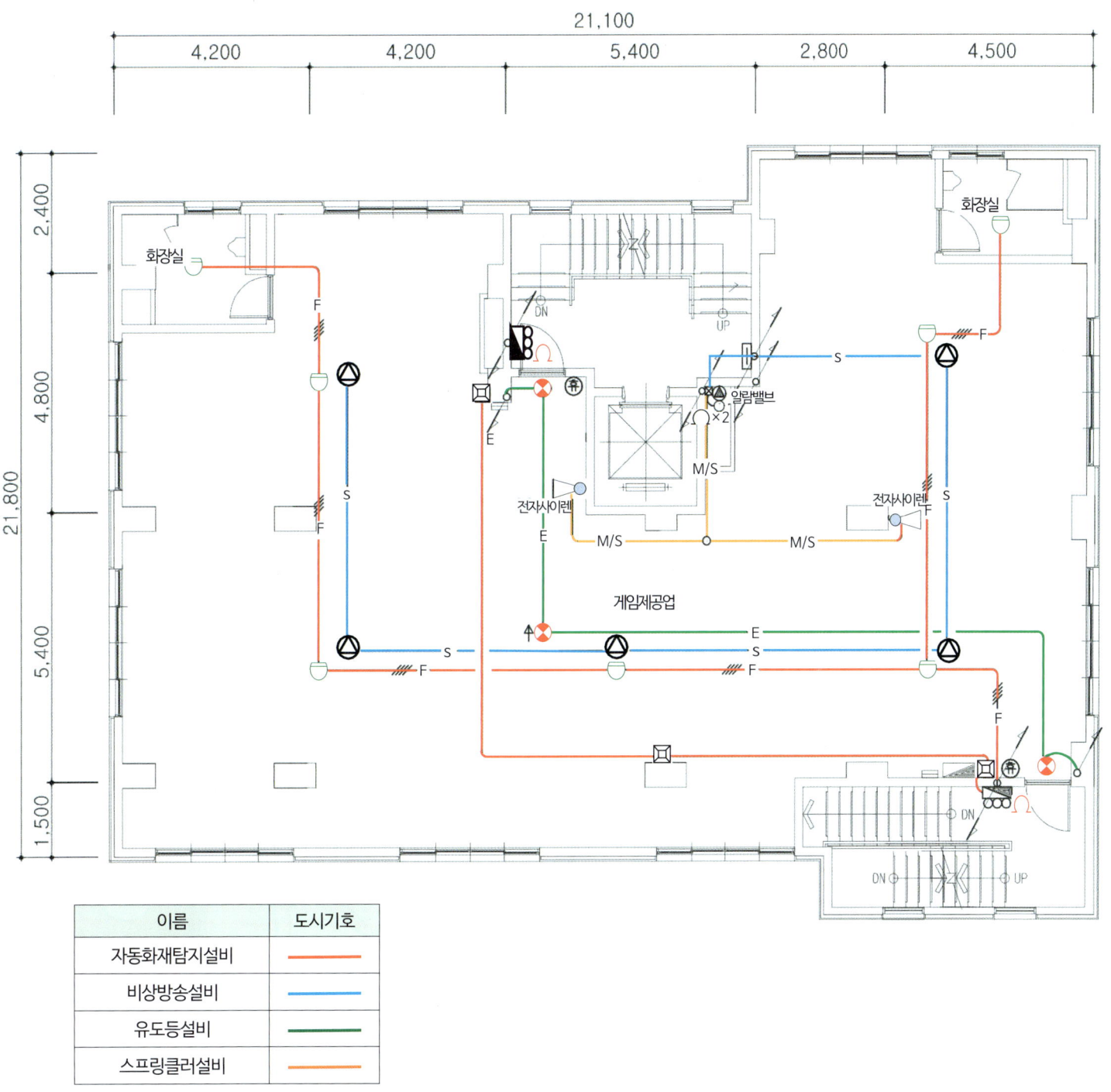

다. 2층 소방시설 전기 평면도
(2층외의 평면도는 생략했으며, 이 건물의 계통도 위주로 설명한다)

2. 소방시설 전기도면(P형) 해설

　　　　가. 소방시설 전기 계통도 해설 ------------- 403
　　　　나. 2층 비상방송설비 평면도 해설 ---------- 410
　　　　다. 2층 자동화재탐지설비 평면도 해설 ------- 411

조건의 내용은,
경종(시각경보기)과 표시등은 공통선 1선으로 함께 사용하며, 각층 지구음향장치 및 배선의 『단락보호장치』를 설치한다.

설계나 현장에는 대부분 이런 방법으로 전기결선이 될 것이다
시험문제에서도 이런 방법이 주를 이루고 있을 것으로 추측된다.

화재안전기준이 변경되어도 변경전의 자동화재탐지설비의 결선방법에서 전화선만 삭제된다고 보면된다.
일제경보방식, 구분경보방식의 결선방법도 전화선만 삭제하면 변경전과 동일하다.

지구경종 단락 보호장치

가. 소방시설 전기 계통도(398P) 해설

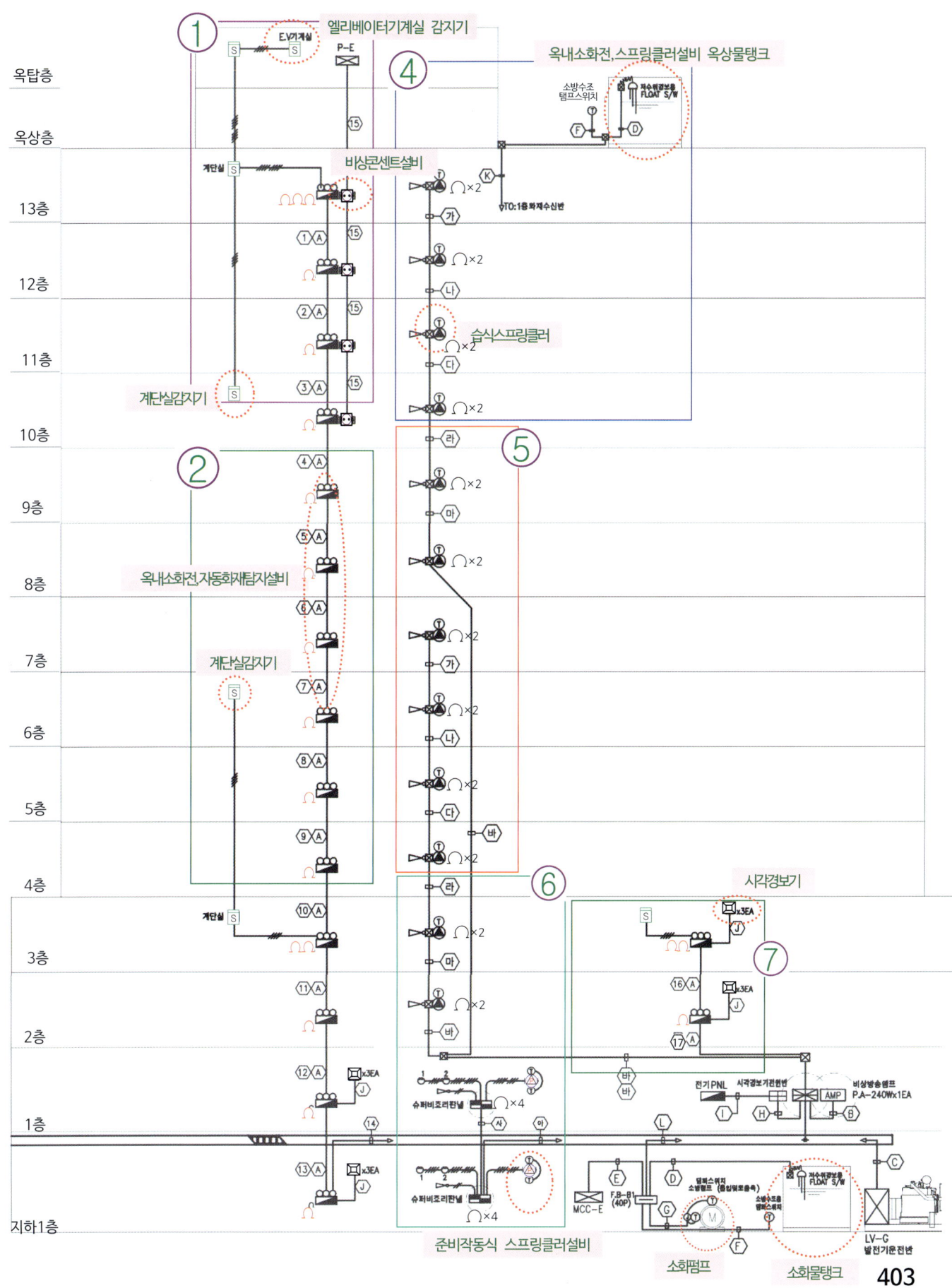

계통도 ①의 해설

1. E·V기계실 감지기
엘리베이터기계실 감지기는 별도의 경계구역(회로)을 해야 한다. 13층의 발신기에서 감지기선 +, -선 2선이 엘리베이터기계실 감지기와 연결하여 감지기선이 13층 발신기로 되돌아와서 감지기선의 끝에 종단저항을 설치한다. 13층 발신기에 종단저항(Ω) 3개 표기는 감지기회로가 3회로이며, 그 중 1개는 엘리베이터기계실 감지기 회로이다.

2. 계단실 감지기 회로
옥탑층, 13층, 10층의 계단실감지기 3개는 별도의 경계구역(회로)으로 설계했다.
13층의 발신기에서 감지기선 +, -선 2선 ➡ 옥탑층 ➡ 13층 ➡ 10층 계단실감지기와 연결하여 감지기선이 13층 발신기로 되돌아와서 감지기선 끝에 종단저항을 설치한다.

3. 13층과 12층사이 회로 ① Ⓐ
13층과 12층사이의 회로 내용은 엘리베이터기계실 감지기회로와, 계단실 감지기회로, 13층 감지기회로가 13층 발신기에서 12층 발신기와 연결하는 내용이다. 회로내용 ①은 28∅(HFIX 2.5㎟ -8) 이다.

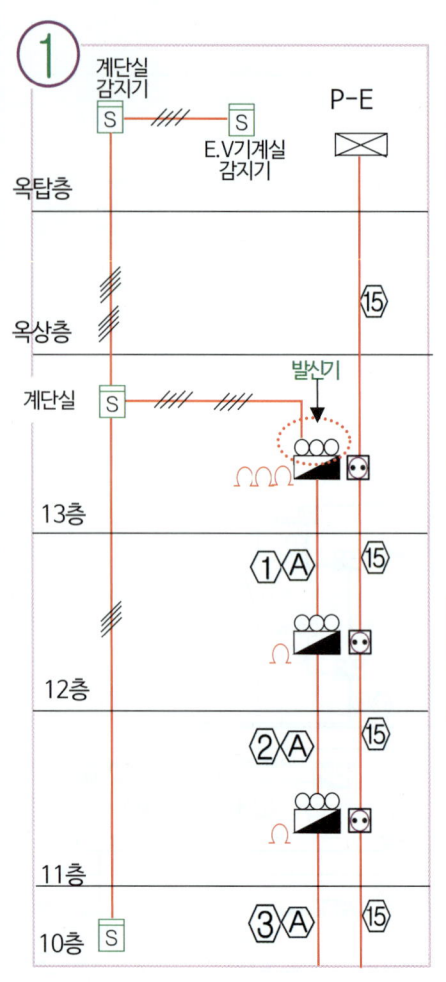

구체적인 회로 내용은
1.경종, 2.경종표시등 공통, 3.표시등, 4.응답. 5,6,7.회로 3, 8.공통이다.
Ⓐ는 16∅(HFIX 2.5㎟ -2) 이며 내용은,
옥내소화전 펌프기동(작동)표시등 +,-선이다.

4. 11층과 10층사이 회로 ③ Ⓐ
11층 발신기에서 10층 발신기와 연결하는 회로의 내용 ③은 28∅(HFIX 2.5㎟ -10) 이다.
구체적인 회로 내용은 1.경종, 2.경종표시등 공통, 3.표시등, 4.응답. 5,6,7,8,9.회로 5, 10.공통이다.
Ⓐ는 16∅(HFIX 2.5㎟ -2) 이며 내용은
옥내소화전 펌프기동(작동)표시등 +,-선이다.

5. 비상콘센트 회로
⑮는 비상콘센트설비 전기선이며, 28∅(HFIX 6SQ -2) 이다.

번호	경종	경종표시등 공통	표시등	응답	회로	공통	계
①	1	1	1	1	3	1	8
③	1	1	1	1	5	1	10
Ⓐ		펌프기동(작동) 확인등(+, -)					2

계통도 ②의 해설

1. 9층과 8층사이 회로 ⑤Ⓐ

9층 발신기에서 8층 발신기와 연결하는 회로의 내용 ⑤는 28∅(HFIX 2.5㎟ -12) 이다.
구체적인 회로 내용은 1.경종, 2.경종표시등 공통, 3.표시등, 4.응답. 5,6,7,8,9,10,11.회로 7, 12.공통이다.
Ⓐ는 16∅(HFIX 2.5㎟ -2) 이며 내용은 옥내소화전 펌프기동(작동)표시등 +,-선이다.

2. 8층과 7층사이 회로 ⑥Ⓐ

8층 발신기에서 7층 발신기와 연결하는 회로의 내용 ⑥은 36∅(HFIX 2.5㎟ -14) 이다.
구체적인 회로 내용은 1.경종, 2.경종표시등 공통, 3.표시등, 4.응답. 5,~12.회로 8, 13.1공통, 14.2공통이다.

3. 7층과 6층사이 회로 ⑦Ⓐ

7층 발신기에서 6층 발신기와 연결하는 회로의 내용 ⑦은 36∅(HFIX 2.5㎟ -15) 이다.
구체적인 회로 내용은 1.경종, 2.경종표시등 공통, 3.표시등, 4.응답. 5,~13.회로 9, 14.1공통, 15.2공통이다.

4. 5층과 4층사이 회로 ⑨Ⓐ

5층 발신기에서 4층 발신기와 연결하는 회로의 내용 ⑨는 36∅(HFIX 2.5㎟ -17) 이다.
구체적인 회로 내용은 1.경종, 2.경종표시등 공통, 3.표시등, 4.응답. 5,~15.회로 11, 16.1공통, 17.2공통이다.

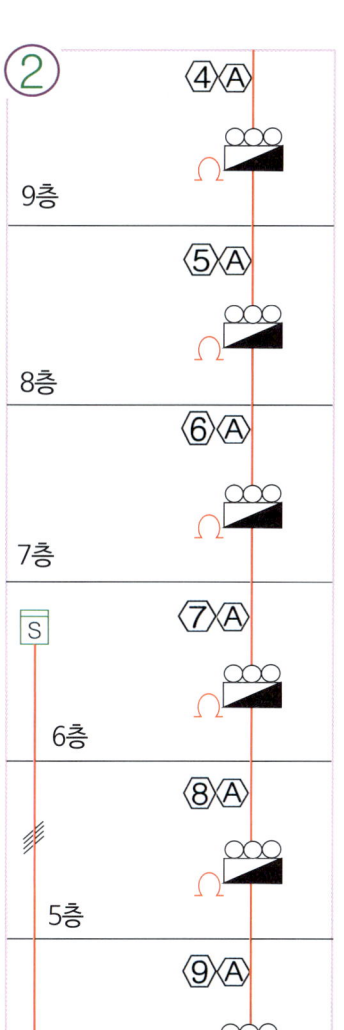

번호	경종	경종표시등공통	표시등	응답	회로	공통	계
⑤	1	1	1	1	7	1	12
⑥	1	1	1	1	8	2	14
⑦	1	1	1	1	9	2	15
⑨	1	1	1	1	11	2	17
Ⓐ		펌프기동(작동) 확인등(+, -)					2

계통도 ④의 해설

1. 13층과 12층사이 스프링클러설비, 비상방송설비 회로 ㉮
13층 스프링클러설비에서 12층 단자대와 연결하는 회로의 내용 ㉮는 22∅(HFIX 2.5㎟ -6) 이다.
구체적인 회로 내용은,
1.13층 유수검지장치 압력스위치선, 2.13층 알람밸브 개폐밸브 탬퍼스위치선, 3.13층 사이렌선, 4.공통선,
5,6.13층 비상방송 스피크선(+,-)이다.

2. 12층과 11층사이 회로 ㉯
12층 단자함과 11층 단자함과 연결하는 회로의 내용 ㉯는 28∅(HFIX 2.5㎟ -11) 이다.
구체적인 회로 내용은,
1. 13층 유수검지장치 압력스위치선, 2. 12층 유수검지장치 압력스위치선, 3. 13층 알람밸브 개폐밸브 탬퍼스위치선,
4. 12층 알람밸브 개폐밸브 탬퍼스위치선, 5. 13층 사이렌선, 6. 12층 사이렌선, 7.공통선,
8,9. 비상방송 스피크선(+,-)이다.

3. 11층과 10층사이 회로 ㉰
11층 단자함과 10층 단자함과 연결하는 회로의 내용 ㉰는 28∅(HFIX 2.5㎟ -12) 이다.
구체적인 회로 내용은,
1.13층 유수검지장치 압력스위치선, 2.12층 유수검지장치 압력스위치선, 3.11층 유수검지장치 압력스위치선,
4.13층 알람밸브 개폐밸브 탬퍼스위치선, 5.12층 알람밸브 개폐밸브 탬퍼스위치선, 6.11층 알람밸브 개폐밸브 탬퍼스위치선,
7. 13층 사이렌선, 8. 12층 사이렌선, 9. 11층 사이렌선, 10. 공통선, 11,12. 비상방송 스피크선(+,-)이다.

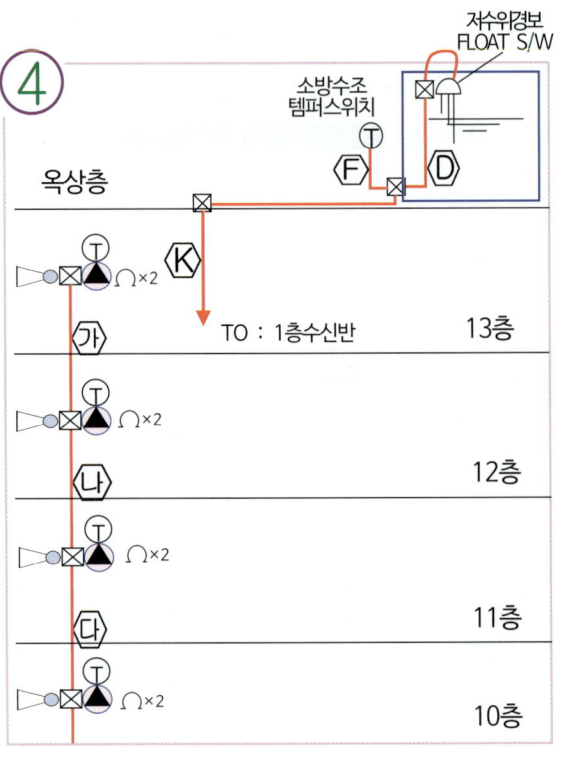

번호	스프링클러설비					비상방송설비	계
	사이렌	압력SW	탬퍼SW	공통선	계	확성기 +,-	
㉮	1	1	1	1	4	2	6
㉯	2	2	2	1	7	2	9
㉰	3	3	3	1	10	2	12
Ⓓ	저수위 경보장치(+, -)						2
Ⓕ	탬퍼스위치(+, -)						2

4. 옥상물탱크 회로 Ⓓ
옥상물탱크의 수위감시스위치 회로의 내용 Ⓓ는 16∅(HFIX 2.5㎟ - 2) 이다.
구체적인 회로 내용은, 1,2.저수위 감시선(+,-)

5. 옥상물탱크 개폐밸브 템프스위치 회로 Ⓕ
옥상물탱크와 소방시설 배관과 연결하는 배관에 설치된 개폐밸브의 템퍼스위치 회로 내용 Ⓕ는 16∅(HFIX 2.5㎟ - 2) 이다.
구체적인 회로 내용은, 1.탬퍼스위치 +선, 2.탬퍼스위치 -선이다.

계통도 ⑤의 해설

1. 9층과 8층사이 스프링클러설비회로 ㊄

9층 스프링클러설비에서 8층 단자대와 연결하는 회로의 내용 ㊄는 36∅(HFIX 2.5㎟ -18) 이다.

구체적인 회로 내용은,
1.13층 유수검지장치 압력스위치선, 2.12층 유수검지장치 압력스위치선, 3.11층 유수검지장치 압력스위치선,
4.10층 유수검지장치 압력스위치선, 5.9층 유수검지장치 압력스위치선, 6.13층 알람밸브개폐밸브 탬퍼스위치선,
7.12층 알람밸브개폐밸브 탬퍼스위치선, 8.11층 알람밸브개폐밸브 탬퍼스위치선, 9.10층 알람밸브개폐밸브 탬퍼스위치선,
10.9층 알람밸브개폐밸브 탬퍼스위치선, 11.13층 사이렌선, 12.12층 사이렌선, 13.11층 사이렌선. 14.10층 사이렌선.
15.9층 사이렌선. 16.공통선, 17,18.비상방송 스피커선(+,-)이다.

2. 7층과 6층사이 스프링클러설비회로 ㉮

7층 단자대에서 6층 단자대와 연결하는 회로의 내용 ㉮는 16∅(HFIX 2.5㎟ -6) 이다.

구체적인 회로 내용은,
1.7층 유수검지장치 압력스위치선, 2.7층 알람밸브개폐밸브 탬퍼스위치선,
3.7층 사이렌선, 4.공통선, 5,6.7층 비상방송 스피커선(+,-)이다.

3. 6층과 5층사이 회로 ㉯

6층 단자함과 5층 단자함과 연결하는 회로의 내용 ㉯는 28∅(HFIX 2.5㎟ -9) 이다.

구체적인 회로 내용은,
1.7층 유수검지장치 압력스위치선, 2.6층 유수검지장치 압력스위치선,
3.7층 알람밸브개폐밸브 탬퍼스위치선,  4.6층 알람밸브개폐밸브 탬퍼스위치선,
5.7층 사이렌선, 6.6층 사이렌선. 7.공통선, 8,9.비상방송 스피커선(+,-)이다.

4. 5층과 4층사이 회로 ㉰

5층 단자함과 5층 단자함과 연결하는 회로의 내용 ㉰는 28∅(HFIX 2.5㎟ -12) 이다.

구체적인 회로 내용은,
1.7층 유수검지장치 압력스위치선, 2.6층 유수검지장치 압력스위치선,
3.5층 유수검지장치 압력스위치선, 4.7층 알람밸브개폐밸브 탬퍼스위치선,
5.6층 알람밸브개폐밸브 탬퍼스위치선, 6.5층 알람밸브개폐밸브 탬퍼스위치선,
7.7층 사이렌선, 8.6층 사이렌선. 9.5층 사이렌선. 10.공통선,
11,12.비상방송 스피커선(+,-)이다.

번호	스프링클러설비					비상방송설비	계
	사이렌	P.S	T.S	공통선	계	확성기 +,-	
㉮	1	1	1	1	4	2	6
㉯	2	2	2	1	7	2	9
㉰	3	3	3	1	10	2	12
㊄	5	5	5	1	16	2	18

계통도 ⑥의 해설

1. 2층과 수신기사이 스프링클러설비회로 ㈐

2층 스프링클러설비에서 수신기와 연결하는 회로의 내용 ㈐는 36∅(HFIX 2.5㎟ -21)이다.

구체적인 회로 내용은,
1.7층 유수검지장치 압력스위치선, 2.6층 유수검지장치 압력스위치선, 3.5층 유수검지장치 압력스위치선, 4.4층 유수검지장치 압력스위치선, 5.3층 유수검지장치 압력스위치선, 6.2층 유수검지장치 압력스위치선, 7.7층 알람밸브 개폐밸브탬퍼스위치선, 8.6층 알람밸브개폐밸브 탬퍼스위치선, 9.5층 알람밸브개폐밸브 탬퍼스위치선, 10.4층 알람밸브 개폐밸브 탬퍼스위치선, 11.3층 알람밸브개폐밸브 탬퍼스위치선, 12.2층 알람밸브개폐밸브 탬퍼스위치선, 13.7층 사이렌선, 14.6층 사이렌선. 15.5층 사이렌선. 16.4층 사이렌선. 17.3층 사이렌선. 18.2층 사이렌선. 19.공통선, 20,21.비상방송 스피크선(+,-)이다.

번호	스프링클러설비					비상방송설비	계
	사이렌	P.S	T.S	공통선	계	확성기 +,-	
㈐	6	6	6	1	19	2	21
㈑	전원+, 전원-, 사이렌, 감지기A, 감지기B, 기동, 압력스위치, 탬퍼스위치(전화는 선택)				8	2	10
㈒	전원+, 전원-,(사이렌, 감지기A, 감지기B, 기동, 압력스위치, 탬퍼스위치) × 2 (전화는 선택)				14	2	16

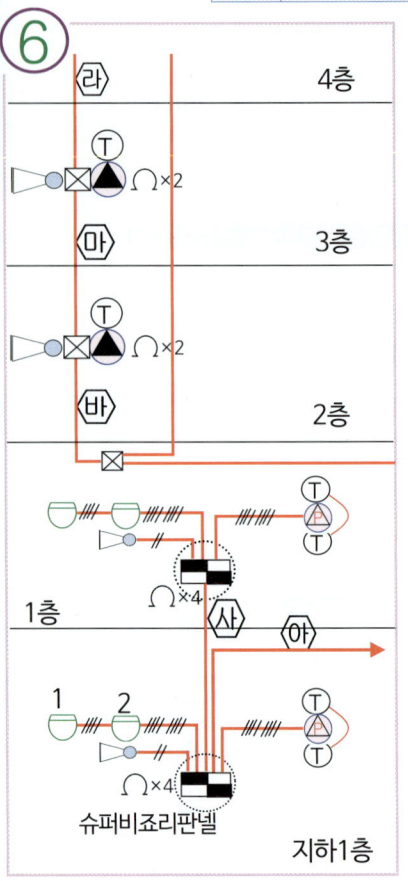

2. 1층과 지하1층사이 스프링클러설비회로 ㈑

1층 스프링클러설비에서 지하1층 단자대와 연결하는 회로의 내용 ㈑는 28∅(HFIX 2.5㎟ -10)이다. 구체적인 회로 내용은,
1.전원선 +, 2.전원선 -, 3.1층 사이렌선, 4.1층 감지기 A회로선, 5.1층 감지기 B회로선, 6.1층 프리액션밸브작동(기동) 전동볼밸브선, 7.1층 유수검지장치 압력스위치선, 8.1층 프리액션밸브 탬퍼스위치선, 9,10.비상방송 스피크선(+,-)이다.

3. 지하1층과 수신기사이 스프링클러설비회로 ㈒

지하1층과 수신기와 연결하는 회로의 내용 ㈒는 36∅(HFIX 2.5㎟ -16)이다.
구체적인 회로 내용은,
1.전원선 +, 2.전원선 -, 3.1층 사이렌선, 4.1층 감지기 A회로선, 5.1층 감지기 B회로선, 6.1층 프리액션밸브작동(기동) 전동볼밸브선, 7.1층 유수검지장치 압력스위치선, 8.1층 프리액션밸브 탬퍼스위치선, 9.지하1층 사이렌선, 10.지하1층 감지기A회로선, 11.지하1층 감지기B회로선, 12.지하1층 프리액션밸브작동(기동) 전동볼밸브선, 13.지하1층 유수검지장치 압력스위치선, 14.지하1층 프리액션밸브 탬퍼스위치선, 15,16.비상방송 스피크선(+,-)이다.

계통도 ⑦의 해설

1. 3층 시각경보기회로 Ⓙ

3층 시각경보기 회로의 내용 Ⓙ는 `16∅(HFIX 2.5㎟ -2)` 이다.

구체적인 회로 내용은, 1.시각경보기선 +, 2.시각경보기선 -이다.

2. 3층과 2층사이 자동화재탐지설비와 옥내소화전설비 회로 ⑯Ⓐ

3층과 2층사이 자동화재탐지설비와 옥내소화전설비를 연결하는 발신기함과의 연결 회로의 내용 ⑯은 `28∅(HFIX 2.5㎟ -8)` 이다. **구체적인 회로 내용**은,
1.경종, 2.시각경보기, 3.경종·표시등 공통, 4.표시등, 5.응답, 6,7.회로 2, 8.공통이다.
Ⓐ는 `16∅(HFIX 2.5㎟ -2)` 이며 내용은 옥내소화전 펌프기동(작동)표시등 +,-선이다.

번호	경종	시각경보기	경종표시등공통	표시등	응답	회로	공통	계
⑯	1	1	1	1	1	2	1	8
⑰	1	1	1	1	1	3	1	9

3. 2층과 수신기와 연결하는 자동화재탐지설비와 옥내소화전설비 회로 ⑰Ⓐ

2층과 수신기와 연결하는 자동화재탐지설비와 옥내소화전설비를 연결하는 발신기함과의 연결 회로의 내용 ⑰은 `28∅(HFIX 2.5㎟ -9)` 이다.
구체적인 회로 내용은, 1.경종, 2.시각경보기, 3.경종표시등 공통, 4.표시등, 5.응답, 6,7,8.회로 3, 9.공통이다.
Ⓐ는 `16∅(HFIX 2.5㎟ -2)` 이며 내용은 옥내소화전 펌프기동(작동)표시등 +,-선이다.

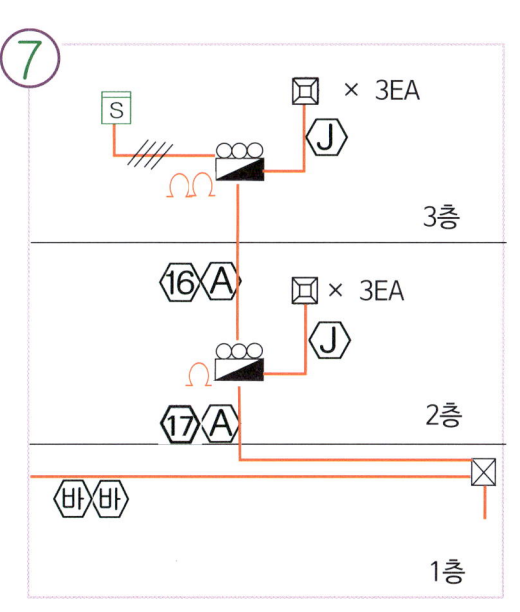
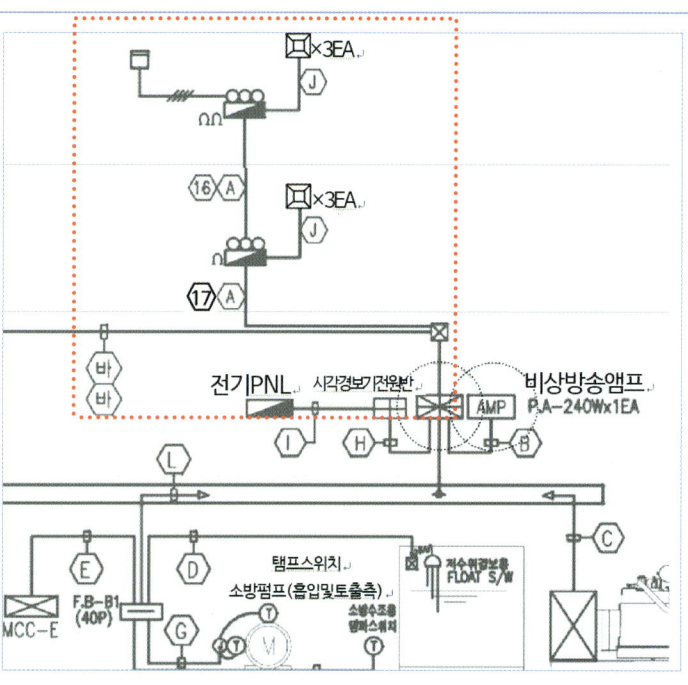

나. 2층 비상방송설비 평면도(401P) 해설

스피커(확성기)

스피커(확성기)는 각층마다 설치하되, 그 층의 각 부분으로부터 하나의 확성기까지의 수평거리가 25m 이하가 되도록 하고, 해당층의 각 부분에 유효하게 경보를 울릴 수 있도록 설치해야 한다.

스피커회로 전선은 16∅(HFIX 1.5㎟ -2) 이다. 스피커선 +, 스피커선 -선이다

도면에서의 표기는 ─S─ 로 표기했다.

이름	도시기호
자동화재탐지설비	───
비상방송설비	───
유도등설비	───
스프링클러설비	───

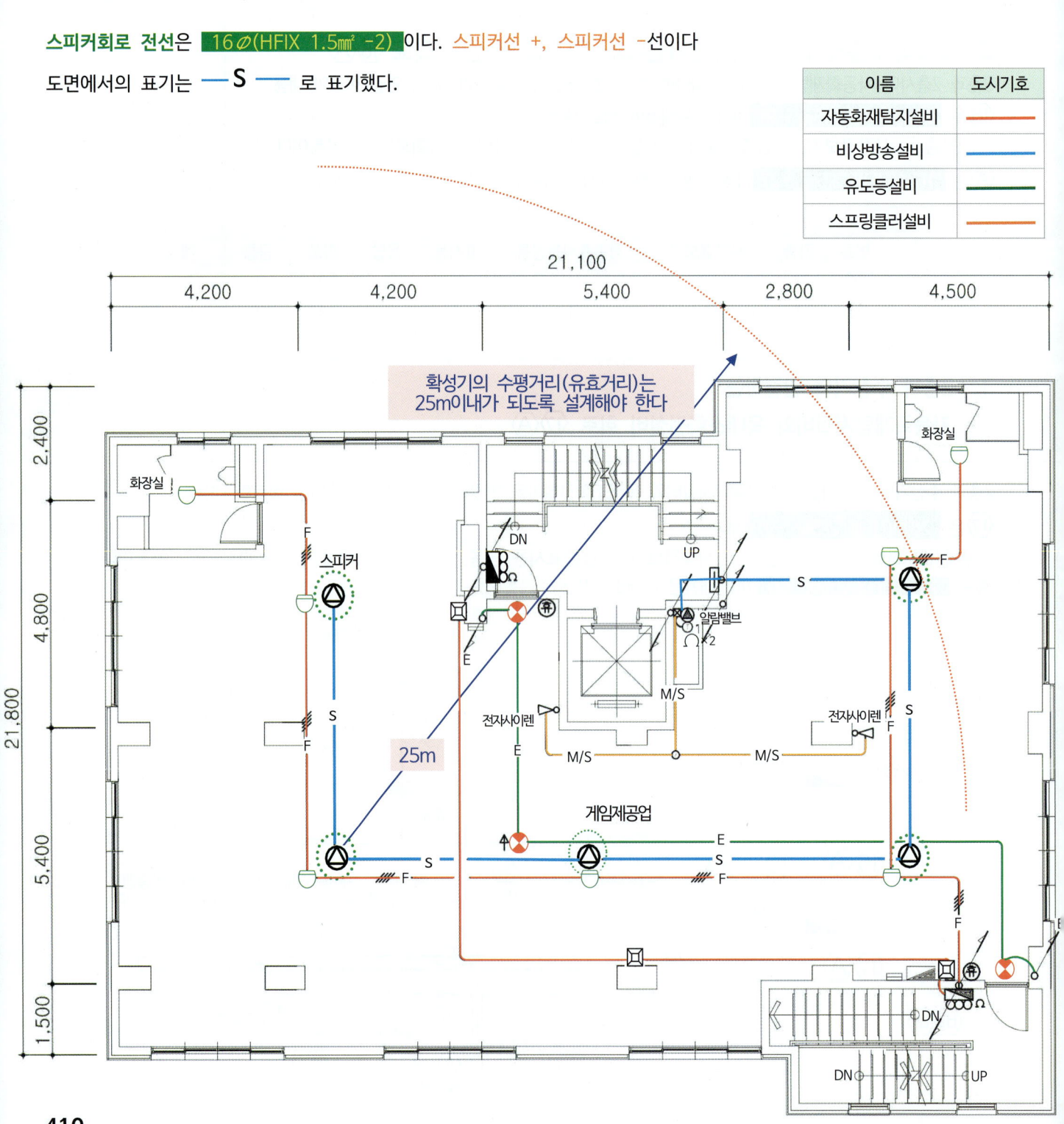

다. 2층 자동화재탐지설비 평면도(401) 해설

1. 감지기 개수

각실에는 설치하는 감지기의 종류에 따라 감지기 1개 유효감지면적 이하가 되도록 설계한다.
차동식스포트형감지기는 바닥면적 70㎡마다 1개이상 설계를 해야 한다.

2. 감지기 배선

감지기선은 송배전식으로 설계해야 한다.
감지기선 +, -선 2선이 발신기에서 시작하여 ①②③④⑤감지기와 연결하여 +, -선이 다시 ⑤④③②①감지기로 연결하여 ⑥⑦감지기를 연결하여 ⑦⑥감지기로 다시연결한 감지기선이 발신기까지 감지기선을 연장하여 감지기선의 끝에 종단저항을 설치한다.

이름	도시기호
자동화재탐지설비	
비상방송설비	
유도등설비	
스프링클러설비	

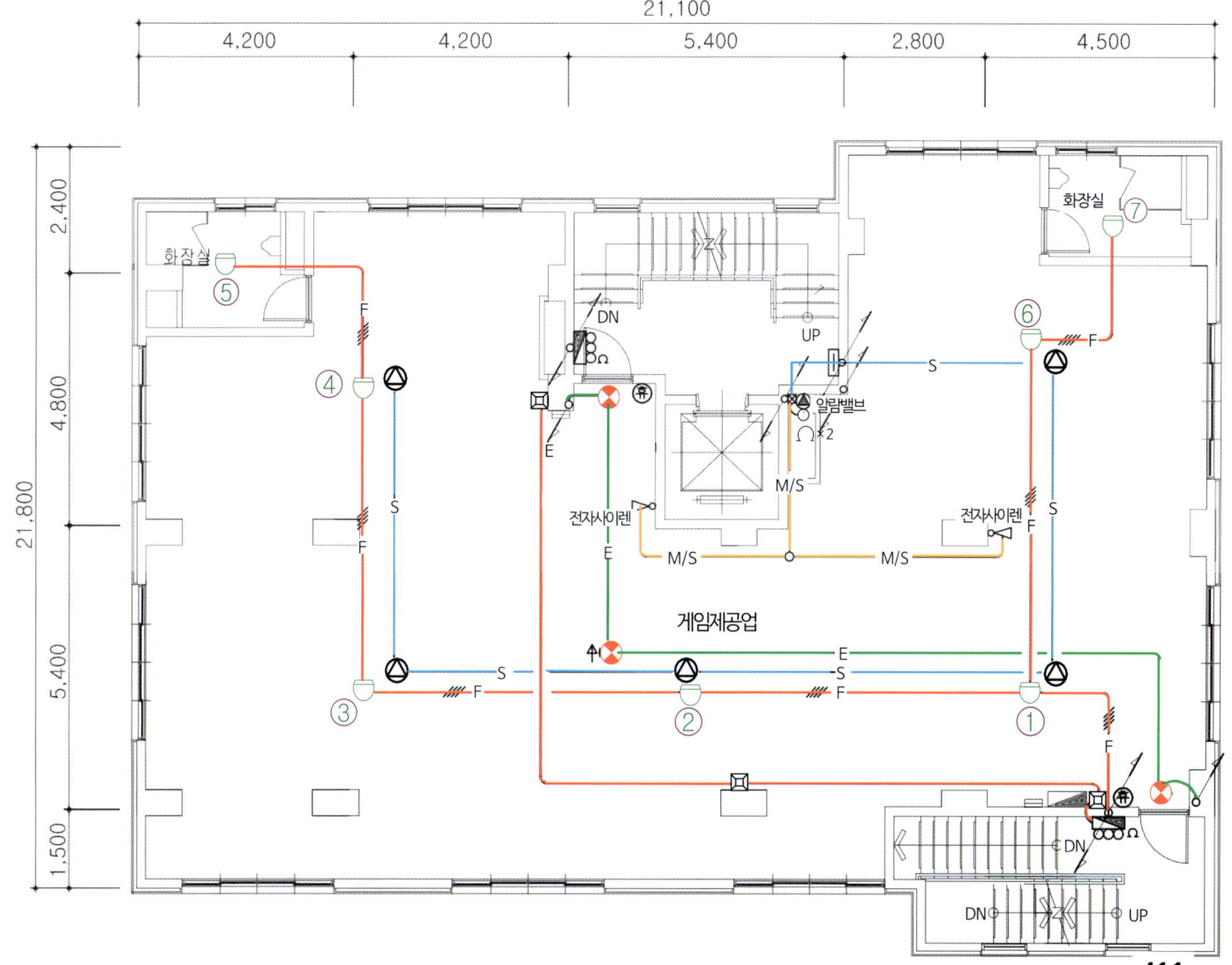

3. 소방시설 설계도면(R형)

가. 소방시설 전기 계통도(R형)

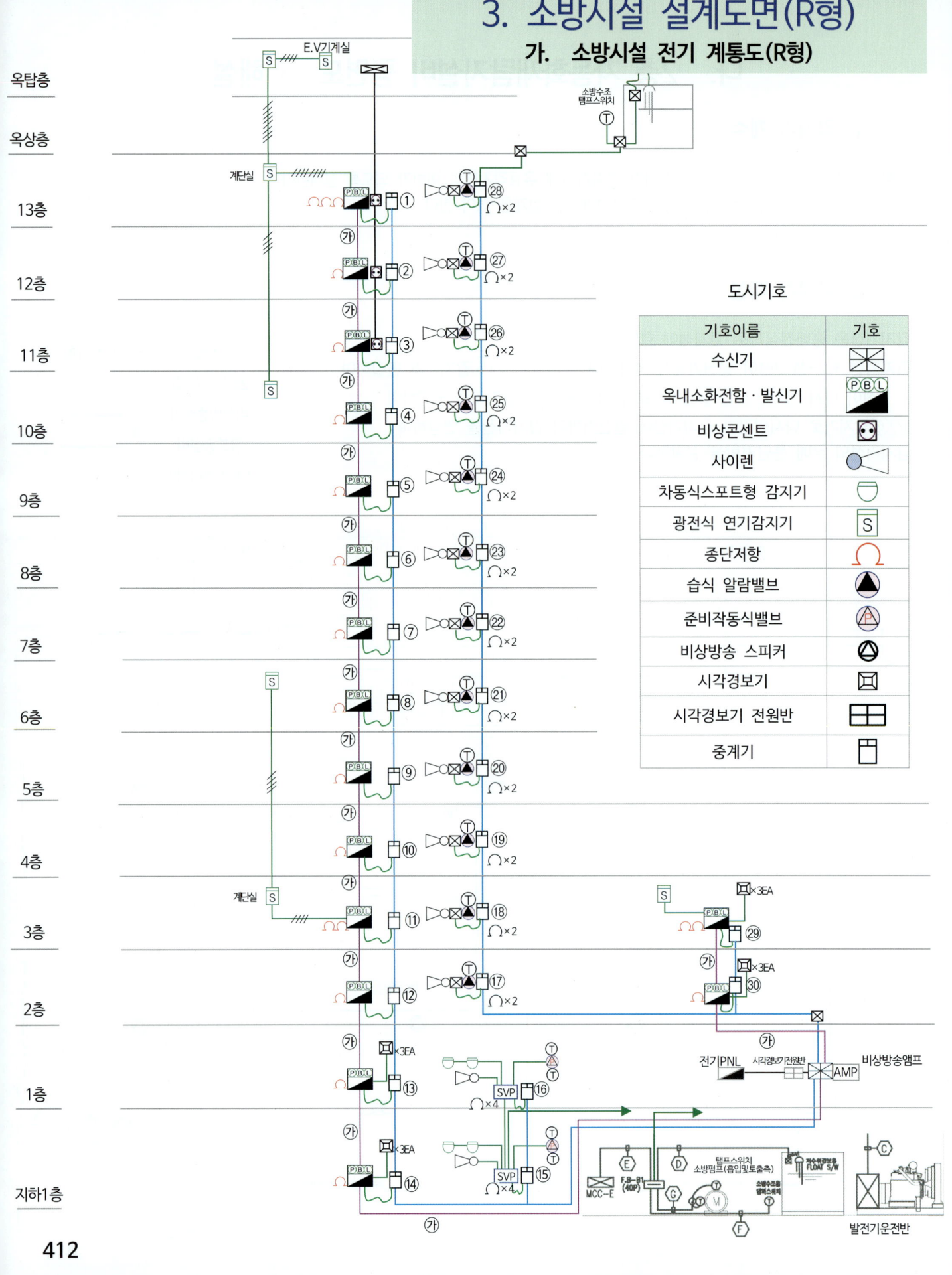

나. 계통도 소방전기 배선 내용

NO	전선종류 중계기 종류	중계기 입, 출력 내용	
		입력(IN)	출력(OUT)
①	F-CVV-SB CABLE 1.5㎟-1Pr 4/4(입력4/출력4)	4(발신기 누름S.W, 13층 감지기회로, EV기계실 감지기회로, 계단실 감지기회로)	2(경종, 펌프기동표시등)
②	2/2(입력2/출력2)	2(발신기 누름S.W, 12층 감지기회로)	2(경종, 펌프기동표시등)
③	2/2(입력2/출력2)	2(발신기 누름S.W, 11층 감지기회로)	2(경종, 펌프기동표시등)
④	2/2(입력2/출력2)	2(발신기 누름S.W, 10층 감지기회로)	2(경종, 펌프기동표시등)
⑤	2/2(입력2/출력2)	2(발신기 누름S.W, 9층 감지기회로)	2(경종, 펌프기동표시등)
⑥	2/2(입력2/출력2)	2(발신기 누름S.W, 8층 감지기회로)	2(경종, 펌프기동표시등)
⑦	2/2(입력2/출력2)	2(발신기 누름S.W, 7층 감지기회로)	2(경종, 펌프기동표시등)
⑧	2/2(입력2/출력2)	2(발신기 누름S.W, 6층 감지기회로)	2(경종, 펌프기동표시등)
⑨	2/2(입력2/출력2)	2(발신기 누름S.W, 5층 감지기회로)	2(경종, 펌프기동표시등)
⑩	2/2(입력2/출력2)	2(발신기 누름S.W, 4층 감지기회로)	2(경종, 펌프기동표시등)
⑪	4/4(입력4/출력4)	3(발신기누름S.W, 3층감지기회로, 계단실감지기회로)	2(경종, 펌프기동표시등)
⑫	2/2(입력2/출력2)	2(발신기 누름S.W, 2층 감지기회로)	2(경종, 펌프기동표시등)
⑬	2/2(입력2/출력2)	2(발신기 누름S.W, 1층 감지기회로)	3(경종,시각경보등,펌프기동표시등)
⑭	2/2(입력2/출력2)	2(발신기 누름S.W, 지하1층 감지기회로)	3(경종,시각경보등,펌프기동표시등)
⑮	4/4(입력4/출력4) 1개 2/2(입력2/출력2) 1개	5(감지기 A회로, 감지기 B회로, 수동작동S.W, 압력스위치, 탬퍼스위치)	3(사이렌, 전동볼밸브,방송스피커)
⑯	4/4(입력4/출력4) 1개 2/2(입력2/출력2) 1개	5(감지기 A회로, 감지기 B회로, 수동작동S.W, 압력스위치, 탬퍼스위치)	3(사이렌, 전동볼밸브,방송스피커)
⑰	2/2(입력2/출력2) 1개	2(압력스위치, 탬퍼스위치)	2(사이렌, 방송스피커)
⑱	2/2(입력2/출력2) 1개	2(압력스위치, 탬퍼스위치)	2(사이렌, 방송스피커)
⑲	2/2(입력2/출력2) 1개	2(압력스위치, 탬퍼스위치)	2(사이렌, 방송스피커)
⑳	2/2(입력2/출력2) 1개	2(압력스위치, 탬퍼스위치)	2(사이렌, 방송스피커)
㉑	2/2(입력2/출력2) 1개	2(압력스위치, 탬퍼스위치)	2(사이렌, 방송스피커)
㉒	2/2(입력2/출력2) 1개	2(압력스위치, 탬퍼스위치)	2(사이렌, 방송스피커)
㉓	2/2(입력2/출력2) 1개	2(압력스위치, 탬퍼스위치)	2(사이렌, 방송스피커)
㉔	2/2(입력2/출력2) 1개	2(압력스위치, 탬퍼스위치)	2(사이렌, 방송스피커)
㉕	2/2(입력2/출력2) 1개	2(압력스위치, 탬퍼스위치)	2(사이렌, 방송스피커)
㉖	2/2(입력2/출력2) 1개	2(압력스위치, 탬퍼스위치)	2(사이렌, 방송스피커)
㉗	2/2(입력2/출력2) 1개	2(압력스위치, 탬퍼스위치)	2(사이렌, 방송스피커)
㉘	4/4(입력4/출력4) 1개	3(압력스위치, 탬퍼스위치, 물탱크 감수경보 스위치)	2(사이렌, 방송스피커)
㉙	4/4(입력4/출력4) 1개	3(발신기 누름S.W, 3층 감지기회로, 계단실 감지기)	3(사이렌,시각경보등,펌프기동표시등)
㉚	2/2(입력2/출력2) 1개	2(발신기 누름S.W, 2층 감지기회로)	3(사이렌,시각경보등,펌프기동표시등)
	발신기 ↔ 발신기 ↔ 수신기 결선 내용		
㉮	HFIX 2.5㎟ - 3(표시등선, 응답선, 공통선) 또는 HFIX 2.5㎟ - 4(표시등 +, -선, 응답 +, -선)		
㉯	HFIX 2.5㎟ - 2(감수경보 스위치 +,-선),		

다. 2층 소방시설 전기 평면도

NO	전선종류 중계기 종류	중계기 입, 출력 내용	
		입력(IN)	출력(OUT)
㉚	F-CVV-SB CABLE 1.5㎟-1Pr 2/2(입력2/출력2) 1개	2(발신기 누름S.W, 2층 감지기회로)	3(벨-경종, 시각경보등, 펌프기동표시등)
⑰	2/2(입력2/출력2) 1개	2(압력스위치, 탬퍼스위치)	2(사이렌, 방송스피커)
⑫	2/2(입력2/출력2) 1개	2(발신기 누름S.W, 2층 감지기회로)	2(경종, 펌프기동표시등)

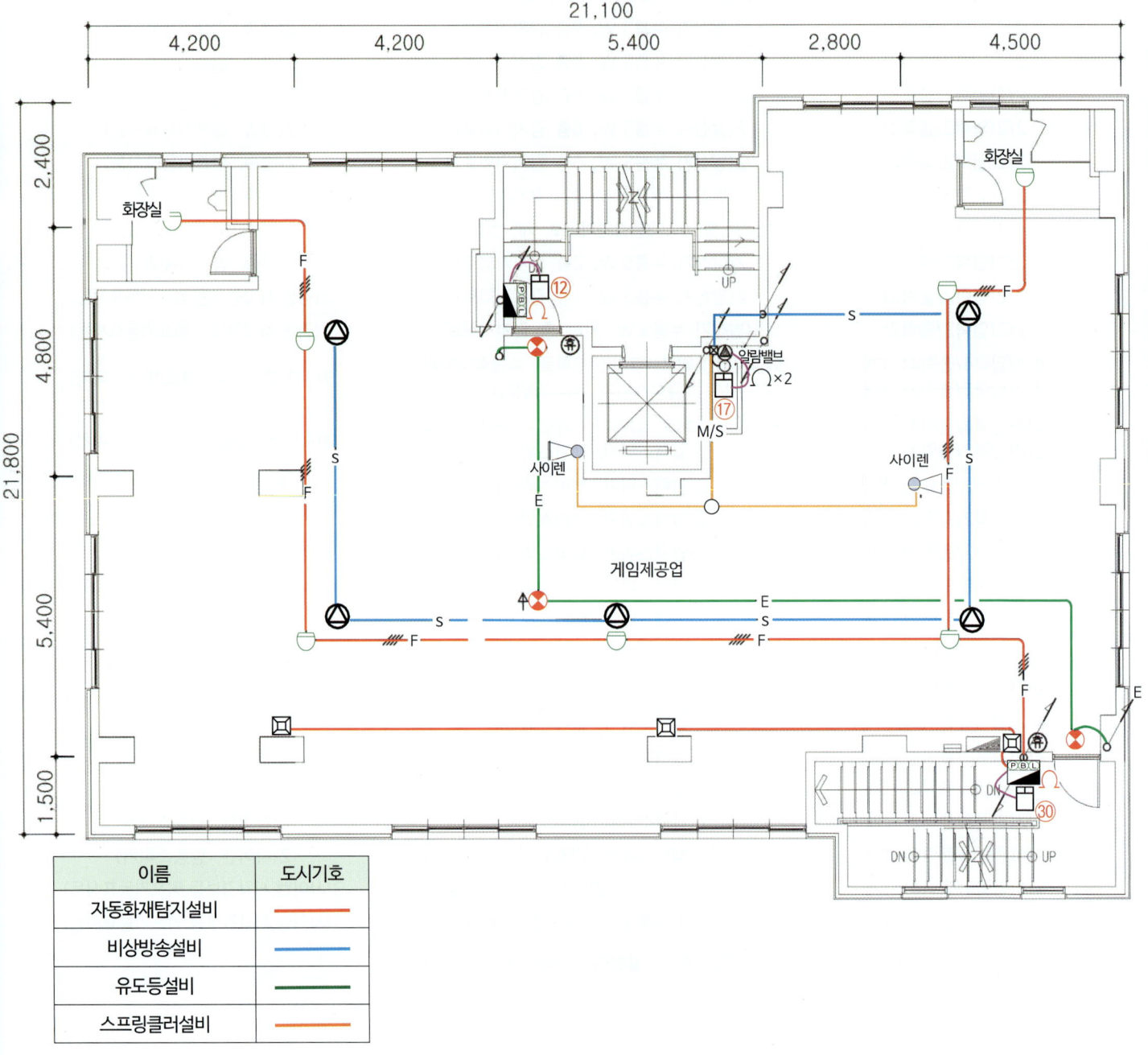

이름	도시기호
자동화재탐지설비	───
비상방송설비	───
유도등설비	───
스프링클러설비	───

(2층외의 평면도는 생략했으며, 이 건물의 계통도 위주로 설명한다)

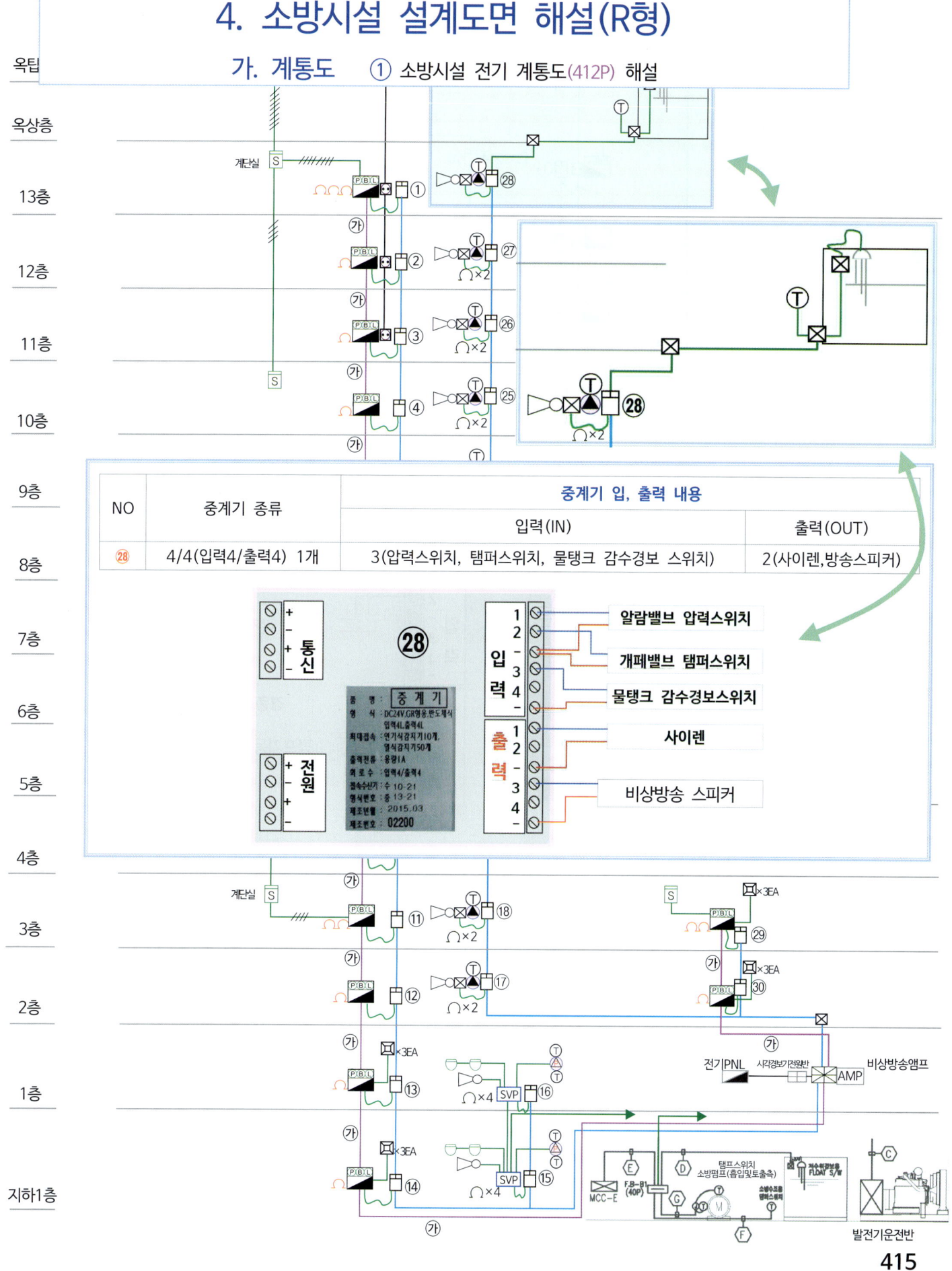

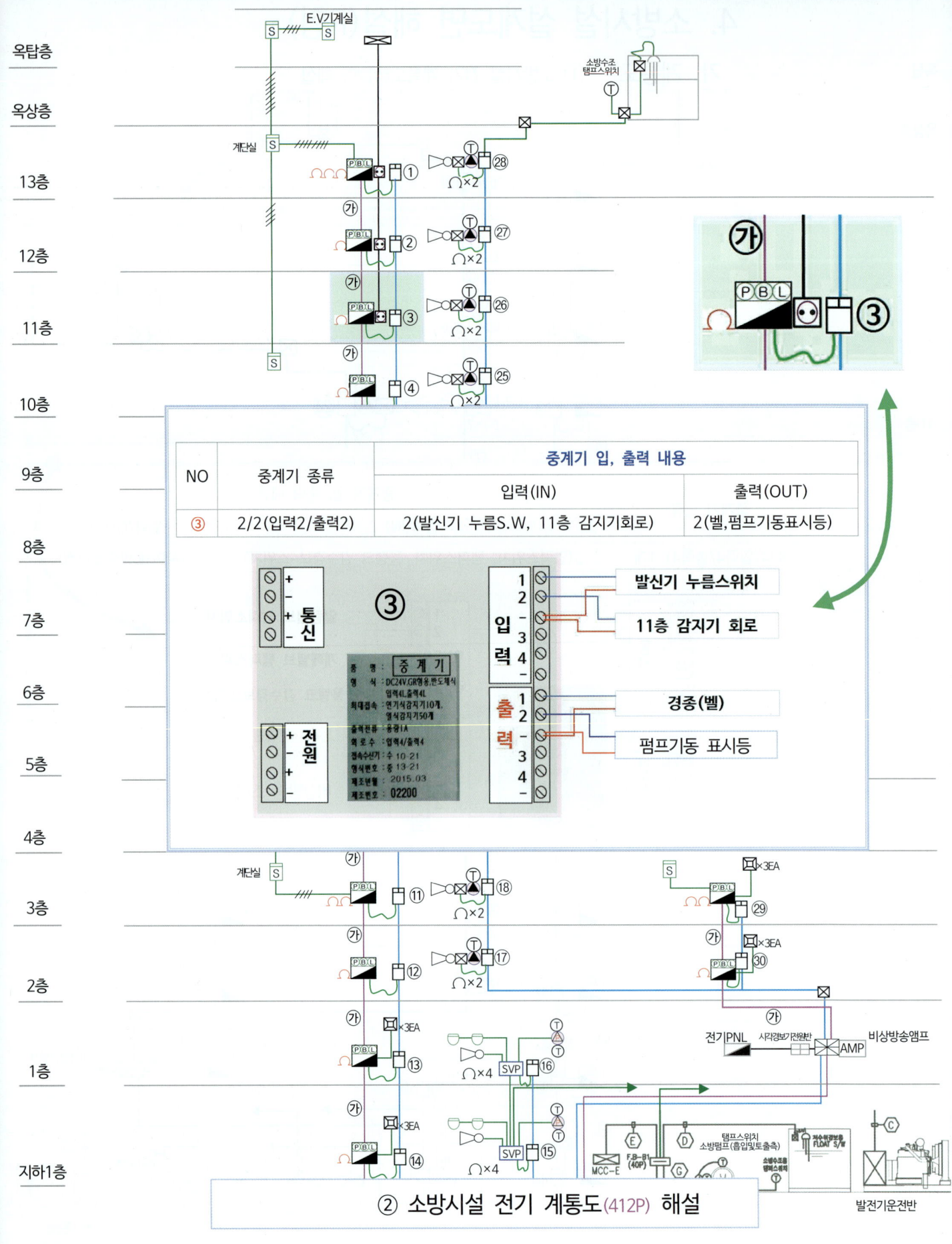

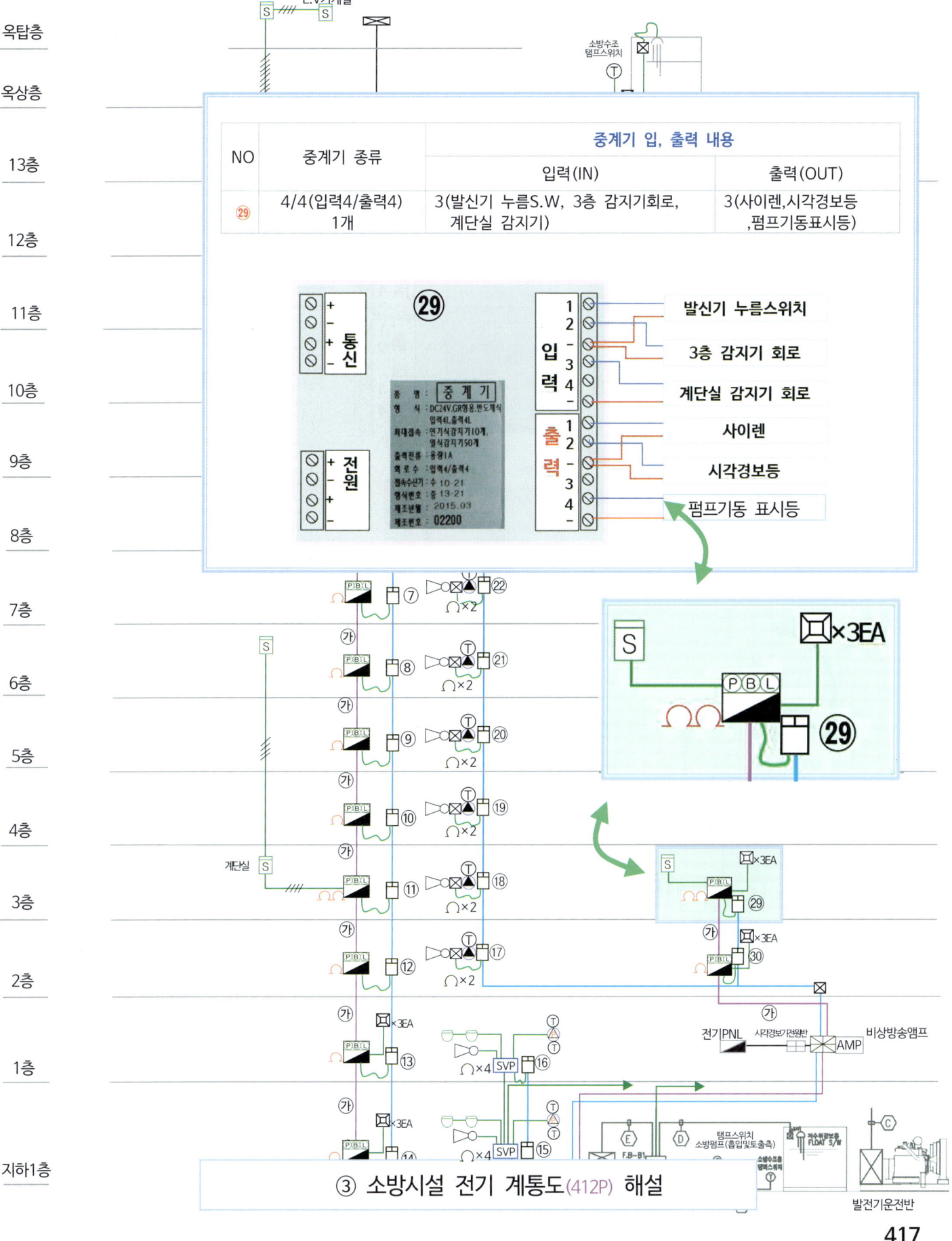

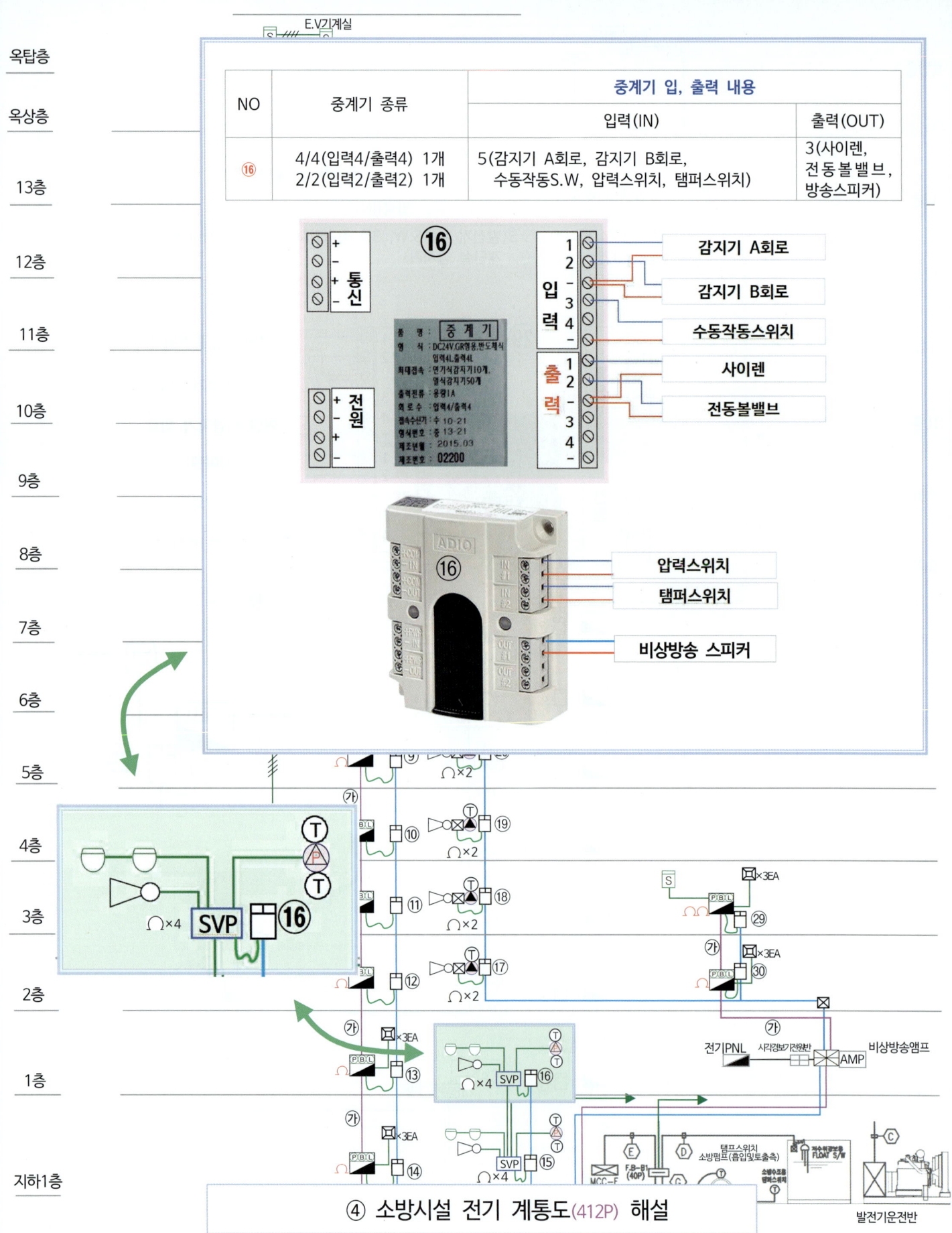

나. 2층 평면도(414P) 소방전기 배선 내용 해설

NO	전선종류 중계기 종류	중계기 입, 출력 내용	
		입력(IN)	출력(OUT)
㉚	F-CVV-SB CABLE 1.5㎟-1Pr 4/4(입력4/출력4) 1개	2(발신기 누름S.W, 2층 감지기회로)	3(벨-경종, 시각경보등, 펌프기동표시등)
⑰	2/2(입력2/출력2) 1개	2(압력스위치, 탬퍼스위치)	2(사이렌, 방송스피커)
⑫	2/2(입력2/출력2) 1개	2(발신기 누름S.W, 2층 감지기회로)	2(벨-경종, 펌프기동표시등)

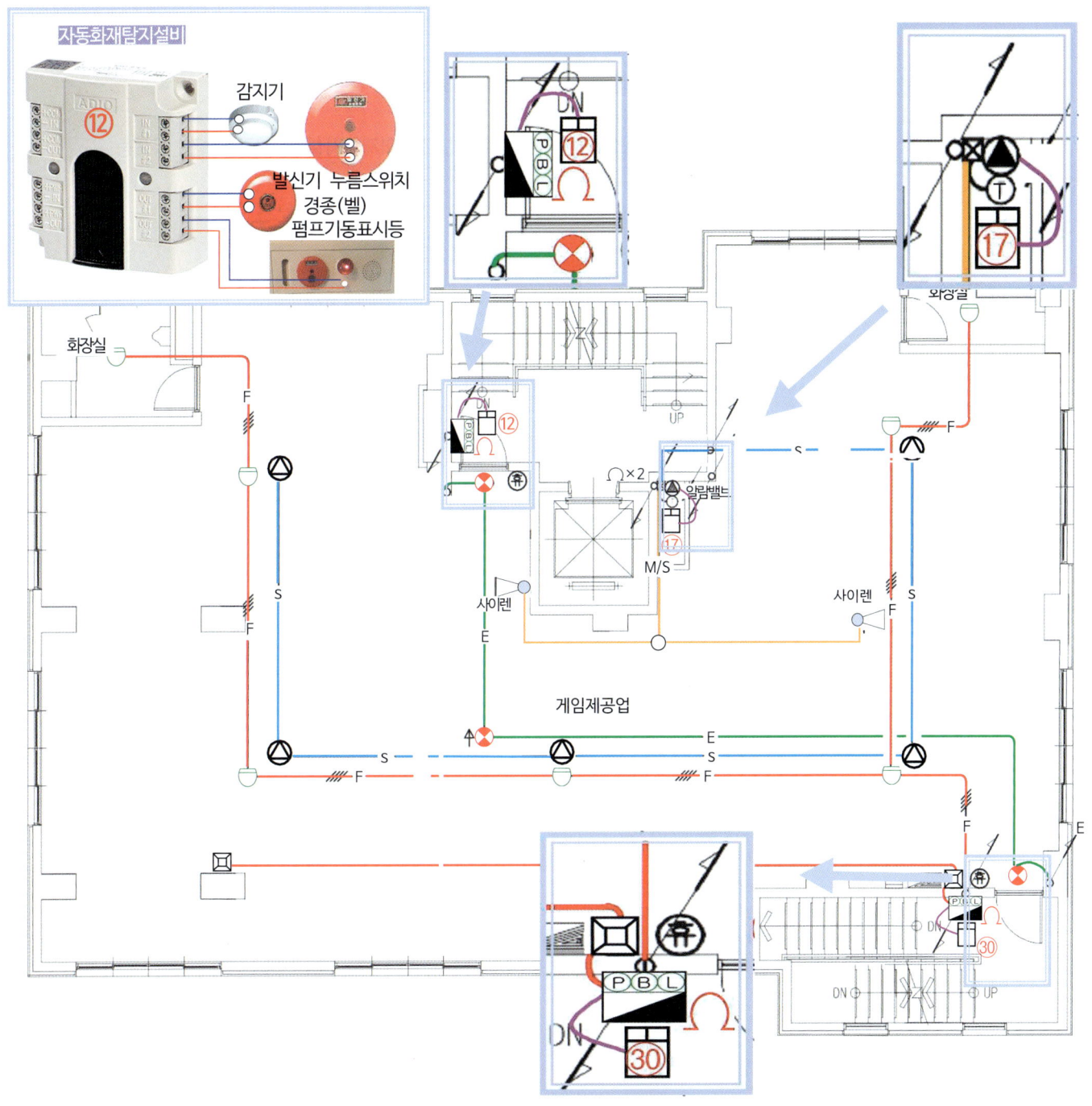

Ⅸ(9). 판매시설 건물 설계

가. 판매시설 건물 소화설비 설계도면

건물현황
- ○ 건물규모 : 5층, 바닥면적 655㎡, 연면적 2,398㎡
- ○ 용도 : 판매시설
- ○ 소방시설 : 소화기, 옥내소화전, 연결살수설비, 자동화재탐지설비, 시각경보기, 유도등

(1) 소방시설 기계 도면 ··· 421
    1. 소화 배관 계통도 ··· 422
    2. 소화전용 수조 ··· 423
    3. 소화펌프 양정계산서 ·· 424
    4. 1층 소화 배관 평면도 ·· 425
    5. 2층 소화 배관 평면도 ·· 426
    6. 3층 소화 배관 평면도 ·· 427
    7. 4층 소화 배관 평면도 ·· 428
    8. 5층 소화 배관 평면도 ·· 429
    9. 유량계, 성능시험배관 구경 선정 ·························· 430

(2) 소방시설 전기 도면(P형) ·· 431
    10. 소방시설 전기계통도 ·· 432
    11. 1층 소방시설 전기 평면도 ································· 433
    12. 2층 소방시설 전기 평면도 ································· 434
    13. 3층 소방시설 전기 평면도 ································· 435
    14. 4층 소방시설 전기 평면도 ································· 436
    15. 5층 소방시설 전기 평면도 ································· 437

(3) 소방시설 전기 도면(R형) ·· 438
    16. 소방시설 전기계통도 ·· 438
    17. 1층 소방시설 전기 평면도 ································· 440
    18. 2층 소방시설 전기 평면도 ································· 441
    19. 3층 소방시설 전기 평면도 ································· 442
    20. 4층 소방시설 전기 평면도 ································· 443
    21. 5층 소방시설 전기 평면도 ································· 444

(1) 소방시설 기계 도면

소방시설의 도시기호는 소방청장 고시 『소방시설 자체점검사항등에 관한 고시』에 있다. 일부의 부품은 도시기호를 정하지 않은 것도 있다.

설계자는 고시된 도시기호를 따르는 것이 적합하며, 아래와 같이 설계자가 임의로 도시기호를 민들어 사용하는 것은 적합하지 못하다.

범례

분류	도시 기호	장비명칭	사양 및 규격	참고사항
배관류	—— IH ——	옥내 소화전 설비 배관	관내 작용압 10kg이하 : 일반배관용 탄소강관	기타 재질의 배관은 평면도 참조
	—— CS ——	연결 살수 설비 배관	관내 작용압 10kg초과 : 압력배관용 탄소강관	
	------------	기타 배관	배관의 용도 및 설치 위치 등은 평면도 참조	
부속류		90° 엘보 (ELBOW)	해당 관경 백엘보	관경 : 해당관경
		티이 (TEE)	해당 관경 백티이	접속 : 50A 이하 나사식
		티이 + 엘보	해당 관경 백티이 + 백엘보	65A 이상 용접식
		엘보 + 엘보	해당 관경 백엘보 + 백엘보	
		레듀셔 (REDUCER)	해당 관경 백레듀셔	
밸브류		게이트 밸브 (GATE V/V)	OS&Y VALVE	관경 : 해당 관경
		체크 밸브 (CHECK V/V)	사양은 평면도 참조.	재질 : 50A 이하 청동제
		스트레이너 (STRAINER)	Y-TYPE	65A 이상 주철제
		플랙시블 죠인트 (FLEXIBLE)	BELLOWS 형 FLANGE-TYPE	접속 : 50A 이하 유니언
		앵글 밸브 (ANGLE V/V)		65A 이상 플랜지
		게이트 + 체크		
		수격 방지기 (W.H.C.)		
		여과망 (FILTER)		
계기류	Ⓜ	소방 순간 유량계	FLOW CELL TYPE	
	∅	압력계 (PRESSURE G.)	일반형	
	∅	연성계 (COMPOUND G.)	진공계 (VACUUM GAUGE) 로 대체 가능	
장비류		송수구 (SIAMESE)	쌍구 - 노출형 100A x 65 x 65	
	㉛	수동식 소화기	축압식 A.B.C. 분말 해당 규격은 평면도 참조	
	㉵	자동확산식 소화기	확산식 A.B.C. 분말 3.0 kg	
		옥내 소화전함	일반형 L650 x H1200 x W180	재질 : 스테인레스
		CO2 호스릴	68 LIT/ 45KG x 2본	
	㉫	완강기	로프 길이는 해당층에서 지상까지의 길이 이상	

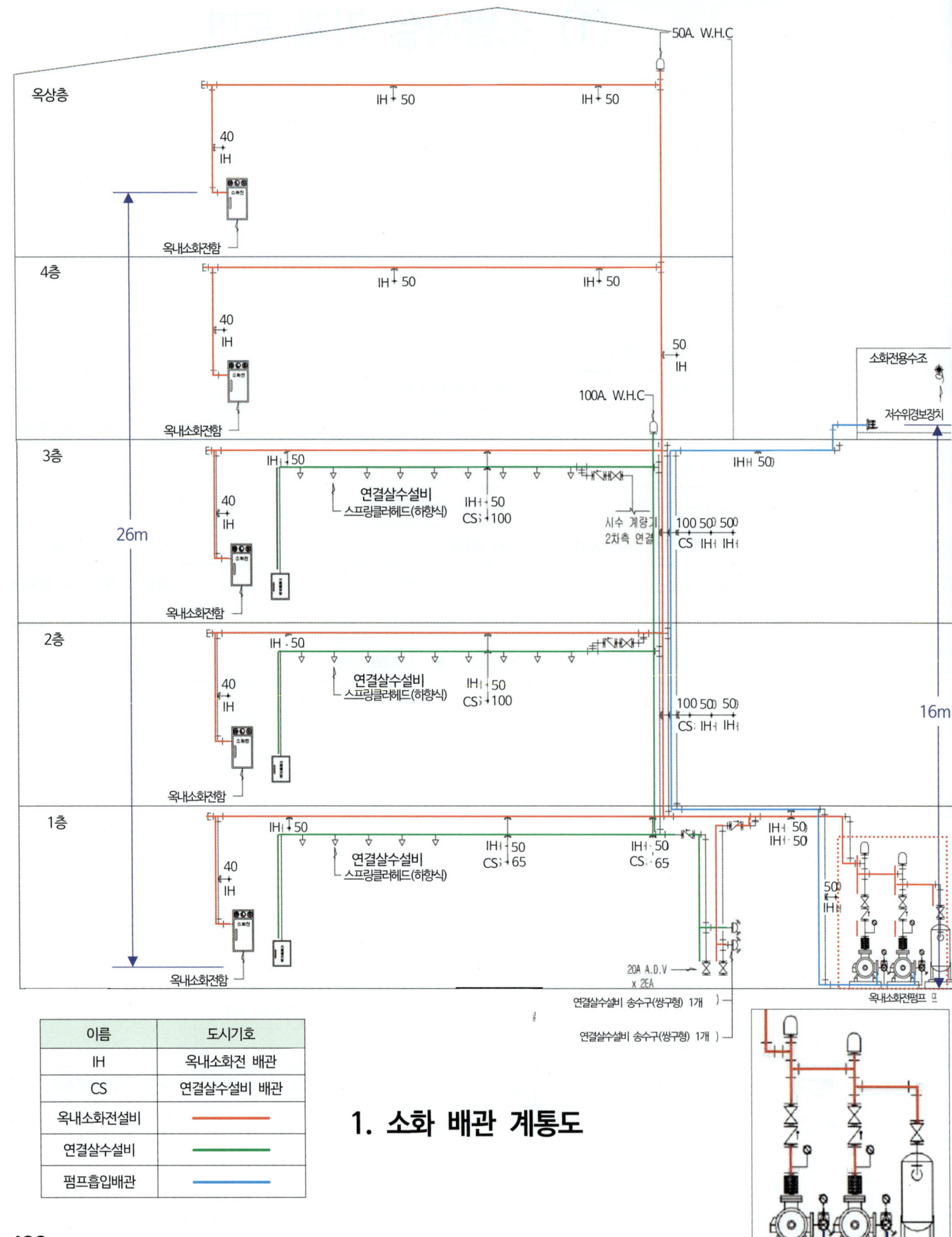

1. 소화 배관 계통도

2. 소화전용 수조

옥상수조 수원량 계산					
수 조 용 량	면적 : 2.00 m² X 높이 : 2.00 m = 용량 : 4.00 TON				
항 목	소화 설비	법정 수량	방사 시간	기준 개수	필요 수량
설비별 필요수량	옥내소화전	130 ℓ/min	20 MIN	1 개	2.60 TON
소화 배관 높이	흡입 안전높이 0.1m + 설치 안전높이 0.1m = 0.2 m				
	그러므로, 수조 바닥에서 0.2m 이상에 설치 할 것.				
기타 배관 높이	필요한 수원 2.6㎥, 수조 바닥면적 2.0㎡, 수조높이 1.3m				
	그러므로, 소화 전용 수조임으로 OK.				

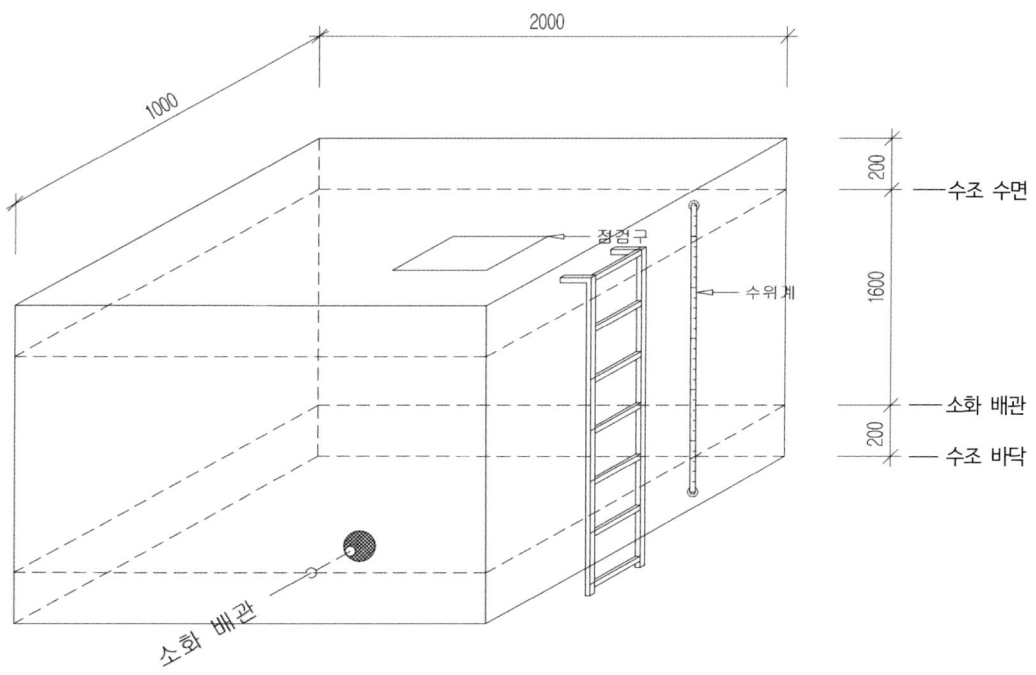

3. 소화펌프 양정계산서

배관 마찰 손실 수두 계산표 - 옥내 소화전 펌프 -

배관마찰손실수두 관경 mm	개수 EA	유량 L/min	엘보 90 수량	엘보 90 계수/소계	분류 티이 수량	분류 티이 계수/소계	직류 티이 수량	직류 티이 계수/소계	레듀셔 수량	레듀셔 계수/소계	게이트밸브 수량	게이트밸브 계수/소계	체크밸브 수량	체크밸브 계수/소계	스트레이너 수량	스트레이너 계수/소계	플렉시블J 수량	플렉시블J 계수/소계	앵글밸브 수량	앵글밸브 계수/소계	계수 상당관장 단위:m	해당 직관길이 단위:m	총관장 단위:m	1m당 마찰손실 단위:m	손실수두 소계 단위:m
40	1	130	3	1.50 / 4.50		2.10		0.45		0.90		0.30		6.50		6.50		6.50	1	6.50 / 6.50	11.00	2.50	13.50	0.1332	1.80
50	1	130	18	2.10 / 37.8	5	3.00 / 15.0	8	0.60 / 4.80	2	1.20 / 2.40	2	0.39 / 0.78	1	8.40 / 8.40	1	8.40 / 8.40	2	8.40 / 16.8	1	8.40 / 8.40	102.78	124.50	227.28	0.0415	9.44

참고사항	스윙 체크밸브, 후드밸브 또는 여과망, 자동 경보 밸브는 앵글밸브와 동일함.		소 계	11.24

양정 계산

메인펌프 양정계산

H(총양정) = h1(배관 마찰 손실 수두) + h2(실양정) + h3(노즐 방사압 환산 수두) + h4(호스 마찰 손실 수두)

h1 = 11.24 m   h2 = 26.00 m   h3 = 17.00 m   h4 = 7.80 m   ⇒   H = 62.04 m

주) 상기의 양정 값은 이론상의 최소치 이므로 실제 펌프 선정시 그 이상의 성능을 가진 것으로 하여야 한다.

충압펌프 양정계산

H(총양정) = h2(실양정) + h5(확보 압력 환산 수두)

h2 = 26.00 m   h5 = 20.00 m   ⇒   H = 46.00 m

주) 상기의 양정 값은 이론상의 최소치 이므로 실제 펌프 선정시 그 이상의 성능을 가진 것으로 하여야 한다.

동력 계산

펌프 관경별 펌프의 효율적용	
펌프 구경	펌프 효율
40	0.41~0.45
50 ~ 65	0.45~0.55
80	0.55~0.60
100	0.60~0.65
125 ~ 150	0.65~0.70

주) 효율은 최소치를 적용함.

메인 동력산출식: $Pw = \dfrac{0.163 \times Q \times H}{E} \times K$

Q : 양수량	0.13	m³/min
H : 총양정	62.04	m
K : 안전율	모터(1.1), 엔진(1.15)	
E : 펌프 효율	0.41	단위 없음
Pw : 모터 동력	3.53	KW

충압 동력산출식: $Pw = \dfrac{0.163 \times Q \times H}{E} \times K$

Q : 양수량	0.06	m³/min
H : 총양정	46.00	m
K : 안전율	모터(1.1), 엔진(1.15)	
E : 펌프 효율	0.41	단위 없음
Pw : 모터 동력	0.95	KW

장비 선정

메인 펌프 선정		펌프의 법정 토출량은 소화전 1개당 130 LIT/min 이상이므로 [130 LIT/min] x 기준 개수 [1 개] = [130 LIT/min] 으로함.
	HP - 01	40 A x 70 m x 300 LPM x 8 S x 7.50 KW (10.00) HP x 1 대 3/380V/60HZ
충압 펌프 선정		자연 누설양 보다 많아야 하며 펌프의 자동 기동에 유효한 양이어야 한다.
	HP - 02	40 A x 70 m x 60 LPM x 1 S x 3.75 KW (5.00) HP x 1 대 3/380V/60HZ
압력 탱크 선정	PT - 01	100 LIT 이상 x 1 대

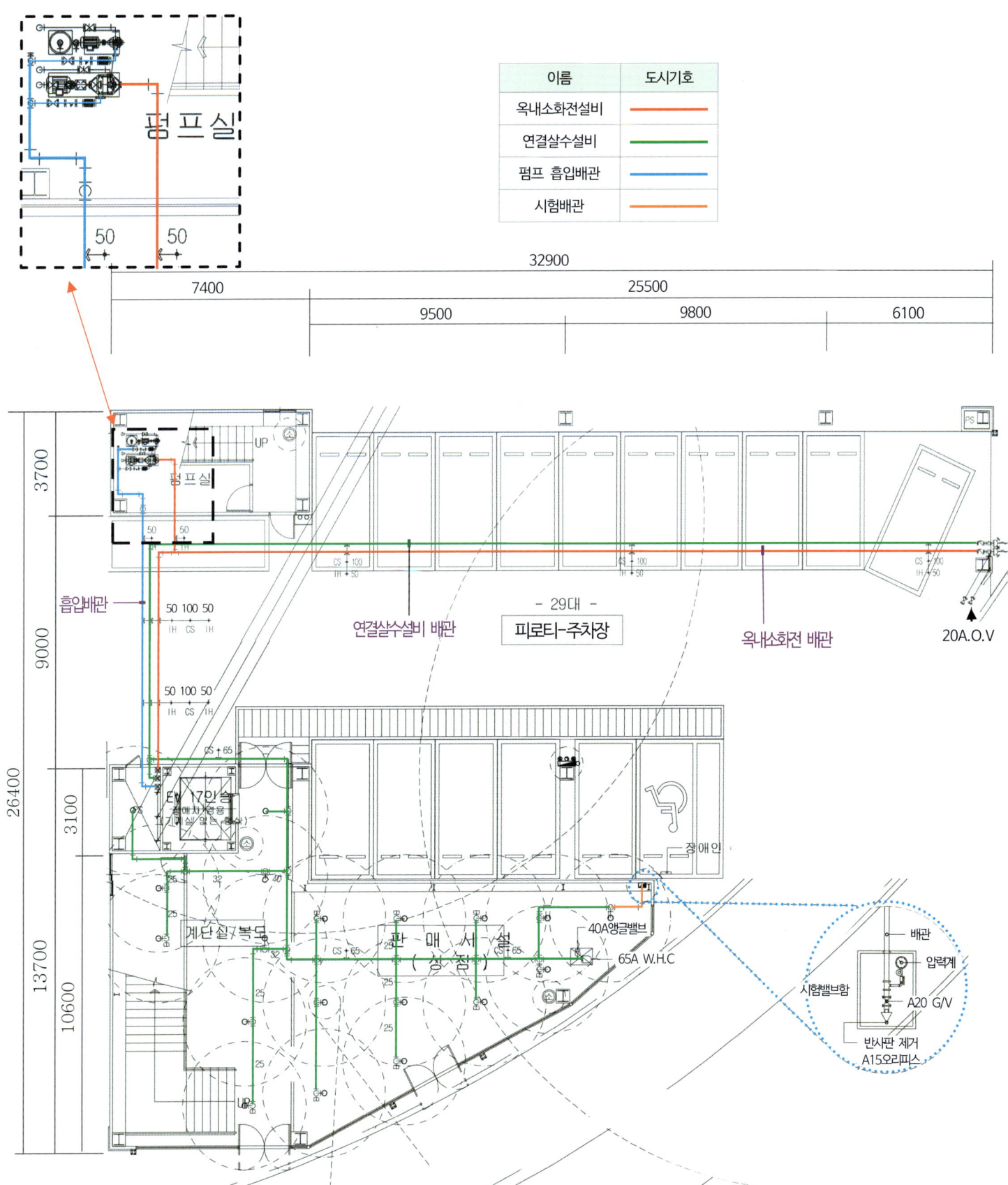

4. 1층 소화 배관 평면도

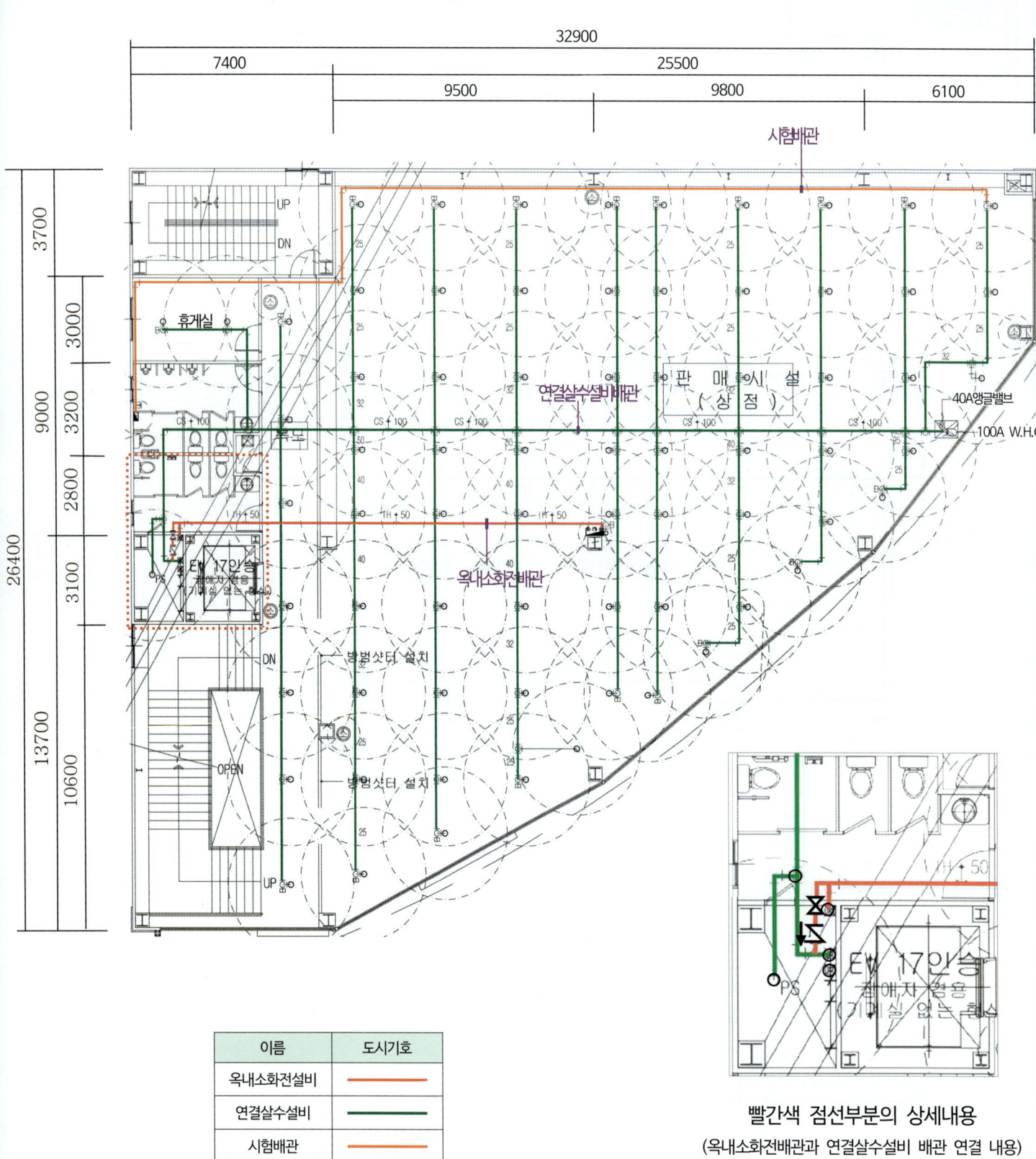

5. 2층 소화 배관 평면도

6. 3층 소화 배관 평면도

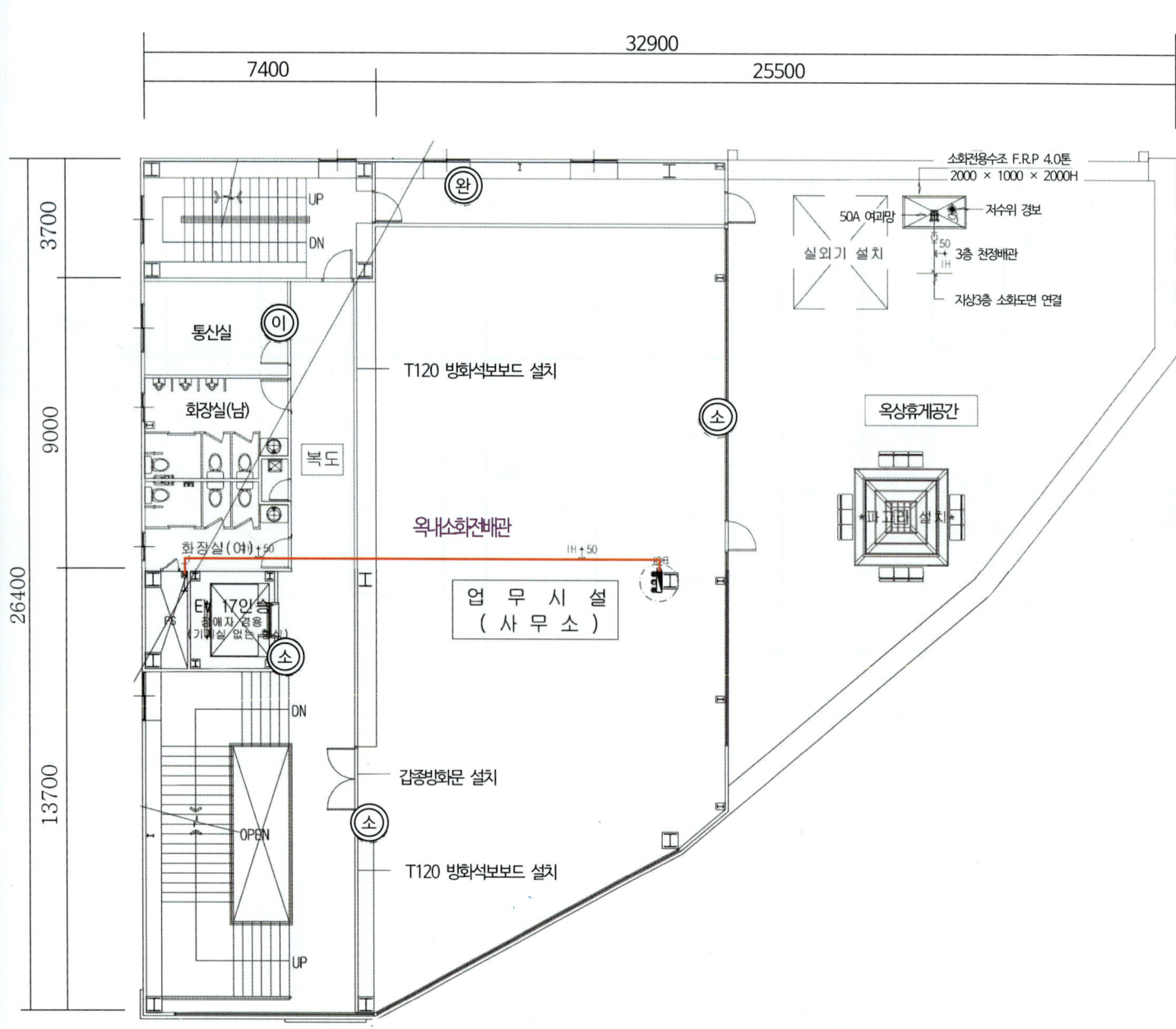

7. 4층 소화 배관 평면도

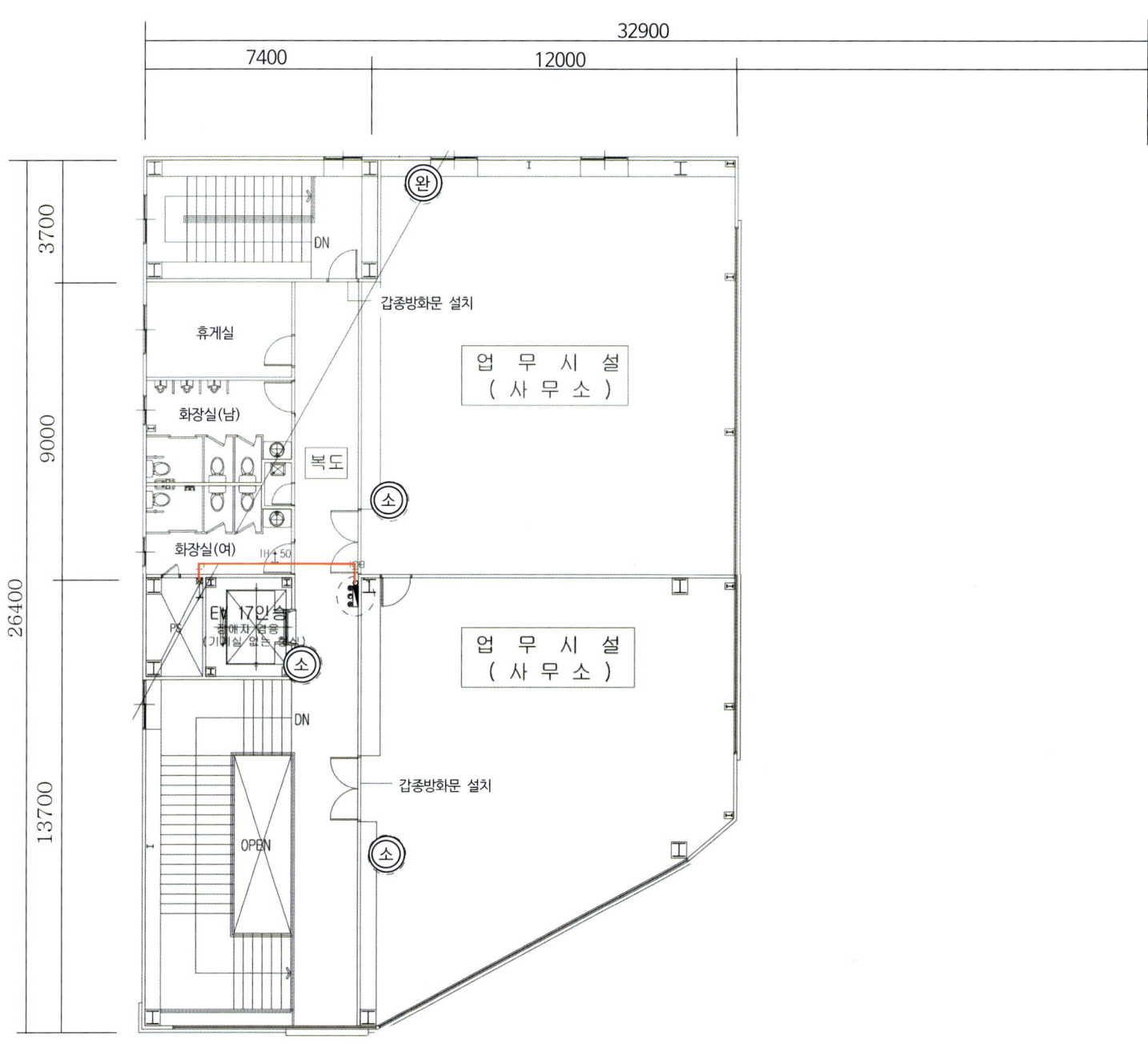

8. 5층 소화 배관 평면도

9. 유량계, 성능시험배관 구경 선정

300ℓ × 175% = 525ℓ 이상을 측정하는 유량계 설치

유량 범위	성능시험 배관	선정
70~360	32A	
100~550	40A	O
220~1100	50A	
450~2200	65A	
700~3300	80A	
900~4500	100A	

참고자료

옥내소화전 화재안전기술기준

2.2 가압송수장치
2.2.1.3 특정소방대상물의 어느 층에 있어서도 해당 층의 옥내소화전(2개 이상 설치된 경우에는 2개의 옥내소화전)을 동시에 사용할 경우 각 소화전의 노즐선단에서의 방수압력이 0.17 ㎫(호스릴옥내소화전설비를 포함한다) 이상이고, 방수량이 130 L/min(호스릴옥내소화전설비를 포함한다) 이상이 되는 성능의 것으로 할 것. 다만, 하나의 옥내소화전을 사용하는 노즐선단에서의 방수압력이 0.7 ㎫을 초과할 경우에는 호스접결구의 인입 측에 감압장치를 설치해야 한다.

2.3 배관 등)
2.3.7.1 성능시험배관은 펌프의 토출 측에 설치된 개폐밸브 이전에서 분기하여 직선으로 설치하고, 유량측정장치를 기준으로 전단 직관부에는 개폐밸브를 후단 직관부에는 유량조절밸브를 설치할 것. 이 경우 개폐밸브와 유량측정장치 사이의 직관부 거리 및 유량측정장치와 유량조절밸브 사이의 직관부 거리는 해당 유량측정장치 제조사의 설치사양에 따르고, 성능시험배관의 호칭지름은 유량측정장치의 호칭지름에 따른다.
2.3.7.2 유량측정장치는 펌프의 정격토출량의 175 % 이상까지 측정할 수 있는 성능이 있을 것

유량계 규격 선정

주펌프의 선정은 7.5kw, 토출량 300ℓ/min의 성능을 선정했다.
유량계는 선정된 펌프의 토출량 300ℓ/min의 175% 이상을 측정할 수 있는 유량계를 설치해야 한다.

유의 : 펌프의 정격토출량은 300ℓ/min이며, 130ℓ/min는 아니다.

(2) 소방시설 전기도면(P형)

범례

기 호	명 칭	기 호	명 칭
⌒	정온식 감지기(1종)	▧	방화셔터 연동제어기
⌒	차동식 스포트형감지기(2종)	Ω	종단저항
S	광전식 연기감지기(2종)	▨	시각 경보기
ⓅⒷⓁ	발신기셋트 옥내소화전내장형	◯⊲	사이렌
→	통로유도등	ⓅⒷⓁ	발신기
●M ●L	피난구유도등	▩	수신반

자동화재탐지설비

번호	벨(경종)	벨표시등공통	시각경보기	표시등	응답	회로	공통	계
①	1	1	1	1	1	1	1	7
②	1	1	1	1	1	2	1	8
③	1	1	1	1	1	4	1	10
④	1	1	1	1	1	9	2	16
⑤	1	1	1	1	1	10	2	17
⑥	1	1	1	1	1	11	2	18
⑦	1	1	1	1	1	1	1	7
⑧	1	1	1	1	1	4	1	10

전선 상세내용

①	1.벨(경종), 2.벨표시등공통 3.시각경보기, 4.표시등선, 5.응답선, 6.회로선 1, 7.공통선
②	1.벨(경종), 2.벨표시등공통 3.시각경보기, 4.표시등선, 5.응답선, 6.회로선 2, 7.공통선
③	1.벨(경종), 2.벨표시등공통 3.시각경보기, 4.표시등선, 5.응답선, 6.회로선 4, 7.공통선
④	1.벨(경종), 2.벨표시등공통 3.시각경보기, 4.표시등선, 5.응답선, 6.회로선 9, 7.공통선 2
⑤	1.벨(경종), 2.벨표시등공통 3.시각경보기, 4.표시등선, 5.응답선, 6.회로선 10, 7.공통선 2
⑥	1.벨(경종), 2.벨표시등공통 3.시각경보기, 4.표시등선, 5.응답선, 6.회로선 11, 7.공통선 2
⑦	1.벨(경종), 2.벨표시등공통 3.시각경보기, 4.표시등선, 5.응답선, 6.회로선 1, 7.공통선
⑧	1.벨(경종), 2.벨표시등공통 3.시각경보기, 4.표시등선, 5.응답선, 6.회로선 4, 7.공통선

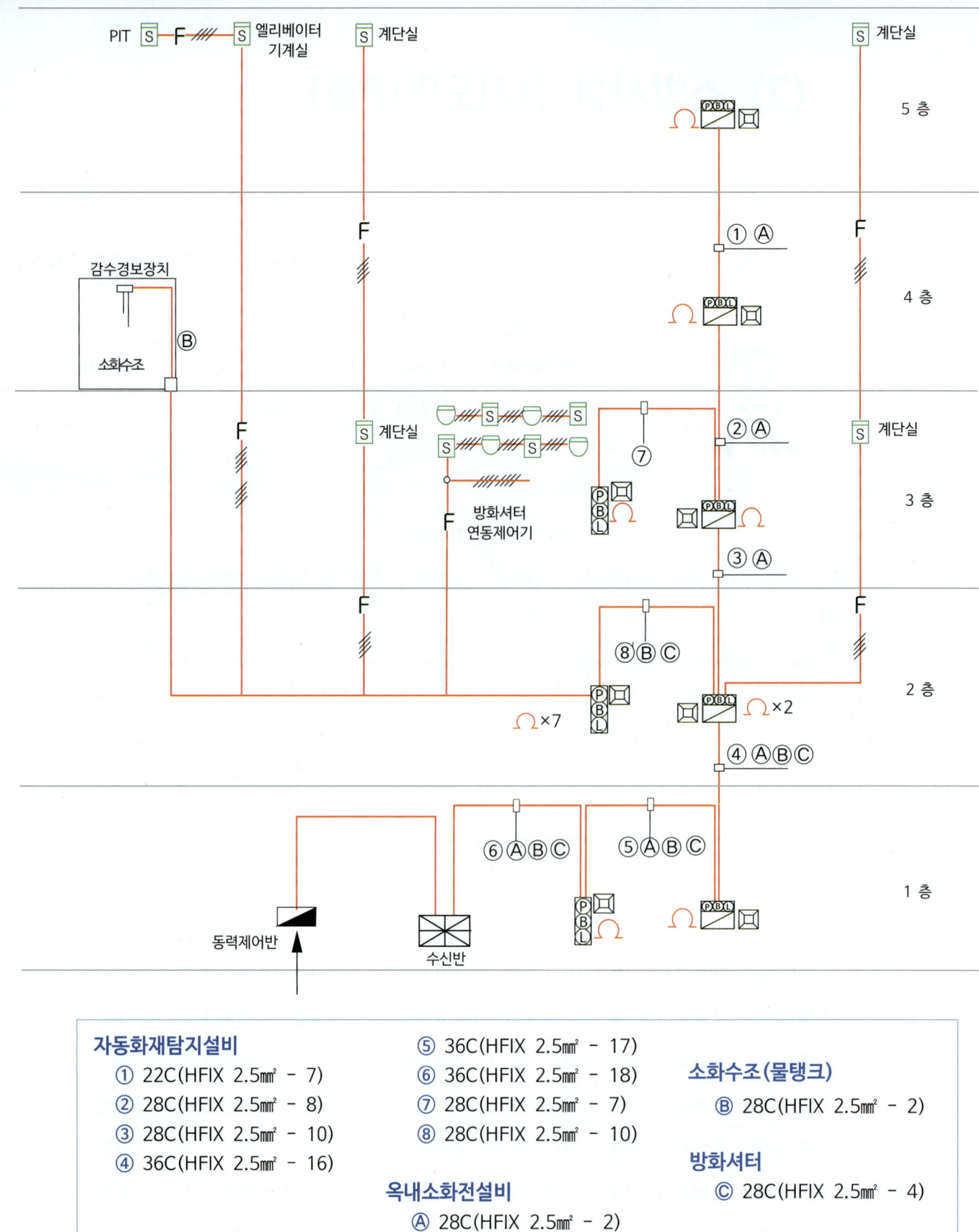

10. 소방시설 전기계통도(P형)

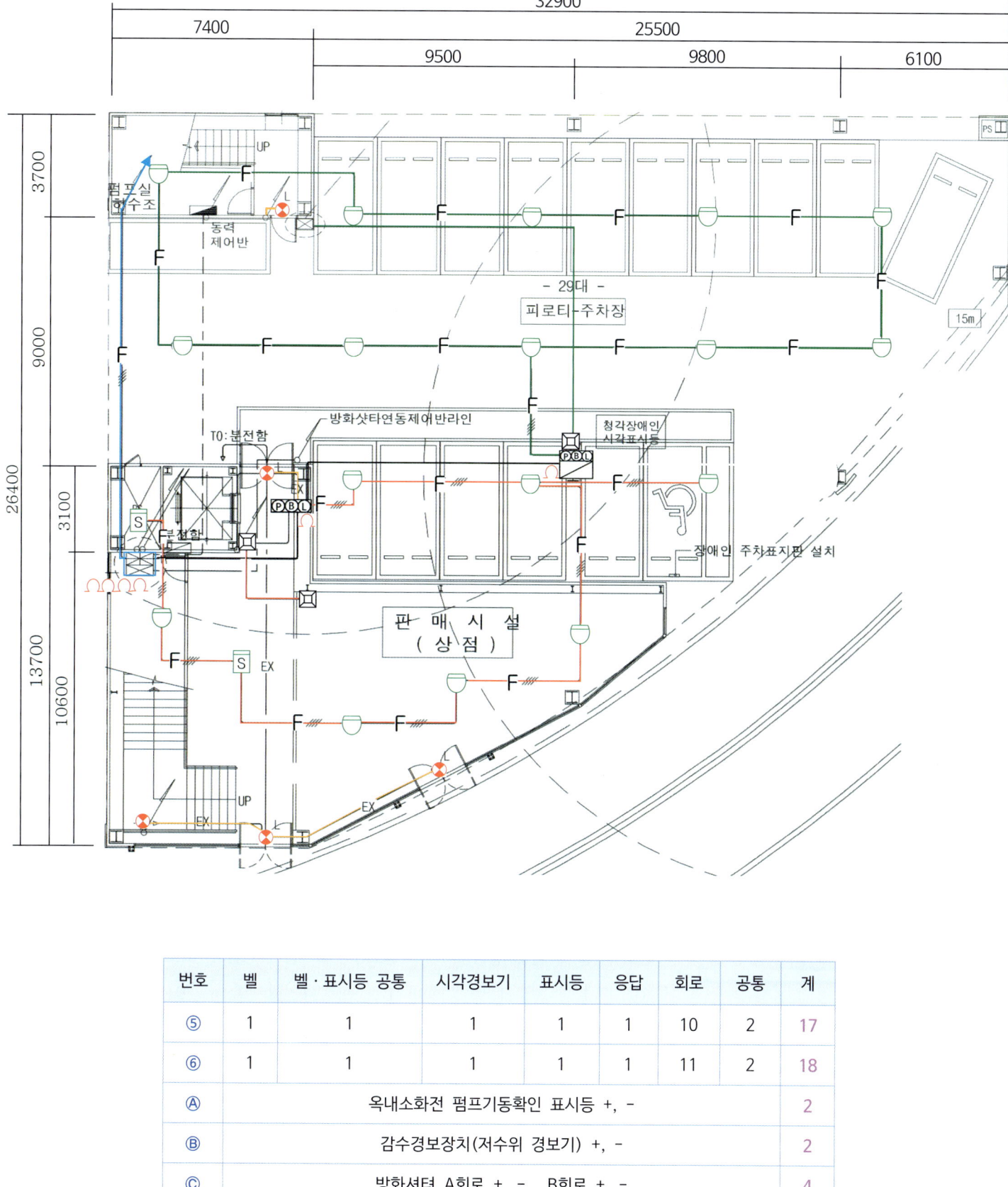

11. 1층 소방시설 전기 평면도(P형)

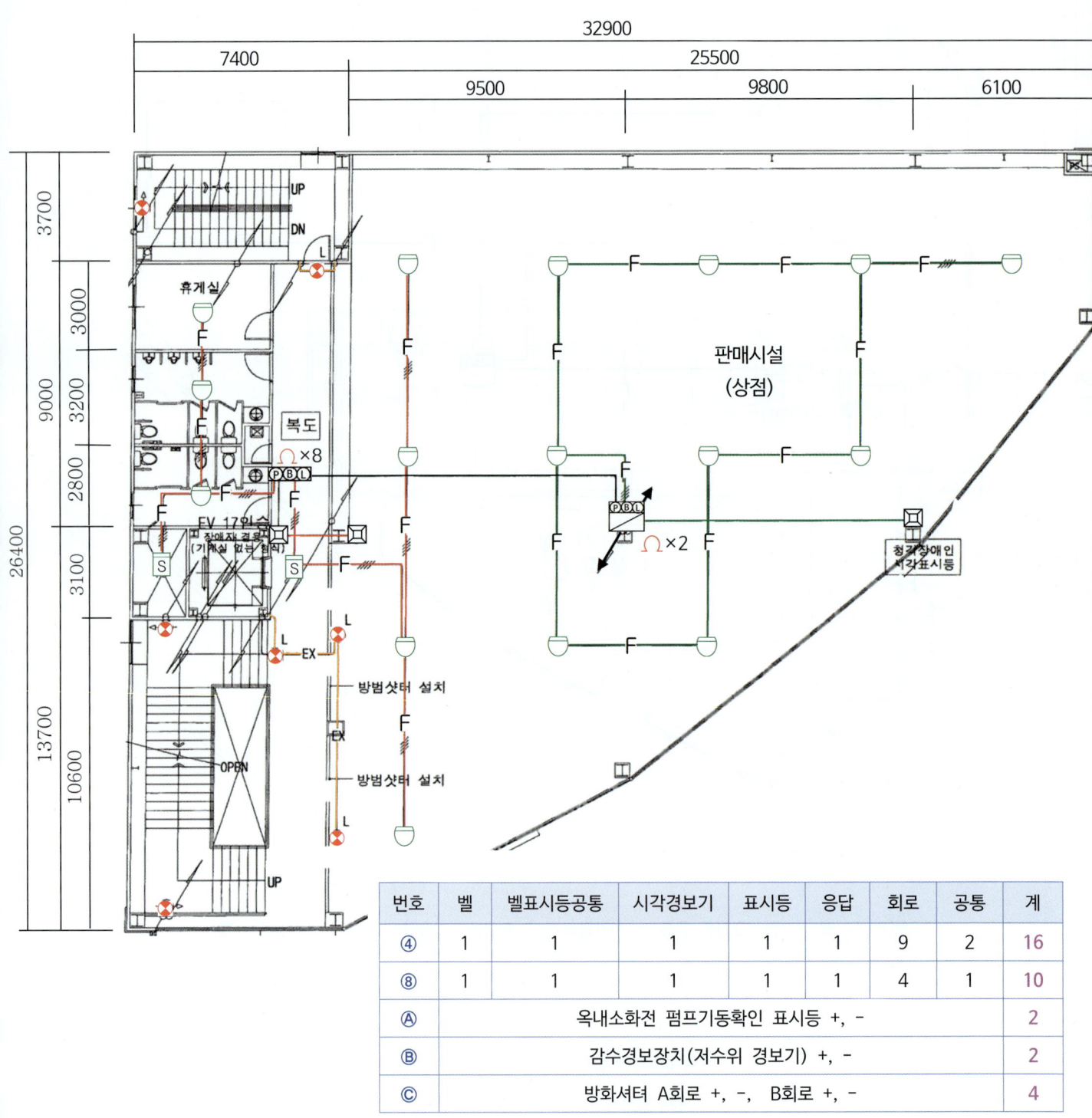

12. 2층 소방시설 전기 평면도(P형)

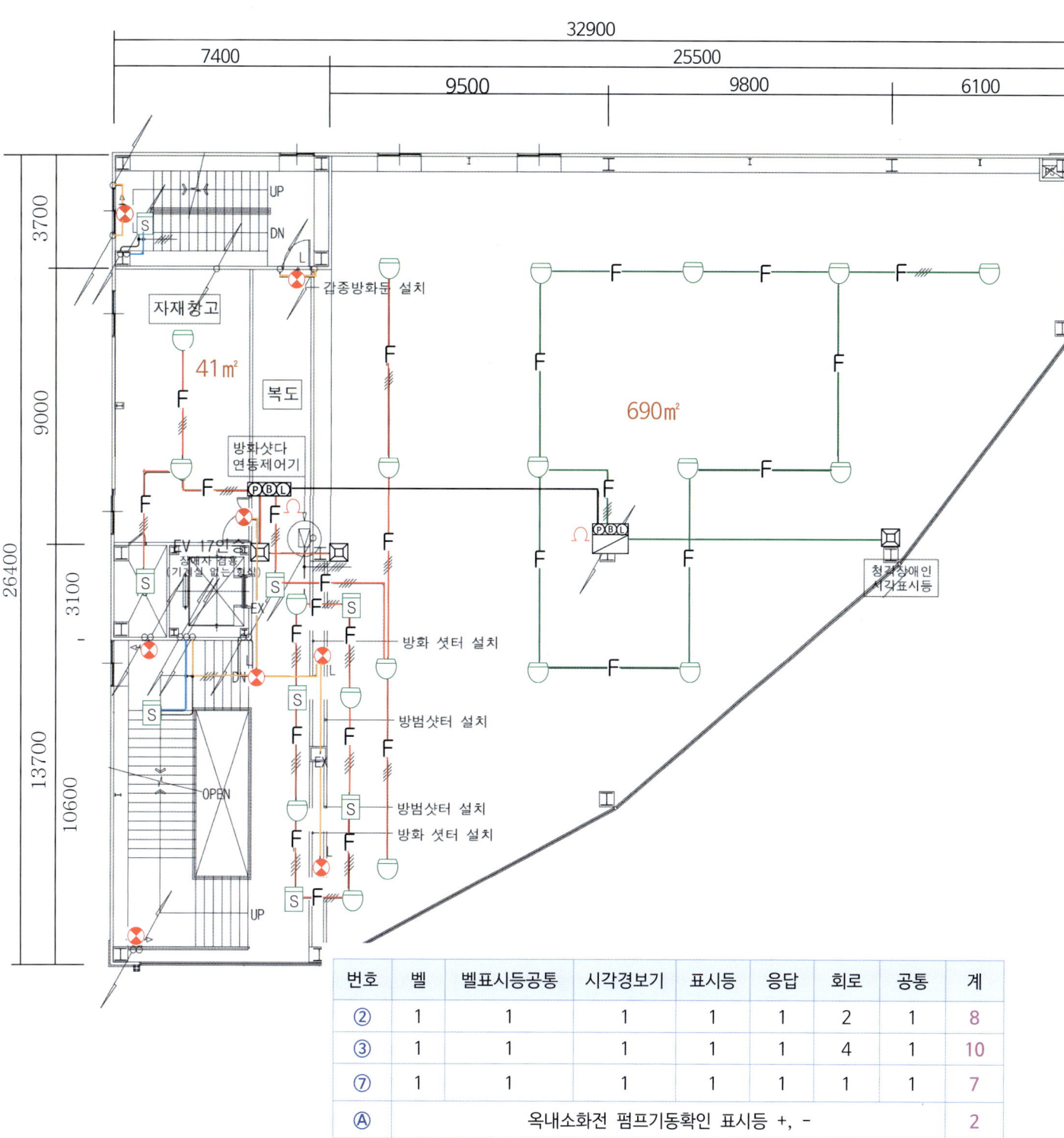

13. 3층 소방시설 전기 평면도(P형)

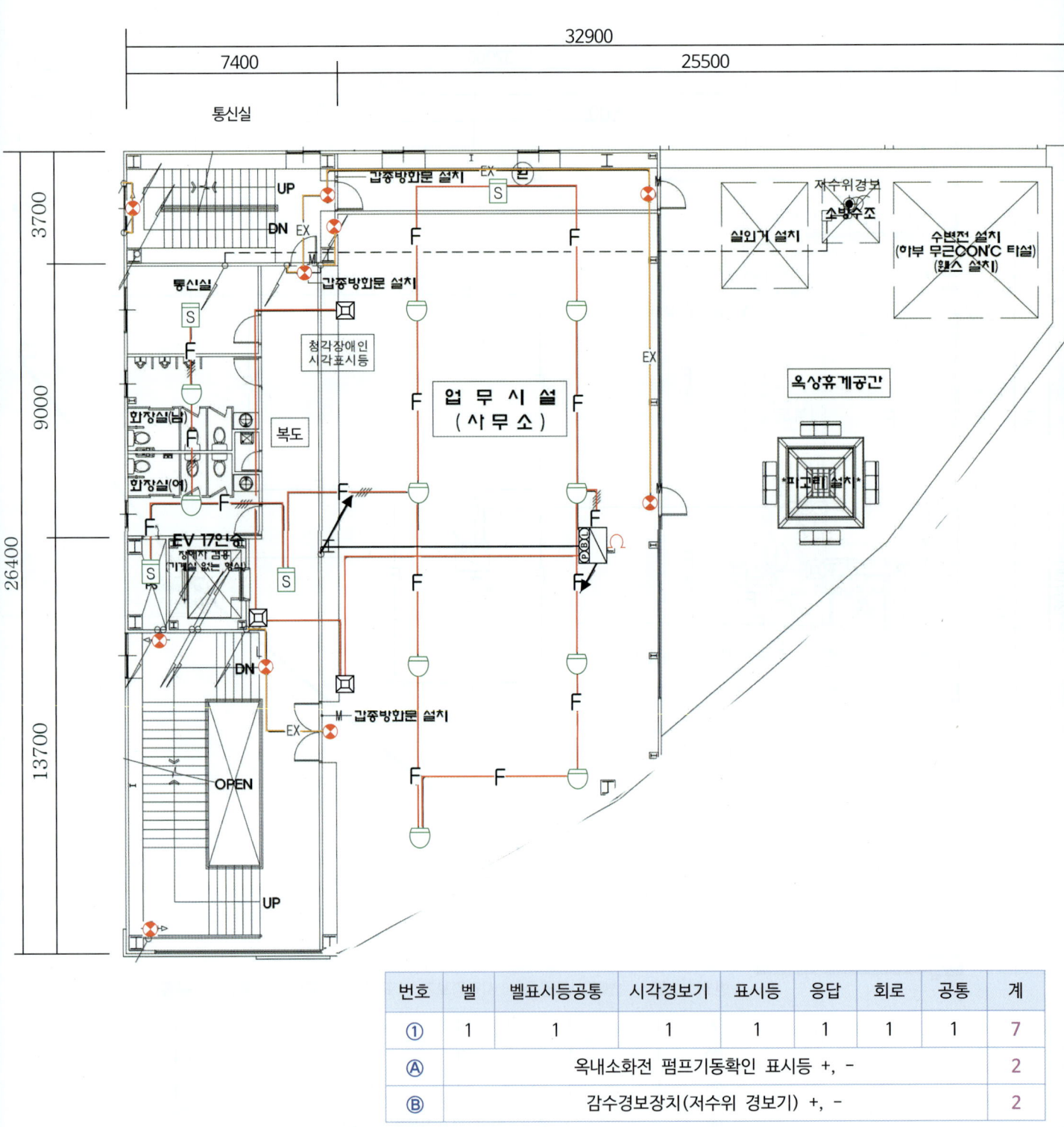

14. 4층 소방시설 전기 평면도(P형)

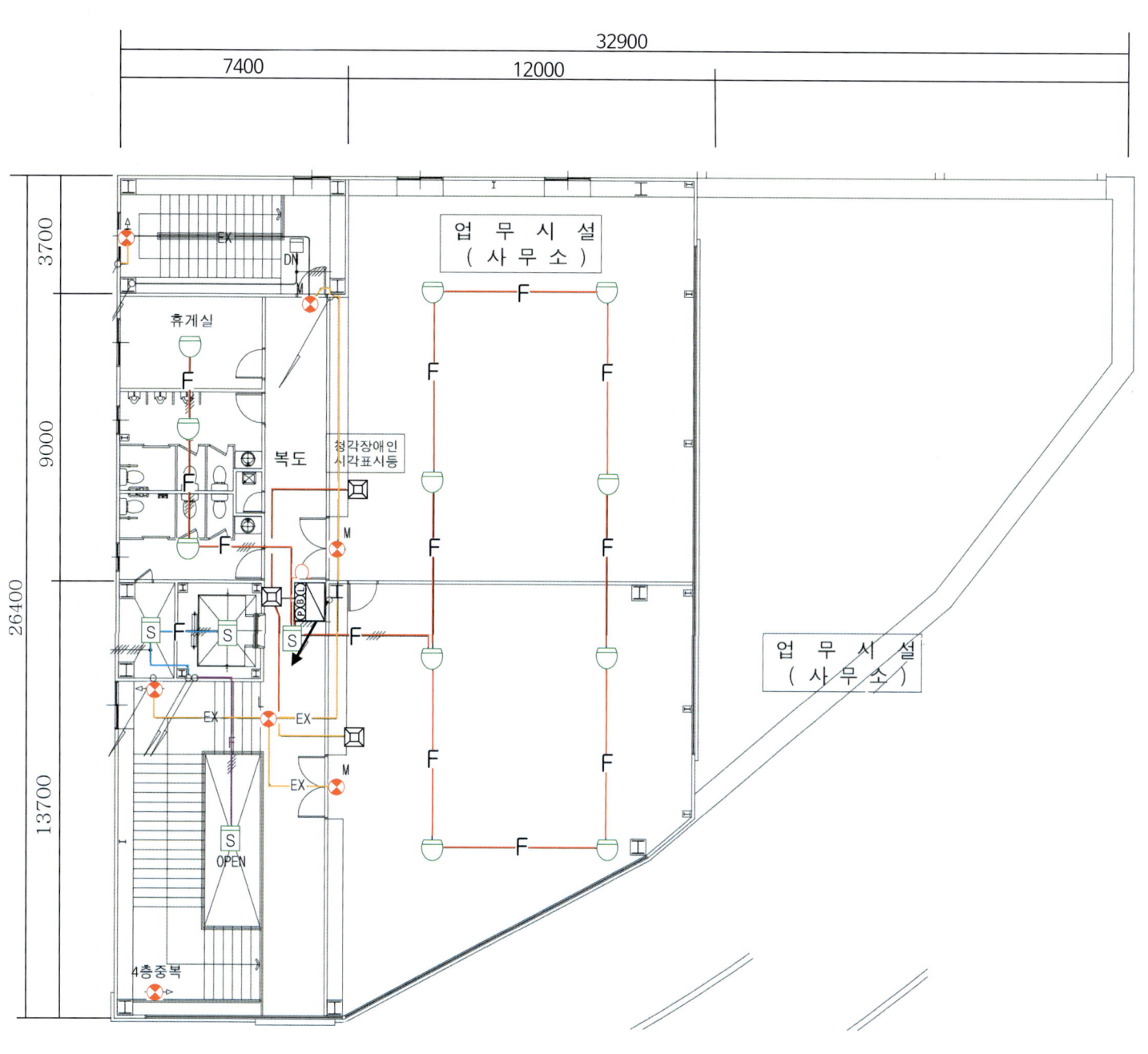

15. 5층 소방시설 전기 평면도(P형)

(3) 소방시설 전기도면(R형)

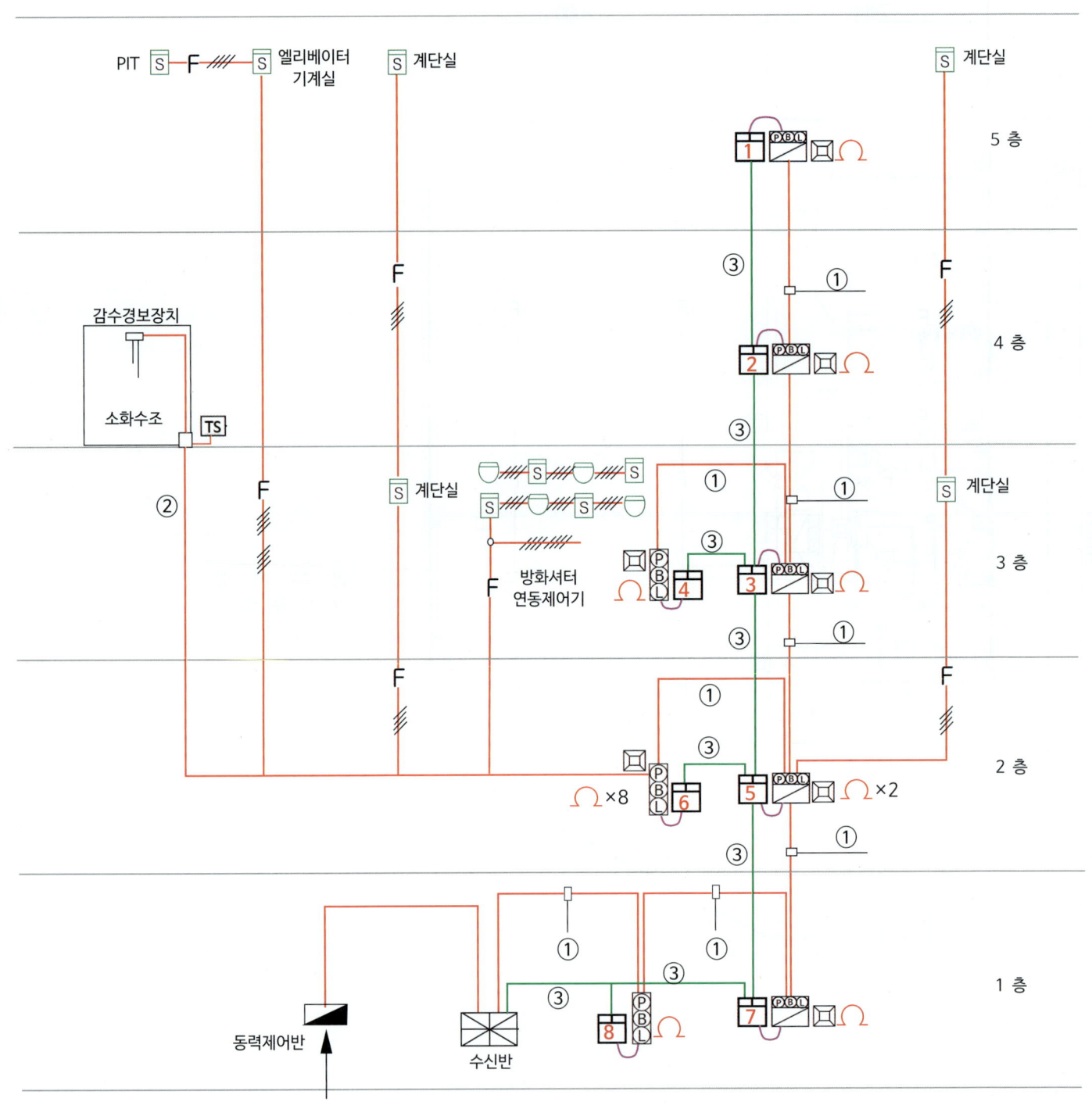

16. 소방시설 전기계통도(R형)

중계기 결선, 배선 내용

번호	중계기 종류 (입력/출력)	입력(IN)	출력(OUT)
1	4/4 1개	2(발신기 누름S.W,(스위치), 5층 감지기)	3(벨-경종, 시각경보등, 펌프기동 표시등)
2	4/4 1개	2(발신기 누름S.W,(스위치), 4층 감지기)	3(벨-경종, 시각경보등, 펌프기동 표시등)
3	4/4 1개	2(발신기 누름S.W,(스위치), 3층 감지기)	3(벨-경종, 시각경보등, 펌프기동 표시등)
4	2/2 1개	2(발신기 누름S.W,(스위치), 3층 감지기)	2(벨-경종, 시각경보등)
5	4/4 1개	3(발신기 누름S.W,(스위치), 2층 감지기, 계단실 감지기)	3(벨-경종, 시각경보등, 펌프기동 표시등)
6	4/4 2개 2/2 1개	9(발신기 누름S.W(스위치), 2층 감지기, 계단실 감지기, PIT 감지기, 엘리베이터 권상기실 감지기, 감수경보스위치(물탱크)), 탬퍼스위치, 방화셔터 작동감지기A, 방화셔터 작동감지기B)	2(벨-경종, 시각경보등)
7	4/4 1개	2(발신기 누름S.W,(스위치), 1층 감지기)	3(벨-경종, 시각경보등, 펌프기동 표시등)
8	2/2 1개	2(발신기 누름S.W,(스위치), 1층 감지기)	2(벨-경종, 시각경보등)

	전선종류, 수량	배선 이름(내용)
①	HFIX 2.5㎟ -3	위치 표시등선 1, 발신기 응답선 1, 공통선 1
②	HFIX 2.5㎟ -8	감수경보 스위치(+, -) : 회로의 끝(2층 발신기)에 종단저항을 설치하므로 선의 수가 4선이 된다. 탬퍼스위치(+, -) : 회로의 끝(2층 발신기)에 종단저항을 설치하므로 선의 수가 4선이 된다.
③	F-CVV-SB CABLE 1.5㎟ 또는 HCVV-SB TWIST CABLE 1.5㎟ 1p (신호 전송선) HFIX 2.5㎟-2 (중계기 전원선 2)	

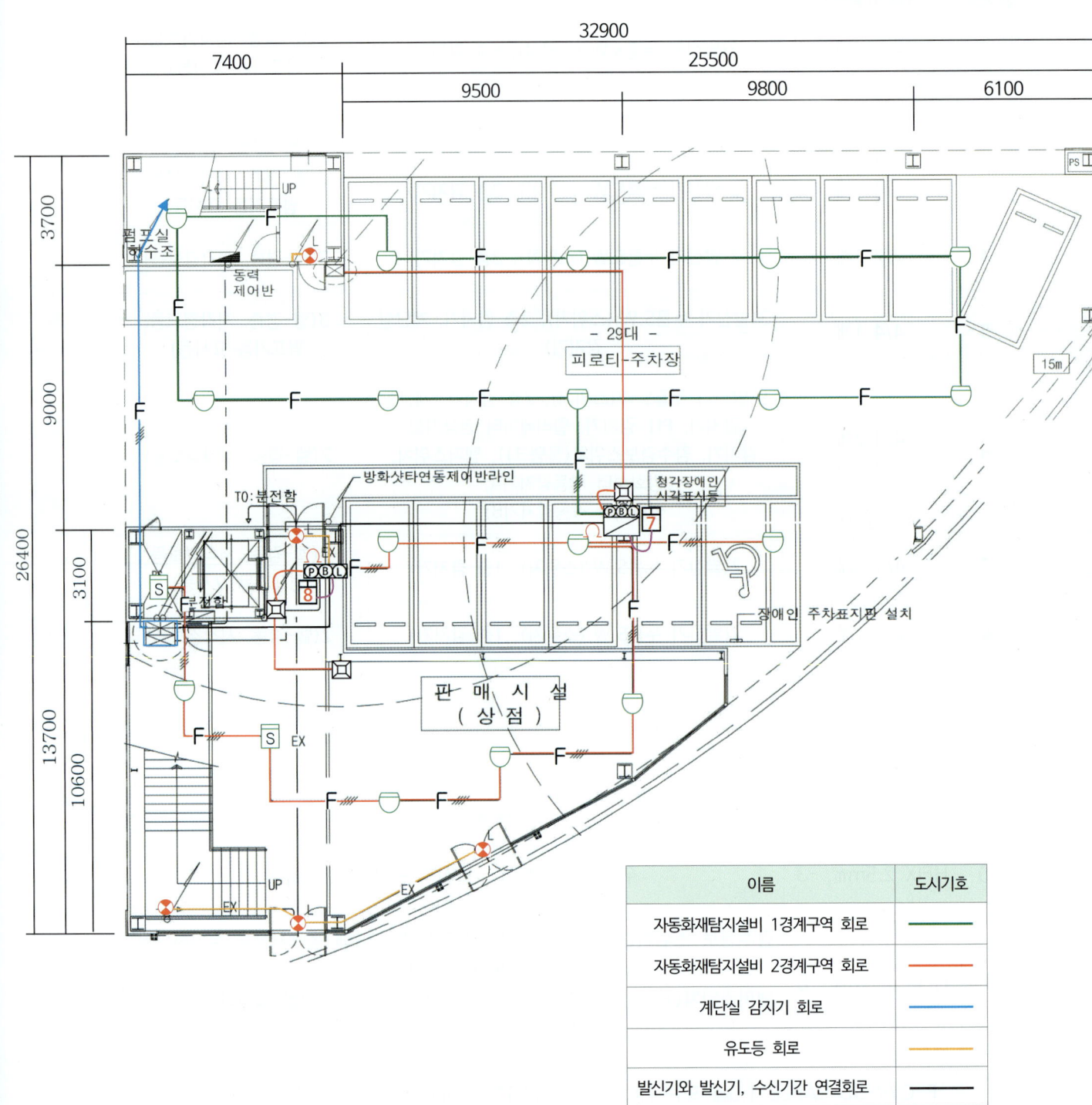

17. 1층 소방시설 전기 평면도(R형)

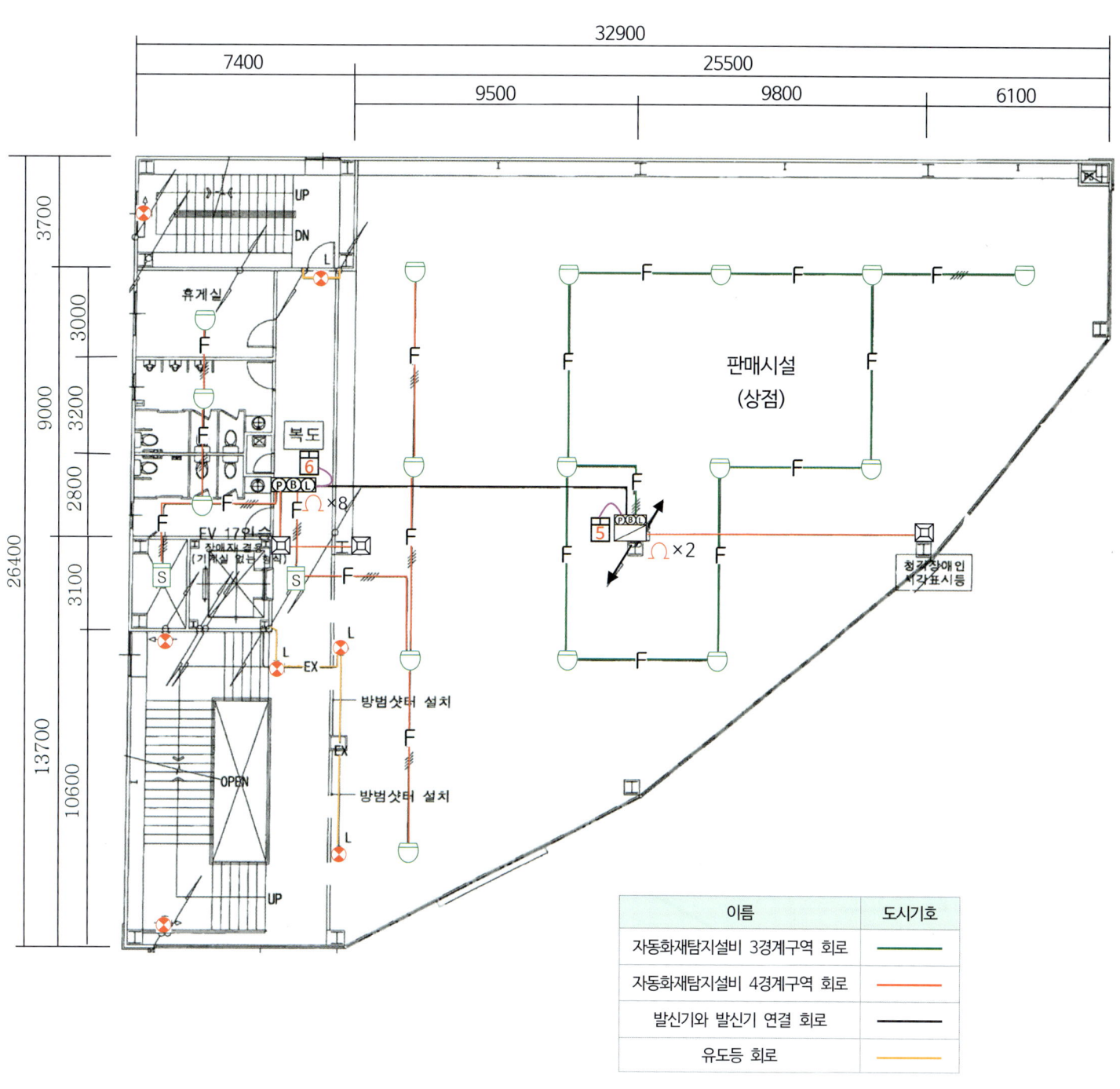

18. 2층 소방시설 전기 평면도(R형)

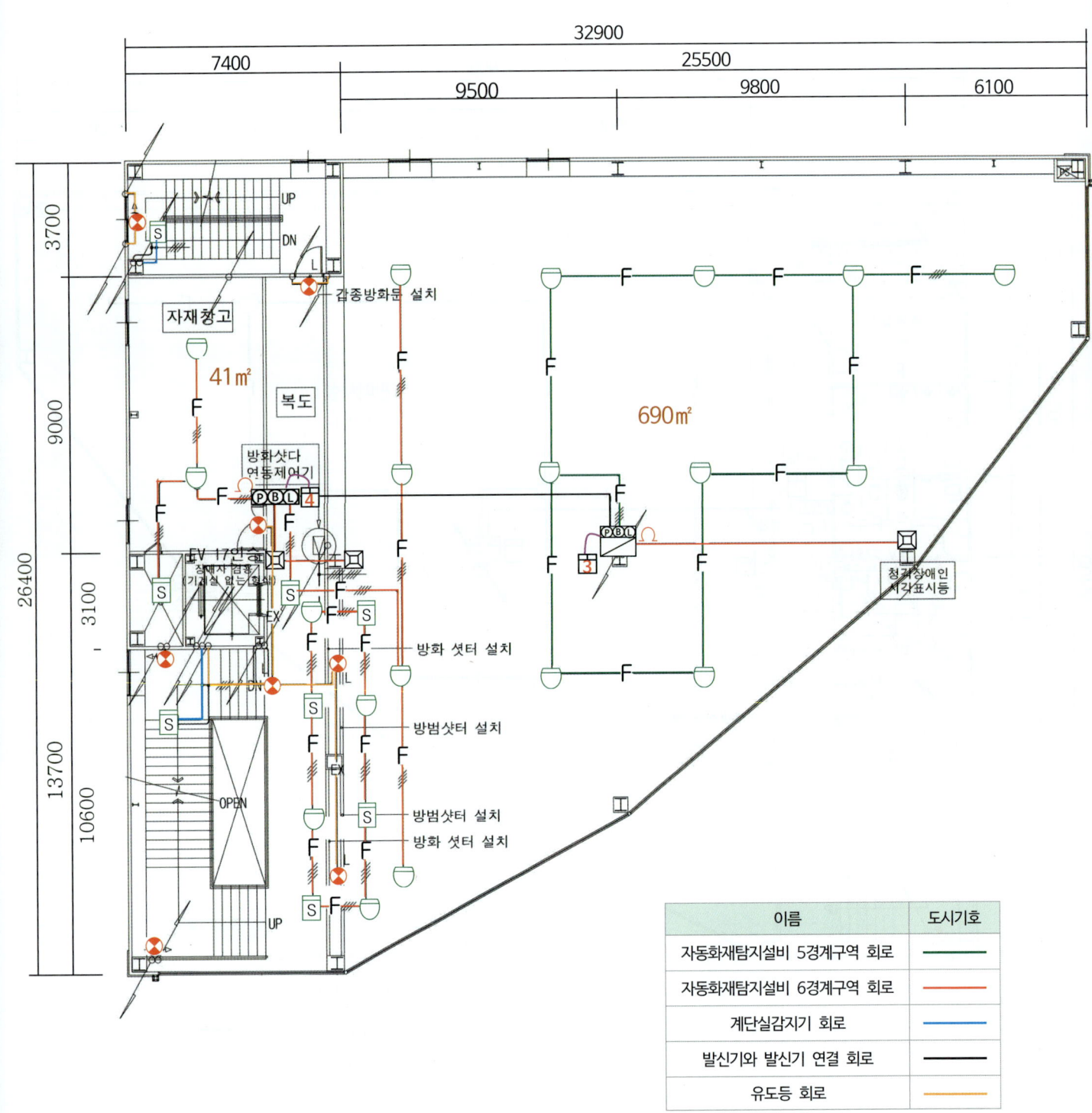

19. 3층 소방시설 전기 평면도(R형)

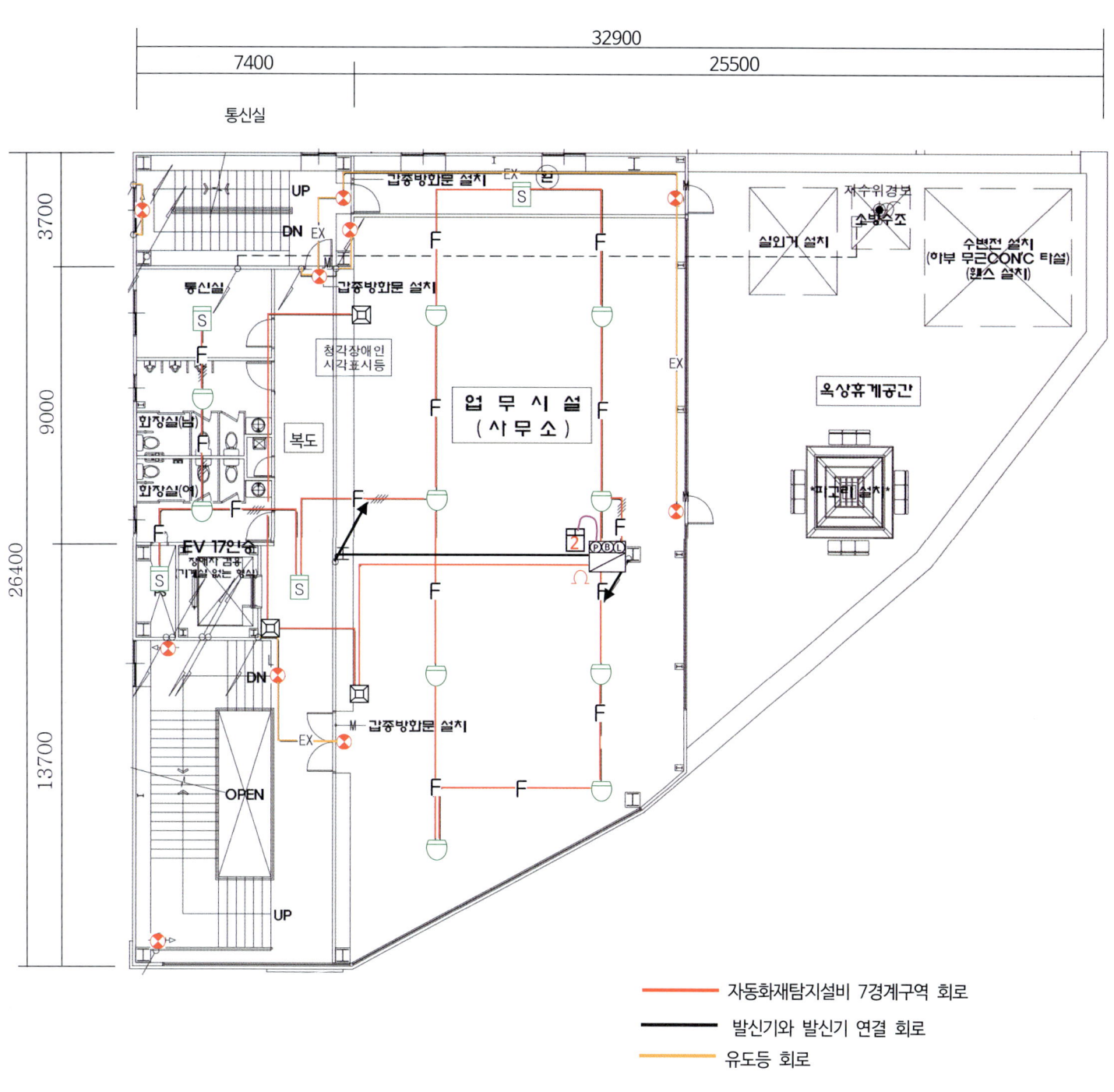

20. 4층 소방시설 전기 평면도(R형)

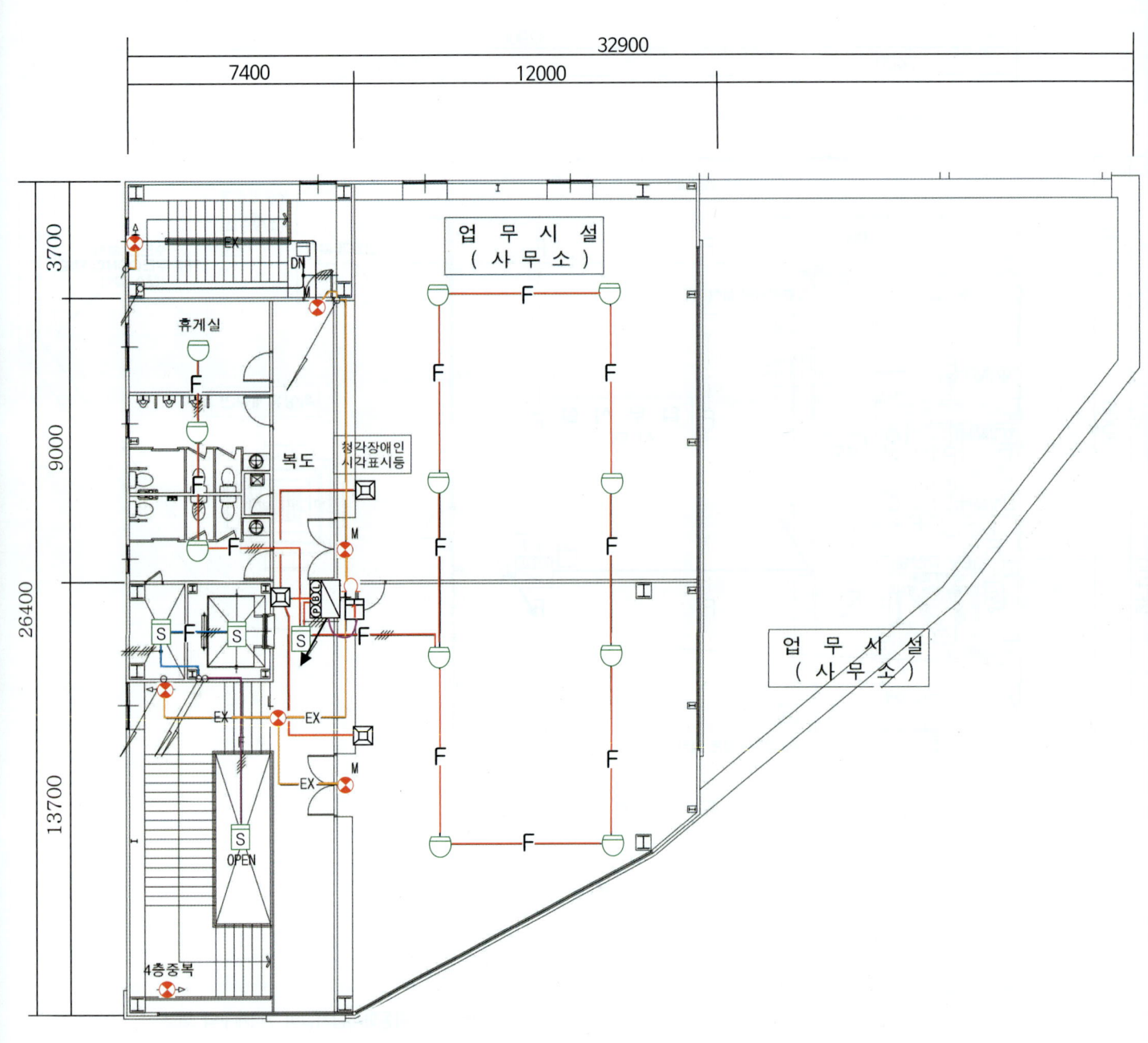

21. 5층 소방시설 전기 평면도(R형)

나. 판매시설건물 소화설비 설계도면 해설

건물현황
○ 건물규모 : 5층, 바닥면적 655㎡, 연면적 2,398㎡
○ 용도 : 판매시설
○ 소방시설 : 소화기, 옥내소화전,
　　　　　　　연결살수설비, 자동화재탐지설비,
　　　　　　　시각경보기, 유도등

(1) 소방시설 기계 도면 해설
1. 소화 배관 계통도 ·· 446
2. 1층 배관 평면도 ··· 447
3. 5층 배관 평면도 ··· 448
4. 설계서의 잘못된 배관부품 내용 ·························· 449
5. 양정 계산 ·· 450
6. 소화수조 계산 ··· 451
7. 연결살수설비 배관과 수도, 옥내소화전 배관 연결 ·········· 451

(2) 소방시설 전기 도면 해설(P형)
8. 전기계통도 해설 ·· 452
9. 1층 소방시설 전기 해설 ····································· 455
10. 2층 소방시설 전기 해설 ···································· 456
11. 3층 소방시설 전기 해설 ···································· 457
12. 4층 소방시설 전기 해설 ···································· 458
13. 5층 소방시설 전기 해설 ···································· 459

(3) 소방시설 전기 도면 해설(R형)
14. 전기계통도 해설 ··· 460
15. 1층 소방시설 전기 해설 ···································· 462
16. 2층 소방시설 전기 해설 ···································· 463
17. 3층 소방시설 전기 해설 ···································· 464
18. 4층 소방시설 전기 해설 ···································· 465
19. 5층 소방시설 전기 해설 ···································· 466
20. 연결살수설비 설계 해설 ····································· 467

(1) 소방시설 기계 도면 해설

1. 소화 배관 계통도(422P)

옥내소화전배관 마찰손실수두 계산은 최고 높은층의 소화전을 설계기준점으로 하여 그림의 토출측배관(빨간색배관)과 흡입측 배관(청색배관)의 부속품을 상세히 표기했다.

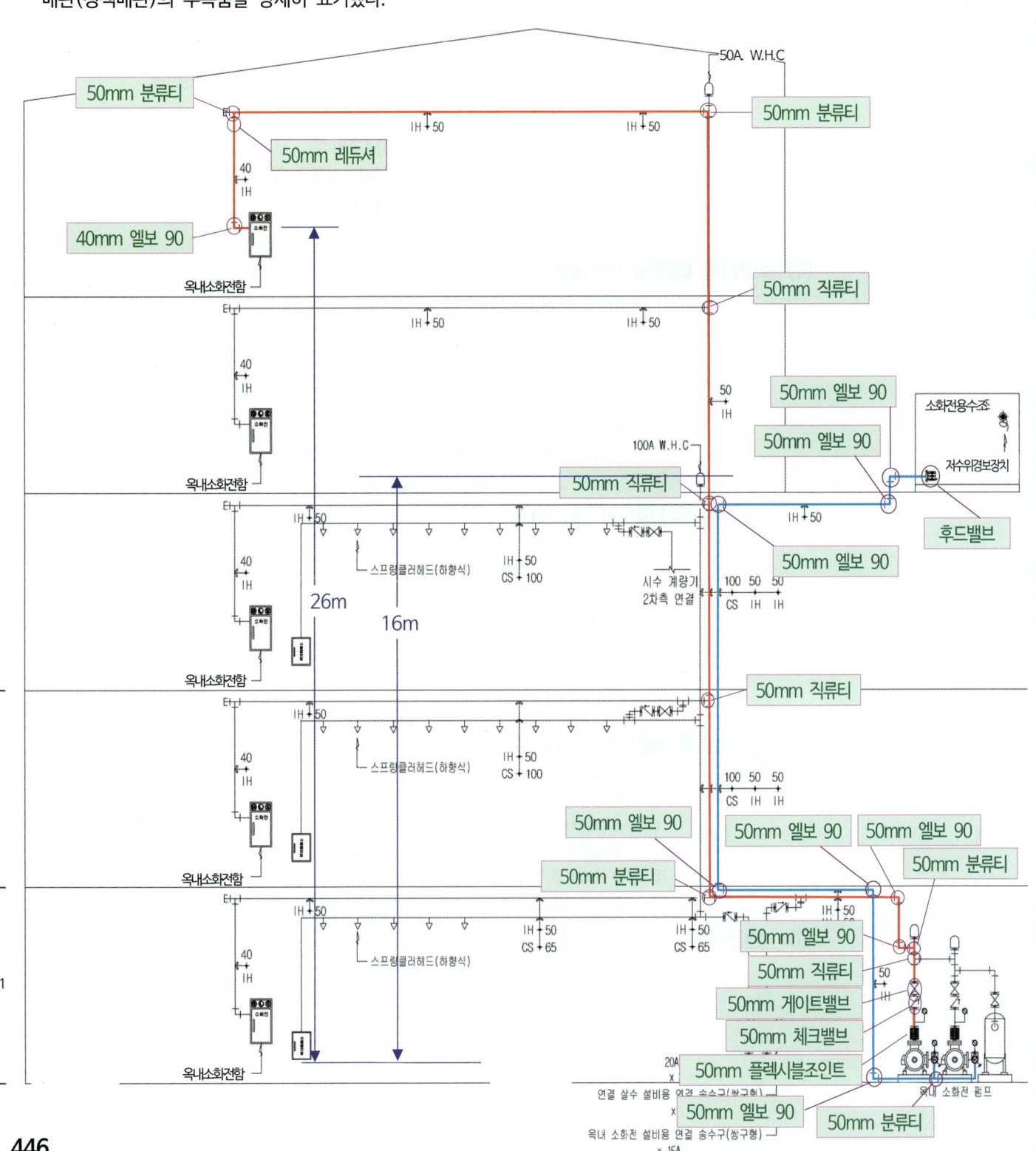

2. 1층 배관 평면도(425P)

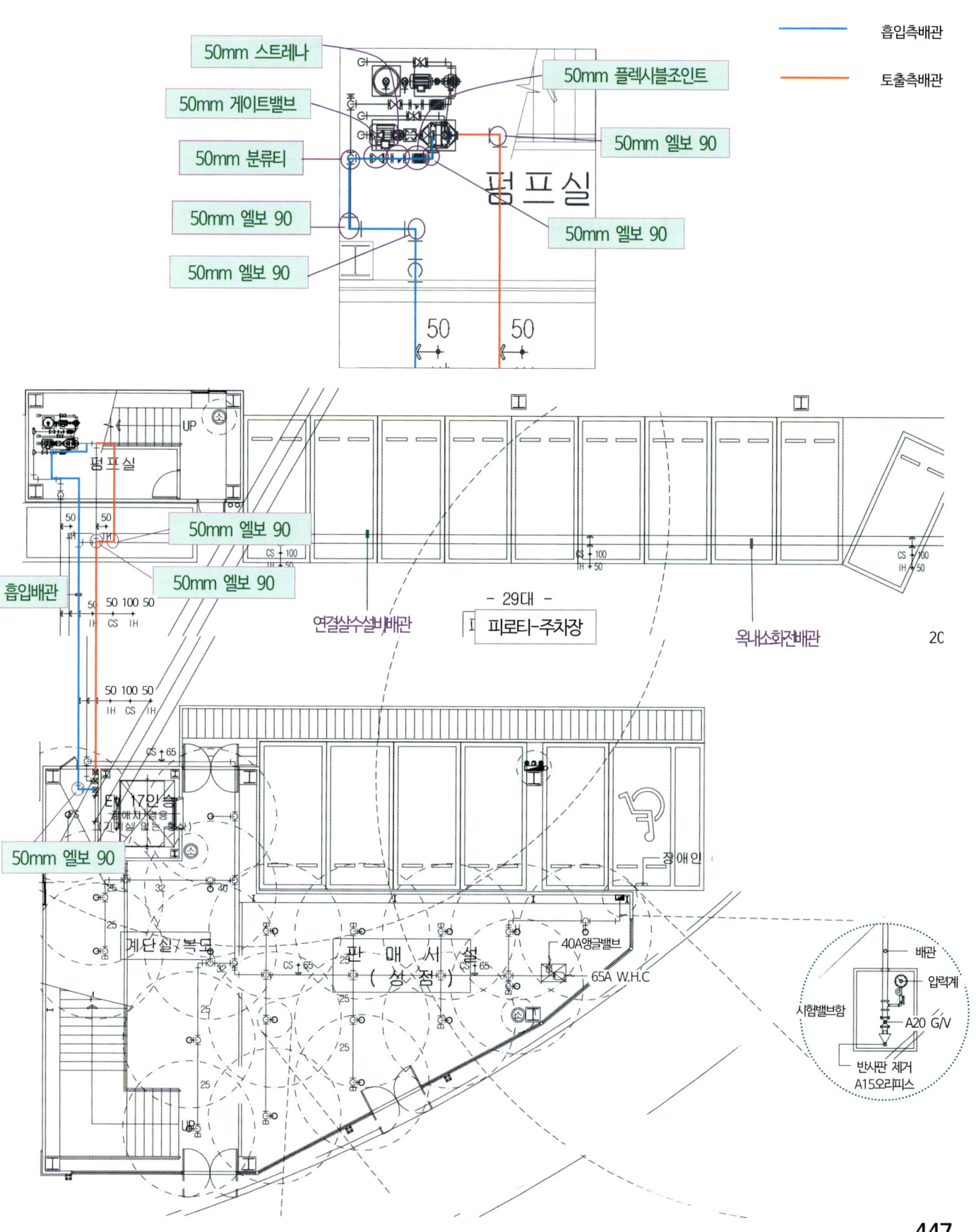

3. 5층 배관 평면도(429P)

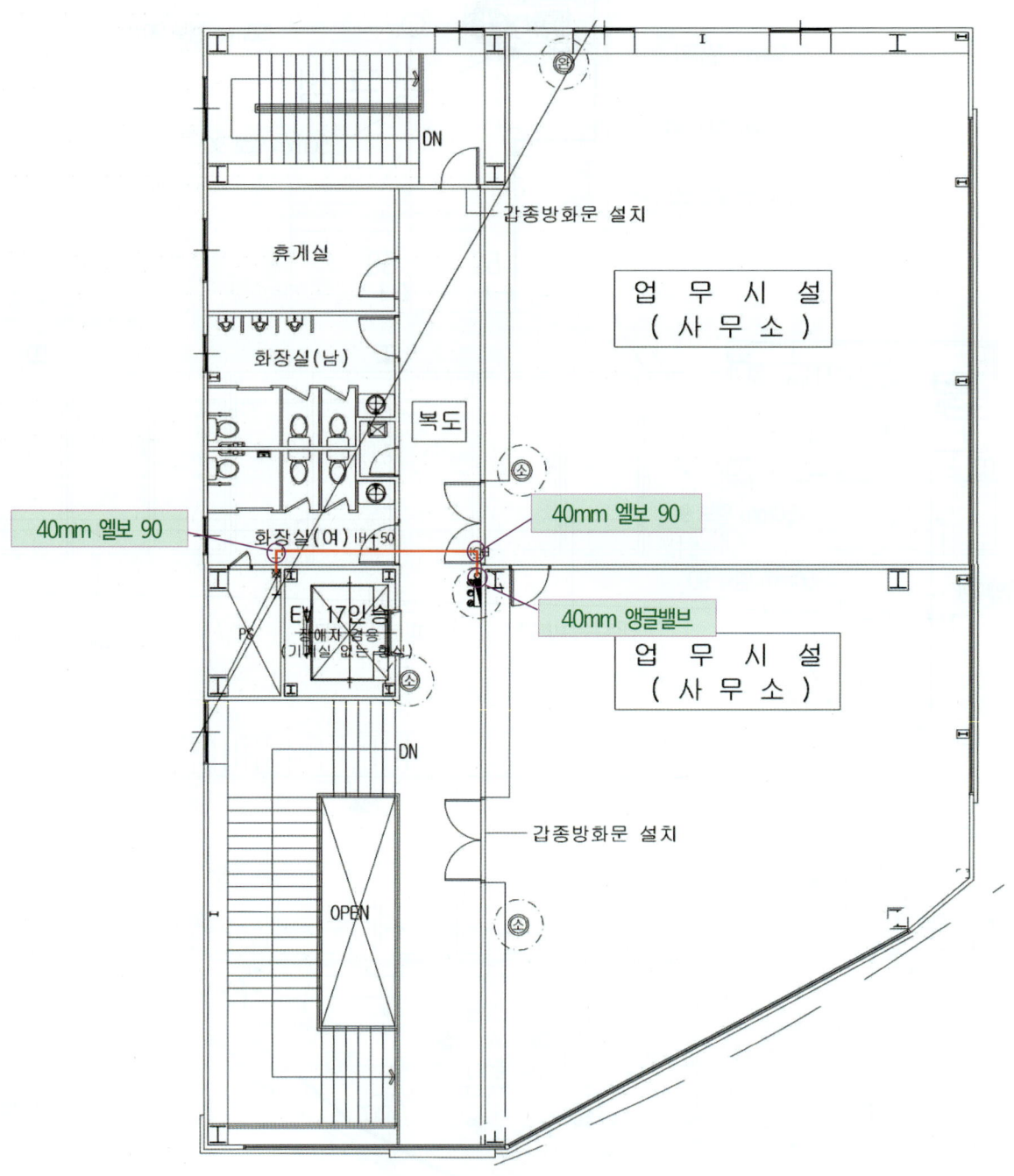

4. 설계서의 잘못된 배관부품 내용(424P)

설계서의 배관부품 및 마찰손실계산서와 실제 배관부품 내용에 대하여 아래와 같이 상세히 검토하였다.
설계서와 실제 배관부품의 다른 내용(차이)을 확인하여 설계하는 데크닉을 기르는 기회기 되길 바랍니다.

계통도 배관부품 현황

부속품이름	엘보90	분류티	직류티	레듀셔	게이트밸브	체크밸브	스트레이너	플렉시블조인트	앵글밸브	풋밸브
40mm	1									
50mm	8	5	4	1	1	1		1		1

1층 평면도 배관부품 현황

부속품이름	엘보90	분류티	직류티	레듀셔	게이트밸브	체크밸브	스트레이너	플렉시블조인트	앵글밸브	풋밸브
40mm										
50mm	7	1			1		1	1		

5층 배관부품 현황

부속품이름	엘보90	분류티	직류티	레듀셔	게이트밸브	체크밸브	스트레이너	플렉시블조인트	앵글밸브	풋밸브
40mm	2								1	
50mm										

배관부품 현황

부속품이름	엘보90	분류티	직류티	레듀셔	게이트밸브	체크밸브	스트레이너	플렉시블조인트	앵글밸브	풋밸브
40mm	3								1	
50mm	15	6	4	1	2	1	1	2		1

설계도서의 배관부품 현황

부속품이름	엘보90	분류티	직류티	레듀셔	게이트밸브	체크밸브	스트레이너	플렉시블조인트	앵글밸브	풋밸브
40mm	3								1	
50mm	18	5	8	2	2	1	1	2	1	

배관마찰손실 수두 계산표 - 설계도면의 내용

배관 마찰손실 수두			엘보 90		분류 티이		직류 티이		레듀 셔		게이트밸브		체크 밸브		스트레이너		플랙시블J		앵글 밸브		계 수 상당관장 단위 : m	해 당 직관 길이 단위 : m	총관장 단위 : m	1m 당 마찰 손실 단위 : m	손실 수두 소 계 단위 : m
관경 mm	개수 EA	유량 L/min	수량	계수 소계	수량	계수 소계	수량	계수 소계	수량	계수 소계	수량	계수 소계	수량	계수 소계	수량	계수 소계	수량	계수 소계	수량	계수 소계					
40	1	130	3	1.50 / 4.50		2.10		0.45		0.90		0.30		6.50		6.50		6.50	1	6.50 / 6.50	11.00	2.50	13.50	0.1332	1.80
50	1	130	18	2.10 / 37.8	5	3.00 / 15.0	8	0.60 / 4.80	2	1.20 / 2.40	2	0.39 / 0.78	1	8.40 / 8.40	1	8.40 / 8.40	2	8.40 / 16.8	1	8.40 / 8.40	102.78	124.50	227.28	0.0415	9.44
참 고 사 항			스윙 체크밸브, 후드밸브 또는 여과망, 자동 경보 밸브는 앵글밸브와 동일함.																				소 계		11.24

5. 양정 계산

앞에서 설계도서의 배관부품 현황과 실제 배관부품 현황에 차이가 있으며 잘못된 내용을 확인했다.

양정계산은 배관마찰손실수두(h_1)의 내용이 일부 잘못 설계되었으며,
실양정(h_2)의 내용도 아래와 같이 잘못 설계되었다.

계통도에서 건물의 층별 높이와 펌프와 물탱크, 소화전과의 높이가 없어 계통도에 임의로 정하여 설계내용을 검토했다.

실양정(h_2)은 낙차라고도 하며, 펌프와 5층의 소화전 앵글밸브와의 수직높이를 말한다.
낙차는 펌프흡입측의 수직높이와 토출측 수직높이를 합한 높이를 말한다.
이 건물은 펌프토출측 수직높이(26m)와 펌프흡입측 수직높이(-16m)를 계산하면
26 - 16 = 10m가 실양정이며 10m가 낙차높이가 된다.

설계에서는 펌프흡입측 수직높이(-16m)를 계산하지 않은 설계의 잘못된 부분이 있다.

충압펌프의 양정은 주펌프의 양정과 같거나 더 높아야 한다. 그러나 설계는 충압펌프의 양정을 잘못 설계했다.
설계와 같이 충압펌프의 양정을 실양정 + 20m로 잘못 설계하는 사례와 그 문제점을 소방시설이해 1권에서 상세히 설명하고 있다.

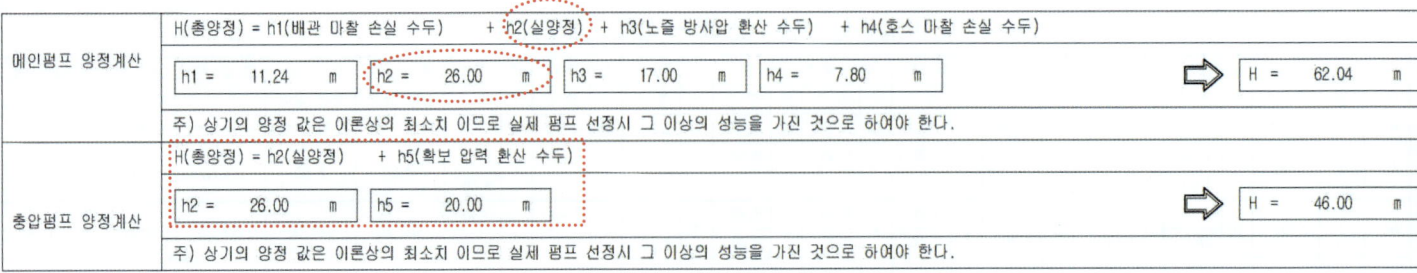

6. 소화수조 계산

1개층에 소화전이 1개씩 설치되었다.
소화수조(물탱크) 필요한 양은
2.6㎥ × 1개 = 2.6㎥이다.

아래 설계도서의 물탱크 양 계산은,
가로(2,000) × 세로(1,000) × 높이(1,600)
= 3.2㎥이다.

물탱크의 양이 3.2㎥로서 소화수조(물탱크)
필요한 양 2.6㎥보다 크므로 적합하다.

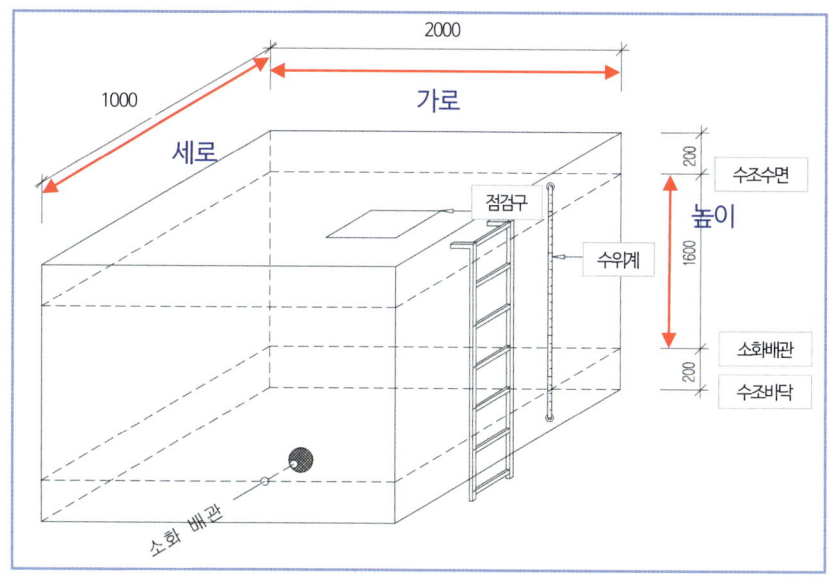

7. 연결살수설비배관과 수도, 옥내소화전 배관 연결

폐쇄형헤드를 설치하는 습식연결살수설비는 옥내소화전 주배관 또는 수도배관, 옥상에 설치된 수조와 연결되어야 한다.
소화배관계통도(408페이지)에서는 2층에는 연결살수설비의 배관에 옥내소화전배관과 연결했으며, 3층에는 수도배관과 연결되었다.

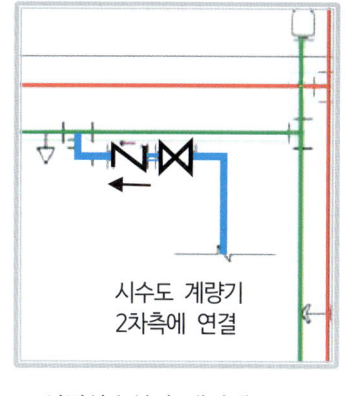

연결살수설비 배관에
수도배관과 연결되었다

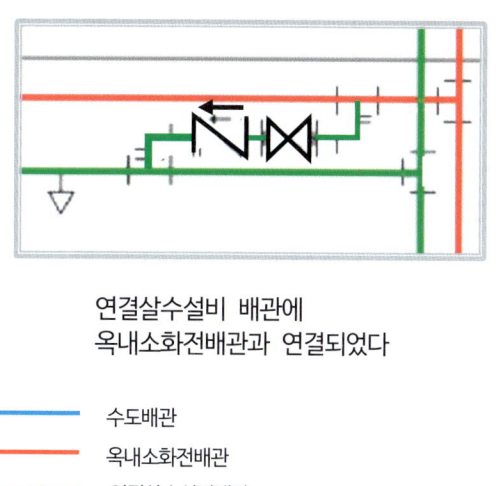

연결살수설비 배관에
옥내소화전배관과 연결되었다

연결살수설비 화재안전기술기준 (배관 등)
폐쇄형헤드를 사용하는 연결살수설비의 주배관은 다음 각 호의 어느 하나에 해당 하는 배관 또는 수조에 접속하여야 한다. 이 경우 접속부
 분에는 체크밸브를 설치하되 점검하기 쉽게 하여야 한다.
 1. 옥내소화전설비의 주배관(옥내소화전설비가 설치된 경우에 한한다)
 2. 수도배관(연결살수설비가 설치된 건축물 안에 설치된 수도배관 중 구경이 가장 큰 배관을 말한다)
 3. 옥상에 설치된 수조(다른 설비의 수조를 포함한다)

(2) 소방시설 전기 도면 해설(P형)

8. 소방시설 전기계통도 회로 해설

경계구역 설계

5층 피트(Pit)에 연기감지기를 설치하여 1개 경계구역을 했으며, Pit감지기회로의 종단저항은 2층 발신기에 설치했다.
엘리베이터 기계실(권상기실)에 연기감지기를 설치하여 1개 경계구역을 하였다. 엘리베이터기계실 감지기회로의 종단저항은 2층 발신기에 설치했다.
계단실에 연기감지기를 설치하여 각각 1개 경계구역을 하였다. 감지기회로의 종단저항은 2층 발신기에 설치했다.
5층 1개 경계구역, 4층 1개 경계구역, 3층 2개 경계구역, 2층 2개 경계구역, 1층 2개 경계구역으로 설계했다.
경계구역의 수는 감지기회로의 종단저항(Ω) 설치개수로 확인이 된다.

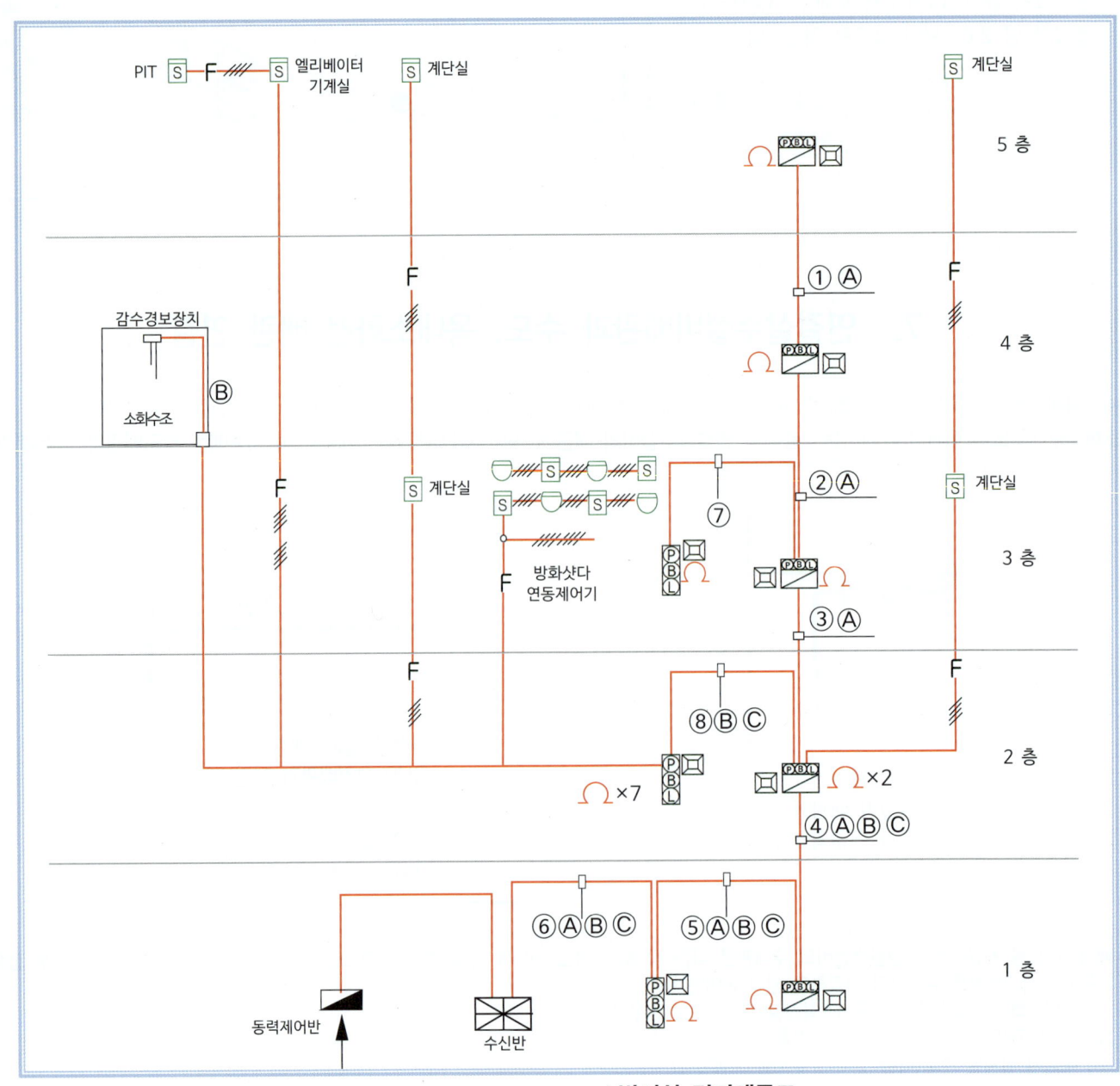

소방시설 전기계통도

소방시설 전기계통도 회로 해설

자동화재탐지설비
① 22C(HFIX 2.5㎟ - 7)
② 28C(HFIX 2.5㎟ - 8)
③ 28C(HFIX 2.5㎟ - 10)
④ 36C(HFIX 2.5㎟ - 16)
⑤ 36C(HFIX 2.5㎟ - 17)
⑥ 36C(HFIX 2.5㎟ - 18)
⑦ 28C(HFIX 2.5㎟ - 7)
⑧ 28C(HFIX 2.5㎟ - 10)

옥내소화전설비
Ⓐ 28C(HFIX 2.5㎟ - 2)

소화수조(물탱크)
Ⓑ 28C(HFIX 2.5㎟ - 2)

방화셔터
Ⓒ 28C(HFIX 1.5㎟ - 4)

5층발신기와 4층발신기간의 전선 내용은 ① Ⓐ이다.
①은 자동화재탐지설비의 전선이며, HFIX 2.5㎟ -7(22C) 이다.
  전선의 이름은 1.벨(경종), 2.벨표시등공통 3.시각경보기, 4.표시등선, 5.응답선, 6.회로선 1, 7.공통선이다.
Ⓐ는 HFIX 2.5㎟ -2 (옥내소화전 기동표시등선 +, -선)

4층발신기와 3층발신기간의 전선 내용은 ② Ⓐ이다.
②는 자동화재탐지설비의 전선이며, HFIX 2.5㎟ -8(28C) 이다.
  전선의 이름은 1.벨(경종), 2.벨표시등공통 3.시각경보기, 4.표시등선, 5.응답선, 6.회로선 2, 7.공통선이다.
            (회로선 2 : 5층 감지기, 4층 감지기회로)

3층발신기와 2층발신기간의 전선 내용은 ③ Ⓐ이다.
③은 자동화재탐지설비의 전선이며, HFIX 2.5㎟ -10(28C)이다.
  전선의 이름은 1.벨(경종), 2.벨표시등공통 3.시각경보기, 4.표시등선, 5.응답선, 6.회로선 4, 7.공통선이다.
            (회로선 4 : 5층 감지기, 4층 감지기, 3층 감지기 회로 2)

2층발신기와 1층발신기간의 전선 내용은 ④ Ⓐ Ⓑ Ⓒ이다.
④는 자동화재탐지설비의 전선이며, HFIX 2.5㎟ -16(36C)이다.
  전선의 이름은 1.벨(경종), 2.벨표시등공통 3.시각경보기, 4.표시등선, 5.응답선, 6.회로선 9, 7.공통선 2이다.
      (회로선 9 : 5층 감지기, 4층 감지기, 3층 감지기 회로 2, 2층 감지기 회로 2, 계단실 2, 엘리베이터 기계실, PIT)
Ⓐ는 HFIX 2.5㎟ -2 (옥내소화전 기동표시등선 +, -선)
Ⓑ는 HFIX 2.5㎟ -2 (감수경보 스위치선 +, -선)
Ⓒ는 HFIX 1.5㎟ -4 (방화셔터 감지기 A, B회로 +, -선)

1층발신기와 수신기간의 전선 내용은 ⑤ ⑥ Ⓐ Ⓑ Ⓒ이다.
⑤는 자동화재탐지설비의 전선이며, HFIX 2.5㎟ -17(36C)이다.
  전선의 이름은 1.벨(경종), 2.벨표시등공통 3.시각경보기, 4.표시등선, 5.응답선, 6.회로선 10, 7.공통선 2이다.
      (회로선 10 : 5층감지기, 4층감지기, 3층감지기 2, 2층감지기 2, 1층감지기, 계단실 2, 엘리베이터기계실, PIT)
⑥은 자동화재탐지설비의 전선이며, HFIX 2.5㎟ -18(36C)이다.
  전선의 이름은 1.벨(경종), 2.벨표시등공통 3.시각경보기, 4.표시등선, 5.응답선, 6.회로선 11, 7.공통선 2이다.
      (회로선 11 : 5층감지기, 4층감지기, 3층감지기 2, 2층감지기 2, 1층감지기 2, 계단실 2, 엘리베이터기계실, PIT)

소방시설 전기계통도 회로 해설

계단실, 엘리베이터기계실, PIT 감지기

계단실은 별도의 경계구역을 하여 감지기회로의 종단저항을 2층 발신기함 안에 설치했다.

PIT① 감지기

감지기회로의 전선은 ─F─///─ 으로 설계 표현되었다.
감지기선은 빗금의 숫자가 4개로서 4선을 표현하였다.
전선은 HFIX 1.5㎟ -4(16C)이다
감지기선 +, -선이 2층 발신기에서 시작되어 옥탑층 PIT 감지기에 연결하여 감지기선 2선이 2층 발신기로 되돌아가 감지기선의 끝(2층 발신기)에 종단저항을 설치했다.
PIT층 감지기회로 종단저항은 2층 발신기의 Ω의 7개 중 1개이다.

계단실 감지기

감지기회로의 전선은 ─F─///─ 으로 설계 표현되었다.
감지기선은 빗금의 숫자가 4개로서 4선을 표현하였다.
전선은 HFIX 1.5㎟ -4(16C)이다.
감지기선 +, -선이 2층 발신기에서 시작되어 옥탑층 계단실 감지기 각각 연결하여 감지기선 2선이 2층 발신기로 되돌아가 감지기선의 끝(2층 발신기)에 종단저항을 설치했다.

엘리베이터 기계실 감지기②

감지기회로의 전선은 ///─///─┐ 으로 설계표현되었다.

감지기선은 빗금의 숫자가 8개로서 8선을 표현했다.
전선은 HFIX 1.5㎟ -8(28C)이다.

감지기선 +, -선이 2층 발신기에서 시작되어 엘리베이터기계실 감지기에 연결하여 감지기선 2선이 2층 발신기로 되돌아가 감지기선의 끝에 종단저항을 설치했다.
PIT감지기 4선과 엘리베이터기계실 감지기 4선을 합하여 8선이 된 것이다.

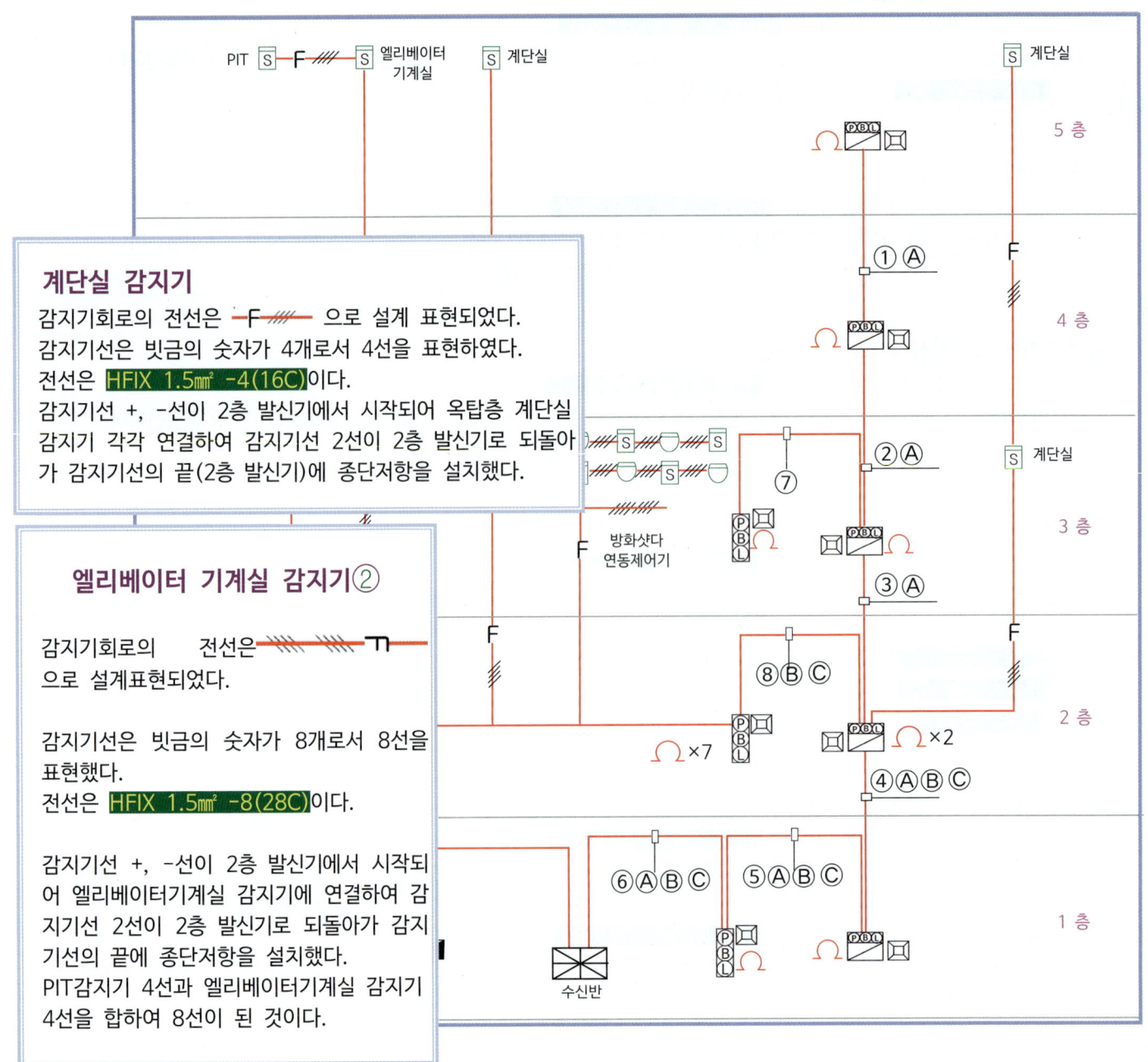

9. 1층 소방시설 전기 해설

경계구역

녹색선(———)으로 연결된 감지기를 1경계구역으로 하여 옥내소화전함 안의 발신기함에 종단저항을 설치했다.

빨간색선(———)으로 연결된 감지기를 1경계구역으로 하여 옥내소화전함 안의 발신기함에 종단저항을 설치했다.

청색선(———)은 계단감지기회로와 수신기가 연결된다.

검정색선(———)은 발신기에서 발신기 및 수신기로 연결된다.

자주색선(———)은 호스릴 이산화탄소설비의 위치표시등이 수신기와 연결된다.

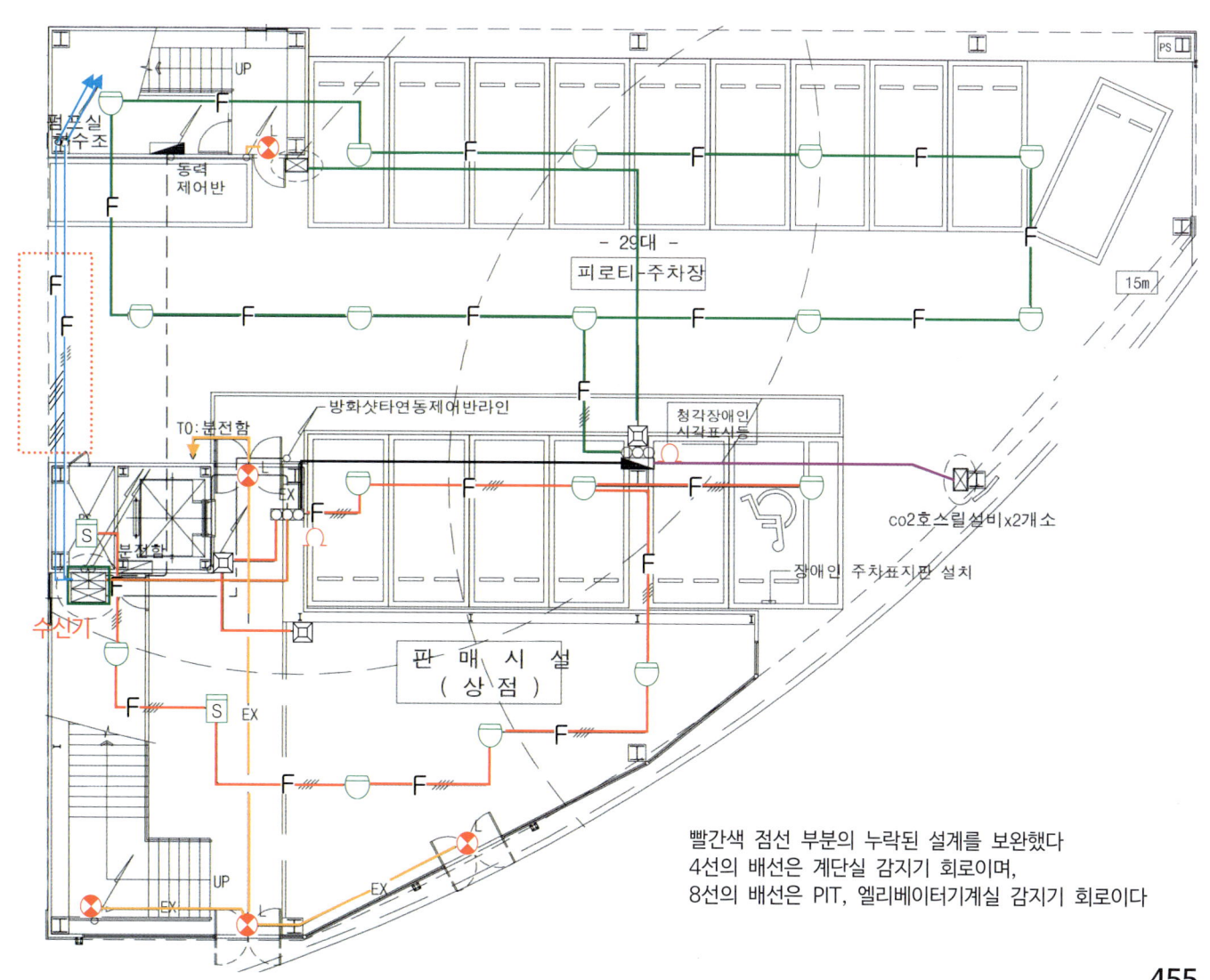

10. 2층 소방시설 전기 해설

가. 경계구역

녹색선(———)으로 연결된 감지기를 1경계구역으로 하여 옥내소화전함 안의 발신기함에 종단저항을 설치했다.
빨간색선(———)으로 연결된 감지기를 1경계구역으로 하여 옥내소화전함 안의 발신기함에 종단저항을 설치했다.
검정색선(———)은 발신기에서 발신기로 연결된다.
황색선(———)은 유도등 회로다.

나. 시각경보장치(청각장애인용)

시각경보장치를 설치해야 하는 장소는 복도·통로·청각장애인용 객실 및 공용으로 사용하는 거실(로비, 회의실, 강의실, 식당, 휴게실 등을 말한다)에 설치하며, 각 부분으로부터 유효하게 경보를 발할 수 있는 위치에 설치해야 한다.

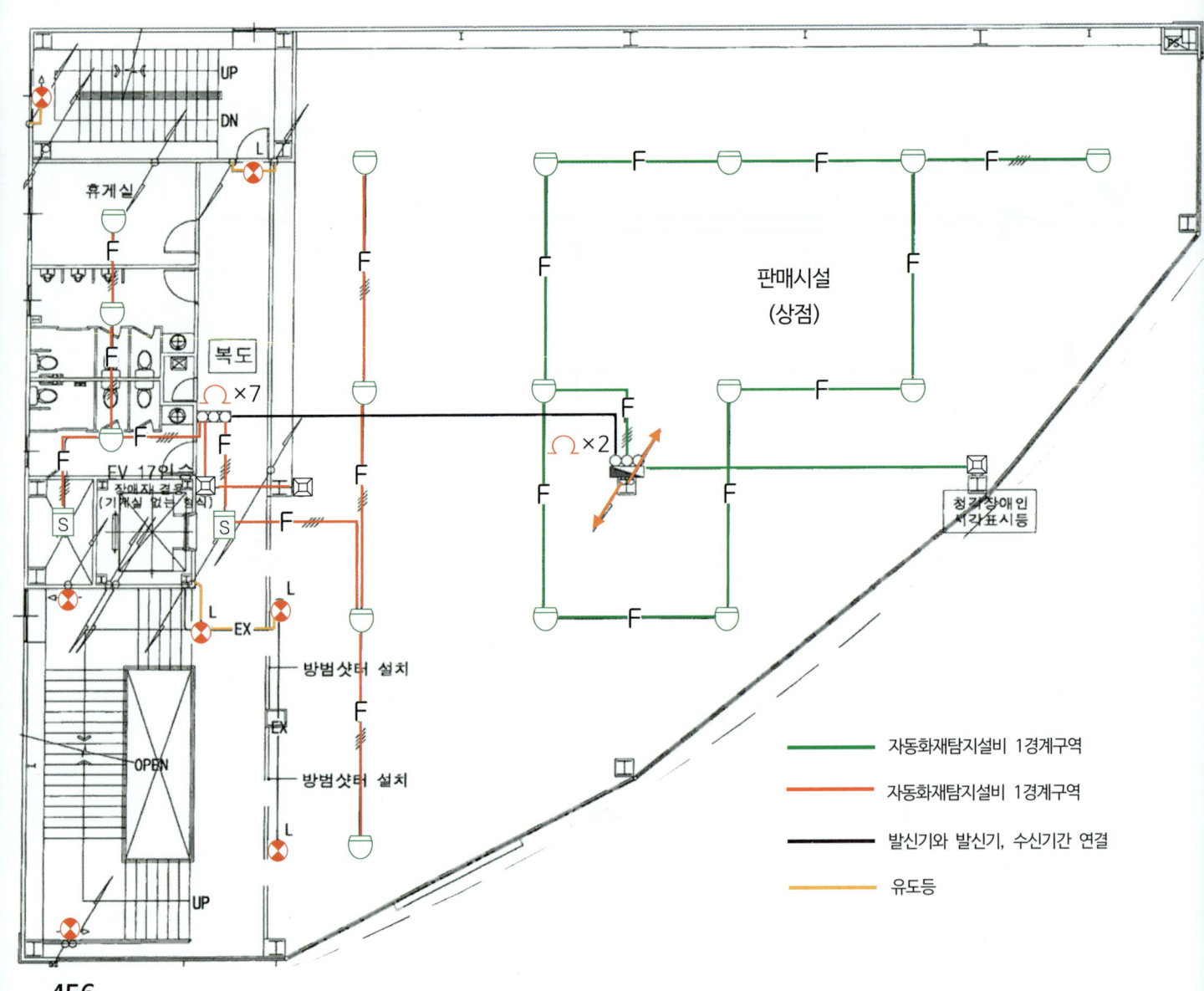

11. 3층 소방시설 전기 해설

감지기 설계

이 건물의 주요구조부는 내화구조로 된 건물이며, 감지기의 설치높이는 2.5m(감지기 설치높이도 설계도면에 표기되어야 한다)이다.
설치하는 감지기 종류는 상점과 자재창고에는 2종 차동식스포트형 감지기를 복도와 엘리베이터승강장에는 2종 광전식연기 감지기를 설계했다.

상점의 감지기 개수

$$\frac{바닥면적}{유효감지면적} = \frac{690}{70} = 9.85 = 10개$$

자재창고 감지기 개수

$$\frac{바닥면적}{유효감지면적} = \frac{41}{70} = 0.59 = 1개$$

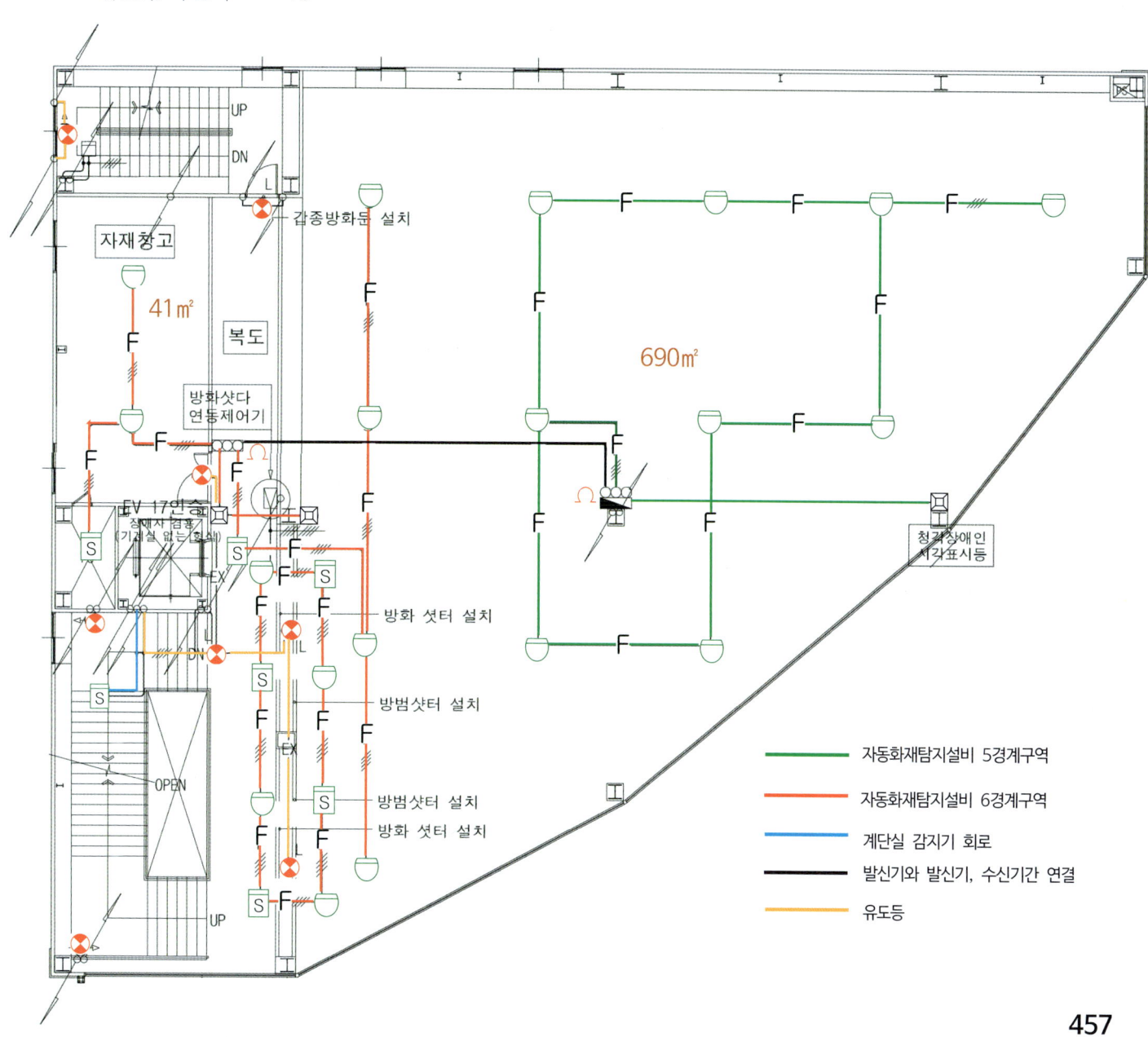

12. 4층 소방시설 전기 해설

유도등 설계

가. 피난구 유도등 설치장소
① 옥내로부터 직접 지상으로 통하는 출입구 및 부속실의 출입구
② 직통계단, 직동계단의 계단실 및 그 부속실의 출입구
③ ① 및 ②에 따른 출입구에 이르는 복도 또는 통로로 통하는 출입구
④ 안전구획된 거실로 통하는 출입구

나. 통로유도등 설치장소
소방대상물의 각 거실과 그로부터 지상에 이르는 복도 또는 계단의 통로

다. 설계시의 주요 내용
피난구 유도등은 각 실의 출입문마다 설치하며, 계단통로유도등은 각 실에서 계단에 이르는 계단참에 설치한다.

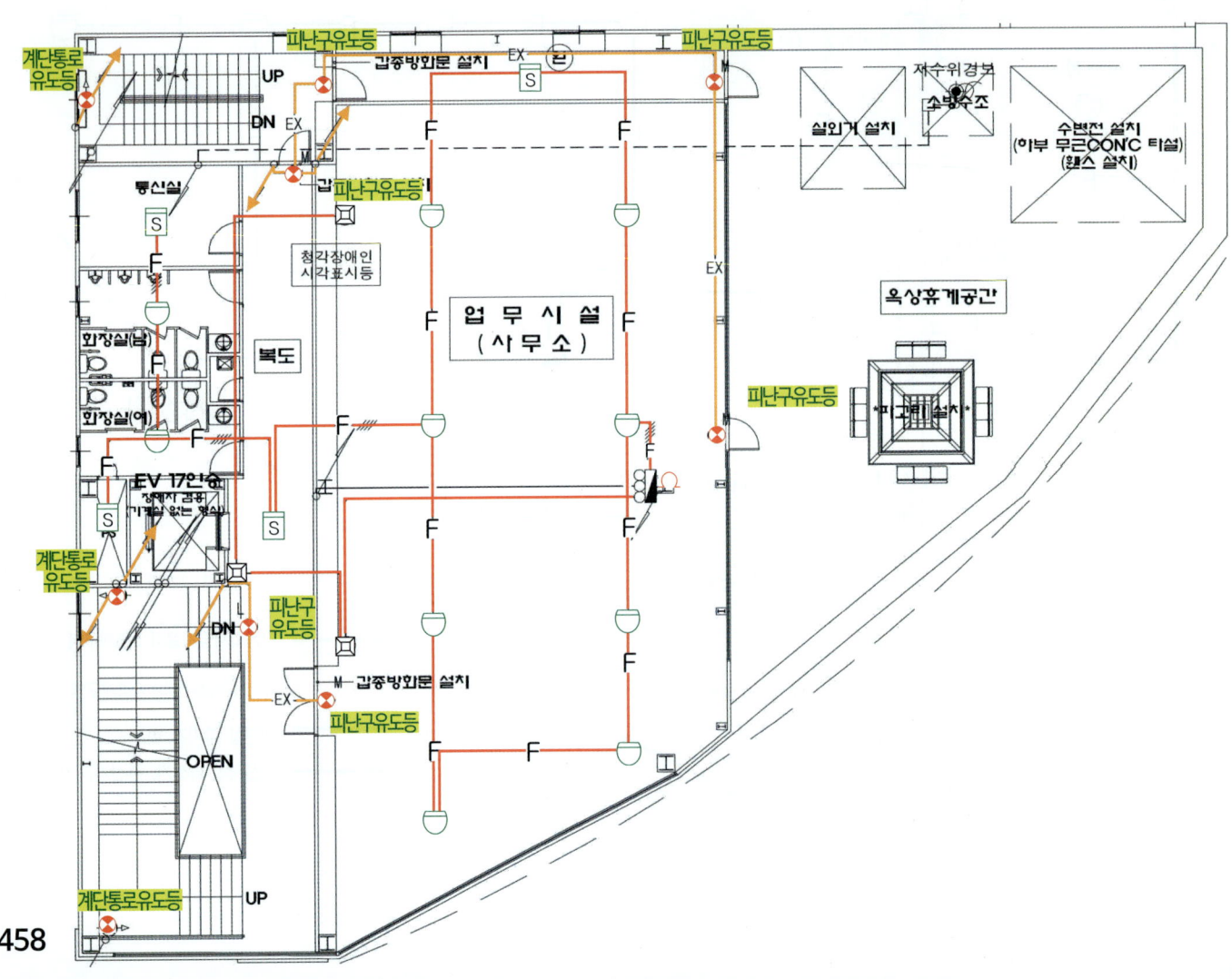

13. 5층 소방시설 전기 해설

가. 사무소 감지기 설계

사무소, 엘리베이터승강장, 휴게실, 화장실감지기를 1회로(1경계구역)로 설계하였다.
감지기 배선은 송배전식으로 다음과 같이 감지기를 연결하였다.
감지기선이 발신기에서 시작되어 감지기 ①,②,③,④,⑤,⑥,⑦,⑧,⑨,②,①,⑩,⑪,⑫까지 차례로 연결하여 ⑫감지기에서 감지기선이 ⑪,⑩,①감지기로 연결하여 발신기함에서 감지기선의 끝에 종단저항을 설치한다.

나. 계단실, 피트, 엘리베이터기계실 감지기 설계

계단실감지기 A와 B는 각각의 회로(경계구역)로 설계하였다. 계통도 도면에서 2층 발신기에 연결된 감지기회로를 보면 계단실감지기 회로의 종단저항을 2층 발신기에 설치했다.
계단실감지기 A는 청색선이 전선관을 통하여 2층 발신기로 하강하는 표현이 되어 있다.
계단실감지기 B는 청색선이 전선관을 통하여 2층 발신기로 하강하는 표현이 되어 있다.
피트감지기 C와 엘리베이터기계실감지기 D는 녹색선이 전선관을 통하여 2층 발신기로 각각의 회로(경계구역)가 하강하는 표현이 되어 있다.

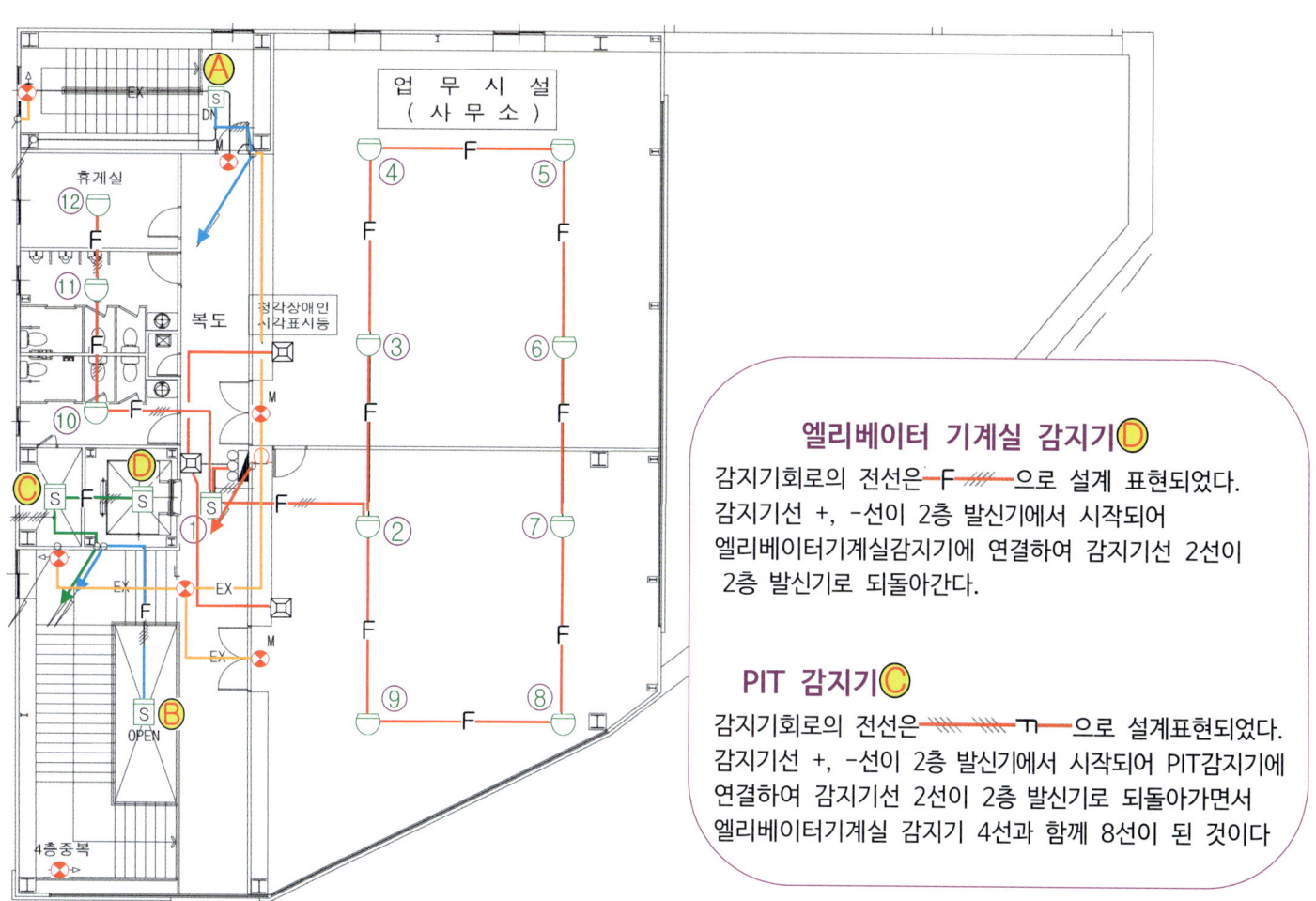

엘리베이터 기계실 감지기 D
감지기회로의 전선은 ─F─///─ 으로 설계 표현되었다.
감지기선 +, -선이 2층 발신기에서 시작되어 엘리베이터기계실감지기에 연결하여 감지기선 2선이 2층 발신기로 되돌아간다.

PIT 감지기 C
감지기회로의 전선은 ─///─///─ㄲ─ 으로 설계표현되었다.
감지기선 +, -선이 2층 발신기에서 시작되어 PIT감지기에 연결하여 감지기선 2선이 2층 발신기로 되돌아가면서 엘리베이터기계실 감지기 4선과 함께 8선이 된 것이다.

(3) 소방시설 전기 도면 해설(R형)
14. 소방시설 전기계통도(R형) 해설

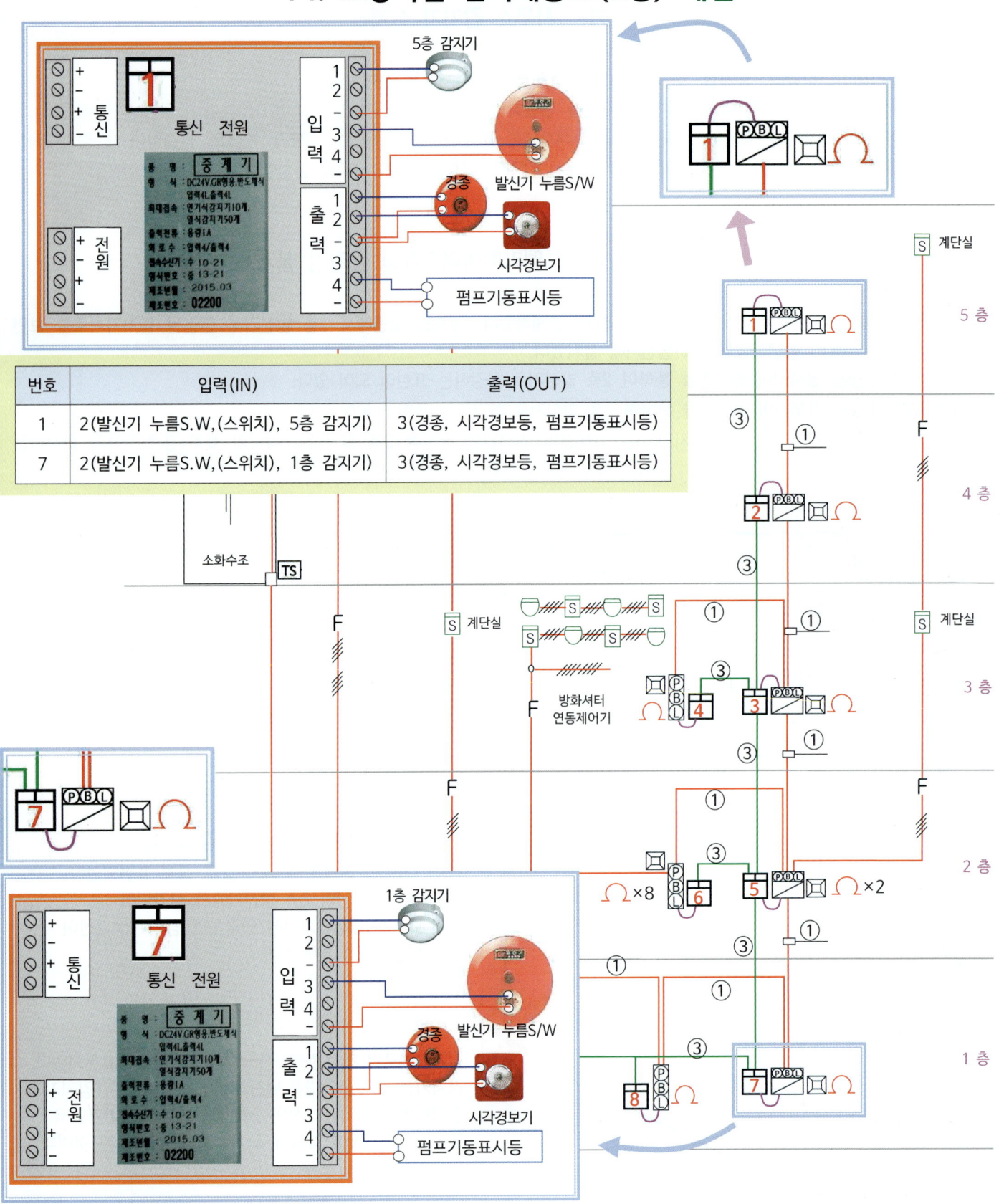

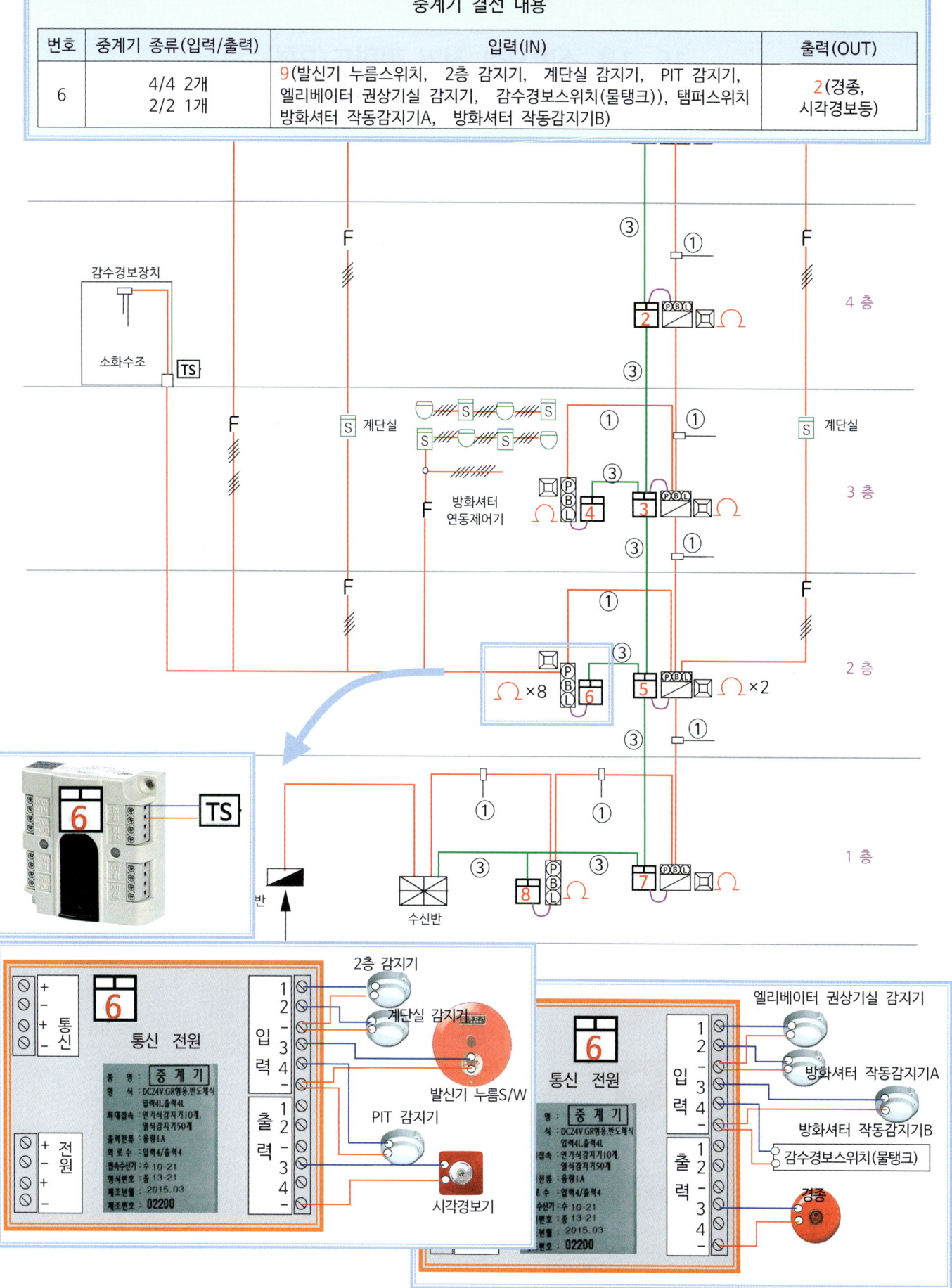

15. 1층 소방시설 전기 평면도(R형) 해설

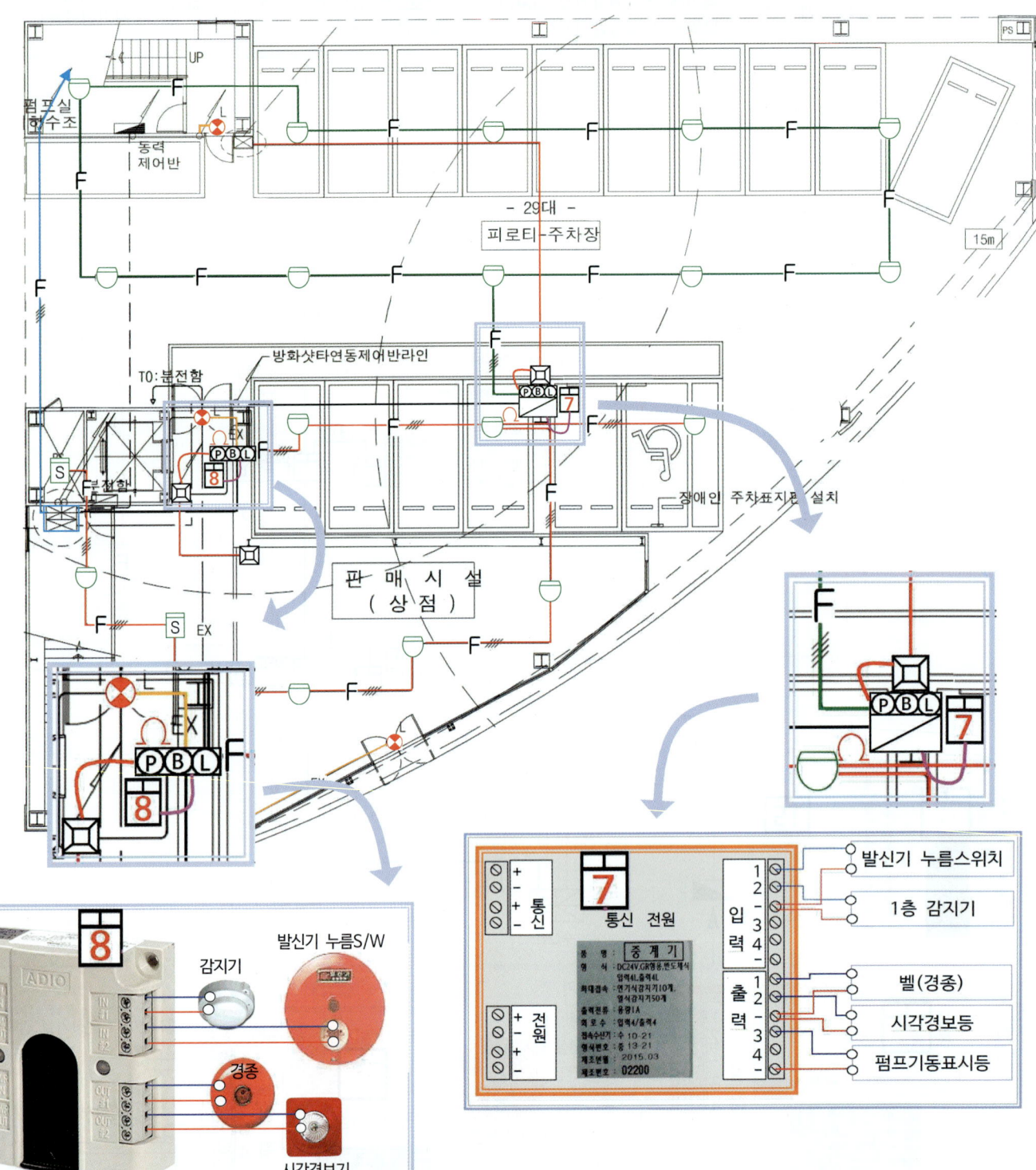

중계기 결선내용

번호	중계기 종류(입력/출력)	입력(IN)	출력(OUT)
7	4/4 1개	2(발신기 누름S.W,(스위치), 1층 감지기)	3(벨-경종, 시각경보등, 펌프기동표시등)
8	2/2 1개	2(발신기 누름S.W,(스위치), 1층 감지기)	2(벨-경종, 시각경보등)

16. 2층 소방시설 전기 평면도(R형) 해설

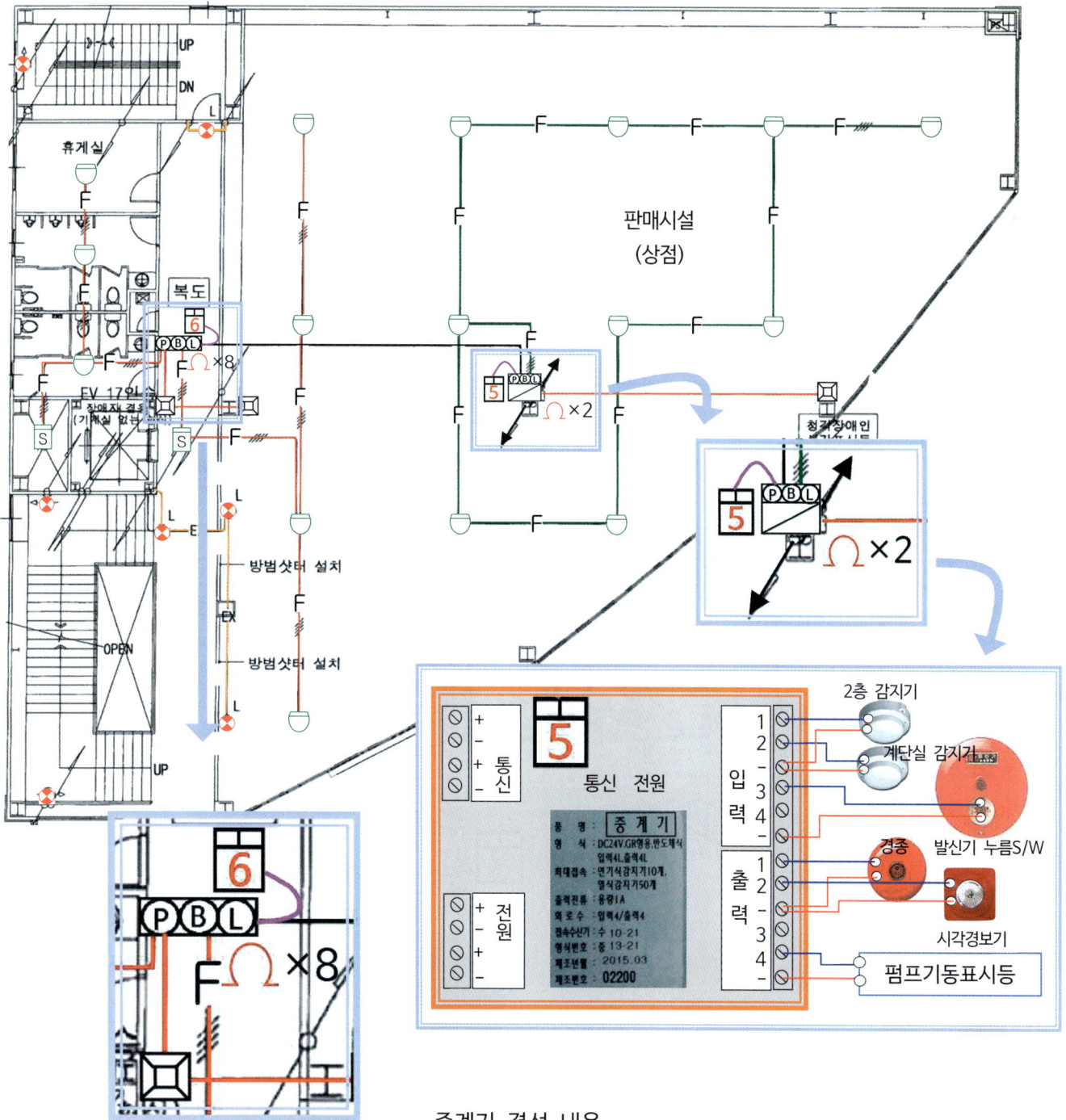

중계기 결선 내용

번호	중계기 종류(입력/출력)	입력(IN)	출력(OUT)
5	4/4 1개	3(발신기 누름S.W,(스위치), 2층 감지기, 계단실 감지기)	3(벨-경종, 시각경보등, 펌프기동표시등)
6	4/4 2개 2/2 1개	9(발신기 누름S.W,(스위치), 2층 감지기, 계단실 감지기, PIT 감지기, 엘리베이터 권상기실 감지기, 탬퍼스위치, 감수경보스위치(물탱크)), 방화셔터 작동감지기A, 방화셔터 작동감지기B)	2(벨-경종, 시각경보등)

17. 3층 소방시설 전기 평면도(R형) 해설

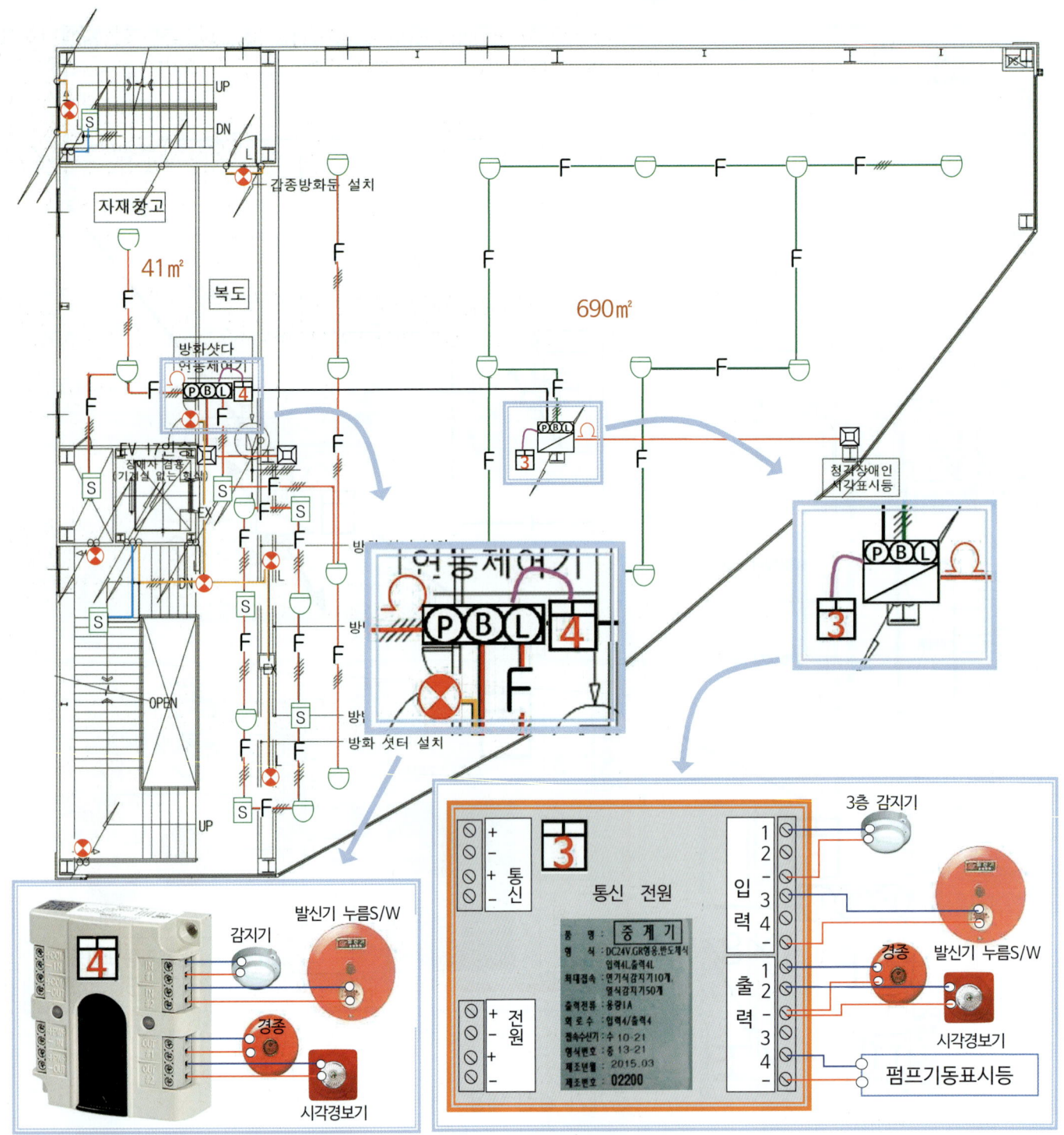

중계기 결선 내용

번호	중계기 종류(입력/출력)	입력(IN)	출력(OUT)
3	4/4 1개	2(발신기 누름S.W,(스위치), 3층 감지기)	3(벨-경종, 시각경보등, 펌프기동표시등)
4	2/2 1개	2(발신기 누름S.W,(스위치), 3층 감지기)	2(벨-경종, 시각경보등)

18. 4층 소방시설 전기 평면도(R형) 해설

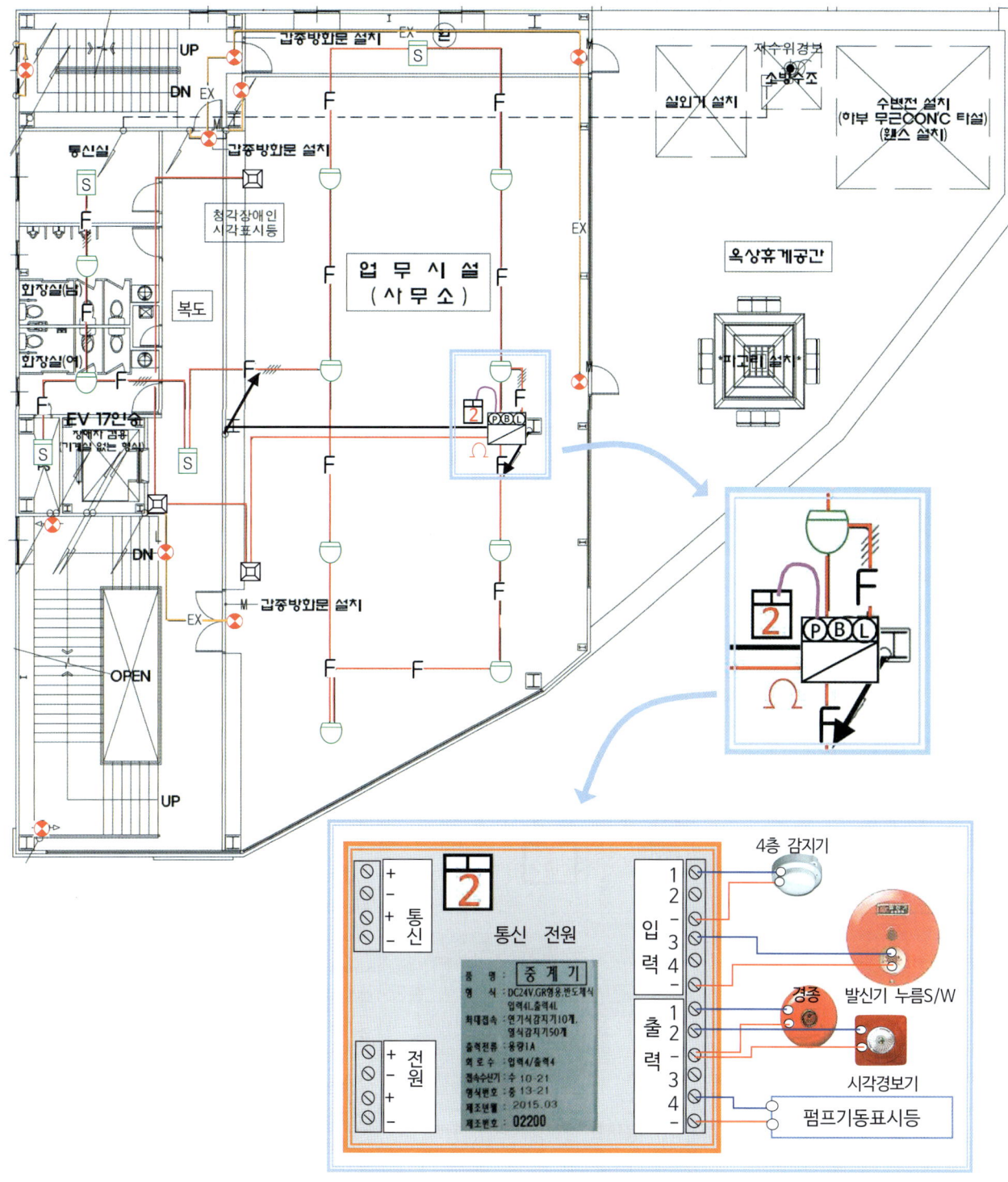

중계기 결선 내용

번호	중계기 종류(입력/출력)	입력(IN)	출력(OUT)
2	4/4 1개	2(발신기 누름S.W,(스위치), 4층 감지기)	3(벨-경종, 시각경보등, 펌프기동표시등)

19. 5층 소방시설 전기 평면도(R형) 해설

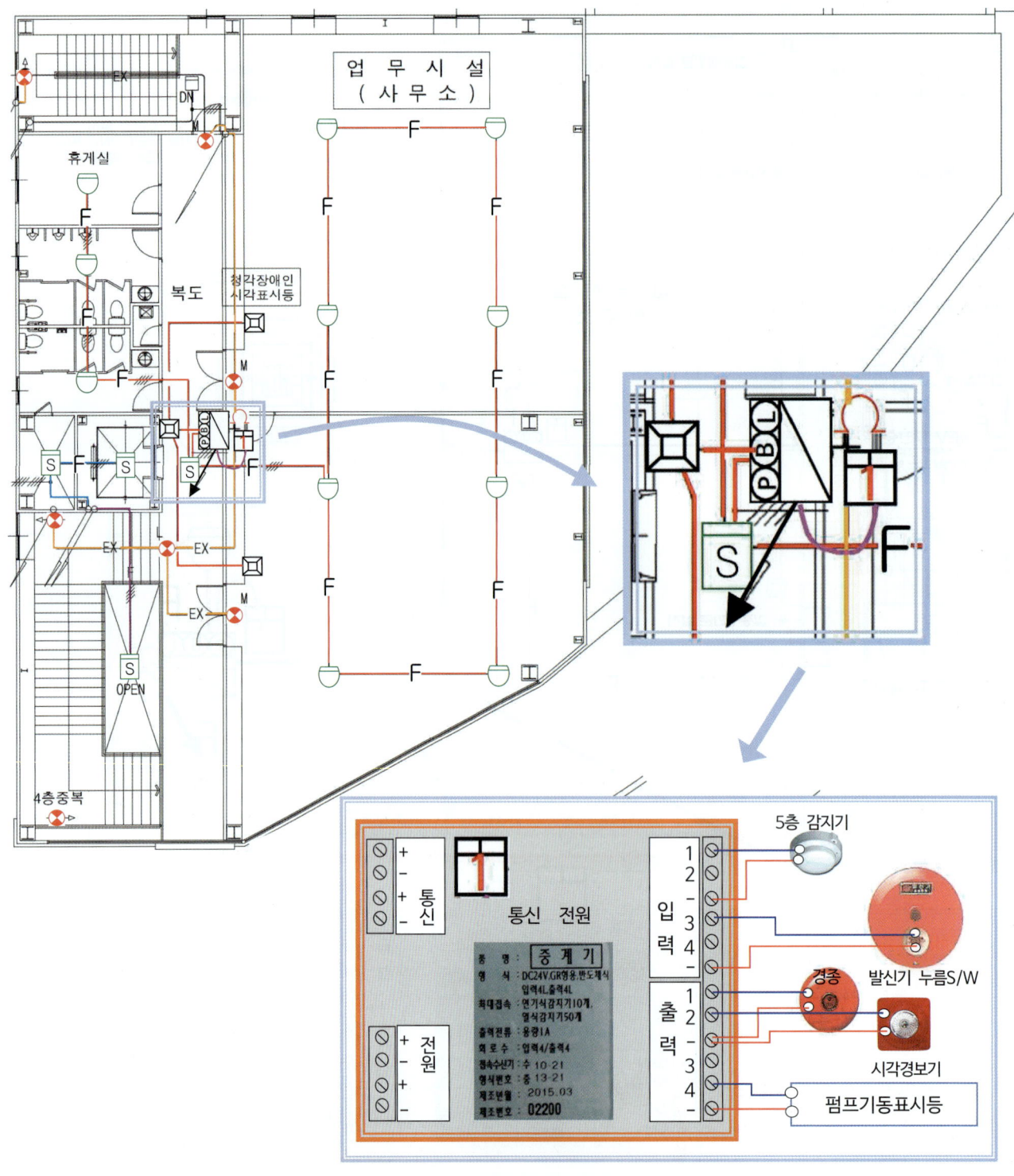

중계기 결선 내용

번호	중계기 종류(입력/출력)	입력(IN)	출력(OUT)
1	4/4 1개	2(발신기 누름S.W.(스위치), 5층 감지기)	3(벨(경종), 시각경보등, 펌프기동표시등)

20. 연결살수설비 설계 해설

가. 연결살수설비 기준

㉮ 송수구

① 송수구는 구경 65㎜의 쌍구형으로 설치한다. 다만, 하나의 송수구역에 부착하는 살수헤드의 수가 10개 이하인 것에 있어서는 단구형의 것으로 할 수 있다.
② 개방형헤드를 사용하는 송수구의 호스접결구는 각 송수구역 마다 설치한다. 다만, 송수구역을 선택할 수 있는 선택밸브가 설치되어 있고 각 송수구역의 주요구조부가 내화구조로 되어 있는 경우에는 그러하지 아니하다.
③ 지면으로부터 높이가 0.5m 이상 1m 이하의 위치에 설치한다.
④ 송수구로부터 주배관에 이르는 연결배관에는 개폐밸브를 설치하지 아니 한다. 다만, 스프링클러설비·물분무소화설비·포소화설비 또는 연결송수관설비의 배관과 겸용하는 경우에는 그러하지 아니하다.
⑤ 송수구의 부근에는 "연결살수설비 송수구"라고 표시한 표지 설치
⑥ 연결살수설비 송수구의 가까운 부분에 자동배수밸브 및 체크밸브를 다음 각목의 기준에 따라 설치하여야 한다.
  1. 폐쇄형헤드를 사용하는 설비의 경우에는 송수구·자동배수밸브·체크밸브의 순으로 설치한다.
  2. 개방형헤드를 사용하는 설비의 경우에는 송수구·자동배수밸브의 순으로 설치한다.
  3. 자동배수밸브는 배관안의 물이 잘 빠질 수 있는 위치에 설치하되, 배수로 인하여 다른 물건 또는 장소에 피해를 주지 아니한다.
⑦ 개방형헤드를 사용하는 연결살수설비에 있어서 하나의 송수구역에 설치하는 살수헤드의 수는 10개 이하가 되도록 하여야 한다.

㉯ 헤드

① 연결살수설비전용헤드 또는 스프링클러헤드로 설치하여야 한다.
② 건축물에 설치하는 연결살수설비의 헤드는 다음 각호의 기준에 따라 설치하여야 한다.
  1. 천장 또는 반자의 실내에 면하는 부분에 설치한다.
  2. 천장 또는 반자의 각 부분으로부터 하나의 살수헤드까지의 수평거리가 연결살수설비전용헤드의 경우은 3.7m 이하, 스프링클러헤드의 경우는 2.3m 이하로 한다. 다만, 살수헤드의 부착면과 바닥과의 높이가 2.1m 이하인 부분에 있어서는 살수헤드의 살수분포에 따른 거리로 할 수 있다.

㉰ 배관

① 연결살수설비의 배관의 구경은 다음 각호의 기준에 따라 설치하여야 한다.
  1. **연결살수설비 전용헤드를 사용하는 경우**에는 다음 표에 따른 구경 이상으로 한다.

하나의 배관에 부착하는 살수헤드 개수	1개	2개	3개	4개 또는 5개	6개 이상 10개 이하
배관의 구경(mm)	32	40	50	65	80

  2. **스프링클러헤드를 사용하는 경우**에는 스프링클러설비의 화재안전기술기준 표의 기준에 따른다.

급수관의 구경 구분	25	32	40	50	65	80	90	100	125	150
가	2	3	5	10	30	60	80	100	160	161이상

② 폐쇄형헤드를 사용하는 연결살수설비의 주배관은 옥내소화전설비의 주배관(옥내소화전설비가 설치된 경우에 한한다) 및 수도배관(연결살수설비가 설치된 건축물 안에 설치된 수도배관 중 구경이 가장 큰 배관을 말한다) 또는 옥상에 설치된 수조(다른 설비의 수조를 포함한다)에 접속하여야 한다. 이 경우 연결살수설비의 주배관과 옥내소화전설비의 주배관·수도배관·옥상에 설치된 수조의 접속부분에는 체크밸브를 설치하되, 점검하기 쉽게 하여야 한다.

③ 폐쇄형헤드를 사용하는 연결살수설비에는 다음 각호의 기준에 따른 시험배관을 설치하여야 한다.
  1. 송수구의 가장 먼 가지배관의 끝으로부터 연결하여 설치한다.
  2. 시험장치 배관의 구경은 가장 먼 가지배관의 구경과 동일한 구경으로 하고, 그 끝에는 물받이 통 및 배수관을 설치하여 시험 중 방사된 물이 바닥으로 흘러내리지 아니하도록 한다. 다만, 목욕실·화장실 또는 그 밖의 배수처리가 쉬운 장소의 경우에는 물받이 통 또는 배수관을 설치하지 아니할 수 있다.

④ 개방형헤드를 사용하는 연결살수설비에 있어서의 수평주행배관은 헤드를 향하여 상향으로 100분의 1 이상의 기울기로 설치하고 주배관중 낮은 부분에는 자동배수밸브를 설치하여야 한다.

⑤ 가지배관 또는 교차배관을 설치하는 경우에는 가지배관의 배열은 토너멘트방식이 아니어야 하며, 가지배관은 교차배관 또는 주배관에서 분기되는 지점을 기점으로 한 쪽 가지배관에 설치되는 헤드의 개수는 8개 이하로 한다.

⑥ 급수배관에 설치되어 급수를 차단할 수 있는 개폐밸브는 개폐표시형으로 하여야 한다.

⑦ 연결살수설비 교차배관의 위치·청소구 및 가지배관의 헤드설치는 다음 각호의 기준에 따른다.
  1. 교차배관은 가지배관과 수평으로 설치하거나 또는 가지배관 밑에 설치하고, 그 구경은 최소구경이 40㎜ 이상이 되도록 한다.
  2. 폐쇄형헤드를 사용하는 연결살수설비의 청소구는 주배관 또는 교차배관(교차배관을 설치하는 경우에 한한다) 끝에 40㎜ 이상 크기의 개폐밸브를 설치하고, 호스접결이 가능한 나사식 또는 고정배수 배관식으로 한다.
  이 경우 나사식의 개폐밸브는 옥내소화전 호스접결용의 것으로 하고, 나사보호용의 캡으로 마감하여야 한다.
  3. 폐쇄형헤드를 사용하는 연결살수설비에 하향식헤드를 설치하는 경우에는 가지배관으로부터 헤드에 이르는 헤드접속배관은 가지관상부에서 분기한다. 다만, 소화설비용 수원의 수질이 먹는물관리법에 따라 먹는물의 수질기준에 적합하고 덮개가 있는 저수조로부터 물을 공급받는 경우에는 가지배관의 측면 또는 하부에서 분기할 수 있다.

라 헤드 설치제외

다음에 해당하는 장소에는 연결살수설비의 헤드를 설치하지 아니할 수 있다.
① 상점(영 별표 2 제4호 판매시설 및 영업시설을 말하며, 바닥면적이 150㎡ 이상인 지하층에 설치된 것을 제외한다)으로서 주요구조부가 내화구조 또는 방화구조로 되어 있고 바닥면적이 500㎡ 미만으로 방화구획되어 있는 소방대상물 또는 그 부분
② 계단실(특별피난계단의 부속실을 포함한다)·경사로·승강기의 승강로·파이프덕트·목욕실·수영장(관람석부분을 제외한다)·화장실·직접 외기에 개방되어 있는 복도 기타 이와 유사한 장소
③ 통신기기실·전자기기실·기타 이와 유사한 장소
④ 발전실·변전실·변압기·기타 이와 유사한 전기설비가 설치되어 있는 장소
⑤ 병원의 수술실·응급처치실·기타 이와 유사한 장소
⑥ 천장과 반자 양쪽이 불연재료로 되어 있는 경우로서 그 사이의 거리 및 구조가 다음 각목의 1에 해당하는 부분
  가. 천장과 반자사이의 거리가 2m 미만인 부분
  나. 천장과 반자사이의 벽이 불연재료이고 천장과 반자사이의 거리가 2m 이상으로서 그 사이에 가연물이 존재하지 아니하는 부분
⑦ 천장·반자중 한쪽이 불연재료로 되어있고 천장과 반자사이의 거리가 1m 미만인 부분
⑧ 천장 및 반자가 불연재료외의 것으로 되어 있고 천장과 반자사이의 거리가 0.5m 미만인 부분
⑨ 펌프실·물탱크실 그 밖의 이와 비슷한 장소
⑩ 현관 또는 로비등으로서 바닥으로부터 높이가 20m 이상인 장소
⑪ 냉장창고의 냉장실 또는 냉동창고의 냉동실
⑫ 고온의 노가 설치된 장소 또는 물과 격렬하게 반응하는 물품의 저장 또는 취급장소
⑬ 불연재료로 된 소방대상물 또는 그 부분으로서 다음 각목의 1에 해당하는 장소
  가. 정수장·오물처리장 그 밖의 이와 비슷한 장소
  나. 펄프공장의 작업장·음료수공장의 세정 또는 충전하는 작업장 그 밖의 이와 비슷한 장소
  다. 불연성의 금속·석재 등의 가공공장으로서 가연성물질을 저장 또는 취급하지 아니하는 장소
⑭ 실내에 설치된 테니스장·게이트볼장·정구장 또는 이와 비슷한 장소로서 실내바닥·벽·천장이 불연재료 또는 준불연재료로 구성되어 있고 가연물이 존재하지 않는 장소로서 관람석이 없는 운동시설 부분(지하층은 제외한다)

나. 연결살수설비 배관 계통도 설계 해설

㉮ 계통도에 설계해야 하는 내용

① 송수구 및 송수구와 연결된 송수배관, 교차배관 또는 가지배관
② 배관에 연결된 헤드
③ 시험밸브(폐쇄형헤드 설치하는 습식설비의 경우)
④ 습식의 경우 연결살수설비 주배관과 옥내소화전설비의 주배관·수도배관·옥상에 설치된 수조의 접속부분 배관
⑤ 배관에 설치되어야 하는 체크밸브, 개폐밸브, 자동배수밸브 등의 부품

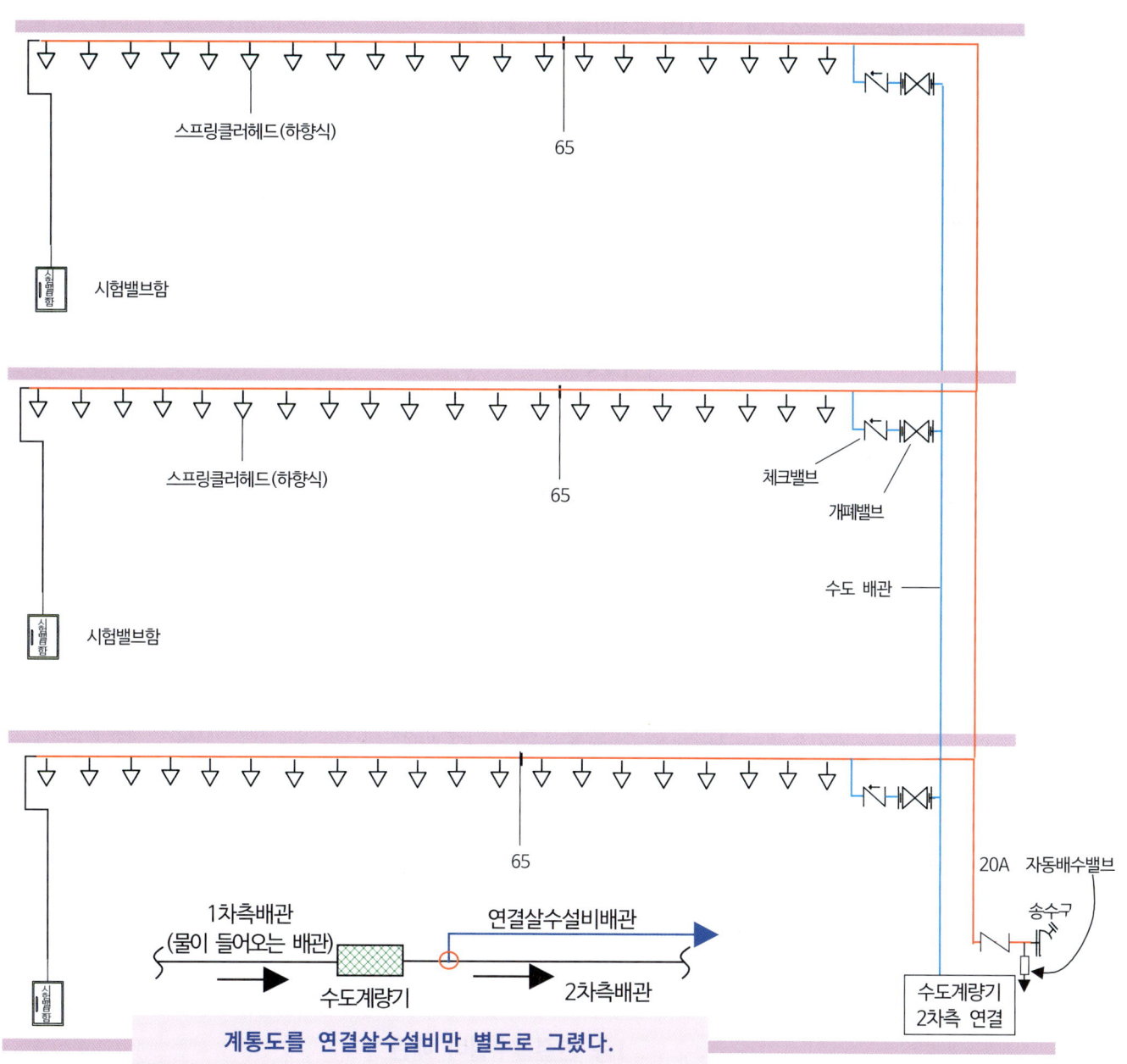

㉯ 송수구 설계

① **송수구 구경 크기, 송수구 형태**(쌍구형 또는 단구형)
설계한 이 건물은 헤드가 10개 이상이므로 65mm 쌍구형으로 설계되었다.

② **송수구 지면과의 높이**
지면으로부터 높이가 0.5m 이상 1m 이하의 위치에 설치하여야 하며 설계도면에 설계해야 한다.

③ **송수구와 주배관과의 연결배관에 설치하는 부품**
  1. 폐쇄형헤드를 사용하는 설비의 경우에는 송수구·자동배수밸브·체크밸브의 순으로 설치한다.
  2. 개방형헤드를 사용하는 설비의 경우에는 송수구·자동배수밸브의 순으로 설치한다.

④ **표지판 설계**
송수구의 부근에는 "연결살수설비 송수구"라고 표시한 표지판을 설계해야 한다.

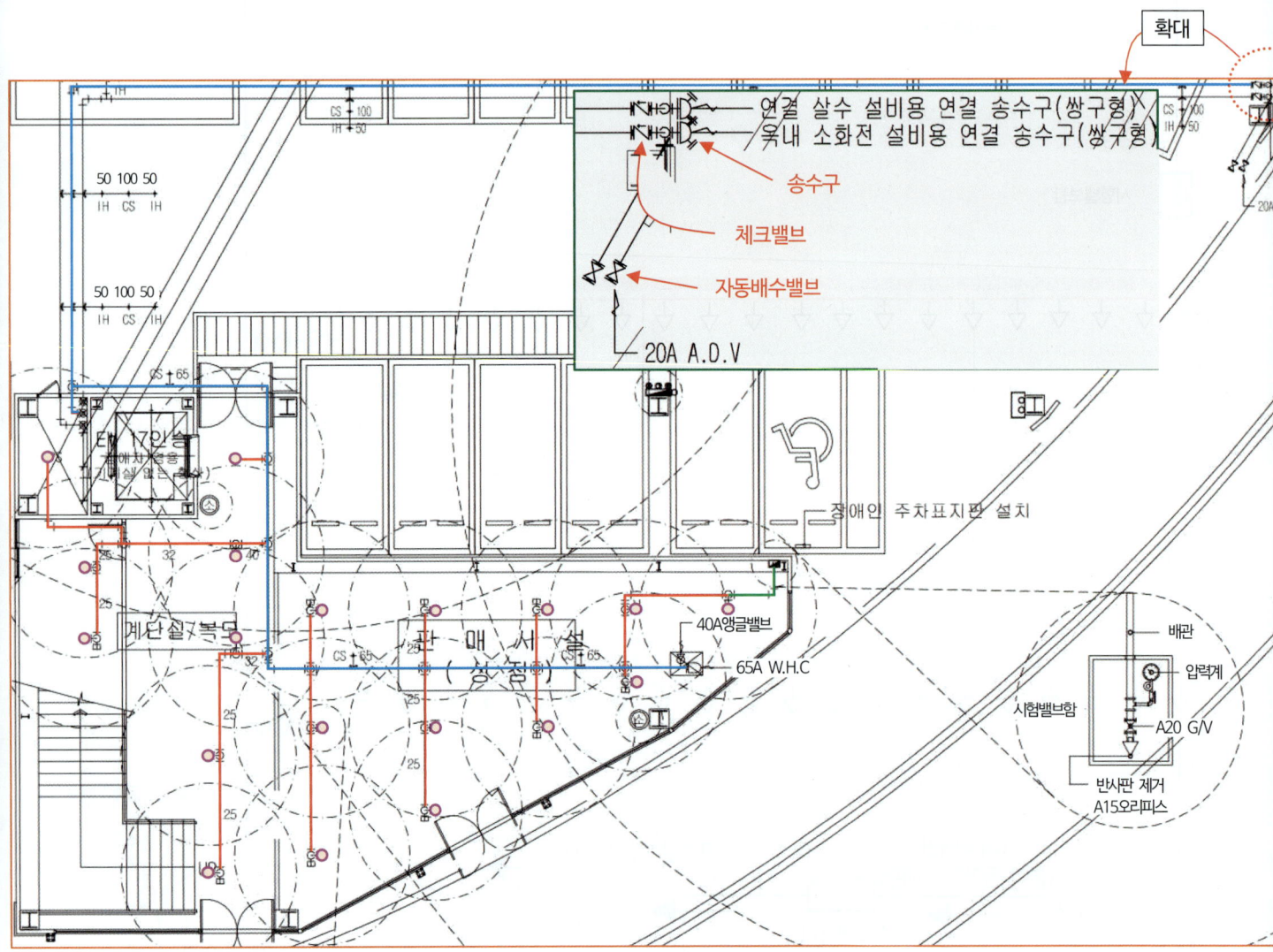

1층 연결살수설비 배관

㉰ 헤드 설계

① 헤드 종류 선택

연결살수설비전용헤드 또는 스프링클러헤드 중 어느 것을 설치할 것인지 선택해야 한다.

② 헤드 간 거리

천장 또는 반자의 각 부분으로부터 하나의 살수헤드까지의 수평거리가 연결살수설비전용헤드의 경우은 3.7m 이하, 스프링클러헤드의 경우는 2.3m 이하로 한다. 간이헤드 설계를 정방형(정사각형)으로 설계하는 경우에는 헤드와 헤드간의 거리는 3.2m 이하가 되도록 설계해야 한다.

헤드 종류	수평거리	헤드와 헤드 거리	계산식
연결살수설비전용헤드	3.2m	4.5m	$2R\cos45° = 2 \times 3.2 \times \dfrac{1}{\sqrt{2}} = 4.5m$
스프링클러헤드	2.3m	3.2m	$2R\cos45° = 2 \times 2.3 \times \dfrac{1}{\sqrt{2}} = 3.2m$

여기서는 정사각형 헤드를 배치하는 설계에서 헤드와 헤드간의 거리는 3.2m로 설계하였다.

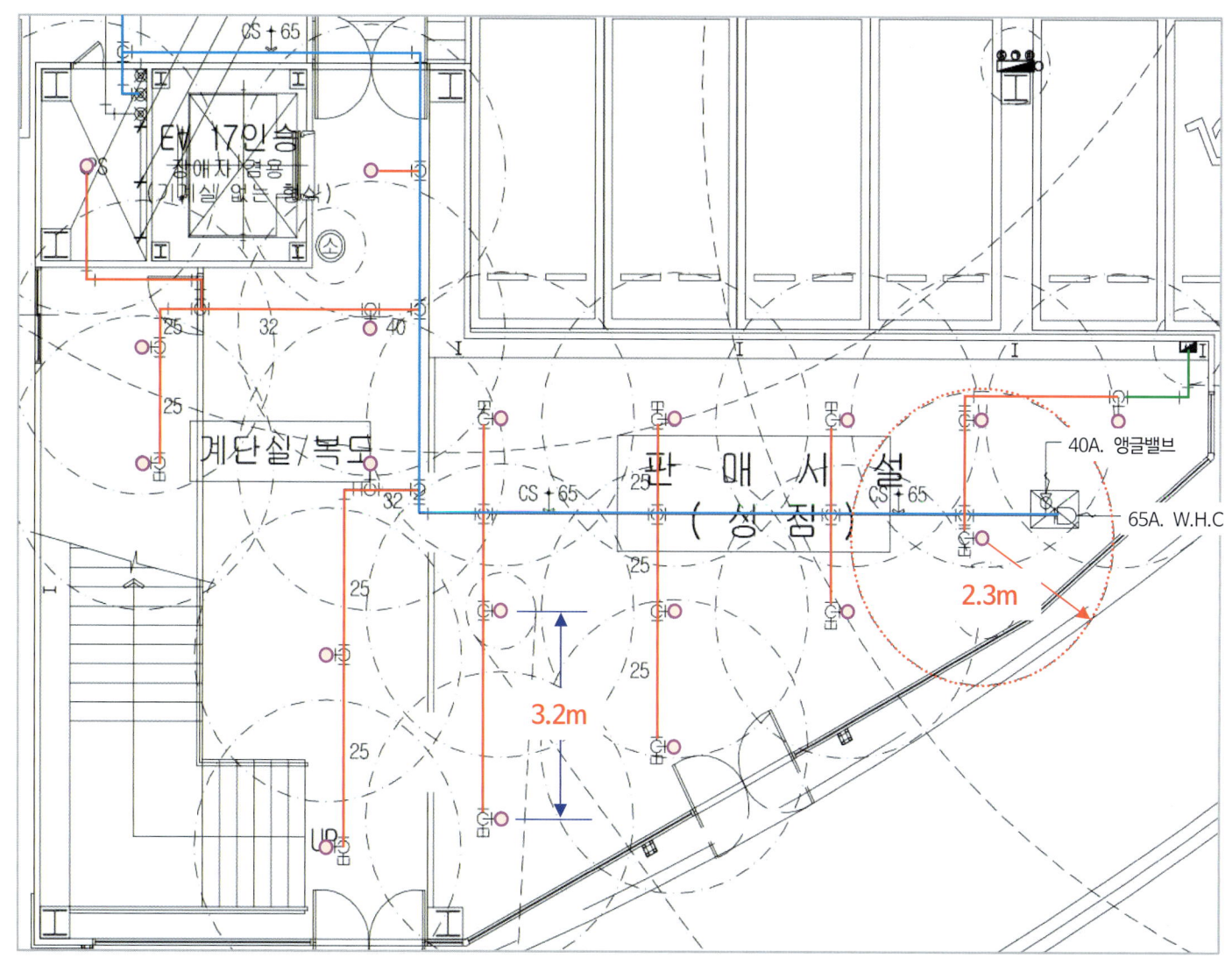

㉣ 배관

① 배관 구경

1. 연결살수설비 전용헤드 사용하는 경우

하나의 배관에 부착하는 살수헤드 개수	1개	2개	3개	4개 또는 5개	6개 이상 10개 이하
배관 구경(mm)	32	40	50	65	80

2. 스프링클러헤드 사용하는 경우

구분 \ 급수관구경	25	32	40	50	65	80	90	100	125	150
가	2	3	5	10	30	60	80	100	160	161 이상

여기서는 스프링클러헤드를 설계하였으므로 스프링클러헤드 배관기준으로 설계했다.

배관 구경은 배관의 끝에서 설치된 헤드의 개수에 따라 배관의 크기를 표의 내용으로 결정한다.
헤드의 개수가 4개이면 40mm, 7개이면 50mm 배관으로 설계해야 한다.

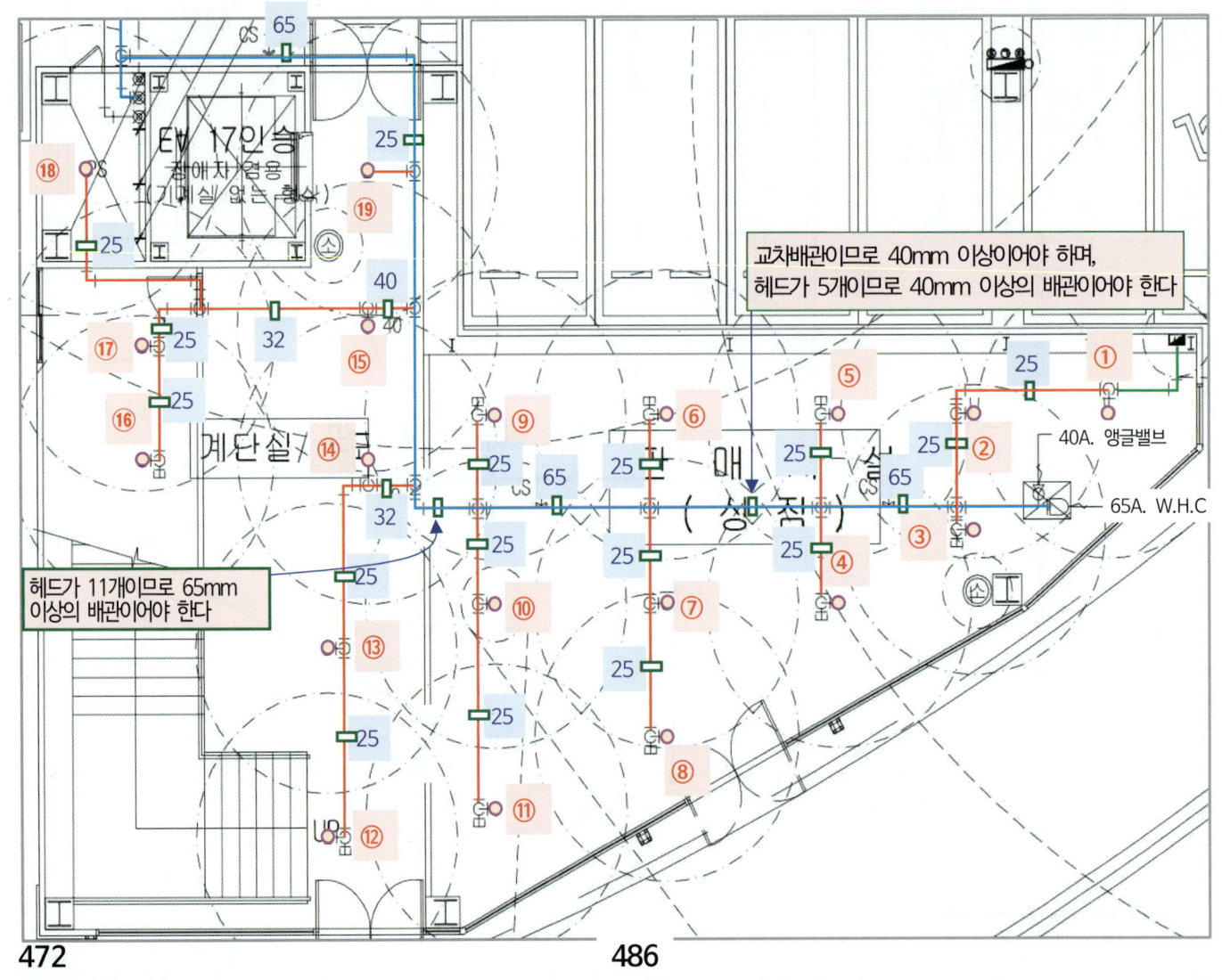

㉮ 습식설비 설계

① 주배관에 물이 공급되는 배관 연결

폐쇄형헤드를 사용하는 습식설비는 연결살수설비의 주배관은 옥내소화전설비의 주배관(옥내소화전설비가 설치된 경우에 한한다) 및 수도배관(연결살수설비가 설치된 건축물 안에 설치된 수도배관 중 구경이 가장 큰 배관을 말한다) 또는 옥상에 설치된 수조에 접속해야 한다.
이 경우 연결살수설비의 주배관과 옥내소화전설비의 주배관·수도배관·옥상에 설치된 수조의 접속부분에는 체크밸브를 설치하되, 점검하기 쉽게 해야 한다.

② 시험배관

폐쇄형헤드를 사용하는 습식 연결살수설비는 다음과 같이 시험배관을 설치해야 한다.
1. 송수구의 가장 먼 가지배관의 끝으로부터 연결하여 설치한다.
2. 시험장치 배관의 구경은 가장 먼 가지배관의 구경과 동일한 구경으로 하고, 그 끝에는 물받이 통 및 배수관을 설치하여 시험 중 방사된 물이 바닥으로 흘러내리지 아니하도록 한다.

㉯ 배관 설계

① 배관 기울기

개방형헤드를 사용하는 건식연결살수설비의 수평주행배관은 헤드를 향하여 상향으로 100분의 1 이상의 기울기로 설치하고 주배관중 낮은 부분에는 자동배수밸브를 설치하여야 한다.
습식설비는 기울기를 주지 않아도 된다.

② 배관 배열방식, 헤드개수

가지배관의 배열은 토너멘트방식이 아니어야 하며, 가지배관은 교차배관 또는 주배관에서 분기되는 지점을 기점으로 한 쪽 가지배관에 설치되는 헤드의 개수는 8개 이하로 해야 한다.

㉰ 송수구역

습식은 헤드의 설치개수나 층의 제한이 없이 하나의 송수구역으로 할 수 있다.
건식은 헤드 10개 이하를 하나의 송수구역으로 해야 한다.

㉂ 건식설비 설계

개방형헤드를 사용하는 건식 연결살수설비는 하나의 송수구역에 설치하는 살수헤드의 수는 10개 이하가 되도록 해야 한다.

① 송수구역
그림의 계통도와 같이 송수구역 마다 송수구를 설치하는 방법과 1개의 송수구를 설치하여 선택밸브를 설치하는 방법이 있다. 선택밸브를 설치하는 경우 선택밸브의 설치기준은 아래와 같다.
1. 화재 시 연소의 우려가 없는 장소로서 조작 및 점검이 쉬운 위치에 설치한다.
2. 자동개방밸브에 따른 선택밸브를 사용하는 경우에 있어서는 송수구역에 방수하지 아니하고 자동밸브의 작동시험이 가능하도록 한다.
3. 선택밸브의 부근에는 송수구역 일람표를 설치한다.

② 배관
연결살수설비 전용헤드를 사용하는 경우 배관의 구경은 다음과 같다

하나의 배관에 부착하는 살수헤드 개수	1개	2개	3개	4개 또는 5개	6개 이상 10개 이하
배관 구경(mm)	32	40	50	65	80

개방형헤드를 사용하는 연결살수설비에 있어서의 수평주행배관은 헤드를 향하여 상향으로 100분의 1 이상의 기울기로 설치하고 주배관중 낮은 부분에는 자동배수밸브를 설치해야 한다.

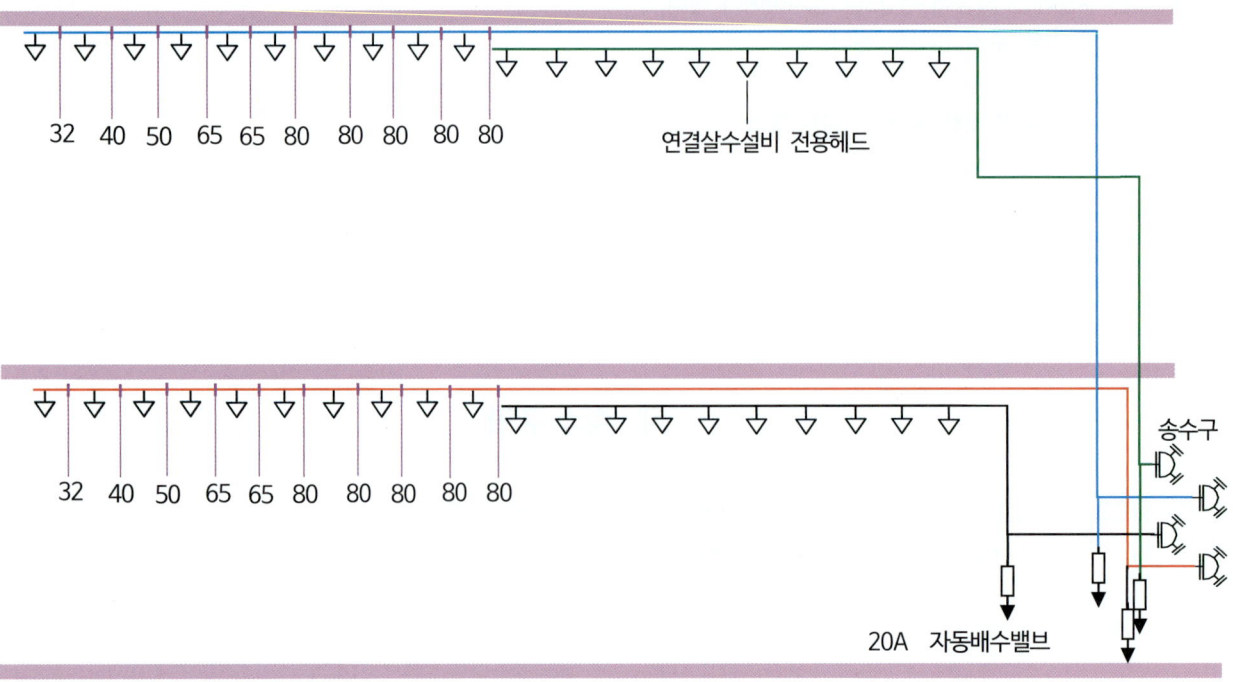

건식(개방형헤드) 연결살수설비 계통도

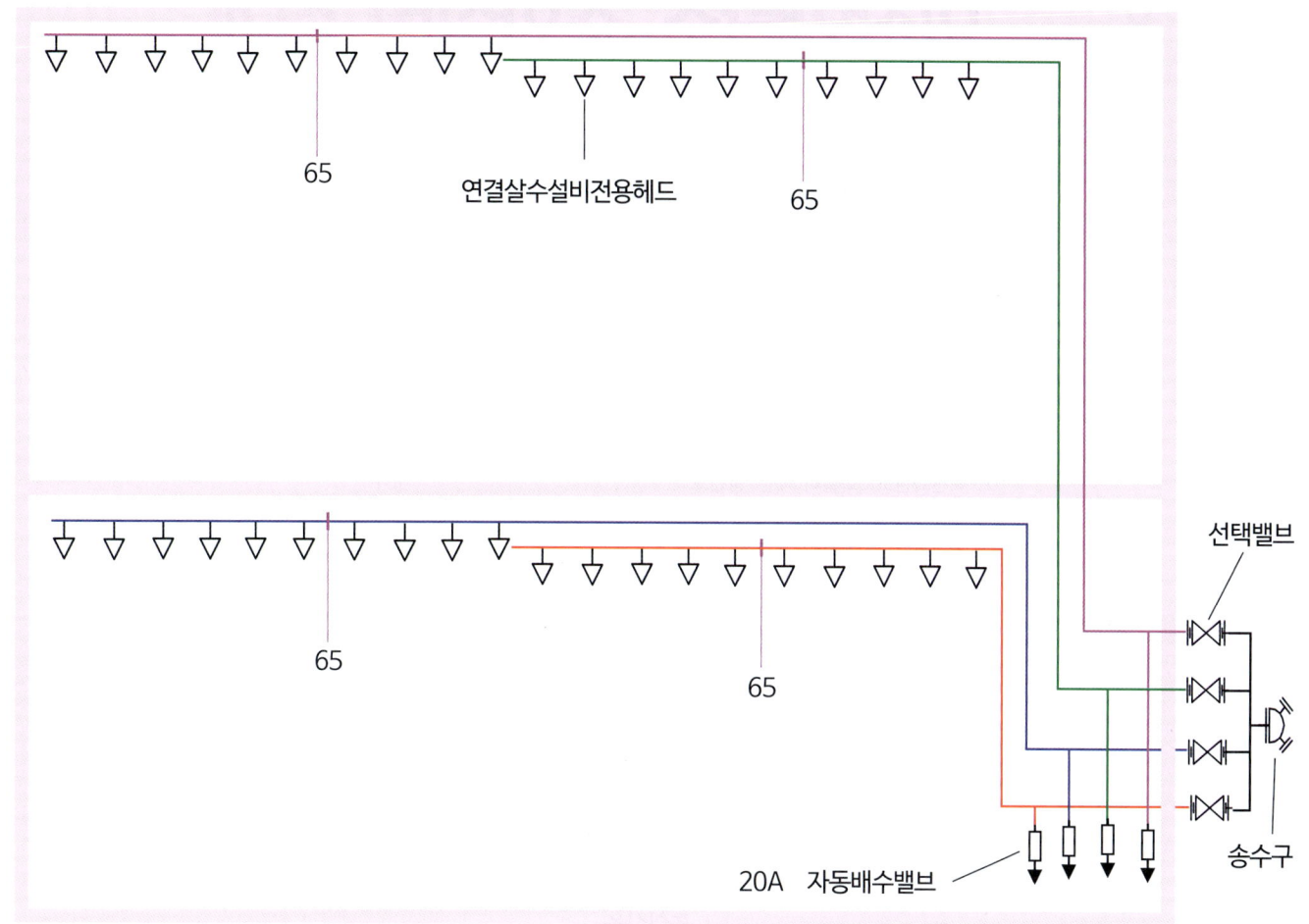

선택밸브를 설치하는 건식(개방형헤드) 연결살수설비 계통도

X (10). 이산화탄소 소화설비 설계

【1】 이산화탄소 소화설비 설계도면

1. 소화약제량 계산서 ··· 477
2. 배관, 헤드 ·· 477
3. 배출설비 ··· 478
4. 과압배출장치(플랩댐퍼) ··· 478
5. 이산화탄소소화설비 기계설비 계통도 ···················· 479
6. 이산화탄소소화설비 기동배관 상세도 ···················· 480
7. 이산화탄소소화설비 배관 평면도 ··························· 481
8. 이산화탄소소화설비 개구부 벽 정면도 ·················· 482
9. 이산화탄소소화설비 평면도 ···································· 483
10. 이산화탄소소화설비 P형수신기 전기설비 계통도 ············ 484
11. 1층 이산화탄소소화설비 P형수신기 전기설비 평면도 ········ 485
12. 이산화탄소소화설비 R형수신기 전기설비 계통도 ············ 486
13. 1층 이산화탄소소화설비 R형수신기 전기설비 평면도 ········ 488

【같은 장소(건물)에 P형과 R형수신기를 설계하여 상호 비교할 수 있도록 했다】

도시기호

이름	기호	이름	기호
수신기	▨	선택밸브	▨
제어반	▨	탄산가스헤드	△
발신기	ⓟⒷⓛ	수동조작함	RM
중계기	▭	연기감지기	S
소화기	⊗	차동식 스포트형감지기	⌒
사이렌	◁	자동폐쇄장치	ER
가스체크밸브	⇌	압력스위치	PS
유도등	⊗	종단저항	Ω
개폐밸브	⋈	표시등	◐
안전밸브 (릴리프밸브)	⋈	피스톤릴리즈	P.R
저장용기	▯	솔레노이드밸브	SV

1. 소화약제량 계산서

가. 서고(서류, 서적 보관소)

① **바닥면적** : 6,500 × 11,000 = 71,500,000 = 71.5㎡, ② **서고 체적** : 71.5 × 2.5 = 178.75㎥
③ **소화약제량** = 체적 × 2kg,   178.75㎥ × 2kg = 357.5kg
④ **개구부 소화약제 가산량** = 개구부면적 × 10kg × 개구부개소, 0.96㎡ × 10kg × 2개소 = 19.2kg
⑤ **필요한 소화약제량** = 357.5 + 19.2 = 376.7kg, 45kg의 저장용기로 9병이 필요(376.7 ÷ 45 = 8.371병)하다

나. 통신장비실

① **바닥면적** : 7,700 × 6,000 = 46.2㎡,   ② **통신장비실 체적** : 46.2 × 2.5 = 115.5㎥
③ **소화약제량** = 체적 × 1.3kg,   115.5㎥ × 1.3kg = 150.15kg,
④ **45kg의 저장용기로 4병이 필요**(150.15 ÷ 45 = 3.336병)하다

다. 필요한 소화약제량

동일한 특정소방대상물 또는 그 부분에 2 이상의 방호구역이나 방호대상물이 있는 경우에는 각 방호구역 또는 방호대상물에 대하여 산출한 저장량 중 최대의 것으로 할 수 있도록 하고 있다.

차고는 376.7, 통신장비실은 150.15kg이 필요하며 차고의 소화약제량을 설계하면 된다

그러므로 **소화약제량은 376.7kg 에 대하여 45kg의 저장용기 9병의 405kg으로 설계한다.**

이산화탄소소화설비 화재안전기술기준 2.2(소화약제)

이산화탄소 소화약제 저장량은 다음 각 호의 기준에 따른 양으로 한다. 이 경우 동일한 특정소방대상물 또는 그 부분에 2 이상의 방호구역이나 방호대상물이 있는 경우에는 각 방호구역 또는 방호대상물에 대하여 다음 각 호의 기준에 따라 산출한 저장량 중 최대의 것으로 할 수 있다.

방호대상물	방호구역의 체적 1㎥에 대한 소화약제의 양	설계농도 (%)
유압기기를 제외한 전기설비, 케이블실	1.3kg	50
체적 55㎥ 미만의 전기설비	1.6kg	50
서고, 전자제품창고, 목재가공품창고, 박물관	2.0kg	65
고무류, 면화류창고, 모피창고, 석탄창고, 집진설비	2.7kg	75

2. 배관, 헤드

배관 및 헤드의 설계는 설계 프로그램에 의하여 설계하며, 여기서는 설계내용을 생략한다.

3. 배출설비

가. 서고

배출설비 설치위치
도면 8. 이산화탄소소화설비 개구부 벽 정면도의 내용에 있는 위치에 가로 600mm, 세로 600의 크기로 배기팬을 설치한다. 배기팬은 수동스위치로 작동한다.

배출능력
배기팬의 배출능력은 1시간당 360㎥ 이상으로 한다(서고의 체적은 178.75㎥).

나. 통신장비실

배출설비 설치위치
도면 8. 이산화탄소소화설비 개구부 벽 정면도의 내용에 있는 위치에 가로 600mm, 세로 600의 크기로 배기팬을 설치한다. 배기팬은 수동스위치로 작동한다.

배출능력
배기팬의 배출능력은 1시간당 240㎥ 이상으로 한다(통신장비실의 체적은 115.5㎥)

4. 과압배출장치(플랩댐퍼)

가. 서고

플랩댐퍼 설치위치
도면 8. 이산화탄소소화설비 개구부 벽 정면도의 내용에 있는 위치에 가로 500, 세로 200mm의 크기의 플랩댐퍼를 설치한다.

플랩댐퍼 작동범위
50Pa ~ 100Pa의 압력(50Pa에 열리기 시작하여 100Pa에 닫힌다)에 작동하는 플랩댐퍼 설치한다.
(외국의 일부 자료에는 작동압력을 85Pa ~ 150Pa으로 되어 있다)

나. 통신장비실

플랩댐퍼 설치위치
도면 8. 이산화탄소소화설비 개구부 벽 정면도의 내용에 있는 위치에 가로 400, 세로 150mm 크기의 플랩댐퍼를 설치한다.

플랩댐퍼 작동범위
50Pa ~ 100Pa의 압력에 작동하는 플랩댐퍼 설치한다.

5. 이산화탄소 소화설비 기계설비 계통도

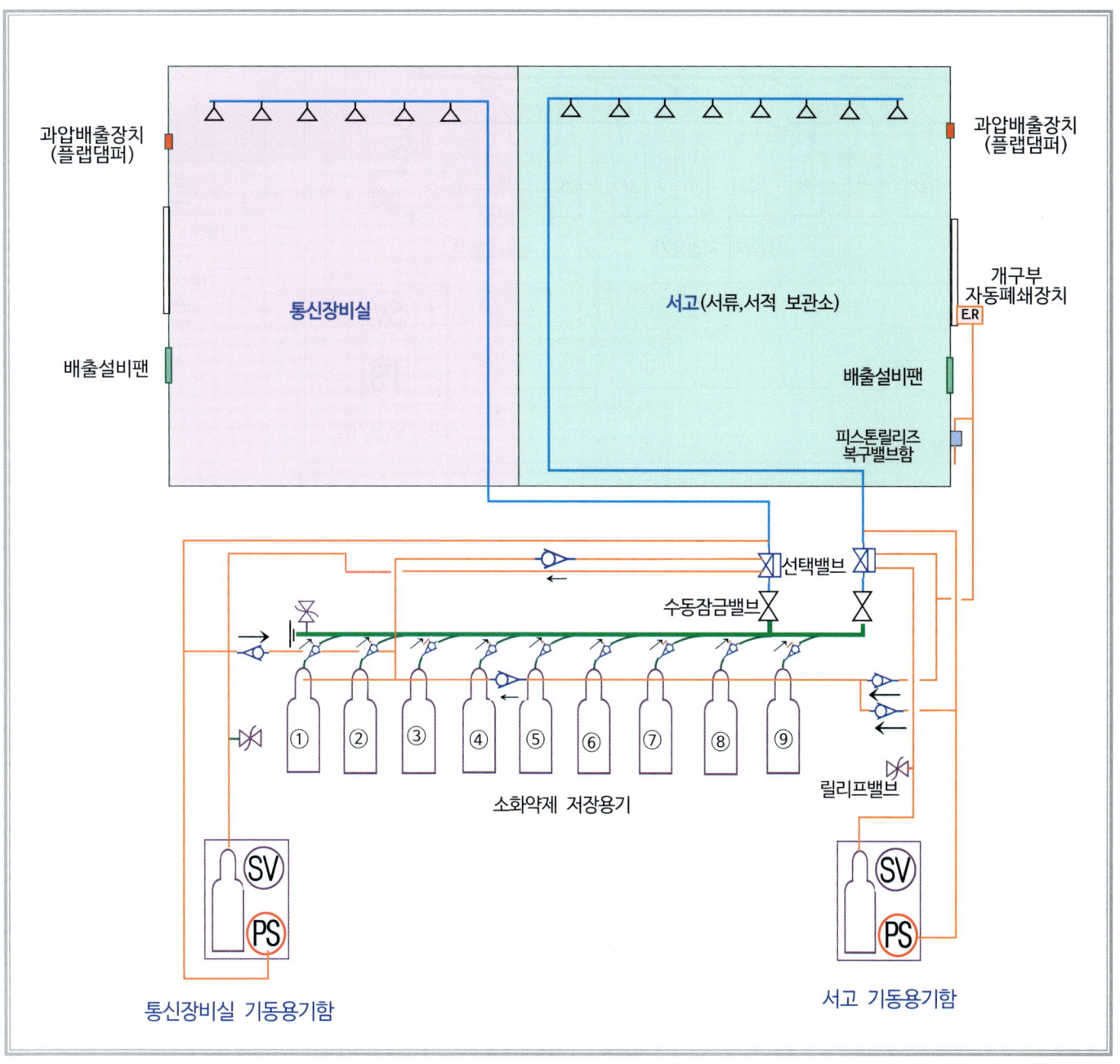

6. 이산화탄소 소화설비 기동배관 상세도

가. 정면도

도시기호
집합관(배관)
이산화탄소 소화설비배관(강관)
기동(작동)배관(동관)

나. 평면도

도시기호
집합관(배관)
이산화탄소 소화설비배관(강관)
기동(작동)배관(동관)
저장용기와 집합관 연결배관

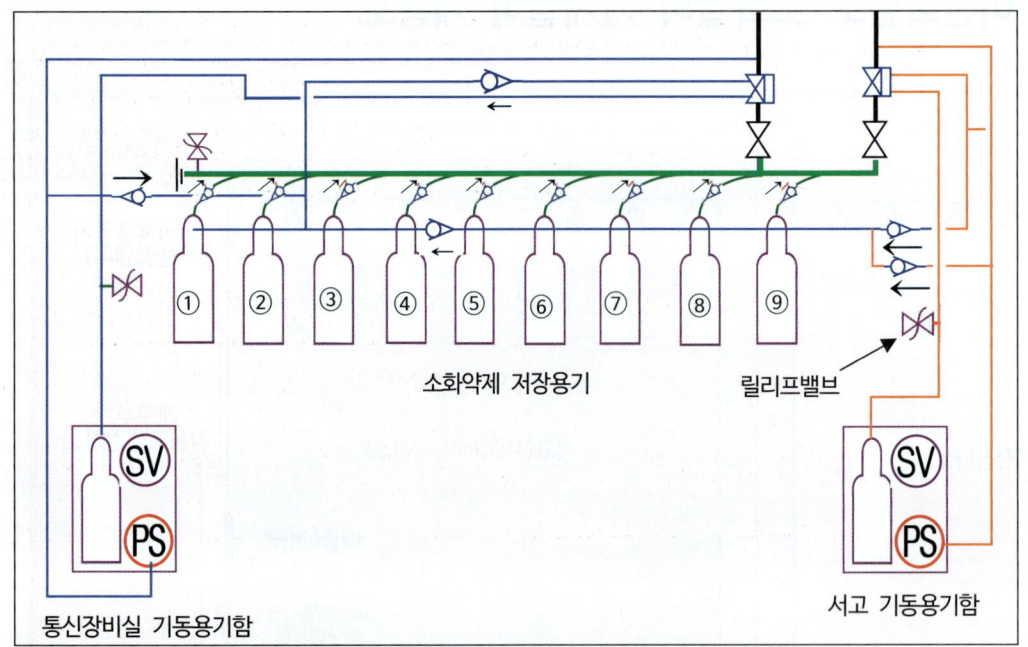

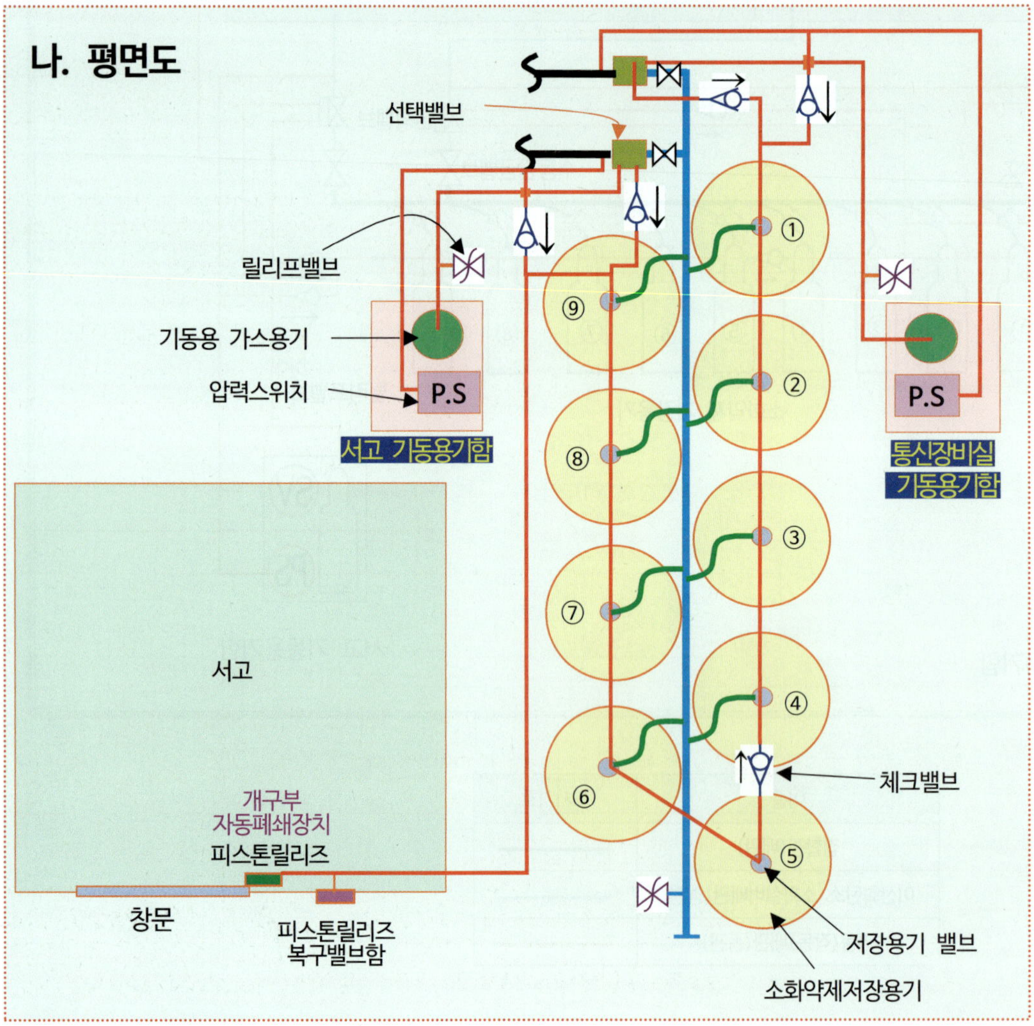

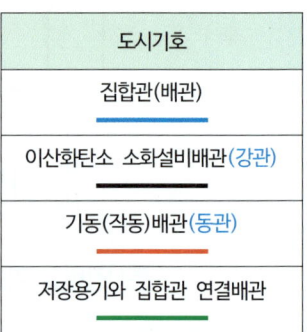

기동(機動) : 기계,설비를 작동함

7. 이산화탄소 소화설비 배관 평면도

배관 및 헤드의 설계는 설계프로그램에 의한 설계내용 참조(여기서는 생략함)
배관은 토너먼트 방식의 배관설계를 하지 않고 헤드와 배관간의 배관구경을 달리하여 설계프로그램에 의한 설계를 함

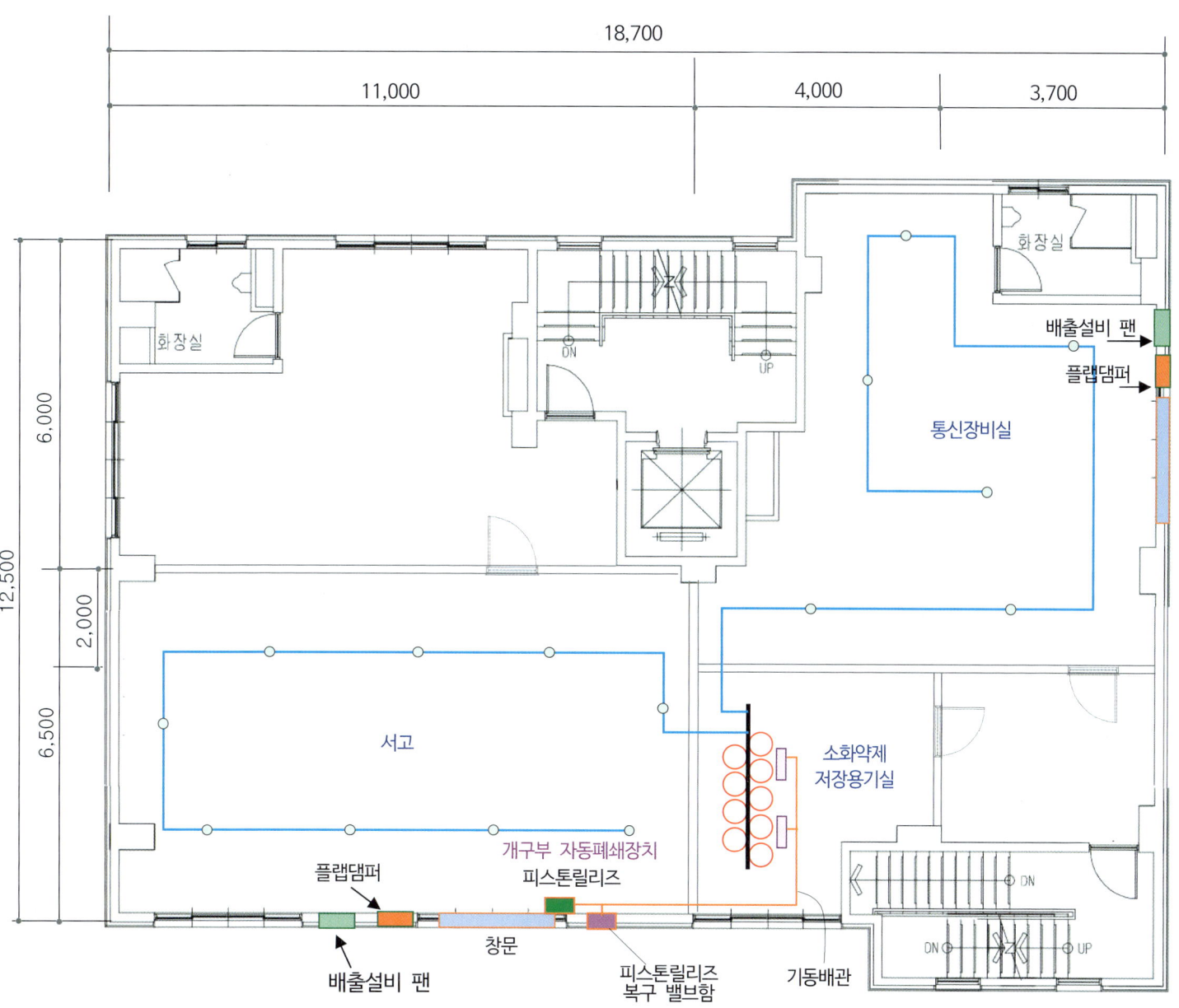

8. 이산화탄소 소화설비 개구부 벽 정면도

개구부 도면

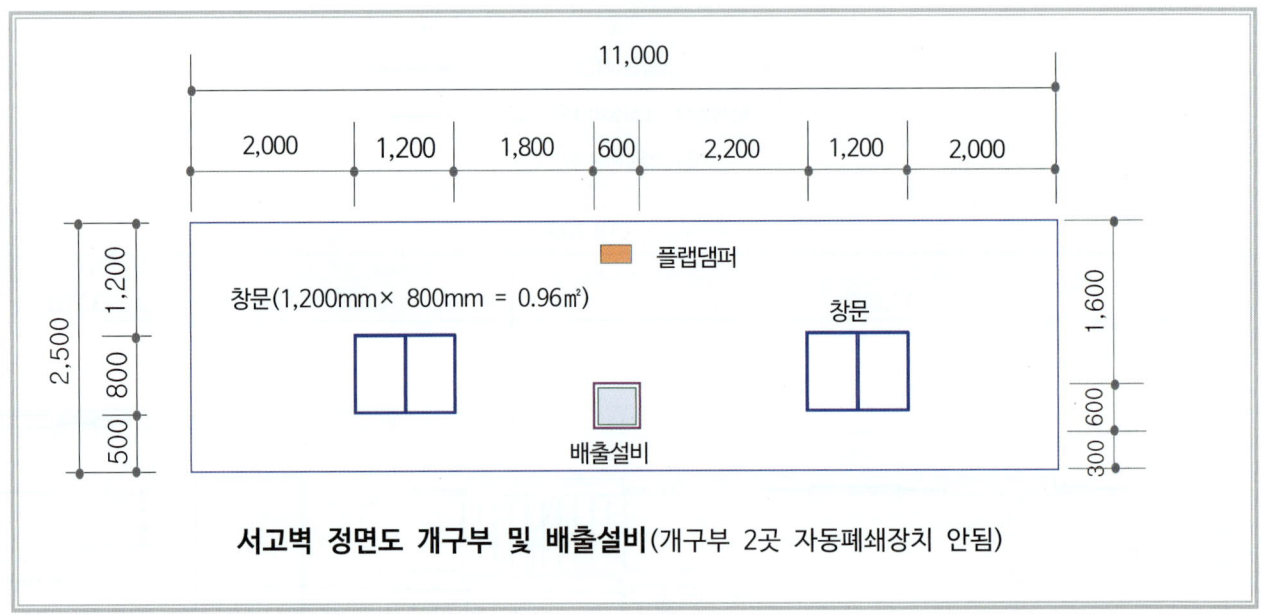

서고벽 정면도 개구부 및 배출설비(개구부 2곳 자동폐쇄장치 안됨)

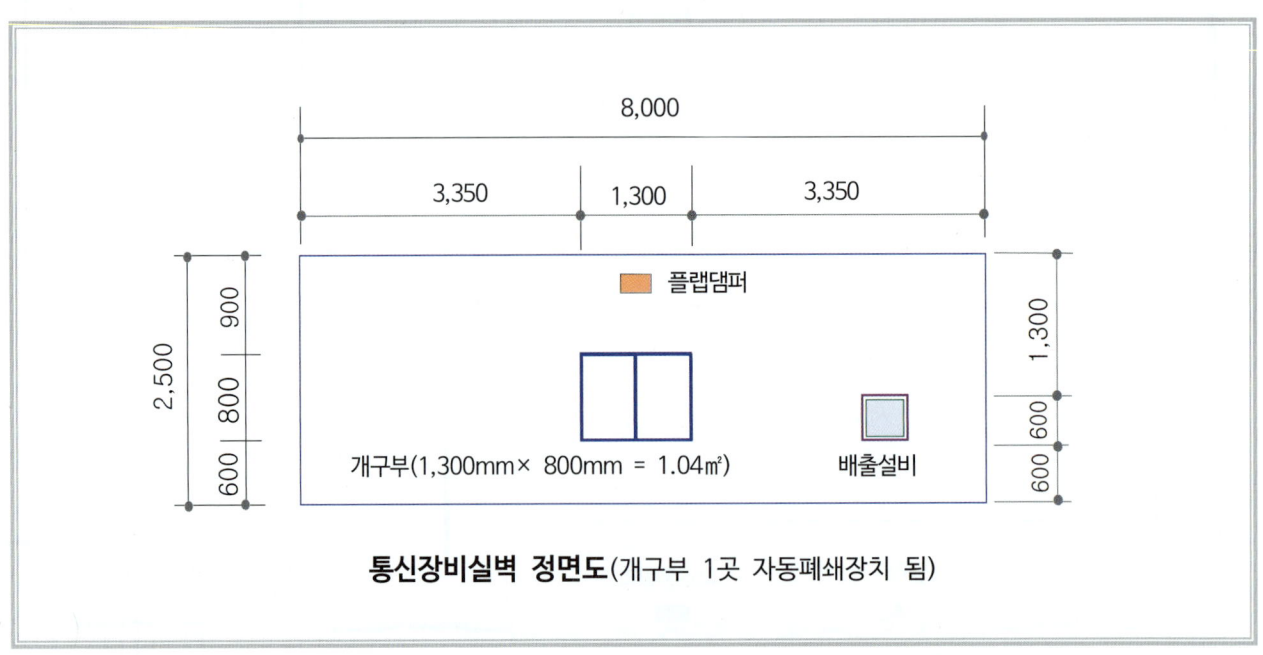

통신장비실벽 정면도(개구부 1곳 자동폐쇄장치 됨)

개구부(開口部) : 채광, 환기, 통풍, 출입을 위하여 벽이 아닌 창이나 문을 통틀어 이르는 말

9. 이산화탄소 소화설비 평면도

10. 이산화탄소 소화설비 P형수신기 전기설비 계통도

번호	전선 내용	회로 내용
①	HFIX 1.5㎟ - 4	감지기선+, -, +, -
②	HFIX 1.5㎟ - 8	(감지기선+, -, +, -) × 2
③④	HFIX 2.5㎟ - 2	③ 사이렌선+, - ④ 방출표시등+, -
⑤	HFIX 2.5㎟ - 11	사이렌선, (감지기 A회로선+, -)× 2, (감지기 B회로선+, -)× 2, 방출표시등선, 공통선
⑥	HFIX 2.5㎟ - 3	기동(솔레노이드밸브)선, 방출표시등 작동용 압력스위치선, 공통선
⑦⑧	HFIX 2.5㎟ - 2	기동(솔레노이드밸브)선 +, -, 방출표시등 작동용 압력스위치선 +, -
⑨	HFIX 2.5㎟ - 8	전원선+, -, 기동(솔레노이드밸브)선, 사이렌선, 감지기 A회로선, 감지기 B회로선, 방출표시등 작동 압력스위치선, 방출지연 스위치선 참고 : 전화선을 포함하면 9선이 된다.
⑩	HFIX 2.5㎟ - 14	전원선+, -, 【기동(솔레노이드밸브)선, 사이렌선, 감지기 A회로선, 감지기 B회로선, 방출표시등 작동용 압력스위치선, 방출지연(복구) 스위치선】× 2 참고 : 전화선을 포함하면 15선이 된다.

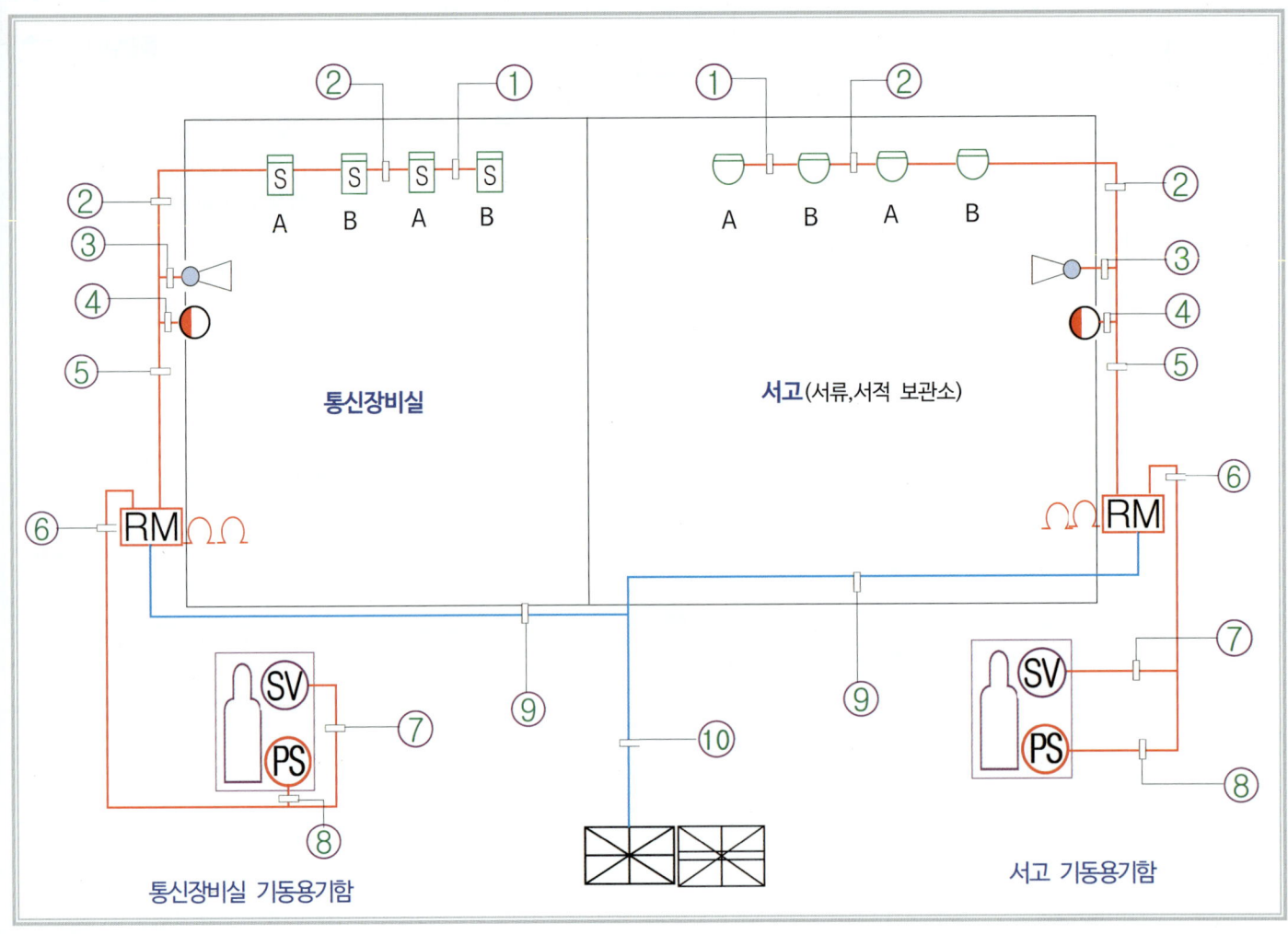

11. 1층 이산화탄소 소화설비 P형수신기 전기설비 평면도

번호	전선 내용	회로 내용
①	HFIX 1.5㎟ - 4	감지기선 4
②	HFIX 1.5㎟ - 8	감지기선 8
③④	HFIX 2.5㎟ - 2	③사이렌선 +, - ④방출표시등 +, -
⑥	HFIX 2.5㎟ - 3	기동(솔레노이드밸브)선, 방출표시등 작동용 압력스위치선, 공통선
⑦	HFIX 2.5㎟ - 2	기동(솔레노이드밸브)선 +, -
⑧	HFIX 2.5㎟ - 2	방출표시등 작동 압력스위치선 +, -
⑨	HFIX 2.5㎟ - 8	전원선+, -, 기동(솔레노이드밸브)선, 사이렌선, 감지기 A회로선, 감지기 B회로선, 방출표시등 작동용 압력스위치선, 방출지연(비상) 스위치선 참고 : 전화선을 포함하면 9선이 된다.
⑩	HFIX 2.5㎟ - 14	전원선+, -, 【기동(솔레노이드밸브)선, 사이렌선, 감지기 A회로선, 감지기 B회로선, 방출표시등 작동용 압력스위치선, 방출지연(복구) 스위치선】 × 2

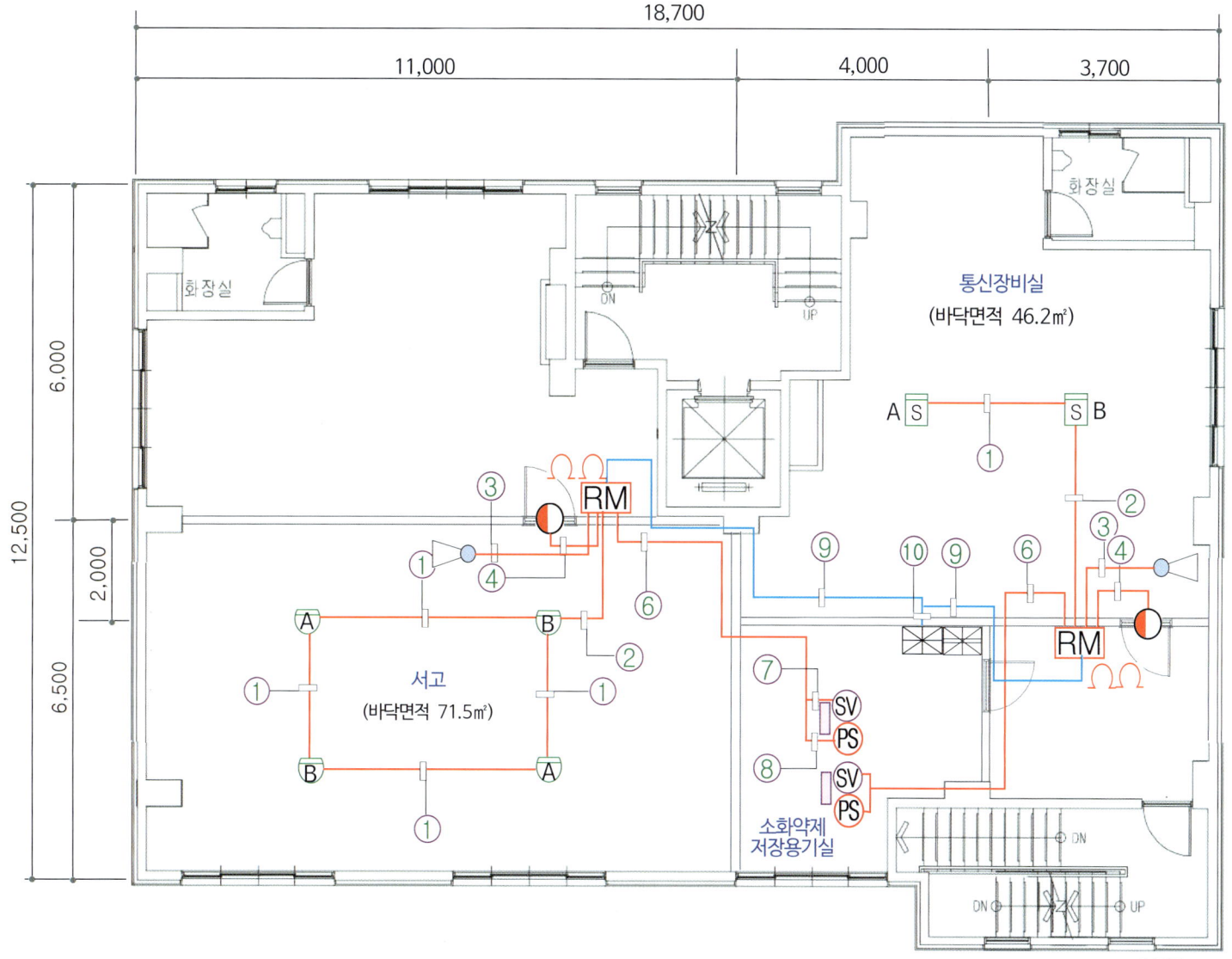

12. 이산화탄소 소화설비 R형수신기 전기설비 계통도

도시기호

이름	기호	이름	기호	이름	기호
수신기	⊠	솔레노이드밸브	SV	피스톤릴리즈	P.R
제어반	⊠	압력스위치	PS	유도등	⊗
발신기	P B L	수동조작함	RM	표시등	◐
중계기	▯	연기감지기	S		
종단저항	Ω	차동식 스포트형감지기	◠	저장용기	⌂
사이렌	◁	자동폐쇄장치	ER		

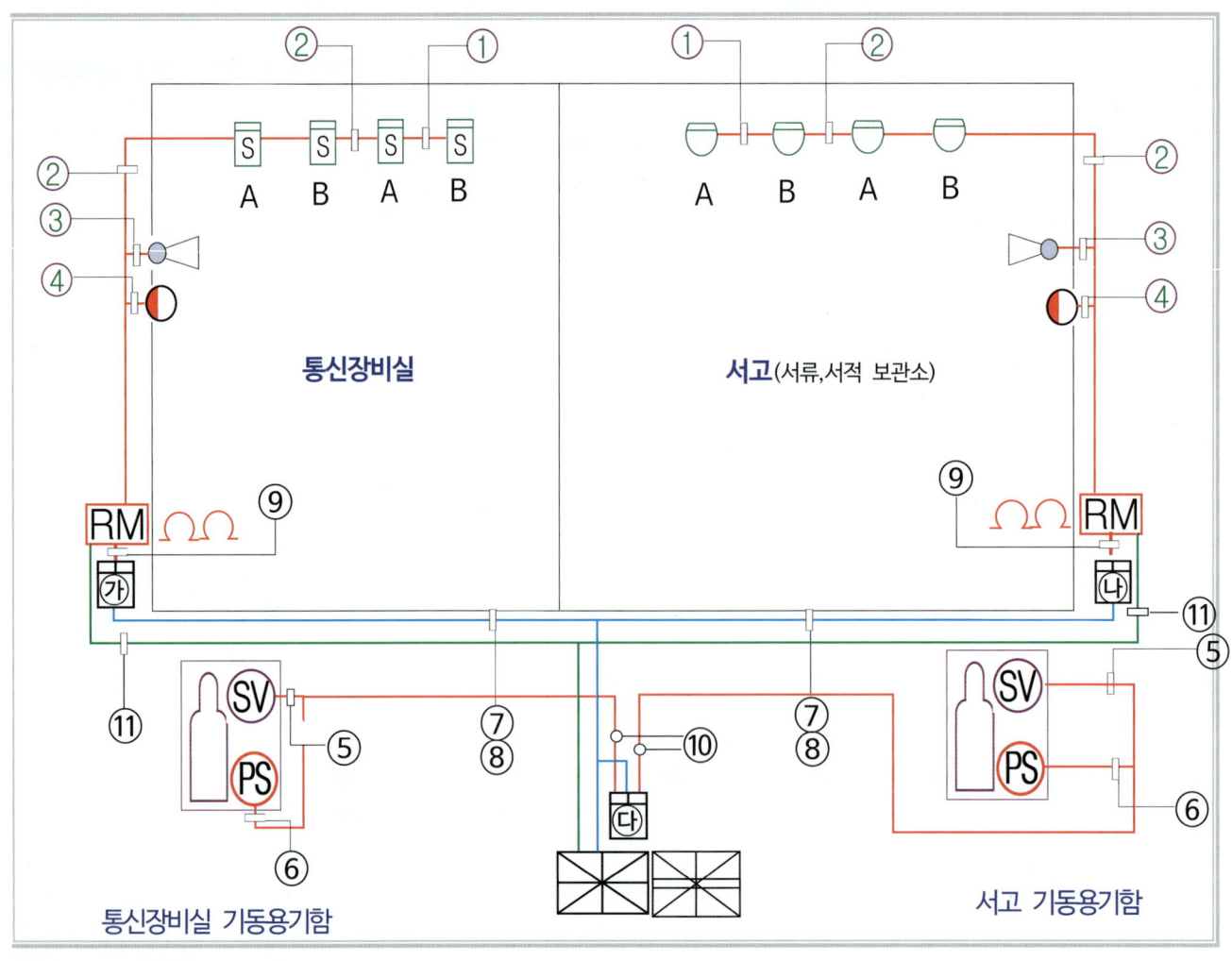

중계기 기종 및 입, 출력 내용

기호	중계기 기종 및 입, 출력 내용
가 나	중계기(4×4) 1개 중계기(4×4) 입력(IN) 4, 출력(OUT) 2 　입력 : 감지기 A회로선, 감지기 B회로선, 기동스위치선, 방출지연(복구) 스위치선 　출력 : 사이렌선, 방출표시등선
다	중계기(4×4) 1개, 중계기(4×4) 입력(IN) 2, 출력(OUT) 3 　입력 : 방출표시등 작동용 압력스위치선(서고) 　　　　 방출표시등 작동용 압력스위치선(통신장비실) 　출력 : 사이렌선(소화약제 저장용기실 내 사이렌) 　　　　 솔레노이드밸브(서고) 　　　　 솔레노이드밸브(통신장비실)

전선 상세내용

번호	전선 내용	회로 내용
①	HFIX 1.5㎟ - 4(16C)	감지기선 +, -, +, -
②	HFIX 1.5㎟ - 8(28C)	(감지기선 +, -, +, -) × 2
③④	HFIX 2.5㎟ - 2(16C)	③ 사이렌선 +, - 2선, ④ 방출표시등 +, - 2선
⑤	HFIX 2.5㎟ - 2(16C)	기동(솔레노이드밸브)선 +, - 2선
⑥	HFIX 2.5㎟ - 2(16C)	방출표시등 작동 압력스위치선 +, - 2선
⑦	F-CVV-SB CABLE 1.5㎟ 또는 (HCVV-SB TWIST CABLE 1.5㎟ 1pr) (다른 종류의 신호전송선도 있다)	통신선
⑧	HFIX 2.5㎟ - 2	중계기 전원선 +, -
⑨	HFIX 2.5㎟ - 12(28C) 부품 중계기 연결 내용	감지기 A회로(+,-), 감지기 B회로(+,-), 기동(작동)스위치(+,-), 방출지연(비상)스위치(+,-), 사이렌(+,-), 방출표시등(+,-)
⑩	HFIX 2.5㎟ - 10(28C) 부품 중계기 연결 내용	서고용 : 압력스위치(방출표시등작동)(+,-), 기동(솔레노이드밸브)(+,-) 통신장비실용 : 압력스위치(+,-), 기동(솔레노이드밸브)(+,-), 약제저장실 : 사이렌(+,-)
⑪	HFIX 2.5㎟ - 2	전화선 +, - 2선

13. 1층 이산화탄소 소화설비 R형수신기 전기설비 평면도

번호	전선 내용	회로 내용	
①	HFIX 1.5㎟ - 4(16C)	감지기선 +, -, +, -	
②	HFIX 1.5㎟ - 8(28C)	(감지기선 +, -, +, -) × 2	
③④	HFIX 2.5㎟ - 2(16C)	③ 사이렌선 +, - 2선, ④ 방출표시등 +, - 2선	
⑤	HFIX 2.5㎟ - 2(16C)	기동(솔레노이드밸브)선 +, - 2선	
⑥	HFIX 2.5㎟ - 2(16C)	방출표시등 작동 압력스위치선 +, - 2선	
⑦	F-CVV-SB CABLE 1.5㎟ 또는 (HCVV-SB TWIST CABLE 1.5㎟ 1pr) (다른 종류의 신호전송선도 있다)	통신선	
⑧	HFIX 2.5㎟ - 2	중계기 전원선 +, -	
⑨	HFIX 2.5㎟ - 12(28C) 부품 중계기 연결 내용	감지기 A회로(+,-), 감지기 B회로(+,-), 기동(작동)스위치(+,-), 방출지연(비상)스위치(+,-), 사이렌(+,-), 방출표시등(+,-)	
⑩	HFIX 2.5㎟ - 10(28C) 부품 중계기 연결 내용	서고용 : 압력스위치(방출표시등작동)(+,-), 기동(솔레노이드밸브)(+,-) 통신장비실용 : 압력스위치(+,-), 기동(솔레노이드밸브)(+,-), 약제저장실 : 사이렌(+,-)	
⑪	HFIX 2.5㎟ - 2	전화선 +, - 2선	

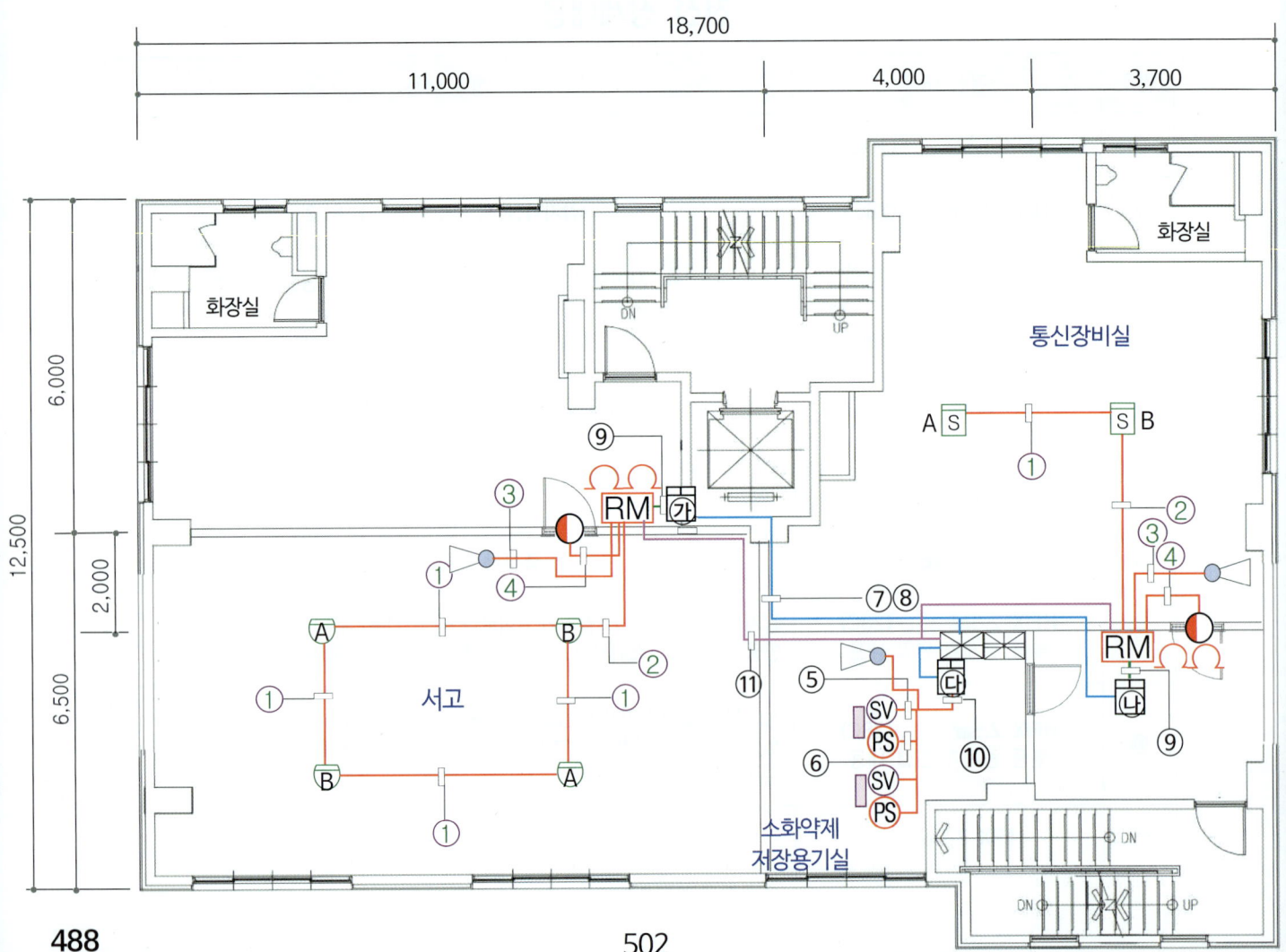

【2】 이산화탄소 소화설비 설계도면 해설

1. 소화약제량 계산 ·· 480
2. 배관, 헤드 ··· 491
3. 배출설비 ··· 491
4. 과압배출장치(플랩댐퍼) ······································ 491
5. 이산화탄소소화설비 기계설비 계통도 해설 ············· 492
6. 이산화탄소소화설비 기동배관 상세도 해설 ············· 493
7. 이산화탄소소화설비 P형수신기 전기설비 계통도 해설 ········ 494
8. 1층 P형수신기 전기설비 평면도 해설 ···················· 495
9. 이산화탄소소화설비 R형수신기 전기설비 계통도 해설 ········ 496
10. 1층 R형수신기 전기설비 평면도 해설 ···················· 498

중계기 입·출력 내용

소방시설 종류	입력, 감시(IN) (중계기의 정보입력에 연결하는 시설)	출력, 제어(OUT) (중계기의 정보출력에 연결하는 시설)
가스소화설비 (이산화탄소, 할론, 할로겐및불활성기체)	1. 감지기 A 2. 감지기 B 3. 수동작동스위치 4. 방출표시등 작동용 압력스위치 5. 방출지연(복구,비상) 스위치	1. 사이렌(스피커) 2. 기동용기 솔레노이드밸브 3. 저장용기밸브 개방장치(전기식) 4. 선택밸브 개방장치(전기식) 5. 방출표시등 6. 개구부 자동폐쇄장치(모터식 댐퍼릴리즈)
분말소화설비	1. 감지기 A 2. 감지기 B 3. 수동작동스위치 4. 방출표시등 작동용 압력스위치 5. 방출지연(복구,비상) 스위치 6. 정압작동장치(압력스위치 방식)	1. 사이렌(스피커) 2. 기동용기 솔레노이드밸브 3. 저장용기밸브 개방장치(전기식) 4. 가압용기밸브 개방장치(전기식) 5. 선택밸브 개방장치(전기식) 6. 방출표시등 7. 개구부 자동폐쇄장치(모터식 댐퍼릴리즈) 8. 정압작동장치 신호에 의한 개폐밸브 개방장치

1. 소화약제량 계산(477P)

가. 서고 소화약제량 계산

전역방출방식의 소화약제량은 가연물의 종류에 따라 소화약제 계산의 내용을 기준에서 각각 정하고 있다. 서고는 심부화재의 방호대상물이며 방호체적 1㎥에 2.0kg 이상의 소화약제를 설계하도록 하고 있다. 그리고 개구부에 자동폐쇄장치를 설치하지 않은 경우에는 개구부 면적 1㎡에 10kg의 소화약제를 더 추가(가산)하도록 하고 있다.

① 방호체적 계산

방호체적 계산은 바닥면적(가로 × 세로) × 건물 높이(설치하는 층의 바닥과 천장사이의 높이)로 계산한다.

방호체적 = 6.5m × 11m × 2.5m = 178.75㎥

② 소화약제량

㉮ **기본 소화약제량** = 체적 × 2kg,   178.75㎥ × 2kg = 357.5kg

㉯ **개구부 추가(가산)에 대한 소화약제량**
서고의 개구부(창문)에 자동폐쇄장치가 없으므로 소화약제를 추가(가산)하여야 한다.
개구부 소화약제 가산량 = 개구부면적 × 10kg × 개구부 개소 = 0.96㎡ × 10kg × 2개소 = 19.2kg

㉰ **필요한 소화약제량** = 357.5 + 19.2 = 376.7kg

㉱ **소화약제의 병수**
고압식 이산화탄소 소화약제 저장용기 1병 소화약제 양은 45kg이다.
45kg의 저장용기로 9병이 필요(376.7 ÷ 45 = 8.371병)하다.

이산화탄소소화설비의 화재안전기술기준
표 2.2.1.2.1 방호대상물 및 방호구역 체적에 따른 소화약제의 양과 설계농도

방호대상물	방호구역의 체적 1㎥에 대한 소화약제의 양	설계농도 (%)
유압기기를 제외한 전기설비, 케이블실	1.3kg	50
체적 55㎥ 미만의 전기설비	1.6kg	50
서고, 전자제품창고, 목재가공품창고, 박물관	2.0kg	65
고무류, 면화류창고, 모피창고, 석탄창고, 집진설비	2.7kg	75

나. 통신장비실 소화약제량 계산

통신장비실은 심부화재의 방호대상물이며 방호체적 1㎥에 1.3kg 이상의 소화약제를 설계하도록 하고 있다. 그리고 개구부는 자동폐쇄장치를 설치하므로 소화약제를 더 추가(가산)하지 않는다.

① 방호체적 계산

방호체적 계산은 바닥면적(가로 × 세로) × 건물 높이(설치하는 층의 바닥과 천장사이의 높이)로 계산한다.

방호체적 = 7.7m × 6m × 2.5m = 115.5㎥

② 소화약제량

㉮ **필요한 소화약제량** = 체적 × 1.3kg,   115.5㎥ × 1.3kg = 150.15kg

㉯ **소화약제의 병수**

고압식 이산화탄소 소화약약제 저장용기의 1병 소화약제 양은 45kg이다.

45kg의 저장용기로 4병이 필요(150.15 ÷ 45 = 3.336병)하다.

표 2.2.1.2.1 방호대상물 및 방호구역 체적에 따른 소화약제의 양과 설계농도

방호대상물	방호구역의 체적 1㎥에 대한 소화약제의 양	설계농도 (%)
유압기기를 제외한 전기설비, 케이블실	1.3kg	50
체적 55㎥ 미만의 전기설비	1.6kg	50
서고, 전자제품창고, 목재가공품창고, 박물관	2.0kg	65
고무류, 면화류창고, 모피창고, 석탄창고, 집진설비	2.7kg	75

2. 배관, 헤드

배관 및 헤드의 설계는 설계프로그램에 의하여 설계한다.

3. 배출설비 (478P)

이산화탄소소화설비를 설치하는 장소가 지하층, 무창층 및 밀폐된 거실일 경우에는 소화약제의 농도를 희석하기 위한 배출설비를 하여야 한다. 배출설비의 배출용량이나 그 밖의 정해진 구체적인 기준은 없다.

여기서 설계는 벽면의 아래부분에 가로 600, 세로 600mm의 크기로 배기팬을 설계하였다.

배기팬의 용량은 1시간에 방호구역체적의 2배정도 배출할 수 있는 용량으로 설계하였다.

서고의 배출기 배출능력

배기팬의 배출능력은 1시간당 방호구역 360㎥ 이상으로 한다 (서고의 체적은 178.75㎥).

통신실의 배출기 배출능력

배기팬의 배출능력은 1시간당 방호구역 240㎥ 이상으로 한다 (통신장비실의 체적은 115.5㎥)

4. 과압배출장치(플랩댐퍼) (478P)

이산화탄소소화설비를 설치하는 장소에 소화약제가 방출 시 과압(너무 높은 압력)으로 인하여 구조물 등에 손상이 생길 우려가 있는 장소에는 과압배출구를 설계히여야 한다.

과압배출구는 설계한 압력 이상이 되면 자동으로 압력이 방호구역 밖으로 빠지는 설비를 하여야 한다.
과압배출방식은 여러가지의 방식이 있을 수 있다.

과압배출구에 대하여 과압배출방식이나 과압의 기준 등 구체적으로 정한 설치기준은 없다.

여기서의 설계는 압력에 의하여 물리적이며 자동으로 작동하는 플랩댐퍼를 설계하였다.

과압배출은 50Pa~100Pa의 압력에 작동하는 것이 적합하다.

5. 이산화탄소 소화설비 기계설비 계통도 해설

이산화탄소 소화설비 기계설비 계통도에 설계되어야 하는 내용은 아래와 같다.

① 소화약제 저장용기
② 기동용기함(기동용기, 방출표시등 압력스위치)
③ 헤드
④ 선택밸브(2이상 방호구역으로서 선택밸브가 필요한 경우)
⑤ 과압배출장치
⑥ 개구부 자동폐쇄장치(피스톤릴리즈 등 기계적 작동의 설비인 경우)
⑦ 배출설비
⑧ 배관(소화약제저장용기와 집합관, 선택밸브와 헤드간의 연결된 배관)
⑨ 기동배관(계통도에서 기동배관을 함께 설계하면 복잡할 경우에는 계통도에서는 기동배관을 생략하고 별도로 기동배관상세도를 설계하는 방법도 있다)
⑩ 배관 및 기동배관에 설치하는 체크밸브
⑪ 집합관의 안전밸브, 기동배관의 릴리프밸브
⑫ 수동잠금밸브

이름	도시기호
집합관(배관)	
이산화탄소 소화설비 배관(강관)	
기동(작동)배관(동관)	

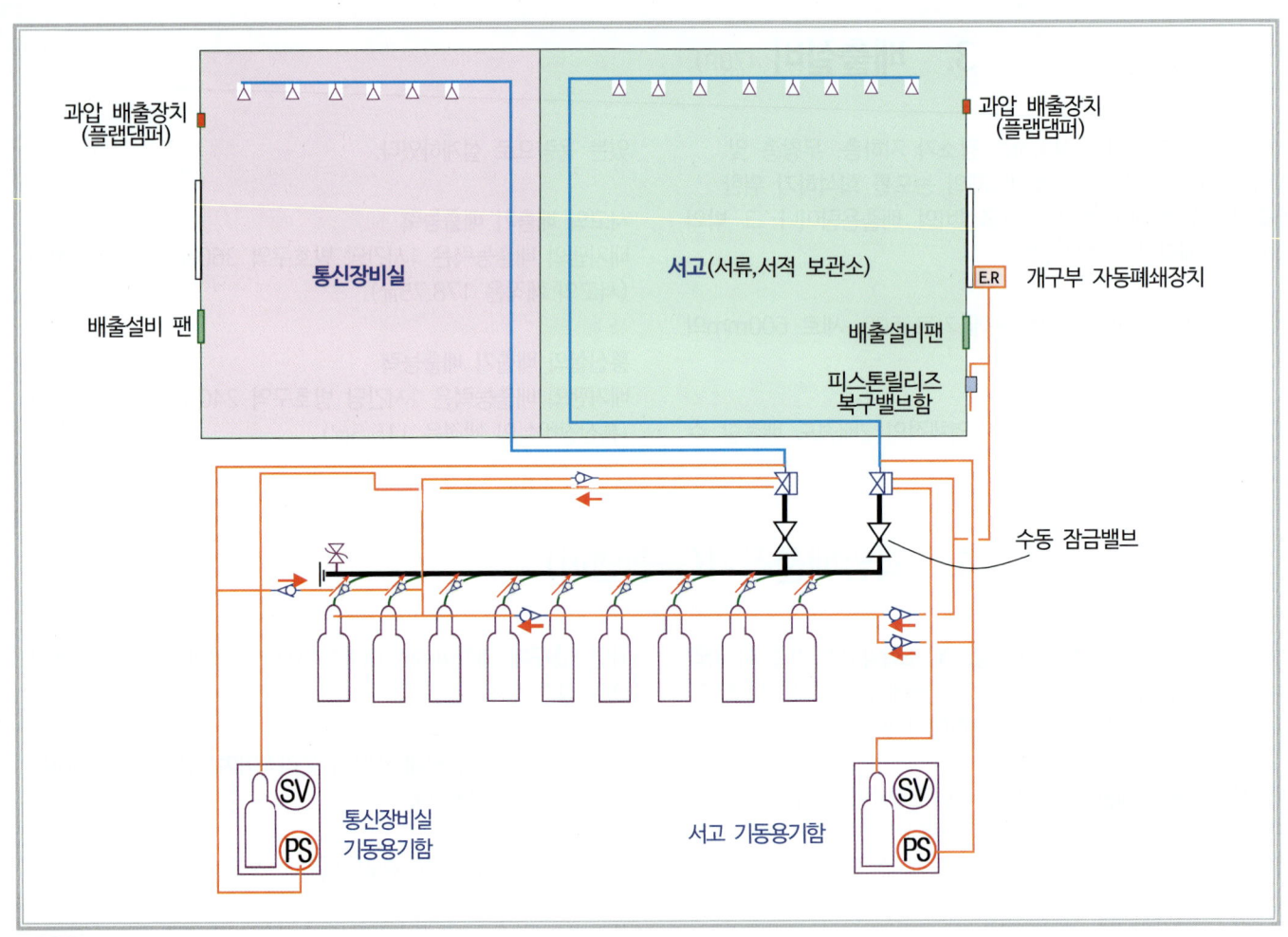

6. 이산화탄소 소화설비 기동배관 상세도 해설

이산화탄소소화설비 기동배관 상세도에 설계해야 하는 내용은 아래와 같다.

① 기동용기, 소화약제저장용기, 선택밸브, 수동잠금밸브
② 방출표시등 작동용 압력스위치, 자동폐쇄장치(피스톤릴리즈), 피스톤릴리즈 복구밸브장치
③ 기동배관(기동용기와 다른 부품들간의 연결되는 배관)
④ 기동배관 체크밸브
⑤ 기동배관에 설치하는 릴리프밸브

참고 : 기동배관에 설치하는 안전밸브(릴리프밸브)는 화재안전기준에는 없지만 필수적으로 설계를 해야 한다.
방호구역별로 릴리프밸브가 설치되어야 하며, 설치위치는 기동용기함 안에 설치하는 방법과 그림의 계통도와 같이 기동용기 배관에서 멀지않고 눈에 잘 보이는 장소가 적합하다.(설치해야 하는 이유 : Ⅱ권 내용에 있음)

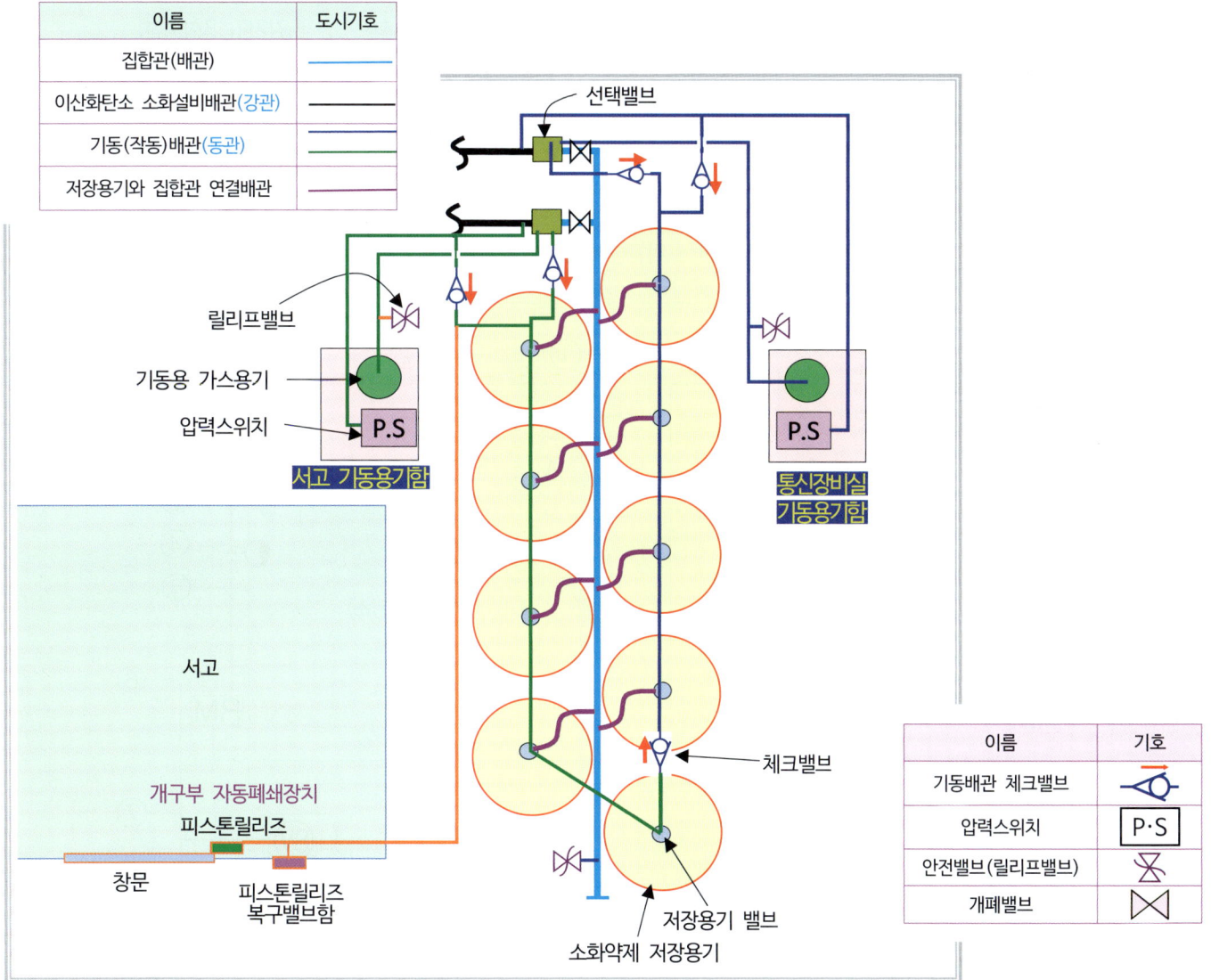

7. 이산화탄소 소화설비 P형수신기 전기설비 계통도 해설

통신장비실과 서고에는 감지기를 A, B 교차회로 설계했다.
감지기선 ①은 `HFIX 1.5㎟ - 4(16C)` 이다. 수동조작함(RM)에서 감지기선 2선이 출발하여 B회감지기를 차례로 연결하여 감지기선이 수동조작함으로 되돌아와 감지기선의 끝에 종단저항을 설치한다.
감지기선 ②는 `HFIX 1.5㎟ - 8(28C)` 이다. 수동조작함(RM)에서 감지기선 2선이 출발하여 감지기 A회를 차례로 연결하여 감지기선이 수동조작함으로 되돌아와 감지기선의 끝에 종단저항을 설치한다. 감지기선 B회로 4선과 A회로 4선을 합하여 8선이다.

③은 사이렌선 +, -선 2선으로 `HFIX 2.5㎟ - 2(16C)` 이다.
④는 방출표시등 +, -선 2선으로 `HFIX 2.5㎟ - 2(16C)` 이다.
⑤는 `HFIX 2.5㎟ - 11(28C)` 이다. 구체적인 회선 내용은 1.사이렌선, 2~5.감지기A회로 4선, 6~9.감지기B회로4선, 10.방출표시등선, 11.공통선이다.
⑥은 `HFIX 2.5㎟ - 3(16C)` 이다. 구체적인 회선 내용은 1.기동(솔레노이드밸브)선, 2.방출표시등 작동 압력스위치선, 3.공통선이다.
⑦은 기동(솔레노이드밸브)선 +, - 2선으로 `HFIX 2.5㎟ - 2(16C)` 이다.
⑧은 방출표시등작동 압력스위치선 +, - 2선으로 `HFIX 2.5㎟ - 2(16C)` 이다.

⑨는 `HFIX 2.5㎟ - 8(28C)` 이다. 구체적인 회선 내용은
 1.전원선+, 2.전원선-(공통선) 3.기동(솔레노이드밸브)선, 4.사이렌선, 5.감지기 A회로선, 6.감지기 B회로선,
 7.방출표시등 작동용 압력스위치선, 8.방출 지연스위치선이다.

⑩은 `HFIX 2.5㎟ - 14(36C)` 이다. 구체적인 회선 내용은
 1.전원선+, 2.전원선-(공통선) 3.통신장비실 기동(솔레노이드밸브)선, 4.서고 기동(솔레노이드밸브)선,
 5.통신장비실 사이렌선, 6.서고 사이렌선, 7.통신장비실 감지기 A회로선, 8.서고 감지기 A회로선, 9.통신장비실 감지기
  B회로선, 10.서고 감지기 B회로선, 11.통신장비실 방출표시등작동 압력스위치선, 12.서고 방출표시등작동 압력스위치선,
 13.통신장비실 방출지연 스위치선, 14.서고 방출지연 스위치선이다.

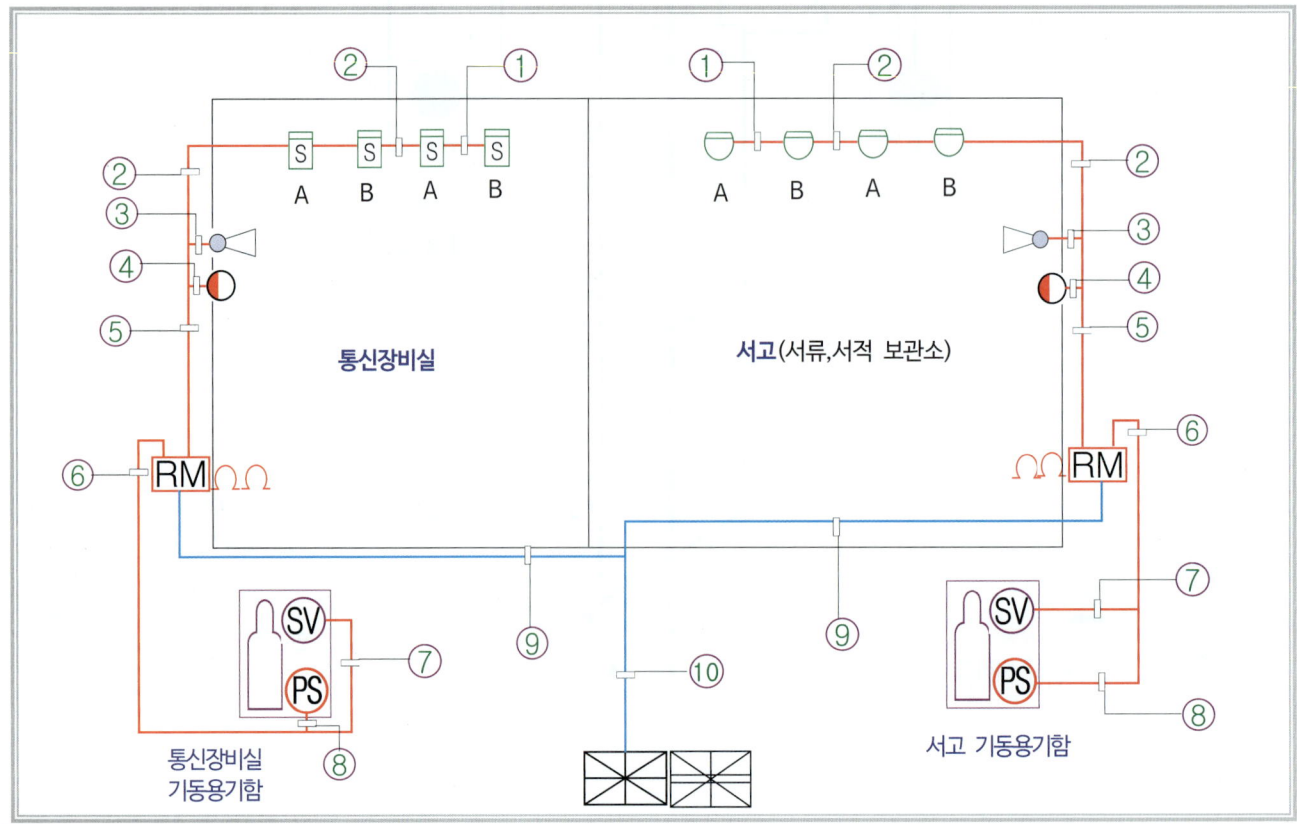

8. 1층 P형수신기 전기설비 평면도 해설

감지기선 ①은 `HFIX 1.5㎜² - 4(16C)` 이다. 수동조작함(RM)에서 감지기선 A회로, B회로를 순차적으로 연결하여 감지기선이 수동조작함으로 되돌아와 감지기선의 끝에 종단저항을 설치한다.

감지기선 ②는 `HFIX 1.5㎜² - 8(28C)` 이다. 수동조작함(RM)에서 감지기선 2선이 출발하여 감지기 B회로를 차례로 연결하여 감지기선이 수동조작함으로 되돌아와 감지기선의 끝에 종단저항을 설치한다. 감지기선 B회로 4선과 A회로 4선을 합하여 8선이다.

③은 사이렌선 +, -선 2선으로 `HFIX 2.5㎜² - 2(16C)` 이다.
④는 방출표시등 +, -선 2선으로 `HFIX 2.5㎜² - 2(16C)` 이다.
⑥은 1.기동(솔레노이드밸브)선, 2.방출표시등 작동 압력스위치선, 3.공통선으로 `HFIX 2.5㎜² - 3(16C)` 이다.
⑦은 기동(솔레노이드밸브)선 +, - 2선으로 `HFIX 2.5㎜² - 2(16C)` 이다.
⑧은 방출표시등 작동 압력스위치선 +, - 2선으로 `HFIX 2.5㎜² - 2(16C)` 이다.
⑨는 `HFIX 2.5㎜² - 8(28C)` 이다. **구체적인 회선 내용은**
 1.전원선+, 2.전원선-(공통선) 3.기동(솔레노이드밸브)선, 4.사이렌선, 5.감지기 A회로선, 6.감지기 B회로선, 7.방출표시등 작동 압력스위치선, 8.방출지연 스위치선이다.

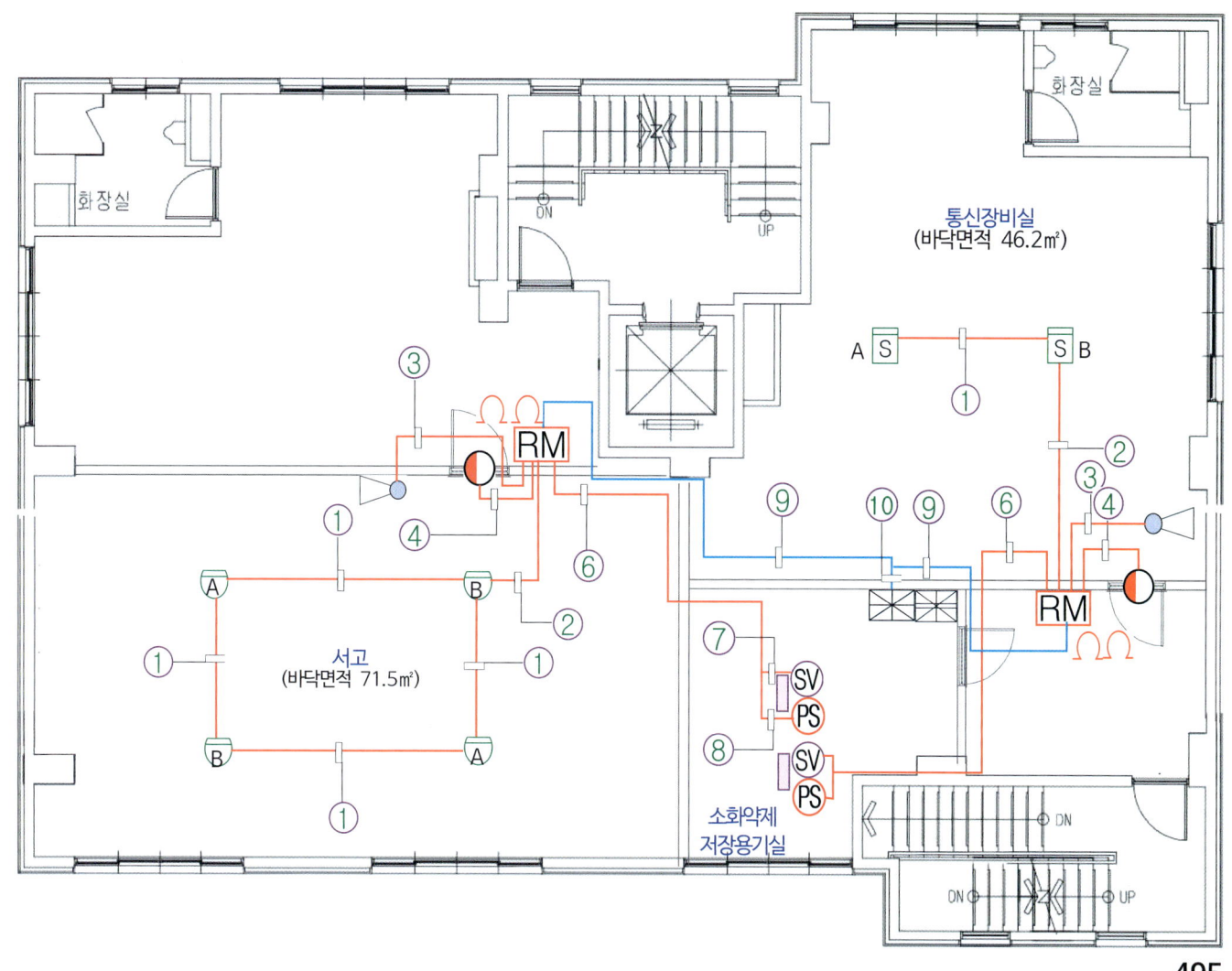

9. 이산화탄소 소화설비 R형수신기 전기설비 계통도 해설

통신장비실과 서고에는 감지기를 A, B 교차회로 설계하였다.
감지기선 ①은 HFIX 1.5㎟ - 4(16C) 이다. 수동조작함(RM)에서 감지기선 2선이 출발하여 B회로감지기를 차례로 연결하여 감지기선이 수동조작함으로 되돌아와 감지기선의 끝에 종단저항을 설치한다.
감지기선 ②는 HFIX 1.5㎟ - 8(28C) 이다. 수동조작함(RM)에서 감지기선 2선이 출발하여 감지기 A회로를 차례로 연결하여 감지기선이 수동조작함으로 되돌아와 감지기선의 끝에 종단저항을 설치한다. 감지기선 B회로 4선과 A회로 4선을 합하여 8선이다.

③은 사이렌선 +, -선 2선으로 HFIX 2.5㎟ - 2(16C) 이다.

④는 방출표시등 +, -선 2선으로 HFIX 2.5㎟ - 2(16C) 이다.

⑤는 기동용기의 솔레노이드밸브로서 +, -선 2선으로 HFIX 2.5㎟ - 2(16C) 이다.

⑥은 기동용기함에 설치된 압력스위치로서 +, -선 2선으로 HFIX 2.5㎟ - 2(16C) 이다.

⑦은 통신선 F-CVV-SB CABLE 1.5㎟ 또는 (HCVV-SB TWIST CABLE 1.5㎟ 1pr) 이다.

⑧은 중계기 전원(+, -)선 이다.

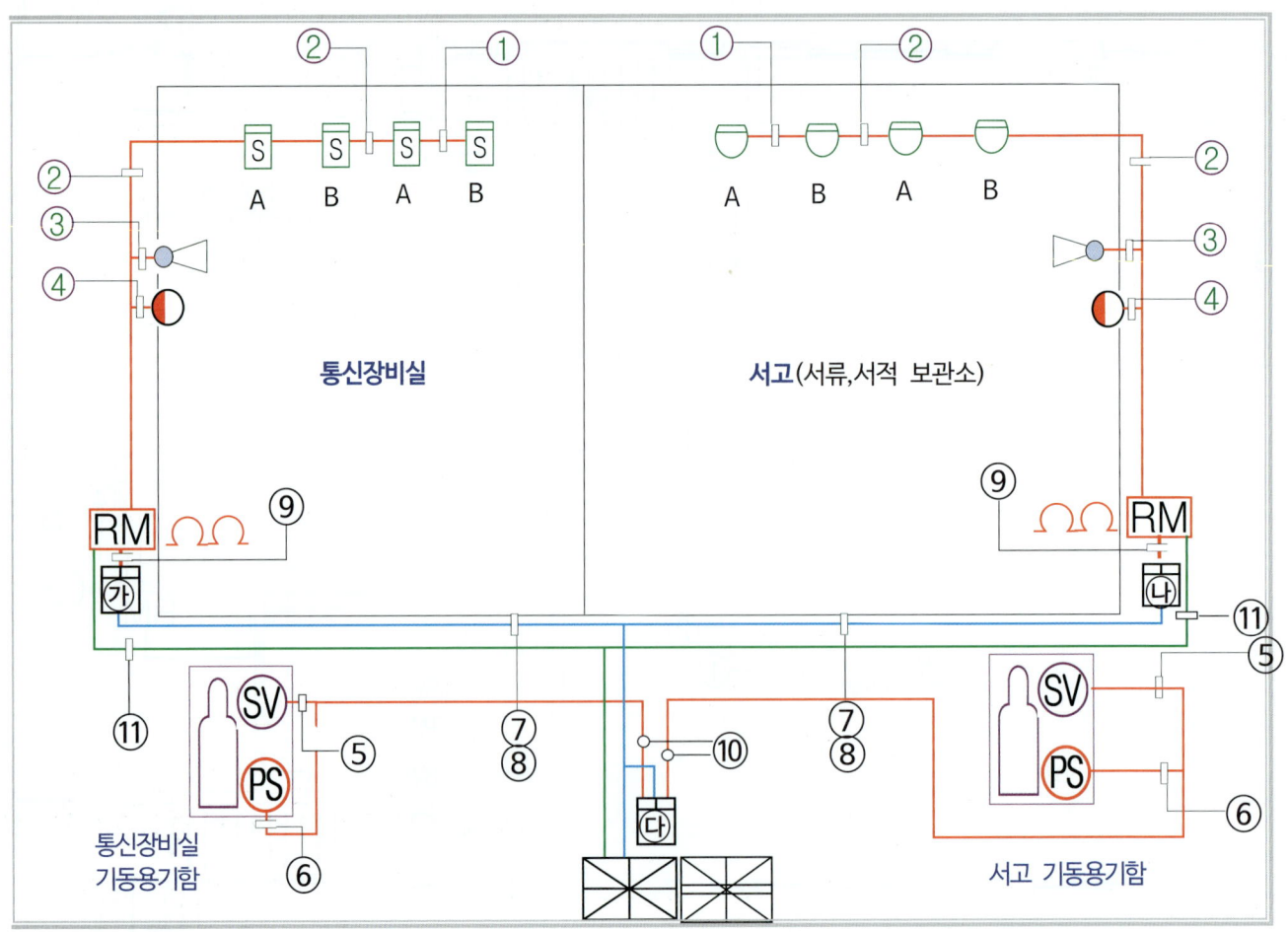

⑨는 HFIX 2.5㎟ - 12(28C) 이다.

중계기와 부품마다 연결하는 선으로, 구체적인 회선 내용은
감지기 A회로(+,-), 감지기 B회로(+,-), 기동(작동)스위치(+,-), 방출지연(비상)스위치(+,-), 사이렌(+,-), 방출표시등(+,-)

⑩은 HFIX 2.5㎟ - 4(16C) 이다.
압력스위치(방출표시등작동)(+,-), 기동(솔레노이드밸브)(+,-)

⑪은 HFIX 2.5㎟ - 2(16C) 이며, 전화(+, -)선 이다.

㉮ ㉯ ㉰ 중계기 결선 내용

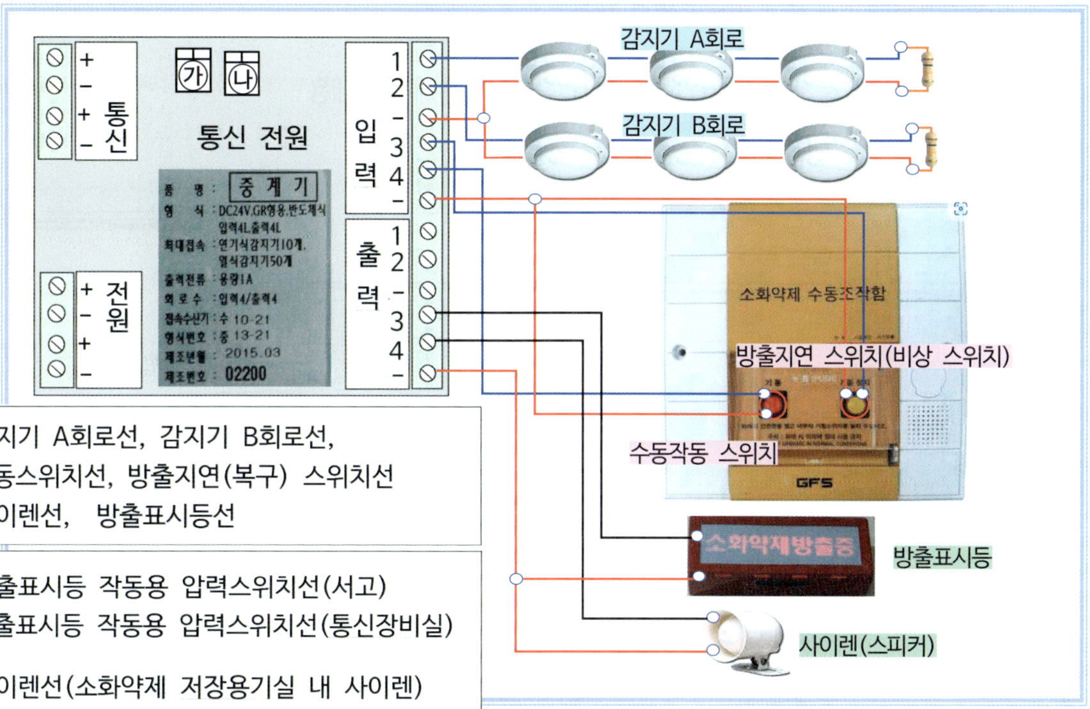

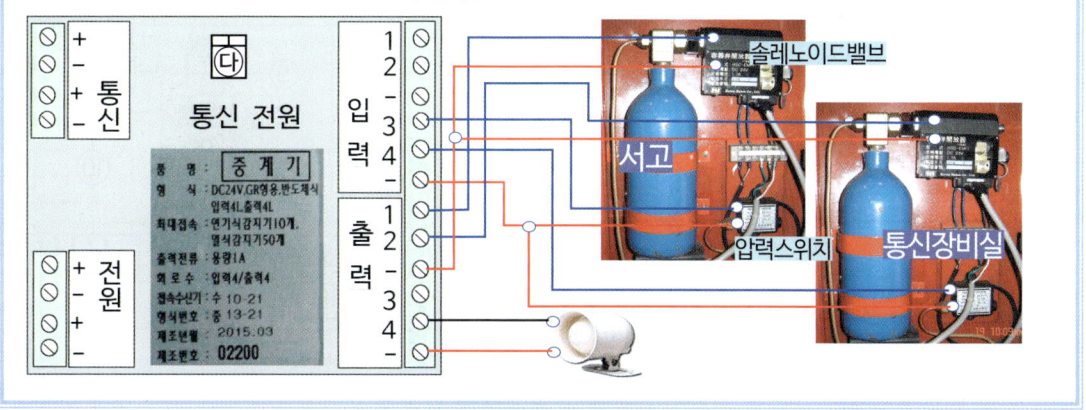

㉮㉯	입력 : 감지기 A회로선, 감지기 B회로선, 　　　기동스위치선, 방출지연(복구) 스위치선 출력 : 사이렌선, 방출표시등선
㉰	입력 : 방출표시등 작동용 압력스위치선(서고) 　　　방출표시등 작동용 압력스위치선(통신장비실) 출력 : 사이렌선(소화약제 저장용기실 내 사이렌) 　　　솔레노이드밸브(서고) 　　　솔레노이드밸브(통신장비실)

10. 1층 R형수신기 전기설비 평면도 해설

가스계 소화설비의 R형 평면도에서 설계도면에 표현되어야 하는 내용

1. 하나의 방호구역의 부품들이 수동조작함(RM)과 연결되는 내용이 설계되어야 한다.
   - 감지기(S ◯) A회로, 감지기 B회로 ↔ 수동조작함(RM)
   - 경보장치(사이렌 ◁) ↔ 수동조작함(RM)
   - 방출표시등(◐) ↔ 수동조작함(RM)
   - 감지기 A, B회로 종단저항(Ω) 수동조작함(RM)에 설치
   - 개구부 폐쇄장치 ↔ 수동조작함(RM) - 개구부 폐쇄장치가 있다면 설계한다.

2. 수동조작함(RM) ↔ 중계기(□) 연결 내용
   - 중계기의 종류
   - 수동조작함과 중계기의 IN(입력), OUT(출력)의 구체적인 내용
   - 신호전송선의 종류

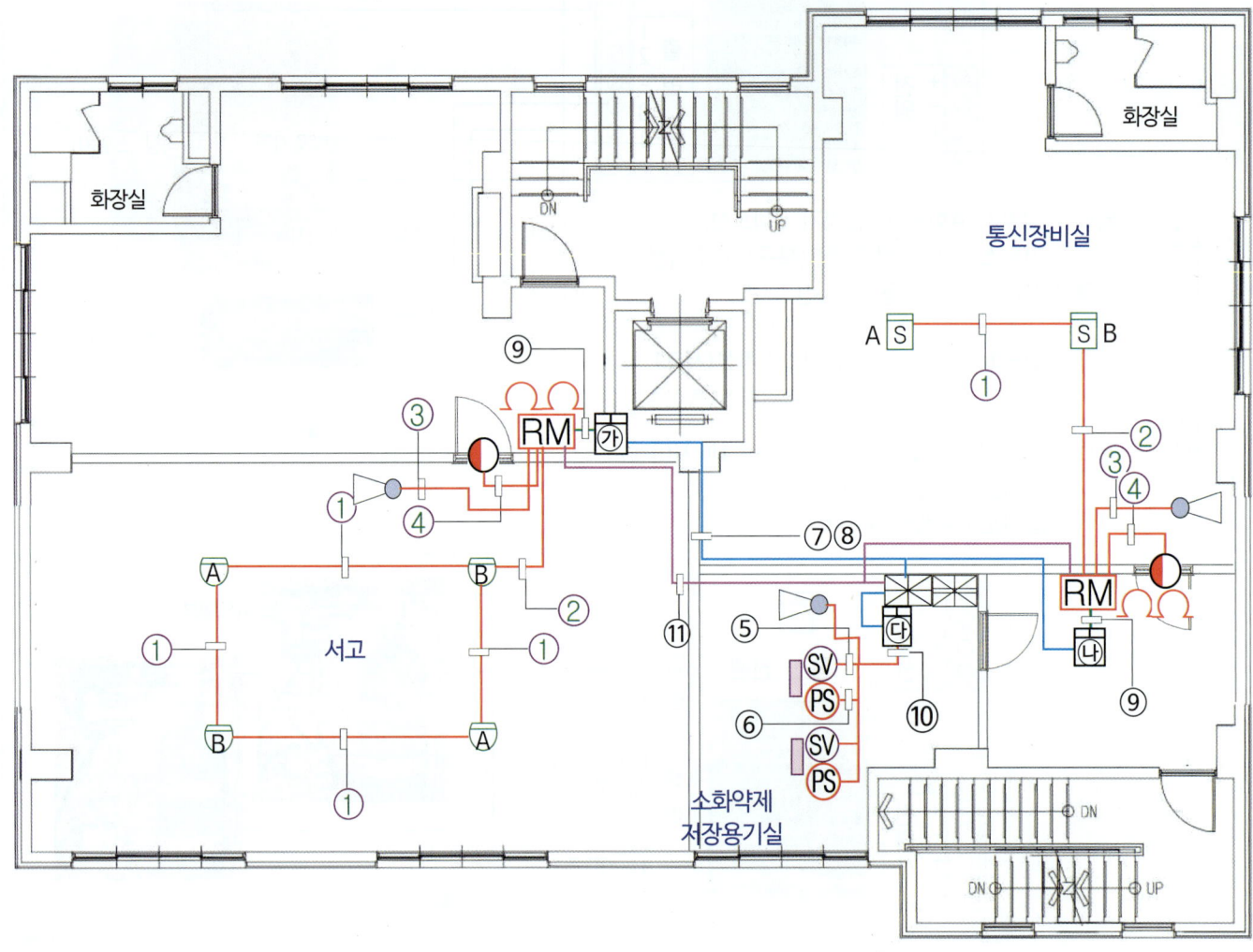

3. 소화약제 저장용기실의 부품 ↔ 중계기(□) 연결 내용
   ○ 중계기의 종류   ○ 신호전송선의 종류
   ○ 압력스위치, 솔레노이드밸브와 중계기의 IN(입력), OUT(출력)의 구체적인 내용

4. 수동조작함(RM) ↔ 중계기(□) 수신기(⊠) 연결 내용
   ○ 중계기의 종류   ○ 신호전송선의 종류
   ○ 수동조작함(RM)과 중계기(□)의 IN(입력), OUT(출력)의 구체적인 내용

부품과 수동조작함, 중계기와 연결 내용

1. 감지기(S ⌒)
통신장비실과 서고에는 감지기를 A, B 교차회로 설계를 했다.
서고에는 차동식스폿트형 감지기, 통신장비실에는 연기감지기를 바닥면적에 필요한 감지기 개수의 2배를 설계한다.

감지기선 ①은 `HFIX 1.5㎟ - 4(16C)` 이다. 수동조작함(RM)에서 감지기선 2선이 출발하여 B회로감지기를 차례로 연결하여 감지기선이 수동조작함으로 되돌아와 감지기선의 끝에 종단저항을 설치한다.

감지기선 ②는 `HFIX 1.5㎟ - 8(28C)` 이다. 수동조작함(RM)에서 감지기선 2선이 출발하여 감지기 A회로를 차례로 연결하여 감지기선이 수동조작함으로 되돌아와 감지기선의 끝에 종단저항을 설치한다. 감지기선 B회로 4선과 A회로 4선을 합하여 8선이다.

2. 사이렌(◯⊲)   ③은 사이렌선 +, -선 2선으로 `HFIX 2.5㎟ - 2(16C)` 이다.

3. 방출표시등(◐)   ④는 방출표시등 +, -선 2선으로 `HFIX 2.5㎟ - 2(16C)` 이다.

4. 솔레노이드밸브(SV)   ⑤는 기동용기의 솔레노이드밸브로서 +, -선 2선으로 `HFIX 2.5㎟ - 2(16C)` 이다.

5. 압력스위치(PS)   ⑥은 기동용기함에 설치된 압력스위치로서 +, -선 2선으로 `HFIX 2.5㎟ - 2(16C)` 이다.

⑪은 `HFIX 2.5㎟ - 2(16C)` 이며, 전화(+, -)선 이다.

⑨는 `HFIX 2.5㎟ - 12(28C)` 이다.
중계기와 부품마다 연결하는 선으로, 구체적인 회선 내용은
감지기 A회로(+,-), 감지기 B회로(+,-), 기동(작동)스위치(+,-), 방출지연(비상)스위치(+,-),
사이렌(+,-), 방출표시등(+,-)

⑩은 `HFIX 2.5㎟ - 4(16C)` 이다. 압력스위치(방출표시등작동)(+,-), 기동(솔레노이드밸브)(+,-)

⑦은 통신선 `F-CVV-SB CABLE 1.5㎟ 또는 (HCVV-SB TWIST CABLE 1.5㎟ 1pr)` 이다.

⑧은 중계기 전원(+, -)선 이다.

XI (11). 연결송수관설비 설계

1. 설치장소

가. 연결송수관설비를 설치해야 하는 특정소방대상물

소방시설설치 및 관리에 관한 법률 시행령 별표4

(위험물 저장 및 처리 시설 중 가스시설 또는 지하구는 제외한다)
가. 층수가 5층 이상으로서 연면적 6천㎡ 이상인 경우에는 모든 층
나. 가에 해당하지 않는 특정소방대상물로서 지하층을 포함하는 층수가 7층 이상인 경우에는 모든 층
다. 가 및 나에 해당하지 않는 특정소방대상물로서 지하층의 층수가 3층 이상이고 지하층의 바닥면적의 합계가 1천㎡ 이상인 경우에는 모든 층
라. 지하가 중 터널로서 길이가 1천m 이상인 것

나. 설치장소 중 면제 장소

소방시설설치 및 관리에 관한 법률 시행령 별표5

연결송수관설비를 설치하여야 하는 소방대상물에 옥외에 연결송수구 및 옥내에 방수구가 부설된 옥내소화전설비, 스프링클러설비, 간이스프링클러설비 또는 연결살수설비를 화재안전기준에 적합하게 설치한 경우에는 그 설비의 유효범위에서 설치가 면제된다. 다만, 지표면에서 최상층 방수구의 높이가 70m 이상인 경우에는 설치해야 한다.

2. 설계 내용

가. 송수구

① 송수구 위치
소방차가 쉽게 접근할 수 있고 노출된 장소이면서, 화재층으로부터 지면으로 떨어지는 유리창 등이 송수 및 그 밖의 소화작업에 지장을 주지 않는 장소에 설치해야 한다.

② 송수구 높이
송수구는 지면(땅)으로부터 높이가 0.5m 이상 1m 이하의 위치에 설치해야 한다.

③ 개폐밸브 설치
송수구로부터 연결송수관설비의 주배관에 이르는 연결배관에 개폐밸브를 설치하느냐 않느냐는 선택이다.
개폐밸브를 설치하지 않는 것이 바람직하다.
만약 필요에 의하여 개폐밸브를 설치한다면 그 개폐상태를 쉽게 확인 및 조작할 수 있는 옥외 또는 기계실 등의 장소에 설치해야 한다.

④ 송수구 종류
송수구의 종류는 단구형과 쌍구형이 있다.
단구형은 소방차의 호스를 연결할 수 있는 곳이 1곳인 송수구이며, 쌍구형은 소방차 호스를 연결하는 곳이 2곳인 송수구를 말한다. 연결송수관설비의 송수구는 구경 65㎜의 쌍구형으로 해야 한다.

⑤ 송수구 설치개수
송수구는 연결송수관의 수직배관마다 1개 이상을 설치한다. 다만, 하나의 건축물에 설치된 각 수직배관이 중간에 개폐밸브가 설치되지 아니한 배관으로 상호 연결되어 있는 경우에는 건축물마다 1개씩 설치할 수 있다.

⑥ 송수구 부근 배관에 설치하는 부품 설치순서
가. **습식**의 경우에는 **송수구 · 자동배수밸브 · 체크밸브**의 순으로 설치한다.
나. **건식**의 경우에는 **송수구 · 자동배수밸브 · 체크밸브 · 자동배수밸브**의 순으로 설치한다.
   자동배수밸브는 배관안의 물이 잘빠질 수 있는 위치에 설치하되, 배수로 인하여 다른 물건이나 장소에 피해를 주지 아니하여야 한다.

⑦ 표지판
송수구에는 가까운 곳의 보기 쉬운 곳에 "연결송수관설비 송수구"라고 표시한 표지를 설치한다.

⑧ 송수구 마개
송수구에는 이물질을 막기 위한 마개를 씌운다.

⑨ 송수구 송수압력범위 표지판
송수구에는 그 가까운 곳의 보기 쉬운 곳에 송수압력범위를 표시한 표지를 설치해야 한다.

송수구 마개   송수구 표지판   송수구 송수압력범위 표지판

송수압력범위 표시내용 계산

1. 압력 표시 : 00MPa(최소압력) ~ 00MPa(최대압력)

2. 최소압력 : 가장 높은 층의 방수구 소방호스 노즐에서 0.35 MPa 이상의 송수압력이 나와야 한다.

압력계산 내용 :
송수구에서 가장 높은층의 방수구까지의 수직높이 + 송수구에서 가장 높은층의 방수구까지의 배관 마찰손실 + 소방호스의 마찰손실 + 노즐 방수압력(0.35 MPa-35m)

3. 최대압력 : 배관의 허용압력 이하이면서, 화재진압작전의 허용범위 이하(옥내소화전설비 노즐의 허용 방수압력 0.7 MPa)의 압력이 되어야 한다.

압력계산 내용 :
설치된 설비의 배관 허용 최대압력 이하로 해야 한다.
송수구에서 가장 높은층의 방수구까지의 수직높이 + 송수구에서 가장 높은층의 방수구까지의 배관 마찰손실 + 소방호스의 마찰손실 +【0.35MPa(방수압력-35m) + 0.35MPa-35m 정도(여유압력)】

참고 자료 :
지상의 송수구에서 소방차로 송수할 수 있는 압력범위를 계산하는 내용이므로, 가압송수장치가 있는 연결송수관설비와 없는 설비는 모두 동일한 건물의 규모와 조건에서는 송수압력범위는 동일하다.

문 제

그림가 같이 연결송수관설비가 설치된 건물의 아래와 같은 조건에서 송수구 송수압력범위 표시내용을 계산하시오.

【조 건】
1. 송수구에서 가장 높은층 방수구까지의 수직높이 : 20m
2. 송수구에서 가장 높은층 방수구까지의 배관 마찰손실 : 8m
3. 소방호스의 마찰손실 : 1.2m
4. 방수구 최소 방수압력 : 0.35 MPa
5. 방수구 최대 방수압력 : 0.7 MPa
6. 배관 최대 허용압력 : 1 MPa
7. 계산의 편의를 위해 1MPa = 10kg/cm²으로 계산한다.

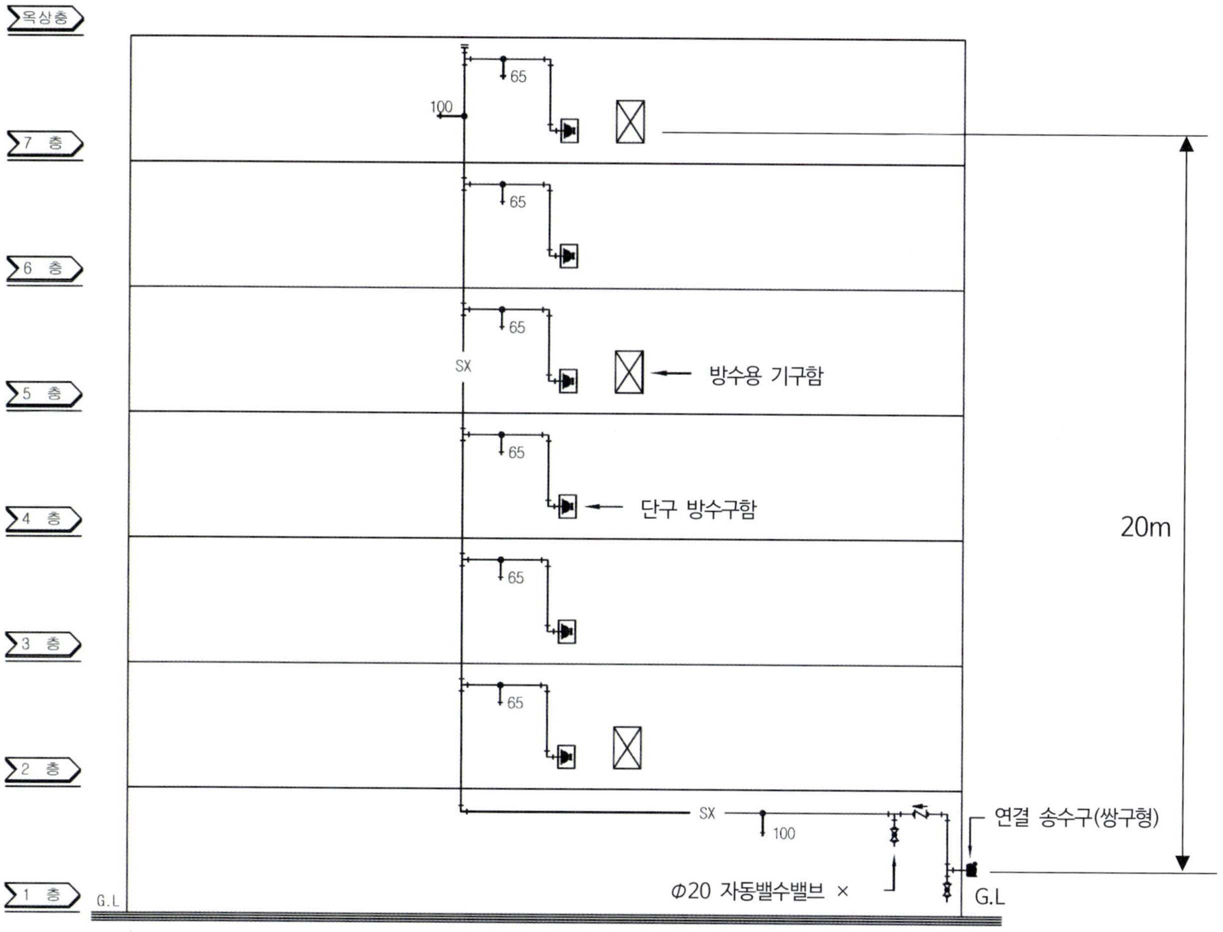

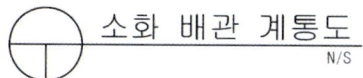
소화 배관 계통도

> **정답**

송수구 송수압력범위 계산

1. 최소압력

송수구에서 가장 높은층 방수구까지의 수직높이
  + 송수구에서 가장 높은층 방수구까지의 배관 마찰손실
  + 소방호스의 마찰손실 + 노즐 방수압력(0.35 MPa)

$$20m + 8m + 1.2m + 35m = 64.2m$$
$$\therefore 0.642MPa$$

2. 최대압력

송수구에서 가장 높은층 방수구까지의 수직높이
  + 송수구에서 가장 높은층 방수구까지의 배관 마찰손실
  + 소방호스의 마찰손실 + 방수구의 최대 방수압력

$$20m + 8m + 1.2m + 70m = 99.2m$$
$$\therefore 0.992MPa$$

정답 0.642MPa ~ 0.992MPa(약 6.42kg/cm² ~ 9.92kg/cm²)

참고 자료 :
옥내소화전 노즐의 방수압력을 0.7MPa 이하로 제한한 이유는 소방대원이 노즐을 잡고 화재진압을 할 때 원활한 활동을 할 수 있는 방수압력이며, 노즐의 압력이 0.7MPa 이상이면 소방대원이 움직이지 못하거나 넘어지게 된다.

송수구 표지판

연결송수관 송수구
송수압력 : 0.64MPa~0.99MPa

나. 배관등 설계 내용

① 주배관 구경 크기
주배관의 구경은 100㎜ 이상의 것으로 해야 한다.

② 설비의 종류
배관안에 평소 물이 들어 있는 상태인지 없는 상태의 시설인지에 따라 습식과 건식설비로 분류한다.
- **건식설비** : 원칙적으로 건식설비로 설계를 하면 된다.
- **습식설비** : 건물의 높이가 31m 이상 또는 지상 11층 이상인 건물은 습식설비를 해야 한다.
  습식설비는 주배관과 옥내소화전 또는 스프링클러설비의 배관 또는 물탱크와 연결하여 연결송수관설비의 배관에 물이 들어 있도록 해야 한다.
  (습식을 하도록 한 이유는 높은 건물의 높은 층까지 소방차의 물로 송수를 하면 빈 배관에는 물이 많이 필요할 것이며, 높은 층까지 송수하는데 시간이 많이 소요된다. 그러므로 화재진압작전의 효율성을 위하여 미리 배관에 물이 들어 있는 습식설비를 하도록 한다)

③ 배관의 겸용
연결송수관설비의 주배관(수직배관)은 단독(전용)으로 설치하여야 한다.
그러나 주배관의 구경이 100㎜ 이상인 옥내소화전설비의 배관과 겸용할 수 있다.

④ 배관의 설치장소
수직배관은 내화구조로 구획된 계단실(부속실을 포함한다) 또는 파이프덕트 등 화재의 우려가 없는 장소에 설치하여야 한다.
다만, 학교 또는 공장이거나 배관주위를 1시간 이상의 내화성능이 있는 재료로 보호하는 경우에는 그러하지 아니하다.

⑤ 분기배관 사용
배관은 분기배관을 사용하지 않아야 한다. 그러나 분기배관을 사용할 경우에는 한국소방산업기술원 또는 성능시험기관으로 지정받은 기관에서 그 성능을 검증받은 것으로 설치해야 한다.

다. 방수구

① 방수구를 설치하여야 하는 층
방수구는 그 특정소방대상물의 층마다 설치한다. 다만, 다음의 어느 하나에 해당하는 층에는 설치하지 아니할 수 있다.
  가. 아파트의 1층 및 2층
  나. 소방차의 접근이 가능하고 소방대원이 소방차로부터 각 부분에 쉽게 도달할 수 있는 피난층
  다. 송수구가 부설된 옥내소화전을 설치한 특정소방대상물(집회장·관람장·백화점·도매시장·소매시장·판매시설·공장·창고시설 또는 지하가를 제외한다)로서 다음의 어느 하나에 해당하는 층
  (1) 지하층을 제외한 층수가 4층 이하이고 연면적이 6,000㎡ 미만인 특정소방대상물의 지상층
  (2) 지하층의 층수가 2 이하인 특정소방대상물의 지하층

② 방수구 설치위치 및 수평거리

방수구는 아파트 또는 바닥면적이 1,000㎡ 미만인 층에 있어서는 계단(계단의 부속실을 포함하며 계단이 2 이상 있는 경우에는 그 중 1개의 계단을 말한다)으로부터 5m 이내에, 바닥면적 1,000㎡ 이상인 층(아파트를 제외한다)에 있어서는 각 계단(계단의 부속실을 포함하며 계단이 3 이상 있는 층의 경우에는 그 중 2개의 계단을 말한다)으로부터 5m 이내에 설치하되,
그 방수구로부터 그 층의 각 부분까지의 거리가 다음의 기준을 초과하는 경우에는 그 기준 이하가 되도록 방수구를 추가하여 설치한다.

      가. 지하가(터널은 제외한다) 또는 지하층의 바닥면적의 합계가 3,000㎡ 이상인 것은 수평거리 25m
      나. 가목에 해당하지 아니하는 것은 수평거리 50m

③ 방수구 종류

방수구의 종류는 소방호스를 연결하는 곳이 1곳인 단구형과 호스를 연결하는 곳이 2곳인 쌍구형이 있다.
11층 이상의 부분에 설치하는 방수구는 쌍구형으로 한다. 다만, 다음 각목의 어느 하나에 해당하는 층에는 단구형으로 설치할 수 있다.

      가. 아파트의 용도로 사용되는 층
      나. 스프링클러설비가 유효하게 설치되어 있고 방수구가 2개소 이상 설치된 층

④ 방수구의 높이

방수구의 호스접결구는 바닥으로부터 높이 0.5m 이상 1m 이하의 위치에 설치한다.

⑤ 방수구의 종류

방수구는 연결송수관설비의 전용방수구 또는 옥내소화전 방수구로서 구경 65㎜의 것으로 설치한다.

⑥ 방수구 위치표시등

방수구의 위치표시는 표시등이나 발광식 또는 축광식 표지로 하되 다음의 기준으로 한다.

      가. 표시등을 설치하는 경우에는 함의 상부에 설치하되, 소방청장이 고시한 「표시등의 성능인증 및 제품검사의 기술기준」에 적합한 것으로 설치하여야 한다.
      나. 축광식표지를 설치하는 경우에는 소방청장이 고시한 「축광표지의 성능인증 및 제품검사의 기술기준」에 적합한 것으로 설치하여야 한다.

라. 방수기구함

① 방수기구함 설치 개수

방수기구함은 피난층과 가장 가까운 층을 기준으로 3개층마다 설치하되, 그 층의 방수구마다 보행거리 5m 이내에 설치할 것

> **해 설**
>
> 방수기구함은 층마다 설치하면 좋지만 설치비용을 고려하여 3개층에 1개를 설치하도록 했다.
> 소방대는 화재층에 도착하여 방수기구함이 있는 위 또는 아래층으로 내려가 호스와 노즐을 가져와 화재진압을 해야 하는 번거로움은 있다.

② 방수기구함 안의 비치 내용

함에는 길이 15m의 호스와 방사형 관창을 다음의 기준에 따라 비치한다.

가. 호스는 방수구에 연결하였을 때 그 방수구가 담당하는 구역의 각 부분에 유효하게 물이 뿌려질 수 있는 개수 이상을 비치한다. 이 경우 쌍구형 방수구는 단구형 방수구의 2배 이상의 개수를 설치하여야 한다.
나. 방사형 관창은 단구형 방수구의 경우에는 1개, 쌍구형 방수구의 경우에는 2개 이상 비치한다.

③ 함 표지

방수기구함에는 "방수기구함"이라고 표시한 축광식 표지를 할 것. 이 경우 축광식 표지는 소방청장이 고시한 「축광표지의 성능인증 및 제품검사의 기술기준」에 적합한 것으로 설치하여야 한다.

마. 가압송수장치

① 가압송수장치 설치하여야 하는 곳
지표면에서 최상층 방수구의 높이가 70m 이상의 특정소방대상물

② 펌프 토출량
펌프의 토출량은 2,400ℓ/min(계단식 아파트의 경우에는 1,200ℓ/min) 이상이 되는 것으로 할 것. 다만, 해당 층에 설치된 방수구가 3개를 초과(방수구가 5개 이상인 경우에는 5개)하는 것에 있어서는 1개마다 800ℓ/min(계단식 아파트의 경우에는 400ℓ/min)를 가산한 양이 되는 것으로 한다.

③ 펌프 양정
펌프의 양정은 최상층에 설치된 노즐선단의 압력이 0.35 MPa 이상의 압력이 되도록 한다.

④ 가압송수장치 기동방법
가압송수장치는 방수구가 개방될 때 자동으로 기동되거나 또는 수동스위치의 조작에 따라 기동되도록 한다. 이 경우 수동스위치는 2개 이상을 설치하되, 그 중 1개는 다음 각목의 기준에 따라 송수구의 부근에 설치하여야 한다.
    가. 송수구로부터 5m이내의 보기 쉬운 장소에 바닥으로부터 높이 0.8m 이상 1.5m 이하로 설치할 것
    나. 1.5㎜ 이상의 강판함에 수납하여 설치하고 "연결송수관설비 수동스위치"라고 표시한 표지를 부착할 것. 이경우 문짝은 불연재료로 설치할 수 있다.
    다. 「전기사업법」제67조에 따른 기술기준에 따라 접지하고 빗물등이 들어가지 아니하는 구조로 할 것

⑤ 가압송수장치 기준
1. 펌프의 토출측에는 압력계, 흡입측에는 연성계 또는 진공계를 설치한다.
2. 펌프의 성능을 시험할 수 있는 성능시험배관을 설치한다.
3. 펌프의 성능시험 시 방수되는 물로 침수피해가 발생하지 않도록 배수설비 설치한다.
4. 가압송수장치에는 체절운전시에 대비하여 순환배관을 설치한다.
5. 펌프의 토출량은 분당 2,400ℓ(계단식 아파트의 경우에는 분당 1,200ℓ) 이상이 되는 것으로 할 것. 다만, 해당 층에 설치된 방수구가 3개를 초과(방수구가 5개 이상인 경우에는 5개)하는 것에 있어서는 1개마다 분당 800ℓ(계단식 아파트의 경우에는 분당 400ℓ)를 가산한 양이 되는 것으로 한다.
6. 펌프의 양정은 최상층에 설치된 노즐선단의 압력이 0.35 MPa 이상의 압력이 되도록 한다.
7. 가압송수장치는 방수구가 개방될 때 자동으로 기동되거나 수동스위치의 조작에 따라 기동되도록 한다. 이 경우 수동스위치는 두 개 이상을 설치하되, 그중 한 개는 다음 각 목의 기준에 따라 송수구의 부근에 설치해야 한다.
    가. 송수구로부터 5미터 이내의 보기 쉬운 장소에 바닥으로부터 높이 0.8m 이상 1.5m 이하로 설치한다.
    나. 1.5mm 이상의 강판함에 수납하여 설치하고 "연결송수관설비 수동스위치"라고 표시한 표지를 부착한다. 이 경우 문짝은 불연재료로 설치할 수 있다.
    다. 「전기사업법」제67조에 따른 기술기준에 따라 접지하고 빗물 등이 들어가지 않는 구조로 한다.
8. 기동장치로는 기동용수압개폐장치 또는 이와 동등 이상의 성능이 있는 것으로 설치한다.
9. 수원의 수위가 펌프보다 낮은 위치에 있는 가압송수장치에는 물올림장치를 설치한다.
10. 기동용수압개폐장치를 기동장치로 사용할 경우에는 충압펌프를 설치한다.

바. 펌프 성능시험을 위한 전용 수조

【기 준】
1. 펌프의 성능시험을 위한 전용의 수조를 설치한다.
2. 수조의 유효수량은 펌프 정격토출량의 150%로 5분 이상 시험할 수 있는 양 이상이 되도록 한다.
3. 펌프의 성능시험 시 방수되는 물로 침수피해가 발생하지 않도록 배수설비가 되어 있을 것

사 례

업무용빌딩 1개층에 방수구가 3개 설치된 건물에서 펌프 토출량과 펌프의 성능시험을 위한 전용 수조의 용량을 구하시오? (단, 설치하는 펌프의 성능(사양)은 양정 70m, 정격토출량 150/H ㎥이다)

1. 펌프 토출량 : 2,400ℓ/min

> 【펌프 토출량 기준】
> 펌프의 토출량은 2,400ℓ/min(계단식 아파트의 경우에는 1,200ℓ/min) 이상이 되는 것으로 한다. 다만, 해당 층에 설치된 방수구가 3개를 초과(방수구가 5개 이상인 경우에는 5개)하는 것에 있어서는 1개마다 800ℓ/min(계단식 아파트의 경우에는 400ℓ/min)를 가산한 양이 되는 것으로 한다.

2. 수조 용량 : $\dfrac{150,000}{60}$ × 1.5(150%) × 5분 = 18,750ℓ

> 【수조 유효수량 기준】
> 수조의 유효수량은 펌프 정격토출량의 150%로 5분 이상 시험할 수 있는 양 이상이 되도록 한다.

(참고내용 : 정격토출량 150㎥/H = $\dfrac{150}{60}$ ㎥ · min = 2.5㎥ · min = 2,500ℓ/min)

펌프 성능시험을 위한 전용 수조

사. 전원 등

① 전원회로 배선

가압송수장치의 상용전원회로의 배선 및 비상전원은 다음의 기준에 따라 설치하여야 한다.
1. 저압수전인 경우에는 인입개폐기의 직후에서 분기하여 전용배선으로 한다.
2. 특별고압수전 또는 고압수전일 경우에는 전력용 변압기 2차측의 주차단기 1차측에서 분기하여 전용배선으로 하되, 상용전원회로의 배선기능에 지장이 없을 경우에는 주차단기 2차측에서 분기하여 전용배선으로 한다.
    다만, 가압송수장치의 정격입력전압이 수전전압과 같은 경우에는 제1호의 기준에 따른다.

② 비상전원의 기준

비상전원은 자가발전설비, 축전지설비(내연기관에 따른 펌프를 사용하는 경우에는 내연기관의 기동 및 제어용 축전지를 말한다) 또는 전기저장장치(외부 전기에너지를 저장해 두었다가 필요한 때 전기를 공급하는 장치)로서 다음 각 호의 기준에 따라 설치해야 한다.
1. 점검에 편리하고 화재 및 침수 등의 재해로 인한 피해를 받을 우려가 없는 곳에 설치한다.
2. 연결송수관설비를 유효하게 20분 이상 작동할 수 있어야 한다.
3. 상용전원으로부터 전력의 공급이 중단된 때에는 자동으로 비상전원으로부터 전력을 공급받을 수 있도록 한다.
4. 비상전원의 설치장소는 다른 장소와 방화구획 할 것. 이 경우 그 장소에는 비상전원의 공급에 필요한 기구나 설비외의 것(열병합발전설비에 필요한 기구나 설비는 제외한다)을 두어서는 아니 된다.
5. 비상전원을 실내에 설치하는 때에는 그 실내에 비상조명등을 설치한다.

3. 설계도면 설계내용

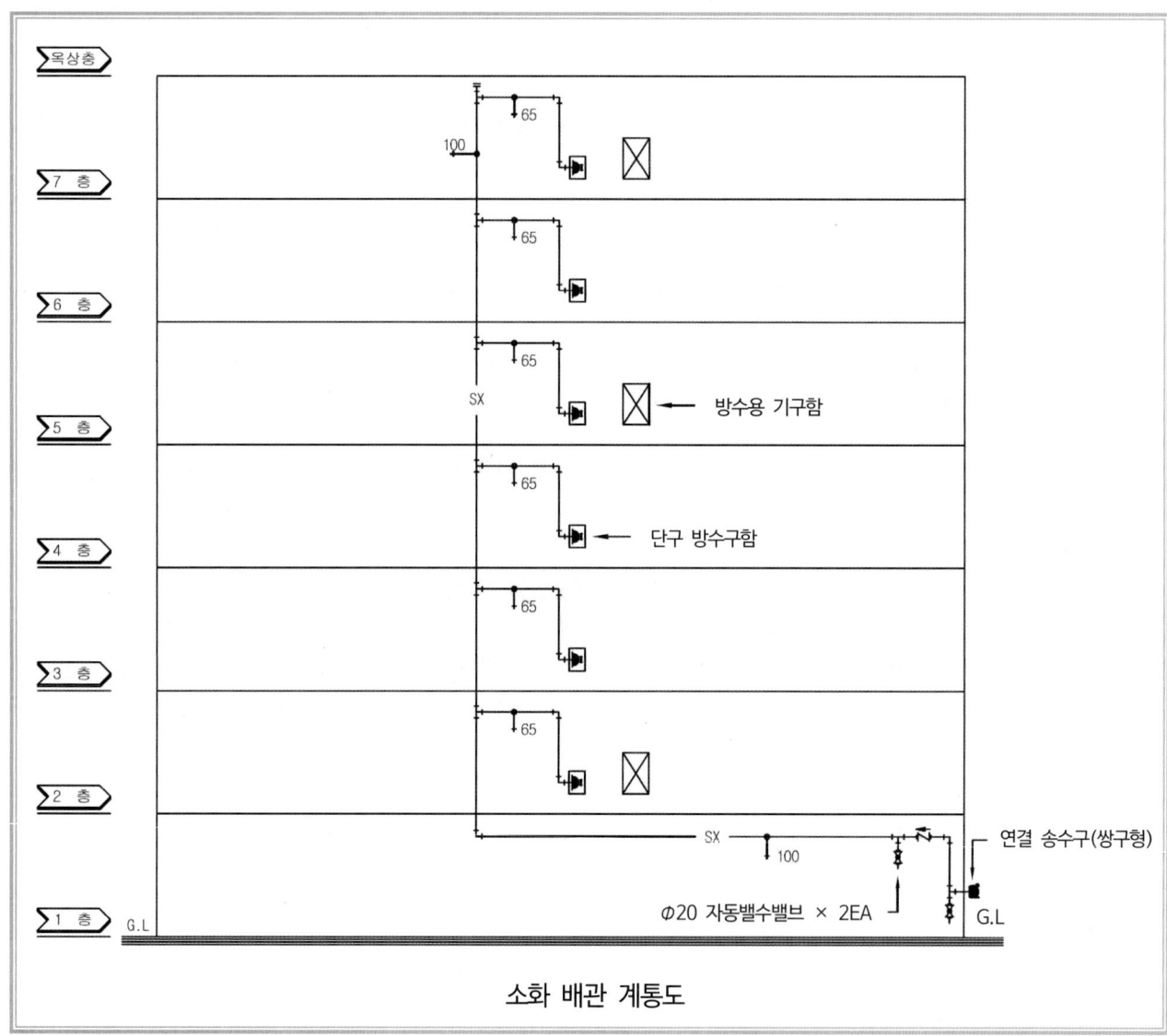

소화 배관 계통도

범례

기 호	명 칭	비 고
——S.X——	연결송수관 소화수 공급관	백강관(KS D 3507)
—⇄—	스모렌스키 체크밸브	Φ50 이하는 1.0MPa 나사식 Φ65 이상은 1.0MPa 후렌지식
—⋈—	자동배수밸브	Φ50 이하는 1.0MPa 나사식 Φ65 이상은 1.0MPa 후렌지식
━┷	연결송수구(쌍구형)	
▶|	단구 방수구함	Φ65 단구형 방수구 내장
⊠	방수용기구함	

가. 배관 구경 설계

① 주배관 구경

100mm 이상으로 한다.
설계한 그림의 청색의 선이 주배관이며, 구경은 100mm로 설계되었다.

④ 가지배관 구경

가지배관의 구경에 대한 기준은 없다.
방수구는 구경 65mm의 것으로 설치해야 한다.
그러므로 가지배관은 최소 65mm 이상의 배관을
설치해야 한다.

설계한 그림의 청색선은 주배관이며,
빨간색의 선은 가지배관이다.

구경은 65mm로 설계되었다.

방수기구함 설치 개수

방수기구함은 층마다 설치하면 좋지만 설치비용을 고려하여 3개층에 1개를 설치하도록 했다.

소방대는 화재층에 도착하여 방수기구함이 있는 위 또는 아래층으로 가서 함에 들어있는 호스와 노즐을 가져와 화재진압을 해야 하는 번거로움은 있다.

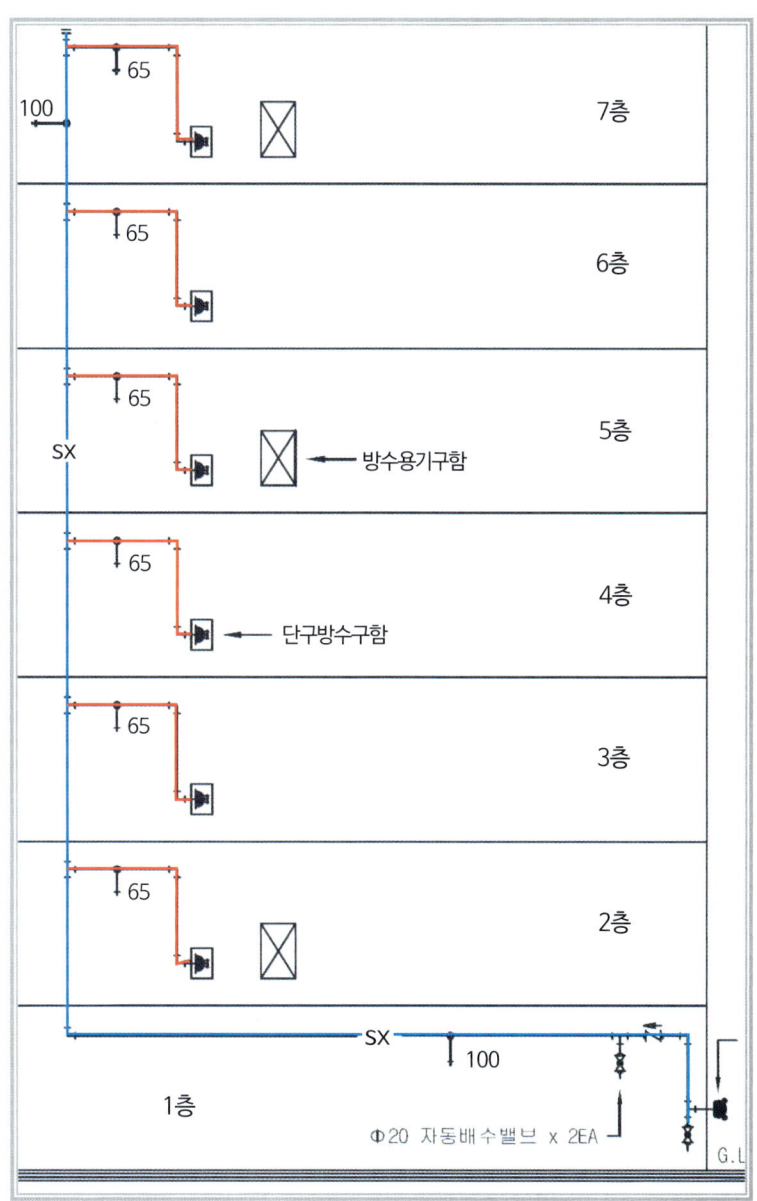

나. 방수구 설계

① 방수구 설치 층

방수구는 층마다 설치한다. 다만, 소방차의 접근이 가능하고 소방대원이 소방차로부터 각 부분에 쉽게 도달할 수 있는 피난층에는 설치하지 않는다.

이 건물은 1층(피난층)에는 설치하지 않고 2 ~ 7층에 방수구를 설계했다.

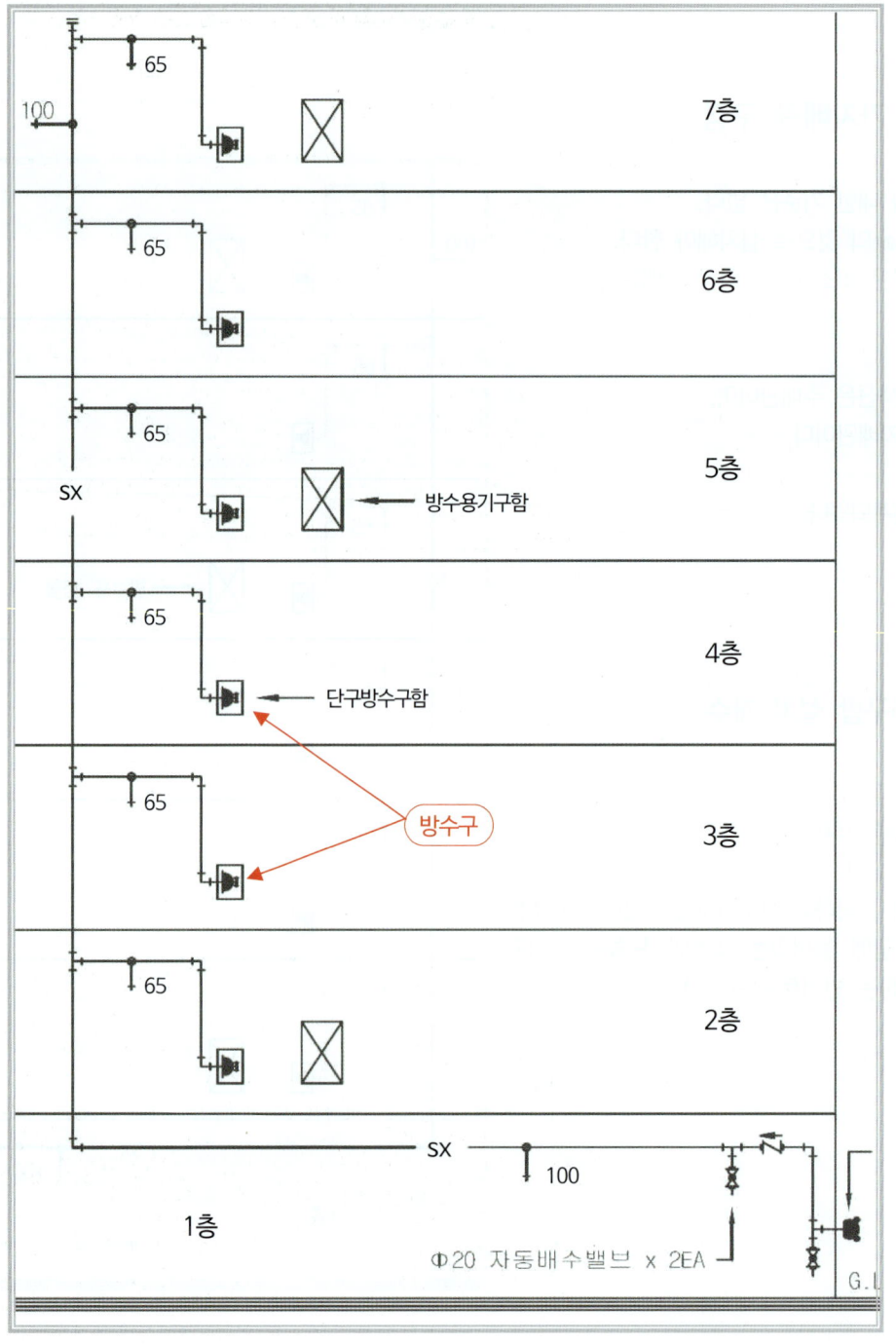

② 방수구 설치위치

방수구는 아파트 또는 바닥면적이 1,000㎡ 미만인 층에 있어서는 계단(계단의 부속실을 포함하며 계단이 2 이상 있는 경우에는 그 중 1개의 계단을 말한다)으로부터 5m 이내에, 바닥면적 1,000㎡ 이상인 층(아파트를 제외한다)에 있어서는 각 계단(계단의 부속실을 포함하며 계단이 3 이상 있는 층의 경우에는 그 중 2개의 계단을 말한다)으로 부터 5m 이내에 설치하되, 그 방수구로부터 그 층의 각 부분까지의 거리가 다음 각목의 기준을 초과하는 경우에는 그 기준 이하가 되도록 방수구를 추가하여 설치한다.
   Ⓐ 지하가(터널은 제외한다) 또는 지하층의 바닥면적의 합계가 3,000㎡ 이상인 것은 수평거리 25m
   Ⓑ Ⓐ목에 해당하지 아니하는 것은 수평거리 50m

설계하는 이 건물은 바닥면적이 1,000㎡ 미만이며, 계단부근에 방수구를 설치했다.

③ 방수구 종류

방수구는 단구형과 쌍구형이 있다.
11층 이상의 부분에 설치하는 방수구는 쌍구형으로 해야 한다.

이 건물은 7층이므로 단구형으로 설계했다.

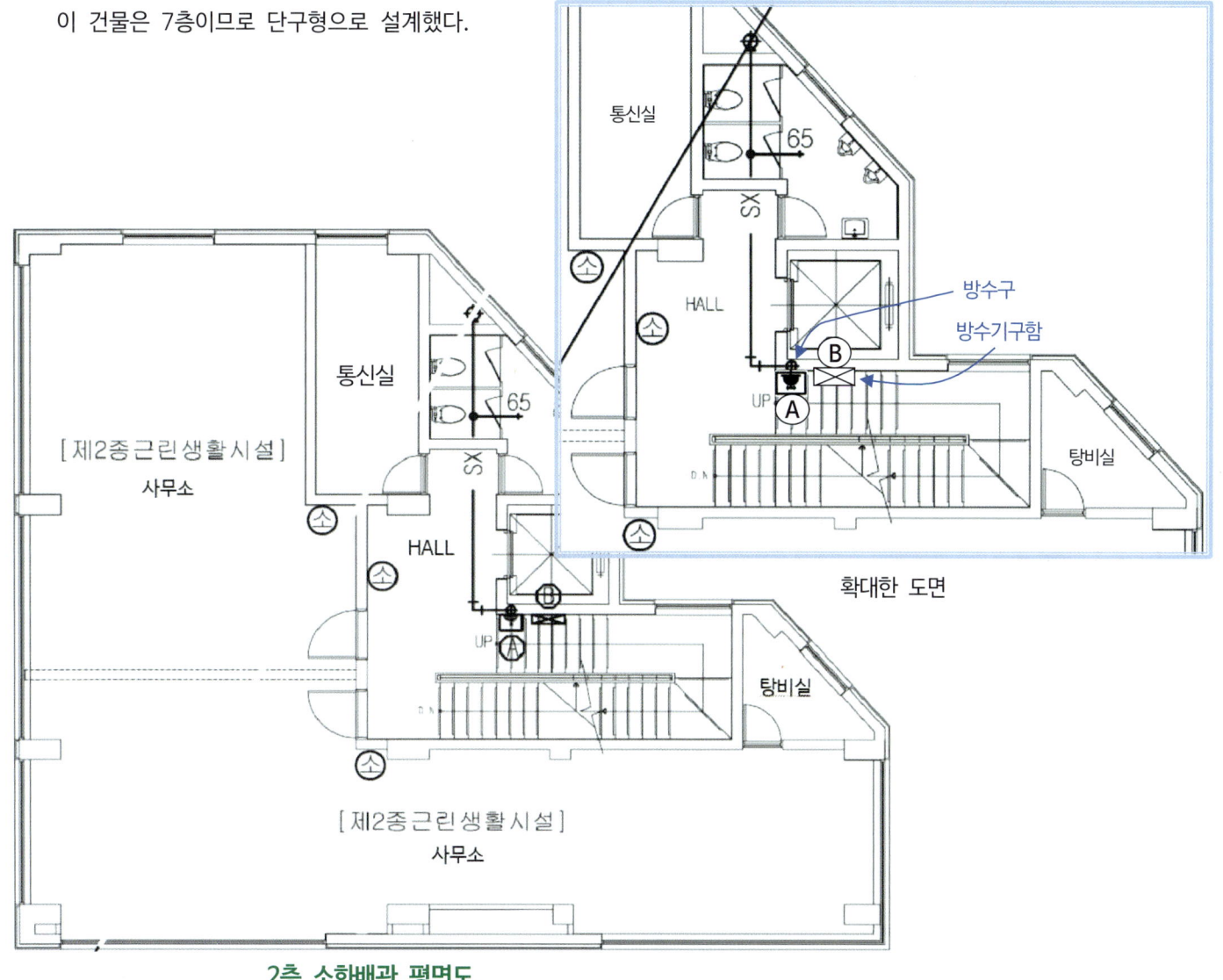

2층 소화배관 평면도

다. 송수구 설계

① **송수구 높이** : 지면으로부터 높이가 0.5m 이상 1m 이하의 위치에 설치한다.

② **구경** : 65㎜의 쌍구형으로 한다.

③ **송수구 부근 설치부품**
  건식 : 송수구 · 자동배수밸브 · 체크밸브 · 자동배수밸브의 순으로 설치한다.
  습식 : 송수구 · 자동배수밸브 · 체크밸브의 순으로 설치한다.

④ **표지판**
  송수구에는 가까운 곳의 보기 쉬운 곳에
  "연결송수관설비송수구"라고 표시한 표지를 설치한다.
  송수압력범위를 표시한 표지판을 설치한다.

⑤ **송수구 마개**
  송수구에는 이물질이 들어가는 것을 막기 위한 마개를 씌운다.

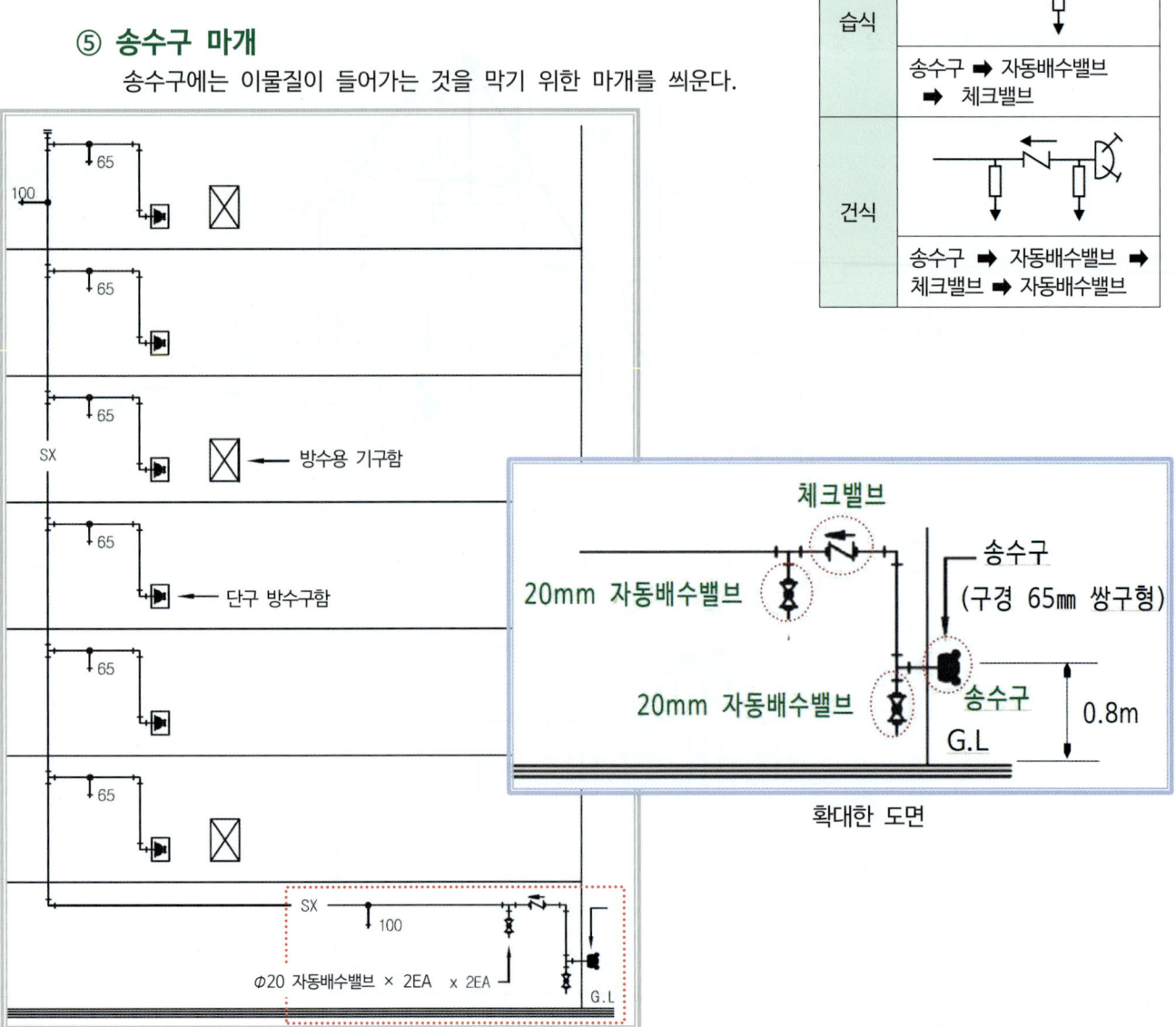

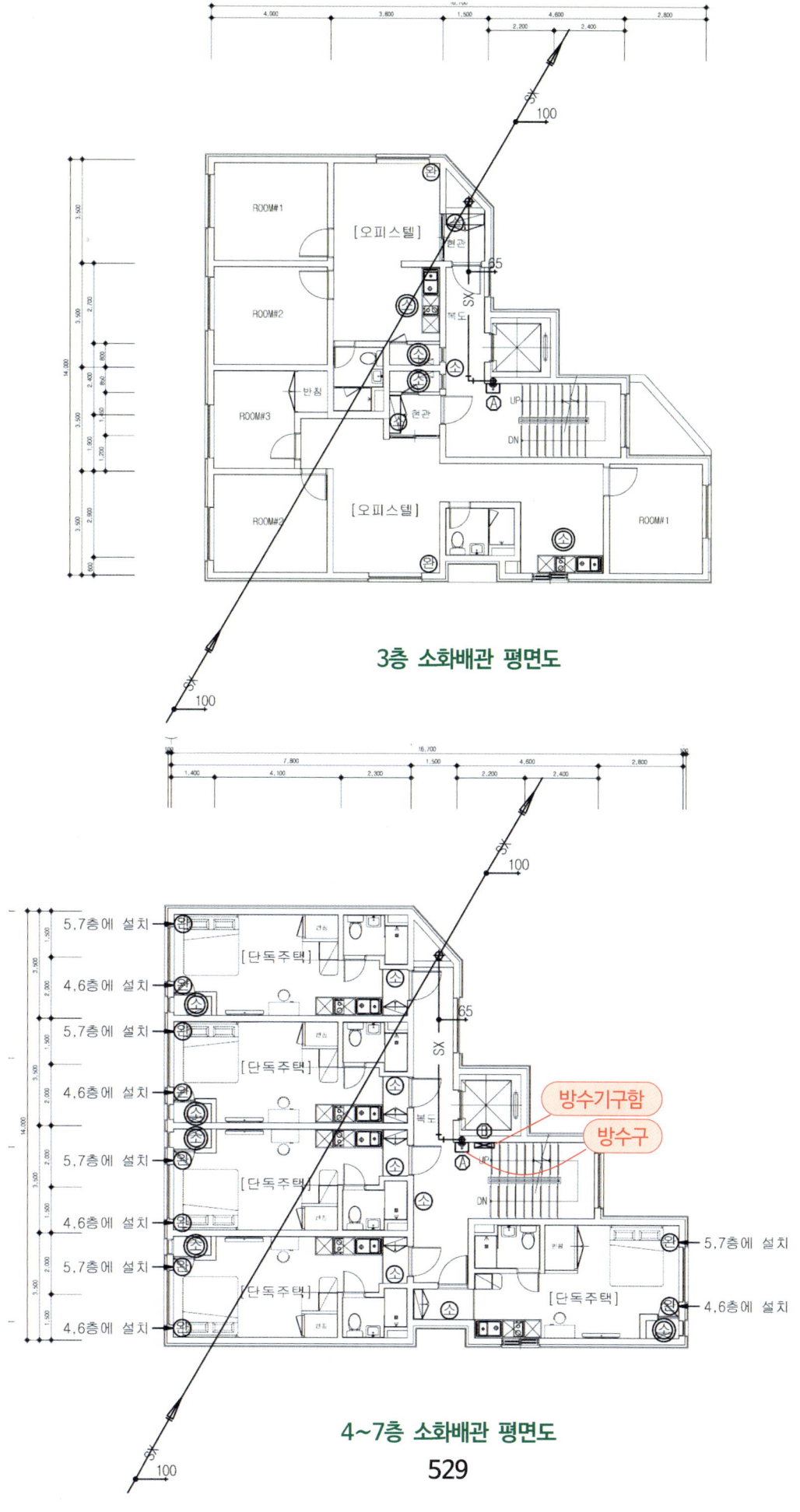

3층 소화배관 평면도

4~7층 소화배관 평면도

라. 방수기구함 설계

① **설치개수**
방수기구함은 방수구가 가장 많이 설치된 층을 기준하여 3개층마다 설치한다.

② **방수기구함 설치위치**
그 층의 방수구마다 보행거리 5m 이내에 설치한다.

③ **방수기구함 안의 비치 내용**
호스 : 길이 15m의 호스는 방수구에 연결하였을 때 그 방수구가 담당하는 구역의 각 부분에 유효하게 물이 뿌려질 수 있는 개수 이상을 비치한다.
관창(노즐) : 단구형 방수구의 경우에는 1개, 쌍구형 방수구의 경우에는 2개 이상 비치한다.

④ **이 건물의 설계 내용**
방수기구함 : 2, 5, 7층에 설계되었다.
방수기구함 설치위치 : 방수구는 기구함 안에 설계되었다.
방수기구함 안의 비치내용 : 노즐1개, 길이 15m의 65mm의 호스 1매

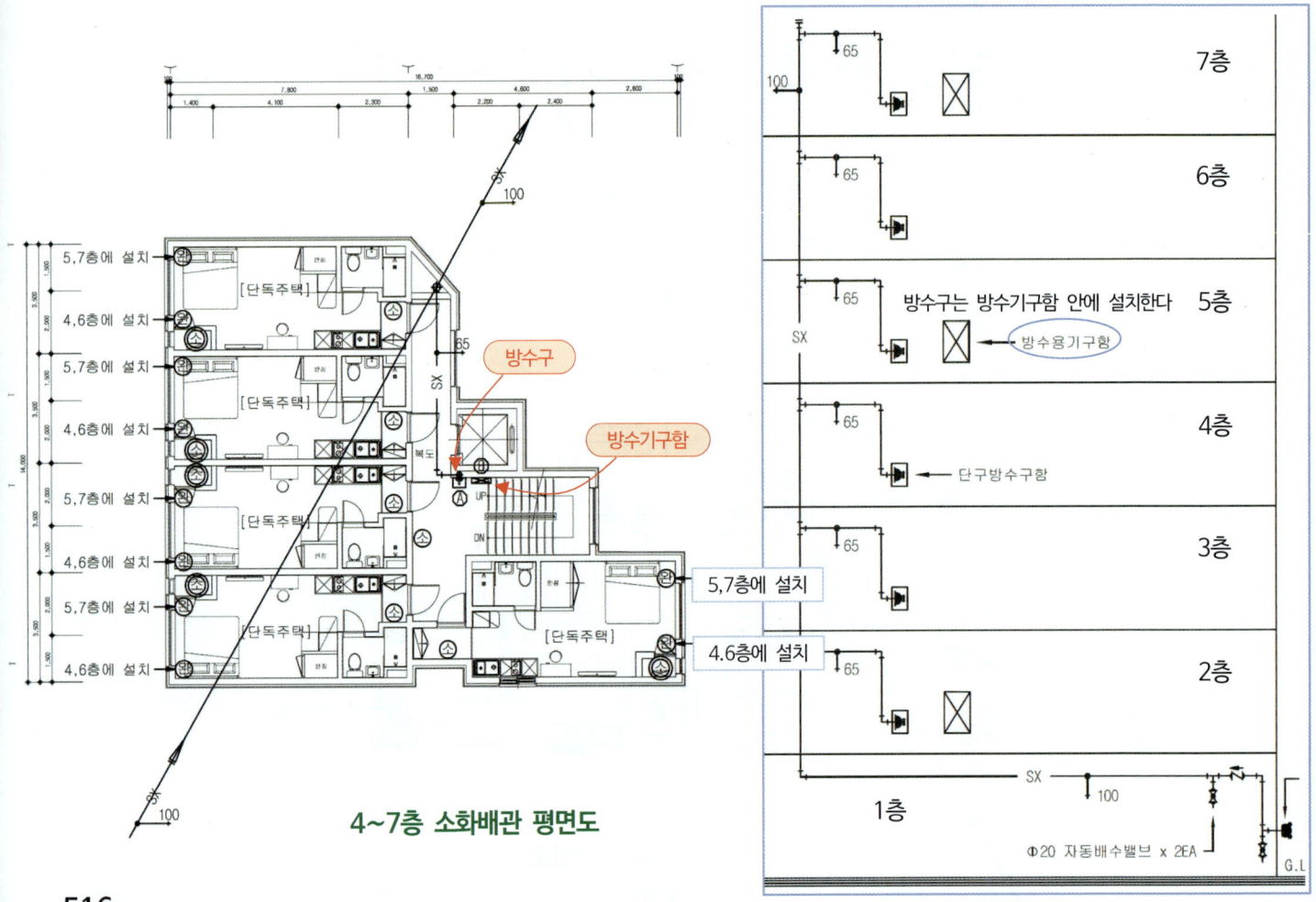

마. 연결송수관설비 계통도

1. 지표면에서 최상층 방수구의 높이가 70 m 미만의 특정소방대상물
(가압송수장치를 설치하지 않는 장소)

송수구의 부근에는 자동배수밸브 및 체크밸브 설치순서
- 습식 : 송수구 · 자동배수밸브 · 체크밸브의 순으로 설치
- 건식 : 송수구 · 자동배수밸브 · 체크밸브 · 자동배수밸브의 순으로 설치

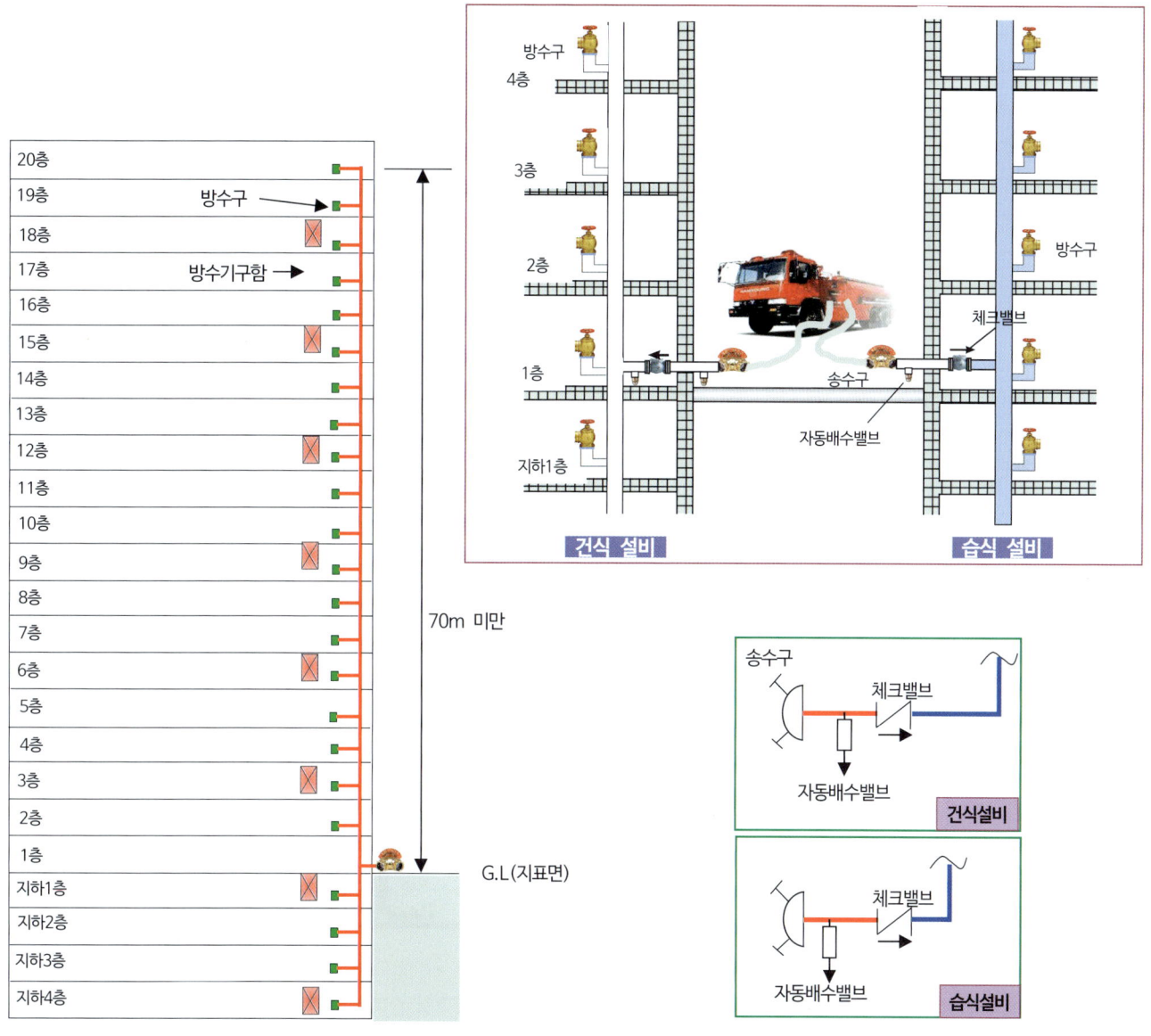

2. 70 m 이상의 특정소방대상물
(가압송수장치를 설치하는 장소)
- 저층, 고층 분리배관 하지 않고, 펌프를 저층에 설치하는 장소

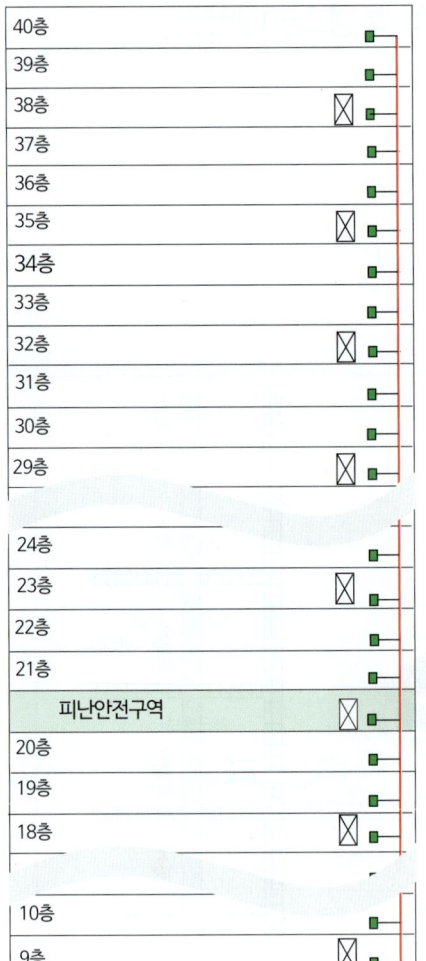

송수구와 주배관, 수조연결배관 연결 방법

1방법 : 송수구 ↔ 주배관(수직배관)
　　　　　　　　↔ 수조 연결
2방법 : 송수구 ↔ 수조 연결

1의 방법 배관연결

소방차에서 송수하는 물이 주배관으로 송수되고, 수조로도 송수되는 구조로 하면, 장점으로는
① 저층부에는 가압송수장치가 작동이 되지 않아도 소방차 송수가 가능하다.
② 고층부에는 소방차의 송수압력과 펌프의 송수압력이 직렬연결되어 더 높은 압력으로 송수가 가능하다.

2의 방법 배관연결

소방차에서의 송수하는 물이 수조로만 송수되는 구조로 하면, 단점으로는
① 가압송수장치가 작동이 되지 않으면 소방차 송수가 불가능하다.
② 가압송수장치와 별도로 저층부의 소방차 송수가 불가능하다.

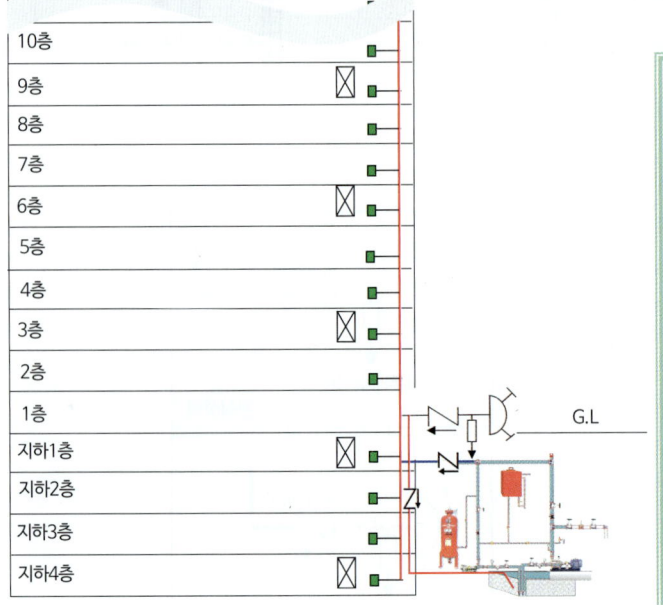
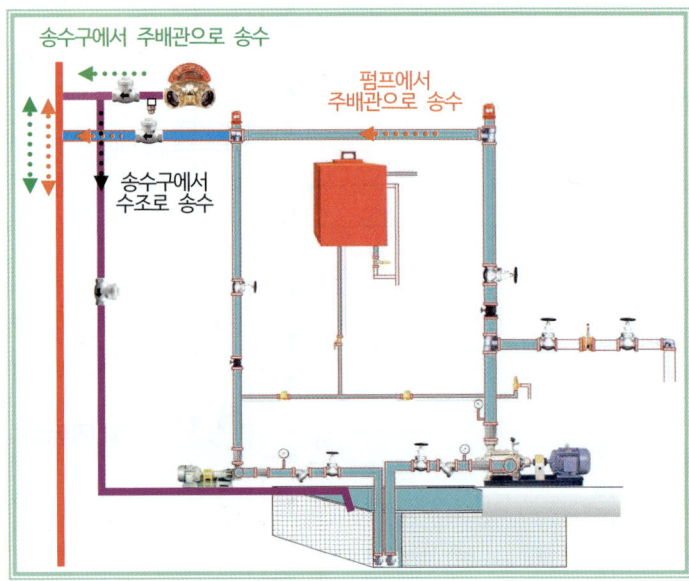

3. 70m 이상의 특정소방대상물(가압송수장치를 설치하는 장소)

4. 70m 이상의 특정소방대상물(가압송수장치를 설치하는 장소)

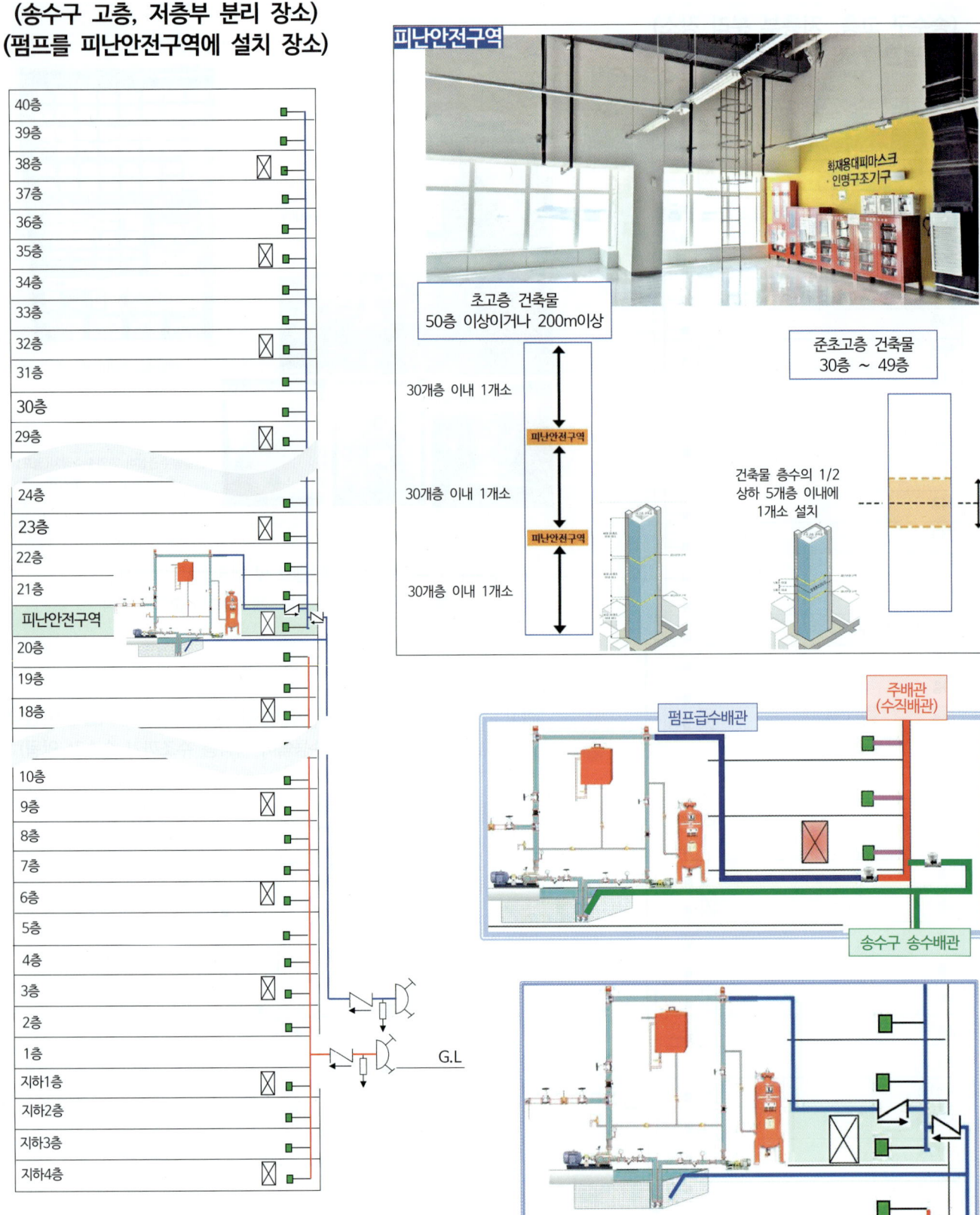

5. 가압송수장치 설계

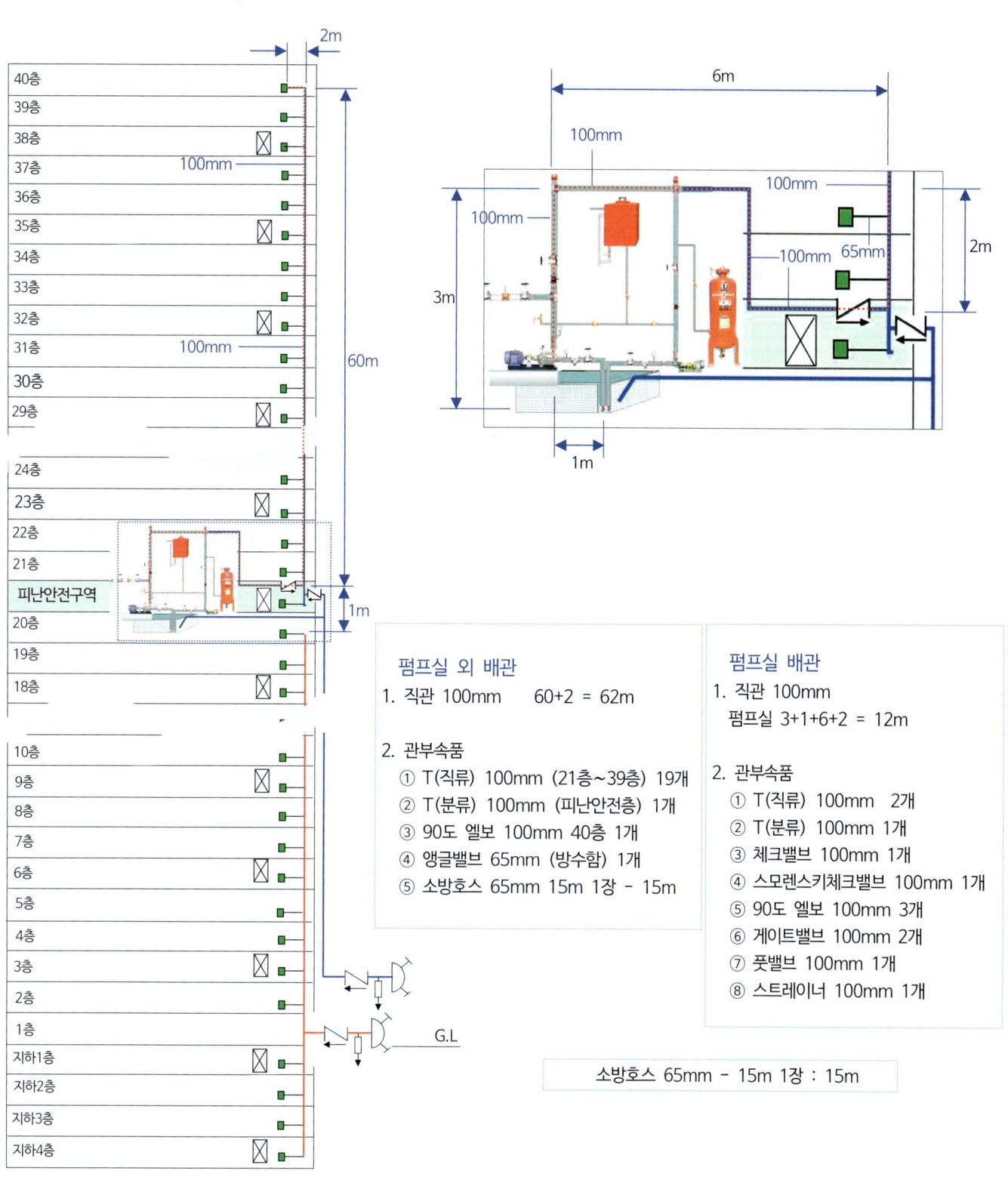

펌프실 외 배관
1. 직관 100mm   60+2 = 62m

2. 관부속품
   ① T(직류) 100mm (21층~39층) 19개
   ② T(분류) 100mm (피난안전층) 1개
   ③ 90도 엘보 100mm 40층 1개
   ④ 앵글밸브 65mm (방수함) 1개
   ⑤ 소방호스 65mm 15m 1장 - 15m

펌프실 배관
1. 직관 100mm
   펌프실 3+1+6+2 = 12m

2. 관부속품
   ① T(직류) 100mm 2개
   ② T(분류) 100mm 1개
   ③ 체크밸브 100mm 1개
   ④ 스모렌스키체크밸브 100mm 1개
   ⑤ 90도 엘보 100mm 3개
   ⑥ 게이트밸브 100mm 2개
   ⑦ 풋밸브 100mm 1개
   ⑧ 스트레이너 100mm 1개

소방호스 65mm - 15m 1장 : 15m

관부속품 상세내용

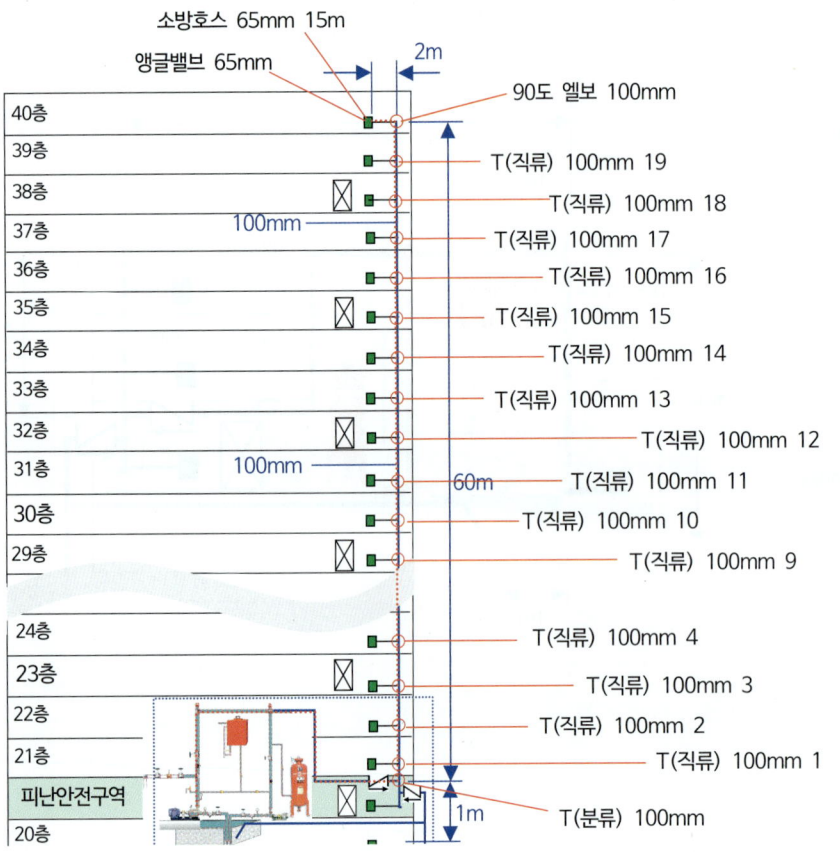

펌프실 외 장소 관부속품

① T(직류) 100mm (21층~39층) 19개
② T(분류) 100mm (피난안전층) 1개
③ 90도 엘보 100mm 40층 1개
④ 앵글밸브 65mm (방수함) 1개
⑤ 소방호스 65mm 15m 1장 – 15m

펌프실 내 관부속품

① T(직류) 100mm 2개
② T(분류) 100mm 1개
③ 체크밸브 100mm 1개
④ 스모렌스키체크밸브 100mm 1개
⑤ 90도 엘보 100mm 3개
⑥ 게이트밸브 100mm 2개
⑦ 풋밸브 100mm 1개
⑧ 스트레이너 100mm 1개

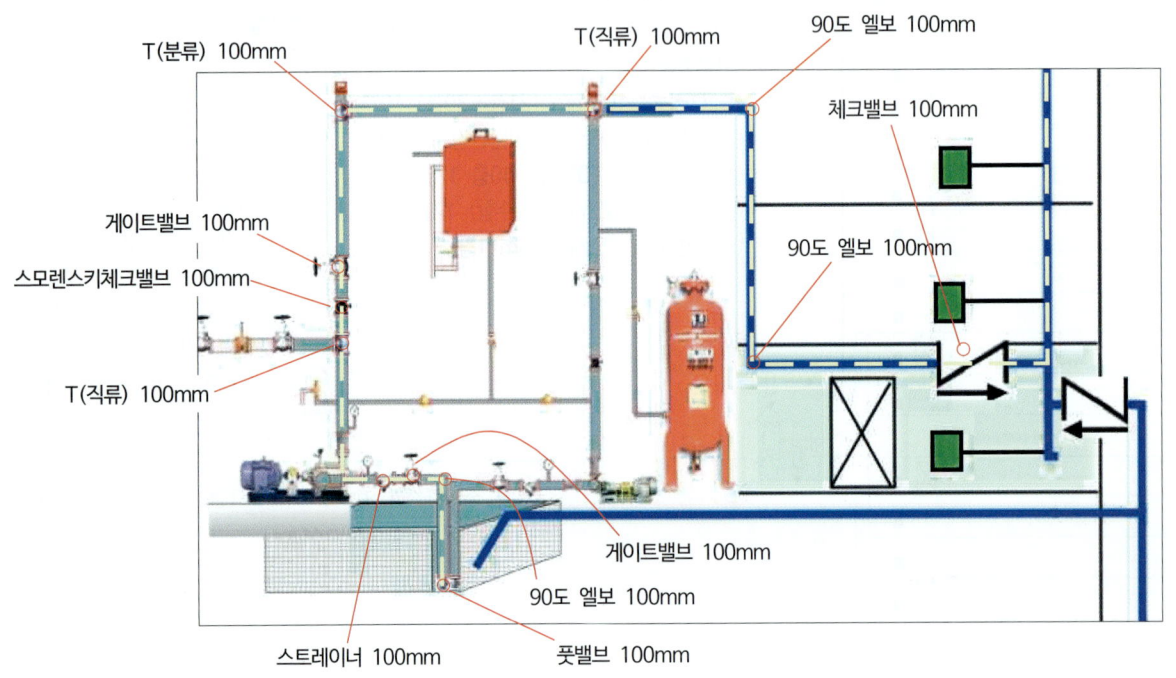

배관 및 소방호스 마찰손실수두 계산

배관구경	배관 부속품	개수	상당하는 직관길이(m)	직관길이
100mm	T(직류)(100mm)	21개	1.20m	25.2
	T(분류)(100mm)	2개	6.3m	12.6
	체크밸브(100mm)	1개	7.6m	7.6
	스모렌스키체크밸브(100mm)	1개	16.5m	16.5
	90도 엘보(100mm)	4개	4.2m	16.8
	게이트밸브(100mm)	2개	0.81m	1.62
	풋밸브(100mm)	1개	16.5m	16.5
	스트레이너(100mm)	1개	16.5m	16.5
	계		113.32	
65mm	앵글밸브(65mm)	1개	10.2m	10.2
	계		10.2	

100mm 배관 직관길이(12 + 62) + 관부속품 직관 환산길이(113.32) = 187.32m
65mm 관부속품 직관 환산길이 = 10.2m

《표 3》 배관(직관)의 마찰손실수두(배관 100m 당)

유량(ℓ/min)	65	80	100
2,400	268.98	115.94	31.85

배관(직관 + 관부속품) 마찰손실수두

배관구경	배관(직관) 마찰손실수두 계산	마찰손실수두
100mm 배관	$187.32 \times \dfrac{31.85}{100}$	59.66
65mm 배관	$10.2 \times \dfrac{268.98}{100}$	27.44
계		87.1 m

h2(소방호스 마찰손실수두) : $15m \times \dfrac{4}{100}$ = 0.6m

h1(배관의 마찰손실수두) = 87.1m

⟨표 1⟩ 소방용 호스의 마찰손실수두(호스 100m 당)

유량 (ℓ/min) \ 구경종별	호스의 구경(mm) 65	
	마제호스	고무내장호스
350	10	4

《표 2》 관이음쇠·밸브류 등의 마찰손실수두에 상당하는 직관길이 (m)

호칭구경 \ 종류	90°엘보	45°엘보	90°T(분류)	90°T(직류)	게이트밸브	볼밸브	앵글밸브	체크밸브
65	2.4	1.5	3.6	0.75	0.48	19.5	10.2	4.6
80	3.0	1.8	4.5	0.90	0.63	24.0	12.0	5.7
100	4.2	2.4	6.3	1.20	0.81	37.5	16.5	7.6

(주) 스모렌스키 체크밸브, 풋밸브, 스트레나, 알람밸브는 표의 앵글밸브와 같다

《표 3》 배관(직관)의 마찰손실수두(배관 100m 당)

유량(ℓ/min)	65	80	100
2,400	268.98	115.94	31.85

⟨표 4⟩ 펌프의 효율 E값

펌프 토출 구경(mm)	E의 수치(효율)
100	0.6 ~ 0.65

⟨표 5⟩ 전달계수 K값

전력의 형식	K 수치
전동기 직결	1.1

전동기 용량 계산

총양정(H) = h1(배관의 마찰손실수두) + h2(소방호스 마찰손실수두) + h3(낙차) + 35m

    h1(배관의 마찰손실수두) : 87.1 m
    h2(소방호스 마찰손실수두) : 0.6m
    h3(낙차) : 61m

그러므로 총양정(H) = 87.1 + 0.6 + 61 = 148.7 m

Q(토출양) = 2,400 ℓ/min = 2.4㎥/min,

    Q = 2.4㎥/min를 ㎥/sec로 변환하면, $\frac{2.4}{60}$ = 0.04㎥/sec 이다.

전동기용량(P) = $\frac{\gamma \times Q \times H}{102 \times E}$ × K = $\frac{1000 \times 0.04 \times 148.7}{102 \times 0.65}$ × 1.1 = $\frac{5,948}{66.3}$ × 1.1 = **98.68 Kw**

XII(12). 무선통신보조설비 설계

1. 무선통신보조설비 설계 자료

가. 무선통신보조설비를 설치해야 하는 특정소방대상물

소방시설설치 및 관리에 관한 법률 시행령 별표4

(1) 지하가(터널은 제외한다)로서 연면적 1천㎡ 이상인 것
(2) 지하층의 바닥면적의 합계가 3천㎡ 이상인 것 또는 지하층의 층수가 3층 이상이고 지하층의 바닥면적의 합계가 1천㎡ 이상인 것은 지하층의 모든 층
(3) 지하가 중 터널로서 길이가 500m 이상인 것
(4) 지하구 중 공동구
(5) 층수가 30층 이상인 것으로서 16층 이상 부분의 모든 층

나. 케이블의 종류

(1) **LCX-FR-SS4D CABLE** 내열누설동축 케이블
(2) **ECX FR-10D-2V** 동축 케이블

□ 내열누설동축 케이블(LCX - FR - SS - 4D)

① LCX = Leaky Coaxial Cable(누설동축케이블)
② FR = Flame Resistance (난연성)
③ SS = Self Supporting(자기 지지)
④ 4 = 절연체 외경(mm)
⑤ D = 특성 임피던스 50 (Ω)

다. 설계에서 고려할 내용

(1) 누설동축케이블은 4m 이내마다 금속제 또는 자기제 등의 지지금구로 벽, 천장, 기둥 등에 견고하게 고정한다.

(2) 누설동축케이블, 분배기, 혼합기 등의 임피던스는 50Ω의 것으로 한다.

(3) 증폭기에 사용되는 비상전원 용량은 무선통신보조설비를 유효하게 30분 이상 작동시킬 수 있어야 한다.

(4) 누설동축케이블의 끝부분에는 무반사 종단저항을 견고하게 설치한다.

(6) 누설동축케이블 및 공중선 설치위치

ⓐ 금속판 등에 의하여 전파의 복사 또는 특성이 현저하게 저하되지 아니하는 위치에 설치한다.
ⓑ 고압의 전로로부터 1.5m 이상 떨어진 위치에 설치한다.

(7) 지상에 설치하는 무선기기 접속단자는 보행거리 300m 이내마다 설치한다.

(8) 무선기기 접속단자는 바닥으로부터 0.8m 이상 1.5m 이하의 높이에 설치한다.

지지금구 支持金具 : 물건을 받치는 금속 지지물, 행거

2. 무선통신보조설비 설치 기준 _{무선통신보조설비 화재안전기술기준}

가. 누설동축케이블 등 설치기준

(1) 소방전용주파수대에서 전파의 전송 또는 복사에 적합한 것으로서 소방전용의 것으로 한다. 다만, 소방대 상호간의 무선 연락에 지장이 없는 경우에는 다른 용도와 겸용할 수 있다.

(2) 누설동축케이블과 이에 접속하는 안테나 또는 동축케이블과 이에 접속하는 안테나로 구성한다.

(3) 누설동축케이블 및 동축케이블은 불연 또는 난연성의 것으로서 습기 등의 환경조건에 따라 전기의 특성이 변질되지 않는 것으로 하고, 노출하여 설치한 경우에는 피난 및 통행에 장애가 없도록 한다.

(4) 누설동축케이블 및 동축케이블은 화재에 따라 해당 케이블의 피복이 소실된 경우에 케이블 본체가 떨어지지 않도록 4 m 이내마다 금속제 또는 자기제 등의 지지금구로 벽·천장·기둥 등에 견고하게 고정할 것. 다만, 불연재료로 구획된 반자 안에 설치하는 경우에는 그렇지 않다.

(5) 누설동축케이블 및 안테나는 금속판 등에 따라 전파의 복사 또는 특성이 현저하게 저하되지 않는 위치에 설치한다.

(6) 누설동축케이블 및 안테나는 고압의 전로로부터 1.5 m 이상 떨어진 위치에 설치할 것. 다만, 해당 전로에 정전기 차폐장치를 유효하게 설치한 경우에는 그렇지 않다.

(7) 누설동축케이블의 끝부분에는 무반사 종단저항을 견고하게 설치한다.

(8) 누설동축케이블 및 동축케이블의 임피던스는 50 Ω으로 하고, 이에 접속하는 안테나·분배기 기타의 장치는 해당 임피던스에 적합한 것으로 해야 한다.

나. 옥외안테나

(1) 건축물, 지하가, 터널 또는 공동구의 출입구(「건축법 시행령」 제39조에 따른 출구 또는 이와 유사한 출입구를 말한다) 및 출입구 인근에서 통신이 가능한 장소에 설치한다.

(2) 다른 용도로 사용되는 안테나로 인한 통신장애가 발생하지 않도록 설치한다.

(3) 옥외안테나는 견고하게 파손의 우려가 없는 곳에 설치하고 그 가까운 곳의 보기 쉬운 곳에 "무선통신보조설비 안테나"라는 표시와 함께 통신 가능거리를 표시한 표지를 설치한다.

(4) 수신기가 설치된 장소 등 사람이 상시 근무하는 장소에는 옥외안테나의 위치가 모두 표시된 옥외안테나 위치표시도를 비치한다.

다. 분배기 등

(1) 먼지·습기 및 부식 등에 따라 기능에 이상을 가져오지 않도록 한다.

(2) 임피던스는 50 Ω의 것으로 할 것

(3) 점검에 편리하고 화재 등의 재해로 인한 피해의 우려가 없는 장소에 설치한다.

라. 증폭기 등

(1) 상용전원은 전기가 정상적으로 공급되는 축전지설비, 전기저장장치(외부 전기에너지를 저장해 두었다가 필요한 때 전기를 공급하는 장치) 또는 교류전압의 옥내 간선으로 하고, 전원까지의 배선은 전용으로 한다.

(2) 증폭기의 전면에는 주 회로 전원의 정상 여부를 표시할 수 있는 표시등 및 전압계를 설치한다.

(3) 증폭기에는 비상전원이 부착된 것으로 하고 해당 비상전원 용량은 무선통신보조설비를 유효하게 30분 이상 작동시킬 수 있는 것으로 한다.

(4) 증폭기 및 무선중계기를 설치하는 경우에는 「전파법」 제58조의2에 따른 적합성평가를 받은 제품으로 설치하고 임의로 변경하지 않도록 한다.

(5) 디지털 방식의 무전기를 사용하는데 지장이 없도록 설치한다.

무선기 접속단자함

누설 동축케이블 끝에 설치된 무반사 종단저항

3. 설계도면

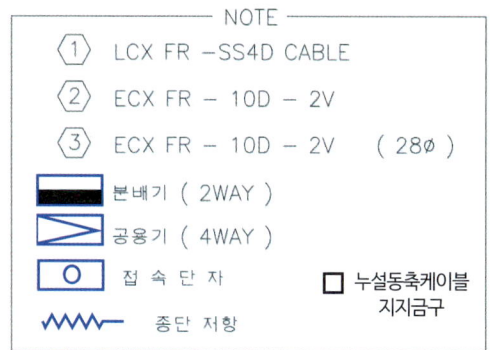

NOTE
① LCX FR −SS4D CABLE
② ECX FR − 10D − 2V
③ ECX FR − 10D − 2V (28∅)
본배기 (2WAY)
공용기 (4WAY)
접 속 단 자
종 단 저 항
누설동축케이블 지지금구

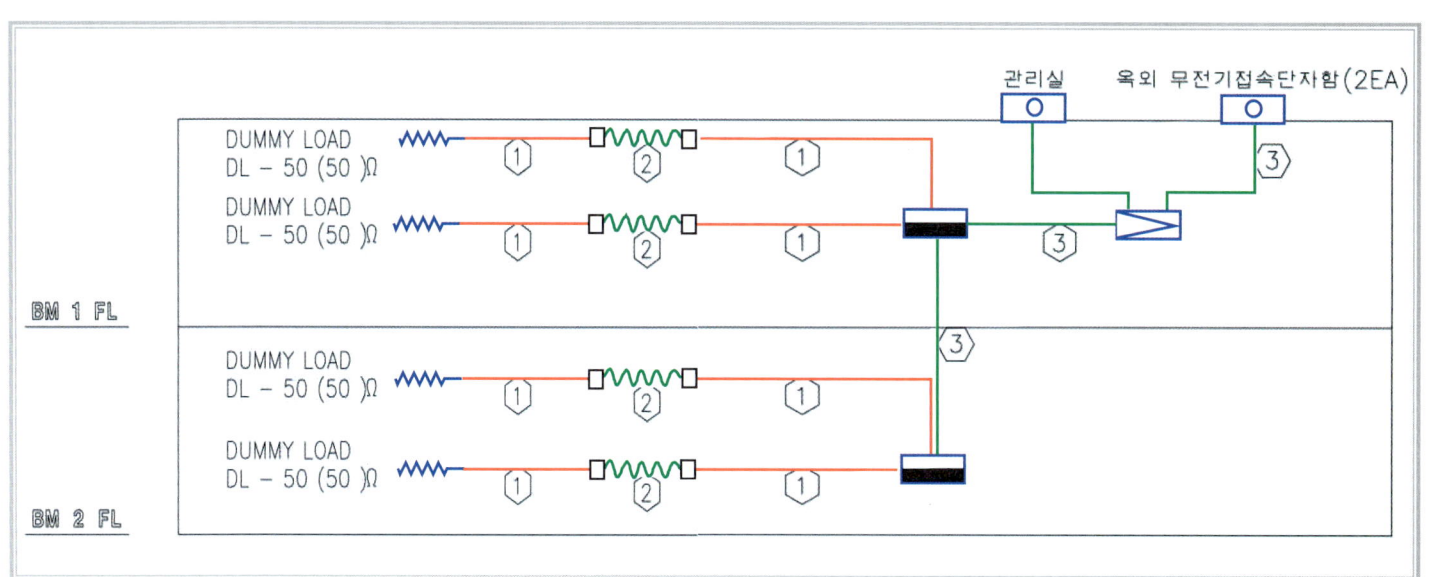

가. 계통도

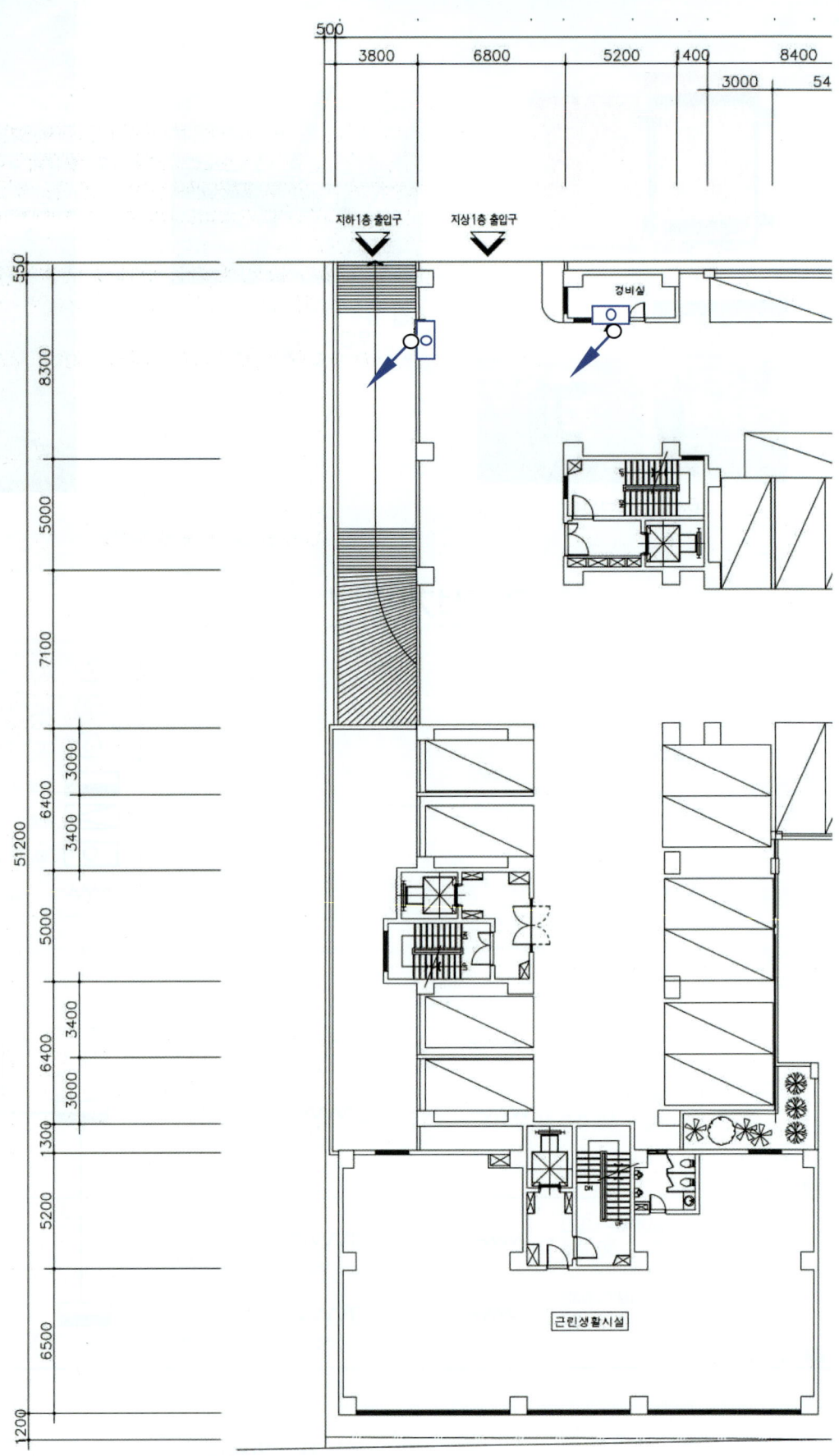

나. 1층 평면도

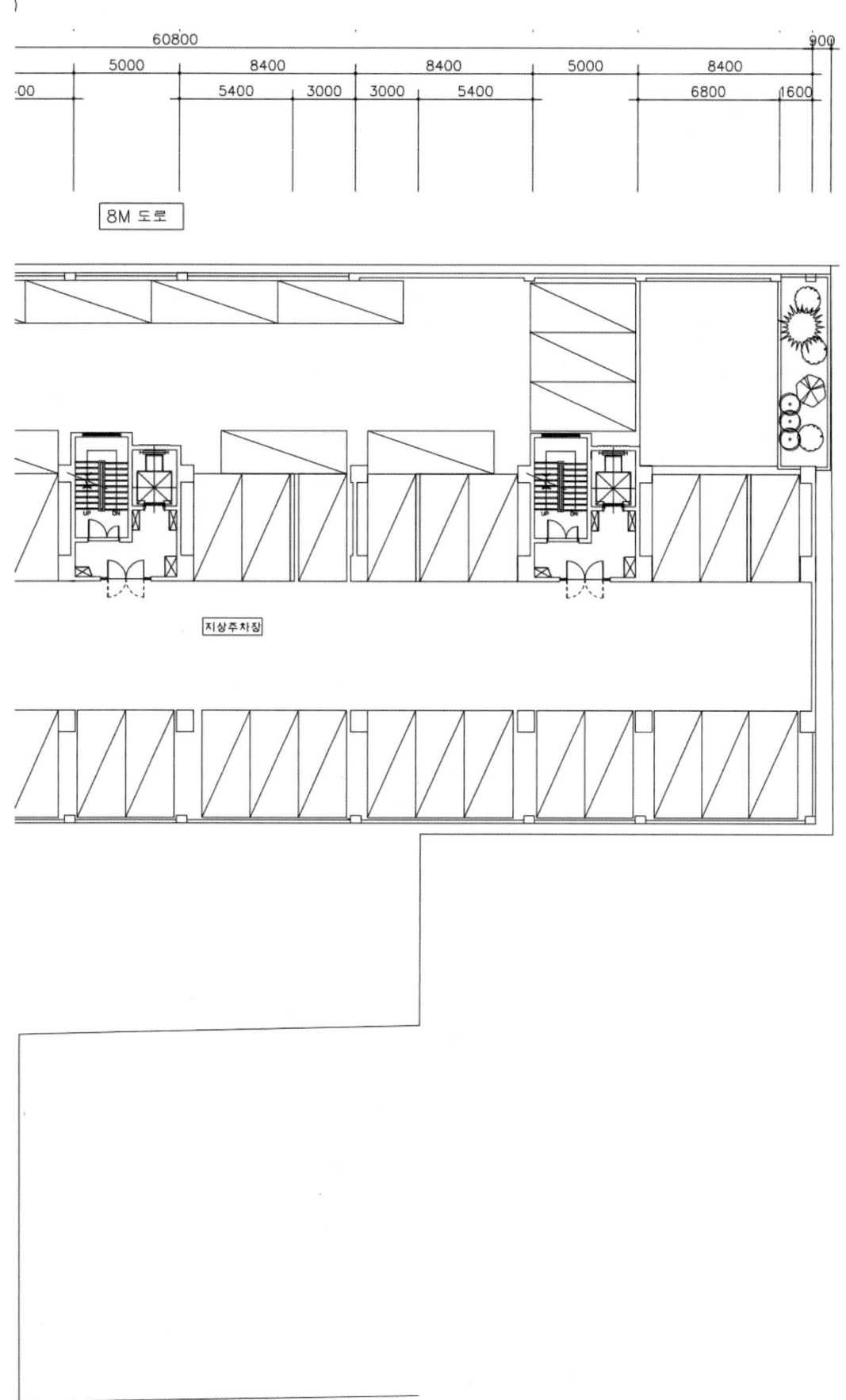

나. 1층 평면도

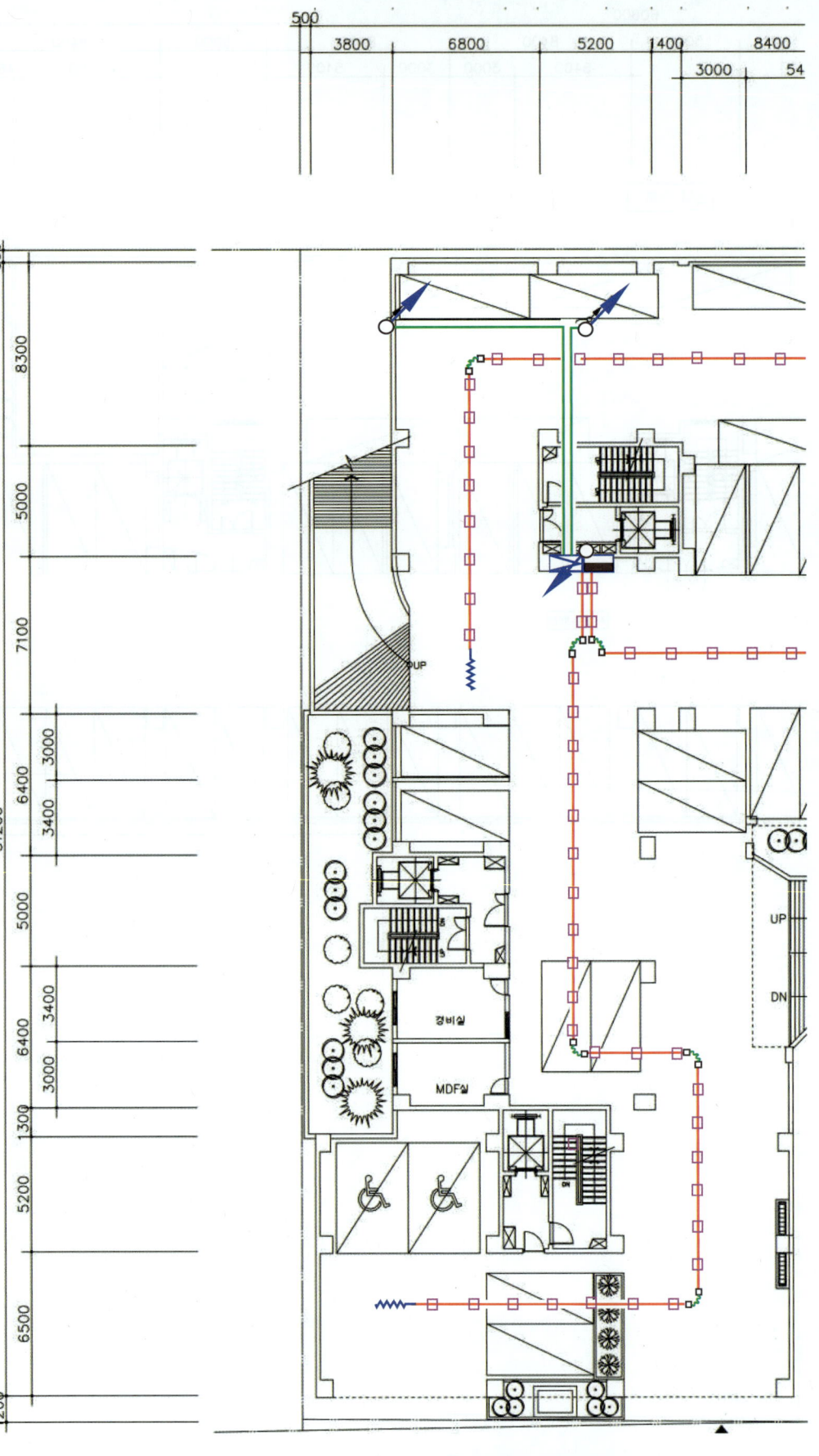

다. 지하1층 평면도

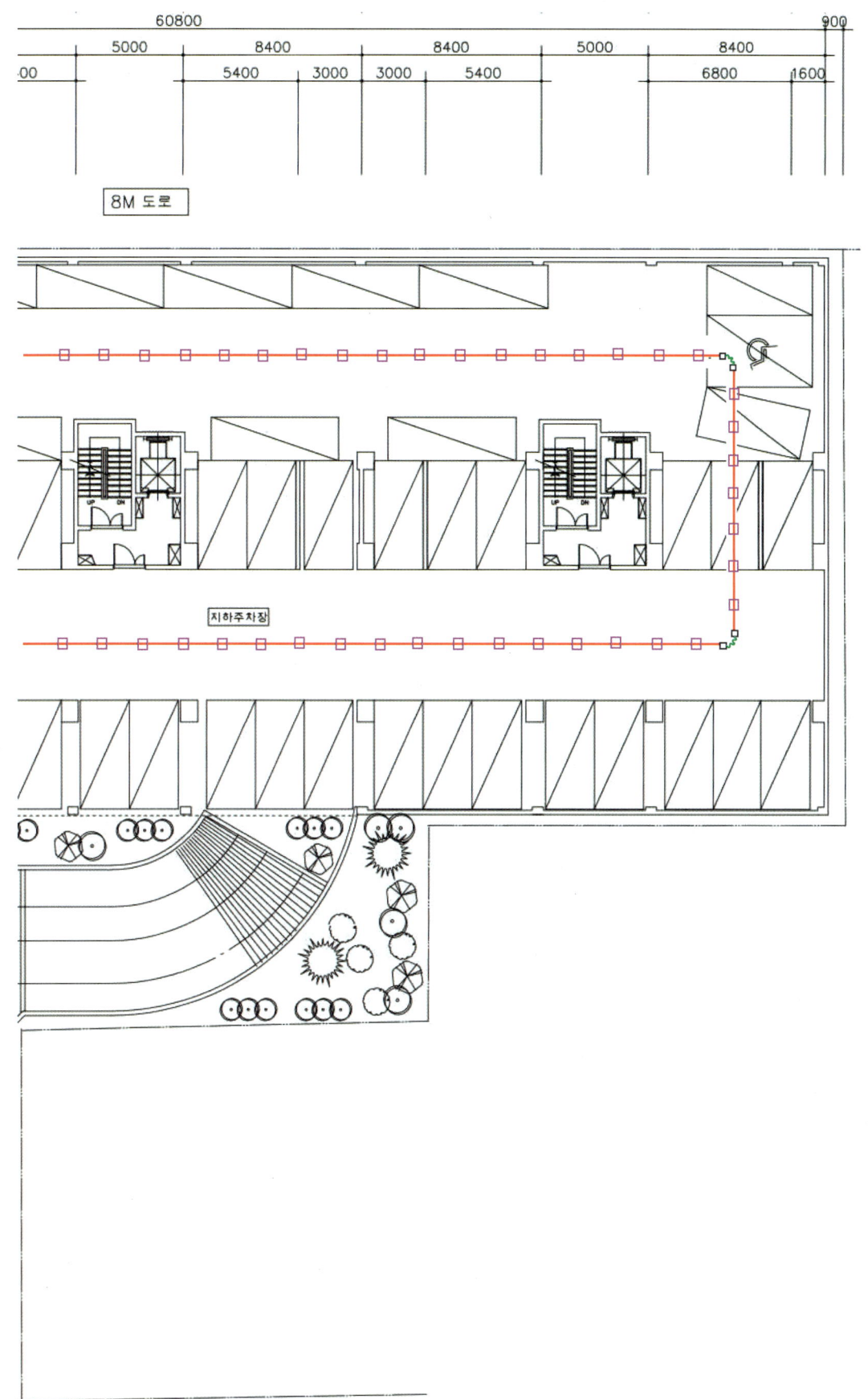

다. 지하1층 평면도

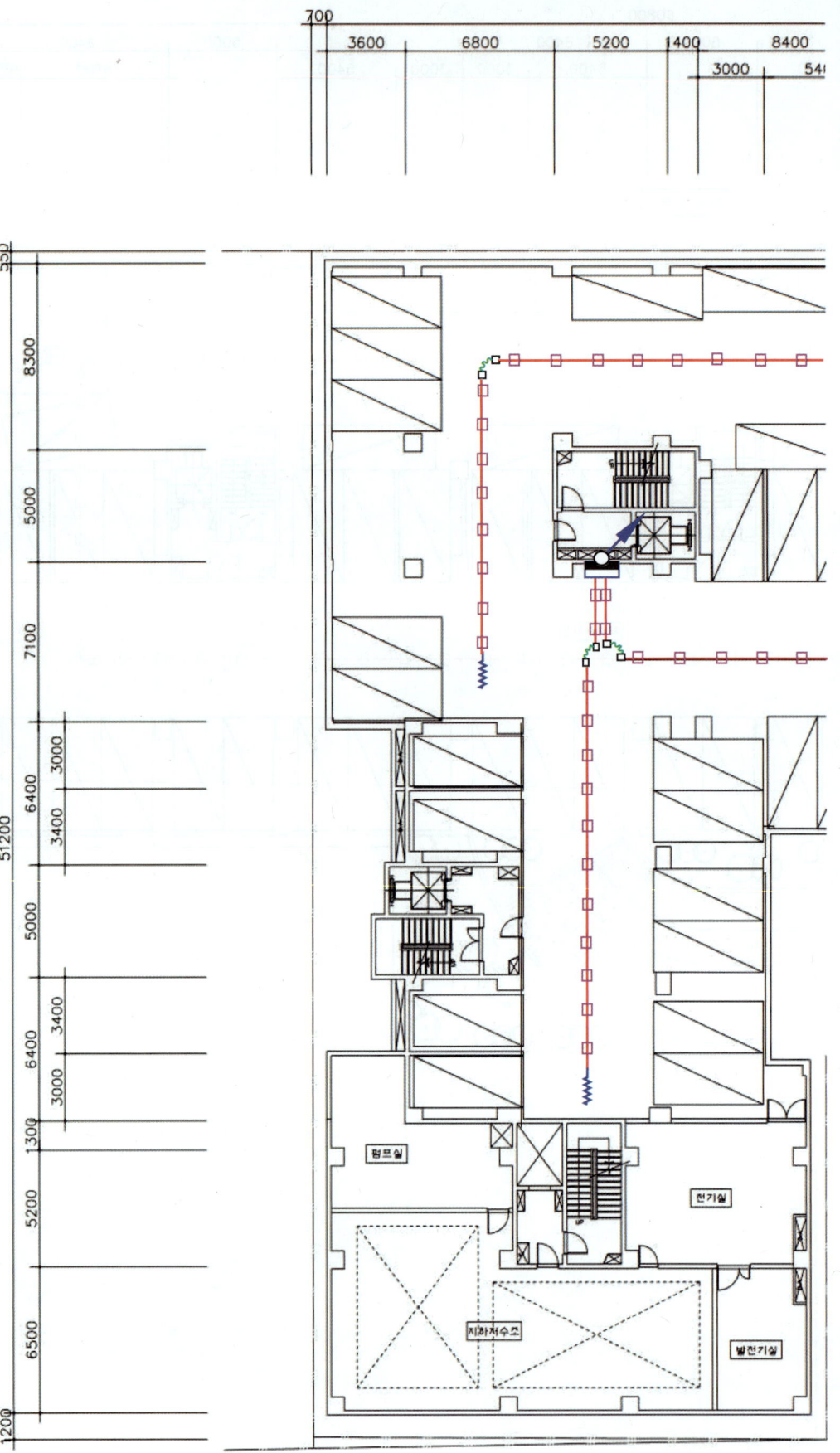

라. 지하2층 평면도

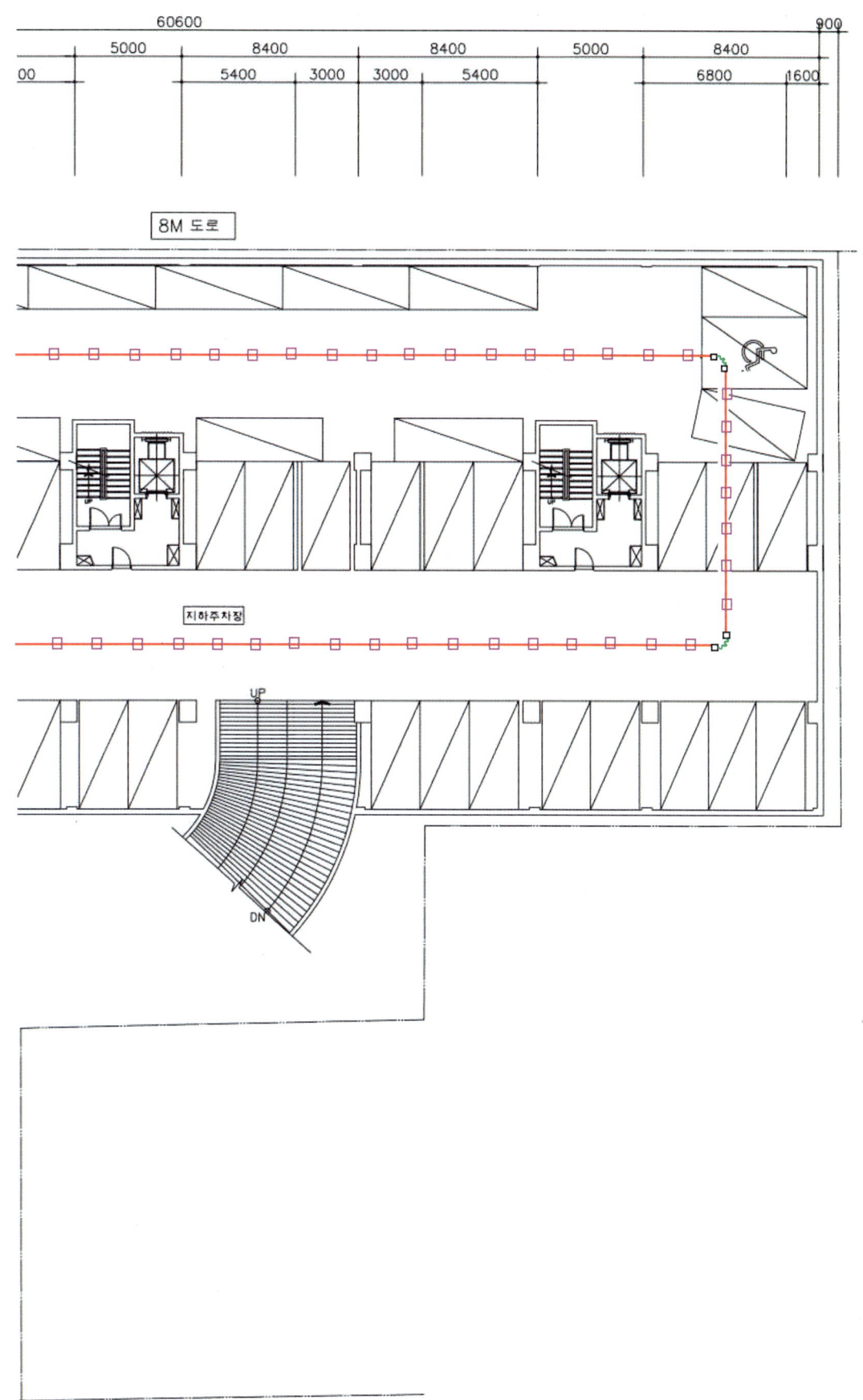

라. 지하2층 평면도

XIII(13). 소방시설 내진(耐震)

.1. 소방시설 내진
소방시설의 배관등에 대하여 지진에 견딜 수 있게 배관 등에 흔들림 방지 버팀대등을 설치하는 것을 말한다.

2. 용어 소방시설의 내진설계 기준 제3조

가. 내진
면진, 제진을 포함한 지진으로부터 소방시설의 피해를 줄일 수 있는 구조를 의미하는 포괄적인 개념을 말한다.

나. 면진
건축물과 소방시설을 지진동으로부터 격리시켜 지반진동으로 인한 지진력이 직접 구조물로 전달되는 양을 감소시킴으로써 내진성을 확보하는 수동적인 지진 제어 기술을 말한다.

다. 제진
별도의 장치를 이용하여 지진력에 상응하는 힘을 구조물 내에서 발생시키거나 지진력을 흡수하여 구조물이 부담해야 하는 지진력을 감소시키는 지진 제어 기술을 말한다.

라. 상쇄배관(offset)
영향구역 내의 직선배관이 방향전환 한 후 다시 같은 방향으로 연속될 경우, 중간에 방향전환 된 짧은 배관은 단부로 보지 않고 상쇄하여 직선으로 볼 수 있는 것을 말하며, 짧은 배관의 합산길이는 3.7m 이하여야 한다.

마. 수직직선배관
중력방향으로 설치된 주배관, 교차배관, 가지배관 등으로서 어떠한 방향전환도 없는 직선배관을 말한다. 단, 방향전환부분의 배관길이가 상쇄배관(offset) 길이 이하인 경우 하나의 수직직선배관으로 간주한다.

바. 수평직선배관
수평방향으로 설치된 주배관, 교차배관, 가지배관 등으로서 어떠한 방향전환도 없는 직선배관을 말한다. 단, 방향전환부분의 배관길이가 상쇄배관(offset) 길이 이하인 경우 하나의 수평직선배관으로 간주한다.

사. 가지배관 고정장치
지진거동특성으로부터 가지배관의 움직임을 제한하여 파손, 변형 등으로부터 가지배관을 보호하기 위한 와이어타입, 환봉타입의 고정장치를 말한다.

아. 횡방향 흔들림 방지 버팀대
수평직선배관의 진행방향과 직각방향(횡방향)의 수평지진하중을 지지하는 버팀대를 말한다.

자. 종방향 흔들림 방지 버팀대
수평직선배관의 진행방향(종방향)의 수평지진하중을 지지하는 버팀대를 말한다.

차. 4방향 흔들림 방지 버팀대
건축물 평면상에서 종방향 및 횡방향 수평지진하중을 지지하거나, 종·횡 단면상에서 전·후·좌·우 방향의 수평지진하중을 지지하는 버팀대를 말한다.

내진(耐-견딜내, 震-벼락,움직이다)

3. 내진설계대상물 및 소방시설 내진 적용시설

가. 내진설계대상물 - 건축법 시행령 32조

가. 층수가 2층 이상인 건축물
나. 연면적이 200㎡ (목구조 건축물의 경우에는 500㎡) 이상인 건축물. 다만, 창고, 축사, 작물 재배사는 제외한다.
다. 높이가 13m 이상인 건축물
라. 처마높이가 9m 이상인 건축물
마. 기둥과 기둥 사이의 거리가 10m 이상인 건축물
바. 건축물의 용도 및 규모를 고려한 중요도가 높은 건축물로서 국토교통부령으로 정하는 건축물
사. 국가적 문화유산으로 보존할 가치가 있는 건축물로서 국토교통부령으로 정하는 것
아. 단독주택 및 공동주택

나. 소방시설 내진 적용시설 - 소방시설의 내진설계 기준 제2조

옥내소화전설비, 스프링클러설비, 물분무등소화설비

1. 옥내소화전설비 : 수조, 가압송수장치, 수직직선배관, 수평직선배관, 옥내소화전함, 동력제어반, 감시제어반, 비상전원 등
2. 스프링클러설비 : 수조, 가압송수장치, 수직직선배관, 수평직선배관, 65㎜ 이상 가지배관, 동력제어반, 감시제어반, 비상전원 등
3. 물분무등소화설비(패키지, 모듈러 타입 포함) : 가스계소화설비, 분말소화설비
4. 위 설비의 동작 및 제어와 관련한 제어반등을 포함

4. 상쇄배관(offset)

영향구역 내의 직선배관이 방향전환 한 후 다시 같은 방향으로 연속될 경우, 중간에 방향전환 된 짧은 배관은 단부로 보지 않고 상쇄하여 직선으로 볼 수 있는 것을 말하며, 짧은 배관의 합산길이는 3.7m 이하여야 한다.

사례 1

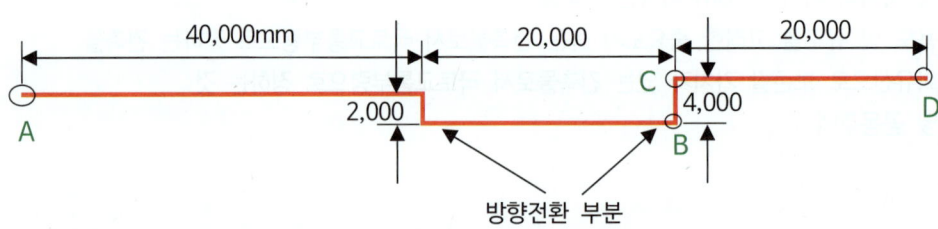

☐ 직선배관 길이
  A~B(40,000 + 2,000(상쇄배관) + 20,000) = 62,000mm(62m)
  B~C(4,000mm) (4m)
  C~D(20,000mm) (20m)

사례 2

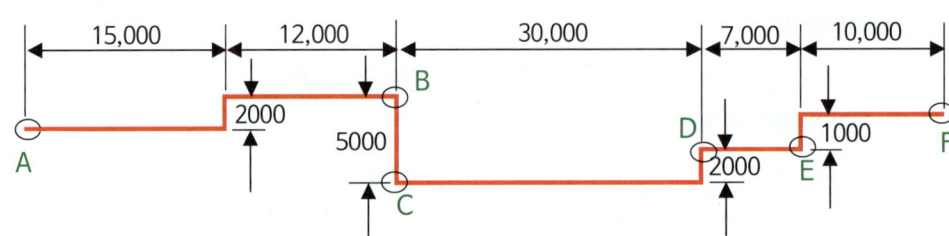

☐ 직선배관 길이
  A~B(15,000 + 2,000(상쇄배관) + 12,000) = 29,000mm(29m)
  B~C(5,000mm)(5m)
  C~F(30,000 + 2,000(상쇄배관) + 1,000(상쇄배관) + 7,000 + 10,000 = 50,000mm(50m)

단부 : 斷部, 끊어지거나 잘라진 부분,   **상쇄** : 相殺, 상반되는 것이 서로 영향을 주어 효과가 없어지는 일

가. 수직직선배관

중력방향으로 설치된 주배관, 교차배관, 가지배관 등으로서 어떠한 방향전환도 없는 직선배관을 말한다. 단, 방향전환부분의 배관길이가 상쇄배관(offset) 길이 이하인 경우 하나의 수직직선배관으로 간주한다.

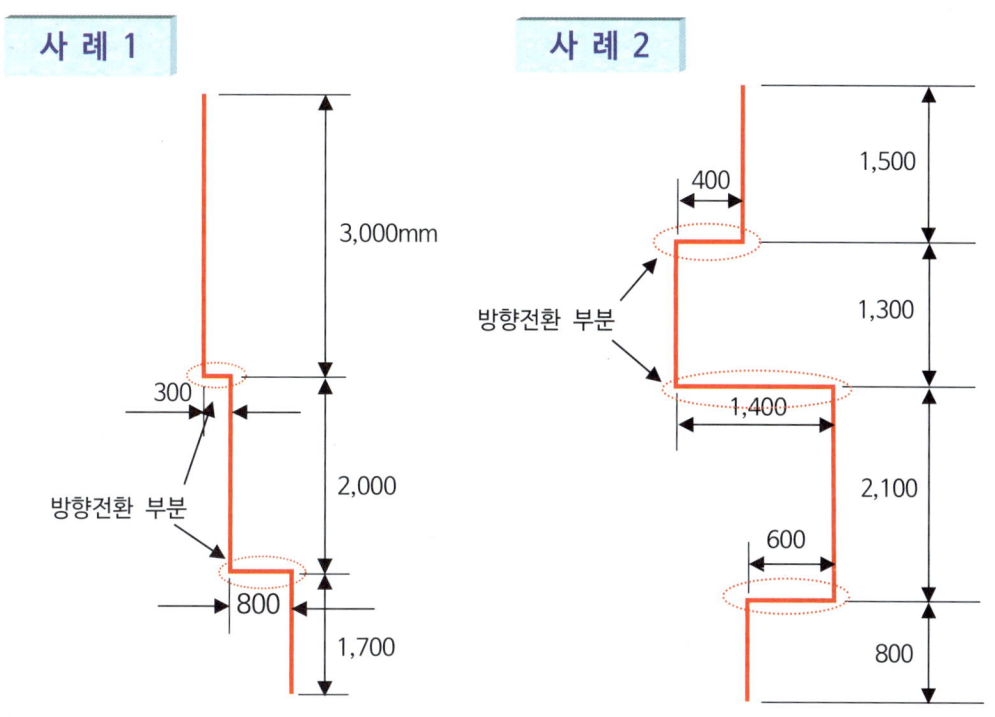

3,000mm = 300cm = 3m

사례 1

- 수직직선배관 길이 = 3,000 + 2,000 + 1,700 = 6,700mm = 6.7m
- 방향전환부분 배관길이(상쇄배관) = 300 + 800 = 1,100mm(1.1m)
- **수직직선배관 총 길이** = 6,700 + 1,100(상쇄배관) = 7,800mm = 7.8m

사례 2

- 수직직선배관 길이 = 1,500 + 1,300 + 2,100 + 800 = 5,700mm = 5.7m
- 방향전환부분 배관길이(상쇄배관) = 400 + 1,400 + 600 = 2,400mm(2.4m)
- **수직직선배관 총 길이** = 5,700 + 2,400(상쇄배관) = 8,100mm = 8.1m

나. 수평직선배관

수평방향으로 설치된 주배관, 교차배관, 가지배관 등으로서 어떠한 방향전환도 없는 직선배관을 말한다. 단, 방향전환부분의 배관길이가 상쇄배관(offset) 길이 이하인 경우 하나의 수평직선배관으로 간주한다.

사 례 1

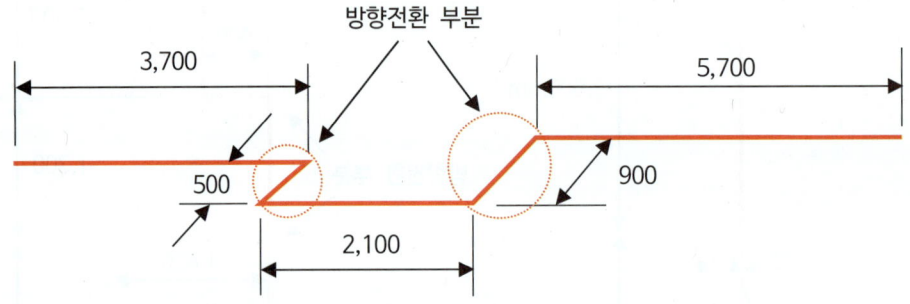

- □ 수평직선배관 길이 = 3,700 + 2,100 + 5,700 = 11,500mm(11.5m)
- □ 방향전환부분 배관길이(상쇄배관) = 500 + 900 = 1,400mm(1.4m)
- □ **수평직선배관 총 길이** = 11,500 + 1,400(상쇄배관) = 12,900mm(12.9m)

사 례 2

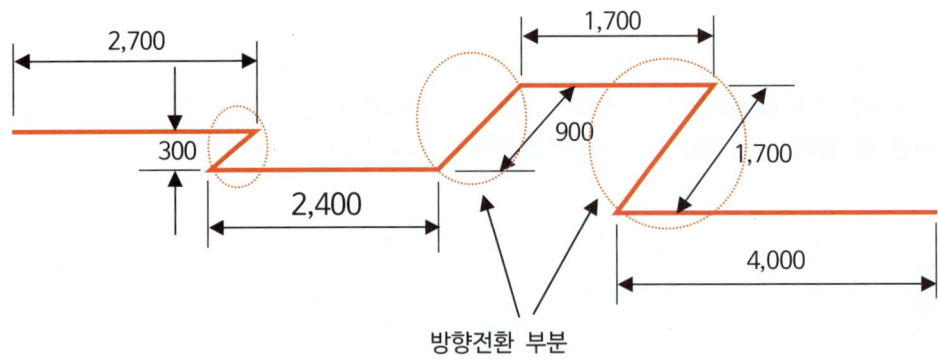

- □ 수평직선배관 길이 = 2,700 + 2,400 + 1,700 + 4,000 = 10,800mm(10.8m)
- □ 방향전환부분 배관길이(상쇄배관) = 300 + 900 + 1,700 = 2,900mm(2.9m)
- □ **수평직선배관 총 길이** = 10,800 + 2,900(상쇄배관) = 13,700mm(13.7m)

5. 내진설계 도면

가. 계통도

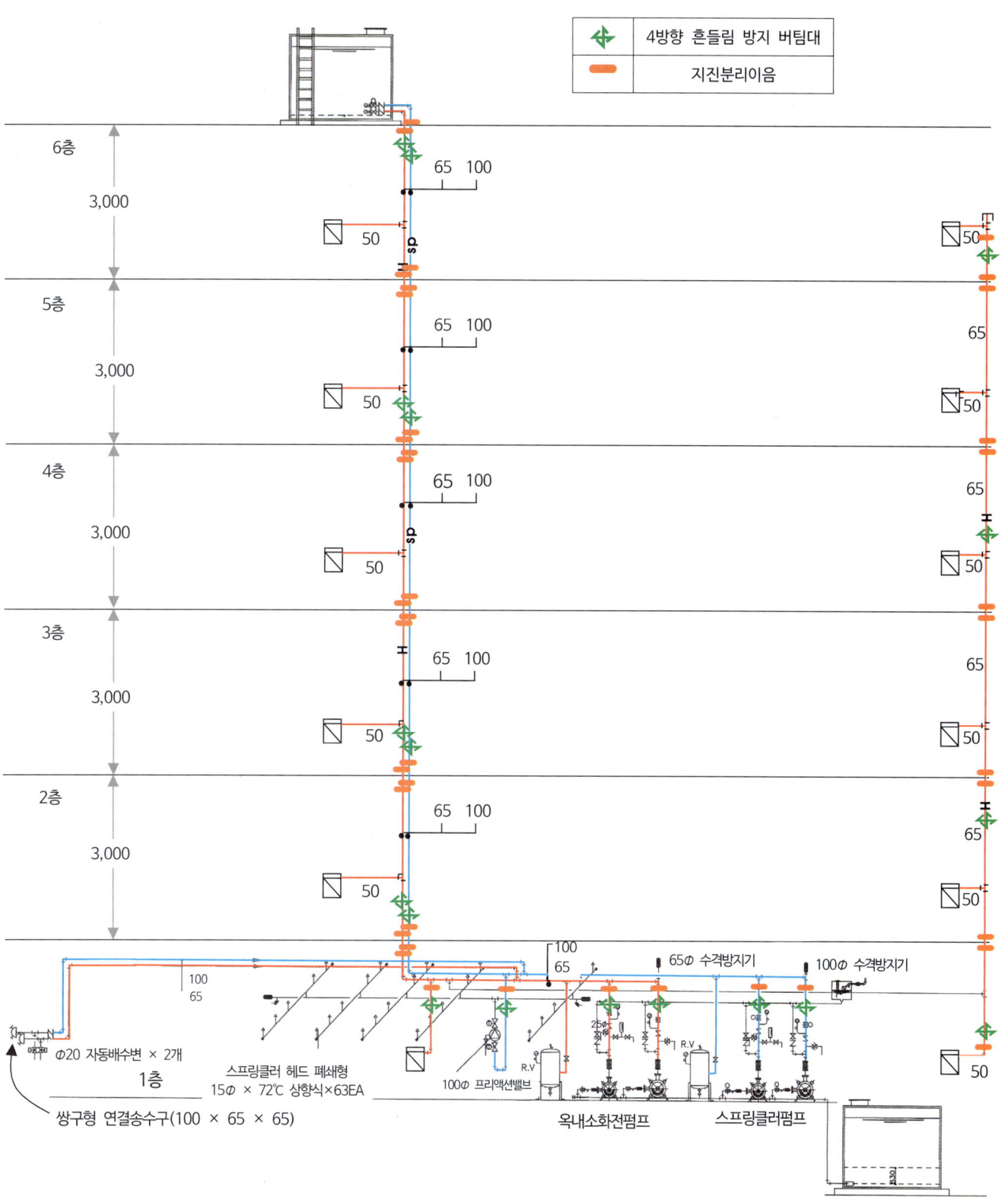

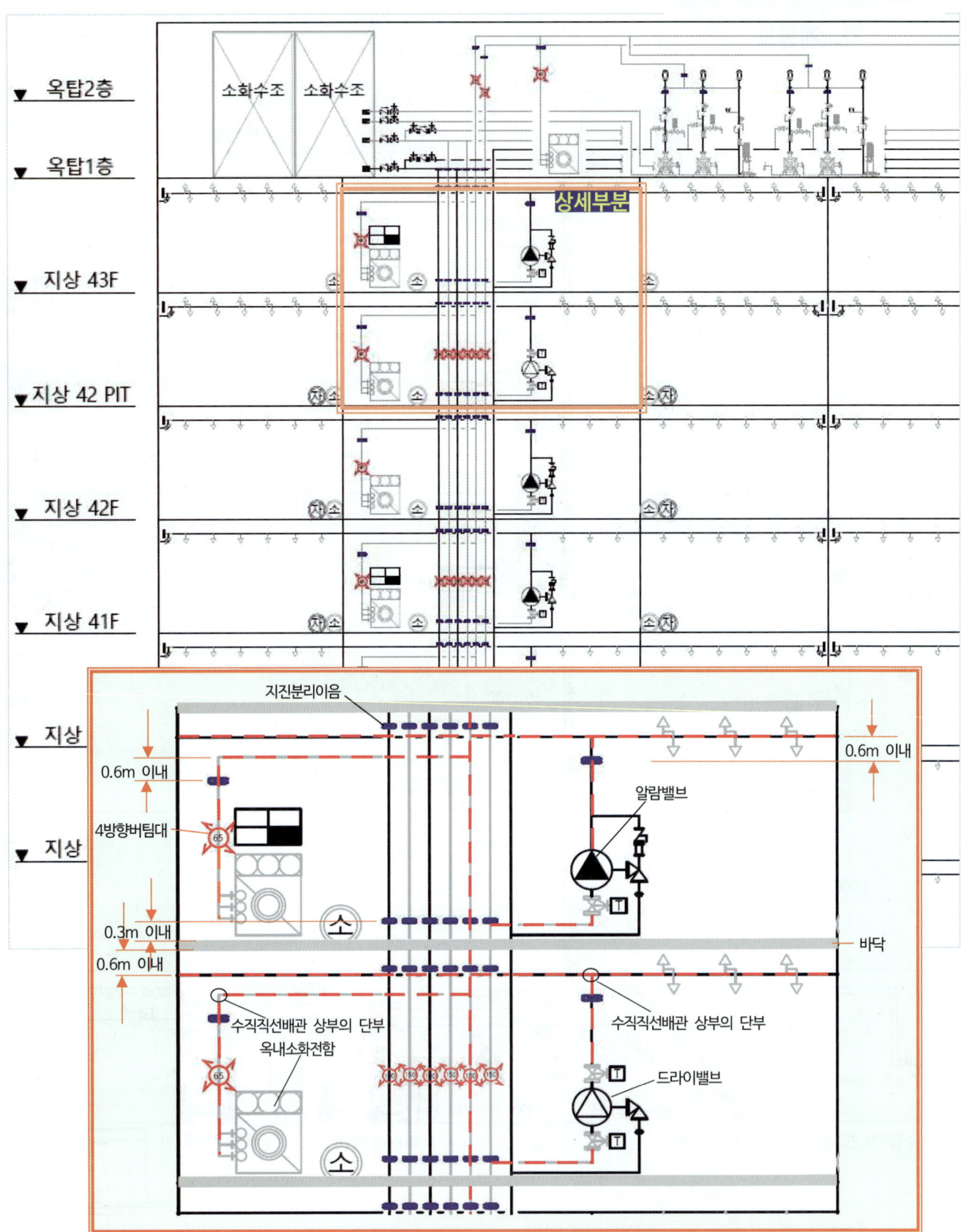

나. 평면도

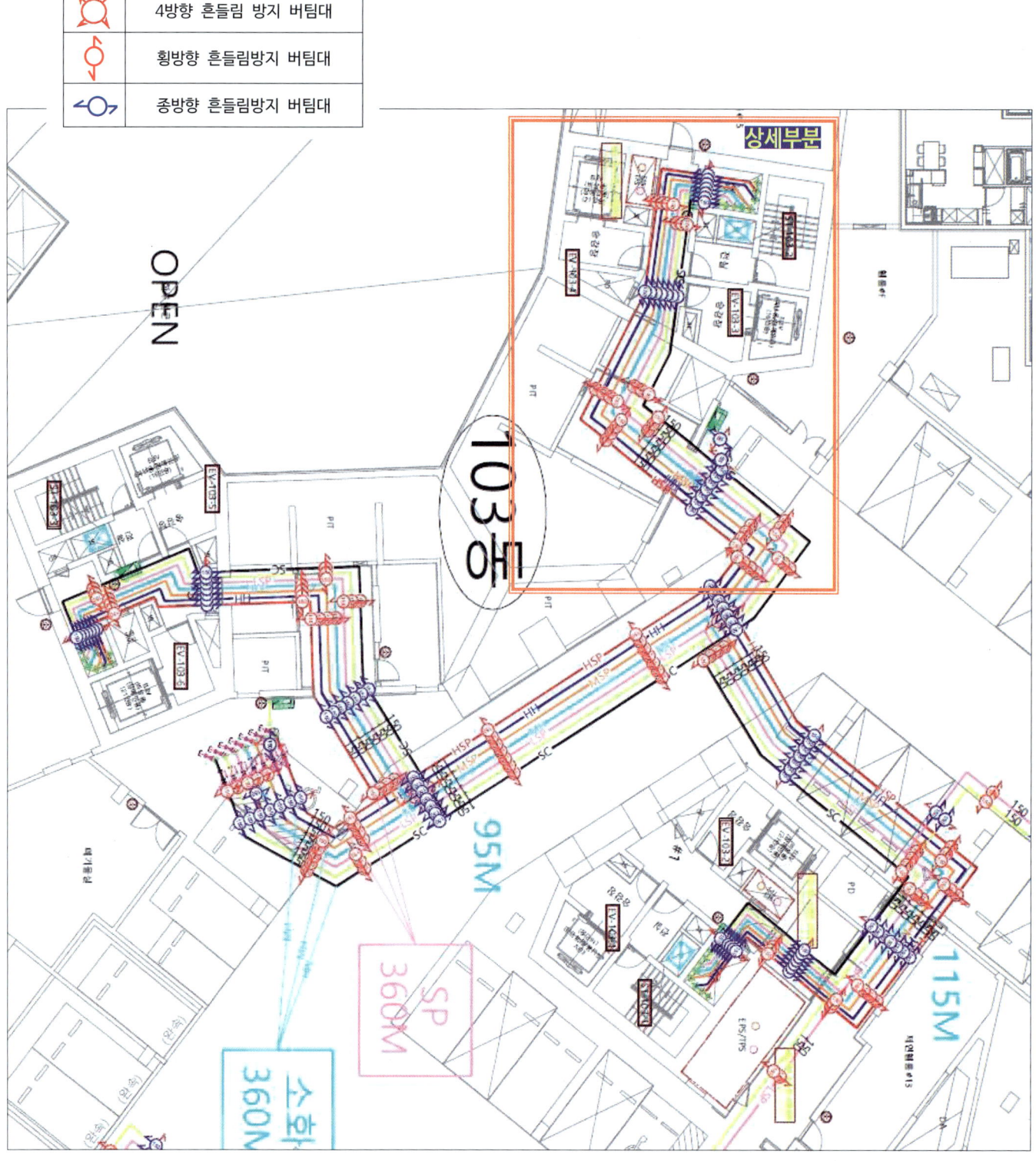

평면도 – 상세부분 해설

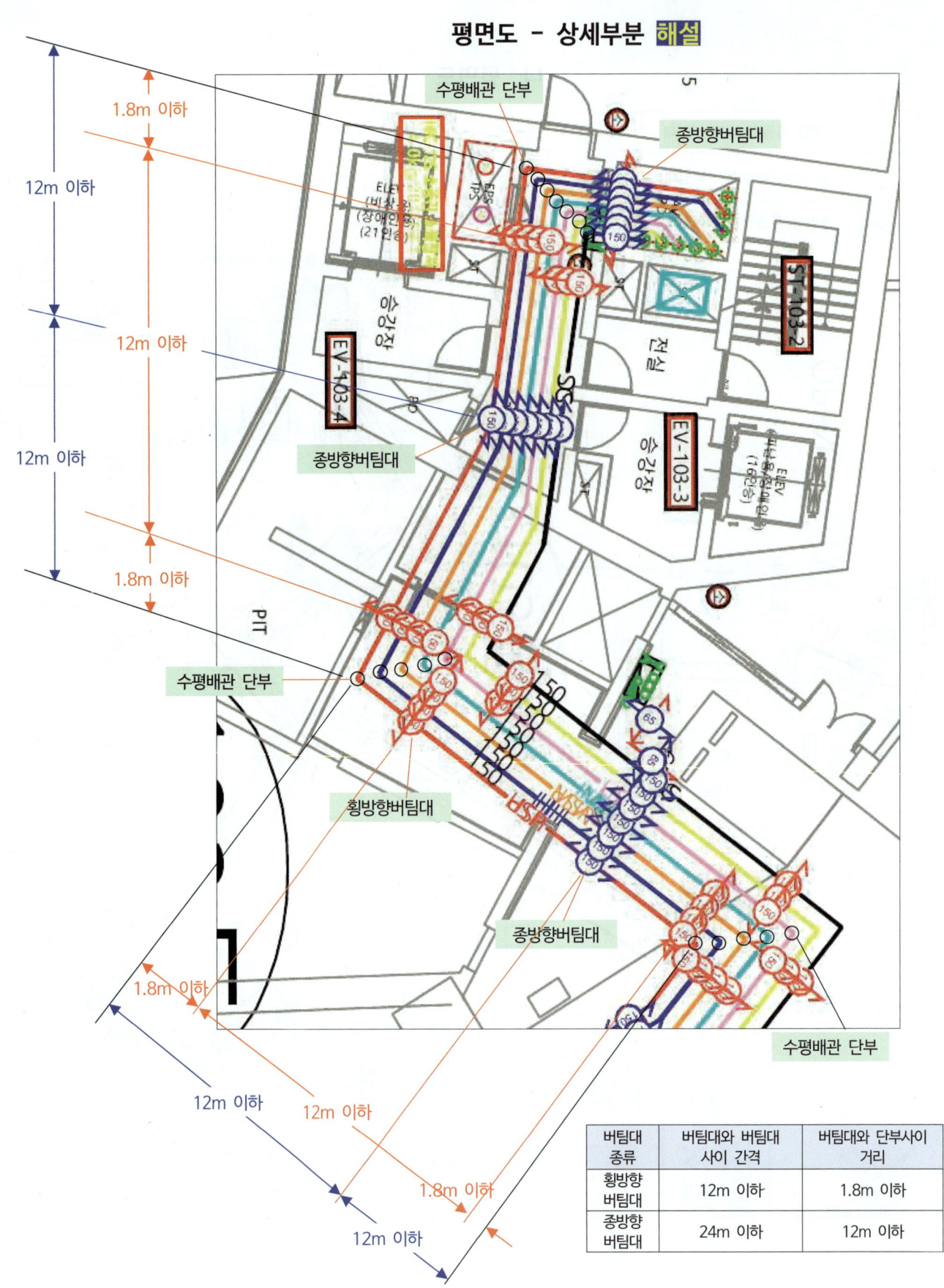

버팀대 종류	버팀대와 버팀대 사이 간격	버팀대와 단부사이 거리
횡방향 버팀대	12m 이하	1.8m 이하
종방향 버팀대	24m 이하	12m 이하

6. 내진 시설(부품) 종류

가. 횡방향 흔들림 방지 버팀대
수평직선배관의 진행방향과 직각방향(횡방향)의 수평지진하중을 지지하는 버팀대를 말한다.

나. 종방향 흔들림 방지 버팀대
수평직선배관의 진행방향(종방향)의 수평지진하중을 지지하는 버팀대를 말한다.

다. 4방향 흔들림 방지 버팀대
건축물 평면상에서 종방향 및 횡방향 수평지진하중을 지지하거나, 종·횡 단면상에서 전·후·좌·우 방향의 수평지진하중을 지지하는 버팀대를 말한다.

라. 지진분리이음
지진발생시 지진으로 인한 진동이 배관에 손상을 주지 않고 배관의 축방향 변위, 회전, 1° 이상의 각도 변위를 허용하는 이음을 말한다. 단, 구경 200mm 이상의 배관은 허용하는 각도변위를 0.5° 이상으로 한다.

마. 지진분리장치
지진 발생 시 건축물 지진분리이음 설치 위치 및 지상에 노출된 건축물과 건축물 사이 등에서 발생하는 상대변위 발생에 대응하기 위해 모든 방향에서의 변위를 허용하는 커플링, 플렉시블 조인트, 관부속품 등의 집합체를 말한다.

바. 가요성이음장치
지진 시 수조 또는 가압송수장치와 배관 사이 등에서 발생하는 상대변위 발생에 대응하기 위해 수평 및 수직 방향의 변위를 허용하는 플렉시블 조인트 등을 말한다.

사. 앵커볼트
건축을 할 때나 기계 따위를 설치할 때 콘크리트 바닥에 묻어 기둥, 기계 따위를 고착시키는 볼트를 말한다.

7. 소방시설의 내진설계 기준

가. 수조

① 수조는 지진에 의하여 손상되거나 과도한 변위가 발생하지 않도록 기초(패드포함), 본체 및 연결부분의 구조안전성을 확인해야 한다.
② 수조는 건축물의 구조부재나 구조부재와 연결된 수조 기초부(패드)에 고정하여 지진 시 파손(손상), 변형, 이동, 전도 등이 발생하지 않아야 한다.
③ 수조와 연결되는 소화배관에는 지진 시 상대변위를 고려하여 가요성이음장치를 설치해야 한다.

나. 가압송수장치

① 가압송수장치에 방진장치가 있어 앵커볼트로 지지 및 고정할 수 없는 경우에는 다음 각 호의 기준에 따라 내진스토퍼 등을 설치해야 한다. 다만, 방진장치에 이 기준에 따른 내진성능이 있는 경우는 제외한다.
  1. 정상운전에 지장이 없도록 내진스토퍼와 본체 사이에 최소 3mm이상 이격하여 설치한다.
  2. 내진스토퍼는 제조사에서 제시한 허용하중이 제3조의2제2항에 따른 지진하중 이상을 견딜 수 있는 것으로 설치하여야 한다. 단, 내진스토퍼와 본체사이의 이격거리가 6㎜를 초과한 경우에는 수평지진하중의 2배 이상을 견딜 수 있는 것으로 설치해야 한다.
② 가압송수장치의 흡입측 및 토출측에는 지진 시 상대변위를 고려하여 가요성이음장치를 설치해야 한다.

다. 앵커볼트

① 수조, 가압송수장치, 함, 제어반등, 비상전원, 가스계 및 분말소화설비의 저장용기 등은 "건축물 내진설계기준" 비구조요소의 정착부의 기준에 따라 앵커볼트를 설치해야 한다.
② 앵커볼트는 건축물 정착부의 두께, 볼트설치 간격, 모서리까지 거리, 콘크리트의 강도, 균열 콘크리트 여부, 앵커볼트의 단일 또는 그룹설치 등을 확인하여 최대허용하중을 결정해야 한다.
③ 흔들림 방지 버팀대에 설치하는 앵커볼트 최대허용하중은 제조사가 제시한 설계하중 값에 0.43을 곱해야 한다.
④ 건축물 부착 형태에 따른 프라잉효과나 편심을 고려하여 수평지진하중의 작용하중을 구하고 앵커볼트 최대허용하중과 작용하중과의 내진설계 적정성을 평가하여 설치해야 한다.
⑤ 소방시설을 팽창성·화학성 또는 부분적으로 현장타설된 건축부재에 정착할 경우에는 수평지진하중을 1.5배 증가시켜 사용한다.

라. 지진분리이음

① 배관의 변형을 최소화하고 소화설비 주요 부품 사이의 유연성을 증가시킬 필요 가 있는 위치에 설치해야 한다.
② 구경 65㎜ 이상의 배관에는 지진분리이음을 다음 각 호의 위치에 설치해야 한다.
  1. 모든 수직직선배관은 상부 및 하부의 단부로 부터 0.6 m 이내에 설치하여야 한다. 다만, 길이가 0.9 m 미만인 수직직선배관은 지진분리이음을 설치하지 아니할 수 있으며, 0.9 m ~ 2.1 m 사이의 수직직선배관은 하나의 지진분리이음을 설치할 수 있다.
  2. 제6조제3항 본문의 단서에도 불구하고 2층 이상의 건물인 경우 각 층의 바닥으로부터 0.3m, 천장으로부터 0.6m 이내에 설치해야 한다.
  3. 수직직선배관에서 티분기된 수평배관 분기지점이 천장 아래 설치된 지진분리이음보다 아래에 위치한 경우 분기된 수평배관에 지진분리이음을 다음 각 목의 기준에 적합하게 설치해야 한다.
    가. 티분기 수평직선배관으로부터 0.6m 이내에 지진분리이음을 설치한다.
    나. 티분기 수평직선배관 이후 2차측에 수직직선배관이 설치된 경우 1차측 수직직선배관의 지진분리이음 위치와 동일선상에 지진분리이음을 설치하고, 티분기 수평직선배관의 길이가 0.6m 이하인 경우에는 그 티분기된 수평직선배관에 가목에 따른 지진분리이음을 설치하지 아니한다.
  4. 수직직선배관에 중간 지지부가 있는 경우에는 지지부로부터 0.6m 이내의 윗부분 및 아랫부분에 설치해야 한다.
③ 제6조제3항제1호에 따른 이격거리 규정을 만족하는 경우에는 지진분리이음을 설치하지 아니할 수 있다.

마. 흔들림 방지 버팀대

① 흔들림 방지 버팀대는 내력을 충분히 발휘할 수 있도록 견고하게 설치해야 한다.
② 배관에는 제6조제2항에서 산정된 횡방향 및 종방향의 수평지진하중에 모두 견디도록 흔들림 방지 버팀대를 설치해야 한다.
③ 흔들림 방지 버팀대가 부착된 건축 구조부재는 소화배관에 의해 추가된 지진하중을 견딜 수 있어야 한다.
④ 흔들림 방지 버팀대의 세장비(L/r)는 300을 초과하지 않아야 한다.
⑤ 4방향 흔들림 방지 버팀대는 횡방향 및 종방향 흔들림 방지 버팀대의 역할을 동시에 할 수 있어야 한다.
⑥ 하나의 수평직선배관은 최소 2개의 횡방향 흔들림 방지 버팀대와 1개의 종방향흔들림 방지 버팀대를 설치하여야 한다. 다만, 영향구역 내 배관의 길이가 6m 미만인 경우에는 횡방향과 종방향 흔들림 방지 버팀대를 각 1개씩 설치 할 수 있다.

제6조제3항 본문
③ 벽, 바닥 또는 기초를 관통하는 배관 주위에는 다음 각 호의 기준에 따라 이격거리를 확보하여야 한다. 다만, 벽, 바닥 또는 기초의 각 면에서 300mm 이내에 지진분리이음을 설치하거나 내화성능이 요구되지 않는 석고보드나 이와 유사한 부서지기 쉬운 부재를 관통하는 배관은 그러하지 아니하다.

제6조제3항제1호
1. 관통구 및 배관 슬리브의 호칭구경은 배관의 호칭구경이 25㎜ 내지 100㎜ 미만인 경우 배관의 호칭구경보다 50㎜ 이상, 배관의 호칭구경이 100㎜ 이상인 경우에는 배관의 호칭구경보다 100㎜ 이상 커야 한다. 다만, 배관의 호칭구경이 50㎜ 이하인 경우에는 배관의 호칭구경 보다 50㎜ 미만의 더 큰 관통구 및 배관 슬리브를 설치할 수 있다.

제6조제2항
② 배관의 수평지진하중은 다음 각 호의 기준에 따라 계산하여야 한다.
  1. 흔들림 방지 버팀대의 수평지진하중 산정 시 배관의 중량은 가동중량(W_p)으로 산정한다.
  2. 흔들림 방지 버팀대에 작용하는 수평지진하중은 제3조의2제2항제3호에 따라 산정한다.
  3. 수평지진하중(F_{pw})은 배관의 횡방향과 종방향에 각각 적용되어야 한다.

⑦ 소화펌프(충압펌프를 포함한다. 이하 같다) 주위의 수직직선배관 및 수평직선배관은 다음 각 호의 기준에 따라 흔들림 방지 버팀대를 설치한다.
  1. 소화펌프 흡입측 수평직선배관 및 수직직선배관의 수평지진하중을 계산하여 흔들림 방지 버팀대를 설치해야 한다.
  2. 소화펌프 토출측 수평직선배관 및 수직직선배관의 수평지진하중을 계산하여 흔들림 방지 버팀대를 설치해야 한다.
⑧ 흔들림 방지 버팀대는 소방청장이 고시한 「흔들림 방지 버팀대의 성능인증 및 제품검사의 기술기준」에 따라 성능인증 및 제품검사를 받은 것으로 설치해야 한다.

바. 수평직선배관 흔들림 방지 버팀대

① 횡방향 흔들림 방지 버팀대

1. 배관 구경에 관계없이 모든 수평주행배관·교차배관 및 옥내소화전설비의 수평배관에 설치하여야 하고, 가지배관 및 기타배관에는 구경 65㎜ 이상인 배관에 설치해야 한다. 다만, 옥내소화전설비의 수직배관에서 분기된 구경 50mm 이하의 수평배관에 설치되는 소화전함이 1개인 경우에는 횡방향 흔들림 방지 버팀대를 설치하지 않을 수 있다.
2. 횡방향 흔들림 방지 버팀대의 설계하중은 설치된 위치의 좌우 6m를 포함한 12m 이내의 배관에 작용하는 횡방향 수평지진하중으로 영향구역내의 수평주행배관, 교차배관, 가지배관의 하중을 포함하여 산정한다.
3. 흔들림 방지 버팀대의 간격은 중심선을 기준으로 최대간격이 12m를 초과하지 않아야 한다.
4. 마지막 흔들림 방지 버팀대와 배관 단부 사이의 거리는 1.8m를 초과하지 않아야 한다.
5. 영향구역 내에 상쇄배관이 설치되어 있는 경우 배관의 길이는 그 상쇄배관 길이를 합산하여 산정한다.
6. 횡방향 흔들림 방지 버팀대가 설치된 지점으로부터 600mm 이내에 그 배관이 방향전환되어 설치된 경우 그 횡방향 흔들림방지 버팀대는 인접배관의 종방향 흔들림 방지 버팀대로 사용할 수 있으며, 배관의 구경이 다른 경우에는 구경이 큰 배관에 설치해야 한다.
7. 가지배관의 구경이 65mm 이상일 경우 다음 각 목의 기준에 따라 설치한다.
  가. 가지배관의 구경이 65mm 이상인 배관의 길이가 3.7m 이상인 경우에 횡방향 흔들림 방지 버팀대를 제9조제1항에 따라 설치한다.
  나. 가지배관의 구경이 65mm 이상인 배관의 길이가 3.7m 미만인 경우에는 횡방향 흔들림 방지 버팀대를 설치하지 않을 수 있다.
8. 횡방향 흔들림 방지 버팀대의 수평지진하중은 별표 2에 따른 영향구역의 최대허용하중 이하로 적용해야 한다.
9. 교차배관 및 수평주행배관에 설치되는 행가가 다음 각 목의 기준을 모두 만족하는 경우 횡방향 흔들림 방지 버팀대를 설치하지 않을 수 있다.
  가. 건축물 구조부재 고정점으로부터 배관 상단까지의 거리가 150mm 이내일 것
  나. 배관에 설치된 모든 행가의 75% 이상이 가목의 기준을 만족할 것
  다. 교차배관 및 수평주행배관에 연속하여 설치된 행가는 가목의 기준을 연속하여 초과하지 않을 것
  라. 지진계수(C_p) 값이 0.5 이하일 것
  마. 수평주행배관의 구경은 150mm 이하이고, 교차배관의 구경은 100mm 이하일 것
  바. 행가는 「스프링클러설비의 화재안전기준」 제8조제13항에 따라 설치할 것

② 종방향 흔들림 방지 버팀대
  1. 배관 구경에 관계없이 모든 수평주행배관·교차배관 및 옥내소화전설비의 수평배관에 설치하여야 한다. 다만, 옥내소화전설비의 수직배관에서 분기된 구경 50mm 이하의 수평배관에 설치되는 소화전함이 1개인 경우에는 종방향 흔들림 방지 버팀대를 설치하지 않을 수 있다.
  2. 종방향 흔들림 방지 버팀대의 설계하중은 설치된 위치의 좌우 12m를 포함한 24m 이내의 배관에 작용하는 수평지진하중으로 영향구역내의 수평주행배관, 교차배관 하중을 포함하여 산정하며, 가지배관의 하중은 제외한다.
  3. 수평주행배관 및 교차배관에 설치된 종방향 흔들림 방지 버팀대의 간격은 중심선을 기준으로 24 m를 넘지 않아야 한다.
  4. 마지막 흔들림 방지 버팀대와 배관 단부 사이의 거리는 12m를 초과하지 않아야 한다.
  5. 영향구역 내에 상쇄배관이 설치되어 있는 경우 배관 길이는 그 상쇄배관 길이를 합산하여 산정한다.
  6. 종방향 흔들림 방지 버팀대가 설치된 지점으로부터 600mm 이내에 그 배관이 방향전환되어 설치된 경우 그 종방향 흔들림방지 버팀대는 인접배관의 횡방향 흔들림 방지 버팀대로 사용할 수 있으며, 배관의 구경이 다른 경우에는 구경이 큰 배관에 설치해야 한다.

사. 수직직선배관 흔들림 방지 버팀대

① 길이 1m를 초과하는 수직직선배관의 최상부에는 4방향 흔들림 방지 버팀대를 설치하여야 한다. 다만, 가지배관은 설치하지 아니할 수 있다.
② 수직직선배관 최상부에 설치된 4방향 흔들림 방지 버팀대가 수평직선배관에 부착된 경우 그 흔들림 방지 버팀대는 수직직선배관의 중심선으로부터 0.6m 이내에 설치되어야 하고, 그 흔들림 방지 버팀대의 하중은 수직 및 수평 방향의 배관을 모두 포함해야 한다.
③ 수직직선배관 4방향 흔들림 방지 버팀대 사이의 거리는 8m를 초과하지 않아야 한다.
④ 소화전함에 아래 또는 위쪽으로 설치되는 65mm 이상의 수직직선배관은 다음 각 목의 기준에 따라 설치한다.
　　가. 수직직선배관의 길이가 3.7m 이상인 경우, 4방향 흔들림 방지 버팀대를 1개 이상 설치하고, 말단에 U볼트 등의 고정장치를 설치한다.
　　나. 수직직선배관의 길이가 3.7m 미만인 경우, 4방향 흔들림 방지 버팀대를 설치하지 아니할 수 있고, U볼트 등의 고정장치를 설치한다.
⑤ 수직직선배관에 4방향 흔들림 방지 버팀대를 설치하고 수평방향으로 분기된 수평직선배관의 길이가 1.2m 이하인 경우 수직직선배관에 수평직선배관의 지진하중을 포함하는 경우 수평직선배관의 흔들림 방지 버팀대를 설치하지 않을 수 있다.
⑥ 수직직선배관이 다층건물의 중간층을 관통하며, 관통구 및 슬리브의 구경이 제6조제3항제1호에 따른 배관 구경별 관통구 및 슬리브 구경 미만인 경우에는 4방향 흔들림 방지 버팀대를 설치하지 아니할 수 있다.

아. 지진분리장치

① 지진분리장치는 배관의 구경에 관계없이 지상층에 설치된 배관으로 건축물 지진분리이음과 소화배관이 교차하는 부분 및 건축물 간의 연결배관 중 지상 노출 배관이 건축물로 인입되는 위치에 설치해야 한다.
② 지진분리장치는 건축물 지진분리이음의 변위량을 흡수할 수 있도록 전후좌우 방향의 변위를 수용할 수 있도록 설치해야 한다.
③ 지진분리장치의 전단과 후단의 1.8m 이내에는 4방향 흔들림 방지 버팀대를 설치해야 한다.
④ 지진분리장치 자체에는 흔들림 방지 버팀대를 설치할 수 없다.

8. 지진분리이음

가. 개요

지진분리이음의 설치는 배관의 지지부(Support), 배관의 수직부에서 수평부로 방향전환, 관통부의 이격거리 미만, 매립(고정물)배관 연결부 등 상대변위나 각도 변형이 발생하는 곳에 설치해야 한다. 또한, 수직직선배관과 연결되는 수평직선배관에 대해서도 지진분리이음을 설치하여 배관과 건축물의 상대변위에 의해 배관에 발생하는 응력을 해소할 수 있다.

층간 변위는 지진에 의한 하부층과 상부층 사이의 상대적 변위이며, 일반적으로 건축물의 층간 변위 발생은 높은 층일수록 크게 나타난다. 국내 "건축물 내진설계기준"에 따라서 설계된 건축물은 내진등급에 따라 층고의 1 % ~ 2 % 의 층간변형각에 해당하는 수평변위를 허용하고 있다.

소방설비에 적용되는 대부분의 금속성 배관은 어느 정도의 유연성은 확보하고 있는 것으로 알려져 있으며, 배관의 직경이 작은 경우에 더욱 그러하다. 그러므로 금속성 배관 직경이 50A 이하인 경우에는 슬리브의 설치나 관통부의 최소 이격거리만 유지하면 유연성만으로도 건축물의 층간 변형에 대응이 가능하므로 지진분리이음을 설치하지 않을 수 있다.

지진분리이음은 지진 발생 시 배관에 손상을 발생시키지 않도록 진행방향(축방향) 변위, 회전, 최소한 1° 이상의 각도 변위가 가능하여야 한다. 단, 배관 200㎜ 이상은 각도 변위를 0.5° 이상으로 할 수 있다.

나. 지진분리이음 기준

1. 배관의 변형을 최소화하고 소화설비 주요 부품 사이의 유연성을 증가시킬 필요 가 있는 위치에 설치해야 한다.
2. 구경 65㎜ 이상의 배관에는 지진분리이음을 다음 각 호의 위치에 설치해야 한다.
   가. 모든 수직직선배관은 상부 및 하부의 단부로 부터 0.6 m 이내에 설치하여야 한다. 다만, 길이가 0.9 m 미만인 수직직선배관은 지진분리이음을 설치하지 아니할 수 있으며, 0.9 m ~ 2.1 m 사이의 수직직선배관은 하나의 지진분리이음을 설치할 수 있다.
   나. 제6조제3항 본문의 단서에도 불구하고 2층 이상의 건물인 경우 각 층의 바닥으로부터 0.3m, 천장으로부터 0.6m 이내에 설치하여야 한다.
   다. 수직직선배관에서 티분기된 수평배관 분기지점이 천장 아래 설치된 지진분리이음보다 아래에 위치한 경우 분기된 수평배관에 지진분리이음을 다음 각 목의 기준에 적합하게 설치하여야 한다.
      ① 티분기 수평직선배관으로부터 0.6m 이내에 지진분리이음을 설치한다.
      ② 티분기 수평직선배관 이후 2차측에 수직직선배관이 설치된 경우 1차측 수직직선배관의 지진분리이음 위치와 동일선상에 지진분리이음을 설치하고, 티분기 수평직선배관의 길이가 0.6m 이하인 경우에는 그 티분기된 수평직선배관에 가목에 따른 지진분리이음을 설치하지 아니한다.
   라. 수직직선배관에 중간 지지부가 있는 경우에는 지지부로부터 0.6m 이내의 윗부분 및 아랫부분에 설치해야 한다.
2. 제6조제3항제1호에 따른 이격거리 규정을 만족하는 경우에는 지진분리이음을 설치하지 아니할 수 있다.

제6조제3항제1호
1. 관통구 및 배관 슬리브의 호칭구경은 배관의 호칭구경이 25㎜ 내지 100㎜ 미만인 경우 배관의 호칭구경보다 50㎜ 이상, 배관의 호칭구경이 100㎜ 이상인 경우에는 배관의 호칭구경보다 100㎜ 이상 커야 한다. 다만, 배관의 호칭구경이 50㎜ 이하인 경우에는 배관의 호칭구경 보다 50㎜ 미만의 더 큰 관통구 및 배관 슬리브를 설치할 수 있다.

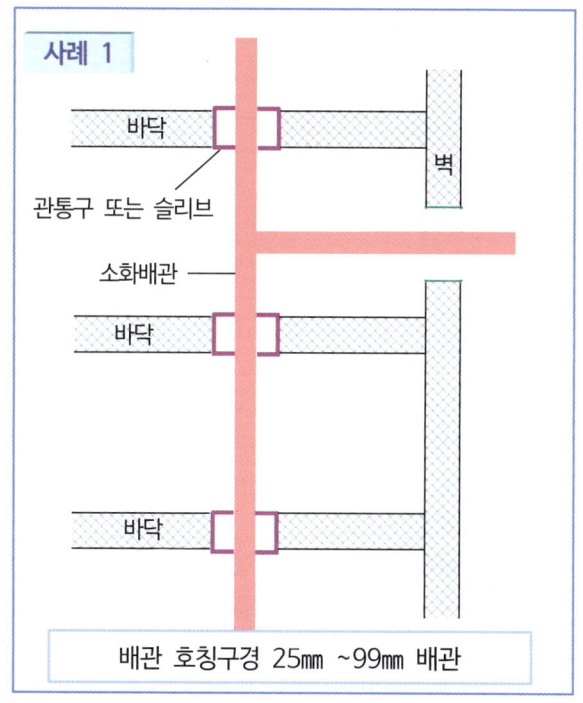

지진분리이음 면제 조건

배관 호칭구경 25㎜~99㎜ 배관을 설치하는 현장에는, 관통구(슬리브)는 호칭구경보다 50㎜ 이상 커야 한다.

사례 1

배관 호칭구경 65㎜ 배관 설치장소에 관통구(슬리브)의 크기는?

65㎜ + 50㎜ = **115㎜ 이상**

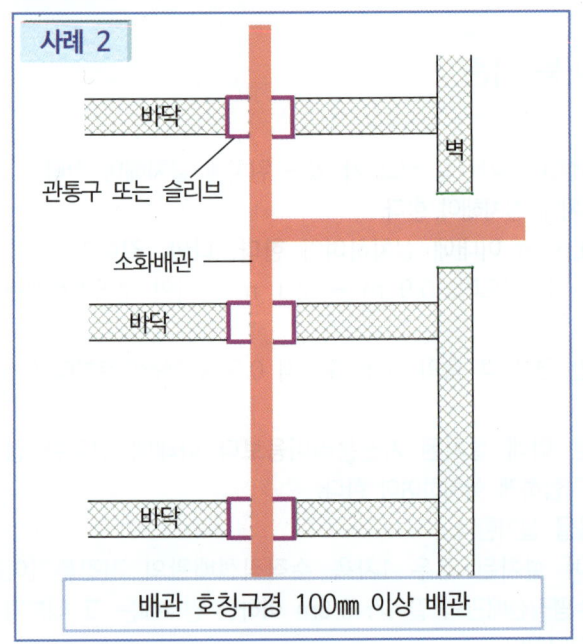

지진분리이음 면제 조건

배관 호칭구경 100mm 이상을 설치하는 현장에는, 관통구(슬리브)는 호칭구경보다 100mm 이상 커야 한다.

사례 2
배관 호칭구경 150mm 배관 설치장소에 관통구(슬리브)의 크기는?

150mm + 100mm = **250mm 이상**

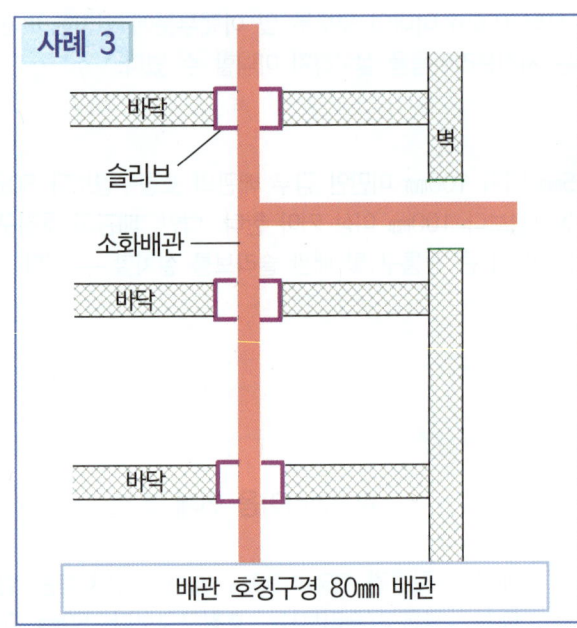

배관 호칭구경 80mm 배관을 설치하는 현장에는, 관통구(슬리브)는 호칭구경보다 50mm 이상 더 커야 한다.

사례 3 배관 호칭구경 80mm 배관 설치장소에 관통구(슬리브)의 크기는?
80mm + 50mm 이상 = **130mm 이상**

슬리브구경이 130mm 이상이면 지진분리이음설치가 면제된다

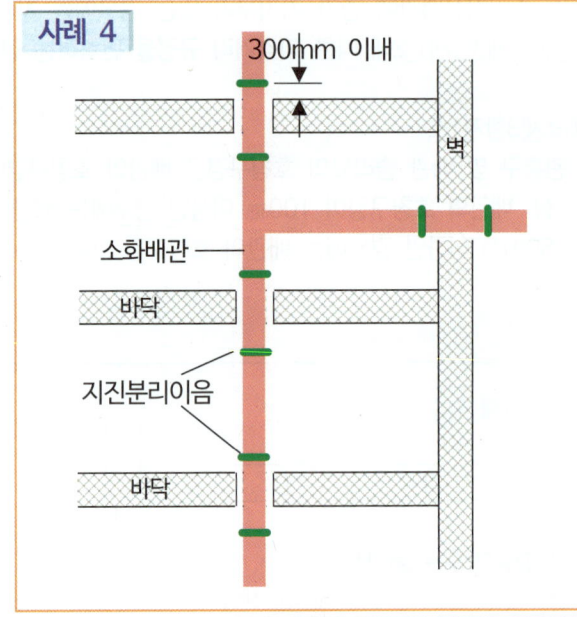

사례 4
지진분리이음 설치하는 사례

배관 관통구나 슬리브의 크기가 작은 장소(제6조제3항제1호 기준)에는 위의 그림과 같이 지진분리이음 설치하거나,
내화성능이 요구되지 않는 석고보드나 이와 유사한 부서지기 쉬운 부재를 사용하여 배관을 설치할 수 있다

다. 스프링클러설비 계통도 지진분리이음을 설계

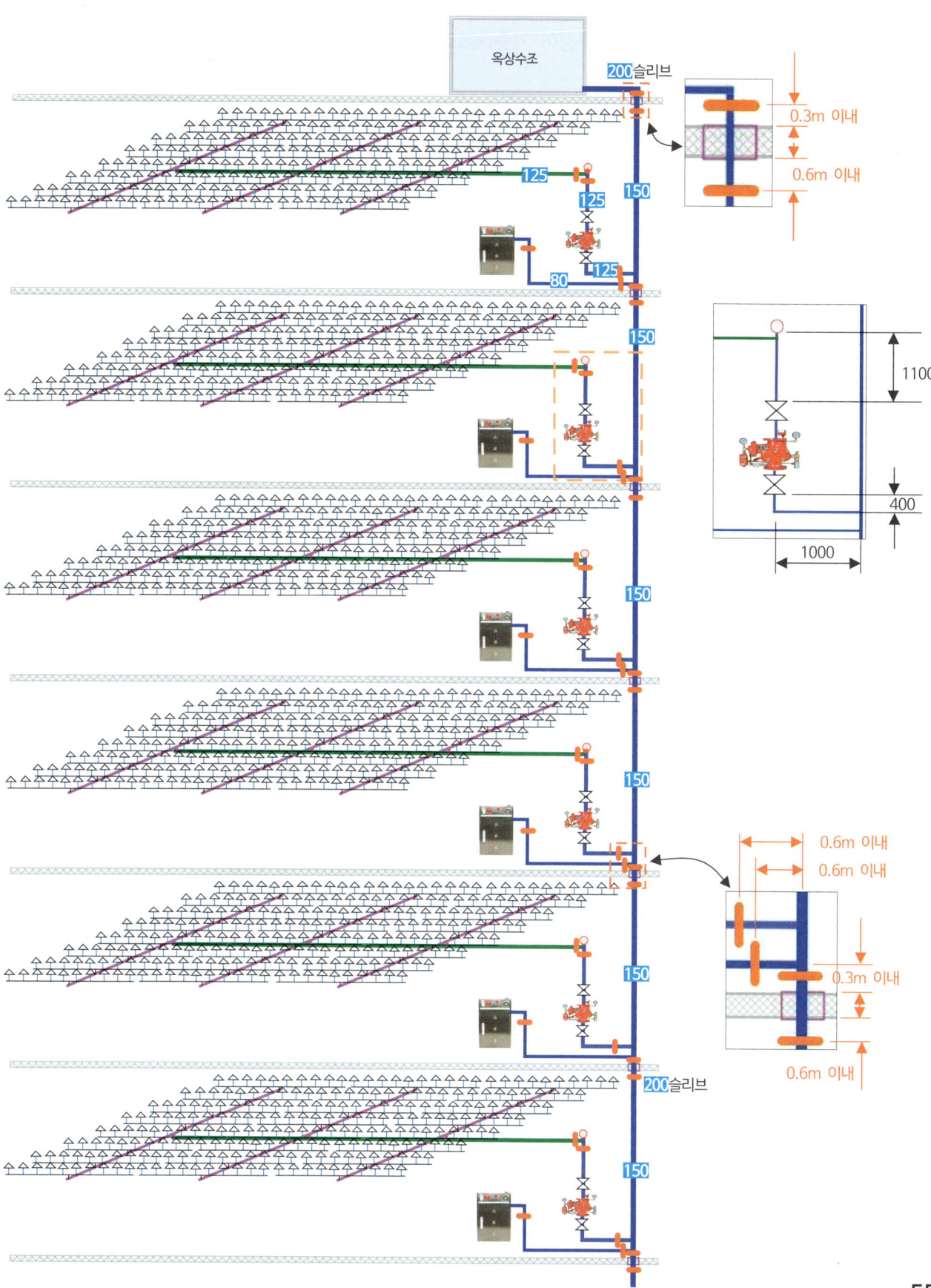

라. 옥내소화전설비 지진분리이음 1
【슬리브 구경이 기준(제6조제3항제1호)보다 작은 경우】

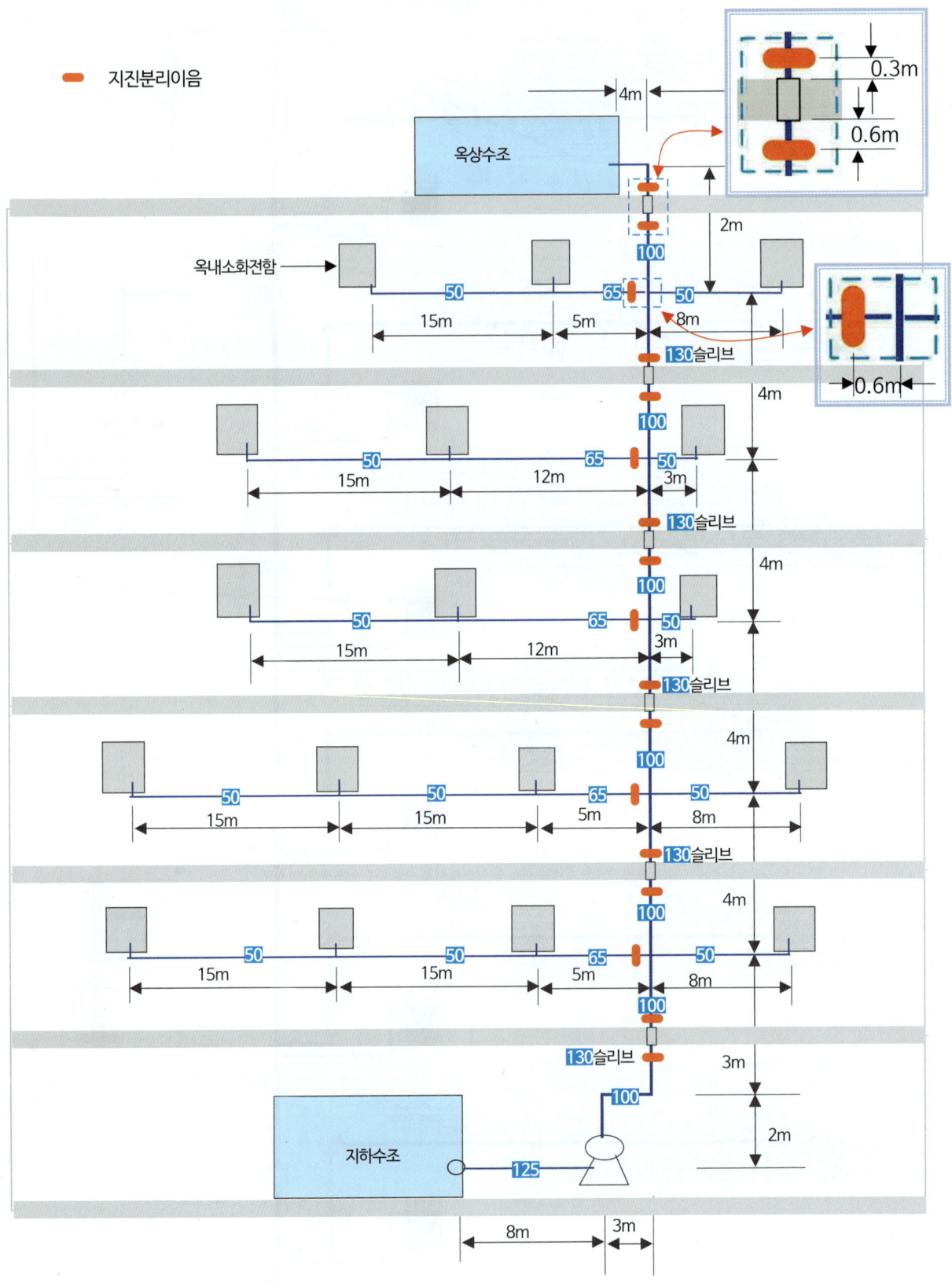

지진분리이음 1 해설

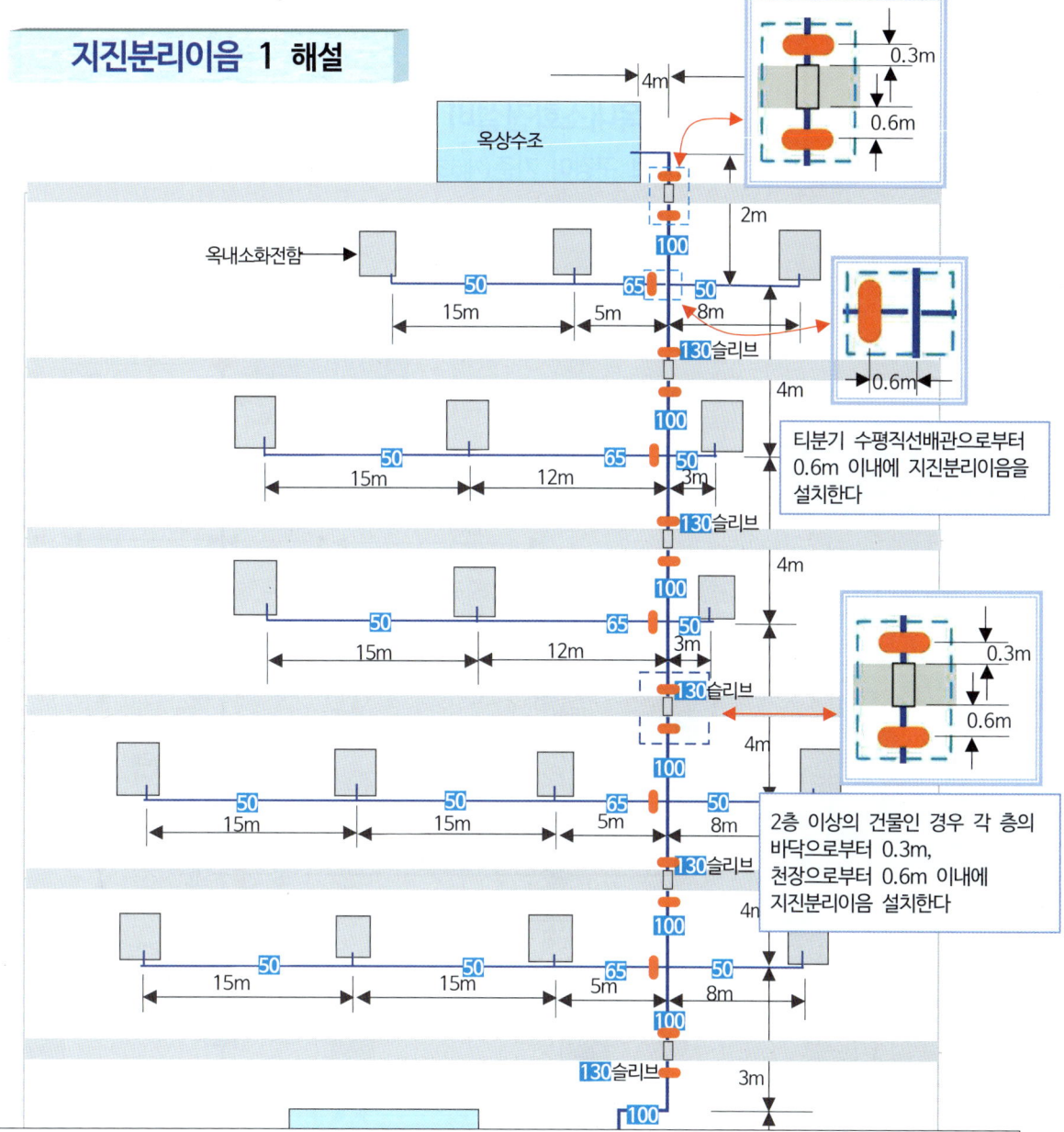

제7조(지진분리이음)
② 구경 65mm 이상의 배관에는 지진분리이음을 다음 각 호의 위치에 설치하여야 한다.
 1. 모든 수직직선배관은 상부 및 하부의 단부로 부터 0.6 m 이내에 설치하여야 한다. 다만, 길이가 0.9 m 미만인 수직직선배관은 지진분리이음을 설치하지 아니할 수 있으며, 0.9 m ~ 2.1 m 사이의 수직직선배관은 하나의 지진분리이음을 설치할 수 있다.
 2. 제6조제3항 본문의 단서에도 불구하고 **2층 이상의 건물인 경우 각 층의 바닥으로부터 0.3m, 천장으로부터 0.6m 이내에 설치하여야 한다.**
 3. 수직직선배관에서 티분기된 수평배관 분기지점이 천장 아래 설치된 지진분리이음보다 아래에 위치한 경우 분기된 수평배관에 지진분리이음을 다음 각 목의 기준에 적합하게 설치하여야 한다.
  가. **티분기 수평직선배관으로부터 0.6m 이내에 지진분리이음을 설치한다.**
 4. 수직직선배관에 중간 지지부가 있는 경우에는 지지부로부터 0.6m 이내의 윗부분 및 아랫부분에 설치해야 한다.
③ 제6조제3항제1호에 따른 이격거리 규정을 만족하는 경우에는 지진분리이음을 설치하지 아니할 수 있다.

제6조제3항제1호
③ 1. 관통구 및 배관 슬리브의 호칭구경은 배관의 호칭구경이 25mm 내지 100mm 미만인 경우 배관의 호칭구경보다 50mm 이상, 배관의 호칭구경이 100mm 이상인 경우에는 배관의 호칭구경보다 100mm 이상 커야 한다. 다만, 배관의 호칭구경이 50mm 이하인 경우에는 배관의 호칭구경 보다 50mm 미만의 더 큰 관통구 및 배관 슬리브를 설치할 수 있다.

옥내소화전설비 지진분리이음 2
【슬리브 구경이 기준(제6조제3항제1호)보다 큰 경우】

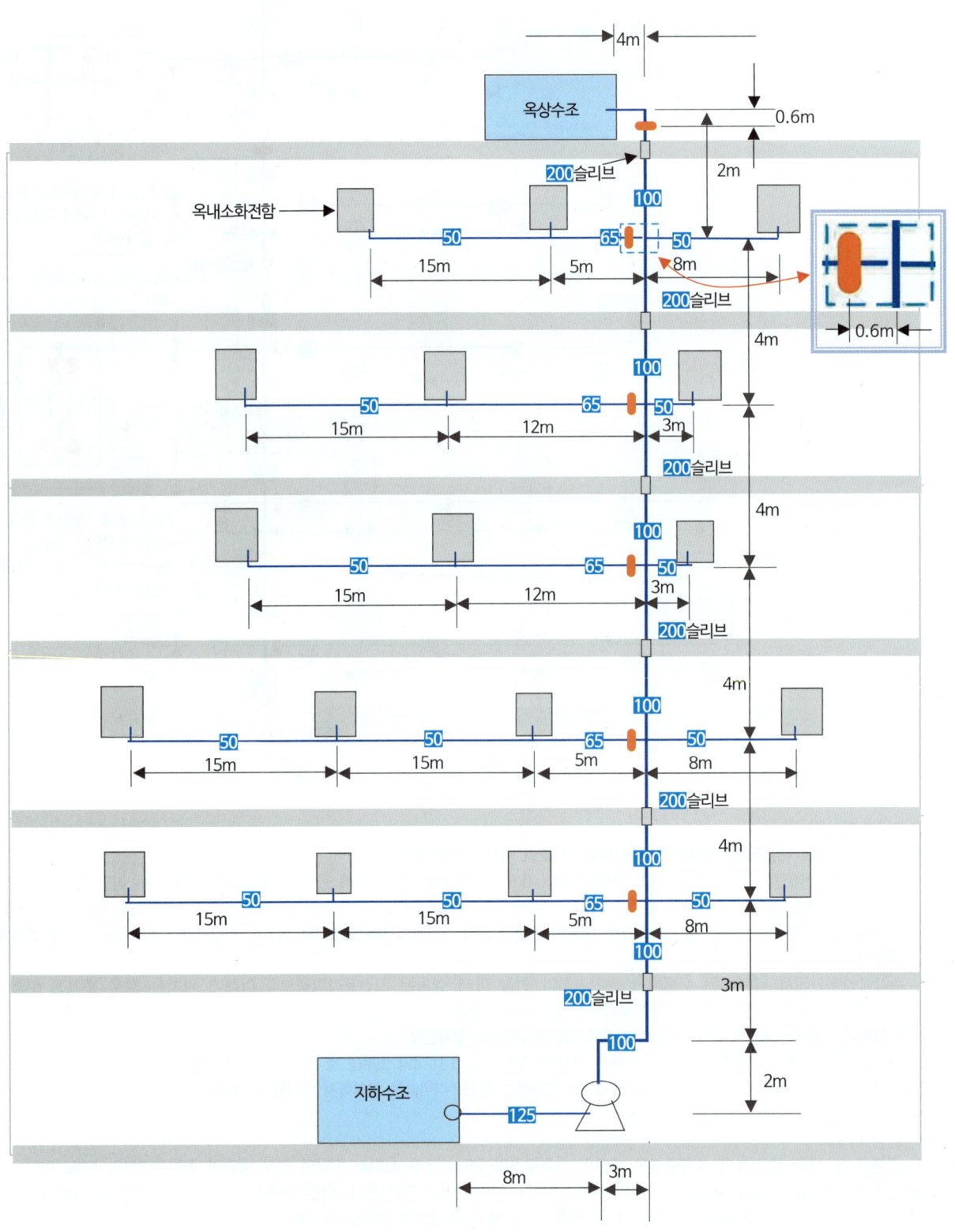

지진분리이음 2 해설

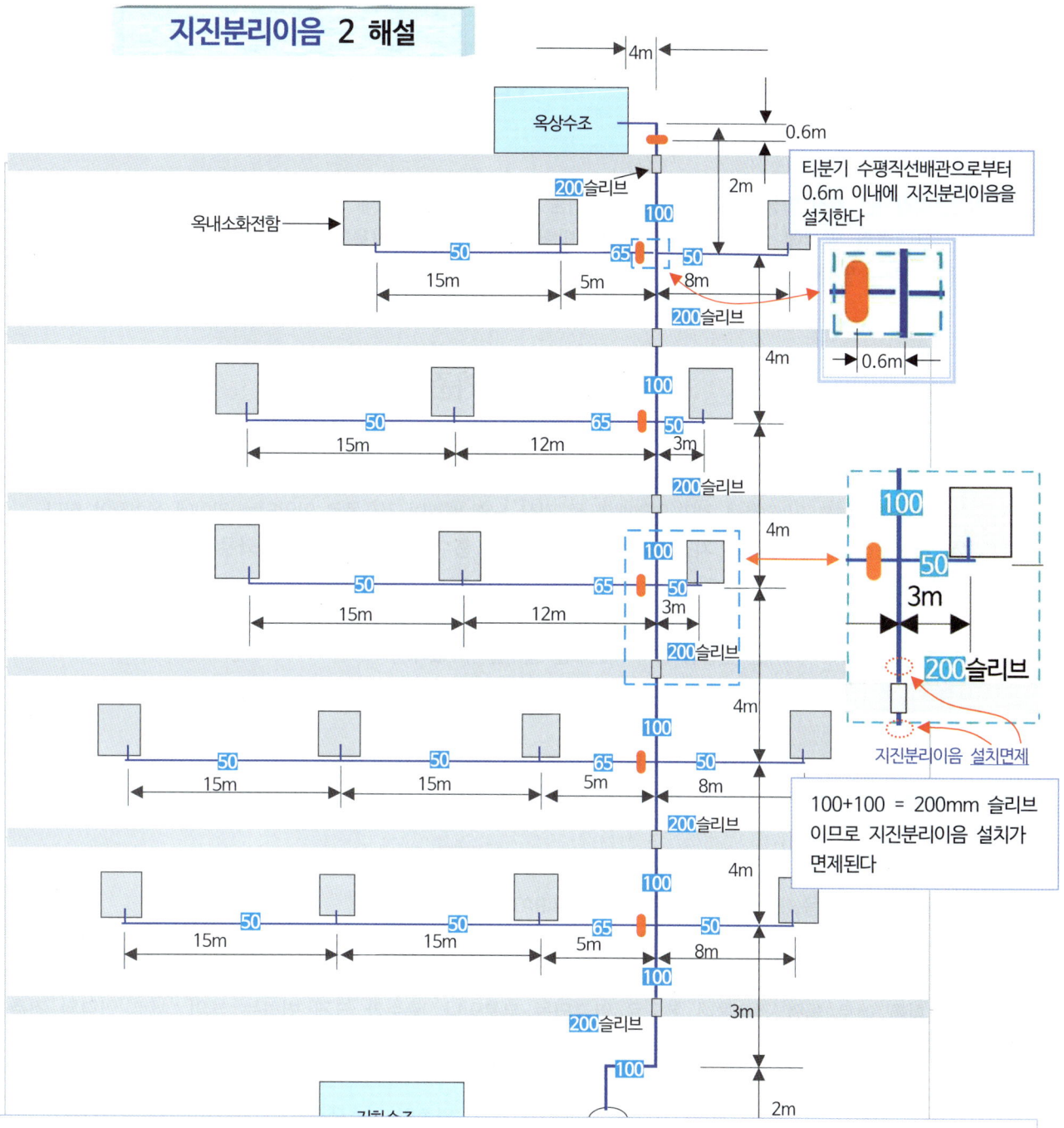

1. 구경 65㎜ 이상의 배관에 지진분리이음을 설치한다.
2. 2층 이상의 건물이므로 각 층의 바닥으로부터 0.3m, 천장으로부터 0.6m 이내에 지진분리이음을 설치한다.
3. 슬리브의 구경이 제6조제3항제1호의 기준에 만족하지 않으므로 각층별 지진분리이음을 설치한다.

※ 제6조제3항제1호의 기준에 적합하기 위한 슬리브의 구경계산
수직배관의 구경이 100m 배관이므로 배관의 호칭구경보다 100㎜ 이상 커야하는 슬리브 구경이어야 하므로 100 + 100 = 200㎜ 이상의 슬리브 구경이 되어야 지진분리이음 설치가 면제된다.

4. 수직직선배관에서 각층별 티분기된 수평배관 분기지점이 천장 아래 설치된 지진분리이음보다 아래에 위치한 경우이므로 분기된 수평배관에 지진분리이음을 티분기 수평직선배관으로부터 0.6m 이내에 지진분리이음을 설치한다.

9. 지진분리장치

지진분리장치란 지진 발생 시 건축물 지진분리이음 설치 위치 및 지상에 노출된 건축물과 건축물 사이 등에서 발생하는 상대변위 발생에 대응하기 위해 모든 방향에서의 변위를 허용하는 커플링, 플렉시블 조인트, 관부속품 등의 집합체를 말한다.

가. 기준

1. 지진분리장치는 배관의 구경에 관계없이 지상층에 설치된 배관으로 건축물 지진분리이음과 소화배관이 교차하는 부분 및 건축물 간의 연결배관 중 지상 노출 배관이 건축물로 인입되는 위치에 설치해야 한다.
2. 지진분리장치는 건축물 지진분리이음의 변위량을 흡수할 수 있도록 전후좌우 방향의 변위를 수용할 수 있도록 설치해야 한다.
3. 지진분리장치의 전단과 후단의 1.8m 이내에는 4방향 흔들림 방지 버팀대를 설치해야 한다.
4. 지진분리장치 자체에는 흔들림 방지 버팀대를 설치할 수 없다.

【설치장소】
1. 지상층에 설치된 배관으로 『건축물 지진분리이음』과 『소화배관』이 교차하는 부분
2. 지상층에 설치된 배관으로 『건축물 간의 연결배관』 중 『지상 노출 배관』이 건축물로 인입되는 위치

『건축물 지진분리이음』(BUILDING SEISMIC SEPARATION JOINT)은
건축물 자체의 변위에 대해 건축설계시 반영하는 부분이다.

설치위치를 예로 들면 건축물내 복도로 연결되는 부분이나, 층수가 크게 변하는 부위, 서로 연결된 건축물의 중량이나 구조형식이 다른 경우 접합부위 등에 건축물 지진분리이음이 설치된다.

'ㄱ'자로 꺾인 학교 건물의 꺾인 부분에 지진분리이음의 일종인 익스펜션조인트(EXPANSION JOINT)가 설치되는 사례가 있다.

건축물의 지진분리이음과 소방배관이 교차하는 부분에는 지진분리장치를 설치한다.

나. 건축물 내부에 설치하는 지진분리장치 설치 사례

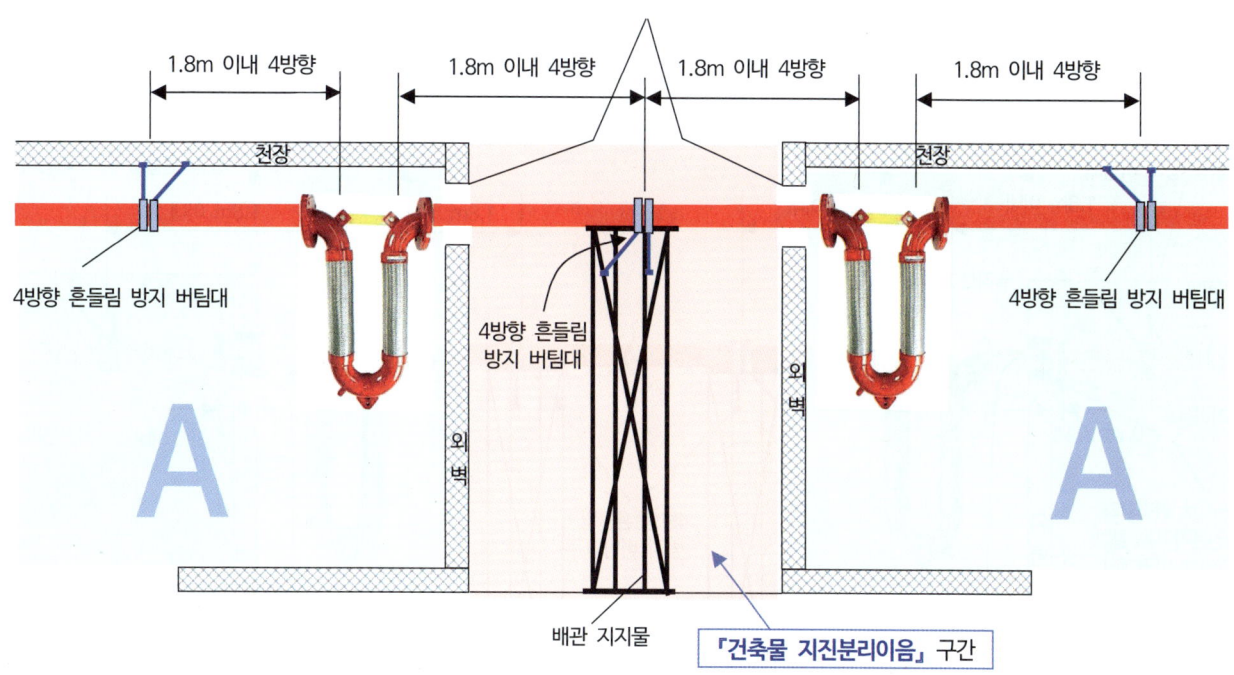

다. 건축물 외부에 설치하는 지진분리장치 설치 사례

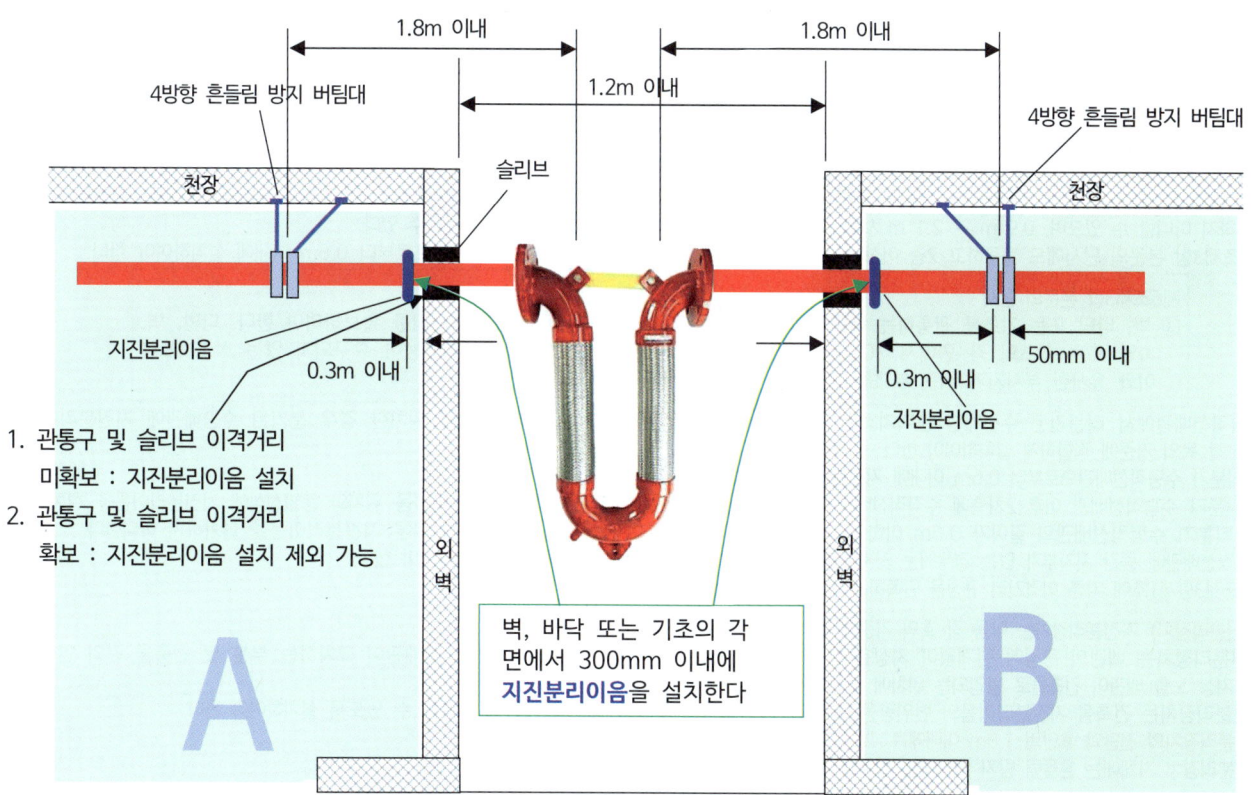

④ 건축물 외부에 설치하는 지진 분리 장치 설치 [사례 2]

A건물과 B건물의 소화배관 연결에 지진분리장치를 설치하는 사례

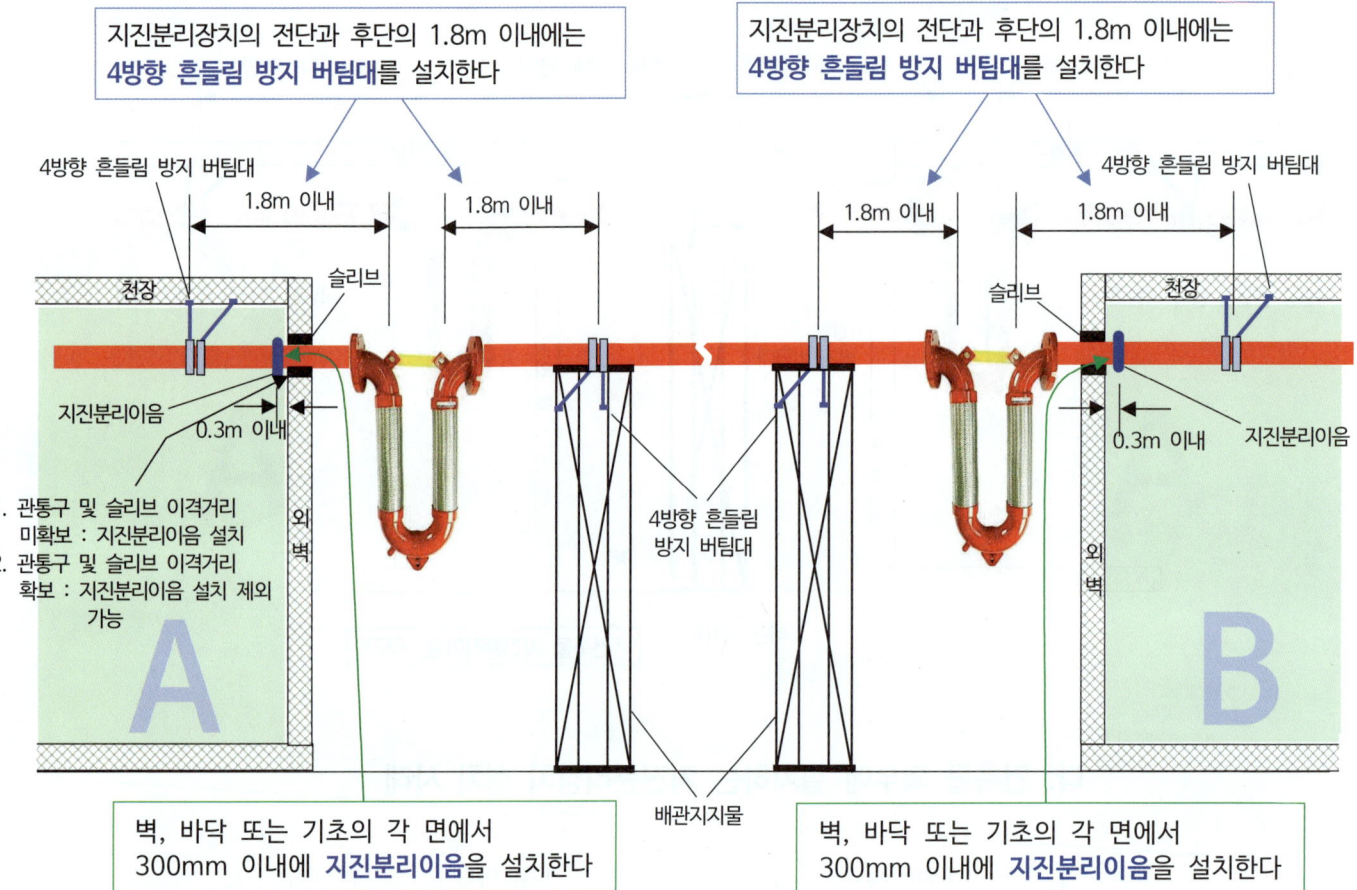

제7조(지진분리이음)
① 배관의 변형을 최소화하고 소화설비 주요 부품 사이의 유연성을 증가시킬 필요 가 있는 위치에 설치하여야 한다.
② 구경 65㎜ 이상의 배관에는 지진분리이음을 다음 각 호의 위치에 설치하여야 한다.
 1. 모든 수직직선배관은 상부 및 하부의 단부로 부터 0.6 m 이내에 설치하여야 한다. 다만, 길이가 0.9 m 미만인 수직직선배관은 지진분리이음을 설치하지 아니할 수 있으며, 0.9 m ~ 2.1 m 사이의 수직직선배관은 하나의 지진분리이음을 설치할 수 있다.
 2. 제6조제3항 본문의 단서에도 불구하고 2층 이상의 건물인 경우 각 층의 바닥으로부터 0.3m, 천장으로부터 0.6m 이내에 설치하여야 한다.

> 제6조제3항 본문의 단서
> ③ 벽, 바닥 또는 기초를 관통하는 배관 주위에는 다음 각 호의 기준에 따라 이격거리를 확보하여야 한다. 다만, 벽, 바닥 또는 기초의 각 면에서 300mm 이내에 지진분리이음을 설치하거나 내화성능이 요구되지 않는 석고보드나 이와 유사한 부서지기 쉬운 부재를 관통하는 배관은 그러하지 아니하다.

 3. 수직직선배관에서 티분기된 수평배관 분기지점이 천장 아래 설치된 지진분리이음보다 아래에 위치한 경우 분기된 수평배관에 지진분리이음을 다음 각 목의 기준에 적합하게 설치하여야 한다.
  가. 티분기 수평직선배관으로부터 0.6m 이내에 지진분리이음을 설치한다.
  나. 티분기 수평직선배관 이후 2차측에 수직직선배관이 설치된 경우 1차측 수직직선배관의 지진분리이음 위치와 동일선상에 지진분리이음을 설치하고, 티분기 수평직선배관의 길이가 0.6m 이하인 경우에는 그 티분기된 수평배관에 가목에 따른 지진분리이음을 설치하지 아니한다.
 4. 수직직선배관에 중간 지지부가 있는 경우에는 지지부로부터 0.6m 이내의 윗부분 및 아랫부분에 설치해야 한다.
③ 제6조제3항제1호에 따른 이격거리 규정을 만족하는 경우에는 지진분리이음을 설치하지 아니할 수 있다.

제8조(지진분리장치) 지진분리장치는 다음 각 호의 기준에 따라 설치하여야 한다.
 1. 지진분리장치는 배관의 구경에 관계없이 지상층에 설치된 배관으로 건축물 지진분리이음과 소화배관이 교차하는 부분 및 건축물 간의 연결배관 중 지상 노출 배관이 건축물로 인입되는 위치에 설치하여야 한다.
 2. 지진분리장치는 건축물 지진분리이음의 변위량을 흡수할 수 있도록 전후좌우 방향의 변위를 수용할 수 있도록 설치하여야 한다.
 3. 지진분리장치의 전단과 후단의 1.8m 이내에는 4방향 흔들림 방지 버팀대를 설치하여야 한다.
 4. 지진분리장치 자체에는 흔들림 방지 버팀대를 설치할 수 없다.

마. 지진 분리 장치 설치 형태

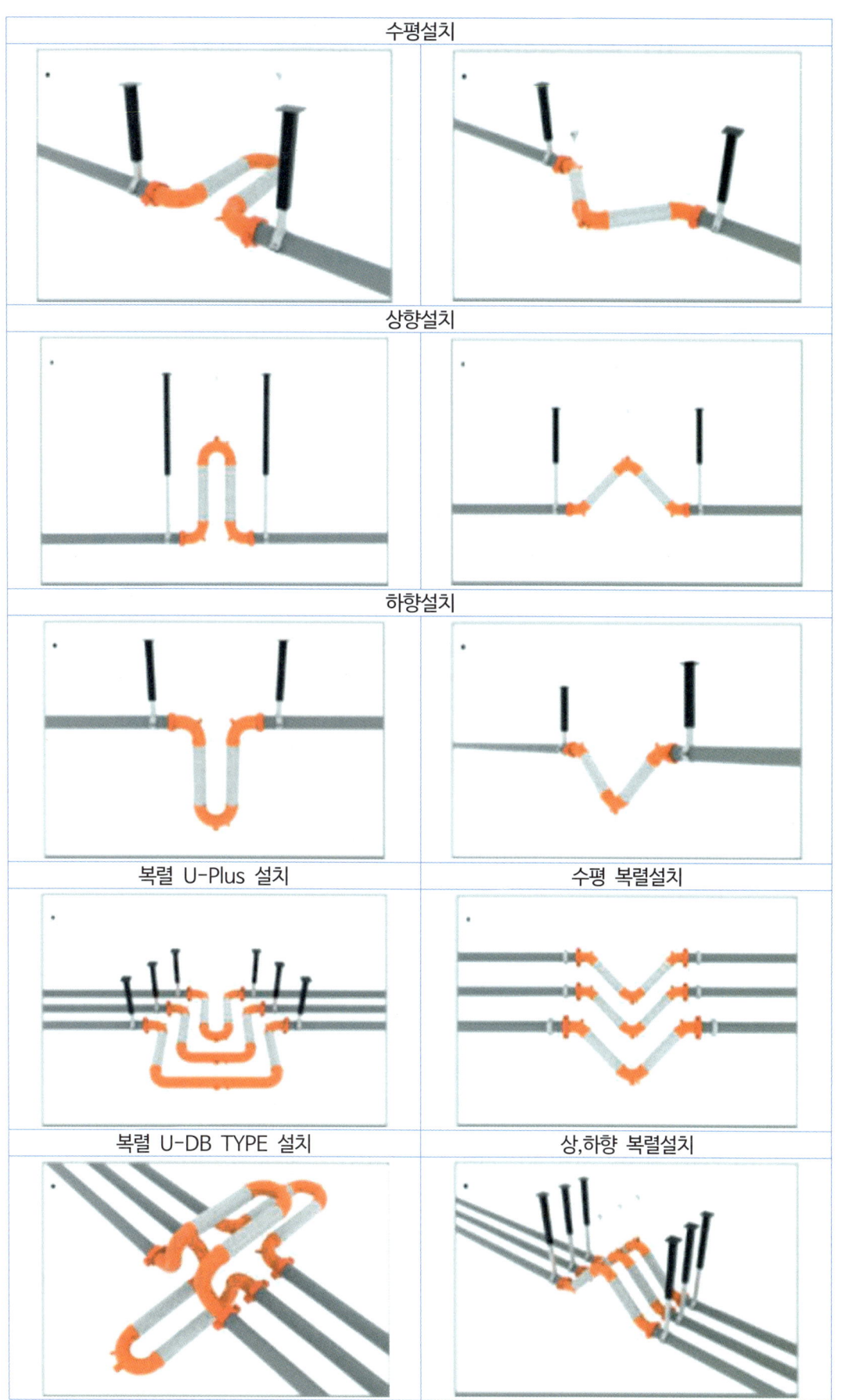

10. 옥내소화전함 내진 앵커볼트 설치

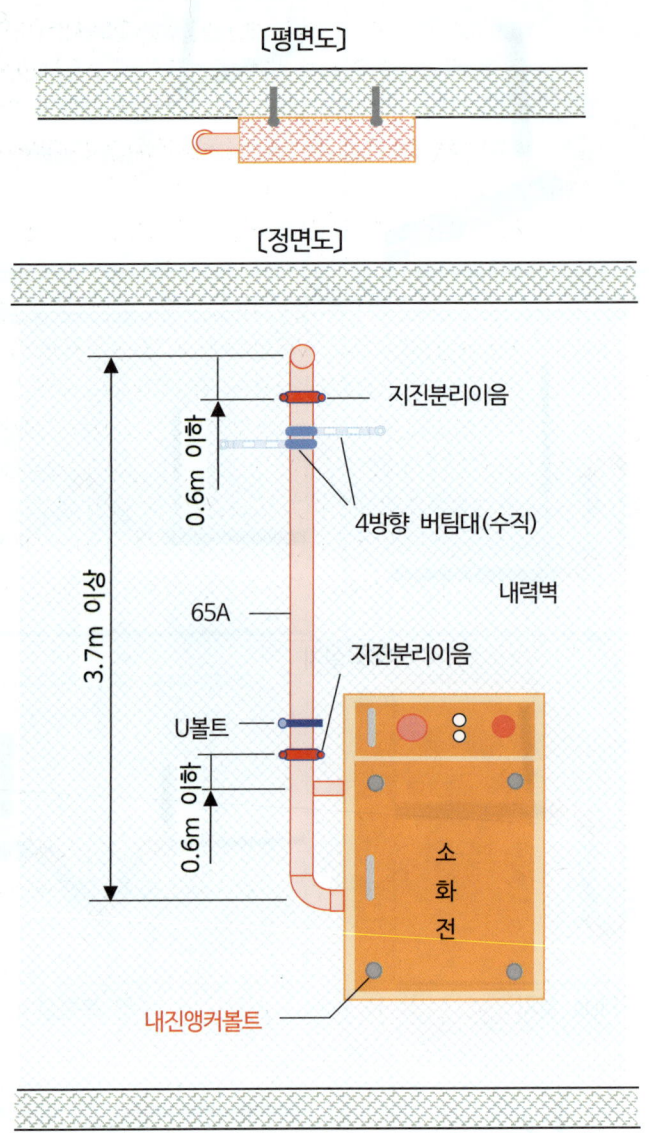

제16조(소화전함)

소화전함은 다음 각 호의 기준에 따라 설치해야 한다.

1. 지진 시 파손 및 변형이 발생하지 않아야 하며, 개폐에 장애가 발생하지 않아야 한다.

2. 건축물의 구조부재인 내력벽·바닥 또는 기둥 등에 고정하여야 하며, 바닥에 설치하는 경우 지진하중에 의해 전도가 발생하지 않도록 설치하여야 한다.

3. 소화전함의 지진하중은 제3조의2제2항에 따라 계산하고, 앵커볼트는 제3조의2제3항에 따라 설치해야 한다. 단, **소화전함의 하중이 450N 이하이고 내력벽 또는 기둥에 설치하는 경우 직경 8mm 이상의 고정용 볼트 4개 이상**으로 고정할 수 있다.

11. 흔들림 방지 버팀대

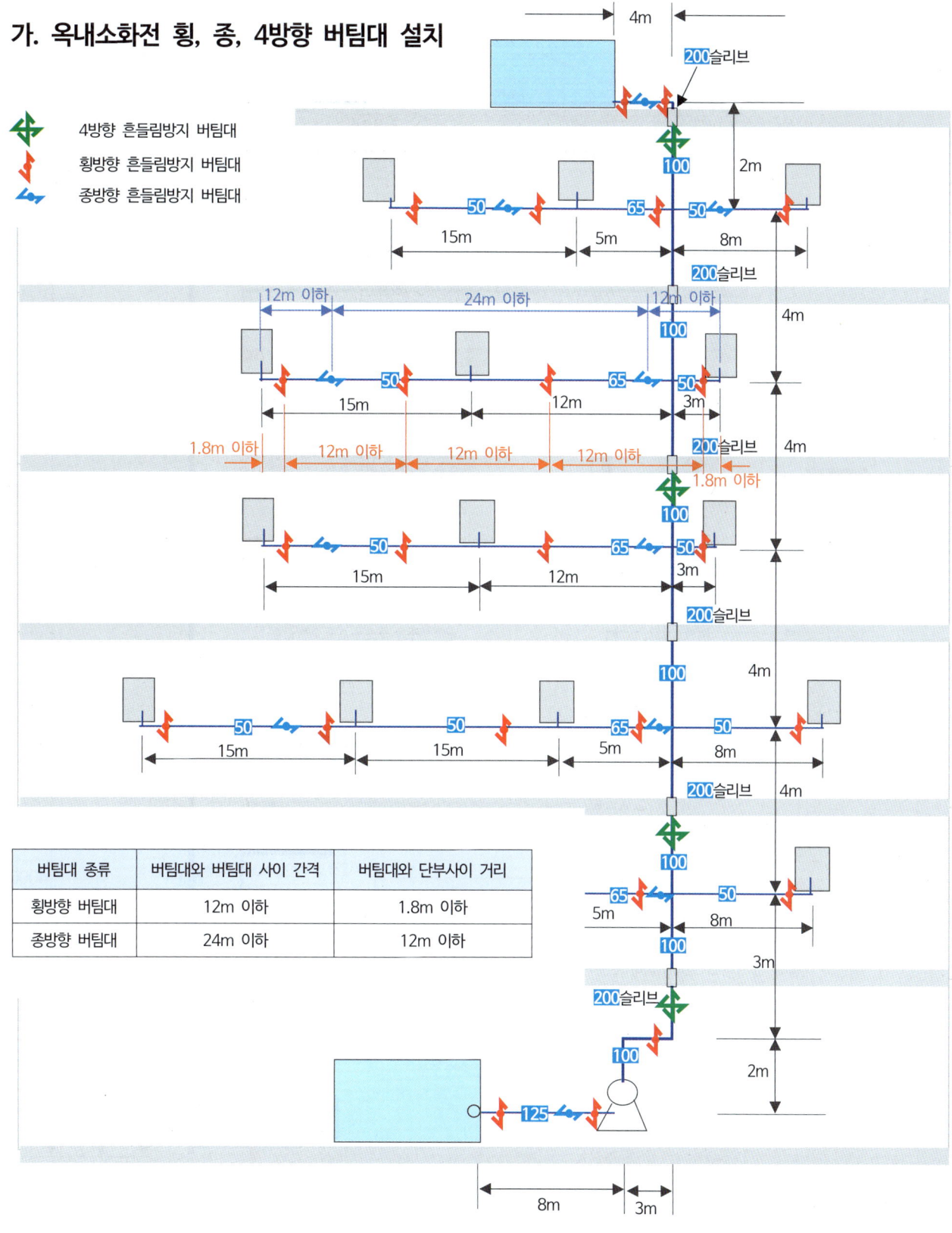

가. 옥내소화전 횡, 종, 4방향 버팀대 설치

나. 스프링클러설비 횡방향, 종방향 흔들림방지 버팀대 설치

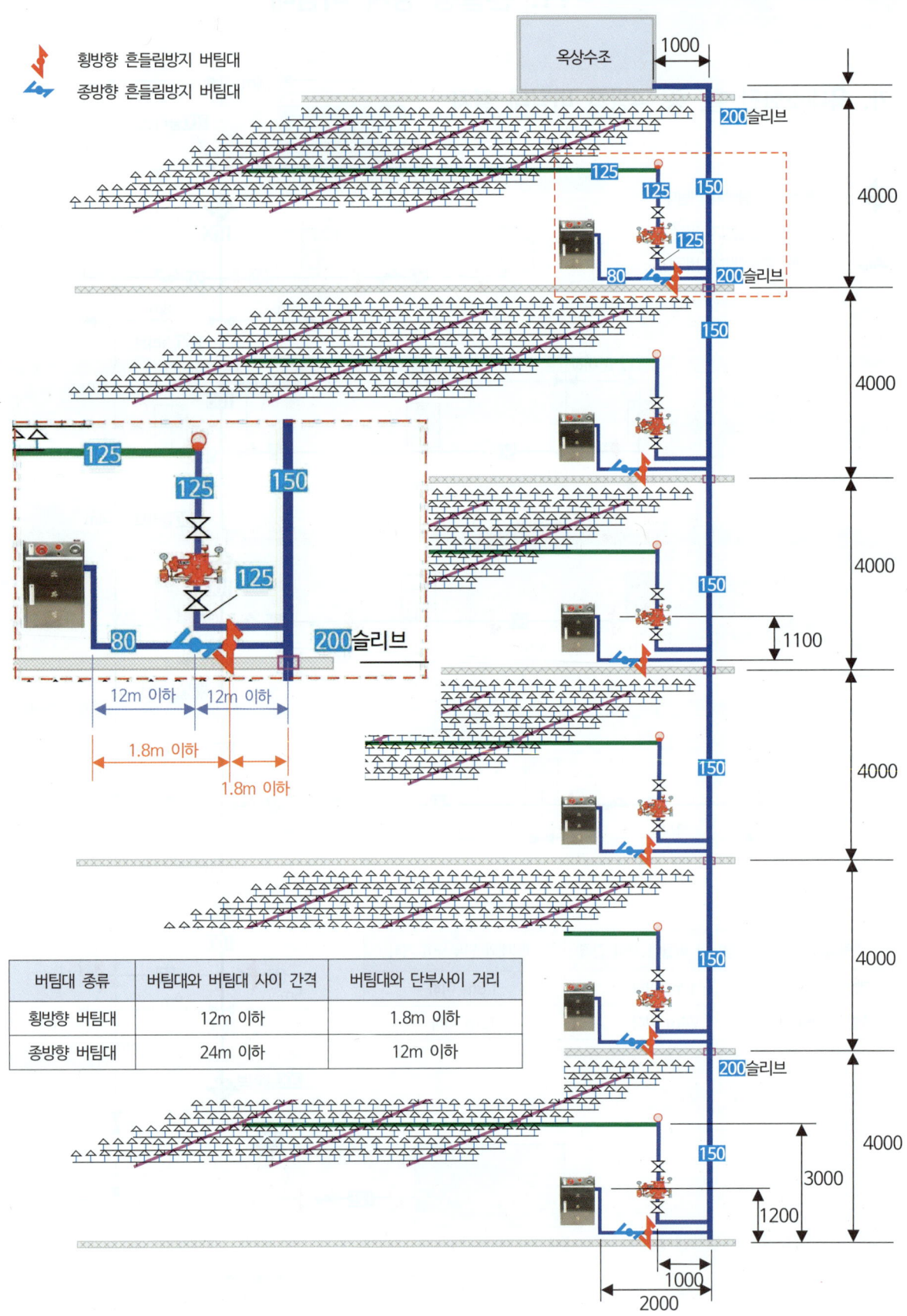

다. 스프링클러설비 4방향 흔들림방지 버팀대 설치

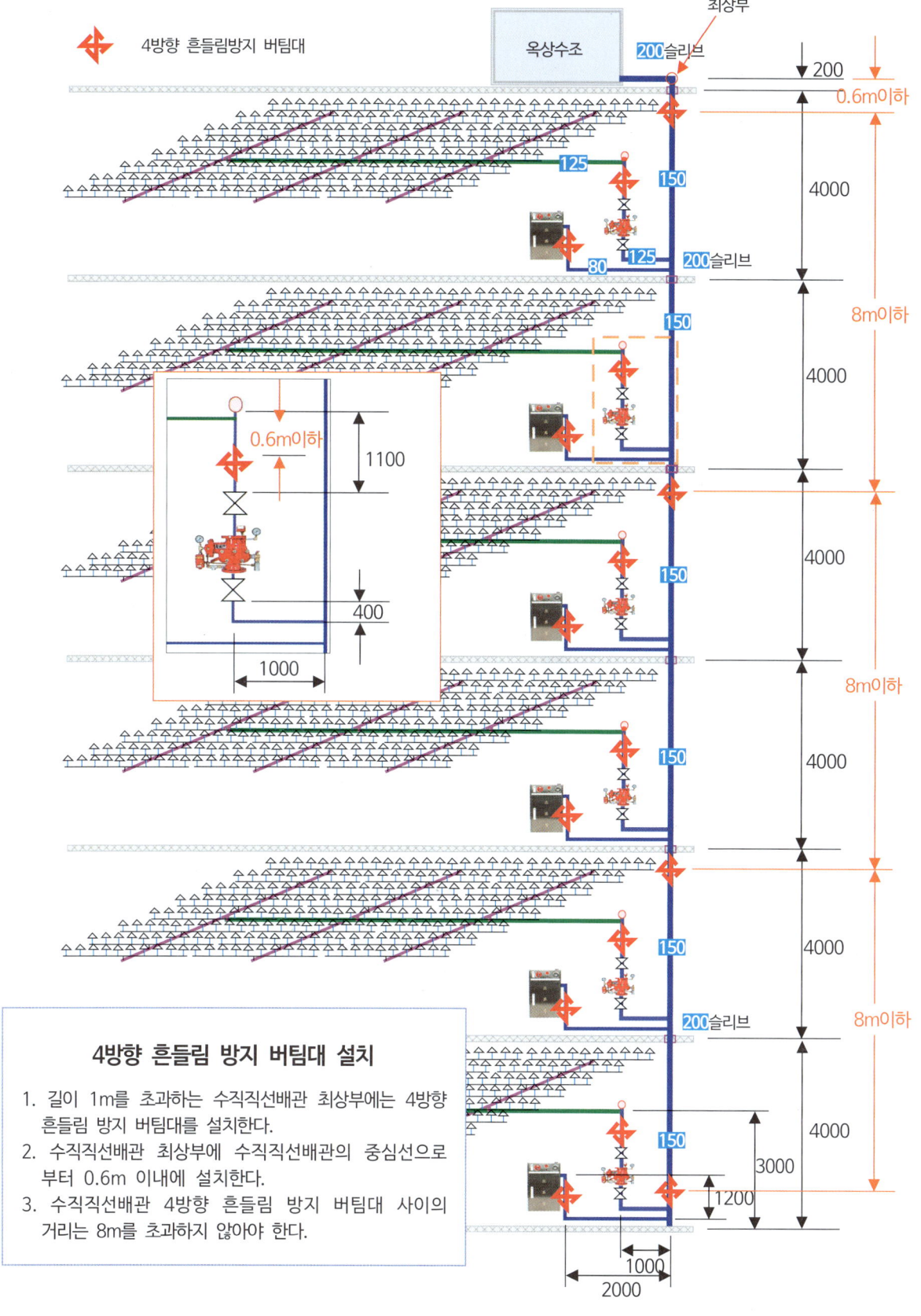

4방향 흔들림 방지 버팀대 설치

1. 길이 1m를 초과하는 수직직선배관 최상부에는 4방향 흔들림 방지 버팀대를 설치한다.
2. 수직직선배관 최상부에 수직직선배관의 중심선으로부터 0.6m 이내에 설치한다.
3. 수직직선배관 4방향 흔들림 방지 버팀대 사이의 거리는 8m를 초과하지 않아야 한다.

라. 스프링클러설비 평면도 횡방향 흔들림방지 버팀대 설치

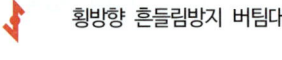 횡방향 흔들림방지 버팀대

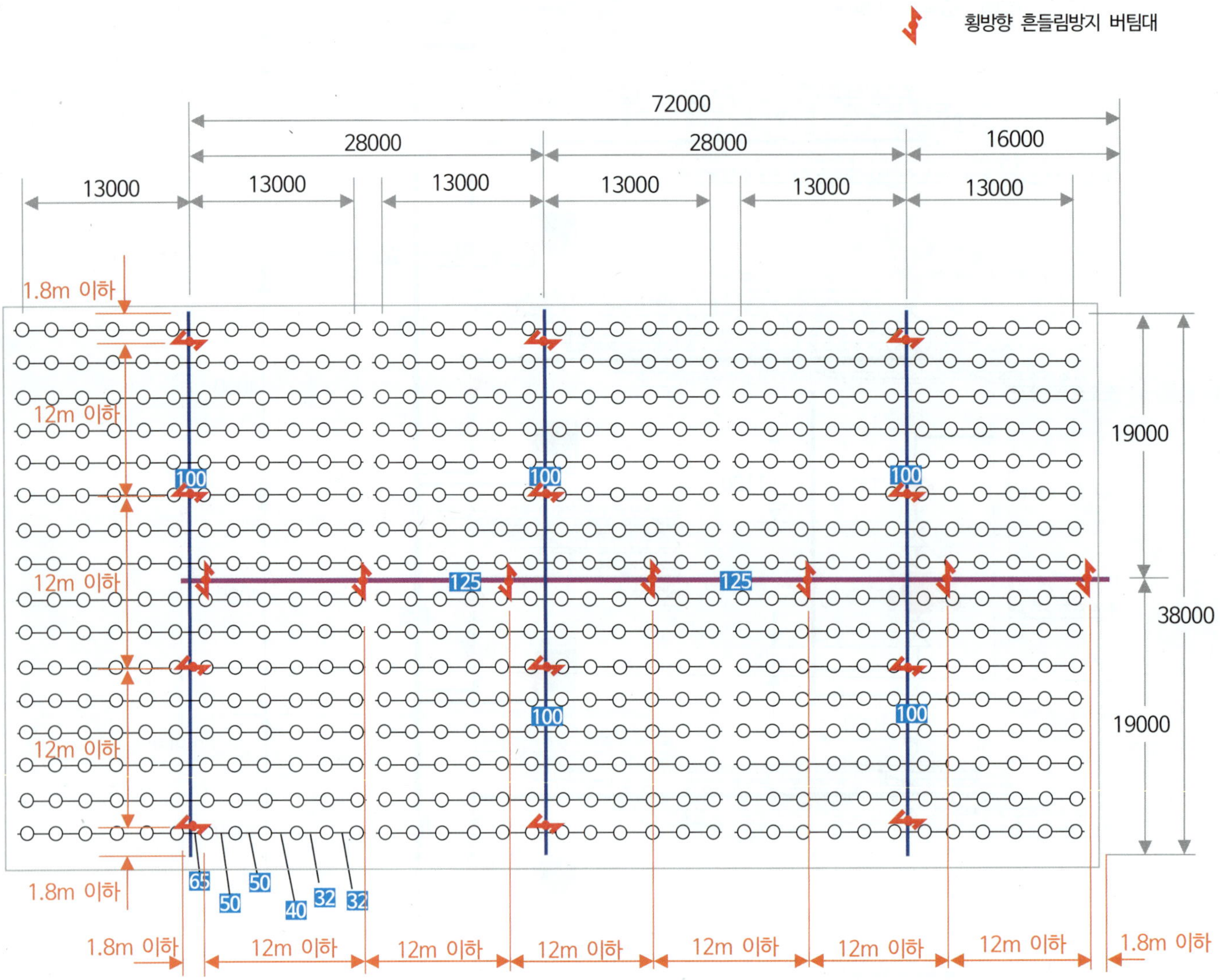

수평직선배관 횡방향 버팀대

버팀대와 버팀대 사이 간격	버팀대와 단부사이 거리
12m 이하	1.8m 이하

수평직선배관 횡방향 흔들림방지 버팀대 설치개수 계산 공식

《【직선배관길이 − (버팀대와 단부간 최대 법적거리×2)】÷ 버팀대와 버팀대간 최대 법적거리》+ 1

1. 수평직선배관 횡방향 흔들림방지 버팀대 설치 개수 계산
   【(72 − 3.6) ÷ 12】+ 1 = 6.7 ∴ 7개(소수점 이하는 1개)
2. 교차배관 횡방향 흔들림방지 버팀대 설치 개수 계산
   【(38 − 3.6) ÷ 12】+ 1 = 3.86 ∴ 4개(소수점 이하는 1개)

마. 스프링클러설비 평면도 종방향 흔들림방지 버팀대 설치

수평직선배관 종방향 버팀대

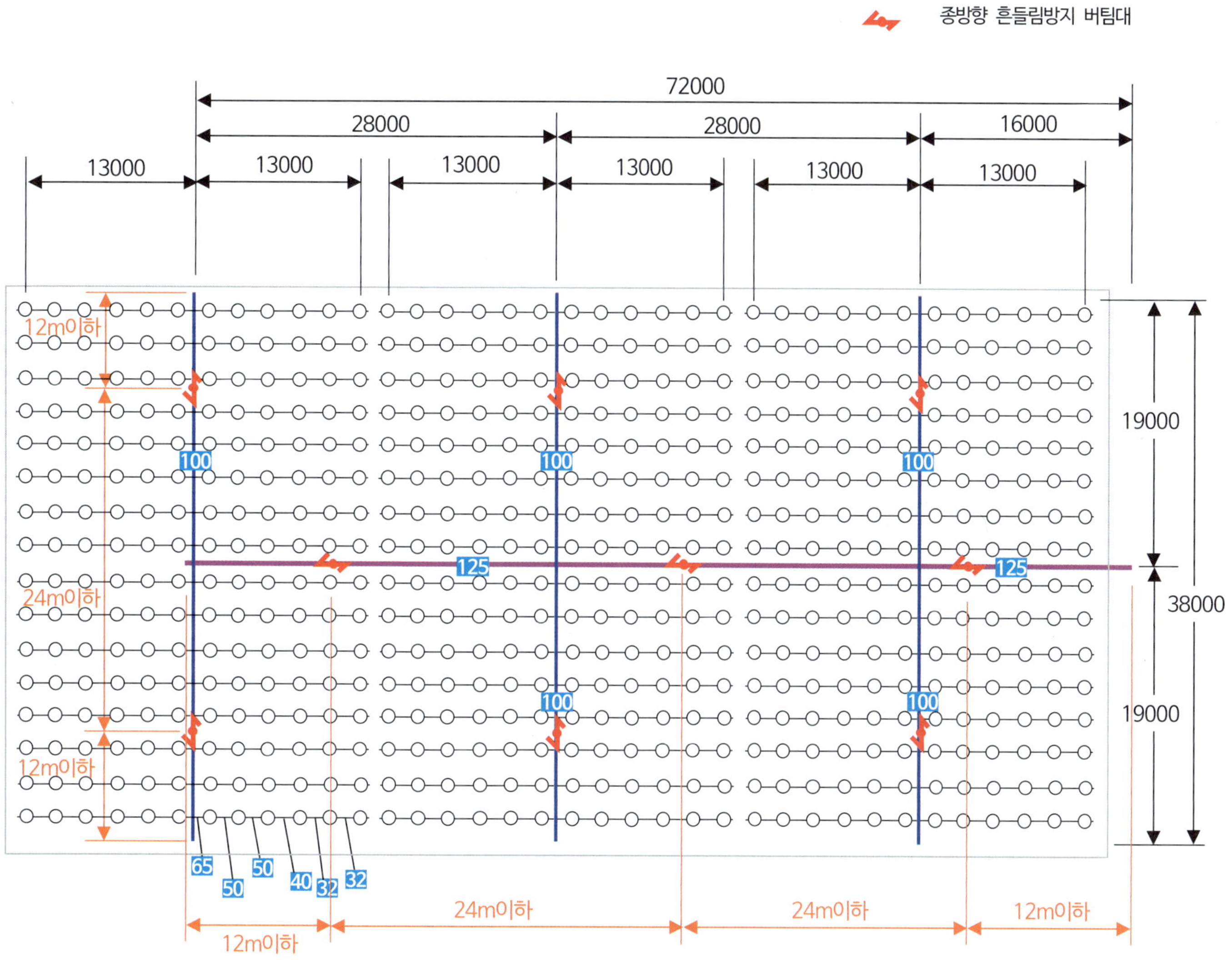

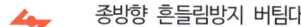

버팀대와 버팀대 사이 간격	버팀대와 단부사이 거리
24m 이하	12m 이하

수평직선배관 종방향 흔들림방지 버팀대 설치개수 계산 공식

《【직선배관길이 - (버팀대와 단부간 최대 법적거리×2)】 ÷ 버팀대와 버팀대간 최대 법적거리》 + 1

1. 수평직선배관 종방향 흔들림방지 버팀대 설치 개수 계산

   【(72 - 24) ÷ 24】 + 1 = 3 ∴ 3개

2. 교차배관 종방향 흔들림방지 버팀대 설치 개수 계산

   【(38 - 24) ÷ 24】 + 1 = 1.58 ∴ 2개(소수점 이하는 1개)

바. 스프링클러설비 버팀대 설치

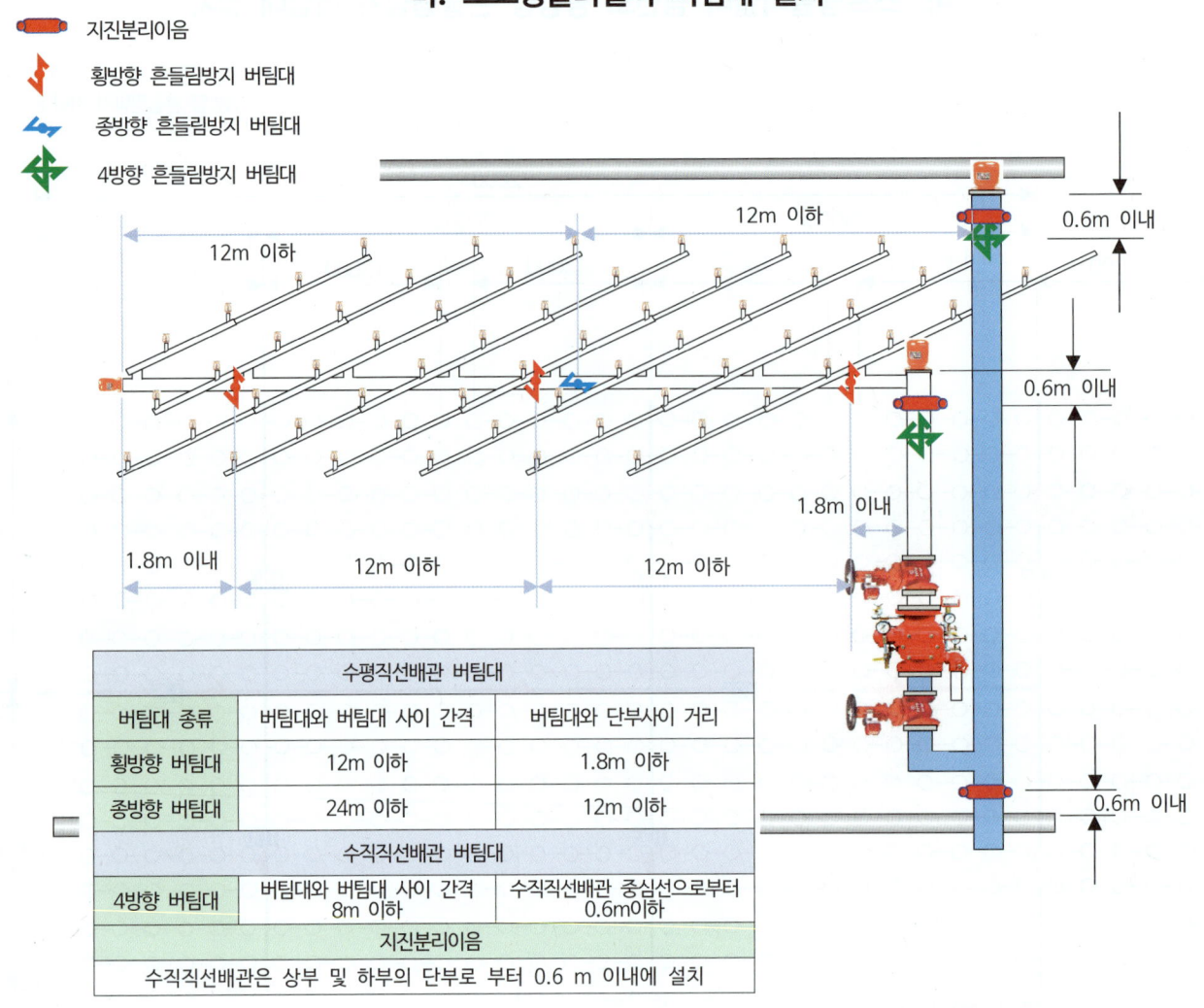

수평직선배관 버팀대		
버팀대 종류	버팀대와 버팀대 사이 간격	버팀대와 단부사이 거리
횡방향 버팀대	12m 이하	1.8m 이하
종방향 버팀대	24m 이하	12m 이하
수직직선배관 버팀대		
4방향 버팀대	버팀대와 버팀대 사이 간격 8m 이하	수직직선배관 중심선으로부터 0.6m이하
지진분리이음		
수직직선배관은 상부 및 하부의 단부로 부터 0.6 m 이내에 설치		

수평직선배관 흔들림 방지 버팀대

① 횡방향 흔들림 방지 버팀대
1. 흔들림 방지 버팀대의 간격은 중심선을 기준으로 최대간격이 12m를 초과하지 않아야 한다.
2. 마지막 흔들림 방지 버팀대와 배관 단부 사이의 거리는 1.8m를 초과하지 않아야 한다.

② 종방향 흔들림 방지 버팀대
1. 수평주행배관 및 교차배관에 설치된 종방향 흔들림 방지 버팀대의 간격은 중심선을 기준으로 24 m를 넘지 않아야 한다.
2. 마지막 흔들림 방지 버팀대와 배관 단부 사이의 거리는 12m를 초과하지 않아야 한다.

수직직선배관 흔들림 방지 버팀대

1. 길이 1m를 초과하는 수직직선배관의 최상부에는 4방향 흔들림 방지 버팀대를 설치해야 한다.
2. 수직직선배관 최상부에 설치된 4방향 흔들림 방지 버팀대가 수평직선배관에 부착된 경우 그 흔들림 방지 버팀대는 수직직선 배관의 중심선으로부터 0.6m 이내에 설치되어야 하고, 그 흔들림 방지 버팀대의 하중은 수직 및 수평방향의 배관을 모두 포함하여야 한다.
3. 수직직선배관 4방향 흔들림 방지 버팀대 사이의 거리는 8m를 초과하지 않아야 한다.

사. 스프링클러설비 버팀대. 지진분리이음 설치

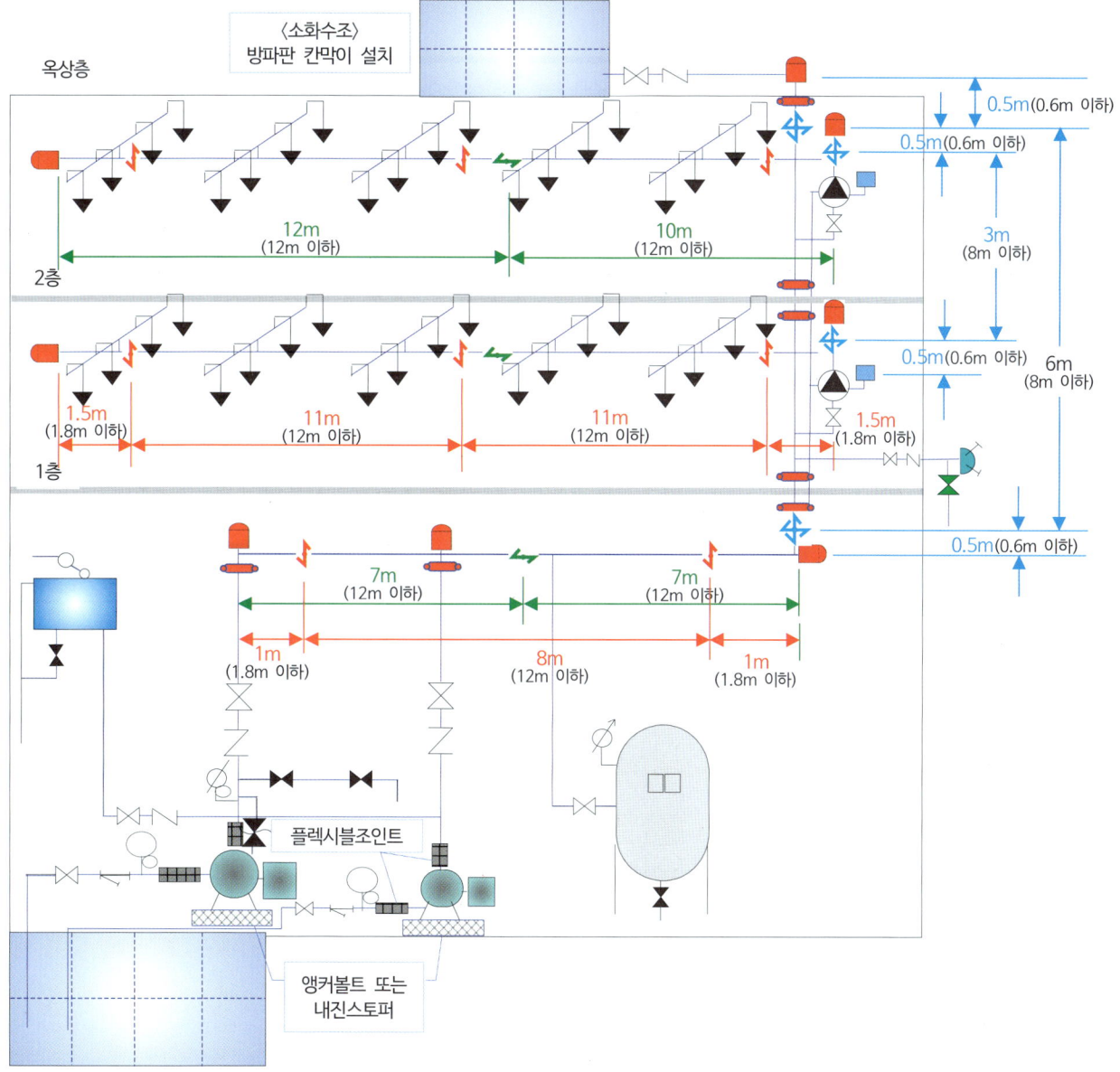

문제

수평직선배관(수평, 수직배관이 아님) **흔들림(종, 횡방향) 방지 버팀대 설계하시오**

 횡방향 흔들림방지 버팀대

 종방향 흔들림방지 버팀대

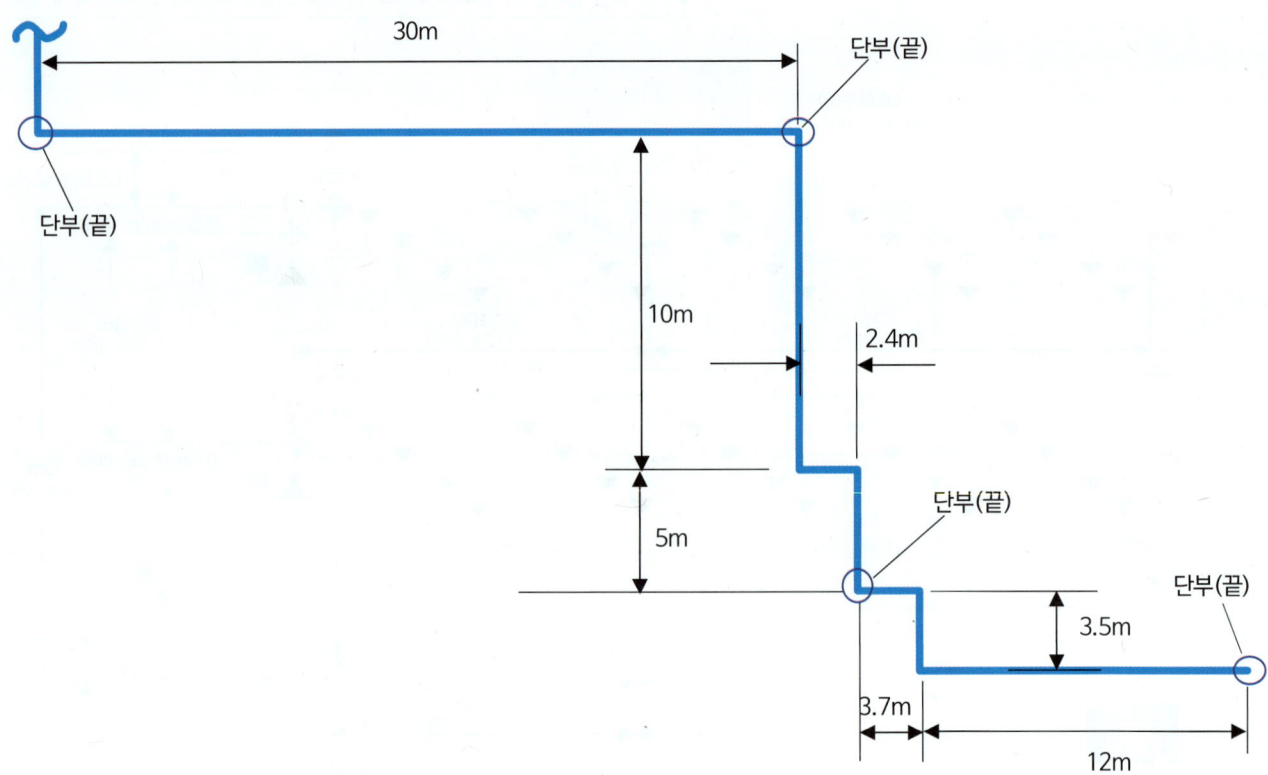

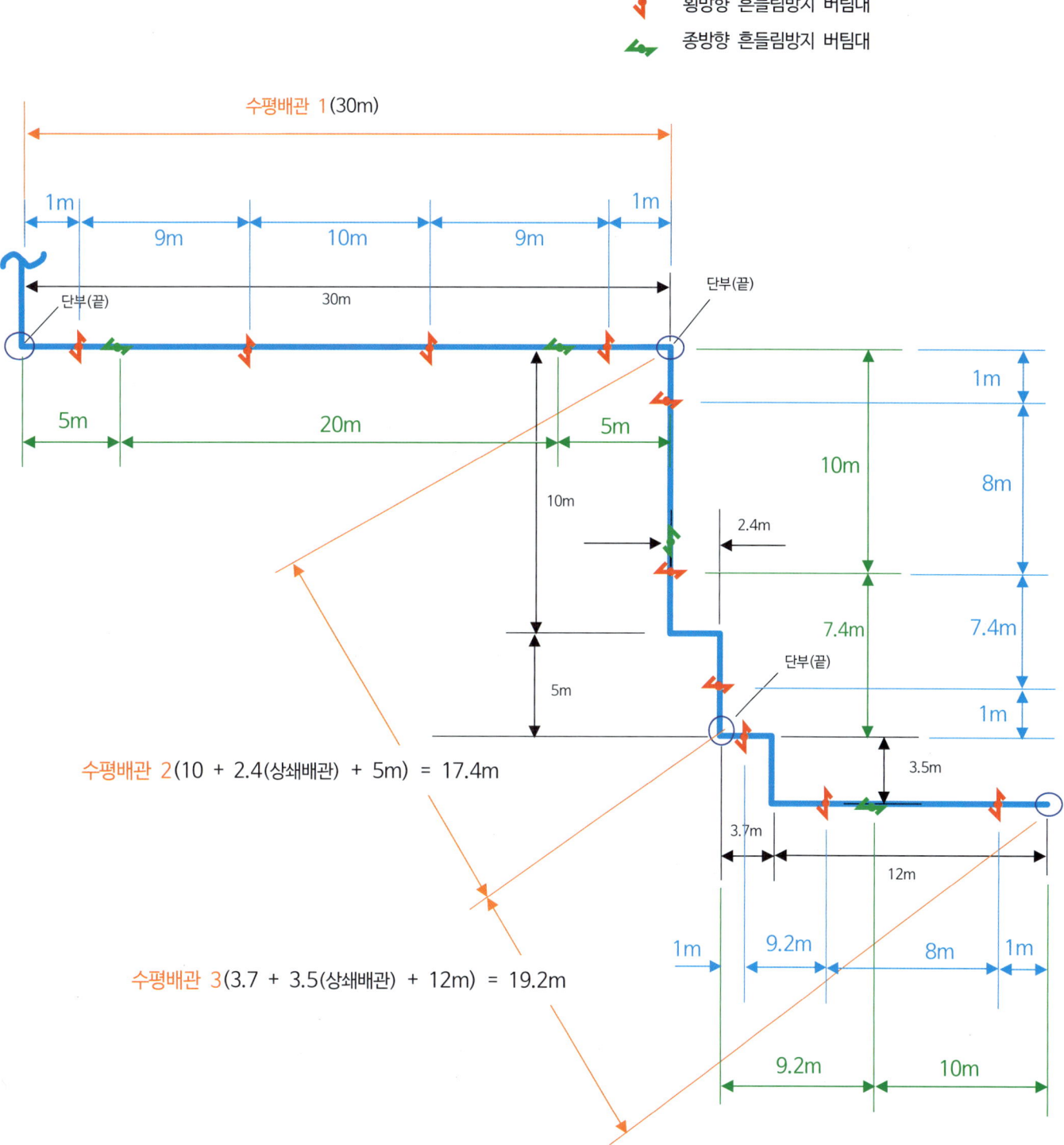

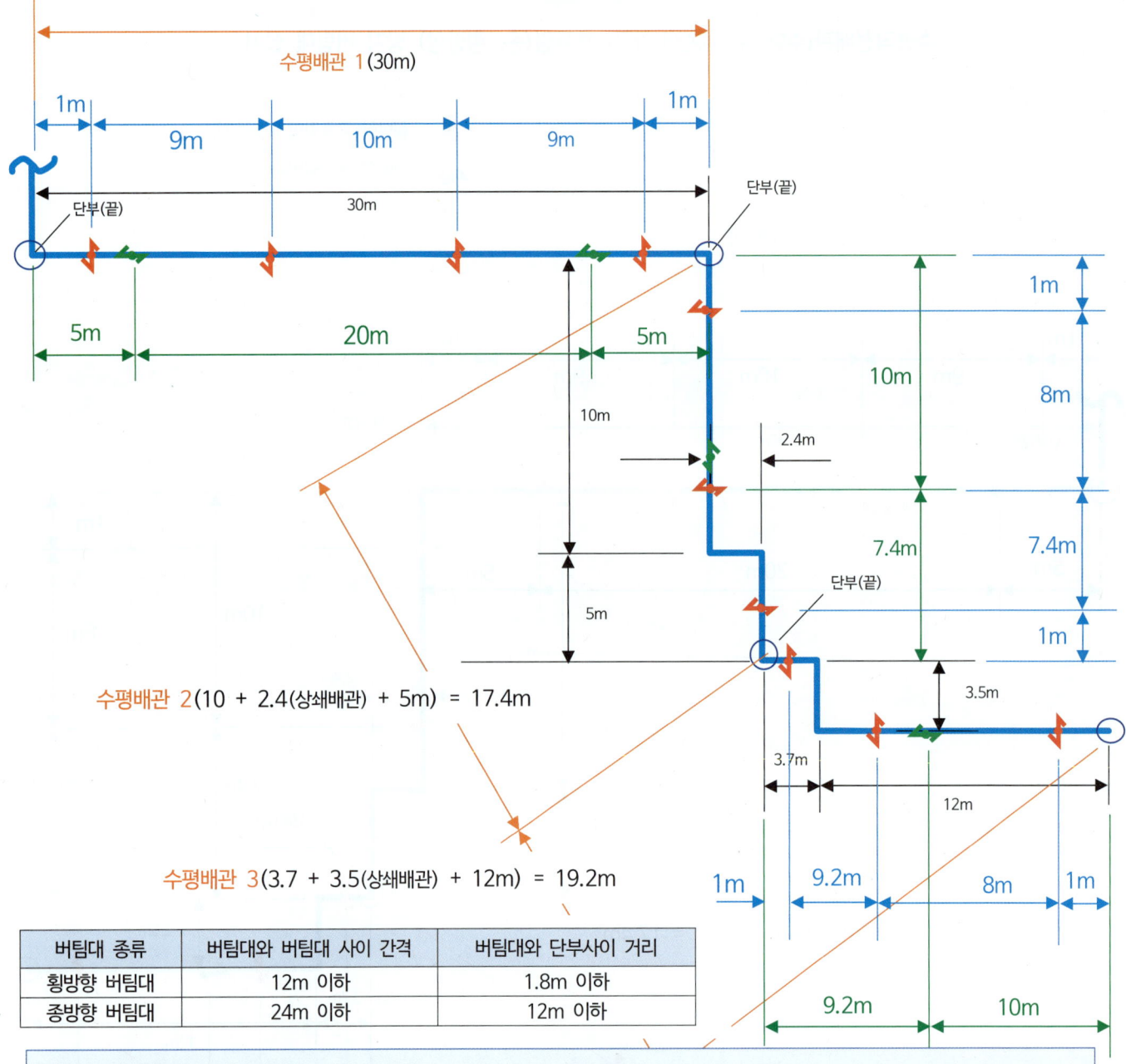

문제 1 수평직선배관의 횡방향 흔들림방지 버팀대를 설치하시오

(상쇄배관을 적용한 흔들림방지 버팀대 설계 사례)

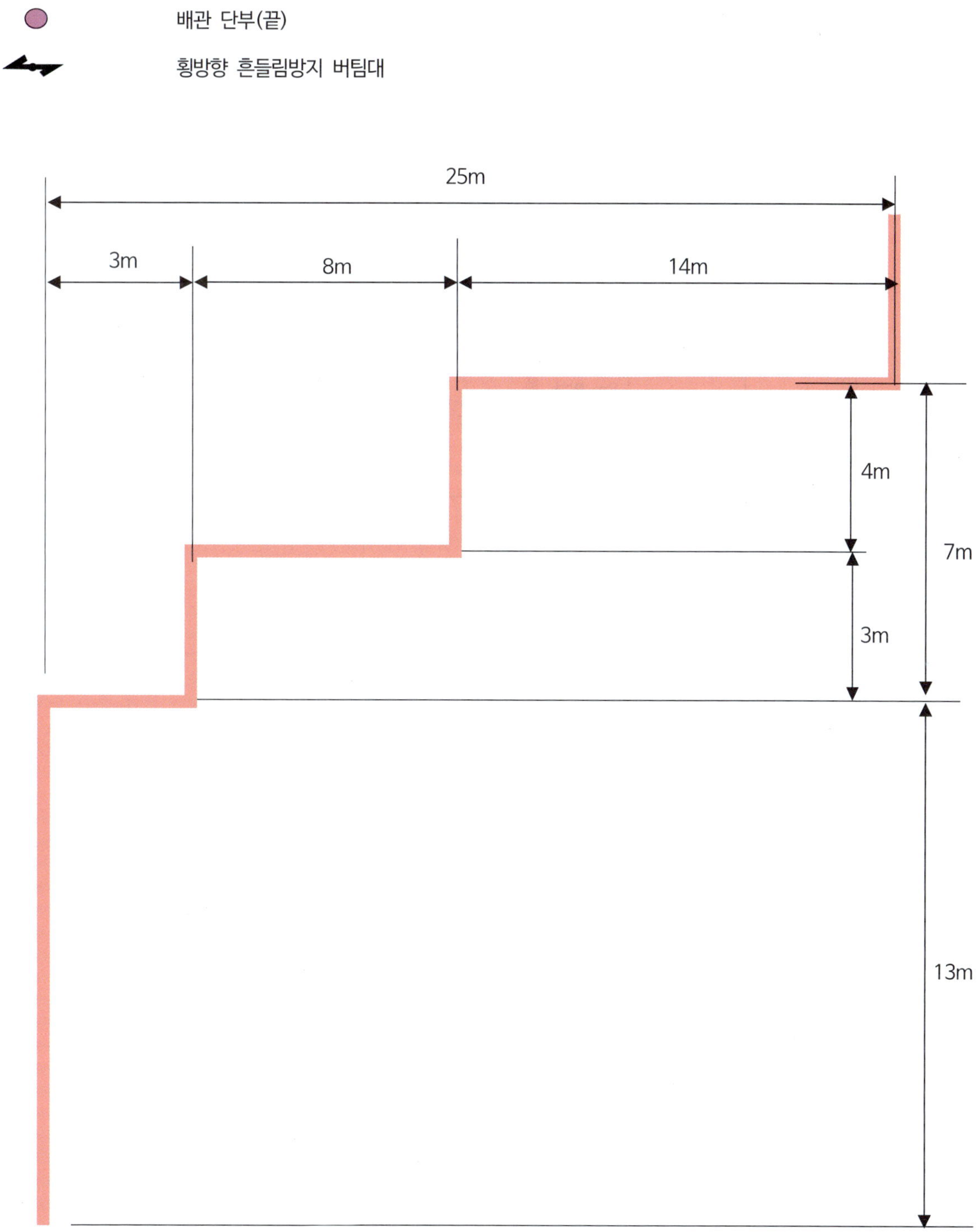

● 배관 단부(끝)

 횡방향 흔들림방지 버팀대

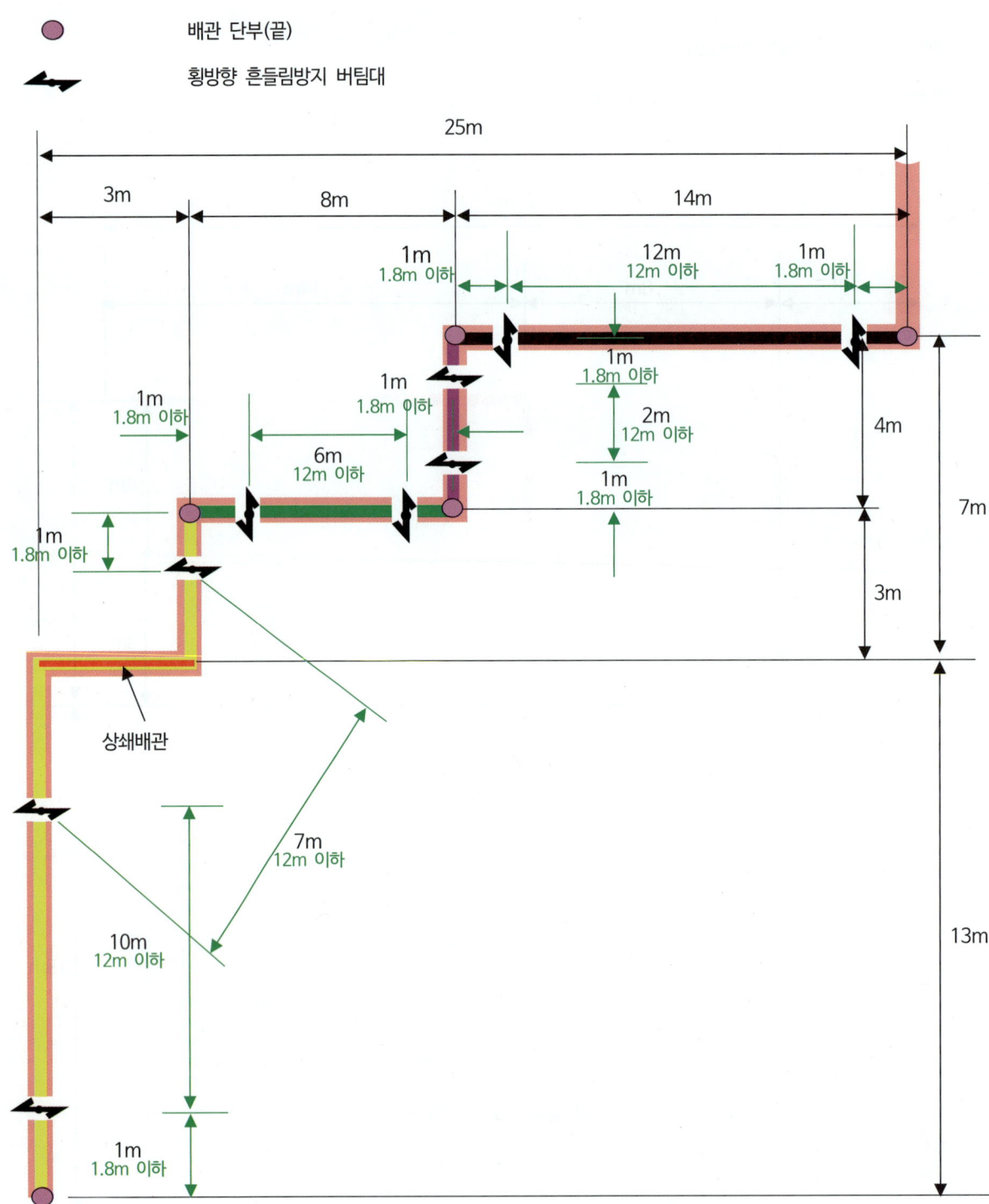

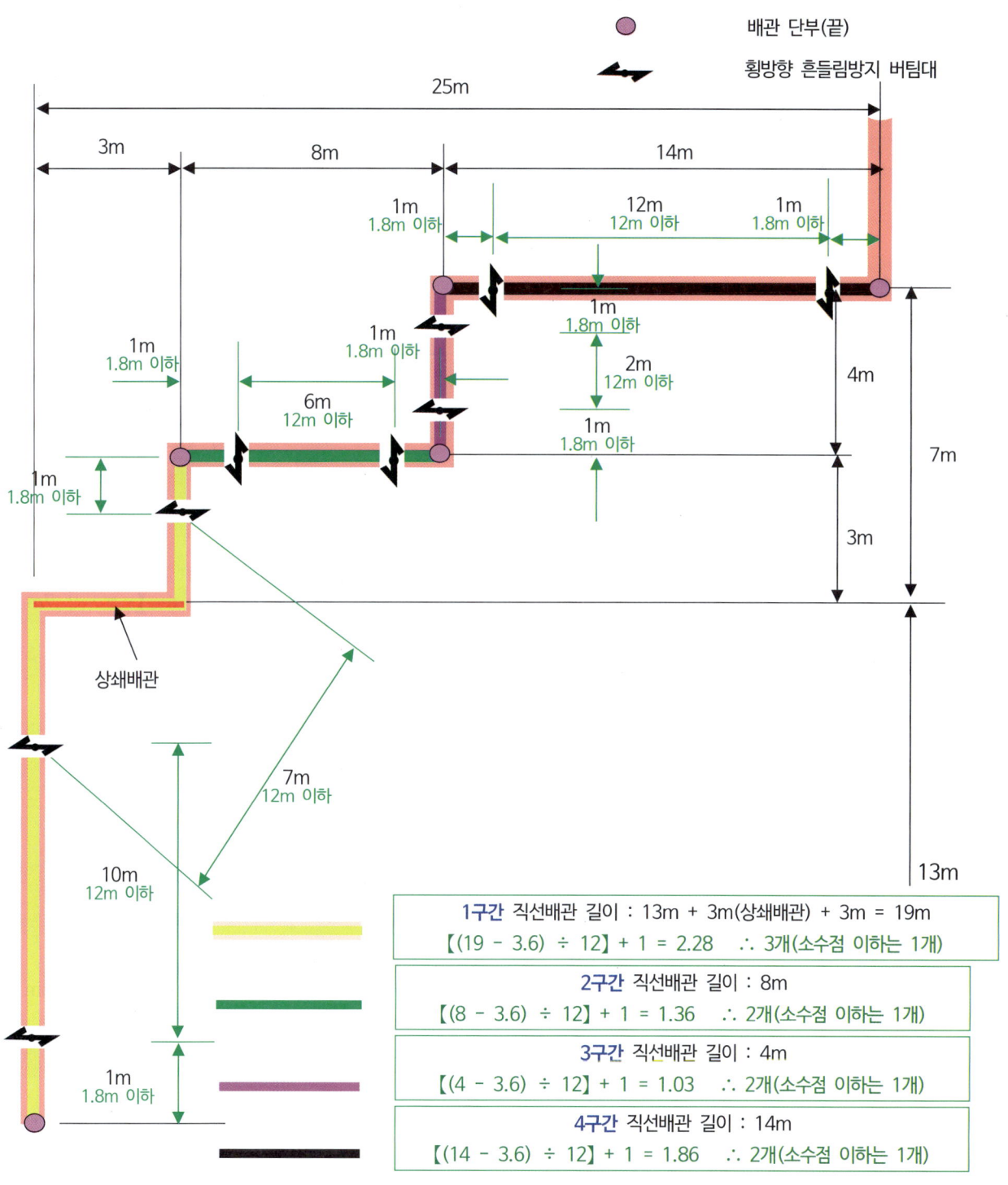

문 제 2 수평직선배관의 종방향 흔들림방지 버팀대를 설치하시오
(상쇄배관을 적용한 흔들림방지 버팀대 설계 사례)

 배관 단부(끝)

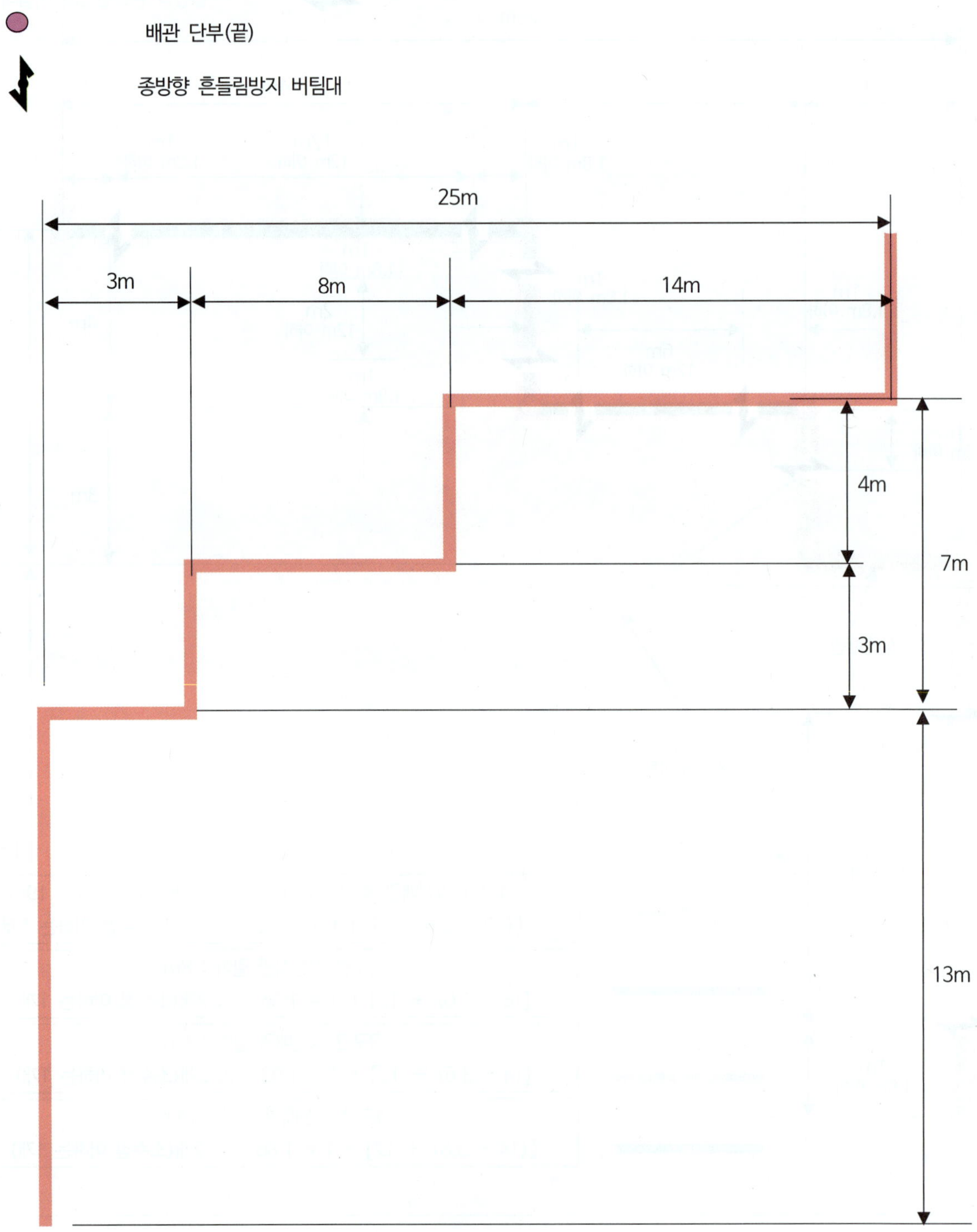

 종방향 흔들림방지 버팀대

정 답

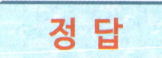

수평직선배관의 종방향 흔들림방지 버팀대 설치

(상쇄배관을 적용한 흔들림방지 버팀대 설계 사례)

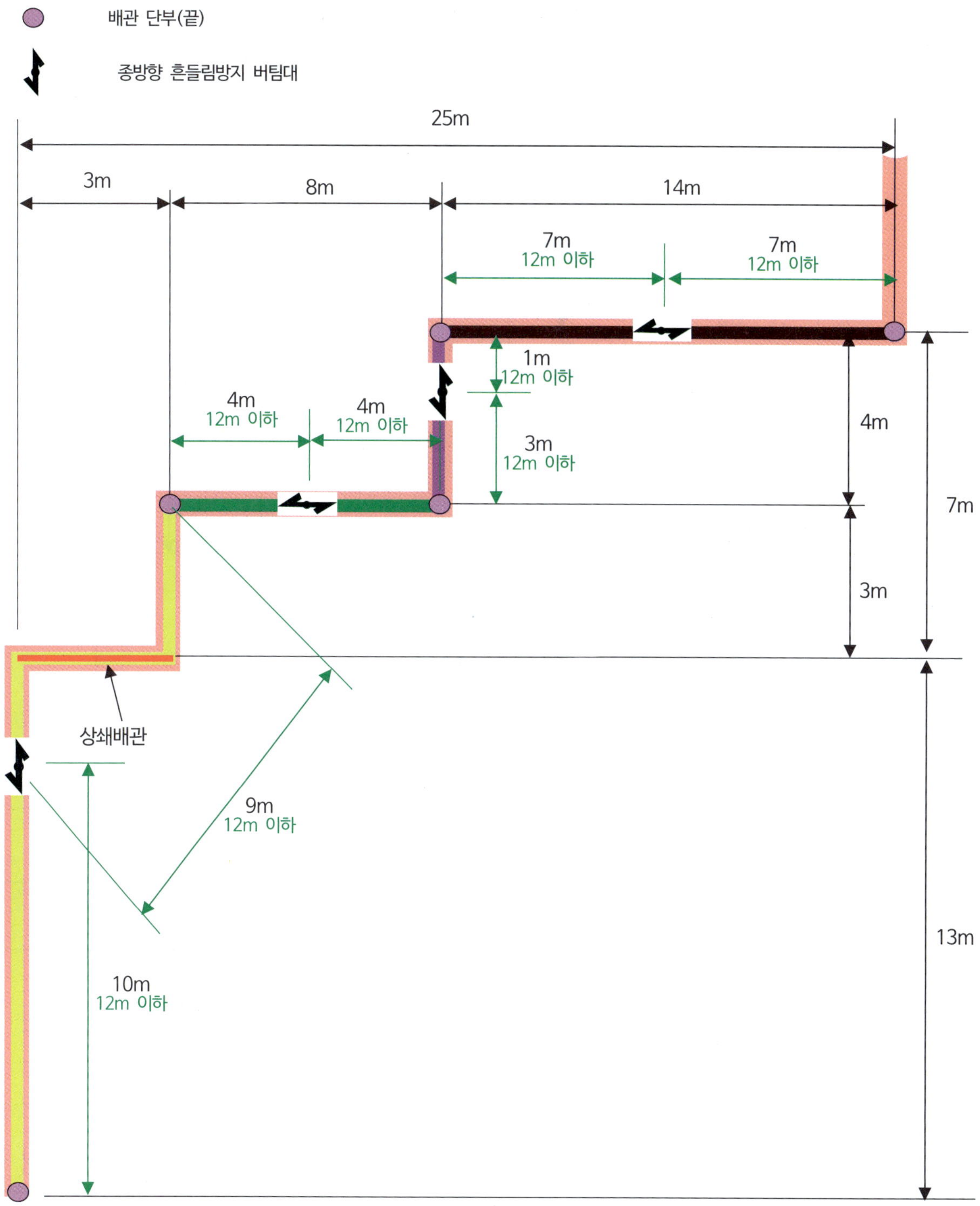

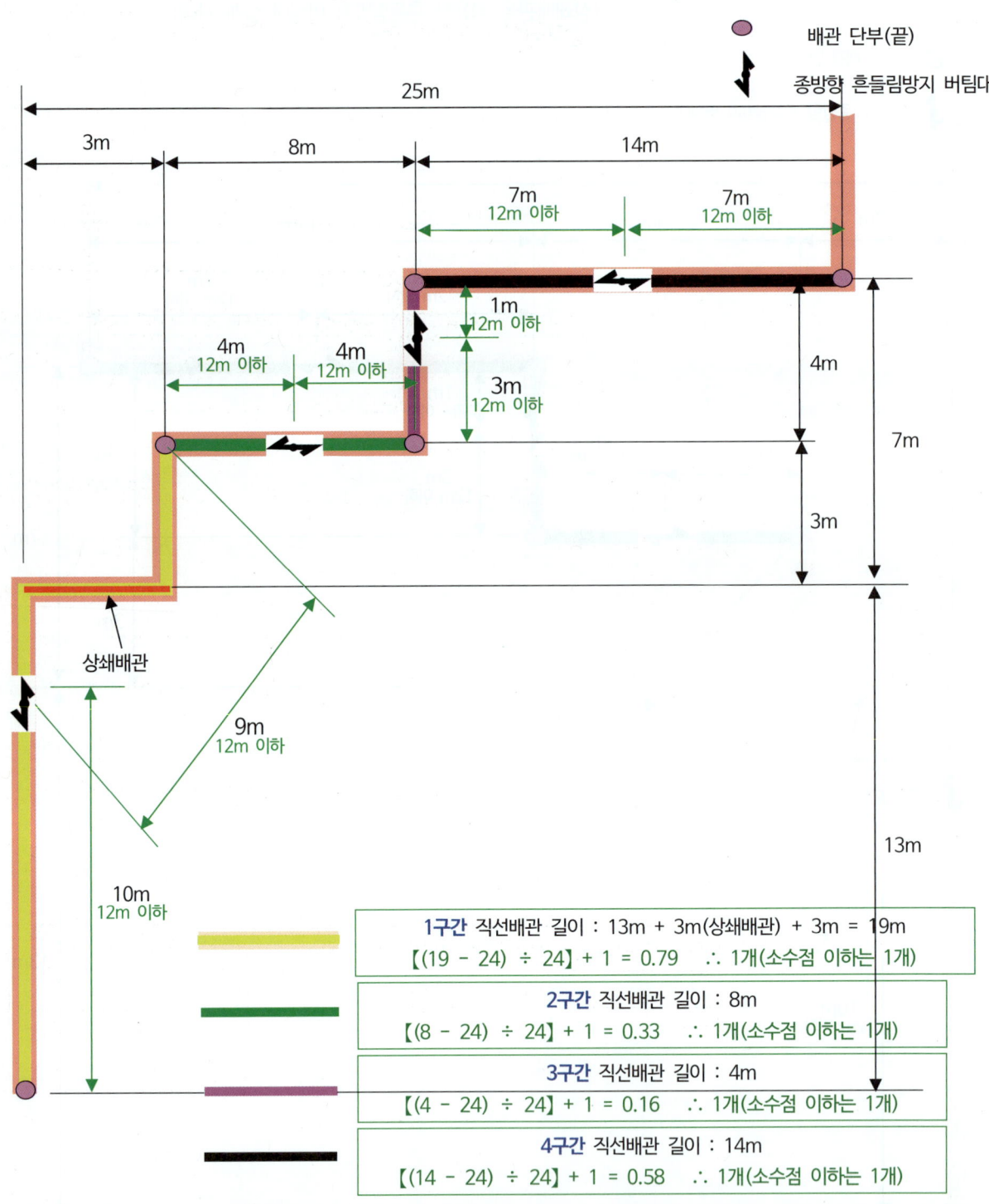

12. 소화펌프 가. 전자압력스위치 방식

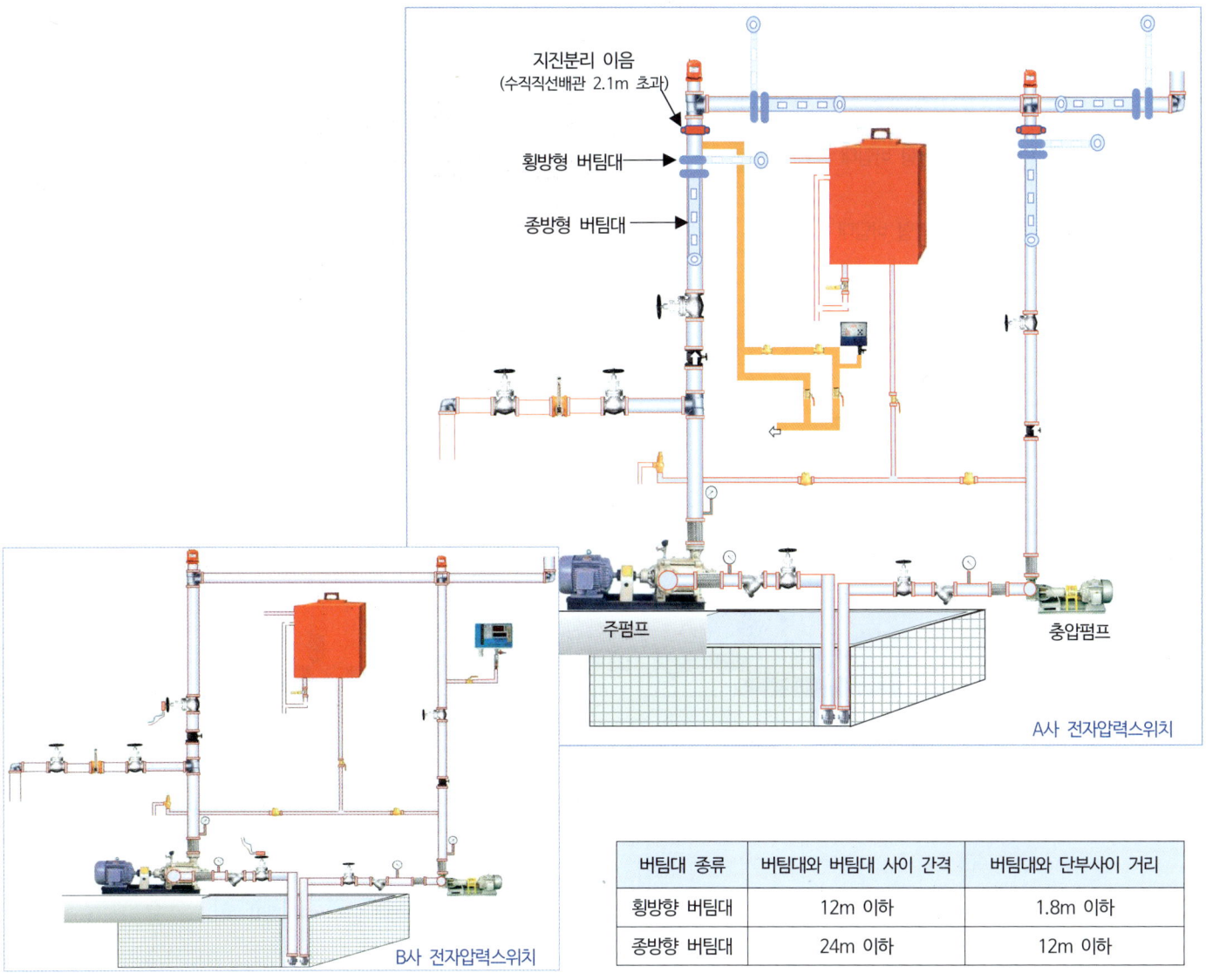

버팀대 종류	버팀대와 버팀대 사이 간격	버팀대와 단부사이 거리
횡방향 버팀대	12m 이하	1.8m 이하
종방향 버팀대	24m 이하	12m 이하

흔들림 방지 버팀대(제9조 ②)

소화펌프(충압펌프를 포함한다)
주위의 수직직선배관 및 수평직선배관은 다음 각 호의 기준에 따라 흔들림 방지 버팀대를 설치한다.
1. 소화펌프 흡입측 수평직선배관 및 수직직선배관의 수평지진하중을 계산하여 흔들림 방지 버팀대를 설치해야 한다.
2. 소화펌프 토출측 수평직선배관 및 수직직선배관의 수평지진하중을 계산하여 흔들림 방지 버팀대를 설치해야 한다.

지진분리이음(제7조 ②)

구경 65㎜ 이상의 배관에는 지진분리이음을 다음 각 호의 위치에 설치해야 한다.
1. 모든 수직직선배관은 상부 및 하부의 단부로 부터 0.6 m 이내에 설치하여야 한다. 다만, 길이가 0.9 m 미만인 수직직선배관은 지진분리이음을 설치하지 아니할 수 있으며, 0.9 m ~ 2.1 m 사이의 수직직선배관은 하나의 지진분리이음을 설치할 수 있다.

나. 압력챔버 방식

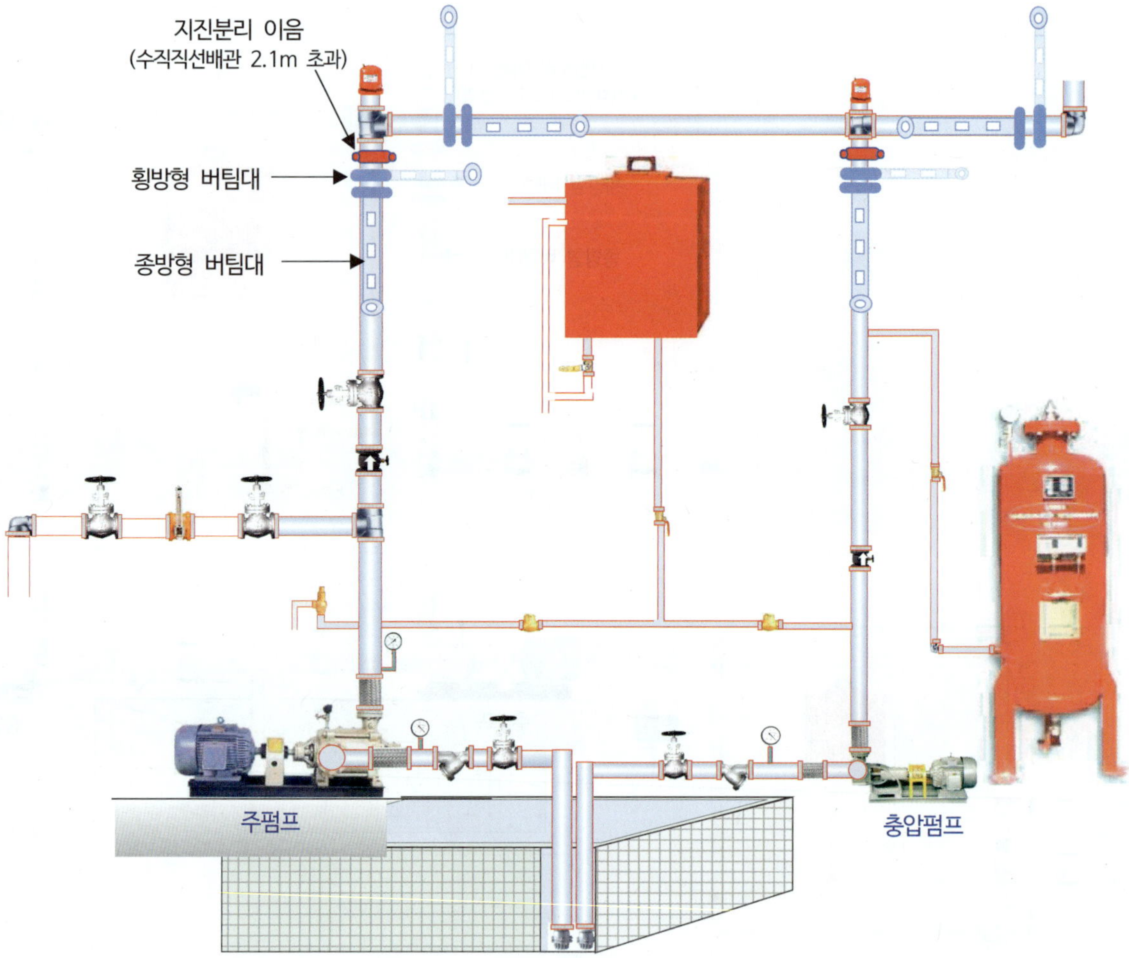

주요 라벨:
- 지진분리 이음 (수직직선배관 2.1m 초과)
- 횡방향 버팀대
- 종방향 버팀대
- 주펌프
- 충압펌프

버팀대 종류	버팀대와 버팀대 사이 간격	버팀대와 단부사이 거리
횡방향 버팀대	12m 이하	1.8m 이하
종방향 버팀대	24m 이하	12m 이하

흔들림 방지 버팀대 (제9조 ②)

소화펌프(충압펌프를 포함한다)
주위의 수직직선배관 및 수평직선배관은 다음 각 호의 기준에 따라 흔들림 방지 버팀대를 설치한다.
1. 소화펌프 흡입측 수평직선배관 및 수직직선배관의 수평지진하중을 계산하여 흔들림 방지 버팀대를 설치하여야 한다.
2. 소화펌프 토출측 수평직선배관 및 수직직선배관의 수평지진하중을 계산하여 흔들림 방지 버팀대를 설치하여야 한다.

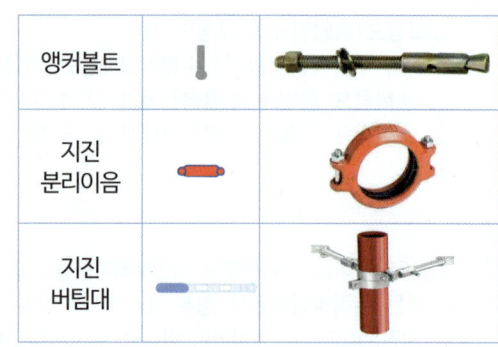

앵커볼트		
지진 분리이음		
지진 버팀대		

13. 소방시설의 내진설계 기준

제1조(목적) 이 기준은 「소방시설 설치 및 관리에 관한 법률」 제7조에 따라 소방청장에게 위임한 소방시설의 내진설계 기준에 관하여 필요한 사항을 규정함을 목적으로 한다.

제2조(적용범위) ① 「소방시설 설치 및 관리에 관한 법률 시행령」(이하 "영"이라 한다) 제8조에 따른 옥내소화전설비, 스프링클러설비, 물분무등소화설비(이하 이 조에서 "각 설비"라 한다)는 이 기준에서 정하는 규정에 적합하게 설치하여야 한다. 다만, 각 설비의 성능시험배관, 지중매설배관, 배수배관 등은 제외한다.
② 제1항의 각 설비에 대하여 특수한 구조 등으로 특별한 조사·연구에 의해 설계하는 경우에는 그 근거를 명시하고, 이 기준을 따르지 아니할 수 있다. 이 경우 「소방시설 설치 및 관리에 관한 법률」 제18조에 따른 중앙소방기술심의위원회의 심의를 받아야 한다.

제3조(정의) 이 기준에서 사용하는 용어의 정의는 다음과 같다.
1. "내진"이란 면진, 제진을 포함한 지진으로부터 소방시설의 피해를 줄일 수 있는 구조를 의미하는 포괄적인 개념을 말한다.
2. "면진"이란 건축물과 소방시설을 지진동으로부터 격리시켜 지반진동으로 인한 지진력이 직접 구조물로 전달되는 양을 감소시킴으로써 내진성을 확보하는 수동적인 지진 제어 기술을 말한다.
3. "제진"이란 별도의 장치를 이용하여 지진력에 상응하는 힘을 구조물 내에서 발생시키거나 지진력을 흡수하여 구조물이 부담해야 하는 지진력을 감소시키는 지진 제어 기술을 말한다.
4. "수평지진하중(Fpw)"이란 지진 시 흔들림 방지 버팀대에 전달되는 배관의 동적지진하중 또는 같은 크기의 정적지진하중으로 환산한 값으로 허용응력설계법으로 산정한 지진하중을 말한다.
5. "세장비(L/r)"란 흔들림 방지 버팀대 지지대의 길이(L)와, 최소단면2차반경(r)의 비율을 말하며, 세장비가 커질수록 좌굴(buckling)현상이 발생하여 지진 발생 시 파괴되거나 손상을 입기 쉽다.
6. "지진거동특성"이란 지진발생으로 인한 외부적인 힘에 반응하여 움직이는 특성을 말한다.
7. "지진이음"이란 지진발생시 지진으로 인한 진동이 배관에 손상을 주지 않고 배관의 축방향 변위, 회전, 1° 이하의 각 변위를 허용하는 이음을 말한다. 단, 구경 200mm 이상의 배관은 허용하는 각도변위를 0.5° 이상으로 한다.
8. "지진분리장치"란 지진 발생 시 건축물 지진분리이음 설치 위치 및 지상에 노출된 건축물과 건축물 사이 등에서 발생하는 상대변위 발생에 대응하기 위해 모든 방향에서의 변위를 허용하는 커플링, 플렉시블 조인트, 관부속품 등의 집합체를 말한다.
9. "가요성이음장치"란 지진 시 수조 또는 가압송수장치와 배관 사이 등에서 발생하는 상대변위 발생에 대응하기 위해 수평 및 수직 방향의 변위를 허용하는 플렉시블 조인트 등을 말한다.
10. "가동중량(Wp)"이란 수조, 가압송수장치, 함류, 제어반등, 가스계 및 분말소화설비의 저장용기, 비상전원의 작동상태를 고려한 무게란 유효중량을 고려하여 적용한다.
    가. 배관의 작동상태를 고려한 무게란 배관 및 기타 부속품의 무게를 포함하기 위한 중량으로 용수가 충전된 배관 무게의 1.15배를 적용한다.
    나. 수조, 가압송수장치, 함류, 제어반등, 가스계 및 분말소화설비의 저장용기, 비상전원의 작동상태를 고려한 무게란 유효중량을 고려하여 적용한다.
11. "근입 깊이"란 앵커볼트가 벽면 또는 바닥면 속으로 들어가 인발력에 저항할 수 있는 구간의 길이를 말한다.
12. "내진스토퍼"란 지진하중에 의해 과도한 변위가 발생하지 않도록 제한하는 장치를 말한다.
13. "구조부재"란 건축설계에 있어 구조계산에 포함되는 하중을 지지하는 부재를 말한다.
14. "지진하중"이란 지진에 의한 지반운동으로 구조물에 작용하는 하중을 말한다.
15. "편심하중"이란 하중의 합력 방향이 그 물체의 중심을 지나지 않을 때의 하중을 말한다.
16. "지진동"이란 지진 시 발생하는 진동을 말한다.
17. "단부"란 직선배관에서 방향 전환되는 지점과 배관이 끝나는 지점을 말한다.
18. "S"란 재현주기 2400년을 기준으로 정의되는 최대고려 지진의 유효수평지반가속도로서 "건축물 내진설계기준(KDS 41 17 00)"의 지진구역에 따른 지진구역계수(Z)에 2400년 재현주기에 해당하는 위험도계수(I) 2.0을 곱한 값을 말한다.
19. "Ss"란 단주기 응답지수(short period response parameter)로서 유효수평지반가속도 S를 2.5배한 값을 말한다.
20. "영향구역"이란 흔들림 방지 버팀대가 수평지진하중을 지지할 수 있는 예상구역을 말한다.
21. "상쇄배관(offset)"이란 영향구역 내의 직선배관이 방향전환 한 후 다시 같은 방향으로 연속될 경우, 중간에 방향전환 된 짧은 배관은 단부로 보지 않고 상쇄하여 직선으로 볼 수 있는 것을 말하며, 짧은 배관의 합산길이는 3.7m 이하여야 한다.
22. "수직직선배관"이란 중력방향으로 설치된 주배관, 교차배관, 가지배관 등으로서 어떠한 방향전환도 없는 직선배관을 말한다. 단, 방향전환부분의 배관길이가 상쇄배관(offset) 길이 이하인 경우 하나의 수직직선배관으로 간주한다.
23. "수평직선배관"이란 수평방향으로 설치된 주배관, 교차배관, 가지배관 등으로서 어떠한 방향전환도 없는 직선배관을 말한다. 단, 방향전환부분의 배관길이가 상쇄배관(offset) 길이 이하인 경우 하나의 수평직선배관으로 간주한다.
24. "가지배관 고정장치"란 지진거동특성으로부터 가지배관의 움직임을 제한하여 파손, 변형 등으로부터 가지배관을 보호하기 위한 와이어타입, 환봉타입의 고정장치를 말한다.
25. "제어반등"이란 수신기(중계반을 포함한다), 동력제어반, 감시제어반 등을 말한다.
26. "횡방향 흔들림 방지 버팀대"란 수직직선배관의 진행방향과 직각방향(횡방향)의 수평지진하중을 지지하는 버팀대를 말한다.
27. "종방향 흔들림 방지 버팀대"란 수평직선배관의 진행방향(종방향)의 수평지진하중을 지지하는 버팀대를 말한다.
28. "4방향 흔들림 방지 버팀대"란 건축물 평면상에서 종방향 및 횡방향 수평지진하중을 지지하거나, 종·횡 단면상에서 전·후·좌·우 방향의 수평지진하중을 지지하는 버팀대를 말한다.

제3조의2(공통 적용사항) ① 소방시설의 내진설계에서 내진등급, 성능수준, 지진위험도, 지진구역 및 지진구역계수는 "건축물 내진설계기준(KDS 41 17 00)"을 따르고 중요도계수(Ip)는 1.5로 한다.
② 지진하중은 다음 각 호의 기준에 따라 계산한다.
1. 소방시설의 지진하중은 "건축물 내진설계기준" 중 비구조요소의 설계지진력 산정방법을 따른다.
2. 허용응력설계법을 적용하는 경우에는 제1호의 산정방법 중 허용응력설계법 외의 방법으로 산정된 설계지진력의 0.7을 곱한 값을 지진하중으로 적용한다.
3. 지진에 의한 소화배관의 수평지진하중(Fpw) 산정은 허용응력설계법으로 하며 다음 각호 중 어느 하나를 적용한다.
    가. Fpw = Cp × Wp
    Fpw : 수평지진하중, Wp : 가동중량
    Cp : 소화배관의 지진계수(별표 1에 따라 선정한다.)
    나. 제1호에 따른 산정방법 중 허용응력설계법 외의 방법으로 산정된 설계지진력에 0.7을 곱한 값을 수평지진하중(Fpw)으로 적용한다.
4. 지진에 의한 배관의 수평설계지진력이 0.5Wp를 초과하고, 흔들림 방지 버팀대의 각도가 수직으로부터 45도 미만인 경우 또는 수평설계지진력이 1.0Wp를 초과하고 흔들림 방지 버팀대의 각도가 수직으로부터 60도 미만인 경우 흔들림 방지 버팀대는 수평설계지진력에 의한 유효수직반력을 견디도록 설치하여야 한다.
③ 앵커볼트는 다음 각 호의 기준에 따라 설치한다.
1. 수조, 가압송수장치, 함, 제어반등, 비상전원, 가스계 및 분말소화설비의 저장용기 등은 "건축물 내진설계기준" 비구조요소의 정착부의 기준에 따라 앵커볼트를 설치하여야 한다.
2. 앵커볼트는 건축물 정착부의 두께, 볼트설치 간격, 모서리까지 거리, 콘크리트의 강도, 균열 콘크리트 여부, 앵커볼트의 단일 또는 그룹설치 등을 확인하여 최대허용하중을 결정하여야 한다.
3. 흔들림 방지 버팀대에 설치하는 앵커볼트 최대허용하중은 제조사가 제시한 설계하중 값에 0.43을 곱하여야 한다.
4. 건축물 부착 형태에 따른 프라잉효과나 편심을 고려하여 수평지진하중의 작용하중을 구하고 앵커볼트 최대허용하중과 작용하중과의 내진설계 적정성을 평가하여 설치하여야 한다.
5. 소방시설을 팽창성·화학성 또는 부분적으로 현장타설된 건축부재에 정착할 경우에는 수평지진하중을 1.5배 증가시켜 사용한다.
④ 수조·가압송수장치·제어반등 및 비상전원 등을 바닥에 고정하는 경우 기초(패드 포함)부분의 구조안전성을 확인하여야 한다.

제4조(수원) 수조는 다음 각 호의 기준에 따라 설치하여야 한다.
1. 수조는 지진에 의하여 손상되거나 과도한 변위가 발생하지 않도록 기초(패드포함), 본체 및 연결부분의 구조안전성을 확인하여야 한다.
2. 수조는 건축물의 구조부재나 구조부재와 연결된 수조 기초부(패드)에 고정하여 지진 시 파손(손상), 변형, 이동, 전도 등이 발생하지 않아야 한다.
3. 수조와 연결되는 소화배관에는 지진 시 상대변위를 고려하여 가요성이음장치를 설치하여야 한다.

제5조(가압송수장치) ① 가압송수장치에 방진장치가 있어 앵커볼트로 지지 및 고정할 수 없는 경우에는 다음 각 호의 기준에 따라 내진스토퍼 등을 설치하여야 한다. 다만, 방진장치에 이 기준의 내진성능이 있는 경우에는 제외한다.
1. 정상운전에 지장이 없도록 내진스토퍼와 본체 사이에 최소 3mm이상 이격하여 설치한다.
2. 내진스토퍼는 제조사에서 제시한 허용하중이 제3조의2제2항에 따른 지진하중 이상을 견딜 수 있는 것으로 설치하여야 한다. 단, 내진스토퍼와 본체사이의 이격거리가 6mm를 초과한 경우에는 수평지진하중의 2배 이상을 견딜 수 있는 것으로 설치하여야 한다.
② 가압송수장치의 흡입측 및 토출측에는 지진 시 상대변위를 고려하여 가요성이음장치를 설치하여야 한다.
③ 삭제

제6조(배관) ① 배관은 다음 각 호의 기준에 따라 설치하여야 한다.
1. 건물 구조부재간의 상대변위에 의한 배관의 응력을 최소화하기 위하여 지진분리이음 또는 지진분리장치를 사용하거나 이격거리를 유지하여야 한다.
2. 건축물 지진분리이음 설치위치 및 건축물 간의 연결배관 중 지상노출 배관이 건축물로 인입되는 위치의 배관에는 관경에 관계없이 지진분리장치를 설치하여야 한다.
3. 천장과 일체 거동을 하는 부분에 배관이 지지되어 있을 경우 배관을 단단히 고정시키기 위해 흔들림 방지 버팀대를 사용하여야 한다.
4. 배관의 흔들림을 방지하기 위하여 흔들림 방지 버팀대를 사용하여야 한다.
5. 흔들림 방지 버팀대와 그 고정장치는 소화설비의 동작 및 살수를 방해하지 않아야 한다.
6. 삭제
② 배관의 수평지진하중은 다음 각 호의 기준에 따라 계산하여야 한다.
1. 흔들림 방지 버팀대의 수평지진하중 산정 시 배관의 중량은 가동중량(Wp)으로 산정한다.
2. 흔들림 방지 버팀대에 작용하는 수평지진하중은 제3조의2제2항제3호에 따라 산정한다.
3. 수평지진하중(Fpw)은 배관의 횡방향과 종방향에 각각 적용되어야 한다.
③ 벽, 바닥 또는 기초를 관통하는 배관 주위에는 다음 각 호의 기준에 따라 이격거리를 확보하여야 한다. 다만, 벽, 바닥 또는 기초의 각 면에서 300mm 이내에 지진분리이음을 설치하거나 내화성능이 요구되지 않는 석고보드 이와 유사한 부서지기 쉬운 부재를 관통하는 배관은 그러하지 아니한다.
1. 관통구 및 배관 슬리브의 호칭구경은 배관의 호칭구경이 25mm 내지 100mm 미만인 경우 배관의 호칭구경보다 50mm 이상, 배관의 호칭구경이 100mm 이상인 경우에는 배관의 호칭구경보다 100mm 이상 커야 한다. 다만, 배관의 호칭구경이 50mm 이하인 경우에는 배관의 호칭구경 보다 50mm 미만의 더 큰 관통구 및 배관 슬리브를 설치할 수 있다.
2. 방화구획을 관통하는 배관의 틈새는 「건축물의 피난·방화구조 등의 기준에 관한 규칙」 제14조제2항에 따라 내화채움성능이 인정된 구조 중 신축성이 있는 것으로 메워야 한다.
④ 소방시설의 배관과 연결된 타 설비배관을 포함한 수평지진하중은 제2항의 기준에 따라 결정하여야 한다.

제7조(지진분리이음) ① 배관의 변형을 최소화하고 소화설비 주요 부품 사이의 유연성을 증가시킬 필요가 있는 위치에 설치하여야 한다.
② 구경 65mm 이상의 배관에는 지진분리이음을 다음 각 호의 위치에 설치하여야 한다.
1. 모든 수직직선배관은 상부 및 하부의 단부로부터 0.6 m 이내에 설치하여야 한다. 다만, 길이가 0.9 m 미만인 수직직선배관은 지진분리이음을 설치하지 아니할 수 있으며, 0.9 m ~ 2.1 m 사이의 수직직선배관은 하나의 지진분리이음을 설치할 수 있다.
2. 제6조제3항 본문의 단서에도 불구하고 2층 이상의 건물인 경우 각 층의 바닥으로부터 0.3m, 천장으로부터 0.6m 이내에 설치하여야 한다.
3. 수직직선배관에서 티분기된 수평배관 분기지점이 천장 아래 설치된 지진분리이음보다 아래에 위치한 경우 분기된 수평배관에 지진분리이음을 다음 각 목의 기준에 적합하게 설치하여야 한다.
    가. 티분기 수평직선배관으로부터 0.6m 이내에 지진분리이음을 설치한다.
    나. 티분기 수평직선배관 이후 2차측에 수직직선배관이 설치된 경우 1차측 수직직선배관의 지진분리이음 위치와 동일선상에 지진분리이음을 설치하고, 티분기 수평직선배관의 길이가 0.6m 이하인 경우에는 그 티분기된 수직직선배관에 가목에 따른 지진분리이음을 설치하지 아니한다.

4. 수직직선배관에 중간 지지부가 있는 경우에는 지지부로부터 0.6m 이내의 윗부분 및 아랫부분에 설치해야 한다.
③ 제6조제3항제1호에 따른 이격거리 규정을 만족하는 경우에는 지진분리이음을 설치하지 아니할 수 있다.

제8조(지진분리장치) 지진분리장치는 다음 각 호의 기준에 따라 설치하여야 한다.
1. 지진분리장치는 배관의 구경에 관계없이 지상층에 설치된 배관으로 건축물 지진분리이음과 소화배관이 교차하는 부분 및 건축물 간의 연결배관 중 지상 노출 배관이 건축물로 인입되는 위치에 설치하여야 한다.
2. 지진분리장치는 건축물 지진분리이음의 변위량을 흡수할 수 있도록 전후좌우 방향의 변위를 수용할 수 있도록 설치하여야 한다.
3. 지진분리장치의 전단과 후단의 1.8m 이내에는 4방향 흔들림 방지 버팀대를 설치하여야 한다.
4. 지진분리장치 자체에는 흔들림 방지 버팀대를 설치할 수 없다.

제9조(흔들림 방지 버팀대) ① 흔들림 방지 버팀대는 다음 각 호의 기준에 따라 설치하여야 한다.
1. 흔들림 방지 버팀대는 내력을 충분히 발휘할 수 있도록 견고하게 설치하여야 한다.
2. 배관에는 제6조제2항에서 산정된 횡방향 및 종방향의 수평지진하중에 모두 견디도록 흔들림 방지 버팀대를 설치하여야 한다.
3. 흔들림 방지 버팀대가 부착된 건축 구조부재는 소화배관에 의해 추가된 지진하중을 견딜 수 있어야 한다.
4. 흔들림 방지 버팀대의 세장비(L/r)는 300을 초과하지 않아야 한다.
5. 4방향 흔들림 방지 버팀대는 횡방향 및 종방향 흔들림 방지 버팀대의 역할을 동시에 할 수 있어야 한다.
6. 하나의 수평직선배관은 최소 2개의 횡방향 흔들림 방지 버팀대와 1개의 종방향흔들림 방지 버팀대를 설치하여야 한다. 다만, 영향구역 내 배관의 길이가 6m 미만인 경우에는 횡방향과 종방향 흔들림 방지 버팀대를 각 1개씩 설치 할 수 있다.
② 소화펌프(충압펌프를 포함한다. 이하 같다) 주위의 수직직선배관 및 수평직선배관은 다음 각 호의 기준에 따라 흔들림 방지 버팀대를 설치한다.
1. 소화펌프 흡입측 수평직선배관 및 수직직선배관의 수평지진하중을 계산하여 흔들림 방지 버팀대를 설치하여야 한다.
2. 소화펌프 토출측 수평직선배관 및 수직직선배관의 수평지진하중을 계산하여 흔들림 방지 버팀대를 설치하여야 한다.
③ 흔들림 방지 버팀대는 소방청장이 고시한 「흔들림 방지 버팀대의 성능인증 및 제품검사의 기술기준」에 따라 성능인증 및 제품검사를 받은 것으로 설치하여야 한다.

제10조(수평직선배관 흔들림 방지 버팀대) ① 횡방향 흔들림 방지 버팀대는 다음 각 호의 기준에 따라 설치하여야 한다.
1. 배관 구경에 관계없이 모든 수평주행배관·교차배관 및 옥내소화전설비의 수평배관에 설치하여야 하고, 가지배관 및 기타배관에는 구경 65mm 이상인 배관에 설치하여야 한다. 다만, 옥내소화전설비의 수직배관에서 분기된 구경 50mm 이하의 수평배관에 설치되는 소화전함이 1개인 경우에는 횡방향 흔들림 방지 버팀대를 설치하지 않을 수 있다.
2. 횡방향 흔들림 방지 버팀대의 설계하중은 설치된 위치의 좌우 6m를 포함한 12m 이내의 배관에 작용하는 횡방향 수평지진하중으로 영향구역내의 수평주행배관, 교차배관, 가지배관의 하중을 포함하여 산정한다.
3. 흔들림 방지 버팀대의 간격은 중심선을 기준으로 최대간격이 12m를 초과하지 않아야 한다.
4. 마지막 흔들림 방지 버팀대와 배관 단부 사이의 거리는 1.8m를 초과하지 않아야 한다.
5. 영향구역 내에 상쇄배관이 설치되어 있는 경우 배관의 길이는 그 상쇄배관 길이를 합산하여 산정한다.
6. 횡방향 흔들림 방지 버팀대가 설치된 지점으로부터 600mm 이내에 그 배관이 방향전환되어 설치된 경우 그 횡방향 흔들림방지 버팀대는 인접배관의 종방향 흔들림 방지 버팀대로 사용할 수 있으며, 배관의 구경이 다른 경우에는 구경이 큰 배관에 설치하여야 한다.
7. 가지배관의 구경이 65mm 이상일 경우 다음 각 목의 기준에 따라 설치한다.
  가. 가지배관의 구경이 65mm 이상인 배관의 길이가 3.7m 이상인 경우에 횡방향 흔들림 방지 버팀대를 제9조제1항에 따라 설치한다.
  나. 가지배관의 구경이 65mm 이상인 배관의 길이가 3.7m 미만인 경우에는 횡방향 흔들림 방지 버팀대를 설치하지 않을 수 있다.
8. 횡방향 흔들림 방지 버팀대의 수평지진하중은 별표 2에 따른 영향구역의 최대허용하중 이하로 적용하여야 한다.
9. 교차배관 및 수평주행배관에 설치되는 행가가 다음 각 목의 기준을 모두 만족하는 경우 횡방향 흔들림 방지 버팀대를 설치하지 않을 수 있다.
  가. 건축물 구조부재 고정점으로부터 배관 상단까지의 거리가 150mm 이내일 것
  나. 배관에 설치된 모든 행가의 75% 이상이 가목의 기준을 만족할 것
  다. 교차배관 및 수평주행배관에 연속하여 설치된 행가는 가목의 기준을 연속하여 초과하지 않을 것
  라. 지진계수(Cp) 값이 0.5 이하일 것
  마. 수평주행배관의 구경은 150mm 이하이고, 교차배관의 구경은 100mm 이하일 것
  바. 행가는 「스프링클러설비의 화재안전기준」 제8조제13항에 따라 설치할 것
② 종방향 흔들림 방지 버팀대는 다음 각 호의 기준에 따라 설치하여야 한다.
1. 배관 구경에 관계없이 모든 수평주행배관·교차배관 및 옥내소화전설비의 수평배관에 설치하여야 한다. 다만, 옥내소화전설비의 수직배관에서 분기된 구경 50mm 이하의 수평배관에 설치되는 소화전함이 1개인 경우에는 종방향 흔들림 방지 버팀대를 설치하지 않을 수 있다.
2. 종방향 흔들림 방지 버팀대의 설계하중은 설치된 위치의 좌우 12m를 포함한 24m 이내의 배관에 작용하는 수평지진하중으로 영향구역내의 수평주행배관, 교차배관 하중을 포함하여 산정하며, 가지배관의 하중은 제외한다.
3. 수평주행배관 및 교차배관에 설치된 종방향 흔들림 방지 버팀대의 간격은 중심선을 기준으로 24 m를 넘지 않아야 한다.
4. 마지막 흔들림 방지 버팀대와 배관 단부 사이의 거리는 12m를 초과하지 않아야 한다.
5. 영향구역 내에 상쇄배관이 설치되어 있는 경우 배관 길이는 그 상쇄배관 길이를 합산하여 산정한다.
6. 종방향 흔들림 방지 버팀대가 설치된 지점으로부터 600mm 이내에 그 배관이 방향전환되어 설치된 경우 그 종방향 흔들림방지 버팀대는 인접배관의 횡방향 흔들림 방지 버팀대로 사용할 수 있으며, 배관의 구경이 다른 경우에는 구경이 큰 배관에 설치하여야 한다.

제11조(수직직선배관 흔들림 방지 버팀대) 수직직선배관 흔들림 방지 버팀대는 다음 각 호의 기준에 따라 설치하여야 한다.
1. 길이 1m를 초과하는 수직직선배관의 최상부에는 4방향 흔들림 방지 버팀대를 설치하여야 한다. 다만, 가지배관은 설치하지 아니할 수 있다.
2. 수직직선배관 최상부에 설치된 4방향 흔들림 방지 버팀대가 수평직선배관에 부착된 경우 그 흔들림 방지 버팀대는 수직직선배관의 중심선으로부터 0.6m 이내에 설치되어야 하고, 그 흔들림 방지 버팀대의 하중은 수직 및 수평방향의 배관을 모두 포함하여야 한다.
3. 수직직선배관 4방향 흔들림 방지 버팀대 사이의 거리는 8m를 초과하지 않아야 한다.
4. 소화전함에 아래 또는 위쪽으로 설치되는 65mm 이상의 수직직선배관은 다음 각 목의 기준에 따라 설치한다.
  가. 수직직선배관의 길이가 3.7m 이상인 경우, 4방향 흔들림 방지 버팀대를 1개 이상 설치하고, 말단에 U볼트 등의 고정장치를 설치한다.
  나. 수직직선배관의 길이가 3.7m 미만인 경우, 4방향 흔들림 방지 버팀대를 설치하지 아니할 수 있고, U볼트 등의 고정장치를 설치한다.
5. 수직직선배관에 4방향 흔들림 방지 버팀대를 설치하고 수평방향으로 분기된 수평직선배관의 길이가 1.2m 이하인 경우 수직직선배관에 수평직선배관의 지진하중을 포함하는 경우 수평직선배관의 흔들림 방지 버팀대를 설치하지 않을 수 있다.
6. 수직직선배관이 다층건물의 중간층을 관통하며, 관통구 및 슬리브의 구경이 제6조제3항제1호에 따른 배관 구경별 관통구 및 슬리브 구경 미만인 경우에는 4방향 흔들림 방지 버팀대를 설치하지 아니할 수 있다.

제12조(흔들림 방지 버팀대 고정장치) 흔들림 방지 버팀대 고정장치에 작용하는 수평지진하중은 허용하중을 초과하여서는 아니 된다.
1. 삭제
2. 삭제

제13조(가지배관 고정장치 및 헤드) ① 가지배관의 고정장치는 각 호에 따라 설치하여야 한다.
1. 가지배관에는 별표 3의 간격에 따라 고정장치를 설치한다.
2. 와이어타입 고정장치는 행가로부터 600mm 이내에 설치하여야 한다. 와이어 고정점에 가장 가까운 행가는 가지배관의 상방향 움직임을 지지할 수 있는 유형이어야 한다.
3. 환봉타입 고정장치는 행가로부터 150mm이내에 설치한다.
4. 환봉타입 고정장치의 세장비는 400을 초과하여서는 아니된다. 단, 양쪽 방향으로 두 개의 고정장치를 설치하는 경우 세장비를 적용하지 아니한다.
5. 고정장치는 수직으로부터 45° 이상의 각도로 설치하여야 하고, 설치각도에서 최소 1340N 이상의 인장 및 압축하중을 견딜 수 있어야 하며 와이어를 사용하는 경우 와이어는 1960N 이상의 인장하중을 견디는 것으로 설치하여야 한다.
6. 가지배관 상의 말단 헤드는 수직 및 수평으로 과도한 움직임이 없도록 고정하여야 한다.
7. 가지배관에 설치되는 행가는 「스프링클러설비의 화재안전기준」제8조제13항에 따라 설치한다.
8. 가지배관에 설치되는 행가가 다음 각 목의 기준을 모두 만족하는 경우 고정장치를 설치하지 않을 수 있다.
  가. 건축물 구조부재 고정점으로부터 배관 상단까지의 거리가 150mm 이내일 것
  나. 가지배관에 설치된 모든 행가의 75% 이상이 가목의 기준을 만족할 것
  다. 가지배관에 연속하여 설치된 행가는 가목의 기준을 연속하여 초과하지 않을 것
② 가지배관 고정에 사용되지 않는 건축부재와 헤드 사이의 이격거리는 75mm 이상을 확보하여야 한다.

제14조(제어반등) 제어반등은 다음 각 호의 기준에 따라 설치하여야 한다.
1. 제어반등의 지진하중은 제3조의2제2항에 따라 계산하고, 앵커볼트는 제3조의2제3항에 따라 설치하여야 한다. 단, 제어반등의 하중이 450N 이하이고 내력벽 또는 기둥에 설치하는 경우 직경 8mm 이상의 고정용 볼트 4개 이상으로 고정할 수 있다.
2. 건축물의 구조부재인 내력벽·바닥 또는 기둥 등에 고정하여야 하며, 바닥에 설치하는 경우 지진하중에 의해 전도가 발생하지 않도록 설치하여야 한다.
3. 제어반등은 지진 발생 시 기능이 유지되어야 한다.

제15조(유수검지장치) 유수검지장치는 지진발생시 기능을 상실하지 않아야 하며, 연결부위는 파손되지 않아야 한다.

제16조(소화전함) 소화전함은 다음 각 호의 기준에 따라 설치하여야 한다.
1. 지진 시 파손 및 변형이 발생하지 않아야 하며, 개폐에 장애가 발생하지 않아야 한다.
2. 건축물의 구조부재인 내력벽·바닥 또는 기둥 등에 고정하여야 하며, 바닥에 설치하는 경우 지진하중에 의해 전도가 발생하지 않도록 설치하여야 한다.
3. 소화전함의 지진하중은 제3조의2제2항에 따라 계산하고, 앵커볼트는 제3조의2제3항에 따라 설치하여야 한다. 단, 소화전함의 하중이 450N 이하이고 내력벽 또는 기둥에 설치하는 경우 직경 8mm 이상의 고정용 볼트 4개 이상으로 고정할 수 있다.

제17조(비상전원) 비상전원은 다음 각 호의 기준에 따라 설치하여야 한다.
1. 자가발전설비의 지진하중은 제3조의2제2항에 따라 계산하고, 앵커볼트는 제3조의2제3항에 따라 설치하여야 한다.
2. 비상전원은 지진 발생 시 전도되지 않도록 설치하여야 한다.

제18조(가스계 및 분말소화설비) ① 이산화탄소소화설비, 할론소화설비, 할로겐화합물 및 불활성기체소화설비, 분말소화설비의 저장용기는 지진하중에 의해 전도가 발생하지 않도록 설치하고, 지진하중은 제3조의2제2항에 따라 계산하고 앵커볼트는 제3조의2제3항에 따라 설치하여야 한다.
② 이산화탄소소화설비, 할론소화설비, 할로겐화합물 및 불활성기체소화설비, 분말소화설비의 제어반등은 제14조의 기준에 따라 설치하여야 한다.
③ 이산화탄소소화설비, 할론소화설비, 할로겐화합물 및 불활성기체소화설비, 분말소화설비의 기동장치 및 비상전원은 지진으로 인한 오동작이 발생하지 않도록 설치하여야 한다.

XIV(14) 소방시설 전기 회로

1. 자동화재탐지설비
가. 전기 계통도 1(R형)

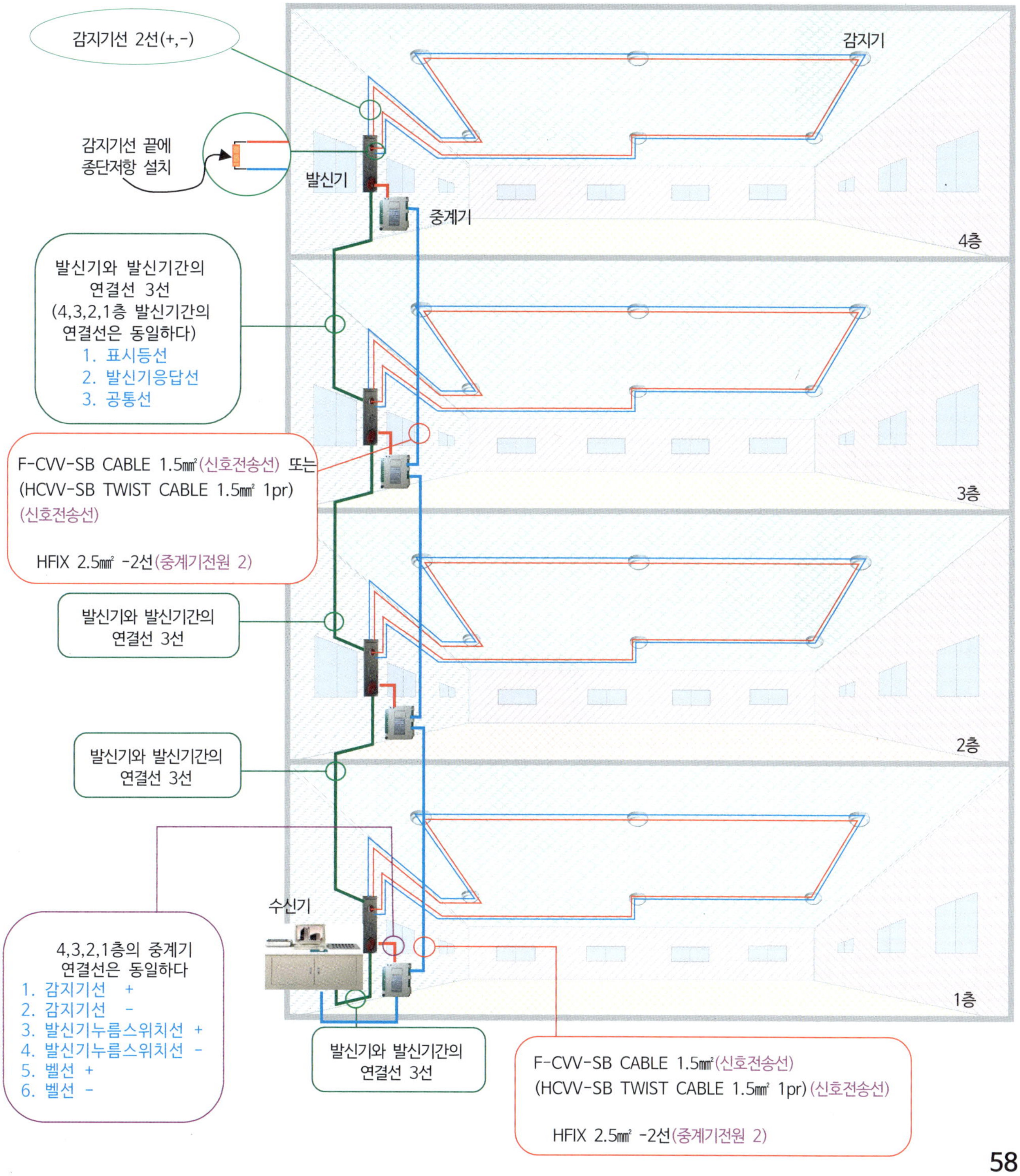

438p 칼라책

- 감지기선 2선(+,−)
- 감지기선 끝에 종단저항 설치
- 발신기
- 중계기
- 감지기
- 4층

발신기와 발신기간의 연결선 3선
(4,3,2,1층 발신기간의 연결선은 동일하다)
1. 표시등선
2. 발신기응답선
3. 공통선

F-CVV-SB CABLE 1.5㎟ (신호전송선) 또는
(HCVV-SB TWIST CABLE 1.5㎟ 1pr)
(신호전송선)

HFIX 2.5㎟ -2선 (중계기전원 2)

발신기와 발신기간의 연결선 3선

3층

발신기와 발신기간의 연결선 3선

2층

수신기

발신기와 발신기간의 연결선 3선

4,3,2,1층의 중계기 연결선은 동일하다
1. 감지기선 +
2. 감지기선 −
3. 발신기누름스위치선 +
4. 발신기누름스위치선 −
5. 벨선 +
6. 벨선 −

F-CVV-SB CABLE 1.5㎟ (신호전송선)
(HCVV-SB TWIST CABLE 1.5㎟ 1pr) (신호전송선)

HFIX 2.5㎟ -2선 (중계기전원 2)

1층

나. 전기 계통도 2(R형)

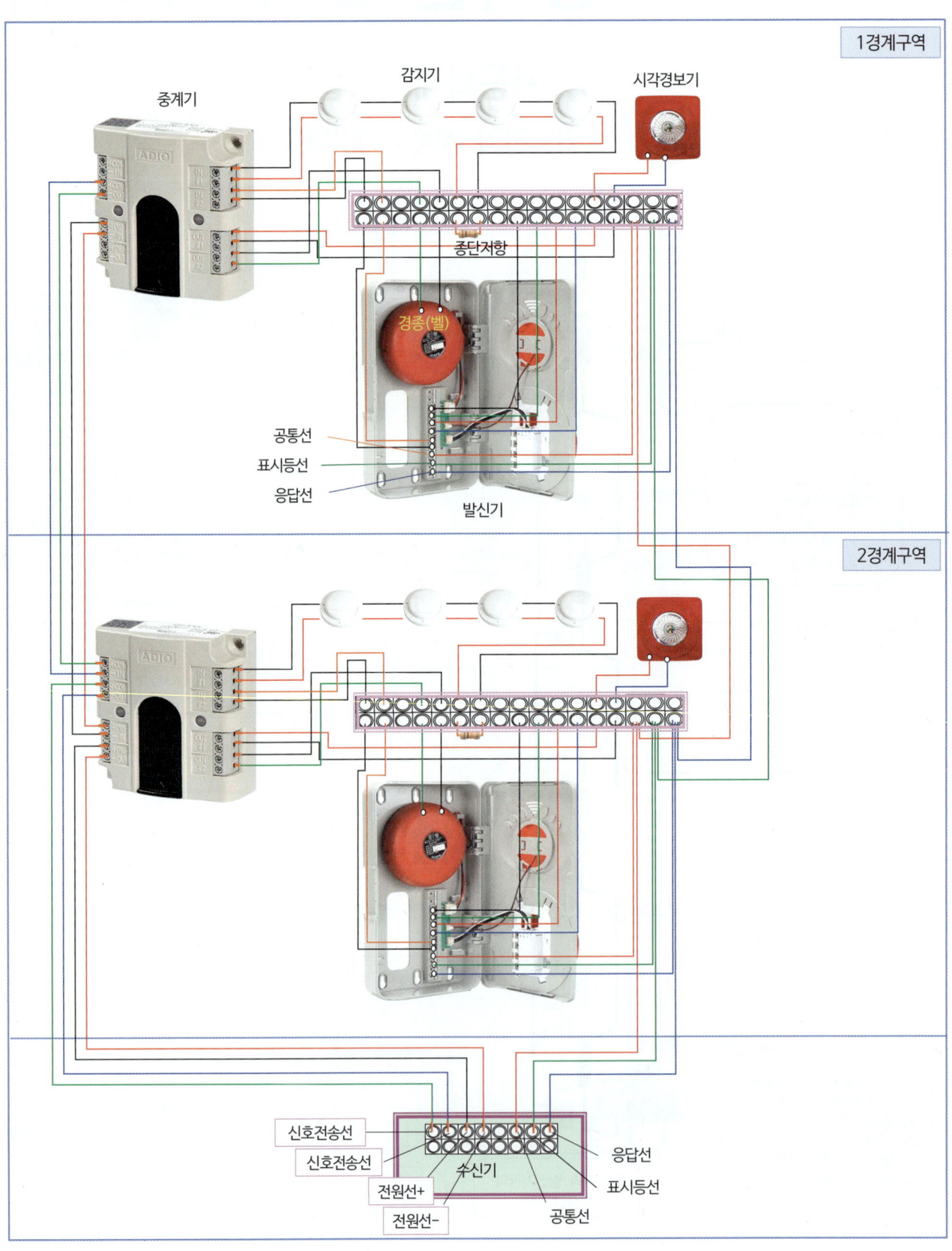

다. 전기 계통도 3(R형)

도시기호

수신기	✕
발신기	PBL
차동식 스포트형감지기	⌒
중계기	▭
종단저항	Ω

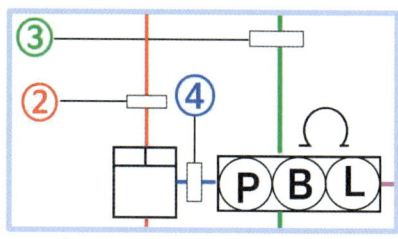

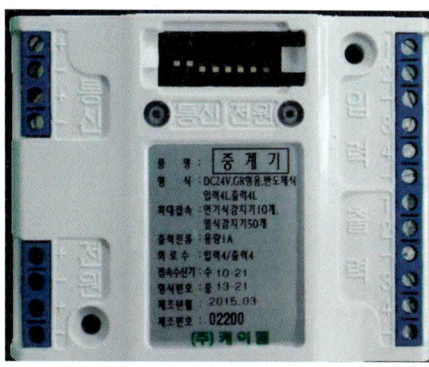

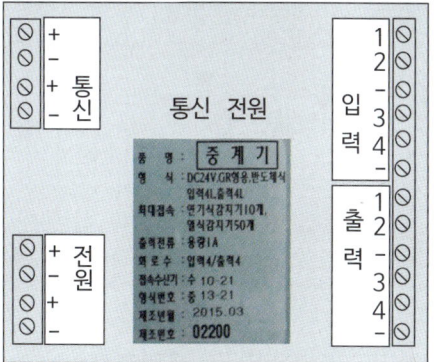

중계기-4회로(입력4/출력4)

중계기 제작회사 또는 제품마다
선을 연결하는 방식이 조금씩 다르다

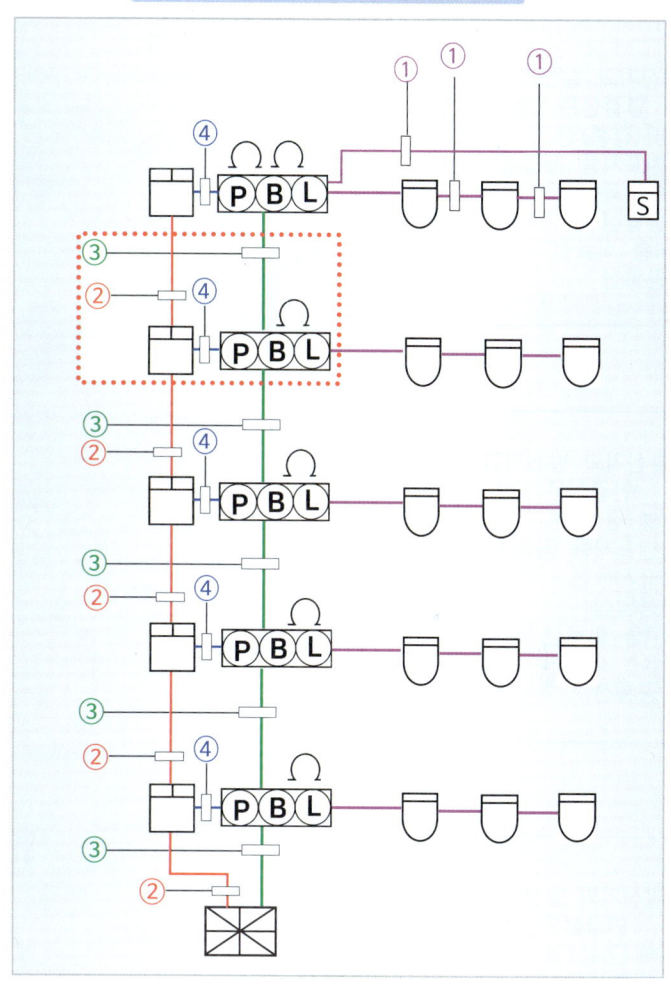

번호	배선 종류	배선 이름
①	HFIX 1.5㎟ -4	감지기선 4(+ 2, - 2선)
②	F-CVV-SB CABLE 1.5㎟ (신호전송선) 또는 (HCVV-SB TWIST CABLE 1.5㎟ 1pr) (신호전송선)	신호 전송선(다른 종류의 신호전송선도 있다)
	HFIX 2.5㎟-2	중계기 전원선 2
③	HFIX 2.5㎟ -3	위치 표시등선 1, 발신기 응답선 1, 공통선 1 중계기와 연결하지 않는 부품이며, 수신기와 직접 연결한다.
④	HFIX 2.5㎟ - 6 부품 ↔ 중계기 연결 내용	벨선(+,-) 2, 감지기선(+,-) 2, 발신기 누름버튼선(+,-) 2

라. 전기 계통도 4(P형) 일제경보방식

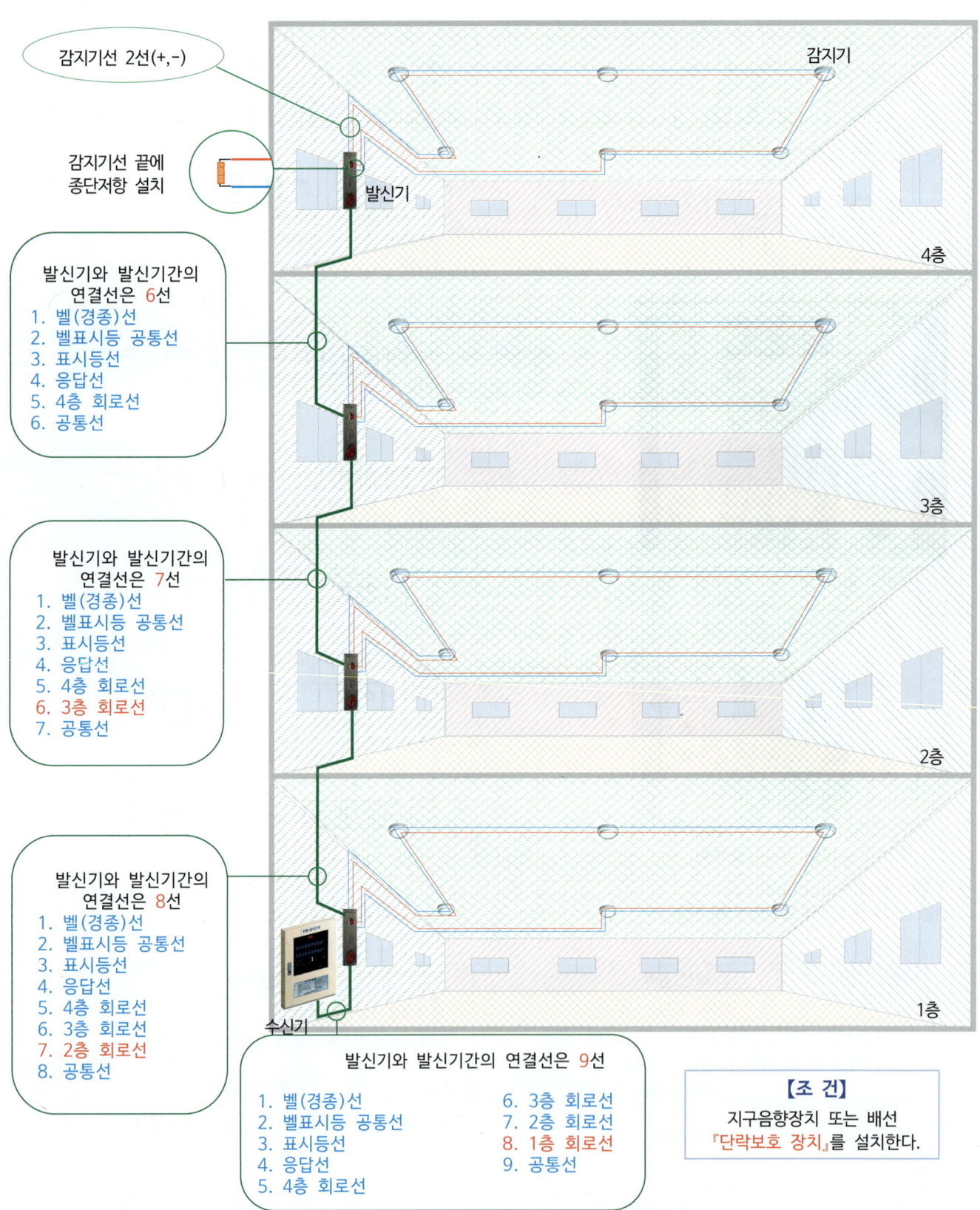

마. 전기 계통도 5(P형) 일제경보방식

화재안전기준이 개정되기 전에는,
벨(경종)과 표시등을 공통선을 함께 사용하여,
벨(경종)선, 표시등선, 벨(경종)·표시등공통선으로
3선을 사용했지만,

개정후에는,
벨선(+, -) 2선을 설치해야 하지만,
지구음향장치 또는 배선 「단락보호 장치」를 설치하여 이를
보완하고 있다.

개정내용

『하나의 층의 지구음향장치 배선이 단락되어도 다른 층의 화재
통보에 지장이 없도록 각 층 배선 상에 유효한 조치』

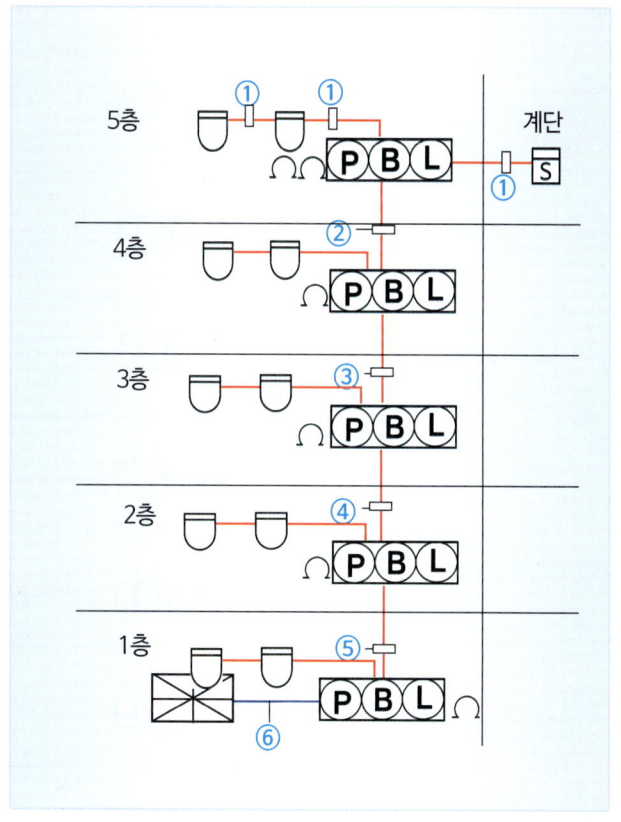

소방시설 전기회로 내용

번호	벨	벨표시등 공통	표시등	응답	회로	공통	계
②	1	1	1	1	2	1	7
③	1	1	1	1	3	1	8
④	1	1	1	1	4	1	9
⑤	1	1	1	1	5	1	10
⑥	1	1	1	1	6	1	11

번호	전선 기호	내 용
①	HFIX 1.5㎟ - 4	감지기 +선 2, 감지기 -선 2
②	HFIX 2.5㎟ - 7	벨(경종)선1, 경종·표시등공통선 1, 표시등선1, 응답선1, 1회로선(계단감지기 회로)1, 2회로선(5층)1, 공통선1
③	HFIX 2.5㎟ - 8	벨(경종)선1, 경종·표시등공통선 1, 표시등선1, 응답선1, 1회로선(계단감지기 회로)1, 2회로선(5층)1, 3회로선(4층)1, 공통선1
④	HFIX 2.5㎟ - 9	벨(경종)선1, 경종·표시등공통선 1, 표시등선1, 응답선1, 1회로선(계단감지기 회로)1, 2회로선(5층)1, 3회로선(4층)1, 4회로선(3층)1, 공통선1
⑤	HFIX 2.5㎟ - 10	벨(경종)선1, 경종·표시등공통선 1, 표시등선1, 응답선1, 1회로선(계단감지기 회로)1, 2회로선(5층)1, 3회로선(4층)1, 4회로선(3층)1, 5회로선(2층)1, 공통선1
⑥	HFIX 2.5㎟ - 11	벨(경종)선1, 경종·표시등공통선 1, 표시등선1, 응답선1, 1회로선(계단감지기 회로)1, 2회로선(5층)1, 3회로선(4층)1, 4회로선(3층)1, 5회로선(2층)1, 6회로선(1층)1, 공통선1

【조 건】 각층마다 지구음향장치 또는 배선 「단락보호 장치」를 설치한다.

바. 전기 계통도 6(P형) 구분경보방식

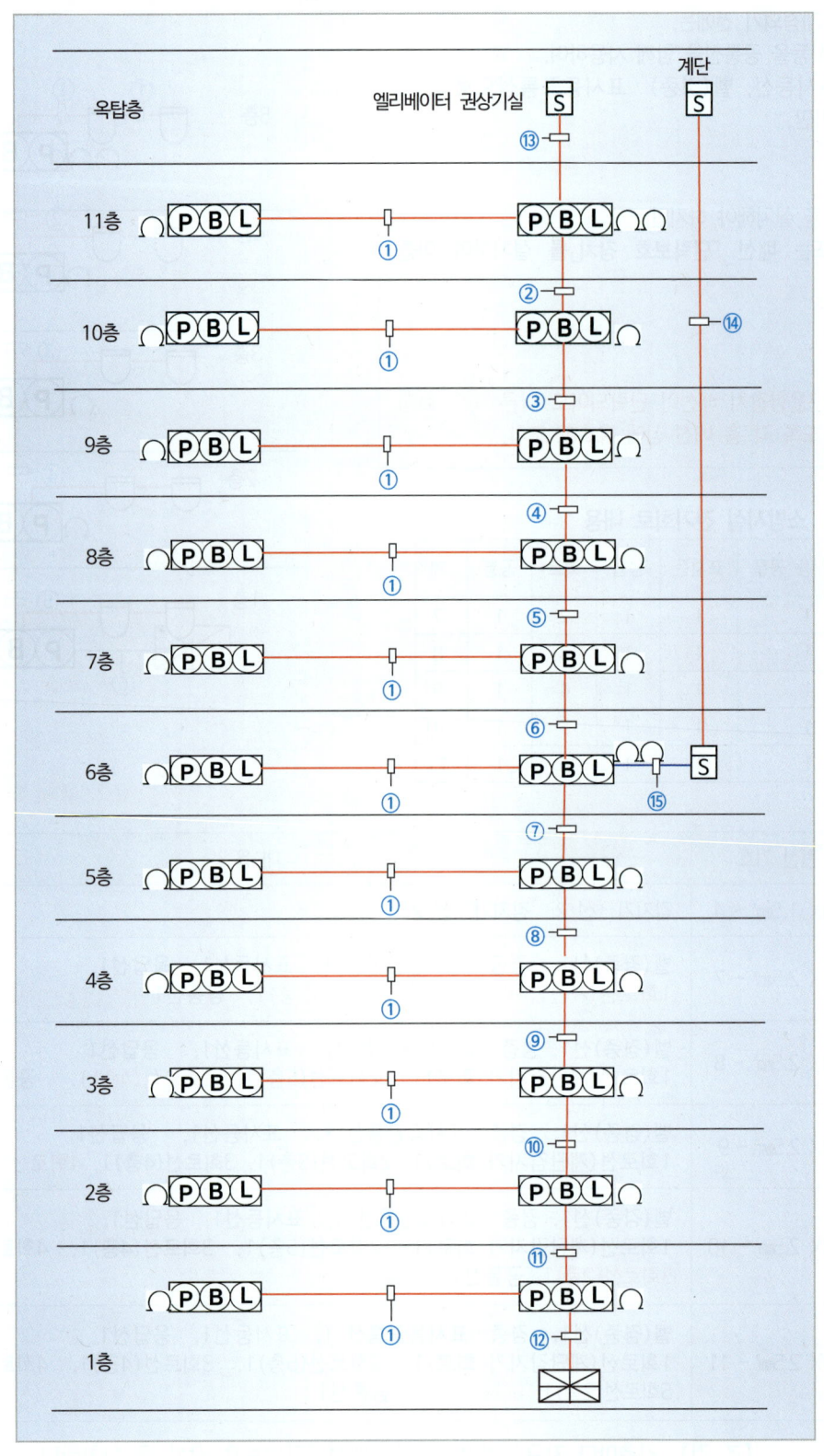

소방시설 전기회로 내용

번호	전선 기호	내 용
①	HFIX 2.5㎟ -6	벨(경종)선1, 표시등선, 경종표시등 공통선, 응답선, 회로선1, 공통선1
②	HFIX 2.5㎟ -8	벨(경종)선1, 표시등선, 경종표시등 공통선, 응답선, 회로선3, 공통선1
③	HFIX 2.5㎟ -11	벨(경종)선2, 표시등선, 경종표시등 공통선, 응답선, 회로선5, 공통선1
④	HFIX 2.5㎟ -14	벨(경종)선3, 표시등선, 경종표시등 공통선, 응답선, 회로선7, 공통선1
⑤	HFIX 2.5㎟ -18	벨(경종)선4, 표시등선, 경종표시등 공통선, 응답선, 회로선9, 공통선2
⑥	HFIX 2.5㎟ -21	벨(경종)선5, 표시등선, 경종표시등 공통선, 응답선, 회로선11, 공통선2
⑦	HFIX 2.5㎟ -25	벨(경종)선6, 표시등선, 경종표시등 공통선, 응답선, 회로선14, 공통선2
⑧	HFIX 2.5㎟ -29	벨(경종)선7, 표시등선, 경종표시등 공통선, 응답선, 회로선16, 공통선3
⑨	HFIX 2.5㎟ -32	벨(경종)선8, 표시등선, 경종표시등 공통선, 응답선, 회로선18, 공통선3
⑩	HFIX 2.5㎟ -35	벨(경종)선9, 표시등선, 경종표시등 공통선, 응답선, 회로선20, 공통선3
⑪	HFIX 2.5㎟ -39	벨(경종)선10, 표시등선, 경종표시등 공통선, 응답선, 회로선22, 공통선4
⑫	HFIX 2.5㎟ -42	벨(경종)선11, 표시등선, 경종표시등 공통선, 응답선, 회로선24, 공통선4
⑬⑭⑮	HFIX 1.5㎟ -4	감지기-선 2선, 감지기+선 2선

【조 건】
화재로 인하여 하나의 층의 지구음향장치 또는 배선이 단락되어도 다른 층의 화재통보에 지장이 없도록 각층 배선상에 유효한 조치인 『단락보호 장치』를 설치한다.

번호	벨	벨표시등 공통선	표시등	응답	회로	공통	계
①	1	1	1	1	1	1	6
②	1	1	1	1	3	1	8
③	2	1	1	1	5	1	11
④	3	1	1	1	7	1	14
⑤	4	1	1	1	9	2	18
⑥	5	1	1	1	11	2	21
⑦	6	1	1	1	14	2	25
⑧	7	1	1	1	16	3	29
⑨	8	1	1	1	18	3	32
⑩	9	1	1	1	20	3	35
⑪	10	1	1	1	22	4	39
⑫	11	1	1	1	24	4	42

2. 비상방송설비
가. 비상방송설비 P형

① 일제경보방식 전기 계통도 - 비상방송 전용으로서 음량조정기가 없는 곳

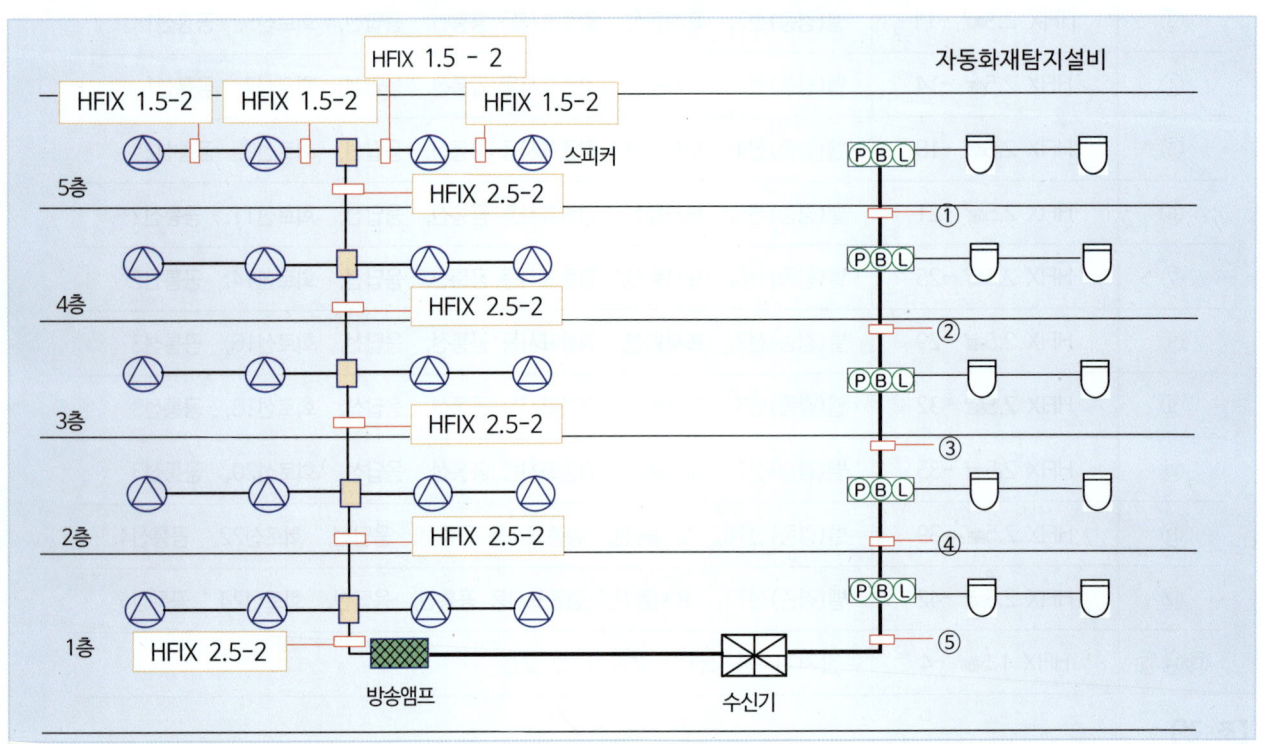

번호	배선 종류	배선 이름
①	HFIX 2.5㎟ -6	1.벨선, 2.벨·표시등공통선, 3.표시등선, 4.응답선, 5.5층 회로선, 6.공통선
②	HFIX 2.5㎟ -7	1.벨선, 2.벨·표시등공통선, 3.표시등선, 4.응답선, 5.5층 회로선, 6.4층 회로선, 7.공통선
③	HFIX 2.5㎟ -8	1.벨선, 2.벨·표시등공통선, 3.표시등선, 4.응답선, 5.5층 회로선, 6.4층 회로선, 7.3층 회로선, 8.공통선
④	HFIX 2.5㎟ -9	1.벨선, 2.벨·표시등공통선, 3.표시등선, 4.응답선, 5.5층 회로선, 6.4층 회로선, 7.3층 회로선, 8.2층 회로선, 9.공통선
⑤	HFIX 2.5㎟ -10	1.벨선, 2.벨·표시등공통선, 3.표시등선, 4.응답선, 5.5층 회로선, 6.4층 회로선, 7.3층 회로선, 8.2층 회로선, 9.1층 회로선, 10.공통선

【조 건】
자동화재탐지설비, 비상방송설비는 화재로 인해 지구음향장치, 확성기, 배선이 단선되어도 이에 대비하여 단락보호 장치를 설치한다.

【참고】
각층마다 단락보호장치를 설치하지 않으면 비상방송설비는 각층별 확성기선(+,-) 2선, 자동화재탐지설비는 각층별 경종선(+,-)을 설치해야 한다.

② 일제경보방식 전기 계통도

비상방송과 업무용 방송을 겸용으로 사용하는 장소이다. (앰프에 음량조정기를 설치하여 사용하는 경우)

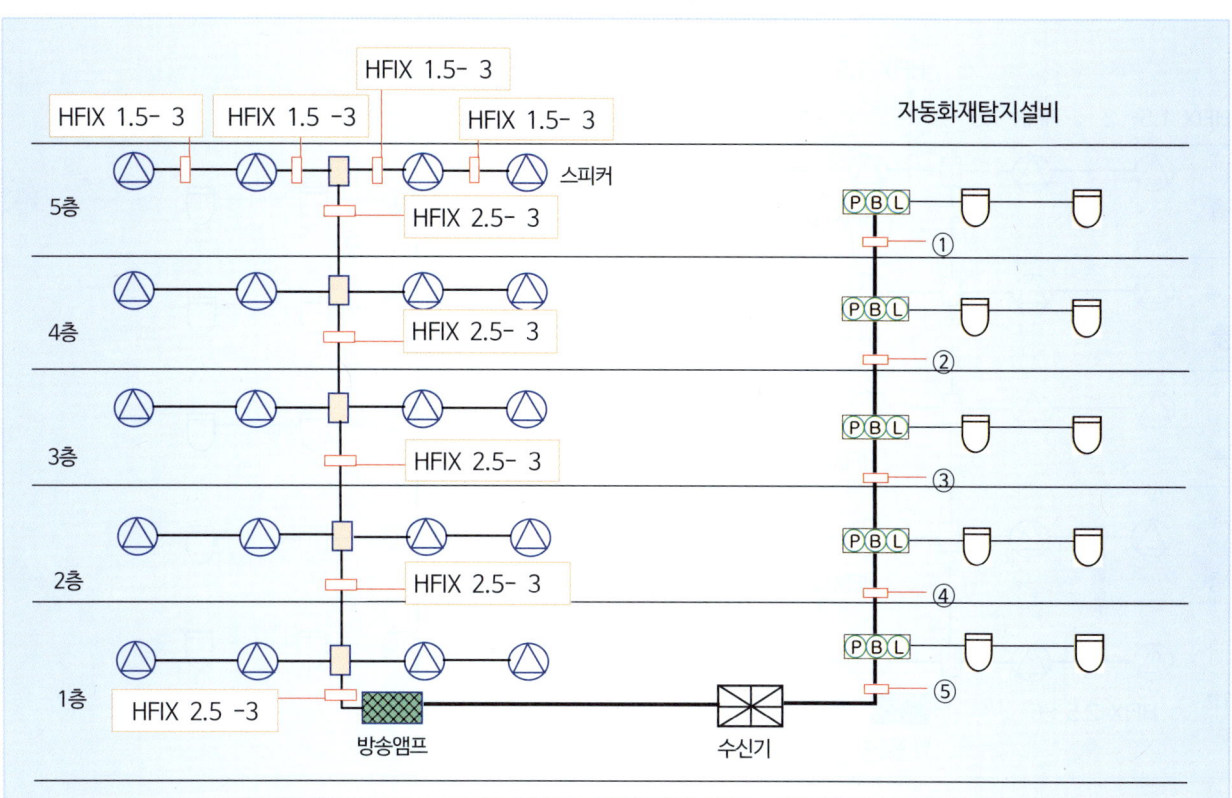

번호	배선 종류	배선 이름
①	HFIX 2.5㎟ -6	1.벨선, 2.벨·표시등공통선, 3.표시등선, 4.응답선, 5.5층 회로선, 6.공통선
②	HFIX 2.5㎟ -7	1.벨선, 2.벨·표시등공통선, 3.표시등선, 4.응답선, 5.5층 회로선, 6.4층 회로선, 7.공통선
③	HFIX 2.5㎟ -8	1.벨선, 2.벨·표시등공통선, 3.표시등선, 4.응답선, 5.5층 회로선, 6.4층 회로선, 7.3층 회로선, 8.공통선
④	HFIX 2.5㎟ -9	1.벨선, 2.벨·표시등공통선, 3.표시등선, 4.응답선, 5.5층 회로선, 6.4층 회로선, 7.3층 회로선, 8.2층 회로선, 9.공통선
⑤	HFIX 2.5㎟ -10	1.벨선, 2.벨·표시등공통선, 3.표시등선, 4.응답선, 5.5층 회로선, 6.4층 회로선, 7.3층 회로선, 8.2층 회로선, 9.1층 회로선, 10.공통선

【조 건】
자동화재탐지설비, 비상방송설비는 화재로 인해 지구음향장치, 확성기, 배선이 단선되어도 이에 대비하여 단락보호장치를 설치한다.

참고
각층마다 단락보호장치를 설치하지 않으면 비상방송설비는 각층별 확성기선(+,-) 2선, 자동화재탐지설비는 각층별 경종선(+,-)을 설치해야 한다.

③ 구분경보방식 전기 계통도

(비상방송 전용인 설비)감지기가 작동한 층과 그 윗층만 비상방송이 된다.

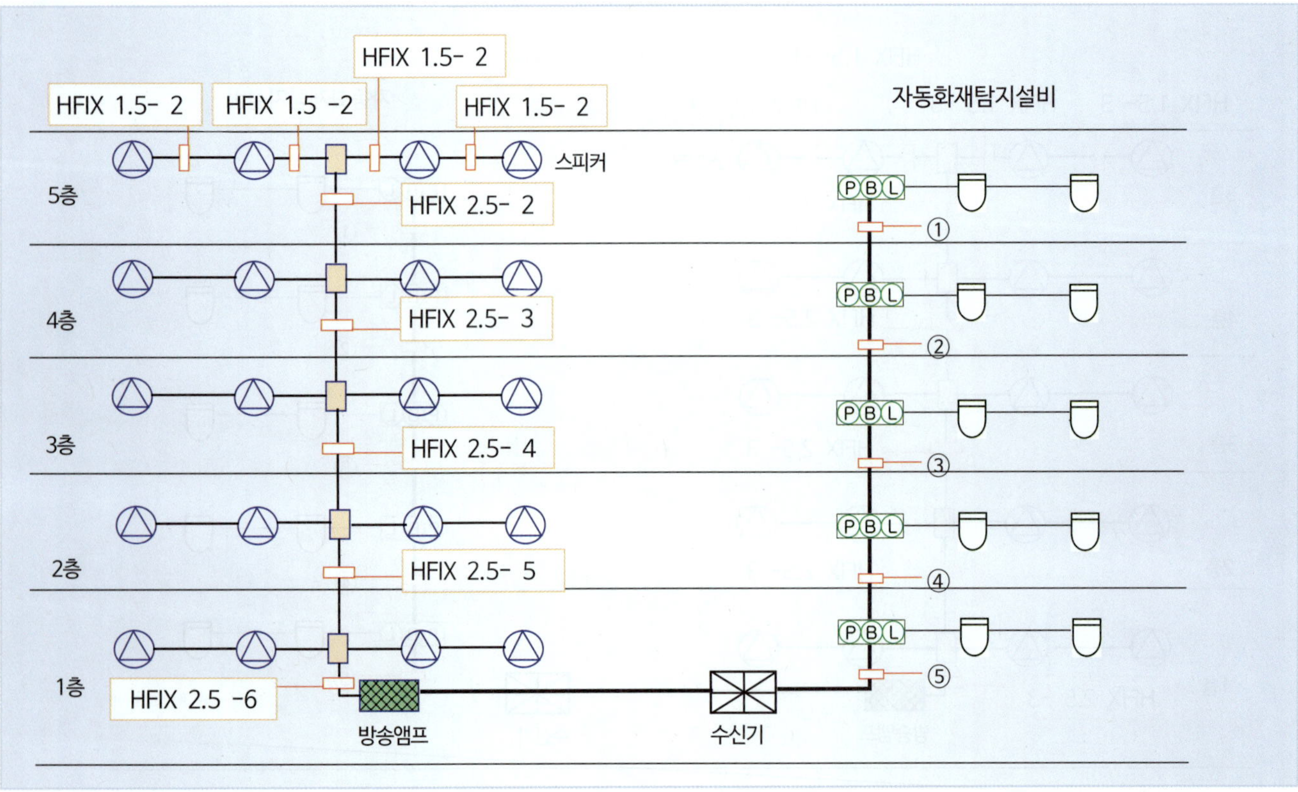

번호	배선 종류	배선 이름
①	HFIX 2.5㎟ -6	1.벨선, 2.벨·표시등공통선, 3.표시등선, 4.응답선, 5.5층 회로선, 6.공통선
②	HFIX 2.5㎟ -7	1.벨선, 2.벨·표시등공통선, 3.표시등선, 4.응답선, 5.5층 회로선, 6.4층 회로선, 7.공통선
③	HFIX 2.5㎟ -8	1.벨선, 2.벨·표시등공통선, 3.표시등선, 4.응답선, 5.5층 회로선, 6.4층 회로선, 7.3층 회로선, 8.공통선
④	HFIX 2.5㎟ -9	1.벨선, 2.벨·표시등공통선, 3.표시등선, 4.응답선, 5.5층 회로선, 6.4층 회로선, 7.3층 회로선, 8.2층 회로선, 9.공통선
⑤	HFIX 2.5㎟ -10	1.벨선, 2.벨·표시등공통선, 3.표시등선, 4.응답선, 5.5층 회로선, 6.4층 회로선, 7.3층 회로선, 8.2층 회로선, 9.1층 회로선, 10.공통선

【조 건】
자동화재탐지설비, 비상방송설비는 화재로 인해 지구음향장치, 확성기, 배선이 단선되어도 이에 대비하여 단락보호 장치를 설치한다.

참고
각층마다 단락보호장치를 설치하지 않으면 비상방송설비는 각층별 확성기선 (+,-) 2선, 자동화재탐지설비는 각층별 경종선(+,-)을 설치해야 한다.

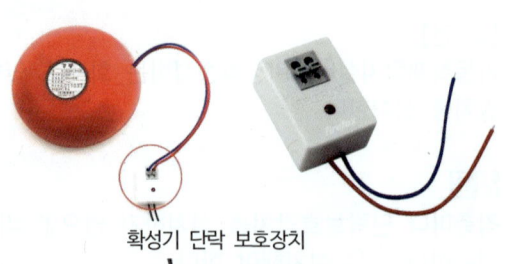

확성기 단락 보호장치

④ 구분경보방식 전기 계통도
(비상방송과 업무용 방송을 겸용하는 설비)

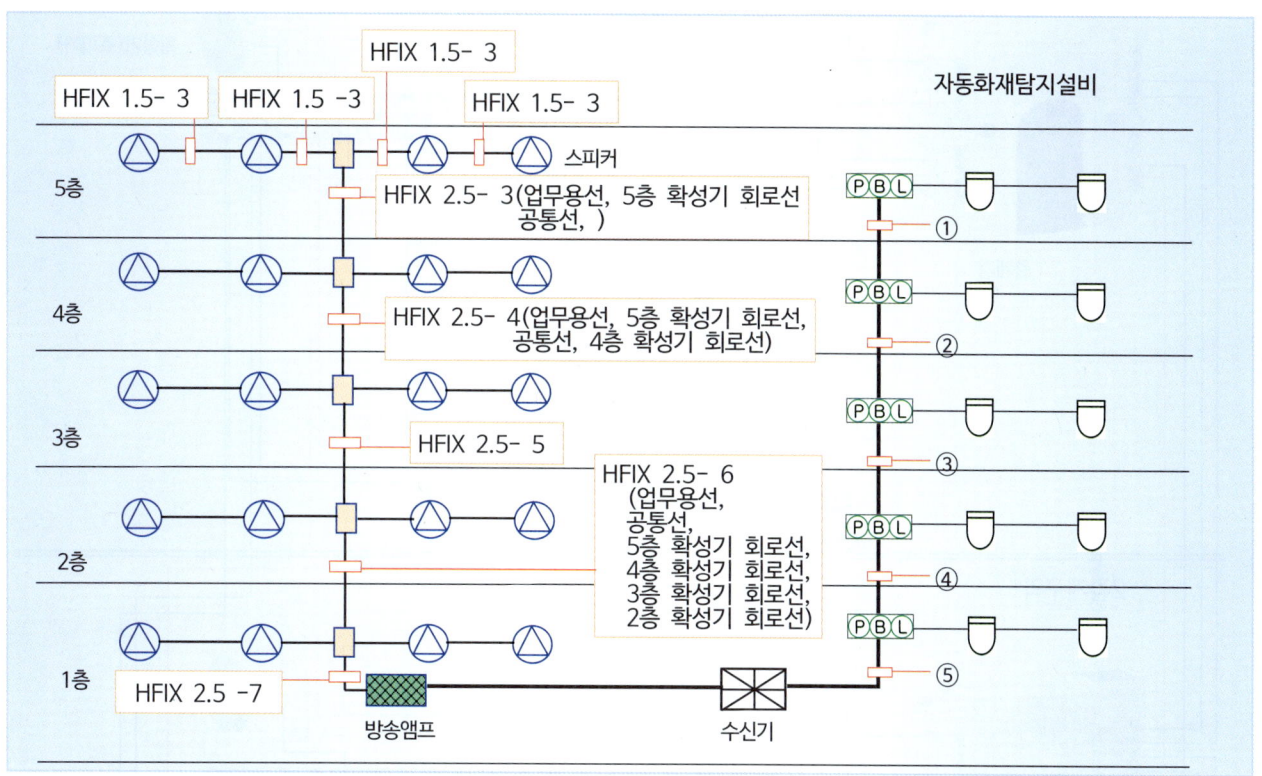

번호	배선 종류	배선 이름
①	HFIX 2.5㎟ -6	1.벨선, 2.벨·표시등공통선, 3.표시등선, 4.응답선, 5.5층 회로선, 6.공통선
②	HFIX 2.5㎟ -7	1.벨선, 2.벨·표시등공통선, 3.표시등선, 4.응답선, 5.5층 회로선, 6.4층 회로선, 7.공통선
③	HFIX 2.5㎟ -8	1.벨선, 2.벨·표시등공통선, 3.표시등선, 4.응답선, 5.5층 회로선, 6.4층 회로선, 7.3층 회로선, 8.공통선
④	HFIX 2.5㎟ -9	1.벨선, 2.벨·표시등공통선, 3.표시등선, 4.응답선, 5.5층 회로선, 6.4층 회로선, 7.3층 회로선, 8.2층 회로선, 9.공통선
⑤	HFIX 2.5㎟ -10	1.벨선, 2.벨·표시등공통선, 3.표시등선, 4.응답선, 5.5층 회로선, 6.4층 회로선, 7.3층 회로선, 8.2층 회로선, 9.1층 회로선, 10.공통선

【조 건】
자동화재탐지설비, 비상방송설비는 화재로 인해 지구음향장치, 확성기, 배선이 단선되어도 이에 대비하여 단락보호장치를 설치한다.

참고
각층마다 단락보호장치를 설치하지 않으면 비상방송설비는 각층별 확성기선(+,-) 2선, 자동화재탐지설비는 각층별 경종선(+,-)을 설치해야 한다.

나. 비상방송설비 R형

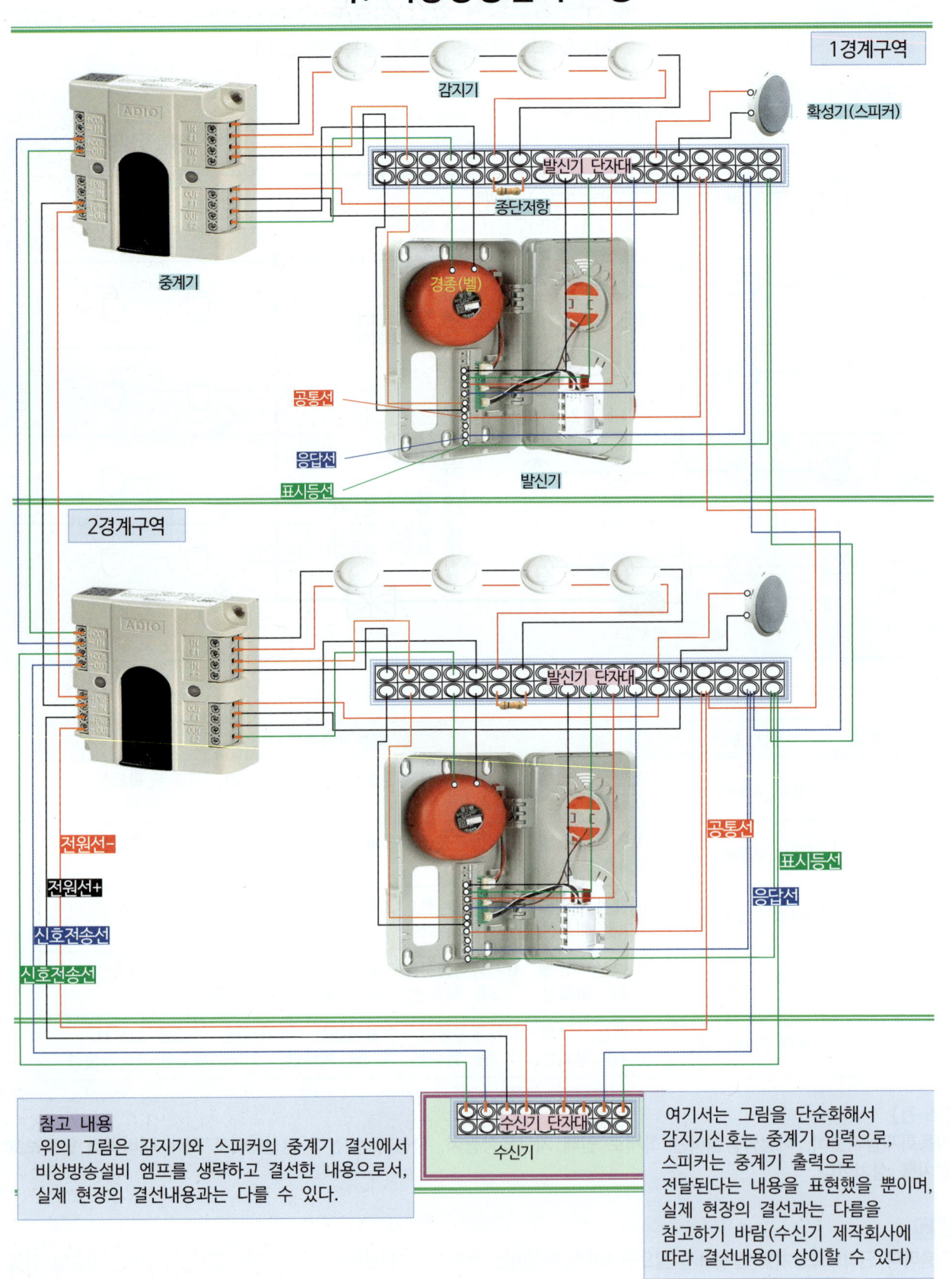

다. 비상방송설비 전기 계통도(R형)

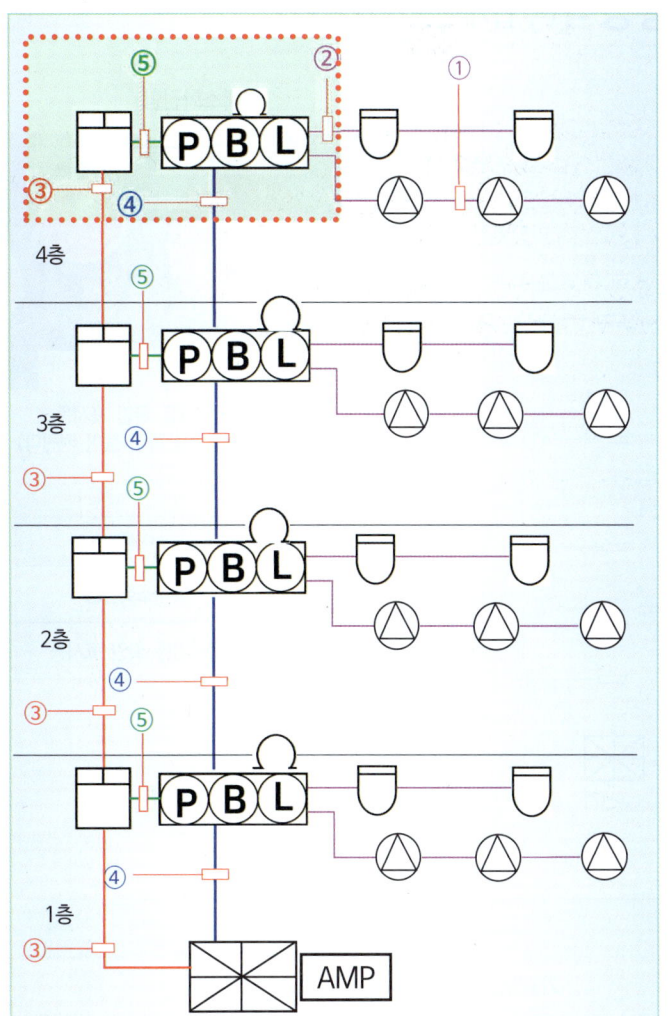

NO	배선 종류	배선 이름	
①	HFIX 2.5㎟ -2	스피커선 2(+, -)	
②	HFIX 1.5㎟ -4	감지기선 4(+ 2, - 2선)	
③	F-CVV-SB CABLE 1.5㎟(신호 전송선) 또는 (HCVV-SB TWIST CABLE 1.5㎟ 1pr)(신호전송선) HFIX 2.5㎟-2	신호 전송선	중계기 전원선 2
④	HFIX 2.5㎟ -3	위치 표시등선 1, 발신기 응답선 1, 공통선 1 중계기와 연결하지 않는 부품이며, 수신기와 직접 연결한다.	
⑤	HFIX 2.5㎟ -8 부품 ↔ 중계기 연결	경종(벨)2(+,-), 감지기2(+,-), 스피크2(+,-) 발신기 누름스위치(버튼) 2(+,-),	

3. 옥내소화전

가. 자동기동방식 (수압개폐방식) (P형)

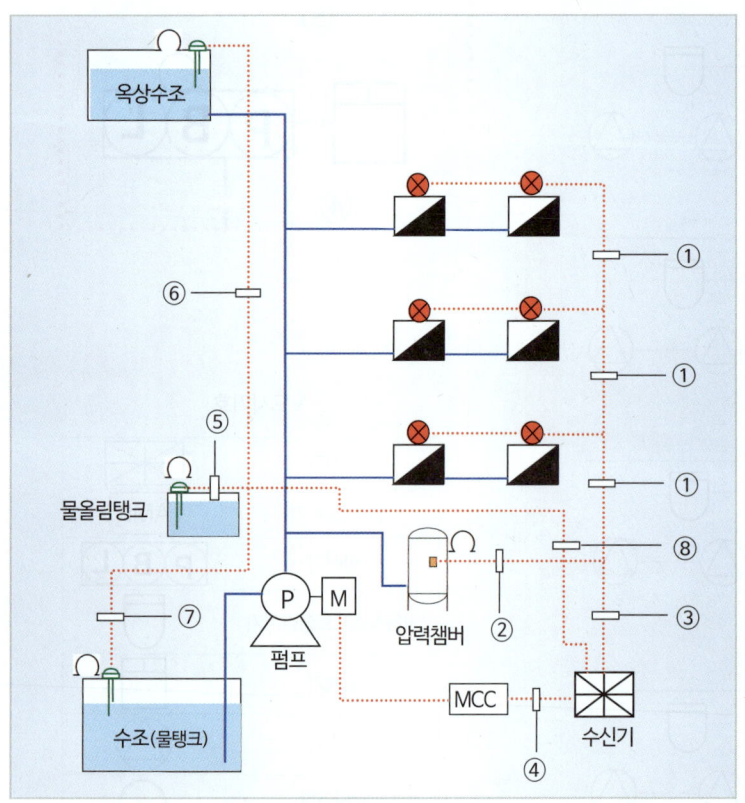

옥내소화전함

펌프기동 확인 표시등
(펌프가 작동하면 등이 켜진다)

도시기호	이름
◩	옥내소화전함
⊗	펌프기동 확인 표시등

번호	배선 종류	배선 이름
①	HFIX 2.5㎟ -2	기동확인 표시등 2(+, -)
②	HFIX 2.5㎟ -2	압력스위치 2(+, -)【충압펌프를 설치한 경우(주펌프1, 충압펌프1, 공통1)】. 종단저항설치
③	HFIX 2.5㎟ -4	기동확인 표시등 2(+, -), 압력스위치 2(+, -)
④	HFIX 2.5㎟ -5	기동, 정지, 기동확인 표시등, 전원감시 표시등, 공통
⑤⑥⑦	HFIX 2.5㎟ -2	저수위 감시스위치(+, -). 종단저항설치
⑧	HFIX 2.5㎟ -4	물탱크 저수위 1, 옥상물탱크 저수위 1, 물올림탱크 저수위 1, 공통 1

물탱크(수조)회로 기준자료 - 종단저항 설치회로
옥내소화전설비의 화재안전기술기준 2.6(제어반)
2.6.2 감시제어반의 기능은 다음의 기준에 적합해야 한다.
    2.6.2.5 다음의 각 확인회로마다 도통시험 및 작동시험을 할 수 있도록 할 것
        (1) 기동용수압개폐장치의 압력스위치회로
        (2) 수조 또는 물올림수조의 저수위감시회로
        (3) 2.3.10에 따른 개폐밸브의 폐쇄상태 확인회로

참고
수조(지하물탱크, 옥상물탱크) 또는 물올림탱크의 저수위감시회로는,
저수위 감시스위치(+,-) 2선을 설치하면 된다.
그러나 일부의 현장에는 저수위, 고수위 스위치 3선을 설치하지만 법적 기준은 아니다.

나. 수동기동방식(ON, OFF방식) **(P형)**

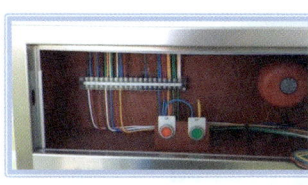

소화전펌프 기동, 정지 스위치

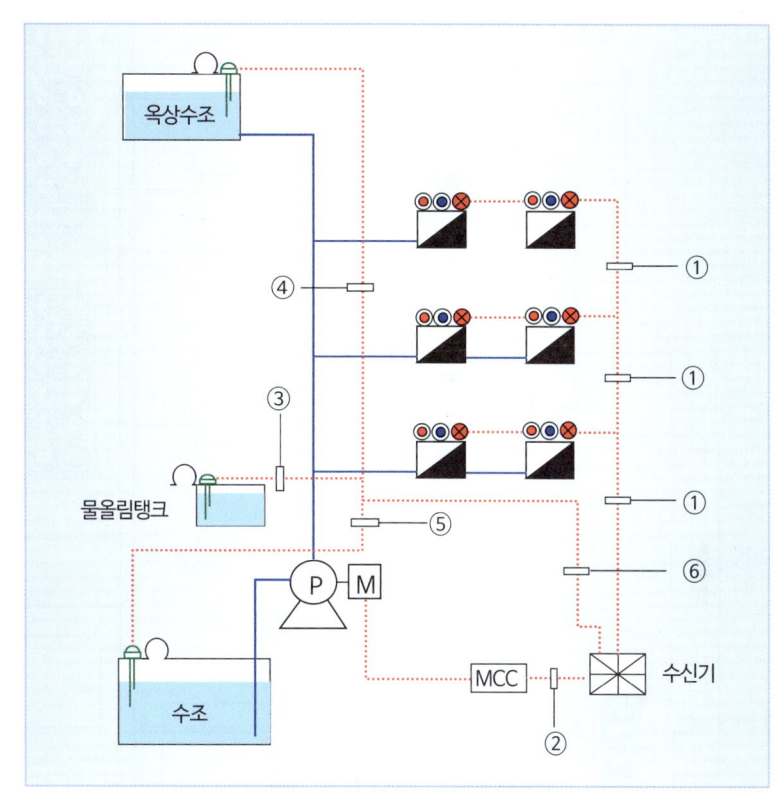

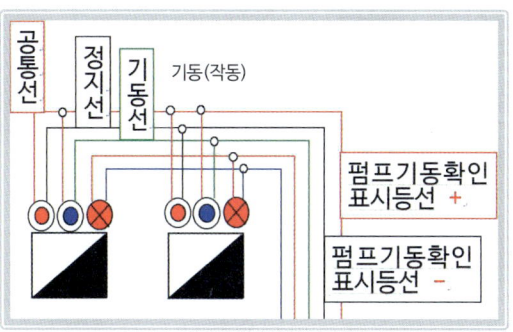

도시기호	이름
◼◣	옥내소화전함
● (적)	소화전펌프 정지(OFF) 스위치
● (청)	소화전펌프 기동(ON) 스위치
⊗	펌프기동 확인 표시등

번호	배선 종류	배선 이름
①	HFIX 2.5㎟ -5	기동선, 정지선, 공통선, 기동확인표시등(+,−)2선
②	HFIX 2.5㎟ -5	기동, 정지, 기동확인 표시등, 전원감시 표시등, 공통
③④⑤	HFIX 2.5㎟ -2	저수위 감시스위치 +, −, 종단저항설치
⑥	HFIX 2.5㎟ -4	물탱크 저수위 1, 옥상물탱크 저수위 1, 물올림탱크 저수위 1, 공통 1 (최소의 전선 내용이다)
∩		옥상물탱크 저수위감시회로 물올림탱크 저수위감시회로 물탱크 저수위감시회로

다. 자동기동방식(R형)

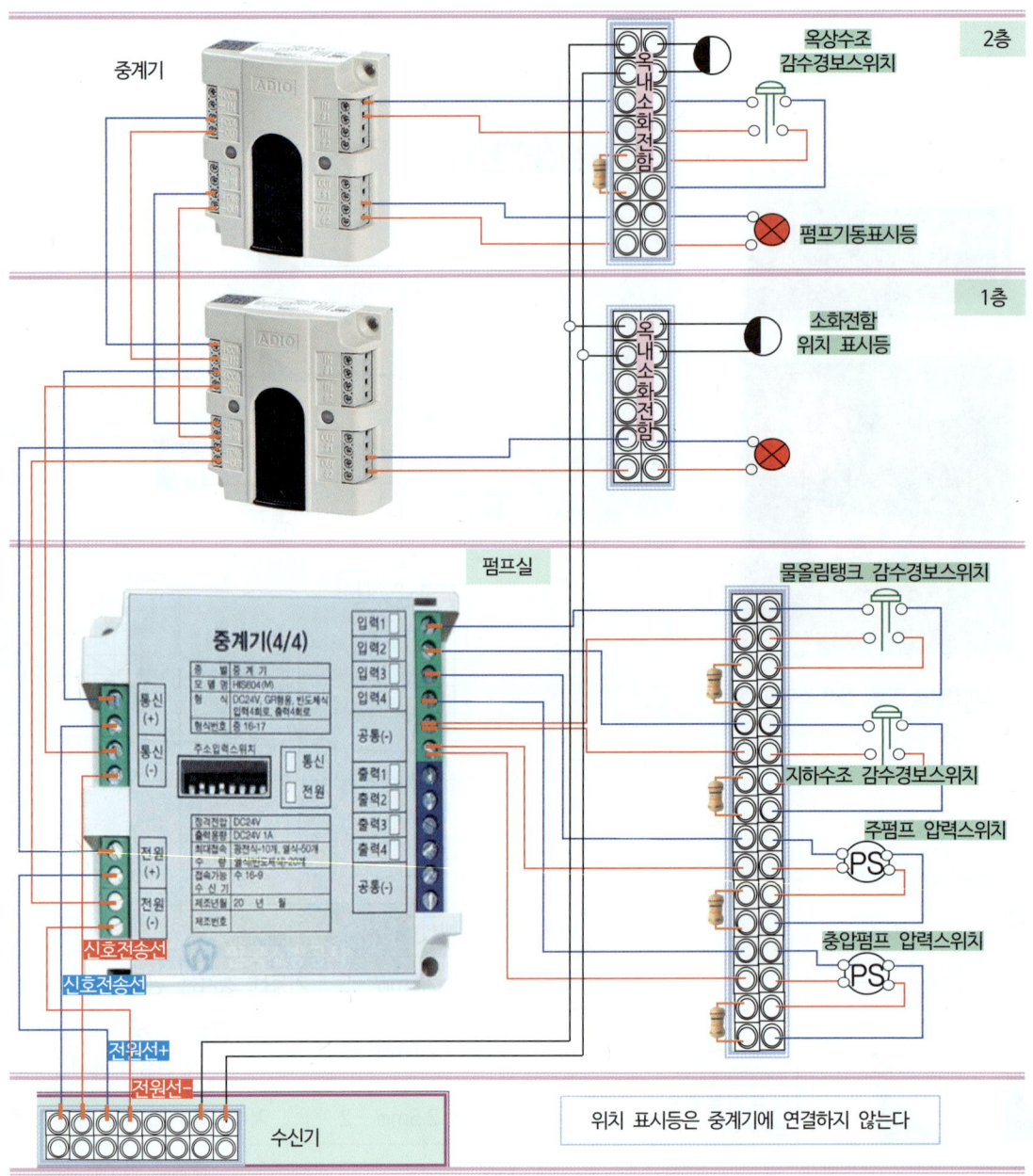

R형 수신기의 중계기 결선 내용

종류 \ 결선내용	IN(입력, 감시)	OUT(출력, 제어)
옥내소화전설비	물올림탱크 감수경보스위치 지하수조 감수경보스위치 옥상수조 감수경보스위치 주펌프 압력스위치 충압펌프 압력스위치	펌프기동표시등

라. 자동기동방식(R형)

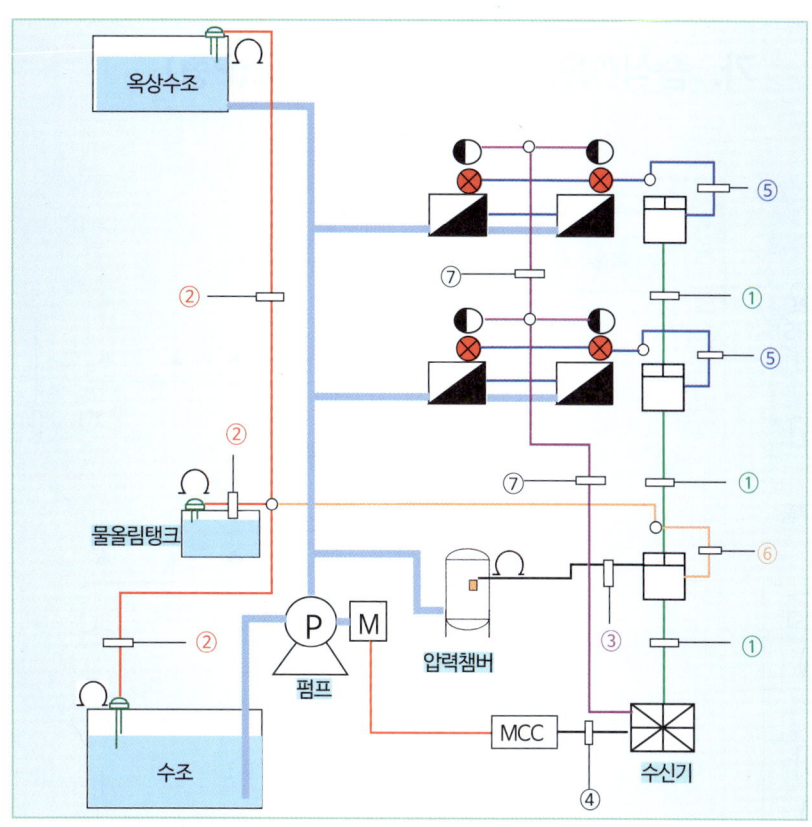

도시기호	이 름	도시기호	이 름
◣	옥내소화전함	∩	종단저항
⊗	펌프기동 확인 표시등	감수경보스위치 / 위치 표시등	감수경보스위치 / 위치 표시등
▭	중계기		

번호	배선 종류	배선 이름	
①	F-CVV-SB CABLE 1.5㎟ (신호 전송선) 또는 (HCVV-SB TWIST CABLE 1.5㎟ 1pr)(신호 전송선) HFIX 2.5㎟-2	신호 전송선	중계기 전원선 2
②	HFIX 2.5㎟ -2	감수경보 스위치 +, 감수경보 스위치 -	
③	HFIX 2.5㎟ -2	압력스위치 +, 압력스위치 -	
④	HFIX 2.5㎟ -5	기동선, 정지선, 공통선, 기동확인 표시등(+,-)2선	
⑤	HFIX 2.5㎟ -2	펌프기동(작동)표시등 2(+,-)	
⑥	HFIX 2.5㎟ -6 부품 ↔ 중계기 연결 내용	옥상수조 감수경보 스위치 2(+,-) 물올림탱크 감수경보 스위치 2(+,-) 지하수조 감수경보 스위치 2(+,-)	
⑦	HFIX 2.5㎟ -2	소화전함 위치 표시등 2(+,-) (중계기와 연결하지 않는다)	

4. 스프링클러설비

가. 습식(알람밸브) 전기 계통도(P형)

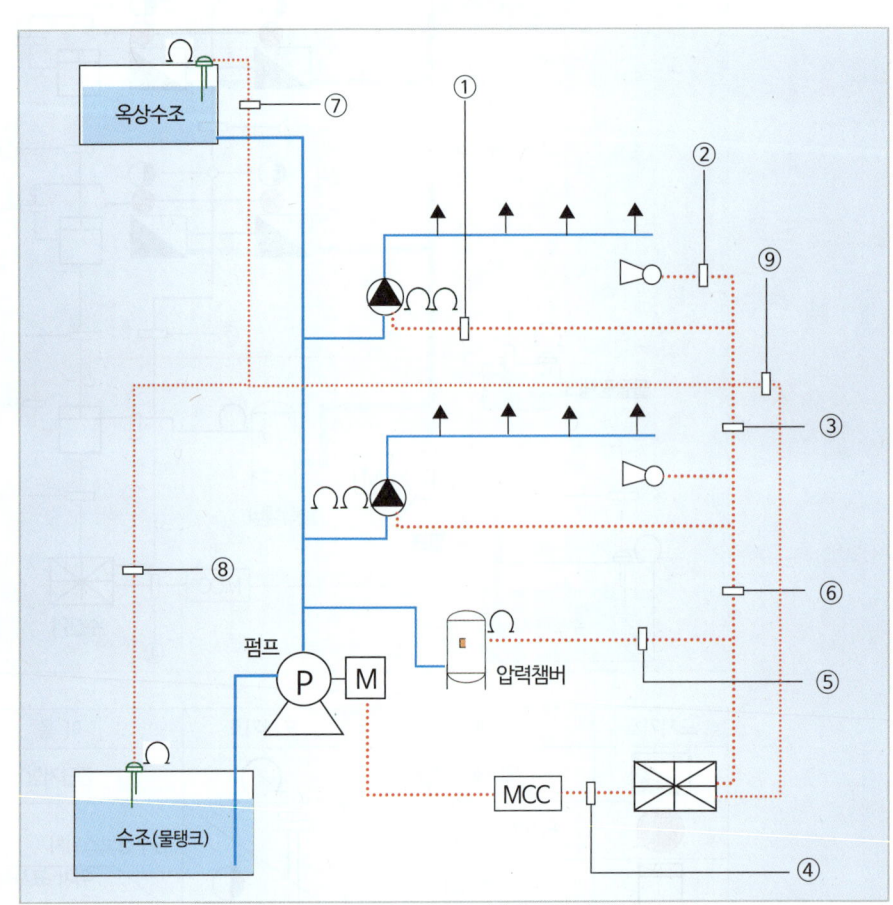

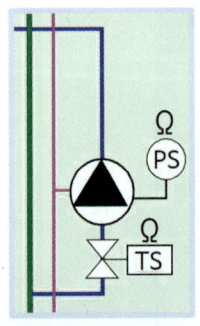

알람밸브 주변 부품

번호	배선 종류	배선 이름
①	16C(HFIX 2.5mm² -3)	압력스위치선 1, 탬퍼스위치선 1, 공통선 1
②	16C(HFIX 2.5mm² -2)	사이렌 2(+,-선)
③	16C(HFIX 2.5mm² -4)	압력스위치선 1, 탬퍼스위치선 1, 사이렌선 1, 공통선 1
④	22C(HFIX 2.5mm² -5)	기동, 정지, 기동확인 표시등, 전원감시 표시등, 공통
⑤	16C(HFIX 2.5mm² -2)	압력스위치선 2, 【충압펌프를 설치한 경우(주펌프1, 충압펌프1, 공통1)】
⑥	22C(HFIX 2.5mm² -7)	압력스위치선 2, 탬퍼스위치선 2, 사이렌선 2, 공통선 1
⑦⑧	16C(HFIX 2.5mm² -2)	저수위 감시스위치 +, -
⑨	16C(HFIX 2.5mm² -3)	옥상물탱크 저수위 감시스위치, 지하물탱크 저수위 감시스위치, 공통선
Ω	Ω × 2	압력스위치(유수검지) 회로, 탬퍼스위치 회로

나. 습식(알람밸브) 전기 계통도(P형)

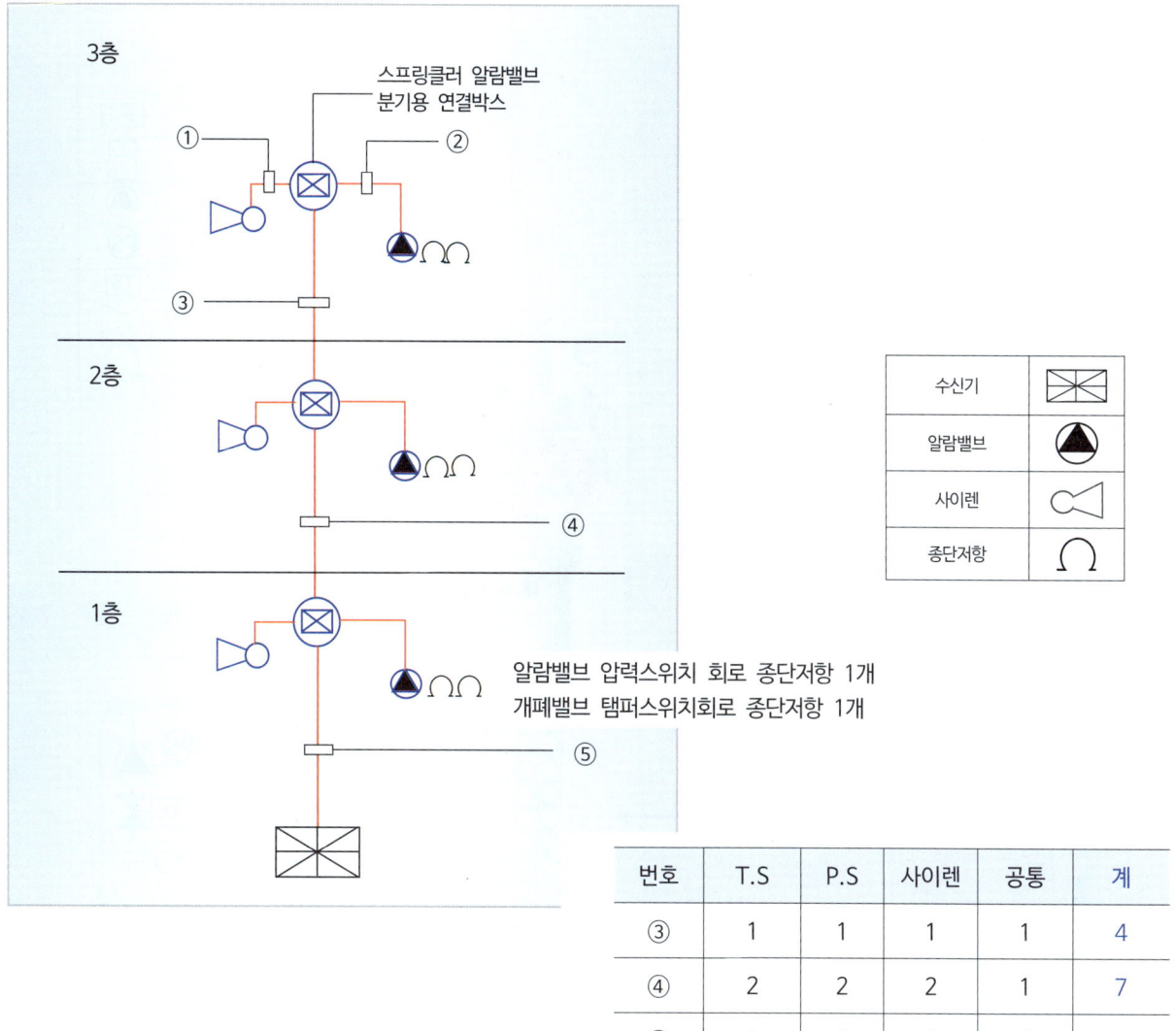

번호	T.S	P.S	사이렌	공통	계
③	1	1	1	1	4
④	2	2	2	1	7
⑤	3	3	3	1	10

번호	배선 종류	배선 이름
①	HFIX 2.5㎟ -2(16C)	사이렌선 2(+, -)
②	HFIX 2.5㎟ -3(16C)	탬퍼스위치선 1, 압력스위치선 1, 공통선 1
③	HFIX 2.5㎟ -4(16C)	사이렌선 1(3층), 탬퍼스위치선 1(3층), 압력스위치선 1(3층), 공통선 1
④	HFIX 2.5㎟ -7(22C)	사이렌선 2(3,2층), 탬퍼스위치선 2(3,2층), 압력스위치선 2(3,2층), 공통선 1
⑤	HFIX 2.5㎟ -10(28C)	사이렌선 3(3,2,1층), 탬퍼스위치선 3(3,2,1층), 압력스위치선 3(3,2,1층), 공통선 1
Ω	Ω × 2	압력스위치 회로, 탬퍼스위치 회로

다. 습식(알람밸브) 전기 계통도(R형)

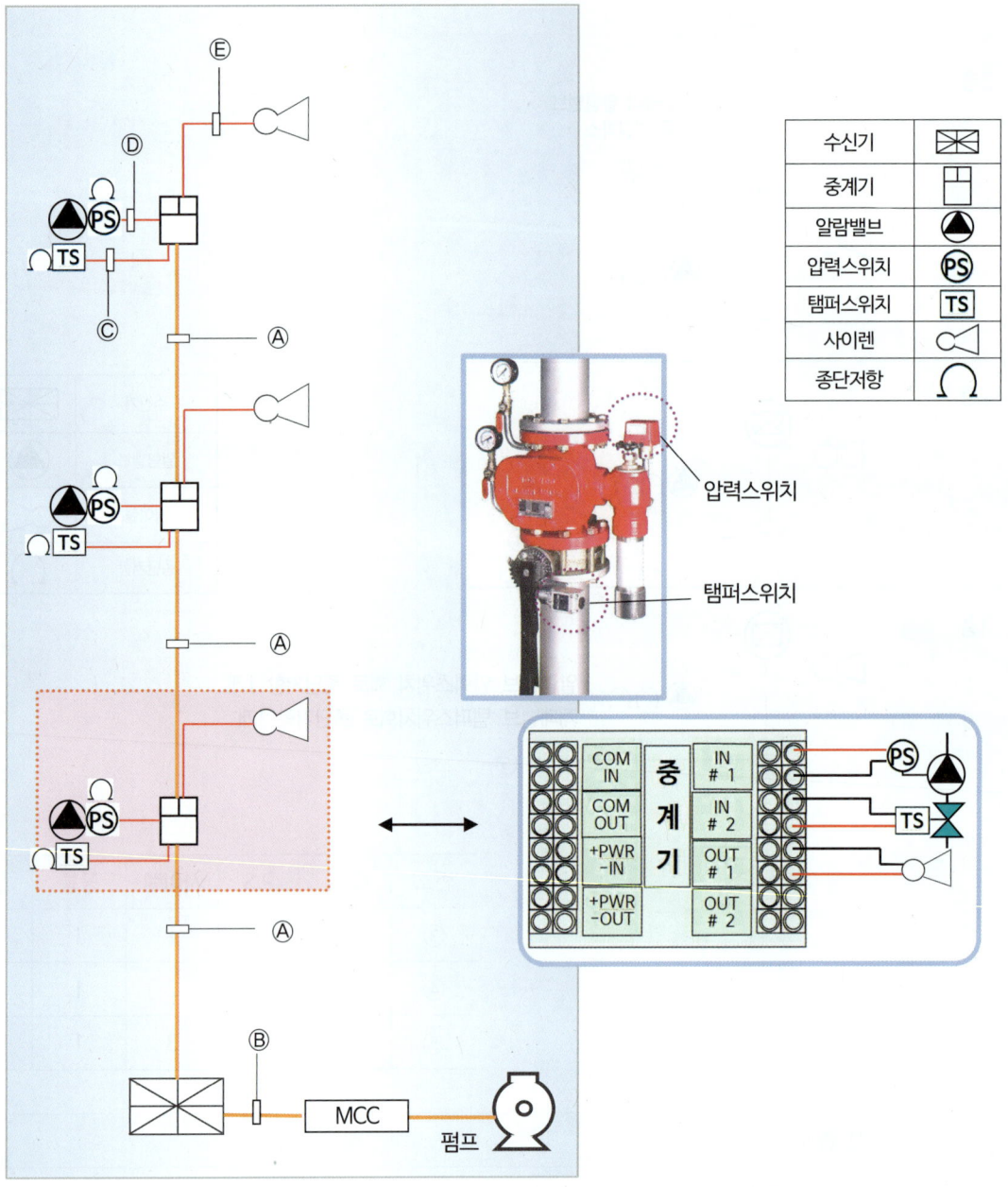

심벌	사용전선 종류 및 수량	용도
Ⓐ	F-CVV-SB CABLE 1.5㎟ 또는 (HCVV-SB TWIST CABLE 1.5㎟ 1pr) HFIX 2.5㎟ - 2	신호 전송선 : 2 중계기 전원선 : 2
Ⓑ	HFIX 2.5㎟ - 5	기동, 정지, 기동확인 표시등, 전원감시 표시등, 공통
Ⓒ	HFIX 2.5㎟ - 2	탬퍼스위치 2
Ⓓ	HFIX 2.5㎟ - 2	압력스위치 2
Ⓔ	HFIX 2.5㎟ - 2	사이렌 2

라. 습식(알람밸브) 전기 계통도(R형)

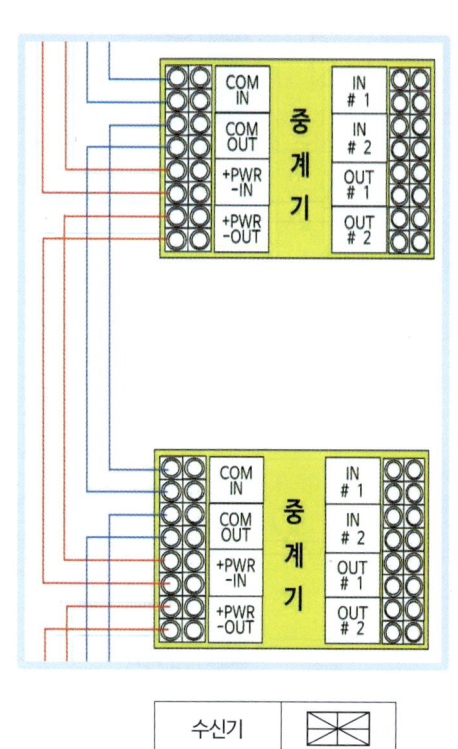

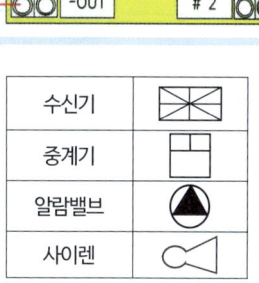

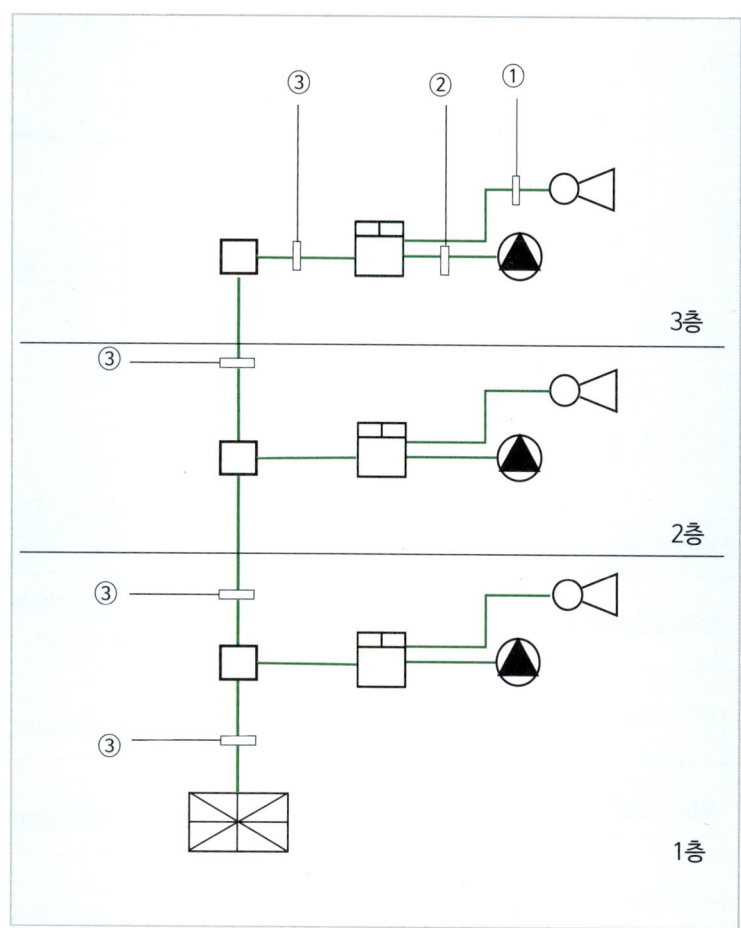

| ①, ② 중계기 ↔ 알람밸브, 사이렌 결선내용 | ③ 중계기 ↔ 중계기 결선내용 |

번호	배선 종류	배선 이름
①	HFIX 2.5㎟ - 2	사이렌선 2 부품 ↔ 중계기 연결
②	HFIX 2.5㎟ - 4	압력스위치선 2, 템퍼스위치선 2 부품 ↔ 중계기 연결
③	F-CVV-SB CABLE 1.5㎟ 또는 (HCVV-SB TWIST CABLE 1.5㎟ 1pr) HFIX 2.5㎟-2	신호전송선 2 (다른 종류의 전선도 있다) 중계기 전원선 2

마. 준비작동식(프리액션밸브) 전기 계통도(P형)

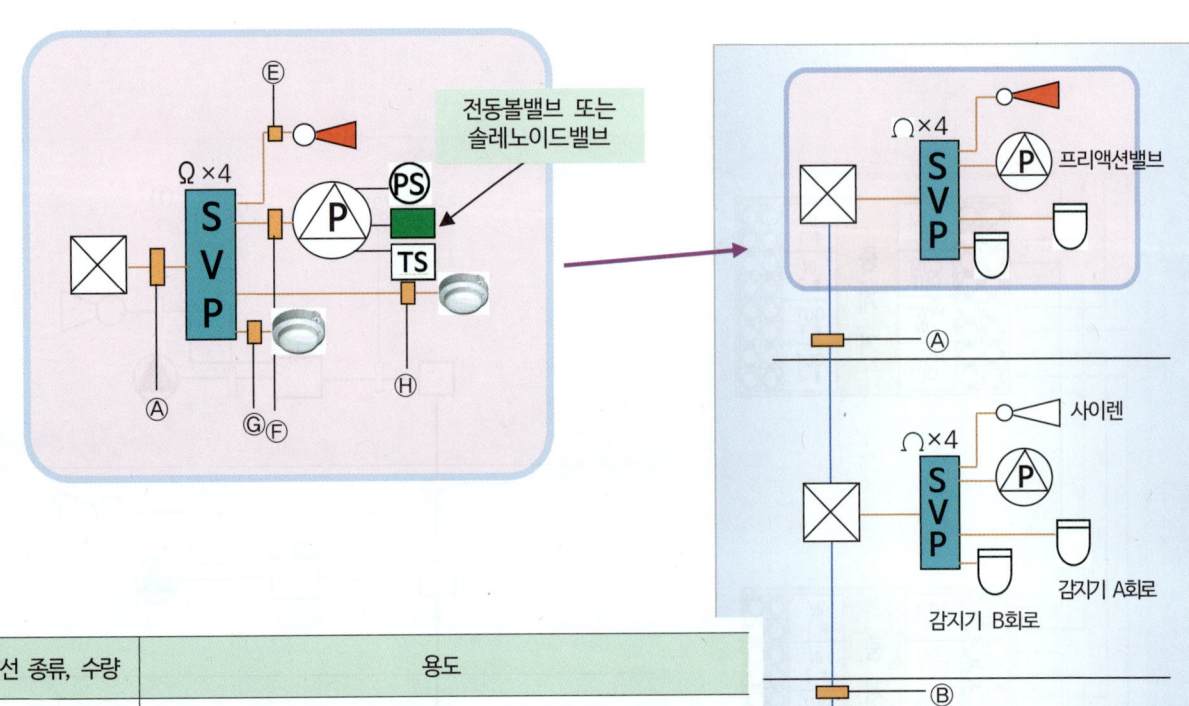

번호	사용전선 종류, 수량	용도
Ⓐ	HFIX 2.5㎟ - 9	전원+, 전원-, 전화, 사이렌, 감지기A, B, 전동볼밸브, 압력스위치, 탬퍼스위치
Ⓑ	HFIX 2.5㎟ - 15	전원+, 전원-, 전화, (사이렌, 감지기A, B, 전동볼밸브, 압력스위치, 탬퍼스위치) × 2
Ⓒ	HFIX 2.5㎟ - 21	전원+, 전원-, 전화, (사이렌, 감지기A, B, 전동볼밸브, 압력스위치, 탬퍼스위치) × 3
Ⓓ	HFIX 2.5㎟ - 27	전원+, 전원-, 전화, (사이렌, 감지기A, B, 전동볼밸브, 압력스위치, 탬퍼스위치) × 4
Ⓔ	HFIX 1.5㎟ - 2	사이렌 2
Ⓕ	HFIX 2.5㎟ - 4	압력스위치, 전동볼밸브, 탬퍼스위치, 공통
ⒼⒽ	HFIX 1.5㎟ - 4	감지기 A회로 4, 감지기 B회로 4
Ω	Ω×4	감지기 A, 감지기B, 압력스위치(유수검지), 탬퍼스위치

번호	전원+	전원-	전화	사이렌	감지기A	감지기B	전동볼밸브	P.S	T.S	계
Ⓐ	1	1	1	1	1	1	1	1	1	9
Ⓑ	1	1	1	2	2	2	2	2	2	15
Ⓒ	1	1	1	3	3	3	3	3	3	21
Ⓓ	1	1	1	4	4	4	4	4	4	27

바. 준비작동식(프리액션밸브) 전기 계통도(P형)

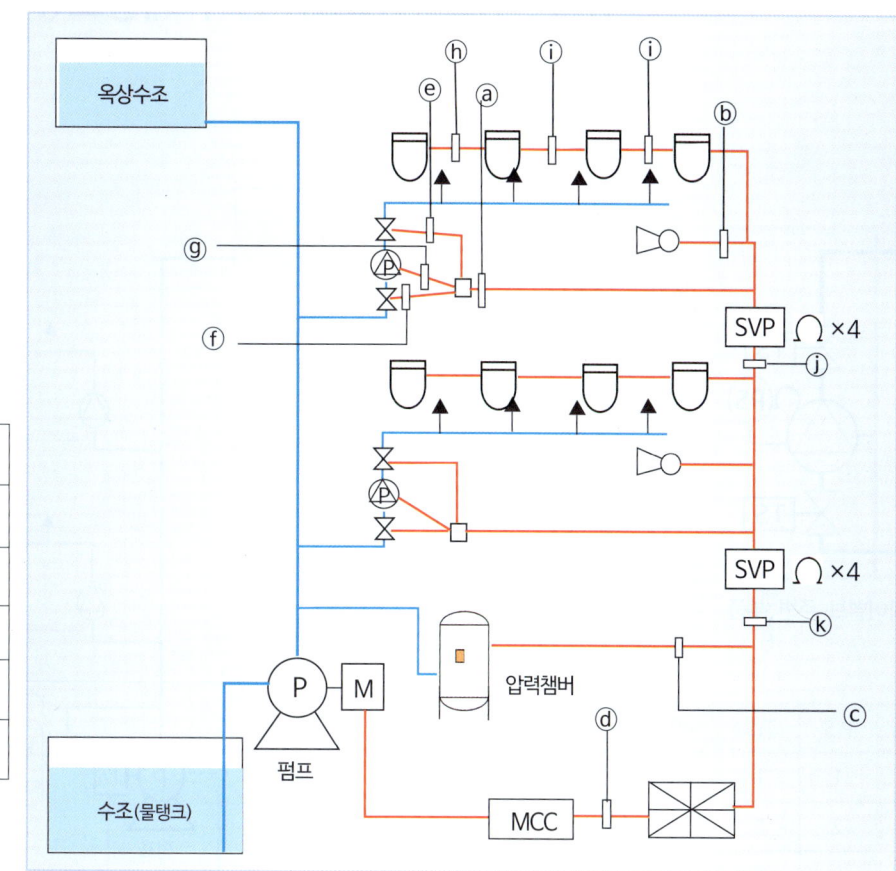

번호	전선 종류 및 수량	용도
ⓐ	HFIX 2.5mm² -4	탬퍼스위치 1, 전동볼밸브 1, 압력스위치 1, 공통 1
ⓑ	HFIX 2.5mm² -2	사이렌 2(+, -)
ⓒ	HFIX 2.5mm² -2	압력스위치 2(+, -) 충압펌프를 설치한 경우 (주펌프1, 충압펌프1, 공통1)
ⓓ	HFIX 2.5mm² -5	기동1, 정지1, 공통1, 전원표시등1, 기동확인표시등1
ⓔⓕ	HFIX 2.5mm² -2	탬퍼스위치 2(+, -)
ⓖ	HFIX 2.5mm² -3	전동볼밸브 1, 압력스위치 1, 공통 1
ⓗ	HFIX 1.5mm² -4	감지기선 4(+ 2, - 2)
ⓘ	HFIX 1.5mm² -8	감지기선 A회로 4(+ 2, - 2), 감지기선 B회로 4(+ 2, - 2)
ⓙ	HFIX 2.5mm² -9	전원+, 전원-, 전화, 사이렌, 감지기A, B, 전동볼밸브, 압력스위치, 탬퍼스위치
ⓚ	HFIX 2.5mm² -15	전원+, 전원-, 전화, (사이렌, 감지기A, B, 전동볼밸브, 압력스위치, 탬퍼스위치) × 2
Ω	Ω ×4	감지기 A, 감지기B, 압력스위치(유수검지), 탬퍼스위치

사. 건식(드라이밸브) 전기 계통도(P형)

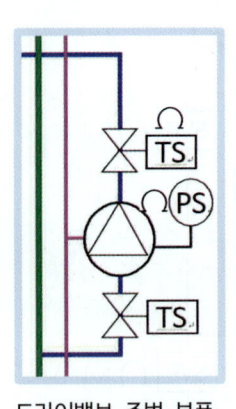

드라이밸브 주변 부품

기호	심벌
수신기	⊠
드라이밸브	△
압력스위치	PS
탬퍼스위치	TS
사이렌	◁
종단저항	Ω

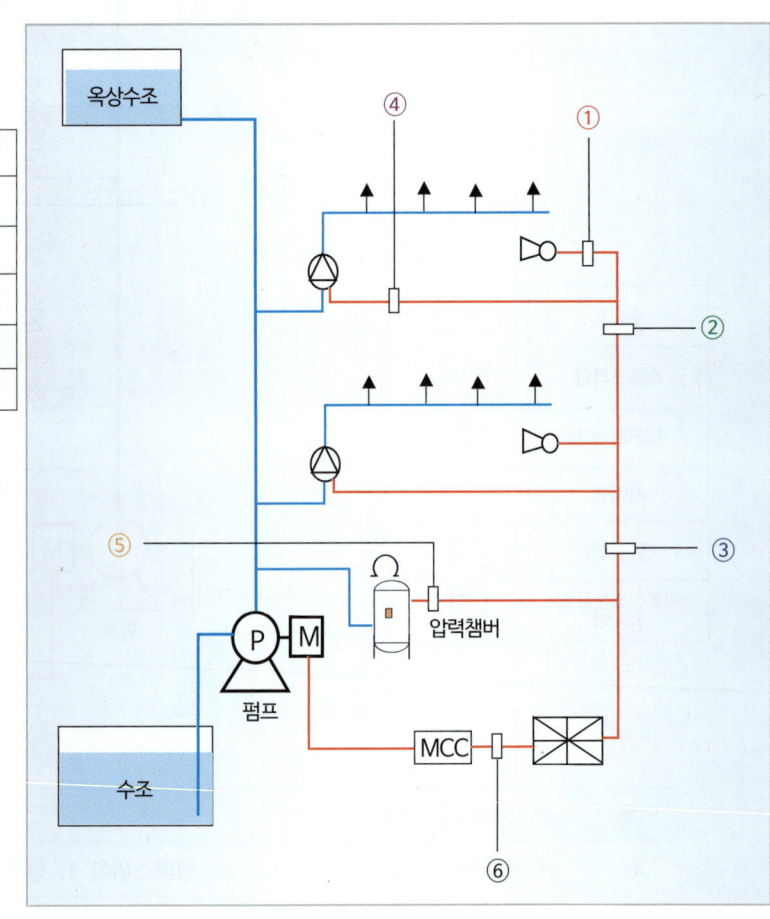

번호	P.S	T.S	사이렌	공통	계
Ⓐ	1	1	1	1	4
Ⓑ	2	2	2	1	7
Ⓒ	3	3	3	1	10
Ⓓ	4	4	4	1	13
Ⓔ	5	5	5	1	16
Ⓕ	6	6	6	1	19

번호	배선 종류	배선 이름
①	16C(HFIX 2.5㎟ -2)	사이렌 2
②	16C(HFIX 2.5㎟ -4)	압력스위치 1, 탬퍼스위치 1, 사이렌1, 공통 1
③	22C(HFIX 2.5㎟ -7)	압력스위치 2, 탬퍼스위치 2, 사이렌2, 공통 1
④	16C(HFIX 2.5㎟ -3)	압력스위치 1, 탬퍼스위치 1, 공통 1
⑤	16C(HFIX 2.5㎟ -2)	압력스위치 2, 충압펌프를 설치한 경우(주펌프1, 충압펌프1, 공통1)
⑥	22C(HFIX 2.5㎟ -5)	기동1, 정지1, 공통1, 전원표시등1, 기동확인표시등1

아. 건식(드라이밸브) 전기 계통도(R형)

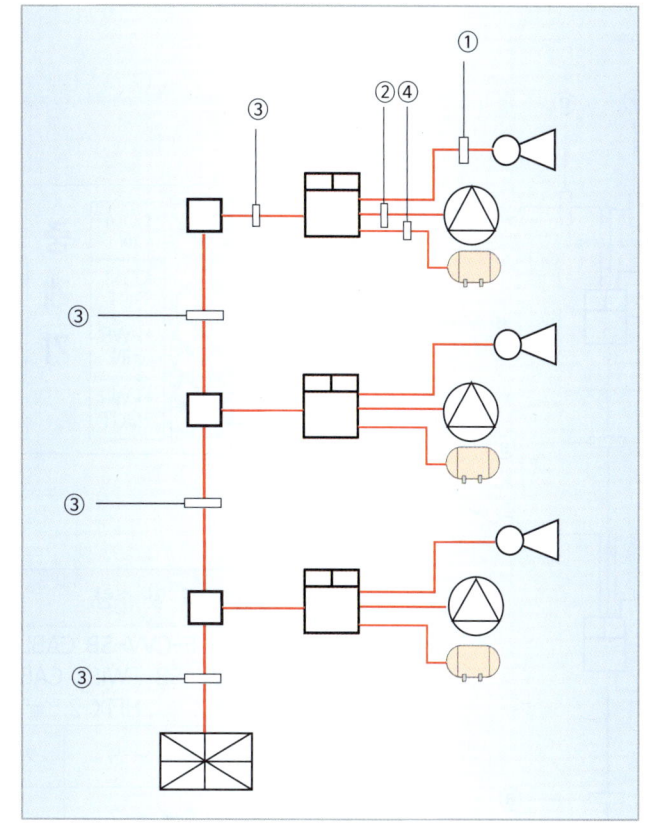

수신기	⌧
중계기	▢
탬퍼스위치	TS
압력스위치	PS
드라이밸브	△
사이렌	◁
에어컴프레셔	⬭

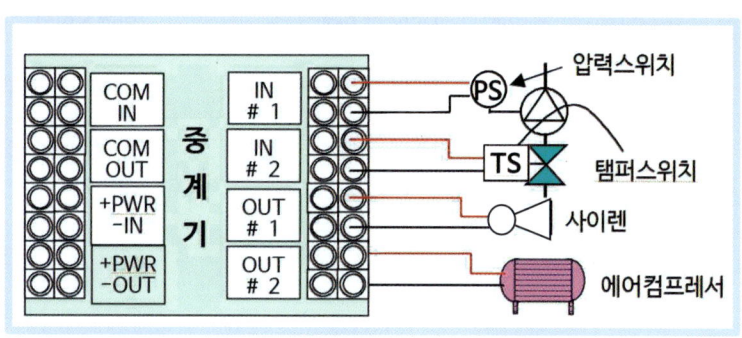

번호	배선 종류	배선 이름
①	HFIX 2.5㎟ - 2	사이렌선 2(부품 ↔ 중계기 연결 내용)
②	HFIX 2.5㎟ - 4	압력스위치2(+,-), 탬퍼스위치2(+,-) (부품 ↔ 중계기 연결 내용)
③	F-CVV-SB CABLE 1.5㎟ 또는 (HCVV-SB TWIST CABLE 1.5㎟ 1pr) HFIX 2.5㎟ - 2	신호전송선 : 2 중계기 전원선 : 2
④	HFIX 2.5㎟ - 2	에어컴프레셔선 2(부품 ↔ 중계기 연결 내용)

605

자. 건식(드라이밸브) 전기 계통도(R형)

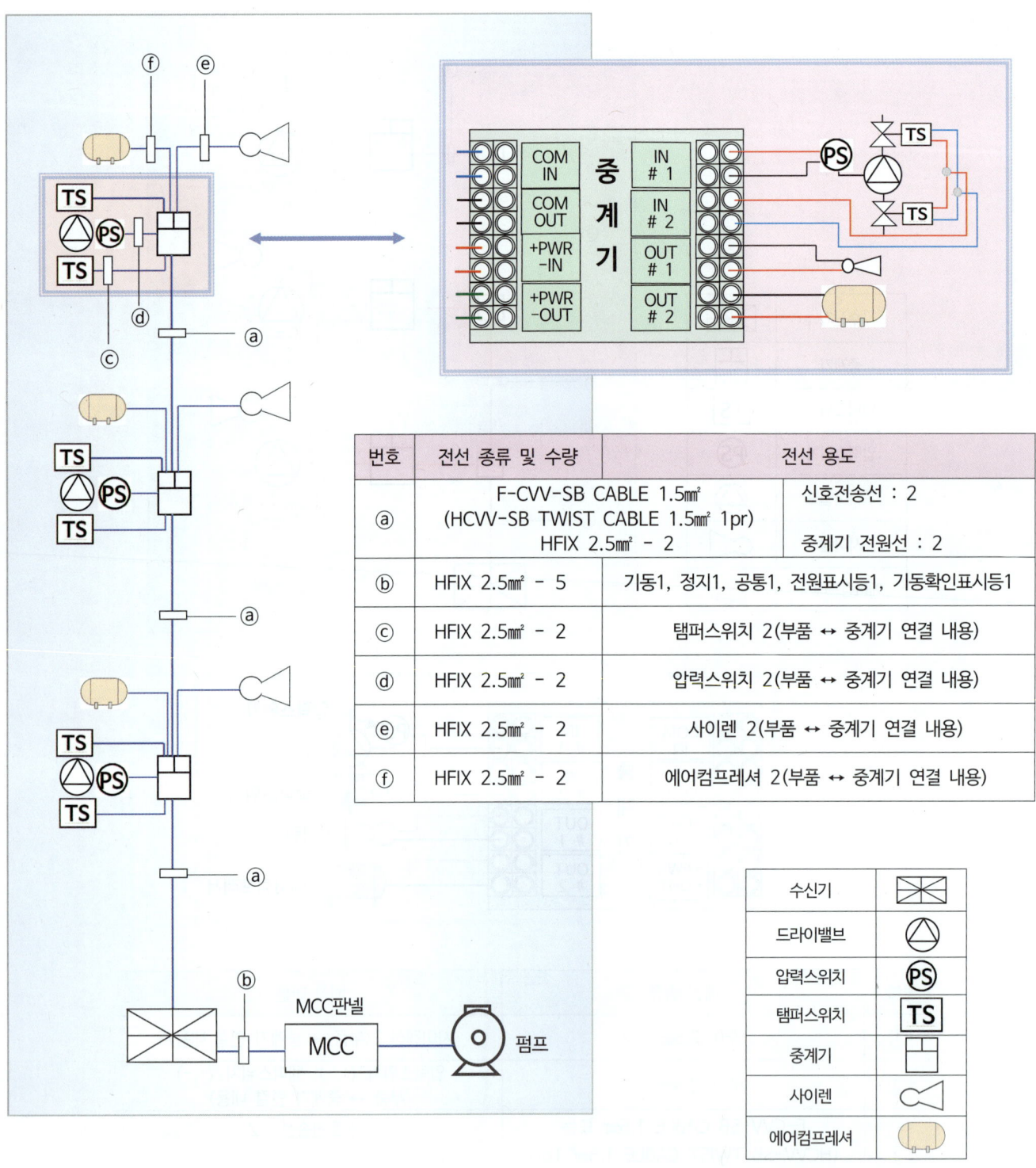

차. 부압식 전기 계통도(R형)

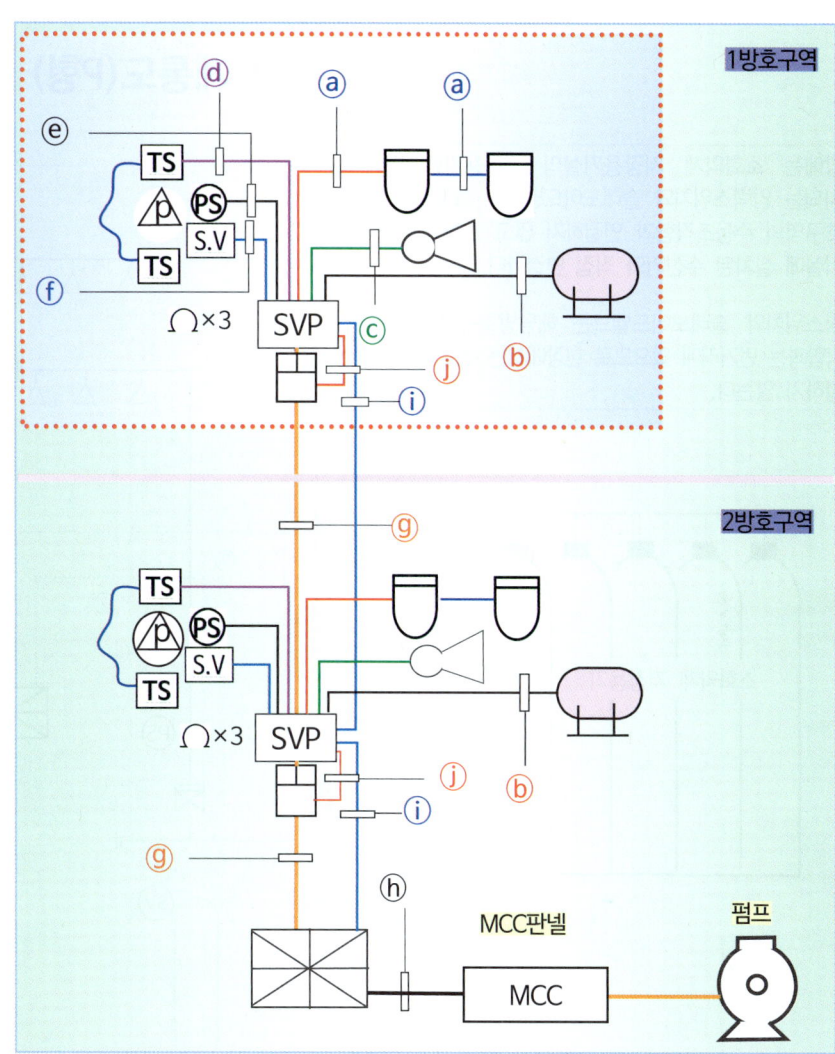

∩×3
1. 감지기 회로
2. 압력스위치 회로
3. 탬퍼스위치 회로

번호	전선 종류 및 수량	용도
ⓐ	HFIX 1.5㎟ - 4	감지기 4(+선 2, -선 2)
ⓑ ⓒ	HFIX 2.5㎟ - 2	ⓑ 진공펌프 2, ⓒ 사이렌 (+,-)
ⓓ ⓔ	HFIX 2.5㎟ - 2	ⓓ 탬퍼스위치(+,-), ⓔ 압력스위치(+,-)
ⓕ	HFIX 2.5㎟ - 2	전동볼밸브(또는 솔레노이드밸브) (+, -)
ⓖ	F-CVV-SB CABLE 1.5㎟ 또는 (HCVV-SB TWIST CABLE 1.5㎟ 1pr)	신호전송선 : 2
	HFIX 2.5㎟ - 2	중계기전원 : 2
ⓗ	HFIX 2.5㎟ - 5	기동1, 정지1, 공통1, 전원표시등1, 기동확인표시등1
ⓘ	HFIX 2.5㎟ - 2	전화선 +, -
ⓙ	HFIX 2.5㎟ - 14 부품 ↔ 중계기 연결	감지기(+,-) 2선, 진공펌프 2, 압력스위치 2, 사이렌 2, 전동볼밸브 2, 탬퍼스위치 1,2차 2, 수동작동스위치 2

5. 가스계소화설비

가. 전기 계통도(P형)

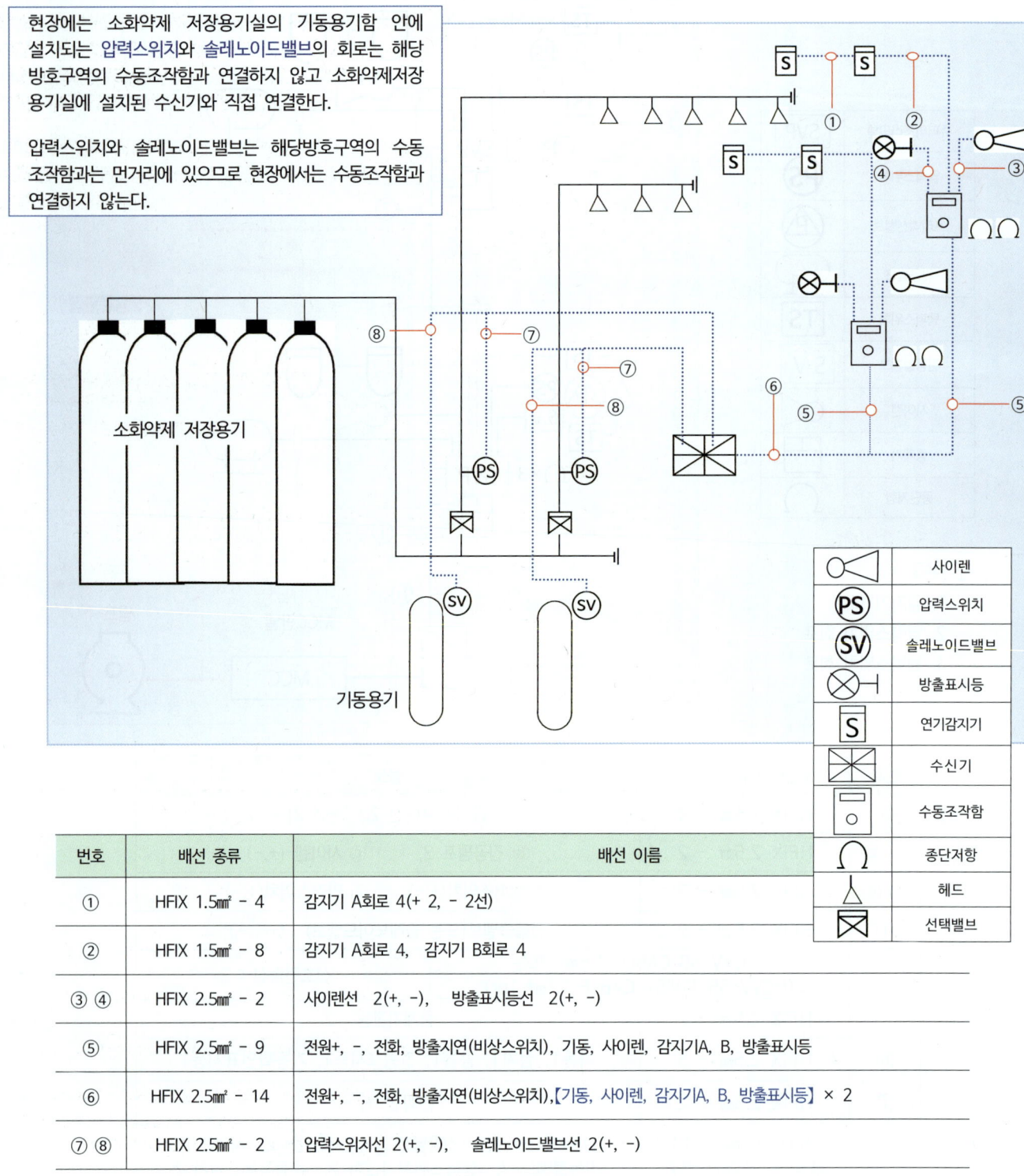

번호	배선 종류	배선 이름
①	HFIX 1.5㎟ - 4	감지기 A회로 4(+ 2, - 2선)
②	HFIX 1.5㎟ - 8	감지기 A회로 4, 감지기 B회로 4
③ ④	HFIX 2.5㎟ - 2	사이렌선 2(+, -), 방출표시등선 2(+, -)
⑤	HFIX 2.5㎟ - 9	전원+, -, 전화, 방출지연(비상스위치), 기동, 사이렌, 감지기A, B, 방출표시등
⑥	HFIX 2.5㎟ - 14	전원+, -, 전화, 방출지연(비상스위치),【기동, 사이렌, 감지기A, B, 방출표시등】× 2
⑦ ⑧	HFIX 2.5㎟ - 2	압력스위치선 2(+, -), 솔레노이드밸브선 2(+, -)

※ 참고 : 방출지연(비상)스위치선은 방호구역별로 각각 설치할 수도 있다.

나. 전기 계통도(P형)

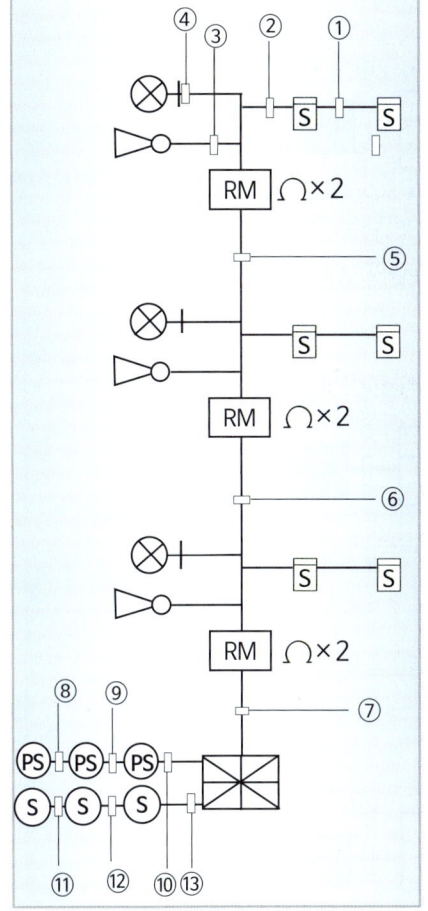

비상(복구,방출지연)스위치를 3방호구역을 1회로 하는 경우

번호	전원+	전원-	전화	방출지연 (비상스위치)	기동	사이렌	감지기 A	감지기 B	방출 표시등	계
⑤	1	1	1	1	1	1	1	1	1	9
⑥	1	1	1	1	2	2	2	2	2	14
⑦	1	1	1	1	3	3	3	3	3	19

비상(복구,방출지연)스위치를 각 방호구역별로 1회로 하는 경우

번호	전원+	전원-	전화	방출지연 (비상스위치)	기동	사이렌	감지기 A	감지기 B	방출 표시등	계
⑤	1	1	1	1	1	1	1	1	1	9
⑥	1	1	1	2	2	2	2	2	2	15
⑦	1	1	1	3	3	3	3	3	3	21

압력스위치와 솔레노이드밸브를 각 방호구역 수동조작함에 연결하는 경우

번호	전원+	전원-	전화	방출지연 스위치	기동	사이렌	압력 스위치	솔레 노이드 밸브	감지기 A	감지기 B	방출 표시등	계
⑤	1	1	1	1	1	1	1	1	1	1	1	11
⑥	1	1	1	1	2	2	2	2	2	2	2	18
⑦	1	1	1	1	3	3	3	3	3	3	3	25

번호	배선 종류	배선 이름
①	HFIX 1.5㎟ - 4	감지기 A회로 4선(+ 2, - 2선)
②	HFIX 1.5㎟ - 8	감지기 A회로 4선, 감지기 B회로 4선
③ ④	HFIX 2.5㎟ - 2	사이렌 2선(+ 1, - 1선), 방출표시등 2선(+ 1, - 1선)
⑤	HFIX 2.5㎟ - 9	전원+, -, 방출지연(비상스위치), 전화, 기동, 사이렌, 감지기A, B, 방출표시등
⑥	HFIX 2.5㎟ - 14	전원+, -, 방출지연(비상스위치), 전화,【기동, 사이렌, 감지기A, B, 방출표시등】× 2
⑦	HFIX 2.5㎟ - 19	전원+, -, 방출지연(비상스위치), 전화,【기동, 사이렌, 감지기A, B, 방출표시등】× 3
⑧	HFIX 2.5㎟ - 2	압력스위치(방출표시등 작동용) 2선(+ 1, - 1선)
⑨	HFIX 2.5㎟ - 3	압력스위치(방출표시등 작동용) 3선(회로선 2, 공통선 1선)
⑩	HFIX 2.5㎟ - 4	압력스위치(방출표시등 작동용) 4선(회로선 3, 공통선 1선)
⑪	HFIX 2.5㎟ - 2	솔레노이드밸브(기동용기 작동용) 2선(+ 1, - 1선)
⑫	HFIX 2.5㎟ - 3	솔레노이드밸브(기동용기 작동용) 3선(회로선 2, 공통선 1선)
⑬	HFIX 2.5㎟ - 4	솔레노이드밸브(기동용기 작동용) 4선(회로선 3, 공통선 1선)

다. 가스계소화설비 전기 계통도(R형)

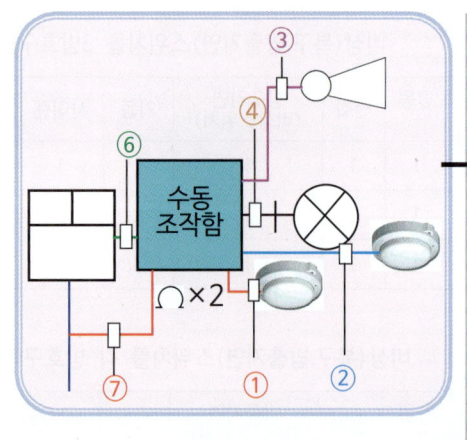
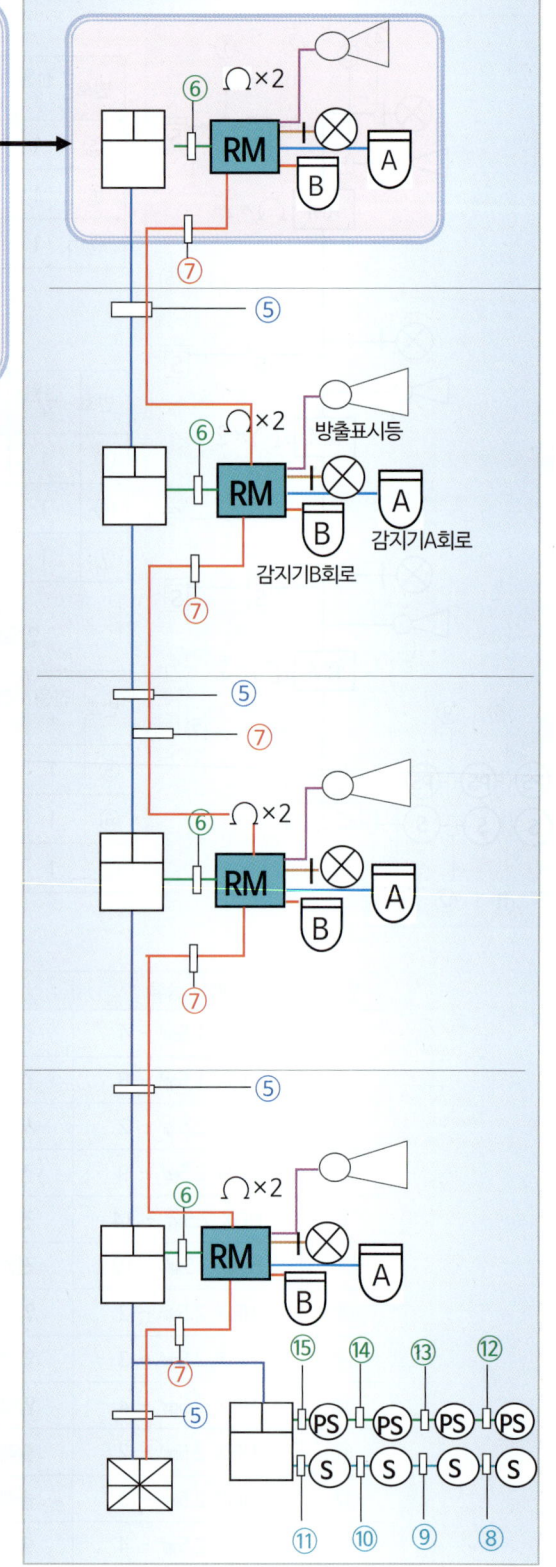

번호	사용전선 종류, 수량	전선 용도	
①②	HFIX 1.5㎟ - 4	감지기 4	
③	HFIX 2.5㎟ - 2	사이렌 2	
④	HFIX 2.5㎟ - 2	방출표시등 2	
⑤	F-CVV-SB CABLE 1.5㎟ 또는 (HCVV-SB TWIST CABLE 1.5㎟ 1pr) HFIX 2.5㎟ - 2	신호전송선 : 2	
		중계기전원 : 2	
⑥	HFIX 2.5㎟ - 16 부품↔중계기 연결	감지기A 2, 감지기B 2, 사이렌 2, 수동작동S.W 2, 압력스위치 2, 솔레노이드 2, 방출표시등 2, 방출지연S.W 2,	
⑦	HFIX 2.5㎟ - 2	전화선(+,-) 2	
⑧	HFIX 2.5㎟ - 2	솔레노이드 +, - 2선	
⑨	HFIX 2.5㎟ - 3	솔레노이드 (+ 2, 공통 1) 3선	
⑩	HFIX 2.5㎟ - 4	솔레노이드 (+ 3, 공통 1) 4선	
⑪	HFIX 2.5㎟ - 5	솔레노이드 (+ 4, 공통 1) 5선	
⑫	HFIX 2.5㎟ - 2	압력스위치 +, - 2선	
⑬	HFIX 2.5㎟ - 3	압력스위치 (+ 2, 공통 1) 3선	
⑭	HFIX 2.5㎟ - 4	압력스위치 (+ 3, 공통 1) 4선	
⑮	HFIX 2.5㎟ - 5	압력스위치 (+ 4, 공통 1) 5선	

라. 가스계소화설비 전기 계통도(R형)

번호	배선 종류	배선 이름	
①	HFIX 1.5㎟ - 4	감지기 A회로 4(+ 2, - 2선)	
②	HFIX 1.5㎟ - 8	감지기 A회로 4, 감지기 B회로 4	
③	HFIX 2.5㎟ - 2	사이렌 2	
④	HFIX 2.5㎟ - 2	압력스위치 2	
⑤	HFIX 2.5㎟ - 2	솔레노이드밸브 2	
⑥	HFIX 2.5㎟ - 2	방출표시등 2	
⑦	F-CVV-SB CABLE 1.5㎟ 또는 (HCVV-SB TWIST CABLE 1.5㎟ 1pr)	신호전송선 : 2	
	HFIX 2.5㎟ - 2	중계기전원 : 2	
⑧	HFIX 2.5㎟ - 2	전화선 : 2	
⑨	HFIX 2.5㎟ - 16 (부품과 중계기와 연결하는 선)	감지기 A회로(+,-) 2선, 감지기 B회로(+,-) 2선, 수동작동스위치(+,-) 2선, 방출표시등 작동 　　압력스위치(+,-) 2선, 방출지연 스위치(+,-) 2선, 사이렌(+,-) 2선, 방출표시등(+,-) 2선, 기동용기 　　솔레노이드밸브(+,-) 2선	

기동용기함의 압력스위치, 솔레노이드밸브는 그림과는 다르게
각 방호구역 수동조작함과 연결했다.

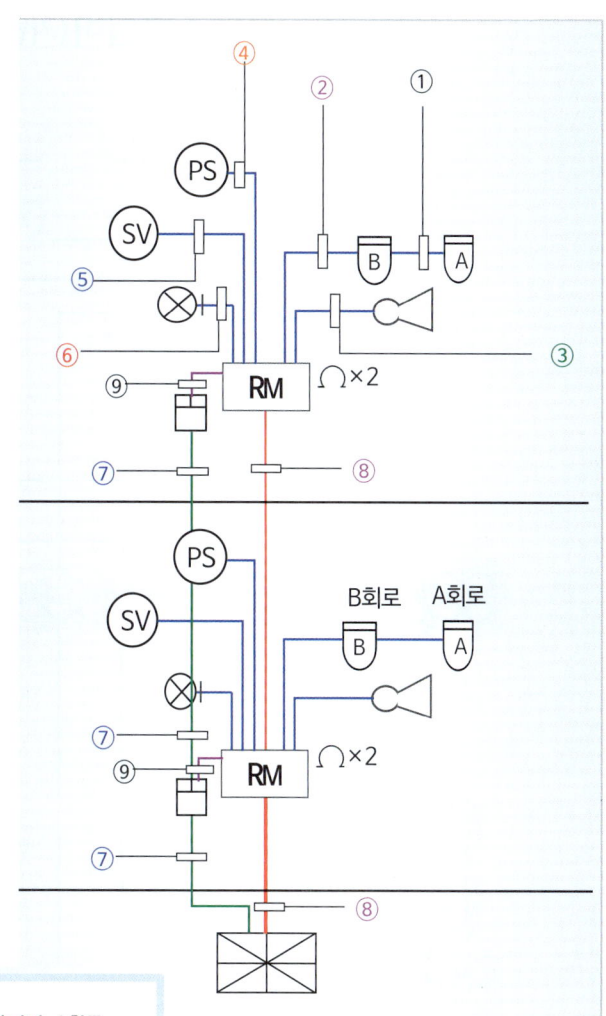

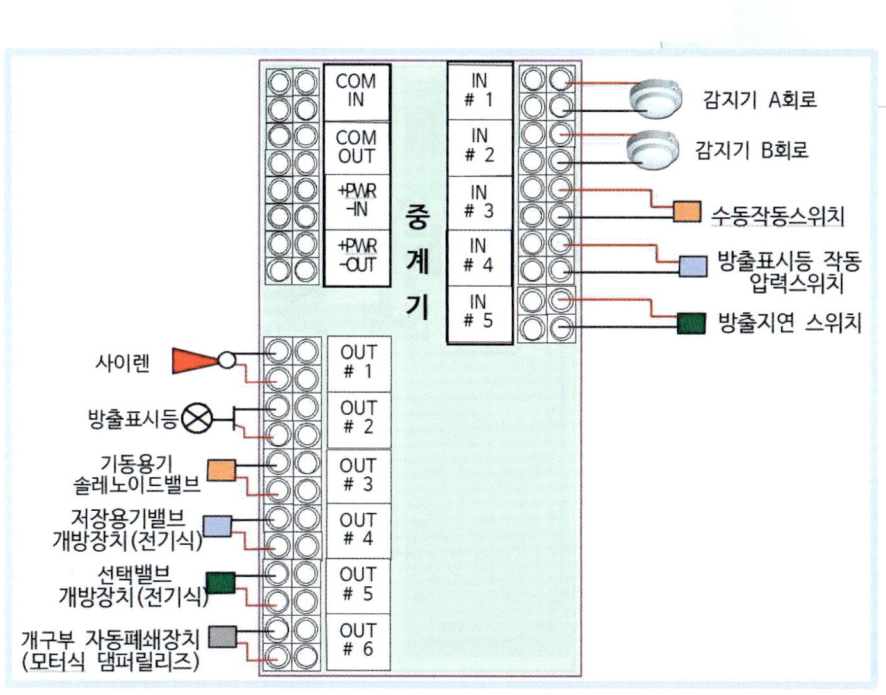

6. 분말소화설비

가. 분말소화설비(가압식-전기식)(P형) -부품별 2선 연결방식

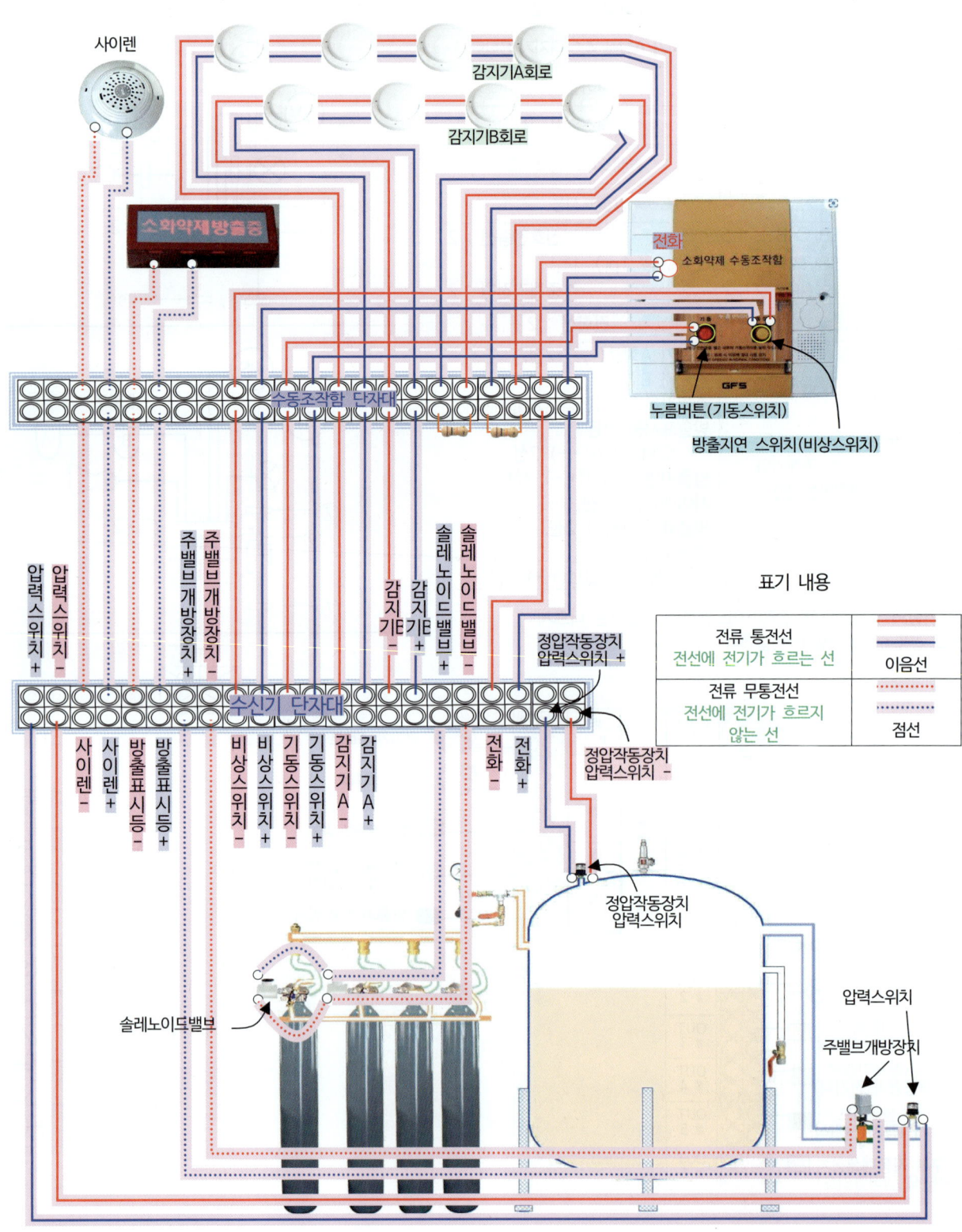

나. 분말소화설비(가압식-가스압력식)(P형)
-부품별 2선 연결방식

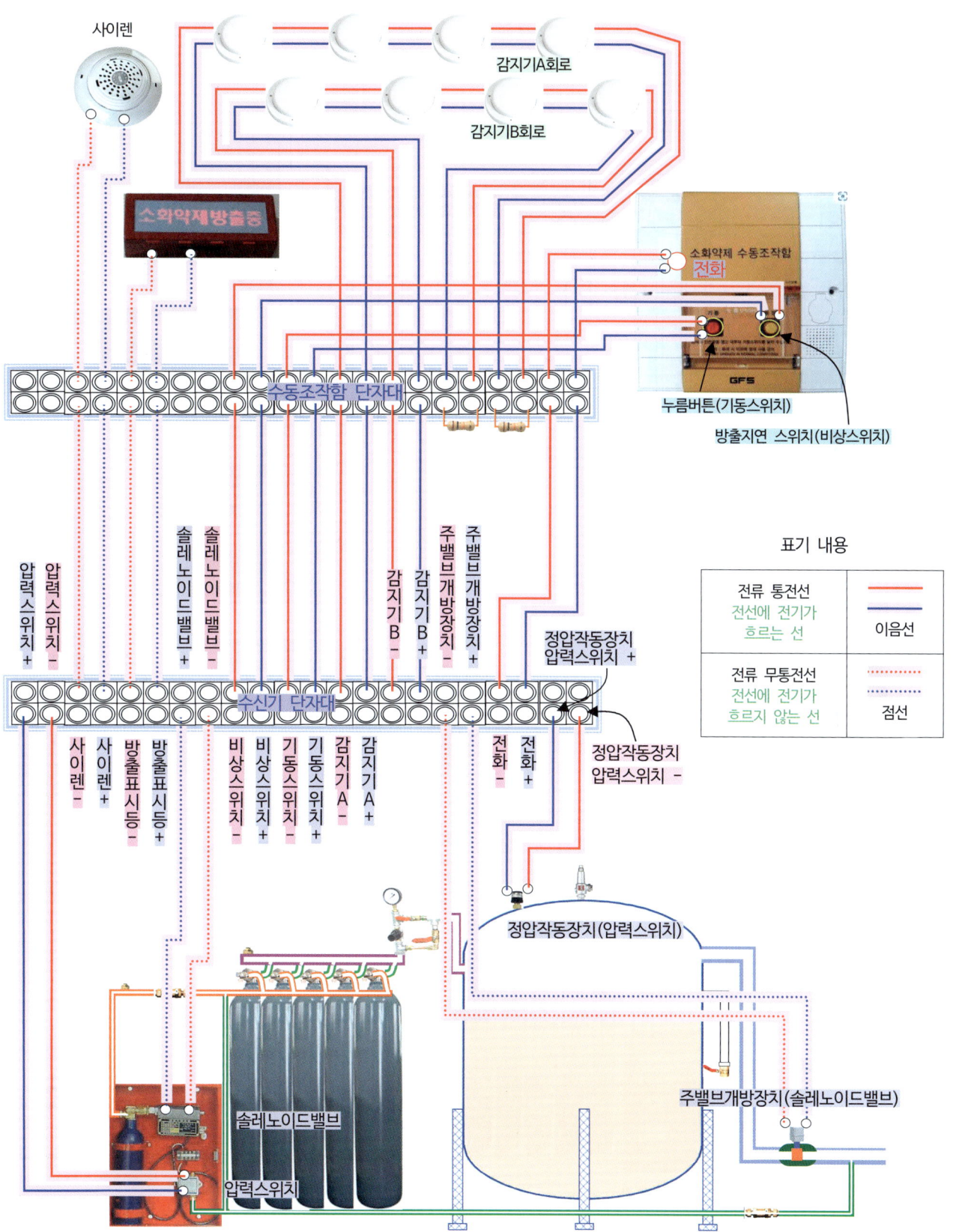

다. 분말소화설비(R형)

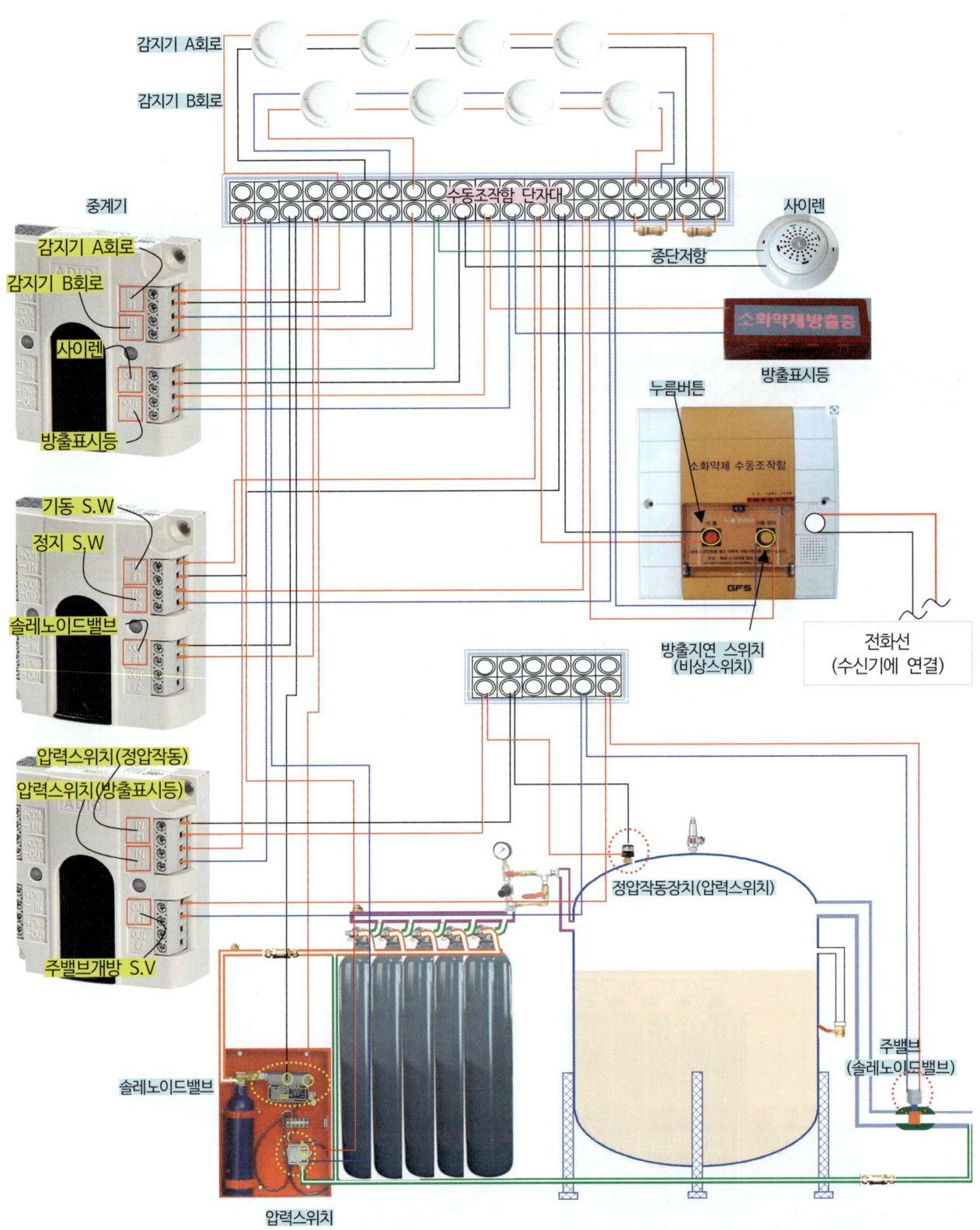

라. 분말소화설비 (중계기⇔부품연결) (R형)

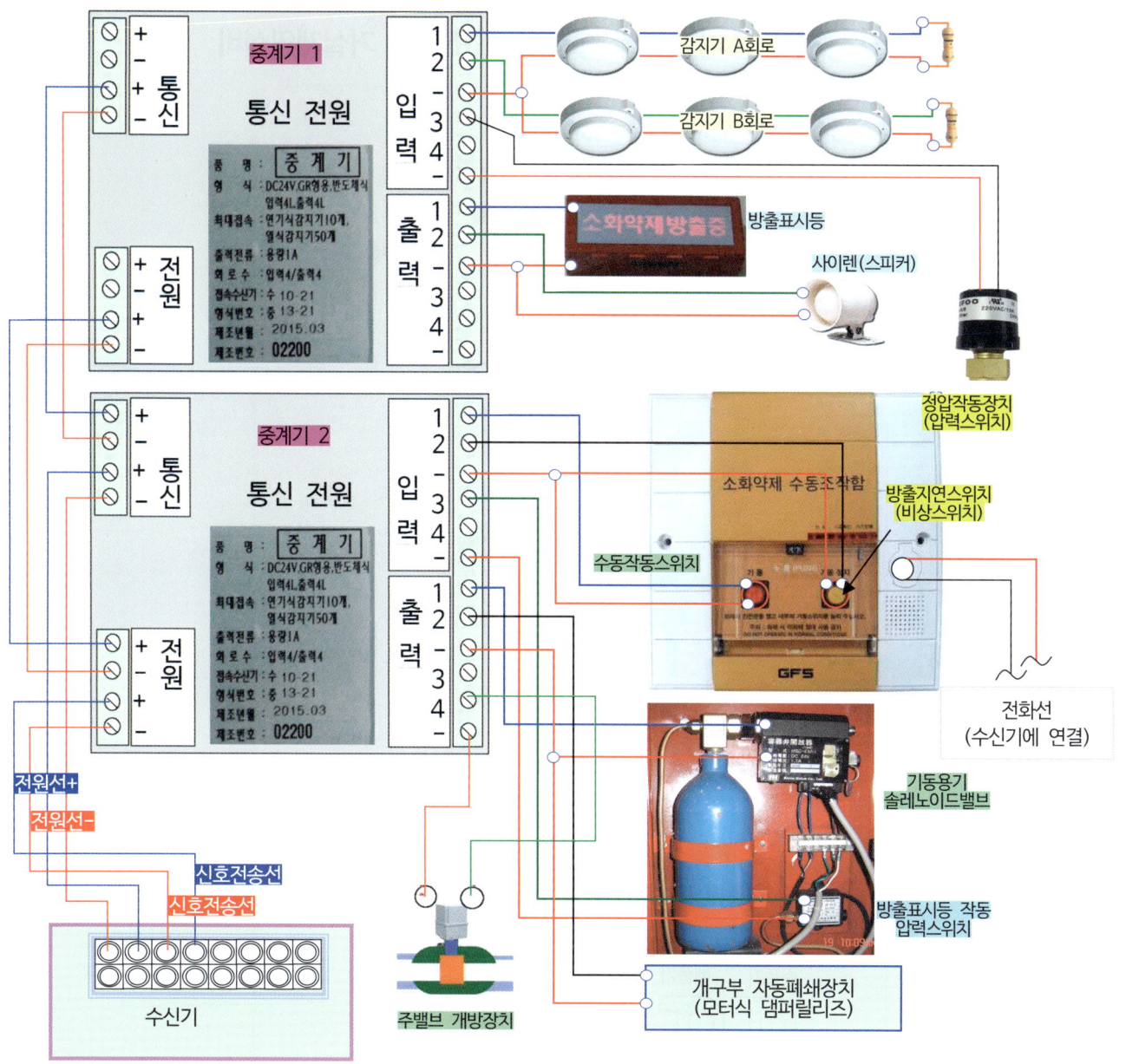

입력 1	감지기 A회로	출력 1	사이렌
입력 2	감지기 B회로	출력 2	방출표시등
입력 3	기동(작동)스위치	출력 3	솔레노이드밸브
입력 4	기동정지스위치(비상스위치)	출력 4	개구부 자동폐쇄장치 (모터식 댐퍼릴리즈)
입력 5	정압작동장치(압력스위치)		
입력 6	압력스위치(방출표시등 작동용)		

7. 제연설비
가. 제연설비 전기 계통도 1(R형) - 거실제연설비

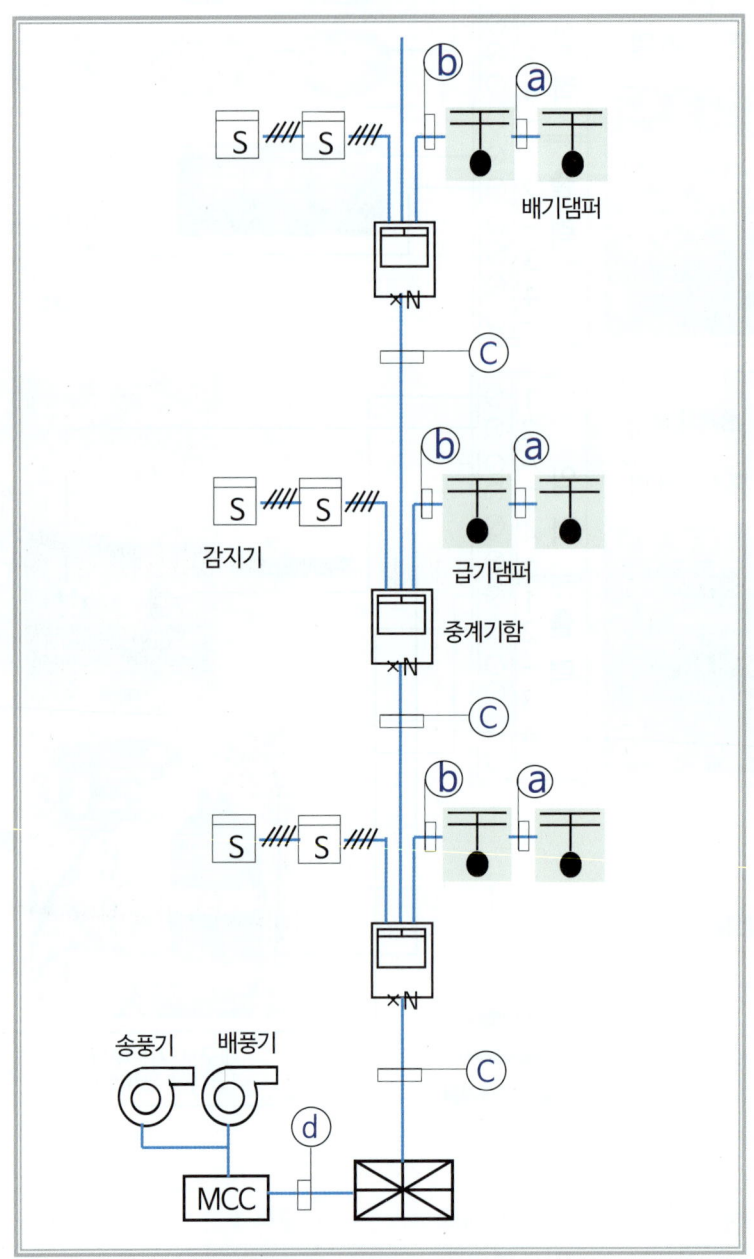

심벌	사용전선 종류 및 수량	용도	
ⓐ	HFIX 2.5㎟ ×4 (전원 +, -, 기동, 확인)		
ⓑ	HFIX 2.5㎟ ×6 《전원 +, -, (기동,확인)×2》		
ⓒ	F-CVV-SB CABLE 1.5㎟ 또는 (HCVV-SB TWIST CABLE 1.5㎟ 1pr) HFIX 2.5㎟ - 2	신호전송선 : 2	
		중계기전원 : 2	
ⓓ	HFIX 4.0㎟ - 8	Fan 기동 : 4, 기동확인 : 4	

나. 제연설비 전기 계통도 2(R형) - 전실제연설비

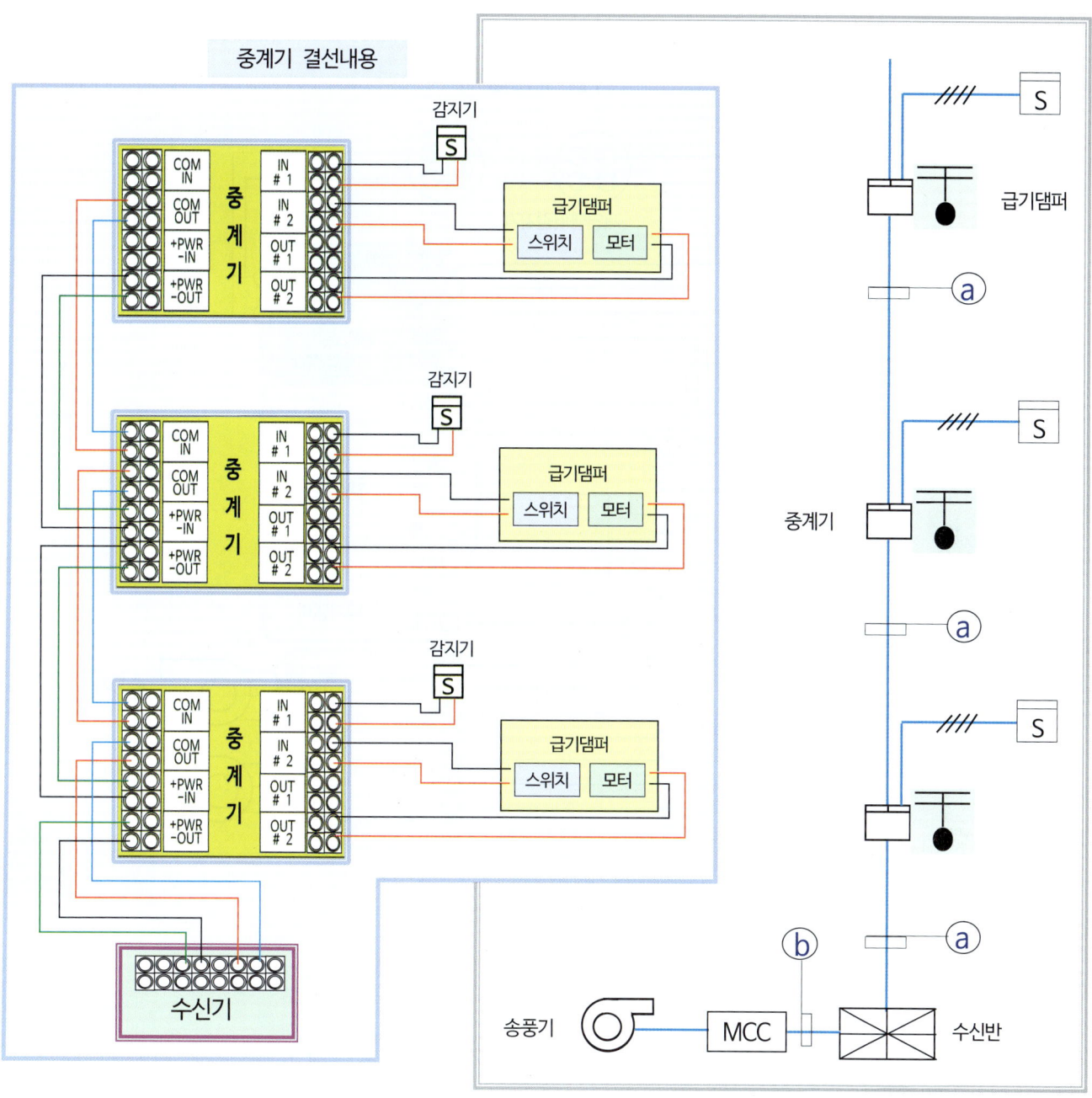

심벌	사용전선 종류 및 수량	용도	
ⓐ	F-CVV-SB CABLE 1.5㎟ (HCVV-SB TWIST CABLE 1.5㎟ 1pr) HFIX 2.5㎟ - 2 HFIX 4.0㎟ - 2	신호전송선 : 2 중계기전원 : 2 댐퍼전원 : 2	
ⓑ	HFIX 4.0㎟ - 4	Fan 기동 : 2, 기동확인 : 2	Fan 1대당 기준

다. 제연설비 전기 회로도(P형)

거실제연설비

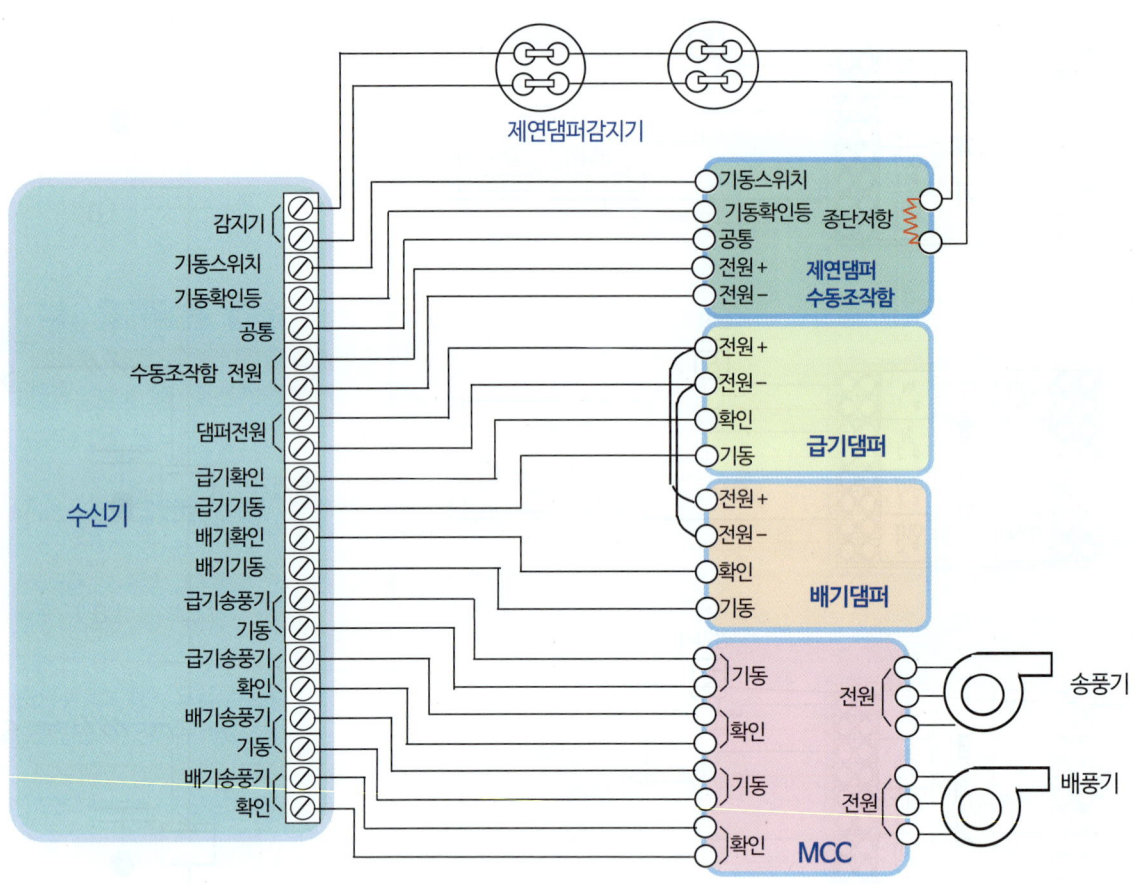

전실제연설비

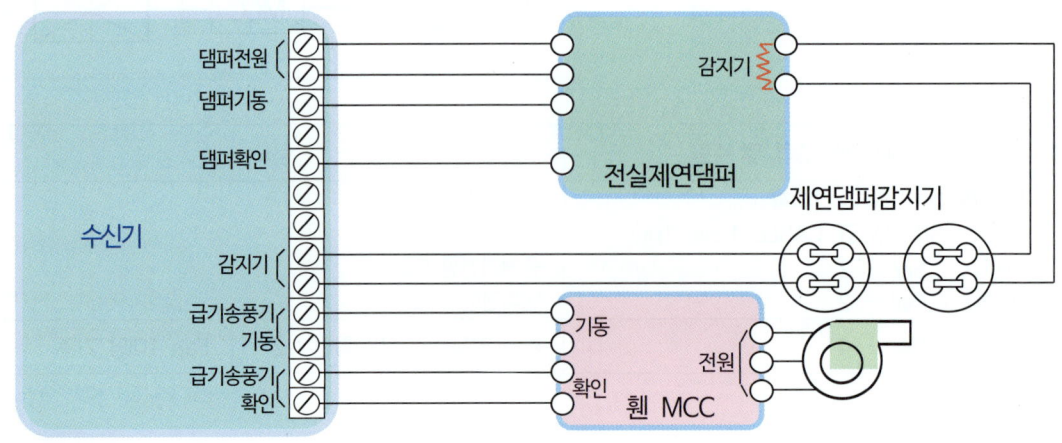

XV(15). 소방시설 도시기호

근거 : 소방시설 자체점검사항등에 관한 고시(소방청장고시)

분류	명칭		도시기호
배관	일반배관		───
	옥내·외소화전		─ H ─
	스프링클러		─ SP ─
	물분무		─ WS ─
	포소화		─ F ─
	배수관		─ D ─
	전선관	입상	⤴
		입하	⤵
		통과	⤴⤵
관이음쇠	후렌지		─┤├─
	유니온		─┤╎├─
	플러그		─┤
	90°엘보		┘├─
	45°엘보		╱├─
	티		─┬─
	크로스		─┼─
	맹후렌지		─┤│
	캡		─┐
헤드류	스프링클러헤드 폐쇄형 상향식(평면도)		─●─
	스프링클러헤드 폐쇄형 하향식(평면도)		─⊕─
	스프링클러헤드 개방형 상향식(평면도)		─○─
	스프링클러헤드 개방형 하향식(평면도)		─⊕─

분류	명칭	도시기호
헤드류	스프링클러헤드 폐쇄형 상향식(계통도)	⊥
	스프링클러헤드 폐쇄형 하향식(입면도)	⊤
	스프링클러헤드 폐쇄형 상·하향식(입면도)	⊥⊤
	스프링클러 헤드 상향형(입면도)	↑
	스프링클러 헤드 하향형(입면도)	↓
	분말·탄산가스·할로겐헤드	⊕ ∆
	연결살수 헤드	─◇─
	물분무헤드(평면도)	⊗
	물분무헤드(입면도)	▽
	드랜쳐헤드(평면도)	⊘
	드랜쳐헤드(입면도)	▽
	포헤드(평면도)	●
	포헤드(입면도)	✦
	감지헤드(평면도)	⊙
	감지헤드(입면도)	⬡
	청정소화약제방출 헤드(평면도)	⊕
	청정소화약제방출 헤드(입면도)	▲
밸브류	체크밸브	⋈
	가스체크밸브	⋈
	게이트밸브(상시개방)	⋈
	게이트밸브(상시폐쇄)	▶◀
	선택밸브	⊠

분류	명칭	도시기호	분류	명칭	도시기호
밸브류	조작밸브(일반)		밸브류	감압밸브	
	조작밸브(전자식)			공기조절밸브	
	조작밸브(가스식)		계기류	압력계	
	경보밸브(습식)			연성계	
	경보밸브(건식)			유량계	
	프리액션밸브		소화전	옥내소화전함	
	경보델류지밸브			옥내소화전 방수용기구병설	
	프리액션밸브수동조작함	SVP		옥외소화전	
	플렉시블조인트			포말소화전	
	솔레노이드밸브			송수구	
	모터밸브			방수구	
	릴리프밸브 (이산화탄소용)		스트레이너	Y형	
	릴리프밸브 (일반)			U형	
	동체크밸브		저장탱크류	고가수조 (물올림장치)	
	앵글밸브			압력챔버	
	FOOT밸브			포말원액탱크 (수직) (수평)	
	볼밸브		레듀셔	편심레듀셔	
	배수밸브			원심레듀셔	
	자동배수밸브		혼합장치류	프레져푸로포셔너	
	여과망			라인푸로포셔너	
	자동밸브			프레져사이드 푸로포셔너	
				기 타	

분류	명칭	도시기호	분류	명칭	도시기호
펌프류	일반펌프		경보설비기기류	모터싸이렌	Ⓜ
	펌프모터(수평)	M		전자싸이렌	Ⓢ
	펌프모터(수직)	M		조작장치	E P
저장용기류	분말약제 저장용기	P.D		증폭기	AMP
	저장용기			기동누름버튼	Ⓔ
경보설비기기류	차동식스포트형감지기			이온화식감지기 (스포트형)	S I
	보상식스포트형감지기			광전식연기감지기 (아나로그)	S A
	정온식스포트형감지기			광전식연기감지기 (스포트형)	S P
	연기감지기	S		감지기간선, HIV1.2mm×4(22C)	— F —///
	감지선	⊙		감지기간선, HIV1.2mm×8(22C)	— F —///—///
	공기관	———		유도등간선 HIV2.0mm×3(22C)	— EX —
	열전대			경보부저	BZ
	열반도체	∞		제어반	
	차동식분포형 감지기의검출기	⋈		표시반	
	발신기셋트 단독형	PBL		회로시험기	⊙
	발신기셋트 옥내소화전내장형	PBL		화재경보벨	Ⓑ
	경계구역번호	△		시각경보기 (스트로브)	
	비상용누름버튼	Ⓕ		수신기	
	비상전화기	ET		부수신기	
	비상벨	Ⓑ		중계기	
	싸이렌			표시등	◐
				피난구유도등	⊗
				통로유도등	→
				표시판	

분류	명칭	도시기호		분류	명칭	도시기호
경보설비 기기류	보조전원	T R		제연설비	접지	
	종단저항				접지저항 측정용단자	⊗
제연설비	수동식제어	□		소화기류	ABC소화기	소
	천장용배풍기				자동확산 소화기	자
	벽부착용 배풍기				자동식소화기	소
	배풍기 / 일반배풍기				이산화탄소 소화기	C
	배풍기 / 관로배풍기				할로겐화합물 소화기	△
	댐퍼 / 화재댐퍼			기타	안테나	
	댐퍼 / 연기댐퍼				스피커	
	댐퍼 / 화재/연기 댐퍼				연기 방연벽	
스위치류	압력스위치	PS			화재방화벽	──
	탬퍼스위치	TS			화재 및 연기방벽	
방연·방화문	연기감지기(전용)	S			비상콘센트	
	열감지기(전용)				비상분전반	
	자동폐쇄장치	ER			가스계소화설비의 수동조작함	RM
	연동제어기				전동기구동	M
	배연창기동 모터	M			엔진구동	E
	배연창수동조작함				배관행거	
피뢰침	피뢰부(평면도)	●			기압계	
	피뢰부(입면도)				배기구	
	피뢰도선 및 지붕위 도체	──			바닥은폐선	-----
					노출배선	──
					소화가스 패키지	PAC

소방문화사(교보문고) 전자책 -ebook

번호	책 이 름	발행일자	정가
1	소방시설의이해 Ⅰ(2026)	2026, 1, 3	30,000원
2	소방시설의이해 Ⅱ(2026)	2026, 1, 3	30,000원
3	소방시설의이해 Ⅲ(2026)	2026, 1, 3	30,000원
4	소방시설의이해 Ⅳ(2026)	2026, 1, 3	30,000원
5	소방시설 전기회로(2개정판)	2025, 1, 3	30,000원
6	소방시설 시퀀스 이해	2024, 3, 20	25,000원
7	소방법령 질의회신 내용모음 (종이책 없음)	2019, 3, 1	5,000원
8	위험물시설 질의회신 내용모음 (종이책 없음)	2019, 3, 1	5,000원
9	소방시설사진집 1(개정판) (종이책 없음)	2024, 11, 9	12,000원
10	소방시설사진집 2(개정판) (종이책 없음)	2024, 11, 9	12,000원
11	위험물시설사진집(개정판) (종이책 없음)	2024, 11, 9	12,000원
12	스프링클러설비(개정판)	2024, 9, 1	30,000원
13	가스계소화설비 (종이책 없음)	2024, 1, 12	30,000원
14	소방시설 내진 (전자책)	2025, 4, 1	30,000원
15	소방시설 내진 (종이책 - 흑백)	2026, 1, 3	17,000원

   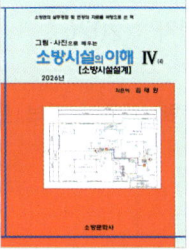

 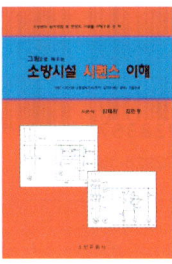   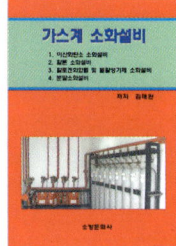

글쓴이

▶ **주요 경험**
- 화재진압 · 구조 · 구급업무
- 소방점검 · 소방시설 시공 · 완공업무
- 위험물 허가업무 · 건축허가(소방)동의 업무
- 화재조사업무 · 다중이용업 완비, 방염 후처리 등의 업무
- 중앙소방학교근무 강의과목 : 소방시설공학(기계, 전기), 위험물시설, 소방검사론, 민원업무 등

▶ **근무한 곳**은 진해 · 동마산 · 울산남부소방서 · · · 중앙소방학교
- 소방기술자근무(공사현장) - 두산, 롯데건설

그림 · 사진으로 배우는 **소방시설의 이해 Ⅳ** (4)

저　자 : 김태완
발행자 : 하복순
ISBN : 979-11-92928-35-7
출　판 : 소방문화사(☎ 010-4615-8414)
출판일자 : 2026 . 1. 3

● 이 책 내용의 전부 또는 일부를 재사용하려면 소방문화사의 사전 동의를 받아야 합니다.

정가 45,000원